포유동물 생식생리학

감수 김 영 묵
편집 이 규 승

선 진 문 화 사

監　修

金　榮　默

副監修

鄭英彩·鄭吉生

代表著者·編輯

李　撰　丞

執筆陣

〈大學校〉	李撰丞	徐吉雄	陳東日
金相根	朴忠生	金昌根	金正翊
金善均	申源執	宋海範	康珉秀
梁富根	李勳澤	丁永浩	朴炳權
尹鍾澤	朴永植	李鍾完	文勝周
金南衡	孔一根	金珍會	方明杰
柳範龍	<延邊大>	方南洙	金　一
〈研究所〉	李景廣	韓龍萬	韓萬熙
鄭首成	柳大烈	白峻種	尙炳敦
延成欽	金學奎	金相佑	崔善昊
吳建奉	金德任	金興律	禹濟碩
金民奎	朴正浚	林政勳	李庚本
李鳳九	朴貞宣	千幸洙	<目次順>

머 리 말

우리나라 동물생식생리학 분야의 학문체계 정립과 발전토대 구축에 지대한 공적을 남기신 又溪 金榮默박사님의 九旬을 기념하고, 그간의 공적을 기리기 위하여 제자와 그 제자, 그리고 참여를 원하는 여러분들이 힘을 모아 이 책을 출간하였다. 又溪선생님은 일본 東京農業大學을 졸업하시고, 미국 위스콘신대학에서 당시 미국가축번식학회 회장이던 Casida박사와 함께 수정생리와 인공수정에 관한 연구를 수행하셨다. 또한, 충남대학교에서 농과대학 교수, 교학처장, 대학원장, 총장을 역임하시면서 수 많은 제자를 양성하셨으며, 한국가축번식학회의 초대회장으로서 우리분야의 연구토대를 구축하는데 크게 공헌하셨다. 학계를 떠나신지 오랜 세월이 흘렀지만, 여러분들의 참여하에 이 책이 출간된 것은 선생님에 대한 모든분들의 애정과 존경의 징표라고 생각된다.

어느 학문영역이나 발전을 거듭하고 있지만, 가축번식학분야는 생명과학의 발전에 힘입어 눈부신 발전을 계속하고 있다. 가축의 증식과 개량에 견인차 역할을 해왔던 인공수정기술은 이미 고전적 기술이 되었고, 얼마 전까지도 실험수준에 머물렀던 배이식기술도 이제는 보편적 실용기술로 정착되는 단계에 이르렀다. 더욱이, 발생공학기법으로 복제동물이나 키메라동물의 생산이 가능하게 되었고, 핵을 치환하거나 이식하여 특정 목적에 이용할 수 있는 동물의 작출도 이루어지고 있으며, 유전공학기법으로 목적유전자를 분리하여 이식함으로써 특수한 생리작용을 발현하는 형질전환동물을 생산하고, 이것을 이용하려는 연구도 활발하게 수행되고 있는 실정이다. 이러한 생명공학기술은 모두 생식생리에 관한 지식을 기반으로 하여 발전할 수 밖에 없기 때문에 생식생리학과는 불가분의 관계가 있다. 그러나, 번식효율의 증진을 목표로 하는 가축번식학의 수준으로는 이를 뒷받침하는데 한계가 있을 수 밖에 없다. 더욱이, 오늘날에는 동물의 복지개념이 강조되어 모든 번식기술을 이용하는 경우에도 동물생태학적 접근이 필요하다. 이러한 시대적 요구를 충족시키면서 가축의 증식・개량이라는 목표를 달성하려면, 생식생리에 관한 기본원리를 충분히 숙지하여야만 한다. 이에 부응하기 위하여 '포유동물 생식생리학'이라는 이름으로 이 책을 출간하게 되었다.

이 책에서는 포유동물의 생식현상을 지배・조절하는 생식내분비와 다음 세대의 개체를 발생시키는 원천인 동시에 생명공학기술의 기본이 되는 생식세포를 충분한 지면을 할애하여 기술하였다. 또한, 생식주기를 동물생태학적 측면에서 조망하였으며, 가축의 증식과 개량에 중요한 수단으로 각광을 받고 있는 생식공학기술들을 빠짐없이 소개하려고 노력하였다. 이와 같이, 중점적으로 기술된 부분이 있기 때문에 장・절 사이의 균형이 맞지 않는 부분도 있고, 또한 이 분야의 학문영역이 매우 넓고, 발전속도도 빨라서 미진하게 기술된 부분도 있을 것으로 생각된다. 이러한 부분에 대하여는 앞으로 판을 거듭하면서 완전한 책이 될 수 있도록 수정·보완할 것을 약속드린다.

한편, 정년퇴임을 목전에 둔 시점에서 이 책의 발간을 계획하고 편집하면서 걱정이 앞섰지만, 여러분들의 적극적인 참여하에 훌륭한 책이 출간된 것을 기쁘게 생각한다. 출판과정에서 치밀하게 감수하여 주신 金榮默·鄭英彩·鄭吉生 박사님의 노고에 감사드리며, 훌륭하게 원고를 집필하여 주신 집필자 여러분께도 심심한 감사를 드리고, 편집과정에 조언을 아끼지 않으신 徐吉雄·陳東日 교수님께도 사의를 표한다. 또한, 책의 출간을 계획하는 것이 마지막 기회라고 보여서 학문적 연륜이 일천한 제자들도 참여시키기로 결심하고 우려스러운 마음이 컸지만, 하나같이 훌륭한 원고를 제출하는 것을 보고, 앞으로의 학문적 발전을 기대한다. 이 책을 발간하는 과정에서 원고의 정리·그림의 제작·편집의 보조에 심혈을 기울여 노력한 白峻種군과 성실하게 교정을 보아 준 千幸洙·李元鐘·李昌浩 군의 노고에도 치하를 보낸다. 끝으로, 출판계의 어려운 사정에도 불구하고, 독자층이 두껍지 않은 이 책의 출판을 맡아주시고, 물심양면으로 도와주신 선진문화사 양희돌사장님과 편집부 직원 여러분의 노고에 심심한 사의를 표한다.

2006년 2월 6일

편집·대표저자 李 揆 丞

차 례

제1장 생식기관

제2장 생식내분비

제3장 생식주기

제4장 생식세포

제5장 수정 · 난할 · 착상

제6장 임신 · 분만 · 비유

제7장 생식공학

제 1 장

생식기관

동물은 고유의 종족을 후대에 남기기 위하여 자신의 유전형질을 이어갈 새로운 개체를 복제(復製, reproduction)하는데, 이러한 기능을 수행하는 기관을 총칭하여 생식기관(生殖器官, reproductive organ, genital organ)이라 한다. 생식기관은 동물의 종이나 성에 기초한 생식 특성에 따라 차이가 있지만, 일반적으로 ① 생식세포와 성호르몬을 생산하는 성선(性腺, gonad), ② 생식세포의 통로인 동시에, 수컷에서는 부성선이 부속되어 있고, 암컷에서는 수정란의 발생장소이자 태아의 출생통로로도 기능하는 생식도관(生殖導管, genital tract), ③ 외부에서 볼 수 있는 교미기관(交尾器官, copulatory organ) 등으로 구분한다. 이 가운데 성선과 생식도관을 합하여 내부생식기관, 교미기관을 외부생식기관이라 하며, 성선을 제외한 모든 생식기관을 부생식기관(副生殖器官, subgenital organ)이라 부르기도 한다. 넓은 의미의 생식기관에는 새끼를 양육하기 위하여 유즙을 분비하는 유선(乳腺)을 포함시키는 경우도 있다.

제 1 절 웅성생식기관

웅성(雄性)생식기관(male reproductive organ)은 수컷의 배우자인 정자를 생산하여 자성생식기관에 주입함으로써 임신을 성립시키는 중요한 생리적 기능을 수행한다. 웅성생식기관은 ① 정자를 생산하고, 웅성호르몬을 분비하는 정소, ② 정소에서 생산된 정자의 운반통로인 생식도관을 구성하는 정소상체와 정관, ③ 생식도관에 부속되어 정액의 정장을 생산・분비하는 부성선인 정낭선・전립선・구요도선, 그리고 ④ 교미기로 작동하는 음경 등으로 구성되어 있다. 주요 가축에 대한 웅성생식기관의 해부학적 배치형태는 그림 1-1(Hafez, 2000)에서 보는 바와 같다.

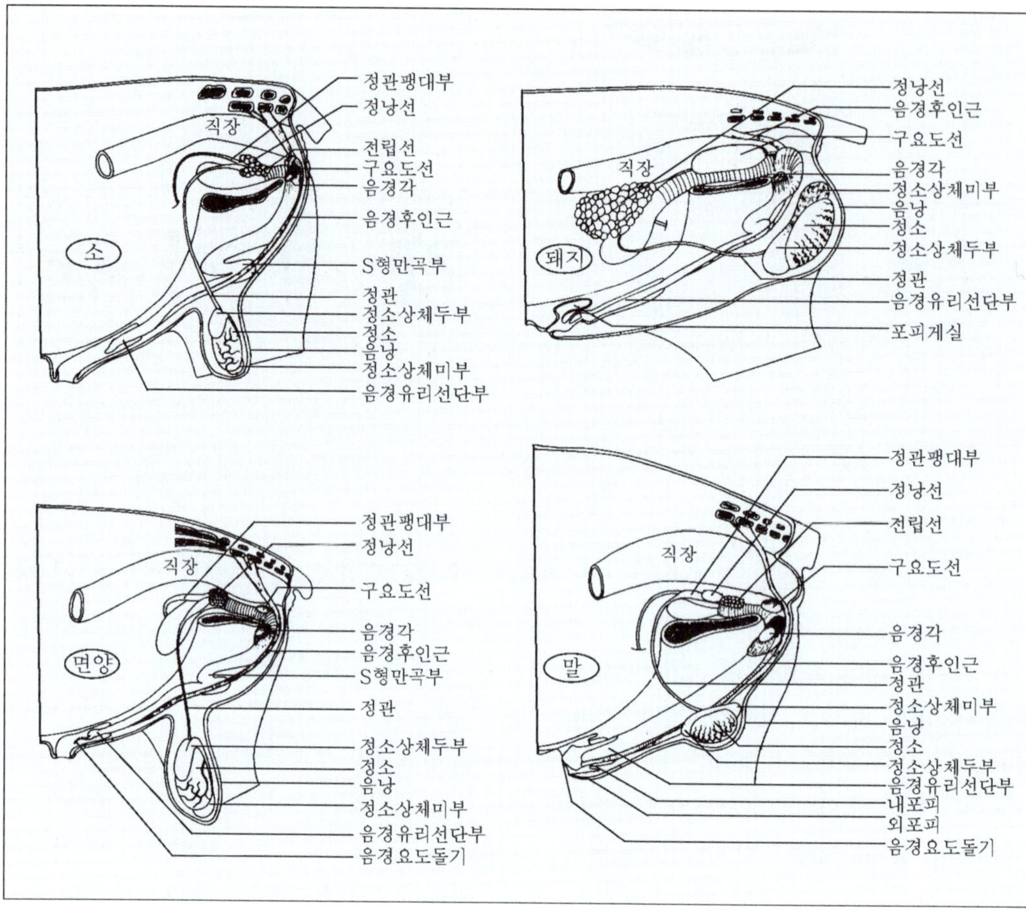

그림 1-1. 웅성생식기관의 배치형태(좌측면)

1. 정 소

정소(精巢, testis, testes [pl])는 한쌍으로 된 수컷의 성선으로서, 곡세정관내에서 일어나는 정자형성과정을 통하여 반수체(n)의 웅성배우자인 정자를 생산할 뿐만 아니라, 간질세포에서 수컷의 번식활성을 지배하는 안드로겐을 분비한다. 포유동물의 정소는 복강내의 신장 부근에서 발생된 다음, 정소하강과정을 통하여 음낭내로 내려온다. 그러나, 음낭내에 위치하는 정소의 배치형태는 동물의 종에 따라 다르다. 반추동물의 정소는 세로로 늘어져 정소의 장축이 체축에 대하여 직각으로 배치되어 있으며, 말의 정소는 가로로 놓여 정소의 장축이 체축과 평행으로 위치한다. 돼지나 개는 정소의 장축이 비스듬이 후방을 향하고 있음으로 결국 정소의 미단(尾端)이 가장 높게 위치한다(그림 1-1 참조). 정소의 일반적 모양은 난원형이지만, 소・면양・산양・돼지 등에서는 타원형이고, 말・개・사람 등의 경우는 구형(球形)에 가깝다. 정소 1개의 무게는 돼지 360g, 소 350g, 면양 275g, 말 200g 정도이다.

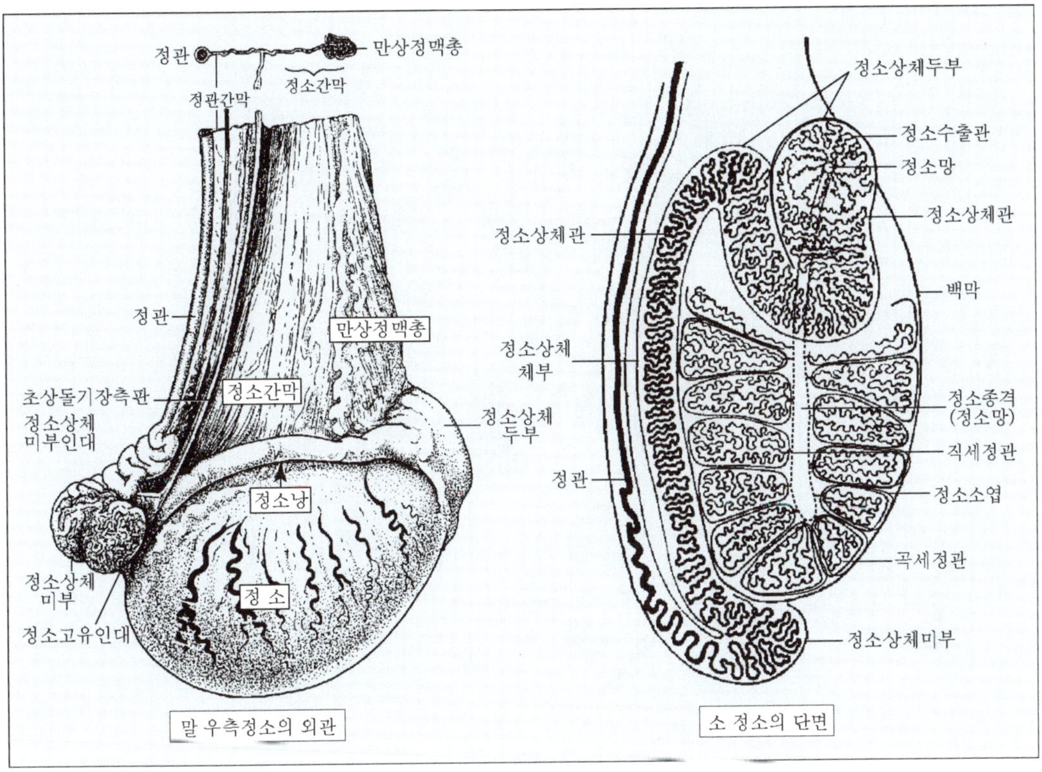

그림 1-2. 정소의 외관과 미세구조

1) 정소의 구조

정소는 복강내에서 발생된 다음 음낭내로 하강됨으로 표면은 복막의 장측판이 음낭내로 내려와 형성된 초상돌기의 장측판으로 피복되어 있는데, 이를 정소초막(精巢鞘膜, tunica vaginalis testis)이라고도 한다. 이 막은 바로 밑에 위치하는 백색의 섬유성막인 백막(白膜, tunica albuginea)과 결합하여 정소의 실질(實質, parenchyma)을 일정한 압력을 가하면서 둘러싼다. 백막은 안쪽의 여러 곳에서 판상(板狀)의 조직이 정소의 실질조직 속으로 뻗어 들어가 정소중격(精巢中隔, septula testis)을 만들고, 이것이 정소 두단(頭端) 부근의 중앙부에 위치하는 결합조직성의 정소종격(精巢縱隔, mediastinum)과 연결됨으로써 정소실질을 다수의 정소소엽(精巢小葉, lobulus testis)으로 나눈다. 이러한 과정을 통하여 형성된 수많은 정소소엽은 극심하게 우곡(紆曲)된 1~2개의 곡세정관(曲細精管, convoluted seminiferous tubule)을 포함하고 있으며, 이곳에서 정자가 형성된다. 곡세정관은 그 끝에 연결된 짧은 직세정관(straight seminiferous tubule)을 통하여 정소소엽을 빠져나온 다음, 정소종격속에 망상으로 배열된 정소망(精巢網, rete testis)과 연결되며, 이곳으로부터 13~20본의 정소수출관(精巢輸出管, efferent ductule)이 뻗어 나온다. 정소수출관은 정소를 외측에서 싸고 있는 백막을 통과하여 정소의 밖으로 빠져나온 다음, 서로 치밀하게 연접되어 하나의

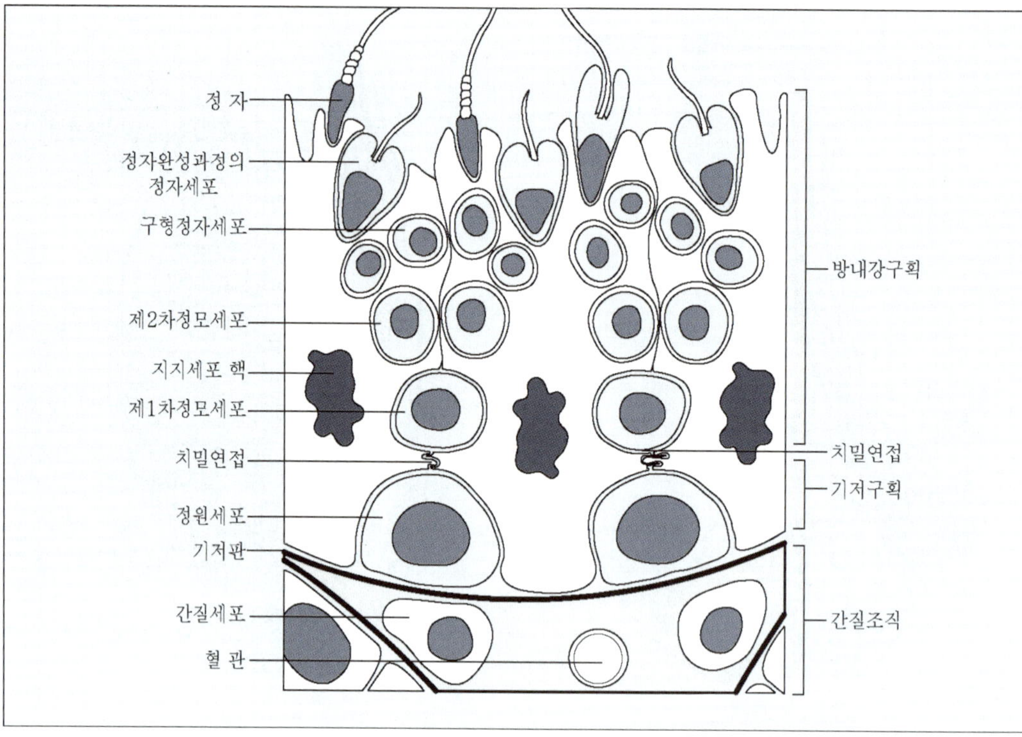

그림 1-3. 세정관상피의 조직학적 구조

관으로 합쳐져 정소상체관(精巢上體管, epididymal duct)을 형성한다(그림 1-2; Meijer & Fentener van Vlissingen, 1992b). 곡세정관 사이의 빈 공간은 간질조직(間質組織, interstitial tissue)이 채워져 있으며, 이 속에 혈관·신경·림프관 등과 안드로겐을 분비하는 간질세포를 비롯한 여러 종류의 세포가 위치한다.

(1) 세정관 : 정소실질의 대부분은 세정관으로 구성되어 있기 때문에 정소 전체에서 차지하는 세정관의 비율이 면양과 소는 80~90%, 돼지·말·사람은 60~70%에 이른다. 정소 소엽속에 위치하는 곡세정관은 직경 200~250㎛, 길이 30~70㎝ 정도의 둥근 관으로서, 정소 1g에 포함된 세정관의 총 길이는 12~15m에 이른다(Meijer & Fentener van Vlissingen, 1992b). 세정관은 조직학적으로 세정관의 외곽을 구성하는 경계막(境界膜, limiting membrane) 위에 정자발생세포(精子發生細胞, spermatogenic cell)와 지지세포(支持細胞, sustentacular cell, Sertoli cell)가 배열된 중층입방상피(重層立方上皮, stratified cuboidal epithelium)이며, 이를 세정관상피(seminiferous epithelium)라고 부른다(그림 1-3; Piñón, Jr., 2002b). 세정관의 경계막은 안쪽으로부터 기저판(基底板, basal layer)·교원섬유층(膠原纖維層, layer of collagenous fiber)·3~5층의 근양세포(筋樣細胞, myoid cell)·림프관층의 순서로 배열되어 있다. 이 가운데 근양세포는 신경의 영향을 받지 않고, 율동적으로 수축하여 세정관에서 생성된 정자를 중단없이 정소상체쪽으로 이동시킨다. 정자발생세포는 경계막쪽에

서부터 정원세포·제1차정모세포·제2차정모세포·정자세포의 순서로 동심원적으로 배열되어 중층상피를 형성한다.

한편, 지지세포는 발견자인 이태리의 조직학자 E. Sertoli의 이름을 따라 세르톨리세포라고도 부르며, 세정관의 경계막을 구성하는 기저판위에 자리를 잡고, 정자발생세포층을 관통하여 곡세정관의 관강(管腔)에 이르는 피라미드형의 세포로서, 정자발생세포에 눌리어 세포의 윤곽이 매우 불규칙하다. 이 세포는 성성숙기가 되면 유사분열능력을 상실하여 그 수가 증가되지 않는데, 소·개·고양이 등의 세정관에서는 한 횡단면에 25~30개의 지지세포가 일정한 간격으로 분포되어 있다. 지지세포는 인접한 세포 상호간이 치밀하게 연접되어 세정관의 내강측과 기저판측간의 물질교환을 제한하는 혈액-정소간벽(血液-精巢間壁, blood-testis barrier)을 형성하여 감수분열이 개시된 이후의 정자발생세포들을 모체의 면역반응으로부터 보호한다. 치밀연접을 중심으로 기저판측에 있는 구획을 기저구획(基底區劃, basal compartment)이라 하고, 곡세정관의 내강측에 있는 구획을 방내강구획(傍內腔區劃, adluminal compartment)이라 한다. 따라서, 기저구획에 수용되어 있는 발생초기의 정자발생세포는 모체의 면역반응으로부터 보호되지 않는다. 또한, 지지세포는 정자발생세포를 지지하면서 영양대사에도 관여하고, FSH의 자극을 받아 안드로겐결합단백질과 인히빈을 합성·분비하며, 태생기의 수컷에서는 뮐러관억제물질도 생산한다(Vigier 등, 1983).

(2) 간질조직 : 세정관 사이의 빈 공간을 채우고 있는 간질조직은 소성결합조직(疎性結合組織, loose connective tissue)으로 된 기질(基質, stroma)속에 혈관과 림프관이 배열되어 있고, 세포성분으로 간질세포(間質細胞, interstitial cell, Leydig cell)·간엽세포(間葉細胞, mesenchymal cell)·대식세포(大食細胞, macrophage)·특수한 경우의 비만세포(肥滿細胞, mast cell) 등이 함유되어 있다. 그러나, 신경은 간질조직에는 분포되어 있지 않으며, 정소종격 주위의 결합조직속에서는 쉽게 발견된다(Johnson 등, 1998).

정소에 대한 혈액의 공급은 요추부 중간위치의 대동맥(大動脈, aorta)에서 분지된 정소동맥(精巢動脈, testicular artery)을 통하여 이루어진다. 정소동맥은 정소의 피막인 백막을 통과하여 구심성지(求心性枝, centripetal branch)를 형성하고, 이것이 정소의 중심에 위치하는 정소종격까지 뻗어 나간 다음, 정소의 백막쪽으로 뻗어 나가면서 정소중격의 바깥쪽에 위치하는 원심성세동맥(遠心性細動脈, centrifugal arterole)과 연결된다. 원심성세동맥은 세정관을 둘러싸거나 세정관의 간질에 분포하는 모세혈관에 연결되어 혈액을 공급한다. 모세혈관은 집합세정맥(集合細靜脈, collecting venule)을 형성하고, 이것은 원심성정맥(centrifugal vein)과 구심성정맥(centripetal vein)을 통하여 정소종격부위에 이르며, 이곳에서 정소정맥(testicular vein)과 연결되어 정소를 빠져나온다. 정소의 림프모세관은 세정관의 경계막에서 기시되는데, 이것들이 정소종격속에서 집결하여 좀 더 굵은 림프관을 형성한 다음, 대동맥방(傍)림프절(paraaortic lymph node)에 이르고, 이 림프절에서 나온 굵은 림프관은 신정맥(腎靜脈, renal vein)과 연결된다.

간질조직에 분포된 세포가운데 생식현상과 관계가 깊은 간질세포는 안드로겐을 합성・분비하는 내분비세포로서, 발견자인 F. von Leydig의 이름에 근거하여 라이디히세포라고도 부른다. 간질세포는 정소간질의 혈관주위에 집단을 이루거나, 개별적으로 분산되어 존재한다. 정소에 함유되어 있는 간질세포의 양은 동물의 종이나 연령에 따라 상당한 차이가 있어서 성숙한 소에서는 전체 정소부피의 약 7%를 차지하는 반면에, 돼지에서는 약 21%를 차지한다. 간질세포는 불규칙한 다각형, 또는 방추형의 모양을 가진 직경 15~20㎛의 세포로서, 둥근 핵을 가지고 있으며, 핵막과 핵인이 선명하다. 세포질은 에오신 색소에 잘 염색되며, 지질봉입체가 다량으로 함유되어 있고, 스테로이드합성세포가 가지는 특징적 세포소기관인 무과립내형질세망이 풍부하게 분포되어 있다(Christensen & Mason, 1975).

2) 정소의 기능

정소의 주된 기능은 곡세정관에서 웅성배우자인 정자를 생산하는 기능과 간질세포에서 안드로겐을 분비하여 수컷의 번식기능을 조절하는 기능이다.

(1) 정자의 생산 : 정자형성은 정소의 곡세정관에서 일어나며, 형성과정은 정자세포발생과 정자완성의 두과정으로 구분한다. 정자세포발생과정에서 세정관의 기저판위에 위치하는 정원세포는 정자형성의 줄기세포(幹細胞, stem cell)로서, 유사분열을 반복하여 정자형성이 계속될 수 있도록 줄기세포를 계속 생산하면서 종국에는 제1차정모세포로 분화된다. 제1차정모세포는 2차에 걸친 감수분열로 제2차정모세포를 거쳐 반수체(n)인 정자세포가 된다. 둥근모양을 가진 정자세포는 지지세포에 부착된 상태에서 정자완성과정을 통하여 두부와 미부로 구성된 정자로 형태변화를 한 다음, 곡세정관의 강(腔)으로 유리된다. 이와 같이, 정자완성과정에서 중요한 역할을 하는 지지세포가 성성숙 후에는 분열을 하지 않기 때문에 그 수가 증가되지 않는데, 이것이 사출되는 정자의 수를 일정하게 제한하는 원인이 된다(Johnson & Tatum, 1989; Hochereau de Reviers 등, 1987). 정소의 실질조직 1g에서 1일에 생산되는 정자수는 사람은 6×10^6개(Johnson 등, 1998)이고, 소・면양・돼지는 각각 13~19×10^6・24~27×10^6・24~31×10^6개이며(Amann, 1970), 말은 19.3~22.3×10^6개이다(Swierstra 등, 1975). 수컷의 정자생산능력은 생식기능이 최성기에 도달할 때까지는 연령의 증가와 더불어 상승되지만, 그 후로는 감퇴된다. 일반적으로, 정소에서 생산되는 정자의 수는 정액의 사출에 의하여 회수되는 정자의 수보다 많다.

(2) 내분비기능 : 정소에서 수행되는 정자형성과 안드로겐의 분비는 뇌하수체에서 분비되는 GTH, 즉 ICSH(암컷에서는 LH라 함)와 FSH의 자극을 받아 이루어진다. ICSH는 정소의 간질세포를 자극하여 테스토스테론으로 대표되는 안드로겐의 분비를 자극한다. 분비된 테스토스테론은 정자형성과정의 후반부를 자극하고, 웅성부생식기관의 기능을 자극하며, 성행동을 유기하는 등, 수컷의 번식기능을 전반적으로 지배한다. 또한, 부의 피드백기전으로 ICSH의 분비를 조절하는 수단을 통하여 테스토스테론의 혈중농도를 적합한 상태

로 유지시킨다. 한편, FSH는 세정관에 위치하는 정원세포를 자극하여 정자형성과정을 개시시키고, 아울러 지지세포도 자극하여 안드로겐결합단백질(ABP)과 인히빈의 분비를 자극한다. ABP는 세정관내에서 테스토스테론과 결합하여 세정관내의 테스토스테론 농도를 높게 유지시킴으로써 정자형성과정이 원활히 이루어지게 하며, 인히빈은 뇌하수체에 대한 부의 피드백기전으로 FSH의 분비를 억제한다. 따라서, 거세를 하면 어린 수컷에서는 성적발달이 억제되고, 성숙한 수컷에서는 성행동과 생식기관의 퇴행적 변화가 일어난다.

2. 정소상체

정소상체(精巢上體, epididymis)는 정소에서 생산된 정자의 배출관인 정소수출관과 정관사이를 연결하는 매우 긴 코일모양의 관상기관으로서, 정소에서 이행되어 온 정자의 생명유지와 보호·성숙·운반·저장에 관한 역할을 수행한다. 이러한 정소상체의 기능은 내강액(內腔液, luminal fluid)에 의하여 발현된다. 정소상체의 내강액은 내강을 구성하는 상피세포가 가지는 ① 합성·분비기능, ② 혈장에서 이행되는 성분의 조절기능, ③ 정소에서 분비된 정소액(testicular fluid)의 흡수기능에 의하여 그 성분이 조절된다.

1) 정소상체의 구조

정소상체는 정소의 두단(頭端)에서 기시되어 정소의 장축을 따라 미단(尾端)에 이르는 매우 굴곡된 관상기관으로서, 해부학적으로 두부(頭部, caput epididymidis [head])·체부(體部, corpus epididymidis [body])·미부(尾部, cauda epididymidis [tail])로 구분하며(그림 1-2 참조), 그 길이가 매우 길어서 래트는 3m 정도이고(Cooper, 1998), 수소는 36m, 돼지는 54m에 이른다(Hafez, 2000). 정소상체의 두부는 정소의 두단에 편평한 타원형의 형태로 부착되어 있으며, 이곳에서 정소를 빠져나온 13~20본의 정소수출관이 하나의 관으로 합쳐져 정소상체관을 형성한다. 체부는 두부에서 계속되어 정소의 장축을 따라 미단까지 내려오는 가늘고 긴 부분으로서, 심하게 우곡(紆曲)된 정소상체관이 포함되어 있으며, 정소의 미단에서 정소상체의 미부로 이행된다. 미부는 외관상 체부에 비하여 굵으며, 관의 배치방향이 반전되어 정관과 연결된다. 정소상체관은 조직학적으로 상피조직(上皮組織, epithelial tissue)과 상피를 둘러싸면서 관의 형태를 유지하는 주위조직(周圍組織, peritubular tissue)으로 구성되어 있다. 그러나, 정소상체관의 상피조직을 조직학적으로 볼 때는 해부학적으로 구분되는 부위와는 일치하지 않는 3부위로 구분할 수 있다(Amann 등, 1987).

(1) 상피조직 : 정소상체관의 상피는 세포핵이 위치하는 높이가 서로 다른 3종류 이상의 세포로 구성된 위중층원주상피(僞重層圓柱上皮, pseudostratified columnar epithelium)이다(그림 1-4; Cooper, 1998). 상피를 구성하는 세포가운데 기본세포는 주세포(主細胞, principal cell)이다. 이 세포는 유리면에 길이 40~80㎛의 부동섬모(stereocilia)가 발달되어 있는 원.

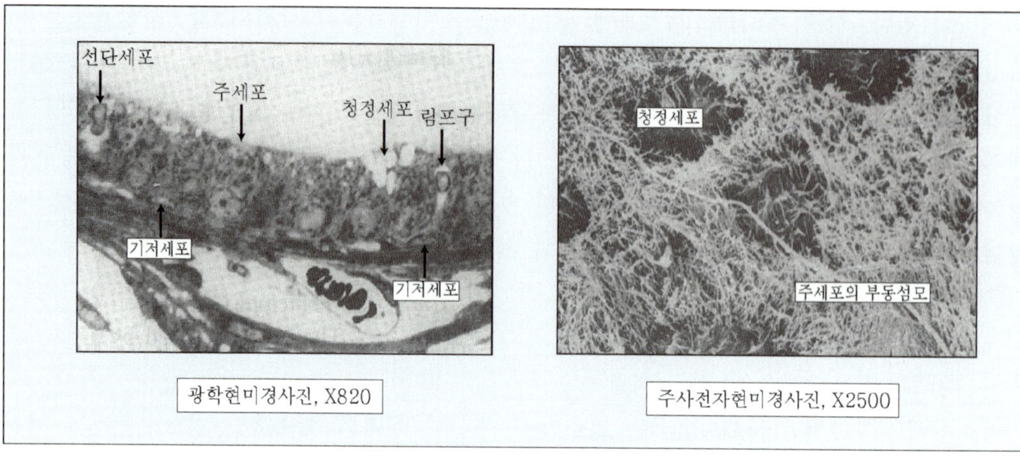

그림 1-4. 래트 정소상체관 상피의 조직학적 구조

주세포이다. 주세포의 높이와 섬모의 길이는 정소상체의 두부에서 가장 높고, 미부로 갈수록 점차적으로 낮아짐에 따라 관강의 크기가 증대된다. 따라서, 정소상체의 두부와 체부는 정자의 성숙에 관여하고, 미부는 정자의 저장에 적합한 구조로 되어 있다(Hafez, 2000). 주세포는 흡수기능과 분비기능을 수행한다. 정소수출관과 정소상체관의 기시부(정소상체의 두부)를 구성하는 주세포는 정소에서 분비되어 넘어오는 정소망액(rete fluid)의 대부분을 흡수하여 관강액의 삼투압을 높여주며, 이에 따라 정자에서도 부분적 탈수가 일어난다. 분비기능으로는 ① 주세포 자체의 세포질내 전해질평형을 위하여 수분을 관강으로 배출하는 경우도 있고, ② 정소상체두부의 주세포에서 정자의 에너지원으로도 이용되는 글리세릴포스포릴콜린을 합성·분비하며, ③ 정소상체 여러 부위의 주세포에서 정자의 발달에 관여하는 각종의 단백질성 물질을 합성·분비한다(표 1-1; Cooper, 1998). 또한, 주세포는 인접한 세포끼리 치밀하게 연접되어 혈액-정소상체관 벽(blood-epididymal duct barrier)을 형성함으로써 혈액에 존재하는 분자량이 큰 물질(면역글로불린 등)이 정소상체의 관강내로 유입되는 것을 억제한다. 한편, 정소수출관을 구성하는 주세포는 운동섬모(kinocilia)를 가지는 섬모세포와 다수의 미세융모(microvilli)가 세포표면을 덮고 있는 미세융모세포로 구분된다. 미세융모세포는 기본적으로 흡수세포로서의 기능을 수행하지만, 정소수출관의 중간부에 위치하는 미세융모세포는 현저한 분비기능을 나타낸다(Goyal 등, 1988).

정소상체관의 상피에는 주세포외에 기저세포(基底細胞, basal cell)·선단세포(先端細胞, apical cell)·청정세포(淸淨細胞, clear cell) 등도 존재한다. 기저세포는 어린동물에서는 발견되지 않고, 성숙동물에서만 발견되는 세포로서, 기저막에는 부착되어 있지만, 세포의 선단이 정소상체의 관강에 이르지 못하며, 세포자체의 모양은 동물의 종에 따라 둥근모양이거나 삼각형을 나타낸다. 기저세포는 주세포의 아래쪽에서 망상구조를 형성하여 상피의 안정적 구조를 유지하면서 정자를 면역학적으로 보호하는 역할을 한다(Cooper, 1998). 선단

표 1-1. 정소상체의 단백질성 분비물과 그것들의 추정상의 역할

물 질 명	분비부위	동 물 종	kDa	생리적 특성	추정상의 역할
FLB1	두부, 체부	사람	94	—	정자-난자 융합
Cres	기시부	래트	14, 19	Proteinase inhibitor	정자 보호
GPX5	기시부, 체부	마우스	24	Glutathione peroxidase	정자 보호
GGT	기시부, 체부	래트	71	γ-Glutamyl transpeptidase	GSSG 분해
B/C	기시부, 두부, 체부	래트, 마우스	16, 18	Retinoic acid-binding protein	정자의 변화
Immobulin	두부	래트, 사람	>400	mucoprotein	정자운동성의 억제
SGP-2	두부	래트	66-70	Complement lysis inhibitor	정자의 변화
anti-KCl	두부	사람		—	정자-난자 융합
PBP	두부	래트, 마우스	12	Phospholipid-binding protein	정자의 변화
HE2	두부, 체부	사람		—	정자-난자 융합
HE1	두부, 체부, 미부	사람		Sterol-binding protein	정자의 변화
D/E	두부, 체부, 미부	래트, 마우스	27-37	Carboxypeptidase, Y-like	정자-난자 융합
2D6	체부	래트	23	—	정자-난자 융합
p34h	체부	래트, 사람	34, 26	—	투명대 보호
β-NGF	체부	래트, 마우스	32	Nerve growth factor	상피조직의 조절
HE5	체부, 미부	사람	18-25	—	면역성 보호
Fibronectin	체부, 미부	사람	220	Disintegin	정자-난자 융합
HE4	체부, 미부	사람		Proteinase inhibitor	수정능파괴인자
ASF	미부	토끼	129-259	Acrosome stabilization factor	수정능파괴인자
His-50	미부	래트	50	—	수정능파괴인자
SOD	미부	래트		Superoxide dismutase	정자 보호
Catalase	미부	래트		Catalase	정자 보호

세포는 정소상체 두부의 상피, 청정세포는 체부와 미부의 상피에서 관강쪽에 배치되어 있으며, 주세포에 비하여 흡수능력이 높다.

(2) 상피의 주위조직 : 정소상체관의 내강을 구성하는 상피의 바깥쪽에는 근양세포(筋樣細胞, myoid cell)와 함께 윤주근층(輪走筋層, circular muscle layer)과 종주근층(縱走筋層, longitudinal muscle layer)이 배치되어 있다. 그러나, 정소상체의 두부에서는 윤주근층만 있으며, 미부로 갈수록 윤주근층의 안쪽과 바깥쪽에 점차적으로 두꺼워지는 종주근층이 추가되어 3층의 근육층으로 구성된다. 한편, 상피주위조직의 간질층에는 혈관과 림프관이 포함되어 있으며, 근육층과 혈관으로 뻗어가는 신경도 분포되어 있다. 정소상체관의 신경분포는 두부쪽에서는 빈약하지만, 미부쪽으로 갈수록 교감신경섬유가 잘 발달되어 근육층의 수축을 조절하며, 이에 따라 정자가 정관쪽으로 이송된다.

2) 정소상체의 기능

정소상체는 다양한 기능을 수행하지만, 가장 중요한 기능은 정소에서 미성숙상태로 넘어온 정자를 성숙시켜 운동능력과 수정능력을 부여하는 기능과 수정능력을 손상시키지 않으

면서 장기간에 걸쳐 보존함으로써 사정에 대비하는 기능이다.

(1) 정자의 생명유지와 보호 : 정소상체관은 정자가 통과하는 기간에 생존이 가능한 조건을 충족시켜 줄 뿐만 아니라, 동물체 자체의 면역계로부터 보호될 수 있도록 정자의 자가항원(自家抗原, autoantigen)을 유지시킨다. 정자가 자신을 생산하는 동물체의 면역계로부터 보호되는 것은 정소상체관을 구성하는 상피세포 상호간의 치밀연접이 상피내백혈구의 방세포운반(傍細胞運搬, paracellular transport), 면역억제(免疫抑制, immunosuppression) 및 기타의 유해기전을 막아 주기 때문이다. 한편, 정소상체의 관강내에 있는 정자의 경부에 부착된 세포질소적(細胞質小滴)에 함유된 대사효소는 관강액에 함유되어 있는 여러 종류의 대사기질과 산소(O_2)를 이용하여 활성산소(reactive oxygen)를 생산하는데, 이 활성산소에 의한 정자의 손상은 정소상체에서 생산되는 효소에 의하여 억제된다(Cooper, 1998). 활성산소를 제거하는 정소상체 효소에는 카타라제(catalase)·글루타치온 과산화효소(glutathione peroxidase)·과산화물 분자변위보효소(peroxide dismutase) 등이 있으며, 뒤의 두효소는 정소상체의 관강액에서도 검출된다. 또한, 정자에 유해한 독성물질은 정소상체의 상피를 구성하는 기저세포에서 분비된 글루타치온 S-전이효소(glutathione S-transferase)에 의하여 제거된다. 한편, 정소에서 유래된 α_2-거대글로블린(α_2-macroglobulin)이나 정소상체의 상피세포에서 분비된 시스타틴-관련 정소상체-특수단백질(cystatin-related epididymal-specific protein [CRES])은 단백질분해효소 억제제로서, 퇴행된 정자에서 누출된 단백질분해효소에 의하여 정소상체의 상피나 생존정자가 손상되는 것을 방지한다(Cooper, 1998).

(2) 정자의 성숙 : 정소에서 미성숙상태로 배출된 정자는 정소상체관을 통과하면서 성숙과정을 거치게 된다. 정자는 정소상체에서 일어나는 성숙변화과정을 통하여 ① 경부에 부착되어 있는 세포질소적이 미부중편부의 말단까지 이동된 다음, 급기야는 제거되고, ② 원형질막에 부착되어 있는 탄수화물잔기와 단백질분자가 변화되어 전체 정자표면의 대전(帶電, charge) 상태가 변경되며, ③ 이황화물(disulfide)이 산화되고, ④ 원형질막에 부착된 지질의 구조가 변경되며, ⑤ 귀니아피그와 같은 동물에서는 정자두부를 싸고 있는 커다란 첨체의 모양이 재구축된다. 이와 같은 형태적 및 화학적 변화에 수반하여 일어나는 정자의 생리적 성숙은 운동성과 수정능을 획득하는 것이다.

운동성은 정자가 정소상체의 체부에 이송되어 온 후부터 증가되지만, 두부와 체부의 경계부를 결찰하여 정자가 두부내에 일정시간 머물게 할 경우나 정소내의 정자를 체외에서 정소상체액과 접촉없이 배양할 경우에도 향상된다. 이러한 사실을 보면, 정자의 운동성은 정소상체의 기능에 영향을 받는다기 보다는 시간경과에 의존적으로 발현되는 정자 자체의 타고난 성질이라고 생각된다(Cooper, 1998). 그러나, 수정능력은 미부에 도달된 정자에서 가장 높게 나타나는데(Amann, 1987), 이것은 정자가 미부로 이행될수록 정소상체 분비액에 포함된 수정능력을 증가시키는 인자(표 1-1)와 효과적으로 접촉할 수 있기 때문이다. 더욱이, 정자는 성숙과정에서 염색질이 더욱 농축되어 치밀해 지며, 메틸화(methylation)가 일어나고, 웅성전핵(雄性前核, male pronucleus)의 형성능력이 향상된다.

(3) 정자의 운반 : 대부분의 동물종에서 정자가 정소상체관을 통과하는 데는 1~2주가 소요되며, 통과속도는 1일에 0.5m(래트)~5m(돼지) 정도이다. 사람은 다른 동물종에 비하여 통과속도가 빨라서 정소상체관을 통과하는데 2~4일이 소요될 뿐이다. 정소상체로 진입된 정자는 자체의 운동성이 매우 약하기 때문에 주로 정소상체관의 연동운동에 의존하여 운반된다. 정소상체관을 구성하는 근섬유의 자발적 운동은 아드레날린작동성(adrenergic), 콜린작동성(cholinergic) 및 퓨린작동성(purinergic)의 신경에 의하여 증강될 뿐만 아니라, 혈액을 통하여 공급되는 안기오텐신·바소프레신·옥시토신 등과 같은 내분비적 인자에 의하여도 증강된다(Wong 등, 1992). 그러나, 안드로겐은 근섬유의 긴장상태를 감소시켜서 정자가 정소상체에 저류되는 기간을 연장시킨다. 따라서, 양측 정소를 제거하면 안드로겐이 분비되지 않기 때문에 근섬유의 긴장상태가 증강되어 정자의 수송이 빨라진다.

(4) 정자의 저장 : 모든 동물종에서 정자는 수정능력을 유지하는 안정된 상태로 사정될 때까지 정소상체내에 저장되는데, 미부가 주 저장소로서, 총정소상체정자의 75%를 저장한다. 수소를 예로 들면, 양측 정소상체는 약 74.1×10^9개의 정자를 저장할 수 있으며, 이것은 정소가 3.6일 동안 생산하는 정자의 수와 같다. 이와 같이, 저장된 정자수가 많기 때문에 정소가 1일에 생산하는 정자수보다 많은 수의 정자를 1회에 사정할 수 있다. 따라서, 동물의 종에 따라 가능한 교배빈도는 저장정자수에 비례한다. 정소상체미부에 저장되는 정자의 수는 동물종별로 비교적 일정하게 유지됨으로 자연상태하에서의 저장기간은 정자가 미부 앞쪽의 정소상체를 통과하는 기간과 대략 일치한다. 그러나, 인위적으로 미부의 앞·뒤쪽을 결찰하면 정자가 미부내에서 장기간동안 생존할 수 있다. 그러나, 미부에 저장되는 정자의 수와 생존능력에는 한계가 있음으로 금욕생활을 하는 수컷에서는 노화정자가 미부의 관강내에서 퇴행·변성된다. 또한, 미부에 저장된 정자가 포화상태가 되면 정관과 요도를 거쳐 배출되는데, 배뇨시 오줌에 혼입되어 배출되는 동물(면양·사람)도 있고, 자발적사정(自發的射精, spontaneous ejaculation)에 의하여 배출하는 동물(설치류)도 있다.

정소상체미부에서 동물체 자체와는 독립된 생명체라고 볼 수 있는 정자가 장기간에 걸쳐 저장되는 것은 정소상체가 정자의 대사를 억제하여 운동성을 감소시키고, 아울러 정자의 활성화를 억제하기 때문이다. 정자의 운동성을 감소시키는 기전은 ① 정소상체 관강액의 나트륨이온(Na^+) 농도가 감소되어 양자유출(陽子流出, proton efflux)이 일어나고, 운동성의 방아쇠로 작동하는 정자내부 pH의 상승을 방지하여 운동성을 억제하며, ② 정자가 정소상체미부에 고농도(수천억/ml)로 집적됨에 따라 운동성이 제약을 받을 뿐만 아니라, ③ 정소상체에서 분비되는 점조성이 높은 점단백질(mucoprotein)도 정자의 운동성을 제한하고, ④ 소의 정소상체에서는 정자로 쉽게 스며드는 산(酸)을 생산하여 정자 자체의 pH를 낮게 유지하며, ⑤ 박쥐에서는 정소상체미부의 이산화탄소(CO_2)분압이 높게 유지되어 산성상태를 조성함으로써 정자의 운동을 억제한다. 한편, 정자의 활성화를 억제하여 수정능력

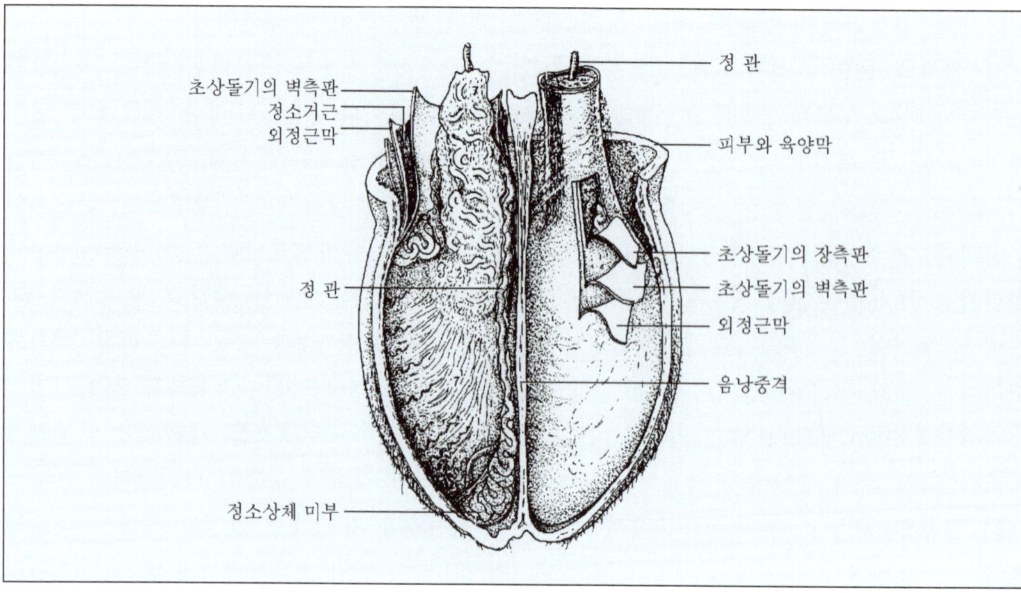

그림 1-5. 소 음낭의 구조

을 유지시키는 기전은 ① 정소상체관에서 당단백질인 수정능파괴인자를 분비하여 불안정한 정자의 원형질막을 보호하고, ② 정자의 집적(集積, aggregation)이 일어나 정소상체를 통과하는 과정에서 정자의 불안정한 부분이 보호된다(Cooper, 1998).

3. 음낭과 정삭

음낭(陰囊, scrotum)은 대부분의 포유동물에서 서경부(鼠徑部, inguinal region)에 위치하는 주머니모양의 구조물이며, 이 속에 정소와 정소상체가 수용된다. 정삭(精索, spermatic cord)은 정소상체미부에서 기시되어 서경관을 상주(上走)하는 정관과 정소로 들어가는 혈관·신경·림프관 등이 한 묶음으로 모여진 삭상(索狀)의 구조물로서, 정소를 지지한다. 이것들은 정소의 온도를 체온에 비하여 낮게 유지시키는 역할을 수행한다.

1) 음낭과 정삭의 구조

음낭은 좌·우 양측의 정소를 각각 수용하는 두개의 초상돌기(鞘狀突起, vaginal process)를 피복하는 외피구조물이다. 정소가 복강내에 위치하는 코끼리·고래·곰·식충동물(食蟲動物, insectivore) 등을 제외한 대부분의 포유동물은 음낭을 가지고 있다. 음낭은 복벽에서 유래되는데, 구성요소는 밖으로부터 ① 피부(皮膚, skin), ② 육양막(肉樣膜, tunica dartos), ③ 외정근막(外精筋膜, external spermatic fascia), ④ 정소거근막(精巢擧筋膜, cremasteric fascia), ⑤ 내정근막(內精筋膜, internal spermatic fascia), ⑥ 초상돌기 벽측판(壁側板, parietal

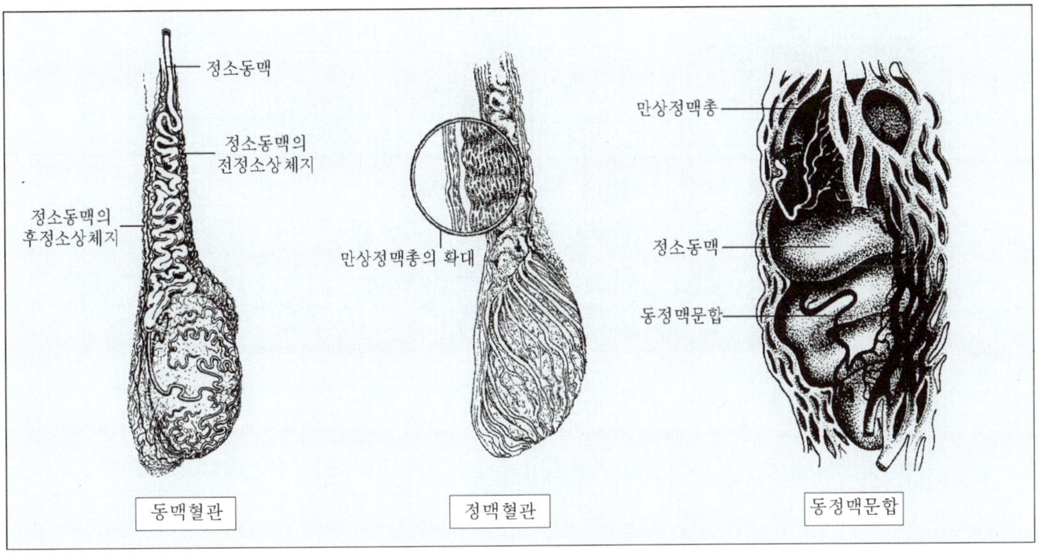

그림 1-6. 소의 정삭에 포함된 혈관의 배치형태

layer)의 순서로 배치되어 있다(그림 1-5; Meijer & Fentener van Vlissingen, 1992b). 음낭의 피부는 두께가 얇고, 피하지방이 없으며, 피지선(皮脂腺, sebaceous gland)과 한선(汗腺, sweat gland)이 잘 발달되어 있다. 육양막은 평활근섬유와 탄성섬유가 풍부한 섬유근육층(fibromuscular layer)으로서, 피부와 치밀하게 결합되어 있으며, 음낭의 정중선 아래쪽 끝에서 위쪽으로 반전되어 양측의 초상돌기 사이를 파고 들어가 음낭중격(陰嚢中隔, septum scroti)을 형성함으로써 음낭의 내강을 두개의 방으로 나눈다. 외정근막은 육양막과 초상돌기의 사이에 위치하면서 양측의 조직과 소성결합조직으로 연결되어 있다. 이 소성결합조직은 매우 유연하여 육양막과 초상돌기가 외정근막을 사이에 두고 미끄러지듯이 운동할 수 있으며, 따라서 양측의 초상돌기가 각각 독자적으로 움질일 수 있다. 외정근막과 소성결합조직으로 결합된 초상돌기의 외부는 정소거근막에 의하여 싸여 있으며, 내정근막은 초상돌기의 벽측판과 치밀하게 결합되어 있다.

정삭은 음낭내에서 골반강쪽으로 상주(上走)하는 정관과 정소로 들어오는 혈관이나 신경 등이 초상돌기의 장측판에 한 묶음으로 싸여서 형성된 구조물이다. 정삭은 음낭과 복강의 연결통로인 서경관(鼠徑管, inguinal canal)을 통하여 복강내로 들어가는데, 정소상체를 기저(基底)로 하고, 서경관의 음낭쪽 구멍인 천서경륜(淺鼠徑輪, superficial inguinal ring)을 정점으로 하는 편평한 원추형을 이루고 있다. 소·면양·산양 등과 같이 정소가 수직으로 하수되어 있는 동물에서는 정삭을 음낭의 바깥에서 쉽게 촉지할 수 있다. 정관은 정관간막에 의하여 정소간막에 부착되어 있는데, 복강내로 들어오면 혈관이나 신경으로부터 분리되어 후배방(後背方)으로 뻗어나가 골반부요도에 연결된다. 한편, 정삭에 포함되어 정소로 들어오는 정소동맥(testicular artery)은 심하게 굴곡된 상태를 나타내면서, 곧게 뻗은 정소정

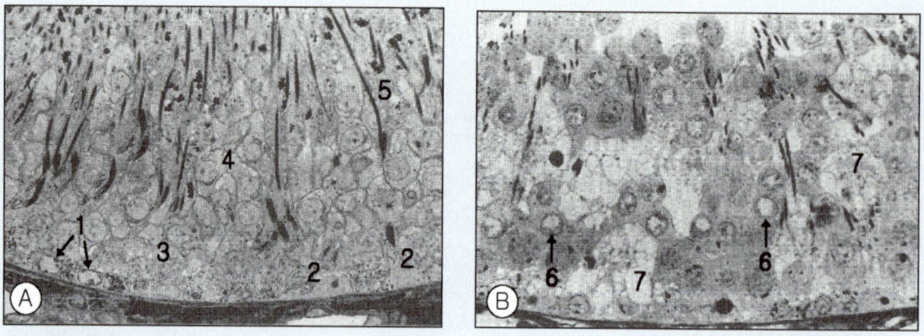

A : 정상정소, B : 잠복정소, 1 : 정원세포, 2 : 지지세포, 3 : 정모세포, 4 : 원형정자세포
5 : 신장된 정자세포, 6 : 염색질이 붕괴된 원형정자세포, 7 : 세정관상피의 공포화

그림 1-7. 래트의 정상정소와 잠복정소의 조직상

맥(testicular vein)들이 문합되어 망상구조를 형성한 만상정맥총(蔓狀靜脈叢, pampiniform plexus)에 밀착되어 위치한다. 또한, 정소동맥과 만상정맥총사이에 동정맥문합이 형성되어 정소동맥으로 들어온 혈액의 일부(면양・돼지의 경우 약 50%)가 정소를 통과하지 않고 곧바로 정맥유상으로 이행된다. 이러한 혈액흐름의 생리적 의미는 완전히 해명되지는 않았지만, 정소로 공급되는 혈액량을 조절하고, 정소의 호르몬농도와 온도의 조절에도 일정한 기여를 하는 것으로 보인다(그림 1-6; Meijer & Fentener van Vlissingen, 1992b).

2) 음낭과 정삭의 기능

음낭은 정소와 그 부속기(附屬器, adnexa)를 밖에서 둘러싸면서 보호하고, 정삭은 음낭내에서 정소를 지지하는 역할을 수행하지만, 이것들의 가장 중요한 기능은 정소의 온도를 조절하는 것이다. 포유동물의 정소에서 정상적으로 정자가 형성되려면, 정소의 온도가 체온에 비하여 4~7℃ 정도 낮게 유지되어야만 한다. 따라서, 정소가 복강내에 위치하는 잠복정소는 곡세정관이 위축되고, 정자형성 과정도 극심하게 장해를 받는다(그림 1-7; Kerr, 1998). 음낭의 피부는 피하지방이 없기 때문에 온도의 발산이 자유롭고, 아드레날린작동성한선(adrenergic sweat gland)이 많아서 온도가 높아지면 땀이 다량으로 분비되며, 이 땀의 기화열에 의하여 정소의 온도가 효과적으로 저하된다. 더욱이, 고온환경하에서는 음낭피부에 위치하는 온도수용기(溫度受容器, temperature receptor)가 작동하여 동물체의 헐떡거림(panting)과 발한작용(sweating)을 유발하기 때문에 동물체 자체의 체온도 저하시킨다(Robertshaw & Vercoe, 1980). 또한, 근성분으로 구성된 육양막은 온도변화에 민감하게 반응하여 수축과 이완이 조절된다. 추울 때에는 수축하여 음낭의 벽을 두껍게 하고, 정소를 복벽에 부착시켜 정소온도가 하강되는 것을 방지한다. 그러나, 더울 때에는 육양막이 이

완되어 음낭의 벽이 얇아지고, 정소를 복벽으로부터 떨어지게 하여 효과적으로 온도를 저하시킨다. 말에서는 정삭에 포함되어 있는 정소거근(精巢擧筋, cremaster muscle)이 육양막의 온도조절기능을 돕는다. 또한, 정삭에 포함되어 있는 정소동맥은 매우 굴곡된 상태로 만상정맥총에 밀착되어 있는데, 이러한 해부학적 구조는 정소에서 나가는 차가운 정맥혈류가 정소로 들어오는 동맥혈류의 온도를 저하시키는 역류기전(counter-current mechanism)을 제공한다(Hees 등, 1990). 실제로, 면양에서 정소동맥의 혈액온도는 외서경륜 부위로부터 정소의 표면에 이르는 동안 4℃정도가 저하되며, 반대로 정맥혈의 온도는 비슷한 정도로 상승된다(Hafez, 2000). 돼지는 음낭이 체벽에 밀착되어 있고, 피부에서 땀을 흘리지 않기 때문에 다른 동물에 비하여 음낭온과 직장온의 차이(3.2℃)가 크지 않다(Stone, 1981).

4. 정 관

정관(精管, ductus deferens, deferent duct)은 정소상체의 미부에서 출발하여 요도의 기시부에 연결되는 관상기관으로서, 정소상체에서 넘어오는 정자를 요도까지 운반한다.

1) 정관의 구조

정관은 해부학적으로 음낭속에서 정삭에 포함되어 골반강쪽으로 뻗어가는 정삭부(精索部, funicular part)와 서경관을 빠져나와 골반강내에서 요도에 연결되는 골반부(骨盤部, pelvic part)로 나눈다. 정관은 대부분이 곧기 때문에 길이가 의외로 짧아서 말의 경우에도 1m 정도에 지나지 않는다. 정관의 정삭부는 정소상체미부와 연결된 부분에서는 굴곡되어 있지만, 점차 직선상으로 되며, 정관간막(精管間膜, mesoductus deferens)에 독립적으로 쌓여 있어서 정삭의 다른부분(혈관・신경 등)과는 쉽게 분리시킬 수 있다. 한편, 서경관을 빠져나와 골반강에 진입된 골반부정관은 정삭의 다른 부분과 분리되어 단독으로 후배방으로 뻗어나가는데, 도중에서 요관(ureter)과 교차하여 안쪽으로 들어와 반대측의 정관과 서로 연접하여 방광경(膀胱頸)의 위쪽에 이르고, 요도의 기시부에서 요도벽을 관통하여 점막융기의 말단부인 정구(精丘, colliculus seminalis)에 개구한다(본절의 요도 항목 참조). 소와 말의 정관은 요도에 개구하기 전에 정낭선의 배출관과 합쳐져 사정관(射精管, ejaculatory duct)을 만들어 공동의 통로로 사용하며, 요도에 개구된 구멍을 사정구(射精口, ejaculatory orifice)라고 한다. 그러나, 돼지에서는 정관과 정낭선의 배출관이 독립적으로 요도에 열린다. 정관이 요도와 연결되는 말단부는 돼지와 고양이를 제외하고는 관벽이 두꺼워져 외관상 굵게 보이는데, 이를 정관팽대부(精管膨大部, ampullae ductus deferentis)라고 한다.

정관 관벽의 조직은 안쪽으로부터 점막・근층・장막의 3층으로 구성되어 있다. 점막에는 종(縱)으로 주름이 있으며, 점막상피는 정소상체관의 상피와 유사한 위중층상피이지만, 상피의 높이는 정소상체의 그것보다 낮다. 정관팽대부의 점막에는 조직학적 특성이 지관상선

(枝管狀腺, branched tubular gland)인 정관팽대부선(ampullary gland)이 분포하며, 말에서 가장 잘 발달되어 있다. 근층은 평활근으로 구성되고, 안쪽에 윤주근층, 바깥쪽에 종주근층이 배치되어 있는데, 사람과 같이 윤주근층의 안쪽에 종주근층이 한층 더 배열되어 3층의 근육층을 가지는 동물도 있다. 그러나, 각층의 평활근섬유들이 서로 얽혀져 있어 명확하게 층들의 경계를 구분하기는 어렵다. 정관을 밖에서 싸고 있는 장막은 복막의 연속이며, 그 밑에 위치하는 소성결합조직속에 혈관과 신경들이 함유되어 있다.

2) 정관의 기능

정관은 사정시 정소상체미부에서 나오는 정자를 요도까지 이송하는 역할을 한다. 정자의 이송은 정관벽을 구성하는 평활근섬유의 강력한 수축력에 의존한다. 한편, 정관팽대부는 정자를 사정 전에 잠시동안 머물게 하는데, 이것은 정자를 요도로 밀어내기 전에 일정한 수 이상의 정자가 확보되도록 집적시켜서 처음에 사출되는 정액에도 정자가 함유되게 하는 생리적 의미가 있다(Bearden & Fuquay, 2000a). 말의 정관팽대부선에서는 사정시에 정자의 에너지원으로 이용되는 에르고티오네인(ergothioneine)을 분비한다(Hafez, 2000). 정관과 정낭선의 공동 배출관인 사정관의 상피는 사멸정자나 운동성이 미약한 정자를 제거하며, 정관을 통과한 정자부유액의 액상성분을 흡수한다(Abou-Elmagd & Wrobel, 1990).

5. 요 도

수컷에서 요도(尿道, urethra)는 방광에 저장된 오줌을 외부로 배출하는 통로인 동시에, 정액의 사출관으로도 작용하는 관상기관이다. 따라서, 요생식도(尿生殖道, urogenital tract)라고도 하며, 골반부요도와 음경부요도로 구분한다.

1) 요도의 구조

요도는 방광의 출구부인 방광경(膀胱頸)에 위치하는 내요도구(internal urethral orifice)에서 기시되며, 종지점은 암·수 사이에 차이가 있다. 즉, 암컷에서는 질전정의 아래쪽에 개구하는 외요도구(external urethral orifice)에서 끝나는 짧은 관이지만, 수컷에서는 음경귀두의 선단에 위치하는 외요도구에서 끝나는 긴 관이다. 수컷의 요도는 골반강내에 위치하는 골반부(pelvic part)와 음경속에 위치하는 음경부(penile part)로 구분한다. 요도의 점막상피는 이행상피(移行上皮, transitional epithelium)로 되어 있다. 요도의 골반부는 내요도구로부터 음경근(陰莖根)에 이르는 짧은 부분으로서, 기시부의 위쪽 벽(壁)에는 요도능(尿道稜, urethral crest)이라고 부르는 점막의 융기가 있고, 이 융기의 말단이 결절상으로 비후되어 정구(精丘)를 형성하며, 이 곳에 좌·우 한쌍의 사정관이 개구된다. 사정관의 개구공인 사정구 후방의 골반부요도는 전립선이 둘러싸고 있으며, 다수의 전립선관이 개구되어 있는데, 이 부분의 요도를 전립선부라고 한다. 여기에 이어진 관강이 좁은 부분을 요도협(尿道狹, urethral isthmus)이라고 하며, 이 곳에서 구요도선의 배출관이 개구된다. 골반부요도는 거의 전체가 요도근(urethral muscle)에 의하여 싸여 있으며, 근섬유의 주행방향은 말에서는 종주(縱走)하고, 반추류와 돼지에서는 윤주(輪走)하며, 개에서는 혼합형이다. 요도의 골반부는 골반강을 빠져나와 전방으로 반전되어 음경의 요도해면체속을 종주하는 음경부요도로 이행되며, 음경의 선단에서 외요도구를 형성하여 개구한다. 그러나, 면양과 산양에서는 요도가 음경귀두의 선단을 빠져나와 나선상으로 돌출하여 요도돌기(urethral process)를 형성하고, 그 끝에 외요도구가 개구된다.

2) 요도의 기능

요도는 암컷에서는 오줌의 전용배출관이지만, 수컷에서는 오줌과 정액의 공동배출관이다. 요도의 골반부에는 정자의 수송관으로 작동하는 정관의 배출구는 물론이고, 정장성분을 분비하는 각종 부성선의 배출구도 위치한다. 따라서, 요도의 골반부에서 정관을 경유하여 운반된 정자와 부성선에서 분비되는 정장이 섞여서 정액이 되고, 이것을 체외로 배출시킨다. 그러나, 소와 면양의 골반부요도에서는 정자와 정장을 균일하게 섞어서 정액의 정자농도가 비교적 일정하지만, 정액량이 많은 돼지와 말에서는 정자와 정장이 완전히게 섞이지 않아서 정액이 정자농도가 낮은 분획과 높은 분획으로 구분된다(Bearden & Fuquay, 2000a).

6. 부 성 선

부성선(副性腺, accessory genital gland)은 요도의 골반부에 잇대어 위치하며, 액상분비물을 요도내로 방출한다. 부성선의 분비물은 정액(精液, semen)의 액상성분인 정장(精漿, seminal plasma)을 구성한다. 정장은 정액의 pH를 일정하게 유지시키는 완충용액으로 작동할 뿐만 아니라, 정자의 대사에 필요한 영양소를 비롯하여 정자의 운동성과 수정력의 유지에 중요하게 작용하는 다양한 물질들이 함유되어 있다.

1) 부성선의 구조

부성선은 각각이 쌍으로 된 정낭선 · 전립선 · 구요도선으로 구성된다(그림 1-8; Meijer & Fentener van Vlissingen, 1992b). 반추동물 · 말 · 돼지 등에서는 이들 부성선을 모두 가지고 있지만, 육식동물에서는 정낭선이 없고, 개에서는 구요도선이 없다. 부성선의 분비조직은 모두 지관상포상선(枝管狀胞狀腺, branched tubuloalveolar gland)이며, 선체(腺體)의 밖은 잘 발달된 피막으로 싸여 있고, 실질은 평활근섬유가 풍부한 중격(中隔)에 의하여 소엽으로 나누어져 있다. 사정시에는 중격에 포함된 평활근섬유가 수축하여 부성선의 분비물을 요도

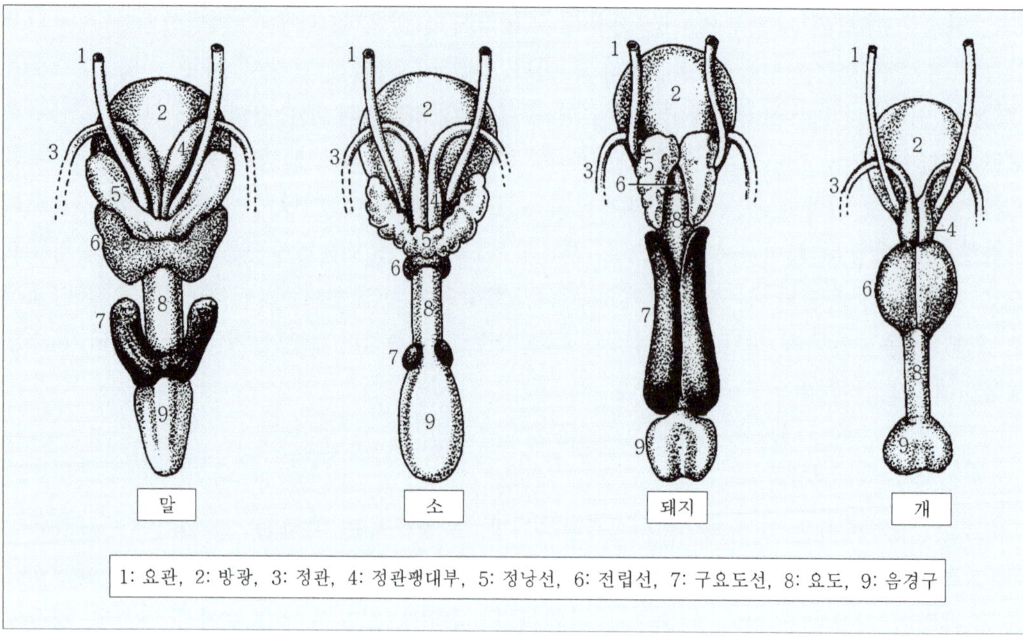

그림 1-8. 부성선의 배치형태

로 배출시킨다. 한편, 모든 부성선은 웅성호르몬인 안드로겐에 민감하게 반응하여 자극을 받으면 크기가 증대된다. 따라서, 안드로겐의 분비가 급속히 증가되는 성성숙기에 이르면 선체가 급속히 비대되고, 동물이 노화되거나 거세를 하면 위축된다. 소나 말과 같은 대형동물은 직장검사(直腸檢査, rectal palpation)로 부성선을 촉지할 수 있다.

(1) 정낭선 : 양측 정관말단부의 측면에 위치하고 있는 한쌍의 정낭선(精囊腺, vesicular gland, seminal vesicle)은 크기를 보면, 소 · 돼지 · 말에서 길이(13~15㎝)는 비슷하지만, 폭과 두께가 달라서 소의 정낭선이 돼지와 말의 그것에 비하여 1/2정도이다. 면양과 사슴의 정낭선은 크기가 작아서 길이가 4㎝ 정도에 불과하다. 반추동물과 돼지의 정낭선은 치밀한 소엽으로 이루어져 있고, 말의 정낭선은 길죽한 서양배모양의 주머니 형상이다. 정낭선의 배출관은 소와 말의 경우에는 정관의 말단부와 합하여져 공동으로 사용하는 사정관을 형성하여 요도에 개구되고, 돼지의 경우에는 정관과 정낭선의 배출관이 별도로 요도에 개구된다. 정낭선은 가장 큰 부성선으로서, 가장 많은 분비물을 배출한다.

(2) 전립선 : 정낭선배출구의 직후로부터 구요도선배출구까지의 골반부요도를 감싸고 있는 부성선인 전립선(前立腺, prostate gland)은 요도의 위쪽에서 요도근의 외부로 노출된 체부(體部, prostate body, external part)와 체부에서 파출되어 요도근의 아래에 위치하여 외부에서는 보이지 않는 전파부(傳播部, disseminated part, internal part)로 구분한다. 두 부위 모두 작은 다수의 배출관을 요도에 개구한다. 그러나, 모든 동물에서 전립선의 구조가 같은 것은 아니어서 체부의 크기가 소에서는 작고, 돼지에서는 크다. 면양을 비롯한 몸집이

작은 반추동물에서는 체부가 없고, 전파부만 있다. 말의 전립선은 전체가 요도근의 외측에 노출되어 있으며, 두개의 분엽(分葉)이 협부에 의하여 연결된 구조이다.

(3) **구요도선** : 한쌍으로 구성된 구요도선(球尿道腺, bulbourethral gland, Cowper's gland)은 골반부요도의 끝에 가까운 부위의 위쪽에 위치한다. 반추동물의 구요도선은 작은 구형이며, 선의 대부분이 구해면체근에 싸여 있다. 그러나, 돼지의 구요도선은 매우 큰 원통형의 모양을 나타내고, 교양물질(膠様物質, gel-like component)을 생산·분비한다. 말의 경우는 반추동물과 돼지의 중간정도의 크기이다. 대부분의 동물은 각 선이 하나의 배출관을 요도함요(尿道陥凹, urethral recess)에 개구하는 반면에, 말의 경우는 3~4개의 배출관이 요도에 개구된다(Garrett, 1987).

2) 부성선의 기능

부성선의 분비물은 정액의 액체성분인 정장을 구성한다. 정장은 ① 정자의 농도를 희석하고, ② 정자의 수송을 위한 액상운반매체(liquid vehicle)로서의 기능을 수행할 뿐만 아니라, ③ 특수한 기능을 가진 다양한 화학물질들이 함유되어 있다(Spring-Mills & Hafez, 1979, 1980). 정낭선의 분비액에는 정자의 에너지원으로 이용되는 물질이 함유되어 있는데, 반추동물의 경우는 프럭토오스와 시트르산(citric acid), 말에서는 시트르산만이 검출되며, 돼지의 경우는 소량의 프럭토오스와 다량의 에르고티오네인(ergothioneine) 및 이노시톨(inositol)이 함유되어 있다. 또한, 정낭선에서는 정액의 pH가 변화되는 것을 억제하는 완충제로 작동하는 인산염과 탄산염이 분비된다. 전립선의 분비물에는 나트륨(Na^+)·염소(Cl^-)·칼슘(Ca^{2+})·마그네슘(Mg^{2+}) 등과 같은 무기이온이 다량으로 함유되어 있다. 소와 사람의 경우, 성적으로 흥분하면 구요도선이 다른 부성선보다 먼저 분비물을 방출하여 요도에 남아있는 오줌을 씻어낸다. 돼지의 구요도선에서는 교양물질을 분비하는데, 이것은 교미시 정액이 질쪽으로 흘러나오는 것을 방지하고, 수분을 흡수하여 정자농도를 높여 주지만, 인공수정시에는 정액을 취급하는데 불편함으로 여과하여 제거한다. 한편, 말·돼지·고양이 등에서는 요도에 크기가 작은 점액성의 요도선(urethral gland)이 분포되어 있으며, 이것의 분비물은 사정전에 요도를 세척한다.

7. 음경과 포피

음경(陰莖, penis)은 오줌을 배출하는 비뇨기(泌尿器)일 뿐만 아니라, 암컷의 질내에 정액을 주입하는 수컷의 교미기로서, 긴 원통형의 구조이며, 전체의 길이는 소 90㎝, 돼지 55㎝, 말 50㎝, 면양 40㎝ 정도이다. 포피(包皮, prepuce)는 교미시 음경이 돌출되는 구멍인 포피구에서 복벽의 피부가 안쪽으로 반전되어 들어가 형성된 주머니로서, 음경의 유리선단부(遊離先端部, free part of penis)를 싸고 있다.

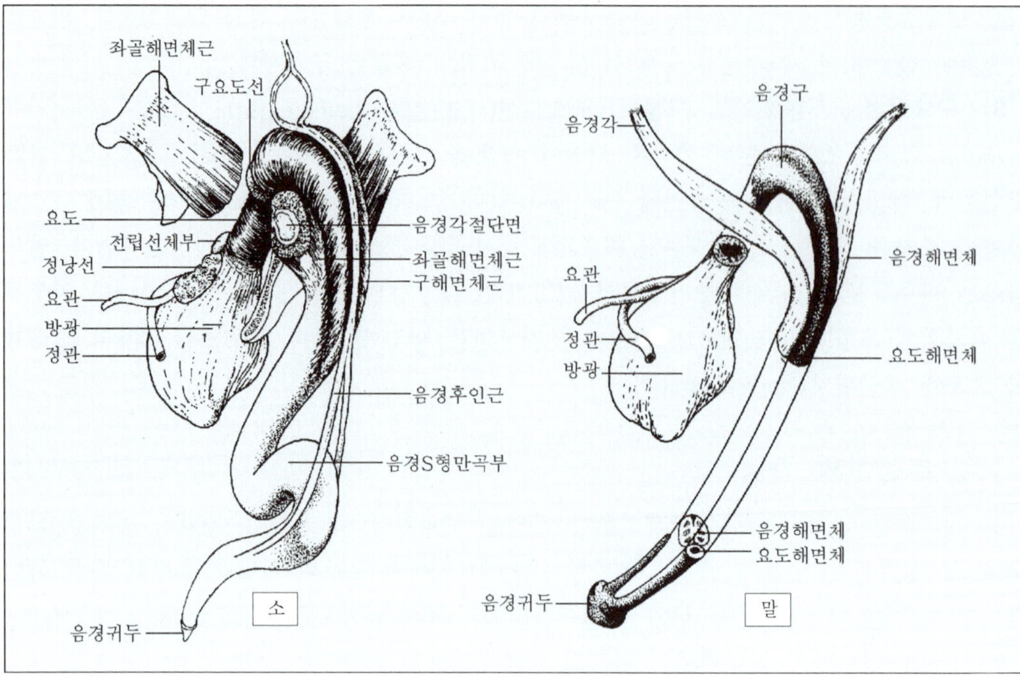

그림1-9. 음경의 구조와 배치형태

1) 음경과 포피의 구조

포유동물의 음경은 발기조직인 3개의 해면체(海綿體, cavernous body)가 정액과 오줌의 공동통로인 음경부요도의 주위에 모여서 구성된 기관이다. 해부학적으로는 음경근(陰莖根, radix penis)·음경체(陰莖體, corpus penis)·음경귀두(陰莖龜頭, glans penis)의 3부분으로 구분한다(그림 1-9; Meijer & Fentener van Vlissingen, 1992b). 대부분의 포유동물에서 음경귀두를 제외한 모든 부위는 정중앙의 복벽에 밀착된 상태로 복벽피부의 아래에 위치하지만, 귀두만은 포피속에 유리되어 있다. 음경의 대부분을 구성하는 해면체에는 하나의 요도해면체(corpus spongiosum penis)와 두개의 음경해면체(corpus cavernosum penis)가 있다. 요도해면체는 골반출구를 빠져나온 요도를 원통형으로 둘러싸는 해면체로서, 음경의 기시부(음경근)에서는 두꺼워져 음경구(陰莖球, penile bulb)를 형성하고, 이것은 구해면체근(球海綿體筋, bulbospongiosus muscle)에 의하여 덮여 있다. 음경구를 지난 요도해면체는 음경체부분을 지나 음경의 말단에 이르러 해면체가 두꺼워져 음경귀두를 형성한다. 음경귀두는 갓 모양의 귀두관(龜頭冠, corona glandis)과 잘록한 귀두경(龜頭頸, collumn glandis)으로 구성되는데, 동물의 종에 따라 그 모양이 다르다. 반추동물의 귀두는 원추상이고, 면양과 산양은 요도가 귀두의 밖으로 뻗어 나와 요도돌기를 형성하고 있으며, 돼지는 귀두의 모양이 나선형으로 되어 있다(그림 1-10; Bearden & Fuquay, 2000a).

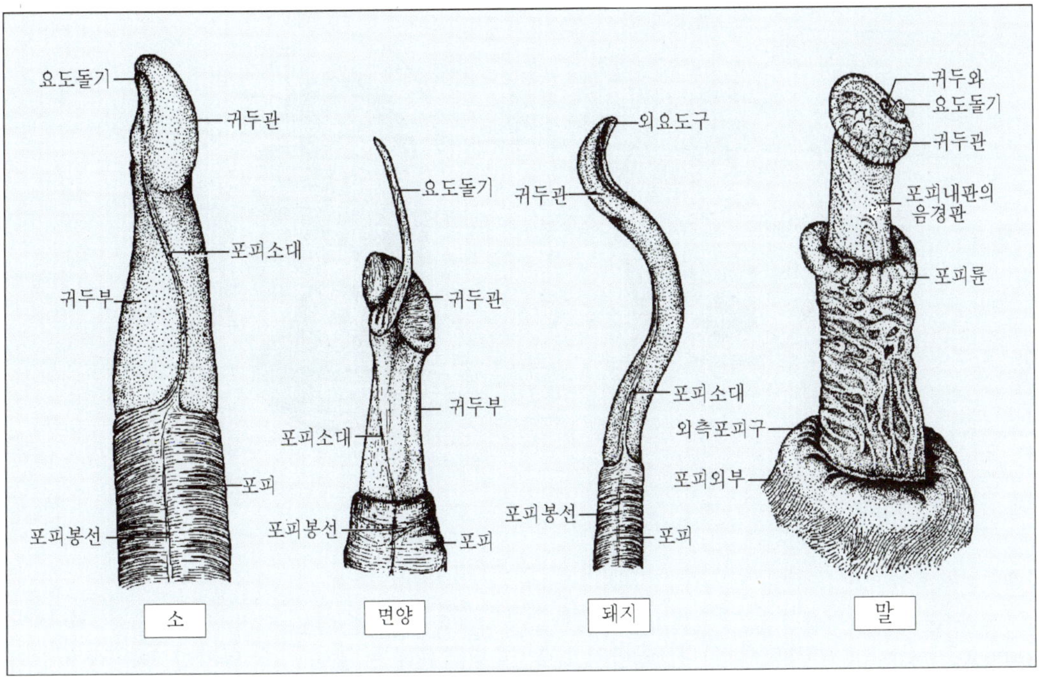

그림 1-10. 음경귀두의 구조

한편, 한쌍의 음경해면체는 각각이 좌골궁(坐骨弓, ischial arch)의 좌·우에서 기시되는데, 이것을 음경각(陰莖脚, crus penis)이라 하며, 좌골해면체근(坐骨海綿體筋, ischiocavernosus muscle)에 의하며 피복되어 있다. 양측의 음경각은 음경체부뷰으로 이행되면서 합쳐져 하나의 음경해면체가 되며, 음경의 위쪽에 위치한다. 합쳐진 음경해면체의 중앙에는 음경중격이 있어 좌·우의 해면체가 구별되지만, 반추동물과 돼지에서는 음경중격이 분명하지 않다. 각각의 해면체는 강인한 백막으로 싸여 있으며, 이것들이 모여서 구성된 전체의 음경은 음경근막이 다시 피복한다. 그러나, 해면체의 조직학적 구조는 동물의 종에 따라 다르다(그림 1-11; Meijer & Fentener van Vlissingen, 1992b). 말·개·사람 등의 음경은 근해면체형(筋海綿體型, musculocavernous type)으로서, 해면체와 근조직이 잘 발달되어 있고, 해면체강(腔)이 크기 때문에 발기시에는 다량의 혈액이 해면체로 유입됨으로 음경은 굵고 길게 팽창된다. 그러나, 반추류와 돼지의 음경은 섬유탄성형(纖維彈性型, fibroelastic type)으로서, 해면체강이 작아서 발기시에도 크게 팽창되지는 않는다.

포피는 음경의 유리선단부를 싸고 있는 피부주머니이며, 교미시 음경이 돌출되는 구멍인 포피구(包皮口, preputial orifice)를 경계로 하여 바깥쪽의 피부를 포피외판(板)이라 하고, 안쪽을 피복하는 피모가 없는 피부를 포피내판이라 한다. 포피내판은 포피내벽과 음경이 연접되는 부위를 지칭하는 포피저(包皮底)에서 다시 바깥쪽으로 반전되어 귀두를 포함하는 음경의 유리선단부를 피복한다. 포피와 음경귀두의 아래쪽은 포피소대(包皮小帶, frenulum

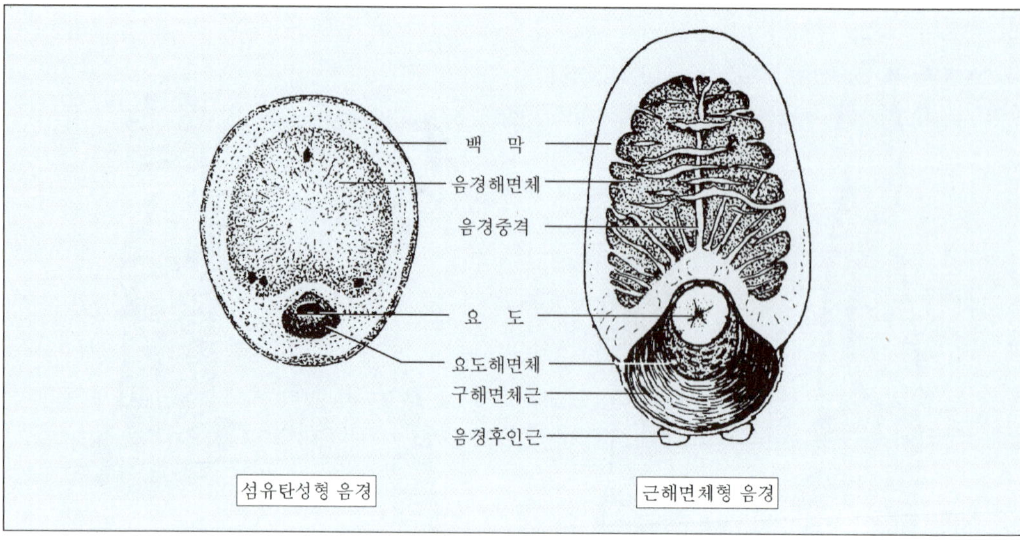

그림 1-11. 음경의 횡단면

preputii penis)로 연결되어 있다. 일반적으로, 포피내판에는 분비선이 없지만, 말 · 소 · 산양의 경우에는 피지선과 한선(汗腺)이 분포되어 있다. 이 가운데 피지선은 잘 발달되어 있으며, 사람의 포피선(preputial gland)에 해당하고, 지방성분비물을 분비하는데, 이것이 각화된 탈락상피나 세균과 혼합되어 불쾌한 냄새를 내는 포피구(包皮垢, preputial smegma)를 만든다. 한편, 말의 경우는 포피구(口)가 이중으로 되어 있으며, 바깥쪽의 것이 다른 동물의 포피구에 해당되고, 안쪽의 것은 음경이 발기 · 돌출될 때 늘어나 포피내판이 손상되는 것을 방지한다. 돼지에서는 포피강(腔)의 위쪽에 계란 크기의 포피게실(包皮憩室, preputial diverticulum)이 있으며, 게실구(口)에 의하여 포피강과 통한다. 포피게실에는 오줌과 탈락된 상피세포의 혼합물이 부패된 채로 담겨 있어 불쾌한 냄새를 낸다.

2) 음경과 포피의 기능

음경은 성적으로 흥분하면 발기되는 수컷의 교미기로서, 암컷의 교미기인 질에 정액을 주입한다. 포피는 평상시에는 음경의 유리선단부를 싸고 있지만, 음경이 발기 · 돌출될 때는 포피내판이 반전되어 돌출된 부분의 음경을 피복한다.

(1) 발기와 돌출 : 성적자극을 받은 수컷의 음경이 팽창되고 경화(硬化)되는 것을 발기(勃起, erection)라 하며, 발기된 음경이 암컷의 생식기내로 진입될 수 있도록 포피구밖으로 빠져나오는 현상을 돌출(突出, protrusion)이라 한다. 발기는 음경해면체의 해면체강에 혈액이 유입됨에 따라 확장되고, 해면체를 싸고 있는 강인한 백막이 극도로 긴장되어 음경이 경화되는 현상으로서, 척수(脊髓)에 중추를 가지고 있는 자율신경계의 반사작용에 의하여 일어난다. 발기중추는 척수의 천골부에 있으며, 이것은 뇌수(腦髓)에 있는 상위중추에 의하

여 촉진적 또는 억제적으로 지배를 받는다. 동물이 성적으로 흥분하면 음경수축근이 이완되고, 아울러 요도구(尿道球, urethral bulb)·음경심(陰莖深, profundus penis)·음경배(陰莖背, dorsum penis)에 분포하는 3종류의 동맥혈관이 이완되어 직경이 확대됨과 동시에 직선상으로 신장되어 음경해면체로 다량의 혈액이 유입됨에 따라 음경이 발기된다. 음경의 발기와 동시에 음경정맥을 둘러싸고 있는 구해면체근과 좌골해면체근이 수축되어 음경정맥을 압박함으로써 해면체내로 유입된 혈액의 배출을 제한하여 발기를 지속시킨다. 한편, 음경의 발기양상은 음경의 구성형태에 따라 다르다. 근해면체형의 음경(말·개·사람)은 해면체가 잘 발달되어 있어서 현저하게 팽창되기 때문에 자연적으로 교미가 가능하도록 포피구 밖으로 돌출된다. 그러나, 섬유탄성형의 음경(소·돼지)은 해면체강의 발달이 미약하여 발기시에 음경의 굵기나 길이가 별로 증가되지 않는다(Glossop 등, 1981). 그러나, 발기에 따라 음경의 경도가 증가되는 동시에 음경을 뒤로 잡아 당기는 음경후인근(陰莖後引筋, retractor penis muscle)이 이완되어 음경의 S형만곡부(S型彎曲部, sigmoid-flexure)가 펴짐에 따라 포피구밖으로 돌출되어 교미가 가능하게 된다.

(2) 사출과 사정 : 정소상체미부에 저장되어 있는 정자는 사출(射出, emission)과 사정(射精, ejaculation)이라는 두과정을 통하여 체외로 배출된다. 사출은 정자가 정자부유액에 포함되어 정관을 통과하는 과정으로서, 정관근육층의 연동운동에 의하여 정관팽대부를 향하여 이동된다. 이 연동운동은 하복신경(下腹神經, hypogastric nerve)으로부터 유래되는 골반신경총(骨盤神經叢, pelvic plexus)에서 뻗어 나온 교감신경의 지배를 받는다(Klug 등, 1982). 사출은 성적활동이 없을 때에도 느린 속도로 계속되어 정자가 정관팽대부에서 골반부요도로 누출되는데, 이것은 정소상체미부의 정자수를 일정하게 유지시키는 주기적 과정이다(Prinz & Zaneveld, 1980). 그러나, 성적으로 흥분하거나 사정이 일어날 때는 정관과 정소상체미부가 활발하게 수축하여 사출이 증가된다.

한편, 사정은 정액을 요도를 통하여 체외로 배출시키는 생리작용이다. 이것은 성적흥분에 의하여 발기된 음경이 암컷의 질이나 인공질에 삽입됨에 따라 받게 되는 마찰자극이나 온도자극이 지각신경을 통하여 요수(腰髓)에 위치하는 사정중추(射精中樞, ejaculatory center)에 전달되고, 이에 따라 반사적으로 부성선과 그 주변의 근육이 율동적으로 수축하여 정자와 부성선의 분비액이 압출되는 일련의 과정이다. 이 때, 사정중추에서 기시되어 사정반사를 지배하는 신경경로는 두종류가 있는데, 그 하나는 장골신경총(腸骨神經叢, iliac plexus)을 경유하여 부성선 분비액의 방출을 지배하며, 다른 하나는 회음신경(會陰神經, pudendal nerve)을 거쳐 구해면체근을 수축시킴으로써 요도를 통하여 정액이 배출되는 것을 지배한다. 구해면체근의 수축은 음경구(球)를 압박하여 혈액을 음경구에서 요도해면체로 압출하며, 이에 따라 요도의 내압이 증가되어 정액이 빠른 속도로 배출된다. 그러나, 요도해면체는 음경해면체와는 달리 발기시에도 정맥을 통하여 혈액이 유출됨으로 사정시의 최고압력도 음경해면체의 압력에 비하여 낮다(Beckett, 1983).

(3) 포피의 기능 : 성적활동이 없을 때의 포피는 음경의 유리선단부를 완벽하게 피복하여 보호하는 기능을 수행한다. 그러나, 음경이 발기됨에 따라 포피구를 통하여 돌출될 때는 포피내판이 반전되어 음경을 둘러쌈으로써 교미가 가능한 상태로 돌출되도록 돕는다. 한편, 수퇘지에서 포피강의 위쪽에 위치하는 포피게실에 불쾌한 냄새를 풍기는 내용물이 담겨져 있는데, 이것은 수퇘지의 강렬한 성적 냄새로 암퇘지를 유인하는 원인이 되지만, 고기에도 침투되어 육질을 나쁘게 하는 원인도 된다.

제 2 절 자성생식기관

자성(雌性)생식기관(female reproductive organ)은 ① 암컷의 배우자인 난자를 생산하고, 성호르몬을 분비하는 난소, ② 생식세포의 통로인 동시에 수정란의 발생장소이자 태아의 산도인 생식도관을 구성하는 난관·자궁·질, ③ 외부생식기관인 질전정·음핵·음순 등으로 구성되어 있다(그림 1-12; Meijer & Fentener van Vlissingen, 1992c). 암컷의 내부생식기관은 임신으로 증가된 무게를 지탱할 수 있도록 광인대(廣靭帶, broad ligament)에 의하여 단단하게 지지되는데, 이것은 난소를 지지하는 난소간막(卵巢間膜, mesovarium), 난관을 지지하는 난관간막(卵管間膜, mesosalpinx), 자궁을 지지하는 자궁간막(子宮間膜, mesometrium)의 3부분으로 구분한다.

1. 난 소

난소(卵巢, ovary)는 난자를 생산·방출함으로 세포생산선(細胞生産腺)에 속하는 외분비선인 동시에, 번식기능의 조절에 필요한 호르몬을 분비하는 내분비선이기도 하다. 난소는 벽측복막에서 하나의 주름으로 뻗어나와 형성된 난소간막에 의하여 복강내에 고정되어 있으며, 난소고유인대(卵巢固有靭帶, proper ligament of ovary)라고 부르는 근섬유삭(筋纖維索, musculofibrous cord)에 의하여 난관부착부 바로 아래의 자궁각에 연결되어 있다. 난소의 모양과 크기는 동물의 종이나 발정주기의 단계에 따라 다르지만, 일반적인 모양을 보면 소와 면양은 편도(扁桃), 돼지는 포도송이, 말은 대두(大豆)의 모양이며, 무게는 말 40~80g, 소 10~20g, 돼지 3~7g, 면양 3~4g 정도이다.

1) 난소의 구조

난소는 수컷의 정소와는 달리 복강내에 위치하며, 대부분의 척추동물은 한쌍을 가지고 있지만, 조류나 파충류와 같이 하나만을 가지는 동물도 있다. 난소는 바깥쪽의 피질(皮質, cortex)과 안쪽의 수질(髓質, medulla)을 배상피(胚上皮, germinal epithelium)가 둘러싸고

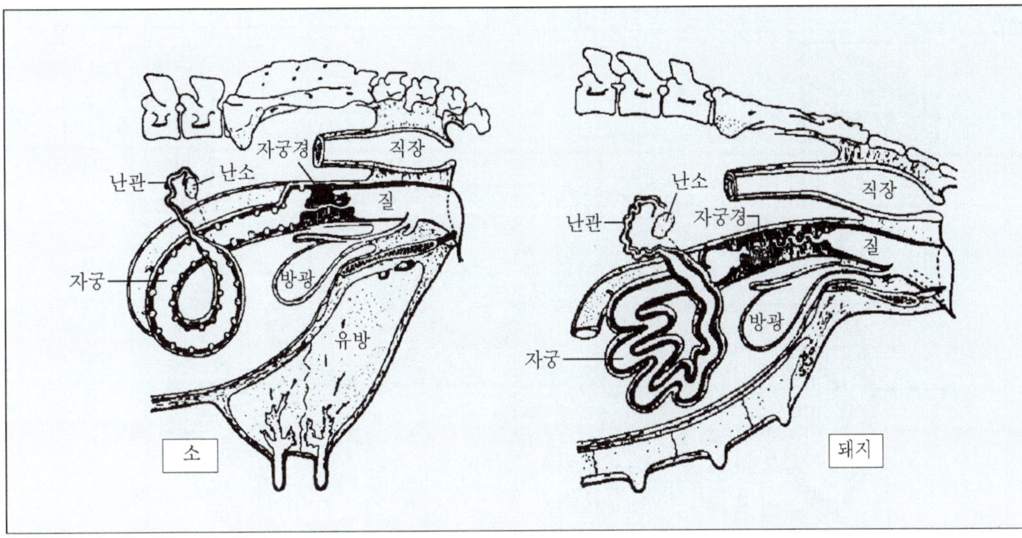

그림 1-12. 자성생식기관의 구성

있는 구조이다(그림 1-13; Yao & Bahr, 1998; Dailey, 1998). 난소를 밖에서 피복하고 있는 배상피는 입방세포 또는 편평세포로 구성된 단층상피로서, 바로 밑에는 백막(白膜, tunica albuginea)이 배열되어 난소의 피질을 둘러싸는데, 백막은 피질의 기질(基質, stroma)로 이행된다. 수질은 난소의 중심부를 구성하는 부위로서, 피질을 관통하는 난소문(卵巢門, hilus of ovary)을 통하여 난소간막과 연결된다. 수질의 기본조직인 기질은 교원섬유와 탄성섬유가 함유된 소성결합조직이며, 이 속에 난관간막을 타고 내려와 난소문을 통과하여 수질로 들어온 혈관·림프관·신경 등이 배열되어 있다. 또한, 평활근섬유와 근양세포(筋様細胞, myoid cell)도 독립적으로 산재되어 있다. 수질에는 난포나 황체가 전혀 분포되어 있지 않으며, 난소문을 통하여 들어온 난소동맥(ovarian artery)이 피질을 향하여 다수의 분지를 내며, 신경도 피질로 유도된다. 따라서, 수질은 피질의 기능이 원활하게 발현될 수 있도록 도와주는 지원부위라고 할 수 있다.

난소의 바깥층을 구성하는 피질은 교원섬유를 다량 함유하는 치밀결합조직으로 구성된 기질에 각종의 발육단계에 있는 난포(卵胞, ovarian follicle)와 파열된 난포에서 형성된 황체(黃體, corpus luteum)가 매몰되어 있다. 피질의 기질에는 난소의 수질에서 뻗어나온 혈관과 신경이 분포되고, 간엽세포(間葉細胞, mesenchymal cell)도 분포되어 있는데, 이 세포는 섬유아세포(纖維芽細胞, fibroblast)를 비롯한 기질세포들로 분화된다. 성성숙이 완성된 동물의 피질에서는 난포의 성숙·배란과 황체의 발달·퇴행이 교호적으로 반복되면서 난자의 형성과 성호르몬의 분비가 일어난다. 따라서, 피질이 난소의 기능을 발현하는 주체가 된다. 한편, 말에서는 난소의 피질과 수질의 위치가 다른 동물과는 반대로 수질이 난소의 바깥쪽을 차지하고, 피질이 안쪽에 위치하고 있다. 따라서, 난소표면의 대부분은 복막상피

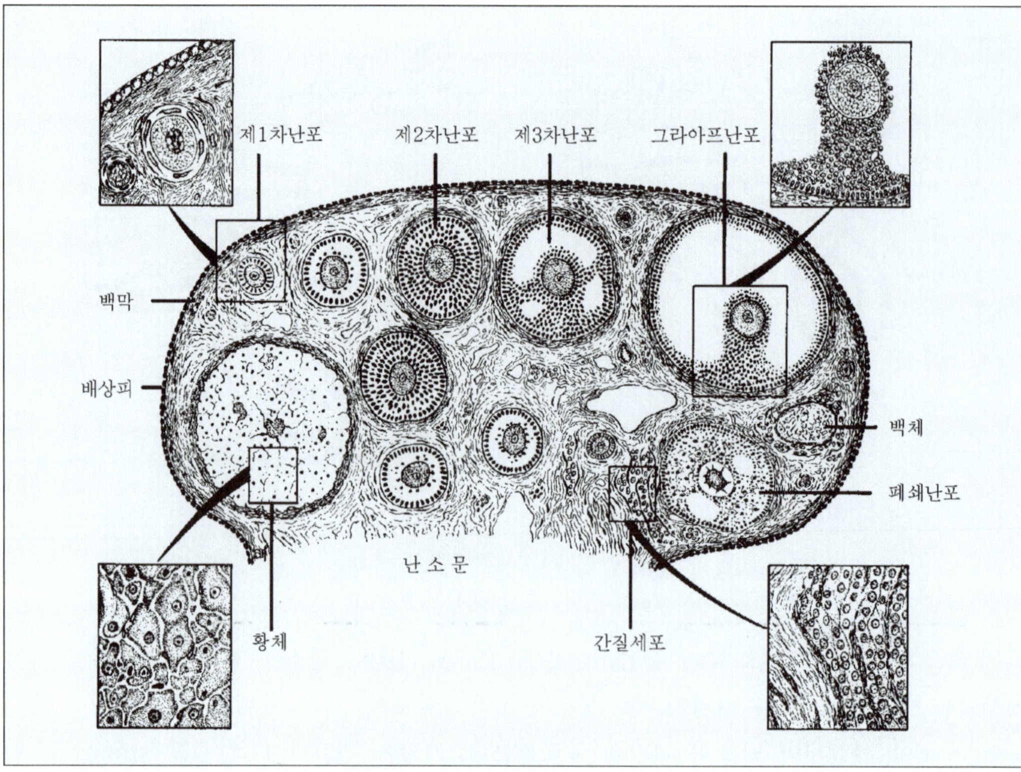

그림 1-13. 포유동물 난소 구조의 모식도

로 싸여 있고, 수질이 결손되어 피질이 외부로 노출된 일부분만 배상피로 싸여 있는데, 이 부분을 배란와(排卵窩, ovulation fossa)라고 하며, 이곳에서만 배란이 일어난다.

(1) 난포 : 난소의 발생과정에서 형성된 원시난포는 제1감수분열의 전기에서 분열을 정지한 제1차난모세포(primary oocyte)를 한층의 난포세포(follicular cell)가 둘러싸고 있는 구조이며, 이것들은 난소피질의 표층에서 기질에 매몰되어 있다. 따라서, 암컷에서는 출생 시에 이미 원시난포의 수가 결정되어 있으며, 양쪽 난소에 함유된 원시난포의 수는 사람 100만, 돼지 21만, 소 12만, 래트 4만개 정도이다. 이러한 원시난포는 동물체의 성성숙과정과 더불어 뇌하수체에서 분비되는 성선자극호르몬(GTH)의 자극을 받아 발달된다. 난포는 크기 · 과립막세포의 층수 · 협막의 발달정도 · 난포강의 형성 여부 · 난포내 난모세포의 위치 등에 기초하여 ① 원시난포(primordial follicle), ② 제1차난포(primary follicle), ③ 제2차난포(secondary follicle), ④ 포상난포(vesicular follicle, tertiary follicle), ⑤ 그라아프난포(Graafian follicle) 등으로 분류한다(그림 1-14; Lee, 2002).

원시난포에 함유되어 있는 제1차난모세포는 직경이 20㎛ 정도이며, 핵은 크고 핵소체가 현저하며, 세포질에는 핵가까이에 골지장치나 미토콘드리아와 같은 세포소기관들이 밀집되어 있다. 난모세포를 둘러싸고 있는 난포세포는 여러곳에 접합장치를 가지고 있어서 난모

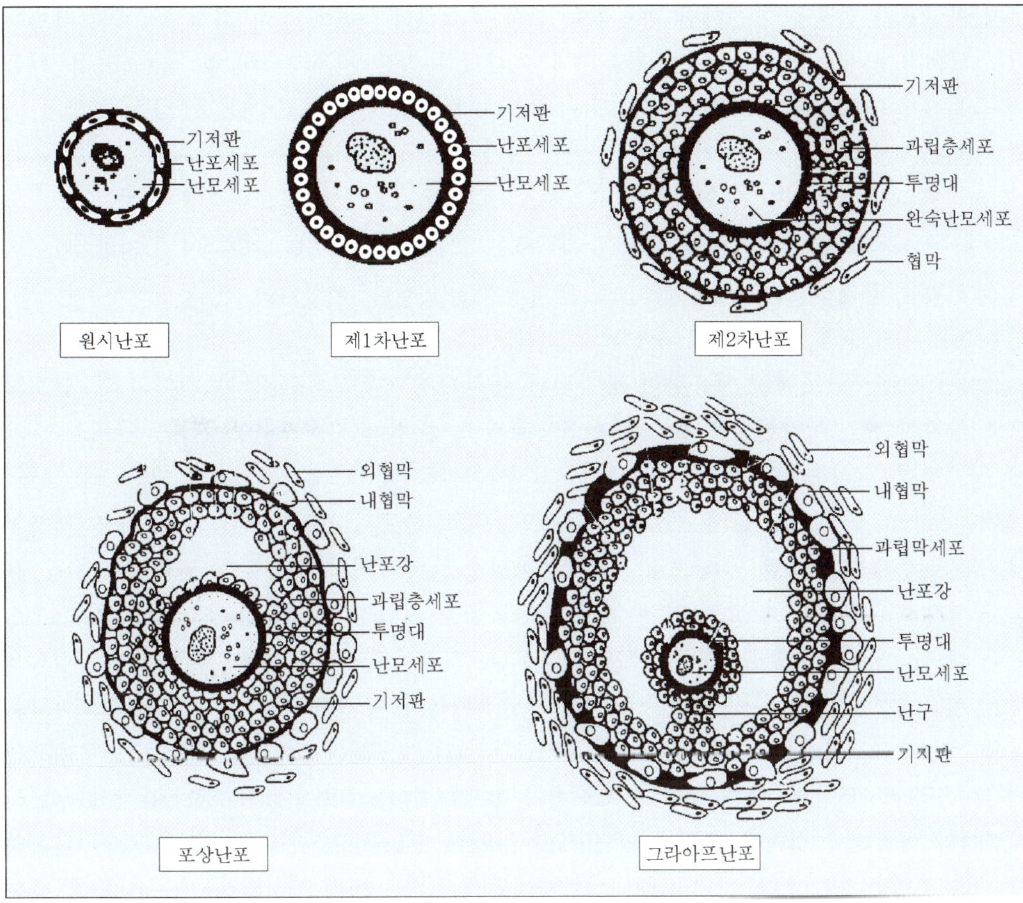

그림 1-14. 발육단계별 난포의 구조

세포와 접촉하며, 세포질에는 골지장치 · 미토콘드리아 · 무과립내형질세망 등이 존재한다. 이러한 구조를 가진 원시난포는 난모세포의 성장과 더불어 난포세포의 두께가 증가되어 입방상 또는 원주상의 상피로 발달되는데, 이러한 난포를 제1차난포라 하고, 그 직경은 30~40㎛ 정도이다. 한편, 제1차난포의 난모세포가 더욱 발육되고, 아울러 난모세포를 싸고 있는 난포세포도 분열 · 증식을 반복하여 여러 층으로 분화된 난포를 제2차난포라고 한다. 소의 경우 이 난포의 직경은 120㎛, 난모세포의 직경은 80㎛에 달한다. 이 때의 난포세포가 가지는 핵은 헤마톡실린 색소에 짙게 염색되기 때문에 난포세포층 전체의 모양이 과립상으로 보인다. 따라서, 난포세포층 전체를 과립층(顆粒層, granulosa layer)이라 하고, 개개의 세포를 과립층세포라고 한다. 제2차난포의 난모세포에서는 다량의 히알루론산을 포함하는 당단백질을 분비하여 난모세포를 밖에서 둘러싸는데, 이 층은 투명하여 마치 빈 공간과 같이 보임으로 투명대(透明帶, zona pellucida)라고 한다. 또한, 난소의 기질에 위치하는 섬유아세포에서 분화된 간질세포와 교원섬유가 기저막의 밖에서 협막(莢膜, theca folliculi)을 형성한다.

제2차난포가 발육을 계속하면 과립층은 더욱 증식하여 다층화되고, 과립층세포의 사이에 난포액(卵胞液, liquor folliculi)이 저류되어 여러개의 작은 난포강(卵胞腔, antrum)을 만들게 되는데, 이러한 난포를 포상난포 또는 제3차난포라고 한다. 포상난포에서는 협막이 내협막(theca interna)과 외협막(theca externa)으로 분화된다. 내협막을 구성하는 세포는 약간 비대된 타원형 내지 다각형의 세포로서, 스테로이드호르몬 생산세포가 가지는 구조적 특징을 잘 구비하고 있다. 이들 세포의 사이에는 모세혈관망이 잘 발달되어 있지만, 난포벽의 기저막을 경계로 하여 과립층속으로 뻗어나지는 못한다. 외협막은 긴 타원형 내지 방추형의 세포와 풍부한 교원섬유로 구성되어 있다.

포상난포에서 난포액의 저류량이 증가되면 여러개의 작은 난포강들이 하나의 큰 난포강으로 합쳐지는데, 이러한 난포를 그라아프난포라고 한다. 그라아프난포에서는 난포강이 크게 확대됨에 따라 난모세포가 과립층세포에 싸인채로 한쪽으로 편재되어 위치하는 난구(卵丘, cumulus oophorous)를 형성하여 난포강내로 돌출되는데, 난구를 구성하는 개개의 세포를 난구세포라고 한다. 난포강 주변의 과립층은 난포액이 저류됨에 따라 막(膜)과 같은 모양으로 늘어나게 됨으로 이 때부터는 과립층을 과립막(顆粒膜, membrana granulosa)이라 하고, 개개의 세포를 과립막세포라고 한다. 그라아프난포의 벽을 구성하는 과립막세포는 세포질내에 무과립내형질세망과 미토콘드리아를 많이 함유하고 있어서 스테로이드호르몬 생산세포로서의 특징을 잘 구비하고 있다. 그라아프난포속에 들어 있는 난모세포는 직경이 150㎛정도이며, 핵은 둥글고 핵소체가 두드러지며, 세포질에는 소포상(小胞狀)의 골지장치와 이것에서 형성된 표층과립(表層顆粒, cortical granule)이 세포질의 표층에 위치하고, 미토콘드리아도 많다. 한편, 난소의 발생과정에서 무수하게 형성된 난포는 모두가 배란에 이르는 것이 아니고, 대부분(70~99.9%)의 난포가 발달과정에서 퇴행된다(Yao & Bahr, 1998). 이를 난포의 폐쇄(閉鎖, atresia)라 하며, 이러한 난포를 폐쇄난포(atretic follicle)라고 한다. 따라서, 난소에 함유되어 있는 난포의 수는 난소의 발생 직후에 최대치를 나타내고, 그 후로는 급격하게 감소된다.

(2) 황체 : 배란이 일어나 파열된 난포의 과립막에는 내협막에서 뻗어나는 혈관이 신생된다. 이 때, 이들 혈관에서 누출된 혈액이 파열난포의 내강에서 응고되어 혈괴(血塊)를 만드는데, 이러한 파열난포를 출혈체(出血體, corpus hemorrhagicum)라고 한다. 따라서, 출혈체의 출현이 황체형성의 최초단계이다. 배란후 그라아프난포의 구성세포인 과립막세포와 내협막세포는 뇌하수체에서 분비되는 황체형성호르몬(LH)의 자극을 받아 비대되면서 세포질내에 황색색소인 루테인(lutein)과 지방적(脂肪滴)을 축적하여 황체세포(黃體細胞, lutein cell)로 전환된다. 과립막세포와 내협막세포에서 유래된 황체세포를 각각 과립막황체세포와 협막황체세포라고 한다. 그러나, 면양·산양·돼지의 황체세포는 루테인이 함유되어 있지 않기 때문에 황체의 색깔이 황색을 띠지 않고, 살색을 나타낸다. 협막황체세포는 과립막황체세포에 비하여 크기가 작지만, 황체형성이 완료된 후에는 두종류의 세포가 뒤섞여 구분

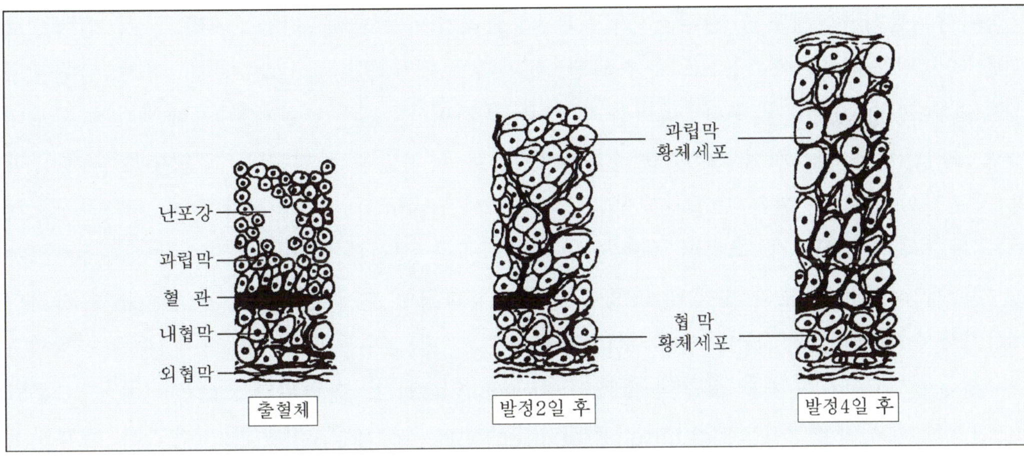

그림 1-15. 면양 황체의 형성과정

하기가 어렵다. 그러나, 황체를 구성하는 황체세포의 대부분은 과립막황체세포이다(그림 1-15; Hafez & Hafez, 2000). 황체세포를 전자현미경으로 관찰하면 미토콘드리아는 스테로이드호르몬합성세포 특유의 소관상(小管狀) 크리스타(cristae)를 가지고 있으며, 무과립내형질세망도 잘 발달되어 있다. 황체세포는 세포질내에 존재하는 지방적속에 함유되어 있는 콜레스테롤을 원료로 사용하여 프로게스테론을 합성·분비한다.

뇌하수체에서 분비되는 LH의 자극으로 황체세포가 최대로 비대되고, 혈관형성이 완료되어 황체의 크기가 최대에 이르면서 프로게스테론의 분비가 왕성하게 되기 까지의 기간은 소와 면양은 배란후 7~8일, 말은 12일 정도가 소요되며, 이러한 황체를 기능황체(functional corpus luteum)라고 한다. 황체는 임신이 성립되면 기능황체의 상태를 유지하며, 임신중기에 이르면 조금 더 커지는데, 이를 임신황체(corpus luteum of pregnancy) 또는 진성황체(corpus luteum verum)라고 한다. 그러나, 임신이 되지 않으면 황체가 자궁에서 분비되는 프로스타글란딘 $F_{2\alpha}$의 작용으로 위축되며, 그 시기는 배란일로부터 소는 14~15일, 말은 14일, 면양은 12~14일, 돼지는 14~15일째이다. 이와 같이, 발정주기중에 형성되었다가 소실되는 황체를 발정황체(corpus luteum of estrus) 또는 가성황체(corpus luteum spurium)라고 한다. 황체가 수명을 다하고 퇴행될 때는 황체조직이 감소되는 동시에, 황체세포에서 지방변성이 일어나 백색을 나타내게 되는데, 이러한 백색의 작은 황체를 백체(白體, corpus albicans)라고 한다.

2) 난소의 기능

난소는 암컷의 배우자인 난자를 생산하며, 여러 종류의 스테로이드호르몬과 펩티드호르몬을 분비하여 부생식기관의 발달을 유도하고, 아울러 암컷의 다양한 번식기능을 조절한다.

(1) 난자의 생산 : 암컷의 배우자인 난자는 배의 발생초기에 분화된 원시생식세포로부터

형성된다. 원시생식세포는 난황낭으로부터 성선융기로 이동된 다음, 배의 성이 암컷으로 결정되어 미분화성선이 난소로 분화되면 배아세포(胚芽細胞, gonocyte)를 거쳐 난원세포(卵原細胞, oogonium)가 된다. 이러한 과정을 통하여 형성된 난원세포는 태생기의 난소내에서 유사분열을 반복하여 그 수가 증가되며, 곧이어 분열을 중지하고, 성장기에 들어가 핵 및 세포질의 용적이 현저히 증가되어 제1차난모세포(primary oocyte)가 된다. 제1차난모세포는 한층의 난포세포에 의하여 둘러싸여 원시난포를 형성하며, 이 후로는 성선자극호르몬의 자극에 의하여 난포의 발달과 더불어 난자형성과정이 진행된다. 즉, 제1감수분열 전기의 복사기에서 분열이 정지되어 있던 제1차난모세포는 제1감수분열이 재개되어 제2차난모세포(secondary oocyte)와 제1극체(第一極體, first polar body)로 분열된다. 그러나, 제1감수분열은 현저한 부등분열(不等分裂, unequal division)로서, 제1차난모세포의 세포질은 대부분이 제2차난모세포로 이행되고, 제1극체는 핵과 극히 소량의 세포질만을 가지고 있다. 대부분의 포유동물에서 제1감수분열은 배란 직전에 완료되며, 따라서 제1극체를 위란강(圍卵腔, perivitelline space)내로 방출한다. 제2차난모세포는 제2감수분열에 의하여 제2극체(second polar body)를 방출하고 난자세포(ootid)가 되는데, 제2감수분열은 정자가 난자내로 침입하여 수정이 될 때까지는 완결되지 않는다. 그러나, 수정이 되면 분열중기(metaphase Ⅱ)에서 정지되어 있던 제2감수분열이 재개되어 핵분열이 완료됨에 따라 제2극체를 방출하고, 세포내에 남아있는 핵은 자성전핵으로 발달된다. 자성전핵은 난자내로 침입한 정자의 핵에서 유래된 웅성전핵과 융합하여 수정란이 되며, 이것은 곧바로 난할과정으로 진입되어 개체발생이 개시된다.

(2) 내분비기능 : 난소에서는 여러 종류의 호르몬을 분비하여 부생식기관의 기능을 지배할 뿐만 아니라, 시상하부-뇌하수체-난소로 이어지는 내분비적 조절축을 형성하여 시상하부와 뇌하수체의 호르몬 분비도 조절한다. 이러한 내분비의 조절축에 따라 난포의 발달·배란·수정·착상·임신·분만 등의 모든 번식과정이 성공적으로 수행된다. 난소에서는 다양한 스테로이드호르몬과 펩티드호르몬이 분비된다.

① 스테로이드호르몬 : 난소에서 분비되는 스테로이드호르몬은 모두 콜레스테롤을 원료로 합성되는데, 난포의 서로 다른 부위에서 프로게스틴(progestin)·안드로겐(androgen)·에스트로겐(estrogen)이 합성된다. 프로게스틴은 탄소수 21개로 구성된 프레그난족(C-21 pregnane family)호르몬의 총칭이며, 난소에서 가장 풍부한 것은 프로게스테론이다. 프로게스테론은 성장·발육 단계에 있는 난포에서 에스트로겐이나 안드로겐의 중간전구물질로 합성되고, 황체에서는 최종 생산물이다. 또한, 난소에서는 탄소수 19개로 구성된 안드로스탄족(C-19 androstane family) 호르몬도 합성되는데, 여기에는 데히드로에피안드스테론·안드로스텐디온·테스토스테론 등이 포함된다. 안드로겐은 난포의 내협막세포에서 합성되며, 합성된 안드로겐의 대부분은 난포의 과립막세포로 이행되어 에스트로겐 합성의 원료로 이용된다. 난포의 과립막세포에서는 내협막세포에서 이행되어 온 안드로스텐디온과 테스토

스테론을 전구물질로 사용하여 에스트론과 에스트라디올-17β가 합성되는데, 이것들은 대표적인 에스트란족(C-18 estrane family) 호르몬이다.

② **펩티드호르몬** : 인히빈과 액티빈은 뇌하수체에서 분비되는 FSH의 자극으로 난소의 성숙난포에서 합성·분비된다. 인히빈은 FSH의 자극으로 분비되는 호르몬이지만, 시상하부-뇌하수체축에 대한 부의 피드백기전으로 FSH의 분비를 억제한다. 그러나, 액티빈은 인히빈과는 반대로 FSH의 분비를 촉진한다. 난소의 황체에서 분비되는 릴랙신은 분만시에 자궁경과 질을 연화시켜 태아의 만출을 용이하게 하고, 유두의 성장을 자극한다.

한편, 난소에서는 각종 호르몬 외에 다양한 성장인자를 생산하여 난소를 구성하는 서로 다른 구성요소의 활성을 통합·조정한다. 난소의 배아세포(胚芽細胞, germ cell)와 체세포(體細胞, somatic cell)에서는 인슐린양성장인자(insulin-like growth factor [IGF])·표피성장인자(epidermal growth factor [EGF])·트란스포밍(형질변환)성장인자(transforming growth factor [TGF])·종양괴사인자(tumor necrosis factor [TNF])·난포조절단백질(follicle regulatory protein [FRP])·선택유발단백질(selection inducing protein [SIP])·난모세포성숙억제인자(oocyte maturation inhibiting factor [OMI]) 등과 같은 다양한 성장인자를 생산한다. 그러나, 이를 성장인자에 의한 난소내의 조절계는 뇌하수체호르몬에 의한 조절계에 비하여 조절능력이 미약하다.

2. 난 관

난관(卵管, oviduct)은 난소의 바로 밑에서 기시되어 자궁각의 선단에 이르는 매우 굴곡된 관상기관으로서, 그 길이는 말 25~30cm, 소 20~25cm, 산양 14~16cm, 돼지 15~30cm, 개 5~9cm 정도이다. 난관은 광인대의 측면에서 유래되는 난관간막에 의하여 보정되어 있다. 설치류에서는 난관의 선단부(난소측)가 난관간막에서 유래된 난소낭(卵巢囊, ovarian bursa)에 의하여 난소와 함께 싸여 있다. 그러나, 가축에서는 난소낭의 상단부가 열려 있어 난소와 난관의 선단부가 노출되어 있는데, 난소낭의 발달정도는 동물의 종에 따라 다르다. 난관은 교배에 의하여 주입된 정자와 배란된 난모세포를 거의 동시에 반대 방향으로 운반함으로써 난관내에서 서로 회합하여 수정이 일어날 수 있도록 하고, 수정란의 초기난할이 일어나는 장소가 되며, 이를 다시 자궁으로 이송하는 역할을 한다. 이러한 기능은 내분비계와 신경계에 의하여 조절된다.

1) 난관의 구조

난관은 해부학적 및 기능적 특징에 기초하여 난관채(卵管綵, fimbriae)·누두부(漏斗部, infundibulum)·팽대부(膨大部, ampulla)·협부(狹部, isthmus)의 4개 부분으로 나눈다. 난관은 관상기관임으로 양쪽에 구멍이 있는데, 복강에 열려 있는 난소쪽의 구멍을 난관복강

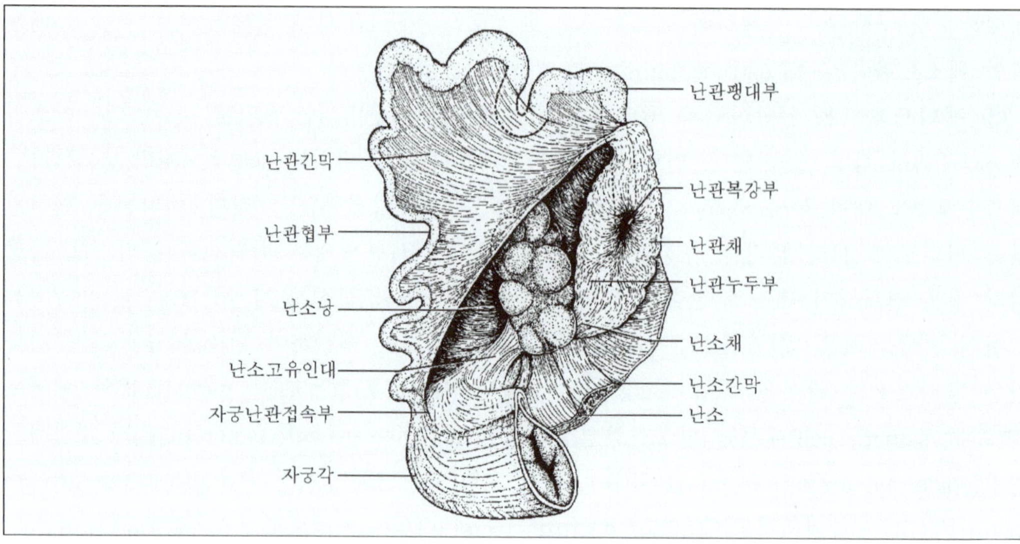

그림 1-16. 면양의 난소와 난관의 해부학적 위치

구라 하고, 자궁각과 연결된 난관 끝의 구멍을 난관자궁구라고 한다(그림 1-16; Hafez & Hafez, 2000). 난관채는 누두부의 선단(先端)으로서, 여러개의 파인 곳이 있어(돼지는 파이지 않았음) 마치 장식용의 레이스(lace)와 같고, 난소상단의 한곳 이외에는 부착된 곳이 없어서 이동이 자유로운 구조이며, 배란시에는 난자를 난소의 표면에서 난관 안으로 쓸어 넣는 역할을 한다. 누두부는 마치 깔대기모양으로 되어 있어 배란된 난자를 쉽게 난관속으로 받아들일 수 있는 구조이며, 크기는 동물의 종이나 연령에 따라 달라서 그 표면적이 면양은 6~10cm^{2}이고, 소는 20~30cm^{2}나 된다. 누두부를 지나면 난관의 직경이 두꺼운 팽대부와 직경이 가는 협부로 이어지는데, 이 두부분의 길이는 약 반반 정도이고, 두부분이 연결된 부분을 팽대부-협부접속부(ampullary-isthmic junction)라고 한다. 팽대부는 정자와 난자가 만나서 수정이 일어나는 장소이고, 협부는 수정란의 통과를 느리게 하여 초기의 난할과정이 난관내에서 일어날 수 있도록 조절한다. 협부와 자궁각의 선단이 연결된 부분을 자궁-난관접속부(uterotubal junction)라 한다. 난관과 자궁이 연결된 형태를 보면, 반추류와 돼지는 난관의 말단부가 약간 굵어져 뚜렷한 경계가 없이 자궁각의 선단과 연결된다. 그러나, 말과 개는 난관이 폭이 좁은 상태로 자궁각에 연결되고, 자궁강(uterine cavity)에서 보면 난관의 끝이 마치 젖꼭지 모양으로 돌출되어 있다. 자궁-난관접속부에는 뚜렷한 괄약근은 없지만, 돼지의 경우 내부점막에 긴 손가락모양의 점막돌기가 융기되어 있다. 소와 면양의 자궁-난관접속부는 구불구불하며, 특히 발정기에 더 구불어진다. 한편, 난관의 벽은 조직학적으로 점막・근층・장막의 3층으로 구성되어 있다.

(1) 점막 : 난관의 점막은 관의 장축을 따라 종주(縱走)하는 점막추벽(粘膜皺襞, mucosal fold)을 형성하고 있는데, 누두부와 팽대부에서는 추벽의 높이가 높고, 복잡하게 분지하여

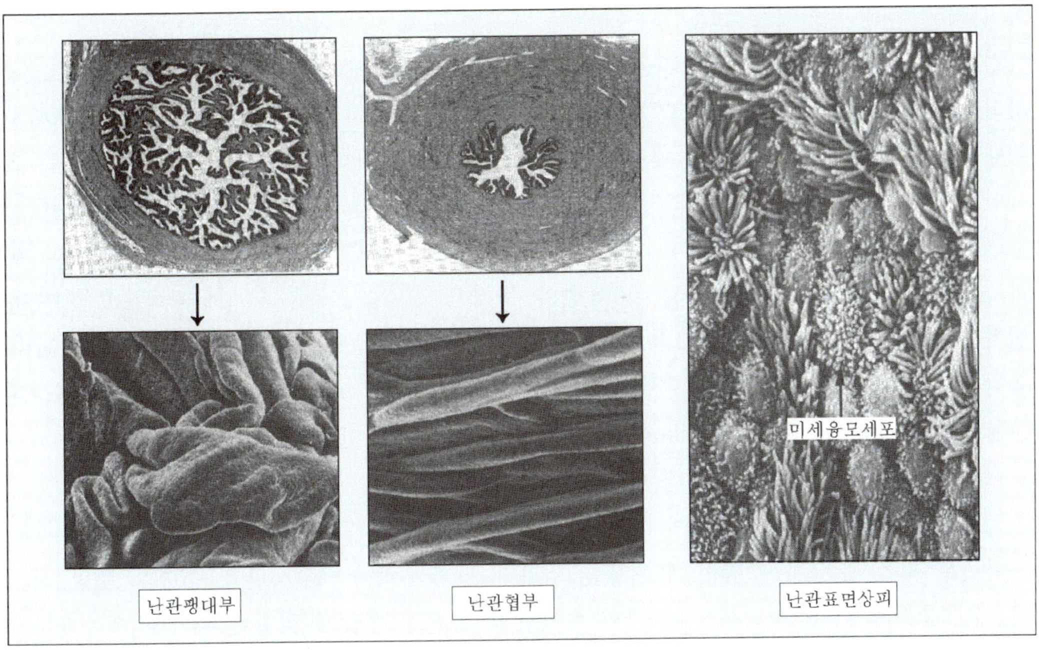

그림 1-17. 난관점막의 추벽과 상피의 주사전자현미경 사진

2차 및 3차 추벽을 형성함으로써 관강을 꽉 채우고 있다. 그러나, 협부에서는 추벽이 분지되지 않으며, 추벽 자체의 높이도 낮아서 낮은 융기처럼 보인다(그림 1-17; Hafez, 1974).

난관의 내강을 피복하는 점막상피는 원주상의 섬모세포와 분비세포로 구성된 단층원주상피(simple columnar epithelium)이다. 그러나, 반추류와 돼지에서는 상피의 기저막쪽에 작은 삼각형의 정세포(釘細胞, peg cell)가 매몰되어 있는 위중층원주상피(pseudostratified columnar epithelium)이다. 섬모세포는 중앙에 둥글고 큰 핵을 가지고 있고, 골지장치가 잘 발달되어 있으며, 운동섬모(kinocilia)를 가지고 있다(그림 4-12 참조). 섬모세포의 분포비율은 난관채나 누두부에서 높고, 협부쪽으로 갈수록 낮아진다. 섬모의 운동은 자궁쪽을 향하여 파동치는데, 이 운동과 난관근층의 수축운동이 협력하여 난자를 계속 회전시키면서 자궁쪽으로 이송시킨다. 분비세포는 비섬모세포로서, 세포의 표면이 많은 미세융모(microvilli)로 덮여 있다. 분비세포의 핵은 세장(細長)하고, 세포의 기저부에 위치하며, 세포질에는 과립내형질세망과 골지장치가 잘 발달되어 있고, 골지장치에서 형성된 분비과립이 세포의 표면쪽에 많이 분포되어 있다. 분비세포의 분포비율은 섬모세포와는 반대로 누두부와 팽대부에서는 낮고, 협부쪽으로 갈수록 높다. 분비세포의 분비활성은 발정기에는 높고, 황체기에는 낮다. 분비된 난관액은 정자와 난자의 영양분이 될 뿐만 아니라, 정자의 수정능획득에도 관여한다. 상피세포의 세포상(細胞像)은 발정주기에 따라 변동된다. 즉, 발정전기와 발정기에는 섬모세포의 수가 증가되고, 그 높이도 높아지는 반면에, 배란직후에는 분비세포의 활성이 증대되어 다수의 분비과립을 난관내로 방출한다. 이와 같이, 두 세포는 발정주기의 단계에 따라 주기적으로 증감되지만, 두 세포가 서로 이행되지는 않는다.

(2) 근층과 장막 : 근층은 평활근섬유로 된 내측의 윤주근층과 외측의 종주근층으로 구성되어 있다. 그러나, 난관의 모든 부위에서 근섬유의 배치상태가 균일한 것은 아니어서 팽대부는 근섬유가 나선상으로 배열된 윤주근층이 대부분이다. 협부의 근층도 팽대부와 유사한 구조를 가지고 있지만, 자궁-난관접속부는 윤주근층의 외측에 자궁각에서 유래된 종주근층이 두껍게 배치되어 있다. 더욱이, 종주근층은 평활근섬유의 다발이 연속적이지 못하고, 띄엄띄엄 모여서 위치한다. 근육층의 두께는 난소쪽으로부터 자궁각쪽으로 갈수록 점차적으로 두꺼워진다. 근육층의 수축은 수정란을 자궁쪽으로 이송시키는 주체가 된다. 장막은 난관을 밖에서 둘러싸는 막으로서, 안쪽은 소성결합조직이고, 표면쪽은 중피성상피(中皮性上皮, mesothelial epithelium)로 구성된 복막의 연속이다.

2) 난관의 기능

난관은 암컷과 수컷 각각의 배우자인 정자와 난자는 물론, 수정란을 수송할 뿐만 아니라, 수정장소가 된다. 더욱이, 배우자와 수정란의 생존과 발달에 적합한 환경을 제공한다.

(1) 생식세포의 수송 : 난관은 정자와 난자를 거의 동시에 반대방향으로 수송하여 수정장소인 난관팽대부의 중간부위에서 서로 회합하여 수정이 일어날 수 있도록 하고, 수정란을 착상장소인 자궁으로 이송시킨다. 이러한 수송작용은 난관의 점막상피에 위치하는 섬모세포의 섬모운동(ciliation)과 난관근층의 수축작용에 의하여 이루어진다. 난관의 섬모운동은 발정주기의 단계에 따라 그 강도가 변화되는데, 배란기의 전후에 가장 강력하며, 특히 난관채에서 두드러진다. 섬모의 운동은 에스트로겐에 의하여 증강되고, 프로게스테론에 의하여 억제된다. 에스트로겐의 작용으로 활성화된 섬모운동은 난자를 난관내로 쓸어들이고, 이어서 수정장소인 난관팽대부로 이송시킨다.

배우자와 수정란의 수송을 위한 난관의 운동은 다양하고 복합적인 근층의 수축에 의하여 영위되는데, 그 수축양식은 ① 난관의 독립된 분절에서 시작하여 짧은 거리만을 이행하는 연동양 수축(蠕動樣收縮, peristalsis-like contraction), ② 난관의 특정부위를 잘록하게 수축시키는 분절상 수축(分節狀收縮, segmental contraction), ③ 전체 난관의 꿈틀거림운동(worm-like writhing) 등이 있다. 난관의 수축은 팽대부가 협부에 비하여 약하며, 수축방향은 난소로부터 아래쪽을 향하여 나가는 것이 난소쪽을 향하는 것보다 일반적이다. 이러한 난관의 수축은 기본적으로 3종류의 내인성조절계(内因性調節系, intrinsic control system), 즉 ① 에스트로겐-프로게스테론의 호르몬 환경, ② 아드레날린-비아드레날린 작동계, ③ 프로스타글란딘의 수축작용 등에 의하여 조절된다. 에스트로겐은 α-아드레날린수용체(α-adrenoceptor)를 활성화시켜 난관근층의 운동성을 자극하는 반면에, 프로게스테론은 β-아드레날린수용체의 활성화를 통하여 운동성을 억제한다(El-Mowafi & Diamond, 1998). 배란전에는 난관의 수축이 빈도와 양식에서 약간의 변이는 있지만, 비교적 안정적으로 유지된다. 그러나, 배란시에는 증가된 에스트로겐의 자극으로 난관이 매우 강력하게 수축할 뿐만 아니라, 난관간막도 수축하여 난관을 난소쪽으로 이동시켜 두기관을 밀착시키고, 난관채가 율동적으로 수축하여 난소표면에 부착되어 있는 난자를 난관속으로 쓸어 넣는다. 배란후 4~6일경에는 프로게스테론의 수준이 증가되며, 이에 따라 난관의 운동이 억제되고, 난관근층이 이완됨에 따라 섬모운동에 의하여 난자가 자궁내로 이송되는 것을 허용한다. 또한, 아드레날린작동성신경(adrenergic innervation)은 난관의 운동성, 특히 협부운동성의 변화를 조절하는데 관여한다. 사람에서 월경기와 배란직전의 난관은 노르에피네프린과 같은 α-아드레날린작동성물질에 매우 민감하게 반응하며, 배란후와 황체기에는 노르에피네프린에 대한 반응성이 감소되는 동시에, β-아드레날린작동성물질을 억제하는 효과도 감소된다(El-Mowafi & Diamond, 1998). 따라서, 배란에 가까운 시기에는 평활근의 수축을 유도하는 α-아드레날린수용체가 α-아드레날린작동성물질에 의하여 활성화되어 난관의 수축운동이 촉진된다. 그러나, 황체기에는 평활근의 이완을 유도하는 β-아드레날린수용체가 활성화되어 난관근층이 이완됨에 따라 난관내강의 직경이 증가되어 수정란이 자궁속으로 쉽게 이송될 수 있도록 돕는다. 한편, 프로스타글란딘은 난관의 자발적 수축을 조절하는 것으로 알려져 있는데, 프로스타글린딘 $F_{2α}$는 난관의 운동을 자극하는 반면에, 프로스타글란딘 E_1과 E_2는 난관의 수축을 억제한다. 이와 같이, 난관근층의 수축운동에 대하여는 서로 다른 활성을 타나내지만, 모누가 *in vitro*에서 섬모의 활성은 자극힌다.

(2) 배우자와 수정란에 적합한 생존환경의 제공 : 난관은 정자와 난자의 생존 뿐만 아니라, 수정과정과 수정란의 초기난할과정에도 적합한 환경을 제공하는데, 이러한 환경은 주로 난관액에 의하여 조성된다. 난관액은 난관상피의 분비세포에서 분비되며, 분비량은 에스트로겐에 의하여 증가되고, 프로게스테론에 의하여 감소된다. 따라서, 배란기의 전후에는 많고, 황체기에는 적다. 발정주기의 단계에 따른 난관내 난관액의 흐름을 보면, 발정기에는 에스트로겐의 작용으로 난관협부가 수축되어 자궁쪽으로 흐르는 것이 억제됨으로 대부분의 난관액이 난소쪽으로 흐른다. 이러한 난관액의 흐름은 정자가 수정장소로 올라가는 것을 돕고, 난자가 자궁쪽으로 하행하는 것을 억제한다. 그러나, 수정란이 자궁으로 이행되는 시기인 발정주기의 4일경에는 프로게스테론에 의하여 난관협부가 이완되기 때문에 자궁-난관접속부를 통과하여 자궁으로 흐르는 난관액의 양이 뚜렷하게 증가된다. 이러한 난관액의 흐름과 난관협부에 위치하는 섬모세포의 섬모운동에 의하여 수정란이 자궁내로 이송된다.

난관액은 혈액에서 선택적으로 이송된 성분과 난관상피의 분비세포에서 합성된 특수한 성분으로 구성되는데, pH 7~8로서, 여러 종류의 필수아미노산·글루코오스·젖산·전해질·점단백질(粘蛋白質, mucoprotien)·점다당류(粘多糖類, mucopolysaccharide) 등을 함유하고 있다. 난관액은 정자와 난자의 영양분으로 이용될 뿐만 아니라, 수정과정과 초기의 난할과정에도 중요한 역할을 한다. 더욱이, 정자에 대하여는 수정과정에 참여할 수 있도록 원형질막의 성질을 변경시키는 수정능획득반응을 유기한다.

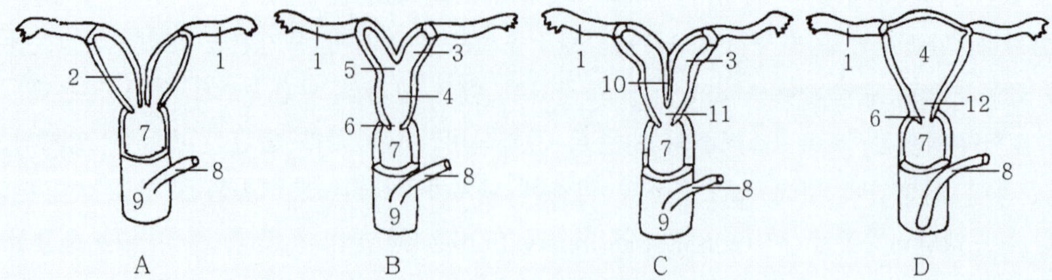

A : 중복자궁(설치류), B : 쌍각자궁(돼지), C : 분열자궁(소, 산양), D : 단일자궁(영장류)
1: 난관, 2: 자궁, 3: 자궁각, 4: 자궁체, 5: 자궁저, 6: 외자궁구,
7: 질, 8: 요도, 9:질전정, 10: 중격, 11: 자궁체부, 12: 자궁경부

그림 1-18. 자궁각의 결합정도에 따른 자궁의 형태

3. 자 궁

자궁(子宮, uterus)은 포유동물이 가지는 내부생식도관의 한 부분이며, 자궁간막에 의하여 복벽에 단단하게 고정되어 있다. 자궁은 난관에서 수정과 초기난할과정을 거친 배(胚)를 받아들여 새로운 개체로 발달시킬 뿐만 아니라, 난소의 주기성 유지에도 관여하며, 정자의 수정능획득반응을 유기하고, 분만시에는 강력한 수축작용으로 태아와 태반을 만출시키는 등의 다양한 생리적 기능을 수행한다.

1) 자궁의 구조

자궁은 난관과 같이 한쌍의 부중신관(뮐러관)에서 분화된 기관으로서, 두개의 자궁각(子宮角, uterine horn, cornua uteri), 그리고 하나씩의 자궁체(子宮體, uterine body, corpus uteri)와 자궁경(子宮頸, uterine cervix, collum uteri)으로 구성되어 있다. 그러나, 자궁의 발생과정에서 좌・우 부중신관의 결합정도가 동물의 종에 따라 달라서 자궁각의 모양이나 배치형태, 그리고 자궁 각부분의 상대적 비율이 동물의 종에 따라 다르다(그림 1-18; Bearden & Fuquay, 2000b). 중복자궁(重複子宮, uterus duplex)은 좌・우의 부중신관이 융합되지 않고, 각각이 자궁각으로 발달하여 질에 개구하는 형태의 자궁으로서, 마우스・래트・토끼 등의 자궁이 여기에 속한다. 쌍각자궁(雙角子宮, uterus bicornis)은 좌・우의 부중신관이 길게 자궁각으로 발달되고, 그 끝에서 결합되어 짧은 자궁체가 형성된 자궁이며, 돼지의 자궁이 대표적이다. 돼지의 자궁은 마치 창자처럼 구불구불한 모양을 나타내고, 자궁각의 길이도 120~150㎝나 되어 다수의 새끼를 임신하기에 적합한 구조이다. 분열자궁(分裂子宮, uterus bipartitus)은 좌・우의 자궁각이 해부학적으로 분리된 형태의 자궁을 말하는데, 소와 면양의 경우에는 좌・우의 부중신관이 합체될 때 접합된 부분의 중간벽이 제거

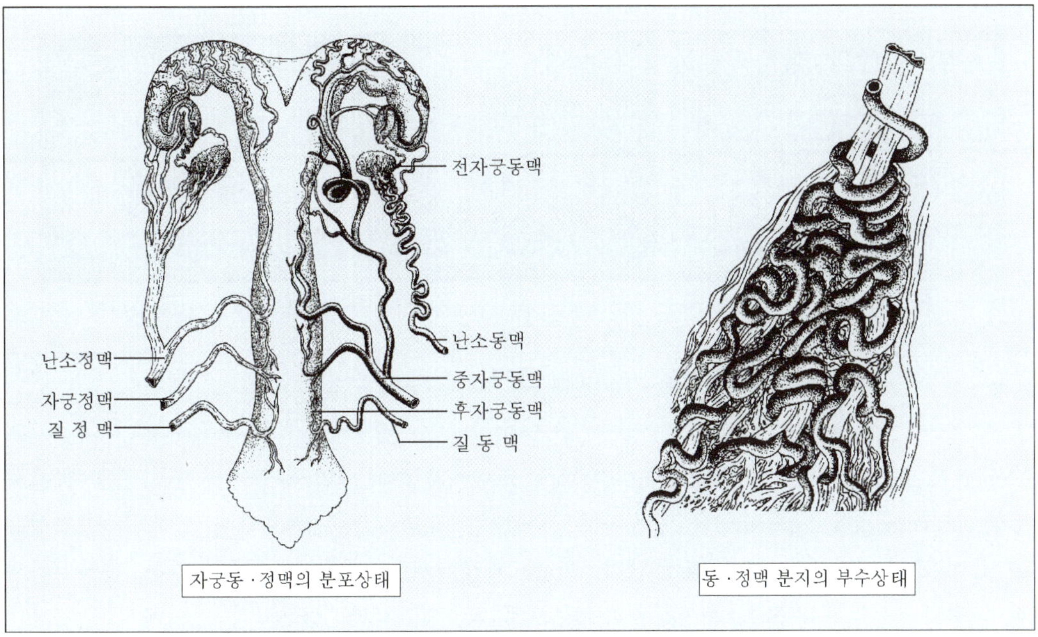

그림 1-19. 소 자궁의 혈관분포와 난소 동·정맥의 배치형태

되지 않아서 양측 자궁각을 격리시키는 중격이 있다. 그러나, 말의 경우에는 부중신관의 결합정도가 심하여 매우 큰 자궁체를 형성하고, 자궁각이 자궁체의 양측에 뿔모양으로 부착되어 있어 양측 자궁각이 분리된 형태이다. 단일자궁(單一子宮, uterus simplex)은 사람을 비롯한 영장류의 자궁형태로서, 양측 부중신관의 결합정도가 가장 심하여 자궁각은 없고, 주머니 모양의 자궁체만 있다.

자궁의 혈액공급은 주로 내장골동맥(內腸骨動脈, internal iliac artery; 돼지·소) 또는 외장골동맥(外腸骨動脈, external iliac artery; 말)에서 분지된 중자궁동맥(中子宮動脈, middle uterine artery)에 의하여 이루어지며, 자궁각의 선단은 난소동맥(卵巢動脈, ovarian artery)에서 분지된 전자궁동맥(cranial uterine artery), 자궁체의 뒤쪽은 질동맥(膣動脈, vaginal artery)의 분지인 후자궁동맥(caudal uterine artery)을 통하여 이루어진다. 자궁에서 빠져나오는 정맥은 동맥에 부수(附隨, satellite)되어 있다. 그러나, 동맥과 동맥에 부수되어 위치하는 정맥의 상대적 크기는 다르다. 소의 경우, 난소정맥은 난소동맥에 비하여 매우 클 뿐만 아니라, 그 분지가 자궁각에도 광범위하게 분포하고 있어서 난소동맥의 분지인 전자궁동맥을 통해서는 자궁에 소량의 혈액을 공급할 뿐이지만, 난소정맥은 자궁에 유입된 다량의 혈액을 환수할 수 있다. 반대로, 중자궁동맥은 매우 커서 자궁으로 다량의 혈액을 공급하지만, 이의 정맥은 매우 작아서 동맥으로 공급한 혈액 전부를 환수할 수는 없다. 그리고, 난소동맥의 분지는 난소정맥의 분지와 밀착된 구조를 가지고 있는데, 이 구조는 자궁에서 합성된 프로스타글란딘 $F_{2\alpha}$를 효과적으로 난소로 이행시켜 황체의 퇴행을 유도한다(그림 1-19;

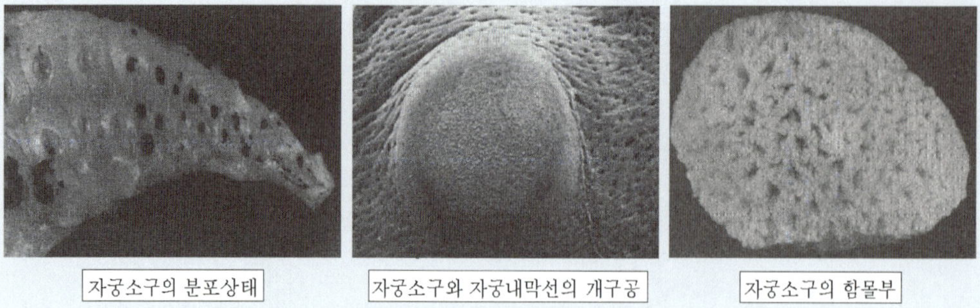

그림 1-20. 반추동물 자궁소구의 구조

Meijer & Fentener van Vlissingen, 1992c). 또한, 자궁에는 자궁-골반신경총(子宮-骨盤神經叢, uterine-pelvic plexus)을 경유하여 들어오는 교감신경이 분포되어 있으며, 신경섬유는 근섬유와 점막에서 종지(終止)한다. 한편, 자궁벽의 조직학적 구성은 다른 관상기관과 같이 점막・점막고유층・근층・장막의 4층으로 되어 있지만, 생리학적 견지에서는 자궁내막(endometrium)과 자궁근층(myometrium)으로 구분한다.

(1) 자궁내막 : 자궁내막은 섬모세포와 분비세포로 구성된 단층원주상피와 소성결합조직으로 된 점막고유층(lamina propria)으로 구성된다. 점막고유층에는 자궁내막의 표면에 개구하는 다수의 자궁내막선(endometrial gland)이 분포되어 있는데, 선의 형태는 지관상선(枝管狀腺)이며, 선상피는 단층의 입방 또는 원주세포로 되어 있다. 자궁내막의 상피세포는 발정기에는 원주형을 나타내지만, 발정이 종료된 2일후에는 입방형이 된다. 자궁내막에서 분비되는 자궁내막액(endometrial fluid)의 양과 생화학적 조성은 발정주기에 동조(同調)되어 변화한다. 일반적으로, 발정기에는 자궁내막액의 양이 증가되어 난관쪽으로 흘러 넘치는 반면에, 황체기에는 그 반대가 되는데, 이것은 생식세포의 수송과 밀접한 관계가 있다. 자궁내막액의 중요성분인 자궁단백질은 대부분이 혈장단백질에서 전이된 단백질이고, 소량만이 자궁내막선에서 합성된 자궁특수단백질이다. 토끼의 자궁내막선에서는 브라스토키닌(blastokinin)이라고 부르는 자궁글로불린(uteroglobulin)을 분비하여 상실배가 배반포로 전환되는 과정을 자극한다. 또한, 마우스의 자궁내막액에는 배반포의 착상을 유기하는 인자가 함유되어 있다. 일반적으로, 자궁내막액은 정자의 생존과 수정능획득, 그리고 착상전 배반포의 발달에 적합한 환경을 제공하는 역할을 한다. 한편, 면양에서 임신초기의 자궁이나 수태산물(受胎産物 conceptus)에서 합성되는 특수단백질이 증명되었는데, 이 단백질들 가운데 우테로페린(uteroferrin)이라 부르는 철-함유 당단백질이 정제되었다(Basha 등, 1980). 이들 특수단백질은 착상과 배의 성장을 조절하는데 특정한 역할을 하는 것으로 보인다.

반추동물의 자궁내막에는 난원형으로 돌출된 다수의 구조물이 있는데, 이를 자궁소구(子宮小丘, caruncle)라고 한다. 자궁소구는 자궁체로부터 자궁각에 걸쳐 4줄로 배열되어 있으며, 그 수는 면양에서 80~90개, 소에서는 80~120개이다. 모양은 소에서는 철(凸)형이지만, 면양에서는 요(凹)형이다. 자궁소구에는 자궁내막선이 분포되어 있지 않고, 상피 아래의 결합조직층에는 혈관이 많이 분포되어 있다. 임신시에는 태아의 융모막(絨毛膜, chorion)에서 형성된 융모총(絨毛叢, cotyledon)을 받아 들여 태반분엽(胎盤分葉, placentome)을 형성한다. 자궁소구는 융모막의 융모총을 받아 들이는 다수의 음와(陰窩, crypt)가 형성되어 마치 해면체처럼 보인다. 비임신시에는 크기가 작아서 소의 경우 직경이 15mm 정도에 불과하지만, 임신시에는 그 직경이 10cm에 이른다(그림 1-20; Hafez & Hafez, 2000).

(2) 자궁근층 : 평활근섬유로 구성된 자궁근층은 안쪽에 두꺼운 윤주근층이 있고, 바깥쪽에 얇은 종주근층이 배치되어 있다. 이들 두 근육층의 사이에는 혈관·림프관·신경 등이 분포되어 있다. 자궁근층의 수축은 난소나 난관의 율동적 운동과 조율되면서 일어난다. 자궁수축의 기원·방향·진폭·빈도 등은 번식주기의 단계에 따라 변이의 폭이 크다. 발정주기에 따른 수축빈도는 발정이 발현된 즉시 최대에 이르고, 황체기에는 감소된다. 또한, 발정기에는 자궁수축이 자궁의 후반부에서 기시되며, 연동파(蠕動波, peristaltic wave)의 대부분이 난관쪽으로 향하여 진행되고, 황체기에는 아주 낮은 비율의 연동파만이 난관쪽을 향한다. 에스트로겐은 자궁수축의 빈도를 증가시키는 반면에, 프로게스테론은 이를 감소시킨다. 더욱이, 높은 농도의 프로게스테론은 자궁수축의 활성을 안정화시킨다.

2) 자궁의 기능

자궁은 번식과정에서 다양하고 중요한 역할을 수행하는 기관으로서, ① 정자를 난관으로 수송하고, ② 황체의 기능을 조절하며, ③ 난관에서 내려온 수정란을 착상·임신시키고, ④ 강력하게 수축하여 분만을 일으킨다.

(1) 정자의 수송 : 사정에 의하여 사출된 정자는 자궁근층의 수축작용에 의하여 수정장소인 난관으로 이송된다. 난관을 향하여 자궁강을 상행하는 정자의 많은 수가 자궁내막선 속으로 진입되고, 그곳에서 서로 응집(凝集, aggregation)되어 집단을 이룬다. 정자가 응집된 집단에서 분리되어 자궁내막선을 빠져 나오려면 상당한 시간이 걸리게 되고, 이에 따라 수정장소로 상행하는 정자는 빨리 이동할 수 있는 것과 늦게 이동할 수 밖에 없는 것이 있다. 이 결과로 수정장소에 정자가 장시간에 걸쳐 계속적으로 도착됨으로 수정가능시간을 연장시키는 효과가 있다. 한편, 정자는 자궁을 상행하는 동안에 자궁내막액의 작용으로 수정능력(受精能力, fertilizing ability)을 획득한다.

(2) 황체의 퇴행 : 분비기능이 왕성한 황체에서 생산된 프로게스테론은 자궁에서 황체퇴행인자가 생산되도록 자극하고, 이 인자는 난소로 이행되어 황체를 퇴행시킴으로써 국소적 자궁-난소주기(local utero-ovarian cycle)가 영위된다. 이와 같이, 자궁은 황체의 기능을 조절하는 중요한 역할을 한다. 소·면양·돼지 등에서 자궁을 제거하면 황체는 장기간에 걸쳐 기능적 상태를 유지하지만, 일부분의 자궁조직이라도 제자리에 남아 있으면 황체는

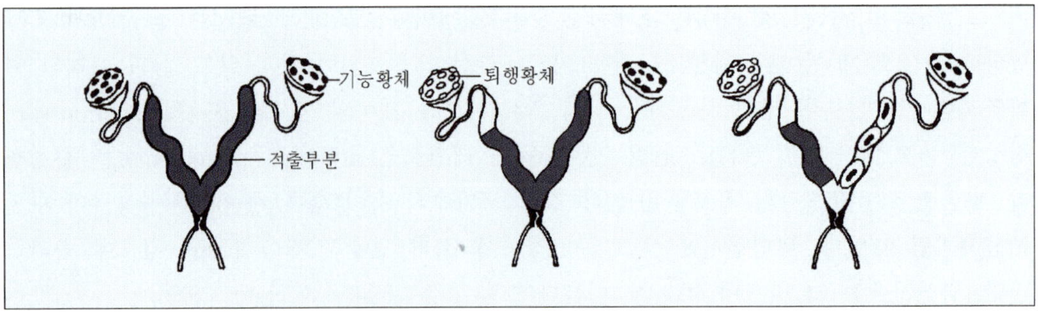

그림 1-21. 돼지의 자궁적출이 황체의 수명에 미치는 영향

퇴행되고, 이어서 지정된 시각에 발정주기가 회귀된다. 한쪽의 자궁각을 적출하면 적출된 자궁각측의 황체가 적출되지 않은 자궁각측의 황체에 비하여 오래동안 유지된다(그림1-21; Hafez & Hafez, 2000). 한편, 소와 면양에서 프로스타글란딘(PG)을 근육이나 자궁내에 투여하면 황체가 완전히 퇴행된다(Silvia 등, 1984). 이러한 사실은 자궁에서 유래되는 황체퇴행인자가 PG라는 것을 의미한다. 따라서, 자궁에 의한 황체의 퇴행은 자궁내막에서 생산된 $PGF_{2\alpha}$가 자궁-난소정동맥경로(子宮-卵巢靜動脈經路, utero-ovarian venoarterial pathway)를 통하여 곧바로 난소로 이행되어 황체의 변성을 유발하는데 따른 것이다. 그러나, 말이나 토끼와 같이 예외적으로 국소적 순환경로에 의존하지 않고, 전신순환경로를 통하여 $PGF_{2\alpha}$가 자궁에서 난소로 이행되는 동물도 있다. 한편, 임신이 성립된 자궁각은 항황체퇴행효과(抗黃體退行効果, antiluteolytic effect)를 나타내기 때문에 난소에서 임신황체가 유지되고, 이에 따라 임신상태가 지속된다.

(3) 착상과 임신 : 자궁은 착상으로부터 임신에 이르기까지 수태산물을 받아 들이고, 이것에 영양을 공급하여 발달시키는데 적합하도록 특수화된 기관이다. 착상과 임신이 성공적으로 성립·유지되려면 자궁이 이들 생리작용을 수행하기에 적합하도록 분화되어야 하는데, 이 분화는 난소에서 분비되는 스테로이드호르몬(estrogen과 progesterone)의 정교한 제어를 받는다. 난관에서 수정과정과 초기난할과정을 거친 배(胚)가 자궁으로 내려 오면 자궁내막액에 부유된 상태로 발달을 계속하여 투명대가 박리된 배반포로 발달되고, 이 기간 동안에 자궁내막에서는 프로게스테론의 자극을 받아 착상성증식(着床性增殖, progestational proliferation)이 유발된다. 착상성증식이 일어난 자궁내막에 배반포의 외벽을 구성하는 영양막(營養膜, trophoblast)이 접착되어 착상이 일어난다. 임신은 착상이 완료된 배반포의 영양막에서 분화된 융모막(絨毛膜, chorion)의 표면에 무수하게 돋아난 융모와 모체의 자궁내막이 접착되어 태반(胎盤, placenta)을 형성함으로써 성립된다. 태반은 해부학적으로 분리되어 있는 태아순환계와 모체순환계 사이에 물질교환을 영위하여 태아에 필요한 모든 물질을 공급하고, 태아에서 생성된 노폐물을 배설한다. 따라서, 태아의 성장과 비례하여 태반의 혈액순환량이 증가되는데, 이를 충족시키기 위하여 자궁에 대한 혈액의 유입량도 임신

기간의 경과에 비례하여 증가된다. 전 임신기간을 통하여 자궁내막의 생리적 특성과 이에 대한 혈액의 공급은 태아의 생존과 정상적 발달에 매우 중요한 영향을 미친다. 자궁은 태아의 성장에 부응하기 위하여 크기·구조·위치 등이 변동된다.

(4) 분만과 분만후의 퇴축 : 임신기간이 지나면 태아는 분만과정을 통하여 모체의 체외로 만출되는데, 자궁근층의 수축이 태아만출의 원동력이다. 자궁근의 수축반응은 분만직전까지도 휴지상태를 유지하지만, 태아를 만출시킬 때는 강력하게 발동된다. 분만후의 자궁은 퇴축(退縮, involution)을 통하여 임신전의 크기와 상태로 복귀된다. 돼지를 예로 들면, 분만후 28일까지 자궁의 무게와 길이가 감소되고, 그 후의 비유기간중에는 비교적 변화가 없다가 이유직후부터 4일동안은 무게와 길이가 증가된다. 분만직후부터 일어나는 자궁의 퇴축과정에서는 많은 백혈구의 출현과 혈관유상(血管流床, vascular bed)의 감소를 동반하는 자궁내막의 파괴가 일어나고, 자궁근층의 세포는 수와 크기가 감소된다. 이러한 급속하고, 불균형한 자궁조직의 변화는 분만후 최초의 교배에서 수태율이 낮아지는 원인이 될 수도 있다. 소에서 수유(授乳)를 하거나 빈혈이 있더라도 자궁의 퇴축은 지연되지 않으며, 자궁소구조직은 분만후 12일경에 자궁내막에서 탈락되어 배출된다. 자궁소구의 표면을 피복하는 상피는 분만후 30일경까지 주위조직이 성장하여 완전하게 재생된다.

(5) 자궁내이물체와 자궁내삽입장치의 효과 : 발정주기의 초기단계에서 자궁을 자극하면 황체가 퇴행되고, 이에 따라 조기발정(早期發情, precocious estrus)이 유발된다. 자궁에 대한 자극은 자궁강에 작은 이물체(foreign body)를 넣어도 유도할 수 있는데, 이에 따라 발현되는 발정주기는 이물체를 삽입하는 시기와 이물체의 성질이나 크기에 따라 짧아지거나 길어진다. 그러나, 이물체가 들어있는 자궁의 신경을 제거하면 발정주기가 영향을 받지 않는다는 사실을 볼 때, 이 영향은 자궁의 신경계가 반응하는 결과라고 생각된다. 한편, 자궁내삽입장치(intrauterine devices [IUDs])는 수 종류의 동물에서 항수태효과(抗受胎効果, antifertility effect)를 나타내는데, 그 발현양상은 매우 다양하다. 자궁내삽입장치의 항수태효과는 배의 자궁내 진입시기와 착상기의 사이에서 발현되는 것으로 보인다(Hafez & Hafez, 2000). 직경이 큰 자궁내삽입장치를 자궁강내에 넣으면 소와 면양에서는 황체의 기능적 수명이 짧아져 발정주기가 변경되는 반면에, 면양과 사람에서는 정자의 수송과 수정이 억제된다.

4. 자 궁 경

자궁경(子宮頸, cervix uteri)은 자궁체와 질을 연결하는 괄약근성(括約筋性)의 관상기관으로서, 두껍고 단단한 벽과 매우 좁은 내강으로 구성된다. 자궁경은 황체기와 임신기에는 프로게스테론의 작용으로 관벽이 비후되고, 농후한 경관점액이 분비되어 철저하게 폐쇄된다. 그러나, 발정기와 분만기에는 에스트로겐의 작용으로 관벽이 얇아지고, 점액의 점조도도 묽어져 자궁경관이 열린다.

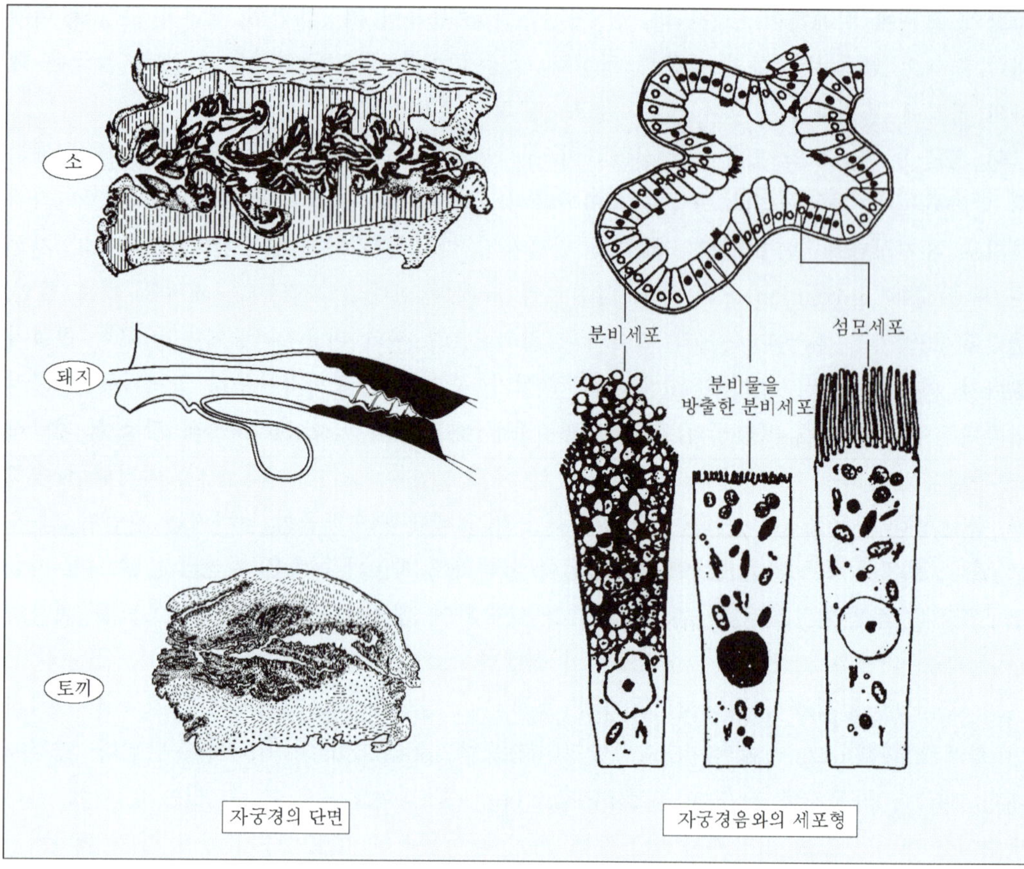

그림 1-22. 자궁경관의 단면과 상피의 구조

1) 자궁경의 구조

자궁경은 두꺼운 관벽과 수축된 내강을 가진다는 것이 구조적 특징이며, 자궁경관(子宮頸管, cervical canal)의 자궁체쪽 구멍을 내자궁구(內子宮口, internal uterine orifice)라 하고, 질쪽의 구멍을 외자궁구(外子宮口, external uterine orifice)라고 한다. 돼지를 제외한 대부분의 가축은 자궁경이 질내부의 후방으로 돌출되어 있는데, 이 부위를 자궁경질부(子宮頸膣部, portio vaginalis cervicis)라고 하며, 자궁경질부를 싸고 있는 질의 부위를 질원개(膣圓蓋, fornix vaginae)라고 한다. 자궁경관의 수축된 내강은 생식도관의 다른 부위와는 달라서 여러 형태의 융기가 돌출되어 매우 굴곡된 모양을 나타낸다. 자궁경관은 다양한 돌출융기에 따라 동물종마다 특징적인 구조를 가지는데, 반추동물은 이 융기가 윤상(輪狀) 또는 나선형으로 형성되어 환상륜(環狀輪, anular ring)을 만든다(그림 1-22). 소는 이 환상륜이 특히 잘 발달되어 있고(보통 4개), 면양의 환상륜은 서로 꼭 끼어서 자궁경관을 거의 폐쇄시키며, 돼지의 환상륜은 나선상의 음경선단부가 진입하기에 적합한 구조로 되어 있다. 자궁경의 벽은 안쪽으로부터 점막·중간층·장막의 3층으로 구성된다.

(1) 점막 : 자궁경의 점막에는 무수하게 많은 종주추벽(縱走皺襞)이 형성되어 있을 뿐만 아니라, 복잡하게 분지된 자궁경음와(子宮頸陰窩, cervical crypt)가 있다. 점막의 상피는 분비세포와 섬모세포로 구성된 단층원주상피인데, 사람 · 말 · 토끼 등은 다른 동물에 비하여 섬모세포의 비율이 높다. 섬모세포의 표면에 밀집되어 위치하는 섬모는 운동섬모이며, 섬모의 운동은 질쪽을 향하여 파동친다. 분비세포에서는 점조성이 매우 높은 자궁경관점액(cervical mucus)을 분비한다.

자궁경관의 점액은 25%의 단백질과 75%의 탄수화물로 구성된 당단백질로서, 직쇄상의 폴리펩티드쇄에 탄수화물측쇄가 부착되어 있다. 경관점액에 함유된 탄수화물 성분은 galactose · glucosamine · fucose · sialic acid 등과 같은 단당류가 결합하여 만들어진 과당류쇄(oligosaccharide chain)이다. 경관점액에는 프레알부민(prealbumin) · 지단백질(lipoprotein) · β- 및 γ-글로불린 등과 같은 단백질성분, 그리고 glucuronidase · amylase · phosphorylase · esterase · phosphatase 등과 같은 다양한 종류의 효소도 함유되어 있다(Hafez & Hafez, 2000). 경관점액은 양치성(羊齒性, ferning) · 탄력성(彈力性, elastictity) · 점조성(粘稠性, viscosity) · 요변성(搖變性, thixotrophy) · 점착성(粘着性, tack) 등과 같은 유동적 성질(rheologic property)이 있다. 경관점액의 분비는 난소에서 분비되는 스테로이드호르몬에 의하여 조절되는데, 에스트로겐은 점조도가 낮은 다량의 점액을 분비시키며, 프로게스테론은 점액의 분비를 억제하는 동시에 점조도를 증가시킨다. 따라서, 발정주기의 단계에 따라 경관점액에 함유되어 있은 고분자물질의 배열상태와 점성이 변화되는데, 이것이 자궁경관내에서 일어나는 정자의 침투성(浸透性, penetrability)을 지배한다. 일반적으로, 발정기에는 에스트로겐의 작용으로 자궁경관이 이완되고, 경관점액의 성상도 묽어져 정자의 침투가 용이하지만, 황체기에는 프로게스테론의 영향으로 경관점액의 성상이 농후해지고, 윤주근층도 수축되어 자궁경관을 폐쇄시킨다.

(2) 중간층과 장막 : 자궁경벽 두께의 대부분을 차지하는 중간층은 결합조직으로 구성된 경관기질과 평활근층으로 구성되어 있다. 자궁경의 근층은 안쪽의 윤주근층과 바깥쪽의 종주근층으로 되어 있는데, 특히 윤주근층이 두꺼워 자궁경관을 효과적으로 폐쇄시킬 수 있다. 그러나, 자궁경의 평활근섬유 함량은 경관기질에 비하여 훨씬 적다. 자궁경의 가장 중요한 구성요소인 경관기질을 구성하는 결합조직은 무정형기질(無定型基質)에 섬유성분과 세포성분이 혼합되어 있다. 무정형기질에는 proteoglycan · hyaluronic acid · chondroitin-4,6-sulfate · dermatan sulfate · heparan sulfate · keratan sulfate 등이 함유되어 있다. 섬유성분으로는 교원섬유 · 탄성섬유 · 세망섬유 등이 있으며, 세포성분으로는 섬유아세포 · 비만세포 · 유주세포(遊走細胞, wandering cell) 등이 있다. 이러한 결합조직의 성분들 가운데 자궁경관의 폐쇄와 이완에 가장 큰 영향을 미치는 성분은 섬유성분이다. 교원섬유는 자궁경의 경도(硬度)를 유지시키는 섬유로서, 각각의 섬유가 분리되어 결합조직내에 분산되면 자궁경의 조직이 연화(軟化)된다. 또한, 탄성섬유와 세망섬유, 그리고 이들 섬유사이를 채우고 있는 무정형기질 상

호간의 배열양식이 변경되는데 따라 자궁경관이 이완된다. 한편, 발정주기의 단계나 임신과 분만의 과정에 따라 결합조직의 세포간질(細胞間質)도 자궁경의 기능발현에 부응하여 변화된다. 임신기간이 경과됨에 따라 자궁경 전체의 부피는 평상시의 8배까지 증가된다. 분만시의 자궁경은 연화되고 이완되며, 이에 따라 산도(産道)가 열리는데, 이 때의 자궁경에서 나타나는 물질적 변화는 ① 프로테오글리칸과 히알루론산의 합성이 증가되고, ② 새로운 형의 프로테오글리칸이 출현되며, ③ 콜라겐망이 파괴된다. 한편 장막은 자궁경의 외부를 둘러싸는 얇은 막으로서, 복막과 같은 조직성분으로 구성되어 있다.

2) 자궁경의 기능

자궁경은 사정장소로부터 자궁강으로 정자를 수송하고, 임신시에는 자궁경관이 폐쇄되어 자궁과 질을 격리시키며, 분만시에는 태아의 만출이 용이하도록 이완된다.

(1) 정자의 수송 : 자궁경은 ① 정자를 경관점액을 통과시켜 자궁강으로 수송하고, ② 정자의 저장소가 되며, ③ 운동성이 없거나 기형인 정자를 제외하고 생존정자만을 수송한다. 사정에 의하여 사출된 정자는 미부의 편모운동으로 사정장소로부터 자궁강을 향하여 전진한다. 정자는 경관점액을 통과하여 자궁강안으로 진입되는데, 이 때의 정자 이동은 경관점액의 거대유동(macrorheologic) 및 미소유동(microrheologic) 특성에 따라 지배를 받는다. 경관점액에 대한 정자의 침투성은 점액이 청결하면 증가된다. 따라서, 점액에 퇴행세포의 파편이나 백혈구가 혼입되어 있으면 정자의 이송이 지연된다. 또한, 경관점액을 구성하는 교질입자를 지칭하는 미포(微胞, micelle)의 사이에 형성된 수용성 간극(aqueous space)은 수용성물질이 확산에 의하여 이동되는 것과 같이 정자의 통과를 허용한다. 한편, 단백질분해효소는 경관점액의 골격단백질이나 횡적연결(cross linkage)을 가수분해하여 경관점액의 그물망을 감소시켜 정자의 이송통로를 확보하여 준다.

사정이나 인공수정에 의하여 자궁경관으로 진입된 정자의 대부분은 복잡한 구조를 가진 자궁경음와로 진입되어 저장된다. 저장된 정자는 순차적으로 빠져나와 자궁강으로 이송되고, 일부는 자궁경음와를 빠져나오지 못한다. 이러한 현상은 수정장소로 일시에 과다한 정자가 이송되는 것을 방지할 뿐만 아니라, 정자의 이송속도를 서로 다르게 함으로써 수정이 가능한 시간을 연장시키는 효과가 있다. 한편, 운동성이 없거나 기형인 정자는 자체의 운동력이 없음으로 경관점액을 통과하기가 어렵다.

(2) 임신과 분만에 따른 폐쇄와 이완 : 임신중의 자궁경은 점조성이 높고, 비양치성이며, 두껍고 혼탁한 점액을 분비하여 자궁경관을 폐쇄시킴으로써 자궁강안으로 세균과 같은 이물질이 침입되는 것을 방지한다. 그러나, 분만시에는 태반에서 다량으로 분비된 에스트로겐의 작용으로 점조성이 낮은 다량의 경관점액이 분비되기 때문에 농후한 경관점액으로 만들어진 경관전(頸管栓, cervical plug)이 액화되어 흘러 나오고, 경관벽도 이완되어 태아와 태반이 만출될 수 있도록 산도가 열린다.

5. 질

질(膣, vagina)은 자궁경의 후방에 연결된 근막성(筋膜性)의 원통형 관상기관으로서, 질전정을 경유하여 외부와 통하며, 교미시 수컷의 음경이 진입되는 암컷의 교미기관이다.

1) 질의 구조

말이나 소에서는 자궁경의 끝부분이 질쪽으로 돌출되어 자궁경질부를 형성하고 있기 때문에 자궁경과 질의 경계가 명확하지만, 돼지에서는 자궁경질부가 없어서 자궁경이 명확한 경계가 없이 자연스럽게 질로 이행된다. 질과 질전정의 이행부는 점막추벽이 돌출되어 형성된 질변(膣辨, hymen)에 의하여 경계를 이루며, 질변의 바로 뒤에서 아래쪽 정중선에 오줌의 배출구인 외요도구가 열려 있다. 질변은 사람에서는 잘 발달되어 있고, 처녀막이라고도 부른다. 그러나, 가축에서는 어렸을 때는 어느 정도 발달되지만, 체성숙이 완료된 후에는 흔적만 남아 있다.

질의 벽은 상피・근층・장막의 3층으로 구성되어 있다. 질의 상피는 분비선이 없는 중층편평상피(stratified squamous epithelium)이며, 다만 소에서는 자궁경관과 인접된 부위에 약간의 점액분비세포가 혼재되어 있다. 이와 같이, 질에는 분비선이 없지만, 상피의 누출액이나 질로 흘러 들어온 경관점액과 자궁액에 의하여 항상 습윤한 상태를 유지한다. 한편, 질상피세포의 표면은 종주(縱走)하거나 원형으로 달리는 수 많은 미세융기(microridge)가 돌출되어 있다. 이 미세융기는 대응하는 상피세포의 미세융기와 결합하여 상피세포 자체가 쐐기모양으로 박히게 됨으로 질의 표면이 단단히게 된다. 그러나, 질상피의 견고도에 영향을 미치는 미세융기의 형태와 배치양식은 번식주기에 따라 변화된다. 발정주기의 단계에 따른 질상피의 변화는 동물의 종에 따라 차이가 있는데, 이 차이는 에스트로겐과 프로게스테론, 더 나아가 성선자극호르몬의 분비양식이 동물종에 따라 차이가 나는데 기인된다. 질벽의 근층은 안쪽의 두꺼운 윤주근층과 바깥쪽의 얇은 종주근층으로 구성되어 있다. 그러나, 돼지・개・고양이 등에서는 윤주근층의 안쪽에 얇은 종주근층이 한층 더 있다. 근층에는 혈관・신경다발(nerve bundle)・신경세포의 집단・소성 및 치밀결합조직이 풍부하게 분포되어 있다. 그리고, 소에서는 다른 가축에서 보이는 후괄약근(後括約筋, posterior sphincter muscle) 외에 전괄약근을 하나 더 가지고 있다. 한편, 마름모꼴로 배열된 근육조직과 무수하게 많은 주름을 가진 점막추벽(粘膜皺襞, rugae vaginales)은 분만시나 교미시에 질이 효과적으로 확장되는 것을 가능하게 한다. 장막은 질을 밖에서 둘러싸고 있는 상피조직이며, 그 아래의 소성결합조직에는 큰 혈관・신경간(神經幹, nerve trunk)・신경절(神經節, ganglion) 등이 포함되어 있다.

2) 질의 기능

질은 암컷의 교미기관으로서 수컷의 음경이 삽입되어 사정이 일어나는 장소이며, 사정된 정자를 자궁경관으로 수송하고, 정자에 대한 항원-항체반응이 일어나는 장소이다.

(1) 정자의 수송 : 질은 교미시 정액이 사정되는 장소이다. 그러나, 돼지와 말은 자궁경관에 사정한다. 사정된 정자는 고분자물질로 된 경관점액에 수용될 때까지 질에 저류된다. 이 때, 성적자극으로 확대된 질전정구(膣前庭球, bulbus vestibuli vaginae)가 질의 후단을 막아서 정액이 질밖으로 역류되는 것을 억제한다. 질에 저류된 정자는 주로 질의 수축에 의존하여 자궁경관으로 이송된다. 질의 수축은 심리적 성욕반응(psychosexual response)에 의하여 유발되며, 수축반응은 교미전자극(precoital stimulation)으로 증가된 질액에 의하여 활성화된다. 한편, 정액의 액체성분인 정장은 사정시에 정자와 함께 질내로 주입되지만, 자궁경관으로 수송되지는 않으며, 대부분이 질밖으로 배출되거나 질벽을 통하여 흡수된다.

(2) 정자에 대한 면역반응 : 질은 정액이 최초로 주입되는 기관임으로 난관이나 자궁에 비하여 정자항원(精子抗原, sperm antigen)에 잘 노출된다. 따라서, 질은 정자에 대한 항원-항체반응(抗原抗體反應, antigen-antibody reaction)이 일어나는 주된 부위이다. 정자항원에 대한 항체의 국소적 생산이 질조직내에서 일어난다. 상피세포의 아래에 위치하는 미성숙 및 성숙 형질세포(形質細胞, plasma cell)가 황체기, 난소적출후, 그리고 폐경기 후에 증가되는 사실을 볼 때, 이 세포는 내분비적 지배하에 있는 세포라고 생각된다. 이 형질세포는 세균의 감염을 방지하는 면역글로불린 A와 G를 분비할 뿐만 아니라, 정자에 대하여 항체로 작용하는 면역글로불린도 생산한다.

(3) 질액의 작용 : 질벽에는 자체의 분비선은 없지만, 질내강을 습윤하게 하는 질액(膣液, vaginal fluid)이 있다. 질액은 ① 질벽을 통한 혈장성분의 누출액, ② 외음부에 위치하는 피지선과 한선의 분비물, ③ 자궁경관점액·자궁내막액·난관액의 유출물, ④ 질상피에서 탈락된 세포 등의 혼합물이다. 발정기에는 질벽의 혈관분포가 증가되어 누출액이 증가됨에 따라 농도가 엷은 다량의 질액이 분비되고, 황체기에는 반대의 분비양상을 나타낸다. 발정기의 질액은 교미시 수컷의 음경이 질내로 진입할 때 마찰을 감소시킨다. 한편, 소에서 발정기에는 요생식도에서 독특하고 뚜렷한 냄새를 발산하지만, 황체기에는 이 냄새가 사라진다. 개에게 이 냄새를 감지하도록 훈련시키면 소의 발정을 발견하는데 이용할 수 있다(Kiddy 등, 1978). 질액 자체의 pH는 산성임으로 정자의 생존성과 운동성에 적합하지 못하다. 그러나, 경관점액·자궁내막액·정장 등의 복합적 상호작용으로 발현되는 완충계(緩衝系)에 의하여 pH가 조절됨에 따라 질내에 머무는 동안의 정자가 보호된다. 따라서, 완충계가 충분하게 작동하지 못하는 병적상태(적은 사정량·진한 소량의 경관점액·정액의 질외누출)는 정자의 부동화(不動化)를 빠르게 유발한다.

(4) 분만시의 이완 : 질은 분만시에는 태반에서 다량으로 분비되는 에스트로겐의 작용으로 크게 확장되어 태아의 산도를 형성한다. 질벽에서 무수하게 많은 주름을 가진 점막추벽과 마름모꼴로 배열된 근육조직은 분만시나 교미시에 질벽의 손상이 없이 효과적으로 확장되는 것을 가능하게 하는 구조이다. 질은 분만시에는 산도로 작용하지만, 평상시에는 자

궁경·자궁내막·난관 등의 분비물을 체외로 배출시키는 배출관으로서의 역할도 수행한다.

6. 외부생식기관

암컷의 외부생식기관(外部生殖器官, external genital organ)은 질전정·음순·음핵 등을 포함하며, 이것들이 외음부(外陰部, vulva)를 구성한다.

1) 질 전 정

질전정(膣前庭, vestibule, vestibulum vaginae)은 질에서 연속되어 음순에 이르는 관상기관으로서, 질과 질전정의 연결부에는 아래쪽으로 외요도구가 개구되어 있고, 질변에 의하여 질과의 경계가 명확한 동물(사람·망아지·자돈)도 있다. 그러나, 사람을 제외한 대부분의 동물에서 질변은 체성장과 더불어 흔적만 남게 되는데, 일부의 소에서는 지나치게 돌출되어 교미를 방해하는 경우도 있다. 소의 경우, 질전정은 음순으로부터 안쪽으로 약 10㎝ 정도 뻗어 있으며, 외요도구의 바로 뒤쪽에 요도하게실(尿道下憩室, suburethral diverticulum)이라고 부르는 맹낭(盲囊)의 개구공이 위치한다. 또한, 외요도구의 전측방에 중신관(볼프관)의 퇴화산물인 가트너관(Gartner′s duct)이 개구되어 있다.

질전정의 점막에는 점액분비기 활발한 전정선(前庭腺, vestibular gland)이 분포되어 있는데, 대전정선(greater vestibular gland)과 소전정선(lesser vestibular gland)의 두종류가 있다. 대전정선은 바르톨린선(Bartholin′s gland)이라고도 하며, 사람에서는 잘 발달되어 있지만, 가축에서는 오직 소에만 있다. 소의 대전정선은 음순측벽의 점막융기 아래에 위치하는 좌·우 한쌍의 선으로서, 각각이 2~3개의 도관을 외요도구의 후위에 개구한다. 대전정선은 수컷의 구요도선과 같이 관상포상선이며, 발정시와 성적으로 자극을 받았을 때 활발한 분비활동으로 점액을 분비하여 질벽을 윤활하게 한다. 소전정선은 모든 가축에서 보이는데, 말과 돼지에서는 아래쪽과 위쪽 질전정점막의 좌·우에 작은 유두모양의 도관개구부가 열을지어 위치하며, 개의 경우에는 아래쪽 점막의 좌·우에 일렬로 위치한다. 소에서는 다른 동물과는 달리 열을 짓지 않고, 음핵 앞쪽의 점막융기부에 몰려 있다.

2) 음 순

자성생식도관의 말단에서 외부로 향하는 출구는 세로로 갈라져 있는데, 이를 음열(陰裂, rima pudendi)이라고 하며, 음열의 좌·우에 있는 피부의 융기부를 음순(陰脣, labium pudendi, labium vulvae)이라 한다. 양측의 음순은 위와 아래에서 서로 연결되어 있으며, 위쪽과 아래쪽의 연결점을 각각 배측음순교련(背側陰脣交聯, commissura labiorum dorsalis)과 복측음순교련(腹側陰脣交聯, commissura labiorum ventralis)이라 한다. 사람에서는 바깥쪽의 대음순(labium majus pudendi, labia majora)과 안쪽의 소음순(labium minus pudendi, labia minora)이 명확하게 구분되지만, 가축에서는 이러한 구분이 명확하지 않다. 일반적으로, 가축의 음순은 사람의 소음순에 해당하지만, 사람과는 달리 외측에 피모를 가지고 있다. 음순은 지방이 축적되어 있고, 피지선이 잘 발달되어 있으며, 발정기에는 붉게 종창(腫脹)되는데, 발생학적으로 보면 수컷의 음낭에 해당되는 기관이다.

3) 음 핵

음핵(陰核, clitoris)은 수컷의 음경과 상동기관으로서, 복측음순교련의 안쪽에 위치하는 작은 원추상의 돌기이다. 음핵은 중층편평상피로 덮인 발기조직이며, 지각신경의 말단이 풍부하게 분포되어 있어서 성적으로 매우 민감하다. 음핵은 발기조직인 음핵해면체(陰核海綿體, corpus cavernosum clitoridis)로 구성되는데, 한 쌍의 음핵각(陰核脚, crus clitoridis)으로 기시되고, 이것들이 합쳐져 하나의 음핵체(陰核體, corpus clitoridis)가 되어 돌출되며, 그 선단에는 음핵귀두(陰核龜頭, glans clitoridis)가 형성되어 있다. 음핵귀두 주위의 질전정점막은 주름을 형성하고, 이곳으로 음핵이 함몰되는 음핵와(陰核窩, fossa clitoridis)를 만드는데, 음핵을 둘러싸고 있는 이 주름을 음핵포피(陰核包皮, preputium clitoridis)라고 한다. 말과 개의 음핵체는 크고 넓으며, 음핵체의 선단에 음핵귀두가 발달되어 있는데 대하여, 반추류·돼지·토끼 등의 음핵체는 가늘고 길며, 만곡되어 있고, 음핵귀두는 분명하지 않다.

제 3 절 성의 분화와 발달

양성생식을 하는 동물에서 성은 암·수의 생식세포가 합체되는 과정에서 일어나는 성염색체의 조합에 의하여 결정되지만, 발생초기의 배에서는 성염색체의 조합과는 무관하게 암·수의 구별이 없이 공통적인 생식기관의 원기(原基, primordium)를 가지고 있는 미분화상태를 나타낸다. 그러나, 개체의 발생이 진행되면 미분화상태의 발생원기가 성염색체에 의하여 결정된 성별에 따라 암·수 각각의 생식기관으로 분화되고, 이것이 완전한 생식기능을 수행할 수 있는 생식기관으로 발달된다.

1. 성의 결정

포유동물의 성은 개체의 발생과정에 동조되어 염색체의 성(chromosomal sex)·성선의 성(gonadal sex)·표현형의 성(phenotypic sex)의 3단계로 결정된다(표 1-2; Piňón, Jr., 2002a). 염색체의 성은 성염색체의 조합에 따라 결정되지만, 성선의 성은 성결정유전자의 지배하에 결정되고, 표현형의 성은 성선에서 분비되는 호르몬의 작용으로 발현된다. 그러나, 암컷에서는 성결정유전자가 발견되지 않았고, 발생초기의 난소는 호르몬을 분비하지 못한다.

표 1-2. 성결정의 단계

성결정 단계	암 컷	수 컷
염색체의 성	XX	XY
성선의 성	난 소	정 소
표현형의 성		
내부생식기	난관, 자궁	정소상체, 정관, 부성선
외부생식기	질, 질전정, 음순, 음핵	음경, 음낭

1) 염색체의 성

염색체의 성은 정자와 난자가 수정될 때 이것들이 가지고 있는 성염색체(性染色體, sex chromosome)의 조합에 따라 결정된다. 포유류의 난자는 X-염색체만을 가지며, 정자는 X-염색체를 가진 것과 Y-염색체를 가진 것이 있다. 이러한 난자와 정자가 수정에 의하여 이배체(二倍體, diploid, 2n)를 형성하는 과정에서 성염색체의 조합이 동형(同型, homo, XX)이면 암컷, 이형(異型, hetero, XY)이면 수컷이 된다. 이 때, X-염색체를 가지는 정자(X-정자)와 Y-염색체를 가지는 정자(Y-정자)의 비율이 1 : 1임으로 수정시의 성비(性比, primary sex ratio)는 이론적으로 1 : 1이 된다. 그러나, 정자와 난자의 형성과정에서 성염색체의 분리가 일어나지 않았을 경우에는 성염색체가 없는 생식세포와 2개의 성염색체를 가지는 생식세포가 형성된다. 이러한 정자와 난자가 수정되면, 성염색체를 하나만 가지는 개체(XO, YO)나 여러개를 가지는 개체(XXX, XXY, XYY)가 발생된다. 이와 같이, 성염색체에 이상이 있는 경우에 X-염색체만 있고, Y-염색체가 없는 개체는 암컷의 외관을 나타내며, X-염색체 여러개가 있더라도 Y-염색체가 있는 개체는 수컷의 외관을 나타낸다. 예를 들면, 사람에서 나타나는 Klinefelter증후군(XXY)은 X-염색체가 두개라도 Y-염색체가 있음으로 남자의 성이 표현되며, Turner증후군(XO)은 X-염색체만 있음으로 여자의 성이 표현된다. 이 사실은 포유동물에서 성의 결정에는 Y-염색체가 주도적으로 작용하며, Y-염색체가 작용하지 않을 경우에 한하여 자성형으로 분화가 진행된다는 것을 나타낸다.

2) 성선의 성

염색체의 성은 단순하게 수정과정에서 일어나는 성염색체의 조합에 의하여 결정되지만, 성선의 성은 성염색체상에 좌위하는 성결정유전자(性決定遺傳子, sex determining gene)의 지배를 받는다. 성결정에 관한 유전적 접근은 사람에서 염색체의 성과 표현형의 성이 전도된 개체(46XY-여자, 46XX-남자)를 대상으로 연구되었다. 특히, 대부분의 46XX-남자는 부친으로부터 물려 받은 X-염색체에 성염색체의 분리과정에서 Y-염색체의 일부 분절이 부착되고, 이것이 유전되었다는 사실이 증명되었다(Guellaen 등, 1984). 이 특이한 서열(Y-unique sequence)은 Y-염색체의 35kb부위라는 것이 결정되었고, 이 부위가 웅성형질의 발현과 관련이 있다는 것도 밝혀졌다(Sinclair 등, 1990). 이 부위는 클로닝(cloning)되었으며,

이것의 0.5kb 분절은 다양한 동물에서 내재된 성-특이적 서열(sex-specific sequence)을 검출하기 위하여 암·수 모두의 DNA를 서던블로팅(southern blotting)할 때 탐침(探針)으로 이용된다. 이러한 과정을 통하여 수컷의 성을 발현하는 유전자는 Y-염색체 단완의 첨부에 위치하는 SRY-유전자(sex-determining region Y chromosome gene)라는 것이 증명되었다(Gubbay 등, 1990). SRY-유전자는 정소의 분화와 발달을 유도하여 내분비기능을 발현시킴으로써, 테스토스테론과 뮐러관억제물질의 분비를 유도한다. 그러나, X-염색체에서는 성결정유전자가 발견되지 않았으며, 생식기관의 발생원기가 분화되는 것을 자극하거나 억제하는 인자에 대하여도 밝혀진 것이 없다. 다만, 염색체의 성이 XX인 사람의 배에서 염색체 2p(2 : 염색체 번호; p : 염색체의 단완을 나타냄)나 염색체 3q23(q : 염색체의 장완, 23 : 유전자좌를 나타냄)과 같은 상염색체(常染色體, autosome)에 좌위하는 FSH수용체-유전자가 난소의 발달에 관계한다는 사실은 밝혀졌다.

3) 표현형의 성

표현형의 성은 주로 분화·발달된 성선에서 분비되는 성호르몬의 작용으로 발현된다. Y-염색체를 가진 수컷의 경우에는 SRY-유전자의 작용으로 태생기의 정소에서 분비되는 테스토스테론이 정소상체·정관·정낭선 등의 발생원기인 중신관(볼프관)의 발달을 촉진하고, 테스토스테론의 대사산물인 디히드로테스토스테론(DHT)이 전립선·구요도선·외부생식기관의 발생원기인 요생식동과 그 주변 구조물의 발달을 촉진한다. 그리고, 뮐러관억제물질이 자성생식도관의 발생원기인 부중신관(뮐러관)의 퇴행을 촉진하여 정상적인 웅성부생식기관의 분화·발달을 유도함으로써 표현형의 성이 발현된다. 그러나, X-염색체를 가진 암컷의 경우에는 태생기의 난소에서 성호르몬(에스트로겐과 프로게스테론)이 분비되지 않기 때문에 특별한 내분비적 조절기전이 없이 부중신관이 분화·발달되어 표현형의 성이 발현된다. 웅성부생식기관의 발생원기인 중신관은 테스토스테론의 자극이 없기 때문에 중신의 퇴행과정에 수반하여 자연적으로 퇴화된다(Conway, 1997).

2. 생식기관의 발생원기

생식기관의 발생과정을 보면, 발생초기의 배에서는 암·수의 구별이 없이 공통적인 형태의 구조물을 가지고 있는데, 이를 성의 미분화라고 한다. 또한, 개체발생의 초기에는 생식기계와 비뇨기계가 상호 밀접한 관계를 가지면서 연합하여 발생된다. 성적으로 미분화상태를 나타내는 배에서는 생식기계 자체의 발생원기인 원시생식세포와 성선융기 뿐만 아니라, 비뇨기계의 발생과정에서 형성되는 중신·중신관·부중신관·요생식동 등도 함께 가지고 있다. 이와 같은 각종의 발생원기는 개체발생의 진행과정에 맞추어 가면서 암·수 각각의 생식기관으로 분화·발달된다.

1) 원시생식세포

원시생식세포(原始生殖細胞, primordial germ cell)는 성이 분화되지 않았을 때의 생식세포로서, 개체의 발생이 진행되어 성이 분화되면 암·수 각각의 생식세포인 난원세포와 정원세포로 분화된다. 개체의 발생은 암·수의 생식세포가 수정되는 순간부터 시작되며, 수정란이 난할을 반복하는 과정에서 어느 시기에 이르면 체세포와 생식세포의 분화가 일어난다. 그러나, 2세포기 및 4세포기의 배를 분리·배양하여도 완전한 개체로 발달되는 사실을 볼 때, 적어도 이 시기까지는 분화되지 않는 것으로 보이며, 배가 상실배 또는 배반포로 발달된 이후에 분화될 것으로 추정된다. 발생중인 배에서 최초로 원시생식세포가 발견되는 곳은 난황낭(卵黃囊, yolk sac)의 상피이며, 이 시기는 정소나 난소의 발생원기인 성선융기가 출현되기 이전이다. 따라서, 성선융기가 발생될 때까지는 원시생식세포가 난황낭의 상피속에 매몰된 상태에서 분열·증식을 반복한다. 그 후에 성선융기가 발생되면 그곳으로 이동하여 배상피의 증식으로 형성된 성삭(性索, sex cord) 속에 수용된다. 한편, 원시생식세포는 체세포에 비하여 크고, H-E(hematoxylin-eosin) 염색에서 엷게 염색되며, 세포질은 호염기성이고, 글리코겐의 함량이 높아 PAS(periodic acid schiff) 양성반응을 나타내며, 알칼리포스파타제(alkaline phosphatase)의 활성도 강력하다. 이러한 세포학적 특성을 이용하여 체세포와 용이하게 구별할 수 있다.

2) 성선융기

성선융기(性腺隆起, gonadal ridge)는 등쪽 장간막의 기시부와 중신의 사이에서 체강상피(體腔上皮, coelomic epithelium)가 증식·비후되어 형성된다. 발생과정은 먼저 체강상피가 원주상의 배상피(胚上皮, germinal epithelium)로 분화되고, 그 밑에 있는 간엽세포(間葉細胞, mesenchymal cell)도 증식하여 배상피를 위로 밀어 올림으로써 중신에 밀착된 상태로 체강을 향하여 돌출된 성선융기가 형성된다. 성선융기가 형성되는 배의 일령은 개와 면양 24일령, 말 27일령, 소 28일령이며, 이 때의 체장은 모두 9~10mm 정도이다. 난황낭의 상피에 매몰되어 있던 원시생식세포가 성선융기로 이동하면 성선의 발생원기가 되며, 이것이 성의 분화과정을 통하여 암·수의 성별에 따라 각각 난소와 정소로 분화된다.

3) 중신과 중신관

태생기의 배설기관인 신계는 머리쪽에서 꼬리쪽으로 위치를 바꾸어 가면서 3단계의 신장, 즉 전신(前腎, pronephros)·중신(中腎, mesonephros)·후신(後腎, metanephros)이 발생시기가 약간씩 중복되면서 형성된다(그림 1-23; Lee 등, 1996). 최초의 신장인 전신은 경부에서 분절상의 신절(腎節, nephrotome)로 출현되며, 그 내부에 전신세관(pronephric tubule)이 발생되어 체강과 교통하고, 오줌을 걸러내어 체강으로 배설한다. 또한, 체강과 통하는 반대쪽의 끝에서는 각 신절의 전신세관이 하나의 관으로 연결되어 세로로 뻗어나가 전신

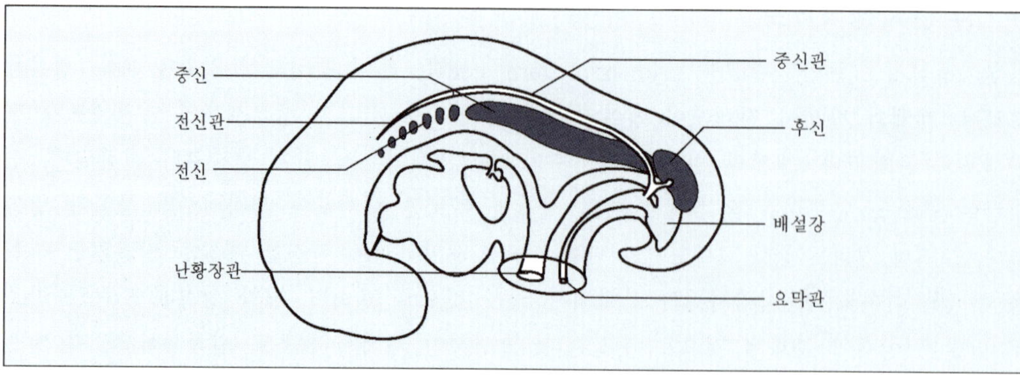

그림 1-23. 신계의 형성과정

관(pronephric duct)이 발생되는데, 이 관은 전신의 범위를 초월하여 꼬리쪽으로 종주(縱走)한다. 이 시기가 지나면 전신의 아래쪽에 있는 비분절 중간중배엽에서 중신이 형성되고, 전신은 퇴화·소실된다. 중신에서도 신절로부터 중신세관(mesonephric tubule)이 형성되며, 이들 세관의 안쪽 끝은 노폐물을 걸러내는 사구체를 둘러싸는 사구체낭을 만들고, 바깥쪽 끝은 전신 부위를 벗어나 신장된 전신관과 연결된다. 이 후에 전신부분의 전신관은 전신의 퇴화와 함께 소실되지만, 중신세관과 연결된 전신관은 더욱 발달하여 꼬리쪽으로 뻗어나가 배설강(排泄腔, cloaca)에 개구하는데, 이 관을 중신관(mesonephric duct)이라 하며, 발견자의 이름을 따라 볼프관(Wolffian duct)이라고도 한다. 중신과 중신관도 후신의 발생과 더불어 퇴행되지만, 수컷에서는 중신세관과 중신관이 남아서 각각 정소수출관과 웅성생식도관으로 발달된다.

4) 부중신관

부중신관(副中腎管, paramesonephric duct)은 뮐러관(Müllerian duct)이라고도 하며, 성이 분화되지 않은 상태의 배에서 중신관이 형성된 후에 그 외측을 따라 체강상피가 삭상(索狀)으로 비후·융기된 다음, 간엽에 매몰되고, 이어서 관강이 형성되는 순서로 발생된다. 부중신관은 중신의 두단(頭端) 근처에서 기시되며, 중신관과 연접하여 꼬리쪽으로 뻗어나가는데, 천추부에서 중신관과 교차하여 안쪽으로 들어온 다음, 양측의 부중신관이 합쳐져 하나의 관이 되고, 이것이 배설강에 개구한다. 부중신관은 개체의 성이 암컷으로 분화될 경우에는 자성생식도관의 발생원기가 되지만, 수컷으로 분화될 경우에는 태생기의 정소에서 분비되는 뮐러관억제물질의 작용으로 퇴화·소실된다.

5) 요생식동

요생식동(尿生殖洞, urogenital sinus)은 배설강에서 요직장중격(尿直腸中隔, urorectal septum)이 발달됨에 따라 직장(直腸)을 독립시킨 나머지의 공간을 말하는데, 이것과 그주

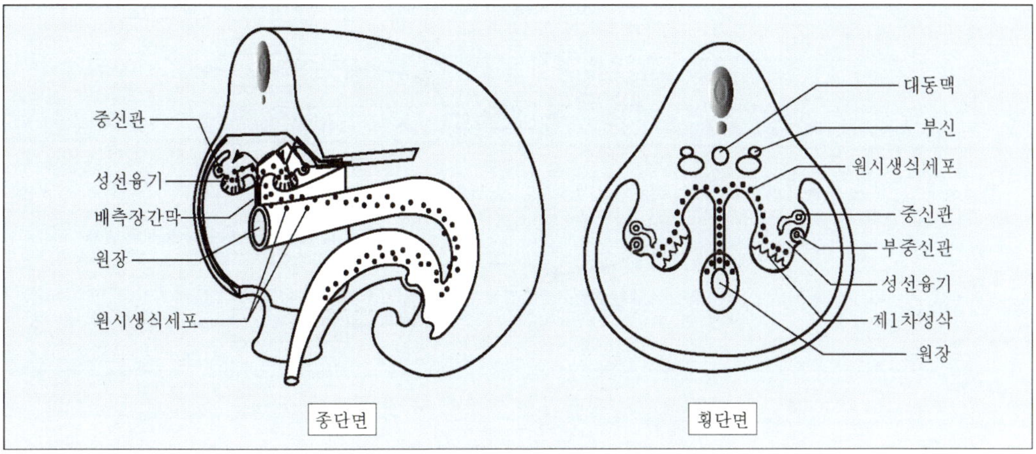

그림 1-24. 원시생식세포의 이동경로

위에서 발생된 여러 종류의 구조물이 외부생식기관으로 발달된다. 개체발생의 초기에는 외부생식기관의 발생원기도 성별에 관계없이 공통적인 구조를 나타낸다. 즉, 배설강의 외배엽이 증식·융기하여 생식결절(生殖結節, genital tubercle)이 형성되고, 이것의 양측에서 요생식추벽(尿生殖皺襞, urogenital fold)이 발생된다. 요생식동의 형성이 완료되면 요생식주벽은 요생식동의 출구인 요생식동구(口)를 둘러싸게 되고, 요생식추벽의 외측에 생식융기(生殖隆起, genital swelling)가 발생된다.

3. 성선의 분화와 발달

생식기관의 발생과정에서 부생식기관의 발생은 성선에 의하여 조절되기 때문에 성선의 분화와 발달이 생식기관 발생의 결정적 과정이다. 성선은 성선융기와 원시생식세포로부터 발생되지만, 이것들로부터 발생된 암·수 각각의 성선인 난소와 정소는 형태적으로나 기능적으로 매우 다르다. 이와 같이, 같은 발생원기로부터 서로 다른 기능을 가진 성선이 분화되는 것은 원시생식세포와 성선융기가 양능성(兩能性, bipotentiality)을 가지고 있기 때문이다.

1) 미분화성선의 발생

성선, 즉 암컷의 난소와 수컷의 정소는 모두 원시생식세포와 성선융기를 구성하는 체세포 사이에서 일어나는 상호작용에 의하여 형성된다. 그러나, 발생초기에는 암·수의 구별이 없이 공통적인 형태를 구비하고 있는데, 이러한 성선의 발생원기를 미분화성선(未分化性腺, undifferent gonad)이라고 한다. 성선의 발생은 원시생식세포가 성선융기로 이주하는 과정으로부터 시작된다. 즉, 난황낭의 상피에 매몰되어 있는 원시생식세포가 난황낭경(卵黃囊頸, neck of yolk sac)을 통하여 후장(後腸, hind gut)으로부터 등쪽 장간막에 진입되

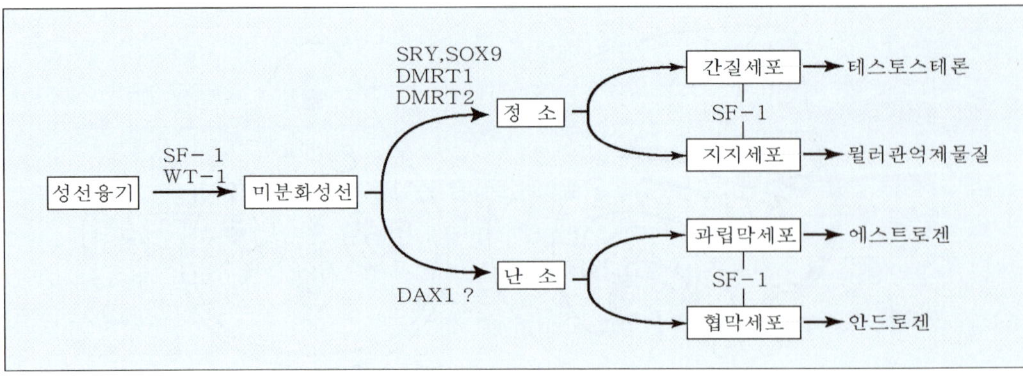

그림 1-25. 생식기관 발생의 유전적 조절

고, 이어서 아메바운동으로 성선융기에 도달된다. 사람에서 난황낭에 위치하는 원시생식세포의 수는 약 500개에 불과하지만, 성선융기로 이주한 후에는 급속히 분열하여 한쪽의 성선융기에 50,000개가 있다(Piñón, Jr., 2002a). 원시생식세포의 이동과 때를 맞추어 성선융기의 배상피는 여러 부위에서 간엽속으로 삭상(索狀)을 나타내면서 뻗어 들어가 수 많은 제1차성삭을 만들고, 이것이 원시생식세포의 집단을 둘러쌈으로써 미분화성선의 발생이 완료된다(그림 1-24; Piñón, Jr., 2002a).

한편, 원시생식세포가 성선융기로 이주하여 미분화성선으로 발달되는 과정의 유전적 조절에는 SF1(steroidogenic factor 1)과 WT1(Wilms′ tumor gene)이 중요한 역할을 수행한다(그림 1-25; Conway, 1997; Piñón, Jr., 2002a). 그러나, 염색체의 성이 XY인 개체와 XX인 개체가 동일한 경로를 통하여 미분화성선이 형성되는 과정은 아직까지도 명확하지 않다. SF1이 조기의 성선발달과정에서 수행하는 역할은 녹아웃(knockout) 마우스 모델을 이용한 실험으로 증명되었다. 즉, SF1 녹아웃 마우스는 성선과 부신이 형성되지 않고(Luo 등, 1994), 암・수컷 모두에서 정상적인 암컷의 내부생식도관을 가지며, 뇌하수체에서는 LH와 FSH의 β-아단위와 GnRH-수용체의 합성을 위한 유전자(DNA)의 전사물이 결핍되고, 이들 호르몬의 α-아단위-유전자의 전사물도 감소된다(Ingraham 등, 1994). 또한, 별도의 실험에서 SF1의 인식서열(CCAAGGTCA)이 스테로이드합성효소-유전자의 프로모터 부위 뿐만 아니라, 뮐러관억제물질합성효소-유전자의 프로모터 부위에서도 발견되었다(Shen 등, 1994). 이러한 사실들을 종합하면, SF1은 생식기관의 발달과 관련된 호르몬들의 분비를 조절할 뿐만 아니라, 매우 이른 발생초기의 배에서 뇌하수체와 성선의 발달을 조절하는 역할도 수행한다는 것을 알 수 있다. 또한, WT1은 SF1과 같이 배발생의 초기에 성선의 발달을 촉진할 뿐만 아니라, 출생후에는 신장의 기능을 발현시키고, 신장에서 종양이 발생되는 것을 억제한다(Pritchard-Jones 등, 1990). 한편, 발생이 완료된 난소에서 WT1은 과립막세포에서 발현되며, 이것은 인히빈의 α-아단위-유전자를 조절하는 수단을 통하여 난포의 발달을 억제한다(Hsu 등, 1995).

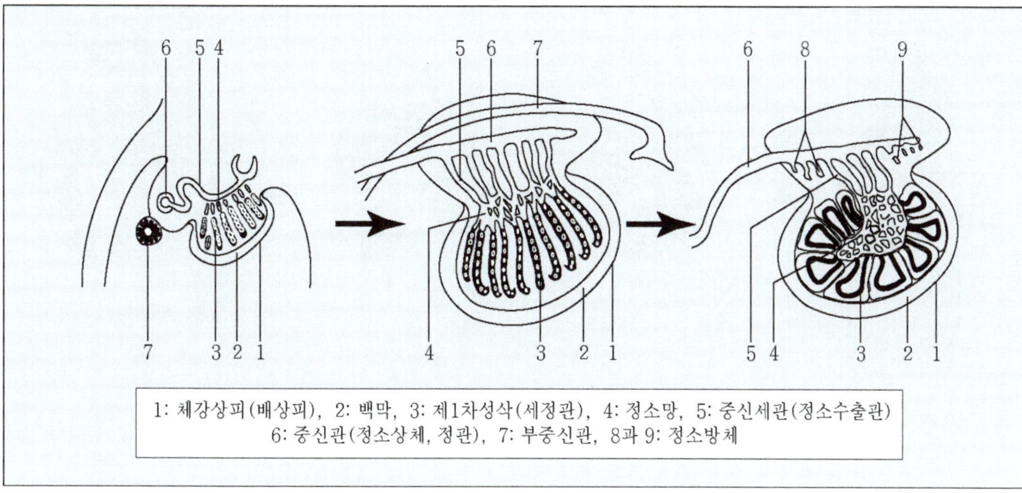

그림 1-26. 정소의 발생과정

2) 정소의 분화와 발달

염색체의 성이 XY인 개체의 미분화성선은 정소로 분화·발달된다(그림 1-26; Piñón, Jr., 2002a). 미분화성선에서 원시생식세포를 함유하고 있는 제1차성삭은 안쪽으로 점차적으로 신장된 다음, 배상피에서 분리되어 정소사(精巢索, testicular cord)으로 발날되며, 이것이 동물체의 정소발생과정에 동조되어 세정관으로 전환된다. 세정관은 중신세관 여러개의 끝부분이 모여서 망상으로 형성된 정소망과 연결되며, 중신세관의 위쪽부분은 정소수출관으로 전환된다. 정소삭을 구성하는 체세포는 지지세포(Sertoli cell)로 분화되는데, 이 세포는 뮐러관억제물질을 분비하여 자성생식도관의 발생원기인 부중신관(뮐러관)의 퇴행을 유도한다. 또한, 기질속에 포함되어 있는 간엽세포로부터 간질세포(Leydig cell)가 발생되고, 이것에서 테스토스테론이 분비되어 웅성생식도관의 발생원기인 중신관(볼프관)의 발달을 자극한다. 한편, 정소삭에 포함되어 있는 원시생식세포는 지지세포의 사이에 끼워진 상태에서 정원세포로 분화되며, 이 세포는 동물체의 성성숙이 완료되어 정자형성과정이 개시될 때까지 휴지상태를 유지한다.

미분화성선이 정소로 분화·발달되는 과정은 SRY(Sex-determining region Y chromosome gene)·SOX9(SRY-related HMG-box gene 9)·DMRT1·DMRT2 등의 유전자가 관여한다(그림 1-25 참조). 성염색체가 XY인 개체에서 Y-염색체의 단완에 위치하는 SRY는 미분화성선이 정소로 전환되는 것을 개시시킨다. 일단 SRY가 작동을 시작하면 상염색체에 좌위하는 다른 3종류의 유전자(SOX9·DMRT1·DMRT2)가 후속적으로 작동한다. 염색체의 성이 XY인 개체에서 이들 유전자에 돌연변이가 발생된 경우에는 정소 대신 난소가 발생된다. SRY와 SOX9는 정소의 지지세포와 간질세포의 분화를 유발하며, DMRT1과 DMRT2의 역할은 아직까지 명확하지 않다. 분화된 간질세포와 지지세포는 SF1의 자극

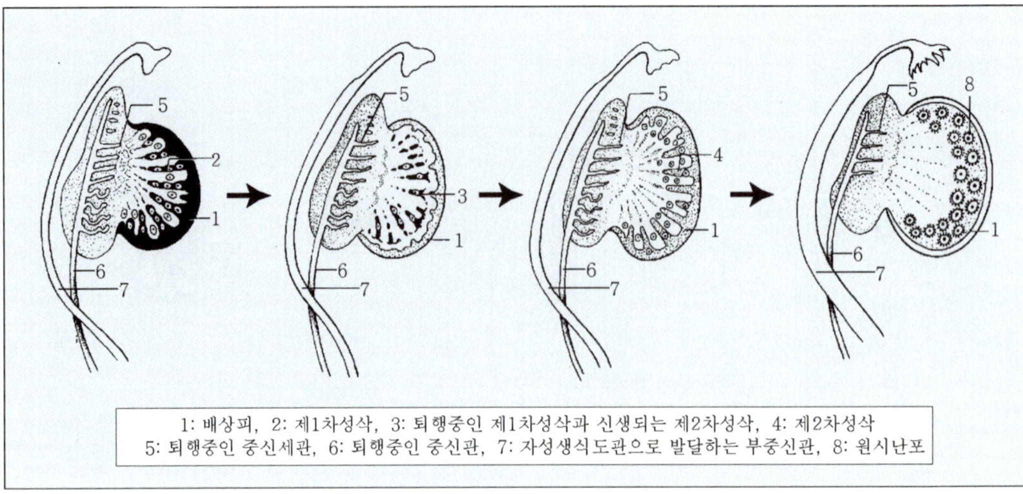

그림 1-27. 난소의 발생과정

을 받아 각각 테스토스테론과 뮐러관억제물질을 분비하며, 이 호르몬들은 정상적인 웅성생식기관의 발생을 유도한다.

3) 난소의 분화와 발달

성염색체의 조합이 XX인 개체의 미분화성선은 난소로 분화·발달된다(그림 1-27; Meijer & Fentener van Vlissingen, 1992a). 그러나, 난소의 발달은 정소의 발달에 비하여 시기적으로 늦을 뿐만 아니라, 세포의 증식은 주로 피질부위에서만 일어난다. 미분화성선의 제1차성삭은 퇴화되어 원시생식세포를 남겨두고 안쪽으로 밀려 들어가 난소의 수질을 만들며, 이어서 배상피에서 또 하나의 성삭이 뻗어나는데, 이를 제2차성삭이라 한다. 이 과정에서 원시생식세포는 유사분열을 반복하여 그 수를 증가시키며, 이어서 난원세포로 분화된다. 난원세포는 스스로 성장하여 제1차난모세포로 전환되고, 이것은 곧바로 제1감수분열을 개시하지만, 전기의 복사기에서 분열이 정지된다. 분열과정이 정지된 개개의 제1차난모세포는 제2차성삭에 의하여 둘러 싸여서 원시난포를 형성한다. 따라서, 원시난포는 제1감수분열이 정지된 제1차난모세포를 제2차성삭에서 유래된 한층의 난포세포가 둘러싸고 있다. 이러한 과정을 통하여 난소의 피질에 수 많은 원시난포가 형성되면 난소의 발생이 완료된다. 원시난포는 성성숙과정의 진행과 더불어 뇌하수체에서 분비되는 GTH의 자극을 받아 성장·발달되고, 결국은 배란이 일어나 난자를 방출한다.

한편, 수컷에서 Y-염색체의 단완에 좌위하는 SRY-유전자가 정소의 분화를 개시시키는 성결정유전자로 작동한다는 사실에 비추어 X-염색체에서도 수컷의 SRY-유전자에 상응하는 암컷의 성결정유전자가 있을 것이라는 가정하에 이를 탐색하여 왔지만, 아직까지 X-염색체상에서 난소결정유전자를 찾아내지는 못하였다. 더욱이, 사람에서 염색체 2p 및 염색체 3q23과 같은 상염색체에 좌위하는 FSH수용체-유전자(FSH receptor gene)가 난소의 발달에 관계된다는 사실이 밝혀졌다. 실제로, FSH수용체-유전자가 불활성화되는 돌연변이가 발생된 핀란드 거주 6가계에서 난소의 발생장애가 발견되었다(Aittomäki 등, 1995). 그러나, 같은 조건의 남자에서는 불임을 나타내지 않았는데, 이것은 정소의 발달과 정자의 생산에는 난소에서와 같이 고농도의 FSH가 필요하지 않다는 것을 시사한다. 또한, 결실(缺失, deletion)과 전위(傳位, translocation)에 의하여 유전자좌 3q23이 붕괴되면 BPES증후군(blepharophimosis [瞼裂縮小], ptosis [眼瞼下垂症], epicanthus inversus [逆內眼贅皮])이 발생되며(Oley & Baraitser, 1988), BPES증후군을 가진 일부의 가계에서는 여자만이 불임이 된다(Towns & Muechler, 1979). 따라서, 3번염색체의 장완에 난소의 발달에 관여하는 유전자가 위치한다고 볼 수 있으며, 또한 BPES증후군과 난소기능부전은 인접유전자증후군으로 나타날 가능성도 있다(Smith 등, 1989). 한편, X-염색체에서 유전자좌가 Xp21.3-21.2인 DAX1(DSS-AHC critical region of the X chromosome gene 1)은 SF1과 관련된 핵호르몬수용체(nuclear hormone receptor)가 코딩된 두개의 엑손(exon)으로 구성되어 있는데(Zanaria 등, 1994), 이것이 결실되거나 돌연변이가 일어나면 부신의 선천성발육부전(hypoplasia congenita [AHC])과 성선자극호르몬결핍성 성선기능저하증(hypogonadotropic hypogonadism)이 나타난다(Muscatelli 등, 1994). 따라서, DAX1이 난소의 발달에 일정한 역할을 수행할 가능성도 있다. 또한, 사람의 X-염색체에서 ZFX(zinc finger gene, X chromosome; 유전자좌 Xp22.3-21.2), FMR1(Fragile site, mental retardation gene 1; 유전자좌 Xq26.2-27.2) 및 SOX3(SRY-related HMG-box, gene 3; 유전자좌 Xq26.2-27.2) 등의 유전자에 이상이 생기면 난소의 발생부전이 유발된다(Ogata & Matsuo, 1995; Hinds 등, 1993; Rouseau 등, 1991). 따라서, 이들 유전자도 각각의 경로를 통하여 난소의 발달에 영향을 미치는 것으로 보이지만, 난소 분화의 개시에 어느 정도의 역할을 수행하는지는 좀더 구명해야 할 필요가 있다.

4) 성선의 하강

난소와 정소는 모두 복강의 위쪽에서 발생된 다음, 도대(導帶, gubernaculum)라고 부르는 인대성삭(靭帶性索, ligamentous cord)에 이끌려 아래쪽으로 내려온다. 암컷에서는 도대가 단축되지 않아서 난소를 크게 하강시키지는 못하지만, 암컷의 내부생식기관을 지지하는 광인대로 난소를 유도한다. 한편, 포유동물의 수컷에서는 정소가 복강내의 발생장소를 떠나서 복강과 음낭의 연결통로인 서경관을 경유하여 음낭내로 내려온다. 그러나, 포유동물의 경우에도 고래·코끼리·곰 등은 정소가 하강되지 않는다. 또한, 사슴과 같이 일년중 대부분의 기간은 정소가 복강내에 위치하다가 암컷의 번식계절에 한하여 음낭으로 하강되는 동물도 있는데, 이러한 현상을 정소의 주기적 하강이라고 한다. 정소하강이 완료되는 시기는 동물의 종에 따라 차이가 있으며, 반추가축이 가장 빨라서 소는 태령 3개월이고,

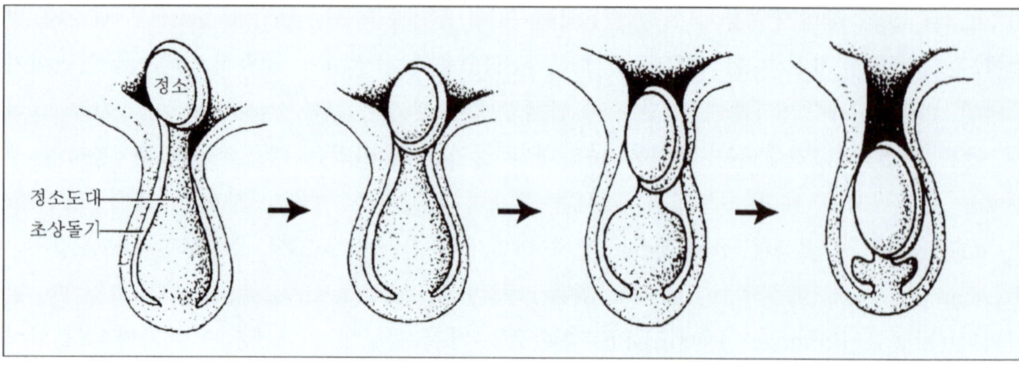

그림 1-28. 돼지 정소의 하강과정

면양은 2.5개월이다. 돼지의 경우는 출생 직전 또는 직후에 완료되며, 말은 출생후 약 1주간 사이에 하강되고, 개는 출생후 상당한 기간이 경과한 다음에 완료된다. 사람의 경우는 임신 3개월째에 서경관의 복강측 구멍인 심서경륜에 도달된 다음, 7개월까지 머물다가 이어서 서경관내로 들어와 출생직전에 음낭내로 진입된다. 그러나, 정소가 음낭내로 하강하지 못하는 경우도 있는데, 이를 잠복정소(潛伏精巢, cryptorchid)라고 하며, 양측성인 경우에는 불임이 된다. 또한, 정소하강후에 일어나는 서경관의 협착이 불충분하여 복강내장이 음낭내로 들어오는 것을 음낭헤르니아(scrotal hernia)라고 하며, 돼지에서 많이 볼 수 있다.

정소하강이 일어나는 기전과 이를 지배하는 요인에 관하여는 아직까지 명확하게 밝혀지지 않았다. 그러나, 정소가 하강되기 전에 태아의 정소를 지지하는 정소간막(精巢間膜, mesorchium)과 정소상체 및 정관을 고정하는 횡격인대(橫隔靭帶, diaphragmatic ligament)가 퇴화·소실됨에 따라 정소·정소상체·정관 등이 체벽에서 유리된다. 이와 동시에 음낭의 확장과 더불어 음낭쪽으로 내려오는 복막이 초상돌기(鞘狀突起, vaginal process)를 형성하여 음낭내로 들어오는데, 이 때 정소의 미단(尾端)과 초상돌기를 연결하는 정소도대(精巢導帶, gubernaculum testis)가 단축되어 정소를 음낭내로 끌어내린다(그림 1-28; Meijer & Fentener van Vlissingen, 1992a). 정소의 하강은 뇌하수체에서 분비되는 GTH, 그리고 정소에서 분비되는 테스토스테론과 뮐러관억제물질의 지배를 받는다(Piňón, Jr., 2002a).

4. 부생식식기관의 분화와 발달

성의 미분화기에는 염색체의 성이 암컷(XX)과 수컷(XY)인 개체 모두가 부생식기관의 발생원기로 중신관(볼프관)과 부중신관(뮐러관), 그리고 요생식동을 가지고 있다. 이러한 부생식기관의 발생원기는 성선의 성이 결정되어 암컷에서는 난소, 수컷에서는 정소가 발생되면 이것들의 지배하에 암·수 각각의 부생식기관으로 분화·발달된다. 그러나, 태생초기의 난소는 호르몬을 분비하지 못함으로 자성부생식기관은 난소호르몬과 관계없이 발생된다.

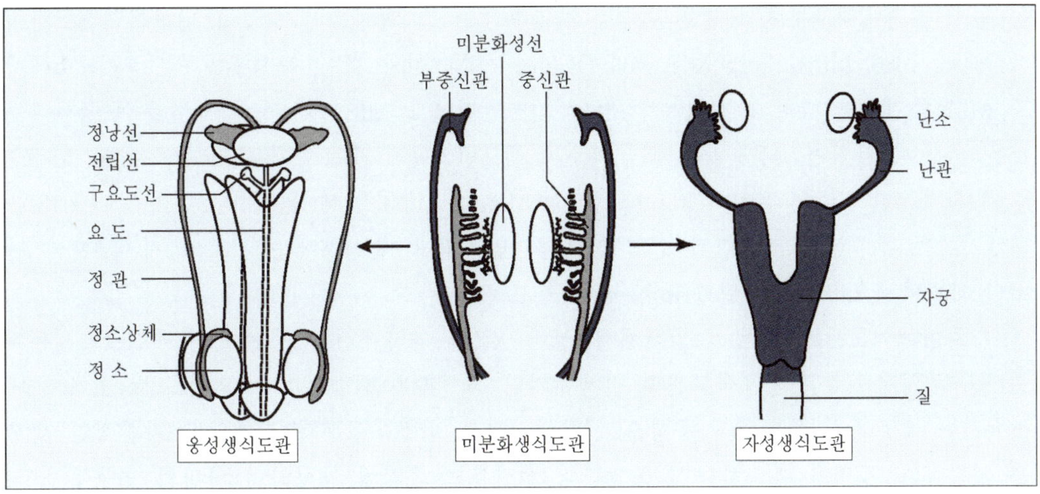

그림 1-29. 생식도관의 분화와 발달

1) 생식도관의 분화와 발달

웅성생식도관을 구성하는 정소상체와 정관은 태생기의 신장인 중신의 배출관으로 형성된 중신관(볼프관)으로부터 발생되며, 자성생식도관을 구성하는 난관과 자궁은 중신관에 평행으로 형성된 부중신관(뮐러관)으로부터 발생된다(그림 1-29; Meijer & Fentener van Vlissingen, 1992a).

(1) 웅성생식도관의 발생 : 웅성생식도관의 발생원기인 중신관(볼프관)의 상단부는 정소상체로 발달되고, 하단부는 정관으로 발달되며, 말단부에서 정낭선이 발생된다. 따라서, 정소상체와 정관이 하나의 연속된 관으로 형성되며, 정관의 말단부에 정낭선이 부속되어 있다. 이러한 중신관은 태생기 정소의 간질세포(Leydig cell)에서 분비되는 테스토스테론의 자극을 받아 발달된다. 반면에, 자성생식도관의 발생원기인 부중신관(뮐러관)은 정소의 지지세포(Sertoli cell)에서 분비되는 뮐러관억제물질(MIS)에 의하여 철저하게 퇴화된다. 따라서, MIS의 분비가 원활하지 못할 경우에는 부중신관이 부분적으로 발달되어 기형적인 생식도관이 발생된다. 그러나, 퇴화되는 부중신관의 잔류물이 정소와 정소상체의 주변에 부착되어 정소부속물(精巢附屬物, appendix testis)・정소상체부속물(精巢上體附屬物, appendix epididymidis)・미주소관(迷走小管, ductuli aberrantes) 등을 형성한다. 또한, 정소의 발생과정에서 중앙부의 중신세관은 정소수출관으로 발달되지만, 전단부와 후단부의 중신세관은 퇴화되는데, 이 잔류물이 정소상체의 결합조직속에 매몰되어 정소방체(精巢傍體, paradidymis)를 형성한다.

한편, 사람에서 MIS-유전자(유전자좌 : 19p13.3-13.2)는 5개의 엑손으로 구성되는데(Cate 등, 1986; Cohen-Haguenaur 등, 1987), 이 유전자는 수컷의 경우에 전 생애에 걸쳐 지지세포에서 발현되며, 특히 부중신관의 퇴행기에 최대에 이른다. 그러나, 암컷의 경우 태생기에는 난소의 과립막세포에서 발현되지만, 출생후에는 그 발현율이 수컷에 비하여 1%이하이다(Josso, 1986; Musterberg & Lovell-Badge, 1991). 이와 같이, 출생후의 정소와 난소에서도 MIS-유전자가 발현되는 것은 성선의 기능발현에도 MIS가 일정한 역할을 수행한다는 것을 시사한다. 한편, MIS-수용체는 세린/트레오닌키나제 수용체족(serine/threonine kinase receptor family)의 하나이며(Grootegoed 등, 1994), MIS수용체-유전자(유전자좌; 12q13)는 태생기에는 부중신관과 연접된 간엽세포에서 발현되고, 출생후에는 정소의 지지세포와 난소의 과립막세포에서 발현된다(Imbeaud 등, 1995).

(2) 자성생식도관의 발생 : 염색체의 성이 XX인 개체에서는 성선에서 테스토스테론이 분비되지 않음으로 웅성생식도관의 발생원기인 중신관은 퇴행된다. 그러나, 발생초기의 난소에서는 호르몬을 분비하지 못함으로 부중신관은 난소호르몬과 관계없이 자발적인 성장을 계속한다. 성장을 계속하는 부중신관의 선단부는 복강에 개구하여 난관의 누두부가 되며, 아래로 내려가면서 난관・자궁・자궁경・질의 선단부(자궁경쪽 1/3부위)로 분화된다(그림 1-29 참조). 그러나, 자궁부위의 발생과정부터는 좌・우의 부중신관이 합체되어 하나의 관을 형성하는데, 그 결합정도가 동물의 종에 따라 달라서 자궁각의 모양이나 배치형태가 다르다. 따라서, 발생이 완료된 자궁의 형태는 중복자궁・쌍각자궁・분열자궁・단일자궁 등으로 구별된다. 한편, 퇴화된 중신과 중신관(볼프관)의 잔류물이 발생이 완료된 자성생식기관의 여러 부위에 부착되어 있는데, 중신의 잔류물이 난소간막에 함유되어 난소상체(卵巢上體 epoöphoron)를 만들고, 중신세관의 일부가 난소방체(卵巢傍體, paroöphoron)를 형성하여 난소상체의 뒤쪽에 잔류하며, 중신관의 앞쪽 끝부분이 포상부속물(胞狀附屬物, vesicular appendage)을 만들어 난관채의 일부에 부착되어 잔류한다. 또한, 반추류와 돼지에서는 중신관의 하단부가 퇴화되어 가트너관(Gartner's duct)을 형성하는데, 이것은 질벽에 개구한다.

2) 외부생식기관의 분화와 발달

웅성외부생식기관인 음경・음낭・포피 등과 자성외부생식기관인 질전정・음순・음핵 등은 모두 요생식동(urogenital sinus)과 그 주변에 위치하는 구조물인 생식결절(genital tubercle)・요생식추벽(urogenital fold)・생식융기(genital swelling) 등으로 부터 발생된다(그림 1-30; Pinon, Jr., 2002a).

(1) 웅성외부생식기관의 발생 : 수컷의 외부생식기관은 태생기의 정소에서 분비된 테스토스테론이 요생식동을 비롯한 발생원기의 조직세포에서 5α-환원효소(5α-reductase)의 작용으로 대사된 디히드로테스토스테론(dihydrotestosterone [DHT])의 자극으로 분화・발달된다. DHT의 자극을 받은 요생식동은 안쪽으로 신장되어 골반부요도로 발달되고, 그 주위에 전립선과 구요도선을 형성하며, 음경의 발달과 보조를 맞추면서 바깥쪽으로 신장되어 음경부요도를 형성한다. 생식결절은 DHT의 자극을 받아 점차적으로 가늘고 길게 신장되어 생식경(生殖莖, phallus)이 되고, 이어서 음경으로 발달된다. 생식융기는 암・수 모두에

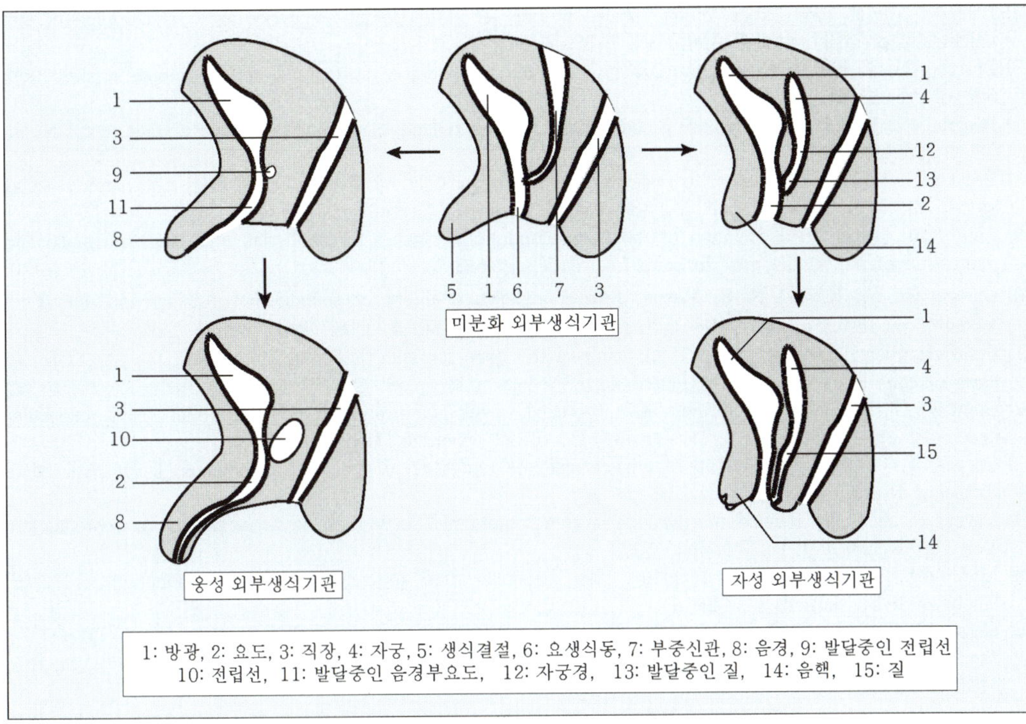

그림 1 30. 외부생식기관의 분화의 발달

서 음순-음낭융기(陰脣-陰囊隆起, labioscrotal swelling)로 발달되는데, 수컷에서는 이것으로부터 음낭이 발생된다. 생식결절의 양측에 위치하는 요생식추벽은 포피로 발달된다.

(2) 자성외부생식기관의 발생 : 수컷의 외부생식기관은 태생기의 정소에서 분비되는 테스토스테론의 자극으로 분화·발달되지만, 태생초기의 난소에서는 에스트로겐이나 프로게스테론과 같은 성호르몬을 분비하지 못함으로 암컷의 외부생식기관은 성호르몬의 자극을 받지 않고, 자발적으로 발생된다. 요생식동으로부터 질의 후반부(뒤쪽 2/3부분)와 질전정이 발생되며, 생식융기는 음순-음낭융기를 거쳐 음순으로 발달된다. 수컷에서 음경으로 발달하는 생식결절은 암컷에서는 음핵으로 발달된다. 따라서, 암컷의 음핵과 수컷의 음경은 발생원기가 동일함으로 상동기관이다.

◈ 참 고 문 헌 ◈

1) Abou-Elmagd. A. and K. H. Wrobel. 1990. The epithelial lining of the bovine ejaculatory duct. Acta. Anat. 139:60.
2) Aittomäki K., et al. 1995. Mutation in the follicle-stimulating hormone receptor gene causes hereditary hypergonadotropic ovarian failure. Cell. 82:959.
3) Amann, R. P. 1970. Sperm production rates. In the testis Vol. 1.(A. D. Johnson, et al., eds.). Academic Press. p.433.
4) Amann, R. P., et al. 1987. Function of the epididymis in bulls and rams. J. Reprod. Fertil. Suppl. 17:369.

5) Basha, S., et al. 1980. Progesterone-induced uterine secretions in pig: recovery from pseudopregnant and unilaterally pregnant gilts. J. Anim. Sci. 19:389.
6) Bearden, H. J. and J. W. Fuquay. 2000a. The male reproductive system. In applied animal reproduction. 5th ed. Prentice Hall. p.21.
7) Bearden, H. J. and J. W. Fuquay. 2000b. The female reproductive system. In applied animal reproduction. 5th ed. Prentice Hall. p.7.
8) Beckett, S. D. 1983. Circulation to male reproductive organs. In handbook of physiology-the cardiovascular system Ⅲ.(S. T. Shepherd & F. M. Aboud eds.). American Physiological Society.
9) Cate, R. L., et al. 1986. Isolation of the bovine and human genes for müllerian inhibiting substance and expression of the human gene in animal cells. Cell. 45:685.
10) Christensen, A. K. and N. R. Mason. 1975. Comparative ability of seminiferous tubules and interstitial tissue of rat testes to synthesize androgens from progesterone-4-^{14}C in vitro. Endocr. 76:646.
11) Cohen-Haguenauer, O., et al. 1987. Mapping of the gene for anti-Müllerian hormone to the short arm of chromosome 19. Cytogenet. Cell Genet. 44:2.
12) Conway, G. S., 1997. Sex differentation, gonadal development and reproductive function. In molecular endocrinology(G. Runsby & S. M. Farrow eds.). BIOS Scientific Publishers. p.233.
13) Cooper, T. G. 1998. Epididymis. In encyclopedia of reproduction. Vol. 2.(E. Knobil & J. D. Neill eds.). Academic Press. p.1.
14) Dailey, R. A. 1998. Female reproductive system, nonhuman mammals. In encyclopedia of reproduction. Vol. 2.(E. Knobil & J. D. Neill eds.) p.229.
15) El-Mowafi, D. M. and M. P. Diamond. 1998. Fallopian tube. In encyclopedia of reproduction. Vol. 2.(E. Knobil & J. D. Neill eds.). p.149.
16) Garrett, P. D. 1987. Urethral recess in male goat, sheep, cattle and swine. J. Am. Med. Assoc. 191:689.
17) Glossop, C. E., et al. 1986. Cavernosography and differential diagnosis of impotence in the bull. Vet. Res. 118:357.
18) Goyal, H. O., et al. 1988. Regional differences in the morphology of the ductuli efferentes of the goat. Anat. Histol. Embryol. 17:369.
19) Grootegoed, J. A., et al. 1994. Welcome to the family: the anti-Müllerian hormone receptor. Mol. Cell Endocr. 100:29.
20) Gubbay, J., et al. 1990. A gene mapping to the sex-determining region of the mouse Y chromosome is a member of a novel family of embryologically expressed gene. Nature. 346:245.
21) Guellaen, G., et al. 1984. Human XX males with Y single-copy DNA fragments. Nature. 307:172.
22) Hafez, B. and E. S. E. Hafez. 2000. Anatomy of female reproduction. In reproduction in farm animals(E. S. E. Hafez & B. Hafez eds.). Lippincott Williams & Wilkins. p.13.
23) Hafez, E. S. E. 1974. Anatomy of female reproduction. In reproduction in farm animals. 1st ed.(E. S. E. Hafez ed.). Lea & Febiger. p.88.
24) Hafez, E. S. E. 2000. Anatomy of male reproduction. In reproduction in farm animals. 7th ed.(E. S. E. Hafez & B. Hafez eds.). Lippincott Williams & Wilkins. p.4.
25) Hees, H., et al. 1990. Gefäss-Morphologie des Rinderhodens Licht-und rasterektron-mikrosopische Studien. Anat. Anz. 170:119.
26) Hinds, H. L., et al. 1993. Tissue specific expression of FMR-1 provides evidence for a functional role in fragile X syndrome. Nature Genet. 2:197.
27) Hochereau-de Reviers, M. T., et al. 1987. Spermatogenesis and Sertoli cell numbers and function in rams and bulls. J. Reprod. Fertil. Suppl. 34:101
28) Hsu, S. Y., et al. 1995. Wilms' tumor protein WT1 as an ovarian transcription factor: decreases in expression during follicle development and repression of inhibin-alpha gene promoter. Mol. Endocr. 9:1356.
29) Imbeaud, S., et al. 1995. Insensitivity to anti-Müllerian hormone due to a mutation in the human anti-Müllerian hormone receptor. Nature Genet. 11:382.
30) Ingraham, H. A., et al. 1994. Nuclear receptor steroidogenic factor 1 acts at multiple levels of the reproductive axis. Genes Devel. 8:2032.
31) Johnson, L. and M. E. Tatum. 1989. Temporal appearance of seasonal changes in numbers of Sertoli cells, Leydig cells and germ cells in stallions. Biol. Reprod. 40:994
32) Johnson, L., et al. 1998. Testis, overview. In encyclopedia of reproduction. Vol. 4.(E. Knobil & J. D. Neill eds.). p.769.
33) Josso, N. 1986. Anti-Müllerian hormone: new perspectives for a sexist molecule. Endocr. Rev. 7:421.

34) Kerr, J. B. 1998. Temperature, effects on testicular function. In encyclopedia of reproduction. Vol. 4.(E. Knobil & J. D. Neill eds.). Academic Press p.725.
35) Kiddy, C. A., et al. 1978. Detection of estrus-related odors in cows by trained dog. Biol. Reprod. 19:389.
36) Klug, E., et al. 1982. Effect of adrenergic neurotransmitters upon the ejaculatory process in the stallion. Reprod. Fertil. Suppl. 32:31.
37) Lee, K. S., et al. 1996. Mesonephros. In dictionary of reproduction. Shinkwang Pub. p.771.
38) Lee, K. S. 2002. Gonadal hormone. In general endocrinology. Sunjin Pub. p.347.
39) Luo, X., et al. 1994. A cell specific nuclear receptor is essential for adrenal and gonadal development and sexual determination. Cell. 77:481.
40) Meijer, J. C. and J. M. Fentener van Vlissigen. 1992a. Sexual differentiation of the genital organ: gross structure and development of reproductive organ. In world animal science B: reproduction in domesticated animals(G. J. King ed.). Elsevier. p.42.
41) Meijer, J. C. and J. M. Fentener van Vlissingen. 1992b. Male reproductive organ: gross structure and development of reproductive organs. In world animal science B: reproduction in domesticated animals(G. J. King ed.). Elsevier. p.9.
42) Meijer, J. C. and J. M. Fertener van Vlissingen. 1992c. Female reproductive organ: gross structure and development of reproductive organs(G. J. King ed.). Elsevier. p.27.
43) Muscatelli, F., et al. 1994. Mutations in the DAX-1 gene give rise to both X-linked adrenal hypoplasia congenita and hypogonadotropic hypogonadism. Nature. 372:672.
44) Musterberg, A. and R. Lovell-Badge. 1991. Expression of the mouse anti-Müllerian hormone gene suggests a role in both male and female sexual differntiation. Development. 113:613.
45) Ogata, T. and N. Matsuo. 1995. Turner syndrome and female sex chromosome aberrations: deduction of the principal factors involved in the development of clinical features. Hum. Genet. 95:607.
46) Oley, C. and M. Baraitser. 1988. Blepharophimosis, ptosis, epicanthus inversus syndrome(BPES syndrome). J. Med. Genet. 25:47.
47) Piňón, R., Jr. 2002a. Sex determination and fetal sexual diffrentiation. In biology of human reproduction. University Science Books. p.77.
48) Piňón, R., Jr. 2002b. Spermatogenesis: the testis and testicular function. In biology of human reproduction. University Science Books. p.143.
49) Prinz G. S. and L. J. D. Zaneveld. 1980. Radiographic study of fluid transport in the rabbit vas deferens during sexual rest and after sexual activity. J. Repord. Fertil. 58:311.
50) Pritchard-Jones, K., et al. 1990. The candidate Wilms' tumor gene is involved in genitourinary development. Nature. 346:194.
51) Robertshow, D. and J. E. Vercoe. 1980. Scrotal thermoregulation of the bull(Bos sp). Aust. J. Agric. Res. 31:401.
52) Rousseau, F., et al. 1991. Four chromosomal breakpoints and four new probes mark out a 10-cM region encompassing the fragile-X locus(FRAXA). Am. J. Hum. Genet. 48:108.
53) Shen, W. H., et al. 1994. Nuclear receptor steroidogenic factor 1 regulates the Müllerian inhibiting substance gene: a link to the sex determination cascade. Cell. 77:651.
54) Silvia, W. J., et al. 1984. Cellular and molecular mechanisms involved in luteolysis and maternal recognition of pregnancy in the ewe. Anim. Reprod. Sci. 7:57.
55) Sinclair, A. H., et al. 1990. A gene from the human sex-determining region encodes a protein with homology to a conserved DNA binding motif. Nature. 346:240.
56) Smith, A., et al. 1989. Blepharophimosis plus ovarian failure: a likely candidate for a contiguosus gene syndrome. J. Med. Genet. 26:434.
57) Spring-Mills, E. and E. S. E. Hafez. 1979. Accessory glands of the male reproductive tract. Ann Arbor Science Pub.
58) Spring-Mills, E. and E. S. E. Hafez. 1980. Male accessory organs. Elsevier.
59) Stone, B. A. 1981. Thermal characteristics of the testis and epididymis of the boar. J. Reprod. Fertil. 63:551.
60) Swierstra, E. E., et al. 1975. The relationship between daily sperm production as determined by quantitative testicular histology and daily sperm output in the stallion. J. Reprod. Fertil. Suppl. 23:35
61) Towns, P. L. and E. K. Muechler. 1979. Blepharophimosis, ptosis, epicanthus inversus and primary amenorrhea. Arch. Ophthalmol. 97:1664.
62) Vigier, B., et al. 1983. Use of monoclonal antibody techniques to study the ontogeny of bovine anti-Müllerian hormone. J. Reprod. Fertil. 69:207.

63) Wong, P. Y. D., et al. 1992. Physiology and pathophysiology of electrolyte transport in the epididymis. In spermatogenesis, fertilization, contraception. molecular, cellular and endocrine events in male reproduction (E. Nieschalag & U. F Habenicht eds.). Schering Foundation Workshop 4. p.319.
64) Yao-H, H. C. & J. M. Bahr. 1998. Ovary, overview. In encyclopedia of reproduction. Vol. 3.(E. Knobil & J. D. Neill eds.). p.590
65) Zanaria, E., et al. 1994. An unusual member of the nuclear hormone receptor superfamily responsible for X-linked adrenal hypoplasia congenita. Nature. 372:635.

제 2 장

생식내분비

다양하고 특징적인 조직과 기관으로 구성된 동물체가 하나의 개체로 정상적인 생명현상을 영위하려면, 각 기관에서 수행하는 특성화된 생리작용이 개체의 수준에서 적합하게 유지되도록 완전하게 통합·조정되어야만 한다. 이러한 조정기능은 신경계와 내분비계의 작용으로 유관한 조직이나 기관 사이에서 일어나는 신호전달기전에 의존하여 이루어진다. 특히, 포유동물의 생식기능은 신경계의 매개하에 본능적으로 발현될 뿐만 아니라, 연속적인 신체적 변화를 동반하는 고도로 분화되고 특성화된 생리기능이다. 따라서, 생식기능이 완벽하게 유지되고 조정되는 기전은 매우 복잡하고 다양하다. 이러한 생식기능계의 제어는 시상하부-뇌하수체-성선으로 이어지는 내분비적 조절축에 의하여 이루어지기 때문에 내분비현상을 명확하게 이해하는 것이 생식생리현상을 구명하는데 필수적인 요소가 된다.

제 1 절 내분비의 개념

내분비는 동물체의 구성요소인 각종의 조직이나 기관이 유기적인 생리작용을 발현할 수 있도록 통합·조정하는 정보전달계의 한종류로서, 신체의 특정한 부위에서 화학전달물질(化學傳達物質, chemical messenger)을 합성·분비하고, 이것이 신체의 다른 부위로 이송된 다음, 그 부위의 생리기능을 조직특이적으로 지배·조절하는 현상을 말한다.

1. 내분비의 의미

전통적인 의미에서 내분비(內分泌, endocrine, internal secretion)라 함은 동물체의 특정한 조직이나 기관에서 합성·분비된 특수한 물질이 특정한 도관을 경유하지 않고, 체액(혈액과 림프)에 포함되어 신체의 다른 부위로 운반된 다음, 그 부위의 생리작용을 지배・조절하는 현상을 말한다. 이 때, 특정한 물질을 분비하는 기관을 내분비선(內分泌腺, endocrine gland)이라 하고, 내분비선에서 분비되는 특수한 물질을 호르몬(hormone)이라 하며, 호르몬의 지배를 받아 생리작용이 조절되는 신체의 부위를 표적기관(標的器官, target organ)이라 한다. 따라서, 내분비는 내분비선과 표적기관의 조직세포(효과기세포)사이에서 일어나는 화학적 정보전달에 관한 모든 현상을 말하는 것이다. 내분비의 개념은 Berthold(1849)가 최초로 제시하였는데, 그는 수탉에서 거세에 의하여 발생된 볏의 성장장해와 성행동의 억제가 정소를 복강내에 이식하면 해소된다는 사실을 밝혀내고, 이러한 결과는 정소에서 수탉의 특성을 발현시키는 특수한 물질을 혈액으로 방출하는데 따라 나타나는 현상이라고 하여 호르몬의 가능성을 시사하였다. 그 후, Bernard(1865)는 글루코오스가 간장에서 혈액으로 직접 방출되는 현상과 같이 조직에서 생성된 특수한 물질이 도관을 경유하지 않고, 혈액으로 직접 방출되는 현상을 나타내기 위하여 내분비라는 용어를 최초로 사용하였으며, Starling(1905)은 체액을 통하여 운반되면서 다른 기관의 기능을 조절하는 역할을 수행하는 체액적 자극인자의 명칭을 호르몬이라고 최초로 기술하였다. 그러나, 효과기세포의 활성을 조절하는 화학적 신호전달체가 신경에서도 방출된다는 사실이 Loewi(1921)에 의하여 최초로 밝혀짐에 따라 내분비계와 신경계가 뚜렷하게 구분되지 않는다는 사실이 명확하게 되었다. 더욱이, 시상하부-뇌하수체계와 같이 신경계와 내분비계가 해부학적으로 연결되어 하나의 기능적 조절단위를 형성하여 분비기능을 영위하는 경우도 있다. 또한, 특정한 세포에서 분비된 물질이 그 세포 자체의 원형질막에 위치하는 수용체와 결합하여 자극함으로써 세포 자신의 기능을 제어하는 자가분비기전(自家分泌機轉, autocrine mechanism)과 특정한 분비세포에서 방출된 물질이 혈액을 통하지 않고, 확산에 의하여 인접한 표적세포에 전달되어 그 세포의 기능을 제어하는 인접분비기전(隣接分泌機轉, paracrine mechanism)도 밝혀졌다. 이와 같이, 내분비계와 신경계의 구분이 명확하지 않으면서 신경내분비현상이 밝혀졌을 뿐만 아니라, 자가분비기전이나 인접분비기전도 증명된 현재의 상황에서는 전통적인 내분비의 정의가 적용되지 않는 경우가 많다. 따라서, 모든 내분비현상을 포괄적으로 포함하는 내분비의 개념을 새로이 정립할 필요가 있다.

2. 내분비선

내분비선은 특수한 물질(호르몬)을 합성・방출할 수 있는 기능을 가진 실질조직과 지원조직인 결합조직・혈관・신경 등으로 구성되어 있다. 그러나, 내분비선의 구성형태는 선의 종류에 따라 달라서, 갑상선이나 부신피질과 같은 내분비선은 분비세포가 치밀하게 집합된 형태를 갖추고 있지만, 인슐린과 글루카곤을 분비하는 췌장의 랑게르한스섬은 외분비조직인 선방조직내에 분산되어 위치하고, 위장관호르몬을 분비하는 세포들은 위장관의 점막에 개개의 분비세포가 분산되어 위치한다(Makhlouf, 1990). 더욱이, 태반은 임신기간에 한정하여 호르몬을 분비하고, 분만과 함께 소실되는 한시적 내분비선이다. 또한, 뇌하수체나 부신과 같이 하나의 내분비선에서 여러 종류의 호르몬을 분비하는 경우도 있지만, 부갑상선과 같이 오직 한종류의 호르몬만을 분비하는 내분비선도 있다.

포유동물의 내분비선에는 시상하부(視床下部, hypothalamus)·뇌하수체(腦下垂體, pituitary gland)·송과선(松果腺, pineal gland)·갑상선(甲狀腺, thyroid gland)·부갑상선(副甲狀腺, parathyroid gland)·부신(副腎, adrenal gland)·췌장섬(膵臟島, pancreatic islet)·난소(卵巢, ovary)·정소(精巢, testis)·위장관(胃臟管, gastrointestinal tract) 등이 있다. 이러한 내분비선들 가운데 뇌하수체는 하나의 선에서 10종류 이상의 호르몬을 분비할 뿐만 아니라, 여러 종류의 자극호르몬을 분비하여 다른 내분비선의 분비기능을 조절하며, 더욱이 시상하부의 매개하에 중추신경계와도 연관관계를 유지하면서 분비활동을 영위한다. 또한, 시상하부는 입력되는 각종의 신경자극을 내분비적 출력으로 전환시킬 수 있는 신경내분비세포로 구성되어 있으며, 해부학적으로도 시상하부-뇌하수체계를 구성하여 시상하부에서 분비되는 호르몬 들이 뇌하수체전엽의 호르몬 분비를 조절한다.

3. 호 르 몬

호르몬이라는 용어는 '깨어나게 하는 것' 또는 '자극하는 것'이라는 의미를 가진 그리스어 'ορμαω'에서 유래되었는데, Starling(1905)에 의하여 '호르몬은 혈액을 개재시켜 촉진적으로 작용하는 물질'이라고 최초로 정의되었다. 이에 근거하여 오늘날에는 호르몬을 신체의 특정한 기관이나 조직, 또는 조직내에 포함된 어느 종류의 세포에서 합성된 다음, 체액을 타고 신체의 다른 부위로 운반되어 그 부위의 활동이나 생리적 과정에 영향을 미치는 '특수한 유기화합물'이라고 정의하고 있다. 그러나, 호르몬의 정의가 내려진 후에 수행된 연구결과들에 의하여 자가분비기전과 인접분비기전이 밝혀지고, 더욱이 분비세포에서 방출된 물질이 표적세포에 대하여 억제적으로 작용하는 경우도 발견됨에 따라 현재 사용되고 있는 호르몬의 정의에는 예외가 많다. 따라서, 호르몬을 생체내에 존재하는 다양한 생리활성물질과 구별하고 명확하게 정의하려면, 호르몬의 ① 화학적 구조, ② 체내에서의 이동수단, ③ 물질적 특성, ④ 작용기전 등에서 보이는 특징을 명확하게 정립하는 것이 필요하다.

한편, 동물체는 다양한 호르몬을 분비하여 각종의 생리작용을 조절하는 내분비적 기전을 영위하는데, 이 가운데 생식기능의 발현과 조절에 특이적으로 작용하는 호르몬들을 성호르몬(sex hormone), 또는 생식호르몬(reproductive hormone)이라 한다. 성호르몬에는 시상하부-뇌하수체계호르몬(hypothalamo-hypophyseal hormone)과 이의 지배를 받아 정소와 난소에서 분비되는 성선호르몬(goanadal hormone), 그리고 송과선·자궁·태반 등에서 분비되는 호르몬들이 포함된다(표 2-1).

표 2-1. 주요 성호르몬의 종류와 생리작용

내분비선	호르몬의 종류	약칭	주요 생리작용
시상하부	성선자극호르몬 방출호르몬	GnRH	↑FSH와 LH의 분비
	갑상선자극호르몬 방출호르몬	TRH	↑TSH의 분비; PRL의 분비
	부신피질자극호르몬 방출호르몬	CRH	↑ACTH의 분비
	프롤락틴방출 억제인자	PRIF	↓PRL의 분비
	소마토스타틴	SST	↓GH의 분비
	성장호르몬 방출호르몬	GHRH	↑GH의 분비
선뇌하수체	난포자극호르몬	FSH	↑♀: 난포발육; 에스트로겐 분비
			↑♂: 정자형성; 지지세포 자극
	황체형성호르몬	LH	↑♀: 배란; 프로게스테론 분비
			↑♂: 정자형성; 안드로겐 분비
	프롤락틴	RPL	↑유즙합성: 황체자극; 모성행동
	갑상선자극호르몬	TSH	↑갑상선호르몬의 합성과 분비
	부신피질자극호르몬	ACTH	↑부신피질스테로이드의 합성과 분비
	성장호르몬	GH	↑간장의 IGF-1 합성; 체성장의 자극
	멜라닌세포자극호르몬	MSH	↑멜라닌 합성; 멜라닌소체의 분산
신경뇌하수체	옥시토신	OT	↑유즙유하; 자궁수축
	바소프레신	VP	↑신장의 수분재흡수; 혈관수축
송과선	멜라토닌		↓성선발달(항성선자극효과); ↑번식계절 조절
난소	에스트로겐(난포)	E	↑자성생식기관의 발달; 성행동; 유선관계 발달
	프로게스테론(황체)	P_4	↑자궁과 유선포계의 발달; 임신유지; 모성행동
	릴랙신(황체)		↑치골결합과 자궁경관의 이완
정소	테스토스테론(간질세포)		↑웅성생식기관의 발달; 성행동; 정자형성
	인히빈(지지세포; ♀:과립막세포)		↓뇌하수체의 FSH 분비
태반	임부융모성 성선자극호르몬	hCG	LH와 유사한 작용
	임마융모성 성선자극호르몬	eCG	FSH와 유사한 작용
	태반성 락토겐	PL	↑태아에 영양분 공급; 모체의 유선 발달
자궁	프로스타글란딘	PG	↑자궁수축; 황체퇴행; 배란

↑: 반응의 증가/자극, ↓: 반응의 감소/억제

1) 호르몬의 분류

호르몬은 종류가 많을 뿐만 아니라, 화학적 구조와 생리작용을 발현하는 기전이 다양하기 때문에 특정한 기준을 적용하여 여러 방법으로 분류하는데, ① 생물의 종류(동물호르몬 · 식물호르몬 등), ② 호르몬의 화학적 성질(펩티드호르몬 · 스테로이드호르몬 등), ③ 내분비선의 종류(뇌하수체호르몬 · 갑상선호르몬 · 성선호르몬 등), ④ 호르몬의 생리작용(생식호르몬 · 대사호르몬 · 성장자극호르몬 등), ⑤ 호르몬의 생성법(천연호르몬 · 합성호르몬), ⑥ 수용체의 특성과 작용기전(원형질막수용체 · 세포내수용체 등) 등에 따라 분류할 수 있다. 그러나, 표적세포에서 호르몬의 작용이 발현되는 과정의 첫번째 단계인 수용체와의 결합이 호로몬의 화학구조적 특성에 의존적으로 이루어지기 때문에 호르몬을 화학적 구조에 기초하여 분류하는 것이 일반적이다(표 2-2).

표 2-2. 화학적 구조에 근거한 호르몬의 분류

화학적 구조	호 르 몬
폴리펩티드	GnRH, TRH, SST, GH, PRL, ACTH, OT, VP, Relaxin, Insulin, 성장인자 등
당 단 백 질	LH, FSH, TSH, hCG, eCG(PMSG) 등
스테로이드	Estrogen, Progesterone, Cortisol, Aldosterone 등
아 민	Epinephrine, Norepinephrine, Thyroxine, Triiodothyronine, Dopamine, Melatonin 등

2) 호르몬의 분비

분비세포에서 합성된 단백질계 호르몬은 방출될 때까지 분비과립에 포장되어 세포질내에 저장된다. 저장된 호르몬은 분비세포가 내인적 및 외인적 자극을 받으면 세포외로 방출된다. 호르몬의 방출은 분비과립을 포장하고 있는 한계막(限界膜, limiting membrane)과 분비세포의 원형질막이 결합된 다음, 결합된 부위의 원형질막이 용해되어 분비과립속에 저장되어 있는 호르몬이 방출되는 세포외유출기전(細胞外流出機轉, exocytosis)을 통하여 이루어진다. 그러나, 스테로이드호르몬·갑상선호르몬·부신수질호르몬 등과 같이 분자량이 작고, 분비과립을 형성하지 않는 호르몬은 단순한 확산(擴散, diffusion)에 의하여 분비된다.

동물체에서 호르몬의 분비를 유발하는 자극은 매우 다양한데, ① 일부의 호르몬(티록신·스테로이드호르몬 등)은 다른 호르몬(뇌하수체의 TSH·GTH·ACTH)의 자극을 받아 분비되고, ② 시상하부·부신수질·송과선 등의 분비세포는 신경자극에 따른 내분비적 신호변환에 의하여 각각의 호르몬을 분비하며, ③ 대사기질(글루코오스·지방산·아미노산)과 무기이온도 자기들의 혈중농도를 조절하는 호르몬(인슐린·글루카곤·칼시토닌 등)의 분비를 조절하고, ④ 하위에 있는 표적기관에서 분비되는 호르몬(티록신·안드로겐·에스트로겐 등)이 자신들의 분비를 지배하는 상위기관 호르몬(TSH·LH·FSH 등)의 분비를 피드백기전(feedback mechanism)으로 조절한다.

3) 호르몬의 표적세포로의 전달경로

동물체에서 합성·방출되는 호르몬을 비롯한 화학전달물질이 표적세포로 전달되는 경로는 여러 종류가 있다(그림 2-1; Zimmerman 등, 1993; Farfel 등, 1996). 그 유형을 보면, ① 전형적인 호르몬과 같이 혈액을 통하여 전달물질이 표적세포로 이동되는 내분비(endocrine), ② 전달물질이 신경세포의 축삭을 따라 운반되어 표적신경세포와의 시냅스간극에 방출되는 신경분비(neurocrine), ③ 신경세포에서 합성된 전달물질(신경호르몬)이 혈액을 통하여 표적세포로 운반되는 신경내분비(neuroendocrine), ④ 특정한 세포에서 합성·방출된 전달물질이 확산에 의하여 인접한 표적세포로 전달되는 인접분비(paracrine), ⑤ 특정한 분비세포에서 합성된 전달물질이 그 세포 자체의 원형질막에 위치하는 수용체와 결합하여 세포 자체의 기능을 제어하는 자가분비(autocrine) 등이 있다. 그러나, 위장관호르몬의 일부와 같

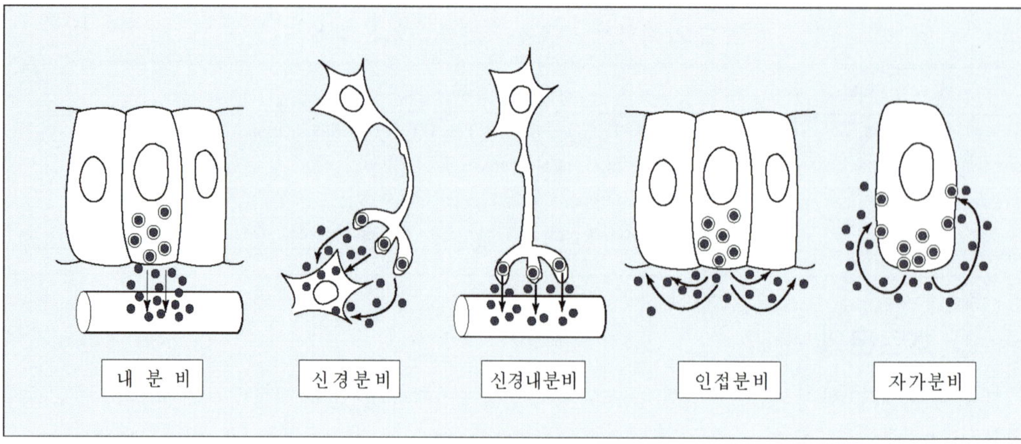

그림 2-1. 화학전달물질의 전달경로

이 소화관강으로 직접 분비되는 호르몬도 있고, 페르몬(pheromone)과 같이 대기중으로 방출되는 전달물질도 있다. 이와 같이, 전달물질이 표적세포로 전달되는 경로는 매우 다양한데, 모든 전달물질이 어느 특정한 한종류의 전달경로만을 이용하는 것은 아니다.

4) 호르몬의 순환과 대사

내분비세포에서 방출된 호르몬은 즉시 표적세포로 이송되어 생리적 반응을 유발하고, 이 반응이 비교적 장시간에 걸쳐 유지되도록 조절되지만, 생리적 반응이 필요 없어질 때는 즉시 호르몬의 자극이 제거된다. 이러한 조절기전이 영위되려면 분비된 호르몬이 계속적으로 불활성화되어야 하고, 아울러 새로운 호르몬이 분비되어 세포의 반응을 계속적으로 활성화시켜야 한다. 이와 같은 세포외 및 세포내 기전은 호르몬에 의하여 매개되는 반응을 유발하고, 유지시킬 뿐만 아니라, 종료시키는 요체가 된다.

호르몬이 혈액을 통하여 운반될 때는 안정성을 얻기 위하여 스테로이드호르몬과 같이 혈장단백질의 일종인 결합단백질(binding-protein)과 결합하는 호르몬도 있고, 당단백질호르몬과 같이 호르몬 자체의 안정성이 높은 호르몬도 있다. 호르몬의 불활성화는 각 호르몬 특유의 대사경로를 통하여 이루어진다. 생체내에서 호르몬의 역가는 전체 호르몬분자의 절반이 불활성화 되거나, 순환혈액에서 청소(clearance)되는데 요구되는 시간을 말하는 반감기(半減期, half-life)로 나타낸다.

제 2 절 호르몬의 작용기전

어느 종류의 호르몬이나 동물체의 모든 조직세포에 대하여 일률적으로 작용하는 것은 아니고, 신체의 특정한 표적조직에서만 생리작용을 발현한다. 호르몬이 특정한 표적조직에서만 작동하는 것은 각각의 조직세포가 특정한 호르몬에만 특이적으로 반응하는 수용체(受容體, receptor)를 가지고 있기 때문이다. 만약에, 각종의 조직세포에 특이적 수용체가 없다면, 모든 조직세포에서 호르몬을 포함한 화학전달물질이 동일하게 작동하여 각 기관 특유의 생리작용을 발현할 수 없을 것이다. 따라서, 동물체의 조직세포에서는 조직특성에 따라 극히 제한된 종류의 호르몬과만 결합할 수 있는 특이적 수용체를 가지고 있다. 호르몬이 수용체와 결합하면 수용체를 활성화시키고, 이에 따라 유발되는 다단계반응(cascade reaction)에 의하여 생리작용이 발현된다. 한편, 호르몬은 구조적 특징에 따라 펩티드호르몬과 같이 원형질막을 통과할 수 없는 호르몬과 스테로이드호르몬과 같이 자유롭게 원형질막을 통과할 수 있는 호르몬이 있다. 이러한 호르몬의 특성에 따라 표적세포가 가지는 수용체의 위치가 다를 수밖에 없는데, 펩티드호르몬의 수용체는 원형질막의 구성성분으로 존재하고, 스테로이드호르몬의 수용체는 시토솔(cytosol)이나 핵내의 구성요소로 존재한다.

1. 원형질막수용체를 통한 호르몬의 작용기전

스테로이드호르몬과 갑상선호르몬을 제외한 모든 호르몬, 특히 펩티드호르몬은 원형질막에 위치하는 원형질막수용체의 매개하에 생리작용을 발현한다. 호르몬과 수용체가 결합하면 세포질쪽의 원형질막에서 신호변환이 일어나 효소가 활성화되며, 이 효소에 의하여 하나 또는 그 이상의 세포질내 전달물질이 합성되고, 이것의 매개하에 생리작용이 발현된다. 따라서, 호르몬자체를 제1전달물질 또는 제1차전령이라 하고, 세포질내에서 합성된 전달물질을 제2전달물질 또는 제2차전령이라고 부른다.

원형질막수용체는 원형질막의 구성성분으로 존재하는 당단백질이며, 크게 3부류의 수용체족으로 분류한다. 첫번째의 수용체족은 티로신키나제수용체족(tyrosine kinase receptor family)으로서, 인슐린과 인슐린-양 성장인자-1(IGF-1)의 수용체를 비롯하여 표피성장인자(EGF)/트란스포밍성장인자-α(TGF-α), 혈소판유래성장인자(PDGF) 등의 수용체가 여기에 속한다(Yarden & Ulrich, 1988). 두번째의 수용체족에는 성장호르몬(GH)과 프롤락틴(PRL)의 수용체, 그리고 사이토카인(cytokine) 수용체족 및 인터류킨(interleukin) 2·3·4·6·7의 수용체 등이 포함된다(Cosman 등, 1990). 세번째의 수용체족은 최대의 수용체족으로서, 그 종류가 140개에 이르는데, 이들 수용체는 모두 G-단백질-축합수용체(G-protein coupled receptor [GPCR])이며, 다양한 펩티드호르몬과 펩티드성 신경전달물질들의 수용체가 여기에 속한다.

1) 인슐린/인슐린-양 성장인자-1 수용체의 구조와 신호변환

(1) 수용체의 구조 : 인슐린-수용체의 구조는 동일한 구조를 가진 두개의 기본단위로

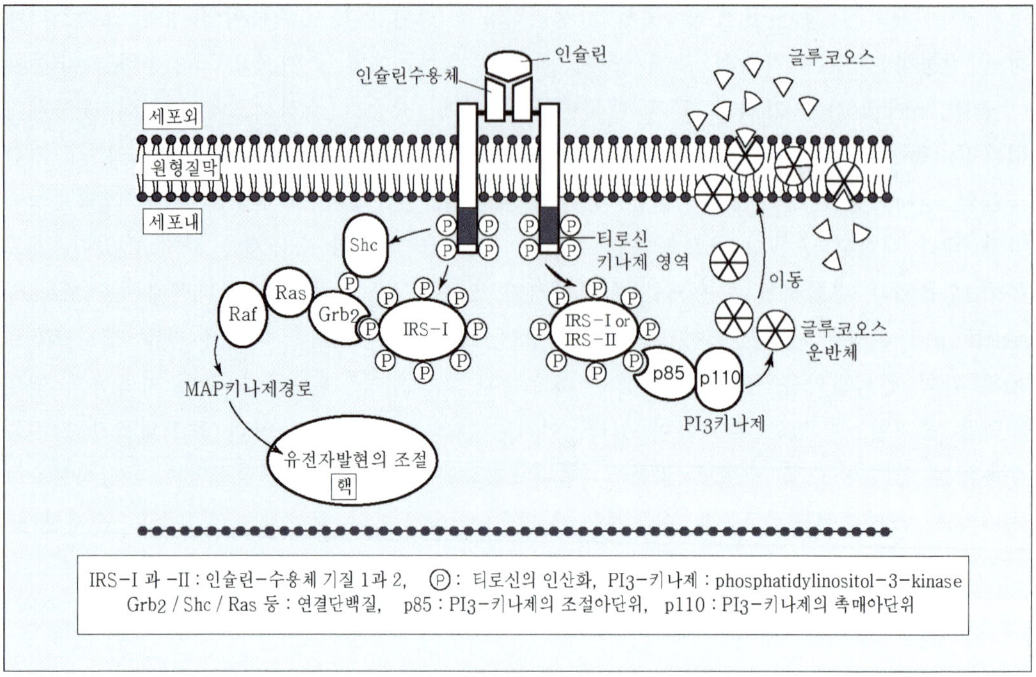

그림 2-2. 인술린수용체의 구조와 신호변환경로

구성되어 있고, 각 기본단위는 인슐린결합영역(insulin binding domain)을 가지고 있는 α-아단위와 티로신키나제영역(tyrosine kinase domain)을 포함하고 있는 β-아단위가 이황화결합으로 연결된 구조이다. α-아단위는 전체가 원형질막의 밖에 위치하며, β-아단위는 원형질막을 관통하는 단백질이다. IGF-1-수용체는 인슐린-수용체와 구조적으로 유사하고, 신호변환경로도 동일하다(Cheatham & Kahn, 1995; Le Roith 등, 1995).

(2) 신호변환경로 : 인슐린-수용체에 의한 신호변환경로를 보면, 먼저 수용체의 α-아단위에 인슐린이 결합되어 수용체가 자극되면 β-아단위의 티로신키나제영역에서 자가인산화(autophosphorylation)가 일어나 티로신키나제가 활성화되며, 활성화된 티로신키나제는 세포질내의 인슐린수용체기질-1(insulin-receptor substrate-1 [IRS-1])에 함유된 티로신잔기를 인산화시킨다. 인산화된 IRS-1은 두종류의 신호변환경로를 통하여 인슐린의 생리작용을 매개한다(그림 2-2; Barker, 1997). 그 하나는 IRS-1이 연결분자인 Grb_2와 결합하여 p21ras가 매개하는 MAP(mitogen-activated protein; 유사분열-활성화 단백질)키나제경로로 입력되어 유사분열과 유전자발현을 유도하는 경로이고(Robbins 등, 1994), 다른 하나의 경로는 IRS-1 또는 IRS-2가 포스파티딜이노시톨-3-키나제(phosphatidylinositol-3-kinase [PI_3-kinase])의 조절아단위인 p85와 결합하여 촉매아단위인 p110을 방출시킴으로써 pI_3-키나제의 활성이 발현되고, 이것이 글루코오스운반체의 기능을 조절하는 수단을 통하여 글루코오스를 세포내로 이동시키는 경로이다(Cheatham & Kahn, 1995).

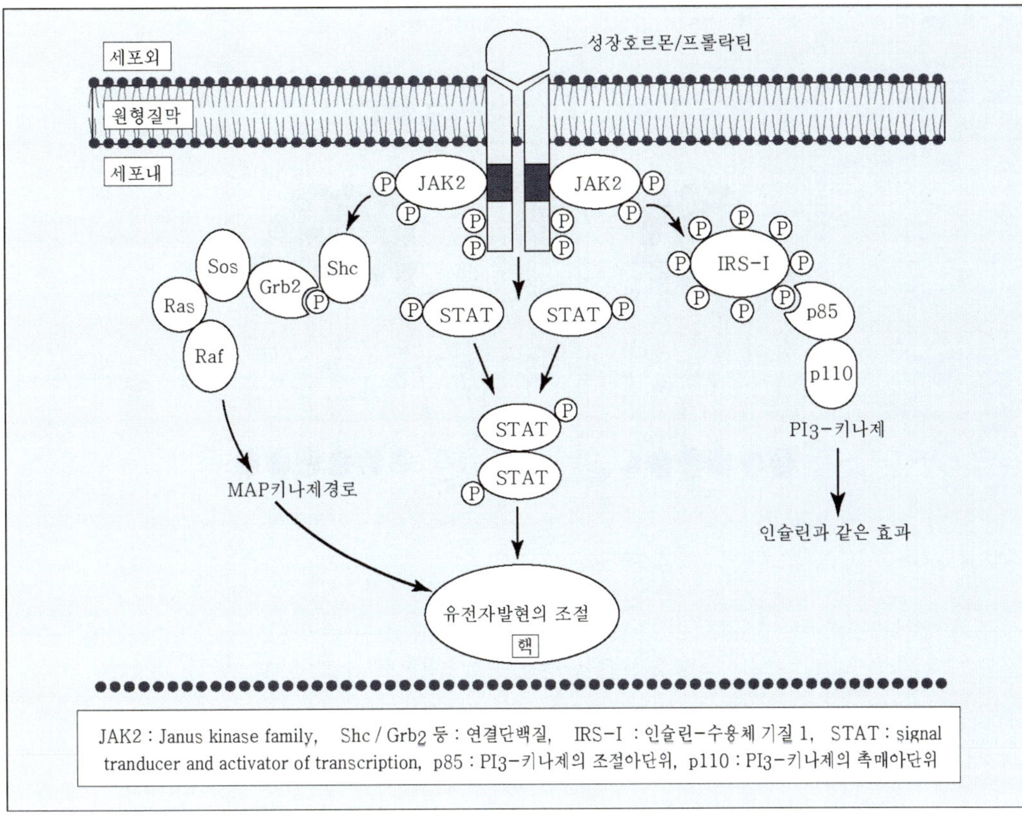

그림 2-3. 성장호르몬 수용체에 의하여 매개되는 3종류의 신호변환경로

2) 성장호르몬/프롤락틴 수용체의 구조와 신호변환

(1) 수용체의 구조 : 이 수용체의 호르몬 결합영역은 원형질막의 밖에 위치하며, 이것으로부터 원형질막을 관통하는 세포질내영역이 뻗어나 있다. 성장호르몬(GH)과 프롤락틴(PRL)의 수용체는 분자구조적으로 상동성이 매우 높기 때문에 작용발현의 기전도 유사하다. 그러나, 성장호르몬의 수용체가 구조적 및 기능적 특징을 더욱 잘 나타내고 있다.

(2) 신호변환경로 : GH-수용체는 JAK2키나제족(Janus kinase family)에 속하는 수용성의 티로신키나제에 의하여 촉매되는 인산화과정을 통하여 GH의 생리작용을 매개한다. JAK2는 GH-수용체 세포질내영역의 N-말단에 위치하는 프롤린(proline)이 풍부한 부분과 결합하는데, 이곳을 통상 박스-1(box-1)이라 한다(Postel-Vinary & Finidori, 1995). JAK2가 GH-수용체에 결합되면, GH에 의하여 활성화되는 서로 다른 3종류의 신호변환경로를 유발하는 프랫폼(platform)으로 작동한다(그림 2-3; Barker, 1997). 그것은 ① 전사인자인 STAT1(signal tranducer and activator of transcription; Schindler & Darnell, 1995)을 인산화시켜 동형이량체화(homodimerization)반응을 유발하고, 이것이 핵내로 이동되어 핵내 반응요소(response element)와 상호작용으로 유전자의 발현을 조절하며(Meyer 등, 1994),

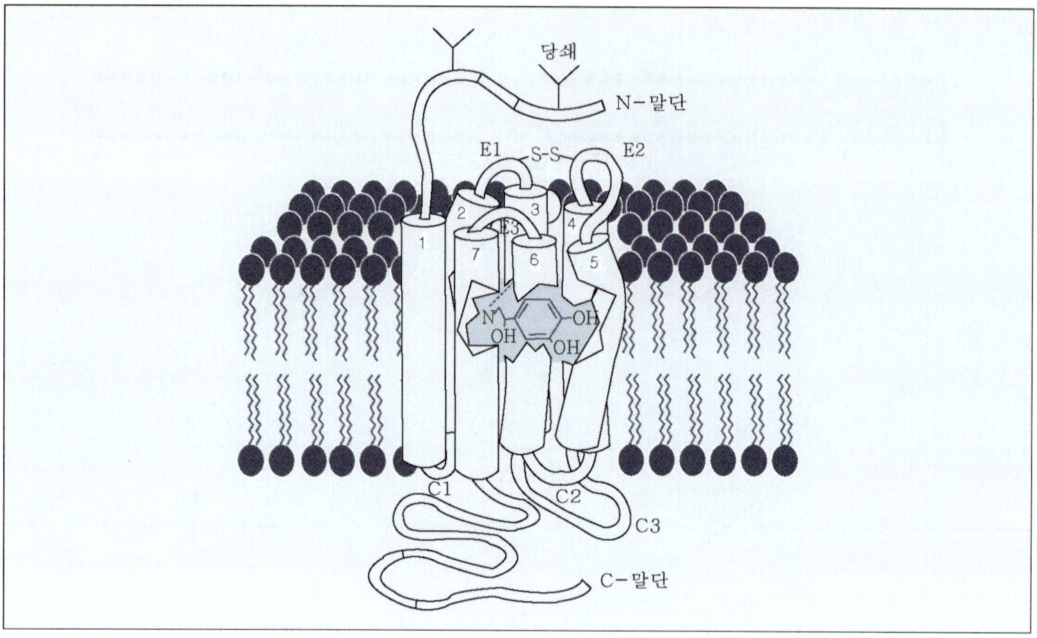

그림 2-4. G-단백질-축합수용체의 구조

② 연결분자인 Shc-Grb_2의 인산화로 MAP키나제경로를 활성화시키고(VanderKuur 등, 1995), ③ IRS-1을 인산화시킴으로써 PI_3-키나제의 촉매아단위인 p110을 방출시켜 PI_3-키나제의 활성이 발현되고, 이것이 글루코오스의 운반을 조절한다(Argetsinger 등, 1995; 그림 2-2 참조). PRL-수용체의 신호변환경로도 GH-수용체와 같이 JAK2・STAT1(David 등, 1994)・STAT5(Wakao 등, 1994) 등의 상호작용으로 영위된다.

3) G-단백질-축합수용체의 구조와 신호변환

(1) 수용체의 구조 : G-단백질-축합수용체(GPCR)의 아미노산 배열순서를 보면, 7개의 소수성(疎水性, hydrophobic) 아미노산배열이 원형질막을 관통하면서 원형으로 배치되고, 이것들 상호간은 세포외영역에서 짧은 친수성(親水性, hydrophilic)분자에 의하여 연결되며, 세포내영역에서도 세포외영역에서 보이는 연결과 교차적인 위치에서 연결되어 직쇄상의 폴리펩티드가 되며, N-말단에 당쇄가 부착되어 있다(그림 2-4; Strosberg, 1993).

(2) G-단백질 : GPCR이 호르몬의 결합에 의하여 자극되면, GPCR의 세포내고리와 C-말단미부에 G-단백질이 결합되고, 이에 따라 G-단백질이 활성화되어 신호변환경로가 개시된다. G-단백질은 서로 다른 아단위, 즉 Gα-・Gβ-・Gγ-아단위가 결합되어 구성된 이질삼량성복합체(異質三量性複合體, heterotrimetric complex [Gαβγ])이다. 지금까지 알려진 G-단백질 아단위의 종류는 Gα-아단위 21종류, Gβ-아단위 5종류, Gγ-아단위 11종류이다. 이와 같이, 여러 종류의 아단위가 있기 때문에 이것들이 결합하여 형성된 G-단백질

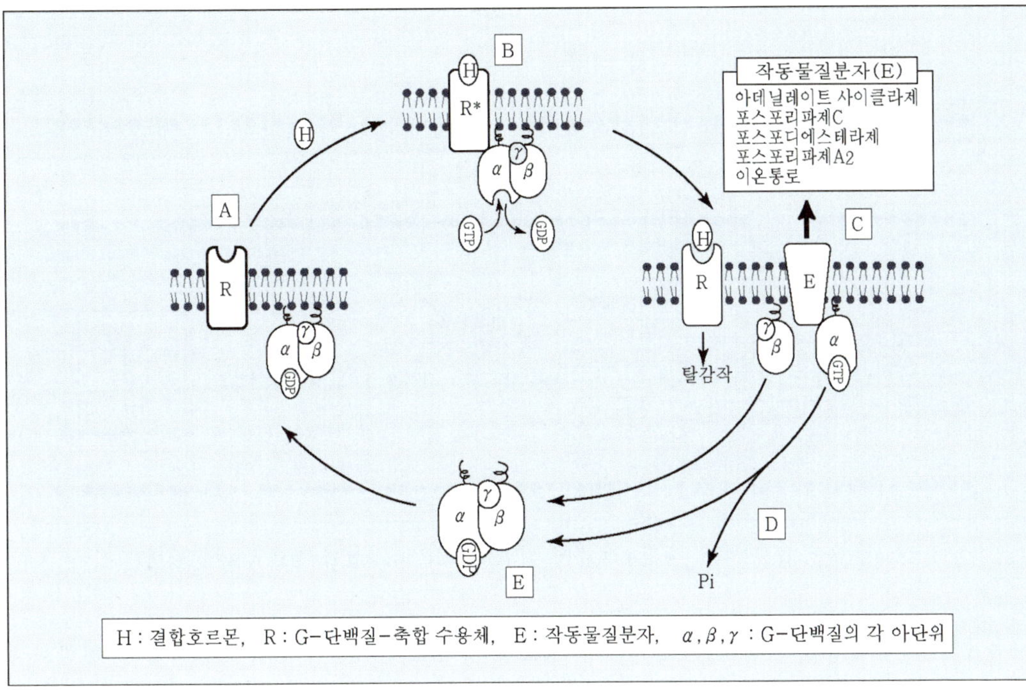

그림 2-5. G-단백질-축합수용체에 의한 G-단백질의 활성화

은 이질성이 매우 높아서 각종의 호르몬과 특이적으로 반응하는 다양한 G-단백질이 있다.

호르몬은 GPCR과 결합하여 호르몬-GPCR복합체를 형성하고, 이것이 G-단백질과 축합되어 G-단백질을 활성화시킨다(그림 2-5; Conklin & Bourne, 1993; Wall 등, 1995). G-단백질이 활성화되면 Gα-아단위에 결합되어 있던 GDP를 분리시키고, 그 자리에 GTP를 수용한다(그림 2-5의 B). Gα-아단위에 GTP가 수용되면 Gα-아단위와 호르몬-GPCR복합체 사이의 친화성이 감소되어 Gαβγ 자체가 GPCR에서 분리되고, 이어서 Gαβγ가 Gα-아단위와 Gβγ-단위로 분리된다. 분리된 $G\alpha_{GTP}$-아단위는 아데닐레이트사이클라제(AC)나 포스포리파제C(PLC)와 같은 작동물질분자(effector molecule)와 결합하여 활성화시킴으로써 신호변환을 유기하며, Gβγ-단위는 GPCR에서 호르몬분자를 제거하는 탈감작(脫感作, desensitination)을 유발한다(그림 2-5의 C). G-단백질의 Gα-아단위는 ① AC를 활성화시키는 Gsα, ② PLC의 활성화를 유발하는 Gqα, ③ 원형질막의 이온통로를 활성화시키는 Goα, ④ AC를 억제하는 Giα 등의 4부류로 구분한다.

(3) 아데닐레이트사이클라제(AC)에 의한 신호변환 : Gsα의 작용으로 활성화된 AC는 ATP(adenosine triphosphate)를 cAMP(cyclic adenosine monophosphate)와 무기태의 피로인산염(pyrophosphate)으로 전환시킨다. 생성된 cAMP는 호르몬의 신호변환과정에서 제2전달물질로 작동하여 cAMP-의존성 단백질키나제(cAMP-dependent protein kinase)의 조절아단위와 결합함으로써 촉매아단위를 방출시킨다. 방출된 촉매아단위는 인산화효소로서

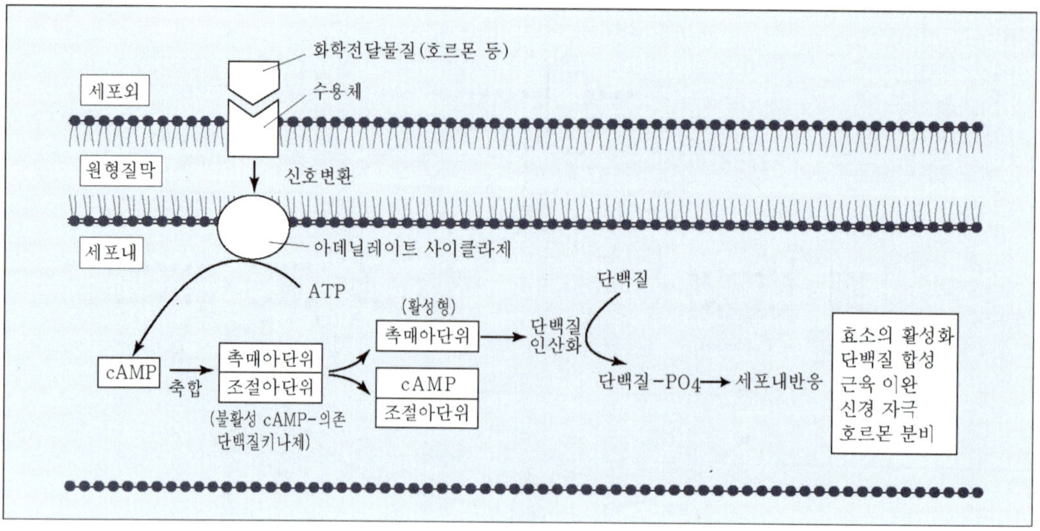

그림 2-6. G-단백질-축합수용체에 의한 cAMP의 생산과 생리작용의 발현

자유롭게 키나제로서의 역할을 수행하여 세포내의 효소단백질이나 구조단백질의 인산화를 유발하여 생리작용을 발현한다(그림 2-6; Spaulding, 1993; Knighton 등, 1991). 효소의 인산화는 다단계반응을 유발하며, 이에 따라 제1효소가 인산화되면 이것이 키나제로 작동하여 제2효소를 인산화시키고, 인산화된 제2효소는 또 다른 효소를 인산화시킨다. 이러한 다단계반응은 각 단계에서 증폭현상이 일어나기 때문에 제한된 수의 수용체에 작용하는 소수의 호르몬 분자로도 몇 배의 생리적 반응을 유발할 수 있다. 예를 들면, 황체형성호르몬

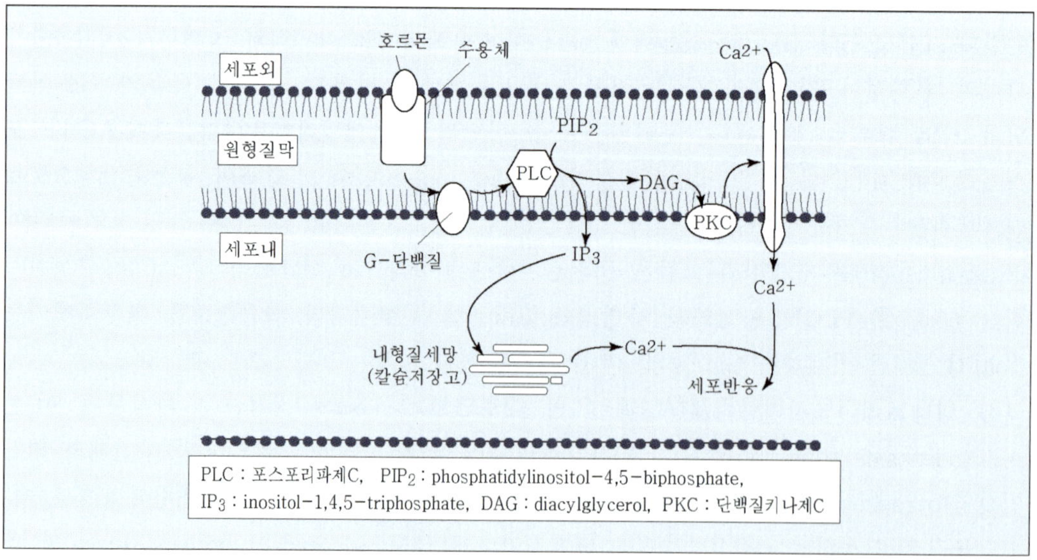

그림 2-7. G-단백질-축합수용체에 의한 PLC의 활성화와 생리작용의 발현

(LH)이 황체세포의 원형질막 수용체와 결합하면 다단계반응으로 프로게스테론의 합성에 관여하는 효소단백질의 합성을 자극하고, 이에 따라 효과적으로 프로게스테론이 합성된다.

(4) 포스포리파제C(PLC)에 의한 신호변환 : 주 작동물질분자의 하나인 PLC는 Gqα에 의하여 활성화되며, 활성화된 PLC는 PIP_2(phosphatidylinositol-4,5-biphosphate)의 가수분해를 촉매하여 두종류의 제2전달물질, 즉 IP_3(inositol-1,4,5-triphosphate)와 DAG(diacylglycerol)를 생산한다(Exton, 1996). 이들 제2전달물질은 모두 세포질내의 칼슘농도를 상승시켜 세포내 반응을 촉매하는데, IP_3는 내형질세망에 저장되어 있는 칼슘의 방출을 촉진하고(Mikoshiba, 1997), DAG는 단백질키나제C의 칼슘-의존성 이성형을 활성화시켜 세포밖의 칼슘이 세포질내로 유입되도록 원형질막에 칼슘통로를 구축한다(그림 2-7; Berridge, 1993).

2. 세포내수용체를 통한 호르몬의 작용기전

스테로이드호르몬과 갑상선호르몬은 펩티드호르몬과는 달리 세포내수용체와 결합하여 생리작용을 발현한다. 이들 호르몬은 동물체의 모든 세포내로 유입되지만, 각 호르몬의 수용체를 가지고 있는 특정한 세포에 한하여 호르몬의 작용이 발현된다. 예를 들면, 스테로이드호르몬은 화학적 본태가 단백질성 물질인 특이적 세포내수용체와 결합하여 호르몬-수용체 복합체를 만들고, 이것이 DNA에 내재되어 있는 표적유전자의 전사를 촉진하는 수단을 통하여 생리작용을 발현한다(Weigel, 1996).

1) 세포내수용체의 구조

세포내수용체는 리간드(ligand; 호르몬 등)와 고도의 친화성을 가진 리간드-결합단백질(해리항수:~10^{10}M)로서, 세포내 농도(2~6×10^4분자)는 매우 낮다. 이러한 수용체단백질은 기능적 관점에서 4종류의 부류로 구분된다(Chatterjee 등, 1997). 제1부류는 안드로겐(AR)·프로게스테론(PR)·에스트로겐(ER)·당질코르티코이드(GR)·광물질코르티코이드(MR) 등의 수용체로서, 동형이량체(homodimer)를 구성하는 각각의 단량체(monodimer)가 서로 마주보고 배치된 구조를 가지고 있다. 제2부류의 수용체는 서로 다른 리간드와 결합하는 단량체가 결합된 이형이량체(heterodimer)로서, 한쪽은 레틴산수용체(retinoid×receptor [R×R])이고, 다른 한쪽은 갑상선호르몬이나 비타민D와 결합하는 수용체이며, 이것들의 배치형태는 두개의 단량체가 같은 방향으로 배치되어 있다. 제3부류의 수용체는 이량성수용체이고, 제4부류의 수용체는 단량성수용체인데, 이것들은 아직까지 특이적으로 결합하는 리간드가 명확하게 구명되지 않았기 때문에 통상 고아수용체(orphan receptor)라고 부른다. 그러나, 단량성 고아수용체 가운데 SF-1(steroidogenic factor-1)-수용체는 성의 분화과정에서 작동하는 SF-1의 작용을 매개하는 것으로 보인다(1장 3절 성선의 분화와 발달 항목 참조). 이와 같은 세포내수용체의 일부(GR·ER·AR·MR)는 단일유전자좌에 코딩(coding)되어 있는

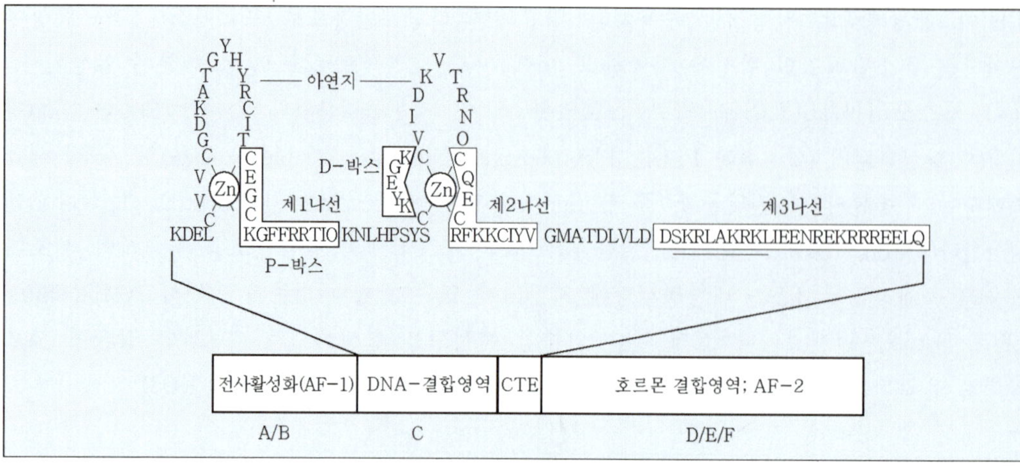

그림 2-8. 핵수용체의 결합영역

반면에, 두개 또는 그 이상의 유전자좌에 코딩되어 있는 수용체(TR · R×R)도 있다. 더욱이, 각 유전자가 교대분할(交代分割, alternative splicing)을 하여 상동성이 매우 높은 수용체의 이성형이 만들어진다(Gronemeyer & Laudet, 1995).

한편, 핵수용체는 명확히 구분되는 기능을 매개하는 6개의 영역(A~F)으로 나누어진다(그림 2-8; Chatterjee 등, 1997). 수용체의 N-말단(A/B영역)에는 표적세포의 전사를 활성화시키는 기능(AF-1)을 가진 성분이 함유되어 있으며, 특히 표적유전자의 인식을 지정한다. C영역은 시스테인(cysteine)이 풍부한 모티프(motif)가 존재하는데, 이것들 각각은 아연이온(Zn^{2+})과의 배위결합으로 마치 손가락(指)과 유사한 구조를 가진 두개의 아연지(zinc finger)를 형성하는데, 제1아연지는 수용체가 표적세포의 DNA를 인식하는 것을 지정하고, 제2아연지는 수용체가 DNA와 결합할 때 수용체분자의 이합체화반응을 유발한다(Janne 등, 1993). C-말단(D/E/F영역)은 호르몬이 수용체와 결합하는 영역으로서, 호르몬-의존성 전사활성기능(AF-2)도 가지고 있다.

2) 세포내수용체의 위치

당질코르티코이드-수용체(GR) · 광물질코르티코이드-수용체(MR) · 프로게스테론-수용체(PR) 등과 같은 일부의 수용체단백질은 합성된 후에 대부분이 시토솔(cytosol)에 그대로 남아 있으면서 C-말단의 D/E영역이 열충격단백질(heat-shock protein [Hsp]; Hsp90, Hsp70)과 상호작용을 하여 높은 분자량의 복합체를 형성한다(Pratt, 1993). 이러한 수용체에 리간드가 결합되면, 열충격단백질은 수용체에서 해리되며, 이어서 리간드와 결합된 수용체가 핵내로 이동된다. 그러나, 갑상선호르몬-수용체(TR)와 레틴산-수용체(R×R)는 열충격단백질과 복합체를 형성하지 않으며, 핵의 구조적 성분이다. 이들 수용체의 핵내로의 이동은 D영역에 내장된 염기성 아미노산 잔기(lysine-arginine)에 의존적인데, 이것이 핵막

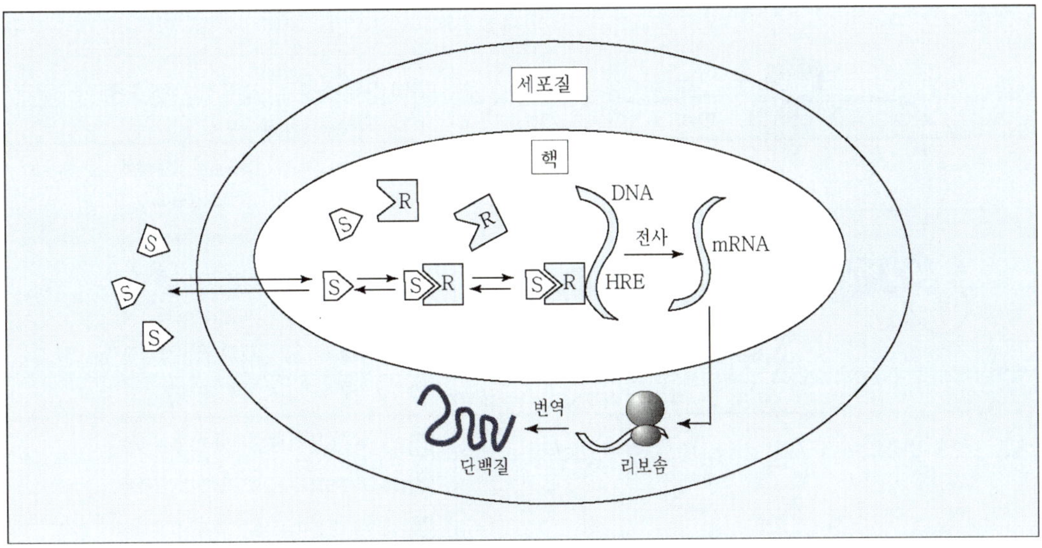

그림 2-9. 세포수준에서 스테로이드호르몬의 작용기전

소공(nuclear pore)의 인식에 필요한 핵위치 측정신호(nuclear localization signal [NLS])로 작동한다. 수용체의 핵내로의 수송은 에너지-의존적 과정으로 이루어지며, 핵에서 시토솔로의 수송은 핵내의 수용체와 균형을 이루도록 피동적 확산에 의하여 일어난다.

3) 호르몬의 작용발현 과정

세포내수용체를 이용하는 스테로이드호르몬과 갑상선호르몬이 생리작용을 발현하는 과정은 ① 호르몬이 표적세포의 세포내로 유입되고, ② 세포내로 유입된 호르몬은 세포질/핵 수용체와 결합하며, ③ 호르몬과 결합된 호르몬-수용체 복합체는 활성화되어 DNA와 결합할 수 있는 형태로 전환되고, ④ 세포질내에서 호르몬과 결합한 호르몬-수용체 복합체는 핵내로 이행되며(호르몬이 핵내로 유입되어 핵수용체와 직접 결합하는 경우도 있음), ⑤ 핵내의 호르몬-수용체 복합체는 DNA에 위치하는 호르몬-반응요소(hormone-responsive element [HRE])와 결합하여 전사를 개시시킴으로서 mRNA의 합성을 유발하고, ⑥ 이 mRNA는 표적세포의 세포질내로 나와 세포 특이적 단백질로 번역됨으로써 생리작용을 발현한다(그림 2-9; Lee, 2002b).

제 3 절 시상하부-뇌하수체계 호르몬

시상하부는 중추신경계를 통하여 입력되는 신경자극을 내분비적 출력(호르몬의 분비)으로 전환시킬 수 있는 기능을 가진 내분비조절계의 최상위기관이다. 그리고, 뇌하수체는 다

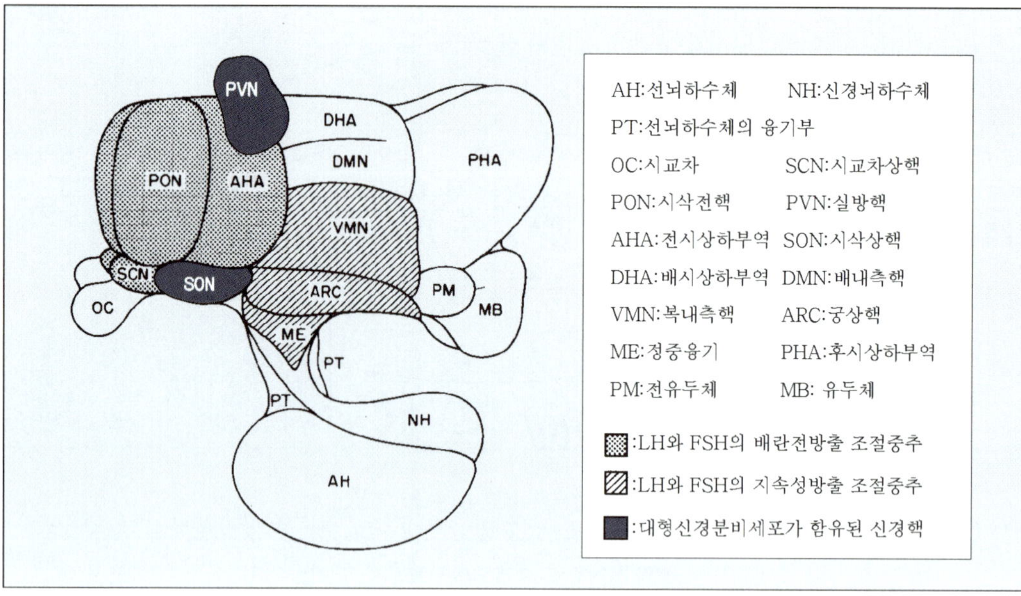

그림 2-10. 시상하부 신경핵의 구성

른 내분비선과는 달리 하나의 선에서 10종류 이상의 호르몬을 분비하여 다양한 생리기능을 수행한다. 그러나, 뇌하수체의 호르몬 분비는 시상하부에서 분비되는 신경호르몬에 의하여 조절된다. 이와 같이, 시상하부와 뇌하수체는 하나의 내분비적 조절계를 구축하여 생리작용을 발현한다.

1. 시상하부-뇌하수체계의 구조

시상하부와 뇌하수체는 해부학적으로 서로 연결되어 하나의 내분비적 조절계를 형성한다. 선뇌하수체는 시상하부-뇌하수체문맥을 통하여 시상하부와 기능적 연관관계를 맺고 있으며, 신경뇌하수체에는 시상하부에 위치하는 대형신경분비세포의 축삭이 뻗어나 분포되어 있다.

1) 시상하부의 구조

시상하부(視床下部, hypothalamus)는 뇌저(腦底)의 중앙부에서 간뇌(間腦, diencephalon)의 아래쪽을 구성하는데, 제3뇌실의 벽과 기저부를 차지한다. 시상하부의 앞쪽은 시교차(視交叉, optic chiasm), 뒤쪽은 유두체(乳頭體, mamillary body), 아래쪽은 회백융기(灰白隆起, tuber cinereum), 위쪽은 시상(視床, thalamus)에 의하여 경계를 이룬다. 시상하부의 아래쪽을 차지하는 회백융기는 제3뇌실의 하부가 밑으로 뻗어나 형성된 부분으로서, 그 말단부를 정중융기(正中隆起, median eminence [ME])라 한다. 정중융기는 상뇌하수체동맥에서 분지된 혈관의 분포가 풍부하고, 이 혈관들이 뇌하수체와 연결되어 있는데, 이러한 혈관의 해부학적 연결이 시상하부와 뇌하수체간의 기능적 연관관계를 유지하는 통로가 된다.

시상하부는 기능이 유사한 신경분비세포(神經分泌細胞, neurosecretory cell)들이 집단화되어 좌·우 동형의 쌍을 이루면서 형성된 다수의 시상하부신경핵(hypothalamic nucleus)으로 구성되어 있다. 이들 신경핵 가운데 생식현상과 관계가 깊은 신경핵은 성선자극호르몬 방출호르몬(GnRH)을 분비하여 성선자극호르몬(FSH와 LH)의 배란전방출을 조절하는 시삭전핵(視索前核, preoptic nucleus [PON])·전시상하부역(前視床下部域, anterior hypothalamic area [AHA])·시교차상핵(視交叉上核, suprachiasmatic nucleus [SCN]) 등과 성선자극호르몬의 지속성방출을 조절하는 복내측핵(腹內側核, ventromedial nucleus [VMN])·궁상핵(弓狀核, arcuate nucleus [ARC])·정중융기 등이다(그림 2-10; Hafez 등, 2000).

시상하부의 각종 신경핵을 구성하는 신경분비세포는 다양한 신경자극을 수용하고, 이에 반응하여 신경호르몬(neurohormone)으로 작동하는 각종 펩티드를 합성·분비한다. 신경분비세포는 그 세포가 가지는 축삭(軸索, axon)의 길이에 따라 대형신경분비세포(magnocellular neurosecretory neuron)와 소형신경분비세포(parvicellular neurosecretory neuron)로 구분한다. 이들 신경분비세포는 시상·대뇌피질(大腦皮質, cerebral cortex)·후구(嗅球, olfactory bulb)·해마(海馬, hippocampus)·중뇌피개(中腦被蓋, tegmentum mesencephali)·담창구(淡蒼球, pallidum)·편도체(偏桃體, amygdaloid body)·시삭(視索, optic tract) 등에서 뻗어난 구심성신경섬유를 통하여 다각적인 신경정보를 받고, 이에 따라 각종 신경호르몬을 분비한다. 대형신경분비세포는 시삭상핵(視索上核, supraoptic nucleus [SON])과 실방핵(室傍核, paraventricular nucleus [PVN])에 분포되어 있으며, 이 세포에서 합성된 신경분비물은 시상하부-뇌하수체로(視床下部-腦下垂體路, hypothalamo-hypophyseal tract)를 타고 신경뇌하수체에 전달되어 신경뇌하수체호르몬으로 분비된다. 한편, 여러종류의 신경핵을 구성하는 소형신경분비세포에서 합성된 신경분비물은 시상하부-뇌하수체문맥을 타고 선뇌하수체에 도달하여 각종 선뇌하수체호르몬의 분비를 억제 또는 촉진하는 신경호르몬으로 작동한다.

2) 뇌하수체의 구조

뇌하수체(腦下垂體, pituitary gland, hypophysis)는 두개강의 저부를 구성하는 접형골(蝶形骨, sphenoid bone)의 위쪽 함몰부인 뇌하수체와(腦下垂體窩, pituitary fossa)에 수용되어 있으며, 간뇌의 저부에서 시상하부와 연결된 내분비선이다. 발생학적으로 뇌하수체는 두종류의 상이한 외배엽성원기로부터 발생되었기 때문에 명확하게 두부분으로 구분된다. 그 하나는 태생초기의 원시구강을 지칭하는 구와(口窩, stomodeum)의 위쪽 상피(구강외배엽)가 돌출되어 형성된 라트케낭(Rathke's pouch)에서 발생된 선뇌하수체(腺腦下垂體, adenohypophysis)이고, 다른 하나는 간뇌 아래쪽의 신경상피(신경외배엽)가 부풀어 올라 형성된 신경뇌하수체(神經腦下垂體, neurohypophysis)이다. 선뇌하수체는 원위부(遠位部, pars distalis)·융기부(隆起部, pars tuberlaris)·중간부(中間部, pars intermedia)의 3부분으로 구성되는데, 앞의

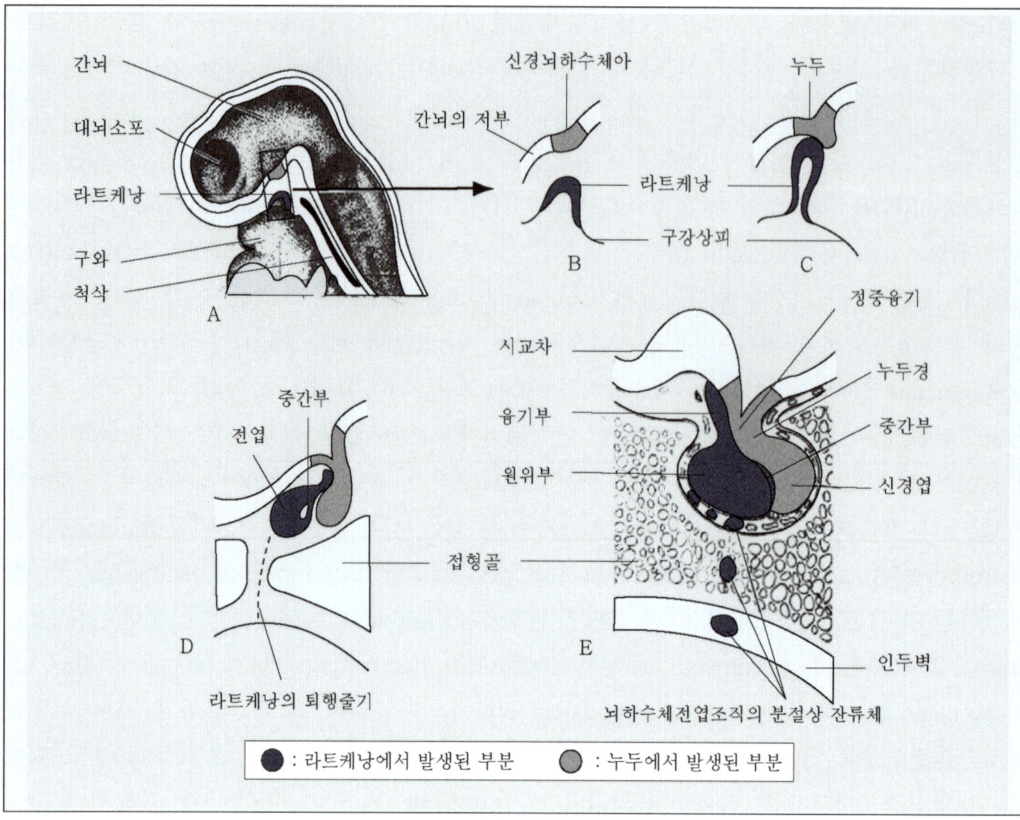

그림 2-11. 뇌하수체의 발생과정과 해부학적 구성

두부분을 뇌하수체전엽(anterior lobe)이라 하고, 중간부는 뇌하수체중엽(intermediate lobe)이라고도 부른다. 신경뇌하수체는 신경엽(神經葉, neural lobe)과 누두부(漏頭部, infundibulum)로 구분하며, 신경엽을 뇌하수체후엽(posterior lobe)이라고도 한다(그림 2-11; Hadley, 2000).

뇌하수체는 다른 내분비선과는 달리 화학구조나 생리기능이 명확히 다른 여러 종류의 호르몬을 분비하며, 따라서 이들 호르몬 각각을 분비하는 세포들이 혼재되어 있다. 뇌하수체전엽의 기능적 주체가 되는 원위부의 분비세포형은 세포질내에 염색성을 가지는 분비과립의 유·무에 따라 호색소성세포(好色素性細胞, chromophil)와 혐색소성세포(嫌色素性細胞, chromophobe)로 대별한다. 호색소성세포는 함유되어 있는 과립의 염색특성에 따라 호산성세포(好酸性細胞, acidophil)와 호염기성세포(好鹽基性細胞, basophil)로 구분한다. 이들 호색소성세포는 각각의 세포가 합성하는 특정 호르몬에 근거하여 여러 종류의 세포로 분류하는데, 호산성세포에는 성장자극세포(somatotroph)와 유선자극세포(lactotroph)가 있고, 호염기성세포에는 부신피질자극세포(corticotroph), 갑상선자극세포(thyrotroph) 및 성선자극세포(gonadotroph)가 있다. 각 세포의 세포학적 특성은 표 2-3(Hadley, 2000)과 같다. 한편, 융기부에서는 3종류의 세포형이 구분되는데, 제1형세포는 LH와 FSH의 항체에 반응하는

표 2-3. 뇌하수체 원위부의 분비세포형

세 포 형	분비호르몬	염 색 반 응		분비과립직경
성장자극세포	GH(STH)	호 산 성	Orange G(+)	350(nm)
유선자극세포	PRL	호 산 성	Azocarmine(+)	600-900
부신피질자극세포	ACTH	호염기성	약한 PAS(+), AF(+)	200
성선자극세포	FSH/LH	호염기성	PAS(+), AF(-)	200
갑상선자극세포	TSH	호염기성	PAS(+), AF(-)	150

PAS: Periodic acid-Schiff AF: Aldehyde fuchisin

점으로 볼 때 성선자극세포로서의 기능을 가진 세포라고 생각된다(Baker 등, 1977). 제2형 세포는 350nm 정도의 세포질과립을 가지고 있으며, TSH에 대한 항체와 결합하는 사실로 볼 때 갑상선자극세포와 유사한 세포라고 추정되지만, 과립의 크기가 원위부에 위치하는 갑상선자극세포의 그것(150nm)보다 크다. 제3형세포는 원위부의 혐색소성세포와 비슷한 구조를 가진 입방형의 세포이다. 중간부의 세포는 기본적으로 멜라닌세포자극호르몬(MSH)를 분비하는 멜라닌세포자극세포(melanotroph) 한종류 뿐이며, 납헤마톡실린색소(pbH)에 염색된다. 신경엽은 시삭상핵(SON)과 실방핵(PVN)의 신경말단이 주로 분포되어 있고, 세포성분으로는 중추성교세포(中樞性膠細胞, pituicyte)가 있는데, 이 세포는 중추신경계통의 신경교세포(neuroglial cell)와 매우 유사하다.

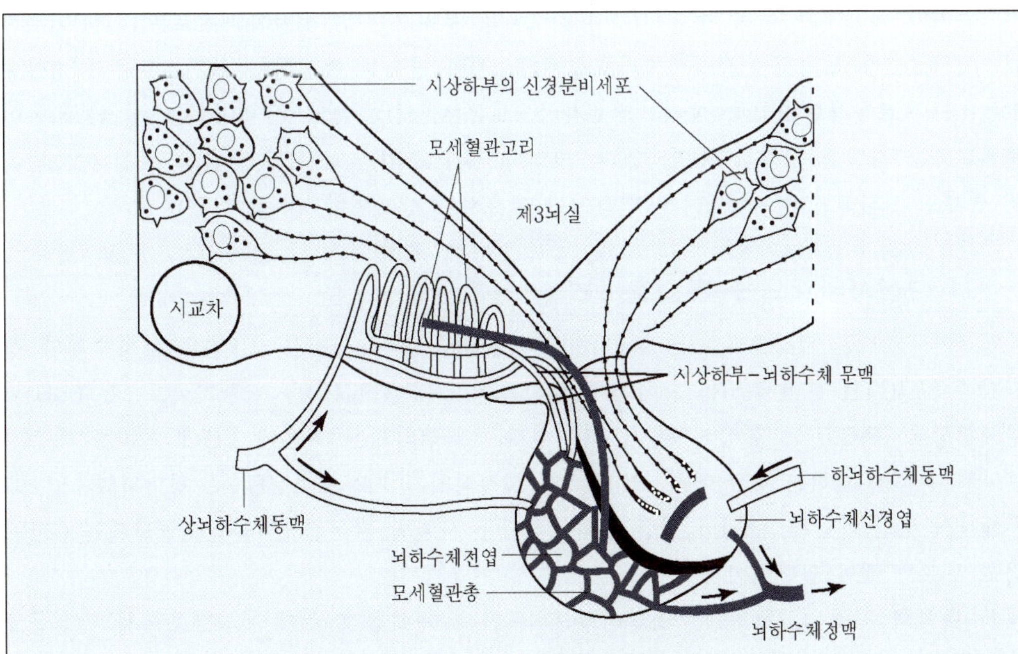

그림 2-12. 시상하부와 뇌하수체전엽의 혈관연결

뇌하수체에 대한 혈액의 공급은 상 및 하 뇌하수체동맥(superior and inferior hypophyseal artery)을 통하여 이루어진다. 내경동맥(內頸動脈, internal carotid artery)에서 분지된 상뇌하수체동맥은 시상하부의 정중융기(ME)에 도달하여 모세혈관고리(capillary loop)를 만들고, 이곳으로부터 시상하부-뇌하수체문맥(視床下部-腦下垂體門脈, hypothalamo-hypophyseal portal vessel)이 뻗어나 뇌하수체전엽의 융기부에 도달한 다음, 모세혈관총(毛細血管叢, capillary plexus)과 연결된다(그림 2-12; Lee, 2002c). 이와 같은 혈관의 구조는 시상하부-뇌하수체계(hypothalamo-hypophyseal system)를 형성하여 시상하부의 소형신경분비세포에서 분비되는 각종 선뇌하수체호르몬의 방출 및 억제 호르몬을 효과적으로 융기부로 운반하여 선뇌하수체호르몬의 분비를 조절하는 중요한 혈관의 통로이다. 또한, 원위부의 모세혈관총에서 시상하부로 뻗어난 한가닥의 정맥이 있어서 원위부를 통과한 혈액의 일부가 시상하부로 역행된다(Bergland & Page, 1975). 이 혈류를 타고 고농도의 뇌하수체호르몬이 시상하부에 도달되면 부의 단경로피드백기전이 유발된다. 한편, 뇌하수체의 신경엽은 하뇌하수체동맥으로부터 혈액을 공급받으며, 이에 따라 상뇌하수체동맥으로부터 혈액을 공급받는 선뇌하수체와는 독립된 혈액의 흐름이 유지된다.

2. 시상하부 호르몬

소형신경분비세포로 구성된 시상하부의 신경핵에서는 선뇌하수체호르몬의 합성·방출을 자극하거나 억제하는 여러 종류의 신경호르몬을 분비하는데, 성선자극호르몬(GTH)·부신피질자극호르몬(ACTH)·갑상선자극호르몬(TSH)의 방출을 촉진하는 신경호르몬과 성장호르몬(GH)·프롤락틴(PRL)·멜라닌세포자극호르몬(MSH)의 방출을 억제하는 신경호르몬이 분비된다는 사실은 명확히 증명되었다. 그러나, GH·PRL·MSH의 방출을 촉진하는 인자의 존재도 시사되고 있는데, 이에 대하여는 앞으로 구명하여야 할 점이 많다.

1) 성선자극호르몬 방출호르몬

성선자극호르몬 방출호르몬(gonadotropin-releasing hormone [GnRH])은 뇌하수체의 성선자극세포(GTH-분비세포)를 자극하여 성선자극호르몬(GTH), 즉 난포자극호르몬(FSH)과 황체형성호르몬(LH)의 합성·방출을 촉진한다. 이 펩티드는 처음에 LH의 분비를 촉진하는 생리기능이 밝혀지고, 이어서 그 구조가 결정되었기 때문에 LHRH로 명명되었지만, 그 후에 LH 뿐만 아니라, FSH의 방출도 자극한다는 사실이 밝혀짐에 따라 오늘날에는 GnRH라고 부르는 것이 일반적이다.

(1) 화학적 구조 : GnRH는 소형신경분비세포에 속하는 GnRH-합성세포에서 전전구호르몬(preprohormone)의 형태로 합성되고, 이것이 절단과정을 통하여 GnRH로 가공되는데, 먼저 전전구호르몬의 뒤쪽에 붙어있는 GnRH-관련펩티드(GnRH-associated peptide [GAP])

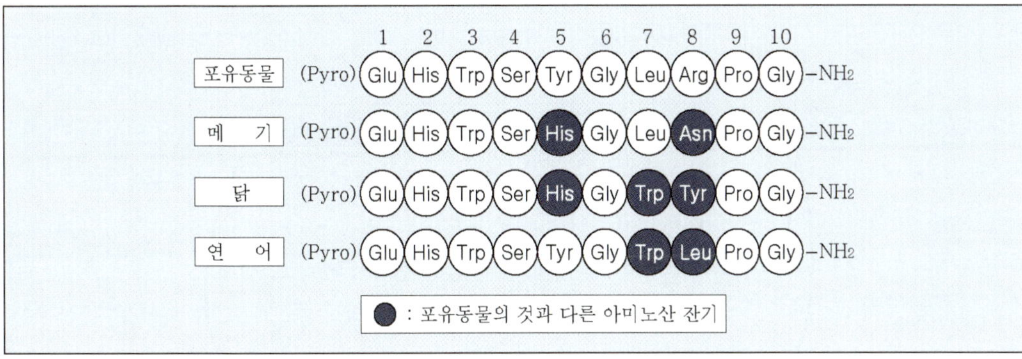

그림 2-13. 동물종에 따른 성선자극호르몬 방출호르몬의 일차구조

가 절단되어 전구호르몬(prohormone)이 되고, 이어서 앞쪽에 붙어있는 신호펩티드(signal peptide)가 절단되어 GnRH분자가 방출된다. 모든 포유동물의 GnRH는 10개의 아미노산 잔기로 구성된 데카펩티드(decapeptide)로서, 분자량은 1183이고, 반감기는 약 7분이며, 포유동물종 상호간의 분자구조도 같다. 또한, 척추동물 모두의 GnRH도 데카펩티드이며, 최소한 50% 이상의 아미노산 배열순서가 상호간에 일치한다(그림 2-13; Sherwood 등, 1993). 한편, 인공적으로 다수의 GnRH 유연물질(類緣物質, analogue)이 합성되었다. 합성 GnRH에는 두종류의 기본적 유연물질이 있는데, 그 하나는 길항적유연물질(antagonistic analogue)로서, 뇌하수체의 GnRH-수용체에 결합은 하지만, LH나 FSH의 방출을 유도하지 못한다. 다른 하나는 자극적유연물질(stimulatory analogue)로서, FSH나 LH를 방출시키는 작용이 천연GnRH보다 훨씬 크다. 따라서, 자극적유연물질은 배란을 유도하는데 사용된다. 그러나, 길항적유연물질은 GnRH-수용체에 결합하면서도 LH나 FSH의 방출을 유기하지 못할 뿐만 아니라, GnRH-수용체를 점유하여 천연GnRH의 작용도 방해함으로 배란을 억제한다.

(2) 분비의 조절 : GnRH의 분비는 시상하부-뇌하수체-성선축에 의하여 영위되는 피드백기전과 중추신경계에 입력되는 신경자극에 따라 분비되는 신경전달물질에 의하여 조절된다. GnRH의 방출을 조절하는 피드백기전은 성선에서 분비되는 성선스테로이드호르몬에 의하여 영위되는데, 여기에는 부(negative) 및 정(positive)의 피드백기전이 있다. 부의 피드백기전은 성선스테로이드호르몬이 지속적으로 GnRH를 방출하려는 시상하부의 지속성방출조절중추(tonic center; 그림 2-10 참조)에 작용하여 GnRH의 방출을 억제하는 기전이며, 이에 따라 뇌하수체의 GTH 방출도 억제된다. 이와 같이, GnRH와 GTH의 방출이 연속적으로 억제되면, GTH의 자극으로 분비되는 성선스테로이드호르몬의 분비도 감소되며, 이 결과로 부의 피드백기전이 해제되어 GnRH와 GTH의 분비가 다시 일어난다. 이러한 과정을 통하여 GTH의 지속성분비(tonic secretion)가 영위된다. 지속성분비는 부의 피드백기전이 작동과 해제를 반복하게 됨으로 분비수준이 시간경과에 따라 박동적으로 변경(circhoral ossillation)되는 양상을 나타낸다. 정의 피드백기전은 난소의 성숙난포에서 다량으로 분비

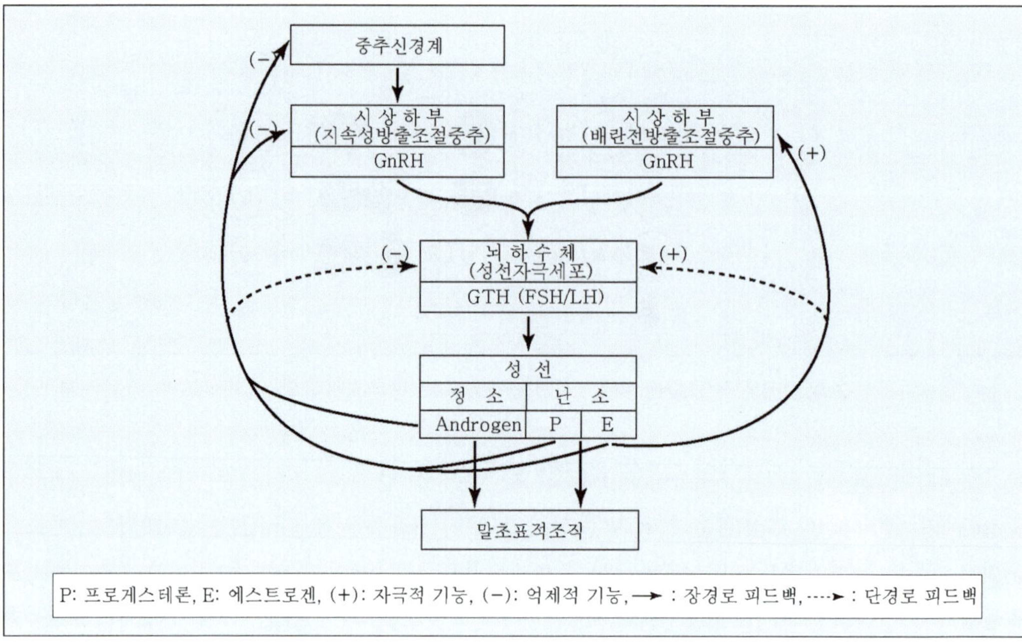

그림 2-14. 시상하부-뇌하수체-성선축의 내분비적 조절

되는 에스트로겐이 시상하부의 배란전방출조절중추(preovulatory center; 그림 2-10 참조)를 자극하여 일시에 다량의 GnRH를 방출시키는 기전으로서, 이에 따라 LH의 급격한 방출(LH-surge)이 일어나 배란을 유도한다(그림 2-14; Lee, 2002c). 또한, 환경변화와 같은 외인적자극이나 교미자극과 같은 내인적자극이 지각신경을 통하여 중추신경계에 전달되면 중추신경계는 신경전달물질을 방출하여 GnRH의 분비를 조절하고, 이에 따라 GTH의 분비가 조절된다. 시상하부 수준에서 GnRH의 분비를 조절하는 신경전달물질과 신경펩티드에는 norepinephrine · dopamine · acetylcholine · gamma-aminobutyric acid · glutamic acid · angiotensin Ⅱ · neuropeptide Y · serotonin 등이 있다(Martini 등, 1997).

(3) 생리작용 : GnRH는 시상하부의 신경분비세포에서 분비되어 시상하부-뇌하수체문맥을 타고 선뇌하수체에 도달된 다음, 성선자극세포(GTH-분비세포)를 자극하여 GTH(FSH와 LH)의 방출을 촉진할 뿐만 아니라, 이것들의 합성도 촉진하며, 더욱이 성선자극세포의 원형질막에 위치하는 GnRH-수용체의 수도 증가시킨다. GnRH가 뇌하수체의 GTH 분비를 지배한다는 사실은 수컷에서 GnRH에 대한 항체를 주사하면 정소가 위축되고, 암컷 래트에 대하여 발정전기의 오전에 GnRH-항(anti)혈청을 주사하면 당일 오후에 발현되어야 할 LH의 배란전급증이 일어나지 않고, 배란현상도 억제된다는 사실들로 증명된다. 더욱이, 래트에서 GnRH-항혈청을 투여하면 FSH와 LH의 수준이 함께 낮아지는 사실을 볼 때, 이들 두호르몬의 분비는 모두 GnRH에 의하여 지배된다는 것을 알 수 있다. 또한, 시상하부에서 일어나는 GnRH의 방출양식은 박동성(搏動性, pulsation)을 나타낸다. 따라서, 시상하부를

손상시킨 동물에 대하여 간헐적으로 GnRH를 투여하면 정상적인 FSH와 LH의 분비를 유기할 수 있지만, 균일하게 계속적으로 투여하면 GnRH의 자극에 대한 성선자극세포(GTH-분비세포)의 감도가 떨어지는 하향조절(下向調節, down regulation) 현상이 일어나 GTH가 정상적으로 분비되지 않는다. 한편, GnRH의 자극으로 분비되는 FSH와 LH는 화학적 구조가 서로 달라도 하나의 성선자극세포에서 두종류의 호르몬 모두가 분비된다. 더욱이, 어느 한종류의 호르몬 분비가 다른 호르몬의 분비에 앞서서 일어나는데, 이것은 호르몬을 분비하기 전에 성선자극세포가 GnRH에 의하여 받게 되는 자극의 형태에 따라 결정된다. 즉, GnRH가 성선자극세포에 주는 자극의 빈도가 FSH와 LH의 합성·분비에 대한 상대적 비율을 조절하는 주 요소이다. 빈도가 낮은 GnRH의 박동은 FSH의 선발적(先發的) 분비를 유도하고, 빈도가 높은 GnRH의 박동은 급격한 LH의 분비를 유발한다.

2) 갑상선자극호르몬 방출호르몬

갑상선자극호르몬 방출호르몬(thyrotropin-releasing hormone [TRH])은 선뇌하수체에서 갑상선자극호르몬(TSH)이 합성·방출되는 것을 자극하는 신경호르몬이다. TRH를 분비하는 신경분비세포는 시상하부 정중융기(ME)의 외측 중앙부에 가장 높은 밀도로 분포되어 있으며, 이곳으로부터 외측으로 이어진 뇌하수체병에서도 다수가 발견되고, 대뇌피질을 비롯한 뇌조직에도 광범위하게 분포되어 있다.

(1) 화학적 구조 : TRH는 글루타민산·히스티딘·프롤린 등 3개의 아미노산이 하나씩 순서대로 펩티드결합을 하여 형성된 직쇄상의 트리펩티드(tripeptide)이다. 그러나, 이들 3종류의 아미노산이 구조적 변화없이 안전한 분자상태로 결합된 것은 생리적 활성을 나타내지 못한다. 강력한 생리적 활성을 나타내는 천연TRH는 N-말단 아미노산인 글루타민산에서 농축반응이 일어나 아미노기가 제거되어 피로글루타민산이 되고, C-말단의 아미노산인 프롤린이 아미드화됨에 따라 아미노기($-NH_2$)가 부착된 Pyro-Glu-His-Pro-NH_2이다. 천연TRH의 분자량은 362이고, 반감기는 2~3분으로 매우 짧다. TRH가 시상하부의 신경분비세포에서 생합성되는 과정은 거대분자의 TRH-전구체로 합성된 다음, 절단과정을 통하여 TRH로 가공되는데, 하나의 전구체에서 5개의 TRH 분자가 생산된다(Lechman 등, 1986).

(2) 분비의 조절 : TRH의 합성·분비는 갑상선호르몬(thyroxine·triiodothyronine)에 의하여 영위되는 시상하부-뇌하수체계에 대한 부의 피드백기전에 의하여 조절된다. 그러나, 시상하부에서 TRH를 분비하는 신경분비세포는 뇌간, 전뇌 및 시상하부 주위의 뇌세포 등을 포함하는 중추신경계로부터 유래되는 자극적 또는 억제적 신경전달물질에 의하여도 그 분비기능이 조절된다. TRH의 분비를 조절하는 신경자극은 추위에의 노출·스트레스·금식·일주기의 변화 등을 들 수 있는데, 이들 자극에 반응하여 중추신경계에서 시상하부의 TRH분비를 조절하는 신경전달물질이 방출된다. 그러나, 신경전달물질에 의하여 TRH의 합성이 조절되는 경로는 매우 복잡하고 다양하다(King & Millar, 1995).

(3) 생리작용 : TRH의 일차적 생리작용은 선뇌하수체의 갑상선자극세포(TSH-분비세포)를 자극하여 TSH의 합성·방출을 유기하는 것이다. 그러나, TRH는 TSH 뿐만 아니라, PRL의 방출도 촉진한다는 사실이 사람·소·면양·래트 등을 대상으로 수행된 실험에서 밝혀졌다. 한편, 정상상태하에 있는 사람에서는 TRH가 TSH와 PRL의 분비를 촉진하고 다른 선뇌하수체호르몬의 분비에는 영향을 미치지 못한다. 그러나, 말단거대증 환자에서는 GH, 쿠싱병(Cushing's disease) 환자에서는 ACTH의 방출을 촉진한다.

3) 프롤락틴방출 억제인자

시상하부에서 프롤락틴방출 억제인자(prolactin release-inhibiting factor [PRIF])가 분비된다는 사실은 ① 사람이나 토끼에서 뇌하수체병을 절단하여 시상하부와 뇌하수체의 기능적 연관관계를 차단하면 유즙이 분비되고, ② 선뇌하수체를 시상하부 추출물을 첨가하지 않고 배양하면 다른 선뇌하수체호르몬의 함량은 감소되지만, PRL의 함량은 증가되며, ③ 선뇌하수체를 시상하부와 함께 배양하면 PRL의 분비가 저해된다는 사실 등으로 증명된다.

(1) 화학적 구조 : 시상하부에서 분비되는 PRIF는 신경전달물질인 도파민(dopamine)이라는 것이 밝혀졌다. 이것은 뇌하수체를 도파민과 함께 배양하거나, 도파민을 동물체에 주사하면 PRL의 분비가 억제되며, 강력한 도파민 유연물질을 장기간에 걸쳐 투여하면 PRL의 혈중농도가 90% 이상 낮아진다는 사실로 증명되었다. 도파민은 필수아미노산인 페닐알라닌의 환상구조가 수산화효소(hydroxylase)에 의하여 수산화되고, 탈카르복실효소(decarboxylase)에 의하여 카르복실기(-COOH)가 제거되는 탈카르복실화과정을 통하여 합성된다. 도파민은 그대로 방출되어 신경전달물질로 작동하는 외에도 부신수질과 같은 기관에서는 측쇄가 수산화되어 노르에피네프린(norepinephrine)으로 전환되며, 이 노르에피네프린은 N-말단이 메틸화되어 에피네프린으로 전환된다(그림 2-15). 돼지와 소에서는 도파민외에 감마아미노부티르산(gammaaminobutyric acid [GABA])도 PRIF로 작동한다.

(2) 분비의 조절 : 래트에 대하여 PRL을 시상하부의 정중융기(ME)에 주사하면, PRL의 분비가 감소될 뿐만 아니라, 시상하부의 도파민 함량이 증가되는데, 이것은 PRL이 시상하부의 도파민 분비를 단경로피드백기전으로 조절한다는 것을 증명한다. 그러나, PRL은 표적기관인 유선의 기능을 자극하지만, 유선에서는 자체의 호르몬을 분비하지 않기 때문에 장경로피드백기전은 성립되지 않는다. 또한, 에스트로겐은 시상하부의 TRH-분비세포를 직접 자극하여 TRH의 분비를 촉진할 뿐만 아니라, 중추신경계를 자극하여 세로토닌을 분비시키는데, 이것이 시상하부의 도파민(PRIF) 방출을 억제하는 동시에 TRH의 방출을 촉진하여 PRL의 방출을 유기한다. 특히, 임신말기에 태반에서 다량으로 분비되는 에스트로겐은 PRL의 급격한 방출을 유발하여 비유를 개시시킨다.

(3) 생리작용 : 도파민은 선뇌하수체의 유선자극세포(PRL-분비세포)에 작용하여 PRL의 합성·방출을 억제한다. 유선자극세포의 원형질막에는 다수의 도파민-수용체가 있으며, 여

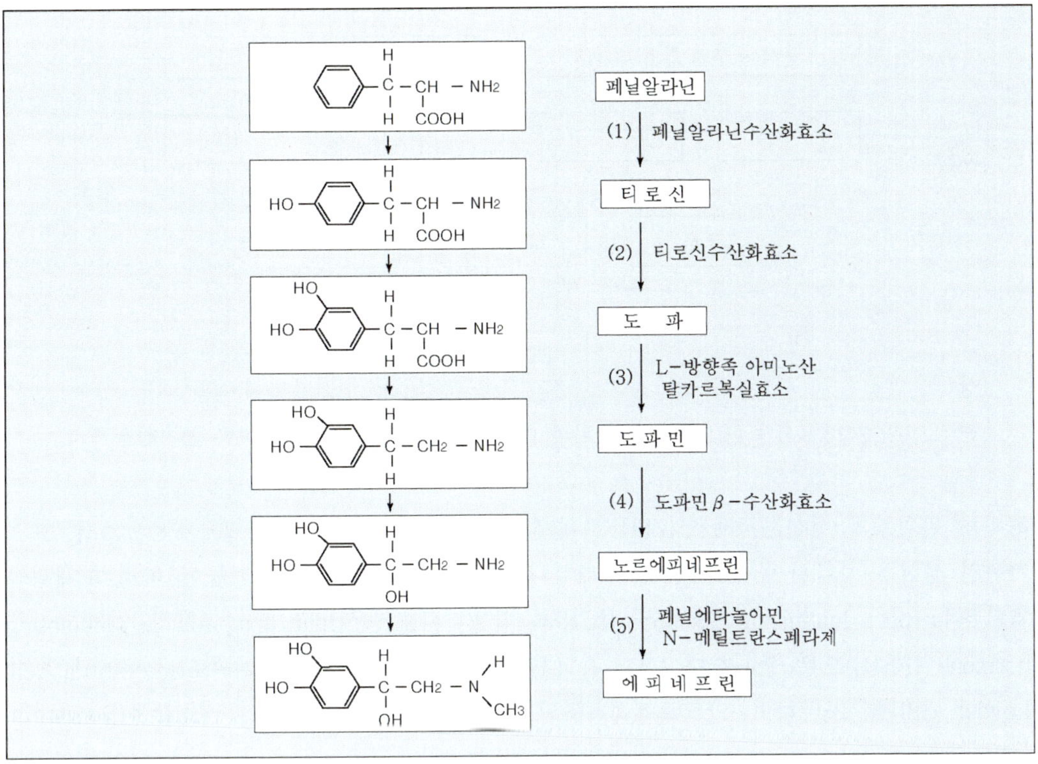

그림 2-15. 카테콜라민의 합성과정

기에 도파민이 결합되면 세포내 신호변환기전이 발동되어 PRL의 합성반응이 억제된다. 선뇌하수체에서 일어나는 PRL의 분비는 기본적으로 도파민작동성뉴론(dopaminergic neuron)에 의하여 발현되는 신경내분비적 반사작용에 의하여 일어난다. 이 반사작용은 주로 흡유자극에 의하여 유발되며, 동물의 종에 따라서는 스트레스·교미·배란전 신경신호와 같은 신경자극도 관여한다. 이러한 신경자극들이 시상하부에 전달되면 PRIF로 작동하는 도파민의 방출이 억제되며, 이에 따라 PRL이 합성·방출된다.

3. 선뇌하수체 호르몬

포유동물의 선뇌하수체에서는 여러 종류의 호르몬을 분비하여 다양한 생리작용을 발현하는데, 일부는 다른 내분비선의 호르몬 분비기능을 조절하는 자극호르몬(stimulating hormone)이고, 나머지는 조직세포에 직접 작용하여 세포의 생리기능을 조절하는 호르몬이다.

1) 성선자극호르몬

성선자극호르몬(gonadotropin [GTH])은 시상하부에서 분비되는 GnRH의 자극으로 선뇌

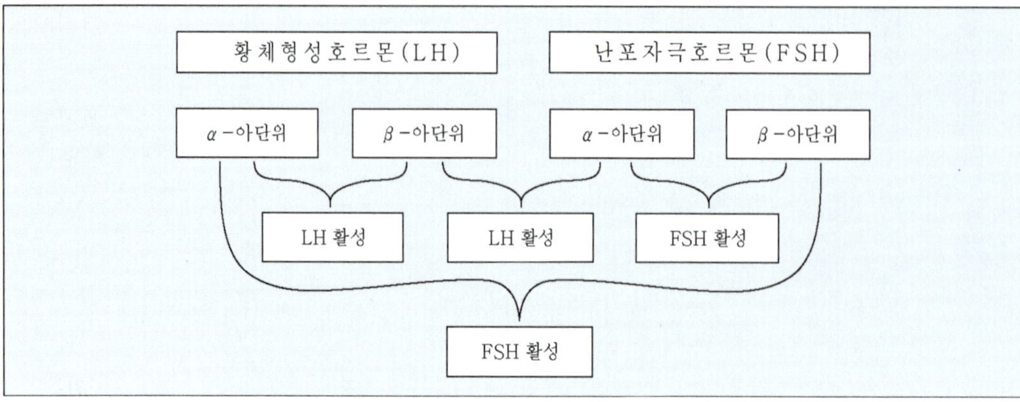

그림 2-16. LH와 FSH의 α-아단위와 β-아단위 상호간의 교잡에 따른 생리작용

하수체 원위부의 성선자극세포(GTH-분비세포)에서 분비되는 당단백질호르몬으로서, 표적기관인 성선을 자극하여 그 기능을 지배한다. GTH는 발현하는 생리기능에 따라 황체형성호르몬(lutropin, luteinizing hormone [LH])과 난포자극호르몬(follitropin, follicle stimulating hormone [FSH])으로 분류한다. 그러나, LH는 수컷의 정소에서 간질세포(interstitial cell, Leydig cell)를 자극하여 안드로겐의 분비를 촉진함으로 간질세포자극호르몬(interstitial cell stimulating hormone [ICSH])이라고도 부른다.

(1) 화학적 구조 : 성선자극호르몬, 즉 FSH와 LH는 모두 두종류의 서로 다른 폴리펩티드쇄, 즉 α-아단위와 β-아단위가 비공유결합의 형태로 결합되고, 각각의 아단위에 공유결합으로 탄수화물측쇄가 부착된 당단백질호르몬이다(Thotakura & Blithe, 1995; Hartree & Renwick, 1992). FSH의 분자량은 약 32,000으로서, 각 아단위의 분자량이 16,000정도이며, 반감기는 2.0~2.5시간이다. 그러나, LH의 분자량은 30,000정도이고, 반감기는 30분 정도로 FSH에 비하여 짧다. 성선자극호르몬의 α-아단위는 같은 동물종내에서 종류가 다른 호르몬간이나, 같은 호르몬에서 다른 종의 동물간에도 화학적 구조가 매우 유사하다. 그러나, β-아단위는 호르몬의 종류에 따라 아미노산의 잔기수나 배열순서가 다르며, 각각이 독특한 구조를 가진다(Bousfield 등, 1994). 이와 같은 구조적 특징이 각 호르몬의 생리적 특성을 나타내는 주체가 됨으로 β-아단위를 특수아단위(specific subunit)라고도 한다. 따라서, 어느 호르몬의 α-아단위에 다른 호르몬의 β-아단위를 결합시키면 β-아단위쪽 호르몬의 생리적 활성을 나타낸다. 실제로, LH의 α-아단위에 FSH의 β-아단위를 결합시키면 FSH의 기능을 나타낸다(그림 2-16; Lee, 2002c). 그러나, α-아단위와 β-아단위 각각이 독립적으로, 또는 같은 종류의 아단위 2개를 결합시킬 경우에는 생리적 활성을 나타내지 못한다.

FSH와 LH의 α-아단위는 사람의 경우 92개, 기타의 포유동물에서는 96개의 아미노산 잔기로 구성된 폴리텝티드쇄로서, 분자내에 10개의 시스테인(cysteine) 잔기가 있으며, 이것들이 5개의 이황화결합(disulfide bond)을 형성하여 α-아단위의 분자구조를 유지시킨다. 또한, α-아단위는 56번과 82번 위치의 아미노산인 아스파라긴(asparagine) 각각에 탄수화물측쇄가 부착되어 있는데, 이 탄수화물측쇄의 구조는 동물의 종에 따라 다르다. 그러나, β-아단위의 일차구조는 호르몬의 종류나 동물의 종에 따라 아미노산의 배열순서와 잔기수에 차이가 있는데, 아미노산의 잔기수는 FSH가 110~111개이고, LH는 117~121개이다(Hadley, 2000). β-아단위의 분자내에는 12개의 시스테인 잔기가 있어서 6개의 이황화결합을 형성하며, 이것들에 의하여 β-아단위의 삼차원구조가 유지된다. β-아단위에도 분자내에 탄수화물측쇄가 부착되어 있는데, 부착위치를 보면 FSH는 7번과 24번, LH는 13번(사람의 경우 30번)위치의 아미노산인 아스파라긴이다. 이와 같은 α- 및 β-아단위는 선뇌하수체 원위부의 성선자극세포(GTH-분비세포)에서 각각 별도의 mRNA에 의하여 독립적으로 합성되고, 분비직전에 두개의 아단위가 결합된다. 폴리펩티드쇄에 탄수화물측쇄가 부착되는 것은 골지장치의 조(槽, Golgi cisternae)에 함유되어 있는 글리코실트란스페라제(glycosyltransferase)의 작용으로 이루어진다.

한편, 성선자극호르몬에 함유된 탄수화물의 함량과 조성은 호르몬의 종류에 따라서, 또는 같은 종류의 호르몬이라도 동물의 종에 따라 매우 다르다. 예를 들면, 면양의 LH는 13%의 탄수화물이 함유된 반면에, 말의 LH는 24%로 월등히 높다. 또한, 사람·면양·소 등의 FSH에는 25% 정도의 탄수화물이 함유된 반면에, LH에는 12~16%의 탄수화물이 함유되어 있을 뿐이다(Sherwood & McShan, 1977). 탄수화물쇄는 D-mannose·D-galactose·L-fucose·N-acetylneuraminic acid·N-acetylglucosamine·N-acetylgalactosamine·sialic acid 등과 같은 단당류들이 서로 결합하여 다양한 과당류쇄(寡糖類鎖, oligosaccharide chain)를 만들고, 이것들이 모여서 복합다당류(heteropolysaccharide unit)를 형성한 다음, 탄수화물쇄의 N-아세틸글루코사민과 폴리펩티드쇄의 아스파라긴간에 결합(single acetylglucosaminylasparagine linkage)이 이루어진다. GTH의 α-아단위에 포함된 탄수화물쇄는 GTH가 생리작용을 발현하는데 매우 중요하다. α-아단위에서 탄수화물쇄의 완전한 상태는 표적세포에서 일어나는 수용체-신호변환(receptor-signal transduction)과정에 직·간접적으로 작용한다. GTH에서 70~75%의 탄수화물이 제거된 경우에는 표적세포의 수용체에는 결합하지만, 신호변환과정의 첫번째 단계인 아데닐레이트 사이클라제의 활성화를 일으키지 못한다. 따라서, 탄수화물이 제거된 oLH·oFSH·hCG 등은 표적세포의 수용체와 결합은 하더라도 생리작용을 발현하지 못함으로 천연GTH의 생리작용에 대하여 길항적으로 작용한다(Hadley, 2000). 또한, 탄수화물성분중의 시알산(sialic acid)은 혈액중에 들어 있는 단백질분해효소에 의한 폴리펩티드쇄의 분해를 방지하여 청소율을 감소시키며, 따라서 GTH의 생리적 활성을 유지시키는데 중요한 역할을 수행한다. 실제로, LH·FSH·hCG에 함유된 시알산의 잔기수는 각각 1~2·5·12개인데, 반감기는 각각 1.5·2·12시간으로 시알산의 잔기수에 비례한다(Niswender 등, 1974).

(2) 생리작용 : GTH는 명칭에서 보듯이 성선, 즉 암컷의 난소와 수컷의 정소를 자극하여 생식세포의 형성을 촉진하고, 아울러 성스테로이드호르몬의 분비를 자극한다.

① 난소에 대한 생리작용 : 난소에 GTH의 자극이 가해지면, ① 난포가 성장하고, ② 난포내에서 난모세포가 성숙하며, ③ 난포의 과립막세포에서 에스트로겐이 분비되고, ④ 난포가 완숙되어 배란이 일어나며, ⑤ 배란이 일어난 난포에서 황체가 형성되고, ⑥ 이 황체에서 프로게스테론이 분비되는 등의 생리작용이 연속적으로 일어난다. FSH는 난포를 자극하여 과립막세포의 증식, 난포액의 분비 및 난포강의 형성을 촉진함으로써 난포의 성장을 유발하며, 약간의 에스트로겐을 분비시킨다. 그러나, 난포가 그라아프난포까지 완전히 성숙하고, 다량의 에스트로겐을 분비하려면 LH의 협동작용이 필요하다. 또한, FSH는 난포의 과립막세포에 작용하여 FSH의 수용체 뿐만 아니라, LH의 수용체도 형성시키며, 아울러 성선스테로이드호르몬의 합성에 필요한 효소를 증가시킨다.

LH는 FSH의 자극으로 발달된 난포의 내협막세포를 자극하여 테스토스테론의 합성을 자극하며, 이 테스토스테론은 난포의 과립막세포로 이행된 다음, FSH의 자극으로 에스트로겐으로 전환된다. 이러한 과정을 통하여 성숙난포에서는 다량의 에스트로겐이 분비되는데, 실제로 난포가 성숙된 배란 3일전에는 에스트로겐의 혈중농도가 급격히 증가된다. 이 에스트로겐은 뇌하수체에 대한 정의 피드백기전으로 LH의 급증을 유발하며, 급증된 LH는 난포를 파열시켜 배란을 일으키고, 배란된 난포의 과립막세포와 내협막세포를 자극하여 황체세포로 전환시켜 황체를 형성한다. 그러나, LH가 황체를 성공적으로 형성시키려면 발정주기의 난포기에 FSH에 의하여 과립막세포가 충분히 분열·증식되고, 이 과립막세포의 원형질막에 LH의 수용체가 충분히 형성되어야만 한다. 한편, GTH는 수정란이식에 쓰이는 난자를 얻기 위한 다배란의 유기나 무배란성 불임의 치료에 이용된다.

② 정소에 대한 생리작용 : 정소에 대한 GTH의 생리작용은 ① 안드로겐의 분비를 촉진하고, ② 정자형성을 자극하며, ③ 안드로겐-결합단백질(ABP)의 합성을 촉진한다. LH는 정소의 간질세포를 자극하여 테스토스테론의 합성을 촉진하는데, 이 생리작용은 cAMP의 매개하에 발현된다. 그러나, LH가 간질세포를 충분히 자극하기 위해서는 FSH에 의하여 간질세포의 원형질막에 다수의 LH-수용체가 형성되어 있어야만 한다. 간질세포에서 분비되는 테스토스테론은 정소의 곡세정관속으로 이행되어 정자형성과정을 자극한다. 따라서, LH가 간접적으로 정자의 형성에 영향을 미친다고 할 수 있다.

FSH는 정소의 곡세정관내에 있는 배아세포(胚芽細胞, germ cell)의 분화를 촉진하며, 정자형성과정도 자극하여 정모세포까지의 발생과정을 촉진한다. 그러나, 이후에 일어나는 정자형성과정의 후반부는 테스토스테론에 의하여 지배된다. 또한, FSH는 지지세포(Sertoli cell)에 부착되어 있는 정자세포의 합포체로부터 개개의 정자가 방출되는 정자의 유리과정을 지배한다. 그리고, 지지세포를 직접 자극하여 ABP와 인히빈의 분비를 촉진한다. ABP는 간질세포에서 합성되어 곡세정관으로 넘어온 테스토스테론과 결합하여 곡세정관내의 테스토스테론 농도를 높게 유지시킴으로써 정자형성과정이 원활하게 진행될 수 있도록 한다. 인히빈은 시상하부-뇌하수체축에 대한 부의 피드백기전으로 FSH의 분비를 억제한다.

2) 프롤락틴

프롤락틴(prolactin [PRL])은 선뇌하수체 원위부의 유선자극세포(PRL-분비세포)에서 분비되는 단순단백질호르몬이다. PRL은 뇌하수체전엽의 추출물이 토끼에서 유즙의 분비를 유기하고, 비둘기의 소낭선(嗉囊腺)을 자극하여 소낭유를 분비시킨다는 사실이 증명된 이래, 다양한 생리기능이 밝혀짐에 따라 그 명칭도 매우 다양(lactogenic hormone · mammotropin · galactin · lactogen · luteotropin)하지만, 오늘날에는 프롤락틴이라고 부르는 것이 일반적이다.

(1) 화학적 구조 : 사람을 비롯한 면양 · 소 · 돼지 등의 뇌하수체에서 PRL을 순수하게 단리(單離)하였는데, 면양의 뇌하수체 1kg에서 약 4g의 PRL을 추출할 수 있다(Li, 1974). PRL의 분자량은 24,000정도이고, 198개의 아미노산 잔기로 구성된 단일폴리펩티드쇄이며, 4번과 11번, 58번과 173번, 190번과 198번 사이의 아미노산 잔기(cysteine)간에 3개의 이황화결합을 가지고 있어서 환상의 구조를 나타낸다. 한편, 사람의 혈중에 포함된 PRL은 분자량이 23,000인 단량체와 48,000~56,000인 이량체가 존재하는데, 이러한 구조적 차이가 생리적 활성에 어떠한 차이를 나타내는 지는 아직까지 밝혀지지 않았다. 그러나, 분자량이 큰 것은 수용체와 결합하는 친화력이 낮다. 단량체의 PRL은 다시 분자량이 8,000 및 16,000인 두종류의 펩티드로 절단되는데, 이것들이 유선세포의 분열을 촉진하는 것으로 보인다(Min 등, 1999).

(2) 생리작용 : PRL에 의하여 발현되는 생리작용에 관한 기존의 연구결과들을 종합한 Nicoll(1974)의 보고를 보면, 이미 밝혀진 생리작용 134가지를 ① 번식과 모성행동에 관련된 작용, ② 피부를 비롯한 외배엽성기관에 대한 작용, ③ 삼투압조절과 관련된 작용, ④ 체성장과 관련된 작용, ⑤ 지방 · 탄수화물 · 에너지의 대사와 관련된 작용 등이 5개부분으로 나누어 기술하였다. 이와 같이, PRL은 다양한 기능을 가지지만, 동물의 종에 따라 발현되는 생리작용은 커다란 차이가 있고, 더욱이 같은 종에서도 매우 다채롭다. 그러나, 수분과 전해질의 대사에 영향을 미쳐 삼투압을 조절하는 작용과 어떠한 형태로든 새끼의 양육에 관여하는 작용은 모든 동물에서 나타내는 공통적인 생리작용이다. 또한, 포유동물의 PRL은 모든 척추동물에 대하여 유효한 생리작용을 발현하지만, 동물분류학상 하위에 있는 동물의 PRL은 상위의 동물에 대하여 생리작용을 나타내지 못한다.

포유동물에서 PRL은 유선의 분비상피세포(分泌上皮細胞, secretory epithelial cell)를 자극하여 유즙의 합성능력을 획득시킨다. 래트와 마우스에서 보면, 임신말기부터 분만기에 걸쳐 PRL의 분비가 급격하게 증가되며, 이 PRL은 분비상피세포의 원형질막에 위치하는 PRL-수용체와 결합하여 분비상피세포를 자극함으로써 비유를 개시시킨다. 임신말기에 황체가 퇴행됨에 따라 프로게스테론의 혈중농도가 현저히 낮아진 상태에서 다량으로 분비된 당질코르티코이드(glucocorticoid)는 분비상피세포의 원형질막에 위치하는 PRL-수용체의 수를 증가시켜 PRL이 효과적으로 생리작용을 발현할 수 있는 조건을 만들어 준다. 그러나, PRL 단독으로는 비유를 유발하기가 어려우며, 실제로 *in vitro* 실험에서 래트·마우스·소·면양 등과 같은 동물은 비유의 개시에 PRL 뿐만 아니라, 당질코르티코이드와 인슐린이 필요하다는 것이 증명되었다. 일단 개시된 비유를 유지시키기 위한 PRL의 필요 정도도 동물의 종에 따라 달라서, 소와 산양에서는 그 필요성이 적지만, 토끼와 래트에서는 절대적이다. 사람에서 높은 농도의 PRL은 유즙의 분비를 과다하게 하고, 월경을 억제하는 유즙분비과다-무월경증(乳汁分泌過多-無月經症, galactorrhea-amenorrhea syndrome)을 유발한다. 그러나, 소나 면양과 같은 동물에서는 PRL의 수준에 따라 번식기능이 억제되는 경우는 없다.

설치류와 같은 포유동물에서는 PRL이 황체자극활성(黃體刺戟活性, luteotropic activity)을 가지고 있어서 프로게스테론의 합성과 분비를 자극한다. 이러한 기능은 PRL 단독으로는 수행하지 못하고, FSH나 LH의 도움이 필요한데, 래트와 마우스에서는 FSH, 햄스터에서는 LH가 그 역할을 수행한다(Sherwood & McShan, 1977). 그러나, 영장류와 체격이 큰 동물에서는 PRL의 황체자극기능이 증명되지 않았다. 한편, PRL은 정소의 기능조절에도 관여한다는 것이 시사되고 있다. 즉, 뇌하수체를 적출한 성숙 래트는 정소 간질세포(Leydig cell)의 LH-수용체가 감소되어 정소의 LH에 대한 반응이 소실되며, 뇌하수체에서 PRL의 방출을 억제하여도 LH-수용체가 소실되는 점으로 볼 때, PRL은 LH-수용체의 유지에 필수적인 것으로 보인다(Hadley, 2000). 또한, PRL은 테스토스테론의 전처리를 받은 전립선의 발달을 촉진한다. 이 외에도 모든 포유동물에서 피부에 부속된 땀샘을 발달시킬 뿐만 아니라, 털의 성숙도 촉진하며, 수토끼에서는 교미욕을 감퇴시킨다. 다태동물에서는 모성행동(母性行動)을 유발하여 새끼의 보금자리를 만들게 한다. 또한, PRL은 체성장을 자극하는 동시에, 지방·탄수화물·에너지의 대사에도 영향을 미친다.

조류에서도 PRL은 모성행동을 유발하는데, 비둘기는 수컷에서도 모성행동이 유발된다. 비둘기는 알을 부화할 때부터 암·수컷 모두에서 PRL의 작용으로 소낭의 점막상피가 증식·비후되고, 여기에 지방이 축적된 다음, 그 표면이 변성·박리되어 소낭유를 만들고, 이것을 토해내어 어린 새끼에 먹인다. 또한, 조류의 포란행위도 유발한다. 이 외에도 스테로이드호르몬과 공동작용으로 자성생식도관의 성장을 촉진할 뿐만 아니라, 깃털과 내장의 성장도 자극한다.

양서류에서는 PRL의 주된 생리작용이 수분과 전해질의 균형을 조절하는 기능이지만, 유생형(幼生型)을 유지시키는 작용도 있다. 또한, 영원(蠑螈, *diernyctylus viridescens*, 도룡뇽의 일종)은 육지에서 살다가 물가로 다시 돌아가 수생(水生)으로 되는데, PRL이 그 원인물질이다. 어류의 PRL은 피부선으로부터 점액성물질의 분비를 촉진하며, 이 물질은 부화된 치어의 먹이가 된다. 어류에서 PRL이 가지는 수분과 전해질의 대사에 관한 작용은 담수어의 생명유지를 위한 삼투압의 조절에 매우 중요하다.

3) 기타의 선뇌하수체호르몬

선뇌하수체에서는 성선자극호르몬과 프롤락틴 외에도 신체의 대사기능을 조절하면서 번식기능에도 간접적으로 영향을 미치는 성장호르몬 · 갑상선자극호르몬 · 부신피질자극호르몬 등도 분비된다.

(1) 성장호르몬 : 선뇌하수체 원위부의 성장자극세포(GH-분비세포)에서 분비되는 성장호르몬(growth hormone [GH])은 단일폴리펩티드쇄이다. 사람을 비롯한 포유류 대부분의 GH는 191개의 아미노산 잔기로 구성되고, 53번과 165번, 그리고 182번과 189번 아미노산(cysteine) 사이에 이황화결합이 형성되어 환상(loop)의 구조를 나타낸다. GH의 분자량은 모든 동물종에서 비교적 균일하여 22,000정도이지만, 등전점은 동물종에 따라 변이의 폭이 커서 사람에서는 4.9이고, 소와 면양에서는 6.8이다(Turner & Bagnara, 1976).

GH는 신체 각 부위의 성장을 조절하는 중요한 역할을 수행하는데, 이를 발현하는 기전은 비교적 소상하게 밝혀졌다(Aarskog 등, 1997). 동물체에서 성장기에 GH의 분비가 부족하면 체성장이 저해되어 왜소증(矮小症, dwarfism)이 되고, 분비가 과잉되면 거대증(巨大症, giantism)이 되며, 체성장이 완료된 후에 과다하게 분비되면 말단거대증(末端巨大症, acromegaly)이 유발된다. GH가 성장을 자극하는 생리작용을 발현하는 기전은 GH 자체가 표적세포에 직접작용하여 생리기능을 조절하는 직접경로와 GH의 자극을 받은 표적조직의 특정세포(특히 간[肝]세포)가 소마토메딘(somatomedin, IGF-1)을 생산하고, 이 소마토메딘이 생리작용을 발현하는 간접경로가 있다. GH가 직접경로를 통하여 발현하는 생리기능은 인슐린(insulin)의 작용에 길항하여 혈중 글루코오스의 농도를 상승시키는 작용이다. 이 작용은 ① 체세포의 인슐린-수용체를 감소시켜 글루코오스의 이용률을 저하시키고, ② 탄수화물의 이화작용을 촉진함으로써 글루코오스의 생성을 증가시키며, ③ 지방세포에 축적된 지방을 유리지방산과 글리세롤로 분해시켜 글루코오스 생성의 기질을 증가시키는 등의 수단을 통하여 발현된다. 한편, 소마토메딘을 통하여 발현되는 간접경로에 의해서는 ① 골격의 발육, ② 근육조직에서의 단백질 합성, ③ 지방세포의 지방합성, ④ 결합조직의 발달 등과 같이 체성장과 직접적으로 관련되는 생리현상이 조절된다. 이와 같이, GH는 체성장과 영양소의 대사에 매우 중요하게 작동하는 호르몬이기 때문에 GH의 분비에 이상이 초래되면 정상적인 생명현상을 영위할 수 없고, 이에 따라 번식기능도 정상적으로 유지되기 어렵다.

(2) 갑상선자극호르몬 : 선뇌하수체 원위부의 갑상선자극세포(TSH-분비세포)에서 합성 · 분비되는 갑상선자극호르몬(thyrotropin, [TSH])은 FSH나 LH와 구조적으로 같은 계열에 속하는 당단백질호르몬이다. TSH는 서로 다른 두개의 폴리펩티드쇄, 즉 α-아단위와 β-아단위가 비공유결합의 형식으로 결합된 폴리펩티드쇄에 탄수화물측쇄가 부착된 구조이다. 소의 경우, 폴리펩티드를 구성하는 아미노산의 잔기수와 탄수화물측쇄의 수는 α-아단위에서 96개와 2개이고, β-아단위는 113개와 1개이다. 소의 TSH는 분자량이 28,000이고, 반감기는 50분 정도이다.

TSH는 갑상선(thyroid gland)을 자극하여 티록신(thyroxine [T_4])이나 트리요오드티로닌(triiodothyronine [T_3])과 같은 갑상선호르몬의 분비를 촉진한다. 이러한 갑상선호르몬은 동물의 기초대사율(基礎代謝率, basal metabolic rate)을 조절하고, 전해질과 수분의 평형을 조절하며, 각종 영양소의 대사작용도 조절한다. 한편, 생식기능도 갑상선의 기능에 따라 영향을 받는데, 수컷에서 갑상선의 기능이 저하되면 정소의 정자형성기능은 유지되지만, 안드로겐의 분비가 매우 낮아져 부생식기관의 발달이 저해된다. 암컷에서도 갑상선기능이 저하되면 난소의 중량이 감소되고, 발정주기가 매우 불규칙하게 된다(Lee 등, 1968). 그러나, 대부분의 동물에서 갑상선을 적출하여도 번식은 가능하지만, 생식능력이 떨어진다.

(3) 부신피질자극호르몬 : 시상하부에서 분비되는 부신피질자극호르몬 방출호르몬(CRH)의 자극을 받아 선뇌하수체 원위부의 부신피질자극세포(ACTH-분비세포)에서 합성·방출되는 부신피질자극호르몬(adrenocorticotropin [ACTH])는 단일분자로 합성되는 것이 아니고, 여러 호르몬의 공동전구체인 거대분자의 프로오피오멜라노코르틴(proopiomelanocortin [POMC]; 241개의 아미노산 잔기로 구성됨)으로 합성된 다음, 이것의 일부분이 절단·가공 과정을 통하여 ACTH가 된다. ACTH는 소·면양·돼지·사람 등 많은 동물의 선뇌하수체에서 순수하게 단리(單離)할 수 있으며, 화학적 구조는 39개의 아미노산 잔기로 구성된 직쇄상의 폴리펩티드이다. ACTH의 분자량은 4,500 정도이고, 생리적 반감기는 25분 내외이며, 분자내에서 생리적 활성을 나타내는 부분은 N-말단으로부터 20번까지의 아미노산 부분이다(Hofman, 1962). ACTH는 부신피질(副腎皮質, adrenal cortex)을 자극하여 당질코르티코이드(glucocorticoid)의 합성·방출을 촉진하는데, 이것은 글루코오스의 대사를 조절하는 매우 중요한 생리작용을 한다. 한편, 태아의 뇌하수체에서 분비되는 ACTH는 분만의 개시에 중요한 역할을 한다.

4. 신경뇌하수체 호르몬

신경뇌하수체(神經腦下垂體, neurohypophysis)는 자체의 세포성분이 매우 적고, 시상하부의 시삭상핵(視索上核, supraoptic nucleus [SON])과 실방핵(室傍核, paraventricular nucleus [PVN])을 구성하는 대형신경분비세포에서 뻗어난 수 많은(사람의 경우 약 10만개) 무수신경섬유(축삭)들이 모여서 시상하부-뇌하수체로(視床下部-腦下垂體路, hypothalamo-hypophyseal tract)를 형성하여 누두경을 통과한 다음, 그 종말이 신경뇌하수체의 신경엽(神經葉, neural lobe)에 도달되어 분포한다. 이와 같은 해부학적 구조는 신경뇌하수체(신경엽)가 자체적으로 호르몬을 합성하는 것이 아니고, 중추신경계의 지배를 받는 시상하부의 대형신경분비세포에서 합성된 호르몬이 시상하부-뇌하수체로(축삭의 다발)를 통하여 신경뇌하수체에 이르고, 이곳에 잠시 저장되었다가 혈류중으로 방출되는데 매우 효과적인 구조이다. 한편, 신경뇌하수체 호르몬인 옥시토신과 바소프레신의 분리·정제와 이화학적 성질은 1953년 du

표 2-4. 신경뇌하수체 호르몬의 일차구조

호 르 몬 명	아미노산잔기의 배열순서
선조형 분자	1 2 3 4 5 6 7 8 9 Cys-Tyr- X - X -Asn-Cys-Pro- X -Gly-NH_2
Oxytocin	1 2 3 4 5 6 7 8 9 Cys-Tyr-Ile-Gln-Asn-Cys-Pro-Leu-Gly-NH_2
Arginine vasopressin	1 2 3 4 5 6 7 8 9 Cys-Tyr-Phe-Gln-Asn-Cys-Pro-Arg-Gly-NH_2
Lysine vasopressin	1 2 3 4 5 6 7 8 9 Cys-Tyr-Phe-Gln-Asn-Cys-Pro-Lys-Gly-NH_2
Arginine vasotocin	1 2 3 4 5 6 7 8 9 Cys-Tyr-Ile-Gln-Asn-Cys-Pro-Arg-Gly-NH_2
Mesotocin	1 2 3 4 5 6 7 8 9 Cys-Tyr-Ile-Gln-Asn-Cys-Pro-Ile-Gly-NH_2
Phenypressin	1 2 3 4 5 6 7 8 9 Cys-Phe-Phe-Gln-Asn-Cys-Pro-Arg-Gly-NH_2

청색글자: 옥시토신과 다른 아미노산

Vigneaud 등(1953a, 1953b)에 의하여 구명되었는데, 그는 이 연구업적으로 1955년에 노벨상을 받았다.

1) 옥시토신

포유동물에서 옥시토신(oxytocin [OT])은 유선에서 유즙을 배출시키는 기능과 분만시에 자궁근을 수축시켜 태아를 만출시키는 기능을 수행한다(Evans, 1997). 이와 같이, OT는 성숙한 암컷에서 번식주기중의 특정한 시기에 한하여 생리작용을 발현하지만, 수컷에서는 특기할만한 기능이 없다.

(1) 화학적 구조 : OT는 9개의 아미노산 잔기로 구성된 노나펩티드(nonapeptide)로서, 1번과 6번 아미노산인 시스테인이 이황화결합을 하여 시스틴으로 전환되면서 고리를 형성하고, 나머지 3개의 아미노산은 직쇄상의 측쇄가 된다. 이와 같은 구조적 특징은 모든 신경뇌하수체호르몬에서 공통적인 것이며, 다만 몇 곳의 아미노산이 호르몬에 따라 다를 뿐이다. 기본적으로 신경뇌하수체호르몬은 선조형분자의 3번·4번·8번 아미노산에서 호르몬에 따른 변이를 나타내는 구조적 특징을 가진다(표 2-4; Lee, 2002c). OT의 분자량은 1,007이고, 알칼리쪽에 등전점이 있는 약염기성 펩티드이다.

(2) 생리작용 : 유두(乳頭)에 흡유자극이 가해지면 뇌하수체 신경엽에서 OT가 방출되고, 이 OT는 유선으로 이행되어 유즙의 유하(milk let-down)를 유발한다. 즉, 흡유자극에 의하

여 유두에 분포된 지각신경의 말단이 자극됨에 따라 발생된 신경충동(neural impluse)이 지각신경을 타고 척수로 들어간 다음, 척수시상로(脊髓視床路, spinothalamic tract)를 경유하여 중뇌(中腦, mesencephalon)로 상행되고, 이어서 간뇌경로(間腦經路, diencephalic route)를 통하여 시상하부에 이르러 OT의 분비를 자극한다. 젖소와 같은 동물에서는 흡유자극 외에 시각적 및 청각적 자극도 중추신경계를 경유하여 OT의 분비를 유발한다. 이러한 과정을 통하여 분비된 OT는 혈액순환계를 타고 유선에 도달하여 유선포(乳腺胞)의 외벽에 위치하는 근상피세포(筋上皮細胞, myoepithelial cell)를 수축시키고, 이에 따라 유선포의 내압이 상승되어 유즙이 배출된다.

한편, 분만시에는 태아가 자궁경에 물리적인 자극을 가하고, 이 자극이 신경계를 경유하여 시상하부에 이르면 OT가 분비되며, 분비된 OT는 자궁근을 강하게 수축시켜 진통을 유발하면서 태아의 만출과 후산을 유도한다. 그러나, 임신한 동물의 순환혈액에서 전 임신기간을 통하여 OT가 검출되고, 특히 젖소에서는 임신기간에도 유즙의 유하에 필요한 OT가 분비되는데, OT에 의한 자궁근의 수축은 오직 분만기의 마지막 단계에서만 일어난다. 이러한 현상은 OT에 의한 자궁근의 수축이 에스트로겐과 프로게스테론의 혈중농도와 밀접한 상관관계가 있기 때문이다. 즉, 에스트로겐은 자궁근의 OT-수용체 수와 OT에 대한 감수성을 급격하게 증대시키는 반면에, 프로게스테론은 이것들을 감소시킨다. 따라서, 분만기에는 태반에서 다량으로 분비되는 에스트로겐에 의하여 자궁근섬유의 OT-수용체가 급격히 증가되어 OT에 의한 자궁근의 수축이 강력하게 일어난다. 그러나, 임신기에는 프로게스테론에 의하여 OT-수용체가 감소됨으로 자궁근은 수축하지 않는다. 또한, 암·수컷 모두에서 성적자극이 가해지면 이 자극이 지각신경을 통하여 OT의 분비를 촉진하는데, 사람의 경우 성적자극이 최성기(orgasm)에 도달되거나(여자), 사정이 일어날 때(남자) 아주 유의하게 증가된다(Evans, 1997). 이 때, 다량으로 방출된 OT는 암컷에서는 자궁과 질의 평활근을 수축시키고, 수컷에서는 사정과 관련된 생식도관의 평활근섬유를 수축시킴으로써 정자와 난자의 수송을 원활하게 한다. 한편, 반추동물에서 분만기에 다량으로 방출되는 OT는 자궁에서 프로스타글란딘(PG)이 다량으로 분비되도록 자극하고, 이 PG가 황체를 퇴행시킨다. 그러나, 자궁에 배가 존재할 경우에는 배에 의하여 영위되는 인접분비기전에 의하여 자궁의 OT-수용체가 소멸되고, 이에 따라 OT에 의한 PG의 합성이 일어나지 않는다. 또한, 뇌내의 여러 곳에서도 OT가 방출되는데(Pedersen & Prange, 1985), 이 OT는 어미가 새끼를 양육하는데 필수적인 모성행동을 발현시킨다. 실제로, 정상적인 처녀래트에 대하여 외측뇌실에 OT를 주입하면 정상적인 모성행동이 발현되지만, 생리적 식염수를 주입하면 그렇지 않다.

2) 바소프레신

바소프레신(vasopressin [VP])은 매우 다양한 생리작용을 발현하지만, 가장 중요한 기능은 생체의 수분평형을 조절하여 체액의 삼투압을 일정하게 유지시키는 기능과 특정한 평활근섬유를 자극하여 수축시키는 기능이다.

(1) 화학적 구조 : VP도 OT와 같이 9개의 아미노산 잔기로 구성된 노나펩티드로서, OT의 3번과 8번 아미노산만이 다른 아미노산으로 대체되어 있다. 즉, 포유동물에서 OT의 3번 아미노산인 이소류신이 페닐알라닌으로 대체되었고, 8번 아미노산인 류신은 대부분의 포유동물에서 아르기닌으로 대체된 반면에, 돼지와 같은 우제목 비반추류에서는 라이신으로 대체되었다. 따라서, 전자를 아르기닌바소프레신(AVP)이라 하고, 후자를 라이신바소프레신(LVP)이라고 한다. AVP는 항이뇨작용(抗利尿作用, antidiuresis)을 나타내기 때문에 항이뇨호르몬(antidiuretic hormone [ADH])이라고도 한다. VP의 분자량은 AVP가 1,084이고, LVP는 1,056이다.

(2) 생리작용 : AVP는 수분의 통과가 비교적 자유롭지 못한 반응성 상피조직, 특히 포유동물 신장의 세뇨관과 양서류의 피부 및 방광을 구성하는 상피를 자극하여 수분과 NaCl의 이동을 촉진하는 작용이 있다. 체액의 삼투질농도(滲透質濃度, osmolality)가 감소되면 AVP의 수준이 낮아지고, 이에 따라 저장성뇨(低張性尿, hypotonic urine)를 통한 수분의 배출이 일어나 체액의 삼투질농도를 높인다. 반면에, 체액의 삼투질농도가 높아지면 AVP의 급격한 방출이 일어나 원위세뇨관에서 수분이 재흡수되어 오줌이 농축되는 항이뇨작용이 발현됨에 따라 고장성뇨(高張性尿, hypertonic urine)가 배출된다. 이 때, 오줌에서 흡수된 수분에 의하여 체액의 삼투질이 희석됨으로 삼투질농도는 낮아진다. 이와 같이, 체액의 삼투질농도에 따라 AVP의 분비가 조절되고, 이에 의하여 수분과 전해질의 균형이 유지됨으로 체액의 삼투압이 일정하게 조절된다.

원위세뇨관에서 일어나는 수분의 재흡수과정은 ① AVP가 세뇨관상피의 원형질막에 위치하는 V_2-수용체와 결합하고, ② 이에 따라 아데닐레이트 사이클라제가 활성화되어 ATP를 cAMP로 전환시키며, ③ cAMP는 단백질키나제를 활성화시키고, ④ 단백질키나제는 미세소관의 구성단백질인 튜불린(tubulin)의 인산화를 촉매하며, ⑤ 인산화된 튜불린은 서로 중합되어 미세소관을 만들고, ⑥ 미세소관은 세뇨관 상피세포에서 오줌과 접촉되는 쪽의 원형질막에 끼워져 수분의 재흡수통로를 만들며, ⑦ 이 통로를 통하여 오줌의 수분이 확산과정을 통하여 재흡수된다. AVP의 분비가 부족되면 원위세뇨관에서 수분의 재흡수가 일어나지 않아서 저장성뇨가 다량으로 배출되는 요붕증(尿崩症, diabetes insipidus)이 발생된다. 또한, AVP는 특정한 혈관의 평할근섬유에 존재하는 V_1-수용체와 결합하여 수축시키며, 이에 따라 혈압이 상승된다.

3) 바소토신

바소토신(vasotocin [VT])은 메소토신(mesotocin [MT])과 함께 조류·어류·양서류·파충류 등에서 볼 수 있는 신경뇌하수체호르몬이다.

(1) 화학적 구조 : VT도 OT나 VP와 같이 9개의 아미노산 잔기로 구성된 노나펩티드로서, OT와 비교하면 OT의 8번 아미노산인 류신이 아르기닌으로 대체되어 1개의 아미노산만이 다를 뿐이다. 따라서, VT를 아르기닌바소토신(AVT)이라고도 부른다.

(2) 생리작용 : AVT는 조류와 알을 낳는 양서류에서 난관근육의 수축을 촉진한다. 조류에서 방난(放卵, oviposition)을 할 때에는 AVT의 혈중농도가 급격히 증가되며, 신경뇌하수체에서는 AVP가 방출됨으로 농도가 급속히 감소된다. 증가된 AVT는 혈류를 타고 난관으로 이행된 다음, 난관의 평활근섬유를 강력하게 수축시켜 난관으로부터 알을 배출시킨다. 그러나, 난관수축의 개시에 대한 기전은 아직까지 분명하지 않다(Shimada 등, 1986). 한편, 양서류에서는 피부와 방광에서 수분의 재흡수를 촉진하는 항이뇨작용도 발현하는데, 그 역가는 다른 신경뇌하수체호르몬의 10배 이상에 달한다.

제 4 절 성선 호르몬

성선, 즉 암컷의 난소와 수컷의 정소에서 분비되는 모든 호르몬을 총칭하여 성선호르몬(gonadal hormone)이라 하는데, 화학적 구조에 근거하여 스테로이드호르몬과 단백질계호르몬으로 구분한다. 일반적으로, 성선에서 분비되는 스테로이드호르몬은 부생식기관을 표적기관으로 하여 이것들의 생리작용 발현을 지배·조절한다. 그러나, 단백질계호르몬은 분만에 관여하고, 난포내에 위치하고 있는 난포세포의 성숙을 조절하며, 부의 피드백기전으로 뇌하수체의 GTH 분비를 조절한다.

1. 성선의 스테로이드호르몬

동물체에서 분비되는 모든 스테로이드호르몬은 콜레스테롤을 원료로 합성되고, 탄소수 17개의 스테로이드핵을 기본구조로 하며, 주된 분비기관에 따라 성선스테로이드와 코르티코이드로 대별한다. 또한, 생리작용에 기초하여 전자는 안드로겐·에스트로겐·프로게스틴으로, 후자는 당질코르티코이드와 광물질코르티코이드로 분류한다(표 2-5; Lee, 2002a).

1) 스테로이드호르몬의 기본골격과 전구물질

성선 뿐만 아니라, 부신피질과 태반에서도 분비되는 모든 스테로이드호르몬은 스테로이드핵(steroid nucleus)을 기본골격으로 하는 탄소수 18~21개의 호르몬으로서, 수 많은 입체이성체(立體異性體, steroisomer)가 존재한다.

(1) 기본골격 : 모든 스테로이드호르몬의 기본골격이 되는 스테로이드핵은 3개의 6탄소환(cyclohexane ring)으로 구성된 페난드렌환(phenanthrene ring)에 하나의 5탄소환(cyclopentane

표 2-5. 스테로이드 호르몬의 분류

호르몬의 종류	모핵의 구조	탄 소 수	주 활성물질
Estrogen	Estrane	18	Estradiol-17β
Androgen	Androstane	19	Testosterone
Progestin	Pregnane	21	Progesterone
Glucocorticoid	Pregnane	21	Cortisol
Mineralocorticoid	Pregnane	21	Aldosterone

ring)이 결합되어 총 17개의 탄소원자로 구성된 cyclopentanoperhydrophenanthrene환이다. 각 환에는 A・B・C・D의 기호를, 각 탄소원자에는 숫자로 번호를 붙여 표시한다. 이와 같은 스테로이드핵의 C_{13}에 메틸기($-CH_3$)의 형태로 C_{18}이 부착된 탄소수 18개의 스테로이드핵을 에스트란(estrane)이라 하며, 또한 C_{13}과 C_{10}에 각각 C_{18}과 C_{19}가 부착되어 탄소수가 19개인 것을 안드로스탄(androstane)이라 하고, 안드로스탄의 C_{17}에 2개의 탄소원자로 된 지방족측쇄가 부착되어 탄소수가 21개인 것을 프레그난(pregnane)이라 한다. 따라서, 모든 스테로이드호르몬은 각각이 탄소수 18개・19개・21개로 구성된 에스트란・안드로스탄・프레그난의 가상적 기본골격을 모체로 하는 구조적 특징을 가진다(표 2-5 및 그림 2-17; Lee, 2002a). 그러나, 스테로이드호르몬은 ① 탄소수, ② A환과 B환의 입체배치(*cis*형 또는 *trans*형), ③ 수산기(-OH)의 수와 위치, 그리고 입체배치(α 또는 β), ④ 케톤기(=O)의 수와 위치, ⑤ 이중결합의 수와 위치, ⑥ C_5에 부착된 수소(H)의 입체배치(α 또는 β) 등에 따라 수 많은 이성체가 존재하며, 합성스테로이드까지를 포함하면 생리적 활성을 나타내는 것이 1,800종 이상이나 된다.

(2) 명명법 : 스테로이드호르몬은 그 이성체가 매우 많기 때문에 명칭을 명확하게 하는 것이 필요하다. 이에 따라, 1967년에 순수 및 응용화학 국제연합(international union of pure and applied chemistry [IUPAC])에서 화학적 구조에 근거한 스테로이드호르몬의 명명법을 제정하였다. IUPAC 명명법에서는 스테로이드호르몬의 모체가 되는 환구조물(estrane・and-

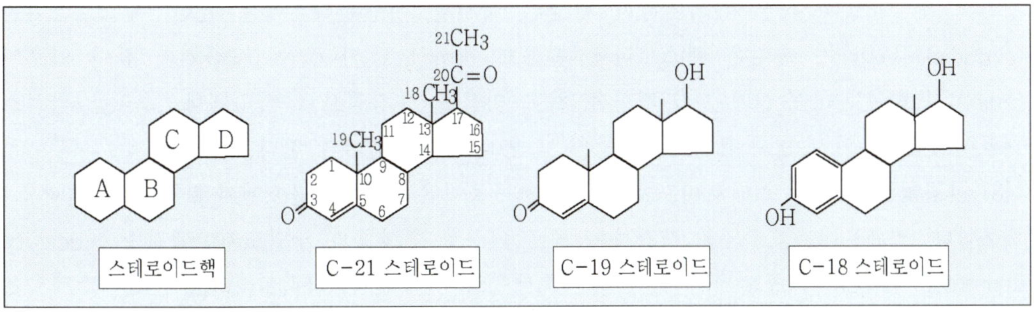

그림 2-17. 스테로이드호르몬의 기본골격

표 2-6. 대표적 성선스테로이드호르몬의 속명과 IUPAC명칭

속 명	기 호	분 류 명
Androstenedione	A_2	4-Androsten-3, 17-dione
Testosterone	T	4-Androsten-17β-ol-3-one
Dehydroepiandrosterone	DHA	5-Androsten-3β-ol-17-one
Dihydrotestosterone	H_2T	5α-Androstan-17β-ol-3-one
Estradiol-17β	E_2-β	1, 3, 5(10)-Estratrien-3, 17β-diol
Estradiol-17α	E_2-α	1, 3, 5(10)-Estratrien-3, 17α-diol
Estrone	E_1	1, 3, 5(10)-Estratrien-3-ol-17-one
Estriol	E_3	1, 3, 5(10)-Estratrien-3, 16α, 17β-triol
Progesterone	P_4	4-Pregnen-3, 20-dione
Pregnenolone	P_5	5-Pregnen-3β-ol-20-one
20α-Dihydroprogesterone	20α-OHP	4-Pregnen-20α-ol-3-one
20β-Dihydroprogesterone	20β-OHP	4-Pregnen-20β-ol-3-one
17α-Hydroxyprogesterone	17α-OHP	4-Pregnen-17α-ol-3-one
17α-Hydroxypregnenolone	17α-OHP_5	5-Pregnen-3β, 17α-diol

rostane · pregnane)의 어미는 -ane으로 하고, 이들 모체에 불포화결합이 있어 이중결합을 가진 경우에는 모체의 어미를 -ene(또는 en)으로 바꾸고, 이중결합의 위치는 그리스문자 Δ에 이중결합이 시작되는 탄소번호를 붙여 표시하는데, Δ를 생략하기도 한다. 케톤기(=O)나 수산기(-OH)가 있는 곳과 같이 수소원자 대신에 산소원자가 붙어 있는 경우는 어미를 각각 -one과 -ol로 바꾸거나, -one 또는 -ol이라는 음절을 산소원자의 위치를 표시하는 탄소번호와 함께 첨가한다. 예를 들어, 속명이 에스트론(estrone)인 스테로이드호르몬을 IUPAC의 지침에 따라 명명하면, A환의 C_1과 C_2, C_3과 C_4, C_5와 C_{10} 사이에 3개의 이중결합이 있기 때문에 이중결합이 시작되는 탄소번호를 Δ1,3,5-와 같이 앞에 붙이고, 모체 estrane의 어미를 -trien으로 바꾸어 Δ1,3,5-estratrien이 되며, C_3에 수산기, C_{17}에 케톤기가 붙어 있음으로 3-ol-17-one을 첨가하여 완전한 명칭은 Δ1,3,5-estratrien-3-ol-17-one이 된다. 이와 같은 IUPAC 명칭은 매우 길고, 복잡하기 때문에 통상적으로는 스테로이드호르몬이 가지는 생리적 및 구조적 특징에 기초하여 명명된 속명을 사용한다. 예를 들면, 에스트라디올(estradiol)-17β라는 속명은 에스트란에 속하고(estra-), C_3과 C_{17}에 수산기가 붙어 있으며(-diol), 특히 C_{17}의 수산기가 β-결합을 하고 있음을 특징적으로 나타낸다. 주요한 성선스테로이드호르몬의 속명과 IUPAC 명칭은 표 2-6(Lee, 2002a)과 같다.

(3) 전구물질 : 모든 스테로이드호르몬의 전구물질은 27개의 탄소원자로 구성된 콜레스테롤이다. 스테로이드호르몬을 생산하는 세포는 주로 혈장중의 저밀도지단백질(low-density lipoprotein [LDL])에 포함되어 있는 콜레스테롤을 이용한다. 그러나, 소량의 콜레스테롤은 글루코오스의 대사과정에서 생산되는 acetyl-CoA를 원료로 메발론산(mevalonic acid)과 스

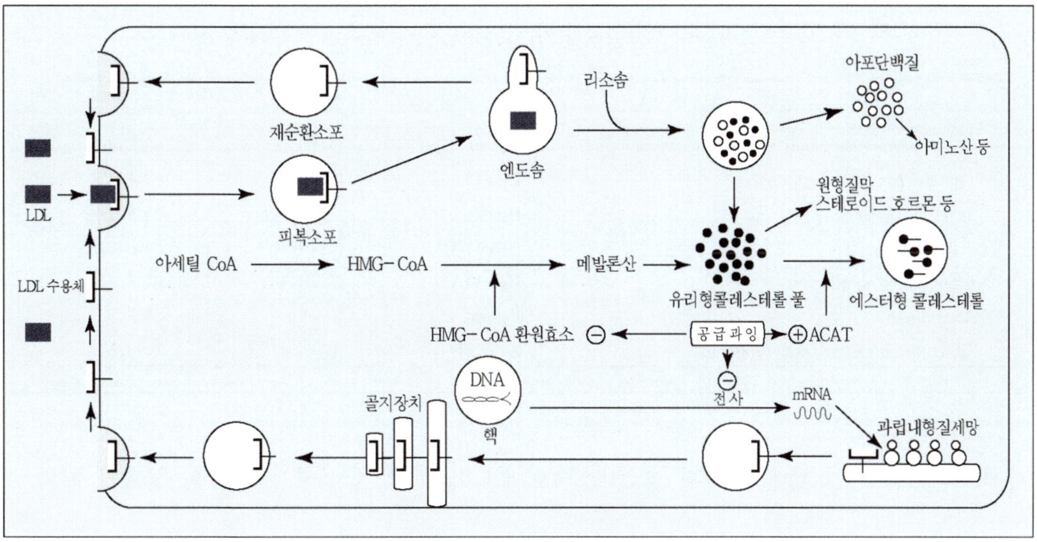

그림 2-18. 세포내이입에 의한 혈장지단백질의 세포내 유입

쿠알렌(squalene)을 경유하여 스테로이드호르몬 생산세포 자신이 합성(de novo 합성)한다. 간장에서 생산되어 혈액중으로 공급되는 LDL에는 식이를 통하여 공급되거나, 간장에서 생산된 콜레스테롤이 에스터형(ester)으로 함유되어 있다. 그러나, 래트의 부신피질과 정소, 그리고 돼지의 과립막세포에서는 혈액중의 고밀도지단백질(HDL)에 함유된 콜레스테롤을 이용한다. 에스터형의 콜레스테롤을 함유하고 있는 혈장 LDL은 LDL-수용체의 매개하에 세포내이입(細胞內移入, endocytosis)과정을 통하여 피복소포(coated vesicle)를 형성하면서 세포내로 들어오고, 이것이 엔도솜(endosome)으로 전환된다. 엔도솜의 내부가 산성이 되면 LDL-수용체로부터 LDL이 해리되고, 엔도솜막(膜)내의 LDL-수용체는 재순환소포(recycling vesicle)속에 포함된 상태로 세포의 표층으로 이동되어 수십회에 걸쳐 재이용된다. 해리된 LDL을 함유한 엔도솜은 리소솜과 융합하여 분해되는데, LDL의 아포단백질(apoprotein, apoB-100)은 아미노산으로 분해되고, 에스터형의 콜레스테롤은 유리형으로 가수분해되어 스테로이드호르몬의 합성에 이용된다(그림 2-18; Hashimoto, 1999).

모든 스테로이드호르몬은 콜레스테롤을 원료로 여러 단계의 과정을 거치면서 합성되는데, 각 단계의 반응은 별도의 효소에 의하여 촉매된다(표 2-7; Lee, 2002a). 그러나, 모든 스테로이드호르몬 합성의 첫단계는 콜레스테롤이 스테롤담체단백질(sterol carrier protein)과 결합하여 미토콘드리아로 운반된 다음, 분자상태의 산소와 NADPH가 있는 조건하에서 미토콘드리아의 내막에 존재하는 측쇄절단효소(side-chain cleavage enzyme, P_{450}scc, CYP 11A1)의 촉매로 C_{20}과 C_{22} 사이의 탄소결합이 절단되어 탄소수 21개인 프레그네놀론(pregnenolone)을 생성하는 반응이다. 콜레스테롤 측쇄절단효소는 20α-수산화효소(20α-hydroxylase)와 C_{20}-C_{22}절단효소(C_{20}-C_{22} lyase) 등을 포함하는 복합효소이다. 따라서, 프레그네놀론은

표 2-7. 스테로이드호르몬의 합성에 관여하는 효소와 그 유전자

일 반 명	시토크롬효소명명	CYP명명	유 전 자
Cholresterol side-chain cleavage enzyme	P_{450}scc	CYP11A1	*CYP11A1*
17α-Hydroxylase/17,20-lyase	P_{450}c17	CYP17	*CYPP17*
21-Hydroxylase	P_{450}c21	CYP21A2	*CYP21A2*
11β-Hydroxylase	P_{450}c11	CYP11B1	*CYP11B1*
Aldosterone synthetase	P_{450}c11AS	CYP11B2	*CYP11B2*
Aromatase	P_{450}arom	CYP19	*CYP19*
3β-Hydroxysteroid dehydrogenase	3β-HSD	3β-HSD II	*3β-HSD2*

성선스테로이드호르몬을 비롯한 모든 스테로이드호르몬의 합성에 이용되는 원료가 된다.

2) 안드로겐

안드로겐(androgen)은 뇌하수체에서 분비되는 ICSH(LH)의 자극을 받은 정소의 간질세포(Leydig cell)에서 주로 합성·분비되는 탄소수 19개인 스테로이드호르몬의 총칭이며, 정소조직에서 20종류 이상의 스테로이드물질을 추출할 수 있다(Setchell, 1978). 이것들 가운데 분비량이 가장 많은 대표적 안드로겐은 테스토스테론이다. 또한, 부신피질의 망상대세포, 난포의 내협막세포, 태반의 융모상피세포에서도 합성된다.

(1) 합성과정 : 안드로겐은 모든 스테로이드호르몬의 원료인 프레그네놀론으로부터 여러 단계의 합성과정을 거쳐서 합성되는데, 과정의 최종산물은 테스토스테론이며, 이것이 가장 대표적인 안드로겐이다(그림 2-19; Lee, 2002b). 테스토스테론은 탄소수가 19개인 스테로이드호르몬으로서, C_4와 C_5사이에 이중결합을 가지며, C_3에 케톤기(=O), C_{17}에 수산기(-OH)가 부착된 구조적 특징을 가진다. 합성원료인 프레그네놀론(C-21)이 테스토스테론(C-19)으로 전환되기 위해서는 프레그네놀론의 C_5와 C_6사이에 있는 이중결합이 C_4와 C_5사이로 전이되어야 하는데, 이 반응은 3β-수산화스테로이드 탈수소효소(3β-hydroxysteroid dehydrogenase [3β-HSD])에 의하여 무과립내형질세망에서 일어난다. 그 과정은 먼저 C_3에서 탈수소반응(脫水素反應, dehydrogenation)이 일어나고, 이어서 이중결합이 전이되는 이성화(異性化, isomerization)반응이 일어난다(Thomas 등, 1993; Luu-The 등, 1991). 또한, 테스토스테론의 합성과정에서 C_{17}에 붙은 측쇄가 절단되고, C_{17}에 케톤기가 배치되는데, 이 반응은 CYP17효소(17α-hydroxylase)의 촉매로 C_{17}에 수산기가 α-배치로 첨가된 다음에 일어난다. 테스토스테론 합성의 마지막 단계는 C_{17}에 붙은 케톤기가 수산기로 환원되어 β-배치되는 것으로서, 이 반응은 17β-수산화스테로이드 산화환원효소(17β-hydroxysteroid oxidoreductase)에 의하여 촉매된다.

안드로겐의 합성과정에서는 위에 기술된 주요 반응들이 일어나지만, 프레그네놀론으로부

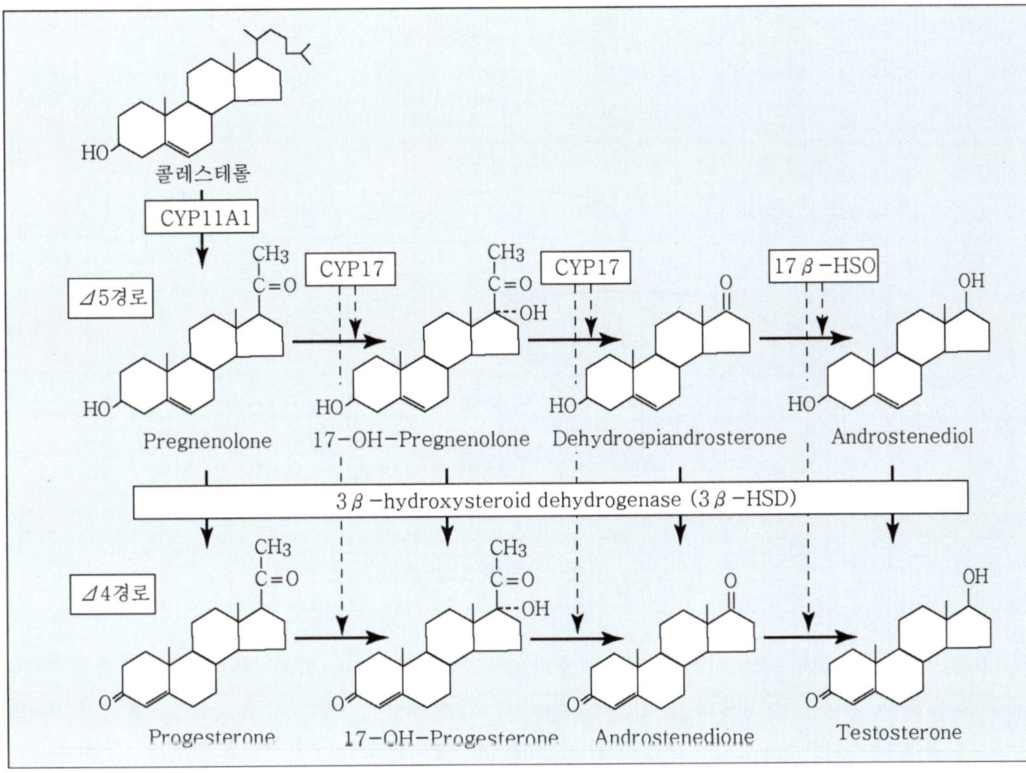

그림 2-19. 안드로겐의 합성경로

터 테스토스테론이 합성되는 과정에서 가장 중요한 과정은 이중결합의 위치가 전이되는 반응이다. 이 반응은 그림 2-19에서 보는 바와 같이 이론적으로는 4종류의 경로를 통하여 이루어지지만, 실제로는 C_5와 C_6사이에 위치하는 이중결합이 테스토스테론 합성경로의 초기에 C_4와 C_5사이로 전이된 후에 영위되는 Δ4경로와 이중결합이 C_5와 C_6사이에 있으면서 합성경로가 유지되다가 경로의 마지막 단계에서 C_4와 C_5사이로 전이되는 Δ5경로가 있다. 사람 · 원숭이 · 개 · 돼지 등은 Δ5경로가, 래트 · 마우스 · 소 등은 Δ4경로가 테스토스테론합성의 주 경로이다. 이와 같이, 동물의 종에 따라 합성경로가 다른 이유는 무과립내형질세망의 막(膜)위에 위치하는 효소분자의 배열순서가 동물의 종에 따라 다르고, 또한 무과립내형질세망의 막위에 위치하는 프레그네놀론-결합단백질과 효소분자의 상대적 위치에 따라 프레그네놀론이 효소작용을 받는 순서가 다르기 때문이다(Hashimoto, 1999).

(2) 순환과 대사 : 안드로겐을 포함하는 모든 스테로이드호르몬은 비극성물질이기 때문에 물에 대한 용해도가 낮아서 유리상태로는 혈액이나 조직액을 타고 효과적으로 이동할 수 없다. 그러나, 단백질과 결합하면 물에 대한 용해도가 증가되어 쉽게 혈액을 타고 순환할 수 있다. 혈액으로 유입된 테스토스테론은 거의 전부가 단백질과 결합된 형태로 순환되는데, 약 40%는 성선스테로이드-결합글로불린과 결합하고, 또 40%는 알부민, 17%는 기타

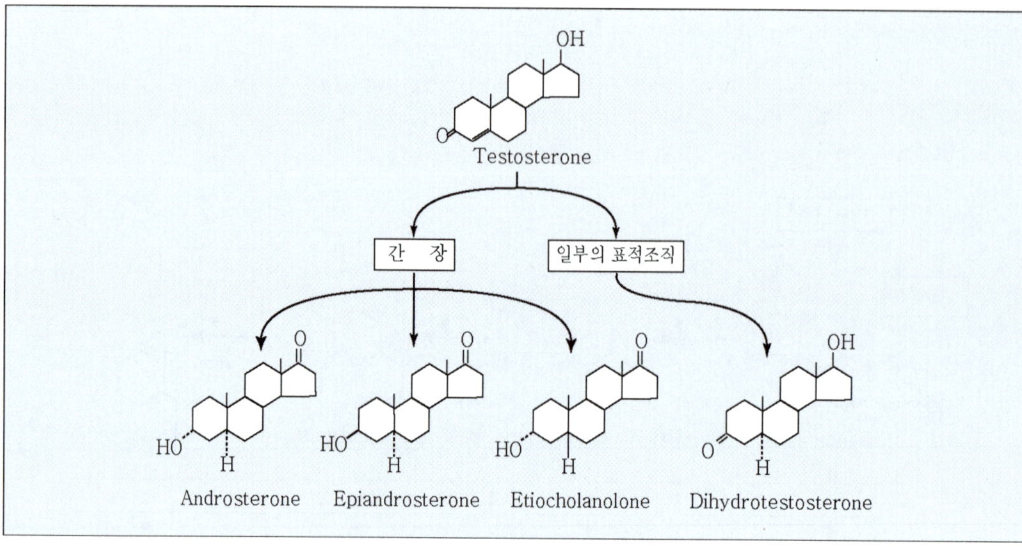

그림 2-20. 안드로겐의 대사

의 혈장단백질과 결합하며, 약 3%만이 유리형으로 순환된다. 이와 같은 결합단백질 가운데 글로불린은 테스토스테론과 친화성이 높아서 특이적으로 강하게 결합하는 반면에, 알부민은 친화성이 낮다. 따라서, 글로불린과 결합된 테스토스테론은 간장에서의 대사로부터 보호되기 때문에 비교적 장시간에 걸쳐 생리적 활성이 지속된다.

합성된 테스토스테론은 체내에 저장되지 않음으로 간장에서 대사되어 오줌이나 담즙을 통하여 배설된다. 간장에서 일어나는 테스토스테론의 불활성화는 ① 테스토스테론의 C_{17}에 붙은 수산기가 산화되어 케톤기로 전환됨으로써 17-케토스테로이드가 되고, ② A환의 C_4와 C_5사이에 있는 이중결합이 제거되며, ③ C_3에 붙은 케톤기가 환원되어 수산기가 첨가되는 대사과정을 통하여 이루어진다(그림 2-20, Lee, 2002b). 사람의 오줌에서 발견되는 테스토스테론의 주 대사산물은 안드로스테론과 에티오콜라놀론이다. 이러한 대사산물들은 물에 불용성이기 때문에 간장에서 황산이나 글루쿠론산(glucuronic acid)과 접합되어 염(鹽)을 형성함으로써 수용성으로 전환된 다음에 배설된다.

한편, 안드로겐의 지배를 받는 표적조직의 일부에서는 테스토스테론이 보조인자(cofactor)로서 NADPH를 이용하는 5α-환원효소(reductase)의 작용으로 C_4와 C_5사이의 이중결합이 제거되고, C_5에 수소(H)가 α-배치된 구조를 가진 디히드로테스토스테론(dihydrotestosterone [DHT])으로 대사된다. 이러한 표적조직에서는 디히드로테스토스테론이 테스토스테론에 비하여 더욱 강력한 생리적 활성(약 2배)을 나타낸다(Stanczyk, 1991). 5α-환원효소의 활성은 웅성외부생식기관의 발생원기인 요생식동과 생식결절(Randall, 1994), 간장과 전립선(Anderson 등, 1989), 한(汗)선과 피지선(Luu-The 등, 1994), 성피(genital skin)의 섬유아세포(Moore 등, 1975) 등과 같은 다양한 조직에서 발현된다.

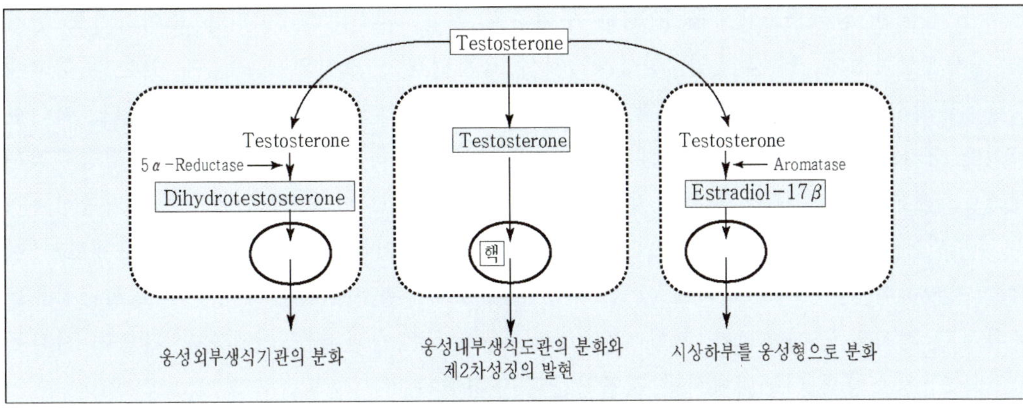

그림 2-21. 성분화과정에 대한 안드로겐의 작용

(3) 생리작용 : 안드로겐은 태아의 성분화에 중요하게 작용할 뿐만 아니라, 웅성부생식기관의 발달과 기능발현을 지배하고, 제2차성징을 발현시키며, 성행동을 유발하는 등 수컷의 생식작용에 대하여 매우 광범위한 기능을 수행한다.

① 성분화의 지배 : 성의 분화과정에서 안드로겐의 작용은 테스토스테론이 직접 작용하는 경우도 있고, 테스토스테론의 대사산물인 디히드로테스토스테론이나 에스트라디올-17β가 작용하는 경우도 있다(그림 2-21; Latronico 등, 1995; Simmoni 등, 1997). 태아의 정소에서 분비된 테스토스테론은 웅성생식도관의 발생원기인 중신관(볼프관)이 정소상체·정관·정낭선 등으로 분화되는 것을 직접적으로 자극하는 반면에, 자성생식도관의 발생원기인 부중신관(뮐러관)의 발달을 억제한다. 그러나, 요도·음경·음낭·포피 등과 같은 외부생식기관의 발생원기인 요생식동과 생식결절은 디히드로테스토스테론의 자극에 의하여 분화된다. 따라서, 태아의 정소를 적출하면 중신관을 비롯한 웅성부생식기관의 발생원기는 분화되지 않고, 부중신관은 퇴행되지 않아서 외부생식기관이 암컷에 가깝게 분화된다.

한편, 수컷 태아의 뇌내에서는 테스토스테론을 원료로 사용하여 에스트라디올-17β가 합성되는데, 이것이 시상하부를 웅성형으로 분화시킨다. 그러나, 암컷 태아에서는 정소가 없음으로 에스트라디올-17β의 원료인 테스토스테론이 합성되지 않기 때문에 뇌에서 에스트라디올-17β도 합성되지 않는다. 이와 같이, 에스트라디올-17β는 수컷에서 시상하부가 분화·발달되는 임계기에 작동하여 시상하부를 비가역적인 웅성형으로 고정시킨다. 에스트라디올-17β에 의하여 유발되는 암·수 시상하부의 해부학적 차이는 시삭전핵(視索前核, preoptic nucleus [PON])에 위치하는 신경세포가 가지는 시냅스연결(synaptic connection)의 분포에서 나타난다(Pool, 1993). 래트에서 시삭전핵의 크기는 수컷이 암컷에 비하여 최소한 5배가 크며, 사람에서도 이러한 성차(性差)가 인정된다(Allen & Gorski, 1992).

② 정자형성의 자극 : 정자형성과정은 정소에서 분비되는 테스토스테론과 뇌하수체에서 분비되는 FSH의 공동작용으로 자극된다(Spiteri Grech & Nieschlag, 1993). 그러나, 뇌하

수체를 적출한 성숙동물에서는 FSH를 투여하지 않고, 테스토스테론만을 투여하여도 완전한 정자형성과정이 유지되지만, 성성숙기에서 정자형성이 개시되는 시기에 있는 뇌하수체 적출동물에서는 테스토스테론과 함께 FSH도 투여하여야만 정자형성이 개시된다. 이러한 사실은 정자형성의 개시에는 FSH의 자극이 반드시 필요하며, 일단 개시된 정자형성과정은 테스토스테론 단독의 작용으로도 자극된다는 것을 증명한다. 테스토스테론은 정자형성과정의 후반단계에 있는 정자형성세포, 특히 감수분열 후반 이후의 단계에 있는 정모세포의 발달을 자극하여 정자로 분화되는 것을 촉진하다. 또한, 정소상체를 구성하는 평활근섬유를 이완시켜 정자의 통과속도를 저하시킴으로써 정자가 성숙과정을 거치는데 필요한 시간을 확보하고, 정소상체 미부내에서의 저장기간도 연장한다.

③ 부생식기관의 발달과 성행동의 발현 : 안드로겐은 정소상체 · 정관 · 정낭선 · 전립선 · 구요도선 등과 같은 내부 부생식기관은 물론이고, 음경이나 음낭과 같은 외부 부생식기관의 발육도 촉진하고, 이것들의 기능을 항진시킨다. 특히, 정낭선을 비롯한 부성선은 안드로겐에 대한 감수성이 높아서 안드로겐의 자극을 받으면 분비세포의 내형질세망이 증가되어 분비능력이 향상된다. 수컷의 성행동(sexual behavior)과 성욕(libido)도 안드로겐에 의하여 조절되기 때문에 거세를 하면 장해를 받는다. 그러나, 정상동물에서는 안드로겐의 혈중농도와 성욕간에 큰 상관관계는 없으며, 안드로겐의 혈중농도가 일정한 수준만 유지된다면 추가적으로 안드로겐을 투여하여도 성욕은 증진되지 않는다. 안드로겐은 수컷의 성행동조절중추가 위치하는 시상하부 전시상하부역(anterior hypothalamic area [AHA])의 기능을 조절하는 수단을 통하여 성행동을 조절한다(Allen & Gorski, 1992; Byne & Parsons, 1993; Hamer 등, 1993). 한편, 안드로겐은 수컷의 외모를 나타내는 제2차성징(secondary sexual character)을 발현시키는데, 골격과 근육(특히 가슴 · 어깨 · 목의 근육)을 우람하게 발육시키고, 볏과 뿔을 웅성형으로 발육시키며, 피부와 피모를 암컷에 비하여 거칠게 변화시키고, 성대를 수컷 특유의 소리를 내게 변화시킨다.

④ 뇌하수체의 성선자극호르몬 분비의 조절 : 안드로겐은 시상하부-뇌하수체축에 대한 부의 피드백기전으로 성선자극호르몬(FSH와 LH)의 분비를 억제한다. LH는 정소의 간질세포를 자극하여 안드로겐의 분비를 촉진하는 조절기전을 영위하기 때문에 소량의 안드로겐으로도 부의 피드백기전이 개시되어 효과적으로 LH의 분비를 억제한다. 그러나, FSH는 정소의 지지세포(Sertoli cell)에서 FSH의 자극으로 분비되는 인히빈의 작용으로 발현되는 부의 피드백기전에 의하여 주로 조절되고, 안드로겐에 의한 조절기전은 부차적인 것이다.

⑤ 단백질의 동화작용 : 안드로겐이 생식기관 이외의 장소에서 발현하는 주 생리작용은 골격근에서 단백질의 동화작용을 촉진하여 근육을 성장시키는 작용이다(Tenover, 1997). 그러나, 근육이 성장되는 것은 단백질의 합성에 의하여 개개의 근육세포가 비대되는데 따른 것이고, 근육세포의 수가 증가되는 것은 아니다. 이러한 동화작용에 의하여 식이로 섭취된 질소가 단백질성 질소로 전환되어 체내에 축적되며, 오줌으로 배설되는 질소량은 감

소된다. 이와 같은 안드로겐의 단백질동화작용에 따라 수컷의 체중이 암컷에 비하여 무겁고, 근육자체도 우람하게 발달되는 성차가 나타난다. 그러나, 천연 안드로겐은 단백질동화효과가 비교적 약하기 때문에 웅성화기능을 약화시키고, 단백질동화효과를 극대화시킨 합성스테로이드를 이용한다. 이러한 스테로이드를 동화스테로이드(anabolic steroid)라고 하는데, 19-노르안드로스탄(19-norandrostane)과 16α-메틸테스토스테론(16α-methyltestosterone)이 대표적인 동화스테로이드이다.

3) 에스트로겐

에스트로겐(estrogen)은 뇌하수체에서 분비되는 FSH의 자극을 받은 난소의 난포에서 분비되면서 발정행동을 유발하는 스테로이드호르몬의 총칭이다. 난소조직에서는 적어도 8종류 이상의 에스트로겐이 검출되는데, 이것들 가운데 분비량이 가장 많고, 생리적 활성이 가장 큰 것은 에스트라디올(estradiol)-17β이다. 에스트로겐은 암컷에서 발정행동을 유발하고, 주로 난포에서 분비되기 때문에 발정호르몬 또는 난포호르몬이라고도 한다.

(1) 합성과정 : 에스트로겐은 난소의 난포에서 주로 합성되지만, 태반·부신·정소 등에서도 합성된다. 에스트로겐은 탄소수 18개의 스테로이드호르몬으로서, A환이 방향족화(芳香族化, aromatization)되어 있고, C_{10}에서 메틸기(-CH_3)가 제거된 구조적 특징을 가진다. 난소에서 분비되는 에스트로겐은 대부분이 에스트라디올-17β이고, 약간의 에스트론도 함께 분비된다. 에스트로겐의 합성은 두종류의 분비세포와 두종류의 성선자극호르몬(FSH와 LH)이 관여한다는 2세포-2성선자극호르몬가설로 설명할 수 있다. 먼저 난포의 내협막세포에서 LH의 작용으로 C-19스테로이드인 안드로겐이 합성되고, 이 안드로겐이 과립막세포로 이송된 다음, FSH의 작용으로 방향족화되어 에스트로겐으로 전환된다. 이러한 과정은

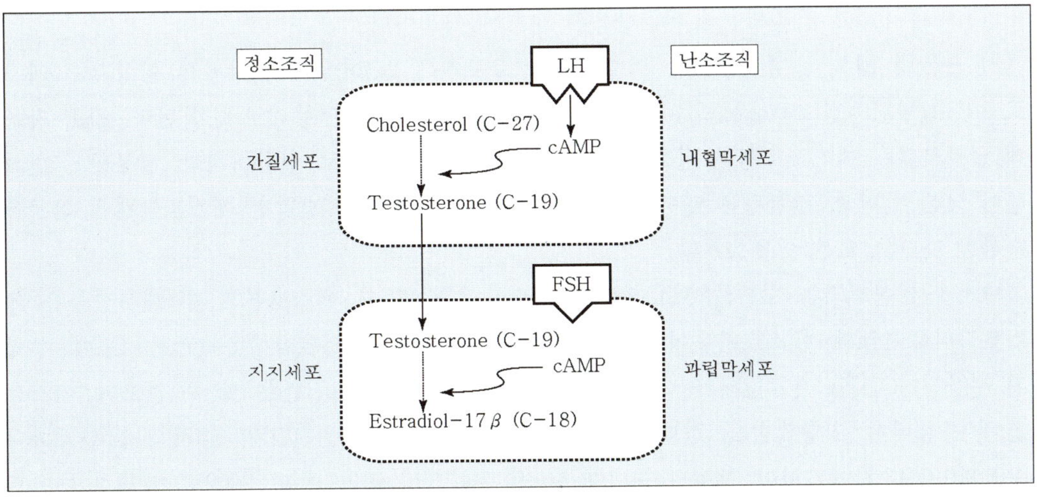

그림 2-22. 에스트로겐의 합성에 대한 2세포-2성선자극호르몬 가설

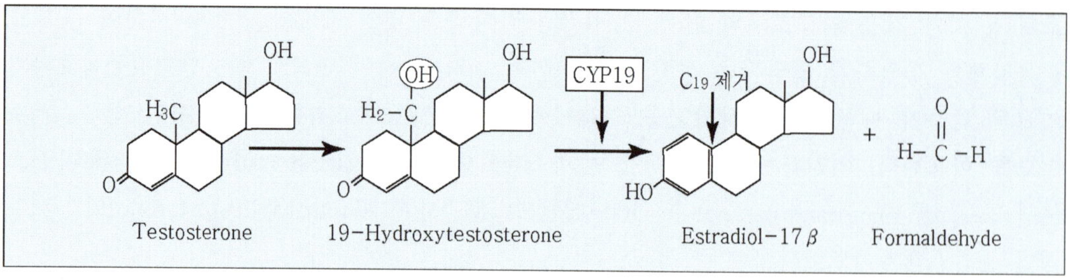

그림 2-23. 테스토스테론이 에스트라디올 17-β로 전환되는 과정

미약하지만 정소에서도 일어나는데, 먼저 간질세포에서 LH의 자극으로 안드로겐이 합성되고, 이것이 지지세포로 이행된 다음, FSH의 작용으로 에스토로겐으로 전환된다(그림 2-22; Hillier 등, 1994, 1995). 이와 같이, 에스트로겐은 안드로겐을 중간전구물질로 이용하여 합성되는데, 내협막세포에서의 안드로겐 합성과정은 정소의 간질세포에서 일어나는 안드로겐의 합성과정과 같다(본절의 안드로겐 항목 참조). 에스트로겐의 합성에 전구물질로 이용되는 주요 안드로겐은 테스토스테론 · 안드로스텐디온(androstenedione) · 데히드로에피안드로스테론(dehydroepiandeosterone) 등이다. 안드로겐이 에스토로겐으로 전환되는 과정을 보면, 테스토스테론의 경우에는 먼저 C_{19}에 수산기(-OH)가 첨가되어 19-히드록시테스토스텐론이 된 다음, 이어서 CYP19효소(aromatase)에 의하여 A환이 방향족화되면서 C_{10}에 부착되어 있는 C_{19}가 포름알데히드(formaldehyde)의 형태로 분리되고, C_3의 케톤기(=O)가 환원되어 수산기(-OH)로 전환됨으로써 탄소수 18개의 에스트라디올-17β가 합성된다(그림 2-23; Lee, 2002b). 또한, 안드로스텐디온도 같은 과정을 거쳐서 에스트론으로 전환되며, 데히드로에피안드로스테론은 먼저 안드로겐합성과정을 통하여 안드로스텐디온으로 전환된 다음, 에스트론이 된다. 에스트론은 C_{17}의 케톤기(=O)가 수산기(-OH)로 환원되어 쉽게 에스타라디올-17β로 전환되는데, 이 반응은 상호 가역적이다.

(2) 순환과 대사 : 혈액중으로 이행된 에스트로겐은 2/3이상이 간장에서 합성되는 에스트로겐-결합단백질(estrogen-binding protein [EBP])과 결합된 형태로 순환된다. EBP 가운데 글로불린은 에스트로겐과 친화성이 매우 높아서 특이적으로 결합하지만, 알부민은 친화성이 낮은 반면에, 결합량은 많다. 친화성이 높은 글로불린과 결합된 에스트로겐은 간장을 순환할 때 대사로부터 보호된다.

난소에서 분비되는 주 에스트로겐인 에스트라디올-17β와 에스트론의 주 대사산물은 에스트라디올-17α와 에스트리올이다. 에스트라디올-17β와 에스트라디올-17α는 C_{17}에 부착된 수산기(-OH)의 결합형태가 다를 뿐이지만, 서로 가역적인 전환은 할 수 없으며, 에스트론이 중간에서 교량역할을 한다. 에스트리올은 에스트라디올-17β가 대사되는 단계마다 수산기(-OH)가 첨가되어 형성된 최종대사산물이다(그림 2-24; Lee, 2002b). 이러한 에스트로겐의 대사산물은 간장에서 글루쿠론산(gluculunoic acid)이나 황산과 접합되어 수용성으

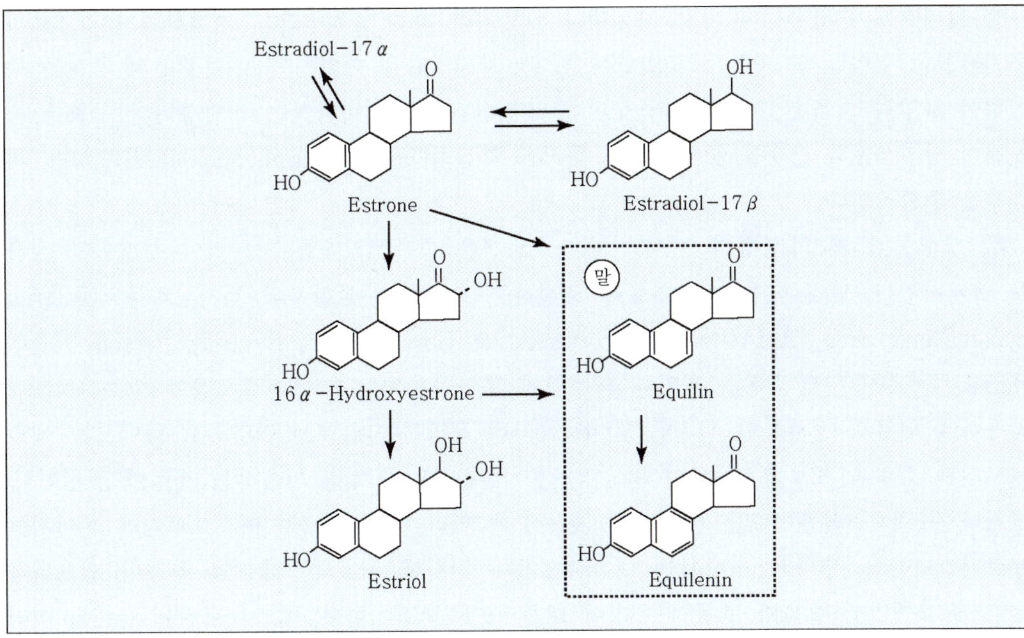

그림 2-24. 에스트로겐의 대사경로

로 전환된 나음, 오줌이나 남즙을 통하여 배설된다. 사람의 오줌에서는 에스트리올이 가장 많이 검출되며, 소・면양・개・토끼의 오줌에서는 에스트라디올-17α가 최종대사산물로 검출된다. 돼지에서는 에스트라디올-17α가 형성되지 않고, 에스트론이 최종 대사산물이며, 말의 오줌에서는 에퀼린(equilin)과 에퀼레닌(equilenin)을 포함한 10여 종류의 대사산물이 검출된다. 소의 경우에는 에스트라디올-17α가 주된 배설형태이고, 다음이 에스트론이다.

(3) 생리작용 : 에스트로겐은 스테로이드호르몬중에서 가장 다양한 생리작용을 발현하는 호르몬으로서, 생식현상의 발현에 단독적으로도 작용하지만, 프로게스테론과 협력적 또는 길항적으로 작용하기도 한다.

① 부생식기관의 발달과 기능발현의 촉진 : 뇌하수체에서 분비되는 GTH의 자극을 받은 난포에서 분비되는 에스트로겐은 부생식기관(난관・자궁・질・외음부 등)이 성숙동물의 그것과 질적으로 동등한 상태가 되도록 성장과 발달을 촉진한다. 한편, 발정주기중의 난포기에 성숙난포에서 다량으로 분비되는 에스트로겐은 배우자의 수송과 성숙, 그리고 수정란의 착상에 적합하도록 부생식기관의 발달과 기능발현을 조절한다. 즉, 난관의 내막상피를 증식시키고, 난관액의 분비를 촉진하면서 과당류(寡糖類, oligosaccharide)의 분비수준을 증가시키며, 운동성도 증대시킨다. 자궁에 대하여는 자궁내막의 증식・혈관의 신생과 충혈・자궁선의 발달・자궁근층의 증식과 비대 등을 유발한다. 또한, 자궁의 프로스타글란딘 $F_{2\alpha}$ 합성과 옥시토신-수용체의 수를 증가시키고, 자궁근섬유의 수축단백질 합성을 자극하여 발정기와 분만기에 자궁수축의 빈도와 진폭을 증가시킨다. 난관과 자궁의 경계부인 난관자궁

구를 비대시켜 수정란이 곧바로 자궁내로 이행되는 것을 일시적으로 억제하여 난관내에서 초기난할이 일어날 수 있도록 조절한다. 또한, 자궁경관을 이완시키고, 경관선의 증식을 촉진하여 투명하고 묽은 경관점액의 분비를 촉진한다. 질에 대하여는 점막상피의 분화를 촉진하여 상피세포의 층수를 증가시키는 동시에 각질화(角質化, cornification)를 유도하며, 외음부를 충혈시킨다.

② 성행동과 제2차성징의 발현 : 에스트로겐은 중추신경계를 자극하여 성행동과 성욕을 유지시킨다. 암컷 특유의 성행동을 조절하는 중추는 시상하부의 전시상하부역(anterior hypothalamic area [AHA])에 위치한다(Allen & Gorski, 1992; Byne & Parsons, 1993; Hamer 등, 1993). 영장류를 제외한 대부분의 포유동물에서는 에스트로겐이 중추신경계에 작용하여 대표적 성행동인 발정(發情, estrus)을 유발하는데, 개·면양·소 등에서는 에스트로겐과 소량의 프로게스테론이 상승작용을 하여야만 수컷을 허용하는 발정이 발현된다. 그러나, 프로게스테론이 필요한 시기는 동물종에 따라 달라서 개는 에스트로겐에 이어지는 프로게스테론이, 면양과 소에서는 에스트로겐에 선행된 프로게스테론의 작용이 필요하다(본절 프로게스틴 항목의 발정의 유기에 대한 작용 참조). 한편, 에스트로겐은 신체의 여러 부위에 작용하여 암컷 특유의 체형을 구축하고, 피모와 성대도 암컷의 특징을 나타내게 하여 제2차성징을 발현시킨다.

③ 성선자극호르몬 분비의 조절 : 에스트로겐은 시상하부에 대한 두종류의 피드백기전으로 뇌하수체에서의 FSH와 LH의 분비를 조절한다. 즉, 안드로겐과 마찬가지로 부의 피드백기전으로 시상하부의 지속성방출조절중추(tonic center)를 억제하여 GnRH의 분비를 억제함으로써 FSH나 LH의 분비를 억제한다. 그러나, 난포의 급격한 성장에 따라 유발되는 혈중 에스트로겐의 급격한 상승은 시상하부의 배란전방출조절중추(preovulatory center)에 대한 정의 피드백기전으로 LH의 배란전 급증(LH-surge)을 유발하고, 이에 따라 배란이 유기된다. 또한, 에스트로겐은 뇌하수체 성선자극세포(FSH와 LH의 분비세포)의 원형질막에 위치하는 GnRH-수용체의 수를 증가시킴으로써 GnRH의 자극에 따른 FSH와 LH의 분비를 효과적으로 증가시킨다. 더욱이, TRH-수용체의 수도 증가시켜 TSH의 분비도 증가시킨다. 또한, 분만기에는 뇌하수체후엽의 옥시토신 분비를 촉진하며, 이에 따라 자궁근의 수축이 증강된다.

④ 난포발육의 촉진과 황체기능의 유지 : 난포의 과립막세포에서 분비된 에스트로겐은 난포내에서 국소적으로 단독 또는 FSH와 LH의 협동작용으로 난포발육을 촉진한다. 이러한 난포발육의 촉진은 에스트로겐에 의하여 ① 과립막세포의 에스트로겐-수용체 수가 증가되고, ② 과립막세포가 증식되며, ③ 과립막세포 상호간에 간극결합(間隙結合, gap junction)이 형성되고, ④ 과립막세포의 FSH- 및 LH-수용체가 증가되며, ⑤ 방향족화효소(aromatase)의 활성이 발현(FSH 및 LH와 공동작용)되는데 따른 것이다. 한편, 토끼에서는 황체의 주위에 위치하는 다수의 미발육 난포로부터 분비되는 소량의 에스트로겐이 황체의

형태적 발육을 자극할 뿐만 아니라, 아울러 프로게스테론의 분비도 촉진한다.

⑤ 생식기관이외의 신체에 대한 작용 : 암컷에서 에스트로겐은 단백질동화효과가 있어서 체중의 증가와 성장을 촉진하고, 암컷 특유의 지방침착을 유발하며, 신장의 원위세뇨관에 작용하여 나트륨(Na^+)과 수분의 체내축적을 촉진한다. 또한, 뼈의 칼슘침착과 골화를 촉진하고, 골단연골을 완숙시킴으로써 장골(長骨)의 추가성장을 억제하는데, 이것이 암컷의 체격이 수컷에 비하여 작게되는 원인이다. 에스트로겐은 유선관계(乳腺管系)의 분화와 발달을 촉진할 뿐만 아니라, 피지선의 분비기능을 촉진하여 피부를 촉촉하게 유지시키며, 부신에서 분비되는 안드로겐과 공동작용으로 액와부(腋窩部)와 치부(恥部)에서 털이 성장하는 것을 촉진한다. 또한, 시상하부의 체온조절중추에 작용하여 체온을 하강시키는데, 사람의 월경주기에서 명확히 관찰되는 난포기의 저체온증은 에스트로겐에 의한 것이다.

⑥ 수컷에서의 에스트로겐 작용 : 수컷의 정소에서 미량으로 합성되는 에스트로겐은 안드로겐과 마찬가지로 수컷의 정상적인 번식기능을 영위하는데 필요하다(Hess 등, 1997; Kampen & Sherwin, 1996). 수컷에서 에스트로겐-수용체가 합성되지 않는 에스트로겐-수용체-녹아웃(ERKO) 마우스에서는 정소가 점진적으로 위축될 뿐만 아니라, 정소상체에 있는 정자의 수・운동성・생존성 등도 감소된다. 그리고, ERKO 마우스는 음경의 삽입과 사정이 정상적으로 이루어지지 않는 등, 교미행동에도 장애가 초래된다. 또한, 에스트로겐은 정소상체의 두부에서 정자부유액의 흡수를 촉진한다. 따라서, 정소상체에서 에스트로겐이 부족되면 정자의 농축이 일어나지 않고, 이러한 정자는 수정능력이 없다(Korach, 1994). 한편, 수컷에서도 에스트로겐은 골단의 완숙과 정상적인 뼈의 성장을 조절한다.

4) 프로게스틴

암컷에서 배반포의 착상에 필요한 자궁의 준비적 변화, 즉 자궁내막의 착상성증식(着床性增殖, progestational proliferation)을 유발하는 호르몬을 총칭하여 프로게스틴(progestin)이라 하는데, 생체내에서 생리적 활성을 나타내는 물질은 프로게스테론 뿐이다.

(1) 합성과정 : 순환혈액에 함유된 프로게스테론의 대부분은 성주기의 황체기와 임신기의 난소에 존재하는 황체(黃體, corpus luteum)에서 합성된 것이다. 또한, 난포의 협막세포나 정소의 간질세포에서도 에스트로겐이나 안드로겐의 전구물질로 합성되며, 부신의 삭상대와 태반의 융모상피세포에서도 합성된다. 그러나, 태반에서의 생산량은 임신황체가 임신기간중에 퇴행되는 면양・말・원숭이・사람 등에서는 다량으로 합성되는 반면에, 임신황체가 임신말기까지 유지되는 소・돼지・래트・개 등에서는 거의 생산되지 않는다. 황체에서의 프로게스테론 합성과정은 안드로겐이나 에스트로겐을 합성하는 세포에서 이것들의 전구물질로 이용되는 프로게스테론을 합성하는 과정과 같다(본절의 안드로겐 항목 참조). 프로게스테론은 21개의 탄소로 구성된 스테로이드호르몬으로서, C_4와 C_5사이에 이중결합을 가지며, C_3와 C_{20}에 케톤기(=O)가 부착된 구조적 특징을 가진다.

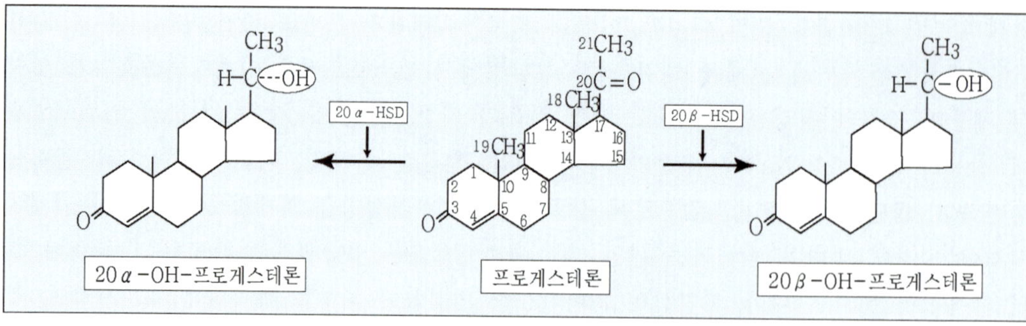

그림 2-25. 난소에서의 프로게스테론 대사

(2) 순환과 대사 : 프로게스테론도 다른 스테로이드호르몬과 같이 혈액중에서는 결합단백질과 결합된 형태로 순환된다. 결합단백질 가운데 프로게스테론-결합글로불린(PBG)은 프로게스테론과 특이적으로 강력하게 결합하며, 알부민은 결합력이 약하지만, 결합량은 많다.

프로게스테론은 난소에서 합성된 직후에 난소 자체에서도 대사되며, 표적세포에서도 대사된다. 난소에는 20α- 및 20β-수산화스테로이드 탈수소효소(20β-HSD)가 있어서 프로게스테론이 20α-디히드로프로게스테론(래트・토끼・말・면양)이나 20β-디히드로프로게스테론(소・돼지・사람)으로 대사된다(그림 2-25; Lee, 2002b). 분만직전의 동물에서 프로게스테론의 농도가 급격히 떨어지는 것은 난소 자체에서 대사되기 때문이다. 한편, 표적세포에서는 프로게스테론이 단계적 과정을 거치면서 대사되는데, 그 과정은 ① 4-en환원효소(4-en reductase)의 작용으로 프로게스테론의 이중결합이 소실되면서 C_5에 수소(H)가 α- 또는 β-배치되어 5α- 및 5β-프레그난디온(pregnandione)으로 전환되고, ② 이것이 다시 3β-HSD에 의하여 C_3가 수산화되어 5α- 및 5β-프레그나놀론(pregnanolone)이 되며, ③ 이것의 C_{20}에 위치하는 케톤기(=O)가 20-HSD의 작용으로 수산기(-OH)로 환원되어 최종대사산물인 5α- 및 5β-프레그난디올(pregnandiol)이 된다. 프로게스테론의 배설형태를 보면, 정상상태하에서는 프로게스테론이 그대로 오줌으로 배출되지는 않으며, 많은 종의 가축에서 5β-프레그난디올이 오줌에서 검출되는 주 대사산물이다. 그러나, 돼지의 오줌에서는 5α-프레그난디올이나 5α- 및 5β-프레그나놀론도 검출된다.

(3) 생리작용 : 프로게스테론의 주된 생리작용은 수정란의 착상과 임신의 유지에 적합하도록 부생식기관의 기능발현을 조절하는 것이다. 그러나, 프로게스테론의 생리작용은 에스트로겐의 선행작용이 있거나, 에스트로겐과 공존할 때 증강되는 경우가 많다. 이러한 협력작용의 발현에는 두호르몬의 비율이 일정한 범위내에 있어야만 하며, 비율이 범위를 초월할 경우에는 길항적으로 작동한다.

① 부생식기관의 발달과 기능발현의 촉진 : 프로게스테론의 자궁에 대한 생리작용은 ① 에스트로겐의 전처리를 받은 자궁내막의 착상성증식을 유발하여 배반포의 착상을 용이하게 하고, ② 자궁내막의 에스트로겐-수용체의 수를 감소시켜 에스트로겐의 자궁자극작용

(운동·분비 등)을 억제하며, ③ 자궁선을 발달시키고, 글리코겐의 분비를 촉진하며, ④ 설치류에서는 상실배가 배반포로 발달되는 것을 촉진하는 작용을 가진 블라스토킨닌(blastokinin)이라는 특수한 단백질의 합성을 촉진하고, ⑤ 자궁조직에서 교원질(膠原質, collagen)의 합성을 촉진하는 프로토콜라겐 수산화효소(protocollagen hydroxylase)의 활성을 증대시켜 태아의 성장에 따른 자궁의 성장에 필요한 교원질을 공급하며, ⑥ 자궁근층의 탈분극 억제, 옥시토신에 대한 감수성의 감소, 에스트로겐-수용체 수의 감소 등을 유발하여 자궁근의 수축을 억제하고, ⑦ 자궁경관의 벽을 두껍게 증식시키고, 점액의 점조성을 높여서 자궁경관을 폐쇄시키는 등의 생리작용을 발현하여 임신을 유지시킨다. 또한, 난관도 수정란의 수송에 적합하도록 성장·발달을 유도하지만, 운동성은 억제하여 난관내에서 초기의 난할과정이 이루어질 수 있도록 시간적 여유를 확보해 준다. 질상피에 대하여는 세포의 층수를 감소시킬 뿐만 아니라, 에스트로겐에 의하여 유발되는 각질화(角質化)도 억제한다.

② 중추신경계와 뇌하수체에 대한 작용 : 어느 동물종에서는 혈장 프로게스테론이 중추신경계에 작용하여 성행동을 개시시킨다. 예를 들면, 설치류의 일부는 성의 수용성(性受容性, sexual receptivity)을 증가시키며, 조류에서는 영소활성(營巢活性, nest-building activity)과 취소행동(就巢行動, brooding behavior)을 유기한다.

한편, 프로게스테론은 부의 피드백기전으로 시상하부의 GnRH 분비를 억제함으로써 뇌하수체에서 분비되는 FSH와 LH의 분비를 억제한다. 따라서, 성주기의 황체기와 임신기에는 다량으로 분비되는 프로게스테론이 FSH와 LH의 분비를 억제하여 난소에서의 난포발육과 배란을 억제한다.

③ 발정의 유기에 대한 작용 : 일반적으로, 프로게스테론은 에스트로겐의 발정유기작용에 대하여 길항한다. 그러나, 개·면양·소 등에서는 정상적인 발정의 발현과 수컷의 허용에 프로게스테론의 작용이 필요하다. 암캐에서는 난포의 성숙에 수반하여 다량으로 분비되는 에스트로겐의 작용으로 수캐에 대하여 흥미는 나타내지만, 프로게스테론의 작용이 없는 상태에서는 교미를 허용하지 않는다. 이 때, 필요한 프로게스테론은 배란 직후에 형성된 황체에서 분비된다. 따라서, 암캐는 황체형성에 소요되는 시간이 필요함으로 다른 동물에 비하여 발정기가 길다. 면양과 소에서는 성성숙기나 번식계절이 개시될 때의 초회 배란에서는 발정징후를 나타내지 않는데, 이것은 난소에 황체가 존재하지 않기 때문에 에스트로겐의 작용에 앞서서 있어야 할 프로게스테론의 선행작용이 없기 때문이다. 그러나, 2회째의 배란부터는 전회의 배란으로 형성된 황체에서 선행작용을 할 프로게스테론이 분비되기 때문에 발정현상이 발현된다.

④ 생식기관 이외의 신체에 대한 작용 : 프로게스테론은 신체의 기초대사율을 높여 열생산활성을 증대시킨다. 이에 따라, 사람에서는 월경주기의 황체기에 높은 체온을 나타낸다. 유선에 대하여는 에스트로겐의 작용으로 발달된 유선관계(乳腺管系)의 말단에 부착되어 유즙을 합성·분비하는 유선포계(乳腺胞系)의 형성과 발달을 촉진한다. 따라서, 임신말

기가 되면 비유가 가능할 정도로 유선이 발달된다. 그러나, 비유는 분만과 더불어 개시된다.

2. 성선의 단백질계 호르몬

성선에서는 스테로이드호르몬 외에도 분만과정에 관여하는 릴랙신, 그리고 FSH의 분비에 관여하는 인히빈과 액티빈이 분비된다. 또한, 난소의 난포에서는 난모세포의 성숙과정에 영향을 미치는 난포내조절펩티드가 합성된다. 태생기 수컷의 정소에서는 성의 분화과정을 조절하는 뮐러관억제물질이 분비된다.

1) 릴 랙 신

릴랙신(relaxin)은 임신한 암컷에서 분비되는 펩티드호르몬으로서, 합성장소는 동물의 종에 따라 다르다. 돼지・래트・마우스 등과 같이 전 임신기간에 걸쳐 황체에서 프로게스테론을 분비하는 동물은 임신황체가 릴랙신의 주 분비원이지만, 황체에서 전 임신기간 동안 프로게스테론을 분비하지 못하는 동물에서는 릴랙신의 분비조직이 달라서, 사람은 황체, 말은 태반, 귀니아피그는 자궁에서 분비된다(Sherwood, 1988).

(1) 화학적구조와 합성과정 : 릴랙신은 각각이 20개와 29개의 아미노산 잔기로 구성된 α-아단위와 β-아단위가 두개의 이황화결합으로 연결된 펩티드호르몬이며, 분자량은 5,700이다(Hafez 등, 2000). 사람을 비롯한 여러 종의 동물에서 일차구조(아미노산의 배열순서)가 결정되었다. 그러나, 이황화결합의 위치가 확인된 것은 돼지의 릴랙신 뿐인데, α-아단위의 7번과 20번 아미노산이 β-아단위의 7번 및 19번 아미노산과 각각 이황화결합을 하며, α-아단위내에서 6번과 11번 아미노산 사이에도 이황화결합이 있다(그림 2-26; Schwabe & McDonald, 1977). 한편, 릴랙신은 합성조직에서 분자량이 큰 직쇄상의 전전구릴랙신(preprorelaxin)의 형태로 합성되는데, 이것에는 신호펩티드・B(β)-쇄・연결펩티드・A(α)-쇄가 순서대로 포함되어 있다. 이러한 전전구릴랙신에서 신호펩티드가 먼저 절단되어 전구릴랙신(prorelaxin)이 되며, 이것에서 연결펩티드가 절단・제거되어 릴랙신 분자가 방출된다. 연결펩티드의 기능은 명확하게 알려지지는 않았지만, A-쇄와 B-쇄를 결합하는 이황화결합의 정확한 위치를 설정하는 것만은 확실하다.

(2) 생리작용 : 릴랙신은 임신기간의 경과와 더불어 분비량이 급격히 증가되어 임신말기에 혈중농도와 황체에서의 활성이 최고치에 이르고, 분만후에는 급속히 감소된다. 이러한 분비양상은 릴랙신이 임신과 분만에 중요한 역할을 수행하는 호르몬이라는 것을 의미한다. 임신기간 중의 릴랙신은 ① 프로게스테론과 협동작용으로 자궁근의 수축운동을 억제하고, 단독작용으로 자궁근을 이완시키는 수단을 통하여 자궁근의 활성을 억제함으로써 임신을 유지시키며, ② 뱅골원숭이에서는 자궁내막혈관의 내피세포를 증식시켜 태아로 가는 혈류량을 증대시킴으로써 태아의 발육에 필요한 영양소의 공급을 원활하게 하고, ③ 임신

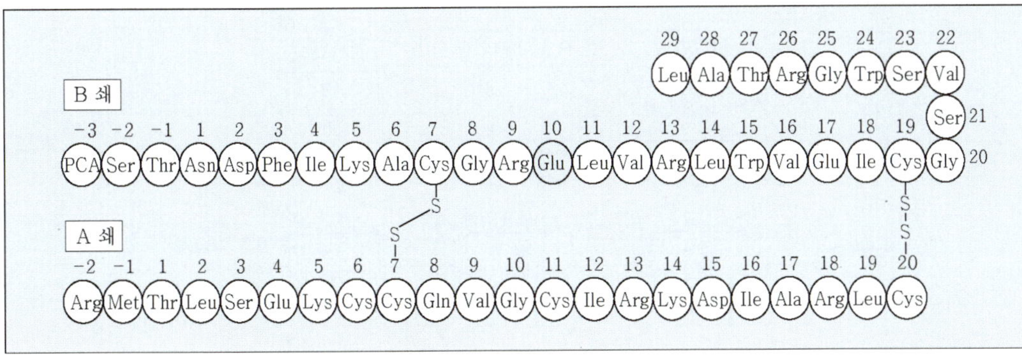

그림 2-26. 돼지 릴랙신의 일차구조

한 래트에서는 질(膣)의 성장을 촉진하고, 유선의 발달에 대하여 성장호르몬과 상승효과를 나타내며, 유두의 발달도 자극한다.

한편, 분만기의 릴랙신은 자궁경관과 질을 확장시켜 산도(産道, birth canal)를 넓게하여 분만을 용이하게 한다. 임신기에 단단하게 폐쇄되어 있던 자궁경관이 분만기에 개구되는 것은 릴랙신이 자궁경관의 긴축성을 유지시키는 교원섬유(膠原纖維, collagenous fiber)의 배열상태를 불규칙하게 분산시키고, 경관기질의 수분함량을 증가시켜 조직을 유연하게 재구성하기 때문이다. 기니아피그에서는 릴랙신에 의하여 치밀한 연골성조직으로 구성된 치골결합(恥骨結合, pubic symphysis)이 함수율이 높고 유연한 치골간인대(interpubic ligament)로 재구축되어 양측 치골사이의 결합이 늘어나 산도가 넓어진다. 또한, 릴랙신은 임신중 태아를 싸고 있는 양막과 융모막의 세포를 자극하여 콜라게나제(collagenase)와 플라스미노겐활성제(plasminogen activator)의 분비를 증가시키는데, 이것들은 태막의 주요 구성성분인 콜라겐을 용해시키고, 조직세포의 이동을 촉진함으로써 분만시에 태막이 쉽게 파열되도록 유도한다.

2) 인 히 빈

인히빈(inhibin)은 수컷에서는 정소의 지지세포(Sertoli cell), 암컷에서는 포상난포의 과립막세포에서 분비되며, 뇌하수체의 FSH에 의하여 분비가 자극된다. 정소에서 인히빈의 농도는 정소정맥에서 보다는 정소의 림프나 조직액에서 높고, 난소에서도 같은 양상을 보이며, 수종의 동물에서는 난포액에서도 단리(單離)되었다(Knight, 1996; Mather 등, 1997).

(1) 화학적구조와 합성과정 : 인히빈은 서로 다른 두개의 아단위, 즉 α-아단위와 β-아단위가 이황화결합으로 연결된 당단백질호르몬이다(그림 2-27; Lee, 2002b). α-아단위는 134개의 아미노산 잔기로 구성되고, 분자량은 18,000이다. 그러나, β-아단위는 두종류가 있는데, β_A-아단위는 116개, β_B-아단위는 115개의 아미노산 잔기로 구성되고, 분자량은 모두 14,000이다. α-아단위에는 당쇄(糖鎖)가 부착되어 있기 때문에 아미노산 잔기수로 계

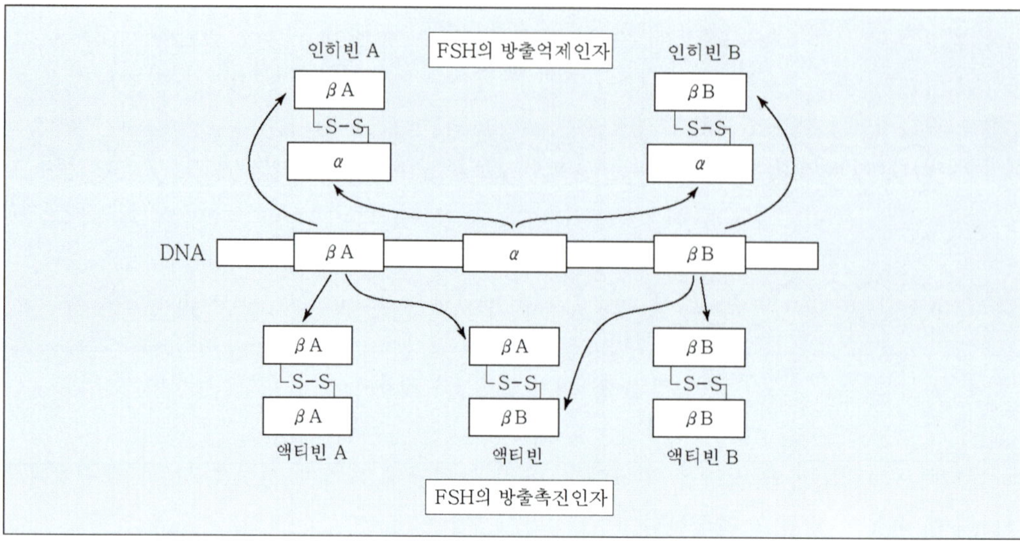

그림 2-27. 인히빈과 액티빈의 구조적 상관

산한 분자량보다 크다. 인히빈의 각 아단위는 별도의 유전자에 코딩되어 있다. 따라서, 별개의 mRNA에 의하여 합성되고, 분비세포에서 방출되기 직전에 두 아단위가 결합된다. 암컷에서 인히빈의 합성은 발정주기의 경과에 따라 정교하게 조절되며, 합성과정의 조절단계는 DNA가 mRNA로 전사되는 과정이다.

(2) 생리작용 : 인히빈은 뇌하수체에서 분비되는 FSH의 자극으로 분비되는 호르몬이지만, 인히빈 자체의 기본적 생리작용은 시상하부-뇌하수체축에 대한 부의 피드백기전으로 FSH의 분비를 억제하는 기능이다. 인히빈은 *in vitro* 실험에서 뇌하수체의 성선자극세포에 직접 작용하여 FSH의 합성과 방출을 모두 억제하는 반면에, LH의 합성 · 방출에는 하등의 영향을 미치지 못한다는 것이 증명되었다. 따라서, 뇌하수체에서 FSH와 LH가 분비될 때 서로 다른 분비양식을 유지하는 것이 부분적으로 가능하다.

암컷에서 인히빈은 난포발달과정의 후반부에 다량으로 분비되는데, 이 인히빈은 배란 직전에 FSH의 합성 · 방출을 억제함으로써 LH에 의한 난포의 배란전 변화를 원활하게 하여 성공적인 배란이 일어나도록 조절한다. 수컷에서는 활발한 정자형성이 일어날 때 인히빈의 분비가 급격히 증가되어 FSH의 분비를 억제하고, 이에 따라 정자형성이 억제되며, 뒤이어 인히빈의 분비가 저하되면 FSH가 다시 분비되어 정자형성이 재개된다. 따라서, 정자형성이 왕성하게 일어나는 수컷에서는 인히빈의 농도가 낮고, 정자형성에 장애가 있는 수컷에서는 인히빈의 농도가 높다(Edqvist & Stabenfeldt, 1992).

3) 뮐러관 억제물질

뮐러관억제물질(Müllerian inhibiting substance [MIS])은 태아의 정소에서 분비되는데, 최

초의 분비세포는 지지세포(Sertoli cell)의 전단계 세포라고 추정되며, 지지세포가 형성된 후부터는 지지세포에서 분비된다. MIS의 혈액내 수준은 출생 직후에 최고치를 나타낸 다음, 급속히 감소되어 성성숙기에는 기저수준을 유지한다. 그러나, 돼지에서는 성숙된 후에도 정소의 지지세포에서 MIS를 합성하여 정소망액으로 방출한다(Josso 등, 1979). 암컷에서는 오직 성성숙기에 한하여 난포의 과립막세포에서 분비된다. MIS는 분자량이 140kD 정도인 당단백질이며, 순수하게 정제되고, 구조적 특징도 밝혀졌다(Josso & Picard, 1987; Donahoe 등, 1987). 수컷에서 MIS는 태아의 성분화과정에 중요한 역할을 한다. 즉, 암컷에서 난관·자궁·질의 상반부 등으로 분화되는 부중신관(뮐러관)을 철저하게 억제하여 수컷 생식기관의 정상적인 분화·발달을 유도한다. 한편, 암컷에서는 난포내에 있는 난모세포의 감수분열을 억제하고, 난핵포(卵核胞, germinal vesicle)의 자발적 붕괴를 저지한다(Hafez, 1993).

4) 난포내 조절펩티드

포유동물의 난소에 위치하는 포상난포의 난포강에 함유되어 있는 난포액에서 몇종류의 펩티드가 단리되었는데, 이것들은 호르몬과 유사한 작용기전으로 난포내에 위치하고 있는 난모세포의 성숙과정을 조절한다.

(1) 난모세포성숙억제인자 : 포상난포내에 있는 제1차난모세포의 감수분열을 억제하여 휴지상태를 지속시키는 인자를 난모세포성숙억제인자(oocyte maturation inhibitor [OMI])라고 한다. OMI는 열에는 강하지만, 트립신의 처리로 쉽게 활성이 소실되는 분자량 2,000 이하의 펩티드로서, 난포의 과립막세포에서 생산된 다음, 난구세포를 통하여 제1차난모세포로 전달되어 제1감수분열을 억제한다. 과립막세포에서 OMI가 생산되는 것은 FSH의 지배하에 있는 포상난포에서 FSH의 자극으로 과립막세포의 방향족화효소(aromatase) 활성이 증대되어 내협막세포에서 합성된 안드로겐을 에스트로겐으로 전환시킴으로써, OMI생산에 억제적으로 작동하는 안드로겐의 수준이 낮아지는데 기인한다. 또한, FSH가 직접 과립막세포를 자극하여 OMI의 생산을 촉진하기도 한다.

한편, 휴지기에 있던 제1차난모세포는 배란 직전에 뇌하수체에서 급격하게 방출된 LH의 자극을 받아 감수분열이 재개된다. LH가 난모세포의 감수분열을 재개시키는 기전은 ① LH가 난포의 협막세포를 자극하여 안드로겐의 분비를 증가시키고, ② 이 안드로겐은 과립막세포로 이동된 다음, 방향족화효소의 작용으로 에스트로겐으로 전환되는데, LH는 방향족화효소의 활성을 억제하여 안드로겐이 에스트로겐으로 전환되는 것을 방해하며, ③ 이에 따라 안드로겐의 농도가 높아지고, ④ 높은 농도의 안드로겐은 과립막세포의 OMI 합성을 억제하며, ⑤ 또한 높은 농도의 LH가 과립막세포를 순간적으로 황체세포의 기능을 가지도록 전환시킴으로써 OMI의 생산이 저지되며, ⑥ LH 자체도 OMI의 생리적활성을 억제한다. 이러한 경로들을 통하여 제1차난모세포가 OMI의 억제작용으로부터 해방되어 감수분열이 재개된다(그림 2-28; Anderson 등, 1985).

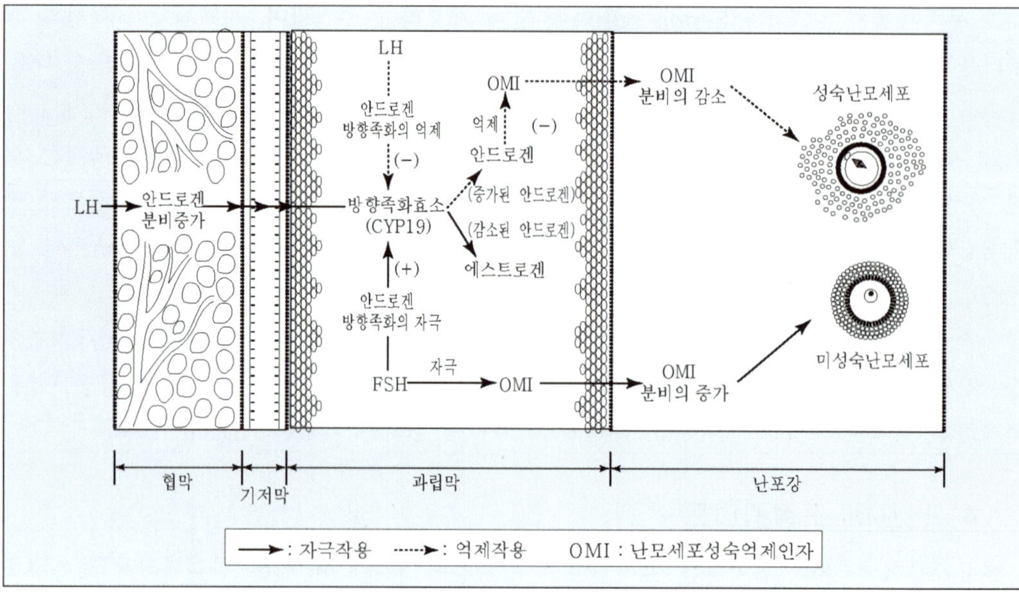

그림 2-28. 돼지난포에서 난모세포성숙억제인자의 분비조절

(2) 액티빈 : 난포액에서 인히빈을 추출할 때 발견된 물질로서, 혈액중으로 방출되는 지는 아직까지 명확하지 않다. 액티빈(activin)의 화학적 본태는 인히빈의 β-아단위 2개가 이황화결합을 한 펩티드이다. 인히빈의 β-아단위는 동물종간에 차이가 없는 β_A-아단위와 동물종에 따라 아미노산의 배열에 약간의 차이가 있는 β_B-아단위가 있다. 따라서, 액티빈에는 β_A-아단위 2개가 결합된 액티빈 A, ② β_B-아단위 2개가 결합된 액티빈 B, ③ β_A-아단위와 β_B-아단위가 결합된 액티빈의 3종류가 있다(인히빈 항목의 그림 2-27. 참조).

액티빈은 인히빈과는 반대로 FSH의 분비를 촉진한다. 액티빈의 FSH 방출촉진작용은 인히빈의 방출억제작용에 비하여 약하기 때문에 두 호르몬이 함께 있을 경우에는 액티빈의 작용이 발현되기 어렵다. 그러나, 액티빈은 LH의 분비상태와는 관계없이 FSH의 기저분비를 증강시킨다(Eramada 등, 1993). 또한, 과립막세포에서 분비된 액티빈은 곧바로 자가분비기전으로 과립막세포 자체에 FSH-수용체를 증가시키는 수단을 통하여 국소적으로 FSH의 생리작용 발현을 증강시킬 가능성도 있다.

(3) 폴리스타틴 : 돼지의 난포액에서 분자량이 각각 31,000, 35,000 및 39,000인 단일폴리펩티드쇄를 검출하고, 이것들이 뇌하수체의 FSH 분비를 억제하는 기능을 가지고 있다는 사실에 근거하여 폴리스타틴(follistatin)이라 명명하였다. 그 후의 연구에서 폴리스타틴은 액티빈 1분자에 2분자가 결합하는 액티빈-결합단백질이라는 것이 밝혀졌다. 그러나, 인히빈과의 결합은 매우 약한데, 이것은 인히빈의 α-아단위가 폴리스타틴과의 결합을 방해하기 때문인 것으로 생각된다. 폴리스타틴이 액티빈과 결합하면, FSH의 분비를 촉진하는 액티빈의 활성이 억제되며, 이에 따라 FSH의 분비도 억제된다. 따라서, 말초혈액중의 액티빈

은 폴리스타틴과 결합하여 활성을 발현할 수 없음으로 성선에서 액티빈이 분비되어도 뇌하수체에서 FSH의 분비가 촉진되지는 않는다. 그러나, 폴리스타틴이 FSH의 방출을 억제하는 역가는 인히빈의 1/3~1/10에 불과하다.

제 5 절 태반 호르몬

포유동물 태반의 기본적 기능은 태아와 모체간에 일어나는 물질교환을 매개하는 것이다. 그러나, 다양한 스테로이드호르몬과 펩티드호르몬을 분비하여 임신의 유지와 태아의 발달을 조절하는 중요한 기능도 수행한다. 태반호르몬들은 배의 영양막에서 분화된 세포영양막과 합포체영양막에서 합성 · 분비된다.

1. 태반의 스테로이드호르몬

태반에서는 프로게스테론과 에스트로겐을 합성 · 분비한다. 태반과 태아는 각각이 스테로이드호르몬의 합성에 필요한 효소 모두를 갖추고 있지는 않다. 그러나, 어느 한편에 없는 효소를 다른 한편이 갖추고 있음으로 양측이 하나의 기능단위로 작동하여 호르몬을 합성한다. 이와 같은 구조적 기능단위를 태아-태반단위(fetoplacental unit)라고 한다.

1) 태반 프로게스테론

프로게스테론은 임신의 유지를 위하여 전 임신기간에 걸쳐 필요한 호르몬이지만, 주 분비장소는 동물의 종에 따라 다르다. 즉, 임신황체가 임신말기까지 존속되는 산양 · 돼지 · 개 · 토끼 등에서는 전 임신기간에 걸쳐 황체에서 분비된다. 그러나, 일부의 동물종에서는 임신기간의 어느 시기에 임신황체가 퇴행되고, 태반이 프로게스테론의 분비기능을 이어 받는다. 태반이 프로게스테론의 주 분비기관이 되는 시기는 임신기간의 시작으로부터 벵골원숭이 21일, 사람과 면양 50일, 말 70일이다. 태반에서 프로게스테론을 분비하는 동물 가운데 탈락막태반을 형성하는 동물에서는 합포체영양막, 무탈락막태반을 가지는 동물에서는 세포영양막에서 프로게스테론을 합성한다. 태반은 프로게스테론의 합성에 필요한 두종류의 효소 모두를 가지고 있음으로 독자적으로 프로게스테론을 합성할 수 있다. 합성과정은 먼저 콜레스테롤 측쇄전달효소(CYP11A1)의 작용으로 콜레스테롤의 측쇄가 절단되어 탄소수 21개의 프레그네놀론이 합성되고, 이것이 3β-수산화스테로이드 탈수소효소(3β-HSD)의 촉매로 프로게스테론으로 전환된다(그림 2-29; Lee, 2002f). 태반에서 합성 · 방출된 프로게스테론도 모체의 순환계로 이행되어 난소의 황체에서 분비되는 프로게스테론과 동일한 생리작용을 발현한다(본장의 제3절 프로게스틴 항목 참조).

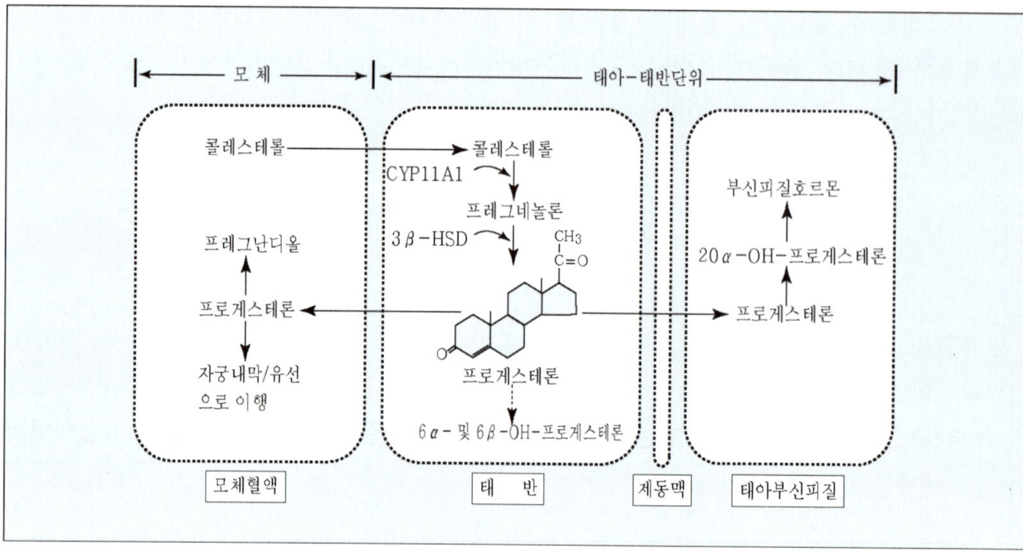

그림 2-29. 태반의 프로게스테론 합성경로

2) 태반 에스트로겐

태반은 프레그네놀론이나 프로게스테론의 C_{17}에 부착된 측쇄를 제거하여 C-19스테로이드를 합성하는 CYP17효소(17α-hydroxylase/17-20 lyase)가 결여되어 있어 에스트로겐의 중간전구물질이 되는 안드로겐을 합성할 수 없다(안드로겐의 합성과정은 본장의 제4절 안드로겐 항목 참조). 따라서, 태반이 에스트로겐을 합성하기 위해서는 안드로겐의 합성과정을 CYP17효소를 가지고 있는 태아의 부신피질에 의존할 수밖에 없다(그림 2-30; Lee, 2002f). 태반에서의 에스트로겐 합성과정은 ① 모체의 혈액에서 태반으로 이행된 콜레스테롤이 CYP11A1효소에 의하여 프레그네놀론으로 전환되고, ② 이 프레그네놀론이 태아의 부신피질로 이행된 다음, 황산화되어 황산프레그네놀론으로 된 다음, 안드로겐합성과정을 통하여 황산데히드로에피안드로스테론(dehydroepiandrosterone sulfate [DHEA-SO_4])으로 되고, ③ 이 DHEA-SO_4는 다시 태반으로 들어와 설파타제(sulfatase)의 작용으로 유황부분(SO_4)이 제거되어 DHEA가 된 다음, ④ 3β-HSD의 작용으로 안드로스텐디온(androstenedione)으로 전환되며, ⑤ 안드로스텐디온은 CYP19효소(aromatase)의 작용으로 A환이 방향족화되어 에스트론(E_1)으로 전환된다. 또한, 안드로스텐디온은 태반내에서 17β-수산화스테로이드 산화환원효소(17β-hydroxysteroid oxidoreductase)에 의하여 테스토스테론으로 전환되는데, 이것으로부터 에스트라디올(E_2)이 합성된다. 그리고, DHEA는 16α-수산화효소(16α-hydroxylase)의 작용으로 16α-OH-DHEA로도 전환되며, 이것에서는 에스트리올(E_3)이 합성된다. 따라서, 태반에서는 태아의 부신피질에서 이행된 DHEA-SO_4를 중간전구물질로 이용하여 E_1 · E_2 · E_3 모두를 합성한다.

태반에서 임신말기에 대량으로 합성 · 분비된 에스트로겐은 분만과정과 유선의 발달에

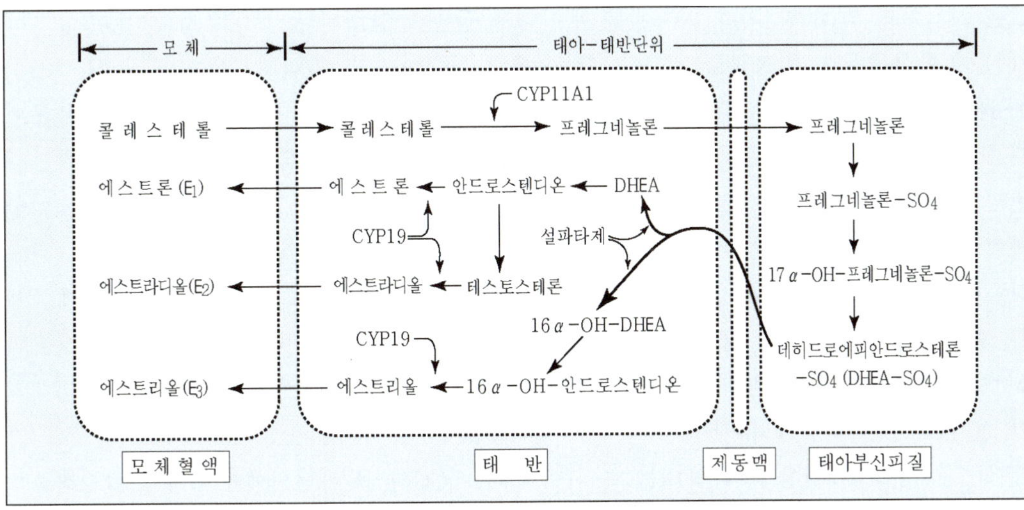

그림 2-30. 태반의 에스트로겐 합성경로

대하여 중요한 역할을 수행한다. 에스트로겐은 ① 자궁 평활근섬유의 막전위(membrane potential)를 낮추는 수단을 통하여 자궁근의 흥분성을 증가시키며, ② 자궁근의 프로스타글란딘 합성효소(PG synthetase)의 활성을 증대시켜 $PGF_{2\alpha}$의 합성을 촉진하고, ③ 신경뇌하수체를 자극하여 옥시토신의 분비를 자극하며, ④ 자궁근층과 자궁내막에서 옥시토신-수용체의 수를 증가시킨다. 이와 같은 일련의 작용을 통하여 자궁근층의 수축활성을 증대시킴으로써 원활한 분만이 일어날 수 있도록 조절한다. 한편, 유선에서 유선관계(乳腺管系)의 발달을 촉진할 뿐만 아니라, 뇌하수체전엽의 프롤락틴 분비를 자극함으로써 유즙의 합성을 촉진하여 비유를 유기한다.

2. 태반의 단백질계 호르몬

포유동물의 태반에서는 동물종에 따른 임신생리학적 특성에 따라 다양한 단백질계 호르몬을 분비하여 임신의 유지와 태아의 발달이 원활히 이루어질 수 있도록 조절한다. 이 호르몬에는 융모성 성선자극호르몬·임마융모성 성선자극호르몬·태반성 락토겐, 그리고 호르몬의 활성을 나타내는 다양한 펩티드 등이 포함된다.

1) 융모성 성선자극호르몬

융모성 성선자극호르몬(chorionic gonadotropin [CG])은 사람을 비롯한 영장류의 태아측 태반을 구성하는 합포체영양막세포(合胞體營養膜細胞, syncytiotrophoblastic cell)에서 합성되며, 임신한 암컷의 오줌이나 혈액에서 검출된다. 사람에서 hCG는 배란 약 8일후, 즉 배의 착상 1일후부터 검출되기 시작하며, 그 후 급속도로 증가되어 최초로 월경이 발견되지 않은 시각부터 약 30일 후에 최고치를 보이다가 급속히 감소된다.

(1) 화학적구조와 합성과정 : hCG의 화학적 구조는 잘 밝혀져 있는데, FSH · LH · TSH 등과 같이 α-아단위와 β-아단위가 비공유결합의 형태로 결합된 당단백질호르몬이다. hCG의 α-아단위는 92개의 아미노산 잔기로 구성된 폴리펩티드쇄로서, 분자내에는 7번과 31번 · 28번과 60번 · 59번과 87번 · 82번과 84번의 아미노산 잔기(cysteine)간에 이황화결합을 가지고 있어 환상의 구조를 나타내며, 52번과 78번 아미노산(asparagine)에 탄수화물측쇄가 부착되어 있다. β-아단위는 145개의 아미노산 잔기로 구성되고, 분자내에 6개의 이황화결합(9번-90번 · 23-72 · 26-110 · 34-88 · 38-57 · 93-100)을 가지고 있다. hCG의 β-아단위는 N-말단으로부터 112개의 아미노산이 LH의 그것과 80%의 상동성을 나타내지만, FSH의 β-아단위와의 상동성은 매우 낮다(Fiddes & Talmadge, 1984). 이것이 hCG가 LH와 유사한 생리작용을 나타내는 주 원인이다. hCG의 β-아단위에는 6개의 탄수화물측쇄가 부착되어 있는데, 13번과 30번 아미노산인 아스파라긴에는 N-연결로, 121번 · 127번 · 132번 · 138번 아미노산인 세린(serine)에는 O-연결로 서로 다른 과당류쇄가 결합되어 있다. hCG의 분자량은 36,700이고, 분자내에 중량기준으로 약 30%의 당성분이 함유되어 있다(Birken, 1984). 이 당성분은 분자구조의 입체배위를 유지하는데 필요한 요소는 아니다. 그러나, 과당류쇄의 말단에 위치하는 시알산(sialic acid)은 hCG의 청소율을 낮추어 체내에서의 생리적활성을 장시간에 걸쳐 지속시킨다(Rossa 등, 1984). 한편, hCG의 각 아단위는 각각 별도의 mRNA에 의하여 합포체영양막세포의 과립내형질세망에서 합성된다. 두 아단위는 모두 펩티드쇄의 앞쪽에 신호펩티드가 부착된 전구펩티드(propeptide)로 합성되며, 신호펩티드는 미크로솜엔도펩티다제(microsomal endopeptidase)에 의하여 각각의 아단위에서 분리된다. hCG의 펩티드쇄에 탄수화물측쇄가 부착되는데 있어서 N-연결 과당류쇄는 펩티드쇄가 번역되는 과정이나 번역이 완료된 직후에 결합되며, O-연결과당류쇄는 hCG가 분비되기 직전에 부착된다. 합성이 완료된 α- 및 β-아단위는 분비되기 직전에 결합하여 완전한 hCG분자가 된다.

(2) 생리작용 : 정상적인 임신과정을 거치는 여자에서 hCG는 임신초기에 황체의 수명을 연장시키고, 황체를 자극하여 자궁내막의 유지 · 발달에 필요한 프로게스테론을 분비시켜 임신을 유지시킨다. 또한, 시상하부의 정중융기에 직접 작용하여 GnRH의 분비를 억제하는 수단을 통하여 임신중의 배란을 억제한다. 또한, 수컷 태아를 임신한 경우에는 태반에서 분비된 hCG가 태아로 이행된 다음, 정소를 자극하여 테스토스테론의 분비를 촉진한다. 실제로, 태아 정소의 테스토스테론 분비는 hCG의 분비가 최고조에 이르렀을 때 최고수준을 나타낸다. 이 테스토스테론은 태아의 성분화에 중요한 역할을 수행한다. 한편, 단리된 hCG는 화학구조와 생리기능이 뇌하수체에서 분비되는 LH와 매우 유사하다. 따라서, hCG는 난포를 자극하여 배란을 유발하고, 난포의 과립막세포를 황체세포로 전환시켜 황체를 형성하며, 황체의 기능적 수명을 유지시키면서 프로게스테론의 분비를 증가시키는 일련

의 생리적 기능을 발현한다. 그러나, hCG는 미약하지만, FSH의 기능도 가지고 있다. 이와 같은 hCG의 생리적 기능을 이용하여 난포낭종(卵胞囊腫, follicular cyst)을 치료할 수 있다. 소의 경우 5,000~10,000 IU의 hCG를 투여하면 낭종난포(cystic follicle)가 배란되어 황체를 형성하거나 그대로 황체화되어 프로게스테론을 분비하는데, 이 황체는 20일간 기능을 유지한다. 따라서, hCG투여 21일 후에는 정상적인 성주기가 발현된다. 한편, 사람에서는 임신초기에 hCG를 면역학적 검출법으로 확인하고, 이의 분비 여부로 조기에 임신을 감정할 수 있다. hCG는 정제된 표준품을 얻을 수 있음으로 천연LH의 대용품으로 많이 사용된다.

2) 임마 융모성 성선자극호르몬

말·당나귀·얼룩말 등과 같은 마과(*equidae*) 동물의 태반에서도 CG가 분비된다. 그러나, 말의 CG는 임신한 말의 혈청이 어린 래트의 성성숙을 유발한다는 사실이 밝혀짐에 따라 발견되었으며, 이에 근거하여 임마혈청성 성선자극호르몬(pregnant mare serum gonadotropin [PMSG])이라고 명명하였다. 이 명칭은 오늘날에도 관용적으로 사용하고 있지만, 분비원이 밝혀진 현재는 임마융모성 성선자극호르몬(eCG)이라고 부르는 것이 적합하다. eCG는 태아에서 유래되는 융모막융모의 영양막세포가 모체조직인 자궁내막상피와 접착된 다음, 상피 아래로 뚫고 들어가 자궁내막의 고유층과 결합하여 형성된 자궁내막배(endometrial cup)에서 분비된다. 자궁내막배는 임신 36일경부터 형성되기 시작하고, 60일경부터는 퇴행되기 시작하는데, 임신 150일경까지는 자궁내막에 존재한다. 임신한 말에서 eCG는 임신 40일경부터 모체의 혈액에서 검출되기 시작하며, 임신 55~65일에 최고치를 나타내다가 그 후로는 계속 감소되는데, 임신 120~130일까지는 매우 낮은 수준으로 검출된다.

(1) 화학적구조와 합성과정 : eCG는 FSH·LH·hCG 등과 같이 당단백질호르몬이며, 서로 다른 두종류의 아단위, 즉 α-아단위와 β-아단위가 비공유결합을 하여 구성된 호르몬이다. α-아단위는 96개의 아미노산 잔기로 구성되어 있고, hCG의 α-아단위와 같이 분자내에 10개의 시스테인을 가지고 있지만, 이황화결합의 위치는 밝혀지지 않았다. β-아단위의 아미노산 배열순서는 결정되지 않았으며, 다만 145개의 아미노산 잔기로 구성되었다는 사실은 밝혀졌다(Ward 등, 1982). eCG에 함유된 탄수화물쇄는 여러 종류의 단당류가 결합하여 형성된 과당류쇄로서, 부착위치는 α-아단위에서는 56번과 82번 아미노산인 아스파라긴이고, β-아단위의 경우는 밝혀지지 않았으며, 과당류쇄의 구조도 아직까지 모른다. 완전한 eCG분자에는 분자량 기준으로 약 43%의 당이 함유되어 있는데, 각 아단위의 당함량은 β-아단위(50%)가 α-아단위(21%)에 비하여 훨씬 높다. 이와 같이, 당의 함량이 높아서 반감기(약 6일)가 길다. eCG의 분자량은 45,000~65,000의 범위를 나타내는데, 이렇게 변이의 폭이 큰 이유는 당의 함량이 너무 높아서 분자량을 측정하는데 대한 기술적 어려움이 따르기 때문이다. eCG는 분자량이 크기 때문에 오줌으로는 거의 배설되지 않는다. 한편, 자궁내막배의 영양막세포에서 eCG가 합성되는 과정은 사람 태반의 합포체영양막세

포에서 hCG가 합성되는 과정과 대체로 일치한다.

(2) 생리작용 : 임신한 말에서 분비되는 eCG는 난소에 작용하여 다수의 난포를 발육시킨다. 발육된 난포가운데 소수는 배란되고, 나머지는 폐쇄되는데, 이것들이 부황체(副黃體, accessory corpus luteum)로 전환된 다음, 프로게스테론을 분비하여 임신을 유지시킨다. 여기에서 난포를 발육시키는 작용은 FSH와 유사한 생리작용이고, 배란과 부황체를 형성시키는 작용은 LH와 유사한 생리작용이다. 한편, 단리된 eCG는 FSH와 LH의 생리작용을 겸비하고 있기 때문에 FSH와 같이 난포를 발육시키고, 혈중 에스트라디올-17β의 농도를 증가시키며, LH와 같이 배란과 황체형성을 유기한다. 그러나, eCG는 LH의 작용에 비하여 FSH의 작용을 더 강하게 나타내는 생리적 특성이 있다. eCG는 임신한 말에서 쉽게 분리·정제할 수 있고, FSH의 생리작용이 강하기 때문에 인공적으로 배란을 유기할 때 난포발달의 촉진제로 유용하게 이용된다.

3) 태반성 락토겐

포유동물의 태반에서 프롤락틴과 같이 유선조직을 자극하는 물질을 추출하고, 이를 태반성 락토겐(placental lactogen [PL])이라 명명하였다. 그러나, PL은 유선을 자극하는 활성과 함께 성장호르몬이 가지는 성장자극활성도 가지고 있기 때문에 융모성 성장유선자극호르몬(chorionic somatomammotropin)이라고도 한다. PL은 사람·원숭이·소·면양·햄스터·래트·마우스 등의 태반조직에서는 검출되었지만, 말·개·돼지 등에서는 보고된 바가 없다. PL의 분비는 임신말기로 갈수록 증가되는데, 면양의 혈액에서는 임신기간의 마지막 1/3기간에서만 검출된다. 그러나, 원숭이·래트·마우스 등에서는 임신중기에 분비량의 정점을 나타내는 PL의 분자형이 하나 더 있다.

(1) 화학적구조와 합성과정 : 사람의 PL은 191개의 아미노산 잔기로 구성된 단일폴리펩티드쇄로서, 아미노산배열로 결정한 분자량은 22,279이다. hPL의 분자내에는 53번과 165번, 182번과 189번 아미노산(cysteine) 상호간에 2개의 이황화결합을 가지고 있다. hPL의 아미노산 배열순서는 hGH와 96%, hPRL과 67%의 상동성을 나타낸다. 면양의 PL은 192개의 아미노산 잔기로 구성되었고, 분자량은 22,000~23,000이며, 등전점은 6.8~9.0이다. 한편, 사람에서 GH와 PL의 합성은 염색체 17q22-24에 위치하는 GH-PL유전자족(hGH-N·hGH-V·hCS-A·hCS-B·hCS-L)에 의하여 지배되는데, hPL은 hCS-A와 hCS-B에 코딩되어 있다. 이들 두 유전자에 의하여 번역된 산물은 신호펩티드에서 1개의 아미노산만이 다르기 때문에 신호펩티드가 제거된 최종산물은 완전히 같다. 태반에서 hCS-A와 hCS-B가 전사되어 형성된 mRNA의 농도는 대략 같으며, 따라서 이들 두 유전자에 의하여 합성된 hPL의 양도 같다. hPL의 합성을 위한 mRNA는 합포체영양막에서 검출되며, 세포영양막에서는 검출되지 않는다. 이것은 태반의 영양막이 완전하게 합포체영양막으로 분화되어야만 hPL의 유전자가 발현된다는 것을 의미한다(Hoshina 등, 1985).

(2) 생리작용 : PL의 화학적 구조가 성장호르몬과 프롤락틴의 구조와 매우 유사함으로 생리적 기능도 이들 호르몬의 작용을 공유한다. PL이 가지는 성장호르몬으로서의 기능은 모체의 중간대사와 태아의 성장을 조절하는 것이다. 사람에서 모체혈액의 hPL농도는 높지만(특히 임신 마지막 1/3기간), 태아의 hPL농도는 매우 낮다. 이 사실은 hPL이 태아의 성장과 발달을 직접 자극하지는 못하고, 모체의 대사작용(탄수화물·지방·단백질의 대사)을 조절하여 태아의 성장에 필요한 영양소를 공급하는 간접경로를 통하여 태아의 성장·발달을 촉진한다는 것을 의미한다. 그러나, 면양에서는 태아의 oPL농도가 높고, 태아의 간장에서 oPL-수용체가 검출되며, 임신 16~17일경의 배에서 oGH는 검출되지 않지만, oPL은 검출되는 사실들을 종합하여 보면, oPL이 면양의 배 및 태아의 발달을 직접 자극하는 것으로 보인다. 한편, 사람의 PL은 *in vitro*에서 마우스의 유선을 자극하여 유즙의 분비와 카제인(casein)의 합성을 유발하며, 토끼의 유선관에 hPL을 주입하여도 유즙의 분비가 자극된다. 사람에서 hPL의 유선에 대한 역할은 명확히 해명되지는 않았지만, 임신기간 동안에 유선에서 일어나는 분비상피세포의 증식을 자극하고, 유즙합성을 자극하는 데에도 일정한 역할을 하는 것으로 보인다. 또한, 소에서 bPL의 수준을 보면 젖소는 고기소에 비하여 2배정도 높으며, 젖의 분비능력이 높은 소가 낮은 소에 비하여 높은 경향을 나타내는데, 이것은 bPL이 젖의 합성·분비에 중요한 역할을 한다는 것을 시사한다.

4) 기타의 펩티드

포유동물의 태반에서는 뇌하수체호르몬의 분비를 조절하는 시상하부호르몬과 유사한 펩티드들과 임신-관련 펩티드들을 분비하여 임신과정이 원활히 유지될 수 있도록 작용한다.

(1) 시상하부호르몬-유사 펩티드 : 사람의 태반조직에서 LH의 방출을 촉진하는 GnRH-유사펩티드가 검출되었는데, 이것의 화학적 구조는 시상하부에서 분비되는 GnRH와 같다(Tan & Rousseau, 1982). 사람의 태반조직에서 GnRH는 영양막세포의 세포질과 합포체영양막세포의 원형질막 표면에서 검출되는데, 이 사실은 영양막세포에서 GnRH가 합성되고, 합포체영양막세포는 GnRH의 표적세포라는 것을 의미한다. 태반 GnRH의 주 기능은 합포체영양막세포를 자극하여 hCG의 합성을 촉진하는 것이다. 한편, 사람의 태반에서는 뇌하수체의 갑상선자극호르몬 방출을 촉진하는 TRH-유사펩티드가 검출되었는데, 화학적 구조가 시상하부에서 분비되는 TRH와 같지는 않다. 또한, GH의 방출을 억제하는 SST-유사펩티드(Etzrodt 등, 1980)와 방출을 자극하는 GHRH-유사펩티드(Baird 등, 1985), 그리고 부신피질자극호르몬의 방출을 자극하는 CRH-유사펩티드(Shibasaki 등, 1982) 등도 태반에서 검출되었다.

(2) 부신피질자극호르몬과 관련펩티드 : 태반에서 합성된 CRH-유사펩티드는 태반조직에서 프로오피오멜라노코르틴(proopiomelanocortin [POMC])의 합성을 국소적으로 자극하고, 합성된 POMC는 절단·가공되어 ACTH·β-리포트로핀·β-엔도르핀·α-MSH 등

을 방출하는데, 이것들은 뇌하수체에서 분비되는 것과 구조적으로 유사하다(Liotta & Krieger, 1980). 태반에서 합성된 ACTH와 그 관련 펩티드들은 모체・태반・양수로 방출된다.

(3) 태반 릴랙신 : 사람・말・고양이・돼지・토끼・원숭이 등의 태반에서는 릴랙신이 검출되며, 면양의 태반에서도 소량이 검출되지만, 소의 태반에서는 검출되지 않는다. 태반에서 분비되는 릴랙신의 정확한 기능은 아직까지 명확하지는 않은데, 아마도 분만시 태아를 둘러싸고 있는 태막의 구성성분인 교원질(collagen)의 분해를 촉진하고, 아울러 수분의 함량을 높여서 태막이 쉽게 파열될 수 있도록 조절하는 것으로 보인다(Koay 등, 1985).

(4) 단백질 B : 단백질 B는 임신특수단백질 B(pregnancy specific protein B [PSPB])라고도 부르는데, 임신한 소의 태반조직에서 최초로 단리되었다. PSPB는 태반의 거대이핵영양막세포(giant binucleate trophoblastic cell)에서 분비된다(Eckblad, 1985). PSPB의 화학적 본태는 폴리펩티드쇄에 탄수화물측쇄가 부착된 당단백질이다(Sasser 등, 1989). 액체크로마토그라피(HPLC)로 정제한 PSPB의 분자량은 61,000이고, 등전점은 5.1~5.5이며, 당의 함량이 높아서 반감기는 7.3일이나 된다(Camous 등, 1989; Ruder & Sasser, 1986). 방사면역분석법(RIA)을 이용하여 임신한 소의 혈청과 우유에서 PSPB를 검출하였는데, 혈청에서는 대부분의 소에서 임신 3주후부터 임신끝까지 검출된다(Sasser 등, 1986). 면양・사슴・엘크・산양 등과 같은 반추동물의 혈청에서도 PSPB가 검출되었으며, 돼지와 말에서는 검출되지 않는다. PSPB의 생리작용은 명확하지 않다. 그러나, 소와 면양에서는 임신이 이루어지면 태반에서 분비되는 PSPB가 발정황체에 전달되어 이의 퇴행을 방지하고, 임신황체로 전환시켜 임신을 유지시키는 역할을 하는 것으로 추정된다. 한편, 소에서는 임신초기에 PSPB의 분비를 판정할 수 있기 때문에 이를 조기임신감정에 이용할 수 있다. 젖소를 대상으로 한 실험에서 인공수정후 24일에서는 86.2%, 30~35일에서는 90% 이상의 정확도를 나타냈다(Humbolt 등, 1988).

제 6 절 기타의 생식관련 호르몬

포유동물의 생식기능은 주로 시상하부-뇌하수체-성선으로 이어지는 내분비적 조절기전에 의하여 영위되지만, 국소 호르몬으로 작동하는 프로스타글란딘과 광주기에 동조되어 분비되는 멜라토닌도 생식기능의 발현에 일정한 역할을 수행한다.

1. 프로스타글란딘

프로스타글란딘(prostaglandin [PG])은 사람의 정액에서 최초로 단리되었는데, 이 물질이 전립선(prostate gland)에서 분비되는 것으로 추정하여 프로스타글란딘이라고 명명하였다.

그러나, PG는 신체의 거의 모든 조직에서 분비되며, 모두 5탄소환을 포함하는 20개의 탄소 원자로 구성된 불포화 수산화지방산이다. 모든 PG는 화학구조적으로 불안정한 물질로서, 생산된 장소에서 국소적으로 생리작용을 발현하고, 곧바로 대사되어 불활성 물질로 전환되기 때문에 혈액에서는 검출하기가 어렵다. PG가운데 생식생리분야에서 응용가치가 큰 것은 $PGF_{2\alpha}$이며, 많이 이용되는 합성제제로는 Lutalyse(미국, Upjon)와 Estrumate(ICI 80996; 영국, ICI)가 있다.

1) 프로스타글란딘의 합성과 대사

프로스타글란딘은 신체의 거의 모든 조직에서 C-20다중불포화지방산인 아라키돈산(arachidonic acid)을 원료로 합성된다. PG의 합성에 필요한 아라키돈산은 대부분이 식이로부터 흡수되며, 소량은 생체내에서 리놀산(linoleic acid)으로부터 합성된다. 생체내의 아라키돈산은 소량만이 유리형으로 존재하고, 대부분은 원형질막의 인지질에 에스터화되어 저장된다.

(1) 합성과정 : 원형질막에서 유리된 아라키돈산은 포스포리파제(phospholipase)A_2의 작용으로 인지질로부터 방출된 다음, PG합성의 기질로 이용된다. 인지질에서 방출된 아라키돈산은 사이클로옥시게나제(cyclooxygenase)의 작용으로 산화되어 C_8~C_{12}에 5탄소환을 가지는 환상엔도퍼록사이드(cyclic endoperoxide)가 되는데, 이것에는 C_{15}자체가 카르복실기(-COOH)의 형태로 된 PGG_2와 C_{15}에 수산기가 부착된 PGH_2가 있다. 환상엔도퍼록사이드 가운데 PGH_2는 각각의 PG분비세포가 가지는 효소의 특성에 따라 여러 종류의 PG로 전환된다. PGH_2를 여러 종류의 PG로 전환시키는 효소를 총칭하여 PG합성효소(PG synthetase)라고 하는데, 이 효소계는 매우 다양한 효소들이 포함되어 있다. 다양한 PG가운데 생식기능의 조절에 가장 밀접한 관계가 있는 $PGF_{2\alpha}$와 PGE_2는 각각 PG 엔도퍼록사이드 환원효소(PG endoperoxide reductase)와 PG 엔도퍼록사이드 이성화효소(PG endoperoxide isomerase)의 촉매로 PGH_2로부터 신체의 여러 조직에서 합성되며, 특히 난포(Le Marie 등, 1973)·자궁(Horton & Poyser, 1976)·뇌(Wolf & Coceani, 1979) 등에서 많이 합성된다(그림 2-31; Lee, 2002d).

(2) 대사과정 : 아라키돈산을 기질로 사용하여 합성된 물질들은 체내에서 생산된 직후에 순간적으로 생리작용을 발현하고, 곧바로 대사되는 특성이 있다. 이들 물질가운데 PGG_2·PGH_2·PGI_2 등은 물과 접촉되면 순간적(수초)으로 가수분해되어 불활성물질로 전환되며, 나머지의 PG는 폐·신장·간장 등을 비롯한 여러 조직에서 혈액에 함유되어 있는 분해효소에 의하여 빠르게 대사된다. PG를 생리적으로 불활성화시키는 첫단계는 15-수산화프로스타글란딘 탈수소효소(15-hydroxyprostaglandin dehydrogenase [15-OH-PG-DH])의 촉매로 산화되어 C_{15}에 부착되어 있는 수산기(-OH)가 케톤기(=O)로 전환되어 15-keto-PG로 대사되는 단계이며, 이 PG는 완전히 실활(失活)된다. 둘째단계는 Δ13-PG환원효소(Δ13-PG reductase)의 작용으로 C_{13}과 C_{14}사이에 위치하는 이중결합이 제거되어 13,14-dihydro-

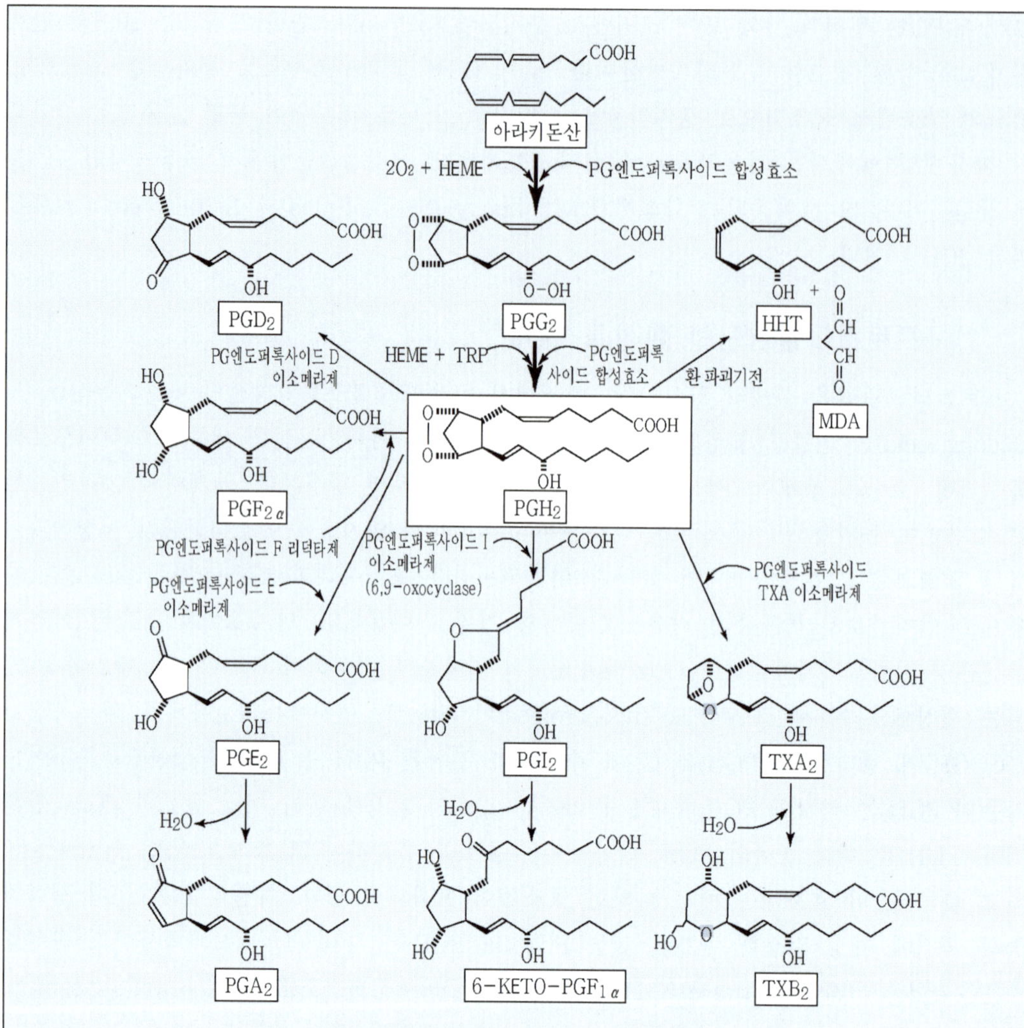

그림 2-31. 프로스타그란딘의 합성과정

15-keto-PG로 대사되는 과정이다. 이러한 두과정을 통하여 대사된 다음에는 지방족측쇄에서 β-산화와 ω-산화가 일어나 오줌으로 배설되는 최종대사산물이 된다(그림 2-32).

2) 프로스타글란딘의 생리작용

프로스타글란딘은 신체의 거의 모든 조직과 기관에서 합성되어 매우 다양한 생리작용을 발현한다. 일반적으로, PG는 표적세포의 원형질막에 위치하는 수용체와 결합하여 아데닐레이트 사이클라제를 활성화시키고, 이에 의하여 생성된 제2전달물질(cAMP · cGMP)의 매개로 강력하고, 다양한 생리작용을 발현한다. 그러나, PG는 전형적인 호르몬과는 달리 자기분비기전이나 인접분비기전을 영위하는 국소호르몬으로 작동한다. PG의 다양한 생리작용

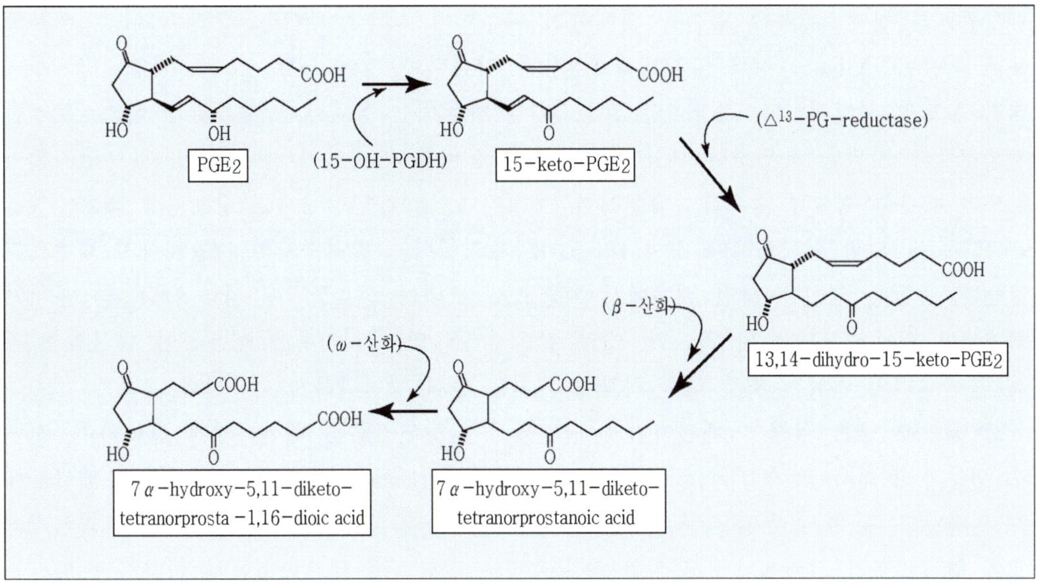

그림 2-32. 프로스타글란딘의 대사과정

가운데 생식기능과 관련된 작용만을 골라서 기술한다.

(1) 생식도관의 수축에 대한 작용 : PG는 사정시 웅성생식도관을 수축시킬 뿐만 아니라, 암컷의 생식도관도 수축시켜 교배시 정자의 수송을 촉진한다. 사람의 정액에는 고농도의 PG가 함유되어 있는데, PG의 농도가 낮으면 정자의 수송이 장애를 받아 웅성불임의 한 원인이 된다. 실제로, 정상적인 생식능력을 가진 남자의 정장에는 약 55μg/mℓ의 PGE가 함유되어 있는 반면에, 불임인 남자의 경우에는 약 18μg/mℓ가 함유되어 있을 뿐이다(Hafez, 1993). 또한, 수컷에서 음경의 발기를 촉진한다.

(2) 황체의 퇴행에 대한 작용 : 성주기를 반복하는 동물에서 자궁은 $PGF_{2\alpha}$를 분비하여 황체의 수명을 조절한다(Thatcher 등, 1986). 즉, 임신이 인지되지 않으면 자궁에서 분비된 $PGF_{2\alpha}$가 황체를 퇴행시킴으로써 프로게스테론의 분비가 저지되며, 이에 따라 발정주기가 개시된다. 자궁내막은 프로게스테론에 일단 노출된 다음에 에스트로겐의 자극을 받으면 $PGF_{2\alpha}$를 분비한다(Knickbocker 등, 1988). 자궁내막에서 합성된 $PGF_{2\alpha}$는 자궁의 정맥혈로부터 특수구조를 가진 순환경로(그림 1-19 참조)를 통하여 곧바로 난소동맥으로 이행되기 때문에 대사되지 않고 황체로 전달되어 효과적으로 황체를 퇴행시킨다. 황체를 퇴행시키는 기전은 $PGF_{2\alpha}$가 혈관수축제로 작동하여 황체에 대한 혈액공급을 억제하고, 이에 따라 황체세포에서 산소결핍증이 유발되어 퇴행된다. 그러나, PGE_2는 $PGF_{2\alpha}$와는 반대로 혈관을 확장시키는 작용이 있어서 황체를 퇴행시키지 못하며, 오히려 황체의 수명을 연장시킨다(Leymarie & Martal, 1993). 또한, $PGF_{2\alpha}$는 황체세포에서 프로게스테론이 합성되는 것도 억제하는데, 이것은 $PGF_{2\alpha}$가 콜레스테롤합성효소의 활성을 억제하여 프로게스테론의

합성원료인 콜레스테롤의 합성을 억제하기 때문이다. 내인성 $PGF_{2\alpha}$ 뿐만 아니라, 외부로부터 투여된 $PGF_{2\alpha}$도 강력한 황체퇴행작용을 가진다는 것이 래트・토끼・면양・말・소・돼지 등에서 확인되었다. 정상적인 발정주기를 유지하는 동물에서 증가되는 에스트로겐은 자궁내막의 발달을 촉진하여 $PGF_{2\alpha}$의 합성과 분비를 자극하기 때문에 임신이 인지되지 않으면 배란후 형성된 황체를 퇴행시킨다. 그러나, 소와 면양에서는 황체형성 최초 5일간은 $PGF_{2\alpha}$에 의한 황체퇴행이 일어나지 않고, 돼지에서는 발정주기의 12일째까지 퇴행되지 않는다. 동물이 임신을 하면 배아에서 자궁으로 보내는 신호물질에 따라 $PGF_{2\alpha}$의 분비가 억제되어 황체가 퇴행되지 않는다. 이와 같은 $PGF_{2\alpha}$의 생리작용을 이용하여 발정의 동기화, 분만시기의 인위적 조절 및 번식장애의 치료 등에 광범위하게 이용된다.

(3) 배란에 대한 작용 : 배란직전의 난포에서 합성된 PG는 배란과정에 관여하며, 실제로 면양과 소에서 PG의 합성을 억제하는 인도메타신(indomethacin)을 투여하면 배란장애가 일어난다(DeSilva & Reeves, 1985). 배란직전에 급증된 FSH와 LH는 난포의 과립막세포와 협막세포의 원형질막에 위치하는 수용체와 결합하여 내분비활동을 변화시켜 배란을 유발하는데, 이 과정에서 PG는 주로 과립막세포에서 분비된다. 분비된 $PGF_{2\alpha}$는 난포의 정점을 구성하는 상피세포의 세포질에 존재하는 리소솜(lysosome)을 파괴시켜 상피세포 자체를 용해시킬 뿐만 아니라, 난소를 수축시켜 난포의 파열을 유도한다. 한편, PGE_2는 플라스미노겐활성제(plasminogen activator)를 활성화시켜 플라스미노겐을 플라스민으로 전환시킨다. 플라스민은 조직세포를 이동시키는 인자로서, 난포의 정점(앞으로 파열될 부위)에서 가장 높은 활성을 나타내면서 이곳의 조직세포를 이동시켜 난포가 쉽게 파열될 수 있는 조건을 만들어 준다.

(4) 분만에 대한 작용 : 분만기에 태반에서 다량으로 합성된 에스트로겐은 자궁내막을 자극하여 다량의 $PGF_{2\alpha}$를 분비시킨다. 분비된 $PGF_{2\alpha}$는 황체를 퇴행시키고, 자궁근의 수축을 자극하여 분만촉진제로서의 역할을 수행한다. 따라서, 태아가 신속히 만출되기 위하여는 고농도의 $PGF_{2\alpha}$가 필요한데, 분만중인 동물에 인도메타신을 투여하여 $PGF_{2\alpha}$의 합성을 억제하면 태아의 만출이 지연된다. 진통기에는 $PGF_{2\alpha}$가 왕성하게 분비됨으로 혈장중에 $PGF_{2\alpha}$의 대사산물(13,14-dihydro-15-keto-$PGF_{2\alpha}$) 농도가 평상시에 비하여 10~20배나 증가된다. 또한, 분만시에 급증된 에스트로겐은 포스포리파제A_2를 활성화시켜 모든 PG의 원료가 되는 아라키돈산을 원형질막의 인지질로부터 방출시키고, 또한 사이클로옥시게나제의 활성화도 자극하여 아라키돈산을 PG의 전구물질인 PGH_2로 전환시킨다. 한편, 분만시에 신경뇌하수체에서 다량으로 방출된 옥시토신은 자궁내막의 옥시토신-수용체와 결합하여 PIP_2를 IP_3와 DAG로 가수분해한다(그림 2-7 참조). 생산된 IP_3와 DAG는 제2전달물질로 작동하여 $PGF_{2\alpha}$의 합성・분비를 자극하며, 분비된 $PGF_{2\alpha}$는 신경뇌하수체의 옥시토신 분비를 자극한다. 이와 같이, 옥시토신과 $PGF_{2\alpha}$는 서로의 분비기능을 자극하는 상승효과를 나타내기 때문에 분만기에 자궁수축을 유발하는 이들 두호르몬이 충분하게 분비된다.

2. 멜라토닌

멜라토닌(melatonin)은 송과선(松果腺, pineal gland)에서 합성·분비되는 인돌아민(indoleamine)이며, 조류에서는 눈의 망막에서도 합성된다. 송과선에서 멜라토닌의 합성과분비는 명암주기(明暗週期)와 밀접한 관계가 있어서 암기에는 다량이 방출되고, 명기에는 기저수준을 유지한다.

1) 송과선의 구조

송과선은 광자극에 반응하여 멜라토닌을 분비하는 신경내분비선으로서, 태아 간뇌(間腦, diencephalon)의 정중앙 배벽(背壁)을 구성하는 신경상피(神經上皮, neuroepithelium)가 위쪽으로 자라나 형성된다. 크기는 소의 경우 길이 1.2~2.0cm, 폭 0.5~1.0cm이고, 사람에서는 길이 0.5~0.8cm, 폭 0.3~0.5cm 정도이다. 대부분의 포유동물에서 송과선은 제3뇌실의 천정에서 위쪽으로 뻗어난 구조이며, 표면은 연뇌막(軟腦膜, pia matter encephali)으로 덮여 있다. 연뇌막으로부터 혈관과 무수신경섬유를 함유한 결합조직이 송과선체속으로 뻗어들어가 실질을 다수의 불완전한 소엽으로 나눈다. 각 소엽은 송과선 실질의 대분분을 차지하는 송과선세포(松果腺細胞, pinealocyte)와 소수의 교세포(膠細胞, glial cell)로 구성되고, 여기에 동물별로 특유의 신경이 분포되어 있다. 그러나, 송과선세포의 구조와 기능발현양식은 동물의 종에 따라 크게 다르다. 어류와 양서류의 송과선세포는 그 구조가 망막의 시세포(視細胞, optic cell)와 매우 유사하여 외절(外節, outer segment)과 내절(內節, inner segment) 모두를 구비하고 있어서 광수용세포(光受容細胞, photorcceptor cell)로서의 역할을 수행한다. 그러나, 포유류의 송과선세포는 광자극을 수용할 수 있는 외절이 소실되어 오직 내분비세포로서의 기능을 수행할 뿐이며, 조류와 파충류의 송과선세포는 중간적 구조로 되어 있다. 따라서, 하등척추동물에서는 광자극을 송과선세포가 직접 수용하고, 이에 따라 멜라토닌의 분비가 조절된다. 그러나, 포유동물의 경우는 ① 눈의 망막(網膜, retina)에서 감지된 광자극이 망막로를 통하여 시상하부의 시교차상핵(視交叉上核, suprachiasmatic nucleus)에 수용되고, ② 이어서 상경신경절(上頸神經節, supracervical ganglion)로 전달되며, ③ 전달된 광자극의 효과로 상경신경절에서 뻗어난 교감신경의 절후섬유에서 노르에피네프린이 방출되고, ④ 방출된 노르에피네프린은 송과선세포의 원형질막에 위치하는 β-아드레날린수용체와 결합하여 세포내의 cAMP 수준을 증가시켜 멜라토닌의 합성을 자극한다.

2) 멜라토닌의 합성과 대사

멜라토닌은 송과선의 송과선세포에서 광주기에 반응하여 합성·분비된다. 어두운 조건하에서는 다량의 멜라토닌이 합성·방출되고, 밝은 조건하에서는 기저수준을 유지한다. 멜라토닌은 주로 간장에서 불활성화되고, 대사산물은 오줌을 통하여 배설된다.

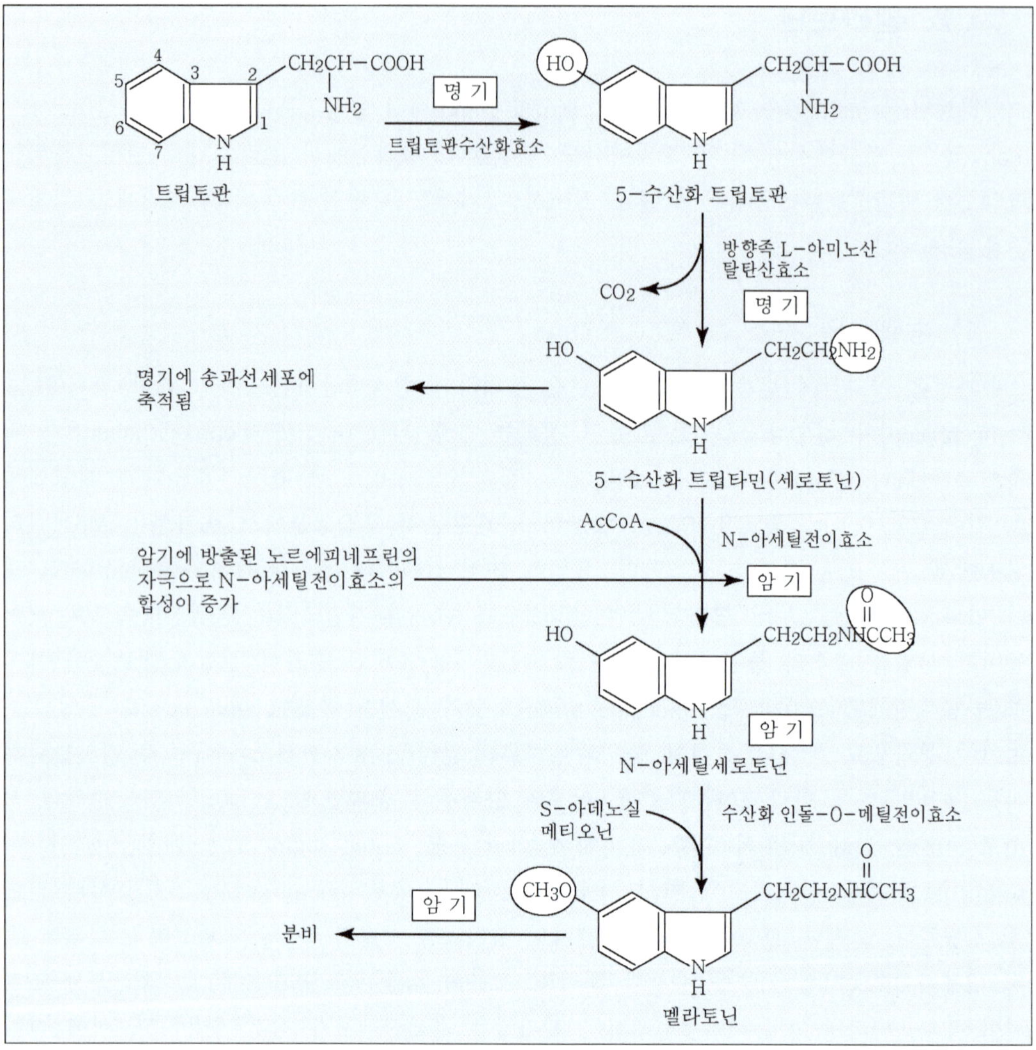

그림 2-33. 멜라토닌의 합성과정

(1) 합성과정 : 멜라토닌이 송과선세포에서 합성되는 생화학적 과정은 명확하게 밝혀졌다(Klein 등, 1997). 멜라토닌의 합성은 아미노산인 트립토판(tryptophan)을 원료로 이용하여 여러 단계의 합성과정을 거치면서 이루어지는데, 각 단계마다 별도의 효소가 반응을 촉매한다. 멜라토닌의 합성단계를 보면(그림 2-33; Lee, 2002e), ① 혈액에서 송과선세포로 흡수된 트립토판에 트립토판 수산화효소(hydroxylase)의 작용으로 인돌환(indole ring)의 5번탄소에 수산기(-OH)가 첨가되어 5-수산화트립토판(5-hydroxytryptophan [5-HTP])이 형성되고, ② 이 5-HTP는 방향족 L-아미노산 탈탄산효소(aromatic L-amino acid decarboxylase)의 촉매로 카르복실기(-COOH)에서 CO_2분자가 제거되어 5-수산화트립타민(5-hydroxy-tryptamine [5-HT], serotonin)으로 전환되며, ③ 5-HT(serotonin)는 N-아세틸전이효

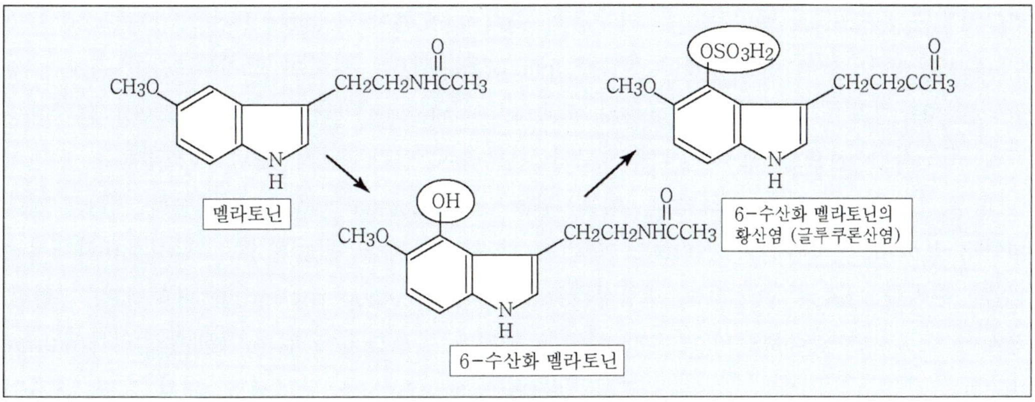

그림 2-34. 멜라토닌의 대사과정

소(N-acetyltransferase [NAT])의 촉매로 N-아세틸세로토닌(N-acetylserotonin)이 되고, ④ 이것이 수산화인돌-O-메틸전이효소(hydroxyindol-O-methyltransferase [HIOMT])의 작용으로 인돌환의 5번 탄소 위치에 S-아데노실메티오닌(S-adenosylmethionine)으로부터 메틸기가 전이되어 멜라토닌이 합성된다.

멜라토닌의 합성과정에서 5-수산화트립토판과 세로토닌의 합성은 밝은 조건에서 촉진되며, 따라서 밝은 조건하에서는 송과선세포에 세로토닌이 축적된다. 그러나, 어두운 조건하에서는 송과선세포에 종지하는 교감신경의 절후섬유에서 다량의 노르에피네프린이 방출되며, 이 노르에피네프린은 송과선세포에서 cAMP의 생산을 촉진하고, 이에 따라 NAT의 합성량이 증가되어 세로토닌이 멜라토닌으로 전이되는 과정이 촉진된다. 따라서, 어두운 조건하에서는 송과선세포의 세로토닌 축적량이 감소되고, 멜라토닌의 합성·분비가 증가된다. 합성된 멜라토닌의 혈장수준은 암기의 중간(middark)에서 최고치를 나타내고, 명기의 중간(midlight)에서 최소치를 나타낸다. 더욱이, 멜라토닌의 분비는 24-시간리듬이 유지되며, 빛을 차단하면 즉시 분비가 증가되고, 다시 빛을 주면 명기의 수준으로 즉시 복귀된다.

(2) 대사과정 : 방사성동위원소로 표지된 멜라토닌은 혈류와 뇌에서 매우 빠른 속도로 대사된다. 그러나, 간장이 멜라토닌을 불활성화시키는 주 기관이다. 간장에서 NADPH 요구효소인 미크로솜 6-수산화효소(microsomal 6-hydroxylase)의 작용으로 멜라토닌이 6-수산화멜라토닌(6-hydroxymelatonin)으로 대사되고, 이것이 황산이나 글루쿠론산과 접합되어 수용성으로 전환된 다음, 오줌을 통하여 체외로 배출된다(그림 2-34; Lee, 2002e).

3) 멜라토닌의 생리작용

송과선은 시각계(視覺界, visual system)의 최종기관으로서, 광주기(光週期, photoperiod)에 따른 시각신호를 화학신호로 변환시킨다. 따라서, 송과선의 본질은 외부의 광주기와 내부환경 사이를 연결하는 매개체이다. 송과선은 명암의 정보를 화학전달물질(멜라토닌)로 변환시키는 장소이고, 멜라토닌은 어두움의 화학적 표현이다(Reiter,1993). 포유동물에서 빛의 정보는 먼저 눈의 광수용체(光受容體, photoreceptor)에 의하여 감지되고, 이 정보는 망막-시상하부경로를 통하여 시상하부의 시교차상핵(SCN)으로 전달된다. 시교차상핵은 광주기에 동조화된 신호를 오직 송과선으로만 전달하여 멜라토닌의 분비를 조절하는 발진기(發振器, oscillator)로 작동하는데, 이를 생물시계(biological clock)라고 한다. 생물시계에 의하여 조절되는 송과선의 멜라토닌 분비는 환경의 주기적 변동이 없는 항상상태하에서는 1일의 주기를 가지고 변동되는 개일성(槪日性)리듬(circadion rhythm)을 나타낸다. 그러나, 환경이 변경되면 멜라토닌의 분비가 환경의 주기에 동조화되어 일주기(日週期)리듬(diurnal rhythm; 자연조건하에서 1일의 주기로 변동되는 생명현상)을 나타낸다. 이와 같이, 송과선에서는 생물시계의 지배하에 멜라토닌이 광주기의 변화에 부응하는 일주기리듬을 유지하면서 분비되고, 이 멜라토닌에 의하여 다양한 생리작용이 조절된다.

(1) 생명리듬의 조절 : 모든 생물체의 생명현상은 대략적인 개일성리듬을 나타낸다. 포유동물에서 이러한 리듬은 멜라토닌에 의하여 발현되는 것으로 밝혀지고 있다. 그러나, 출생시에는 멜라토닌 분비의 개일성리듬이 결여되어 있으며, 출생후 어느 시점에서 급속하게 발달된다. 사람에서 출생후 3~4개월까지는 혈액에서 멜라토닌의 분비리듬이 발견되지 않으며, 그 후 1살까지의 기간에 급속하게 발달된다. 이와 같이, 성성숙 전의 포유동물에서는 멜라토닌의 개일성리듬이 강력하게 나타난다. 그러나, 성성숙기에 들어가면 밤에 분비되는 멜라토닌의 수준이 유의하게 감소되는데, 이것이 성성숙의 발달을 허용하는 변화이다. 체성숙이 완료된 후에는 멜라토닌의 수준이 낮에는 낮고, 밤에는 높은 24-시간분비리듬을 나타낸다(Reiter, 1991).

한편, 최근에는 멜라토닌이 항노령화호르몬으로서의 작용을 가진 것으로 밝혀지고 있다(Grad & Rozencwaig, 1993). 실제로, 노령화는 송과선기능의 감퇴에 따라 이차적으로 일어나는 현상이라는 가설이 정립되었다. 이 가설에 따르면, 노령화는 멜라토닌/세로토닌 비율에서 멜라토닌의 상대적 결핍증후이며, 이러한 상태는 신경생리에 상해를 입히게 되고, 노령화과정의 원인이 된다. 여러 종의 동물에서 식이제한은 분명히 수명을 연장시키며, 또한 송과선의 멜라토닌 분비리듬을 보호하는 경향이 있다. 식이를 제한한 동물에서 멜라토닌의 분비리듬이 보존되는 것은 흥미있는 사실이다. 다른 내분비선은 장기간에 걸쳐 식이를 제한하면 송과선과는 달리 분비기능이 감퇴된다. 이와 같이, 멜라토닌의 분비주기가 다른 호로몬들과 반대의 양식으로 반응하는 원인은 아직까지도 분명하지 않다. 또한, 식이를 제한한 동물에서 보이는 수명의 연장이 멜라토닌 이용성의 증대에 관련된 것인지에 대하여도 의문점이 많다. 그러나, 멜라토닌의 활성이 수명을 연장시킨다는 것을 증명한 실험결과들이 제시되고 있다. 즉, 마우스에 대하여 매일 저녁 멜라토닌을 음수에 섞어 투여하면 그 수명이 931±80일로서, 대조군 752±80일에 비하여 약 20%의 수명연장효과를 나타냈고, 또한 송과선을 적출하여 멜라토닌의 결핍증상을 유발시킨 마우스는 정상마우스에 비하여 어린 나이에 사망하였다(Reiter, 1992). 이러한 증거들을 살펴보면, 송과선은 자체호르몬인 멜라토닌을 통하여 직접 또는 간접적으로 노령화를 지연시키거나 노령화에 관련된 질병의 진행과정을 억제함으로써 수명을 연장시키는 기능을 수행하는 것으로 보인다. 따라서, 멜라토닌을 항노령화호르몬(antiaging hormone) 또는 유년기호르몬(juvenile hormone)이라고도 부른다.

(2) 계절적 번식활성의 조절 : 대부분의 야생동물과 가축가운데 면양·산양·말 등은 일년중 일정한 계절에만 번식활성이 발현되는 계절번식동물(seasonal breeder)이다. 계절번식동물의 번식계절(breeding season)은 새끼의 양육에 적합한 봄철에 분만이 일어날 수 있도록 유지되기 때문에 임신기간의 장단(長短)에 따라 번식계절이 개시되는 시기가 다르다. 즉, 임신기간이 긴 말은 일조시간이 길어지는 봄-여름에 번식계절이 개시되지만(장일번식동물), 임신기간이 짧은 면양과 산양은 일조시간이 짧아지는 가을-겨울에 번식계절이 개시된다(단일번식동물). 이러한 번식계절의 개시는 동물의 종에 따라 가해지는 광자극의 길이에는 차이가 있지만, 모두 광주기성(photoperiodism)의 변화에 의하여 발현된다. 따라서, 비번식계절에도 인위적으로 번식계절이 개시되는 계절의 광조건을 만들어 주면 번식계절이 개시된다. 더욱이, 광주기성에 동조화되어 분비되는 멜라토닌을 번식계절이 개시될 때의 분비리듬에 맞추어 투여하여도 번식계절을 개시시킬 수 있다(Ortavant 등, 1988; Chemineau 등, 1988). 실례로, 단일번식동물인 면양에 대하여 낮의 길이가 점점 짧아지는 광주기조건을 만들어 주거나, 매일 오후에 멜라토닌을 투여하면 한 여름에도 번식활성을 개시시킬 수 있다. 더욱이, 면양에서 멜라토닌의 이식에 의하여 번식계절을 개시시키는 방법도 실험적으로는 개발되었다. 멜라토닌의 투여로 혈장멜라토닌의 수준을 높게 유지시켜 주는 것은 생리학적으로 단일조건을 감지시켜 주는 것과 같은 효과를 나타내는 것으로 보인다. 만약에, 멜라토닌의 투여로 면양의 번식계절을 개시시킬 수 있다면, 일년에 두번의 번식이 가능하게 되어 면양사업이 활발한 나라에서는 커다란 경제적 이익을 얻을 수 있을 것이다(제3장 제4절 번식의 계절성 항목 참조).

(3) 성선기능의 저하작용 : 최근의 연구결과들을 보면 송과선에서 분비되는 멜라토닌은 항성선자극호르몬으로 작동하는 것으로 보인다(Luboshitzky, 1996). 실제로, 시상하부성의 성선기능저하증을 가진 사람에서는 비정상적으로 높은 혈장멜라토닌의 수준을 나타낸다. 그리고, 조기에 성성숙이 일어난 어린이에서는 정상에 비하여 낮은 혈장멜라토닌 농도를 나타내는 반면에, 성성숙이 지연된 어린이에서는 혈장멜라토닌이 역동적으로 증가된다. 또한, 시상하부성의 무월경증(無月經症, amenorrhea)을 가진 여자에서는 야간에 비정상적으로 높은 멜라토닌 수준을 나타내는데, 무월경증을 나태내는 원인은 높아진 멜라토닌이 시상하부에서 분비되는 GnRH의 박동성(pulsability)을 감소시키기 때문이라고 한다. 이러한 여자에서는 GnRH의 분비장애로 배란에 필요한 LH와 FSH의 급증이 억제됨에 따라 배란이 일어나지 않는다. 이러한 사실들을 볼 때, 멜라토닌의 분비수준이 높아지는 동시에, 하

투중의 분비시간이 연장되면 생식기능이 감퇴되는 사실이 명백하다(Reiter, 1991).

송과선에서 분비되는 멜라토닌은 시상하부-뇌하수체-성선축을 억제하여 번식기능을 장해하며, 따라서 송과선을 제거하면 번식기능이 항진된다. 멜라토닌은 시상하부에서 일어나는 GnRH의 박동빈도를 발생시키는 역할을 하는 발진기(發振器, generator)의 발화율을 변경시켜 GnRH의 분비활성을 장해하며, 이에 따라 뇌하수체의 FSH · LH · 프롤락틴 분비가 장해를 받는다. 뇌하수체에서 FSH와 LH의 분비가 장해를 받으면 성선에서 분비되는 성선스테로이드호르몬(estrogen, testosterone 등)의 분비도 억제된다. 이와 같이, 멜라토닌은 GnRH · FSH · LH · 성선스테로이드호르몬 등 생식에 관련된 모든 호르몬의 분비를 순차적으로 억제하고, 이에 따라 성성숙 · 발정 · 배란 등과 같은 각종 생식작용이 억제된다. 한편, 여자에서 성성숙기에 다량으로 분비되는 에스트로겐은 암(癌)의 발생과 정의 상관관계가 있다. 따라서, 멜라토닌의 분비가 장해되어 조기에 성성숙이 일어나면, 이 때 분비되는 에스트로겐에 의하여 암이 발생될 가능성이 높아진다. 그러나, 맹인의 경우에는 멜라토닌의 분비가 왕성하여 에스트로겐의 분비를 억제함으로 암발생의 위험성이 감소된다(Coleman & Reiter, 1992).

제 7 절 성장인자

성장인자(成長因子, growth factor)는 동물체에 항상 존재하는 성분은 아니면서 필요에 따라 신체의 국소부위에서 신생되어 분비세포 자신이나 인접한 세포의 성장 · 증식 · 분화는 물론이고, 운동까지도 촉진하는 기능을 가진 물질을 말한다. 성장인자의 화학적 본태는 펩티드이다. 따라서, 대사기질이나 보효소로 이용되는 영양물질은 비록 세포의 성장에 영향을 미친다고 하더라도 성장인자에는 포함되지 않는다. 성장인자는 주로 자가분비기전이나 인접분비기전을 영위하여 생리작용을 발현하기 때문에 혈액을 통하여 멀리 떨어진 표적세포로 이동되어 생리작용을 발현하는 전통적 의미의 호르몬과는 구분된다. 생식기능계는 다양한 조직으로 구성되어 있고, 이 조직들을 구성하는 세포는 수 많은 성장인자의 제어를 받는다. 따라서, 각종의 생식기능이 정교하게 조정되고 발현되기 위해서는 다양한 성장인자의 역할이 필수적이다.

1. 성장인자의 종류와 특성

동물체의 조직세포에서는 화학적 본태가 펩티드이면서 자가분비기전이나 인접분비기전을 영위하여 세포의 유사분열을 촉진하는 다양한 성장인자를 합성 · 방출한다. 이러한 성장인자 가운데 생식현상의 발현과 조절에 관계가 깊은 성장인자만을 골라서 기술한다.

1) 인슐린-양 성장인자

소마토메딘(somatomedin)이라고도 부르는 인슐린-양 성장인자(insulin-like growth factor [IGF])는 뇌하수체에서 분비되는 GH의 자극을 받은 간장에서 주로 합성·방출된다. 태아의 경우에는 간장 이외의 여러조직에서도 생산되는데, 태아의 IGF생산도 GH의 지배를 받는지는 분명하지 않다. IGF는 IGF-1과 IGF-2의 2형이 존재하는데, 각각이 70개와 67개의 아미노산 잔기로 구성된 단일폴리펩티드쇄이다. 이것들의 삼차구조를 포함하는 구조적 특징은 전구인슐린(proinsulin)과 매우 유사하다. 이와 같은 구조적 유사성이 IGF가 인슐린과 유사한 생리작용도 발현하는 원인이 되고, 더욱이 IGF는 인슐린-수용체와 약간의 친화성을 가지고 있으며, 인슐린은 IGF-수용체와 고도의 친화성을 나타낸다(Le Roith, 1992). IGF가 표적세포(IGF-분비세포 자신이나 인접세포)의 원형질막에 위치하는 IGF-수용체와 결합하면, 수용체의 β-아단위에 위치하는 티로신키나제영역(tyrosine kinase domain)에서 자가인산화가 일어나 티로신키나제가 활성화되며, 활성화된 티로신키나제는 세포질내의 수용체기질-1(receptor substrate-1)에 함유된 티로신잔기를 인산화시키고, 인산화된 수용체기질-1은 신호변환경로를 통하여 생리작용을 발현한다. 생리작용의 발현경로는 두종류가 있는데, 그 하나는 MAP(mitogen-activated protein)키나제경로로 입력되어 유사분열과 유전자발현을 유도하는 경로이고, 다른 하나는 PI_3키나제를 활성화시켜 인슐린과 같은 작용을 발현하는 경로이나(Cheatham & Kahn, 1995; 본장의 제2절 원형질막수용체를 통한 호르몬의 작용기전 항목 참조). 이러한 경로를 통하여 IGF는 연골세포의 분화·증식을 촉진하고, 근육의 단백질합성을 자극한다. 그러나, 지방세포에 대하여는 인슐린과 유사한 생리작용을 발현한다. 한편, IGF-1은 유사분열촉진인자로서, 스테로이드호르몬과 밀접한 연관관계를 가지면서 생식기능에도 중요한 역할을 수행한다. 즉, 난포의 과립막세포에서 분비되는 에스트로겐은 자가분비기전으로 과립막세포 자체의 IGF-1 분비를 자극하고, 이 IGF-1은 과립막세포의 유사분열을 촉진하여 난포의 형태적 성장을 유발하며, 이에 따라 에스트로겐의 분비도 증가된다. 또한, 임신 4~16일, 즉 발정주기의 황체기에 해당하는 시기의 자궁조직에서는 프로게스테론의 지배하에 IGF-1을 분비하여 자궁내막의 유사분열을 촉진한다. 닭의 배아에서는 섬유아세포의 증식을 촉진하다.

2) 표피성장인자

마우스의 악하선에서 최초로 추출·정제된 표피성장인자(表皮成長因子, epidermal growth factor [EGF])는 53개의 아미노산 잔기로 구성된 직쇄상의 펩티드로서, N-말단은 아스파라긴이고, C-말단은 아르기닌이다. 분자내에 3개의 이황화결합을 가지고 있으며, 이것이 환원되면 생리적 활성을 잃는다. 분자량은 6,045, 등전점은 4.6, 흡광계수는 30.9, 침강계수는 1.25S이다. EGF는 악하선 외에 이하선·상부소화관·간장·췌장·신장 등에서도 합성·분비된다. EGF는 표적세포의 원형질막 표면에 위치하는 수용체와 결합하여 EGF-수

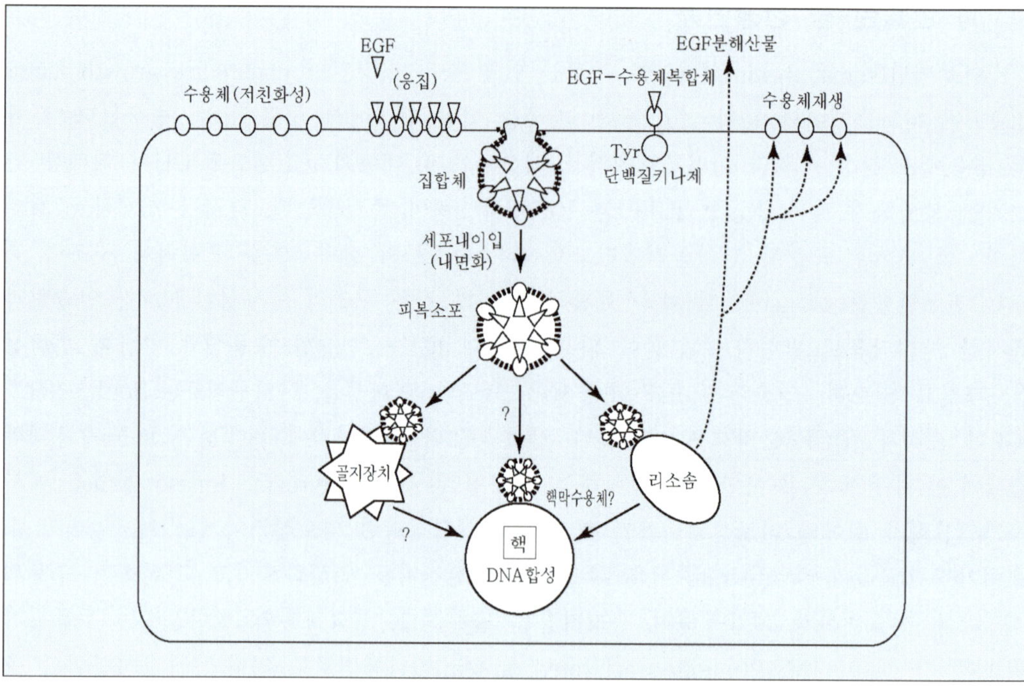

그림 2-35. EGF와 EGF-수용체의 결합과 내면화 과정

용체-복합체를 만들고, 이것들이 집적화(集積化)된 다음, 세포내 이입과정을 통하여 세포질내로 들어 온 후에 피복소포(coated vesicle)를 형성하고, 이것이 핵의 염색질과 특이적으로 결합하여 DNA합성을 촉진함으로써 세포의 증식을 자극한다(그림 2-35; Wells, 1990). 따라서, EGF가 발현하는 모든 생리작용은 표적세포의 증식을 자극하는 기능에 기반을 두고 있다. EGF에 의하여 증식되는 것이 증명된 조직세포는 섬유아세포(사람, 래트)·신경교세포(사람)·각막세포(사람)·연골세포(장어)·양막유래세포(사람, 소)·평활근세포(사람, 소)·난포의 과립막세포(소, 돼지, 사람)·간(肝)세포(래트)·각막내피세포(소)·혈관내피세포(사람)·신(腎)상피세포(원숭이)·자궁경부상피세포(사람)·유선상피세포(래트, 사람) 등이다. 이러한 세포들의 증식에 의하여 포유동물에서 발현되는 EGF의 주요 생리작용은 ① 피부 진피의 증식과 분화(케라틴화)를 증강시키고, ② 태아에서 폐(肺)상피의 성장과 성숙을 촉진하며, ③ 소화관의 점막에서 오르니틴탈탄산효소(ornithine decarboxylase)의 활성과 DNA 합성을 자극하고, ④ 각막상피의 상처에 대한 치유를 촉진하며, ⑤ 막(膜) 및 핵단백질의 인산화를 촉진하고, ⑥ 난포의 과립막세포를 자극하여 난포발달을 촉진하며, ⑦ 배란 후에 파괴된 난소의 표면을 재생시키고, ⑧ 유선에서 분비상피세포의 증식을 촉진한다.

3) 섬유아세포성장인자

섬유아세포성장인자(纖維芽細胞成長因子, fibroblast growth factor [FGF])는 소의 뇌하

수체에서 최초로 발견되었으며, 뇌조직에서도 검출되었는데, 이를 뇌 FGF라고 하여 뇌하수체 FGF와는 구분한다. 뇌하수체 FGF는 SDS겔전기영동법으로 산정한 분자량이 13,300이고, 등전점이 9.5인 염기성 단일폴리펩티드쇄이다. 뇌 FGF는 3종의 형으로 분류되는데, 이것들 모두는 아미노산 잔기수 170개로 구성된 미엘린염기성단백질(myelin basic protein [MBP])의 일부분과 동일한 아미노산배열로 되어있다. 즉, 뇌 FGF-1의 아미노산배열은 MBP의 44번부터 166번까지의 아미노산배열과 완전히 일치하고, 뇌 FGF-2는 MBP의 43~153번, 뇌FGF-3은 MBP의 91~153번까지의 아미노산배열과 일치한다. 뇌 FGF-1과 -2의 분자량은 각각 13,000과 11,700이다. FGF가 표적세포의 증식을 촉진하는 기전은 아직까지 명확하지 않으며, 특히 FGF-수용체에 관한 정보도 거의 알려지지 않았다. 다만, FGF를 표적세포에 반응시키면 구아닐레이트 사이클라제의 활성은 증가되는 반면에, 아데닐레이트 사이클라제의 활성이 변동되지 않는 사실로 볼 때, 세포내전달물질로 cAMP가 작동하지 않는다는 점은 명확한것 같다. FGF는 *in vitro* 실험에서 중배엽과 신경외배엽에서 분화된 세포들인 섬유아세포·혈관내피세포·연골아세포·골아세포·근아세포·교세포 등의 분열·증식을 촉진하는 기능을 나타낸다. 그러나, 생체내에서 수행되는 FGF의 생리적 의미는 아직까지도 잘 모르며, 특히 뇌하수체와 뇌에 FGF가 다량으로 존재하는 의미도 명확하지 않다. 생식기능계에서는 FGF가 배반포의 착상과 배발달과정에서 요구되는 여러 종류의 세포에 대한 증식을 자극하는 것으로 알려져 있다.

4) 신경성장인자

마우스의 악하선에서 최초로 단리된 신경성장인자(神經成長因子, nerve growth factor [NGF])는 귀니아피그의 전립선·소의 정액·사람의 태반 등에서도 검출된다. 또한, 뇌의 신피질(新皮質, neocortex)·해마(海馬, hippocampus)·후구(嗅球, olfactory bulb) 등에서도 합성되며, 더욱이 이들 부위로부터 투사되는 콜린작동성신경(cholinergic nerve)에 의하여 뇌의 다른 부위로 이행된다는 사실도 증명되었다. 알츠하이머치매(Alzheimer's disease)는 이 콜린작동성신경의 변성이 원인이 된다는 사실이 밝혀졌으며, 따라서 NGF가 노인성치매의 치료제로 이용될 가능성도 있다(Theonen, 1995). 마우스의 악하선에서 단리된 NGF는 700개의 아미노산 잔기로 구성된 단백질이며, 이것이 가지는 침강계수에 근거하여 7S NGF라고 부른다. 7S NGF는 서로 다른 구조를 가진 3종류의 폴리펩티드쇄, 즉 α-, β- 및 γ-아단위 각각이 쌍을 이루어 구성되며, 아단위들이 결합되는 부위에 아연이온(Zn^{2+})이 위치하고 있다(그림 2-36; Lee, 2002g). 이들 아단위 가운데 β-아단위만이 유사분열촉진활성을 가지고 있기 때문에 β-아단위 자체를 β-NGF라고도 부른다. β-NGF는 118개의 아미노산 잔기로 구성된 펩티드쇄이며, 이것 2분자가 비공유결합을 하여 이량체(二量體)를 구성하는데, β-NGF의 생리적 활성은 이량체구조에 의존적이다. NGF는 표적세포의 원형질막에 위치하는 NGF-수용체와 결합하고, 이것들이 집적되어 피복소포를 형성한 다

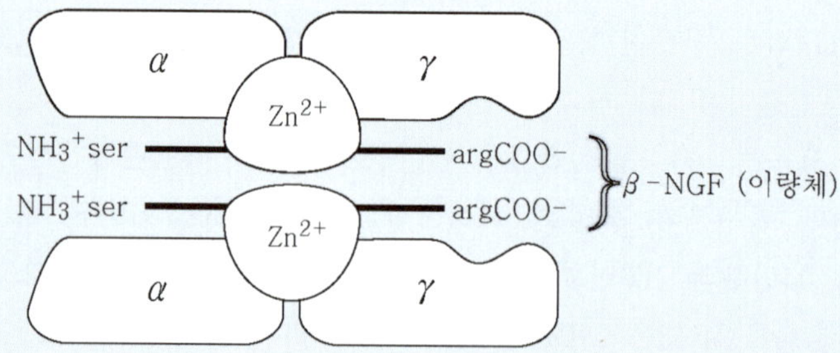

α-아단위 : 분자량 26,500, β-아단위(βNGF) : 동일 폴리펩티드쇄의 이량체, 단량체의 분자량은 13,259,
γ-아단위 : 아르기닌에스테로펩티다제의 활성을 가진 트립신양효소, 분자량 26,000

그림 2-36. 7S 신경성장인자 아단위의 구성

음, 세포내이입과정을 통하여 세포질내로 들어온다. 이입된 피복소포는 핵으로 운반되어 핵수용체와 결합하여 생리작용을 발현한다(표피성장인자 항목의 그림 2-35. 참조). NGF는 교감신경세포를 성장시키고 유지시킬 뿐만 아니라, 포유동물의 중추신경계에 대하여도 신경자극인자로서의 기능을 수행한다. 중추신경계에서 발현되는 NGF작용의 한 예는 기저부전뇌의 다양한 신경핵내에서 발견되는 콜린작동성 투사뉴론의 분화를 조절하는 기능이다. 또한, NGF는 신경세포에 대하여 아드레날린작동성 신경전달에 관여하는 티로신수산화효소(tyrosine hydroxylase) 및 도파민β-수산화효소(dopamine β-hydroxylase)와 같은 특수한 효소의 합성도 촉진한다(Bonni & Greenberg, 1997).

5) 혈소판-유래 성장인자

혈소판에 존재하다가 혈청중으로 이행되어 세포의 증식을 촉진하는 인자를 혈소판유래성장인자(血小板由來成長因子, platelet-derived growth factor [PDGF])라고 한다. 혈소판에 있는 PDGF는 오직 한종류의 분자형 뿐이며, 사람의 PDGF는 분자량이 18,000인 A쇄와 16,000인 B쇄가 몇개의 이황화결합으로 결합된 단백질이다(Norman & Litwack, 1987). 분자내에는 10개이상의 시스테인 잔기를 가지고 있는데, 이것들 대부분이 이황화결합을 형성한다. 이황화결합이 환원되면 생리적 활성을 잃지만, 열에는 매우 안정적이어서 100℃에서 10분간 처리하여도 활성을 잃지 않는다. PDGF는 표적세포의 원형질막에 위치하는 수용체와 결합하여 PDGF-수용체-복합체를 만들고, 이것이 세포내로 내면화되어 생리작용을 발현하는데, 표적세포내에서 일어나는 신호변환과정은 기본적으로 EGF의 그것과 같다(표피성장인자 항목의 그림 2-35 참조). PDGF는 평활근세포·섬유아세포·교세포 등의 증식을 촉진한다. 그러나, 상피계(上皮系)의 세포에는 작용하지 않으며, 따라서 혈관내피세포의 증식은 촉진하지 못한다. 그러나, PDGF의 일반적 생리기능은 혈관에 상처가 생기면 조직의 수복에 관여하는 기능이다. 혈관에 상처가 생겨서 혈소판이 콜라겐이나 트롬빈과 접촉하면 응집반응이 일어나는 동시에, 세포질내의 α-과립에 저장된 PDGF가 방출된다. 이 PDGF는 단핵백혈구와 중호성백혈구를 상처부위로 유인하여 염증발생을 억제하며 , 혈관의 재생에 필요한 평활근세포와 섬유아세포의 유사분열을 촉진하여 상처를 치유한다. 따라서, PDGF는 동맥경화를 일으키는 하나의 원인이 될 수도 있다. 번식기능계에서 PDGF는 프로게스테론의 생산을 증가시키고, 배반포의 부화와 성장을 촉진한다.

6) 트란스포밍(형질변환)성장인자

정상세포를 악성종양세포로 전환시키는 작용을 가진 인자로 발견된 트란스포밍성장인자(transforming growth factor [TGF])는 종양세포 뿐만 아니라, 정상조직과 태아에서도 합성・방출된다. TGF는 서로 다른 두종류의 분자, 즉 TGF-α와 TGF-β가 정제되었고, 이것들의 일차구조(아미노산 배열순서)도 결정되었다(Centrella 등, 1994). TGF-α는 50개의 아미노산 잔기로 구성된 분자량 7,400의 펩티드로서, 분자내에 3개의 이황화결합을 가지고 있는데, EGF와 상동성을 나타내며, EGF-수용체와 결합한다. TGF-β는 112개의 아미노산 잔기로 구성된 펩티드쇄 2개가 결합된 동형이량체(homodimer)이며, TGF-β_1과 TGF-β_2의 형이 있다. TGF-β는 인히빈 및 뮐러관억제물질과 일부의 부위에서 구조적 상동성을 가지며, 난포의 과립막세포와 협막세포, 그리고 난모세포에서도 합성되고, 강력한 성장억제 활성을 나타낸다. 한편, TGF-α는 표적세포의 EGF-수용체와 결합하여 세포내 인산화반응을 촉진하여 생리작용을 발현하는데, 이것이 TGF-α와 EGF가 조직의 증식반응을 배가시키는 원인이 된다. 즉, TGF-α는 정상조건하에서 배발생(embryogenesis)과 조직의 재생과정을 자가분비기전이나 인접분비기전으로 자극하는 반면에, EGF는 전형적인 호르몬의 작용양식에 따라 자극함으로써 효과를 극대화시킨다. 그러나, TGF-β는 *in vitro*에서 세포성장에 대하여 억제적 또는 자극적으로 양면적인 기능을 수행한다. 즉, TGF-β는 조직세포의 유사분열을 억제하는 기능을 가진 칼론(chalone)으로 작동함으로써 세포에 대한 호르몬의 증식작용을 억제하는 반면에, 간엽성전구세포・연골세포・조골세포・파골세포 등의 복제와 증식을 조절한다는 것이 실험적으로 증명되었으며, 배의 발생과정에서는 중배엽의 분화를 촉진한다.

7) 혈관내피성장인자

혈관의 신생을 자극하는 인자를 혈관내피성장인자(血管內皮成長因子, vascular endothelial growth factor [VEGF])라고 한다. 암컷의 생식기관은 생식주기에 따라 성장과 퇴행을 반복하며, 이에 비례하여 생식기관을 흐르는 혈액의 양도 변화된다. 이러한 혈액의 흐름을 원활하게 하기 위하여 성숙조직에서도 혈관신생(angiogenesis)이 계속된다. 난소의 난포와 황체에서 혈관신생인자(angiogenic factor)를 합성・방출하는데, 이 인자에는 FGF에 속하는 단백질과 VEGF에 속하는 단백질이 있다. VEGF는 소의 황체에서 최초로 검출되었고, 그 후에 면양의 황체에서도 검출되었다. VEGF는 황체의 형성과 퇴행이 반복되는 주기적 변화과정에서 황체가 성장할 때 새로운 혈관의 신생을 자극하여 황체에 대한 혈액공급이 원활이 일어날 수 있도록 한다(Redmer 등, 1996).

8) 혈소판활성화인자

혈소판활성화인자(血小板活性化因子, platelet-activating factor [PAF])는 중호성백혈구·대식세포·내피세포·착상전의 배(胚) 등과 같은 수종류의 세포형에서 생산되는 인지질매개체(phospholipid mediator)이다. PAF는 혈소판의 응집, 모세혈관의 투과성, 그리고 과민증(anaphylaxis) 등에 관련된 다양한 생리적 및 약리적 반응을 유기한다. 한편, 생식과정에서도 일정한 역할을 수행하는데(Harper, 1989), 정자에서 생산된 PAF는 정자의 운동성을 증강시키고, 정자와 난자를 공배양(coincubation)할 때 체외수정율을 높인다. 또한, 사람의 배반포에서 분비되어 자가분비기전으로 착상을 돕고, 임신기에는 황체의 퇴행을 억제할 뿐만 아니라, 황체를 자극하는 기능도 있다.

9) 종양괴사인자-α

종양괴사인자(腫瘍壞死因子, tumor necrosis factor [TNF])-α는 어느 종류의 종양에 대하여 출혈성괴사를 유발하는 인자이며, 대식세포 등에서 분비되는 사이토카인(cytokine)의 한 종류이다. TNF-α는 기본적으로 염증과 관계가 있지만, 암컷의 생식기능에도 관계가 깊어서 배우자의 발달, 자궁의 주기적 변화, 태반의 성숙 및 배의 발달에 관여한다(Hunt, 1993). 또한, 혈중 TNF-α의 농도상승은 GnRH 박동발생기(pulse generator)의 활동을 억제한다. 세균감염에 속발하는 내독성(內毒性) 쇼크가 발생되었을 경우에 대식세포에서 다량의 TNF-α가 혈액으로 방출되고, 이것이 GnRH의 분비에 장애를 일으켜 일시적인 성선기능저하증을 유발하는 경우도 있다(Hashegawa, 1999). 한편, 면역조직화학적기법으로 난자의 세포질·퇴행난포의 과립막세포·협막·난소간질 등에서도 TNF-α가 검출되었다. TNF-α는 FSH가 가지는 방향족화효소(aromatase)의 활성화 기능을 억제하여 에스트로겐의 분비를 방해하고, LH의 프로게스테론 분비촉진작용을 증강시킨다(Hashegawa, 1999).

10) 릴랙신-양 인자

릴랙신양 인자(relaxin-like factor [RLF])는 인슐린양 성장인자(IGF)족에 속하는 성장인자이며, 정소의 간질세포(Leydig cell)에서 다량으로 검출된다. 더욱이, 수종의 동물종에서는 난포의 협막세포와 발정주기황체 및 임신황체에서도 합성·방출된다(Ivell, 1997). 소에서는 RLF가 릴랙신과 같이 자궁경관과 치골결합을 이완시켜 산도를 넓히는 생리작용을 발현한다(Bathgate 등, 1996).

11) 인터류킨-1

인터류킨(interleukin [IL])-1은 주로 항원에 감작된 림파구와 대식세포에서 합성·방출되는 사이토카인(cytokine)의 한 종류이다. IL-1의 분자량은 12,000~16,000이고, 전기영동에 의하여 3종류의 분자형(α·β·γ)으로 구분된다. 대식세포에서 방출된 IL-1은 항원의 자극을 받은 T-세포에 대하여 IL-2의 생산을 위한 신호로 작동하여 IL-2의 생산을 유도한다. 또한, IL-1은 생체내에서 발열물질로도 작동하며, 간(肝)세포에 작용하여 혈청아밀로이드(serum amyloid)·피브리노겐·반응성단백질 등의 합성을 자극할 뿐만 아니라, 섬유아세포에서 콜라게나제와 프로스타글란딘이 분비되는 것도 자극한다. 따라서, 각종의 염증반응과 류마티스성 관절염에서 나타나는 섬유조직의 증식은 아마도 IL-1에 의하여 유발되는 것으로 보인다. 한편, IL-1은 생식내분비에 관여하는 성장인자로서도 주목을 받고 있다. 스트레스를 받으면 뇌내의 IL-1이 상승되며, 이것에 의하여 시상하부의 CRH의 분비가 촉진됨에 따라 시상하부-뇌하수체-부신축이 활성화된다. 그러나, GnRH의 분비는 억제하며, 이에 따라 시상하부-뇌하수체-성선축의 활성은 억제된다. 또한, hCG를 투여하면 난소의 IL-1이 현저히 증가되는 사실과 IL-1을 투여할 때 콜라게나제·프로테오글리칸·히알루론산 외에도 프로스타글란딘이 증가되는 사실을 보면, 난소에서 생산된 IL-1은 배란이 일어날 때 난포의 파열을 유기하는데 관여하는 것으로 생각된다.

2. 성장인자와 생식기능

포유동물의 생식기능은 시상하부-뇌하수체-성선으로 이어지는 내분비적 조절축에 의하여 분비가 조절되는 FSH와 LH를 중심으로 영위되고 조절된다. 그러나, 난포의 발달· 배란난포와 폐쇄난포의 선택·난모세포의 성숙 등을 비롯한 많은 생식과정이 영위되는 기전은 FSH와 LH 수준의 주기적 변화만으로는 설명할 수 없다. 이에 따라 과거 10여년간 동물체의 국소부위에서 신생되어 자가분비기전이나 인접분비기전을 영위하여 표적세포의 FSH와 LH에 대한 반응성을 조절하는 성장인자에 대한 연구가 수행되어 왔다. 생식기능의 발현에 관여하는 성장인자와 그것들이 가지는 기능을 요약하면 표 2-8(Hafez 등, 2000)과 같다.

1) 난소내의 성장인자

난소에서 난포의 발달은 기본적으로 뇌하수체에서 분비되는 FSH와 LH의 자극으로 이루어진다. 그러나, 세부적 난포발달과정을 보면 초기성장기의 난포에서는 매우 빠른 속도로 난포세포의 증식이 일어나고, 또한 난소에 존재하는 수 많은 난포 가운데 특정한 난포만이 발육이 개시된다. 이러한 현상은 FSH와 LH의 혈중농도와는 독립적으로 작동하는 성장인자에 의하여 이루어진다. *In vitro* 실험에서 난포의 협막세포에 대한 LH의 반응성과

표 2-8. 배발달과 난소의 기능에 영향을 미치는 성장인자

성 장 인 자	증명된 기능	연 구 자
EGF	나화 난모세포의 성숙에 대한 촉진효과	Lonergan 등 (1997)
EGF+IGF-1	체외배양 소 난모세포의 난구세포분산, 핵성숙, 수정란의 난활 등을 자극	Rieger 등 (1998)
EGF+IGF-1	두 성장인자가 단독 또는 공동으로 난구세포분산과 핵성숙을 자극	Lorenzo 등 (1994)
EGF, TGF	수정란의 배반포 발달률 증가	Kobayashi 등 (1994)
PDGF	배발달과정의 자극	Thibodeaux 등 (1993)
EGF	돼지난포에서 최소한 4종류의 EGF-관련펩티드 검출	Hammond 등 (1993)
VEGF	면양의 황체조직에서 검출되고, 황체의 급속성장을 자극	Redmer 등(1996)
TGF-α	PDGF와 공동으로 임신말기 황체의 프로게스테론 분비 자극	Liebermann 등 (1996)
GM-CSF	무혈청 배양액에서 배반포 발달률 증가	De Moraes 등 (1997)
IGF-1	발정기 소의 혈청 및 과립막세포와 조합된 고농도의 IGF-1은 배발달 촉진	Palma 등 (1997)
IGF-1, Insulin	공동처리로 소의 배발달률 증진	Matsui 등 (1995)
Interferon	소에서 자궁내막의 PG분비 감소	Danet-Denoyers 등 (1994)
Inhibin, Activin, IFG-1	난포에서 공동작용으로 FSH의 분비를 조절하여 우세난포를 선정	Mihn 등 (1997)
IGF+IGFPBs	소의 배란전난포에서 IGFPBs가 없으면 난모세포성숙과 배란에 중요한 IGF-1의 이용성 증가	Funston 등 (1995)
IGF-1+ IGFBPs	소에서 소량의 IGFBP-2와 증가된 협막세포의 hCG/LH 결합장소는 제 1난포발육파의 우세난포 성숙을 자극	Stewart 등 (1996)
IGF-1	소에서 난포발달과정중의 협막세포 유사분열과 LH-유기 스테로이드합성에 있어서 상이한 역할	Stewart 등 (1995)
IGF-1	소에서 비배란난포 성숙의 최후단계에서 과립막의 증식능력 향상	Bao 등 (1995)
IGF-1	소의 난포에서 방향족화효소활성의 조절	Echternkamp 등 (1994)
IGF-1	조기이유시킨 암소에서 LH-분비박동의 증가	Bishop 등 (1994)

과립막세포에 대한 FSH 및 LH의 반응성에 관계하는 수 많은 성장인자와 사이토카인이 확인되었는데, 액티빈 · 인히빈 · IGF-1 · EGF · FGF · TGF-α · TGF-β · β-NGF · TNF-α · 인터류킨-1 · 인터페론-γ · 엔도테린(endothelin) 등이 여기에 속한다(Findlay 등, 1986). 그러나, 이들 인자가 *in vivo*에서도 모두 효과를 나타내는 것은 아니며, 일부만이 활성을 나타낸다. IGF-1은 난포의 과립막세포에서 분비되는 에스트로겐의 자극으로 분비되는 인자로서, 자가분비기전으로 난포의 형태적 성장을 자극하며, 이에 따라 에스트로겐의 분비도 증강된다(Campbell, 1995). 그리고, 난소내의 많은 난포중에서 배란되기 위하여 급속히 성장할 난포의 선정은 난포조절단백질(follicle regulatory protein [FRP]) 및 선택유발단백질(selection inducing protein [SIP])과 같은 난포내조절단백질에 의하여 이루어지는 것으로 보인다(Foxcroft, 1992). 한편, 난포가 발달되면 그 속에 들어있는 난모세포는 세포질은 성숙하지만, 핵의 성숙분열은 과립막세포에서 분비되는 난모세포성숙억제인자(OMI)에 의하여 저지된다. 또한, 포상난포의 과립막세포에서 합성 · 방출되는 TNF-α는 난포의 협막세

포에서 프로게스테론이 합성되는 것을 자극하고, 과립막세포에서의 프로게스테론 합성을 억제한다(Hafez, 1993). 난소에서 배란이 일어날 때 난포가 파열되는 데는 플라스미노겐활성제(plasminogen activator)의 작용으로 조직세포의 이동에 관여하는 플라스민의 합성이 필요하고, 배란시에 파괴된 난소의 배상피는 EGF의 작용으로 재생된다(Foxcroft, 1992). 난소에 존재하는 성장인자들의 주요기능을 요약하면, ① 난포발달에 관여하는 FSH와 LH의 활성을 증폭시키고, ② 난포의 발달을 완성시키며, ③ 배란될 난포를 선정하여 급속하게 발달시키고, ④ 나머지 난포의 성장을 억제하는 작용이다.

2) 자궁내의 성장인자

자궁에서는 수 많은 종류의 성장인자를 합성·방출하여 임신과 분만에 따른 자궁의 성장과 수축을 조절한다. 자궁조직에서는 EGF를 분비하여 자궁내막세포의 원형질막에 에스터(ester)상태로 결합되어 있는 아라키돈산(arachidonic acid)을 방출시킨다. 이것은 프로스타글란딘으로 전환되어 자궁근의 수축을 자극한다. 또한, 자궁내막과 자궁근층에는 EGF-수용체를 가지고 있어서 EGF의 생리작용이 발현되는데, EGF-수용체의 수는 에스트로겐의 농도에 따라 조절됨으로 에스트로겐의 농도가 높을 때 신경계가 자극되어 자궁수축이 강력하게 일어난다. 한편, 임신 14~16일, 즉 발정주기의 황체기에 해당하는 시기에 자궁조직에서 프로게스테론의 지배하에 IGF-1을 분비하여 자궁내막의 유사분열을 촉진한다.

3) 착상과 임신에 관여하는 성장인자

사람을 비롯한 수종의 동물에서는 접합체(zygote)에서 PAF를 분비한다(O'Neill, 1987). 이 인자는 수정란에서도 분비된다는 것이 밝혀짐에 따라 수태산물(受胎産物, conceptus)에서 최초로 분비되는 물질이라고 생각된다. 또한, 소에서 인공수정 7~16일 후에 혈소판감소증(thrombocytopenia)이 유발되는 점으로 볼 때, 이 기간에 많은 PAF가 분비된다는 것을 알 수 있다(Hansel 등, 1989). PAF는 자가분비기전과 인접분비기전으로 배와 모체에 모두 영향을 미치는데, 생리적 의미는 배아가 모체에 임신을 인지하도록 보내는 최초의 신호이다(King & Thatcher, 1992). 한편, 임신한 사람·마우스·면양·소·돼지의 혈장에서 임신-의존 단백질인 조기임신인자(early peregnant factor [EPF])가 검출된다(Koch, 1986). EPF의 분비는 수정란이 작은 분자량의 신호물질을 방출하여 난관에서 EPF-A의 생산을 자극하고, 이 EPF-A는 난소로 운반되어 EPF-B의 합성을 활성화시킨 다음, 이 두 아단위가 난소에서 결합하여 완전한 EPF 분자가 된다. 이와 같이, EPF는 수태산물이 보내는 신호에 의하여 난소에서 합성되는 관계로 볼 때, 모체의 임신인지에 중요하게 작동하는 것으로 보인다(King & Thatcher, 1992). 또한, EPF는 *in vitro* 실험에서 면역억제기능을 가지고 있음이 밝혀짐에 따라 착상기에 배를 거부하는 모체의 면역반응을 억제하는 기능을 수행하는 것으로 추정된다. 면양의 수태산물에서는 영양배엽단백질-1(營養胚葉蛋白質, trophoblastin, ovine trophoblastic protein-1 [oTP-1])을 분비하여 황체의 퇴행과 $PGF_{2\alpha}$의 활성을 억제(antiluteolytic-anti-$PGF_{2\alpha}$)하여 프로게스테론의 분비를 원활하게 한다. OTP-1은 오늘날에는 ϑ-인터페론으로 분류하는 분자량 19,000의 산성단백질이며, 임신 12일부터 21일까지의 사이에 분비된다(Vallet 등, 1988). 소의 수태산물에서도 oTP-1과 유사한 생리작용을 가진 bTP-1을 분비하여 황체의 퇴행을 방지한다. 한편, PDGF · IGF-1 · TGF-α · TGF-β 등은 접합체 · 상실배 · 배반포 등과 같은 배에서 유사분열을 촉진하여 성장 · 발달을 유도한다.

4) 정소내의 성장인자

정소에서는 난소와는 달리 FSH나 LH의 생리작용을 매개하는 성장인자가 많지는 않으며, 다만 간질세포의 테스토스테론 분비를 조절하는 몇 종류의 성장인자는 분비된다. 정소의 간질세포에서는 POMC-유래 펩티드(proopiomelanocortin [POMC]-derived peptide)가 분비되는데(Bardin 등, 1984), 이것은 자가분비기전과 인접분비기전을 영위하여 간질세포의 테스토스테론 분비를 자극하고, 정소내 혈관의 투과성도 조절한다. 또한, β-엔도르핀(β-endorpin)도 간질세포에서 분비되어 자가분비기전으로 테스토스테론의 분비를 조절한다. 정소의 지지세포에서도 LHRH-양 물질(LHRH-like substance)을 비롯한 여러종류의 단백질을 분비하여 인접분비기전으로 간질세포의 분비기능을 조절한다(Sharpe, 1982 ; Benahmed 등, 1985).

◈ 참 고 문 헌 ◈

1) Aarskog, A., et al. 1997. Pituitary dwarfism in the R271W Pit-1 mutation. Eur. J. Pediat. 156:829.
2) Allen, L. S. and R. A. Gorski. 1992. Sexual orientation and the size of the anterior commissure in the human brain. Proc. Natl. Acad. Sci. USA. 89:7199.
3) Anderson, L. D., et al. 1985. Influence of hormones on the inhibitory activity of oocyte maturition present in conditioned media of porcine granulosa cells. Gamate Res. 12:119.
4) Anderson, S., et al. 1989. Expression cloning and regulation of steroid 5α-reductase, an enzymeme essential for male sexual differentiation. J. Biol. Chem. 264:16249.
5) Argetsinger, L. S., et al. 1995. Growth hormone, interferon-gamma, and leukemia inhibitory factor promoted tyrosyl phosphorylation of insulin receptor substrate-1. J. Biol. Chem. 270:14685.
6) Baird, A., et al. 1985. immunoreactive and biologically active growth hormone-releasing factor in placenta. Endocr. 117:1598.
7) Baker, B. L., et al. 1977. The presence of gonadotropic and thyrotropic cells in the pituitary pars tuberlaris of the monkey(*Macaca mulatta*). Biol. Reprod. 17:232.
8) Barker, S. 1997. Mechanism of action of peptide hormones. In molecular endocrinology(G. Rumsby & S. M. Farrow eds.). BIOS Scientific Pub. p.47.
9) Bao, B., et al. 1995. Steroidgenic activity, insulin-like growth factor 1 production, and proliferation of granulosa and theca cells obtained the bovine estrous cycle: effects of low-density and high-density lipoproteins. Biol. Reprod. 53:1271.
10) Bardin, C. W., et al. 1984. Identification and possible function of proopiomelanocortin-derived peptide in the testis. Ann. New York Academy of Sci. 438:346.
11) Bathgate, R., et al., 1996. Relaxin-like factor gene is highly expressed in the bovine ovary of the cycle and pregnancy: sequence and messenger ribonucleic acid analysis. Biol. Reprod. 55:1452.
12) Benahmed, M., et al. 1985. FSH regulates cultured Leydig cell function via Sertoli cell proteins: an *in*

vitro study. Biochem. Biophy. Res. Commun. 132:729.
13) Bergland, R. M. and R. B. Page. 1979. Pituitary-brain vascular relations: a new paradigm. Science. 204:18.
14) Bernard, C. 1865. Introduction a l'étude de la médicine experimentale. Paris. J. B. Balliére et Fils.
15) Berridge, M. J. 1993. Inositol triphosphate and calcium signalling. Nature. 361:315.
16) Berthhold, A. A. 1849. Transplantation der Hoden. Arch. Anat. Physiol. Wiss. Med. 16:42.
17) Birken, S. 1984. Chemistry of human choriogonadotropin. Ann. Endocr. 45:297
18) Bishop, B., et al. 1994. Body energy reserves influence the onset of luteal activity after early weaning of beef cows. J. Anim. Sci. 72:2703
19) Bonni, A. and M. E. Greenberg. 1997. Neurotrophin regulation of gene expression. Can. J. Neulogical Sci. 24:272.
20) Bousfield, G. R., et al. 1994. Gonadotropins: chemistry and biosynthesis. In the physiology of reproduction(E. Knobil & J. D. neil. Eds.). Raven Press. p.1749.
21) Byne, W. and B. Parsons. 1993. Human sexual orientation: the biological theories reappraised. Arch. Gen. Psychiatry. 50:228.
22) Camous, S., et al. 1988. Purification of one bovine pregnancy-specific protein by high performance liquid chromatography(HPLC). A Bard Workshop on Maternal Recognition of Pregnancy and Maintenance of the Corpus Luteum(Jerusalem, Israel). Abst. p.59.
23) Campbell, B. K. 1995. Control of antral follicle development and selection in sheep and cattle. J. Reprod. Fertil. Suppl. 49:334.
24) Centrella, M., et al. 1994. Transforming growth factor-B gene family members and bone. Endocr. Rev.15:27.
25) Chaterjee, V. K. K., et al. 1997. The steroid hormone superfamily of receptors. In molecular endocrinology(G. Rumbsy & S. M. Farrow eds.). BIOS Scientific Publishers. p.77.
26) Cheatham, B. and C. R. Kahn. 1995. Insulin action and insulin signalling network. Endocr. Rev. 16:117.
27) Chemineau, P., et al. 1988. Photoperiodic and melatonin treatment for the control of seasonal reproduction in sheep and goats. Reprod. Nutr. Develop. 28:409.
28) Coleman, M. P. and R. J. Reiter. 1992. Breast cancer, blindness and melatonin. Eur. J. Cancer. 28:501.
29) Conklin, B. R. and H. R. Bourne. 1993. Structural elements of Gα subunits that interact with in Gβ γ,receptors, and effectors. Cell. 73:631.
30) Cosman D., et al. 1990. A new cytokine receptor superfamily. Trends Biochem. Sci. 15:265.
31) Danet-Desnoyers, G., et al. 1994. Natural and recombinant interferon T regulate basal and oxytocin induced secretion of prostaglandin F2α and E2 by epithelial cells and stromal cells in the epithelium. Reprod. Fertil. Dev. 6:193
32) David, M., et al. 1994. Prolactin activities the interferon-regulated p91 transcription factor and the JAK2 kinase by tyrosine phosphorylation. Proc. Natl. Acad. Sci. USA. 91:7174.
33) de Moraes, A. A. and P. J. Hansen. 1997. Granulocyte-macrophage colony-stimulating factor promotes development of *in vitro* produced bovine embryos. Biol. Reprod. 57:1060.
34) DeSilva, M. and J. J. Reeves. 1985. Ovulation blockage by intrafollicular injection of indomethacin in the cow. J. Anim. Sci. 75:547.
35) Donahoe, P. K., et al. 1987. Müllerian inhibiting substance: gene structure and mechanism of action of fetal regressor. Recent Prog. Horm. Res. 43:431.
36) du Vigneaud, V., et al. 1953a. The synthesis of an octapeptide amide with the hormonal activity of oxytocin. J. Biol. Chem. Soc. 186:77.
37) du Vigneaud, V., et al. 1953b. Enzymatic cleavage of glycinamide from vasopressin and a proposed structure for this pressor-antidiuretic hormone of the posterior pituitary. J. Biol. Chem Soc. 75:4880.
38) Echternkamp, S. E., et al. 1994. Relationships among concentrations of steroids, insulin-like growth factor 1, and insulin-like growth factor binding proteins in ovarian follicular fluid of beef cattle. Biol. Reprod. 51:971
39) Eckblad, W. P., et al. 1985. Localization of pregnancy-specific protein(PSPB) in bovine placental cells using a glucose oxidase-antiglucose oxidase immunohistochemical stain. J. Anim. Sci. Suppl. 61:149.
40) Edqvist, L. E. and G. E. Stabenfeldt. 1992. Hormones of reproduction. In world animal science B. reproduction in domesticated animals(G. J. King ed.). Elsevier. p.55.
41) Eramada, M. K., et al. 1993. Inhibin/activin subunit mRNA expression in human granulosa-luteal cells. Mol. Cell. Endocr. 92:R15.
42) Etzrodt, H., et al. 1980. Somatostatin-like activity cord plasma. In human placenta(A. Klopper et al.

eds.). Academic Press. p.277.
43) Evans, J. J. 1997. Oxytocin in the human-regulation of derivations and destination. Eur. J. Endocr. 137:559.
44) Exton, J. H. 1996. Regulation of phsphoinositide phospholipases by hormones, neurotransmitters, and other agonists linked to G proteins. Ann. Rev. pharmacol. Toxicol. 36:481.
45) Farfel, Z., et al. 1996. Pseudohypoparathyroidism, a novel mutation in the βγ-contact region of Gs impairs receptor stimulation. J. Biol. Chem. 271:19653.
46) Fiddes, J. C. and K. Talmadge. 1984. Structure, expression, and evolution of the gene for the human glycoprotein hormones. Recent Prog. Horm. Res. 40:43.
47) Findlay, J. K., et al. 1986. Intragonadal regulation of the follicular development and ovulation. Anim Reprod. Sci. 42:321.
48) Foxcroft, G. R. 1992. Aspects of ovarian function in non-pregnant females: female reproduction. In world animal science B. reproduction in domesticated animals(G. J. King ed.). Elsevier. p.132.
49) Funston, R. N., et al. 1995. Insulin-like growth factor-1(IGF-1) and IGF-binding proteins in bovine sera and pituitaries at different stages of the estrous cycle. Endocr. 136:62.
50) Gillies, G. 1997. Somatostatin: The neuroendocrine story. TiPS. 18:87.
51) Glonemeyer, H. and V. Laudet. 1995. Squences of nuclear receptors. In protein profile(P. Sheterline ed.). Academic Press. p.1184.
52) Grad, B. R. and R. Rozencwaig. 1993. The role of melatonin and serotonin in aging: update. Psychoneuroendocr. 18:283
53) Hadley, M. E. 2000. Pituitary hormones. In endocrinology. 5th ed. Prentice Hall. p.90.
54) Hafez, E. S. E. 1993. Hormones, growth factors, and reproduction, In reproduction in farm animals. 6th ed.(E. S. E. Hafez ed.). Lea & Febiger. p.59.
55) Hafez, E. S. E., et al. 2000. Hormones, growth factors, and reproduction. In reproduction in farm animals. 7th ed.(E. S. E Hafez & B. Hafez eds.). Lippincott Williams & Wilkins. p.33.
56) Hammond, J. M., et al. 1993. The role of insulin-like growth factors and epidermal growth factor-related paptides in intraovarian regulation in the pig ovary. J. Reprod. Fertil. Suppl. 48:117.
57) Hamer D. H., et al. 1993. A linkage between DNA markers on the X chromosome and male sexual orientation. Science. 261:321.
58) Hansel. W., et al. 1989. Low molecular weight lipid-soluble luteotropic factor produced by conceptuses in cows. J. Reprod. Fertil. Suppl. 37:11.
59) Harper, M. J. K. 1989. Platelet-activating factor: a paracrine factor in preimplantation stages of reproduction. Biol. Reprod. 40:907.
60) Hashegawa, H. 1999. Actions of growth factor/cytokine: control of reproductive function. In reproductive biology of mammals(Y. Takahashi ed.). Gakushou Pub. p.141.
61) Hashimoto, H. 1999. Biosynthesis and secretion of steroid hormones: control system of reproductive function. in reproductive biology of mammals(Y. Takahasi ed.). Gakushou Pub. p.126.
62) Hess, R. A., et al. 1997. A role for estrogen in the male reproductive system. Nature. 390:509.
63) Hillier, S. G., et al. 1994. Follicular oestrogen synthesis: the "two-cell, two-gonadotropin" model revisited. Mol. Cell. Endocr. 100:51.
64) Hillier, S. G., et al. 1995. Gonadotropin control of follicular function. Horm. Res. 43:216.
65) Hofmann, K. 1962. Chemistry and function of polypeptide hormone. Ann. Rev. Biochem. 31:213.
66) Horton E. S. and N. L. Poyser. 1976. Uterine luteolytic hormone: a physiological role for prostaglandin $F_2α$. Physiol. Rev. 56:595.
67) Hoshina, M., et al. 1985. Linkage of human chorionic gonadotropins and placental lactogen biosynthesis to trophoblast differentiation and tumorigenesis. Placenta. 37:359.
68) Humbolt, P., et al. 1988. Dignosis of pregnancy by radioimmunoassay of a prgnancy-specific protein in the plasma of dairy cows. Theriogenol. 30:257.
69) Hunt, J. S. 1993. Expression and regulation of the tomour necrosis-α gene in the female reproductive tract. Reprod. Fertil. Dev. 5:141.
70) Ivell, R. 1997. Biology of the relaxin-like factor(RLF). Rev. Reprod. 2:133.
71) Janne, E. A., et al. 1993. Androgen receptor and mechanism of androgen action. Ann. Med. 25:83.
72) Josso, N., et al. 1979. Detection of anti-Müllerian activity in boar rete testis fluid. J. Reprod. Fertil. 57:397.
73) Josso, N. and J. Y. Picard. 1986. Anti-Müllerian hormone. Physiol. Rev. 66:1038.
74) Kampen, D. L. and B. B. Sherwin. 1996. Estradiol is related to visual memory in healthy young man.

Bahav. Neurosci. 110:613.

75) King, G. J. and W. W. Thatcher. 1992. Early conceptus-maternal interactions: Pregnancy. In world animal science B. reproduction in domesticated animals(G. J. King ed.). Elsevier. p.229.
76) King, J. A. and R. P. Millar. 1995. Evolutionary aspects of gonadotropin-releasing hormone and its receptor. Cell. Mol. Neurobiol. 15:5.
77) Klein, D. C., et al. 1997. The melatonin rhythm-generating enzyme: molecular regulation of serotonin N-acetyltransferase in the pineal gland. Rec. Prog. Horm.. Res. 52:307.
78) Knickerbocker, J. J., et al. 1988. Mechanisms of luteolysis in domestic livestock. Domes. Anim. Endocr. 5:91.
79) Knight, P. G. 1996. Role of inhibins, activins, and follistatin in the female reproductive system. Front. Neuroendocr. 17:476.
80) Knighton, D. R., et al. 1991. Crystal structure of the catalytic subunit of cyclic adenosine monophosphatedependent protein kinase. Science. 253:407.
81) Kobayashi, K., et al. 1994. Influence of epidermal growth factor and transforming growth factor-alpha on *in vitro* maturation of cumulus cell-enclosed bovine oocyte in a defined medium. J. Reprod. Fertil. 100:439.
82) Koch, E. 1986. Early pregnancy factor: it's significance as an indicator of fertilization and embryonic mortality. In embryonic mortality in farm animals(J. M. Sreenan & M. G. Diskin eds.). Martinus Nijihoff p.74.
83) Koay, E. S., et al. 1985. immunohistochemical localization of relaxin in human decidua and placenta. J. Clin. Endocr. Metab. 60:859.
84) Korach, K. S. 1994. Insights from the study of animals lacking functional estrogen receptor. Science. 266:1524.
85) Latronico, A. C., et al. 1995. A novel mutation of the luteinizing hormone receptor gene causing male gonadotropin-independent precocious puberty. J. Clin. Endocr. Metab. 80:2490.
86) Lechman, R. M., et al. 1986. Thyrotropin-releasing hormone precursor: characterization in rat brain. Science. 231:159.
87) Lee, K. S. 2002a. Adrenocortical hormones. In general endocrinology. Sunjin Pub. p.297.
88) Lee, K. S. 2002b. Gonadal hormones. In general endocrinology. Sunjin Pub. p.331.
89) Lee, K. S. 2002c. Pituitary hormones. In general endocrinology. Sunjin Pub. p.39
90) Lee, K. S. 2002d. Prostaglandins. In general endocrinology. Sunjin Pub. p.435.
91) Lee, K. S. 2002e. Pineal hormone. In general endocrinology. Sunjin Pub. p.377.
92) Lee, K. S. 2002f. Placental hormones. In general endocrinology. Sunjin Pub. p.401.
93) Lee, K. S. 2002g. Nerve growth factor: growth factors. In general endocrinology. Sunjin Pub. p.464
94) Lee, K. S., et al. 1968. Changes of thyroid function by large amount of radio-active iodine-131 and effects of the changes of adrenal gland, hypopysis and sexual cycle in mice. Korean J. Anim. Sci. 10:17.
95) Le Marie, W. J., et al. 1973. Preovulatory changes in the concentration of prostaglandins in rabbit graafian follicles. Prostaglandins. 3:367.
96) Le Roith, D., et al. 1992. Divergence of insulin and insulin-like growth factor-I signalling pathways. Pediatr. Adolescent Endocr. 24:346
97) Le Roith, D., et al. 1995. Molecular and cellular aspects of the insulin-like growth factor 1 receptor. Endocr. Rev. 16:143.
98) Leymarie, P. and J. Martal. 1993. The corpus luteum from cycle to gestation: luteolysis(role of prostaglandin $F_{2}\alpha$). In reproduction in mammals and man(C. Thibault, et al, eds.). Ellipses. p.418.
99) Li, C. H. 1974. Handbook of physiology(E. Knobil & W. H. Sawyer, eds.). Sect. 7. Vol. 4. Part 2. Amer. Physiol. Soc. p.103.
100) Liebermann, J., et al. 1996. Effects of local growth factors on the secretory function of bovine corpus luteum during the oestrous cycle and prgnancy *in vitro*. Reprod. Fertil. Dev. 8:1003.
101) Liotta, A. S. and D. T. Krieger. 1980. *In vitro* biosynthesis and comparative posttranslation processing of immunoreactive precursor coricotropin/β-endorphin by human placental and pituitary cells. Endocr. 106:1504.
102) Loewi, O. 1921. Uebertragbarkeit der Herznervenwirkung. Pflüger's Arch. ges Physiol. 189:239.
103) Lonergan, P., et al. 1997. Bovine blastocyst production in vitro after inhibition of oocyte meiotic resumption for 24h. J. Reprod. Fertil. 109:355.
104) Lorenzo, P. L., et al. 1994. Enhansment of cumulus expansion and nuclear maturation during bovine oocyte maturation in vitro by the addition of epidermal growth factor and insulin-like growth factor 1.

J. Reprod. Fertil. 100:697.
105) Lboshitzky, R., et al. 1996. Abnormal melatonin secretion in male patients with hypogonadism. J. Mol. Neurosci. 7:91.
106) Luu-The, V., et al. 1991. Evidence for distinct dehydrogenase and isomerase sites with in a single 3β-hydroxysteroid dehydrogenase/5-ene-4-ene isomerase protein. Biochem. 30:8861.
107) Luu-The, V., et al. 1994. Characterization, expression and immunohistochemical localization of 5α-reductase in human skin. J. Invest. Dermatol. 102:221.
108) Makhlouf, G. M. 1990. Neural and hormonal regulation of function in the gut. Hosp. Pract. 25:79.
109) Martini, L., et al. 1997. LHRF, LHRH, GnRH: what controls the secretion of this hormone? Mol. Psychiat. 2:373.
110) Mather, J. P., et al. 1997. Activins, inhibins, and follistatins: further thoughts on a growing family of regulators. Soc. Exp. Biol. Med. 215:209.
111) Matsui, M., et al. 1995. Insulin and insulin-like growth factor-1 stimulate the development of bovine embryos fertilized *in vitro*. J. Vet. Med. Sci. 57:1109.
112) Mihm, M., et al. 1997. Decline in serum follicle-stimulating hormone concentrations alters key intrafollicular factors involved in selection in dominant follicle in hifers. Biol. Reprod. 57:1328.
113) Mikoshiba, K. 1997. The $InsP_3$ receptor and intracellular Ca^{2+} signalling. Cur. Opin. Neurobiol. 7:339.
114) Min, H. K., et al. 1999. Prolactin-growth hormone family. In endocrinology. Korean Soc. Endocr. p.162.
115) Meyer, D. J., et al. 1994. Growth hormone induces a DNA binding factor related to the interferon-stimulated 91KDa transcription factor. J. Biol. Chem. 269:4701.
116) Moore, R. J., et al. 1975. Diminished 5α-reductase activity in extracts of fibroblasts cultured from patients with familial incomplete male pseudohermaphroditism, type 2. J. Biol. Chem. 250:7168.
117) Nicoll, C. S. 1974. Physiological actions of prolactin. In handbook of physiology. Sec. 7. Vol. 4. Part 2. Williams & Wilkins. p.253.
118) Iswender, G. D., et al. 1974. The hormones of reproduction. In reproduction in farm animals. 3rd ed.(E. S. E. Hafez. ed.). Lea & Febiger. p.57.
119) Norman, A. W. and G. Litwack. 1987. Cell growth factor: platelet-derived growth factor. In hormones. Academic Press. p.729
120) O'Neill, C. O. 1987. Embryo-derived platelet activating factor: a preimplantation embryo mediator of maternal recognition of pregnancy. Domes. Anim. Endocr. 4:69.
121) Ortavant, R., et al. 1988. Seasonality of reproduction in sheep and its control by photoperiod. Aust. J. Biol. 41:69.
122) Palma, G. L., et al. 1997. Effect of insulin-like growth factor 1 at high concentrations on blastocyst development of bovine embryos produced *in vitro*. Fertil. 100:347.
123) Pedersen, C. A. and A. J. Prange, Jr. 1985. Oxytocin and mothering behavior in the rat. Pharmac. Therap. 28:287.
124) Pool, R. 1993. Evidence for homosexuality gene. Science. 26:291.
125) Postel-Vinary, M. C. and J. Finidori. 1995. Growth hormone receptor: structure and signal transduction. Eur. J. Endocr. 133:654.
126) Pratt, W. B. 1993. The role of heat shock proteins in the regulating the function, folding and trafficking of the glucocorticoid receptor. J. Biol. Chem. 268:21455.
127) Randall, V. A. 1994. Role of 5α-reductase in health and disease. In Bailliere's clinical endocrinology and metabolism(M. C. Sheppard & P. W. Stewart eds.). Bailliere Tindall. p.405.
128) Redmer, D. A., et al. 1996. Characterlization and expression of vascular endothelial growth factor(VEGF) in the ovine corpus luteum. J. Reprod. Fertil. 108:157.
129) Reiger, D., et al. 1998. The effect of epidermal growth factor and insulin-like growth factor 1 on the metabolic activity, nuclear maturation and subsequent development of cattle oocytes. J. Reprod. Fertil. 112:123.
130) Reiter, R. J. 1991. Pineal melatonin: cell biology of its synthesis and of its physiological interactions. Endocr. Rev. 12:151.
131) Reiter, R. J. 1992. The ageing pineal gland and its physiological consequences. BioEssays. 14:169.
132) Reiter, R. J. 1993. The melatonin rhythm: both a clock and a calendar. Experientia. 49:654.
133) Robbins, D. J., et al. 1994. Map kinases ERK1 and ERK2: pleiotropic enzymes in a ubiquitous signalling network. Adv. Cancer Res. 63:93.
134) Rossa, C., et al. 1984. Effects of desialylation of human placental lactagen in normal and nephrectomized dogs. J. Endocr. 53:407.

135) Rudder, C. A. and R. G. Sasser. 1986. Source of bovine pregnancy-specific protein B(bPSPB) during the postpartum period and estimation of half-life of bPSPB. J. Anim. Sci. Suppl. 63:335.
136) Sasser, R. G., et al. 1986. Detection of pregnancy by radioimmunoassay of a novel pregnancy-specific protein in serum of cows and profile of serum concentrations during gestation. Biol. Reprod. 26:936.
137) Sasser, R. G., et al. 1989. characteristics of pregnancy-specific protein B in cattle. J. Reprod. Fertil. Suppl. 37:109
138) Schindler, C. and J. E. Darnell. Jr. 1995. Transcriptional responses to polypeptide ligand: the JAK-STAT pathway. Ann. Rev. Biochem. 64:621.
139) Shwabe. C. and J. K. McDonald. 1977. Relaxin: a disulfide homology of insulin. Science. 197:914.
140) Sharpe, R. M., et al. 1982. The secretion, measurement and function of a testicular LHRH-like factor. Nature. 290:785.
141) Setchell, B. P. 1978. Endocrinology of testis. In the mammalian testis. Paul Eleck. p.109.
142) Sherwood, N. M., et al. 1993. Origin of mammalian gonadotropin-releasing hormones. Endocr. Rev. 14:241.
143) Sherwood, O. D. and W. H. McShan. 1977. Gonadotropins. In reproduction in domestic animals(H. H. cole & P. T. Cupps eds.). Academic Press. p.17.
144) Sherwood, O. D. 1988. Relaxin. In the physiology of reproduction(E. Knobil & J. D. Neill eds.). Raven Press. p.585.
145) Shibasaki, T., et al. 1982. Corticotropin-realeasing factor-like activity in human placental extract. J. clin. Endocr. metab. 55:384.
146) Simmoni, M., et al. 1997. The follicle-stimulating hormone receptor: biochemistry, molecular biology, physiology and pathophysiology. Endocr. Rev. p.739.
147) Spaulding, S. W. 1993. The ways in which hormones change adenosine 3′5′-monophosphate-protein kinase subunits, and how such changes affect behavior. Endocr. Rev. 14:632.
148) Spiteri-Grech, J. and E. Nieschlag. 1993. Paracrine factors relevant to the regulation of spermatogenesis-A review. J. Reprod. Fert. 98:1.
149) Stanczyk, F. Z. 1991. Steroid hormones. In infertility, contraception and reproductive endocrinology(D. R. Mishell et al., eds.). Blackwell Scientific Pub. p.483.
150) Stewart, R. E., et al. 1995. Effects of insulin-like growth factor 1 and insulin on proliferation and on basal and luteinizing hormone-induced steroidgenesis of bovine thecal cell: involvement of glucose and receptors for insulin-like growth factor 1 and luteinizing hormone. J. Anim. Sci. 73:3719.
151) Stewart, R. E. 1996. Insulin-like growth factor-1(IGF-1) binding proteins, luteinizing hormone and IGF-1 receptors, and steroids in dominant follicles during the first follicular wave in cattle exhibiting regular estrous cycles. Endocr. 137:2842.
152) Strosberg, A. D. 1993. Structure, function, and regulation of adrenergic receptors. Protein Sci. 2:1198.
153) Starling, E. H. 1905. The chemical correlation of the function of the body. Lancet. 1:340.
154) Tan, L. and P. Rousseau. 1982. The chemical identity of the immunoreactive LHRH-like peptide biosynthesized in the human placenta. Biochem. Biophys. Res. Commun. 109:1061.
155) Tatcher, W. W., et al. 1986. Interrelationships between uterus and conceptus to maintain corpus lueum function in early pregnancy: sheep, cattle, pigs and horses. J. Anim. Sci. Suppl. 2:25.
156) Tenover, J. L. 1997. Testosterone and the aging male. J. Androl. 19:323.
157) Theonen, H. 1995. Neurotropins and neuronal plasticity. Science. 270:593.
158) Thibodeaux, J. K., et al. 1993. Role of platelet-derived growth factor in development of in vitro matured and *in vitro* fertilized bovine embryos J. Reprod. Fertil. 98:61.
159) Thomas, J. L. 1993. Affinity radiolabeling identifies peptides and amino acids associated with substrate binding in human placental 3β-hydroxysteroid Δ^5-dehydrogenase. J. Biol. chem. 268:18507.
160) Thotakura, N. R. and D. L. Blithe. 1995. Glycoprotein hormones: glycobiology of gonadotropins, thyrotropin and free α-subunit. Glycobiol. 5:3.
161) Turner, C. D. and J. T. Bagnara. 1976. Hormones of adenohypophysis. In general endocrinology. 6th ed. Saunders. p.97.
162) Vallet, J. L., et al. 1988. Effect of ovine conceptus secretory proteins and purified ovine trophoblast protein-1 on interestrus interval and plasma concentrations of prostaglandin $F_{2\alpha}$ and E and of 13,14-dihydro-15-keto prostaglandin $F_{2\alpha}$ in cyclic ewes. J. Reprod. Fertil. 84:493.
163) VanderKuur, J. A., et al. 1995. Growth hormone-promoted tyrosyl phosphorylation of SHC proteins with Grb2. J. Biol. Chem. 270:7587.
164) Wakao, H., et al. 1994. Mammary gland factor(MGF) is a novel member of the cytokine regulated transcription factor gene family and confers the prolactin response. EMBO. J. 13:2182.

165) Wall, M. A., et al. 1995. The structure of the G protein heterotrimer $Gi\alpha_1\beta_1\gamma_2$. Cell. 83:1047.
166) Ward, D. N., et al. 1982. Structural studies on equine chorionic gonadotropin. J. Protein Chem. 1:263
167) Weigel, N. C. 1996. Steroid hormone receptors and their regulation by phosphorylation. Biochem. J. 319:657.
168) Wells, A., et al. 1990. Ligand-induced transformation by a noninternalizing epidermal growth factor receptor. Science. 247:962.
169) Whitnall, M. H. 1993. Regulation of the hypothalamic corticotropin-releasing hormone neurosecretory system. Prog. Neurobiol. 40:573.
170) Wolf, L. S. and F. Coceani. 1979. The role of prostaglandins in the central nervous system. Annu. Rev. Physiol. 41:669.
171) Yarden, Y. and A. Ulrich. 1988. Growth factor receptors tyrosine kinases. Ann. Rev. Biochem. 57:443.
172) Zimmerman, G. A., et al. 1993. Juxtacrine intercellular signalling: another way to do it. Amer. J. Respir. Cell Mol. Biol. 9:573.

제 3 장
생식주기

동물계의 생식현상은 종(種)에 따라 특징적으로 발현됨으로 매우 다양한 양상을 나타낸다. 곤충류나 어류에서 보는 바와 같이 일생동안 단 한번만 많은 수의 난자를 체외로 배출하여 한꺼번에 다수의 새끼를 생산하는 생식활동을 영위하는 동물종도 많다. 그러나, 포유동물은 한번에 소수의 새끼를 여러번에 걸쳐서 생산하며, 배(胚)의 발육과 신생자의 생육과정을 임신과 포유라는 기구(機構)를 통하여 어미의 보호하에 영위함으로써 새끼의 손실을 최소화하는 생식전략을 구사한다. 이러한 생식전략을 효과적으로 구현하기 위하여 포유동물의 생식활동은 다양한 주기활동을 조합하여 영위한다. 더욱이, 생존환경과 조화를 이루면서 다수의 주기활동이 협력적으로 발현되기 때문에 이를 지배하는 내분계와 신경계의 조절기전은 매우 복잡하고 다양하다(Takahashi, 1999).

제 1 절 생식주기의 종류와 특성

포유동물의 생식활동을 주기현상의 관점에서 해석하면, ① 생명주기, ② 완전생식주기, ③ 불완전생식주기, ④ 계절번식주기 등과 같은 생식주기(生殖週期, reproductive cycle)가 인정된다. 그러나, 경제동물인 가축을 사육하는 경우에는 번식효율을 극대화시켜야 하기 때문에 효과적으로 임신을 성립시키는데 필요한 세부적 생식주기인 성성숙 · 발정주기 · 계절번식주기 등을 명확하게 이해하는 것이 필요하다.

1. 생명주기

동물의 종은 단절되지 않고 영속적으로 유지되지만, 각각의 개체는 자기에게 주어진 수명만을 생존하고 소멸되기 때문에 종이 유지되는 차원에서 보면 개체의 일생은 종의 1주기로 볼 수 있는데, 이를 생명주기(生命週期, life cycle)라고 한다. 포유동물의 생식활동은 성성숙에 의하여 개시되고, 성선이 노화되면 끝나게 됨으로 일생에 1회의 생명주기가 존재한다. 포유동물 암컷의 생식활동은 개체의 생리에 큰 부담을 주는 임신과 포유라는 과정을 수행하여야함으로 어린 개체와 노화된 개체는 생식활동을 영위할 수 없다. 따라서, 어린 개체는 체성장이 일정한 수준에 도달된 후에 성성숙이 완성되어 생식활동을 개시하고, 노령의 개체는 성선이 노화되어 생식활동이 정지된다. 그러나, 성선의 노화는 다른 생리기능의 노화에 앞서서 발현됨으로 그 동물종의 수명이 다하기 전에 생식기능이 먼저 정지된다. 한편, 수컷의 성선노화는 암컷에 비하여 늦게 나타나며, 더욱이 개체의 차이가 매우 크다.

성선의 노화는 기본적으로 시상하부-뇌하수체-성선축에 의하여 영위되는 내분비적 조절축이 붕괴되어 발생된다. 그러나, 수컷에서는 정자형성과정의 줄기세포(幹細胞, stem cell)인 Ao형정원세포가 계속 신생되고, 이 세포가 분화되어 정자형성과정이 유지됨으로 암컷에 비하여 성선의 노화과정이 훨씬 늦게 진행된다. 반면에, 암컷에서의 성선노화는 기본적으로 내분비적 조절축이 붕괴되어서 발현되는 것이지만, 난소내의 난모세포가 감소되는 것도 매우 중요한 원인이 된다. 실제로, 난자형성과정에서는 연령의 증가에 수반하여 난포가 폐쇄되고, 이에 따라 난모세포의 수도 급속하게 감소된다. 암컷에서의 성선노화는 배란이 정지되는 것을 의미한다. 사람에서는 50세 전후에 배란이 정지되는데, 월경이 없어지는 폐경(閉經, menophause)을 배란정지의 지표로 삼는다. 가축을 비롯한 일반 포유동물에서는 발정이 폐지되는 시점이 기준이다. 마우스와 래트에서는 성선이 완전히 노화되기 전에 에스트라디올-17β를 분비하는 능력을 가진 난포가 배란되지 않고 존속하여 계속적으로 발정현상을 나타내다가 이 난포가 폐쇄되면 성선이 노화된다. 모든 포유동물에서 배란이 정지되면 에스트로겐의 분비원인 난포가 소실됨으로 에스트로겐-의존성 유전자의 기능이 발현되지 않으며, 이에 따라 다양한 생리적 퇴행증상이 나타난다. 이러한 퇴행증상의 의미는 생식활성이 종료된 개체는 종의 유지차원에서 생존할 가치가 없다는 것을 나타내며, 생명주기의 끝을 예고하는 일종의 적응이다.

2. 완전생식주기

완전생식주기(complete reproductive cycle)는 생식기능을 수행하는 주기로서, 한 주기에 난포발달・배란・발정・교미・임신・분만・포육 등의 모든 생식과정이 포함된다. 완전생식주기의 포유상(哺乳相)은 외부환경의 영향을 크게 받기 때문에 동물의 종에 따라 다양한 표현형을 나타낸다. 일반적으로, 포유기간중에는 흡유자극에 의하여 GnRH 분비의 박동발생기(pulse generator)가 억제되어 난포발육에 필요한 성선자극호르몬이 분비되지 않으며, 이에 따라 배란이 일어나지 않는다. 이것은 포유와 임신이 동시에 진행되어 어미・새끼・

태아 모두의 건강을 해치는 것을 막기 위한 적응이다. 그러나, 사육하는 말은 예외적으로 포유에 의하여 발정이 정지되지 않는다. 즉, 분만후 6일경까지 소위 망아지발정(foal heat)이라고 부르는 발정이 발현되고, 15일까지는 대부분의 말에서 배란이 인지되며, 이 후에는 정상적인 발정주기가 회귀된다. 따라서, 말에서는 포유와 임신이 병행하여 진행된다. 래트와 마우스에서는 포유를 시켜도 분만후 조기에 발정을 동반하는 배란(분만후 배란)이 일어나고, 이 때 교미를 시키면 수정란이 생산된다. 그러나, 이 수정란은 정상적인 포유가 지속되면 착상이 되지 않고, 곧바로 소실된다. 이러한 현상은 야생상태에서 새끼가 손실될 경우에 곧바로 새로운 임신을 성립시키기 위한 적응이다.

한편, 분만으로부터 분만후 초발정까지의 기간을 분만간격이라 하는데, 이것의 장단(長短)은 동물의 번식효율에 큰 영향을 미친다. 대부분의 포유동물은 이유후 4~7일에 발정이 발현되는 것이 보통이다. 그러나, 면양이나 산양과 같은 계절번식동물은 이유시기가 번식계절을 지나가면 다음해의 번식계절까지 발정이 발현되지 않는다. 젖소에서는 1일 2회의 착유를 하는 경우에도 1개월 정도가 지나면 정상적인 발정주기가 회귀되며, 육우에서는 새끼를 포유시키면 분만간격이 크게 연장된다. 한편, 사람에서는 수유(授乳)를 하지 않는 경우에는 분만 4~8주 후에 최초의 배란이 일어나고, 이어서 월경주기가 회귀된다. 그러나, 수유를 할 경우에는 수유의 강도와 기간에 따라 최초의 배란이 일어나는 시기가 분만후 2~3개월로부터 3~4년에 이르기까지 변이의 폭이 크다.

3. 불완전생식주기

불완전생식주기(incomplete reproductive cycle)는 임신이 성립되지 않아서 완전생식주기를 영위하지 못할 경우에 임신의 기회를 얻기 위하여 반복되는 주기이다. 이 주기의 반복에 수반하여 배란이 반복됨으로 배란주기(排卵週期, ovulatory cycle)라고도 한다. 불완전생식주기의 외관적 표현으로 동물에서는 발정이, 사람을 비롯한 영장류에서는 월경이 동물 특유의 주기에 따라 반복되는데, 이를 각각 발정주기(發情週期, estrous cycle)와 월경주기(月經週期, menstrual cycle)라고 한다. 불완전생식주기의 발현양식은 배란이 일어나는 기전과 배란후의 파열난포에서 형성되는 황체의 기능발현 여부에 따라 3종류로 구분된다. 배란이 일어나는 기전을 보면, 내분비계의 조절기전에 의하여 자발적인 LH의 급증이 유발되어 배란이 일어나는 자연배란(自然排卵, spontaneous ovulation)과 교미자극에 의하여 반사적으로 유발되는 LH-급증에 반응하여 배란이 일어나는 교미배란(交尾排卵, copulatory ovulation)으로 구분된다. 자연배란동물은 3~4주간의 긴 발정주기를 반복하는 완전발정주기동물과 4~5일의 짧은 발정주기를 반복하는 불완전발정주기동물로 구분한다. 이와 같은 불완전생식주기의 각 형태는 나름대로의 생식전략을 가지고 있다.

교미배란은 고양이・흰담비・밍크와 같은 소형의 육식동물과 낙타처럼 서식영역이 넓은 동물에서 나타난다. 교미배란동물은 교미가 성립되기까지 난소에 성숙된 난포를 가지고 있으면서 발정상태가 지속된다. 소형 육식동물은 암·수 각각이 별도의 영토를 가지고 있어서 보통은 서식영역이 겹치지 않음으로 이성간에 접촉할 기회가 많지 않다. 이러한 동물에서 자연배란동물처럼 발정지속시간이 짧다면 임신의 기회를 얻기가 어려울 것이다. 그러나, 발정상태가 지속됨으로 교미가 가능한 기간이 길고, 암컷의 주위에 다수의 수컷이 모일 기회를 얻는다. 따라서, 수컷간에 경쟁관계가 유발되어 우수한 능력을 가진 수컷의 후손을 남기게 되는 생식전략이 확립된다. 초식동물중에서는 토끼가 교미배란을 한다.

한편, 자연배란동물가운데 마우스·래트·햄스터 등에서 보이는 불완전발정주기는 교미자극이 없으면 배란후에 형성된 황체의 기능이 발현되지 않아서 황체기가 결여되고, 난포기가 반복되면서 4~6일 간격으로 발정이 반복된다. 따라서, 교미가 되지 않았을 경우에는 다음 생식의 기회를 앞당길 뿐만 아니라, 완전발정주기동물에서 수태가 되지 않았을 경우에도 나타나는 황체기가 생략되는데, 이것은 번식의 효율성을 극대화시키는 적응성을 발현하는 생식전략이다. 반면에, 체격이 큰 대부분의 포유동물에서 보이는 완전발정주기는 황체기가 포함되어 발정주기의 간격이 길고, 이에 따라 배란간격도 길기 때문에 번식의 효율성면에서 보면 가장 나쁜 생식전략이라고 할 수 있다. 그러나, 발정의 간격이 길어서 암컷 전체의 무리중에서 소수의 암컷에서만 발정이 발현되는 상황을 나타낸다. 이러한 상황은 교미를 허용하는 소수의 암컷을 둘러싸고 다수의 수컷이 치열한 경쟁을 하여 단지 한마리의 수컷만이 전체의 암컷과 교미하는 하렘(harem)을 형성한다. 하렘의 형성은 수컷 전체의 모집단에서 우세한 유전적 배경을 가진 수컷만이 생식에 선택되는 기회를 증가시킨다. 이러한 생식전략은 비록 생식의 효율성은 떨어지지만, 완전발정주기동물이 동물생태계에서 차지하는 생태적 지위를 획득하는 하나의 전략이다.

제2절 성 성 숙

포유동물은 태아기(胎兒期, fetal period)·신생아기(新生兒期, neonatal period)·유아기(幼兒期, infantile period)·유년기(幼年期, juvenile period)·전성성숙기(前性成熟期, prepubertal period)·성성숙기(性成熟期, pubertal period)를 거치면서 성장·발달한다. 이러한 성장과정에서 보듯이 성성숙은 동물체 성장과정의 마지막 단계이다. 따라서, 동물은 성성숙과정을 통하여 생식기능을 획득함으로써 후손을 남길 수 있는 능력을 구비하여야만 비로소 완전한 개체가 되는 것이다. 성성숙을 나타내는 'puberty'라는 용어는 '털로 덮여진다'는 뜻을 가진 라틴어 'pubescere'에서 유래되었는데, 이것은 사람에서 성성숙기에 음모가 음부를 덮는다는 사실에 근거하여 만들어진 용어이다. 그러나, 이 용어는 모든 동물종에 대하여 함께 사용된다.

1. 성성숙의 의미

성성숙(性成熟, puberty)은 동물체가 유년기를 벗어나 성년기에 도달되는 생명주기의 한 과정으로서, 가장 중심적 요소는 생식기능을 획득하는 것이다. 따라서, 성성숙은 암·수 모두, 성선에서 최초로 배우자(配偶子, gamate)가 생산되고, 생식활성(生殖活性, reproductive activity)이 개시되는 과정을 말한다. 대부분의 동물종에서 성성숙의 외부적 지표인 성행동이나 외모의 변화는 어느 한 시점에서 갑자기 나타나는 것이 아니고, 점진적으로 발현된다. 따라서, 성성숙은 일시에 발현되는 생식현상은 아니며, 하나의 발현과정임으로 성성숙이라는 용어는 일정한 기간의 의미도 내포하고 있다. 이러한 관점에서 성성숙기라는 용어도 자주 쓰인다. 그러나, 사람의 월경이나 동물의 발정과 같이 내부적 준비기간은 있지만, 외부적으로는 어느날 갑자기 발현되는 생식활성도 있다. 단계적으로 발현되거나 갑자기 발현되는 생식활성 모두는 난소나 정소에서 분비되는 성선스테로이드호르몬에 의하여 발현된다. 한편, 성성숙의 판정기준은 동물의 종이나 성별에 따라 다르다. 암컷에서 대부분의 포유동물은 최초로 발정(發情, estrus)이 발현되는 것을 기준으로 삼고, 설치류는 질개구(膣開口, vaginal opening)가 기준이 된다. 사람에서는 월경(月經, menstruation)의 개시를 의미하는 초경(初經, menarche)이 성성숙의 지표로 사용되는데, 성성숙기를 사춘기(思春期) 또는 춘기발동기(春機發動期)라고 표현하기도 한다. 수컷에서는 암컷을 임신시킬 수 있는 정자가 처음으로 사출되는 것을 성성숙의 기준으로 삼는다. 그러나, 이러한 성성숙의 지표가 완전하게 생식기능을 수행할 수 있는 능력 모두를 획득하였다는 의미는 아니다.

포유동물의 암컷은 임신과 포유라는 큰 부담을 가지기 때문에 체성장에 너무 앞서서 생식기능이 발현되는 것은 어미와 새끼 모두에게 바람직하지 않다. 따라서, 성성숙과 체성장을 비롯한 각종 생리기능의 성숙 사이에는 상호간에 조화를 이루면서 성숙되도록 조절되는데, 그 조절기전은 아직까지 명확하지 않다. 수컷의 생식활동은 암컷이 가지는 임신과 포유라는 부담이 없음으로 성성숙의 시기가 암컷과 같이 엄격하게 설정될 필요는 없다. 그러나, 수컷의 성성숙 시기도 암컷의 그것과 비교적 일치하는데, 이것은 성성숙에 이르는 기전중에 암컷과 공통되는 부분이 많기 때문이다. 성성숙을 명확하게 이해하면 많은 경제적 이득을 얻을 수 있다. 예를 들면, 가축에서는 성성숙과정의 조절로 세대간격을 단축하여 축산물의 생산효율을 높일 수 있으며, 개나 고양이 같은 다산성의 애완동물에서는 성성숙을 지연시켜 새끼의 수를 제한할 수도 있다(Foster & Ebling, 1998).

한편, 가축과 같이 경제적 목적으로 사육하는 동물에서는 모체의 건강과 번식성공률을 제고시키기 위하여 성성숙과정이 완료되었다 하더라도 일정한 기간이 경과된 다음에 생식활동을 개시시키는 것이 일반적이다. 이 때, '성적으로 충분히 성숙되었다'는 의미로 성성숙이라는 용어를 그대로 사용하는 경우도 있지만, 이 경우는 이미 성성숙에 도달된 후에 일정기간이 경과된 상태임으로 옳은 표현이 아니다. 따라서, 번식에 공용할 수 있는 시기는 번식적령(繁殖適齡, breeding age) 등과 같은 별도의 용어를 사용하는 것이 원칙이다.

2. 태아기-유아기의 생식생리

포유동물에서 GTH(FSH와 LH)와 이의 방출을 조절하는 GnRH의 분비는 태아기에서부터 시작된다. 또한, 태아의 성선에서도 부분적인 생식기능이 발현되어 난소에서는 제1차난모세포를 함유하는 원시난포가 발생되며, 정소에서도 생식세포가 발생되고, 간질세포도 분화되어 내분비기능이 발현된다.

1) 성선자극호르몬의 분비

태아기부터 GnRH와 GTH가 분비되는데, 뇌하수체전엽에서 GTH가 분비되기 수일 전부터 시상하부에서 GnRH가 분비된다. 태령이 12일(임신기간 21일)인 래트의 뇌에서 GnRH가 최초로 검출되었으며, 같은 시기에 원시뇌하수체전엽에서 GnRH-결합영역도 발견되었다(Aubert 등, 1985). 또한, 태령 13일의 래트 태아에서 뇌하수체전엽의 원기를 채취하여 *in vitro*에서 배양하면 성선자극세포(GTH-분비세포)가 자발적으로 분화된다(Nemeskeri 등, 1983; Begeot 등, 1983). 그러나, 뇌하수체전엽의 원기를 태령 13일 훨씬 이전에 채취하여 GnRH의 처리없이 배양할 경우에는 성선자극세포의 분화가 장해를 받는다(Begeot 등, 1984). 이러한 사실들과 태령 12~14일에 뇌하수체와 시상하부의 정중융기 사이에 혈관연결이 형성된다는 사실(Szabo & Csanyi, 1982)을 종합하면, 시상하부에서 분비되는 GnRH가 뇌하수체에서 GTH를 분비하는 성선자극세포의 분화를 자극하는 것으로 보인다. 그러나, GnRH-분비뉴론의 분화가 자극되는 기전은 아직까지 밝혀지지 않았다. 다만, 원시뇌(primordial brain)에서 합성되는 어느 물질이 GnRH-분비뉴론의 형성과 성숙을 자극하는 것으로 추측된다(Ojeda & Urbanski, 1988). 래트 태아 시상하부의 GnRH 수준은 태령 17~18일까지 기저수준을 유지하다가, 이 시점에서부터 출생일까지 상승된다(Chiappa & Fink, 1977). 뇌하수체에서 LH는 태령 17일경에 최초로 검출되고, GnRH에 대한 뇌하수체의 반응성은 태령 17~18일에 관찰된다(Salisbury 등, 1982). FSH는 LH에 비하여 늦은 시기인 태령 19~21일에 검출된다(Watanabe & Daikoku, 1979). 그러나, 어느 경우라도 순환 GTH는 분만당일까지 낮은 수준을 유지한다(Picon & Habert, 1981). 또한, 소와 면양의 태아에서는 성이 분화된 직후인 태령 1~2개월에, 돼지에서는 태아기의 종말(성선분화 1.5개월 후)에 GnRH·FSH·LH 등의 분비가 시작된다. 그러나, 이 호르몬들의 분비는 일시적으로 감소되는데, 소에서는 출생 2개월전에, 면양에서는 분만기 전후에, 돼지에서는 출생후 1개월에 근소하게 감소된다(Hafez & Hafez, 2000a).

한편, 출생후의 래트에서는 빠른 시간안에 FSH의 수준이 증가되기 시작하여 12일령에 최고수준을 나타내고(Ojeda & Ramirez, 1972), 이후로는 점차적으로 감소되어 유년기의 종말에서는 12일령 수준의 1/5을 나타낼 뿐이다. 혈장 LH의 수준도 유년기에 비하여 신생아기-유아기에서 높은 수준을 나타낸다(Döhler and Wuttke, 1974). 이와 같이, FSH와 LH 모두 태아기와 신생아기에서는 높은 수준을 유지하지만, 유년기부터 성성숙이 개시될 때까지는 낮은 수준을 유지한다.

2) 성선의 생리

태아기와 신생아기의 성선에서는 생식세포의 형성과 스테로이드호르몬의 합성이 각각 독립적으로 일어난다. 그러나, 성성숙기에 이르면 이들 기능이 상호 밀접한 연관관계를 가지면서 발현된다.

(1) 정소 : 미분화 성선이 정소로 분화되면, 간질세포(Leydig cell)는 GTH에 대한 반응성을 나타내고, GTH의 분비에 밀접하게 의존하여 스테로이드호르몬의 합성능력을 발현한다. 돼지에서는 간질세포가 분화되는 태령 55일경에 일시적으로 테스토스테론이 분비된 다음, 출생직전에 LH가 잠깐 분비될 때까지 감소된다. 성성숙기에 도달되면 뇌하수체에서 분비되는 LH의 자극으로 간질세포가 다시 활성화되어 다량의 테스토스테론을 분비한다. 이와 같이, 태아의 정소는 이미 내분비기능을 가지고 있어서 테스토스테론을 분비하며, 이 테스토스테론이 성분화과정에서 웅성부생식기관의 발달을 촉진하고, GnRH를 분비하는 시상하부를 웅성형으로 분화시킨 다음, 그대로 고정시킨다.

태생기의 정소에서는 이미 수컷의 생식세포인 정원세포가 형성되어 있으며, 이것이 정자로 분화되는데는 일정한 기간이 필요하다. 예를 들면, 래트의 정소에서는 출생 직후로부터 감수분열이 개시되지만, 세정관강에서 정자가 인성되는 시기는 약 45일령이며, 이 때부터 약 2주 후에는 정관에서도 정자가 보인다. 이와 같이, 정자형성에 상당한 시간이 소요되는 사실을 볼 때, 정자형성에 소요되는 시간이 성성숙의 시기를 결정하는 요인의 하나라고 생각된다.(Watanabe, 1999).

(2) 난소 : 난소와 정소는 동일한 발생원기에서 분화·발달되었기 때문에 발생초기의 구조는 기본적으로 다르지 않다. 그러나, 발생이 완료된 후에는 구조적 및 기능적으로 매우 다르다. 태생기의 정소에서는 테스토스테론을 분비하지만, 난소에서는 에스트로겐이나 프로게스테론을 합성·분비하지 못한다. 유아기의 래트를 대상으로 난소에서 일어나는 내분비활성의 지표로 이용되는 ① 에스트라디올-17β의 생산(Lamprechit 등, 1976), ② cAMP의 생산(Hunzicker-Dunn & Birnbaumer, 1976), ③ GTH수용체의 수(Uilenbroek & van den Linden, 1983) 등을 조사한 결과를 보면, 출생후 1주일 동안은 난소가 GTH의 자극에 대하여 반응하지 않으며, 따라서 호르몬도 생산하지 못한다. 더욱이, 태령 4일인 래트 태아의 난소에 이미 원시난포가 형성되어 있는데(George & Ojeda, 1984), 이 때의 난포는 GTH의 지배를 받지 않고, 독자적으로 발달된다(Lunenfeld 등, 1975). 또한, 출생후 1일령 래트의 난소를 적출하여 체외배양 할 때, 특정한 호르몬을 첨가하지 않아도 LH에 대한 반응성이

향상된다(Funkenstein & Nimrod, 1982). 이러한 사실들은 난소의 GTH에 대한 반응성은 내분비적 조절기전에 의하여 발현되는 것이 아니고, 유전적으로 프로그램된 과정에 따라 획득된다는 것을 시사한다.

난소는 정소와 달라서 출생전에 난원세포의 유사분열이 활발하게 일어나 그 수를 증가시킨 결과로 다수의 제1차난모세포가 형성되고, 이어서 제1감수분열이 개시되는데, 전기의 복사기에서 분열이 휴지된다. 따라서, 태아기의 난소에서도 난원세포는 발견되지 않는다(제1장 제3절 성선의 분화와 발달 항목 참조). 그러나, 유아기 동물의 난소도 성성숙이 완료된 동물의 난소와 같은 기능을 발현할 수 있다. 실제로, 난소를 제거한 성숙 래트에 유아기 래트의 난소를 이식하면, 이식된 유아기 난소는 주기적 활동을 영위하면서 정상적인 배란이 일어난다. 또한, 성성숙 이전의 래트(20일령)에 FSH의 작용을 가진 임마융모성 성선자극호르몬(eCG; PMSG)을 투여하면 3일 후에 배란이 일어난다(Watanabe, 1999).

3. 성성숙의 발현과정

성성숙의 발현과정에 관한 연구는 주로 래트와 면양을 대상으로 수행되어 왔지만, 최근에는 원숭이를 대상으로 수행된 연구도 많다. 성성숙의 본질은 시상하부-뇌하수체-성선으로 이어지는 내분비적 조절축이 구축되는 과정이다. 그러나, 성성숙이 발현되는 과정에서 가장 해명되지 않은 부분이 시상하부에서 GnRH가 분비되어 뇌하수체의 GTH 분비를 자극하는 신경내분비적 기전이다. 따라서, 성성숙이 개시되는 요체는 GnRH가 최초로 분비되는 기전과 생식활성의 개시를 위하여 생명주기(성장과정)중에서 GnRH의 활성이 증가되는 시기가 결정되는 기전이다.

1) 시상하부의 GnRH-분비뉴론

발생학적으로 GnRH-분비뉴론은 태생기의 아주 이른 시기에 후판(嗅板, olfactory placode) 내에서 발생된 다음, 전뇌(前腦, forebrain)로 이주한다. 대부분의 포유동물에서 전뇌로 이주한 GnRH-분비뉴론은 앞쪽 전뇌를 빠져나와 시삭전부(視索前部, preoptic area)와 전시상하부역(前視床下部域, anterior hypothalamic area)을 통과하여 중앙배(背)측 시상하부에 자리를 잡는 반면에, 영장류에서는 많은 수의 GnRH-분비뉴론이 군집을 이루어 중앙기저측 시상하부에 위치한다. 이들 GnRH-분비뉴론에서 분비되는 GnRH는 시상하부-뇌하수체문맥을 타고 뇌하수체로 이행되어 성선자극호르몬(FSH와 LH)의 합성·방출을 자극한다(제2장 제2절 시상하부-뇌하수체계의 구조 항목과 그림 2-12 참조). 그러나, 포유동물의 뇌에도 대략 1000개 정도의 GnRH-분비뉴론이 존재하며, 이 뉴론도 시상하부에 위치하는 GnRH-분비뉴론과 조화를 이루면서 GnRH를 분비하는데, 이들 뉴론 상호간에 영위되는 정보전달의 기전은 아직까지도 해명되지 않았다.

성성숙과정에 대한 GnRH-분비뉴론의 중요성은 시상하부의 형성과정에서 GnRH-분비뉴론이 정주할 위치로 이동되지 못한 동물이나 저기능성선을 가진 마우스의 돌연변이체는 성장하여도 GnRH를 생산하지 못한다는 사실로 증명된다. 이러한 개체에서는 GnRH가 분비되지 않기 때문에 정소나 난소를 자극하기 위한 호르몬의 다단계반응(cascade reaction)이 개시되 않음으로 성성숙이 발현되지 않는다. GnRH-분비뉴론은 최초로 이주하여 정착된 후에는 수·분포·형태가 전생애에 걸쳐서 변경되지 않는다. 이러한 GnRH-분비뉴론의 발생학적 및 구조적 특성에 따라 성성숙이 발현되기 훨씬 이전(면양 : 임신 중기-말기의 태아기; 설치류 : 태아기)부터 GnRH가 분비된다. 대부분의 동물종에서 태아기나 출생직후에 보이던 GnRH의 방출은 생식활동이 없는 유년기에는 감소되는데, 유년기에 GnRH의 방출이 감소되고, 성성숙기에 다시 GnRH의 방출이 증가되는 기전은 아직까지 완전하게 밝혀지지 않았다. 그러나, 유년기에도 GnRH의 합성을 유발하는 mRNA가 높은 농도로 유지되고, 성성숙 후에도 mRNA 수준이 더 증가되지는 않는다. 또한, 유년기에도 GnRH의 방출을 실험적으로 유도할 수 있는데, 예를 들면 내인적 신경전달물질인 글루타민산염(glutamate) 또는 이것과 유사한 작동제(agonist)로 자극하면 GnRH가 방출된다(Foster & Ebling, 1998). 이러한 사실들을 종합하면, 성성숙은 태아기-신생아기에 획득된 후에 유년기에 정지되었던 시상하부의 GnRH 분비기능이 재활성화되는데 따른 결과적 산물이다.

한편, 태생기에 이미 형성된 GnRH 분비계는 성성숙기에 이르더라도 GnRH의 분비를 위한 신경내분비적 다단계반응이 자발적으로 발현되지는 않고, 상위신경계에서 GnRH 신경분비계로 보내는 신경자극에 따라 피동적으로 발현되는데, 이러한 조절기전을 상류기전(上流機轉, upsteram mechanism)이라 한다. 따라서, 성성숙기에 급격히 증가되는 GnRH의 분비는 상위신경계와 GnRH-분비뉴론 사이에 형성되는 시냅스(synaps)의 밀도나 형태, 그리고 GnRH-분비뉴론이 가지는 신경전달물질이나 신경펩티드 수용체의 수가 변화되어 일어난다. 그러나, GnRH 신경분비계를 활성화시키는 상위신경계의 자극은 ① 자극적 뉴론의 활성이 증가되는데 의한 것인지, ② 억제적 뉴론의 활성이 감소되는데 따른 것인지, 또는 ③ 이 두 종류의 입력자극이 조합하여 복합적으로 발현되는 것인지는 아직까지도 분명하지 않다.

또한, GnRH-분비뉴론에 대한 약리학적 연구에서 신경전달물질(dopamine·norepinephrine·GABA 등)과 신경펩티드(β-endorphin·neuropeptide Y)도 GnRH의 분비에 영향을 미친다는 것이 밝혀졌다. 그러나, GnRH-분비뉴론에는 이들 신경전달물질이나 신경펩티드의 수용체가 극히 적은 수로 제한되어 있다. 따라서, 신경전달물질이나 신경펩티드를 분비하는 신경세포는 GnRH-분비뉴론과 직접적으로 신경연결을 형성하는 신경화학계(neurochemical system)를 구축함으로써 GnRH의 분비를 조절한다. 예를 들면, 자극적 아미노산신경전달물질인 글루타민산염(glutamate)은 생식기능계의 발달에 대한 약리적 조절에 확실한 효과를 나타내지만, 이것도 궁극적으로는 GnRH의 방출을 조절하는 많은 신경화학적경로(신경전달물질)가운데 하나일 뿐이다.

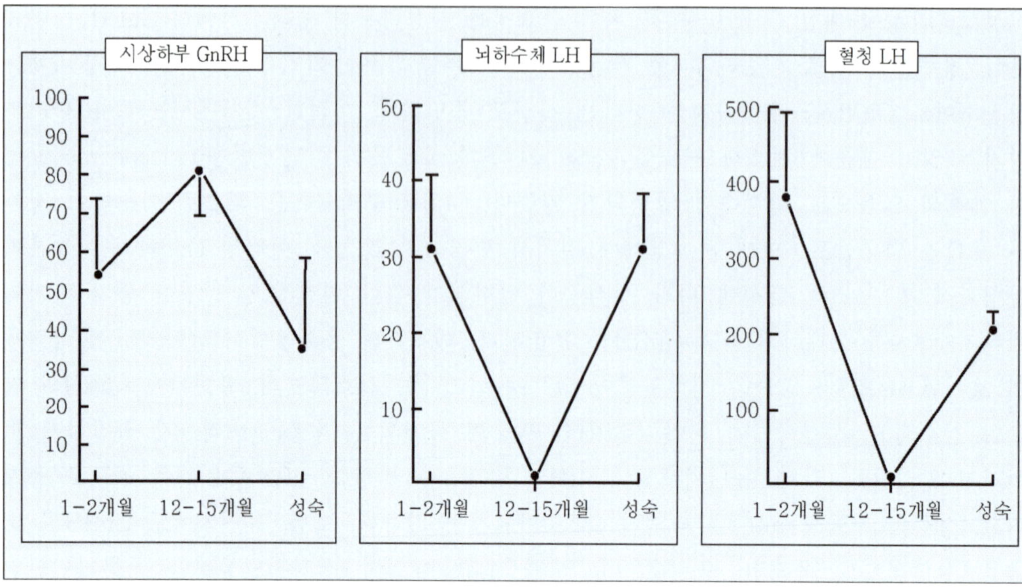

그림 3-1. 붉은털원숭이의 성성숙과정에서 보이는 GnRH와 LH의 농도변화

2) 성성숙기의 호르몬농도 변화

태아기와 유아기에 이미 시상하부-뇌하수체계의 활성이 발현되어 각종 성호르몬이 분비된다. 그러나, 유년기에 도달되면 성호르몬의 분비가 억제되어 성적 휴지기에 들어가며, 성성숙기에 다시 성호르몬의 분비가 재개되면서 시상하부-뇌하수체-성선으로 이어지는 내분비적 조절축이 구축된다.

(1) 시상하부-뇌하수체계 호르몬 : 태아기-유아기에서 분비되던 GTH가 유년기의 초기부터는 급속히 감소되어 혈장농도도 매우 낮은 수준으로 유지된다. 그러나, 이 시기에도 시상하부에서의 GnRH 합성은 정상적인 수준을 나타내는데, 합성된 GnRH가 뇌하수체의 GTH 분비를 자극하지는 못한다(그림 3-1; Fraser 등, 1989). 이와 같이, 시상하부와 뇌하수체의 분비기능이 일치되지 못하는 것은 GnRH-분비뉴론의 발동시기가 부적절하여 뇌하수체의 GTH 분비에 필수적인 GnRH의 박동적 분비(pulsatile secretion)가 결여되거나, 시상하부에서 펩티다제(peptidase)의 활성이 너무 강력하여 GnRH를 분해함으로써, 적정량의 GnRH가 저장되는 것을 장해하기 때문이다(Faivre-Bauman 등, 1981). 그러나, 성성숙기에 가까워지면 GnRH의 박동적 분비가 점진적으로 발현되어 뇌하수체에서 GTH의 합성과 방출이 개시된다(Conte 등, 1975; Dodson 등, 1989).

사람에서 8~9세에 이르면 GnRH의 대사산물(nonapeptide 2-10)이 오줌을 통하여 배설되기 시작하며, 성성숙기에는 기간의 경과와 더불어 배설량이 급격히 증가되는데, 24시간 동안의 배설량은 2ng으로부터 40ng까지 증가된다. 이 기간에는 GnRH의 작용으로 GTH가 다량으로 합성되어 혈장 GTH의 농도도 따라서 증가된다. 한편, 사람(Weitzman, 1975)과 붉은

꼬리원숭이(Plant, 1988)에서 성성숙과 관련된 LH와 FSH의 박동적 분비가 수면기(sleep phase)의 REM-non-REM기(빠른 안구운동을 나타내는 수면)와 밀접한 관계를 가지면서 최초로 발현되며, FSH와 LH의 야간 분비는 성성숙기의 중간에 최고치를 나타낸다. 그러나, LH/FSH 분비의 박동빈도는 낮동안에 증가된다. 또한, 혈장 LH농도의 진폭은 성성숙과정의 진행과 더불어 증가되며, 성성숙이 완료되면 야간과 주간의 분비정점 사이의 차이가 소멸된다(Weitzman 등, 1975). 이러한 분비양상은 다른 포유동물에서는 발견되지 않는다. 그러나, 암컷 래트에서 초회의 발정주기 전에 LH 분비박동의 빈도와 진폭이 오전에 비하여 오후에 크게 나타난다. 이러한 현상은 래트의 배란이 오후에 일어날 수 있도록 고정하는 작용을 하는 것으로 생각된다(Forest & Levasseur, 1993). 성성숙과정에서 혈장 FSH와 LH의 분비가 증가되는 활성은 성차(性差)가 있으며, 암컷에서 더욱 뚜렷하게 증가된다(Forest & Levasseur, 1993).

(2) 성선스테로이드호르몬 : 유년기의 성선도 완전히 휴지되지는 않음으로 낮은 수준의 스테로이드호르몬을 분비한다. 또한, 유년기의 정소나 난소 모두에서 정맥혈의 스테로이드호르몬 수준이 동맥혈의 그것보다 높게 나타나는데, 이것은 성성숙 전의 성선에서도 스테로이드호르몬이 분비된다는 것을 의미한다(Forest, 1989). 그러나, 성성숙기에 이르면 기간의 경과에 비례하여 성선스테로이드호르몬의 분비가 점차적으로 증가된다. 남자에서 성성숙과정의 초기에는 LH의 분비박동에 반응하여 박동 1시간 후에 테스토스테론이 방출된다. 이 때, LH의 방출이 야간에 일어나기 때문에(앞 항목 참조), 테스토스테론의 혈장농도도 야간에만 상승된다. 그러나, 성성숙과정이 진행되면서 LH박동의 빈도가 증가되어 테스토스테론의 방출간격이 좁아져 계속적으로 분비되며, 주간과 야간의 차이도 감소된다. 따라서, 성성숙이 완성된 후에는 테스토스테론분비의 주/야간 변이가 약 25~30%정도로 좁아진다. 한편, 모든 연령에서 LH의 활성을 가진 hCG를 투여하면, 간질세포가 자극을 받아 다량의 테스토스테론이 분비되는데, 반응의 강도는 유년기에 비하여 초기의 성성숙기에서 가장 크다(Forest, 1984, 1989). 그러나, 성숙남자에서는 hCG투여 초기에는 hCG에 의하여 스테로이드합성의 탈감작(脫感作, steroidogenic desensitization)이 일어나 즉각적인 반응이 봉쇄되고, 따라서 간질세포에 대한 탈감작이 복귀될 때까지 걸리는 3~4일동안은 최대의 반응을 나타내는 현상이 지연된다. 이러한 현상은 정소에서 테스토스테론의 생합성을 억제하는 자가조절기전(self-regulating mechanism)이 영위된다는 것을 의미한다. 이와 같은 자가억제기전은 유아기에는 발현되지 않고, 성성숙과정의 진행경과에 비례하여 점진적으로 발달된다.

에스트로겐의 분비도 성성숙기에 가까워지면서 급속하게 증가되며, 초회배란 직전에는 성숙동물의 분비수준에 도달된다. 그러나, 성성숙 전의 난소에서는 프로게스테론을 분비하지 못하며, 초회배란 후에 일어나는 황체의 프로게스테론 분비도 낮은 수준을 유지한다(Forest & Bertrand, 1986). 한편, 혈장중의 성선스테로이드호르몬은 성성숙과정의 진행정

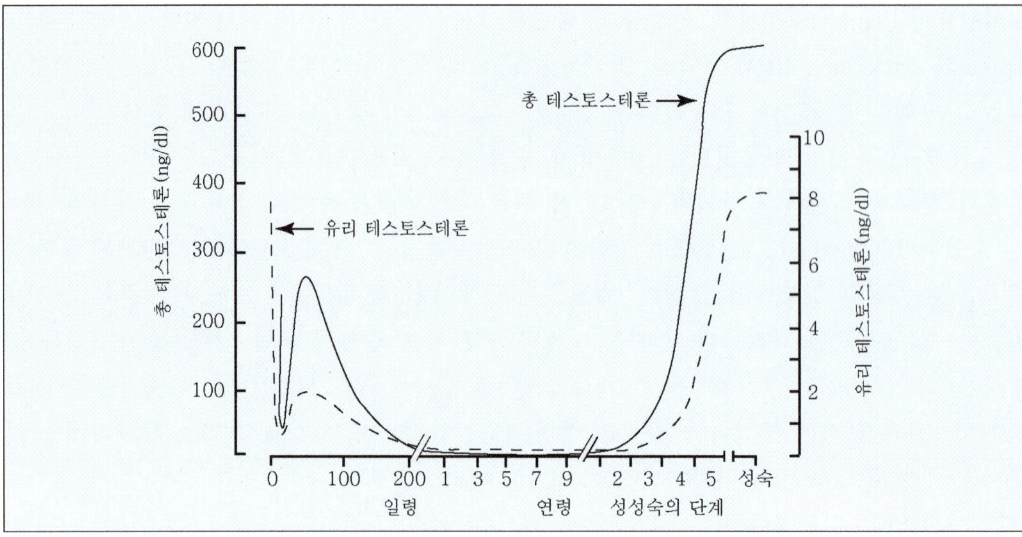

그림 3-2. 사람의 성성숙과정에 따른 총테스토스테론과 유리테스토스테론의 농도

도에 따라 결합단백질(binding protein)과 결합하는 능력이 비례적으로 감퇴된다. 이 결과로 성성숙기에는 곧바로 생리작용을 발현할 수 있는 유리형의 테스토스테론과 에스트라디올-17β의 농도가 월등히 높아진다(그림 3-2; Forest, 1989).

3) 성성숙 발현의 내분비적 조절기전

포유동물의 생식현상은 시상하부-뇌하수체-성선축에 의하여 발현되는 내분비적 조절기전에 의하여 영위된다. 따라서, 성성숙과정은 생식현상의 발현을 지배하는 내분비적 조절기전이 활성화되는 과정이라고 할 수 있다. 포유동물의 시상하부-뇌하수체계는 태아기-유아기에 이미 호르몬의 분비능력을 획득하였고, 성선도 뇌하수체에서 분비되는 GTH의 자극을 받으면 반응하여 성선스테로이드호르몬을 분비한다. 이와 같이, 성성숙과정을 지배하는 모든 내분비기관이 태아기-유아기에 분비기능을 획득하였음에도 불구하고, 생식현상이 발현되지 않는 것은 이들 내분비선 상호간에 영위되는 피드백기전이 확립되지 않아서 최상위 호르몬인 시상하부의 GnRH가 적절하게 분비되지 못하기 때문이다.

시상하부에서 높은 수준의 GnRH를 합성할 수 있는 타고난 능력은 유년기의 말기에 재구축되는데, 이 때에도 GnRH의 분비는 매우 낮은 수준을 유지한다(시상하부의 GnRH-분비뉴론 항목 참조). 이와 같이, 시상하부에서 GnRH가 합성은 되지만, 분비가 억제되어 성성숙의 개시를 저지한다. 이 상태에서 GnRH의 방출을 유발하여 성성숙을 발현시키는 기전은 반세기 전부터 고나도스타트가설(gonadostat theory; Ramirez & McCann, 1963)로 설명하고 있다. 즉, 유년기에는 시상하부의 GnRH-분비뉴론이 성선에서 분비되는 스테로이드호르몬에 대한 감도가 높아서 소량의 스테로이드호르몬으로도 효과적으로 부의 피드백

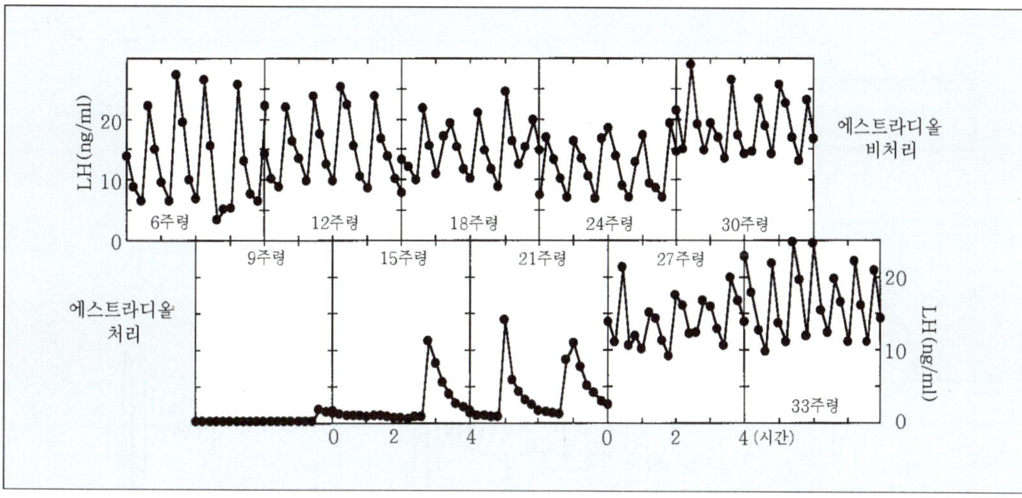

그림 3-3. 난소적출 암면양에서 성성숙 이행기중의 LH분비에 대한 에스트라디올의 억제효과

기전을 영위하여 GnRH의 방출을 억제한다. 그러나, 성성숙기가 되면 성선에서 분비되는 스테로이드호르몬에 대한 시상하부-뇌하수체계의 감도가 낮아짐에 따라 부의 피드백기전이 해제되어 다량의 GnRH가 방출된다. 이에 대한 실험적 증명사례는 매우 많다. 난소 또는 정소를 적출하면 GTH의 분비가 급증되는데, 이러한 동물에 에스트로겐 또는 안드로겐을 투여하면 GTH의 분비가 억제된다. 이 결과에서 성선적출 후에 GTH의 분비가 급증되는 것은 성선스테로이드호르몬에 의한 부의 피드백기전이 해제된데 따른 결과이고, 성선스테로이드호르몬의 투여로 GTH의 분비가 억제된 것은 부의 피드백기전이 다시 발동된데 기인한 결과이다. 또한, 거세후에 발현되는 GTH의 증가를 억제하기 위한 성선스테로이드호르몬의 투여용량을 성성숙 전과 후의 동물에서 비교하면, 성성숙 후의 동물에서 많은 용량의 성선스테로이드호르몬이 필요하다. 이 사실은 성성숙 후의 동물에서 성선스테로이드호르몬에 대한 시상하부의 감도가 낮다는 것을 의미한다. 더욱이, 난소를 적출하여 부의 피드백기전을 제거한 면양에서 에스트로겐을 투여하면 GnRH의 분비를 현저히 억제하며, 에스트로겐을 투여하지 않았을 경우에는 분비박동의 빈도와 진폭이 높은 GnRH의 분비가 일어나는데, 이것은 에스토로겐이 성성숙 전에는 GnRH 분비박동의 빈도와 진폭을 효과적으로 억제한다는 것을 의미한다(그림 3-3; Foster & Ebling, 1998). 이와 같이, 성선에서 분비되는 스테로이드호르몬이 시상하부의 GnRH 분비를 조절하지만, GnRH-분비뉴론에는 성선스테로이드호르몬의 수용체를 거의 가지고 있지 않기 때문에 성선스테로이드호르몬이 직접적으로 GnRH-분비뉴론에 대한 피드백기전을 영위하지는 못한다. 따라서, 성선스테로이드호르몬은 성선스테로이드호르몬의 수용체를 가지고 있는 GnRH-분비뉴론의 시냅스전뉴론(presynaptic neuron)을 자극하고, 시냅스전 뉴론에서 분비된 신경전달물질이나 신경펩티드가 GnRH-분비뉴론을 자극 또는 억제한다(Foster & Ebling, 1998). GnRH-분비뉴론의

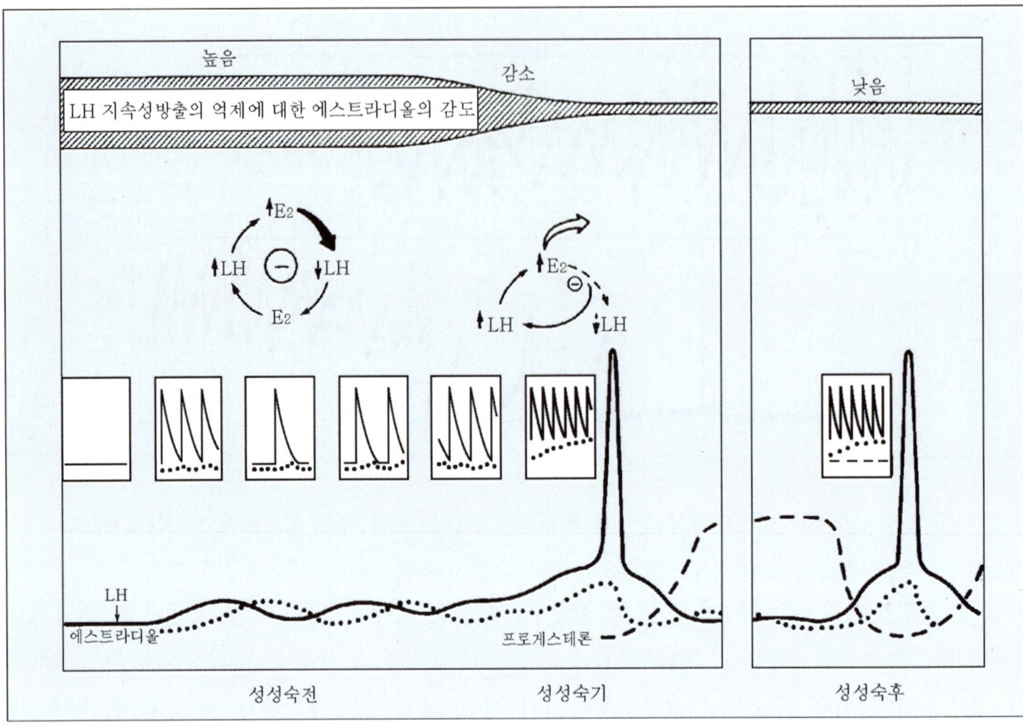

그림 3-4. 면양에서 성성숙을 위한 GTH-급증이 개시되는 모식도

분비활동에 영향을 미치는 시냅스전 뉴론에는 억제적으로 작동하는 감마아미노부티르산(GABA)이나 오피오이드펩티드(opioid peptide)를 분비하는 뉴론과 촉진적으로 작동하는 노르에피네프린·신경펩티드 Y·흥분성아미노산 등을 분비하는 뉴론이 있다.

위와 같은 과정을 통하여 다량으로 분비된 GnRH는 뇌하수체를 자극하여 GTH의 방출을 촉진한다. 이 GTH는 암컷의 경우 난소를 자극하여 난포의 발달과 에스트로겐의 분비를 유발한다. 발달된 난포에서 다량으로 분비된 에스트로겐은 발정행동을 유발하는 동시에, 시상하부-뇌하수체계에 대한 정의 피드백기전으로 LH의 급증을 유발하고, 급증된 LH의 작용으로 배란이 일어나면서 성성숙이 완료된다(그림 3-4; Foster & Ryan, 1987). 한편, 암컷 래트에서 출생 후의 성성숙과정을 보면 3단계로 구분할 수 있는데, 첫째단계는 유아기에 일어나는 발달로서, FSH의 급격한 증가와 LH의 산발적 증가가 일어나고, 이어지는 유년기에는 내분비활성이 저하되는 기간(일종의 간격)을 거치게 된다. 유년기의 말기에 둘째단계가 발동되어 LH의 박동적 분비가 일어나며, 셋째단계는 성성숙기로서, LH가 급격하게 방출되어 배란이 일어나면서 성성숙이 완료된다(그림 3-5; Ojeda 등, 1984). 유년기에 내분비활동이 저하되는 기간은 절대적 길이에는 차이가 있지만, 영장류에서도 나타난다. 그러나, 면양의 경우에는 설치류와 영장류에서 보이는 유년기의 내분비활성 저하기간(간격)이 보이지 않고, 출생 후부터 단절기간이 없이 계속적으로 성성숙과정이 진행된다.

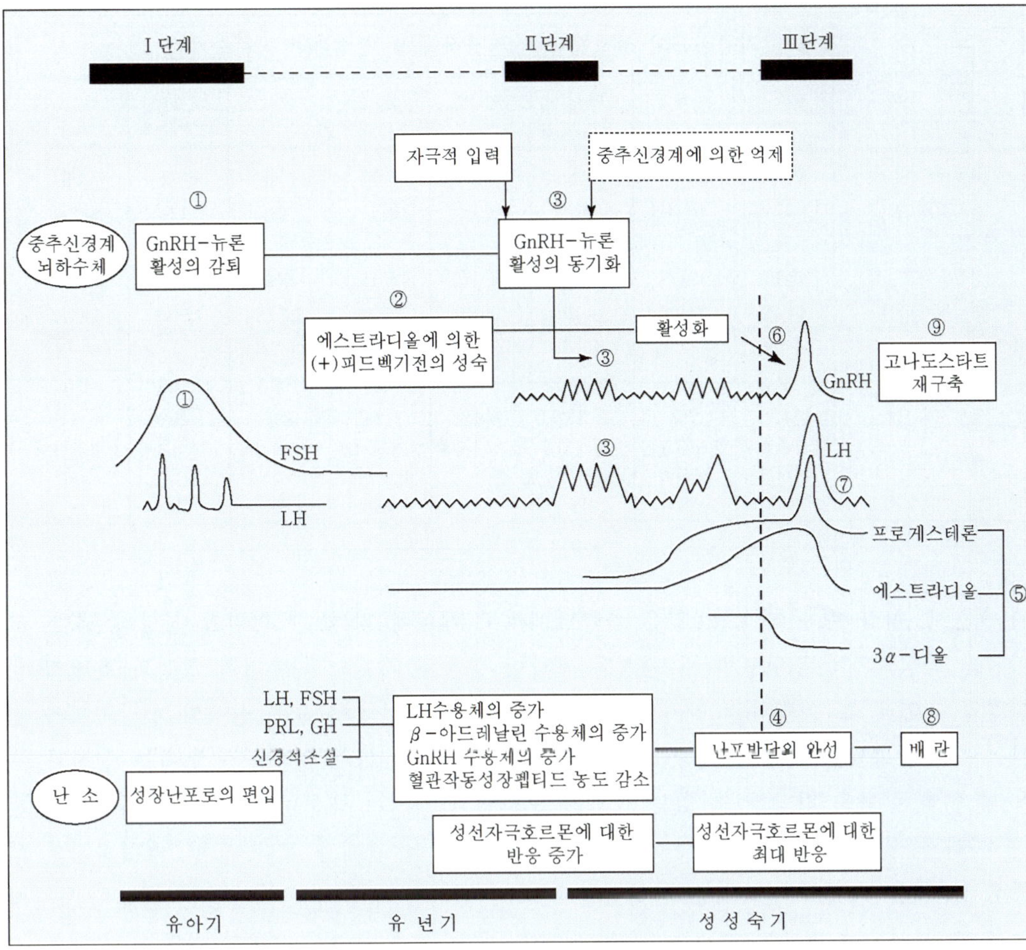

그림 3-5. 래트 성성숙의 단계적 발달과정

한편, 수컷의 성성숙과정도 기본적으로는 암컷의 그것과 같다. 따라서, 수컷의 성성숙도 시상하부-뇌하수체-정소로 이어지는 내분비적 조절축이 활성화되는데 따라 일어난다. 즉, 정소에서 분비되는 테스토스테론에 대한 시상하부의 감도가 저하되어 부의 피드백기전이 해제되면서 GnRH와 GTH가 연속적으로 분비되고, 분비된 GTH가 정소를 자극하여 성성숙이 완료된다. 그러나, 수컷에서는 시상하부가 태생초기에 웅성형으로 고정되었기 때문에(제2장 제4절 안드로겐의 생리작용 항목 참조) 암컷에서 보이는 성선스테로이드호르몬에 의한 정의 피드백기전은 발현될 수 없다.

4. 성성숙기의 연령과 체중

정상적인 사육상태하에서의 성성숙 월령은 표 3-1(Watanabe, 1999)과 같은데, 동물의 종

표 3-1. 각종동물의 성성숙월령, 번식적령 및 생식관련 기준수치

구 분	소	말	돼 지	면 양	산 양	개	고양이	래 트
수 컷								
성성숙(월)	6-10	12	5-8	7-8	8	6-8	6-15	60(일)
번식적령(월)	12	18-24	12	9-12	9-12	12	12	80(일)
암 컷								
성성숙(월)	6-10	12-18	5-8	4-15	4-15	6-9	6-15	35(일)
번식적령(월)	14-22	24-48	8-10	9-18	12-18	12-18	12-18	60(일)
번식계절	주 년	봄-가을	주 년	가을-겨울	가을-겨울	연 2회	연 2-3회	주 년
발정주기(일)	21	21	21	16.5	20	60	15-21	4-5
발정지속시간	16시간	7일	2-3일	36시간	1-2일	8일	4-10일	수시간
배란시각	발정종료후 14시간	발정종료전 24시간	발정개시후 24-48시간	발정개시후 24시간	발정개시후 24-48시간	발정개시후 24-72시간	교미후 27시간	발정전기의 심야
임신기간(일)	280	338	114	150	151	63	63	21

과 품종에 따라 매우 다르고, 같은 품종내에서도 개체에 따라 그 범위가 상당히 넓다. 그 이유는 성성숙기에 도달될 때의 연령과 체중이 동물체 자체의 내분비적 활성과 유전적 및 환경적 요인에 크게 영향을 받기 때문이다. 포유동물에서 성성숙은 신체의 성장속도가 점차적으로 둔화되는 시점의 체중에서 일어난다. 일반적으로, 포유동물은 모체가 임신과 포육(哺育)의 부담을 감당할 수 있는 체격에 도달될 때까지는 내분비기능이 활성화되지 않는다. 따라서, 성성숙과정의 개시는 연령보다는 체중과 더 관계가 깊다. 또한, 성성숙기의 체중은 그 동물 자체의 성숙체중과 밀접한 관계가 있어서 성숙체중의 일정한 비율에 도달되었을 때 성성숙이 발현된다.

소에서의 성성숙은 젖소의 경우 성숙체중의 30~40%, 육우의 경우에는 45~55%에 도달되면 개시된다(Roy 등, 1975). 또한, Hereford종 육우에서 체중이 187kg, 231kg 및 280kg일 때의 초회발정 발현률은 각각 5%, 50% 및 95%로서, 체중이 무거울 수록 성성숙의 발현률이 높다(Cohen 등, 1980). 한우의 경우는 성성숙 연령이 서양의 육우품종에 비하여 매우 늦어서 표준사양시는 19.6개월이고, 농가의 사육조건하에서는 42.6%만이 24개월령에서 초회발정이 발현되었으며(Lee, 1978), 제주한우의 평균 성성숙 월령은 26.3개월이다(Kim & Kim, 1980). 한편, 면양의 경우는 성숙체중의 40~63%(Romney: 40%; Suffolk: 50%; Blackface: 63%)에 도달되면 성성숙이 개시된다(Hafez, 1952). 또한, 성숙체중의 50~70%가 되어야만 성성숙이 개시된다는 보고도 있다(Dyrmundsson, 1973). 그러나, 면양(Irish Suffolk-cross lamb)의 성성숙기 체중은 계절의 영향을 받아서 10월에는 44kg이었지만, 12월말에는 33kg으로 훨씬 가벼웠다(Keane, 1974). 이것은 출생 당년에 성성숙이 되어 번식이 가능하도록 함으로써 번식효율을 높이려는 면양자체의 생식전략이라고 생각된다. 돼지에서는 6~8개월령에 성성숙에 도달되는 것이 일반적인데, 중국의 Meishan종(梅山豚)과 같이 다산성이면서

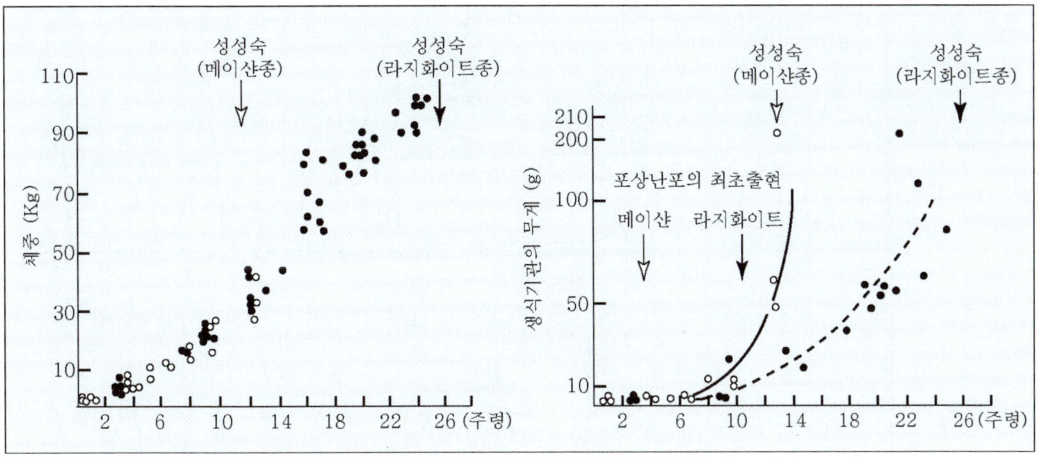

그림 3-6. 라지화이트종과 메이샨종 돼지에서 성성숙기의 체중과 생식기관의 무게

도 조기에 성성숙이 발현되는 품종도 있다. 이 품종은 3개월령과 성숙체중의 1/4에서 성성숙이 일어난다(그림 3-6; Forest & Levasseur, 1993). 한편, 래트는 체격이 큰 동물종에 비하여 성성숙기의 체중비율(성숙체중의 30~40%)이 낮다. 그러나, 사람은 동물들과는 달리 체성숙이 거의 정지되는 시기(체중: 어른의 80~90%; 체고: 어른의 92~95%)에서 성성숙이 발현된다(Forest & Levasseur, 1993).

5. 성성숙에 영향을 미치는 요인

포유동물의 성성숙은 동물체 자체의 성장과정과 밀접한 관계를 가지면서 발현되는 생리기능임으로 다양한 요인이 영향을 미친다. 성성숙은 어미의 품종과 연령·아비의 품종·잡종강세 효과·물리적 자연환경·환경온도·계절과 광주기·영양상태와 체중·이유전과 이유후의 성장률 등과 같은 유전적 및 환경적 요인의 영향을 받는다. 그러나, 동물체에서 발현되는 모든 형질이 그러하듯이 성성숙도 유전적 요인과 환경적 요인이 복합적으로 작용하여 발현되는 생리현상이기 때문에 이들 요인을 엄격하게 구분하여 생각할 필요는 없다. 다만, 품종이나 계통에 관련된 요인들은 주로 유전적으로 발현된다.

1) 영 양

사람을 비롯한 모든 포유동물에서 영양이 부족되면 GnRH 분비의 박동수와 진폭이 감소되어 성성숙시기가 지연된다. 이러한 동물에 칼로리 섭취량을 증가시켜 주면 중추신경계와 성선의 성숙이 곧바로 재개되어 GnRH의 분비리듬이 정상화되고, 이에 따라 LH의 박동적 분비도 복구되어 성성숙과정이 보상된다(그림 3-7; Bronson, 1986; Foster 등, 1989). 그러나, 극단적인 저영양수준이 장기간 계속된 경우에는 다시 정상으로 영양이 공급되더라도

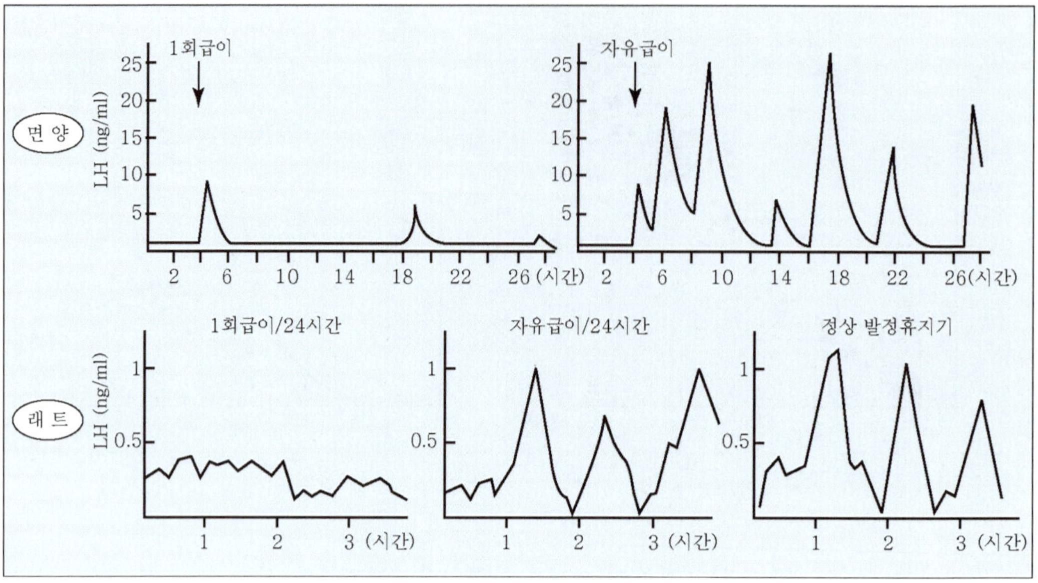

그림 3-7. 영양수준에 따른 LH의 분비박동

생식기능이 회복되지 못할 수도 있다. 한편, 체성장을 촉진시킬 정도의 양호한 영양조건하에서는 성성숙과정이 촉진되는데, 특히 성성숙과정의 임계기인 어린시기의 영양이 중요하다. Holstein종 젖소에서 정상사양을 하면 11.2개월령에 성성숙이 발현되지만, TDN 수준을 정상수준의 62%로 제한할 경우에는 20.2개월로 지연되고, 146%를 급여하면 9.2개월로 빨라진다(표 3-2; Bearden & Fuquay, 2000a). 그러나, 암소의 일당증체량이 0.3㎏ 이하로 낮

표 3-2. 홀스타인종 젖소의 영양수준이 번식특성에 미치는 영향

구 분	TDN 급여		
	62	100	146
조 사 두 수	33	34	34
첫 발정시의 월령	20.2	11.2	9.2
첫 발정시의 체중(kg)	303	265	277
첫 교배시의 임신성공률(%)	79	68	58
초회 임신까지의 교배횟수	1.55	1.41	1.48
초회 분만시의 월령	32.0	28.5	27.9
초회 분만시의 체중(kg)	384	483	548
초회분만된 송아지의 체중(kg)	36	39	41
분만시 조산(助産)의 비율(%)	45	26	24
분만성공률(%)	87	88	94
두번째 임신까지의 교배횟수	1.71	1.76	2.09
세번째 임신까지의 교배횟수	1.90	1.64	1.90
불임에 의한 도태율(%)	6	12	20

은 영양조건하에서도 성성숙의 개시 일령은 크게 영향을 받지 않는다(Short & Bellows, 1971). 또한, 성성숙기에 있는 육우의 도체를 분석하여 지질(脂質)의 분포상태를 조사한 결과, 지질의 비율이 성성숙에 대한 독단적 조절제(regulator)는 아니며, 성성숙의 개시에 작용하는 중요한 변조물질(modulator)인 것으로 보인다(Yelich 등, 1995). 영양수준이 면양의 성성숙에 미치는 영향은 소와 유사한 경향이며, 한마리로 출생된 새끼양이 쌍둥이로 출생된 경우에 비하여 일찍 성성숙에 도달되는 것도 영양효과로 볼 수 있다(Dickerson & Laster, 1975). 돼지에서도 자유급이를 하면 제한급이를 하는 경우보다 조기에 성성숙이 개시되며(Friend 등, 1981, 1986), 반대로 체성장률이 감소될 정도로 제한급이를 하면 성성숙이 지연된다(Aherne & Kirkwood, 1985; Dyck, 1988). 그러나, 어린 돼지에서 높은 체지방수준은 성성숙을 지연시킨다(King, 1989).

2) 계절과 온도

계절은 일조시간, 온도 및 습도 등이 관련된 복합적인 환경요인이지만, 계절의 영향은 주로 일조시간, 즉 광주기성(光週期性, photoperiodism)과 관계가 있다. 따라서, 출생계절에 따라 성성숙의 발현시기가 달라질 수 있으며, 그 영향은 계절번식동물에서 뚜렸하다. 육우의 성성숙에 관하여 Schillo 등(1992)은 출생후 처음 6개월(1～6개월령)과 후기 6개월(6～12개월령)의 계절조건이 성성숙도달시기에 영향을 미치며, 가을에 출생한 송아지가 봄에 출생한 송아지에 비하여 조기에 성성숙이 개시되고, 출생후 6～12개월령사이에 인위적으로 봄-여름의 온도와 광주기조건에 노출시키면 출생계절에 관계없이 성성숙연령이 단축된다고 하였다. 또한, 그는 광주기가 소의 성성숙에 영향을 미지는 가장 중요한 계절적 신호라고 하였으며, 광주기의 자극은 송과선을 자극하고, 이에 따라 분비된 멜라토닌이 뇌하수체의 LH 분비를 조절하여 성성숙기에 영향을 미친다고 하였다. 그러나, Friesian종 젖소에서 낮의 길이가 증가되는 시기에 출생한 송아지가 다른 시기에 출생한 송아지보다 2개월 정도 빠르게 성성숙에 도달된다는 보고도 있다(Roy 등, 1980).

단일성 계절번식동물인 면양과 산양의 경우에는 출생계절에 따라 성성숙기의 연령이 크게 다르다(Gorden, 1997). 즉, 이른 봄에 태어난 새끼는 당년의 번식계절(가을)에 상당한 체격에 도달되기 때문에 발정이 발현되며, 따라서 늦게 출생한 새끼보다 성성숙기가 빠르다. 그러나, 여름-가을에 출생된 새끼는 그 이듬해의 번식계절까지는 발정이 발현되지 못함으로 결과적으로 성성숙기가 늦다. 돼지의 성성숙에 대한 계절(광주기)의 영향은 연구자에 따라 서로 다른 결과들을 제시하고 있다. 즉, 짧은 광주기가 성성숙을 촉진한다는 보고가 있는 반면에(Dufour & Bernard, 1968), 긴 광주기에 의하여 성성숙이 촉진된다는 보고도 있다(Ntunde 등, 1979). 돼지에서 인공조명으로 광주기를 조절한 실험에서 낮은 온도와 긴 광주기가 성성숙시기를 지연시킨다고 하였으며(Paterson & Pearce, 1990), 광주기의 장단(長短)이 성성숙 연령에 하등의 영향을 미치지 못한다는 보고도 있다(Dickman & Hoagland,

1983). 또한, 가을에 분만된 새끼가 봄에 분만된 것에 비하여 조기에 성성숙이 개시된다는 보고가 있는 반면에(Mavrogenis & Robison, 1976), 봄 또는 가을에 분만된 새끼 사이에 차이가 없다는 보고도 있다(Sorensen 등, 1961).

대부분의 포유동물은 환경온도가 너무 높으면 고온자극에 의하여 뇌하수체의 LH와 FSH 분비가 장해를 받아 성성숙이 지연된다. 육우의 경우 10℃에서 사육하면 10.5개월령에서 성성숙에 도달하였지만, 27℃에서는 13개월령으로 10℃에서 사육된 소에 비하여 상당히 늦었다(Bearden & Fuquay, 2000b). 돼지의 경우도 늦봄에 분만된 새끼는 여름의 더위로 발육이 늦어짐에 따라 다른 계절에 분만된 새끼에 비하여 성성숙이 늦게 발현된다.

3) 기타의 요인

암컷을 수컷과 가깝게 위치시켜 냄새를 맡게하면 조기성성숙이 발현되는데, 이것을 웅성효과(male effect)라고 한다. 수컷은 공기중으로 프라이머 페르몬(primer pheromone)을 발산하여 암컷의 후각을 자극하고, 이에 따라 내분비계가 활성화되어 성성숙과정이 촉진된다. 그러나, 페로몬의 분비원은 동물의 종에 따라 다르다. 마우스에서는 분뇨와 유선을 피복하고 있는 피부가 페로몬의 분비원이다(Hofer 등, 1976). 어린 암마우스를 성숙한 수마우스를 키웠던 케이지에 수용하면 성성숙이 촉진된다. 그러나, 암컷 여러마리를 한칸의 케이지에 수용하면 한마리를 수용한 경우에 비하여 성성숙이 지연된다(Vandenbergh, 1983). 돼지에서는 악하선에서 분비되는 타액에 함유된 프라이머 페로몬이 웅성효과를 나타내어 성성숙의 개시를 촉진한다(Kirkwood & Hughes, 1982). 그러나, 돼지의 타액에 함유된 3α-안드로스테놀(androstenol)과 5α-안드로스테논(androstenone)은 신호(signalling) 페로몬으로서, 웅성효과를 나타내지는 못한다(Booth, 1984; Kirkwood 등, 1983). 돼지에서 웅성효과를 나타내는 프라이머 페로몬은 타액 뿐만 아니라, 오줌과 신체의 여러 부위에서 방출되는 복합페로몬으로서, 청각적・시각적・촉각적 신경자극에 의존하여 방출된다(Booth, 1984).

모든 동물에서 이성간의 신체적 접촉은 암컷의 성성숙을 비롯한 모든 번식활성을 촉진하는데, 이것은 암컷이 수컷에서 방출되어 웅성효과를 발현하는 페로몬을 쉽게 흡착할 수 있기 때문이다(Pearce & Paterson, 1992). 성숙 수돼지와 어린 암돼지를 철망으로 만든 벽을 사이에 두고 몸 전체를 접촉시키면 부분적으로 접촉시켰을 경우에 비하여 조기성성숙효과가 더욱 크게 나타난다(Deligeorgis 등, 1984a, 1984b). 또한, 성성숙 전의 어린 돼지를 성성숙이 완료된 암돼지와 접촉시키면 성성숙과정이 자극되지만, 어린 돼지와 접촉시켰을 경우에는 성성숙의 시기에 영향을 미치지 못한다(Peacock & Hughes, 1995). 돼지에서는 돈사의 구조와 사육형태도 성성숙의 개시에 영향을 미치는데, 수돼지가 보이는 구조의 축사에서 군사(群飼)를 하면 성성숙 연령이 빨라진다(Prunier & Meunier-Salaun, 1989). 이것은 성숙한 수돼지에서 발산되어 암돼지의 성성숙과정을 촉진하는 프라이머 페르몬을 암돼지가 쉽게 흡착할 수 있고, 신체적 접촉에 의하여 성성숙과정이 자극되기 때문이다.

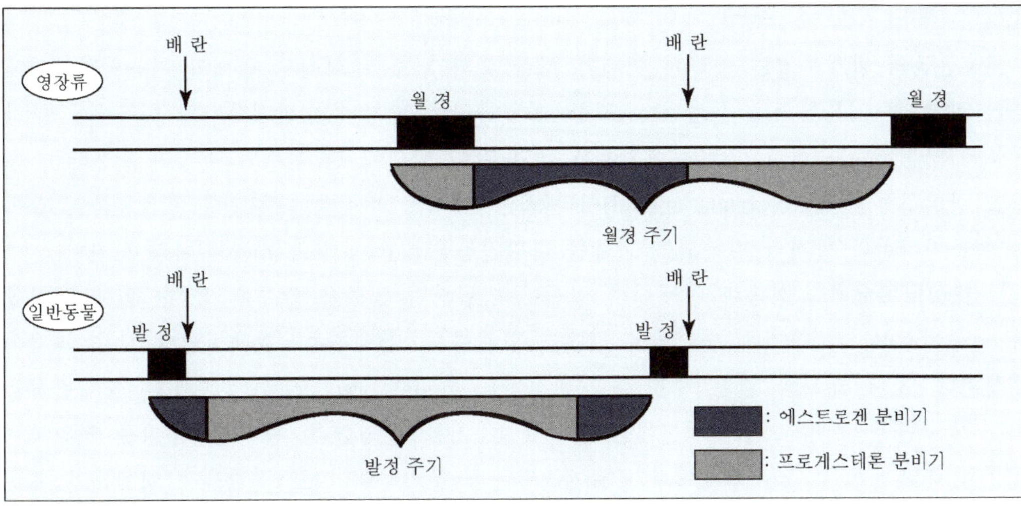

그림 3-8. 월경주기와 발정주기의 시간적 비교

제 3 절 발정주기

성성숙이 완성된 암컷에서 임신이 성립되지 않으면 임신의 기회를 얻기 위하여 그 동물종 특유의 주기를 가지고 발정과 배란이 반복된다. 이와 같은 생식활동의 주기를 발정주기(發情週期, estrous cycle)라 하며, 발정의 개시일로부터 다음 발정의 개시 직전일까지를 1주기로 산정한다. 사람을 비롯한 영장류에서는 발정이 나타나지 않고, 월경이라는 특징적 생리현상이 발현됨으로 이것을 지표로 하여 월경주기(月經週期, menstrual cycle)라고 한다. 그러나, 이들 두종류의 성주기에서 배란이 일어나는 시기는 완전히 다르다. 월경주기에서는 월경출혈이 시작되는 날부터 난포의 발육이 시작됨으로 배란은 월경일로부터 약 2주후, 즉 월경주기의 중간쯤되는 시기에 일어난다. 따라서, 월경일과 배란일사이에는 상당한 시간간격이 있다. 반면에, 발정주기에서는 배란직전의 성숙난포에서 다량으로 분비된 에스트로겐에 의하여 발정이 발현됨으로 발정이 개시되면 곧이어 배란이 일어난다. 따라서, 발정주기와 배란주기가 사실상 거의 일치한다(그림 3-8; Hafez & Hafez, 2000b).

1. 발정주기의 형태·단계·난포발육

영장류를 제외한 포유동물은 임신이 성립되지 않으면 일정한 주기를 가지고 발정을 반복하는데, 각 동물이 가지는 생식전략에 따라 적합한 형태의 발정주기를 영위한다. 또한, 발정주기중의 어느 시기에 도달되면, 난소에서는 각각의 동물종이 가지는 생식특성에 따라 지정된 수의 난자를 배란한다.

1) 발정주기의 형태

포유동물의 발정주기는 배란의 형태와 배란 후의 난소에 형성된 황체의 기능발현양상에 따라 3종류의 기본형으로 구분된다. 또한, 일년동안에 발현되는 발정주기의 반복수에 따라 동물을 구분하기도 한다. 곰·늑대·여우 등과 같이 일년에 단 한번만 발정이 발현되는 동물을 단발정동물(monoestrous animal)이라 하고, 가축을 비롯한 대부분의 포유동물과 같이 일년에 여러번의 발정이 반복되는 동물을 다발정동물(polyestrous animal)이라고 한다.

(1) 완전발정주기 : 성숙한 암컷에서 임신이 성립되지 않았을 경우에 볼 수 있는 생식활동의 주기로서, 한 주기에 난포발육·배란·황체형성·황체활동·황체퇴행의 모든 과정이 포함된다. 소나 돼지와 같은 주년(週年)번식동물(annual breeder)은 물론이고, 계절번식을 하는 말·면양·산양도 번식계절에는 완전발정주기를 반복한다. 완전발정주기를 영위하는 동물은 배란후에 형성된 황체에서 프로게스테론을 분비하여 난포의 발육을 억제하기 때문에 다음 발정주기가 시작되려면 3-4주의 긴 시간이 필요하다. 늑대나 여우와 같은 단발정동물의 생식활동도 이 형에 포함되지만, 황체의 활동기간이 길어서 발정주기가 종료될 때는 번식계절을 벗어남으로 1년에 한번의 발정주기가 인정될 뿐이다. 한편, 사람을 비롯한 영장류의 경우에는 황체기의 종료시에 탈락된 자궁내막과 혈액의 혼합물이 배출되는 월경을 성주기의 개시로 판정함으로 난소에서 일어나는 난포발육과 배란의 시점은 발정주기와 다르지만, 그 외의 모든 현상은 같기 때문에 완전발정주기동물과 같은 성주기를 영위한다고 볼 수 있다.

(2) 불완전발정주기 : 마우스·래트·햄스터 등과 같은 동물에서 볼 수 있는 발정주기의 형태이다. 난포발육·배란·황체형성이 반복되는 점은 완전발정주기와 같지만, 교미자극이 없으면 형성된 황체의 프로게스테론 분비기능이 발현되지 않아서 황체기가 결여된다. 따라서, 난포기가 4~6일 간격으로 반복되는 형태의 발정주기이다. 이러한 동물에서 교미는 되었으나 임신이 성립되지 않았을 경우에는 황체가 활성화되어 임신기간보다는 짧은 황체기를 보이는데(마우스: 10~12일; 래트: 12~14일; 햄스터: 9~10일), 이를 위임신(僞妊娠, pseudopregnancy)이라 하며, 이 기간은 완전발정주기의 황체기에 해당된다.

(3) 교미배란 : 토끼와 같은 동물은 난소에 항상 일정한 수의 성숙난포를 가지고 있어서 발정상태가 지속되지만, 교미 또는 그와 유사한 자극이 없으면 배란이 일어나지 않는다. 그러나, 교미자극이 가해지면 곧바로 배란이 되고, 이에 따라 임신이 성립된다. 교미후에 임신이 되지 않으면 불완전발정주기를 영위하는 동물과 같이 위임신기간을 가진다.

2) 발정주기의 단계

완전발정주기를 반복하는 동물에서 발정주기의 기준시점이 되는 발정 발현일로부터 다음 발정이 오기 직전까지의 기간을 순서대로 발정기(estrus)·발정후기(metestrus)·발정휴지기(diestrus)·발정전기(proestrus)의 4단계로 구분한다. 발정주기는 연속적으로 진행되는

표 3-3. 발정주기의 길이와 각 단계의 기간

구 분	소	면 양	돼 지	말
발정주기(일)	21	17	20	22
발 정 기(시간)	12-18	24-36	48-72	4-8일
발정후기(일)	3-4	2-3	2-3	2-3
발정휴지기(일)	10-14	10-12	11-13	10-12
발정전기(일)	3-4	2-3	3-4	2-3
난 포 기(일)	4(2-5)	2(2-3)	6	7(4-15)
황 체 기(일)	17(15-19)	15(14-16)	14	14(12-15)

생리적 과정임으로 각 단계의 경계시점이 명확하게 구분되는 것은 아니며, 각 단계의 기간도 동물의 종에 따라 다르다. 한편, 완전발정주기를 영위하는 동물의 난소에서는 난포가 발육되어 배란이 되는 기간과 황체가 형성된 다음 퇴행되는 기간이 교호적으로 나타난다. 따라서, 발정주기를 배란시점을 경계로 하여 난포가 발육되는 난포기(卵胞期, follicular phase)와 황체가 형성되어 기능을 발휘하는 황체기(黃體期, luteal phase)로도 구분한다. 발정주기의 길이와 각 단계의 지속기간은 표 3-1 및 표 3-3(Driancourt 등, 1993)과 같다.

(1) 발정기 : 발정기는 뇌하수체에서 분비되는 GTH의 자극으로 최내로 발달된 난포에서 분비되는 에스트로겐의 작용으로 발정이 발현되어 수컷의 교미를 허용하는 기간이다. 발정기는 발정지속시간이라고도 하며, 동물의 종간에는 물론이고, 같은 종내에서 개체간에도 변이의 폭이 크다. 소를 제외한 대부분의 가축에서는 이 기간에 배란이 일어난다 발정기는 소 12~18시간, 면양 24~36시간, 산양 30~40시간, 돼지 48~72시간, 말 4~8일 이다.

(2) 발정후기 : 발정후기는 발정의 종료와 함께 개시되며, 동물의 종에 따라 차이가 있지만, 대략 3일 정도 지속된다. 이 기간에는 배란된 파열난포로부터 황체가 형성되는 기간이다. 그러나, 발정기가 짧은 소는 이 기간에 배란이 일어난다. 한편, 소에서는 발정후기에 외음부로 발정후 출혈(metestrous bleeding)이 나타나는 개체가 많은데, 그 출현률은 처녀소에서는 90%에 이르고, 경산우에서는 45% 정도이다. 이러한 자궁내 출혈은 발정전기의 말기와 발정기에 급격히 증가된 에스트로겐의 작용으로 자궁내막의 혈관분포가 발정후기의 제1일째에 최고에 이르고, 이어서 배란에 따라 에스트로겐의 농도가 감소되면 증식된 혈관이 퇴행되는데, 퇴행하는 모세혈관의 일부가 파열되어 일어나는 출혈이다. 발정후 출혈은 발정이 종료된 후 대략 35~45시간에 임신 여부와는 관계가 없이 발생된다. 소에서 보이는 발정후 출혈과 영장류에서 나타나는 월경은 그 성격이 완전히 다르다.

(3) 발정휴지기 : 발정후기로부터 다음 발정전기까지의 기간으로서, 배란후에 형성된 황체에서 프로게스테론이 왕성하게 분비되는 기간이다. 발정휴지기의 기간은 소에서는 발정주기의 5일째부터 16~17일까지이며, 면양과 돼지는 발정주기의 4일째부터 13~15일까지이

다. 그러나, 말의 경우는 발정주기의 5일째에 배란이 일어나고, 발정휴지기는 대략 발정주기의 8일째부터 19~20일까지이다. 발정휴지기는 황체에서 분비되는 프로게스테론의 작용으로 자궁에서 임신의 준비적 변화가 일어나는 기간이다.

(4) 발정전기 : 발정전기는 발정휴지기에 왕성하게 분비기능을 발현하던 황체가 퇴행되어 프로게스테론의 농도가 급속히 감소되며, 다음 발정기를 준비하는 기간이다. 이 기간에는 난소에서 난포가 급속하게 발육하면서 에스트로겐의 분비량도 증가된다. 발정전기의 말기에서는 증가된 에스트로겐에 의하여 생식도관의 변화와 성행동의 징후가 발정기에 가깝게 나타나지만, 수컷의 교미는 허용하지 않는다. 발정전기의 지속기간은 소와 돼지는 3~4일이고, 면양・산양・말은 2~3일이다.

3) 발정주기중의 난포발육

임신이 성립되지 않은 동물에서 성주기중에 발현되는 가장 중요한 생리기능은 난포의 발달에 수반하여 일어나는 배란이다. 동물체의 난소에서는 각각의 종이 가지고 있는 생식특성에 따라 지정된 수의 난자를 배란한다. 그러나, 배란을 위하여 성장을 개시하는 난포의 수는 배란되는 난자의 수에 비하여 훨씬 많고, 난포의 발달양상도 동물의 종에 따라 다르다. 성장을 개시한 난포의 일부는 배란되지만, 배란되지 못한 다수의 난포는 폐쇄된다.

(1) 초식동물형의 난포발육 : 소・말・면양・산양 등과 같은 초식동물은 완전발정주기동물로서, 동일한 난포발육양식을 나타낸다. 이러한 동물들의 난포발육은 매 발정주기마다 2~3회의 난포발육파(卵胞發育波, follicular growth wave)가 단계적으로 발현되어 발육난포를 계속 보충한다. 각각의 난포발육파에서는 여러개의 소형 및 중형난포가 동시에 발육을 시작하지만, 그 가운데 1개의 난포만이 우세난포(優勢卵胞, dominant follicle)로 선정되어 발육이 계속되고, 차석난포부터는 발육이 정지되어 폐쇄된다. 그러나, 마지막 난포발육파에서 형성된 우세난포만이 배란에 이르고, 먼저 진행된 난포발육파의 우세난포는 폐쇄된다(그림 3-9; Tatani, 1999). 1~2번째의 난포발육파에서 형성된 우세난포가 폐쇄되는 이유는 이들 난포가 발육되는 시기에는 앞의 발정주기에서 배란된 후 형성된 황체로부터 프로게스테론의 분비가 활발하게 일어나고, 이 프로게스테론이 GnRH의 박동적 분비를 억제함으로 난포발육을 자극하기에 충분한 GTH가 분비되지 않기 때문이다. 따라서, 형성된 직후의 황체를 $PGF_{2\alpha}$ 처리로 퇴행시키면, 먼저 진행된 난포발육파의 우세난포도 배란에 이르게 할 수 있다.

소의 경우는 매 발정주기에 2회의 난포발육파가 일반적이지만, 발정주기가 긴 개체에서는 3회의 난포발육파가 나타나기도 한다. 한 발정주기에 2회의 난포발육파가 발생되는 소에서 첫번째의 비배란난포발육파는 발정휴지기의 초기에 시작되며, 발육난포의 면적을 산출하면, 발정휴지기의 중간에 정점을 나타내고, 그 후로는 우세난포의 폐쇄와 함께 감소된다. 두번째의 배란난포발육파는 첫번째 난포발육파의 우세난포가 퇴행된 발정휴지기의 말

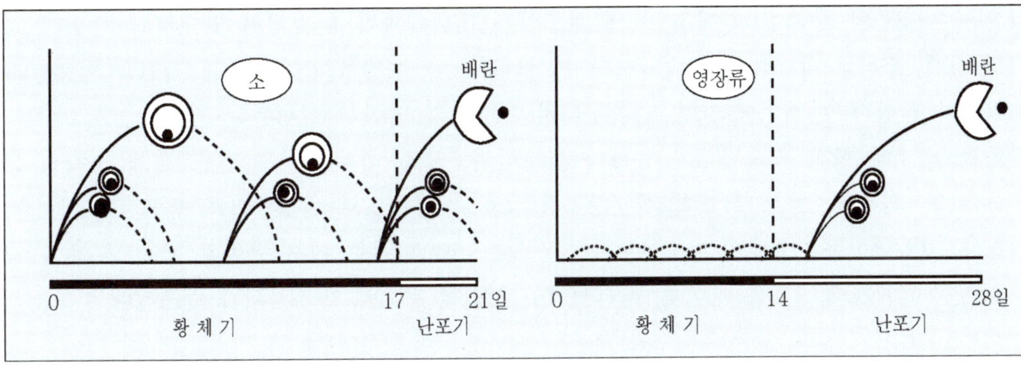

그림 3-9. 소와 영장류의 성주기중의 난포발육

기에 시작되며, 발정기에 최대의 난포면적을 보이다가 배란과 함께 난포발육파가 끝난다(Bearden & Fuquay, 2000b). 한편, 소에서 발정주기의 동기화를 위하여 발정휴지기의 초기에 $PGF_{2\alpha}$를 투여하면 첫번째 난포발육파의 우세난포가 폐쇄되지 않고, 발육하여 배란된다. 또한, 다배란처리를 위하여 다량의 FSH를 처리할 경우에는 난포발육파의 우세난포 뿐만 아니라, 차석난포를 비롯한 하위난포들이 동시에 발육하여 다수의 난자가 배란된다.

(2) 영장류형의 난포발육 : 사람·원숭이·침팬지·오랑우탄 등과 같은 영장류에서는 완전성주기를 나타내지만, 배란이 일어나는 난포발육파에 앞서서 황체기에 발현되는 잠재적 난포발육파는 출현되지 않는다(그림 3-9 참조). 이러한 유형의 난포발육을 하는 동물에서는 황체가 퇴행되는 시기와 일치하여 혈중 FSH의 농도가 상승되고, 이 FSH에 의하여 난포의 발육이 개시된다. 난포발육의 초기에는 다수의 난포가 발육을 시작하지만, 비교적 조기에 선정된 우세난포가 발육을 계속하여 배란에 이른다.

(3) 래트·마우스형의 난포발육 : 래트·마우스·햄스터 등과 같은 동물은 교미자극이 없으면 배란후 형성된 황체의 분비기능이 발현되지 않음으로 황체기가 결여되고, 이에 따라 난포기가 4~5일 간격으로 반복되면서 배란이 일어난다. 이러한 유형의 동물에서는 인히빈을 분비하여 FSH의 분비를 억제하는 기능을 수행하는 성숙난포가 배란에 의하여 소실됨으로 배란직후에 FSH의 대량방출(제2급증)이 일어나고, 이에 따라 제1난포군의 발육이 개시된다. 그러나, FSH의 제2급증으로 발육된 제1난포군은 다음 발정주기의 전일까지 발육을 정지하여 퇴행된다. 배란에 이르는 난포군은 발정휴지기의 제1일로부터 발육이 개시된 제2난포군으로서, 발육난포에서 분비되는 에스트로겐의 작용으로 발정전기에 대량으로 방출된 LH(LH-급증)의 자극을 받아 배란에 이른다.

(4) 토끼·고양이형의 난포발육 : 교미배란동물의 난포발육양식은 토끼형과 고양이형으로 분류한다. 토끼형동물의 난포발육양상은 항상 새로운 난포가 발육하는 동시에 오래된 난포가 폐쇄되어 난소내에는 배란이 가능한 성숙난포가 항상 존재한다. 따라서, 언제라도 교미자극이 가해지면 배란이 일어나고, 임신이 성립된다. 그러나, 고양이형동물의 난포발육

양상은 2~3주의 주기를 가지고 어느 정도의 난포발육파가 인정되어 몇개씩의 난포가 거의 동시에 발육을 시작하여 성숙난포가 형성되는데, 난포발육이 개시되는 기전은 아직까지 밝혀지지 않았다. 이시기에 교미가 이루어지면 배란과 임신이 성립된다.

한편, 난소에 항상 성숙난포가 존재하는 토끼형동물은 내부적으로 발정상태가 지속될 뿐만 아니라, 외부적으로도 특정한 발정징후를 보이지 않음으로 발정주기가 성립되지 않는다. 그러나, 고양이형동물에서는 성숙난포가 형성되는 시기의 난포에서 분비된 에스트로겐의 작용으로 뚜렷한 발정징후를 보이고, 따라서 15~21일의 주기로 발정주기가 반복된다.

2. 발정주기의 내분비적 조절

포유동물의 발정주기는 기본적으로 시상하부-뇌하수체-난소로 이어지는 내분비적 조절축에 의하여 조절된다. 또한, 자궁과 난소의 상호작용도 발정주기의 조절에 중요하게 작용한다. 자궁에서 분비되는 $PGF_{2\alpha}$는 난소로 이행되어 황체를 퇴행시키고, 이에 따라 프로게스테론의 분비가 종료되어 발정이 개시된다.

1) 시상하부-뇌하수체-난소축에 의한 발정주기의 조절

임신이 성립되지 않으면 발정휴지기의 말기에 자궁으로부터 $PGF_{2\alpha}$가 분비되어 기능황체를 퇴행시키고, 그 결과로 프로게스테론의 혈중농도가 급격히 저하된다. 이에 따라 프로게스테론에 의하여 시상하부-뇌하수체계에 걸려 있는 부의 피드백기전이 해제되어 시상하부의 GnRH 박동발생기(pulse generator)의 박동빈도가 상승되어 GnRH의 박동적 분비가 일어난다(제2장 제6절 프로스타글란딘 항목 참조). 이 GnRH는 시상하부-뇌하수체문맥을 통하여 뇌하수체전엽으로 전달되어 성선자극호르몬(FSH와 LH)의 분비를 촉진한다. 분비된 FSH는 다수의 난포를 자극하여 발육을 촉진하는 동시에, 발육이 개시된 난포의 과립막세포를 자극하여 인히빈을 분비시킨다. 이 인히빈은 뇌하수체에 대한 부의 피드백기전으로 FSH의 분비를 억제하지만, LH의 분비에는 영향을 미치지 못한다(제2장 제4절 인히빈 항목 참조). 인히빈에 의하여 뇌하수체에서 FSH의 분비가 저하되면, 발육을 개시한 다수의 난포가운데 발육이 지연된 난포는 FSH-수용체를 적게 가지고 있음으로 더 이상 FSH의 자극을 받을 수가 없기 때문에 발육이 정지되어 퇴행된다. 그러나, 발육이 앞선 난포는 계속 발육하여 앞으로 배란될 우세난포로 성장된다. 이와 같이, 인히빈의 작용으로 발육을 계속하는 난포의 수가 제한되어 동물종 고유의 배란수가 결정된다.

우세난포는 FSH와 LH의 공동작용으로 배란이 가능한 그라아프난포까지 성숙된다. 발육난포의 내협막세포에서는 LH의 자극으로 테스토스테론이 합성되고, 이 테스토스테론은 과립막세포로 이행된 다음, FSH의 자극으로 에스트라디올-17β로 전환된다. 따라서, 성숙난포의 과립막세포에서는 다량의 에스트라디올-17β가 합성・방출된다. 최고의 분비수준에 도달된 에스트라디올-17β는 발정을 유발하는 동시에, 시상하부에 대한 정의 피드백기전으로 LH의 배란전 급증을 유발하여 배란을 일으킨다. 배란된 파열난포는 LH의 자극으로 황체로 전환되어 프로게스테론을 분비하고, 이 프로게스테론은 시상하부-뇌하수체계에 대한 부의 피드백기전으로 FSH와 LH의 분비를 억제함으로써 발정휴지기에 들어간다.

한편, 불완전발정주기의 조절기전은 완전발정주기의 그것과 다르다. 교미자극이나 그와 유사한 자극이 없으면 황체가 활성화되지 않음으로 프로게스테론이 분비되지 않는다. 따라서, 프로게스테론에 의하여 영위되는 시상하부-뇌하수체계에 대한 부의 피드백기전이 발현되지 않기 때문에 FSH와 LH가 곧바로 분비되어 4~5일 간격으로 발정과 배란이 반복된다(제2장 제3절 성선자극호르몬 방출호르몬 항목 참조). 발정기에 교미자극을 받고도 불임인 경우에는 황체가 활성화되어 발정휴지기를 나타내고, 그 기간은 마우스 10~12일, 래트 9~10일, 햄스터 9~10일이다. 이 기간은 완전발정주기의 황체기에 해당된다.

2) 발정주기중의 호르몬분비 동태

포유동물의 발정주기는 동물의 종에 따라 발현양상이 다르고, 더욱이 다수의 호르몬이 상호작용을 하여 발현되는 생식기능이다. 따라서, 이를 조절하는 호르몬의 분비 동태(動態)는 매우 복잡하고, 동물종에 따라 서로 다른 부분이 많다.

(1) 완전발정주기동물 : 소에서 발정주기에 따른 호르몬의 농도변화는 그림 3-10(Tatani, 1999)과 같다. 혈중 LH의 농도는 난포기의 최후에 배란을 유발하는 LH-급증(LH-surge)이 일어난 시기를 제외하고는 전 발정주기를 통하여 기저수준을 유지한다. 그러나, 혈중 FSH의 농도는 배란을 유발하는 LH-급증과 같은 시기에 높은 농도(제1급증)를 나타내고, 배란 후에도 명확한 분비정점(제2급증)을 보인다. 또한, 3번째의 난포발육파가 출현되기 전에도 FSH 농도의 상승이 인정된다. 이러한 FSH의 분비가운데 LH의 급증에 수반하여 분비되는 FSH의 급증 이외의 분비는 인히빈의 분비원인 난포가 배란 또는 퇴행되어 혈중 인히빈의 농도가 저하되는데 따라 유기된다. 발정주기의 황체기에는 인히빈 농도의 상승과 하강이 반복되는데 부응하여 혈중 FSH의 기저농도가 높고, 이에 따라 황체기가 종료되기 전에 앞으로 배란될 난포의 성장이 시작된다. 배란될 우세난포(3번 난포발육파)의 과립막세포에서 분비되는 에스트라디올-17β의 혈중농도는 배란 직전에 최고치를 나타내고, 배란 후에는 급격히 저하된다. 또한, 1번 난포발육파에서 성장하는 난포에 수반하여 에스트라디올-17β의 농도가 재차 상승되지만, 2번 난포발육파에서는 상승되지 않는다.

영장류에서는 배란을 유발하는 LH-급증에 수반하여 FSH의 급증이 일어나지만, 소에서 보이는 배란후의 FSH-급증(제2급증)은 인정되지 않는다. 영장류에서는 황체세포가 프로게스테론은 물론이고, 에스트라디올-17β와 인히빈도 함께 분비하는데, 이것들이 공동으로 시상하부에 대한 부의 피드백기전으로 GnRH의 분비를 억제하고, 이에 따라 LH와 FSH의 분비가 다른 동물종에 비하여 현저하게 억제된다. 이와 같이, 황체기에 FSH의 분비가 현

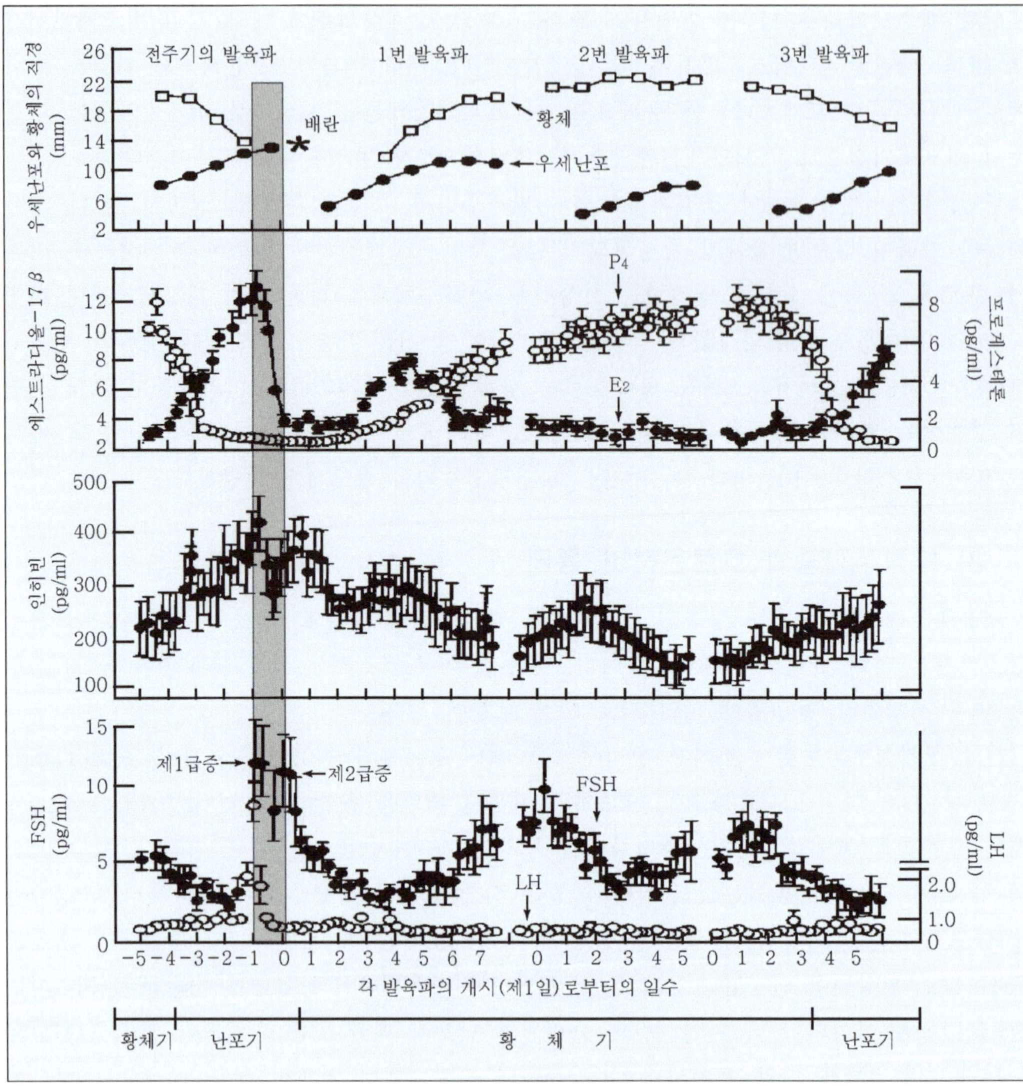

그림 3-10. 소의 발정주기중의 호르몬분비 동태

저하게 억제됨으로 소에서 보이는 1번 및 2번의 난포발육파는 출현되지 않는다. 황체가 퇴행되면 프로게스테론 · 에스트라디올-17β · 인히빈의 분비가 함께 소멸됨으로 시상하부-뇌하수체계에 대한 부의 피드백기전이 해제되어 혈중 FSH의 농도가 급격히 상승되고, 이에 따라 배란될 난포의 발육이 개시된다. 황체의 퇴행으로부터 배란이 일어날 때까지의 기간은 약 2주이다.

(2) 불완전발정주기동물 : 마우스 · 래트 · 햄스터 등과 같은 불완전발정주기동물의 호르몬분비 동태는 거의 같은 양상을 나타낸다. 4일의 발정주기를 반복하는 래트에서 각종 호르몬의 농도변화는 그림 3-11(Driancourt 등, 1993)과 같다. 혈중 LH의 농도는 발정전기

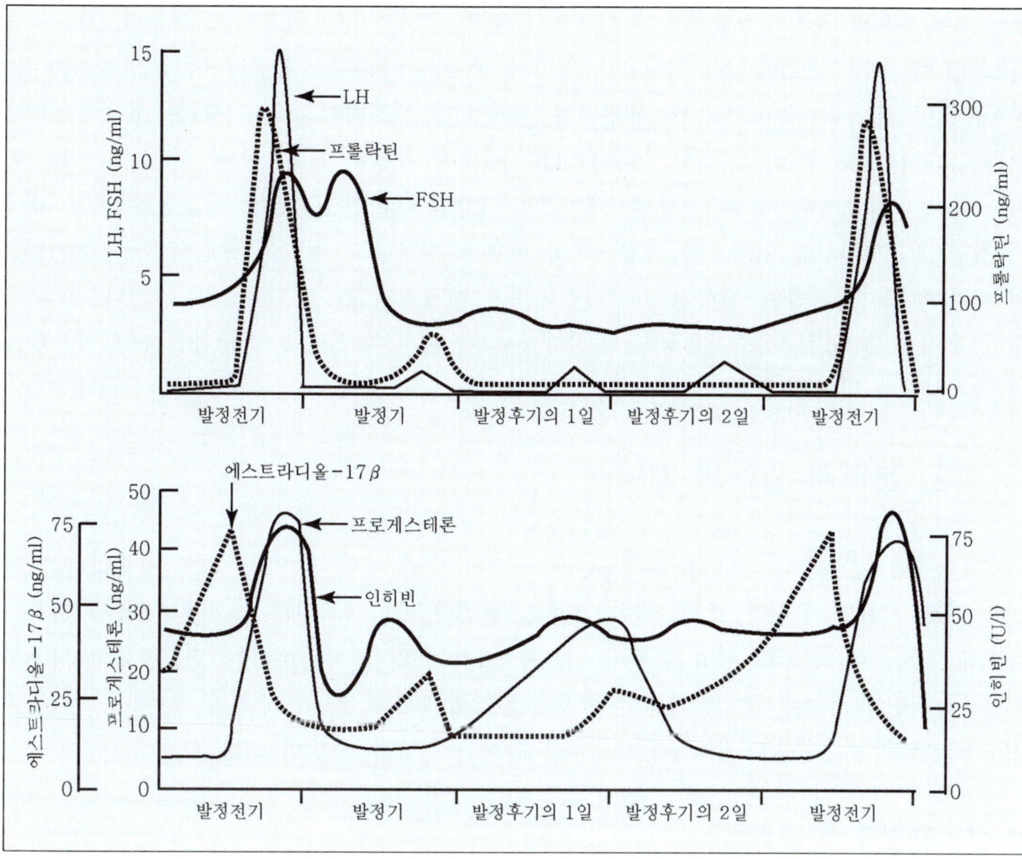

그림 3-11. 래트의 발정주기에 따른 호르몬농도의 변화

(발정주기의 4일)에 급증되고, 기타의 기간에는 기저수준을 나타낸다. 그러나, FSH의 혈중 농도는 LH-급증과 동반하여 발현되는 제1급증, 그리고 배란후의 첫째날인 발정기(발정주기의 1일)에 인히빈의 분비원인 난포가 배란되어 인히빈의 농도가 저하된데 부응하여 발현된 제2급증으로 명확하게 구분된다. 인히빈의 농도는 FSH의 농도변화와 거의 역상관(逆相關)의 관계를 나타낸다.

혈중 에스트라디올-17β의 농도는 발정휴지기의 첫째날(발정주기의 3일)과 둘째날(발정주기의 4일)에서 각각 분비정점을 나타낸다. 첫번째의 분비정점은 1차로 급증된 FSH의 자극으로 발정주기의 제1일에 발육을 개시하여 제3일에 최대의 크기에 도달된 제1차난포군에서 분비된 것이고, 두번째의 분비정점은 FSH의 제2차급증으로 발정주기의 제2일에 발육을 개시하여 제4일에 성숙을 완료한 제2차난포군에서 분비된 것이다. 그러나, 제1차난포군은 배란에 이르지 못하고 퇴행되며, 제2차난포군이 급증된 LH의 자극을 받아 배란에 이른다.

한편, 프로게스테론의 혈중농도는 LH-급증과 동시에 상승되며, 발정휴지기의 첫째날 오후부터 둘째날 오전까지 짧은 기간동안 상승된다. 그러나, 불완전발정주기동물에서는 황체에서 지속적으로 프로게스테론을 분비하지 못한다. 그 이유는 황체세포 자체에 20α-수산화스테로이드 탈수소효소(20α-HSD)가 있어서 프로게스테론을 합성된 즉시에 생리적 불활성물질인 20α-디히드로프로게스테론으로 대사하기 때문이다(제2장 제4절 프로게스틴의 순환과 대사 항목 참조). 그러나, 20α-HSD의 생리적 활성은 프롤락틴에 의하여 저지된다. 따라서, 불완전발정주기동물도 발정기에 교미가 성립되면 자궁경관에 가해진 기계적 자극이 신경-내분비반사를 유발하여 프롤락틴의 방출을 자극하고, 방출된 프롤락틴은 20α-HSD의 작용발현을 저지하여 합성된 프로게스테론이 대사되지 않고, 그대로 분비된다. 따라서, 교미 후에는 불완전발정주기동물도 완전발정주기동물의 황체기에 상당하는 프로게스테론의 분비양상을 나타낸다.

3. 분만후 발정의 재귀

포유동물은 분만후에 비유를 계속하면서 일정한 기간 동안 무발정상태를 지속하다가 어느 시기에 이르면 발정이 재귀되어 다음번의 번식주기가 개시된다. 이것은 포유와 임신이 동시에 진행되어 모체와 새끼 모두의 건강을 해치는 것을 차단하려는 포유동물의 적응이다. 경제동물인 가축에서는 분만후 무발정기간을 짧게하여 분만간격을 단축시키는 것이 번식효율(繁殖效率, reproductive efficiency)을 높이는 중요한 수단이 된다.

1) 분만후 무발정

분만후의 무발정(postpartum anestrus) 기간은 동물종·품종 및 계통·영양수준·포유여부·유생산량·착유횟수·유생산에 대한 유전적 능력 등과 같은 환경적, 유전적 및 생리적 요인에 의하여 지배를 받는다. 그러나, 이들 요인들은 모두 비유에 직접적으로 영향을 미친다. 따라서, 분만후 무발정 기간은 비유의 강도나 기간과 밀접한 관계가 있다. 또한, 분만후 자궁의 퇴축, 난포의 발달률, 성선자극호르몬과 성선스테로이드호르몬의 농도 등과 같은 생식생리학적 요인도 분만후 무발정의 기간에 영향을 미친다. 일반적으로, 다태동물(多胎動物, polytocous animal)에서는 포유기간중에 무발정상태가 계속되지만, 단태동물(單胎動物, monotocous animal)에서는 비(포)유중에 발정이 재귀된다. 그러나, 다태동물에서도 새끼의 수가 적어서 흡유자극의 강도가 낮으면 포유기간중에도 발정이 발현되는 개체가 있으며, 단태동물에서도 흡유의 강도가 높으면 무발정기간이 길어진다. 분만후 무발정이 지속되는 기전은 ① 흡유자극에 의하여 뇌하수체의 프롤락틴 분비가 지속되고, ② 이 프롤락틴은 난소에서의 프로게스테론 대사를 억제하여 프로게스테론의 혈중농도를 높게 유지시키며, ③ 높은 농도의 프로게스테론은 부의 피드백기전으로 뇌하수체의 성선자극호르몬(FSH와 LH) 분비를 억제하고, ④ 이에 따라 난소에서 난포의 발육이 억제되어 발정을 발현시키기에 충분한 에스트로겐의 분비가 저지되어 무발정상태가 지속된다. 한편, 분만후 무발정은 생리적 무발정기간을 훨씬 초월하여 계속되는 병적인 무발정상태에도 적용되는 용어이다. 특히, 소에서 주로 사용되는데, 분만후 40~60일 이상 계속되는 무발정상태를 의미한다. 소에서 장기간에 걸쳐 지속되는 무발정의 주요 원인은 영양(특히 TDN)의 부족, 생식기관의 회복지연, 난소휴지(卵巢休止, ovarian quiescence), 난소위축(卵巢萎縮, ovarian atrophy), 난소낭종(卵巢囊腫, ovarian cyst), 영구황체(永久黃體, persistent corpus luteum), 자궁내막염(子宮內膜炎, endometritis) 등을 들 수 있으며, 이것들 모두는 내분비기능의 이상을 초래하여 무발정상태를 지속시킨다.

2) 분만후 발정

분만후 발정(postpartum estrus)은 분만후에 다음번의 번식주기를 개시하기 위하여 최초로 발현되는 발정을 말한다. 분만후에 발정이 재귀되려면 임신유지를 위하여 변경되었던 자궁과 내분비계가 임신 이전의 정상상태로 복귀되어야만 한다. 임신과 분만과정에서 성장하고 손상되었던 자궁의 크기가 축소되는 동시에 자궁내막이 재생되어 임신이전의 상태로 복귀되는 것을 자궁퇴축(子宮退縮) 또는 자궁정복(子宮整復, uterine involution)이라 하는데, 이에 소요되는 기간은 소 35~40일, 면양 25~30일, 돼지 25~28일이다. 또한, 임신의 유지를 위하여 임신황체나 태반에서 왕성하게 분비되던 프로게스테론 수준이 분만 이후의 어느 시기에 극히 낮은 수준으로 떨어지면 뇌하수체에서 성선자극호르몬이 분비되고, 이에 따라 난소에서 난포가 발달되며, 이어서 발정과 배란이 일어난다. 분만후 자궁정복과 난소기능의 회복에 필요한 기간은 동물종·연령·비유상태·영양상태·계절·분만상태·건강상태 등에 따라 다르며, 특히 비유상태가 가장 중요하게 영향을 미친다.

젖소에서는 분만후 30~76일 경에 자궁이 정상적으로 정복되어 분만후 발정이 발현된다. 그러나, 어린 나이에 번식시킨 소와 산차(産次)가 적은 소는 나이든 후에 번식시킨 소나 산차가 많은 소에 비하여 분만후 발정이 늦게 오는 경향이고, 수유우(授乳牛)나 비유능력이 높은 소에서는 더욱 늦어진다. 또한, 비유개시후 20일간의 에너지균형이 분만후 난소활성의 회복시기가 결정되는데 중요하게 작용한다(Butler 등, 1981). 육우의 경우는 분만후 40~60일에 발정이 발현되는데, 수유하지 않거나 조기에 이유시킨 소와 가을에 분만한 소에서 조기에 분만후 발정이 발현된다. 말은 분만 후에 자궁이 정복되지 않은 상태에서 분만후 발정이 발현되는데, 그 시기는 분만 후 6~13일이며, 이를 말의 분만후 발정 또는 망아지 발정(foal estrus)이라고 한다. 말은 자궁이 완전히 정복되지 않은 상태에서도 수태가 가능하다. 돼지에서는 분만후 2일 이내에 배란을 동반하지 않는 분만후 발정(post-farrowing estrus)이 발현되는 경우도 있지만, 배란을 동반하는 정상발정은 이유후 4~7일에 발현되며, 이를 이유후발정(post-weaning estrus)이라고 한다. 돼지에서 이유로부터 발정이 발현될 때까지의 기간은 사양형태, 임신중의 사료 및 단백질 섭취량, 비유중의 라이신 섭취량, 포유기간 등과 같은 요인에 의하여 영향을 받는다(Reese 등, 1982). 그러나, 이유후 발정과

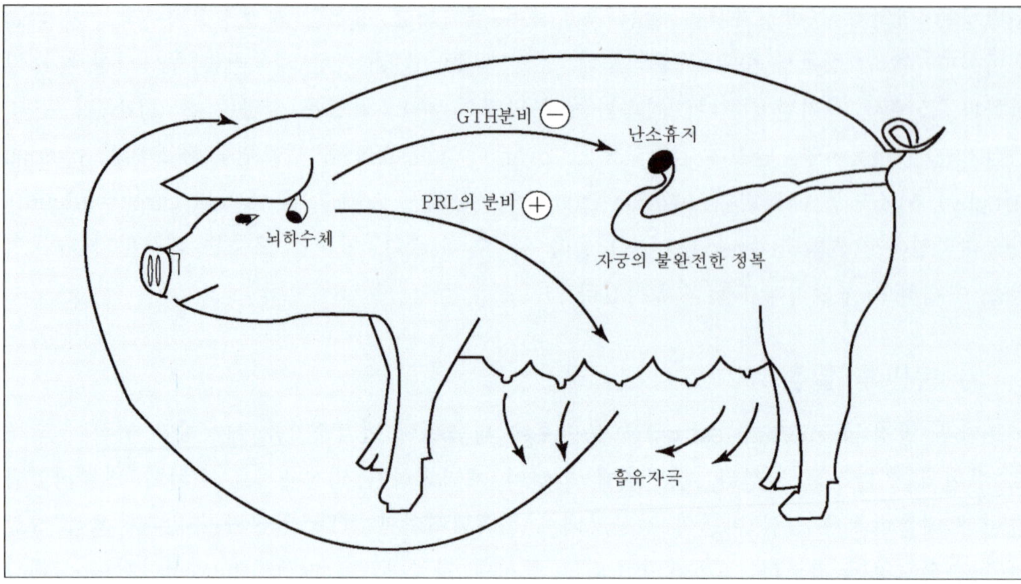

그림 3-12. 분만후의 돼지에서 흡유자극과 뇌하수체호르몬 분비의 상관관계

가장 관계가 깊은 요인은 비유기간이다. 돼지에서 비유자극이 가해지면 뇌하수체의 GTH 분비가 억제되어 난소의 활성화가 지연되는 반면에, 프롤락틴의 분비를 자극하여 비유를 촉진한다(그림 3-12; Hafez & Hafez, 2000b). 돼지에서 분만후 10일에 이유하면 이유후 5~30일, 21일의 이유에서는 3~15일, 56일의 이유에서는 2~10일에 각각 이유후 발정이 발현된다. 면양이나 산양과 같은 계절번식동물은 분만시기가 번식계절이 아님으로 다음 해의 번식계절이 올 때까지 발정은 발현되지 않는다. 따라서, 자궁의 정복에 소요되는 시간은 문제가 되지 않는다.

4. 발정징후와 발정발견

포유동물의 암컷에서 발정기에만 보이는 특징적인 행동이나 신체의 변화를 발정징후(發情徵候, estrous sign)라 하는데, 발정행동(發情行動, estrous behavior)과 유사한 의미로 쓰인다. 발정기는 수컷과 교배를 하여 임신을 성립시키는 기간이다. 따라서, 발정을 정확히 발견하여 적기에 교배를 시키는 것이 번식효율을 높이는데 매우 중요하다.

1) 발정징후

발정징후는 육안으로 관찰할 수 있는 외부적 발정징후와 직장검사 또는 질검사를 통하여 알 수 있는 내부적 발정징후로 구분한다. 이 가운데 외부적 발정징후는 동물종간에 유사한 점이 많지만, 성적 거동은 동물종·품종·개체·사육조건 등에 따라 다소의 차이가 있다. 그러나, 모든 동물종에서 공통적으로 발현되는 외부적 발정징후는 ① 정서적으로 매우 흥분된 상태를 나타내고, ② 식욕이 감퇴되며, ③ 외음부가 종창(腫脹)되고, ④ 승가(乘駕, mounting)와 교미(交尾, mating)를 허용하는 것이다.

(1) 소 : 발정이 발현된 소는 거동이 불안하여 이리저리 돌아다녀 보행수가 평시보다 2~4배나 많아지고, 때로는 울기도 하며, 식욕이 감퇴되는 동시에 반추(反芻)가 줄어 들거나 거의 중단되기도 하고, 착유우의 경우는 유량이 크게 감소된다. 외음부가 붉게 종창되고, 맑은 점액이 흘러 나와 미근부 주위에 묻기도 한다. 가장 특징적인 발정징후는 수소나 다른 암소의 승가를 허용하며, 수컷의 구애(求愛, courtship)에 대하여 교미자세를 취하는데, 이러한 상태의 발정을 용모자세발정(容牡姿勢發情, standing estrus)이라 한다. 소의 발정행동은 오후에 비하여 오전에 활발하게 표현된다.

(2) 면양·산양 : 발정이 발현된 암면양은 긴장된 상태로 수양을 찾아 울타리 주변을 배회하면서 운다. 그러나, 수양이 보이지 않을 때는 뚜렷한 발정징후를 나타내지 않는 것이 보통이다. 수양과 만나면 접근하여 구애동작을 하며, 꼬리를 좌우로 흔들면서 교미를 허용한다. 외음부는 눈에 띠게 충혈되거나 종창되지는 않으며, 점액도 거의 누출되지 않는다. 산양의 발정징후도 면양과 거의 비슷하나, 꼬리를 좌우로 흔드는 것이 면양보다 더 심하다. 스스로 수양에게 접근하며, 다른 산양을 승가하기도 한다. 외음부는 담홍색을 띠면서 붓고, 때로는 혈액이 섞인 분비물이 나오는 경우도 있다.

(3) 돼지 : 암퇘지는 발정이 시작되면 주위에 대하여 아주 민감해지고, 수퇘지를 찾아다니면서 계속 울어대고, 사료에는 거의 관심을 보이지 않는다. 발정이 발현된 암퇘지는 관리자가 허리를 누르면 수컷의 교미를 허용하는 자세, 즉 부동반응(immobile response)을 나타낸다. 또한, 다른 발정징후에 앞서서 외음부가 충혈되고 종창되는데, 외음부의 색깔이 수일간 밝은 분홍빛을 나타낸다. 이러한 징후는 경산돈에 비하여 미경산돈에서 더욱 현저하다. 경우에 따라서는 외음부에서 맑은 수양성 점액이 흘러 나오는 수도 있다.

(4) 말 : 발정한 말은 흥분하고, 사료를 먹지 않는다. 수말에 대하여 관심을 보이면서 따라 다니지만, 교미허용시간에 이르기 전에는 수말의 접근을 허용하지 않는다. 그러나, 시간이 흐르면 수말에 접근하여 승가를 유도하며, 꼬리를 들어 올리고 배뇨자세(urinary stance)를 취하면서 자주 오줌을 눈다. 동시에 종창된 음순을 개폐하면서 음핵을 노출시키는 라이트닝(lightening)을 주기적으로 반복하다가 수말을 허용한다. 외음부는 적황색 또는 등황색을 띠면서 습윤·윤택해지며, 질점막은 충혈되고, 질내강에는 수양성의 점액이 저류되어 교미시 음경의 삽입을 용이하게 한다.

2) 발정의 발견

발정이 발현된 암컷을 적시에 발견하여 교배적기를 맞추는 것은 그리 쉬운 일이 아니다. 인공수정에서 수태율이 낮아지는 원인중의 하나가 발정발견(estrus detection)이 정확하지 못하기 때문이다. 정상적으로 발정주기를 반복하는 비임신축에서는 발정발견이 용이하지만, 성성숙기에 있는 암컷, 방목중인 암컷, 그리고 분만후 발정을 보이지 않는 암컷 등에서는 발정발견이 어렵다. 소와 같이 발정주기의 개체간 차이가 크고, 발정지속시간이 짧을 뿐만 아니라, 주로 방목으로 사육하는 가축의 발정발견에는 다른 가축에 비하여 세심한 주의가 필요하다. 모든 가축에서 발정발견의 가장 정확한 방법은 숙달된 관리자가 하루에 2회(오전과 오후) 이상 앞에 기술된 발정징후를 기준으로 확인하는 것이다. 그러나, 방목을 위주로 다두사육하는 소에서는 보조적으로 여러종류의 방법이 이용된다. 보조수단 가운데 가장 대표적인 것이 발정검출기를 이용하는 방법인데, 'Kamar Heatmount Detector'라는 상품명으로 시판되는 발정검출기(estrus detector)를 암소의 천골상부에 부착시키고, 다른 소가 승가하면 발정검출기가 압박을 받아 그 자체에 들어 있는 붉은색소가 누출되어 붉게 변하는 것을 근거로 발정을 발견한다. 그러나, 때로는 발정이 발현된 암소가 비발정 암소를 승가하여 검출기를 변색시키는 경우도 있어서 잘못 판단할 가능성이 큰것이 단점이다. 이 외에도 테스토스테론을 주사한 암소를 시정모(試精牡, teaser)의 대리축으로 이용하는 방법, 보수계(步數計, pedometer)를 이용하는 방법, 자궁경관점액(소)과 질점액(설치류)의 이화학적 성상변화를 관찰하는 방법, 혈액 및 우유중의 호르몬농도를 분석하는 방법 등이 이용된다.

제 4 절 계절번식

지구의 위도(緯度)가 높은 지역(적도에서 먼 지역)에서는 식물, 특히 초본식물의 생육이 계절의 변동에 따라 크게 영향을 받기 때문에 이것을 주식으로 하는 초식동물과 초식동물에 의존하여 살아가는 육식동물의 대부분은 교미기(발정기)가 특정한 계절에 한정되는 계절번식(季節繁殖, seasonal breeding)을 영위한다. 계절번식동물(seasonal breeder)에서 번식활동을 활발하게 영위하는 특정한 계절을 번식계절(breeding season)이라 하며, 암컷에서의 발정은 이 시기에 한하여 발현된다. 이에 대응하여 연중 어느 때나 번식이 가능한 동물을 주년(週年)번식동물(annual breeder)이라 한다. 계절번식동물은 배우자형성·성행동·임신기간 등과 같은 생식현상이 기후와 먹이자원이 어미의 젖생산과 새끼의 성장이나 생존에 적합한 시기에 분만이 일어날 수 있도록 설정되어 있다. 이에 따라 한냉대나 온대지역에서는 출산시기가 주로 봄-초여름으로 설정되어 있지만, 열대지역과 건조지역에서는 초본식물의 생육상태가 좋은 우기(雨期)에 출산이 일어나도록 설정된 동물종이 많다.

오늘날의 가축도 가축화되기 이전에는 거의 모두가 특정한 계절에만 번식활성이 발현되는 계절번식을 영위하였다. 현재에는 대부분의 가축이 계절의 제한을 크게 받지 않고, 연중번식이 가능한 주년번식동물이다. 그러나, 말·면양·산양·모피동물 등은 오늘날에도 일년중 특정한 계절에만 발정이 발현되는 명확한 계절번식동물이다. 따라서, 이들 동물은 비번식계절(non-breeding season)이 오면 생식활성이 휴지상태가 된다. 동물의 계절번식활성은 영양이나 온도 등과 같은 환경조건에 따라서도 영향을 받지만, 주로 광주기성(光週期性, photoperiodism)에 의하여 조절된다.

1. 계절번식동물의 유형

모든 계절번식동물은 새끼의 양육에 적합한 시기(일반적으로 봄)에 분만이 일어날 수 있도록 번식계절이 유지됨으로 임신기간의 장단(長短)에 따라 번식계절이 개시되는 시기가 다르다. 임신기간이 긴 말은 봄부터 여름까지 하루의 일조시간이 12시간이 넘는 시기(長日)에 번식활동이 인정되는 반면에, 임신기간의 짧은 면양과 산양은 가을부터 겨울까지 일조시간이 12시간보다 짧은 시기(短日)에 번식활동이 발현된다. 따라서, 전자를 장일성 계절번식동물(long-day seasonal breeder), 후자를 단일성 계절번식동물(short-day seasonal breeder)이라고 한다.

1) 장일성 계절번식동물

말・스컹크・햄스터 등이 여기에 속하는데, 이것들 모두는 새끼의 양육에 적합한 시기에 분만이 일어나지만, 임신기간에 따라 번식계절의 발동양상이 다르다. 말은 임신기간이 일년에 가깝기 때문에 교미기(발정기)가 봄에 설정되어 다음해 봄에 분만이 일어나는 생식전략을 구사한다. 그러나, 일장(日長)의 변동폭이 좁은 적도지역에서는 번식의 계절성이 뚜렷하지 않으며, 남북으로 멀어질수록 비번식계절이 길어진다. 북반구에서 사육되는 말은 3~7월사이에 발정이 발현되며, 10~2월에는 난소활동이 중지되고, 혈중 LH의 수준도 낮게 유지된다(Hafez & Hafez, 2000c). 한편, 임신기간이 반년 이하인 장일성 계절번식동물은 두종류의 방법을 통하여 장일기간에 분만이 일어난다. 그 하나는 햄스터와 같은 동물의 경우인데, 임신기간 자체가 매우 짧기 때문에 장일의 기간에 교미-임신-출산의 전과정이 완료된다. 다른 하나는 스컹크의 경우로서, 장일기간에 발정과 교미가 일어나지만, 수정란이 곧바로 착상되지 않고, 자궁강에 부유된 상태로 장기간에 걸쳐 생존함으로써(착상지연) 실제로 태아가 발육되는 기간은 1~2개월에 불과하지만, 교미로부터 분만까지의 기간을 1년에 가깝게 지속시켜 장일기간에 분만이 일어날 수 있도록 설정되어 있다.

2) 단일성 계절번식동물

임신기간이 반년 정도인 계절번식동물은 봄에 출산하기 위하여 교미기가 단일성 계절인 가을에 설정되었다. 면양과 산양은 생식활성을 나타내는 번식계절의 기간이 품종에 따라 차이가 크다. 면양에서 Prealpes종과 Merino종은 일년중 번식계절이 각각 260일과 200일로

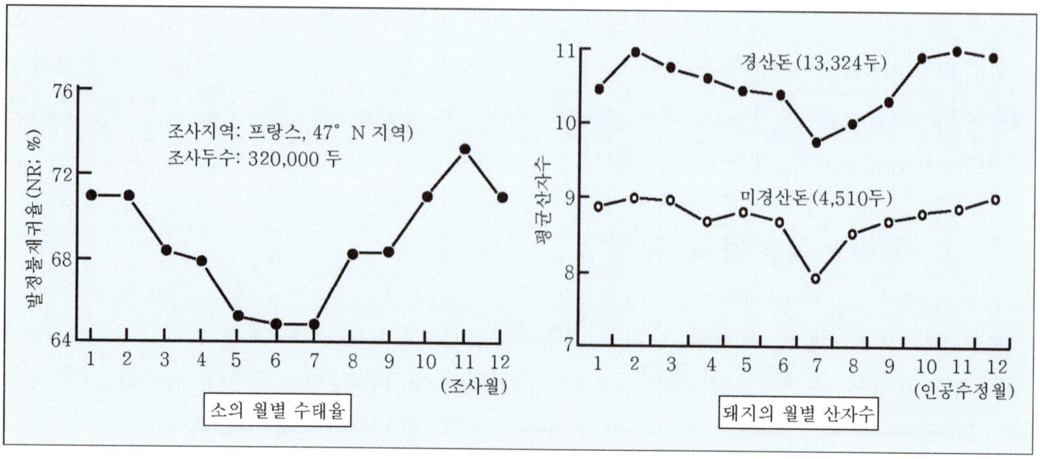

그림 3-13. 인공수정된 소의 월별 수태율과 돼지의 월별 산자수

긴 편이며, 일조시간의 변화폭이 좁은 적도지역에서는 연중 어느 때나 거의 번식이 가능하다. 그러나, Blckface종과 Southdown종은 번식계절이 짧아서 각각 139일과 120일에 불과하다. 번식계절이 긴 것이 유전적으로 우성이어서 메리종과의 교잡종은 메리노종과 같이 번식계절이 길다. 또한, Dorset종과 Persian종의 교잡으로 작출된 Dorper종은 무발정기가 단지 1개월 밖에 안된다. 일부의 면양 품종은 북반구에서 남반부로 이동시키면 번식계절이 정반대로 변경되기도 하며, 온대지방의 면양을 열대지방으로 옮기면 점차적으로 계절성이 없어지면서 새로운 환경에 적응된 생식특성을 나타낸다. 번식계절이 개시될 때와 끝날 때에는 발정증상을 보이지 않으면서 배란이 일어나는 비발정성 배란주기(slient orulatory cycle)가 발현된다. 산양도 온대지방에서는 면양과 마찬가지로 명확한 번식계절을 나타내어 일조시간이 짧아지는 계절에 발정이 발현된다. Alpine종의 난소는 4월부터 7월까지는 휴지상태를 유지하며, 9월부터 활성을 나타낸다. 그러나, Creole종은 열대지방의 면양처럼 연중 계속적으로 생식활성이 지속된다. 비발정성 배란은 면양에 비하여 적게 나타난다.

3) 주년번식동물의 계절적 번식효율

비임신상태의 소와 돼지는 연중 규칙적으로 발정이 반복됨으로 번식활동의 계절성이 인정되지 않으며, 따라서 연중 어느 때나 번식이 가능하다. 그러나, 이들 동물종에서도 지역적 환경조건에 따라 계절적으로 번식효율에 약간의 차이가 나타난다. 온대기후에서 사육하는 많은 수의 소를 수년간에 걸쳐 조사한 결과에 의하면 6월에 최저수태율을 보이고, 11월에 최고수태율을 나타낸다. 이와 같은 수태율의 차이는 매년 변이의 폭이 큰 온도나 교배조건 보다는 변이의 폭이 적은 광주기성과 더 관계가 깊을 가능성이 있다. 돼지는 경산돈과 미경산돈 모두에서 다른 계절에 비하여 여름철에 수태율이 낮고, 산자수도 적은 경향을 나타낸다(그림 3-13; Hafez & Hafez, 2000c).

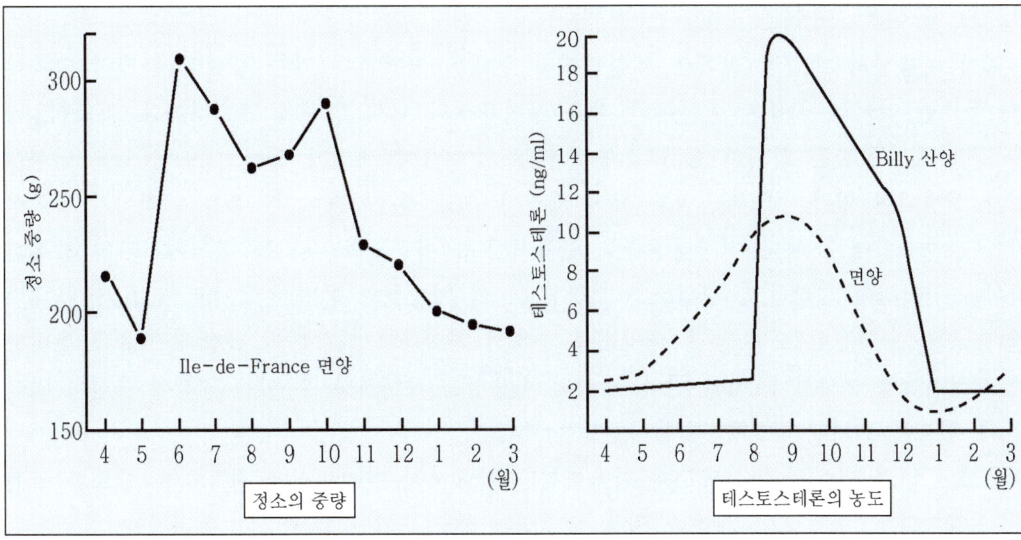

그림 3-14. 수면양의 정소중량과 혈중테스토스테론 농도의 계절적 변화

4) 수컷의 번식계절

계절번식을 영위하는 동물종에서 수컷의 경우는 연중 교미가 가능한 동물종이 많고, 비번식계절을 가지더라도 암컷에 비하여 그 기간이 짧다. 수면양(Ile-de-France 종)은 연중 교미가 가능하지만, 정소중량과 테스토스테론 및 성선자극호르몬의 혈중농도는 암컷의 무발정기인 1월~5월에 최소치를 나타낸다(그림 3-14; Hafez & Hafez, 2000c). 수면양에서 시상하부-뇌하수체-정소축이 가장 활동적인 기간중의 LH · FSH · 테스토스테론의 분비양상은 품종간에 차이가 인정되는데, 이것은 품종의 형(型)에 따른 교미 및 생식능력의 계절성과 관계가 있는 것으로 보인다(D'Occhio등, 1984). 수산양도 수면양과 유사하여 테스토스테론의 수준이 1월~8월에는 기저수준을 나타내지만, 암컷의 번식계절이 개시되는 시기에 맞추어 급격하게 상승된다(Hafez & Hafez, 2000c). 수말은 지구의 양쪽 반구(半球, hemispere) 모두에서 생식기능의 계절적 차이가 뚜렷하지는 않으나, 성행동과 정액의 질은 계절적 변이가 인정되며, 특히 정장의 양에서 변이의 폭이 크다. 북반구 온대지역의 수말에서 10월~2월에는 혈장 테스토스테론과 LH의 수준이 낮다.

2. 계절번식을 조절하는 환경인자

계절번식을 유발하는 환경인자는 근원적 인자(根源的因子, ultimate factor)와 직접적 인자(直接的因子, proximate factor)로 구분할 수 있다. 근원적 인자는 진화를 유발하는 압력으로 작동하여 특정한 동물종을 점진적으로 계절번식동물에 편입시키는 반면에, 직접적 인자는 계절번식동물에서 매년에 발현되는 번식활성의 시기를 결정하는 환경적 신호로 작동한다.

1) 근원적 인자

먹이 이용성의 계절적 변이는 계절번식의 형태를 결정하는 가장 중요한 근원적 인자이다. 풍부한 먹이의 공급은 출산후의 비유와 이유후의 새끼 성장에 필수적이다. 따라서, 많은 종의 포유동물은 먹이의 공급이 풍부한 봄-초여름에 새끼가 출산될 수 있도록 번식시기가 설정되어 있다. 그러나, 곰과 같이 체격이 크고 생육기간이 긴 동물은 먹이가 부족한 겨울에 출산하여 모체의 저장영양소로 포유시키며, 이유후의 새끼는 봄철에서부터 풍부한 먹이를 섭취하여 성장하고, 영양소를 저장함으로써 겨울철의 동면(冬眠, hibernation)에 대비한다. 모체도 겨울이 오기 전에 영양소를 충분히 저장하여 다음번의 출산과 포유를 대비하는 생식전략을 구사한다. 이와 같이, 먹이의 이용성을 극대화할 수 있는 계절에 출산이 일어날 수 있도록 진화된 동물종(특히 야생동물)이 많다.

온도의 연간 변이도 비적도부에 서식하는 동물에서는 계절번식을 유도하는 중요한 근원적 인자이다. 포유동물은 체온을 항상 일정하게 유지시키는데 다량의 에너지를 소모한다. 따라서, 체온조절기능을 영위하는 것은 포유동물의 생애에서 위기적 상황을 유발할 수도 있으며, 이것이 번식시기를 결정하는 중요한 요인이 된다. 특히, 체열의 손실속도가 빠른 소형 포유동물에서 중요하며, 더욱이 저온조건에 동반하는 먹이의 부족은 사태를 더욱 어렵게 만든다. 소형 포유동물은 따뜻한 환경을 벗어나면 체온을 발생시키기 위하여 영양소 요구량이 환경온도에 비례적으로 증가된다. 이러한 환경에 적응하기 위하여 겨울동안에는 다량의 영양소가 요구되는 임신과 포유의 부담에서 벗어나려고 성적 휴지상태를 나타낸다. 반면에, 대형 포유동물은 소형 포유동물에 비하여 체온의 손실속도가 느리고, 피하에 저장된 지방의 단열효과로 저온에 대한 충격을 적게 받는다. 그러나, 새끼는 저온충격에 대한 방호수단이 없기 때문에 대형 포유동물에서도 봄이 올 때까지 분만시기를 늦추는 진화적 압력(evolutionary pressure)을 받게 된다.

이론적으로는 물의 이용성과 포식동물(捕食動物, predator)도 초식동물의 계절번식을 유발하는 근원적 인자가 된다. 물은 건조한 환경하에서 더욱 중요하며, 물의 계절적 변이는 초본식물의 식생을 조절함으로 결과적으로 초식동물의 먹이생산을 지배한다. 따라서, 건조한 열대지역에서 서식하는 포유동물은 초본식물의 생육이 왕성한 우기(雨期)에 출산을 하여 새끼의 포유와 생육이 원활하게 이루어 질 수 있도록 번식시기가 진화되었다. 또한, 포식동물의 존재도 먹이가 되는 초식동물의 계절번식을 유발하는 진화적 압력으로 작동한다. 포식동물의 먹이가 되는 초식동물은 일년중 단 한번의 기회에 모든 개체의 출산시기를 동기화시켜 동시에 다수의 새끼를 출산함으로써 포식동물이 모든 새끼를 희생시킬 수 없도록 하는 생식전략을 구사한다.

2) 직접적 인자

근원적 인자에 의하여 구축된 번식의 계절성은 직접적 인자에 의하여 매년 반복적으로

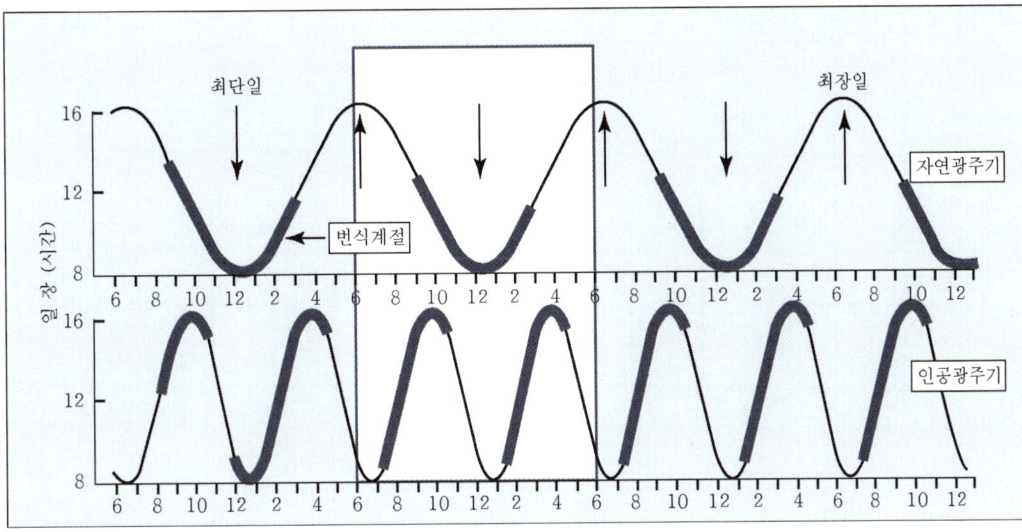

그림 3-15. 면양에서 광주기의 조절에 따른 번식계절의 발현

발현되며, 이를 실험적으로 증명할 수 있다. 그러나, 생식기능의 시기를 조절하는 직접적 인자로 작동하는 환경인자는 제한된 동물종에서만 증명되었다. 계절번식동물은 일조시간(광주기)을 이용하여 번식계절을 영위하는 동물과 번식시기의 먹이 이용성에 의하여 생식활성이 조절되는 동물로 구분된다. 광주기성을 이용하여 계절번식을 영위하는 동물은 체격이 크고, 비교적 수명이 긴 동물로서, 한번에 소수의 새끼를 출산하는 생식전략을 구사한다. 단일성 계절번식동물인 암면양에 대하여 일년에 두번의 광주기가 유지되도록 인공조명을 하면 2회의 번식계절이 발현된다(그림 3-15; Hafez & Hafez, 2000c). 또한, Suffolk종 면양에서 비번식계절인 4~7월에 단일조건(8시간의 광조사)을 만들어 주면 번식활성이 발현되는 반면에, 번식계절인 9~12월에 장일조건(16시간의 광조사)을 만들어 주면 번식활성

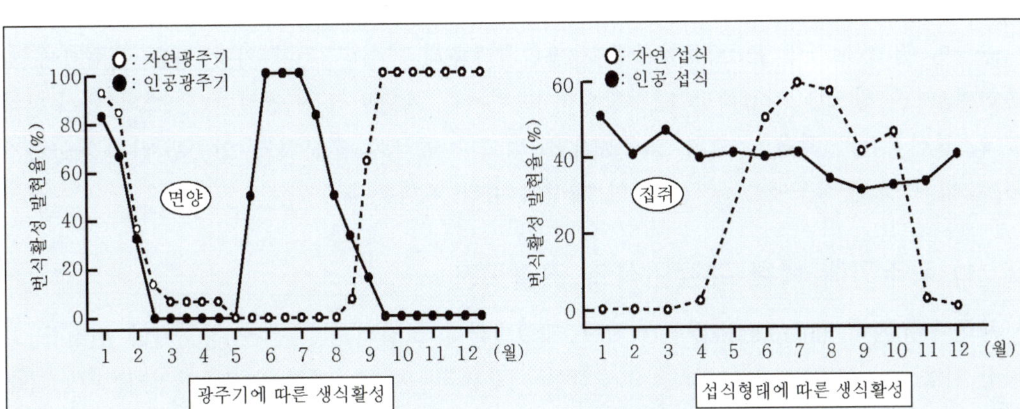

그림 3-16. 일조시간의 조절과 먹이의 공급에 따른 생식활성의 변화

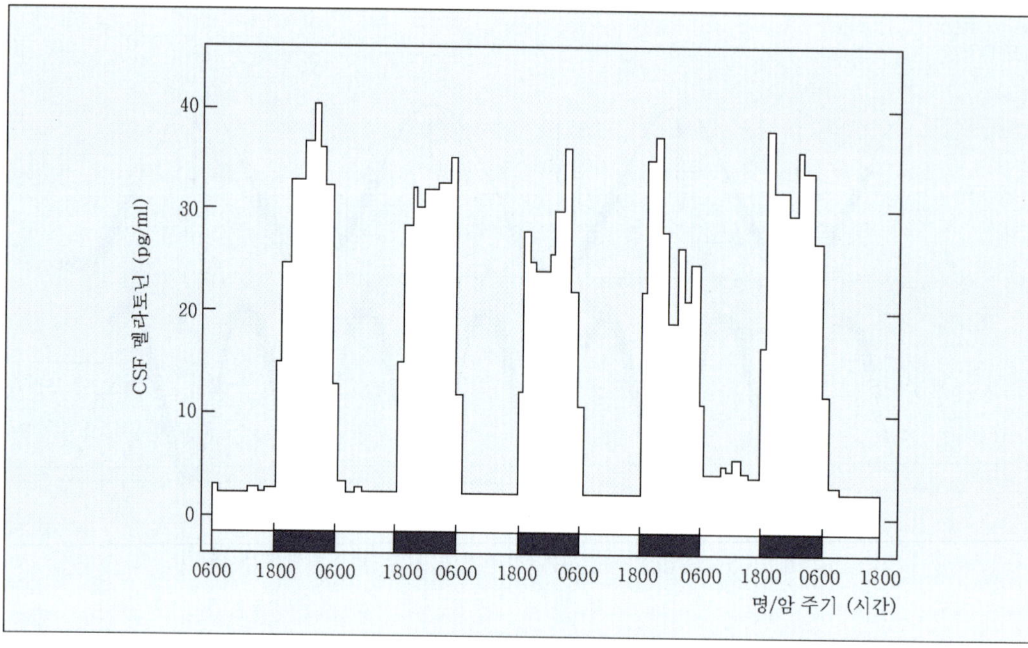

그림 3-17. 뱅골원숭이에 있어서 뇌척수액 멜라토닌의 일주기리듬

이 소실된다. 한편, 먹이의 이용성에 따라 번식의 계절성이 조절되는 동물은 체격이 작고, 수명이 짧은 동물로서, 일년에 수회에 걸쳐 다수의 새끼를 출산하는 생식전략을 구사한다. 예를 들면, 연중번식이 가능한 집쥐는 야생상태에서 먹이의 공급이 제한되는 겨울철에는 번식활성이 급격히 떨어지지만, 인공적으로 사료를 무제한 급여하면 연중의 번식활성이 변화되지 않는다(그림 3-16; Goodman, 1998).

3. 계절번식의 조절기전

수명이 길고 체격이 큰 포유동물은 자연환경가운데 변이의 폭이 가장 적은 광주기에 의존하여 매년 일정한 계절에만 생식활성이 발현되는 계절번식을 영위한다. 그러나, 수명이 짧고, 임신기간도 짧은 소형의 포유동물은 먹이의 공급이 충분하면 연중번식이 가능하지만, 그렇지 못할 경우에는 생식활성이 계절에 따라 제한을 받는다.

1) 광주기에 의한 계절번식의 조절기전

광주기(光週期, photoperiod)에 의하여 계절번식이 조절되는 기전은 광주기의 변화를 감지한 다음, 이 정보를 생식기능을 조절하는 내분비적 신호로 변환시키는 기전과 이에 따라 시상하부-뇌하수체계의 분비활성이 변경되어 GnRH 와 GTH의 분비가 조절되는 기전으로 구분할 수 있다.

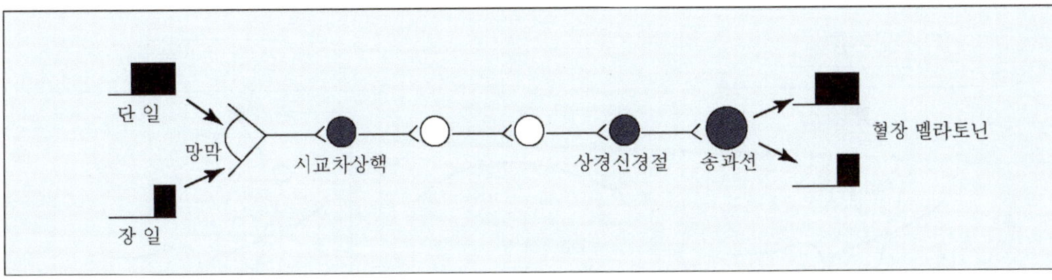

그림 3-18. 포유동물의 광주기 반응계

(1) 광주기의 반응계 : 포유동물에서 광주기의 정보를 내분비적 출력으로 번역하는 광주기반응계(photoperiod response system)는 눈의 망막(網膜, retina)에서 빛의 정보를 감지하고, 이 정보가 송과선(松果腺, pineal gland)으로 전달되어 멜라토닌(melatonin)의 분비를 자극하는 반응계이다. 송과선은 간뇌의 뒤쪽에 위치하는 내분비선으로서, 명암주기(明暗週期)에 따라 멜라토닌을 분비하는데, 암기에는 다량의 멜라토닌이 방출되지만, 명기에는 거의 방출되지 않는다(그림 3-17). 포유동물에서 광주기반응계의 구성을 보면, ① 눈의 망막에서 감지된 광자극이 망막로를 통하여 시상하부의 시교차상핵(SCN)에 수용되고, ② 이에 따라 시교차상핵에서 발생된 신경신호가 상경신경절(SCG)로 전달되며, ③ 상경신경절에 전달된 신경신호가 암기의 신호이면 상경신경절에서 뻗어난 교감신경의 절후섬유에서 다량의 노르에피네프린이 방출되고, ④ 방출된 노르에피네프린은 송과선세포의 원형질막에 위치하는 β-아드레날린수용체와 결합하여 자극함으로써 세포내 cAMP수준을 상승시키며, ⑤ 상승된 cAMP는 멜라토닌의 합성효소인 N-아세틸전이효소(N-acetyltransferase)의 생산을 촉진하고, ⑥ 이 효소의 작용으로 멜라토닌의 합성이 개시된다(그림 3-18; Goodman, 1998; 제2장 제6절 멜라토닌 항목 참조).

(2) 시상하부-뇌하수체계의 활성화 : GnRH는 박동적으로 분비되어야만 뇌하수체의 LH와 FSH의 분비를 자극하기 때문에 분비박동의 빈도와 진폭이 번식계절을 조절하는 중심적 요소이다. 비번식계절에는 GnRH의 박동빈도(pulse frequency)가 낮아져 LH와 FSH의 분비가 최소화되어 성선의 기능이 불활성화 되는 반면에, 번식계절에는 GnRH의 박동빈도가 높아져 LH 및 FSH의 혈중농도를 상승시키고, 이에 따라 성선이 활성화된다.

일장(日長)의 변화에 수반하여 분비되는 멜라토닌은 뇌실을 경유하거나, 전신순환을 통하여 표적기관인 시상하부에 도달된 다음, GnRH의 분비를 조절하여 계절번식을 유발한다. 그러나, 시상하부의 GnRH-분비뉴론은 멜라토닌-수용체를 가지고 있지 않기 때문에 멜라토닌이 직접적으로 GnRH 분비를 조절하지는 못한다. 따라서, 멜라토닌은 GnRH-분비뉴론의 기능을 조절하는 상위신경계(중추신경계)의 기능을 변조시키는 수단을 통하여 GnRH 분비를 조절한다. 즉, 멜라토닌이 가지고 있는 신경내분비적 신호는 GnRH의 박동빈도를 억제하는 도파민작동성 뉴론(상위신경계)에 대한 에스트라디올-17β의 피드백기전을 변경

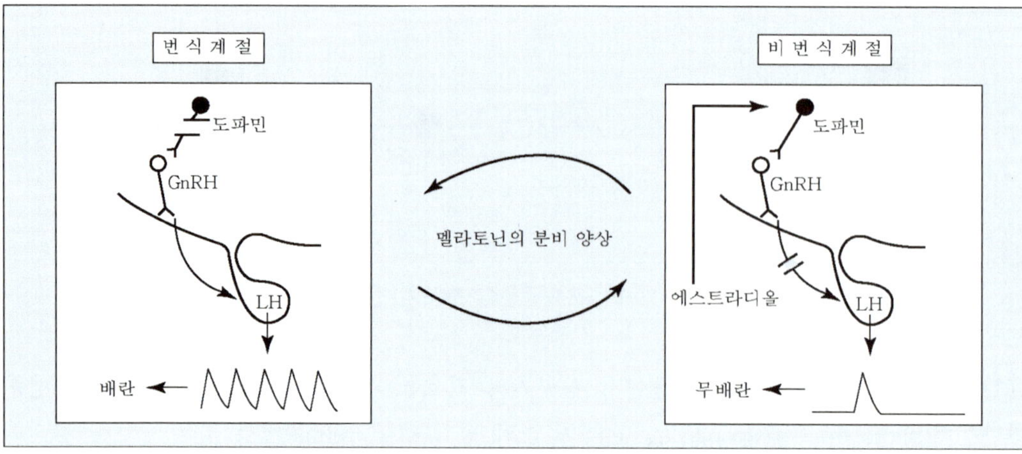

그림 3-19. 멜라토닌에 의한 GnRH 박동빈도의 조절기전

시킴으로써 GnRH-분비뉴론의 GnRH 분비를 조절한다(그림 3-19; Goodman, 1998).

단일성 계절번식동물에서 비번식계절에는 장일(長日)자극에 의하여 멜라토닌의 분비가 감소되는데, 감소된 멜라토닌은 에스트라디올-17β에 대한 도파민작동성 뉴론의 감도를 높여서 소량으로 분비되는 에스트라디올-17β가 다량의 도파민을 분비하도록 자극하고, 이 도파민이 GnRH-분비뉴론의 GnRH 박동빈도를 억제하여 무배란상태를 유지시킨다. 그러나, 번식계절이 도래하면 다량으로 분비된 멜라토닌의 작용으로 에스트라디올-17β에 대한 도파민작동성 뉴론의 감도가 낮아짐에 따라 소량의 에스트라디올-17β로는 도파민의 분비를 자극하지 못한다. 이에 따라 GnRH의 박동빈도를 억제하는 도파민의 분비가 저하됨으

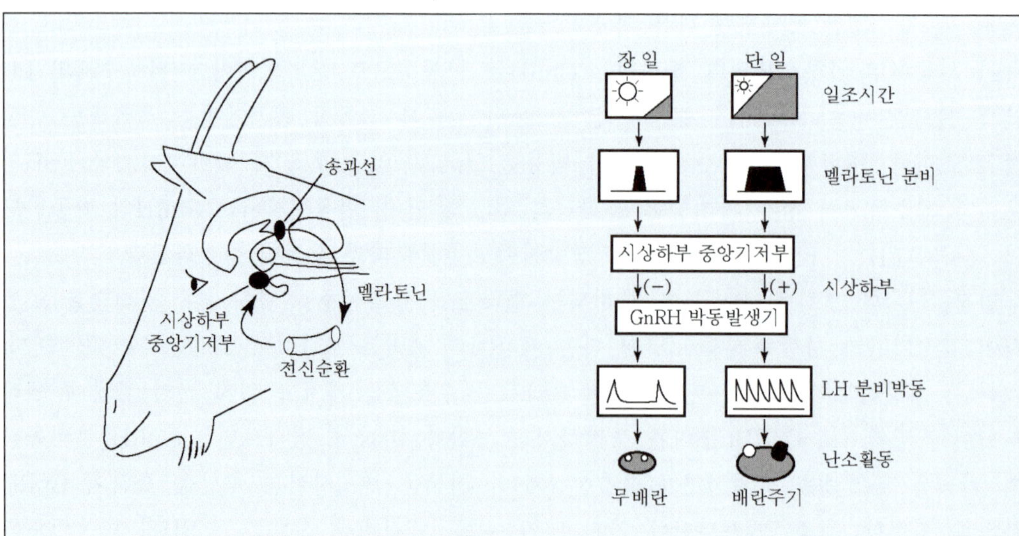

그림 3-20. 면양의 번식계절이 발현되는 신경내분비적 기전

로 GnRH의 박동빈도가 증가되고, 이어서 LH와 FSH 분비가 촉진되어 성선이 활성화된다(그림 3-20; Tsubota, 1999).

반면에, 일조시간이 길어지면 1일의 멜라토닌 분비량이 감소되는데, 장일성 계절번식동물에서는 멜라토닌의 농도 감소가 단일성 계절번식동물과는 반대되는 기전으로 중추신경계에 포착되어 시상하부의 GnRH 박동발생기를 활성화시킨다. 따라서, 장일성 계절번식동물에서는 장일자극에 의하여 소량으로 분비되는 멜라토닌이 에스트라디올-17β에 대한 도파민작동성 뉴론의 감도를 저하시키고, 이 결과로 GnRH의 박동빈도를 억제하는 도파민의 분비가 감소되어 GnRH가 박동적으로 분비되고, 이에 따라 LH와 FSH의 방출이 촉진되어 성선의 기능이 활성화된다(Tsubota, 1999). 위에서 보는 바와 같이, 장일성 및 단일성 계절번식동물 사이에 멜라토닌 분비량의 변화에 따른 시상하부의 반응성이 정반대의 양상을 나타낸다. 즉, 장일성 계절번식동물은 소량의 멜라토닌이, 단일성 계절번식동물은 다량의 멜라토닌이 시상하부에서 일어나는 GnRH 분비박동의 빈도와 진폭을 증가시켜 뇌하수체의 LH와 FSH 분비를 촉진하고, 그 결과로 성선이 활성화되어 번식계절이 발현된다.

2) 먹이조건에 따른 번식활성의 조절

먹이의 공급이 충분하면 연중번식이 가능하지만, 먹이가 부족하면 생식활성이 억제되는 동물종도 많다. 더욱이, 사람도 영양수준이 생식활성에 영향을 미친다. 낮은 수준의 먹이섭취는 일차적으로 GnRH의 박동빈도를 감소시켜서 생식기능을 억제한다. GnRH의 박동빈도를 억제하는 기전은 스테로이드호르몬에 의하여 영위되는 부의 피드백기전에 대한 시상하부의 반응성을 증가시키는 기전과 스테로이드호르몬과는 관계없이 발현되는 기전으로 구분된다. 이러한 억제작용을 매개하기 위하여 중추(상위)신경계에서 시상하부로 전달되는 신경전달물질은 명확하게 밝혀진 것은 아니지만, 신경펩티드 Y(neuropeptide Y)·내인성 오피오이드펩티드(endogenous opioid peptide)·부신피질자극호르몬 방출호르몬(CRH) 등이 중요하게 작용하는 것으로 보인다.

한편, 동물체의 영양상태를 감지하여 생식기능계에 전달하는 신호는 ① 대사를 조절하는 호르몬의 신호, ② 위장관(胃臟管)에서 발생된 신경신호, ③ 에너지로 이용되는 대사기질에 의한 신호 등이 있다(그림 3-21; Goodman, 1998). 생식기능을 제어하는 신호로 작동하는 대사호르몬으로는 동물체의 영양상태를 반영하는 호르몬인 인슐린과 글루카곤을 주목하여 왔으나, 아직까지 이들 호르몬이 GnRH의 분비조절에 영향을 미친다는 것을 증명하지 못하였으며, 인슐린-양 성장인자(IGF)나 성장호르몬을 비롯한 전통적 대사호르몬들도 생식기능계의 조절에 관여하는 신호로는 작동하지 못한다. 따라서, 오늘날에는 영양상태를 생식기능계로 전달하는 신호호르몬으로 렙틴(leptin)을 주목하고 있다. 렙틴은 지방세포에서 합성되는 단백질호르몬이며, 지방세포에 저장된 에너지의 지표가 된다. 성선의 활성은 체지방의 저장량과 정의 상관관계가 있다는 사실을 감안하면, 렙틴이 체지방의 저장상태를 감

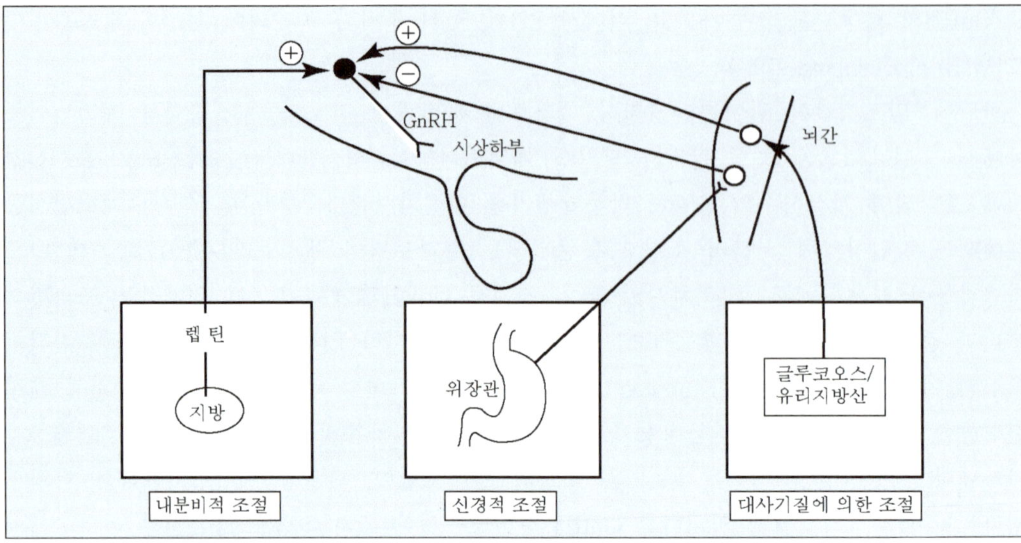

그림 3-21. GnRH 방출에 영향을 미치는 먹이의 신호

지하여 시상하부의 GnRH 분비를 조절하는 신호로 작동하는 것으로 보인다. 그러나, 렙틴이 생식기능계에 작용하는 장소와 기전은 아직까지 밝혀지지 않았다(Goodman, 1998).

미주신경(迷走神經, vagus nerve)을 통하여 위장관으로부터 중추신경계로 입력되는 신경신호는 먹이의 섭취를 조절하는 중요한 정보일 뿐만 아니라, GnRH 분비의 조절에도 중요한 정보가 된다. 절식(切食)을 시킨 래트에서 상반부 위장관에서 뻗어난 미주신경을 절단하면, 즉시 LH의 우발적 분비가 증가되는데, 이것은 영양이 부족한 동물에서는 미주신경이 중추신경계를 통하여 GnRH의 분비를 억제한다는 것을 증명한다. 그러나, 래트를 제외한 다른 동물종에서는 이러한 신경경로를 통한 생식활성의 조절기전이 증명되지 않았다.

동물체에서 영양상태를 판정하는 가장 간단한 기준은 에너지로 이용되는 대사기질의 혈중농도이다. 비반추동물에서는 글루코오스가 일차적 에너지원으로서, 혈중농도의 증가는 정상적인 성선기능의 발현에 필수적이다. 따라서, 2-데옥시글루코오스(2-deoxyglucose)를 사용하여 글루코오스의 이용성을 차단하면 LH의 우발적방출이 억제된다(Goodman, 1998). 반면에, 반추동물에서는 유리지방산의 수준이 LH의 분비에 대한 영양적 신호로 작동하는데, 일부의 반추동물은 유리지방산과 글루코오스가 함께 작용한다. 이와 같이, 많은 동물종에서 순환되는 글루코오스/유리지방산을 중추신경계가 감지하고, 이 정보를 GnRH 분비의 조절에 이용한다. 순환되는 글루코오스를 감지하는 글루코오스 감지기(glucorecepter)는 후뇌간(後腦幹, caudal brain stem)에 위치하지만(래트 · 면양 · 햄스터 등), 유리지방산 감지기의 위치는 아직까지 밝혀지지 않았다. 위에서 보는 바와 같이, 먹이의 섭취상태에 연계되어 GnRH의 방출이 조절되는데, 렙틴과 혈중 글루코오스/유리지방산은 GnRH의 분비를 자극하는 반면에, 절식에 따른 위장관의 신경신호는 시상하부의 GnRH 분비를 억제한다.

제 5 절 생식행동

동물이 생식을 위하여 평상시와는 다르게 특이적으로 발현하는 신체적 거동을 생식행동(生殖行動, reproductive behavior)이라 한다. 일반적으로, 생식행동에는 수컷의 배우자인 정자와 암컷의 배우자인 난자가 자성생식도관내에서 회합하여 임신을 성립시키는데 필요한 성행동(性行動, sexual behavior)과 출생된 신생자가 독립적으로 살아갈 수 있을 때까지 양육하는데 필요한 모성행동(母性行動, maternal behavior)이 포함된다. 이러한 생식행동은 야생동물에서는 명확하게 발현되지만, 사육하는 동물에서는 가축화(家畜化, domestication)되면서 서식영역이 크게 축소(소형목장·축사내 사육 등)되고, 암컷과 수컷을 분리하여 사육할 뿐만 아니라, 교배와 분만과정은 물론이고, 포유과정(조기이유·강제이유·인공포유 등)도 인위적으로 조절함에 따라 크게 약화되었다. 한편, 생식행동에 관한 연구는 다른 생식생리분야의 연구와는 달리 아직까지도 주로 관찰에 의존하고 있기 때문에 과학적 기초에 근거하여 명쾌하게 설명할 수 있는 부분이 많지 않다.

1. 성 행 동

성행동이란 임신을 성립시키기 위하여 암·수 각각에서 발현되는 성적 행동을 말한다. 임신이 성립되려면, 암컷과 수컷에서 발현되는 여러 종류의 성행동이 일정한 순서에 따라 조화·조정되어야 한다. 암·수컷 모두에서 어느 하나의 동작에 의하여 유기된 자극은 또 다른 동작을 불러 일으키는데, 이러한 현상을 행동연쇄(行動連鎖, behavioral sequence)라 한다. 각종형태의 성행동, 예를 들면 구애동작·성적과시·성적거동·교미자세·발성 등은 정자와 난자가 회합하여 수정이 되고, 이어서 임신과 분만과정을 거치면서 그 동물종의 증식이라는 최종목표를 달성하는 방향으로 질서정연하게 전개된다.

1) 정신사회적 환경과 성행동

성행동의 첫번째 단계는 성적 상대(sexual partner)를 만나는 것이다. 자유롭게 서식하는 동물의 경우, 성적 상대와 만나는 것은 기존의 사회적 구조(social structure)와 암컷과 수컷이 차지하고 있는 서식영역(home range)의 특성에 따라 크게 영향을 받는다. 예를 들면, 노루와 남아시아 영양(muntjak antelope)의 암·수컷은 각각이 경계영역을 설정하여 살아가며, 자신의 영역에 같은 성(性)의 개체가 침입하면 방호반응을 나타낸다. 그러나, 암컷과 수컷의 서식영역은 일부가 중첩되어 잠재적인 성적 상대와 일정한 관계가 지속된다. 야생토끼와 비버는 암·수가 짝을 이루거나 하렘(harem)을 형성하면서 자신들의 영역을 설정하며, 자신의 영역을 벗어나면, 수컷이 성적 상대를 회피한다. 이러한 행동양식은 인위적으로

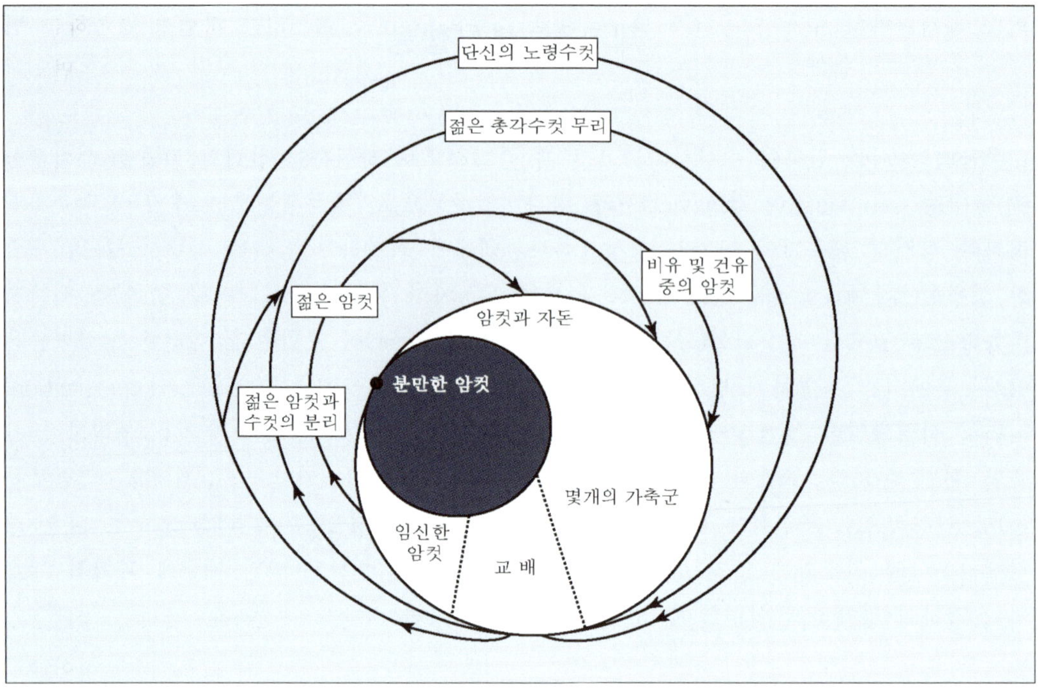

그림 3-22. 돼지에서 사회적 집단이 형성되는 과정

조성된 환경하에서도 나타나는데, 실제로 수토끼를 암토끼가 거주하고 있는 사육상에 넣어 교배를 시키려고 할 때에는 수토끼가 상당한 시간이 경과하여 사육상이 자신의 서식영역이라고 확인될 때에야 비로소 교미를 시도한다. 이와 같은 영역행동(領域行動, territorial behavior)은 계절번식동물에서는 번식계절에 더욱 강화되며, 물개를 비롯한 여러종의 동물에서는 비번식계절에는 보이지 않다가 번식계절에 한하여 발현된다.

야외조건하에서의 가축은 이미 설정된 자신들의 영역에 다른 개체가 침입하는 것을 방해하지는 않지만, 자기 집단의 서식영역을 확보하려는 경향이 있다. 이러한 서식집단은 우두머리 암컷을 중심으로 그녀의 성숙한 암컷 새끼와 이들에서 태어난 어린 새끼들이 모여서 구성되는 모계집단(母系集團, matriarchal herd)이다. 수컷은 어린 새끼일 때에는 집단내에서 생활하지만, 성숙된 후에는 집단에서 방출된다(그림 3-22; Hafez & Hafez, 2000). 모계집단은 매우 안정적으로 유지되지만, 어린 새끼는 집단의식이 희박하여 이웃 집단의 어린 새끼와 개체적 유대관계를 형성하며, 이 새끼들의 성장과 더불어 이웃 집단이 자연스럽게 통합되어 큰 집단이 형성된다. 실험적으로 소에서도 두집단의 새끼들을 함께 사육하면 집단의 통합이 이루어진다. 집단이 통합되어 서식밀도가 높아지면, 꼬리물기(tail biting)나 동종식작용(同種食作用, cannibalism) 등과 같은 이상행동(異常行動, aberrant behavior)이 나타나면서 공격성도 증대된다. 이러한 이상행동에 의하여 집단내에서 사회적 서열이 낮은 개체는 스트레스를 받아 집단에서 제외된다(Randolph 등, 1981). 한편, 말에서는 각각의 모계집단마다 우세한 종마가 영구적으로 다수의 암컷을 거느리는 하렘을 형성하는 반면에, 젊은 수말은 자기들끼리 영구적 총각집단을 이룬다(Klingel, 1967). 그러나, 면양과 산양 등은 번식기에 수컷들이 투쟁하여 최후의 승자가 홀로 집단의 암컷 모두를 거느린다. 이 경우는 수컷이 강력한 체력을 가지고 있을 때에 한하여 암컷집단과 일시적으로 결합하는 것이며, 따라서 개체간의 유대관계도 매우 약하다(Hafez & Hafez, 2000).

2) 성행동의 순서

성행동의 목적은 수컷이 발정이 발현된 암컷과 교미(交尾, mating)를 하여 임신을 성립시키는 것이다. 따라서, 성행동은 수컷의 교미에 대한 욕구와 효율성에 의하여 결정된다. 수컷의 성행동, 즉 교미는 성적 각성(性的覺醒, sexual arousal)·구애(求愛, courtship)·음경의 발기(勃起, election)와 돌출(突出, protrusion)·승가(乘駕, mounting)·음경의 질내 삽입(挿入, intromission)·사정(射精, ejaculation)·하강(下降, dismounting)·성적 무기력(性的無氣力, sexual refractoriness) 등의 단계로 구분할 수 있다.

(1) 성적 각성과 구애 : 발정이 발현된 암컷에 접근한 수컷은 성적으로 깨어나 교미욕구를 나타내면서 구애동작을 시작한다. 구애는 교미에 앞선 암·수컷 개체사이에서 일어나는 예비행동 전체를 말하는 것으로서, 정상적인 구애행동을 통하여 교미가 가능하도록 암컷과 수컷의 반응이 동기화되고, 양자가 서로 동종이성(同種異性)이라는 것을 인지함으로써 종간교잡을 피하게 된다. 포유동물의 수컷은 구애행동의 일환으로 발정이 발현된 암컷을 암컷의 집단에서 떼어 놓고, 음부에 코를 대고 냄새를 맡거나, 혀로 핥는 행위를 하는데, 이

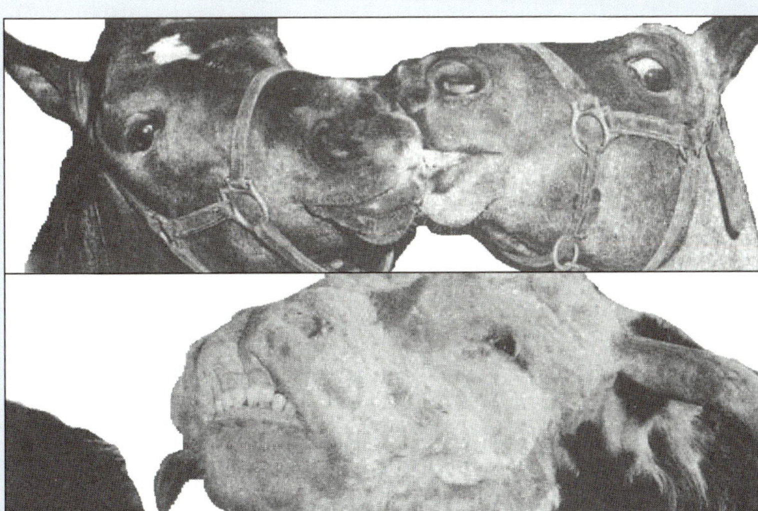

그림 3-23. 말의 구애동작(위)과 소의 플레멘(아래)

것은 후각(嗅覺, olfaction)을 통한 화학적 교감이 성행동의 발현에 중요하게 작용한다는 것을 의미한다. 특히, 돼지를 제외한 우제류(偶蹄類, 소 · 면양 · 산양 등)와 육식류 및 유대류는 구애행동의 초기에 암컷이 배설하는 오줌을 입으로 받거나 핥고, 코로 냄새를 맡은 후에 머리를 쳐들고, 윗입술을 위로 걷어 올리는 소위 플레멘(flehmen)이라는 독특한 행동을 한다. 이 때, 수컷은 입으로 흡입한 오줌을 서비기(鋤鼻器, vomeronasal organ)로 보내어 암컷이 발산하는 냄새신호(주로 pheromone)를 감지함으로써 암컷의 발정상태, 즉 교미의 가능성을 탐색한다. 또한, 소과나 기린과의 대부분은 수컷이 앞다리를 뻗어 암컷의 뒷다리를 감싸는 행동을 한다. 말은 암컷의 목이나 등의 피부를 가볍게 물면서 힘차게 운다. 수퇘지는 코로 암퇘지의 겸부(膁部, flank)를 가볍게 떠받고, 코를 암퇘지의 뒷다리 사이로 넣으려고 시도하며, 율동적으로 오줌을 누는 등의 행동을 나타낸다.

한편, 대부분의 동물종에서 발정이 발현된 암컷은 정서적으로 불안해 지고, 운동성이 증가되어 행동반경이 확대되며, 동물종 특유의 소리를 지르고, 다른 개체에 승가하기도 하며, 수컷이 접근하면 수컷의 회음부에 코를 대고 냄새를 맡는 행동을 한다. 이 때, 암 · 수컷이 음부의 냄새를 맡는 행동이 동시에 이루어짐으로 서로 꼬리쪽을 따라 다니게 되어 빙글빙글 도는 행동(mating whirl around)을 하기도 한다. 수컷의 구애동작을 통하여 자극을 받은 암컷은 동물종 특유의 교미자세(mating posture)를 취한다. 교미자세의 기본은 수컷이 승가할 수 있도록 뒷다리를 버티면서 움직이지 않는 자세이다. 이러한 부동자세에 병행하여 음경이 삽입될 수 있도록 꼬리를 들어 올리며, 면양이나 산양에서는 머리를 뒤로 제치고, 말에서는 음핵을 주기적으로 노출시키는 행동(lightening)도 한다. 한편, 암컷 래트의 전형적인 구애행동으로는 팔딱팔딱 뛰는 운동(hopping)이나 돌진운동(darting)을 하다가 갑자기 멈추어서 쪼그려 앉는 자세를 취한다. 이어서 수컷이 승가하면 척주전만반사(脊柱前彎反射, lordosis)를 나타내어 외음부를 위로 들어 올려 교미가 용이하게 한다.

(2) 승 가 : 수컷은 발정휴지기나 발정전기에 있는 암컷에 대하여도 승가를 시도한다. 이 때, 수컷의 음경은 어느 정도 발기되어 포피강밖으로 돌출되기도 하지만, 암컷이 수컷을

그림 3-24. 소의 승가동작과 래트의 척주전만반사

허용하지 않기 때문에 교미는 이루어지지 않는다. 그러나, 수소와 같은 몇 종의 동물에서는 승가를 시도하는 사이에 구요도선에서 분비물이 방출되어 사정전에 요도를 세척한다. 발정이 발현된 암컷은 수컷이 승가하면 움직이지 않고, 교미를 허용한다. 즉, 수컷은 앞다리로 암컷의 요각(腰角) 앞쪽을 껴안고, 율동적인 골반부의 돌진운동(thrusting)을 시작한다. 이 때의 암컷은 똑바로 서서 교미자세를 취하면서 후방으로 자신을 약간 밀어 수컷과의 신체적 접촉을 긴밀하게 한다. 말과 돼지에서는 교미가 성립될 때 승가와 하강을 수회 반복하지만, 그 외의 동물에서는 일단 승가하면, 곧바로 음경을 암컷의 질내로 삽입한다.

(3) 음경의 삽입 : 수컷이 승가하면 복부의 근육, 특히 복직근(腹直筋, rectus abdominis muscle)이 강력하게 수축되어 허리가 굽혀지면서 음경부가 암컷의 외음부에 접촉되고, 곧이어 음경이 질내로 삽입된다. 수퇘지는 음경의 일부가 포피구밖으로 돌출된 상태에서 삽입이 시작되고, 이에 따라 음경의 선단부가 질내로 삽입되면, 곧 이어 음경의 나머지 부분이 돌출되면서 질내로 완전히 삽입된다. 말은 음경을 삽입하기 전에 수회에 걸쳐 골반부의 돌진운동을 반복하는데, 이것은 골반부를 진동시키어 음경으로 충분한 혈액이 유입되게 함으로써 발기를 유발하는 행위이며, 이에 따라 음경이 완전히 발기되었을 때 비로소 완전한 삽입도 가능해 진다. 어느 동물에서나 1회의 교미에는 1회의 삽입이 있을 뿐이다(제1장 제1절 음경과 포피의 기능[발기와 돌출] 항목 참조).

(4) 사 정 : 음경이 질내에 삽입되어 자극을 받게되면, 이 자극이 척수의 사정중추에 전달되어 반사적으로 정자의 수송통로가 되는 웅성생식도관과 부성선, 그리고 그 주변의 근육이 율동적으로 수축하여 정액을 암컷의 생식기내로 배출한다(제1장 제1절 음경과 포피의 기능[사출과 사정] 항목 참조). 정액이 사정되는 자성생식기관의 부위는 동물의 종에 따라 달라서 면양·산양·소 등은 자궁경에 가까운 질의 심부에 사정하며, 돼지와 말은 자궁내에 사정한다. 음경의 질내삽입이 불완전하거나 음경과 질벽의 접촉이 제대로 이루어지지 않으면, 사정은 실패로 끝나게 된다. 돼지는 사정에 소요되는 시간이 평균 4~5분(3~20분)으로 길지만, 소·면양·산양 등은 음경이 질내로 삽입된 즉시 순간적으로 사정한다. 수소는 사정이 일어날 때 복직근의 수축이 강력하여 뒷다리가 땅에서 떨어지는 경우도 있으며, 머리를 아래로 숙인다. 그러나, 면양과 산양은 머리를 위로 치켜 올린다. 돼지는 매우 조용한 자세로 사정하며, 음낭이 약하게 율동적으로 수축하고, 골반부의 돌진운동이 불규칙한 간격으로 가끔씩 나타난다. 모든 동물종에서 사정을 끝낸 수컷은 암컷에서 하강하며, 음경도 곧바로 발기가 해제되면서 포피내로 수용된다.

(5) 성적 무기력 : 교미가 끝난 직후의 수컷은 성적 활성(sexual activity)이 일시적으로 상실되는데, 이러한 현상을 성적 무기력이라 한다. 성적 무기력상태가 지속되는 기간은 동물의 종과 개체에 따라 다를 뿐만 아니라, 교미빈도나 성적 만족도에 따라서도 다르다. 일반적으로, 교미의 빈도가 그 동물종이 가지는 평균적 빈도에 비하여 지나치게 높을 경우나 동일한 암컷과 교미를 반복할 경우에는 성적 무기력상태의 지속기간이 연장된다.

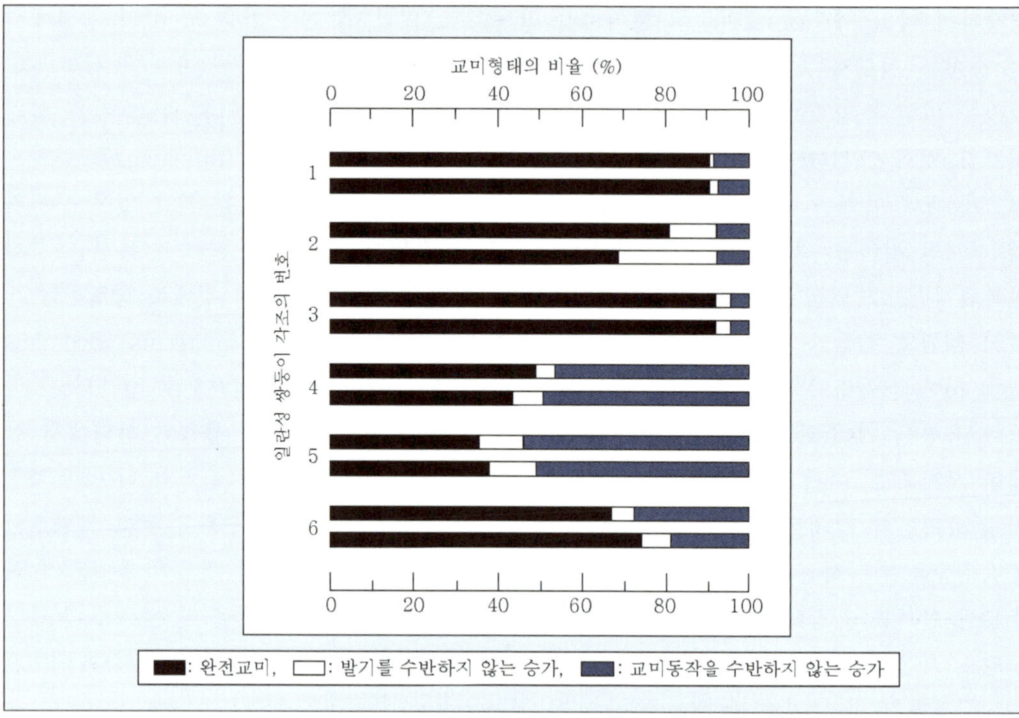

그림 3-25. 유용종모우 일란성쌍둥이의 교미능력 비교

3) 성행동에 영향을 미치는 요인

임신을 성립시키기 위하여 발현되는 성행동의 형태와 강도는 유전적 및 환경적 요인과 과거의 성적경험에 의하여 크게 영향을 받는다.

(1) 유전적 요인 : 성행동의 실행능력(sexual performance)은 가축의 품종이나 계통에 따라 차이를 나타낸다. 일반적으로, 젖소의 수컷은 고기소의 수컷에 비하여 성적으로 활발하며, Brahman종의 수소는 다른 품종의 수소에 비하여 성적 활성이 활발하지 못하다. 또한, 젖소의 수소에서 일란성쌍둥이의 사정행동을 비교한 결과, 동복쌍둥이 형제사이의 사정행동은 비교적 유사하지만, 다른 쌍둥이조(組)와의 사이에는 현격한 차이를 나타내는데, 이것은 사정행동이 유전적으로 크게 영향을 받는다는 것을 의미한다(그림 3-25). 수퇘지에서 Yorkshire종은 Duroc종에 비하여 정액채취에 대한 훈련이 훨씬 용이하다. 한편, 면양과 돼지의 암컷에서 발정지속시간의 품종간 차이는 유전적으로 지배되는 배란률의 품종간 차이에도 그 원인이 있다. 또한, 암퇘지에서 부동반응을 유도하는데 필요로 하는 성적 자극의 개체별 차이는 성적 경험과는 관계가 적고, 주로 유전적으로 지배되는 현상이다.

(2) 환경적 요인 : 성행동에 영향을 미치는 외인성 자극(外因性刺戟, external stimulation), 즉 환경의 효과는 암컷에 비하여 수컷에서 더욱 뚜렷하게 나타나며, 그 요인도 다양하다.

① 암컷의 신선미 : 집단내에서 새로운 암컷이 수컷에 대하여 성적 수용성을 나타내면,

수컷의 생식활성이 증대된다. 또한, 수컷을 수용하는 암면양이 4두가 있을 경우에는 1두가 있을 때에 비하여 수면양은 3배 이상의 교미를 한다. 이러한 특성을 실제 축산현장에서 이용할 수 있는데, 성적 반응이 둔한 종모우에 대하여 새로운 시정암소(teaser cow)를 접촉시키면, 성행동이 현저하게 향상되어 정액의 채취를 쉽게할 수 있다.

② 비특이적 자극 : 성욕(性慾, libido)이 낮은 수컷에서 사정후에 나타나는 성적 무기력기간에 비특이적 외인성 자극을 가하면, 성적 활성이 증강된다. 예를 들면, 래트에 대하여 전기충격과 같은 고통이 수반되는 자극이나 애무 등과 같은 부드러운 자극을 가할 경우에 사정의 빈도가 높아진다. 또한, 정액의 채취장소를 바꿀 경우에도 성적 활성이 강화된다.

③ 경쟁동물의 존재 : 수컷이 교미를 하려고 할 때, 다른 수컷이 접근하면, 성욕이 증진된다. 그러나, 수컷을 허용하려는 한 마리의 암컷에 대하여 여러 마리의 수컷이 경합할 때에는 사회적 계급(social hierarchy)에 의하여 성적 활성이 제한되는 개체가 많다. 즉, 사회적 계급이 최상위에 있는 수컷이 교미를 독점하면서 하위에 있는 수컷의 교미를 방해한다. 그러나, 교미를 허용하는 암컷의 수가 많을 경우에는 이러한 독점적 지배체계가 와해된다. 수면양에서 나이가 많은 개체는 1세의 다른 개체를 지배하는데, 그 지배의 강도는 같은 1세의 수면양이 다른 1세의 수면양을 지배할 경우에 비하여 훨씬 강하다. 그러나, 수컷의 사회적 지배성과 암컷의 수태성과는 관계가 없다. 따라서, 사회적 계급이 높은 수컷이 불임이면, 그 집단 전체의 수태율이 현저하게 떨어진다.

④ 계절과 기후 : 산양·면양·말 등과 같은 계절번식동물은 시상하부-뇌하수체계의 분비활성이 계절적으로 변동되고, 이에 따라 성선호르몬의 분비가 조절되기 때문에 성행동도 계절적으로 차이를 나타낸다. 그러나, 난소를 적출한 면양·산양·돼지 등에 대하여 성선호르몬을 투여했을 때에 나타나는 반응성도 계절적으로 차이를 나타내는데, 이것은 계절이 중추신경계의 성선호르몬에 대한 반응성을 조절하여 성행동에 영향을 미친다는 것을 의미한다. 한편, 고온환경은 성호르몬의 분비를 저해할 뿐만 아니라, 성행동의 강도도 저하시킨다. 영양수준은 일상생활에 지장을 줄 정도로 나쁘지 않으면, 성행동에 미치는 영향이 경미하다. 그러나, 물리적 충격이나 질병에 의한 외인성 고통(제염·관절염·치통·습진에 의한 가려움증 등)은 성행동에 커다란 장해를 유발한다.

(3) 성적 경험 : 이성과의 접촉은 성행동을 향상시킨다. 영장류의 경우에는 성성숙 전의 사회적 접촉도 성행동의 발달에 영향을 미치는데, 유년기에 사회에서 격리되면, 성숙한 다음의 성행동이 크게 저해된다. 예를 들면, 격리된 상태에서 사육된 붉은털원숭이는 성욕이 발동되어도 교미자세를 제대로 취하지 못하고, 교미도 제대로 이루어지지 않는다. 그러나, 다른 포유동물의 경우에는 사회적 접촉이 성행동의 발달에 결정적 역할을 하는 것 같지는 않다. 예를 들면, 가축의 경우 성적 발달이 진행되는 기간에 사회적으로 격리되거나, 동성끼리만 생활하면 성적발달이 지연되지만, 이성과 동거하면 생식활성이 곧바로 발현된다.

한편, 성적 경험이 없는 수컷이 최초로 암컷과 교배를 시도할 때에는 매우 서투른 것이 보통이다. 즉, 교미를 망설이면서 발기와 승가에 긴 시간이 필요하며, 일단 승가를 하여도 곧바로 하강하였다가 다시 승가를 시도한다. 이 때의 발기와 사정은 매우 약하다. 그러나, 한번의 사정을 성공한 다음부터는 성행동의 형태가 정상화되고, 정상적인 교미가 이루어진다. 암컷은 성적경험이 적어도 수컷의 유도에 잘 순응하면서 빨리 교미에 적응한다.

4) 생식생리에 대한 성적 상호작용의 효과

암컷과 수컷이 신체적으로 접촉하면, 암·수컷 모두의 생식활성이 증진된다. 암컷에 대한 수컷의 존재는 발정과 배란, 그리고 자궁의 운동과 정자수송 등에 자극적으로 작동한다. 수컷도 교미전에 성적 자극을 받으면, 안드로겐의 분비가 증가되고, 정액의 성상이 향상된다.

(1) 무발정 암컷에 대한 수컷의 효과 : 대부분의 동물에서 분만후 일정기간이나 비유기 동안에는 생리적 무발정상태를 나타내며, 더욱이 계절번식동물은 비번식계절에 발정이 휴지되면, 다음번의 번식계절이 돌아올 때까지 무발정상태가 지속된다. 이러한 무발정상태를 나타내는 암컷이 수컷과 동거하면, 무발정기간이 단축된다. 예를 들면, 계절적 무발정(seasonal anestrus)이 종료될 무렵에 있는 면양과 산양을 수컷과 동거시키면, 곧바로 발정이 발현되며, 따라서 여러 개체의 발정주기도 동기화된다. 이 때, 수컷의 효과는 매우 신속하게 나타나는데, Merino종 면양에서는 동거가 시작된 27시간 후에 LH의 배란전 급증이 일어난다. 이 LH의 급증으로 유발된 배란은 불완전하여 때로는 황체가 형성되지 않으며, 성행동이 수반되지 않는 경우가 많다. 그러나, 수컷과 접촉시킨 17~18일 후에 나타나는 두 번째의 발정에서는 정상적인 배란과 수태가 이루어진다. 또한, 수마우스는 안드로겐의 자극으로 성페르몬(sex pheromone)을 방출하는데, 이것을 흡입한 암마우스는 발정이 발현되며, 면양에서도 이와 유사한 현상이 관찰된다(Bronson, 1984). 번식기의 수산양은 음경을 발기시킨 다음, 머리를 숙이고, 머리·어깨·앞다리 등에 자신의 오줌을 뿌리는 자기표지 행동(self-marking behavior)을 한다. 이것은 주변에 있는 암컷에 대하여 자기의 냄새신호(ordor signal)를 발산하는 행동이며, 이 냄새신호에 암컷이 반응한다(Price 등, 1986). 격리되어있는 성성숙 직전의 암돼지를 성숙 수퇘지와 접촉시키면, 발정이 조기에 발현된다. 수퇘지는 피부선(특히, 앞발목의 피부에 위치하는 완골선[carpal gland])의 분비물과 포피게실의 내용물을 통하여 암퇘지의 생식활성을 자극하는 성적 냄새를 발산한다.

(2) 발정과 배란에 대한 수컷의 효과 : 수컷의 존재는 암컷의 발정행동과 배란을 자극한다. 암면양은 번식계절이 되어도 수컷에 의한 후각적·시각적·청각적 자극이 없으면, 뚜렷한 발정징후를 나타내지 않는 것이 보통이다. 또한, 암퇘지는 수퇘지가 옆에 없으면, 발정의 강도가 약할 뿐만 아니라, 배란률도 현저하게 떨어진다. 따라서, 인공수정을 시킬 때에는 수퇘지와의 신체적 접촉을 유도하여 배란률을 높이는 것이 필요하다.

(3) 자궁수축과 정자수송에 대한 수컷의 효과 : 정관을 절제한 수토끼에 의한 불임교배(sterile mating)로 성적 자극을 받은 암토끼에 정액을 주입하면, 정자의 수송이 자극된다.

반면에, 면양에서는 이러한 현상이 나타나지 않는다(Hawk, 1972). 그러나, 면양·산양·소 등에 대하여 생식기관을 자극하거나 교미전에 성적 자극을 가하면, 신경뇌하수체에서 다량의 옥시토신이 방출되고, 이 옥시토신의 작용으로 자궁경과 자궁이 수축되어 정자의 수송이 빨라진다(Lightfoot, 1970). 또한, 옥시토신이 실제적 교미가 이루어지기 전에 방출되는 경우도 있는데, 이를 유발하는 자극으로는 수컷의 존재가 가장 강하고, 다음에는 수컷의 냄새와 소리, 그리고 멀리서 보는 수컷의 모습 등의 순서이다(Hafez, 1987).

(4) 정액성상에 대한 성적자극의 효과 : 수컷에 대한 교미전 자극(precoital stimulation)은 사정된 정액의 성상과 안드로겐의 분비 모두에 영향을 미친다. 수소에서 교미전에 2~20분 동안 교미행동을 억제하면, 정액의 양과 농도(정자수)가 증가된다. 그러나, 정자의 활력은 영향을 받지 않는다. 가승가(假乘駕, false mount)는 정액의 성상을 더욱 현저하게 향상시킨다. 그러나, 수소에서 성적으로 경쟁하는 수소의 존재, 시정암소의 교체, 정액채취에 앞선 시정암소의 사용 등은 성적 흥분은 매우 높여주지만, 정액의 성상에 미치는 효과는 크지 않다. 따라서, 정액의 성상에 영향을 미치는 성적 자극은 성적 흥분을 유기하는 자극과는 서로 다른 것으로 생각된다(Hafez, 1987). 한편, 토끼에서 교미를 할 때나 암토끼가 존재할 경우에는 30분 이내에 혈중 테스토스테론의 농도가 현저히 증가되며, 소와 면양에서도 이와 유사한 경향을 나타낸다(Haltmeyer & Eik-Nes, 1969).

2. 모성행동

분만시와 그 직후에 발현되는 생식행동은 신생자의 생존에 중대한 영향을 미치게됨으로 번식과정의 성공여부와 직결되는 중요한 요인이다. 특히, 혹심한 기후조건과 포식동물이 존재하는 야외에서나 동물의 행동을 극도로 제한하는 밀폐된 공간에서 이루어지는 분만의 경우에는 모자간의 결합이나 흡유의 개시와 같은 생식행동이 신생자의 생존에 더욱 중요하게 영향을 미친다. 모성행동의 기본적 발현양상은 모든 동물종에서 유사하지만, 세부적인 형태는 동물의 종에 따라 특징적인 부분이 많다.

1) 면양의 모성행동

면양은 분만이 일어나기 약 1시간 전부터 풀을 뜯지 않으며, 분만장소를 찾기 위하여 이러저리 돌아 다닌다. 그러나, 분만장소는 태막이 파열되어 태수(胎水, fetal fluid)가 최초로 방출된 장소로 결정되는 것이 일반적이다. 태수의 분출은 어미가 분만에 임박하였다는 것을 인지하는 신호가 되며, 어미는 태수가 분출된 장소를 떠나지 않고, 땅에 떨어진 태수를 핥으면서 냄새를 인식하고, 앞발로 땅을 긁어서 판다. 태수는 어미가 자기의 새끼를 인식하는데 중요하게 작용한다. 분만이 완료된 후에는 어미가 자기의 새끼를 인지하여 모자관계가 성립되고, 곧바로 포유가 시작된다.

(1) 분만기의 행동 : 면양의 분만은 하루중의 어느 특정한 시간대에 집중적으로 일어나는 것은 아니다. 일반적으로, 분만개시기에 나타나는 불안한 행동은 어미양의 복부가 수축되면서 드러누운 후에는 진정된다. 대부분의 새끼양은 등이 하늘쪽을 향한 상태(상태향)에서 머리와 앞다리가 먼저 만출(두위)되는 자세로 태어난다. 대개의 경우, 어미양은 드러누운 상태에서 분만을 하지만, 서있는 상태에서 분만하는 개체도 있다. 대부분의 어미양은 분만후 수분이내에 일어서며, 제대(臍帶)는 분만과 더불어 당겨져 절단된다. 새끼양이 만출된 2~5시간 후에 후산이 만출되는데, 만출된 후산을 먹는 개체도 있다. 분만에 소요되는 시간은 한 집단의 면양내에서도 개체차이가 크다. 분만시간이 지나치게 연장되는 것은 태아가 너무 커서 산도를 통과하기가 어려운 경우, 쌍태가 동시에 산도로 진입되어 산도를 메웠을 경우, 이상태위로 태아가 산도를 통과하기 어려운 경우 등에서 나타난다. 분만기간이 연장되면, 모성행동의 발현이 저해될 뿐만 아니라, 태아가 사망할 위험성도 높아진다. 한편, 쌍태의 경우는 태아의 크기가 작아서 단태의 경우에 비하여 빠른 시간내에 분만하지만, 두 새끼의 분만간격은 수분에서부터 1시간 이상이 걸리는 것까지 있다.

(2) 분만직후의 행동 : 분만직후의 어미양은 새끼양의 체포면에 붙어 있는 양수와 양막 및 요막의 파편들은 핥거나 먹어서 제거한다. 이러한 어미양의 행동은 1시간 전후에 걸쳐 계속되는데, 이 때 어미양이 감지하는 후각(嗅覺) 및 미각(味覺)에 의하여 자기의 새끼양을 식별하게 된다. 이후부터는 다른 새끼양이 가까이 오면, 머리로 받아 접근을 허용하지 않는다. 실험적으로, 분만 직후에 어미양의 후구(嗅球, olfactory bulb)를 제거하여 냄새를 식별하는 능력을 상실시키면, 자기의 새끼양을 구별하지 못한다. 이 사실을 보면, 어미양의 후각이 자기의 새끼양을 구별하는데 가장 결정적인 역할을 하는 것으로 보인다(Hafez & Hafez, 2000). 또한, 움직이지 않는 차가운 새끼양에 대하여는 어미양이 곧바로 흥미를 상실하는데, 이것은 새끼양의 온감(溫感)이나 동작도 어미양이 새끼양을 인식하는데 중요하게 작동한다는 것을 의미한다. 이와 같이, 다양한 경로를 통하여 이루어지는 어미양과 새끼양의 결합은 분만후로부터 매우 짧은 시간내에 완성된다. 예를 들면, 분만직후에 어미양으로부터 새끼양을 분리하였다가 6~12시간후에 접근시키면, 어미양은 새끼양을 거부하는 반응을 보인다. 한편, 분만후에 어미양이 새끼양을 핥는 행위는 새끼양의 체표면에 부착되어 있는 약 0.5kg의 양수를 제거하여 새끼양의 체온이 하강되는 것을 방지하고, 곧바로 일어서서 흡유하는 동작을 자극한다. 이러한 모성행동은 분만을 전후하여 에스트로겐이 급속하게 증가되고, 프로게스테론이 감소되는 내분비환경의 변화에 따라 발현된다.

(3) 어미양과 새끼양의 상호인식 : 어미양과 새끼양이 서로를 식별하는 방법을 구명하기 위하여 많은 연구자들이 식별에 필요한 신호를 조작하고, 이 조작에 따른 반응을 조사하는 방법을 이용하였다(Alexander, 1977). 신호를 조작하는 방법으로는 국소마취에 의하여 발성(發聲)을 차단하는 방법과 체표면에 색소를 뿌리거나 털을 깍아서 시각적 신호를 변경시키는 방법이 주로 이용되었다. 신호의 변화에 따른 반응은 사방이 둘러싸인 협소한

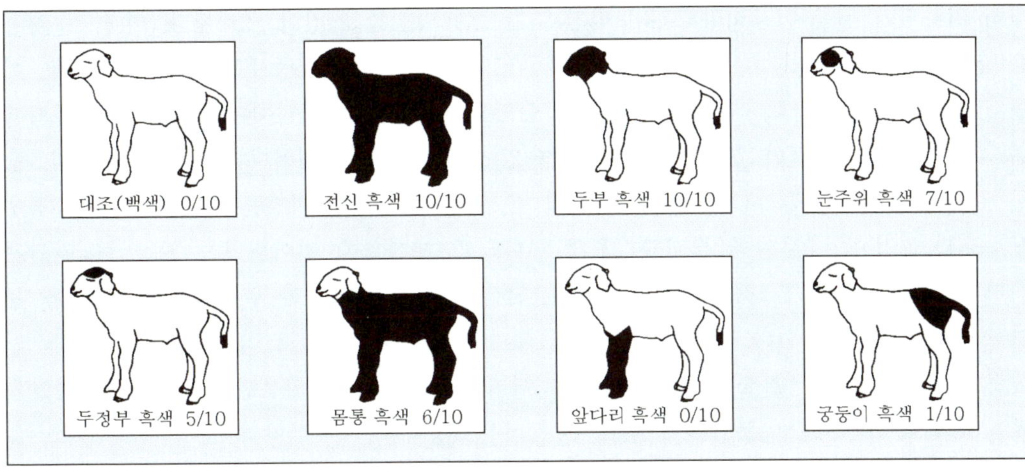

그림 3-26. 신체 각 부위를 검정색으로 변장시킨 새끼양을 어미양이 회피하는 비율

장소에서 어미와 새끼를 반대쪽의 위치에 풀어 놓았을 때에 보이는 행동의 변화를 관찰하여 판정한다. 이러한 실험의 결과에 의하면, 어미양은 새끼양의 울음소리에 대하여 끌리는 경향을 나타내고, 특히 자신이 낳은 새끼양의 울음소리에 민감하게 반응한다. 그러나, 어미양이 자신의 새끼양을 받아 들이는데 울음소리가 필수적인 것은 아니다. 반면에, 어미양이 새끼양을 인식하는데는 새끼양의 외모가 매우 중요하다. 예를 들면, 새끼양에 새깔을 칠하여 변장시킬 경우에 대부분의 어미양은 변장된 새끼양이 자신이 분만한 개체라도 적극적으로 피하려는 경향을 보인다. 새끼양의 여러 부위에 검정색을 칠한 다음, 어미양이 거부반응을 나타내는 비율을 조사한 결과를 보면, 주로 머리의 색깔을 변경시켰을 때 거부반응을 나타내는 비율이 높다(그림 3-26). 따라서, 어미양이 새끼양을 인식하는데는 머리의 색깔이나 모양이 중요하게 작용하는 것으로 보인다. 새끼양의 냄새도 어미양이 새끼양을 인식하는데 일정한 역할을 하지만, 이것은 밀폐된 공간에서만 효과를 나타낸다.

한편, 새끼양은 기본적으로 어미양이 제공하는 식별신호에 대하여 민감하게 반응하지 못한다. 따라서, 새끼양은 다른 어미양에 대하여도 젖을 빨려고 시도한다. 어미양의 소리는 처음에는 새끼양의 유도에 비특이적이지만, 새끼양이 자라면서 어미양의 소리를 인식하게 된다. 그러나, 새끼양이 약 3주령에 이르면, 어미양을 인식하는데 청각신호에 비하여 시각신호가 더욱 중요하게 작용한다.

(4) 이상행동 : 난산으로 인하여 체력을 소진한 어미양은 분만후에도 수시간 동안 그대로 누워있는 경향을 나타내는데, 이렇게 되면 새끼양은 방황하게 된다. 초산(初産)을 한 어미양은 자신의 새끼양에 대하여 관심을 가지지 않으면서 그대로 방치하는 경우도 있다. 또한, 출산경험이 적은 어미양에서 새끼양이 움직이면 들이 받기도 하고, 새끼양쪽으로 머리를 계속 돌려서 새끼양이 유방에 접근하는 것을 방해하는 개체도 있다. 이러한 상태로 시간이 흘러가면, 분만후 2시간경부터는 새끼양의 유두탐색행동(teat-seeking activity)이 급

격히 저하되기 때문에 새끼양의 유두발견과 흡유에 막심한 지장이 초래된다. 이상모성행동은 쌍둥이를 분만한 경우에 더욱 자주 나타나는데, 특히 Merino종에서 많이 발견된다. 예를 들면, 쌍둥이가 서로 수 미터 떨어져서 분만되면, 둘중 하나는 어미양에 의하여 무시되며, 어느 정도의 시간이 경과된 다음에 어미양에 접촉시켜도 배척당하는 경우가 많다. 또한, 어미양에 딸려있는 새끼양이 뒤에 찾아 온 자신의 동복 새끼양을 수용하지 않는 경우도 있다. 그러나, 쌍둥이의 새끼양가운데 한마리의 새끼양을 잃어버리는 가장 큰 원인은 어미가 한 곳에서 다른 곳으로 이동하거나, 사람이나 동물에 놀라 한 마리의 새끼양을 두고 멀리 달아나는 것이다. 어미양은 자신이 두마리의 새끼양을 거느리고 있다는 사실을 인식하기까지는 수일이 소요됨으로 한마리의 새끼양만 거느리고 있으면, 잃어버린 새끼양을 찾지 않는다. 면양에서 분만후에 나타나는 이상모성행동은 새끼양의 사망률(mortality)을 증가시키는 가장 중요한 원인이 된다.

2) 산양의 모성행동

산양의 모성행동은 면양의 그것과 매우 유사하다. 그러나, 산양은 쌍둥이를 분만하였을 때에 두마리의 새끼양 모두를 인지하는 능력이 면양에 비하여 월등하게 우수하다. 또한, 산양은 출산된 새끼양을 면양에 비하여 훨씬 긴 시간에 걸쳐 핥아주며, 환경에 순응시킨다. 따라서, 쌍둥이를 분만했을 경우에 첫번째 출산된 새끼양은 어미의 보살핌을 오랫동안 받게될 뿐만 아니라, 흡유의 기회도 더 많이 가지게 되어 두번째 출산된 새끼양에 비하여 더욱 강건하다. 새끼산양의 울음소리를 음향분석기(sonagraph)로 조사해 보면, 출생 직후에는 모든 개체의 소리가 매우 유사하여 어미산양이 구분하지 못하지만, 새끼가 4일령이 되면 소리가 분화되어 소리로도 새끼산양의 개체를 구분할 수 있다. 한편, 새끼면양은 보행능력이 획득되는 순간부터 어미를 따라 다니지만, 새끼산양은 상당히 긴 기간을 어미와 떨어져 홀로 드러누어 숨는 행동을 한다. 새끼산양의 이러한 특성은 야생산양에서 더욱 현저하게 나타난다.

3) 소의 모성행동

어미소와 송아지의 행동양식은 정상적이거나 비정상적인 행동 모두가 면양이나 산양의 그것과 매우 유사하다. 그러나, 행동의 세부적 발현양상은 차이가 있다.

(1) 분만기의 행동 : 어미소는 분만 1~2일 전이 되면, 정서적으로 불안해 하면서 이리지리 돌아다니고, 격리된 좁은 장소를 선정하여 분만을 준비하며, 이곳에 다른 소가 침입하면 방어자세를 취한다. 이러한 모성행동을 제한하거나 저해하면, 분만이 지연되면서 송아지의 생존률로 떨어진다. 소는 면양에 비하여 후산을 먹는 빈도가 높다. 출산경험이 없는 초산우는 자신이 분만한 송아지에 대하여도 공격성을 나타내는데, 특히 송아지가 움직일 때 이러한 반응을 명확하게 보인다. 어미소의 송아지에 대한 공격성은 일시적인 현상이

며, 시간이 경과하면서 해소된다. 그러나, 어미소의 자기 새끼에 대한 공격성이 지속되는 경우도 있는데, 이것은 내분비적 기능장해로 모성본능이 충분히 발현되지 못하여 나타나는 현상이다. 이러한 경우에는 송아지를 어미소의 곁에 두어서는 안된다.

(2) 어미소와 송아지의 상호인식 : 어미소는 낯선 송아지에 대하여 면양보다는 덜 공격적이며, 자신의 송아지를 확인하는데에도 면양과는 달리 후각보다는 시각에 더 의존한다. 분만 수분후에는 어미소가 자기의 송아지를 인식하게 된다. 어미소가 최초로 송아지를 보고, 5분간만 신체적 접촉을 하면, 어미와 새끼의 관계가 형성되며, 관계가 형성된 후에는 124시간을 떨어져 있다가 다시 접촉하여도 상호관계가 복원된다. 어미소는 주로 시각에 의하여 자신의 송아지를 인지함으로 시각을 방해하는 처리를 하면, 한 마리의 어미소에게 여러 마리의 송아지를 기르게 하는 것도 가능하다. 송아지를 입양할 때에 수일간 어미소의 눈을 가리면, 입양된 송아지를 시각적으로 구분하지 못함으로 효과적이다. 또한, 자신이 분만한 송아지의 태수를 입양할 송아지의 몸에 바르면, 더 높은 성공률을 얻을 수 있다. 출생후 수일이 경과한 다음에 입양을 하면, 어미소와 송아지의 상호관계가 약하게 형성되어 송아지의 발육상태가 나빠지는 경향이 있다.

4) 돼지의 모성행동

돼지는 다른 유제류 동물과는 다르게 한번에 다수의 새끼를 출산하는 생식전략을 구사한다. 따라서, 돼지에서는 자돈의 사망과 모돈에 의한 자돈의 손상, 그리고 자돈의 체온저하 등을 방지하기 위한 돼지 특유의 모성행동이 발현된다.

(1) 분만기의 행동 : 돼지를 야외에서 사육할 경우에는 분만이 가까워졌다는 것을 모돈의 영소활동으로 알 수 있다. 그러나, 현재의 분만돈사에서는 영소활동에 필요한 재료가 없을 뿐만 아니라, 돈사의 구조도 자돈이 별도의 공간을 확보할 수 있게 설계되어 있기 때문에 모돈은 영소활동을 할 수 없으며, 따라서 모돈 자체가 혼란에 빠지게 된다. 모돈은 분만이 가까워지면, 특징적인 소리를 내고, 자돈의 보금자리가 위치하는 구역은 마치 그곳에 자돈이 있는 것처럼 보호한다. 일반적으로, 돼지는 일몰 후에 분만하는 개체가 많다. 가축화된 대부분의 돼지는 분만중에 사람이 지켜보아도 별다른 반응을 보이지 않지만, 일부의 개체는 사람이 곁에 있으면 혼란스러워 한다. 돼지는 정상일 경우에는 옆으로 누워서 분만을 하는데, 자돈의 크기가 모돈의 체격에 비하여 상대적으로 작기 때문에 다른 동물에 비하여 큰 노력이 없이 쉽게 분만하며, 분만시의 태향(胎向)과 태위(胎位)도 문제가 되지 않는다. 분만시 태막의 파열이나 태수의 유출은 다른 유제류 가축만큼 정연한 순서에 따라 일어나지는 않는다. 대부분의 자돈은 부분적으로 태막에 피복된 상태에서 만출되지만, 모돈의 도움이 없어도 자체의 움직임으로 태막을 벗어 버린다. 제대(臍帶)는 자돈이 모돈의 외음부에서 멀리 이동함에 따라 자동적으로 절단된다. 모돈이 자돈의 만출이 끝날 무렵에 일어서서 배뇨를 하는 경우가 많은데, 배뇨후에 다시 누울 때 자돈이 압사되거나 상처를

입을 위험성이 높다. 돼지의 분만에 소요되는 시간을 보면, 전체 동복자 모두의 분만에는 평균 3시간(30분~8시간)이 걸리며, 자돈 개체의 분만간격은 1분 이하에서부터 3시간 이상까지 변이의 폭이 매우 크다. 분만기간의 후반기에 분만되는 자돈은 태반의 분리가 일찍 일어나 산소의 공급이 차단될 수도 있기 때문에 질식하여 사산될 위험성이 높다.

(2) 모돈과 자돈의 상호인식 : 모돈은 시력이 나쁘고, 출산된 자돈의 수도 많아서 시각으로는 자돈을 인지하지 못하며, 주로 후각에 의존하여 인지한다. 돼지는 다른 유제류 가축에 비하여 다른 어미가 출산한 새끼가 흡유하는 것을 쉽게 용납하는 경향이 있으며, 특히 비유 첫날에는 더욱 그러하다. 한편, 자돈은 모돈을 구별하지 않고 흡유한다. 따라서, 한 배새끼의 수가 많은 어미에서 일부의 자돈을 분리하여 다른 모돈에게 양자를 보내는 것이 가능하다. 그러나, 모돈은 후각에 의존하여 자돈을 인지함으로 양자를 받아 들이는 모돈의 분비물을 자돈의 몸에 발라서 냄새로 구분되지 않게 하는 것이 필요하다. 흡유중인 자돈이 너무 혼란하게 행동하거나 모돈을 놀라게 하면, 비유중인 모돈이 공격적으로 변한다.

(3) 이상행동과 자돈사망률 : 모돈이 분만기에 자돈을 잡아 먹는 동종식작용을 나타내는 경우가 가끔 있다. 따라서, 분만직전의 모돈이 심한 공격성을 나타낼 때에는 자돈이 만출되는 즉시, 모돈에서 분리하였다가 분만이 끝난 다음에 재결합시키면, 비교적 안전하다. 그러나, 영양상태가 불량한 모돈에서는 비유후기에도 동종식작용은 나타내는 경우가 있다.

한편, 생존상태로 분만된 자돈의 약 10%가 사망하는데, 그 중 절반은 기아(饑餓)에 의하여 사망한다. 어린 자돈은 어미의 외음부나 다른 자돈을 포함하여 코에 닿는 것은 아무것이나 빠는 버릇이 있다. 모돈이 유즙을 방출하는 시간은 매우 짧기 때문에 이러한 행동을 하는 자돈은 시간을 허비하여 젖을 먹지 못하게 된다. 그리고, 유두의 수보다 자돈의 수가 많을 경우나 모돈이 늙어서 유방이 늘어져 수유할 때 유두가 유방의 밑으로 감추어지는 경우에는 자돈이 흡유할 수 없게 된다. 또한, 자돈은 분만후 수일내에 자신의 유두를 결정하는데, 결정된 유두의 위치를 잃어버린 자돈은 좀처럼 다른 유두를 빨지 않는다. 이와 같은 원인들에 의하여 흡유가 충분하지 못하면, 자돈은 허약하게 되거나 굶어서 죽게 된다. 이러한 사고는 동복자 가운데 체격이 가장 작으면서 허약하게 태어난 자돈에서 주로 발생된다.

3. 신생자행동

분만에 의하여 출생된 포유동물의 신생자가 어미의 젖을 먹어 가면서 성장을 계속하여 이유(離乳, weaning)에 이를 때까지의 기간중에 수행하는 모든 행동을 신생자행동(新生仔行動,)이라 한다. 포유동물의 신생자는 어미의 젖에 의존하여 성장・발달하기 때문에 흡유하는데 필요한 행동이 가장 중심적인 신생자행동이다. 포유기간중의 신생자는 신체의 발육뿐만 아니라, 이유후에 독립적으로 살아가는데 필요한 감정표현이나 행동양식도 어미로부터 배우면서 습득한다.

1) 면양의 신생자행동

(1) 분만직후의 행동 : 대부분의 새끼양은 분만후 15분 정도 지나면, 일어서서 어미양에게 접근을 시도한다. 이 때, 대부분의 어미양은 새끼양을 눈앞에 두고 지켜보면서 체표면을 핥는다. 이어서 1~2시간이 지나면, 새끼양이 유방에 접근하는 것을 허용한다. 이 때, 새끼양은 미부를 어미양의 두부쪽으로 돌려 유방을 향하여 서며, 어미양은 새끼양의 항문부위에 코를 대고 냄새를 맡는다. 어미양이 새끼양을 대하고 서는 위치와 새끼양을 핥는 행위는 새끼양이 유두에 접근하는 것을 용이하게 하는 행위이다. 그러나, 이것이 유두의 발견에 꼭 필수적인 것은 아니다. 새끼양이 유두를 발견할 때까지는 수 많은 시행착오를 거치지만, 결국은 찾아낸다. 더욱이, 어미양의 유방을 정상위치에서 경부(頸部)로 옮겨 놓아도 새끼양은 유방을 발견한다(Hafez & Hafez, 2000). 새끼양의 시각(視覺)은 유방의 발견과 흡유행동에 도움을 주지만, 필수적인 것은 아니다. 이러한 유방의 발견단계에서 어미양이 없으면, 새끼양은 대리모를 찾아 따르게 된다. 면양의 새끼는 산양의 새끼와는 달리 출생후 은신하려고 하지 않고, 어미를 따라 움직인다.

(2) 흡유행동 : 출생 직후의 새끼양이 배불리 흡유한 다음부터는 흡유의 빈도가 시간당 1~2회로 정착된다. 출생후 최초 일주일 동안의 흡유는 새끼양에 의하여 시작되고, 끝나는 것이 일반적이다. 쌍둥이의 새끼양은 각각이 독립적으로 흡유하며, 한마리로 출생된 새끼양에 비하여 흡유의 빈도가 높다. 이 후에 시간의 경과와 더불어 새끼양이 성장하고, 어미양과 새끼양의 상호인식능력이 향상되면, 서로 좀더 멀리 떨어져 다니게 된다. 이 때부터는 어미양이 새끼양을 부르면서 접근하여 흡유를 유도하고, 일정한 흡유시간이 경과한 다음에는 흡유를 종료시킨다. 쌍둥이를 분만한 어미양은 분만후 1주일 정도가 경과되어야 비로소 자신이 쌍둥이를 가졌다는 것을 인지하며, 이 때부터는 쌍둥이 모두가 보이지 않으면, 흡유를 허락하지 않는다. 새끼양의 일령이 경과되면서 흡유시간이 점차적으로 짧아지고, 흡유간격은 길어지면서 점진적으로 이유기로 이행된다. 이유기에는 흡유의 빈도가 최저로 떨어질 뿐만 아니라, 새끼양에 대한 어미양의 우호적 태도가 갑자기 바뀌어 새끼양을 쫓아버리는 길항적행동(拮抗的行動, antagonistic behavior)을 나타낸다. 한편, 면양은 적으로부터 새끼양을 지키는 방어행동(防禦行動, protective behavior)이 강력하지 못하다. 그러나, 어미양이 함께 있다는 사실 그것만으로도 여우와 같은 포식동물의 접근을 저지하는 효과가 있다. 따라서, 어미양이 새끼양을 보살피는 행동은 자신의 새끼에게만 젖을 공급하는 행동에 국한된다고 할 수 있다.

2) 소의 신생자행동

(1) 분만직후의 행동 : 송아지는 분만후 10~30분 이내에 일어서는데 성공한다. 그러나, 생후 첫날은 하루중의 80%는 누워있고, 15분 이상을 서있는 경우는 드물다. 출생후 최초 4~8시간까지는 주로 어미의 유방을 찾기 위한 행동을 하며, 이 때의 행동은 본능적으로

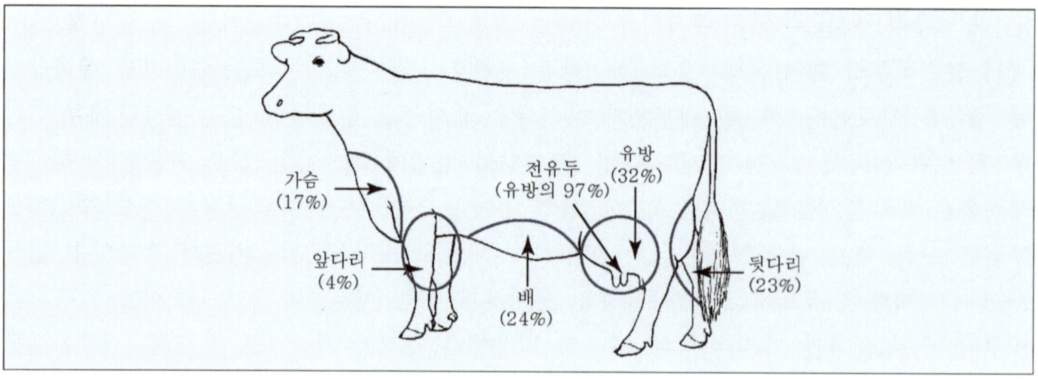

그림 3-27. 유방탐색시 송아지가 최초로 접촉하는 어미소의 신체부위

이루어진다. 송아지가 유방을 찾는 행동은 처음에는 부정확하며, 실패를 반복하는 것이 정상이다. 그러나, 어미소가 자세를 변화시키면서 머리로 송아지를 유방으로 유도하는 도움을 주면, 곧이어 유방을 찾게된다. 초산(初産)의 어미소에서 태어난 송아지는 유방을 찾는데 어미소의 도움이 미숙하기 때문에 긴 시간이 소요된다. 또한, 정상에 비하여 큰 유방을 가진 어미소의 송아지는 본래의 흡유자세에 비하여 머리를 아래로 숙여야함으로 유방을 찾는데 상당한 곤란을 겪게 된다. 송아지가 유방을 탐색할 때에 유방을 곧바로 발견할 수는 없으며, 어미소의 신체 여러부위에 접촉하면서 유방을 찾을 때가지 탐색활동을 계속한다(그림 3-27). 최초의 흡유가 가능하게 될 때까지 육우의 송아지는 평균 1시간 30분, 유우의 송아지는 2시간 이상, 그리고 초산우의 송아지는 3시간 이상이 소요된다.

(2) 흡유행동 : 송아지의 흡유는 어미소와의 청각·시각·촉각에 의한 신호교환으로 어미와 새끼의 관계가 확인된 다음에 이루어진다. 흡유시간이 가까워지면 송아지는 울고, 어미소는 이에 답한다. 분만 1일째에도 꽤 먼거리에서 서로의 소리를 인지한다. 서로의 소리에 이끌려 어미소와 송아지가 접근되면, 시각으로 서로의 관계를 확인하고, 이어서 신체적 접촉으로 최종 확인과정을 거친 다음에 흡유를 시작한다. 어미소는 송아지가 가까이 오면, 서로의 코를 부비면서 냄새로 자신의 새끼인지를 확인하며, 송아지가 흡유할 때에는 항문주위의 회음부와 포피(包皮) 주위를 혀로 핥으면서 냄새를 맡는다. 어미소는 최초 수일간은 이러한 검사활동을 철저히 하지만, 시간이 경과되면서 간단한 검사로도 자신의 송아지를 쉽게 식별한다. 어미소가 송아지의 회음부와 포피 주위를 핥는 행위는 송아지의 배변작용과 배뇨작용을 자극하는 효과도 있다.

한편, 송아지가 자신의 어미소를 구분하기까지는 어느 정도의 시간이 필요하기 때문에 다른 어미소에 접근하는 경우가 있는데, 이 때는 다른 어미소의 투쟁상대가 된다. 따라서, 송아지는 머리와 목을 조용히 앞쪽으로 숙이면서 주의깊게 접근하며, 공격을 받으면 즉시 도망갈 수 있도록 어미소의 행동을 살핀다. 송아지는 최초 수일간은 어미소의 앞쪽에서 주의깊게 접근하여 어미소에 이른 다음에 유방을 찾아 흡유한다. 이 때, 어미소는 송아지의 접근에 응하여 자신의 몸을 송아지가 유방을 찾기에 편리하도록 움직여 준다. 일반적으로, 송아지는 어미소의 한쪽에 서서 4개의 유두 모두에서 흡유하지만, 유방이 커서 유두의 간격이 넓을 경우에는 양쪽을 옮겨 다니면서 흡유한다. 송아지는 출생후 수일간은 하루에 8회까지 흡유하지만, 1개월이 되면 6회, 2~6개월에는 3~5회로 감소되고, 6개월 이후에는 아침과 저녁에만 흡유한다. 쌍둥이 송아지는 어미의 젖이 부족하여 젖을 포식할 수 없기 때문에 흡유의 빈도가 증가된다. 1회의 흡유에 소요되는 시간은 처음에는 평균 10~12분으로 길지만, 점차적으로 감소되어 6개월경에는 5~7분 정도이다.

3) 돼지의 신생자행동

(1) 분만직후의 행동 : 신생자돈은 출생 직후에 곧바로 움직일 수 있으며, 재빨리 유두를 찾아 출생후 5분이내에 젖을 빤다. 따라서, 대부분의 자돈은 출생후 30분이내에 초유를 먹게 된다. 이 시기에는 태아의 만출을 위하여 계속적으로 분비되는 옥시토신이 유즙의 유하(流下, let-down)를 지속시키기 때문에 자돈은 언제나 필요한 분량의 유즙을 섭취할 수 있다. 동복(同腹)으로 출생된 자돈들의 행동양식은 일정하지는 않지만, 일반적으로 유두를 찾기 전에 먼저 적외선가열기를 찾아가는 경향이 있다. 흡유할 유두를 결정하여야 할 중요한 시기에 가온기로 끌려가는 것은 바람직한 현상은 아니지만, 어미에 의하여 자돈이 압사될 위험성이 감소되는 효과는 있다. 신생자돈이 유방을 찾을 때에는 가슴부위의 유방으로 끌려드는 경향이 있으며, 유두가 포착되어 흡유할 수 있을 때까지 코끝을 상하로 움직이면서 유두를 찾는다. 유두를 탐색하는 초기에는 시각(視覺)의 역할이 중요한 것 같지는 않으며, 유두를 찾고 있는 자돈은 다른 자돈에 대하여 공격성을 보이지 않는다. 추운 기온하에서 태어난 자돈은 출생후 빠른 시간내에 유두를 찾지 못 하면, 체내에 저장된 에너지가 급격히 소진되고, 이에 따라 저체온증(低體溫症, hypothermia)이 일어나 죽을 수도 있다.

(2) 흡유행동 : 흡유 초기의 자돈은 최초로 빤 유듀와 같은 줄에 위치하는 유두를 빨아보면서 유두의 위치와 높이를 익히게 된다. 이 때에 다른 자돈과 접촉되면, 몸으로 밀치거나 입으로 물면서 싸운다. 이러한 투쟁은 분만후 12시간 이내에 급속도로 감소된다. 자돈은 최초로 빨았던 유두가 위치하는 부위에 배열된 유두들에 관심을 보이지만, 최종적으로는 하나의 유두에만 집착하게 된다. 자돈이 하나의 유두를 결정하는데 소요되는 시간은 1~2일부터 1~2주에 이르기까지 차이가 많다. 분만 첫째날에는 모돈이 자돈의 흡유를 위하여 한쪽으로 누워있는 시간이 짧은데, 이것이 유두의 고정에 소요되는 시간과 자돈끼리의 투쟁기간을 연장시키는 원인이 된다. 또한, 동복자의 수가 많거나 모돈의 비유능력이 나쁠 때에는 유두의 고정이 늦어지면서 자돈 상호간에 불안한 생태가 지속된다.

한편, 유두를 세척하여도 자돈이 흡유하는 유두를 바꾸지 않는 사실을 보면, 자돈이 유두를 확인하는데 맛이나 냄새에 의존하는 것 같지는 않다. 동복자의 수가 적은 경우에는 두개의 유두에서 흡유하는 자돈도 있지만, 이 경우에도 하나의 유두에서 집중적으로 흡유

그림 3-28. 자돈의 흡유행동

한다. 자돈은 가슴쪽에 위치하는 유두를 선호하는 경향이 뚜렷하다. 따라서, 가슴부위의 유두는 체격이 크고, 지배적 위치에 있는 자돈이 차지하는데, 가슴쪽의 유두가 자돈에 특별히 유익한 것은 아니다. 흡유는 자돈의 울음소리와 흡유시도, 그리고 이에 부응하는 모돈의 협력으로 이루어진다. 어미의 지속적이면서 부드러운 울음소리는 자돈의 흡유욕구를 자극한다. 젖을 빨리는 모돈의 세부적 자세는 개체에 따라 차이가 있지만, 대부분 편안한 자세로 누워서 젖을 빨린다. 수유도중에 모돈이 이동하고자 할 때에는 자돈이 피할 수 있도록 경고음을 보낸다. 수유를 하려는 모돈은 자돈이 깔리지 않도록 주의하면서 누운 다음에 소리로 흡유신호를 보내고, 이에 따라 자돈은 수분간 코끝으로 유두를 마사지하며, 이 마사지에 의하여 비유자극을 충분히 받은 모돈은 몸을 뒤척여 유두를 노출시킨다. 이어서 모돈의 지속적이고, 부드러운 울음의 빈도가 최고에 달하면, 유즙의 유하가 개시되고, 자돈은 갑자기 조용해지면서 흡유에 전념하는데, 이러한 상태가 1~2분간 지속된다. 자돈이 흡유하는 빈도는 최초 일주일간은 하루에 18~28회로 매우 높지만, 그 후로는 점차적으로 감소된다.

◈ 참 고 문 헌 ◈

1) Aherne, F. X. and R. N. Kirkwood. 1985. Nutrition and sow prolificacy. J. Repeod. Fertil. 33:169.
2) Alexander, G. 1977. Role of auditory and visual cues in mutual recognition between ewes and lambs in Merino sheep. Appl. Anim. Ethol. 3:65.
3) Aubert, M. L., et al. 1985. Ontogeny of hypothalamic luteinizing hormone-releasing hormone(GnRH) and pituitary GnRH receptors in fetal and neonatal rats. Endocr. 116:1565.
4) Bearden, H. J. and J. W. Fuquay. 2000a. Nutritive components: nutritional management. In applied animal reproduction. 5th ed. Prentice Hall. p.308.
5) Bearden, H. J. and J. W. Fuquay. 2000b. Estrous cycle. In applied animal reproduction. 5th ed. Prentice Hall. p.57.
6) Begeot, M., et al. 1983. Comparative study *in vivo* and *in vitro* of the differentiation of immunoreactive gonadotropic cells in fetal rat anterior pituitary. Neuroendocr. 37:52.
7) Begeot, M., et al. 1984. Influence of gonadoliberin(GnRH) on the differentiation of rat gonadotrophs: an *in*

vivo and *in vitro* study. Neuroendocr. 38:217.
8) Booth, W. D. 1984. A note on the significance of boar salivary pheromenes to the male-effect on puberty attainment in gilt. Anim. Production. 39:149.
9) Bronson, F. H. 1984. Energy allocation and reproduction development in wild and domestic house mice. Biol. Reprod. 31:83.
10) Bronson, F. H. 1986. Food-restricted prepubertal female rats: rapid recovery of luteinizing hormone pulsing with excess food and full recovery of pubertal development with gonadotropin-releasing hormone. Endocr. 118:2483.
11) Butler, W. R., et al. 1981. The relationships between energy balance, milk production and ovulation in postpartum Holstein cows. J. Anim. Sci. 53:742
12) Chiappa, S. A. and G. Fink. 1977. Releasing factor and hormonal change in the hypothalamic-pituitary-gonadotrophin and adrenocorticotrophin system before and after birth and puberty in male, female and androgenized female rats. J. Endocr. 72:211.
13) Cohen, R. D. H., et al. 1980. A note on the realationship between liveweight and the incidence of oestrus in Hereford heifers. Anim. Production. 31:221.
14) Conte, F., et al. 1975. A diphasic patterns of gonadotropin secretion in patients with the syndrome of gonadal dysgenesis. J. Clin. Endocr. Metab. 40:670.
15) D'Occhio, M. J., et al. 1984. Profiles of luteinizing hormone, follicle-stimulating hormone. testosterone and prolactin in rams of diverse breeds: effects of contrasting short(8L:14D) and long(16L:8D) photoperiods. Biol. Reprod. 30:1039.
16) Deligeorgis, S. G., et al. 1984a. A note of the efficacy of complete. V. partial boar exposure on puberty attainment in the gilt. Anim. Production. 39:145.
17) Deligeorgis, S. G., et al. 1984b. Comparison of two methods for evaluating reproductive development in prepubertal gilts. Anim. Production. 38:283.
18) Dickerson, G. E. and D. B. Laster. 1975. Breed, heterosis and environmental influences on growth and puberty in ewe lambs. J. Anim. Sci. 41:1
19) Dickman, M. A. and T. A. Hoagland. 1983. Influence of supplemental lighting during periods increasing or decreasing daylength on onset of puberty in gilts. J. Anim. Sci. 57:1235.
20) Dodson, S. E., et al. 1989. Ovarian control of gonadotropin secretion in the prepubertal heifer. Anim. Reprod. Sci. 21:1.
21) Driancourt, M., et al. 1993. Oestrous and menstrual cycles. In reproduction in mammals and man(C. Thibault, et al., ed.). Ellipses. p.589.
22) Dufour, J. and C. Bernard. 1968. Effect of light on the development of market pigs and breeding gilts. Canadian J. Anim. Sci. 48:425.
23) Dyck, G. W. 1988. Factors influencing sexual maturation, puberty and reproductive efficiency in the gilt. Cacadian J. Anim. Sci. 68:1.
24) Dyrmundsson, O. R. 1973. Puberty and early reproductive performance in sheep. Anim. Breeding Abst. 41:273.
25) Döhler, K. D. and W. Wuttke. 1974. Serum FSH, LH, prolactin and progesterone from birth to puberty in female and male rats. Endocr. 94:1003.
26) Faivre-Bauman, A., et al. 1981. Ontogenesis of neuropeptide degrading enzymes in the mouse brain. J. Neurol. Sci. Res. 6:63.
27) Forest, D. L. and K. D. Ryan, 1987. Puberty in the lamb: sexual maturation of a seasonal breeder in a changing evironment. In the control of the onset of puberty(P. C. Sizonenko, et al., eds.). Williams & Wilkins.
28) Forest, M. G. 1984. Maturation of the human testicular response to hCG. Ann. N. Y. Acad. Sci. 438:304.
29) Forest, M. G. 1989. Physiological changes in circulating androgens. In androgen in childhood(M. G. Forest, ed.). Pediatr. Adolesc. Endocr. Vol. 19. Karger, Basel. p.104.
30) Forest, M. G. and J. Bertrand. 1986. Puberte feminine. In Medicine de la reproduction. gynecologie endocrinienne. Zeme ed.(P. Mauvais-Jarvis & R. Situkware, eds.). Flammarion Medecine Science. p.185.
31) Forest, M. G. and M-C. Levasseur. 1993. GnRH, LH, FSH during the pubertal period: Puberty. In reproduction in mammals and man(C. Thibault et al., eds.). Ellipses. p.581.
32) Foster, D. L. and F. J. P. Ebling. 1998. Puberty, in nonprimate mammals. In encyclopedia of reproduction(E. Knobil & J. D. Neill, eds.). Vol. 4. Academic Press. p.142.
33) Foster, D. L., et al. 1989. Metabolic interfaces between growth and reproduction. I. nutritional modulation of gonadotropin, prolactin, and growth hormone secretion in the growth-limited female lamb. Endocr.

125:342.

34) Fraser, M. O., et al. 1989. The hypogonadotropic state of the prepubertal male rhesus monkey(*macaca mulatta)* is not associated with decrease in hypothalamic gonadotropin-releasing hormone content. Biol. Reprod. 40:972.

35) Friend, D. W., et al. 1981. Effect of energy and dry matter intake on age, body weight and backfat at puberty and on embryo mortality in gilts. J. Anim. Sci. 53:118.

36) Friend, D. W., et al. 1986. Effect of feeding frequency on age and weight of confied gilts at puberty and some related breeding phenomena. Anim. Reprod. Sci. 11:69.

37) Funkenstein, B. and A. Nimrod. 1982. Control of developmental processes in cultured neonatal ovaries. In development and function of reproductive organs(A. G. Byskov & H. peters, eds.). Excerpta Media. p.307

38) George. F. W. and S. R. Ojeda. 1984. The appearance of aromatase activity in newborn rat ovaries in regulated by extragonadal factors. Proc. 7th Int. Congr. Endocr.(abstract) p.719.

39) Goodman, R. 1998. Seasonal reproduction. In encyclopedia of reproduction. Vol. 4.(E. Knobil & J. D. Neill, eds.). Academic Press. p.341.

40) Gorden, I. 1997. Breeding sheep at young age. In controlled reproduction in sleep and goats. Cab International. p.330.

41) Hafez, E. S. E. 1952. Studies on the breeding season and reproduction of the ewe. J. Agric. Sci. 42:189.

42) Hafez, E. S. E. 1987. Reproductive behavior. In reproduction in farm animals. 5th ed.(E. S. E. Hafez ed.). Lea & Febiger. p.260.

43) Hafez. B. and E. S. E. Hafez. 2000. reproductive behavior. In reproduction in farm animals. 7th ed.(E. S. E. Hafez & B. Hafez eds.). Lippincott williams & Wilkins. p.293.

44) Hafez, E. S. E. and B. Hafez. 2000a. Prenatal and neonatal physiology. In reproduction in farm animals. 7th ed.(E. S. E. Hafez & B. Hafez, eds.). Lippincott Williams & Wilkins. p.55.

45) Hafez, E. S. E. and B. Hafez. 2000b. Estrous cycle: reproductive cycle. In reproduction in farm animals. 7th ed.(E. S. E. Hafez & B. Hafez, eds.). Lippincott Williams & Wilkins. p.59.

46) Hafez, E. S. E. and B. Hafez. 2000c. Breeding season: reproductive cycles. In reproduction in farm animals. 7th. ed.(E. S. E. Hafez & B. Hafez, eds.). Lippincott Williams & Wilkins. p.62.

47) Haltmeyer, G. C. and K. B. Eik-Nes. 1969. Plasma levels of testosterone in male rabbits following copulation. J. Reprod. Fertil. 19:273.

48) Hawk, H. W. 1972. Failure of vasoectomized rams to improve sperm transport in inseminated ews. J. Anim. Sci. 35:69.

49) Hofer, M. A., et al. 1976. Evidence that maternal ventral skin substances promote sucking in infant rats. Physiol. Behav. 17:131.

50) Hunzicker-Dunn, M. and L. Birnbaumer. 1976. Adenylcyclase activities in ovarian tissues. Ⅲ. regulation of responsiveness to LH, FSH and PGE1 in the prepubertal, cycling, pregnant, and pseudopregnant rat. Endocr. 99:198.

51) Keane, M. G. 1974. Effect of bodyweight on attainment of puberty and reproductive performance in Suffolk x Galwayewe lambs. Irish J. Agric Res. 13:263.

52) Kim, J. K. and S. C. Kim. 1980. Studies on the cause of occurrence and treatments for the reproductive disorder in Jeju native cattle. I. a study on the reproductive status in Jeju native cows. Korean J. Anim. Sci. 22:161.

53) King, R. H. 1989. Effect of live weight and body composition of gilts at 24 weeks of age on subsequent reproductive efficiency. Anim. production. 49:109.

54) Kirkwood, R. N. and P. E. Hughes. 1982. Puberty in the gilt - the role of boar stimulation. Pig News & Information. 3(4):389.

55) Kirkwood, R. N., et al. 1983. The influence of boar-related odours on puberty attainment in gilts. Anim. Production. 36:131.

56) Klingel, H. 1967. Organization and Verhalten freilebender Steppenzebras. Z. Tierpsychol. 34:580.

57) Lamprechit, S. A., et al. 1976. Hormonal stimulation of oestradiol-17β release from the rat ovary during early postnatal development. J. Endocr. 68:343.

58) Lee, H. J. 1978. Analysis of factors retarding the reproduction of Korean native cattle. Korean J. Anim. Sci. 20:252.

59) Lightfoot, R. J. 1970. The contractile activity of the genital tract of the ewe in response to oxytocin and mating. J. Reprod. Fert. 21:376.

60) Lunenfeld, B., et al. 1975. The function of the growing follicle. J. Reprod. Fertil. 45:567.

61) Mavrogenis, A. P. and O. W. Robinson. 1976. Factors affecting puberty in swine. J. Anim. Aci. 42:1251.

62) Nemeskeri, A., et al. 1983. Ontogenesis of the rat hypothalamo-adenohypophyseal system and inherent capacity of the fetal pituitary to differentiate into hormone-synthesizing and releasing cells. In the anterior pituitary gland(A. S. Bhatnagar, ed.). Raven Press. p.341.
63) Ntunde, B. N., et al. 1979. Influence of Photoperiod on growth, puberty and plasma LH levels in gilts. J. Anim. Sci. 48:1401.
64) Ojeda, S. R. and H. F. Urbanski. 1988. Puberty in the rats. In the physiology of reproduction(E. Knobil & J. D. Neill, eds.). Raven Press. p.1699.
65) Ojeda, S. R. and V. D. Ramirez. 1972. Plasma levels of LH and FSH in maturing rats: response to hemigonadoectomy. Endocr. 90:466.
66) Ojeda, S. R., et al. 1984. The onset of female puberty: underlying neuroendocrine mechanisms. In neuroendocrine perspectives. Vol. 3. Elsevier. p.225
67) Paterson, A. M. and G. P. Pearce. 1990. Attainment of puberty in domestic gilts reared under long-day or short-day artificial light regiments. Anim. Reprod. Sci. 23:135.
68) Peacock, A. J. and P. E. Hughes. 1995. The effect of daily exposure to oestrous or anoestrous gilts and sows on the attainment of puberty in the gilt. Anim. Reprod. Sci. 40:135.
69) Pearce, G. P. and A. M. Paterson. 1992. Physical contact with the boar is required for maximum stimulation of puberty in the gilt because it allows transfer of boar pheromones and not because it induces cortisol release. Anim. Reprod. Sci. 27:209.
70) Picon, R. and R. Habert. 1981. A sensitive bioassay for luteinzing hormone-like activity applied to systemic plasma of foetal rat. Acta. Endocr. 97:176.
71) Plant, T. M. 1988. Puberty in primates. In the physiology of reproduction(E. Knobil & J. D. Neill, eds.). Raven Press. p.1763.
72) Price, E. O., et al. 1986. Stimulus conditions in fluencing self-enurination, genital grooming and flehmen in mole goats. Appl. Anim. Behav. Sci. 16:371.
73) Prunier, A. and M. C. Meunier-Salaun. 1989. The influence of boar stimulation on puberty attainment in tethered and group penned gilt. Theriogenol. 32:949.
74) Ramirez, D. V. and S. M. McCann. 1963. Comparison of the regulation of luteining hormone(LH) secretion in immature and adult rat. Endocr. 72:452.
75) Randolph, J. H. et al. 1981. Effects of group size and space allowance on performance and behavior of swine. J. Anim. Sci. 53:922.
76) Reese, D. E., et al. 1982. Influence of energy intake during lactation on the interval from weaning to first estrus in sows. J. Anim. Sci. 55:590.
77) Roy, J. H. B., et al. 1975. Factors affecting the first oestrus in cattle and their effect on early breeding. In the early calving of heifers and its impact on beef production(J. C. Taylor, ed.). European Economic Communities. Brussels.
78) Roy, J. H. B., et al. 1980. Effect of season of the year and phase of the moon on puberty and on the occurrence of oestrus and conception in dairy heifers reared on high planes of nutrition. Anim. Production. 31:13.
79) Salisbury, R. L. et al. 1982. Effect of gonadotropin-releasing hormone on circulating levels of immunoreative luteinizing hormone in fetal rat. Neuroendocr. 35:265.
80) Schillo, K. K., et al. 1992. Effects of nutrition and season on the onset puberty in the beef heifer. J. Anim. Sci. 70:3994.
81) Short, R. E. and R. A. Bellows. 1971. Relationships among weight gains, age at puberty and reproductive performance in heifers. J. Anim. Sci. 32:127.
82) Sorensen, A. M. Jr., et al. 1961. A further study of the infulence of level of energy intake and season on reproductive performance of gilts. J. Anim. Sci. 20:347.
83) Szabo, K. and K. Csanyi. 1982. The vascular architecture of the developing pituitary-median eminence complex in the rat. Cell Tissue Res. 224:563.
84) Takahashi, Y. 1999. Reproductive cycle: reproductive types of mammals. In reproductive biology of mammals(Y. Takahashi, ed.). Gakushou Pub. p.1
85) Tatani, K. 1999. Follicular growth during the estrous cycle: reproductive cycle. In reproductive biology of mammals(Y. Takahashi, ed.). Gakushou Pub. p.41.
86) Tsubota, T. 1999. Seasonal breeding: reproductive cycle. In reproductive biology of mammals(Y. Takahashi, ed.). Gakushou Pub. p.48.
87) Uilenbroek, J. Th. J., et al. 1983. Steroid production *in vitro* by rat ovaries during sexual maturation. J. Endocr. 99:469.

88) Vandenbergh, J. G. 1983. Pheromonal regulation of puberty. In pheromones and reproduction in mammals(J. G. Vandenbergh, ed.). Academic Press. p.95.
89) Watanabe, M. 1999. Puberty: reproductive cycle. In reproductive biology mammals(Y. Tagahashi, ed.). Gakushou Pub. p.35.
90) Watanabe, Y. G. and S. Daikoku. 1979. An immunohistochemical study on the cytogenesis of adenohypophyseal cells in fetal rats. Dev. Biol. 68:557.
91) Weitzman, E. D., et al. 1975. The relationship of sleep and sleep stages to neuroendocrine secretion and biological rhythms in man. Rec. Prog. Horm. Res. 31:399.
92) Yelich, J. V., et al. 1995. Effects of growth rate on carcass composition and lipid partitioning at puberty and growth hormone, insulin-like growth factor 1. insulin and metabolites before puberty in beef heifers. J. Anim. Sci. 73:2390.

제 4 장

생식세포

생물계에서 유전적 영속성을 이어갈 다음 세대의 개체를 탄생시키는 생식을 위하여 특수하게 분화된 세포를 생식세포(生殖細胞, germ cell, reproductive cell)라 한다. 이러한 생식세포를 생물계 전체를 대상으로 할 때는 두개의 세포가 대합(對合)하여 새로운 개체를 창출한다는 의미에서 배우자(配偶子, gamete)라고 하지만, 유성생식을 하는 동물에서는 그대로 생식세포라고 부르는 것이 일반적이다. 고등동물에서 체세포와 생식세포의 분화는 성이 암·수 컷으로 분화되기 이전에 일어나는데, 이 때의 생식세포를 원시생식세포라 한다. 원시생식세포는 성의 분화와 더불어 배아세포를 거쳐 암·수에서 각각 난원세포와 정원세포로 분화되고, 이들 세포는 생식세포형성 과정을 통하여 각각 난자와 정자가 된다. 따라서, 고등동물에서 생식세포라 함은 암컷의 배우자인 난자와 수컷의 배우자인 정자를 함께 지칭하는 용어이다. 생식세포는 형성과정에서 감수분열을 하여 반수(n)의 염색체를 가지게 됨으로 이성(異性)의 생식세포가 합체하여 배수체(2n)가 되어야만 비로소 어미와 아비의 유전형질을 이어갈 새로운 개체로 탄생된다.

제 1 절 정자와 정장

정소의 세정관상피에서 형성된 수컷의 배우자인 정자(精子, spermatozoon, -zoa [pl])는 고도로 분화되고 농축된 세포이며, 성장이나 분열은 하지 못한다. 또한, 자신을 만든 동물체의 생리에 대하여는 하등의 영향을 미치지 못하고, 오직 부계의 유전정보를 난자에 전하여 새로운 개체를 탄생시키는 일에만 관여한다. 이러한 정자는 체외로 배출되는 과정에서 부성선의 분비물인 정장에 균등하게 부유되어 정액을 만든다. 주요가축에서 체외로 사정된 정액의 특성과 이화학적 조성은 표 4-1(Garner & Hafez, 2000)과 같다.

표 4-1. 주요가축 정액의 특성과 이화학적 조성

구성요소	소	면 양	돼 지	말	닭
1회사정량(ml)	5-8	0.8-1.2	150-200	60-100	0.2-0.5
정자농도(천만/ml)	80-200	200-300	20-30	15-30	300-700
1회사정 정자수(10억)	5-15	1.6-3.6	30-60	5-14	0.06-3.5
운동정자율(%)	40-75	60-80	50-80	40-75	60-80
형태적 정상정자율(%)	65-95	80-95	70-90	60-90	85-90
pH	6.4-7.8	5.9-7.3	7.3-7.8	7.2-7.8	7.2-7.6
단백질(g/100ml)	6.8	5.0	3.7	1.0	1.8-2.8
프럭토오스	460-600	250	9	2	4
소르비톨	10-140	26-170	6-18	20-60	0-10
시트르산(구연산)	620-806	110-260	173	8-53	전혀 없음
이노시톨	25-46	7-14	380-630	20-47	16-20
글리세릴포스포릴콜린	100-500	1100-2100	110-240	40-100	0-40
에르고티오네인	0	0	17	40-110	0-2
나트륨	225±13	178±11	587	267	352
칼륨	155±6	89±4	197	103	61
칼슘	40±2	6±2	6	26	10
마그네슘	8±0.3	6±0.8	5-14	9	14
염소	174-320	86	260-430	448	147

단위가 없는 것은 mg/100ml±S.E

1. 정자의 형성

정자는 정소의 세정관상피에서 정자형성(精子形成, spermatogenesis)이라는 연속적 세포분열과정을 통하여 발생된다. 정자형성과정은 정원세포로부터 정자세포까지의 분열과정을 말하는 정자세포발생(精子細胞發生, spermatocytogenesis)과 둥근모양의 정자세포가 두부와 편모(미부)로 구성된 정자로 형태변화를 하는 과정을 말하는 정자완성(精子完成, spermiogenesis)으로 구분한다. 정자형성과정은 세정관상피주기와 정자형성파라는 주기성을 가지고 영위되며, 지지세포에 부착된 상태로 형성된 정자는 정자유리(精子遊離, spermiation) 과정을 통하여 곡세정관강으로 방출된다. 정자형성과정의 초기단계는 뇌하수체에서 분비되는 난포자극호르몬(FSH)이 자극하지만, 감수분열이 개시된 이후부터의 발생은 정소의 간질세포에서 분비되는 테스토스테론이 자극한다.

1) 정자세포의 발생

발생초기의 정원세포는 곡세정관의 기저막쪽에 위치하면서 유사분열(有絲分裂, mitosis)을 반복하여 그 수를 증가시킬 뿐만 아니라, 정자형성의 줄기세포(stem cell)인 Ao형정원세포를 반복적으로 생산함으로써 정자형성과정이 계속적으로 유지된다. 또한, 정모세포는 감수

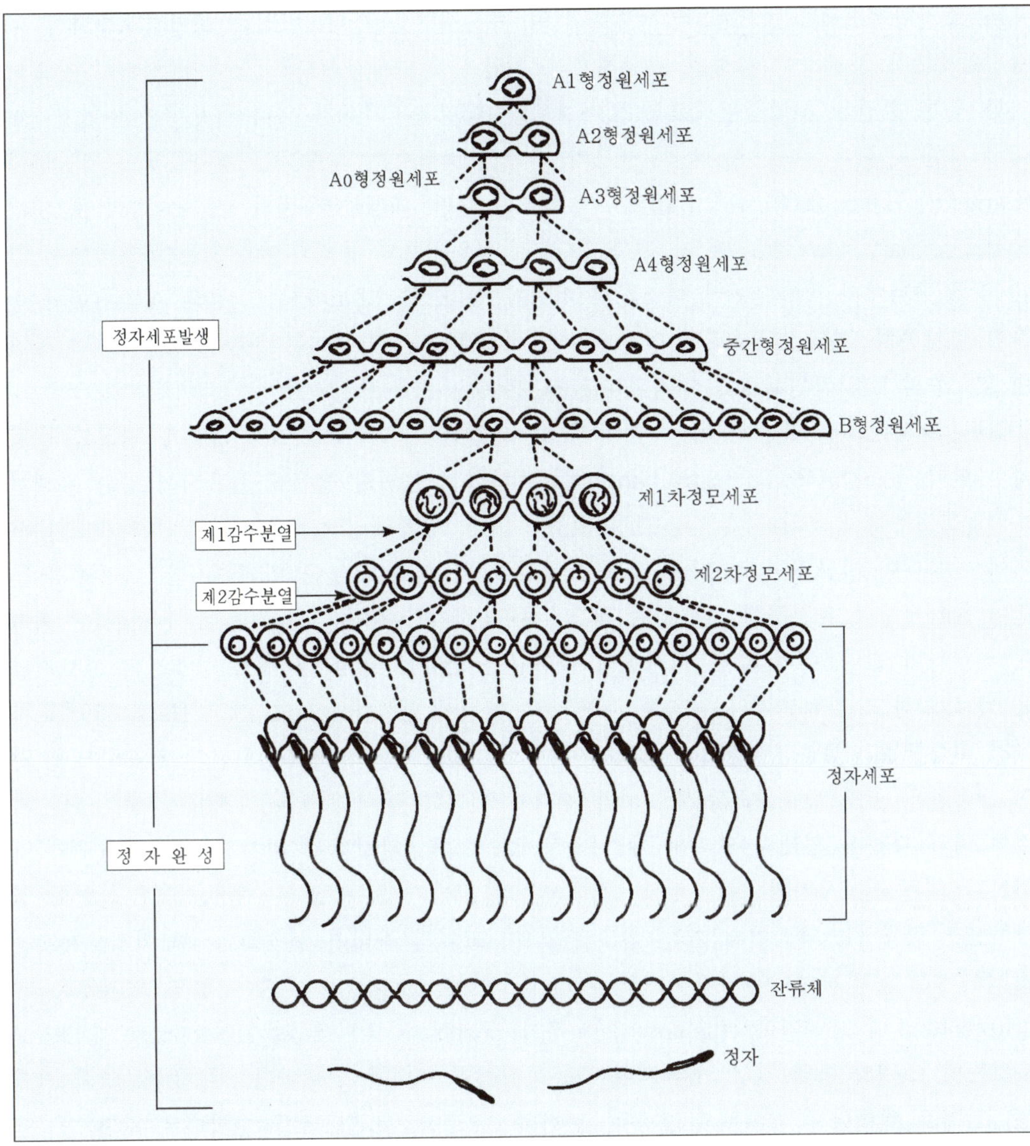

그림 4-1. 정자형성과정

분열(減數分裂, meiosis)을 하여 반수체(n)의 정자세포가 된다.

(1) 정원세포의 증식 : 태생기에 분화된 원시생식세포(原始生殖細胞, primordial germ cell)는 배아세포(胚芽細胞, gonocyte)를 거쳐서 정자형성의 줄기세포가 되는 Ao형정원세포(type Ao spermatogonium)로 분화된다(제1장 제3절 성선의 분화와 발달 항목 참조). Ao형정원세포는 성성숙과정에 맞추어서 활동성의 A_1형정원세포로 변환된다. 분열활성을 가진 A_1형정원세포는 편평한 작은 세포로서, 세정관상피의 기저구획속에 위치하면서 단계적으로 유사분열을 반복하여 A_2형, A_3형 및 A_4형 정원세포가 된다. A_4형정원세포는 중간형정원세

포로, 중간형정원세포는 B형정원세포로 각각 유사분열을 한다. 이러한 분열과정중에서 A_2형정원세포가 분열하여 형성된 정원세포의 한편은 정자형성궤도로 들어가 정자로 분화되지만, 다른 한편은 A_1형정원세포의 줄기세포인 Ao형정원세포가 되어 곡세정관의 기저구획에 위치한다. 이와 같이, Ao형정원세포가 계속 보충됨으로 계속적인 정자발생이 가능하다(Garner & Hafez, 2000). B형정원세포는 최소한 한번, 대개는 두번의 분열을 하여 제1차정모세포(primary spermatocyte)가 된다. 그러나, 정원세포의 분열과정이 모든 동물종에서 같은 것은 아니어서 발달단계에 다소간의 차이가 있다. 즉, 래트에서는 4종의 A형, 1종의 중간형 및 1종의 B형 정원세포가 인지되지만, 유제류(有蹄類)에서는 3종의 A형, 1종의 중간형 및 2종의 B형 정원세포가 인정된다(Kim, 1996).

한편, 발달단계에 있는 각종의 생식세포는 인접한 지지세포(Sertoli cell)가 연접되어 형성한 혈액-정소간벽(blood-testis barrier)에 의하여 동물체의 혈액에 함유되어 있는 유해한 화학물질로부터 보호된다(제1장 제1절 정소의 구조 항목과 그림 1-3 참조). 지지세포의 사이에 매몰되어 발달하는 정자형성세포는 분열할 때 핵의 분열은 완전하지만, 세포질의 분열이 불완전하여 완전하게 단절되지 않고, 세포간교(細胞間橋, intercellular bridge)에 의하여 연결되어 있다. 이와 같은 세포질의 불완전한 분열은 정자형성세포 상호간의 정보전달을 빠르게 하고, 발달단계의 동기화(同期化)를 이루게 한다(Setchell, 1982; Hess, 1998).

(2) 감수분열 : B형정원세포가 분열하여 형성된 제1차정모세포는 두번의 감수분열을 하여 염색체의 수가 반수체(haploid, n)인 정자가 된다(그림 4-2; Lee, 1990). 감수분열의 과정에 따라 다양한 형태와 크기의 제1차정모세포가 세정관상피에 위치하는데, 적혈구의 크기보다 작은 전세사기의 제1차정모세포에서부터 크기가 매우 커서 세정관상피 단면의 상당부분을 점유하는 태사기의 제1차정모세포까지 크기의 차이가 현격하다. 제1차정모세포는 제1감수분열을 통하여 제2차정모세포(secondary spermatocyte)가 된다. 분열의 과정은 전기I(prophase Ⅰ)·중기I(metaphase Ⅰ)·후기I(anaphase Ⅰ) 및 말기I(telophase Ⅰ)로 구분하는데, 전기가 특히 길고, 염색체에서도 특징적인 변화가 일어난다. 제1감수분열의 전기는 5단계로 일어나는 염색체의 연속적 변화과정으로서, 발현단계를 순서대로 보면, ① 염색질의 응축이 개시되는 전세사기(前細絲期, preleptotene)를 거쳐서 응축된 염색질이 가는 실모양의 염색체로 되고, 염색체의 중앙에 구슬모양의 중심립(中心粒, centromere)이 형성되는 세사기(細絲期, leptotene), ② 실모양의 염색체가 짝을 이루어 상동염색체를 형성하는 접합기(接合期, zygotene), ③ 염색체가 짧고 굵어지며, 접합되어 있던 상동염색체가 갈라지면서 각각이 2개씩의 염색분체로 나누어져 4분체(四分體, tetrad)의 염색체가 형성되는 태사기(太絲期, pachytene), ④ 4분체의 염색체가 더욱 명확하게 보이고, 상동염색체의 염색분체 상호간이 붙어 있는 곳을 지칭하는 키아스마(chiasma)에서 염색체 분절의 교차(交叉, crossing over)가 일어나 유전적 다양성을 확보하는 복사기(復絲期, diplotene), ⑤ 4분체의 염색체가 재정리되면서 최대로 비대해지고, 핵소체(nucleolus)와 핵막(nuclear membrane)이

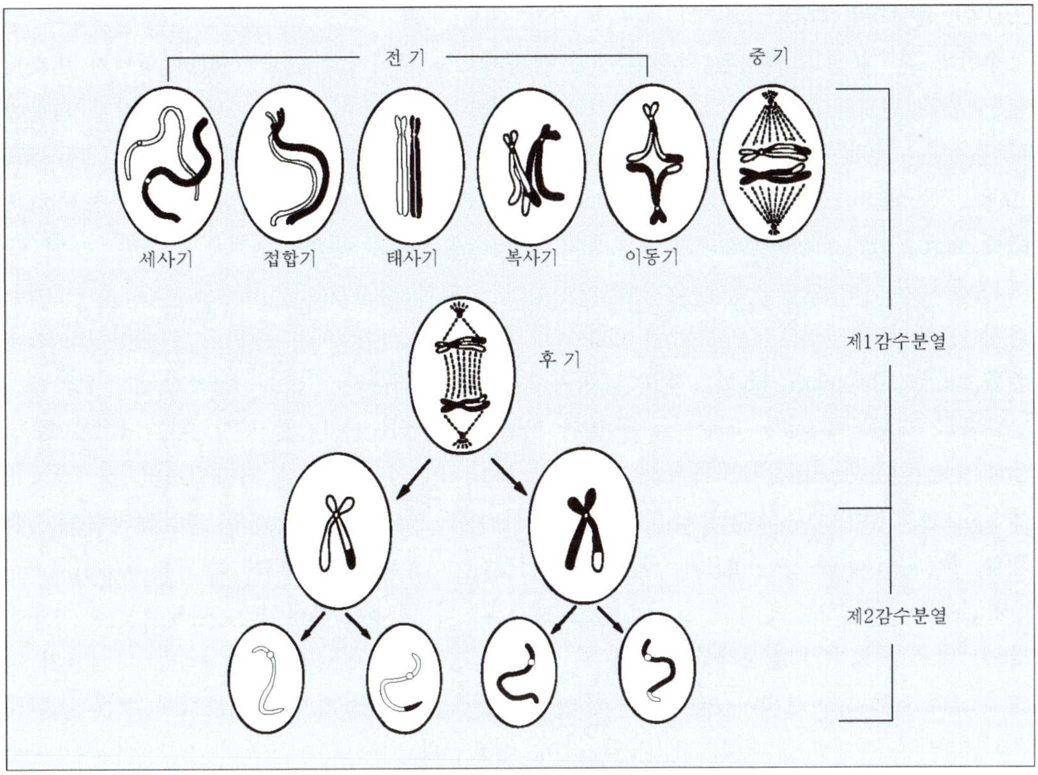

그림 4-2. 감수분열과정의 모식도

소실되는 이동기(移動期, diakinesis) 등이다. 제1성숙분열의 전기에서 각각이 2가염색체(bivalent chromosome)로 구성된 상동염색체가 방추사에 붙어서 적도판에 배열된 다음(중기I), 양극으로 나누어져 이동하는데, 유사분열과는 달리 중심립이 분열되지 않음으로 각 염색체는 2가염색체의 상태를 유지한다(후기I). 이어서 양극으로 이동된 염색체 주위에 핵소체와 핵막이 나타나 2개의 낭핵이 형성되고, 세포질이 불완전분열을 하여 제1감수분열이 완료된다(말기I). 이러한 분열과정을 통하여 형성된 낭핵의 염색체는 반수체이며, 성염색체도 X-염색체나 Y-염색체가운데 한쪽만을 가지고 있다. 그러나, 각 염색체가 두개의 염색분체로 구성되었기 때문에 DNA의 양은 배수체의 분량이다.

한편, 제1감수분열에 의하여 형성된 제2차정모세포는 제2감수분열에 의하여 정자세포(spermatid)가 되는데, 제2감수분열도 전기Ⅱ・중기Ⅱ・후기Ⅱ 및 말기Ⅱ의 과정을 거친다. 그러나, 제2차정모세포는 제1감수분열의 결과로 2가염색체를 가지고 있으며, 제2감수분열에서는 각 염색체를 구성하는 두개의 염색분체가 하나씩 나누어짐으로 염색체의 수에는 변화가 없지만, DNA의 양은 반수체의 분량으로 감소된다. 따라서, 배수(2n)의 염색체를 가지는 제1차정모세포는 두번의 감수분열을 통하여 반수(n)의 염색체와 DNA분량을 가지는 4개의 정자세포를 형성한다.

2) 정자의 완성

두번의 감수분열로 형성된 반수체(n)의 정자세포는 염색체의 변화는 없이 형태가 변화되어 두부와 편모(미부)로 구성된 정자가 된다. 형태변화과정에서는 ① 핵의 신장과 더불어 염색질이 농축되며, ② 첨체가 출현되고, ③ 미부가 형성된다(그림 4-3; Oko & Clermont. 1998). 정자완성과정은 편의상 골지기(Golgi phase)·두모기(頭帽期, cap phase)·첨체기(尖體期, acrosomal phase)·성숙기(成熟期, maturation phase) 등의 4단계로 구분할 수 있다.

(1) 골지기 : 제2감수분열에 의하여 형성된 반수체의 정자세포는 중앙에 크고 둥근 핵을 가지며, 핵막에 연접되어 골지장치(Golgi apparatus), 골지장치의 주변에 염색질성소체(染色質性小體, chromatid body), 세포의 변연에 미토콘드리아가 있으며, 골지장치가 위치하는 반대쪽의 세포질에 서로 직각으로 배열된 근위(近位, proximal) 및 원위(遠位, distal) 중심소체(中心小體, centriole)가 위치하고 있다(그림 4-3의 Ⅰ). 이러한 정자세포의 골지장치내에서 당단백질이 풍부하여 PAS양성반응을 나타내는 조그만 2~3개의 전첨체과립(前尖體顆粒, proacrosomal granule)이 합성되고, 이것들이 합체되어 하나의 첨체과립(acrosomal granule)을 형성하며, 형성된 첨체과립은 정자세포의 핵막에 부착된다. 첨체과립에 함유된 당단백질은 주로 단백질분해효소이다. 이 시기에 정자미부의 축사를 구성하는 미세관의 다발이 중심소체에 연결되어 핵쪽으로 끌려가는데, 근위중심소체가 첨체과립이 부착된 반대쪽의 핵막에 평행하게 배치된다. 이와 같이, 세포질의 범위를 초월하여 길게 신장된 축사가 근위 및 원위 중심소체에 이끌려 핵막쪽으로 이동하게 됨으로 축사의 주변에서 정자세포의 원형질막도 함께 끌려들어가 함몰된다. 또한, 염색질성소체는 근위중심소체를 향하여 이동한다(그림 4-3의 Ⅱ·Ⅲ).

(2) 두모기 : 이 단계에서는 골지기에 정자세포의 핵막에 접착된 첨체과립이 신장되어 두모를 형성하는데, 이 과정은 정자세포핵의 앞쪽 1/2~2/3 정도가 얇은 이중막으로 덮여질때까지 계속된다. 이와 동시에 축사를 이끌고 이동되어 온 근위중심소체가 핵막에 부착된다. 이 때의 축사길이는 형성이 완료된 축사길이와 거의 같아서 50㎛ 정도에 이른다. 한편, 염색질성소체는 근위중심소체 부근까지 이동된 다음, 단백질 성분을 방출하고, 방출된 성분이 근위중심소체의 근처까지 안쪽으로 함몰되어 온 정자세포의 원형질막에 부착되어 종륜(終輪, annulus)을 형성한다(그림 4-3의 Ⅳ).

(3) 첨체기 : 발달중인 정자세포의 핵과 첨체, 그리고 미부에서 특징적인 변화가 일어나는 단계이다. 모든 정자세포는 방향을 전환하여 첨체가 곡세정관의 기저막쪽을 향하고, 미부는 곡세정관의 관강(管腔)을 향하게 된다. 핵은 세포질의 중심에서 주변으로 이동하는데, 둥근 모양이던 핵이 길어지고 편평해지며, 염색질은 농축되어 과립상(顆粒狀)으로 된다. 또한, 핵과 밀착되어 위치하는 첨체도 핵의 형태변화에 수반하여 길어지고 농축된다. 이와 같이, 핵과 첨체가 변화할 때 세포질은 핵의 뒤쪽으로 밀려난다. 따라서, 첨체에 둘러싸인 핵은 정자세포의 원형질막과 밀착되고, 지지세포(Sertoli cell)에 직접 싸이게 된다. 이와 동

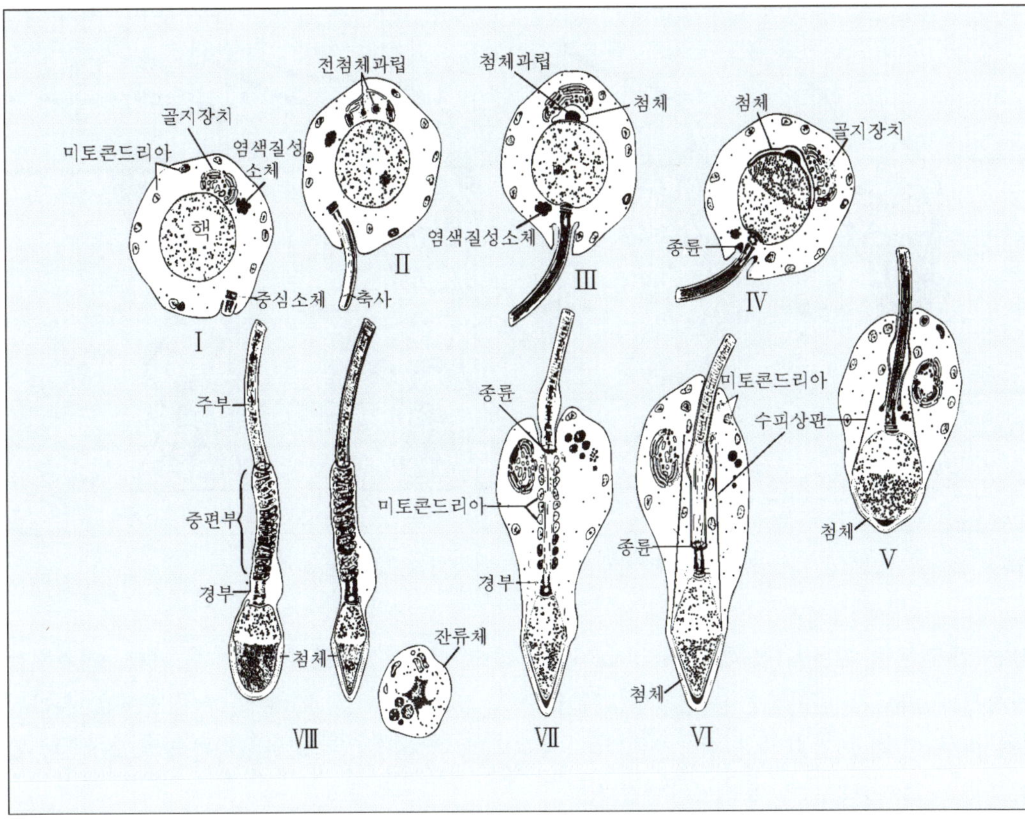

그림 4-3. 정자세포의 형태변화 과정

시에 당단백질(효소성분)을 첨체로 이행시키던 골지장치가 핵막에서 이탈된다.

한편, 핵의 뒤쪽으로 밀려난 세포질은 미부의 근위부를 감싸는데, 이곳의 세포질내에 들어있는 미세관들이 모여서 수피상판(袖皮狀瓣, manchette)이라고 부르는 원통형의 미초(尾鞘, tail sheath)를 만들어 이미 형성되어 있는 축사의 외측을 느슨하게 둘러싼다. 두모기에 근위중심소체 부근에서 형성된 종륜은 점차 미부를 따라 아래쪽으로 6~7㎛ 정도 이동하고, 이곳에 정자세포의 세포질내에 산재되어 있던 미토콘드리아가 축사의 주변에 집결하여 미토콘드리아초를 형성한다(그림 4-3의 Ⅴ・Ⅵ・Ⅶ).

(4) 성숙기 : 첨체기를 거치는 동안에 길게 신장된 정자세포가 곡세정관강으로 유리될 수 있도록 형태가 바뀌는 단계이다. 이 기간에는 첨체기에 개시된 핵과 첨체의 변형이 계속되어 각 동물종 특유의 정자두부 형태가 완성된다. 핵내에서는 염색질과립이 계속적으로 농축되고, 이에 따라 정자의 핵은 치밀하고 균일한 염색질로 충만된다. 동시에 미부에서는 9본의 치밀섬유가 축사를 둘러싸면서 형성되고, 아울러 미부의 주부에서는 치밀섬유의 바깥쪽에 섬유초가 형성된다(그림 4-3의 Ⅷ).

정자완성과정이 완료되기 직전에는 수피상판이 소실되며, 정자세포가 가늘고 길어진 후에

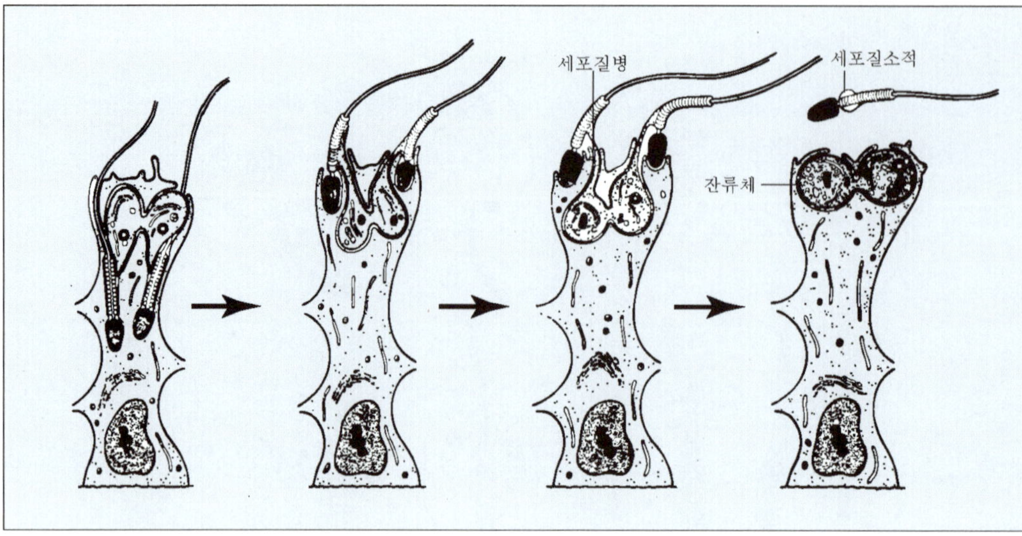

그림 4-4. 지지세포로부터 정자가 유리되는 과정

남는 세포질은 잔류체(殘留體, residual body)라고 부르는 세포질덩어리가 된다. 잔류체는 정자가 유리되기 전까지는 세포질병(細胞質柄, cytoplasmic stalk)에 의하여 정자로 유리될 부분의 경부와 연결되어 있다. 잔류체가 형성되면 정자세포는 최종성숙단계를 끝내고, 정자로서 곡세정관강으로 유리될 수 있다.

3) 정자의 유리

정자완성과정을 거치면서 형태변화를 완료한 정자세포가 지지세포(Sertoli cell)에 잔류체를 남겨두고 떨어져 나와 곡세정관강으로 방출되는 현상을 정자유리(精子遊離, spermiation)라고 한다. 곡세정관강으로 유리된 시점에서부터는 정자라고 부른다. 정자완성과정에서 형태변화를 완료한 정자세포의 군집은 점차적으로 곡세정관강쪽으로 밀려나오고, 이어서 세포질부분과 정자로 유리될 부분을 연결하는 세포질병이 절단되면 여분의 세포질은 잔류체가 되어 지지세포내에 남게되고, 정자만이 곡세정관강으로 유리된다. 세포질병이 절단될 때 약간의 세포질성분이 정자의 경부에 부착되어 남게 되는데, 이것을 세포질소적(細胞質小滴, cytoplasmic droplet)이라 한다(그림 4-4; Garner & Hafez, 1993). 잔류체는 지지세포에 의하여 신속하게 분해·처리되며, 세포질소적은 정자가 정소상체관을 통과하면서 성숙되는 과정에서 소실된다. 한편, 정소내의 정자는 운동성이 없음으로 자체의 힘으로는 지지세포에서 유리될 수 없다. 따라서, 정자가 유리되는 기전은 지지세포의 선단부가 활발하게 운동하여 정자만을 선택적으로 방출한다는 견해와 성호르몬의 지배하에 지지세포가 수분을 흡수하여 세포질의 선단부가 팽화됨으로써 수동적으로 정자가 유리된다는 견해가 있다. 그러나, 후자의 경우에는 정자만의 선택적 방출을 논리적으로 설명하기가 어렵다.

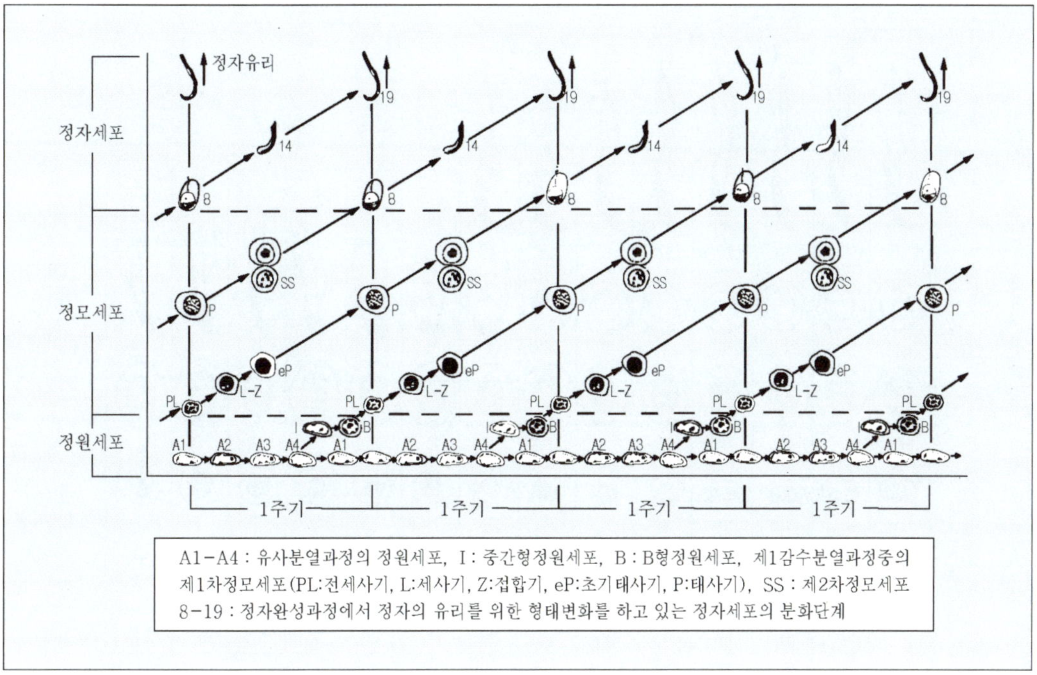

그림 4-5. 래트의 세정관상피주기

4) 세정관상피주기와 정자형성파

곡세정관상피의 횡단면을 관찰하면 발단단계가 다른 4~5층의 정자형성세포가 동심원적으로 배열되어 있다. 그러나, 곡세정관의 특정부위를 경시적(經時的)으로 관찰하면 정자형성세포의 조합이 단계적으로 변화하다가 어느 시점에서 다시 원래의 조합으로 돌아오는데, 이러한 주기적 변화를 세정관상피주기(細精管上皮週期, cycle of seminiferous epithelium)라 한다. 이러한 세정관상피주기는 곡세정관의 장축(長軸)에 따른 각 부위에서도 다른데, 곡세정관의 장축에 따라 나타나는 정자형성세포 발달단계의 연속적인 변화를 정자형성파(精子形成波, spermatogenic wave)라고 한다.

(1) 세정관상피주기 : 정자는 A형정원세포 · 중간형정원세포 · B형정원세포 · 제1차정모세포 · 제2차정모세포 · 정자세포 · 정자의 순서로 분화하여 형성된다. 이러한 정자형성과정에서 분열된 정원세포는 세포간교에 의하여 연결되어 발달단계를 동기화시킴으로써 한 세대(generation)를 이룬다. 이 세대에 있는 정원세포들은 같은 시기에 정자형성궤도로 진입하기 때문에 동시에 정자로 분화된다. 또한, 정원세포가 다음 세대의 생식세포로 분화되는데 소요되는 시간은 언제나 일정하며, 이는 어느 세대의 생식세포에서도 동일하다. 따라서, 줄기정원세포(spermatogonial stem cell)로부터 정자에 이르는 시간적 길이도 항상 일정하다. 한편, 줄기정원세포가 분열하여 형성된 낭세포(娘細胞)의 하나는 정자형성궤도로 진입하지만, 다른 하나는 다음의 정자형성을 위하여 다시 줄기정원세포로 된다. 따라서, 끊임없이

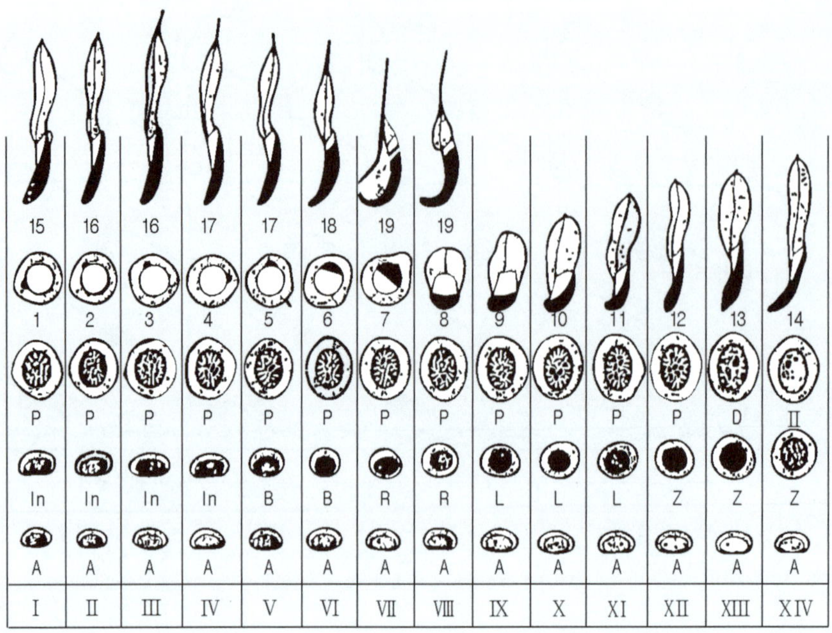

I－XIV : 세정관상피주기의 단계, A : A형정원세포, In : 중간형정원세포, B : B형정원세포
R : 전세사기정모세포, L : 세사기정모세포, Z : 접합기정모세포, P : 태사기정모세포,
D : 복사기정모세포, II : 제2차정모세포, 1－19 : 정자세포의 발달단계

그림 4-6. 래트 세정관상피주기 1주기에서 발현되는 생식세포 조합의 단계

줄기정원세포가 보충되는데, 이 분열의 시간적 간격도 항상 일정하다. 이와 같은 정자형성 과정의 특성에 따라 곡세정관의 한 횡단면에서는 여러 종류의 정자형성세포가 기저막으로부터 관강을 향하여 분화순서에 따라 동심원적으로 4~5층을 이루면서 배열되어 있다(그림 1-3 참조). 그러나, 곡세정관 어느 특정부위의 횡단면을 경시적으로 관찰하면 정자형성세포의 조합(cellular association)이 단계적으로 변화하다가 다시 원래의 정자형성세포조합으로 돌아오는데, 이것을 세정관상피주기라고 한다(그림 4-5; Hess, 1998). 세정관상피주기가 발현되는 원인은 이미 정자형성궤도로 진입된 정원세포가 정자로 분화되는 시간에 비하여 정자형성궤도로 다음 세대의 정원세포가 진입되는데 필요한 시간이 짧기 때문에 선행하는 정자형성과정이 끝나기 전에 다음번의 정자형성과정이 개시됨으로 중복된 정자형성과정이 유지되기 때문이다. 세정관상피주기는 정자형성세포의 조합이 경시적으로 나타나는 순서에 따라 제1기(stage I), 제2기(stage II) … 등으로 부르는데, 래트에서는 14기, 소에서는 12기가 출현된다(그림 4-6; Hess, 1998).

세정관상피주기 1주기의 시간적 길이는 ^{3}H-티미딘(thymidine)을 이용하여 측정한 결과, 마우스 8.6일, 래트 12.9일, 소 13.5일, 면양 10.4일, 돼지 8.6일, 말 12.2일, 사람 16일 등이다.

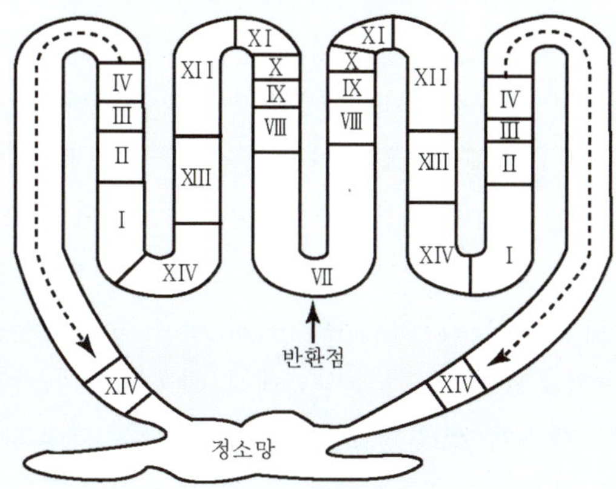

그림 4-7. 래트 곡세정관의 정자형성파

한편, A형정원세포가 분열을 반복하여 정자세포로 분화되고, 정자세포가 형태변화를 하여 정자가 완성될 때까지 세정관상피주기가 반복되는 횟수는 동물의 종에 따라 다르지만, 대부분 4~5차례의 주기가 반복된다. 마우스·래트·소·돼지·사람에서는 4주기가 반복되어 각각 34.5일, 51.6일, 54일, 33.4일, 64일이 소요되며, 면양에서는 5주기가 반복되어 40일이 소요된다.

(2) 정자형성파 : 곡세정관의 상피에서 나타나는 세정관상피주기의 단계는 경시적으로 달라질 뿐만 아니라, 곡세정관의 장축에 따라서도 다르다. 즉, 곡세정관 어느 한 부위의 생식세포조합은 일정한 길이로 존재하며, 인접된 다른 부위와 비교해 보면 발달단계가 앞서거나 뒤진 생식세포의 조합을 나타낸다. 이와 같이, 곡세정관의 장축에 따라 나타나는 생식세포 발달단계의 연속적인 변화를 정자형성파 또는 세정관상피파라고 한다(그림 4-7, Hess, 1998). 이 때, 일정한 길이로 존재하는 생식세포의 조합을 분절(分節, segment)이라 하는데, 그 단계의 순서에 따라 제1단계분절(Ⅰ), 제2단계분절(Ⅱ) … 등으로 구분한다. 연속되는 분절을 곡세정관의 장축에 따라 순차적으로 관찰하면 원칙적으로는 Ⅰ, Ⅱ, Ⅲ … 단계의 분절순서로 규칙적인 배열을 하며, 최후단계의 분절에서 다시 Ⅰ단계분절과 연결된다. 그러나, 분절의 배열순서가 반드시 일정한 것이 아니어서 단계의 배열방향이 역전되는 경우도 있으며, 이것을 변조(變調, modulation)라고 한다. 일반적으로 정소망에 가까울수록 생식세포의 발달단계가 앞서 있다.

5) 세정관상피에서 유리된 정자의 성숙

곡세정관상피의 지지세포(Sertoli cell)에 부착된 상태로 정자완성과정을 거친 정자세포는 정자유리과정을 통하여 세포질성분을 지지세포에 남겨두고 정자의 형태로 방출된다. 그러나, 방출직후의 정자는 미성숙상태이고, 운동력도 없기 때문에 곡세정관내에서 자체의 능력으로는 이동할 수 없다. 따라서, 정자는 정소의 지지세포에서 다량으로 분비되는 분비액에 부유된 상태로 분비액의 흐름에 따라 정소망으로 이동된다. 정소망의 상피에서도 분비액을 분비하여 세정관의 분비액과 함께 정자를 정소상체관으로 이송시킨다. 이 때, 곡세정관의 기저막 밖에 위치하는 근양세포(筋様細胞, myoid cell)와 정소를 밖에서 둘러싸고 있는 백막의 수축과 정소망의 상피에 있는 섬모의 운동이 정자의 수송을 돕는다.

정소상체관으로 수송된 정자는 1~2주간에 걸쳐 주로 정소상체관의 연동운동에 의하여 수송되면서 성숙과정을 거치게 된다. 정소상체에서 일어나는 정자의 형태적 및 화학적 변화에 수반하여 일어나는 생리적 성숙은 운동성과 수정능을 획득하는 것이다. 운동성은 정자가 정소상체의 체부에 이송되어 온 후부터 증가된다. 그러나, 운동성의 획득은 정소상체의 기능에 지배를 받는다기 보다는 시간경과에 의존적으로 발현되는 정자 자체의 타고난 성질이라고 생각된다(Cooper, 1998). 한편, 수정능력은 미부에 도달된 정자에서 가장 높게 나타나는데(Amann, 1987), 이것은 정자가 미부로 이행될수록 정소상체의 분비액에 포함된 여러종류의 수정능력을 증가시키는 인자와 효과적으로 접촉할 수 있기 때문이다. 더욱이, 정자는 성숙과정에서 염색질의 농축과 메틸화가 일어나고, 웅성전핵의 형성능력이 향상된다. 정소상체에서 성숙과정을 마친 정자는 사정될 때까지 미부에 저장된다(제1장 제1절 정소상체 항목 참조).

6) 정자형성의 내분비적 조절

정자형성과정은 정소의 간질세포에서 분비되는 테스토스테론과 뇌하수체에서 분비되는 난포자극호르몬(FSH)의 작용으로 자극된다(Spiteri-Grech & Nieschlag, 1993; Matsumoto & Bremner, 1989). 그러나, 이들 호르몬의 분비는 시상하부-뇌하수체-정소로 이어지는 내분비적 조절계에 의하여 조절된다(그림 4-8; Garner & Hafez, 2000). 시상하부에서 성선자극호르몬 방출호르몬(GnRH)이 방출되면, 이것의 자극으로 뇌하수체에서 FSH와 LH(ICSH)가 분비된다. 분비된 FSH는 정소의 곡세정관내에 있는 생식세포의 분화를 개시시키고, 정모세포까지의 발생과정을 촉진하며, 정자의 유리과정을 지배할 뿐만 아니라, 지지세포를 자극하여 웅성호르몬결합단백질(ABP)과 인히빈의 분비를 촉진한다. 한편, LH는 정소의 간질세포를 자극하여 테스토스테론의 분비를 자극한다. 분비된 테스토스테론의 일부는 곡세정관내로 유입되어 정자형성과정의 후반단계에 있는 정자형성세포, 특히 감수분열과정의 후반기 이후에 있는 정모세포의 발달을 자극하여 정자로 분화되는 것을 촉진하다. 이 때, 테스토스테론이 지지세포에서 합성된 ABP와 결합하여 곡세정관내의 테스토스테론농도가 높게 유지되며, 이에 따라 정자형성세포가 테스토스테론에 의하여 충분히 자극받을 수 있는 조건이 충족된다. 더욱이, ABP와 결합된 테스토스테론은 정소상체로도 이행되어 정소상체에서 일어나는 정자의 성숙과정도 자극한다(Brooks, 1981).

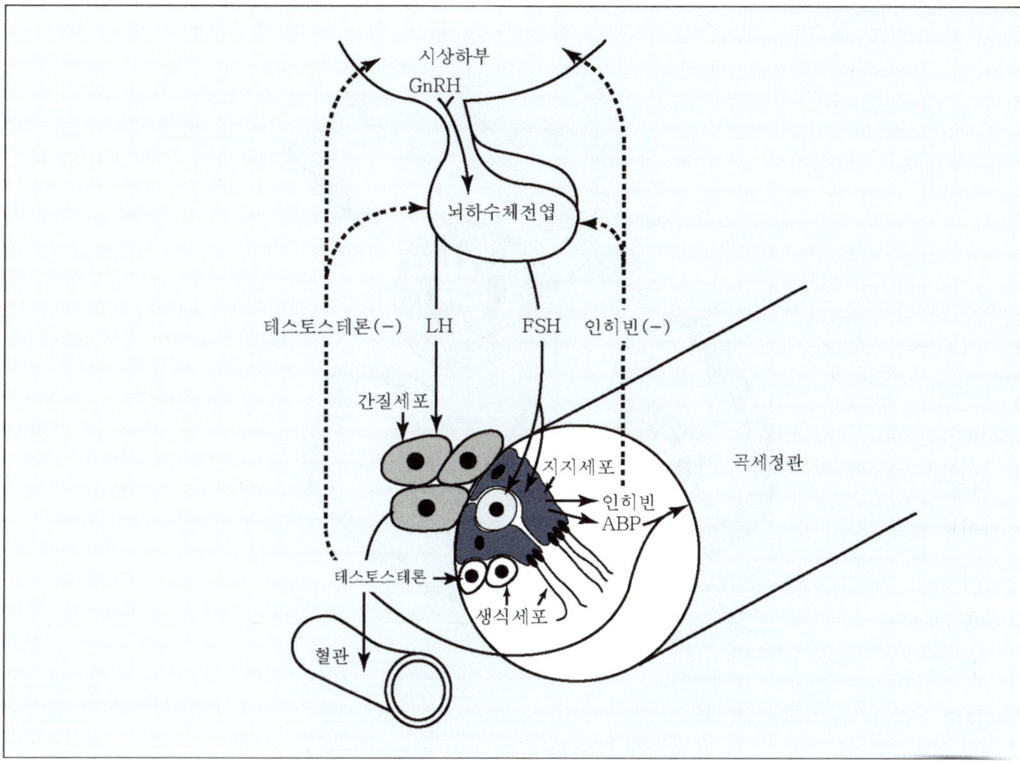

그림 4-8. 정자형성의 내분비적 조절

정자형성과정이 FSH와 테스토스테론의 작용으로 왕성하게 진행되어 적정량의 정자가 형성되면, 간질세포에서 분비된 테스토스테론이 시상하부-뇌하수체계에 대한 부의 피드백 기전으로 GnRH와 LH의 분비를 억제하고, 이에 따라 테스토스테론의 분비가 저하되어 정자형성과정의 후반단계가 억제된다. 또한, 지지세포에서 FSH의 자극으로 분비된 인히빈도 부의 피드백기전으로 GnRH와 FSH의 분비를 억제함으로써 정자형성과정의 개시를 저지한다. 뒤이어 FSH의 분비저하에 따라 인히빈의 분비가 저하되면 FSH가 다시 분비되어 정자형성이 재개된다(제2장 제4절 인히빈 항목 참조). 따라서, 정자형성이 왕성하게 일어나는 수컷에서는 인히빈의 혈중농도가 낮고, 정자형성에 장애가 있는 수컷에서는 인히빈의 혈중농도가 높다(Edqvist & Stabenfeldt, 1992).

2. 정자의 구조

정자의 외관은 동물종에 따라 다소의 차이는 있지만, 기본적 구조는 큰 차이가 없어서 부계의 유전물질을 함유하고 있는 두부와 운동기구인 편모(미부)로 구성되고, 정자 전체가 원형질막으로 싸여 있다(그림 4-9; Garner & Hafez, 2000). 포유동물 정자의 전체길이는

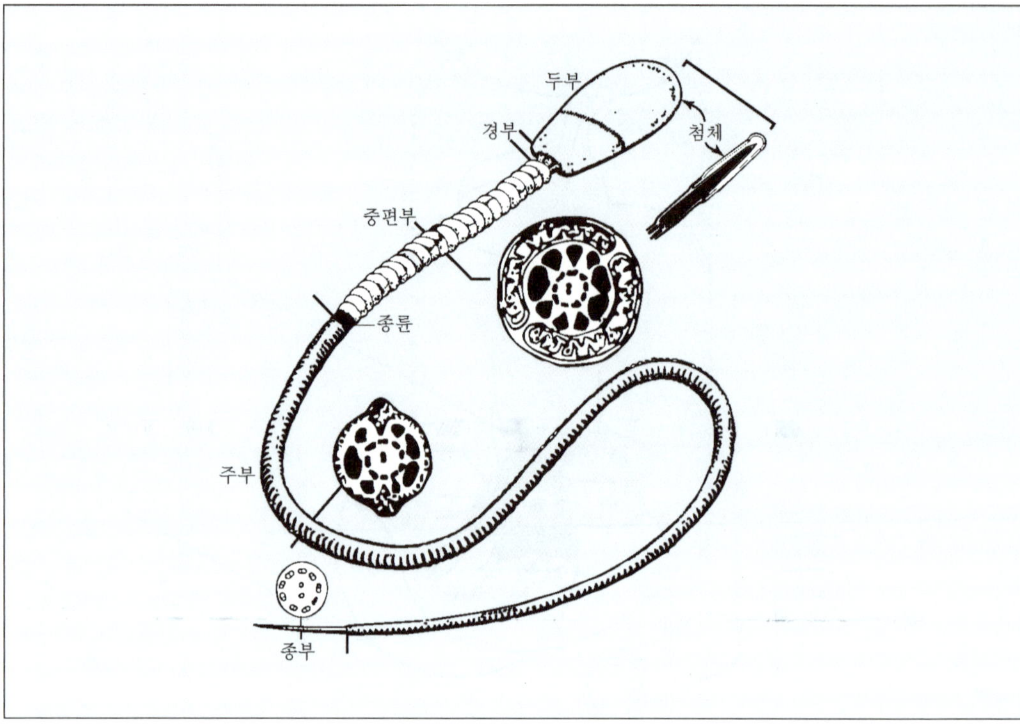

그림 4-9. 소 정자의 구조

대체적으로 50～70㎛의 범위이지만, 마우스와 래트의 정자는 특별히 길어서 각각이 130㎛와 190㎛에 이른다. 포유동물의 정자는 용적도 매우 작아서 소의 경우 30$㎛^3$에 불과하고, 건물중량도 16.5×10^{-12}g을 나타낼 뿐인데, 다른 포유동물종도 이와 비슷하다. 이러한 용적과 중량은 체세포의 약 절반 정도이며, 난자에 비하면 1/20,000에 불과하다(Millette, 1998).

1) 정자의 두부

포유동물 정자의 두부(頭部, head)는 핵과 첨체가 대부분을 차지하며, 세포골격과 극소량의 세포질성분도 있다. 대부분의 포유동물에서 정자두부의 모양은 편평한 난원형이다. 그러나, 설치류는 갈고리형이고, 가금류는 봉상(棒狀)이다. 정자두부의 외관과 미세구조는 동물의 종에 따라 각각의 특징을 나타낸다.(그림 4-10; Eddy, 1988; Garner & Hafez, 2000)

(1) 정자핵 : 정자의 핵(核, nucleus)은 체세포의 핵과는 달라서 크기가 작고, 염색질(染色質, chromatin)도 고도로 농축되어 치밀한 과립상을 나타낸다. 더욱이, 염색질을 구성하는 데옥시리보핵산(deoxyribonucleic acid [DNA])의 함량은 두번에 걸친 감수분열의 결과로 체세포의 절반이다. 정자핵의 염색질은 DNA와 특수단백질인 프로타민(protamine)이 결합된 구조이다(Grimes, Jr., 1986). 프로타민은 27～65개의 아미노산잔기로 구성되고, 강력한 염기성을 나타내며, 분자내에 아르기닌과 시스테인의 함량이 높다. 프로타민은 정자

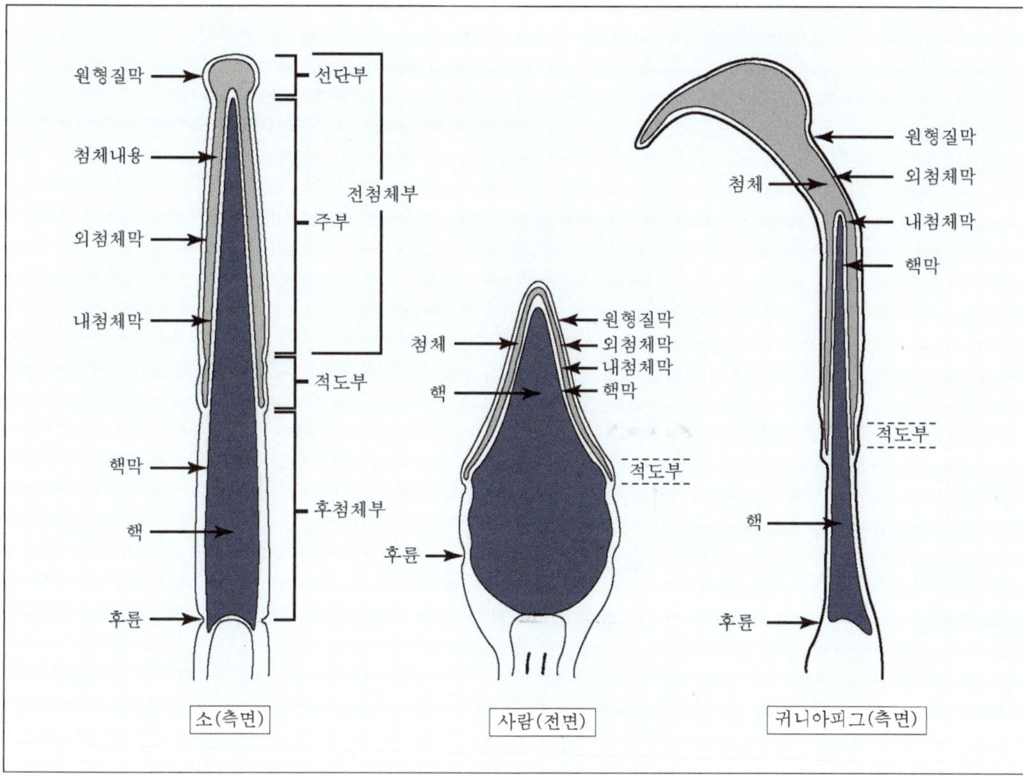

그림 4-10. 정자두부의 미세구조

세포에서 반수체게놈(haploid genome)의 지배하에 합성된다(Hecht 등, 1986). 배수체(2n)이 생식세포에서 DNA와 결합하는 히스톤(histone)이 프로타민으로 대체되는 시기는 세정관상피에서 정자가 방출되기 직전이다. 염기성을 나타내는 프로타민과 산성의 DNA가 강력하게 결합하여 형성된 DNA-프로타민복합체(DNA-protamine complex)는 프로타민에 함유된 시스테인간에 형성된 이황화결합에 의하여 더욱 농축되고 안정화된다(Eddy, 1988).

정자의 염색질을 둘러싸고 있는 핵막(核膜, nuclear envelope)도 체세포의 핵막과는 크게 다르다. 체세포의 핵막은 두겹의 지방질막으로 구성되고, 내·외측 핵막의 간격은 40~60nm 정도이며, 다수의 장소에서 내·외측 핵막이 융합되고, 이곳에 직경 50~100nm 정도의 핵막소공(核膜小孔, nuclear pore)이 있다. 그러나, 정자의 핵막은 염색질을 싸고 있는 전체부위가 핵막소공이 없는 무공막(無孔膜, nonporous envelope)이고, 내·외측 핵막의 간격도 7~10nm에 불과하다. 그러나, 정자의 두부와 경부사이를 지칭하는 후륜(後輪)의 아래쪽으로 뻗어난 핵막을 여분핵막(redundant nuclear envelope)이라 하는데, 이곳에는 6각형으로 배열된 다수의 핵막소공이 있으며, 내·외측 핵막의 간격도 체세포와 같이 40~60nm이다(Friend & Fawcett, 1974). 이러한 여분핵막의 생리적 의미는 아직까지 밝혀지지 않았다. 한편, 핵막의 안쪽 표면에는 핵판(核板, nuclear lamina)이라 부르는 망상구조의 단백질이

표 4-2. 정자의 첨체에 함유된 효소의 종류

효 소 명	효 소 명
Hyaluronidase	Calpain II
Acrosin	Cathepsin-D-like protease
β-N-Acetylglucosaminidase	Collagenase-like peptidase
Acid phosphatase	Esterases, nonspecific
Arylamidase	β-Glucuronidase
Arylsulfatase A	Neuraminidase
Aspartylamidase	Phospholipase A

부착되어 있는데, 이것은 핵막의 골격구조를 형성하고, 이곳에 염색질이 고정된다(Gerace 등, 1984; Krohne & Benavente, 1986).

(2) 첨체 : 정자두부의 전반부(1/2~2/3)를 모자처럼 덮고 있는 첨체(尖體, acrosome)는 정자세포의 골지장치에서 형성된 첨체과립이 신장되어 형성된다. 따라서, 첨체는 첨체막이 외부를 둘러싸고, 그 속에 수정에 관여하는 각종효소가 들어 있다. 첨체막은 첨체과립이 핵막에 부착된 상태로 형성되기 때문에 핵의 신장과정에 수반하여 이중막으로 구성되는데, 원형질막과 접하는 바깥쪽의 막을 외첨체막(outer acrosomal membrane), 핵막과 접하는 안쪽의 막을 내첨체막(inner acrosomal membrane)이라 한다. 첨체는 전첨체부(前尖體部, anterior acrosomal region)와 적도부(赤道部, equatorial segment)로 구분한다. 적도부는 첨체의 끝부분에서 첨체내용물이 감소되어 내·외 첨체막의 간격이 좁아져 첨체 자체의 두께가 얇아진 부분으로서, 수정시에 난모세포의 원형질막과 최초로 융합되는 부위이다(Garner & Hafez, 2000). 적도부의 크기와 형태는 동물의 종에 따라 달라서, 난원형의 정자에서는 정자두부의 중앙부위에 띠(band) 모양으로 나타나지만, 갈고리형의 정자에서는 정자두부의 상당부분을 피복하고 있다. 한편, 첨체의 대부분을 차지하는 전첨체부는 그 선단이 핵의 앞쪽으로 확대된 선단부(先端部, apical segment)와 주부(主部, principal segment)로 구분한다(Fawcett, 1975). 그러나, 사람·원숭이·소·돼지·토끼 등의 정자에서는 첨체 자체의 크기가 작고, 선단부도 거의 형성되지 않는 반면에, 귀니아피그·친치라·다람쥐 등의 첨체에는 매우 큰 선단부가 있다(Fawcett & Phillips, 1969a). 동물의 종에 따라 첨체의 모양이 다르게 형성되는 기전은 아직까지 알려지지 않았다.

첨체의 내용물에는 ① 수정과정에서 난모세포를 싸고 있는 난구세포를 분산시키고, 투명대에 정자의 통로를 만드는 가수분해효소는 물론이고, ② 정자와 난자의 원형질막이 융합되는데 관여하는 효소, 그리고 ③ 수정과정에서 다정자침입을 방지하는데 중요한 역할을 하는 난모세포의 표층과립(表層顆粒, cortical granule)에서 그 내용물이 방출되는 것을 돕는 효소 등이 함유되어 있다(표 4-2; Millette, 1998). 이와 같이, 첨체에는 다양한 효소가 함유되어 있지만, 생리적으로 특히 중요한 효소는 히알루로니다제와 아크로신이다. 히알루로니다제는 첨체내에 가장 많이 함유된 효소로서, 분자량은 60,000~70,000이며, 난자주위에 붙어있는 난구세포를 분산시킨다. 아크로신은 동물의 종에 따라 25,000~60,000의 분자량을 가진 당단백질효소이며, 트립신(trypsin)과 유사한 작용을 발현하여 투명대를 용해시킨다. 정자와 난자가 만나서 수정이 될 때는 첨체반응(尖體反應, acrosome reaction)이 일어나 첨체내에 저장된 각종효소가 첨체밖으로 방출된다. 그러나, 적도부에서는 첨체반응이 일어나지 않는다.

(3) 세포골격 : 정자의 두부에는 구조와 위치가 서로 다른 여러종류의 세포골격(細胞骨格, cytoskeleton)이 존재하는데, 대표적인 세포골격은 첨체하(subacrosomal)세포골격·첨체후(postacrosomal)세포골격·방첨체(paraacrosomal)세포골격 등이다(Eddy, 1988). 분리된 세포골격은 분자량이 8,000에서부터 80,000에 이르는 다양한 단백질로 구성되어 있는데, 주 단백질은 분자량이 13,000, 15,000, 16,500 및 25,000인 단백질이다. 세포골격은 정자두부의 핵막밖에 위치하지만, 체세포에서 핵의 기초를 구성하는 핵기질(核基質, nuclear matrix)과 화학구조적으로 매우 유사하다(Bellvé, 1982). 세포골격의 기능은 아직까지 밝혀지지 않은 부분이 많다. 그러나, 정자의 두부에서 핵과 첨체를 제거하여도 세포골격의 모양이 변경되지 않는 사실을 보면, 정자두부 전체의 모양을 결정하는 요소임에는 틀림이 없다(Bellvé & O'Brien, 1983). 첨체하세포골격은 6.5%의 시스테인이 함유된 분자량 13,000의 단백질이며(Olson 등, 1976), 초기정자세포의 첨체과립과 핵막사이에서 치밀층(緻密層, dense layer)으로 나타나고, 핵의 신장(伸長)과 첨체의 발달과정에 수반하여 핵과 첨체의 사이에서 발달된다(Lalli & Clermont, 1981). 따라서, 형성이 완료된 첨체하세포골격은 첨체의 안쪽 경계막인 내첨체막과 핵막사이의 좁은 공간을 차지하고 있는데, 갈고리모양을 나타내는 설치류(마우스·래트·햄스터)의 정자두부에서는 매우 넓게 분포하지만, 사람을 비롯한 일반포유동물의 정자두부에서는 중요한 구조물이 아니다(Huang & Yanagimachi, 1985). 설치류의 첨체하세포골격은 두꺼비와 조류의 정자에서 수정시 난자에 기계적으로 구멍을 뚫어 정자의 침투통로를 만드는 천공체(穿孔體, perforatorium)와 구조적으로 매우 유사하다. 따라서, 설치류의 첨체하세포골격은 조류에서와 같이 수정시 천공체로서의 역할을 수행하는 것으로 보인다(Millette, 1998).

첨체후세포골격은 정자두부의 첨체후부(尖體後部, postacrosomal segment)에서 두부의 원형질막과 핵막사이에 위치하며(Pedersen, 1972), 분포범위는 앞쪽에서 첨체의 후단과 경계를 이루고, 뒤쪽으로는 정자의 두부와 경부가 경계를 이루는 후륜에 이른다. 첨체후세포골격은 단순히 정자두부의 모양을 결정하는 역할을 하며, 천공체로서의 기능은 하지 않는다. 방첨체세포골격은 햄스터의 정자에서 발견되었으며, 정자두부의 갈고리형을 나타내는 부위에서 외첨체막과 원형질막의 사이에 위치하는데(Olson & Winfrey, 1985), 수정시 난자에 정자의 침투통로를 만드는 기계적 역할을 한다(Eddy, 1988).

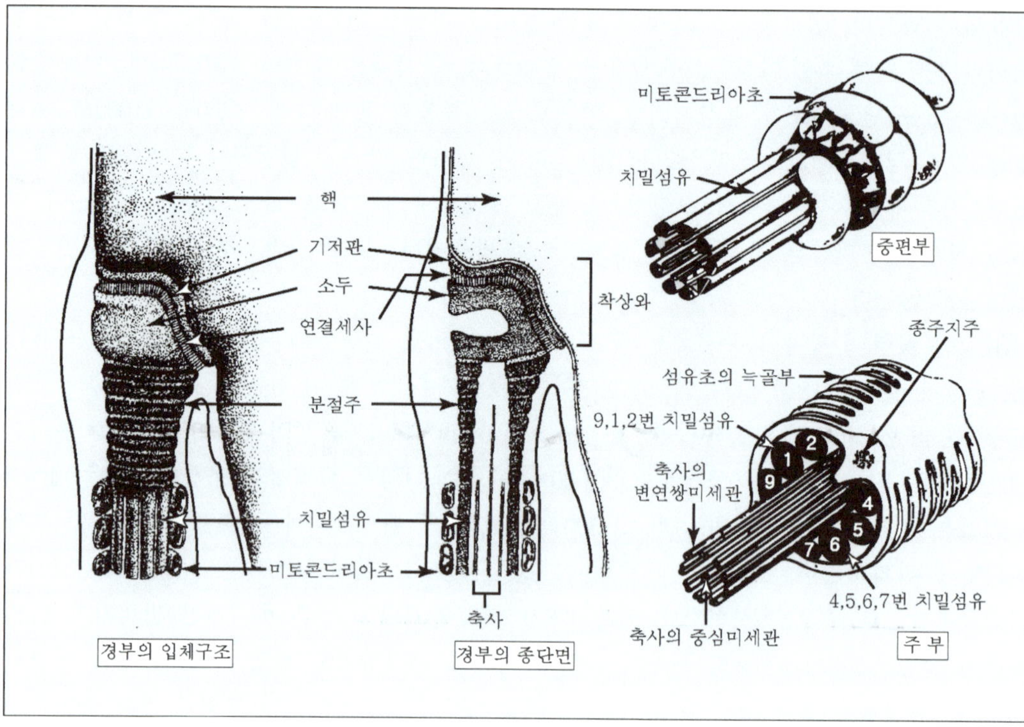

그림 4-11. 정자미부 각부위의 미세구조

2) 정자의 미부

정자의 운동기구인 미부는 형태학적으로 명확하게 구분되는 4부위, 즉 경부(頸部, neck)·중편부(中片部, middle piece)·주부(主部, principal piece)·종부(終部, end piece)로 구성되어 있다(그림 4-9 참조). 이러한 미부는 축사·치밀섬유·미토콘드리아초·섬유초 등과 같은 구성요소들의 조합으로 구성된다. 그러나, 미부 각 부위가 가지는 구성요소는 약간씩 다르다. 즉, 축사는 경부에서 기시되어 미부 전체의 중심을 차지하며, 치밀섬유는 축사의 외측에 위치하는 섬유로서, 중편부와 주부에만 있다. 미토콘드리아초는 중편부에 미토콘드리아가 나선상으로 배열된 구조물이고, 섬유초는 주부를 밖에서 둘러싸고 있다. 정자 미부의 모든 부위도 두부와 같이 원형질막이 밖을 싸고 있다(그림 4-11; Setchell, 1982).

(1) 경부 : 연결부(connecting piece)라고도 부르는 경부는 소두(小頭, capitulum)와 분절주(分節柱, segmented column)로 구성된다(Fawcett, 1975). 경부의 소두는 섬유성의 구조물로서, 두부의 착상와(着床窩, implantation fossa)에 깊게 끼워진다. 두부의 착상와는 특수하게 변형된 핵막의 외측에 세포질성분에서 유래된 기저판(基底板, basal plate)이 부착되어 형성된다. 착상와의 기저판과 경부의 소두 사이를 기원이 밝혀지지 않은 세사(細絲, filament)가 연결함으로써 정자의 두부와 미부가 결합된다. 따라서, 이 세사가 정자의 동결융해나 원심분리 등에 의하여 기계적으로 파괴되거나, 용매에 의하여 용해되면 정자의 두

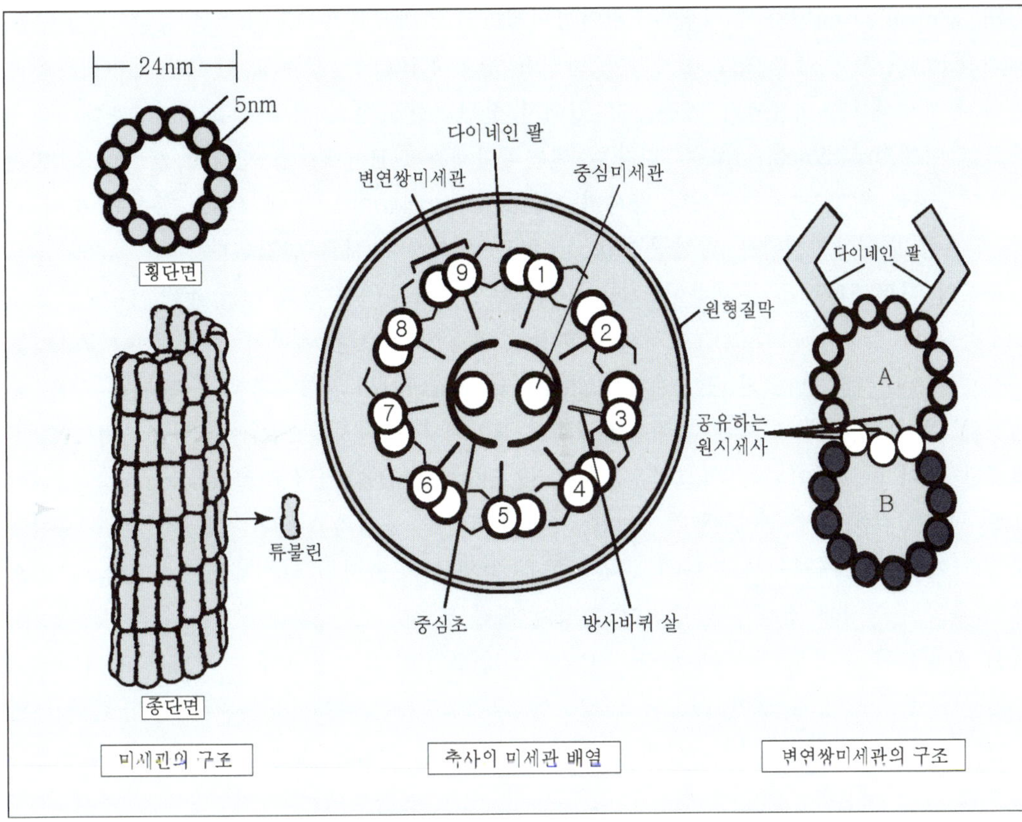

그림 4-12. 정자미부의 중심에 위치한 축사의 구조

부와 미부가 분리된다.

한편, 경부 소두의 선단에서 2개의 주(major) 및 5개의 부(minor) 분절주가 뻗어나는데, 주분절주는 각각이 2개씩의 분절주로 나누어진다. 따라서, 정자의 경부에는 모두 9개의 분절주가 있으며, 이것들은 9본의 치밀섬유와 연결된다. 치밀섬유는 정자미부의 중편부를 지나서 주부까지 길게 뻗어난다. 분절주 각각의 분절은 옆의 분절과 연결되어 9~10개의 옆으로 뻗어난 띠모양의 구조물을 형성한다(Fawcett & Phillips, 1969b). 또한, 정자완성과정의 초기에 첨체가 위치하는 핵막의 반대쪽에 자리를 잡은 근위 및 원위 중심소체가 소두의 속으로 침하되어 축사의 기시부가 된다. 이와 같이, 경부는 정자의 두부와 미부를 연결하는 부위인 동시에 미부의 중심구조인 축사와 치밀섬유의 기시점이 되는 부위이다.

(2) 축사 : 정자의 경부에서 기시되어 종부에 이르는 전체 미부의 중심부분을 차지하는 구조물인 축사(軸絲, axoneme)는 일반세포의 섬모나 편모의 기본구조와 같이 2본의 중심미세관(中心微細管, central microtubule)과 중심미세관을 동일한 간격으로 둘러싸는 9본의 변연쌍미세관(邊緣雙微細管, peripheral diplomicrotubule)으로 구성된다(그림 4-12; Eddy, 1988). 2본의 중심미세관은 축사의 중심에 각각 독립적으로 위치하며, 그 주변을 중심초(中

心鞘, central sheath)가 둘러싼다. 변연쌍미세관의 A미세관은 13본의 원시세사(原始細絲, protofilament)가 원통형으로 배치되어 완전한 원형구조(O)를 갖추고 있지만, B미세관은 3본의 원시세사를 A미세관과 공유하고 있어서 불완전한 C형의 구조이다. A미세관에서는 2개의 다이네인팔(dynein arm)이 다음번 변연쌍미세관의 B미세관을 향하여 뻗어나고, 또한 멈춤대로서의 역할을 하는 1개의 방사바퀴살(radial spoke)이 중심미세관을 향하여 뻗어 있다. 인접한 변연쌍미세관은 넥신연결(nexin link)에 의하여 서로 연결된다.

축사의 다이네인팔은 분자량이 56만인 다이네인단백질로 구성되는데, ATP가수분해효소(ATPase)의 작용을 가지고 있어서 정자미부의 운동에 필요한 에너지를 생산한다(Vale 등, 1985a; 1985b). 정자미부의 편모운동(flagellar movement)은 A미세관에서 뻗어난 외측 및 내측의 다이네인팔이 인접된 변연쌍미세관의 B미세관과 일시적으로 연결함으로써 A와 B 미세관 사이에서 일어나는 미끄럼운동(sliding movement)을 굴곡운동(bending movement)으로 전환시킴에 따라 유발된다. 이 때, 방사바퀴살이 중심미세관과 변연쌍미세관 사이에 일정한 거리를 유지시켜서 지나친 굴곡운동을 억제한다. 축사의 다이네인팔에 결함이 있으면 정자의 운동성에 장해가 발생되어 불임이 된다.

(3) 치밀섬유 : 경부 소두(小頭)의 선단에서 출발하는 분절주에서 기시되어 정자미부의 중편부와 주부에 걸쳐 뻗어있는 굵은 섬유를 치밀섬유(緻密纖維, dense fiber)라 한다(그림 4-11 참조). 치밀섬유는 정자미부의 중심축을 구성하는 축사의 바깥쪽에서 9본의 변연쌍미세관에 각각 대응하여 9본이 위치한다. 그러나, 모든 동물종에서 치밀섬유가 주부의 끝까지 뻗어있는 것은 아니어서 사람(Serres 등, 1983)과 소 및 래트(Linderman 등, 1980)에서는 주부 전체길이의 60%에서만 존재한다. 또한, 중편부에서는 9본의 치밀섬유가 모두 있지만, 중편부의 종륜을 넘어서 주부로 이행되면 3번과 8번의 치밀섬유가 치밀섬유를 바깥에서 싸고있는 섬유초에 포함되어 각각이 섬유초의 배측(背側) 및 복측(腹側) 종주지주(縱走支柱, longitudinal column)를 형성함으로 7본의 치밀섬유만이 남게된다. 이들 2본의 종주지주를 연결하는 면(面)은 축사의 중앙을 차지하는 2본의 중심미세관을 연결하는 면과 일치한다. 따라서, 미부의 횡단면은 2개의 비대칭적인 분획으로 나누어지는데, 대분획에는 4본(4・5・6・7번 섬유), 소분획에는 3본(9・1・2번 섬유)의 치밀섬유가 있다. 치밀섬유가 주부의 끝부분에 이르면 각각 대응하는 축사의 변연쌍미세관과 유착되며, 종부에서는 보이지 않는다. 이와 같이, 축사의 외측에 9본의 치밀섬유가 위치하여 9+9+2의 구조를 가지는 축섬유속(軸纖維束, axial fibrillar bundle)을 구축하여 정자미부의 운동을 영위한다. 치밀섬유는 축사에 의하여 발현되는 굴곡운동에 저항하여 정자미부의 운동을 안정화시킨다. 그러나, 치밀섬유의 길이와 굵기가 동물의 종에 따라 달라서 저항의 강도가 다르기 때문에 정자미부의 운동에서 나타나는 굴곡의 정도도 동물의 종에 따라 다르다.

(4) 미토콘드리아초 : 정자미부 중편부의 치밀섬유밖을 미토콘드리아가 나선상으로 둘러싸고 있는 미토콘드리아초(—鞘, mitochondrial sheath)는 정자세포가 정자로 형태변화를

하는 정자완성과정에서 형성된다(그림 4-3 참조). 정자완성과정의 초기에 경부에 위치하던 종륜이 아래쪽으로 이동하여 중편부의 길이를 결정한다. 이어서 정자세포의 세포질내에 산재되어 있던 미토콘드리아가 약간 가늘고 길게 신장되어 일정한 폭을 유지하면서 서로 연접되어 나선을 만들고, 이 나선이 중편부의 치밀섬유밖을 오른쪽으로 돌면서 둘러싼다(그림 4-11 참조; Woolley, 1970). 이 때, 만들어지는 나선의 수는 동물의 종에 따라 다르며, 동시에 만들어진 나선이 평행으로 달리면서 함께 중편부를 감싸기 때문에 이들 나선을 평행나선(平行螺旋, parallel helix)이라 한다. 그러나, 동물의 종에 따라 ① 중편부의 길이, ② 평행나선의 수, ③ 중편부를 감아도는 미토콘드리아 나선의 회전수 등이 다르다. 마우스는 각각이 21㎛ · 2개 · 87바퀴, 소는 12㎛ · 3개 · 64바퀴, 토끼는 8.5㎛ · 4~5개 · 40바퀴, 붉은털원숭이는 10㎛ · 1~2개 · 40바퀴이다(Eddy, 1988). 한편, 미토콘드리아초는 체세포의 미토콘드리아와 같이 정자의 에너지대사에 중요한 역할을 담당한다. 따라서, 미토콘드리아초가 비정상적으로 형성된 정자는 운동성에 결함이 있어 수정능력이 없다.

(5) 섬유초 : 정자미부의 주부에서 치밀섬유의 바깥쪽을 둘러싸는 구조물인 섬유초(纖維鞘, fibrous sheath)는 3번과 8번의 치밀섬유가 수용되어 형성되는 종주지주가 주부의 양쪽에 배치되고, 두 종주지주의 사이를 늑골(肋骨)모양을 나타내는 섬유가 연결하는 구조이다(그림 4-11 참조). 섬유초는 세포골격과 유사한 단백질로 구성되어 있으며, 미부의 운동을 영위하는 축심유속을 안정화시키는 역할을 한다. 늑골모양의 구조는 운동이 가장 활발하게 영위되는 주부의 굴곡운동이 원활하게 유지될 수 있는 구조이다.

3) 정자의 원형질막

두부의 선단에서부터 미부의 종부까지 정자 전체의 표면을 둘러싸고 있는 원형질막(原形質膜, plasma membrane)은 정자와 정자가 접하게 되는 외부환경 사이에서 일어나는 세포학적 상호작용을 조절한다. 정자의 원형질막은 고도로 특성화되어 일반체세포의 원형질막과는 여러 면에서 다르다. 정자원형질막의 표면은 정자의 부위에 따라 국소적 영역(regional domain)으로 나누어지는데, 이들 영역에는 정자의 생리와 기능을 특수하게 조절하는 지질과 단백질이 부착되어 있다. 따라서, 각 영역은 매우 특성화된 기능을 발현한다. 예를 들면, 정자미부의 중편부를 둘러싸는 원형질막영역에는 미토콘드리아초의 ATP생산과 축사의 미세관에서 일어나는 미끄럼운동의 조정에 필요한 단백질이 부착되어 있고, 정자두부의 원형질막영역에는 수정과정에서 일어나는 세포(난자)의 인식과 원형질막의 융합에 중요하게 작용하는 특수한 단백질, 그리고 아마도 지질이 부착되어 있다(Millette, 1998). 한편, 정자가 정소상체관을 통과하고, 자성생식도관을 상행하는 기간에 원형질막의 성분이 유의적으로 변화한다. 이것은 성공적인 수정과정을 성취시키기 위한 변화임에는 틀림없지만, 세부적인 작용기전은 아직까지 명확하게 밝혀지지 않았다(Millette, 1998)

(1) 원형질막의 지질 : 정자 원형질막의 표면에 부착된 지질성분은 체세포의 그것과 다

르다. 체세포의 원형질막표면에서는 지질이 자유롭게 확산되지만, 정자의 원형질막에서는 많은 종류의 지질이 확산되지 않는다. 일반적으로, 정자표면지질의 30~50%는 원래의 위치에 고정되어 있어 이동되지 않는다. 이러한 차이는 정자의 기능과 중요한 관계가 있다. 정자의 표면에 구역별로 위치하는 정자단백질은 친화적인 지질과 결합하여 구역적으로 특수한 지질환경(lipid environment)을 만든다. 이러한 지질환경은 수정과정에서 일어나는 정자의 원형질막과 외첨체막의 융합(첨체반응) 뿐만 아니라, 정자와 난자의 원형질막사이에서 일어나는 융합도 유발한다(Millette, 1998). 정자 원형질막의 지질은 인지질이 70%를 차지하고, 다음으로 스테롤의 함량이 높다. 콜레스테롤과 인지질의 질량비율은 약 0.12이다(Nikolopoulau 등, 1985). 또한, 정자의 원형질막에는 소량이지만, 당지질(glycolipid)도 있으며, 가장 대표적인 것은 sulfatoxygalactosylalkylglycerol(SGG)이다(Murry 등, 1980). 당지질은 제1차정모세포에서 합성되며(Kornblatt 등, 1974; Lingwood, 1985), 정자가 수명을 다할 때까지 변경없이 원형질막의 구성성분으로 존재한다. SGG는 정자의 두부와 미부 모두의 원형질막에 존재하며, 수정과정에서 정자-난자의 상호작용이 일어나는 시기에 중요하게 작용한다(Murry 등, 1980). 한편, 정자가 정소상체관을 통과하는 과정에서 전체 원형질막의 지질성분이 변화된다. 그러나, 정자는 DNA의 전사기능이 불활성화되었기 때문에 정자 자체에서는 지질을 합성할 수 없다. 따라서, 지질성분의 변화는 정소상체액에 함유된 지질이 원형질막으로 이행된데 따른 결과이다. 더욱이, 정자가 자성생식도관을 상행하는 기간에도 원형질막의 지질성분이 변화되는데, 이 변화는 정자의 수정능획득반응을 유기한다.

(2) 원형질막의 단백질 : 정자의 두부 · 중편부 · 주부 등과 같은 각 부위의 원형질막에는 국소적으로 특징적인 표면단백질이 부착되어 있다. 더욱이, 정자원형질막의 표면단백질은 ① 정자의 발달과정, ② 정소상체관을 통과하는 과정, ③ 자성생식도관을 상행하는 과정, 그리고 ④ 수정능획득과정과 수정과정 등에서 변화된다. 이러한 변화는 원형질막의 표면에 새로운 단백질이 추가로 접착되거나, 반대로 특정한 단백질이 제거되기도 하고, 단백질 자체의 성질이 변경되는 등의 과정을 통하여 이루어진다(Eddy, 1988). 정자의 표면에는 다양한 단백질이 원형질막과 결합된 상태로 존재하지만, 정자두부의 원형질막에 국소적으로 위치하면서 수정과정을 조절하는 표면단백질이 가장 주목을 받고 있다. 또한, 정소상체관에서 합성 · 방출되는 특수한 당단백질이 정자의 원형질막에 부착되어 수정과정에 들어가기 전의 정자를 보호하는데, 이 당단백질을 수정능파괴인자 또는 정자피복항원이라 한다.

한편, 정자의 원형질막에는 β-1,4-galactosyltransferase · fucosyltransferase · α-D-mannosidase · sp56 · p95 등과 같은 효소단백질도 부착되어 있다. 이들 효소단백질은 수정의 직접적 매개자로서 작용하는데, 정자가 난자의 투명대에 부착되고, 정자와 난자의 원형질막 상호간이 융합되는 과정에서 중요하게 작용한다. 또한, 정자두부의 표면에는 첨체반응을 유발하는 효소단백질인 티로신키나제(thyrosine kinase)와 첨체효소의 방출을 촉진하는 G-단백질도 부착되어 있다(Millette, 1998).

3. 정 장

사정에 의하여 체외로 배출된 정액(精液, semen)에서 정자를 제외한 액상부분을 정장(精漿, seminal plasma)이라 한다. 정장은 정소와 정소상체의 분비물도 소량이 포함되지만, 대부분은 부성선(정낭선 · 전립선 · 구요도선 등)의 분비물이다. 그러나, 부성선의 구성 · 크기 · 분비기능 등이 동물의 종에 따라 매우 다르기 때문에 정장의 분비량과 성분, 그리고 전체 정장에서 차지하는 각 부성선 분비액의 비율도 동물종에 따라 다르다. 특히, 동물의 종에 따라 크게 다른 정액의 총량과 정자농도는 정장의 분비량에 의하여 결정된다.

1) 정장의 화학적 조성

포유동물의 정장에는 각각이 특수한 기능을 가진 다양한 화학물질이 함유되어 있다. 그러나, 정장의 대부분을 분비하는 부성선의 구성과 분비기능이 동물의 종에 따라 다르기 때문에 정장의 화학적 조성도 이에 수반하여 다르다(표 4-1 참조). 정장은 혈장성분이 그대로 이행된 성분과 부성선 · 정소 · 정소상체 등에서 합성된 성분의 혼합물이다.

(1) 당류 : 정장에는 정자의 에너지원으로 이용되는 당류가 함유되어 있는데, 주로 정낭선에서 분비된다. 그러나, 분비되는 당의 종류는 동물의 종에 따라 다르다. 반추동물에서는 프럭토오스와 시트르산(citric acid), 말의 경우는 시트르산만이 검출되며, 돼지의 경우는 소량의 프럭토오스와 다량의 에르고티오네인(ergothioneine) 및 이노시톨(inositol)이 함유되어 있다. 사람의 정장에 함유되어 있는 당류는 프럭토오스가 대부분이고, 글루코오스 · 소리비톨(sorbitol) · 이노시톨 등도 소량이 검출된다. 정장에는 피루빈산염(pyruvate)도 함유되어 있지만, 이것은 정자에 의하여 곧바로 대사되어 급속히 감소된다. 반면에, 젖산염(lactate)은 정자에 의한 해당작용의 대사산물로서, 사정후 시간경과에 따라 계속적으로 증가된다. 정장에 함유된 당류는 정자의 대사기질로 이용됨으로 정장에 당류의 함량이 지나치게 부족하면 정자무력증(精子無力症, asthenozoospermia)이 유발될 수 있다. 한편, 정장에는 에너지원으로 이용되는 당류외에도 당단백질의 결합형으로 존재하는 여러 종류의 당도 있다. 사람의 정장에는 결합형의 당류가 0.7㎎/㎖ 정도 함유되어 있는데, 이것을 가수분해하면 galactose · sialic acid · hexosamine · mannose · fucose 등과 같은 단당류로 분해된다. 대부분의 결합형당류는 정낭선과 구요도선에서 합성된다(Prins, 1998).

(2) 지질 : 정장에는 다량의 인지질과 콜레스테롤, 그리고 여러 종류의 유리지방산이 함유되어 있는데, 사람의 정장에서 다른 동물종에 비하여 함량이 높다. 사람의 정장에는 전립선에서 분비되는 spingomyelin · phosphatidylcholine · phosphatidylethanolamine · phosphatidylinositol 등과 같은 다량의 인지질이 함유되어 있고, 콜레스테롤은 가장 함량이 높은 스테롤로서, 총지질의 25%를 차지한다(Prins, 1998). 또한, 정장에 함유된 포화지방산가운데 팔미트산(palmitic acid)은 정자의 중요한 에너지원이며, 불포화지방산인 리놀산(linoleic acid)은 프로스타글란딘(PG) 합성의 원료로 이용된다. 불포화수산화지방산인 PG는 정낭선에서 합성되고, PGA · PGB · PGE · PGF 등 다양한 형이 있으며, 사정직후의 사람정액에는 500～600㎍/㎖가 함유되어 있다. 정액에 함유된 PG는 교배후에 자성생식도관의 수축을 촉진하여 정자가 수정장소로 상행되는 것을 촉진한다. 따라서, 정액중의 PG함량이 낮으면 정자의 수송이 장해를 받아 웅성불임의 한 원인이 된다(Hafez, 1993c).

(3) 단백질 : 정장에는 혈장성분에서 이행된 알부민 · 글로불린 · 트란스페린 · 당단백질 · 면역글로불린 등과 같은 단백질이 함유되어 있다. 정장에 함유된 알부민과 글로불린은 정장의 삼투압을 일정하게 유지시키는 역할을 수행함으로 정자의 생존에 필수적이다. 그러나, 정장에서만 발견되는 단백질도 있다. 세균을 제어하는 기능을 가진 면역글로불린A는 구요도선에서 합성되며, 사람의 정낭선에서는 체외로 사정된 정액을 응고시키는 피브리노겐-양 당단백질(fibrinogen-like glycoprotein)도 분비된다. 또한, 특정의 당단백질은 수정능파괴인자(受精能破壞因子, decapacitation factor)로 작동하며, 이것은 사출정자의 표면을 피복하기 때문에 정자피복항원(精子被覆抗原, sperm coating antigen)이라고도 부른다.

한편, 정장에는 acid phosphatase · kallikrein · ɣ-glutamyltranspeptidase · acetylcholinesterase · creatine phosphokinase 등과 같은 효소단백질이 다른 체액에서 보다 높은 농도로 함유되어 있는데, 이들 효소는 정장내에서도 각각이 가지는 생리적 기능을 발현한다(Prins, 1998). 또한, seminin · urokinase · aminopeptidase, 그리고 수종의 금속단백질분해효소(metalloproteinase) 등은 정장에 함유된 단백질의 분해활성을 나타낸다. 이러한 효소단백질외에도 β-glucuronidase · α-mannosidase · β-galactosidase · β-N-acetylglucosaminidase · β-및 α-glucosidase 등과 같은 배당체분해효소(glycosidase)도 함유되어 있다. 이들 효소는 복합당류의 배당결합을 절단하여 정자의 에너지대사에 필요한 기질을 공급하며, 정소상체의 분비액에서 가장 강한 활성을 나타낸다. 반면에, 단백질분해효소억제물질(proteinase inhibitor)도 정장에 함유되어 있어서 웅성생식도관의 점막상피와 정자를 보호한다.

(4) 이온과 전해질 : 정장에는 생리적 등장액(等張液, isotonic solution)을 유지하는 역할을 하는 다양한 이온과 전해질이 함유되어 있다. 칼슘(Ca^{2+})은 정자가 정상적인 기능을 발현하는데 필수적인 이온이기 때문에 정자와 정장에 균형을 이루면서 존재하며, 사람의 경우 정장중의 농도가 혈장농도에 비하여 3배나 높다. 반면에, 정장중의 NaCl농도는 혈장의 농도에 비하여 훨씬 낮다. 정장에는 전립선에서 유래된 아연(Zn^{2+})이 혈장에 비하여 매우 높은 농도로 함유되어 있는데, 이것의 대부분은 아연결합단백질과 복합체를 형성하여 존재하며, 정액중의 세균증식을 억제하는 정균작용(靜菌作用, bacteriostasis)을 한다. 정액에는 락토페린(lactoferrin)과 느슨하게 결합된 철(Fe)도 함유되어 있고, 칼륨(K^{+})은 정장에 비하여 정자내에 높은 농도로 함유되어 있다.

(5) 저분자량 분자 : 정장에는 특수한 기능을 수행하는 분자량이 낮은 물질들도 함유되어 있다. 정장중에 높은 농도로 함유된 시트르산(citric acid)은 정자의 대사과정에서 TCA

회로에 들어가 대사기질로도 이용되지만, 칼슘의 강력한 착염제(錯鹽劑, chelator)로 작동하여 칼슘을 흡착함으로써 정자가 받을 수 있는 칼슘의 해독을 억제한다. 사람의 정장에는 전립선에서 분비되는 스퍼민(spermine)이 높은 농도로 함유되어 있으며, 이것이 디아민산화효소(diamine oxidase)에 의하여 산화되면 밤꽃냄새와 비슷한 특유의 냄새를 발산한다. 포유동물의 정장에는 정소상체에서 합성・방출된 다량의 글리세릴포스포릴콜린(gryceryl-phosphorylcholine)이 함유되어 있는데, 이것의 정확한 생리기능은 아직까지 명확하지 않다. 그러나, 암컷의 생식도관내로 주입된 후에는 자궁에서 분비된 디에스테라제(diesterase)의 작용으로 유리콜린(free choline)을 분리해내고, 포스포글리세롤(phosphoglycerol)이 되어 정자의 에너지대사에 기질로 이용된다. 또한, 정장중에는 글루타민산・글리신・아르기닌・세린・알라닌・아스파라긴산 등과 같은 유리아미노산이 고농도로 함유되어 있다. 이것들은 독성을 가진 중금속의 착염제로 작동하고, 정액의 pH를 일정하게 유지시키는 완충제(buffering agent)가 되며, 정자의 대사기질로 이용되고, 정자의 운동성을 자극한다.

(6) 호르몬 : 정장에는 다양한 종류의 스테로이드호르몬과 단백질호르몬이 함유되어 있다. 스테로이드호르몬은 모두 정소의 간질세포에서 합성된 테스토스테론에서 유래된 것이다. 간질세포에서 합성된 테스토스테론의 일부는 곡세정관으로 이행되어 웅성호르몬결합단백질과 결합된 다음, 정소액에 포함되어 정소상체관으로 이행됨으로써 정장에 포함된다. 또한, 일부의 테스토스테론은 혈장으로 이행되고, 이것이 부성선을 통하여 정장으로 들어오는데, 이 과정에서 테스토스테론이 대사되어 대사산물인 디히드로테스토스테론・데히드로에피안드로스테론・에스트로겐(estradiol-17β・estrone) 등이 신생된다. 모든 스테로이드 호르몬은 정자의 운동성과 기능발현에 영향을 미친다. 일반적으로, 에스트로겐은 자극적으로 작용하여 정자를 활성화시키는 반면에, 테스토스테론은 억제적으로 작용하여 정자의 수명을 연장시킨다. 정장에 함유된 단백질호르몬은 모두 혈장에서 이행된 호르몬이다. 프롤락틴은 혈장농도에 비하여 약간 높은 농도로 정장에 함유되어 있는데, 이것은 정자의 운동성을 자극하고, 수명을 연장시킨다. 이외에도 LH・FSH・hCG・성장호르몬・인슐린・글루카곤・릴랙신 등과 같은 다양한 호르몬들이 함유되어 있다.

2) 정장의 기능

높은 배율로 희석한 정액이나 정소상체에서 채취한 정자로 인공수정을 하여도 수태가 성립되는 사실을 보면, 정장이 정자의 수정생리에 필수적 요소는 아니다. 그러나, 자연교배시에는 중요한 생리적 의미를 가진다. 정장은 정자가 웅성생식도관은 통과하여 체외로 배출되는 사정과정과 자성생식기관으로 주입되는 과정에서 액상운반매체로 작용한다. 정장에는 정자의 에너지대사에 이용되는 다양한 대사기질이 함유되어 있어서 결과적으로 정자의 운동성을 항진시킨다. 또한, 정장의 pH는 약알칼리성을 나타낼 뿐만 아니라, 완충능(緩衝能, buffering capacity)도 뛰어나기 때문에 정자의 대사결과로 생성된 유기산을 중화시킨다. 더욱이, 질에 정액을 사정하는 동물에서는 질에 상주하는 젖산균의 작용으로 생성된 젖산에 의하여 유발된 질의 산성환경을 개선시킨다. 이와 같이, 정자가 산성환경에 노출되는 것을 방지함으로써 정자의 운동성을 증대시킨다. 또한, 정장에 함유된 수정능파괴인자와 단백질분해효소억제제는 정자의 표면을 피복함으로써 수정이 될 때까지 정자를 보호하고, IgA와 아연은 정액에서 세균이 증식되는 것을 억제한다. 전립선에서 분비되는 항응집단백질(antiagglutination protein)은 정자의 자가응집반응(autoagglutination)을 억제하여 개개의 정자가 수정과정에 참여하도록 유도한다(Prins, 1998).

4. 사출정자의 생리

정소의 세정관상피에서 형성된 정자는 지지세포(Sertoli cell)에서 방출된 다음에는 자신을 만든 동물체와는 생리적 연관관계를 단절하고, 오직 정자 자체가 접하는 외부환경의 지배하에 독립적인 생리작용을 영위한다. 그러나, 사출정자가 발현하는 모든 생리작용은 난자와 만나서 수정을 성취하려는 준비적 과정이다.

1) 정자의 대사

정자는 생존과 운동에 필요한 에너지를 얻기 위하여 해당(解糖, glycolysis, fructolysis)과 호흡(呼吸, respiration)을 한다. 정자의 대사능력에 관한 모든 지식은 주로 사출정자를 이용한 *in vitro* 실험에서 얻었다.

(1) 해당 : 정자는 산소(O_2)가 없는 혐기적 조건에서도 글루코오스나 프럭토오스와 같은 6탄당을 젖산으로 분해하는 해당과정을 통하여 에너지를 얻는다. 해당과정은 엠텐-마이어호프경로(Embden-Meyerhof pathway)를 통하여 이루어지며, 1분자의 프럭토오스나 글루코오스가 2분자의 젖산으로 분해되는 과정에서 2분자의 ATP가 생성된다. 소・면양・산양・돼지 등의 정장에는 프럭토오스가 함유되어 있는데, 사출정자가 이것을 분해하여 얻어지는 에너지(ATP)를 이용하여 운동을 한다. 정자는 글루코오스나 만노오스와 같은 6탄당도 대사기질로 이용하여 에너지를 생산할 수 있다. 그러나, 슈크로오스・갈락토오스・락토오스・글리코겐 등은 이용할 수 없다. 정자의 해당과정에서 생성된 젖산은 호기적 조건하에서는 크렙스회로(Krebs cycle, TCA cycle)를 경유하여 산화되어 최종대사산물로서 이산화탄소(CO_2)와 물(H_2O)을 생성한다. 그러나, 정액에서는 젖산이 대사경로로 진입되지 않고, 그대로 축적되는 경향이 있다. 따라서, 신선정액을 그대로 방치하면 젖산이 축적되어 점차적으로 정액의 pH가 산성으로 내려간다. 한편, 정자에 의한 프럭토오스의 분해는 정자의 농도와 활력에 비례한다. 따라서, 정액의 질을 평가할 때 해당지수(解糖指數, fructolysis index)가 자주 쓰인다. 해당지수는 37℃ 조건하에서 1억의 정자가 1시간동안에 분해하는 프럭토오스의 mg수로 산정한다.

(2) 호흡 : 정자는 호기적 조건하에서 호흡작용으로 대사기질을 산화시켜 에너지를 생산한다. 정자가 호흡작용의 기질로 이용할 수 있는 정장의 성분은 해당작용으로 생성된 젖산을 비롯하여 피루빈산 · 아세트산 · 소르비톨 · 글리세롤 · 지방산 · 아미노산 등인데, 이용되는 대시기질은 동물의 종에 따른 정자의 특성에 따라 차이가 있다. 또한, 정자를 세척하여 정장에 함유된 대사기질을 제거하여도 호기적 조건하에서는 정자의 원형질막에 부착되어 있는 인지질을 호흡기질로 이용하여 에너지를 생산한다. 정자가 호흡작용으로 에너지를 생산하는 주요경로는 크렙스회로(TCA cycle)와 산화적 인산화반응(oxidative phosphorylation)이다. 즉, 호흡기질이 크렙스회로를 통하여 대사되는 과정에서 유리된 수소원자(H)는 수소전달단백질(NADPH · $NADH_2$ · $FADH_2$)을 거쳐 최종적으로 산소(O_2)와 결합하여 물(H_2O)을 생산하고, 이 반응의 결과로 생성된 에너지를 고에너지화합물인 ATP의 형태로 축적한다. 이러한 반응은 정자미부 중편부의 미토콘드리아초에서 일어난다. 프럭토오스 1분자의 대사로 생성되는 ATP분자의 수는 해당으로 2분자, 호흡으로 36분자이다. 한편, 정자의 호흡량은 통상 ZO_2로 나타내는데, 이것은 37℃의 조건하에서 1억의 정자가 1시간동안에 소비하는 산소량을 $\mu\ell$단위로 나타내며, 가축의 정자는 대략 5~20의 범위에 있다.

2) 정자의 운동성

정자의 운동성(運動性, motility)은 수정능 및 생존성과 깊은 관계가 있나. 일반적으로 운동성이 없는 정자는 난자로 접근하기가 어려울 뿐만 아니라, 난자내로 침투할 수도 없어서 수정과정에 참여할 수 없다. 그러나, 정자의 운동성이 활발할 경우에는 노화가 촉진되어 생존성이 나빠진다. 정액의 동결보존은 정자의 운농성을 억세하여 생존성을 연장시키는 수단이다. 따라서, 정자의 운동성은 정액성상의 검사에 반드시 필요한 항목이다.

(1) 운동성의 획득과 운동양식 : 세정관상피에서 유리된 직후의 정자는 운동성이 없으며, 정소상체의 체부로 이송된 후부터 운동성이 발현된다. 정자가 정소상체의 체부에서 운동성은 획득하였지만, 미부에서 운동성을 극도로 억제하여 생존성을 증대시키면서 사정될 때까지 저장함으로 정소상체관내에서는 운동성이 발현되지 않는다(제1장 제1절 정소상체 항목 참조). 그러나, 체외로 배출된 정자는 정소상체에서 획득한 잠재적 운동성을 발휘하여 전진운동을 개시한다. 즉, 사정직후의 정자 대부분은 미부를 파형(波形)으로 움직이고, 정자의 장축을 회전축으로 하여 스스로 회전하는 자전운동(自轉運動)을 하면서 활발하게 전진한다. 그러나, 사정후 시간의 경과에 비례하여 활발한 전진운동(前進運動, progressive movement)이 완만한 전진운동으로 변경되고, 이어서 선회운동(旋回運動, rotary movement)이나 진자운동(振子運動, pendular movement)을 하다가 급기야는 운동을 정지하고 만다. 이러한 정자의 운동은 미부에 구축되어 있는 9+9+2의 축섬유속(軸纖維束, axial fibrillar bundle)에 의하여 영위된다(본절의 미부 항목 참조). 정자의 운동을 위한 미부의 파동은 동물의 종에 따라 차이는 있지만, 37℃의 온도조건에서는 1초당 10~20회이다. 이에 따른

정자의 전진속도는 매초당 소 94~123㎛, 말 90㎛, 면양 50~60㎛, 개 45㎛, 사람 35~50㎛ 정도이다. 정자의 운동성은 온도 · 광선 · 삼투압 · 점조도 · pH · 가스(O_2, CO_2) · 이온 · 호르몬 · 항생제 등과 같은 다양한 요인에 의하여 영향을 받는다. 따라서, 이것들은 인공수정용 정액을 희석하거나 보존하는 경우에 중요하게 고려해야 할 요인이다.

(2) 정자운동의 주성 : 자유운동능력을 가진 세포나 생물이 외부로부터의 자극에 반응하여 일정한 방향으로 운동이 조절되는 현상을 주성(走性, taxis)이라 하는데, 정자도 다양한 주성에 의하여 운동성이 변경된다. 정자는 자기를 부유하고 있는 정장에서 흐름이 일어나면 두부를 흐름의 반대방향으로 향하고 전진하는 주류성(走流性, rheotaxis)을 나타낸다. 실제로, 말의 정자가 부유된 용액에 초당 120㎛의 유속을 주면 정자의 운동속도는 87㎛에서 209㎛로 빨라지며, 용액의 유속이 증가되는데 비례하여 정자의 운동속도도 증가된다. 정자는 주촉성(走觸性, thigmotaxis)이 있어서 정액중에 혼재된 고형물이나 생식기관의 벽면에 두부를 접촉시키고, 그 면을 따라 운동한다. 정자가 가지는 주촉성의 생리학적 의미는 명확하지 않다. 그러나, 암컷의 생식도관내에서의 주촉성은 정자가 고형물에 접촉하여 그 면을 따라 운동하려면 운동속도가 늦어진다. 이에 따라 수정장소로 이행되는 정자수가 제한되어 다정자침입을 방지하며, 난자와 만나서는 정자가 난자내로 진입되는 것을 용이하게 한다. 돼지의 정액에 다량으로 함유된 교양물질은 정자의 주촉성을 유발하는 것으로 보인다. 또한, 정자는 특정한 화학물질의 농도차에 의하여 일정한 방향으로 전진하는 주화성(走化性, chemotaxis)도 나타내는데, 이것은 주로 수정과 관련이 있다. 즉, 수정시 정자가 난자주위로 모이는 것은 난자에서 분비되는 물질에 대하여 정자가 주화성을 나타내기 때문이다. 예를 들면, 래트의 난자와 토끼의 난자가 함께 있는 배양액에 토끼의 정자를 주입하면 토끼의 난자 주위로 많은 정자가 모여든다. 이와 같은 주성외에도 전기적 성질에 따라 모여드는 주전성(走電性, galvanotaxis)이나 중력에 따라 이동하는 주중력성(走重力性, geotaxis)을 비롯하여 주산소성(走酸素性, aerotaxis) · 주삼압성(走滲壓性, osmotaxis) · 주온성(走溫性, thermotaxis) 등도 정자의 운동성에 영향을 미친다.

3) 정자의 생존성

정소의 세정관상피에서 형성된 정자는 정소상체관으로 진입된 후에는 운동성이 극도로 억제되어 생존성(生存性, viability)을 유지하면서 사정될 때까지 정소상체 미부에 저장된다. 정상적인 성생활을 하는 수컷에서 정자가 웅성생식도관내에 체류되는 기간은 동물의 종에 따라 달라서 소 6~11일, 면양 9~14일, 돼지 14일, 닭 2~4일 정도이다. 그러나, 사정의 빈도가 높으면 체류기간이 짧아지고, 금욕생활을 하면 체류시간이 길어지면서 퇴화 · 소실되거나 정관을 통하여 배출된다. 또한, 정소상체 미부의 양쪽을 결찰하면 그 속에 저장된 정자는 최고 60일까지 생존할 수 있다는 것이 소 · 토끼 · 귀니아피그 등을 이용한 실험에서 밝혀졌다. 정소상체관에서 정자가 오랫동안 생존할 수 있는 것은 정자의 운동성과 대사작용이 극도로 억제되기 때문이다(제1장 제1절 정소상체 항목 참조).

(1) 사출정자의 생존성 : 정소상체의 미부에 저장되었다가 체외로 사출된 정자는 사출직후에는 운동성과 생존율이 높다. 그러나, 사출정자는 활발한 대사와 운동을 하게됨으로 에너지의 소모가 증가되어 급속한 속도로 노화·사멸된다. 따라서, 사출정자의 생존성을 연장하려면 정자의 대사와 운동을 억제하여 에너지의 소모를 최소화시켜야 한다. 정자를 동결보존하여 대사와 운동을 억제하면 반영구적으로 생존성을 연장시킬 수 있다.

(2) 자성생식도관에서의 생존성 : 자성생식도관으로 주입된 정자의 생존성은 자성생식도관의 부위에 따라 다르다. 일반적으로 질내에서는 생존시간이 짧고, 자궁경부에서 가장 길다. 정자의 생존성이 질내에서 낮은 이유는 질내에 상주하는 젖산균의 대사산물로 생성된 젖산에 의하여 질액의 pH가 정자의 생존에 적합하지 않은 산성으로 되기 때문이다. 또한, 교미시에 질점막을 통하여 질액으로 유출된 백혈구도 정자의 생존성을 저하시킨다. 닭의 경우 교미후 28일까지 수정란을 생산할 수 있는데, 이것은 암탉의 난관에 정자를 저장하는 정자소(精子巢, sperm nest)가 있어서 정자를 장기간에 걸쳐 생존성을 유지시키면서 지속적으로 방출하기 때문이다. 한편, 자성생식도관내에서 정자의 생존성은 발정주기의 단계에 따라 다르다. 일반적으로 황체기에는 생존성이 낮고, 발정기에는 높다. 발정기에 다량으로 분비되는 난관액·자궁액·자궁경관액 등은 정자의 생존성에 유리한 환경을 조성한다. 특히, 소와 말의 정자는 질에서의 생존성이 황체기에는 10여분으로 짧지만, 발정기에는 2~3시간으로 길게 연장된다. 이것은 발정기에 다량으로 분비된 각 생식도관의 분비액이 질로 누출되어 질의 산성상태를 개선하기 때문이다. 또한, 질점막상피의 아래에 위치하는 형질세포(形質細胞, plasma cell)는 세균의 감염을 방지하는 면역글로블린 A와 G 뿐만 아니라, 정자에 대한 면역글로블린도 방출하는데, 이것은 정자의 생존성에 나쁘게 작용한다.

4) 정자의 수정능

정소상체의 미부에 저장된 정자나 사정된 정자는 모두 인공수정을 하면 수태가 되지만, 체외수정을 하면 수정이 되지 않는다. 그러나, 암컷의 생식도관에서 수시간동안 머물게 한 정자는 체외수정이 된다. 이 사실은 정소상체정자와 사출정자 모두가 잠재적 수정능(受精能, fertilizing ability)을 가지고 있지만, 실제적 수정능은 정자가 암컷의 생식도관내에서 일정한 변화과정을 거쳐야만 획득된다는 것을 의미한다. 이와 같이, 암컷의 생식도관내에서 정자가 수정능을 획득하는 변화를 수정능획득(受精能獲得, capacitation)이라 한다. 수정능이 획득된 정자는 첨체에서 수정에 관련된 효소를 방출하는데 필요한 첨체반응(尖體反應, acrosome reaction)이 일어난다.

(1) 수정능획득 : 정소상체정자나 사출정자가 곧바로 수정되지 못하는 것은 당단백질의 일종인 수정능파괴인자(정자피복항원)가 정자를 보호하기 위하여 표면을 피복하고 있기 때문이다. 수정능파괴인자는 정자의 원형질막에 강력하게 접착되어 있어서 간단한 세척만으

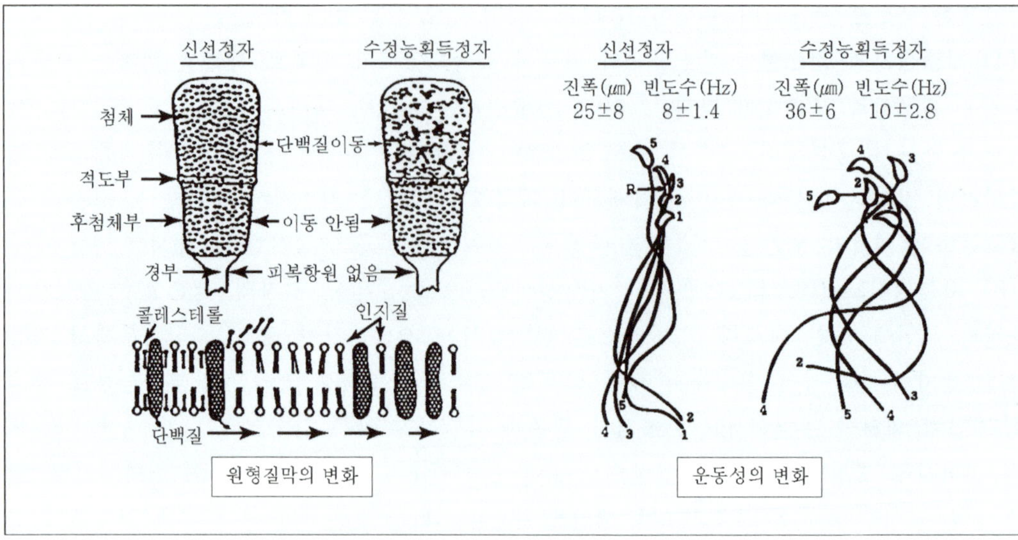

그림 4-13. 수정능획득과정에서의 원형질막의 변화와 운동성의 변화

로는 제거되지 않는다. 그러나, 정장을 105,000g에서 3시간동안 원심분리하면 작은 덩어리로 침전되는데, 이것을 크로마토그라피로 분석하면 분자량 170,000의 당단백질 분획으로 단리된다(Eddy, 1988). 정장에 함유된 수정능파괴인자는 정소상체에서 합성되며, 다른 곳에서도 합성되는지는 아직까지 명확하지 않은데, 동결이나 65℃ 정도의 열처리로는 활성을 잃지 않는다. 정장에 함유된 수정능파괴인자와 정자수 사이에는 양적 비례관계가 있어서 다수의 정자에 대하여 수정능을 파괴하려면 상응하는 수정능파괴인자의 양이 필요하다. 수정능획득은 정자의 원형질막에서 수정능파괴인자가 제거되는 과정에서부터 시작된다.

정자의 수정능획득은 자궁에서 개시되지만, 완성되는 주 장소는 난관, 특히 협부이다. 그러나, 질에 사정하는 동물종에서는 자궁경관에서부터 개시된다. 수정능이 획득되는 과정은 ① 수정능파괴인자가 함유된 정장이 정자의 주위에서 제거되고, ② 정자 원형질막의 표면에 부착된 당단백질(수정능파괴인자)이 분리된 다음, ③ 원형질막이 변환된다. 그러나, 수정능파괴인자의 제거는 오직 수정능획득과정의 준비단계에 불과하며, 진정한 수정능획득은 정자 원형질막의 성분변화에 의하여 이룩된다. 즉, 자성생식도관 분비액의 작용으로 정자의 원형질막에서 ① 당잔기(glycosyl residue)가 제거되고, ② 인지질이 메틸화되며, ③ 스테롤/인지질의 비율이 감소되고, ④ 지질과 단백질의 이동성이 증가되는 등의 변화가 유발된다. 이러한 변화에 따라 원형질막의 분자량이 감소되고, 최종단계에서는 첨체가 위치하는 부위의 원형질막에서 막내단백질입자(intramembraneous protein particle)가 이동되어 단백질입자가 존재하는 부위와 존재하지 않는 부위를 형성한다(그림 4-13의 좌측; Suzuki & Yanagimachi, 1989). 이 때, 단백질입자가 존재하지 않는 부위에서 첨체반응을 위한 원형질막과 외첨체막의 융합이 시작된다. 수정능이 획득된 정자는 원형질막의 성상이 변화된데

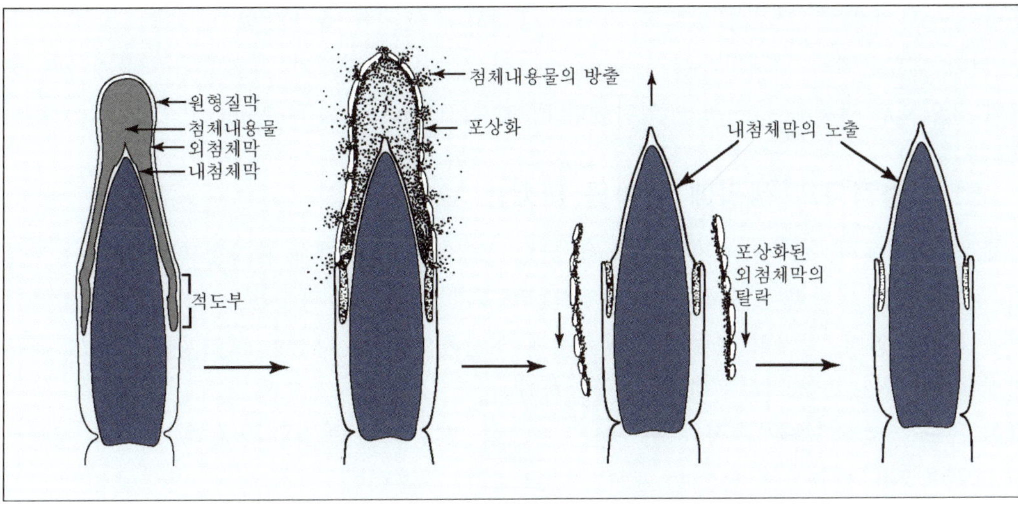

그림 4-14. 포유동물 정자의 첨체반응

따라 투과성이 개선됨으로 호흡능력이 증대되어 운동성이 향상된다. 즉, 정자미부 특히 중편부의 유연성이 증대되어 미부의 운동진폭(beating amplitude)이 증대되며, 따라서 두부는 미부의 반대방향으로 약간 돌아가고, 두부의 자전운동이 정지된다(그림 4-13의 우측). 한편, 수정능획득 여부의 판정은 정자가 수정능을 획득하기 전에 원형질막에 부착된 당단백질(수정능파괴인자)이 제거된다는데 근거하여 이 당단백질의 제거 여부로 판정하는 방법이 이용된다. 그러나, 당단백질은 그대로는 관찰되지 않음으로 염산테트라사이클린(tetracycline-HCl)으로 염색한 다음, 형광현미경으로 관찰하여 형광을 나타내지 않으면 당단백질이 제거된 것으로 판정한다.

(2) 첨체반응 : 수정능이 획득된 정자가 난자의 투명대를 통과하여 난자내로 진입하려면 첨체에서 형태적인 변화가 일어나 첨체효소가 방출되어야만 하는데, 이러한 첨체의 형태적 변화를 첨체반응이라 한다(그림 4-14; Eddy, 1988). 첨체반응은 수정능획득정자의 원형질막에서 단백질입자가 없는 부분과 알부민의 영향을 받아 유동성이 증가된 외첨체막이 융합되어 포상화(胞狀化, vesiculation)됨으로써 첨체내로 통하는 구멍이 만들어진다. 이 구멍을 통하여 히알루로니다제가 첨체외로 방출되는 동시에 칼슘이온(Ca^{2+})이 첨체내로 유입되어 프로아크로신을 아크로신으로 활성화시킨다. 이어서 첨체의 적도부를 제외한 전첨체부의 외첨체막이 모두 탈락되어 아크로신이 부착되어 있는 내첨체막이 노출된다.

첨체에서 가장 먼저 유출되는 히알루로니다제는 난자를 둘러싸고 있는 난구(卵丘)의 세포간질인 히알루론산(hyaluronic acid)을 용해시켜 난구세포를 분산시킨다. 아크로신은 트립신과 유사한 단백질분해효소로서, 투명대를 연화시켜서 정자의 침투통로를 만든다. 한편, 정자와 난자가 만나서 수정이 일어나는 난관팽대부에서 난자를 둘러싸고 있는 난구세포와 접촉되지 않는 정자의 대부분은 첨체반응이 일어나지 않았고, 난구세포층내에서는 첨체반응이 일어나지 않은 정자와 일어난 정자가 혼재되어 있으며, 투명대의 표면에 도달된 정자는 거의 대부분에서 첨체반응이 완료되었다. 이 사실은 투명대가 첨체반응을 유기하는 하나의 요인으로 작동한다는 것을 의미한다(Fournier-Delpech & Thibault, 1993).

5) 사출정자의 생리에 영향을 미치는 요인

세정관상피에서 유리된 정자는 자신을 만든 동물체와는 생리적 관계를 단절하고, 독자적인 생리작용을 영위한다. 특히, 체외로 사출된 정자는 다양한 외부환경의 변화에 민감하게 반응한다. 따라서, 정자의 운동성과 생존성에 영향을 미치는 다양한 요인을 이해하는 것은 정액을 합리적으로 취급하는데 매우 중요하다.

(1) 온도 : 정자의 대사활성과 운동성은 온도에 따라 크게 영향을 받는다. 정자가 정상적인 생리작용을 발현하는 온도는 체온과 같은 37℃ 전후이다. 그러나, 이 온도에서는 정자의 활발한 대사로 정자 자체가 노화되어 수명이 단축될 뿐만 아니라, 정장에서 대사기질이 소모되고, 젖산이 축적됨에 따라 pH가 저하되며, 세균이 증식되어 정자에 유해한 환경이 조성된다. 정자의 환경온도가 10℃ 높아지면 대사율은 2배로 증가되는데, 대사율의 증가에 비례하여 수명은 단축된다. 온도가 50℃로 상승되면 정자의 운동성은 비가역적으로 되고, 54~56℃가 되면 순간적으로 광적인 운동을 하다가 사멸된다. 반면에, 정자의 환경온도가 낮아지면 대사활성과 운동성이 억제되어 생존성이 증대되며, 저온에서 다시 적정온도로 가온하면 운동성이 가역적으로 회복된다. 그러나, 정자를 저온에 급격히 노출시키면 운동성과 생존성이 급격히 저하되는 저온충격(cold shock)을 받는다. 이러한 저온충격을 방지하려면 정자의 생존성에 위험한 온도역(溫度域)인 15~0℃에서 서서히 냉각하고, 정액희석액에 동해방지제를 첨가한다. 오늘날에는 다양한 동해방지제를 첨가한 희석액을 이용하여 정자를 -79℃(드라이아이스)나 -196℃(액체질소)에서 반영구적으로 동결보존한다.

(2) pH : 정자가 운동성을 나타낼 수 있는 pH의 범위는 5.8~10.0이다. 그러나, 정자는 중성(pH 7.0) 또는 약알칼리성 환경에서 가장 활발하게 운동한다. 정자가 산성환경에 노출되면 운동성과 대사율이 감소되는 반면에, 생존성은 다소 증가된다. 이와는 반대로 알칼리성 환경에서는 운동성은 증가되지만, 대사기질을 빨리 소모하여 생존성이 저하된다. 그러나, pH 8.0 이상의 환경에서는 운동성이 급격히 저하된다. 운동성을 유지할 수 있는 pH의 범위를 벗어나 운동성을 잃은 정자라도 다시 pH 7.0의 환경에 노출시키면 가역적으로 운동성이 회복된다. 정자는 정장중에 함유된 대사기질을 분해하여 젖산을 생산함으로 정액의 pH가 점차적으로 낮아진다. 따라서, 정액의 희석액이나 보존액에는 인산염이나 중탄산염과 같은 완충제를 첨가하는 것이 필요하다.

(3) 삼투압 : 정자는 동물체의 생리적 삼투압과 같은 등장액(isotonic solution)에서 가장 오랫동안 운동성을 나타낸다. 생리적 삼투압의 50~150% 범위에서는 정자가 손상을 크게 받지는 않는다. 일반적으로, 고장액(hypertonic solution) 보다는 저장액(hypotonic solution)

이 정자의 운동성과 생존성에 대하여 유리하다. 그러나, 극도로 불균형한 삼투압은 정자의 운동성과 생존성을 저해한다. 특히, 매우 낮은 삼투압을 가진 저장액에 정자를 부유하면 처음에는 운동성이 증가되지만, 곧이어 비정상적인 운동을 하다가 마침내는 운동이 정지된다.

(4) 전해질과 비전해질 : 전해질가운데 마그네슘이온(Mg^{2+})은 정자의 해당작용과 호흡작용을 촉진하여 운동성을 유지시킨다. 칼륨이온(K^{+})은 4~5mM수준에서는 해당 및 호흡작용을 촉진하지만, 이보다 높은 수준에서는 운동성을 저하시킨다. 칼슘이온(Ca^{2+})과 고농도의 인산이온(PO_4^{2-})은 정자의 호흡작용과 운동성을 억제한다. 나트륨이온(Na^{+})은 정장의 삼투압을 유지시키는데 필요하며, 염화이온(Cl^{-})은 비전해질과 치환되면서 정자의 생존성을 증가시키는 경우가 있다. 구리이온(Cu^{2+})이나 철이온(Fe^{2+})과 같은 중금속이온은 정자의 운동성과 생존성에 유해하게 작용한다. 한편, 프럭토오스나 글루코오스와 같은 비전해질은 적정량이면 정자의 대사기질로 유효하게 이용되지만, 그 양이 너무 많으면 정자의 생존성을 저해한다.

(5) 가스 : 정자는 낮은 산소분압에서도 정상적으로 호흡할 수 있다. 소·면양· 닭 등의 정자는 산소분압이 4~5mmHg 정도만 되면 정상적인 호흡과 운동이 가능하다. 그러나, 높은 분압의 산소는 정자의 대사를 촉진하여 수명을 단축시킨다. 한편, 저분압의 이산화탄소는 정자의 대사를 촉진하지만, 분압이 높은 경우에는 대사를 억제한다. 질소가스는 정자의 운동성과 생존성에 하등의 영향을 미치지 못한다. 다만, 높은 분압의 질소가스는 산소의 공급을 차단하여 정자의 대사를 억제한다.

제 2절 난포와 난자

난소가 수행하는 가장 중요한 생리기능인 난자의 생산과 성선스테로이드호르몬의 분비는 난소의 기질에 매몰되어 위치하는 난포에서 이루어진다. 즉, 수정이 가능한 난모세포는 난포의 발달에 수반하여 주기적으로 생산되며, 성선스테로이드호르몬가운데 에스트로겐은 난포의 성장과 더불어 분비가 증가되고, 프로게스테론은 배란된 난포에서 형성된 황체에서 분비된다. 이들 성선스테로이드호르몬은 자성생식도관의 발달은 유도하여 수정·난할·착상·임신·분만 등의 생식과정이 원활하게 이루어질 수 있도록 조절한다. 따라서, 난포가 암컷의 생식기능발현에 중심적 역할을 한다고 볼 수 있다.

한편, 암컷의 배우자인 난자는 난소에서 배란된 후에 수컷의 배우자인 정자와 수정하여 새로운 개체를 탄생시키는 세포이다. 난자는 난원세포로부터 난자형성과정을 통하여 만들어진 반수체(n)의 암컷 생식세포를 지칭하는 것이지만, 실제로는 감수분열이 종료되기 전에 배란이 일어난다. 더욱이, 수정과정에서 정자의 침입자극으로 감수분열이 완료되기 때문에 이 시기에는 이미 수정란이 되었음으로 엄밀한 의미에서의 난자는 존재하지 않는다. 그러나, 난자라는 용어는 모든 암컷의 생식세포에 대하여 포괄적으로 사용하는 경우가 많다. 따라서, 난자는 ① 난자형성과정의 발단단계에 따라 구분되는 난자형성세포(난원세포・난모세포・난자세포 등), ② 암컷의 체내에서 존재하는 위치에 따라 구분되는 생식세포(난소란・난포란・난관란 등), ③ 수정여부에 따라 구분하는 생식세포(수정란・미수정란) 등과 같은 모든 형태의 암컷 생식세포 모두를 지칭하는 용어로 사용된다.

1. 난포의 형성과 발달

난포(卵胞, ovarian follicle)는 하나의 제1차난모세포를 과립막과 협막이 완전하게 둘러싸고 있는 포상체(胞狀體)로서, 난소의 기질속에 매몰되어 있다. 난포는 태생기의 난소에서 원시난포로 형성되고, 이것이 여러단계의 발달과정을 거쳐서 최종적으로 배란직전의 난포인 그라아프난포가 된다(그림 4-15; Van Voorhis, 1998).

1) 난포의 형성

난포의 형성은 난소의 발생과정에서 이루어지며, 최초로 형성된 난포는 하나의 제1차난모세포를 한층의 난포세포가 둘러싸고 있는 구조를 가진 원시난포(primordial follicle)이다. 원시난포에 들어있는 제1차난모세포는 원시생식세포로부터 발생된다. 즉, 난황낭에 매몰되어있던 원시생식세포가 성선의 발생원기인 성선융기로 이동되어 온 다음에 난원세포로 발달되고, 이것이 유사분열을 하여 수를 증가시킨 다음, 제1차난모세포가 된다. 제1차난모세포는 곧바로 제1감수분열을 개시하지만, 분열전기의 복사기에서 분열과정이 정지된다. 한편, 성선융기의 표면을 피복하고 있는 배상피가 간엽세포층으로 뻗어들어가 형성된 제2차성삭이 제1차난모세포를 둘러싸면서 난포세포로 분화된다(자세한 내용은 제1장 제3절 성선의 분화와 발달 항목 참조). 이러한 발생과정을 통하여 형성된 원시난포는 난소피질의 표층(백막의 아래)에 밀집되어 위치하는데, 이 부위를 난포대(卵胞帶, follicular zone)라 한다. 원시난포는 난소발생이 완료된 후에는 추가적으로 형성되지 않는다. 따라서, 출생시에 이미 원시난포의 수와 그 속에 위치하면서 난자로 분화될 제1차난모세포의 수가 결정되어 있다. 출생시 양쪽 난소에 함유된 원시난포의 수는 래트 4만, 소 12만, 돼지 21만, 사람 100만개 정도이다. 원시난포 자체는 휴지기의 난포로서, 생식과정에 맞추어 가면서 활성화되는데, 활성화된 난포는 폐쇄되거나 성장하여 배란이 된다. 따라서, 난포는 동물체의 생식수명(reproductive life span)이 진행되는 과정에 비례하여 그 수가 감소된다.

2) 난포의 발달

태생기의 난소에서 형성된 원시난포는 동물체의 생식수명이 끝날 때까지 계속적으로 성숙과정에 편입되어 발달한다. 난포는 발달단계에 따라 ① 원시난포, ② 제1차난포, ③ 제2

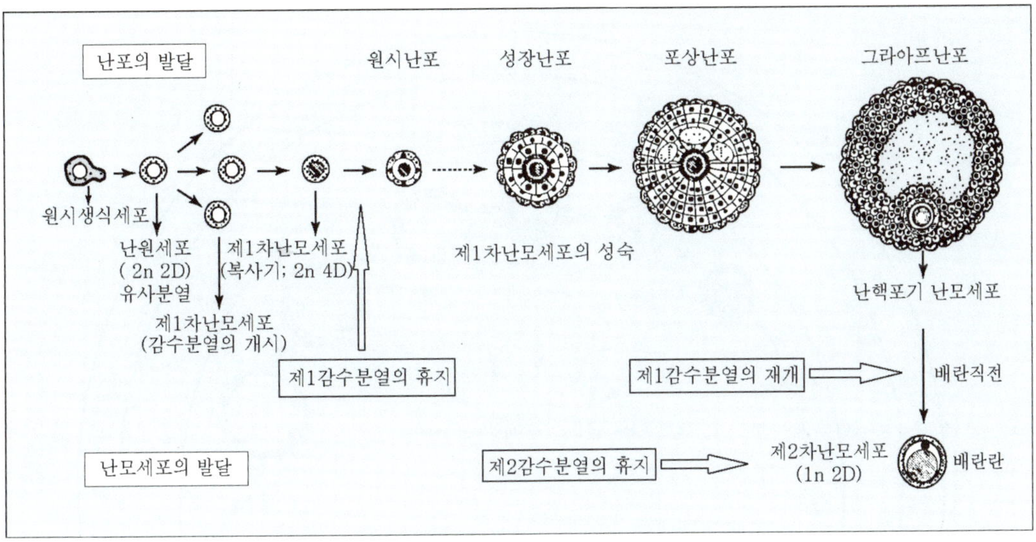

그림 4-15. 난포발달과 난자발생의 시기적 상호관계

차난포, ④ 포상난포(제3차난포), ⑤ 그라아프난포로 구분한다.

(1) 난포의 발달과정 : 원시난포가 성숙과정에 편입되면, ① 제1차난모세포의 성숙과정이 진행되고, ② 과립막세포가 분열·증식되며, ③ 투명대와 협막이 형성되고, ④ 난포강이 신생되는 등의 과정을 통하여 최종적으로는 배란직전의 난포인 그라아프난포로 발육된다(그림 1-14와 그림 4-15 참조). 원시난포는 제1차난모세포의 성장과 보조를 맞추어 기저판(basement lamina)에 부착되어 배열된 난포세포의 높이가 증가되어 입방상 또는 원주상의 세포로 되는데, 이러한 난포를 제1차난포(primary follicle)라 한다. 제1차난포는 그속에 함유된 제1차난모세포의 발육과 더불어 난포세포가 분열·증식을 반복하여 제2차난포(secondary follicle)로 발달된다. 이 때부터는 난포세포층을 과립층, 개개의 난포세포를 과립층세포라고 부른다. 제2차난포에서는 제1차난모세포가 히알루론산(hyaluronic acid)이 다량으로 함유된 당단백질을 합성·분비하여 난모세포 자체를 둘러싸는 투명대를 형성하고, 아울러 난소의 기질에 위치하는 간질세포와 교원섬유가 협막을 형성하여 과립층을 밖에서 둘러싼다. 협막에는 모세혈관이 분포되어 있으며, 따라서 제2차난포에서부터는 순환혈액에 함유된 다양한 난포발육촉진인자의 영향을 받아 급속하게 발육된다. 제2차난포가 발육을 계속하면 주로 말초혈액에서 유래된 난포액이 과립층세포사이에 축적됨에 따라 난포강이 형성되고, 난포를 밖에서 피복하고 있는 협막은 내협막과 외협막으로 분화된다. 이러한 난포를 포상난포(vesicular follicle), 또는 제3차난포(tertiary follicle)라 한다. 포상난포의 난포강에 난포액의 저류량이 증가되면 과립층이 마치 막(膜)과 같이 늘어나면서 난포 자체의 크기가 커져서 난소의 표면으로 돌출되며, 난모세포는 과립층세포에 싸인채로 한쪽으로 편재되는 난구(卵丘)를 형성하여 난포강내로 돌출되는데, 이러한 난포를 그라아프난포라 한다. 그라아프난포

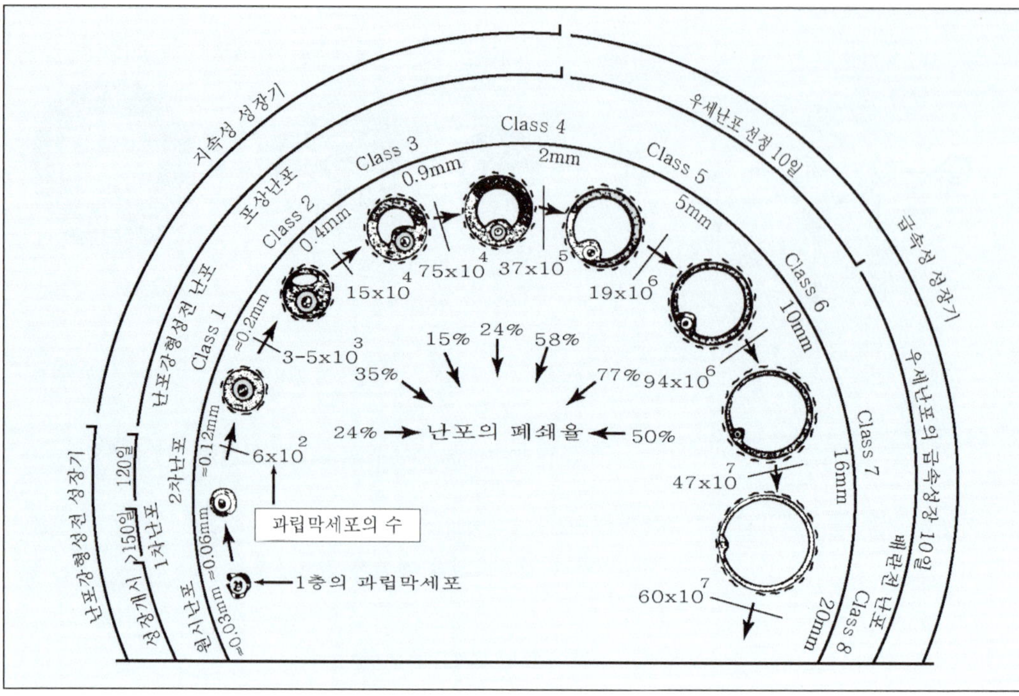

그림 4-16. 사람에서 난포발달의 시간적 과정

에서는 포상난포에서의 과립층을 과립막, 과립층세포를 과립막세포라고 부른다(자세한 난포의 발달과정은 제1장 제2절 난소 항목 참조).

(2) 난포발달의 양상 : 난포발달과정을 통하여 성장하는 난포는 경시적으로 균일하게 직선적으로 성장하지 않는다. 따라서, 각 발달단계에 있는 난포의 성장률은 매우 다르다. 난포의 발육과정은 난포강형성전 성장기(preantral growth phase)·지속성 성장기(tonic growth phase)·급속성 성장기(exponential growth phase)의 3단계로 구분할 수 있다(그림 4-16; Van Voorhis, 1998). 난포강형성전 성장기는 원시난포가 제1차난포로 전환되는 것으로부터 개시되고, 난포강형성전난포(제2차난포)가 형성되는 시점에서 종료된다. 이 기간에서의 난포 성장은 매우 느린 속도로 진행되며, 사람의 경우 수개월이 소요된다. 지속성 성장기는 난포강형성전난포가 발육하여 소형포상난포(직경 2~5㎜정도)로 성장하는 기간으로서, 사람의 경우 약 2개월 정도가 걸린다. 이러한 소형포상난포는 급속성 성장기로 들어가 배란이 가능한 성숙난포로 성장되는데, 이 기간은 매우 빠르게 진행되어 사람에서 약 21일이 소요될 뿐이다. 이 기간의 초기 10일사이에 앞으로 배란될 우세난포가 선정되고, 나머지의 기간에 우세난포가 급속히 성장하여 배란에 이른다. 그러나, 우세난포로 선정되지 못한 난포는 폐쇄된다.

한편, 성성숙이 완료된 동물에서는 뇌하수체에서 분비되는 성선자극호르몬(FSH와 LH)의 자극으로 발정주기에 동조(同調)되어 배란을 위한 난포가 발육된다. 그러나, 배란을 위

표 4-3. 생리적 기능을 수행하는 난포액의 구성성분과 대사물질

생화학적 구성성분	물 질 명
단 백 질	알부민, 글로블린, 피브리노겐, 지단백질, 펩티드, IgA, IgG, IgM
아미노산	아스파라긴 산, 트레오닌, 글루타민 산, 글리신, 글루타민, 아스파라긴
효 소	다양한 세포내 효소 및 세포외 효소
탄수화물	갈락토오스, 프럭토오스, 퓨코오스, 만노오스
당단백질 관련물질	글루코사민, 갈락토사민, 히알루론산, 헤파린, 프라스미노겐
성선자극호르몬	난포자극호르몬, 황체형성호르몬, 프롤락틴
프로스타글란딘	프로스타글란딘 E, 프로스타글란딘 $F_{2}\alpha$
무기이온	Na, K, Mg, Zn, Cu, S, Cl, PO_4, P

하여 성장을 개시하는 난포의 수는 배란된 난자의 수에 비하여 훨씬 많고, 난포의 발달양상도 동물의 종에 따라 매우 다르다. 성장을 개시한 다수의 난포가운데 각 동물종이 가지는 생식특성에 따라 지정된 수의 난포는 배란을 하여 난자를 방출하지만, 다수의 나머지 난포는 배란되지 못하고 패쇄된다(제3장 제3절 발정주기중의 난포발육 항목 참조).

3) 난 포 액

난포액(卵胞液, follicular fluid)에 함유된 성분의 대부분은 난포벽의 과립층과 내협막사이에 위치하는 기저판에서 혈장성분이 선택적으로 여출(濾出, transudation)되어 난포강내로 유입된 성분이고, 일부성분은 난포의 과립막세포에서 합성된 물질이다. 따라서, 난포액은 혈장성분의 여출물과 과립막세포에서 합성·방출된 분비물의 혼합물이다. 난포강에 축적되는 난포액의 양은 난포의 성장속도에 비례하여 증가된다.

(1) 난포액의 화학적 조성 : 난포액에는 혈장성분이 그대로 여출된 성분과 과립막세포에서 합성된 특수성분(스테로이드, 당단백질 등)이 다양하게 함유되어 있다(표 4-3; Hafez & Hafez, 2000a). 난포가 발육하는 기간에는 난포액과 혈청사이에 평형(平衡, equilibrium)이 이루어져 상호간에 대사물질의 농도가 유사하며, 난관액의 그것과도 거의 같다. 성장중인 난포의 난포액에는 대사물질 외에도 생리적으로 중요한 물질들이 함유되어 있는데, 이것들 대부분의 농도도 혈청중의 농도와 유사하다(Hafez & Hafez, 2000a).

큰 난포강을 가진 대형난포의 난포액에 발정주기의 난포기에는 에스트라디올-17β의 농도가 높고, 배란기에 가까워지면 프로게스테론의 농도가 상승된다. 그러나, 다낭포성난소(多囊胞性卵巢, polycystic ovary)에서는 안드로스텐디온의 수준이 높다. 생존난포의 난포액에는 스테로이드호르몬 외에도 생리활성을 나타내는 다양한 비스테로이드물질이 함유되어 있다. 여기에는 ① 난포내에 있는 제1차난모세포의 감수분열을 억제하는 난모세포성숙억제인자(OMI), ② 복합단백질로서, 난포의 과립막세포가 황체세포로 전환되는 것을 억제하는 황체

화억제인자(luteinization inhibitor), ③ 과립막세포의 FSH수용체에 FSH가 결합되는 것을 억제하는 FSH수용체-결합억제인자(FSH receptor-binding inhibitor), ④ FSH의 분비를 억제하는 인히빈, ⑤ 과립막세포의 황체화를 자극하는 황체화자극인자(luteinization stimulator), ⑥ 정자의 수정능획득과 첨체반응을 촉진하는 여러종류의 인자 등이 포함된다.

(2) 난포액의 생리기능 : 난포액은 발정주기의 단계에 따라 현저하게 변화되면서 각 단계에 적합한 생리작용을 수행한다. 난포액은 과립막세포의 기능발현, 난포성장의 개시, 난포의 스테로이드합성기능 등을 조절할 뿐만 아니라, 난모세포의 생존과 발달에 적합한 환경을 제공한다. 또한, 난포의 과립막세포와 내협막세포가 황체세포로 전환되어 황체가 형성될 수 있도록 준비적 변화를 유발한다. 배란직전에 있는 난포의 난포액은 난구세포에서 분비되는 히알루론산과 혈청에서 전이된 혈청단백질에 의하여 점조성이 매우 높은데, 이것은 배란된 난자가 난관채에 쉽게 포착될 수 있도록 돕는다. 한편, 난포액은 정자의 호흡을 자극하고, 운동성을 증가시키며, 첨체의 변화에도 영향을 미친다. 그러나, 정자의 수정능획득과 수정과정에도 영향을 미치는지는 별로 알려진 것이 없다.

4) 난포발달의 내분비적 조절

태생기에 무수하게 형성된 원시난포는 전생애를 통하여 원시난포가 소진될 때까지 계속적으로 성장하면서 배란에 이르거나 폐쇄된다. 난포의 발달은 난모세포·과립막세포·협막세포 등과 같은 난포의 구성세포에서 일어나는 일련의 세포학적 및 분자생물학적 변화에 의하여 이루어진다. 이러한 변화는 기본적으로 뇌하수체전엽에서 분비되는 성선자극호르몬(GTH)의 자극에 의하여 유기되지만, 초기의 난포에서는 GTH보다는 오히려 난소내조절인자의 영향을 크게 받는다(그림 4-17; Hafez & Hafez, 2000a).

(1) 성선자극호르몬에 의한 조절 : 난포발달을 자극하는 가장 중요한 호르몬은 두 종류의 GTH, 즉 FSH와 LH이다. 이 사실은 뇌하수체적출(hypophysectomy)과 같은 실험기법으로 혈액을 타고 순환하는 GTH의 수준을 낮게 유지시키면 발육하는 난포의 수가 현격하게 감소되고, 이러한 동물에 GTH를 주사하면 난포의 발달이 재개된다는 실험결과로 증명된다(Van Voorhis, 1998). 그러나, 난포의 발육단계에 따라 GTH의 자극에 대한 반응성이 다르고, 더욱이 FSH와 LH의 상대적 중요도도 다르다. GTH가 난포발육을 자극하려면 난포구성세포의 원형질막에 위치하는 수용체에 축합되어야만 한다. GTH수용체(FSH수용체와 LG수용체)는 G-단백질축합수용체(G-protein coupled receptor)로서, GTH와 수용체가 결합하여 GTH-수용체복합체(GTH-receptor complex)가 형성된 다음, G-단백질과 축합되며, 이것이 아데닐레이트사이클라제를 활성화시키고, 이에 따라 세포내전달물질인 cAMP가 생산되어 생리작용을 발현한다(제2장 제2절 G-단백질-축합수용체의 구조와 신호변환 항목 참조). 그러나, 모든 난포구성세포에서 FSH수용체와 LH수용체 모두를 가지고 있지는 않으며, 기본적으로 FSH수용체는 과립막세포, LH수용체는 협막세포에만 있다. 다만, 배란직

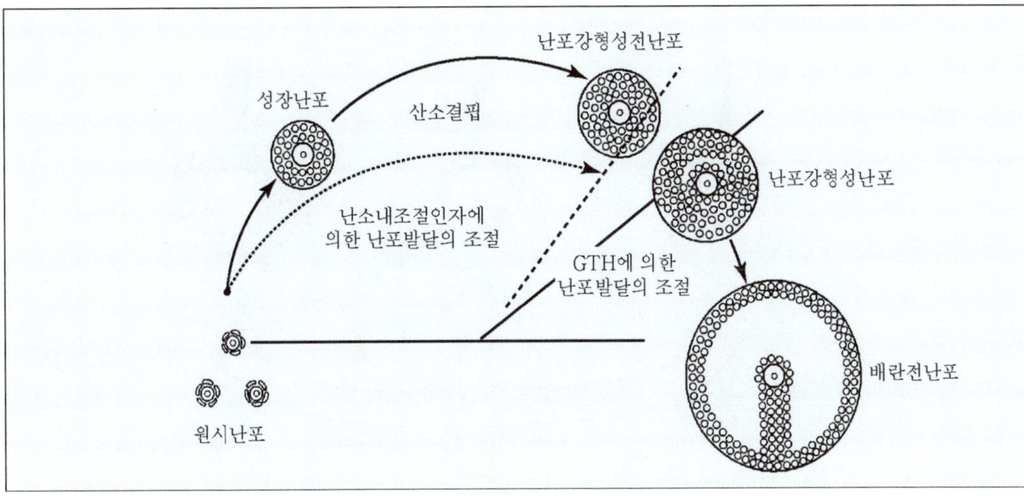

그림 4-17. 난소내조절인자와 성선자극호르몬에 의한 난포발달의 조절

전에 있는 성숙난포의 과립막세포에서는 FSH와 에스트로겐의 협동작용으로 LH수용체가 형성된다. 난포에서 FSH수용체는 제2차난포에서부터 검출되지만, 이것의 밀도는 난포강이 형성되지 않는 난포에 비하여 난포강이 형성된 난포에서 높다. 이 사실은 FSH에 대한 반응성이 초기난포에 비하여 후기난포에서 높다는 것을 의미한다. LH수용체는 협막세포에서는 모든 발달단계의 난포에서 다 검출되지만, 과립막세포에서는 배란직전의 난포에서만 검출된다. 협막세포에 위치하는 LH수용체는 안드로겐의 합성을 촉진하여 에스트로겐의 합성원료를 공급하며, 성숙난포의 과립막세포에 위치하는 LH수용체는 과립막세포의 황체화를 촉진하고, 배란을 유발한다. 이러한 사실들은 FSH가 난포발달의 주 자극호르몬이고, LH는 협막세포를 자극하여 난포발달에 대한 FSH의 작용에 상승효과를 나타내는 에스트로겐의 합성원료인 안드로겐을 공급하는 간접경로로 난포발달을 촉진한다는 것을 증명한다.

한편, 난포의 성장에 대한 FSH의 자극효과는 난포의 발달단계에 따라 다르다. 원시난포가 제1차난포로 변환되는 과정은 FSH에 의하여 자극되지 않고, 난모세포가 원시난포의 전구과립막세포(progranulosa cell)로 보내는 신호에 따라 자극된다. 그러나, 난모세포가 원시난포를 활성화시키는 신호물질의 본태는 아직까지 분명하지 않다. 그러나, 확실한 것은 난핵포(卵核胞, germinal vesicle) 상태의 핵을 가진 난모세포는 그 직경이 최소한 20㎛까지 성장하지 못하면 원시난포를 제1차난포로 변화시키지 못한다는 사실이다. 성장을 개시한 제1차난포가 제2차난포로 발달되는 과정은 기저수준의 FSH가 필요한 것으로 추정되지만, 부정적 견해도 많다. 그러나, FSH는 과립막세포의 유사분열과 난포액의 분비를 자극하여 포상난포의 형성을 촉진한다. 포상난포는 성장과정이 진행될수록 FSH에 의하여 강력하게 자극되어 급속한 성장을 계속한다. 난포가 배란직전의 단계까지 성장하면 FSH와 에스트로겐의 자극으로 과립막세포에 LH수용체가 형성되어 LH의 자극에 의한 배란과 황체형성이

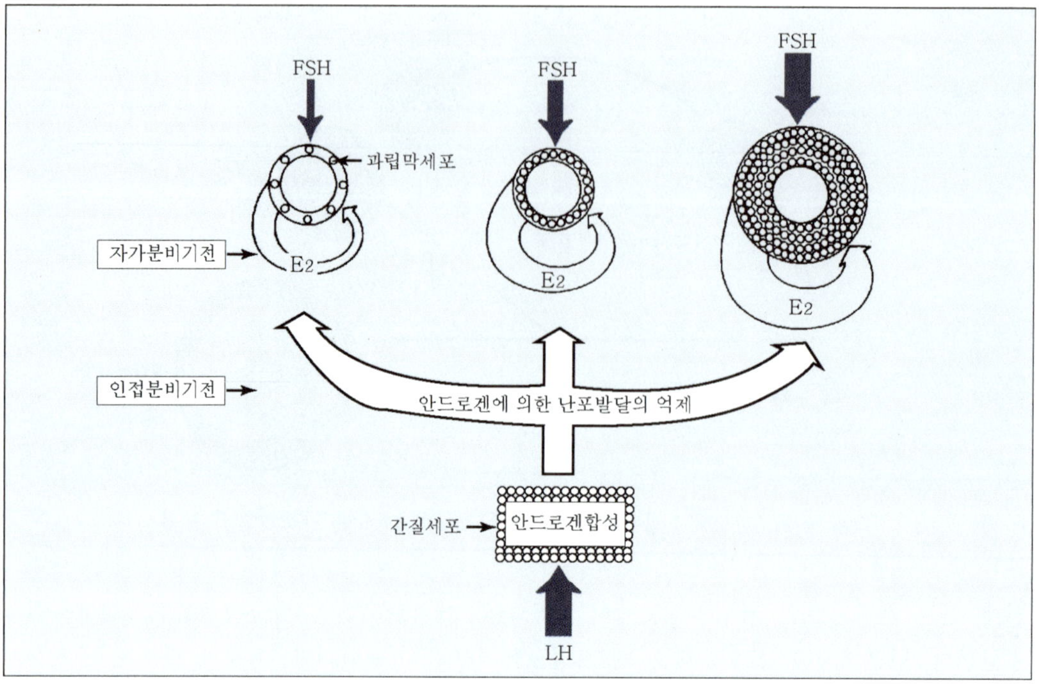

그림 4-18. 난소에서 성선스테로이드호르몬에 의한 난포발달의 조절

일어날 수 있는 준비적 변화가 완료된다.

(2) 에스트로겐에 의한 조절 : 난포는 FSH의 자극으로 에스트로겐을 분비하는데, 난포의 성장단계에 비례하여 분비량이 증가된다(제2장 제4절 에스트로겐 항목 참조). 난포에서 분비된 에스트로겐은 자가분비기전(autocrine mechanism)으로 과립막세포를 자극하여 난포강형성전난포의 성장을 촉진한다(그림 4-18; Peters & McNatty, 1980). 에스트로겐은 ① 과립막세포의 분열·증식과 성장을 촉진하고, ② 스테로이드합성효소의 합성을 지배하는 유전자의 발현을 자극하며, ③ FSH와 협동작용으로 과립막세포의 원형질막에 LH수용체를 형성시키고, ④ 난포의 폐쇄를 방지한다. 더욱이, 에스트로겐수용체 녹아웃 마우스를 이용한 최근의 연구에서 에스트로겐이 난포발달에 대하여 자극적으로 작동하는 중요한 난소내 조절인자라는 것이 확인되었다(Van Voorhis, 1998).

(3) 난소내조절인자에 의한 조절 : 난포의 발달은 기본적으로 GTH(FSH와 LH)와 성선스테로이드호르몬에 의하여 조절되지만, 오늘날에는 성장인자나 사이토카인과 같은 난소내 조절인자도 난포발달에 중요하게 작용한다는 것이 증명되고 있다. 난포는 매우 복잡하고 정교한 조절기전을 통하여 성장·발달한다. 특히, 난포의 발달과정에서 발현되는 ① 난모세포 감수분열의 개시와 휴지, ② 초기난포의 성장개시, ③ 난포의 급속한 성장, ④ 우세난포의 선정 등과 같은 과정은 매우 정교하게 조절된다. 이러한 난포의 발달과정에는 GTH의 작용 뿐만 아니라, 난소내조절인자에 의한 제어도 필수적이다. 다양한 성장인자와 사이

토카인은 난포발달과정에서 세부적이고 미세한 발달과정을 조율(tuning)한다. 난소내조절인자는 난포내에서 국소적으로 생산되고, 자신을 생산한 세포나 인접한 세포의 원형질막에 위치하는 수용체와 결합하여 생리작용을 발현하는 자가분비기전이나 인접분비기전을 영위한다. 포유동물의 난포에서는 다양한 성장인자를 합성·방출하여 난포의 발달을 조절한다(제2장 제7절 성장인자의 종류와 특성 항목과 난소내의 성장인자 항목 참조). 또한, 난포에서는 인히빈·액티빈·폴리스타틴 등과 같은 난포내조절펩티드(intrafollicular regulating peptide)도 합성하는데, 이것들은 FSH의 분비를 조절하거나 생리작용의 발현을 제어하는 수단을 통하여 난포의 발달을 조절한다(제2장 제4절 인히빈 항목과 난포내조절펩티드 항목 참조).

5) 난포의 폐쇄

태생기의 난소에서 무수하게 형성된 난포는 계속적으로 성장·발육하면서 일부는 배란이 되지만, 대부분은 폐쇄(閉鎖, atresia)된다. 출생시의 난소에 있던 난포의 99%이상이 폐쇄되며, 1%이하의 난포만이 성장하여 배란에 이른다(Guogeon, 1966). 난포는 발달과정의 어느 단계에서나 폐쇄되지만, 모든 단계에서 같은 비율로 폐쇄되는 것은 아니다. 대부분의 동물종에서 난포발달의 최종단계 직전에 가장 높은 폐쇄율을 나타낸다(그림 4-16 참조). 영장류에서 보면, 발육초기의 난포는 폐쇄되는 비율이 낮으며, 이때의 폐쇄는 순환호르몬의 주기적 변동과는 관계없이 일어난다. 그러나, 대형난포의 폐쇄는 호르몬의 주기적 변동에 따라 크게 다르며, 특히 순환 FSH의 농도와 폐쇄율은 반비례한다(Van Voorhis, 1998).

(1) 폐쇄난포의 특성 : 폐쇄난포는 형태학적으로 ① 난포의 윤곽이 비정상적인 모양으로 변형되고, ② 제1차난모세포가 퇴화되며, ③ 과립막세포의 핵이 농축되면서 세포상호간의 간격이 증가되고, ④ 협막층에 분포된 혈관이 감소된다. 난포의 폐쇄는 난포액의 안드로겐 농도와 깊은 관계가 있다. 건강한 성장난포의 난포액은 에스트로겐에 대한 안드로겐의 비율이 낮고, 과립막세포는 안드로겐을 에스트로겐으로 변화시키는 방향족화효소의 활성이 높다. 반면에, 폐쇄난포의 난포액은 에스트로겐에 대한 안드로겐의 비율이 높고, 과립막세포는 방향족화효소의 활성이 매우 약하거나 없으며, FSH의 자극에 대한 반응성을 잃는다.

(2) 세포소멸과정에 따른 난포의 폐쇄 : 오늘날에는 난포의 폐쇄를 세포가 유전적으로 프로그램된 과정에 따라 사멸하는 것을 지칭하는 세포소멸(細胞消滅, apoptosis) 기전으로 설명하고 있다(Van Voorhis, 1998). 세포소멸은 각종세포의 염색체에서 유전물질의 일부가 소실되는 결실(缺失, deletion)을 허용하는 에너지-요구적 과정(energy-requiring process)으로서, 동물체에서 발현되는 생리적 과정의 다양한 영역에서 중요한 역할을 한다. 세포소멸과정에 있는 세포에서 보이는 특징적인 형태학적 변화는 핵의 염색질이 농축되고, 이어서 게놈DNA(genomic DNA)가 Ca^{2+}/Mg^{2+}의존적 엔도뉴클레아제(endonuclease)의 작용으로 뉴클레오솜과합체(一寡合體, nucleosomal oligomer)로 분절화되는 것이다. 세포소멸과정에

서 나타나는 세포의 형태학적 변화는 폐쇄난포에서도 확연하게 나타나는데, 이 사실은 난포의 폐쇄도 세포소멸과정을 통하여 일어난다는 것을 의미한다. 폐쇄난포의 세포소멸과정은 FSH에 의하여 현저하게 억제된다는 사실이 래트의 난포를 대상으로 수행한 *in vivo* 및 *in vitro* 실험에서 증명되었다. 따라서, FSH의 농도가 충분하지 못한 조건하에서는 난포의 폐쇄가 현저하게 증가된다. 또한, 표피성장인자(EGF)·형질변환성장인자-α(TGF-α)·β-섬유아세포성장인자(β-FGF) 등도 난포의 세포소멸과정을 감소시킨다는 사실이 래트에서 증명되었다(Van Voorhis, 1998). 한편, 발육중인 난포에서 세포소멸과정을 유발하는 가장 중요한 요인은 산화스트레스(oxidative stress)이다. 산화스트레스(산화적 자유결합기; oxidative free radical)는 세포호흡대사의 결과로 발생되며, *in vitro* 실험에서 과립막세포의 세포소멸을 유발하여 난포를 폐쇄시킨다는 것이 확인되었다. 따라서, 난포를 배양할 때 배양액에 산화적 자유결합기의 활성을 제거하는 기능을 가진 카탈라제(catalase)·과산화물 분자변위보효소(superoxide dismutase)·아스코르빈산(ascorbic acid) 등을 첨가하면 난포의 세포소멸을 억제할 수 있다.

2. 난자의 형성

난원세포로부터 성숙난자가 발생되기 까지의 전과정을 말하는 난자형성(卵子形成, oogenesis)은 태생초기에 개시되어 성성숙이 완료된 다음에 끝나는 장기간에 걸친 암컷 배우자의 발생과정이다. 난자형성과정에서 난원세포와 초기의 난모세포는 제2차성삭에 위치하면서 발달되지만, 그후의 난모세포는 난포에 포함된 상태에서 난포의 성장과정과 보조를 맞추어 가면서 발달하고, 최종적인 발달은 배란된 후에 일어나는 수정과정에서 완료된다(Picton & Gosden, 1998; 그림 4-15 참조).

1) 난자형성의 단계

난자(卵子, ovum, ova [pl])는 태생초기에 분화된 원시생식세포로부터 여러단계의 세포분열과정과 성숙과정을 통하여 형성된다(그림 4-19; StrÖmstedt & Byskov, 1998). 난자형성과정에서 일어나는 두번의 감수분열은 분열이 개시된 후에 계속적으로 진행되지 못하고, 휴지기를 가지게 되는데, 특별한 자극이 없으면 감수분열이 재개되지 않는다. 특히, 제2차 난모세포는 제2감수분열이 휴지된 상태에서 배란되고, 수정시 정자의 침입자극으로 제2감수분열이 재개되어 반수체(n)의 난자세포(ootid)가 된다. 그러나, 난자세포는 수정과정에서 정자가 침입하여 웅성전핵을 형성하였기 때문에 이미 수정란이 된 상태이다. 따라서, 엄밀한 의미에서 보면 반수체의 난자는 존재하지 않는다.

(1) 원시생식세포의 발생 : 원시생식세포(primordial germ cell)는 태생기의 초기에 형성되며, 난황낭의 외배엽에서 최초로 발견되는데, 기원세포·발생장소·발생시기 등은 아직

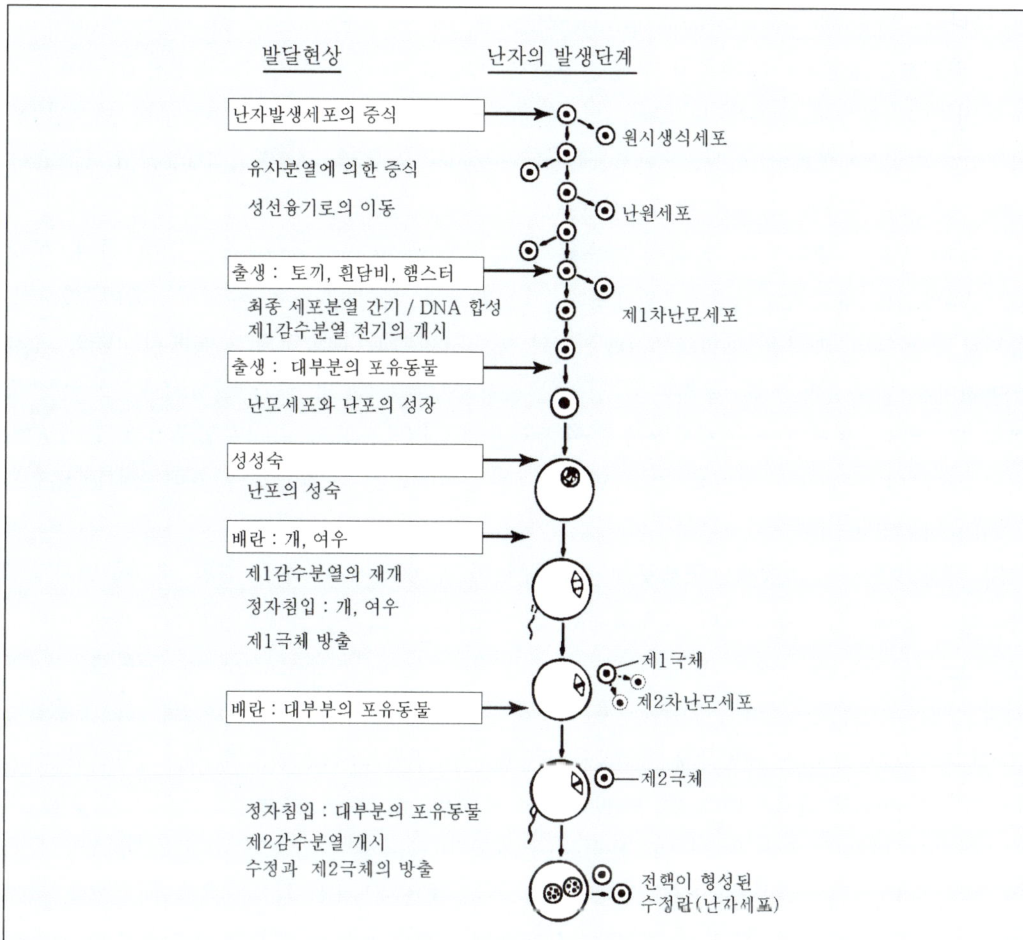

그림 4-19. 포유동물의 난자형성과정

까지도 명확하지 않다(Picton & Gosden, 1998). 그러나, 태생기 배의 원시선조(原始線條, primitive streak)와 요막의 발생원기에서 형성된다는 견해도 있다(Wassarman, 1988). 난황낭에 위치하는 원시생식세포는 피동적 수송에 의하여 후장(後腸, hind gut)의 내배엽성 상피로 이동되고, 곧이어 아메바운동으로 등쪽 장간막을 따라 성선융기에 도달된다(제1장 제3절 생식기관의 발생원기 항목과 난소의 분화와 발달 항목 참조). 원시생식세포는 소수가 형성되지만, 유사분열을 반복하여 그 수가 급격하게 증가된다. 마우스를 예로 들면, 8일령(임신기간 20일)의 배는 적게는 15개, 많게는 100개의 원시생식세포를 가지고 있지만, 후장으로 이동된 후(9~10일령 배)에는 170~350개에 이르고, 장간막을 타고 이동하는 과정(11~12일령 배)에서 약 5,000개로 증가되며, 성선융기로 이동된 후(13~14일령 배)에는 20,000개에 이른다. 이러한 증식과정을 분석하면, 8~12일령의 배에서는 매 18시간마다 원시생식세포의 수가 2배로 증가되고, 성선융기로 이동하는 4일 동안에 7~8회의 유사분열이 반복된다는 것을 알 수 있다(Wassarman, 1988).

(2) 원시생식세포 → 난원세포 : 성선융기로 이동된 원시생식세포는 성선융기의 배상피에서 발생된 성삭에 수용된다. 마우스의 배에서 13일령이 되면 성선융기로부터 난소가 분화되고, 원시생식세포의 이동도 완료된다(Zuckerman & Baker, 1977; Picton & Gosden, 1998). 난소의 성삭에 수용된 원시생식세포는 운동력을 잃고, 소수의 세포소기관을 가진 둥근모양의 세포로 변환된다. 이러한 세포를 난원세포(oogonium, oogonia [pl])라 하며, 이것이 난자발생의 줄기세포이다. 난원세포는 세포간교에 의하여 상호간이 연결되어 있으며, 강력한 유사분열 활성을 나타낸다. 마우스의 배에서는 14~16일령의 사이에서 4번의 유사분열주기를 반복하여 거의 동시에 일생동안 사용할 난원세포의 수가 결정된다. 그러나, 체격이 큰 포유동물에서는 출생직전까지 수개월간에 걸쳐 분산된 유사분열주기가 유지되며, 이에 따라 임신 중기와 말기에 걸쳐 발달단계가 서로 다른 난원세포가 출현된다(Picton & Gosden, 1998).

(3) 난원세포 → 미발육난모세포 : 난원세포의 단계에서 수회에 걸친 유사분열과정이 종료된 다음에 제1감수분열이 개시되는데, 이때부터는 제1차난모세포(primary oocyte)라고 부른다. 난원세포는 마지막 유사분열을 종료한 후에 전세사기(preleptotene; 난원세포의 마지막 분열후에 오는 분열간기)에서 제1감수분열을 위한 DNA를 복제하는데, 이 복제활성을 개시시키는 신호가 난원세포를 제1차난모세포로 전환시키는 신호가 된다. 이러한 신호는 태생기 난소의 난소망(卵巢網, rete ovarii; 수컷의 정소망과 상동구조물로서, 난소의 발생과정에서 퇴화됨)에서 유래되며, 특히 난원세포가 난소망과 접촉만 하여도 DNA의 복제가 개시된다. 그러나, 감수분열의 개시에 호르몬 환경(FSH, LH 등)은 하등의 영향을 미치지 못한다(De Felici & McLaren, 1982; Upadhyay & Zamboni, 1982). 유사분열을 개시한 제1차난모세포는 제1감수분열 전기의 세사기·접합기·태사기의 과정을 거쳐서 복사기에 이르는데, 여기에서 감수분열과정이 정지(휴지)된다. 제1감수분열이 정지되는 시점인 복사기의 후반을 망사기(網絲期, dictyate stage)라고 한다. 감수분열과정이 정지된 망사기난모세포는 난원세포에 비하여 크기가 크고, 세포질내에 더 많은 세포소기관이 있으며, 어미와 아비에서 유래된 염색체의 교차에 의하여 유전물질이 재조합된 세포이다(감수분열과정은 본장의 제1절 정자형성 항목의 감수분열 항목 참조). 이러한 특성을 가진 제1차난모세포는 난원세포에서 보이던 세포간교(intercellular bridge)가 절단되어 각각이 독립된 세포가 되며, 이것들 각각은 체세포(성선융기의 배상피세포)에서 유래된 한층의 난포세포에 둘러싸여 원시난포를 구성한다(앞에 기술된 난포형성 항목 참조).

(4) 미발육난모세포 → 발육난모세포 : 제1감수분열의 복사기에서 휴지된 제1차난모세포는 난포의 발달과정에 보조를 맞추어 성숙된다. 그러나, 난모세포의 성숙은 난포에서 난포강이 형성되기 직전까지 완료되며, 배란될 때까지 이러한 발달상태가 유지된다. 따라서, 난포강이 형성된 이후의 난포는 난모세포의 성숙에 영향을 미치지 않는 것으로 보인다.

(5) 발육난모세포 → 난자 : 그라아프난포속에서 완전히 성숙한 제1차난모세포는 배란 직전에 이르면 제1감수분열전기의 복사기에서 정지되었던 감수분열이 재개되고, 이에 따라 제2차난모세포(secondary oocyte)가 형성된다. 그러나, 제1감수분열은 현저한 부등분열(不等分裂, unequal division)로서, 제1차난모세포의 세포질은 대부분이 제2차난모세포로 이행되고, 다른 하나의 세포는 핵과 극소량의 세포질만을 가지게 되는데, 이것을 제1극체(first polar body)라고 한다. 제2차난모세포는 제1감수분열의 결과로 반수체(n)의 염색체를 가지지만, 각염색체가 2개의 염색분체로 구성되었기 때문에 DNA의 함량은 2n의 분량이다. 제2차난모세포는 곧바로 제2감수분열을 개시하지만, 분열중기(metaphase Ⅱ)에서 휴지된다. 따라서, 대부분의 포유동물에서 배란될 때의 난자는 제2감수분열의 중기에서 분열과정이 정지된 제2차난모세포이다. 제2차난모세포는 수정과정에서 정자의 침입자극으로 제2감수분열이 재개되어 제2극체를 방출하고, 난자세포(ootid)가 된다. 제2감수분열에서는 각 염색체를 구성하는 염색분체가 하나씩 나누어짐으로 DNA의 함량은 절반으로 줄지만, 1n의 염색체수에는 변화가 없다. 그러나, 난자세포의 형성은 이미 정자의 침입이 완료된 상태에서 이루어짐으로 난자세포의 핵은 곧바로 자성전핵(female pronucleus)으로 발달되고, 이어서 정자의 핵에서 유래된 웅성전핵(male pronucleus)과 융합되어 수정란이 된다. 따라서, 실제적으로는 난자세포가 존재하지 않는다. 한편, 개나 여우와 같은 동물은 대부분의 포유동물과는 달리 제1감수분열이 완료되지 않은 제1차난모세포의 상태에서 배란되며, 배란후에 제1극체가 방출되면서 제2차난모세포가 형성된다.

2) 난모세포의 발육

포유동물의 난소에는 제1감수분열의 복사기에서 휴지된 다수의 난모세포가 난포에 싸인 상태로 존재한다. 이들 난모세포는 발육이 개시되지 않은 것과 발육중인 것이 혼재되어 있으면서 동물체의 생식수명이 계속되는 기간동안 배란이 가능한 난모세포를 계속적으로 공급한다. 난소에 저장된 무수한 난모세포가운데 완전히 발육된 난모세포만이 매 발정주기마다 배란된다. 형성된 직후의 난모세포는 수정능이 없지만, 발육과정을 통하여 핵과 난세포질이 성숙되면 수정과 난할이 가능하게 된다.

(1) 발육과정에서의 세포학적 변화 : 포유동물의 난모세포는 난세포질에 착상기 전후의 배발달에 필요한 세포소기관과 저장물질을 함유하고 있기 때문에 기본적으로 체세포에 비하여 크다. 이러한 난모세포가 발육기에 들어가면, 세포소기관들의 기능이 활발해지면서 난세포질에 수분·전해질·지질 등이 축적되고, 단백질의 합성률과 함량도 증가됨에 따라 세포의 용적이 크게 증대된다. 예를 들면, 마우스의 난모세포는 직경이 15㎛에서 80㎛ 이상으로 발육되며, 사람의 난모세포는 35㎛의 크기에서 발육이 개시되고, 최종 크기는 120㎛에 이른다. 난모세포의 발육은 난포의 과립막세포가 2층일 때 시작되어 난포강이 형성되기 직전에 완료된다. 난모세포의 발육에 소요되는 기간은 마우스에서는 2~3주로 매우 짧

은 반면에, 사람이나 가축과 같이 체격이 큰 동물에서는 6개월 이상의 긴 기간이 필요하다.

난모세포의 발육과정에서 보이는 가장 대표적인 세포학적 변화는 세포소기관의 수가 증가되고, 기능이 활발해지는 것이다. 그러나, 예외적으로 중심소체는 난모세포의 발육중기에 소실되며, 따라서 수정에 의하여 정자에서 유래된 중심소체가 진입될 때까지는 보이지 않는다. 형성된 직후의 작은 난모세포에서는 세포소기관이 핵의 주위에 군집을 이루어 위치하는데, 이것을 발비아니소체(Balbiani body) 또는 난황핵(yolk nucleus)이라 부른다. 그러나, 난모세포가 발육하는 과정에서 세포소기관은 난모세포의 변연으로 분산된다. 미토콘드리아는 난모세포의 발육에 수반하여 그 수가 급격히 증가되고, 미세구조도 현저하게 변화된다(Stem 등, 1971; Wassarman & Josefowicz, 1978). 마우스에서 소형난모세포(~20㎛)는 다수의 크리스타가 옆으로 배열된 미토콘드리아(길이:~1.5㎛)를 가지고 있는 반면에, 성숙한 난모세포(~80㎛)는 궁상의 크리스타를 가진 둥근모양(직경:~0.5㎛)의 미토콘드리아 다수(~10^5개)를 가지고 있다(Michaels 등, 1982). 골지장치는 난모세포의 발육에 비례하여 커지면서 미세구조가 급격하게 변화되는데, 소형난모세포에서는 편평한 주모니 모양이지만, 점차적으로 포상화되어 둥근모양을 나타낸다(SzÖllÖsi, 1972). 골지장치는 난모세포를 밖에서 둘러싸는 투명대와 수정과정에서 중요하게 작용하는 표층과립을 합성·방출한다. 또한, 난모세포의 발육에 수반하여 내형질세망과 리보솜도 점진적으로 증가되지만, 폴리리보솜은 드물게 나타난다(Picton & Gosden, 1998).

한편, 제1성숙분열 전기의 복사기에서 분열이 정지된 난모세포의 핵을 난핵포(卵核胞, germinal vesicle [GV])라 하는데, 이것도 난모세포의 성숙과정에 수반하여 커진다. 마우스에서 소형난모세포(~20㎛)의 난핵포는 9~10㎛인데 대하여 발육이 완료된 난모세포(~80㎛)의 난핵포는 20~22㎛로 월등히 크다. 핵내에는 하나의 큰 핵소체가 있으며, 그 직경은 소형난모세포에서는 2~3㎛이지만, 발육된 난모세포에서는 9~10㎛이다(Chouinard, 1975; Dekel, 1998). 난모세포가 발육을 완료한 다음, 제1감수분열이 재개되면 난핵포의 핵막이 붕괴되고, 염색질의 응축이 시작되는데, 이것을 난핵포붕괴(germinal vesical break-down [GVBD])라 하며, 이 시기에 핵소체는 소실된다.

(2) 발육과정에서 RNA의 생산과 저장 : 발육중인 포유동물의 난모세포는 RNA를 활발하게 합성·축적하다가 제1감수분열이 재개되면 합성을 멈춘다. 마우스의 난모세포는 2~3주간의 발육기에 RNA를 합성하여 발육이 완료된 난모세포에는 500~600pg의 RNA가 함유되어 있다. 이 함량은 체세포의 그것에 비하여 200배나 되는 양이다(Bachvarova, 1985; Kaplan 등, 1982). 합성된 RNA의 60~65%는 리보솜(ribosomal)RNA, 20~25%는 전이(transfer)RNA, 10~15%는 전령(messenger; polyA$^+$)RNA이다(Wassarman, 1983). 이러한 RNA의 거의 대부분은 화학적으로 매우 안정적이기 때문에 난모세포의 발육초기에 생성된 RNA의 ~75%가 10~20일간 유지·저장된다(Picton & Gosden, 1998). 저장된 mRNA의 번역기능은 난모세포의 성숙과정과 수정직후에 일어나는 발달과정의 특수단계에서 소실된

다. 예를 들면, 난모세포의 난핵포붕괴는 난모세포의 발육과정에서 축적된 안정상태의 mRNA를 분해시킨다. 난모세포에 저장된 RNA는 배아게놈(embryonal genome)의 활성이 발현될 때까지(마우스: 2세포기; 돼지: 4세포기; 사람: 4~8세포기; 소: 8~16세포기) 수정란의 발달에 필요한 물질을 합성한다(Picton & Gosden, 1998).

(3) 발육과정에서 단백질의 합성과 저장 : 발육중인 난모세포는 핵 및 미토콘드리아의 DNA에서 전사된 유전정보(mRNA)에 따라 활발하게 단백질을 합성한다. 합성된 단백질의 일부는 난모세포 자신의 분화에 사용되지만, 특수한 기능을 수행하는 다양한 단백질들도 있다. 난모세포는 일단 발육을 시작하면, 난포가 폐쇄되지 않는 한 발육을 계속하여 완전한 크기의 난모세포에 이른다. 이러한 난모세포의 발육과정에서 쥐과동물은 난모세포 1개당 단백질 합성률이 1에서부터 40pg hr^{-1}까지 증가된다. 난모세포에서 합성·축적된 폴리펩티드는 수백종류에 이른다. 이것들의 절대적 성분은 난모세포의 발육·성숙 과정에 따라 변경되지 않으며, 다만 상대적 비율이 변경된다. 난모세포에서 난핵포가 붕괴되면, 단백질의 합성이 감소된다. 난모세포에 저장된 단백질은 초기난할과정에 필요한 아미노산의 공급원이 되고, 아미노산 에너지의 저장고가 되며, 더욱이 난황의 단백질로 이용된다.

한편, 난모세포에서는 각각이 특수한 역할을 하는 다양한 단백질들도 합성된다. 난모세포에서 미토콘드리아 게놈(genome)의 지배하에 합성되는 수종의 단백질은 난모세포의 발육과정에서 나타나는 미토콘드리아의 형태적 변형에 관여하며, 그 양은 난모세포에서 합성되는 총단백질의 1.5~2.0% 정도이다(Cascio & Wassarman, 1981). 난모세포의 전 발육과정을 통하여 합성되는 리보솜단백질은 전체 단백질의 1.5%를 차지하고, 완전히 발육된 난모세포에 200pg 정도가 축적되는데, 이것은 발육중인 난모세포에서 다수(~10^8)가 형성되는 리보솜의 원료가 된다. 발육중인 난모세포는 서로 다른 3종류의 당단백질(총단백질의 5~10%)을 합성·방출하여 투명대를 만들며(Bleil & Wassarman, 1980), 핵의 염색질을 구성하는데 필요한 염기성 단백질인 히스톤(총단백질의 0.07%)도 합성되고(Wassarman & Mrozak, 1981), 방추사의 형성에 관여하는 튜불린(tubulin)도 합성된다(Schultz, 1979). 또한, 난모세포의 대사에 관여하는 젖산염탈수소효소(lactate dehydrogenase)와 글루코오스-6-인산탈수소효소(glucose-6-phosphate dehydrogenase)와 같은 효소단백질도 합성된다.

(4) 감수분열성숙 : 포유동물의 난모세포는 난자형성과정에서 두번의 감수분열를 하여 반수체의 난자를 생산한다. 그러나, 감수분열과정에서 핵의 분열이 정지되는 휴지기를 가지게 된다. 제1감수분열에서는 전기Ⅰ의 복사기(이 때의 핵을 난핵포라함), 제2감수분열에서는 중기Ⅱ에서 분열이 정지된다(앞에 기술된 난자형성의 단계 참조). 이와 같이, 분열이 정지된 상태에 있는 난모세포의 핵에서 감수분열이 재개되는 능력을 획득하는 것을 감수분열성숙(meiotic maturation)이라 한다. 난모세포의 감수분열성숙은 기본적으로 배란직전에 다량으로 분비되는 성선자극호르몬(FSH와 LH)에 의하여 조절되는 난모세포와 체세포(난구세포-과립막세포)의 상호작용으로 발현된다. 발육중인 난포에 함유된 난모세포의 감수분열이 휴지되는

기전은 ① 성선자극호르몬이 난구세포-과립막세포의 원형질막에 위치하는 GTH수용체와 결합하여 아데닐레이트사이클라제(AC)를 활성화시키고, ② 활성화된 AC는 ATP를 cAMP로 변환시키며, ③ 이 cAMP는 난모세포와 난구세포 사이를 연결하는 간극결합(gap junction; 그림 4-21참조)을 통하여 난모세포로 이행되고, ④ 난모세포의 세포질로 이행된 cAMP는 단백질키나제A(PKA)를 활성화시키며, ⑤ 활성화된 PKA는 표적단백질을 인산화시키는 수단을 통하여 난모세포의 감수분열성숙을 억제하여 휴지상태를 지속시킨다(제2장 제2절 AC에 의한 신호변환 항목 참조). 따라서, 성선자극호르몬이 난구세포-과립막세포의 cAMP생산을 자극하여 난모세포의 휴지상태를 지속시키는 셈이다. 그러나, 배란직전의 난포기에 다량으로 분비되는 LH와 FSH의 수준은 난구세포-과립막세포의 포스포리파세C(PLC)를 활성화시키고, 이 PLC는 제2전달물질로서 IP_3(inositol-1,4,5-triphosphate)와 DAG(diacylglycerol)를 생산하여 세포내 칼슘(Ca^{2+})농도를 상승시키며, 상승된 칼슘농도는 cAMP를 분해하는 기능을 가진 포스포디에스트라제(phosphodiestrase [PDE])를 활성화시킨다(제2장 제2절 PLC에 의한 신호변환 항목 참조). 활성화된 PDE는 간극결합을 통하여 난모세포로 전달되어 난모세포내의 cAMP를 분해·제거함으로써 cAMP수준이 감수분열을 저지할 수 있는 역치(閾値, threshold)이하로 저하됨에 따라 난핵포붕괴(GVBD)를 일으켜 감수분열이 재개되는 다단계 반응이 개시된다. 이와 같이, 성선자극호르몬은 감수분열성숙에 양면적으로 작동한다. 즉, 성성숙전이나 황체기에 기저수준으로 분비되는 성선자극호르몬은 cAMP의 생산을 자극하여 감수분열성숙을 억제하고, 배란직전에 다량으로 분비되는 성선자극호르몬은 PDE를 통하여 cAMP를 분해·제거함으로써 감수분열을 재개시킨다(StÖmstedt & Byscov, 1998). 또한, 배란직전에 급증된 LH(LH-surge)는 과립막세포를 자극하여 프로게스테론의 분비를 촉진하는데, 이 프로게스테론은 난구세포-과립막세포를 자극하여 히알루론산의 합성·방출을 자극한다. 방출된 히알루론산은 난구세포-과립막세포의 간질에 축적되어 세포층 전체의 유동성을 증대시키고, 세포 자체를 팽화(膨化)시킴으로써 난구세포와 난모세포 사이를 연결하는 간극결합을 절단한다. 이와 같이, 간극결합이 절단되면 난모세포성숙억제인자(OMI)와 같은 난소내조절인자가 난모세포로 전달되는 것이 저지됨으로 최종적인 감수분열성숙이 완성된다(Picton & Gosden, 1998).

한편, 난모세포는 난핵포붕괴를 유발하는 성숙촉진인자(maturation-prompting factor[MPF])를 합성한다. MPF는 두종류의 단백질, 즉 단백질키나제와 사이클린(cyclin)으로 구성되고, 이것의 활성은 단백질키나제의 인산화에 의하여 조절된다. MPF의 활성은 난핵포기에는 매우 낮고, 난핵포가 붕괴될 때는 증가되는데, 감수분열의 중기Ⅰ과 중기Ⅱ에서 가장 높다. 난구세포에서는 FSH의 자극으로 감수분열활성화물질(meiosis-activating substance [MAS])을 합성한다. 이것의 화학적 본태는 콜레스테롤합성과정의 중간산물인 스테롤이다. 성선자극호르몬, 특히 FSH는 MAS합성효소의 활성을 증대시킨다. MAS는 간극결합을 통하여 난구세포에서 난모세포로 전달되어 감수분열을 재개시키는데, 이것의 정확한 작용기전은 아직까지 밝혀지지 않았다. 그러나, 난포의 발달을 자극하는 최초의 호르몬이 FSH라는 사실을 감안하면, MAS가 난모세포의 감수분열성숙을 개시시키는 인자라고 생각된다(StrÖmstedt & Byscov, 1998). 반면에, 난모세포의 감수분열성숙을 저지하여 휴지상태를 유지시키는 인자도 있다. 온코유전자(oncogene) *c-mos*는 척추동물의 감수분열에 중요한 역할을 한다. 이 유전자는 제노푸스(*xenopus*; 양서류의 한 속)에서는 감수분열과정의 몇단계에서 작용하지만, 쥐과동물에서는 제2감수분열의 휴지기(중기Ⅱ)에서만 작용한다. *c-mos*유전자에 의하여 합성된 MOS단백질($p39^{mos}$)은 세린/트레오닌 단백질키나제로서, 세포정지인자(cytostatic factor [CSF])라고 생각된다. 마우스에서 *c-mos* mRNA는 발육중이거나 완전히 발육된 난모세포 모두에서 검출되지만, MOS단백질은 성숙된 난모세포에서만 검출되고, 수정란에서는 검출되지 않는다. 마우스에서 *c-mos*유전자가 결핍되면 수태율이 감소되고, 제2감수분열의 중기Ⅱ에서 유지되어야 할 감수분열저지능력이 감소된다. 이러한 난모세포는 수정자극이 없어도 감수분열이 재개되어 단위발생(單位發生, parthenogenesis)이 되는 경우도 있다. 따라서, *c-mos*유전자에 의하여 합성된 MOS단백질은 난모세포를 중기Ⅱ에서 확실하게 휴지시키며, 만약 수정이 되지 않으면 그대로 퇴화시키는 작용을 하는 것으로 보인다. 또한, 하이포잔틴(hypoxanthine)은 퓨린(purine)이나 피리미딘(pyrimidine)과 같이 감수분열의 정지를 지속시키는 기능을 한다. 하이포잔틴은 포유동물의 난포액에서 검출되며, 그 농도는 감수분열의 휴지를 유지시키기에 충분할 정도로 높게 유지된다. 하이포잔틴은 PDE의 활성을 억제하는 수단을 통하여 cAMP의 농도를 높게 유지시켜 난모세포의 감수분열이 재개되는 것을 저지한다. 퓨린이나 피리미딘도 PDE의 활성을 억제하는데, 하이포잔틴과 같은 정도의 역가를 나타낸다(StrÖmstedt & Byscov, 1998).

3. 난자의 구조

대부분의 포유동물에서 난자는 제2성숙분열의 중기(metaphase Ⅱ)에서 분열과정이 정지된 제2차난모세포의 상태로 배란되며, 이것이 정자와 만나서 수정이 이루어지면 제2극체를 방출하고, 새로운 개체로 발달된다. 이와 같이, 난자는 하나의 세포가 완전한 생명체로 분화될 수 있는 능력을 가지기 때문에 구조적으로 체세포와 매우 다르고, 특수하게 발현되는 생리기능도 많다. 더욱이, 난자형성과정에서 일어나는 두번의 감수분열은 부등분열이고, 난모세포의 성숙과정에서 세포소기관들이 변형·증가되며, 난세포질내에 다양한 물질들이 축적됨으로 난자의 크기가 체세포에 비하여 월등히 크다. 완전히 성숙된 난자의 직경은 가축에서 100~150㎛, 소형동물에서는 70~80㎛ 정도이다.

1) 난자의 외피구조물

배란된 난자는 난모세포의 발육과정에서 형성된 투명대에 의하여 보호되며, 투명대의 외

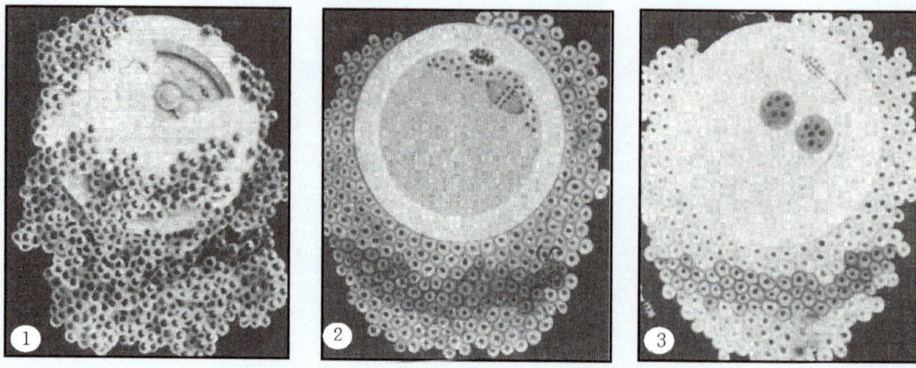

그림 4-20. 난구세포와 투명대에 피복된 난자

측에는 여러층의 난구세포가 부착되어 있다(그림 4-20; Hafez & Hafez, 2000a).

(1) 난구세포 : 난포가 발육하여 그라아프난포가 되면, 투명대에 둘러싸인 난모세포는 그 주변의 과립막세포에 싸인채로 한쪽으로 밀려 난구(卵丘, cumulus oophorous)를 형성하는데, 이 부분의 과립막세포를 난구세포(cumulus cell)라 한다. 이러한 난구세포가운데 최내층의 세포는 투명대와 직접 접촉하면서 난모세포를 둘러싸고 있다. 이 구조물을 방사관(放射冠, corona radiata)이라 하고, 개개의 세포를 방사관세포(corona cell)라 한다. 방사관세포는 세포질돌기를 내어 난모세포와 직접 물질교환을 할 수 있는 통로를 구축한다. 즉, 방사관세포에서 뻗어난 세포질돌기가 투명대를 관통하여 위란강(圍卵腔, perivitelline space)에 이르고, 이어서 난모세포의 세포막에 접착된다. 이 때, 세포질돌기의 끝부분이 난모세포의 세포막에 밀생되어 있는 미세융모(微細絨毛, microvillus)에 의하여 둘러싸여 접착반(接着斑, desmosome)을 형성함으로써 방사관세포와 난모세포사이에 형태적 결합이 이루어지는데, 이러한 결합을 간극결합(間隙結合, gap junction)이라 한다. 간극결합의 형태는 동물의 종에 따라 약간씩 달라서, 마우스는 가는 세포질돌기가 그대로 난모세포에 접착되어 접착면이 얕고 좁으며, 토끼의 경우는 세포질돌기의 말단이 확장되어 난모세포와의 접착면이 넓게 형성되고, 면양과 산양에서는 세포질돌기의 말단이 확장되면서 난모세포의 난세포막을 안쪽으로 밀고 들어가 넓고 깊게 접착된다(그림 4-21; SzÖllÖsi, 1993; Hafez & Hafez, 2000a). 간극결합은 난구세포 상호간과 과립막세포 상호간에도 형성된다. 이러한 간극결합은 난포내에서 난모세포가 발육할 때 영양공급의 통로가 될 뿐만 아니라, 과립막세포에서 생산되어 난모세포의 감수분열과정을 제어(휴지 또는 재개)하는 다양한 인자의 통로로도 작동한다. 그러나, 배란직전에는 LH와 프로게스테론의 작용으로 간극결합이 소실되어 난구세포와 난모세포의 기능적 연결이 절단된다. 난구세포는 배란후에도 난모세포에 부착된 상태를 유지하지만, 시간의 경과와 더불어 난모세포에서 탈락된다. 난구세포가 난모세포로부터 탈락되는 것을 난모세포의 나화(裸化,

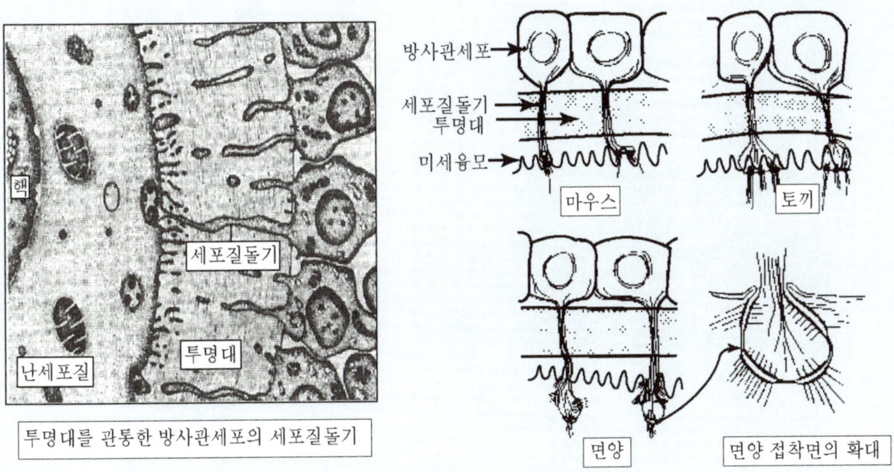

투명대를 관통한 방사관세포의 세포질돌기

그림 4-21. 방사관세포와 난모세포사이에 형성된 간극결합

denudation)라 한다. 난모세포가 나화되는 시기는 동물의 종에 따라 다르다. 소·면양·산양·말·사람 등의 난모세포는 수정장소인 난관팽대부에 도달되면 곧 바로 나화되는 반면에, 돼지·마우스·래트·토끼 등은 정자가 침입된 직후에 나화되며, 개와 고양이에서는 2세포기까지도 나화되지 않는다. 배란된 난모세포에 난구세포가 부착되어 발현하는 생리적 기능은 아직까지도 명확하게 밝혀지지 않았지만, 정자를 난모세포로 유인하고, 정자의 첨체반응을 유기하는 작용에 일정한 역할을 하는 것으로 보인다.

(2) 투명대 : 난모세포를 밖에서 둘러싸고 있는 투명대(透明帶, zona pellucida)는 발육을 개시한 난모세포에서 분비되는 섬유성당단백질(fibillilar glycoprotein)인 투명대단백질(zona protein [ZP])로 구성된다. 투명대단백질에는 분자량이 서로 다른 3종류의 단백질분자, 즉 ZP1·ZP2·ZP3가 있다. 이들 단백질 가운데 ZP2와 ZP3는 교호적으로 연결되어 긴 섬유를 만들고, 이 섬유들을 ZP1이 옆으로 연결하여 망상구조를 가진 투명대를 형성한다(그림 4-22; Hafez & Hafez, 2000a; Wassarman, 1987, 1989). 투명대의 두께는 동물의 종에 따라 달라서, 주머니쥐 1㎛, 마우스 5㎛, 햄스터 8㎛, 사람 13㎛, 면양 15㎛, 돼지 16㎛, 소 27㎛ 정도이다. 투명대는 기본적으로 난모세포를 보호하며, 수정후에도 제거되지 않고 착상직전까지의 배를 보호한다. 또한 수정시에는 투명대단백질 ZP3에 부착된 당쇄와 정자의 원형질막단백질이 결합되어 투명대에 정자가 부착되며(Saling, 1989), 정자에서 첨체반응이 일어나 첨체외막이 제거된 다음에는 첨체내막과 ZP2가 다시 결합한다(Bleil 등, 1988). 따라서, 첨체반응이 일어나지 않는 정자는 ZP2와 결합하지 못한다. 한편, 수정이 완료된 후에는 투명대의 ZP2가 난모세포의 표층과립에서 방출된 단백질분해효소의 작용으로 용해됨에 따라 투명대의 기본구조가 파괴되어 추가적인 정자의 침입을 방지하는데, 이것을 투명대반

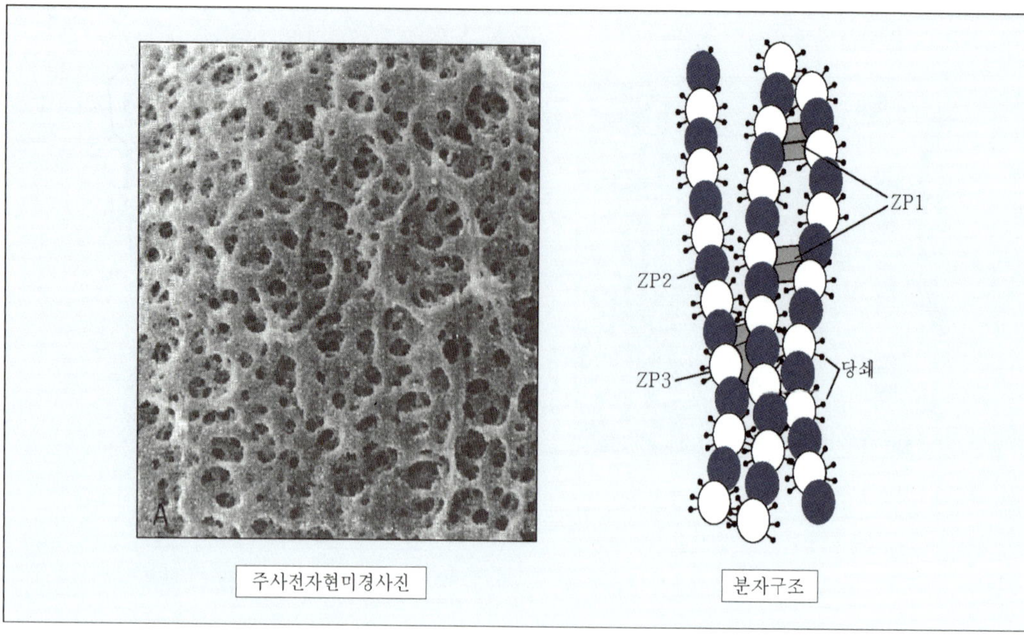

그림 4-22. 투명대의 주사전자현미경사진과 투명대단백질의 분자구조

응(zona reation)이라 한다.(Moller & Wassarman, 1989)

(3) 난세포막 : 난자의 원형질막을 난세포막(卵細胞膜, oolemma)이라 하며, 난황막(卵黃膜, vitelline membrane)이라고도 부른다. 난세포막은 난모세포의 표층이 분화된 막으로서, 표면에 미세융모가 밀생되어 있고, 포음작용(捕陰作用, pinocytosis)으로 영양물질을 흡수하는 함요(陷凹)가 있다. 난세포막은 전해질과 저분자물질을 확산과 능동수송으로 운반하는 점에서 체세포의 원형질막과 유사하지만, 난세포막 특유의 생리작용도 있다. 예를 들면, 햄스터의 난세포막에는 아데닐레이드사이클라제-cAMP계(系)가 존재하는데, 이것은 성선자극호르몬이나 프로스타글란딘에 의하여 활성화되고, 이에 따라 난모세포의 각종 대사작용이 촉진된다. 또한, 수정시에는 난세포막 바로 아래의 난세포질에 위치하는 표층과립에서 방출된 효소들이 난세포막의 성질은 변화시키는 난황차단(vitelline block)이 일어나 다정자 침입을 방지한다.

2) 난세포질

난자의 세포질을 난세포질(卵細胞質, ooplasm)이라 하는데, 일반 체세포의 세포질과 같이 투명질(透明質, hyaloplasm)속에 각종의 세포소기관(細胞小器官, organelle)과 세포봉입물(細胞封入物, celluar inclusion)이 혼재되어 있다. 난세포질내에 봉입된 물질은 일반 체세포에 비하여 종류가 다양하고, 그 양도 많다. 난세포질은 배란직후의 난자에서는 충실하여 난세포막속을 꽉 채우고 있다. 그러나, 수정후에는 각종 생리작용의 결과로 세포봉입물이 감소되고, 극체(polar body)가 방출됨에 따라 난세포질의 양이 감소되어 난세포막과 투명대의 사이에 위란강이 형성되고, 이곳에 극체가 위치한다.

(1) 세포소기관 : 난세포질내에도 일반 체세포가 가지는 모든 세포소기관이 있지만, 특히 중요한 것은 미토콘드리아・골지장치・내형질세망(소포체) 등이다. 이것들은 초기의 난모세포에서는 핵의 주변에 밀집되어 위치하다가, 난모세포의 발육과 더불어 난세포질내에 분산되며, 그 수도 증가되고, 기능도 활성화된다(난모세포의 발육 항목 참조).

(2) 난황 : 난황(卵黃, egg-yolk)은 난세포질에 가장 많이 함유된 세포봉입물로서, 배발달에 이용되는 저장영양소이다. 난황은 소구상(小球狀)의 난황과립(yolk granule)으로 난세포질내에 분산되어 저장된다. 난황과립은 단백질과 탄수화물로 구성된 혼성난황구와 인지질과 중성지방으로 구성된 지방난황구(지방소적이라고도 함)로 구분한다. 그러나, 난세포질내에 함유된 이것들의 비율은 동물의 종에 따라 다르다. 즉, 소・말・면양・산양・돼지・개・고양이 등의 난자에는 다수의 지방난황구가 함유되어 있는 반면에, 래트・마우스・햄스터 등의 난자에는 혼성난황구가 주로 함유되어 있다. 특히, 소・돼지・개의 난세포질에는 굴절성이 매우 강한 지방난황구가 많이 함유되어 있어서 현미경으로 보면 난세포질 자체가 매우 검게 보이고, 그 속에 들어있는 핵도 잘 보이지 않는다. 이러한 동물에서는 핵이식을 할 때, 핵을 제거하는 탈핵(脫核)을 하는 것이 혼성난황구를 가진 동물에 비하여 어렵다. 난황구는 제2차난포가 형성될 무렵의 난모세포에서 핵의 주변부에서부터 축적되기 시작하여 난모세포의 발육과정에 따라 축적량이 증가되면서 난세포질 전체로 분산된다.

한편, 난자에 저장된 난황의 위치나 양에 따라서도 난자를 분류한다. 포유류의 난자와 같이 미세한 난황구가 난자내에 균등히게 분포되어 있는 난자를 등황란(等黃卵, isolecithal egg)이라 하고, 파충류・양서류・어류・조류 등의 난자와 같이 다량의 난황구가 난자의 대부분을 차지하고, 배반이 한쪽으로 편재되어 위치하는 난자를 단황란(端黃卵, telolecithal egg)이라 한다. 또한, 포유류의 난자와 같이 난자에 저장된 난황구의 양이 매우 적은 난자를 소황란(小黃卵, oligolecithal egg), 양서류의 난자와 같이 중등정도의 난황구를 가진 난자를 중황란(中黃卵, mesolecithal egg), 다량의 난황과립을 가진 난자(파충류・어류・조류)를 다황란(多黃卵, polylecithal egg)이라 한다. 동물은 각각이 영위하는 생식방법에 따라 난자에 저장된 난황의 양이나 위치가 다르다.

(3) 표층과립 : 난모세포의 난세포막 바로 아래에 한층으로 배열된 직경 0.2~0.5㎛의 어둡고 작은 입자를 표층과립(表層顆粒, cortical granule) 또는 피질과립이라고 한다. 표층과립은 난모세포의 표층에 위치하는 골지장치에서 형성되며, 대개는 이중막으로 싸여있고, 내부는 높은 전자밀도를 나타낸다. 난원세포에서는 수개의 표층과립만이 출현될 뿐이지만, 제1차난모세포를 거쳐 제2차난모세포로 발육하는 과정에서 그 수가 증가되며, 특히 배란후의 제2차난모세포에서는 상당히 많은 수의 표층과립을 가지고 있다. 표층과립의 내용물에는 프로테아제(protease)・레시틴(lecithin)・점질다당류(mucopolysaccharide) 등이 함유되어

있다. 수정과정에서 정자와 난자가 융합되면 난세포막 바로 아래에 있는 표층과립이 난세포막쪽으로 이동하여 난세포막과 결합하고, 이어서 표층과립과 결합된 부위의 난세포막이 붕괴되어 그 내용물이 위란강내로 방출되는데, 이것을 표층과립반응(cortical granule reaction)이라 한다. 따라서, 수정후의 난자에서는 표층과립이 소실된다. 표층과립반응에 의하여 위란강내로 방출된 물질들은 투명대에 접착되어 투명대반응, 난세포막과 반응하여 난황차단을 유발함으로써 수정시 다정자침입을 방지한다.

3) 난 자 핵

난원세포의 핵은 세포의 대부분을 차지하며, 모양이 둥글고, 핵막소공이 비교적 많은 핵막에 의하여 피복되어 있다. 또한, 핵질은 균질하지 않고, 미세한 과립이 불규칙적으로 모여 있으며, 핵소체는 전자밀도가 높은 끈모양의 구조를 나타낸다. 난원세포로부터 형성된 초기난모세포의 핵은 세포의 중앙에 위치하면서 크고 둥글며, 전자밀도가 높은 하나 내지 수개의 핵소체를 가지고 있고, 염색체는 탈응축(脫凝縮, decondensation)되어 난핵포가 된다. 이러한 난핵포상태의 핵은 난모세포의 발육과정에 동반하여 일어나는 두번에 걸친 감수분열의 단계에 따라 다양한 핵의 상태를 나타낸다(난모세포의 발육 항목 참조).

4) 난자의 구조적 기형

난자의 구조적 기형으로는 왜소·거대·난형 또는 편편형·거대극체·투명대의 파열·난황의 공포화 등이 있다. 이러한 이상은 난모세포의 성숙과정에서 발육이 비정상적이고 불충분하여 발생되는데, 유전적 요인과 환경적 스트레스가 기형란 발생의 주요 원인이다. 난자의 성숙이 충분하지 못하면 극체를 방출하지 못함으로 여러쌍의 염색체를 가지는 다배수성을 나타낸다. 형태적 이상란의 발생률은 동물체의 노화에 비례하여 증가된다.

4. 배 란

난소의 난포에서 수정능력을 가진 난자가 방출되는 현상을 배란(排卵, ovulation)이라 하며, 한 배란기에 좌·우 한쌍의 난소에서 배란된 난자의 총수를 배란률(ovulation rate)이라 한다. 배란과정은 급증된 GTH, 특히 LH가 성숙이 완료된 배란전난포를 자극하는 시점에서 시작되고, 난포가 파열되어 난관내로 난자가 배출되는 시점에서 끝나는 생리적 과정이다. 포유류와 조류에서는 제2차난모세포의 상태로 배란된다.

1) 배란부위와 배란률

난소에서 배란이 일어나는 부위와 좌·우측 난소에서의 상대적 배란빈도는 동물의 종에 따라 차이가 있다. 더욱이, 한 배란주기에 배란되는 난자의 수는 각 동물종이 가지는 생식특성에 따라 매우 다르다.

(1) 배란부위 : 일반적으로 포유동물의 난소는 바깥쪽이 피질, 안쪽이 수질로 구성되어 있기 때문에 난소문(卵巢門, hilus)이 위치하는 부위를 제외하고는 난소표면의 어느 부위에서나 배란이 일어날 수 있다. 그러나, 말의 난소는 수질이 난소의 바깥쪽을 구성하고, 피질은 수질에 의하여 싸여 있는데, 피질을 둘러싼 수질이 난소의 자유연(自由緣; 난소간막이 부착된 반대쪽)에서 결손되어 피질의 일부가 외부로 노출된다. 이 부위를 배란와(排卵窩, ovulation fossa)라 하며, 이곳에서만 배란이 일어난다(제1장 제2절 난소의 구조 항목 참조). 한편, 소·면양·말 등과 같은 동물은 전회의 발정주기에서 형성된 황체의 위치와는 관계없이 좌·우측 난소에서 무작위로 배란된다. 그러나, 좌·우측 난소에서 교대로 배란이 일어나는 동물종도 있다. 두더지와 같은 동물종에서는 항상 한쪽 난소에서만 배란된다.

(2) 배란률 : 한 발정주기에 배란되는 난자의 수는 동물의 종에 따라 매우 다르다. 소의 배란수는 보통 1개이지만, 약 10%의 소에서는 2개가 배란되며, 3개의 난자가 배란되는 예는 거의 없다. 배란되는 난자수와 쌍태율(twining rate)이 일치되는 것은 아니지만, 소의 품종별 쌍태율은 Freisian종 3.35%, Guernsey종 2.78%, Ayrshire종 1.62%, Jersey종 1.03%, 육우품종 0.44%로서, 품종간에 차이가 있다. 대체적으로 육우에 비하여 유우에서 쌍태율이 높으며, 유우에서는 유량이 많고, 체중이 무거운 품종에서 쌍태율이 높다. 말의 배란수도 1개가 보통이지만, 역시 품종과 개체에 따라 차이가 있다. 2개의 난자가 배란되는 빈도는 3~30%이며, 쌍태율은 1~5%이다. 면양에서는 품종에 따른 배란수의 차이가 더욱 크지만, 대부분의 품종에서는 1~2개의 난자가 배란되는 것이 보통이다. 면양의 배란수는 4~5세까지 증가하고, 그 후로는 감소된다. 면양의 품종에 따른 배란률을 보면, Lincoln종 139.8%, Dorset종 127.4%, American Corriedale종 118.0%, Cheviot종 89.1%이다. 산양의 배란수도 품종에 따라 다르지만, 좋은 사육조건하에서는 보통 2개가 배란된다. 돼지의 배란수는 미경산돈에서 13.5(7~16)개이며, 경산돈은 21.4(15~25)개이다.

(3) 배란시기 : 난소에서 난자가 방출되는 배란시기는 동물종·품종·개체 사이에 상당한 차이가 있으며, 보고자간에도 큰 차이가 있다. 발정지속시간이 짧은 소의 경우는 발정종료후 평균 10~11시간, 즉 발정개시후 28~32시간에 배란이 되는데, 개체차이(발정종료후 2~22시간)가 크다. 돼지는 발정기의 중기에 해당하는 발정개시후 35~45시간에 배란이 되며, 1배란기에 모든 난자가 배란되는데 소요되는 시간은 3.8시간 정도이다. 말의 배란시기는 발정종료시기와 밀접한 관계가 있으며, 대개 발정종료전 1~2일에 배란된다. 면양은 발정기의 후기인 발정개시후 24~30시간, 산양은 발정개시후 30~36시간에 배란된다.

2) 배란현상의 내분비적 조절

성숙한 난포가 파열됨에 따라 난자가 방출되는 배란은 뇌하수체에서 분비되는 GTH, 특히 LH의 작용으로 유도된다. 그러나, 포유동물에서 배란의 유기에 필요한 LH의 급증이 발현되는 기전은 두종류의 형태가 있다. 그 하나는 교미 또는 그와 유사한 자극이 있어야만 LH-급증이 발현되는 형태이고, 다른 하나는 발정주기의 주기적 반복을 지배하는 내분비적 조절기전에 의하여 자발적으로 LH-급증이 일어나는 형태이다. LH-급증이 발현되는 양상에 따라 배란을 교미배란과 자연배란으로 구분한다. 배란에 필요한 LH-급증이 유발되는 기전은 교미배란과 자연배란 사이에 근본적으로 차이가 있지만, LH-급증에 따라 일어나는 난소에서의 배란기전에는 차이가 없다.

(1) 자연배란 : 발정주기가 반복되는 과정의 어느 시기에 동물체 자체에서 발현되는 자발적 조절기전으로 급증된 LH의 작용으로 일어나는 배란을 자연배란(自然排卵, spontaneous ovulation)이라 한다. 사람이나 대부분의 가축(소・말・면양・산양・돼지 등), 그리고 마우스・래트・귀니아피그 등과 같은 실험동물은 자연배란을 한다. 자연배란은 발정주기의 반복을 위한 시상하부-뇌하수체-난소축의 내분비적 상호작용에 의하여 발현되는데, 그 과정은 ① 전회의 배란시에 형성된 황체에서 분비된 프로게스테론에 의하여 시상하부에 걸려있는 부의 피드백작용이 자궁에서 분비되는 $PGF_{2\alpha}$가 황체를 용해시킴으로써 해제되며, ② 이에 따라 시상하부에서 GnRH가 분비되고, ③ 이 GnRH의 자극으로 뇌하수체전엽에서 GTH가 방출되며, ④ 방출된 GTH는 난포를 자극하여 다량의 에스트로겐을 분비시키고, ⑤ 이 에스트로겐이 시상하부에 대한 정의 피드백기전으로 LH의 배란전급증(LH-surge)을 유발한다(제3장 제3절 발정주기의 내분비적 조절 항목 참조). 이러한 과정을 통하여 다량으로 방출된 LH는 난포의 내분비기능을 변화시키고, 이에 따라 난포에서 생화학적 및 조직학적 변화가 일어나 배란이 유발된다.

(2) 교미배란 : 토끼・고양이・흰담비・밍크와 같은 동물은 교미자극에 의하여 배란이 일어나며, 교미자극이 없으면 발육된 난포가 곧바로 폐쇄・퇴행된다. 이와 같이, 교미자극에 의하여 유발되는 배란을 교미배란(交尾排卵, copulatory ovulation)이라 한다. 교미배란은 교미에 의하여 자궁경관에 가해진 신경자극이나 성적감동이 지각신경을 통하여 시상하부에 전달되고, 이에 따라 시상하부에서 GnRH의 박동적 분비가 일어나며, 이 GnRH가 뇌하수체의 성선자극세포(GTH-분비세포)를 자극하여 배란에 필요한 LH-급증을 유발하는 일종의 신경체액반사(neurohumoral reflex)에 의하여 일어나는 배란이다. 따라서, 교미배란을 반사배란(reflex ovulation)이라고도 한다. 토끼로 실험한 결과에 의하면, 교미자극이 시상하부로 전달되는 데는 30초가 소요되며, 시상하부에서 방출된 GnRH가 뇌하수체로 전달되는데 소요되는 시간은 25~30분, 그리고 GnRH의 작용으로 LH-급증이 유발되기까지는 1~2시간이 소요된다. 이러한 과정을 통하여 분비된 LH의 작용으로 난포에서 내분비적・생화학적・조직학적 변화가 일어나 배란이 되는데, 교미자극을 받은 후로부터 배란까지는 약 10시간이 걸린다. 따라서, 신경자극이 전달되는 경로가 절단되거나, 약물에 의하여 차단되면 교미자극이 가해지더라도 배란에 필요한 GnRH가 방출되지 않기 때문에 배란도 일어나지 않는다. 교미자극을 받은 시각으로부터 배란이 일어날 때까지 소요되는 시간은 동물

의 종에 따라 달라서 고양이 24~34시간, 흰담비 30시간, 밍크 40~50시간 정도이다.

3) 배란부위의 조직학적 변화

완전히 성숙된 배란직전의 성숙난포에서는 난포의 정점에 앞으로 파열될 배란반(排卵斑, stigma)이 형성된다. 배란반이 형성되는 부위는 서로 다른 5종류의 조직층으로 구성되어 있다. 바깥쪽에서부터 ① 난소 전체를 밖에서 피복하는 배상피, ② 배상피의 기저층을 구성하는 백막, ③ 난포의 최외층이고, 난소실질과 난포의 경계를 설정하는 외협막, ④ 외협막의 바로 아래층으로서, 스테로이드호르몬 분비세포와 탄성섬유로 구성된 내협막, ⑤ 난포벽의 최내층으로서, 난포액과 직접 접촉하고, 이곳에서 난모세포를 둘러싸고 있는 난구(卵丘)가 돌출되는 과립막층의 순서로 배열되어 있다. 난포벽을 구성하는 각 층은 배란직전에 급증된 LH의 작용으로 발현되는 내분비학적 및 생화학적 기전에 의하여 파열될 수 있도록 조직성상이 변화된다(그림 4-23; Espey, 1998).

(1) 배상피 : 배란직전의 성숙난포는 난포강의 성장과 더불어 난소의 표면으로 돌출됨으로 난소 자체의 표면상피인 배상피(胚上皮, germinal epithelium)에 싸이게 된다. 배상피는 입방세포가 표면결합조직(백막)위에 한층으로 배열된 상피이다. 배상피세포의 기저측에는 리소솜(lysosome)으로 보이는 다수의 둥근 치밀과립(緻密顆粒, dense granule)이 분포되어 있다(그림 4-23의 Ⅰ). 이러한 상피가 배란에 가까워지면 상피세포내에 다수의 공포(空胞, vacuole)가 형성되고, 이와 동시에 치밀과립의 내용물이 방출된다. 치밀과립의 내용물에 함유된 단백질분해효소는 백막과 외협막의 분해를 유발하고, 배상피세포 자체를 괴사시킨다(그림 4-23의 Ⅱ). 배란의 마지막단계에 이르면 배상피세포가 배란반이 형성될 부위에서 탈락된다(그림 4-23의 Ⅲ).

(2) 백막 : 배상피의 바로 아래에서 난소전체를 피복하는 백막(白膜, tunica albuginea)은 기질(基質)에 섬유아세포와 교원섬유가 혼재되어 구성된 교원(膠原)결합조직이다. 백막에 함유된 섬유아세포는 그 모양이 평활근섬유와 같이 방추형이다(그림 4-23의 Ⅰ). 배란기에 가까워지면 백막이 명확하게 변화되며, 섬유아세포는 양쪽끝에서 매우 긴 세포질돌기를 내어 세포 자체의 길이가 100㎛에 이른다(그림 4-23의 Ⅱ). 세포질돌기의 말단부위에는 콜라게나제(collagenase)가 다량으로 함유된 다수의 소포(小疱, vesicula)가 있다. 콜라게나제는 배란직전의 난포에서 섬유아세포의 사이를 채우고 있는 교원질(collagen)과 무정형기질을 용해하여 액상화(液狀化)시킴으로써 백막과 협막의 두께를 감소시키고, 유동성을 증가시킨다(그림 4-23의 Ⅲ).

(3) 외협막 : 난포를 밖에서 둘러싸는 외협막(外莢膜, theca externa)은 교원결합조직이다. 이 조직은 백막의 조직과 매우 유사하며, 난포의 정점에서는 외협막과 백막이 밀착되기 때문에 두층을 구분하기가 어렵다(그림 4-23의 Ⅰ). 그러나, 백막에 비하여 섬유아세포가 약간 많이 함유되어 있고, 외협막 자체의 교원질은 안쪽에 비하여 바깥쪽에 더 많다.

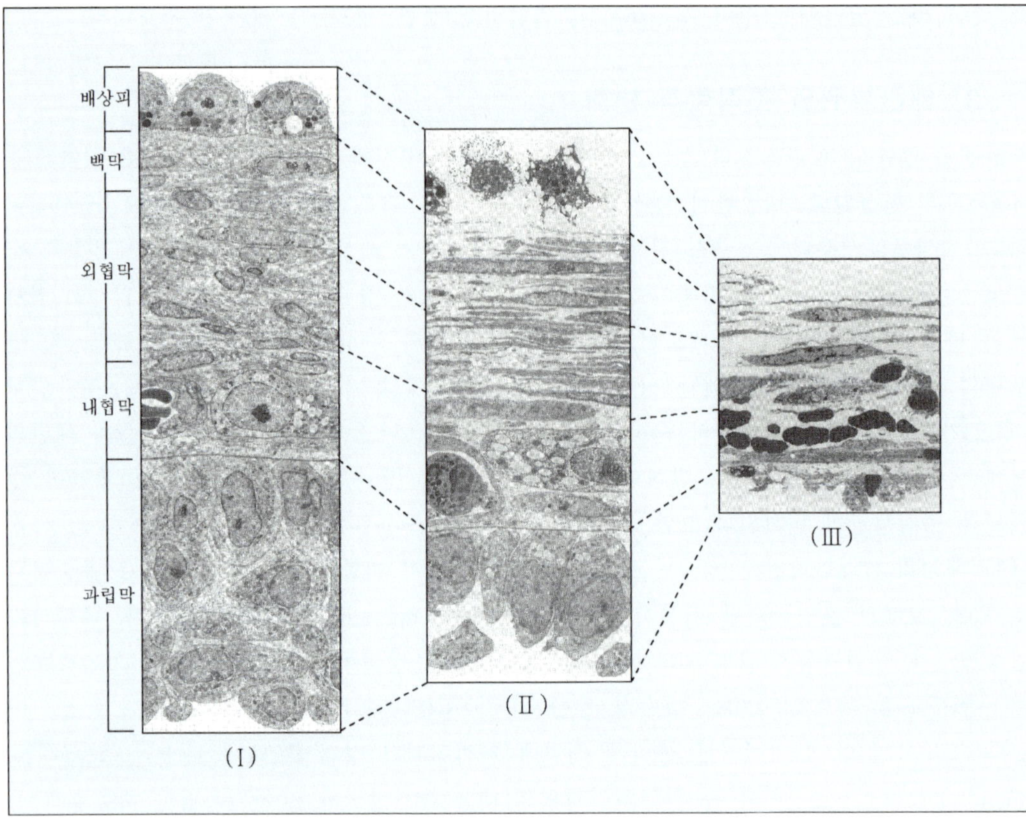

그림 4-23. 배란과정에 따른 토끼 난포벽의 퇴행적 변화

배란기에 가까워지면 외협막도 백막에서와 같은 경로를 통하여 용해된다(그림 4-23의 Ⅱ와 Ⅲ). 따라서, 배란직전에 있는 난포의 정점은 난포액에 의한 압력에 견디는 힘이 약해진다. 그러나, 난포의 내압은 15~20mmHg로 비교적 일정하게 유지됨으로 난포정점의 벽은 점차적으로 늘어나고 얇아져 배란반(파열점)이 형성된다.

(4) 내협막 : 성숙난포의 내협막(內莢膜, theca interna)은 다수의 스테로이드합성세포와 모세혈관망으로 구성되고, 외협막의 주 구성요소인 섬유아세포와 교원질의 함량은 매우 적다. 그러나, 배란기에 있는 난포의 내협막은 모세혈관이 확장되어 혈류량이 5배 이상 증가되고, 이에 따라 난포가 붉게 충혈된다. 더욱이, 내협막의 모세혈관은 배란기에 투과성이 현저하게 증대된다. 이러한 혈관의 변화에 따라 혈액이 혈관밖으로 유출(extravasation)되고, 난포벽에서 점상출혈(點狀出血, petechiae)이 일어날 뿐만 아니라, 개방된 혈관을 통하여 다형핵백혈구(多型核白血球, polymorphonuclear leukocyte)가 유출된다(그림 4-23의 Ⅱ). 그러나, 대식세포와 다른 종류의 백혈구는 유출되지 않는다. 다형핵백혈구는 난포의 결합조직을 분해하는 성질을 가진 단백질분해효소를 방출하는데, 이 세포는 섬유아세포에서 방출된 효소의 작용으로 백막과 외협막이 용해된 분해산물에 의하여 유발되는 주화성(走化性)에 따라 난포가 파

열될 부위에 모이게 된다.(Espey, 1998).

(5) 과립막세포 : 완전히 성숙된 배란직전의 그라아프난포는 여러층의 과립막세포(顆粒膜細胞, membrana glanulosa cell)가 배열되어 있다(그림 1-14와 그림 4-23의 Ⅰ). 그러나, 배란기에 있는 난포에서는 인접한 과립막세포 상호간의 접착력이 떨어지고, 난포의 확장과 더불어 층 자체의 두께가 얇아진다(그림 4-23의 Ⅱ와 Ⅲ). 또한, 개개의 과립막세포는 배란직전에 프로게스테론 합성세포로서의 능력을 획득한다.

4) 난포가 파열되는 기전

자연배란과 교미배란에서 LH의 급증이 발현되는 기전은 서로 다르지만, 대량으로 방출된 LH가 난소에서 일으키는 배란반응에는 차이가 없다. 배란직전에 급증된 LH는 난포의 내분비기능을 변조시키고, 이에 따라 난포내에서 생화학적 변화가 일어나 난포가 파열될 수 있도록 조직의 성상이 변경된다. 또한, 난소의 기질에 분포된 평활근섬유와 난포의 외협막에 분포된 협막신경근육계가 수축되어 난포가 파열된다(그림 4-24; Hafez, 1993b).

(1) 생화학적 기전 : 배란직전에 급증된 GTH는 내협막세포와 과립막세포의 원형질막에 위치하는 특이수용체와 결합하여 스테로이드호르몬합성효소 유전자의 발현을 조절함으로써 스테로이드호르몬의 합성양상을 변경시킨다. 즉, LH-급증은 협막세포와 과립막세포에서 CYP11A1(P_{450scc})효소의 합성을 지배하는 유전자의 발현을 촉진하여 CYP11A1효소의 합성을 증대시키고, 이 효소는 프로게스테론의 합성을 촉진한다. 반면에, 에스트라디올-17β의 합성을 조절하는 CYP19($P_{450arom}$)효소의 유전자는 하향조절(down regulation) 기전에 의하여 억제되고, 이에 따라 CYP19효소의 합성이 장해를 받기 때문에 에스트라디올-17β의 분비가 감소된다(제2장 제4절 성선스테로이드호르몬 항목 참조). 이와 같이, 프로게스테론의 분비가 증가되고, 에스트라디올-17β의 분비가 감소됨에 따라 난포내의 에스트라디올-17β와 프로게스테론의 비율이 역전된다. 돼지의 배란직전 난포에서는 에스트라디올-17β/프로게스테론의 농도비가 2.0에서 0.15로 감소된다(Hafez, 1993b). LH의 자극으로 증가된 프로게스테론은 콜라게나제의 작용발현(분비·활성화)을 촉진하여 백막과 협막의 구성분인 교원질을 분해시킴으로써 협막의 부종(浮腫, edema)를 유발하고, 투과성도 증대시킨다. 따라서, 배란기의 난포에서 프로게스테론의 합성이 저해되면 배란이 억제된다.

또한, 난포조직에서는 LH의 자극으로 분비된 프로게스테론의 자극에 의하여 두 종류의 프로스타글란딘합성효소(PG synthetase) 유전자가 난포의 서로 다른 부위에서 발현되어 두 종류의 PG합성효소가 합성되며, 이에 따라 난포의 PG분비가 조절된다. PG합성효소-1은 난포의 협막세포와 황체세포에서 합성되어 통상적인 PG의 합성·분비를 지배한다. 그러나, PG합성효소-2는 배란이 예정된 난포의 과립막세포에서 프로게스테론의 자극으로 합성되는데, 이것이 배란현상을 조절하는 PG를 합성한다. 배란직전의 난포에서는 배란반응이 개시되지 않은 난포에 비하여 50~100배의 PGE_2와 $PGF_{2α}$를 합성·분비한다. 다량으로 방출된 PGE_2는

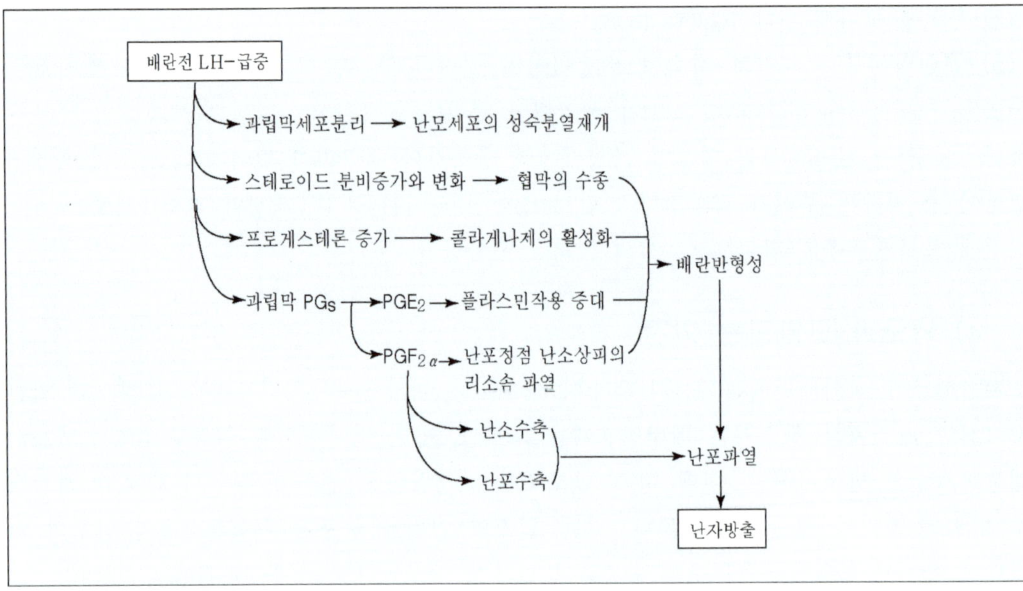

그림 4-24. 배란과정의 생화학적 기전

플라스미노겐활성제(plasminogen activator)의 생산을 자극하여 플라스미노겐을 활성물질인 플라스민으로 전환시킨다. 플라스민은 조직세포의 이동을 촉진하는데, 난포정점의 상피세포를 이동시켜 조직을 얇게 만들 뿐만 아니라, 황체형성시에는 내협막황체세포와 과립막황체세포를 혼합시킨다. $PGF_{2\alpha}$는 난포정점에 있는 상피세포의 리소솜을 파괴시키며, 이에 따라 리소솜에 함유된 가수분해효소가 방출되어 상피세포 자체와 백막 및 외협막을 용해시킨다.

한편, 난포에 GTH의 자극이 가해지면 신경성장인자(NGF)·옥시토신·금속단백질분해효소억제인자(tissue inhibitor of metalloproteinase [TIMP])·칼리크레인(kallikrein)·혈관내피성장인자(VEGF)/혈관투과성인자(VPF) 등과 같은 난포내조절인자의 mRNA가 증가되어 이것들의 합성을 촉진한다. NGF는 배란될 난포의 협막에 위치하는 섬유아세포에서 합성되어 배란시에 일어나는 섬유아세포의 변형을 유발한다. 난포의 과립막세포층에서 옥시토신 mRNA가 발현되지만, 이것에 의하여 합성되는 옥시토신의 생리적 의미는 명확하지 않다. TIMP도 과립막세포층에서 검출되는데, 이것은 배란시 난모세포 주변의 단백질분해 활성을 조절한다. 칼리크레인은 배란난포에서의 혈관확장을 촉진하고, 충혈반응을 조절한다. VEGF/VPF는 난포에 분포된 모세혈관의 투과성을 증대시키고, 배란난포로부터 황체가 형성될 때 혈관형성을 촉진한다. 위에 기술된 바와 같이 완전히 성숙한 난포는 프로게스테론·프로스타글란딘·난포내조절인자 등에 의하여 난포의 정점이 용해되고, 얇아지는 생화학적 변화가 일어나 앞으로 파열될 배란반이 형성된다.

(2) 신경근육학적 기전 : 난포의 외협막과 공동중심을 가진 바깥층(concentric layer)에는 자율신경말단이 풍부하게 분포된 평활근세포가 있다. 이들 평활근세포는 배란전에는 수

축하지 않고 안정된 상태를 유지하지만, 배란기에는 강력한 자발적 수축을 한다. 이러한 평활근세포의 자발적 수축은 배란시의 난포에서 다량으로 합성된 $PGF_{2\alpha}$에 의하여 자극된다. 생화학적 기전에 의하여 난포정점의 벽이 얇아진 상태에서 평활근세포가 수축하면 난포가 파열되고, 그 속에 들어 있는 난모세포가 난포밖으로 배출된다.

제 3 절 생식세포의 수송

정자와 난자는 모두 수정장소인 난관팽대부로 이송된다. 암컷은 한 발정주기당 1~2개(돼지는 10~15개)의 난자를 배란하지만, 수컷은 매 사정마다 수억 또는 수십억의 정자를 배출한다. 그러나, 자성생식도관내에서 정자와 난자가 생존할 수 있는 기간은 비교적 짧기 때문에 수정이 성공되려면 정자와 난자가 수정장소에 도착되는 시간이 일치되어야만 한다. 자성생식도관의 배우자 수송은 중추신경계의 반사작용과 호르몬의 자극에 의하여 유발되는 평활근의 수축작용에 의하여 이루어진다. 또한, 정액중에 함유된 생리활성물질도 자성생식도관의 수축을 자극한다. 난관점막의 섬모와 분비액 · 난관팽대부-협부접속부 · 난관-자궁접속부 · 자궁경관 등은 생식세포의 수송에 중요한 역할을 한다.

1. 정자의 수송

수태(受胎, conception)가 성공적으로 성립되려면 수정에 충분한 수의 정자가 배란된 난자의 기능적 수명이 다하기 전에 사정장소로부터 수정장소인 난관팽대부의 중앙부까지 수송되어야만 한다. 정자수송의 생리적 의미는 단순히 정자가 사정장소에서 수정장소로 이동되는 것만이 아니고, 수정과정에 필요한 생리적 능력을 획득하는 것이다. 이러한 정자의 능력은 수송과정에서 정자가 접촉하게 되는 자성생식도관 분비액의 작용으로 획득된다.

1) 사정부위

교미중에 정액이 사정되는 자성생식도관의 부위는 동물의 종에 따라 다르다. 소와 면양은 소량의 정액을 질의 선단에서 자궁경의 표면에 사정하는 반면에, 말과 돼지는 이완된 자궁경관을 통하여 다량의 정액을 자궁속으로 주입한다. 정액이 주입되는 해부학적 부위는 정자가 수정장소로 이행되는 경로에서 정자의 통과를 억제하는 해부학적 장벽을 결정한다. 이러한 해부학적 장벽은 자성생식도관을 상행(上行)하는 정자의 수와 상행속도를 조절하여 수정장소로 일정한 수의 정자가 장시간에 걸쳐 도달되게 한다. 질에 사정하는 동물은 자궁경관이 정자상행의 1차장벽이며, 자궁-난관접속부(UTT)가 2차장벽으로 작동하는 반면에, 자궁경관에 사정하는 동물은 자궁-난관접속부가 최초의 장벽이다. 반추류나 영장류와 같이 질에 사정하는 동물에서는 발정주기의 단계에 의존적으로 변경되는 자궁경관점액의 점조도에 따라 정자의 수송이 조절된다. 즉, 황체기에는 점조도가 높은 소량의 경관점액을 분비하여 정자의 침투를 철저하게 억제하지만, 발정기에는 점조도가 낮은 수양성의 경관점액을 다량으로 분비하여 정자가 침투되는 것을 허용한다.

정액의 사정장소가 서로 다른 동물종간에는 정자농도와 정액의 이화학적 성상이 다르다. 예를 들면, 질에 사정하는 동물에서는 소량의 정장을 분비하기 때문에 정액의 총량은 적지만, 정자의 농도는 매우 높다. 농도가 높은 정자는 질에 사정된 후에 쉽게 외자궁구(자궁경관의 질쪽 구멍)에 접촉할 수 있어서 곧바로 자궁경관점액으로 수용된다. 반면에, 자궁에 사정하는 동물의 정액은 양은 많지만, 정자농도는 매우 낮다.

2) 정자수송의 단계

사정에 의하여 자성생식도관으로 주입된 정자의 수송은 3단계, 즉 ① 신속한 수송단계, ② 정자가 집락화(集落化, colonization)하여 저장되는 단계, ③ 정자의 집락에서 완만하게 방출된 다음에 수송되는 단계로 구분할 수 있다(그림 4-25; Hafez & Hafez, 2000b).

(1) 신속한 수송 : 질에 사정된 정자는 신속하게 자궁경관점액의 미포(微胞, micelle)에 형성된 수용성간극에 수용되고, 이것의 일부는 자궁경관을 매우 신속하게 통과한다. 정자의 신속한 수송은 정자 자체의 운동성과 구애와 교미의 자극에 의하여 유발된 자궁근층과 자궁간막의 수축활성에 의하여 일어나며, 그 시간은 2~10분이 소요된다. 신속한 수송에 참여한 정자의 일부는 1.5~3.0분 이내에 자궁경관을 통과하여 내자궁구(자궁경의 자궁쪽 구멍)에 이른다. 따라서, 일부의 정자는 매우 빠른 시간내에 수정장소에 도착된다. 그러나, 난관팽대부에 최초로 도착된 정자가 수정에 관여하는지의 여부는 확실하지 않다. 수정이 성립되기 위해서는 일정한 수 이상의 정자가 수정장소에 도착되어야만 한다.

(2) 정자저장소에서의 집락화 : 자궁경관으로 진입된 정자의 대부분은 점막추벽의 음와(陰窩, crypt)에 수용된다. 이 과정에서 경관점액의 미포는 정자를 음와의 방향으로 유도하며, 바로 이 음와에서 정자가 집락화되어 저장된다. 자궁경관의 분비액에는 질이나 자궁의 분비액에 비하여 백혈구의 수가 적게 나타난다. 이것은 자궁경관에서 백혈구에 의한 정자의 탐식작용이 적게 일어난다는 것을 의미한다. 자성생식도관 각 부위에 따른 정자의 농도경사(concentration gradient)는 수태율에 큰 영향을 미친다. 자궁경관 음와에 저장된 정자수가 많을수록 난관에 도달되는 정자수가 늘어나고, 이에 따라 수정이 이루어질 수 있는 기회도 증가된다. 한편, 자궁에 사정하는 동물의 경우, 돼지는 자궁-난관접속부, 개는 자궁내막선에 정자가 저장된다.

(3) 저장소로부터 정자의 방출과 수송 : 집락을 형성하면서 저장된 정자는 장시간에 걸쳐 서서히 순차적으로 방출되어 수정장소로 수송된다. 이와 같은 정자의 방출은 정자 자체의 운동성에 의하여 개시된다. 방출된 정자는 자궁근층과 자궁간막의 수축에 의하여 수정

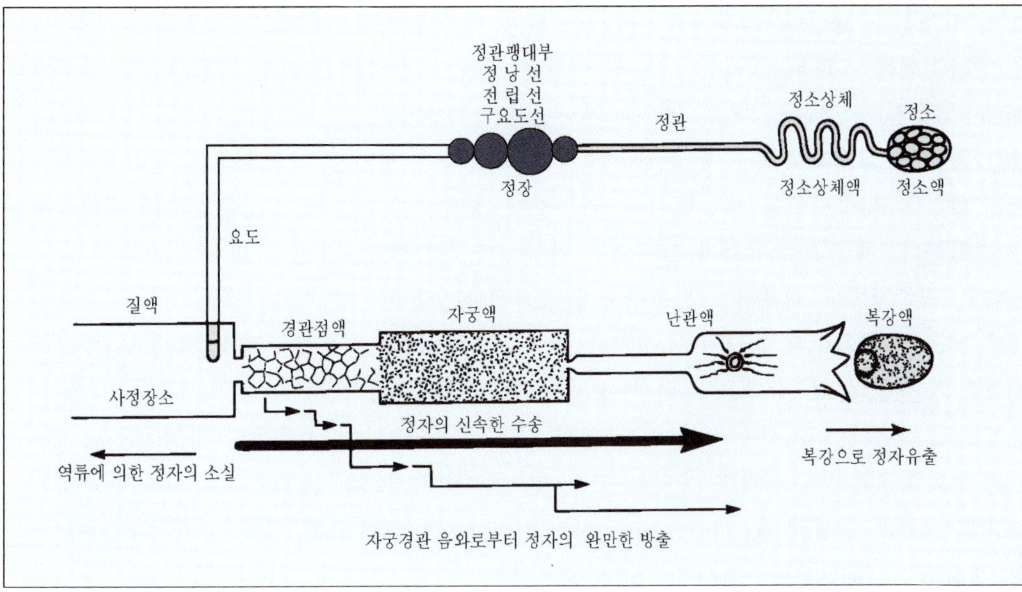

그림 4-25. 정자의 수송경로

장소로 점진적으로 이송된다. 정자의 점진적 이송은 수정에 필요한 정자가 분산되어 장시간에 걸쳐 지속적으로 난관내로 신입되도록 조절하는 효과를 나타내기 때문에 수정가능시간을 길게 유지시킨다. 정자의 수송과정에서 보이는 여러종류의 해부학적 및 생리학적 장벽은 정자가 집단적으로 수정부위에 도달되는 현상을 방지하여 다정자침입을 억제한다.

3) 자성생식도관 각 부위에서의 정자수송

사정에 의하여 자성생식도관으로 주입된 정자는 수정장소를 향하여 점진적으로 이송된다. 그러나, 생식도관 각 부위에서의 정자수송은 서로 다른 점이 많다.

(1) 자궁경관의 정자수송 : 자궁경관의 점막은 단열(斷裂, cleft)·구(溝, groove)·음와 등이 무리를 형성하면서 복잡하게 얽혀진 구조로 되어 있다. 이러한 자궁경관의 구조적 특성과 경관분비물은 ① 배란전후에 한하여 정자의 진입을 허용하고, 다른 시기에는 정자의 통과를 저지하며, ② 정자의 저장소가 되고, ③ 질의 나쁜 환경이나 백혈구의 탐식작용으로부터 정자를 보호하며, ④ 정자에 에너지를 공급하고, ⑤ 결함이 있거나 사멸한 정자를 여과하며, ⑥ 정자의 수정능획득에도 일정한 역할을 한다. 정자의 수송에 중요한 역할을 하는 경관점액(cervical mucus)은 다량의 수분과 3차원구조의 망(網)을 형성하는 3종류 이상의 단위로 구성된 고형성분이 혼합된 하이드로겔(hydrogel)이다. 경관점액은 낮은 점조성(粘稠性)을 나타내는 성분과 높은 점조성을 가진 성분이 혼합된 액체로서, 성선스테로이드호르몬의 지배하에 분비량과 점조성이 조절된다. 에스트로겐의 자극을 받은 자궁경관은 다량의 점조성이 낮은 경관점액을 분비하며, 프로게스테론은 경관점액의 분비량을 감소시

키고, 점조성을 높인다. 발정기에 에스트로겐의 자극에 따라 다량으로 분비된 점조성이 낮은 경관점액에 수용된 정자는 미포에 형성된 수용성 간극을 통하여 자궁경관을 통과한다(Hafez & Hafez, 2000b; 제1장 제2절 자궁경관 항목 참조).

(2) 자궁의 정자수송 : 질과 자궁근층의 수축활성이 정자를 자궁강내로 진입시키고, 난관을 향하여 이송시키는 원동력이다. 자궁강을 통과하는 정자의 상당수는 자궁내막선속으로 진입한다. 자궁내로 정자가 들어오면 자궁내막에서 백혈구반응이 일어나 사멸정자는 물론이고, 생존정자에 대해서도 탐식작용이 강화된다.

(3) 난관의 정자수송 : 난관은 정자와 난자를 거의 같은 시기에 반대방향으로 수송하는 독특한 작용을 한다. 난관을 통하여 정자가 수송되는 속도와 형태는 몇 종류의 기전이 복합적으로 작용하여 조절된다. 조절기전에는 ① 난관근층의 연동운동과 역연동운동, ② 난관의 점막추벽과 난관간막의 복합적 수축, ③ 난관점막섬모의 파동운동에 의하여 조성되는 난관액 흐름의 순류(順流, current)와 역류(逆流, countercurrent), ④ 난관자궁구(난관입구)의 개폐 등이 포함된다. 정자의 난관수송에 대한 이들 기전의 상대적 중요도는 분명하지 않다. 그러나, 난관근층의 연동운동과 역연동운동, 그리고 점막추벽과 난관간막의 복합적 수축이 정자수송의 조절에 주된 역할을 하는 것으로 보인다. 난관의 종주근층과 윤주근층, 그리고 난관간막의 수축빈도와 진폭은 난소호르몬, 아드레날린작동성 및 비아드레날린작동성 물질의 활성, 그리고 프로스타글란딘과 같은 정장성분에 의하여 조절된다. 그러나, 수축의 빈도와 진폭은 난관의 각 부위에 따라 서로 다르다. 난관협부에서의 수축은 매우 활발하고 지속적이며, 팽대부에서 기시된 강력한 연동파는 난관의 중앙부를 향하여 분절상으로 이행된다. 정자가 난관팽대부로 이행되는 것이 팽대부-협부접속부(AIJ)의 순간적인 이완에 의한 것인지 또는 정자 자체의 운동성에 의한 것인지는 분명하지 않다. 수정이 이루어질 때가 되면 생식도관내에서의 정자집단은 사라지고, 난관팽대부에서는 소수의 생존정자만이 보일 뿐이다. 난관채까지 도달된 정자는 복강속으로 유출된다.

4) 정자수송과 운동성의 항진

정자의 이동속도와 운동형태는 자성생식도관의 각부위를 통과할 때 변경된다. 정자의 운동성은 기본적으로 배란에 가까운 시각의 난관내에서 항진(hyperactivation)되는데, 이것은 최종단계의 정자수송과 수정능획득 및 첨체반응의 완성에 도움이 된다. 난관에 진입된 정자는 수정과정에 참여할 때까지 난관협부에 머물게 된다. 난관협부는 관강이 좁고, 점액의 점조도가 높으며, 국부적으로 저온상태를 유지하고, 섬모의 운동방향과 난관근층의 수축방향이 자궁강을 향하는 등의 생리적 특성을 나타내기 때문에 정자가 팽대부로 상행되는 것을 억제하고, 보존되기에 적합한 환경을 제공한다. 그러나, 정자가 팽대부에 진입되면 운동성이 항진된다. 실험적으로 협부의 분비액을 팽대부 분비액이나 배양액으로 희석하면 정자의 활발한 운동을 유도할 수 있다. 배양액에 피루빈산염(pyruvate)이 있으면 편모의 굴곡운동이 급속하게 항진되지만, 글루코오스만이 존재할 경우에는 이러한 현상이 나타나지 않는다(Hafez & Hafez, 2000b). 난관협부에서의 정자운동성은 피루빈산염과 칼륨이온(K^+)의 상호작용에 의하여 조절되는데, K^+는 억제적으로 작용하고, 피루빈산염은 운동활성을 자극한다(Burkman 등, 1984). 한편, 자성생식도관 각 부위 분비액의 pH는 매우 다르다. 질액은 pH 4.0으로 강한 산성을 나타내고, 자궁경관액은 pH 8.4로 염기성이며, 자궁액은 pH 7.8로써 중간의 수치를 나타낸다. 그러나, 난관액의 pH는 난포기에는 7.1~7.3이고, 황체기에는 7.5~7.8이다. 이러한 생식도관의 pH변화와 정자의 운동성을 비교해 보면, 정자의 운동성은 넓은 범위의 pH에서 발현되지만, pH의 상승에 의하여 촉진된다(Hafez & Hafez, 2000b).

5) 정자수송과 수정부위의 정자

자성생식도관내에서 일어나는 백혈구에 의한 탐식작용이나 복강으로의 누출을 고려할 때 정자가 자궁경관에서 지속적으로 방출되는 것은 매우 중요한 현상이다. 이 결과로 난관의 팽대부-협부접속부 부근에는 수정이 가능한 정자의 집단이 장시간에 걸쳐 머물게 된다. 형태적으로 이상이 있는 정자나 사멸한 정자도 그 일부는 난관까지 도달되지만, 수정부위에서 이것들이 차지하는 비율은 사출직후의 정액에 비하여 훨씬 낮다. 그 이유는 사멸정자와 형태적으로 이상이 있는 정자는 수송과정에서 생식도관의 작용으로 여과되기 때문이다. 정자가 수송되는 과정에서 두부간의 응집이나 미부간의 응집이 일어나 정자수송을 방해하는 수도 있다. 그러나, 불임과 관련된 정자응집의 면역학적 의미는 밝혀지지 않았다. 한편, 면양에서 프로게스테론이나 $PGF_{2\alpha}$를 투여하여 발정주기를 변경시켰을 경우에는 난관에 도달되는 정자수가 현저하게 제한되어 수정률과 수태율이 저하되는데, 정자의 수송억제는 자궁경관의 앞쪽 1/3부위에서부터 시작된다(Hawk 등, 1982).

2. 난자의 수송

난소에서 배란된 난자는 난관채의 작용으로 난관내로 수용된 다음, 난관을 통과하여 자궁내로 수송된다. 난자가 난관을 통과하는 과정에서 상행된 정자와 만나서 수정이 되고, 수정란은 곧바로 난할을 개시하여 초기배로 발달된다. 난관에서 발생된 초기배는 자궁강으로 이송된 후에 배반포로 발달되고, 이것이 자궁내막에 착상되어 임신이 성립된다.

1) 난자수송의 단계

난자는 자궁에 착상될 때까지 난관채에 의한 수용단계, 난관의 수송단계, 자궁의 수송단계 등의 3단계를 거쳐서 수송이 완료된다. 배란시각으로부터 자궁에 착상될 때까지 수송에 소요되는 기간은 동물의 종에 따라 매우 다르다(표 4-4; Villalón 등, 1998).

(1) 난관채에 의한 난자의 수용 : 배란직후의 난모세포는 방사관세포와 난구세포에 둘

표 4-4. 배란에서부터 착상까지의 기간과 난관에서의 수송시간

동물종	배란부터 착상까지의 기간(일)	동물종	난관에서의 수송시간
설치류	4-7	면양	66
영장류	8-11	비비	71
육식류	11-14	마우스	72
박쥐류	10-16	소	72
유제류	15-60	붉은털 원숭이	72
		사람	80
동물종	**난관에서의 수송시간**	노루	85
주머니쥐	24	래트	88
		산양	98
돼지	48	말	144
귀니아피그	48-72	고양이	144-168
토끼	55	박쥐	188
헴스터	60	개	192-240

러싸인 상태로 파열구 주위의 난소표면에 부착되어 있다. 난소표면에 부착된 난자는 난관채와 접촉되고, 이어서 난관채의 상피세포에 분포된 운동섬모의 작용으로 곧바로 난소표면에서 떨어져 나와 난관내로 수용된다. 난관채의 개구공인 난관복강구에서 처음 수 mm까지의 난자수송은 주로 섬모의 작용으로 이루어진다. 이에 소요되는 시간은 수분에서 수시간에 불과하다. 배란직후의 난자가 난관내로 수용되는 생리적 기전은 ① 난관채의 구조적 특징과 난소표면의 상호관계, ② 배란시 난포로부터 난자를 포함하고 있는 난구세포괴가 방출되는 형태, ③ 배란시에 방출되는 난포액과 난구 기질액의 생화학적 특성, ④ 난관채와 난관-난소인대의 협력적 수축 등에 따라 영위된다.

혈관과 탄성조직이 풍부한 발기성조직으로 구성된 난관채는 배란시에는 혈류의 증가로 팽창될 뿐만 아니라, 난관간막의 근육활동에 의하여 난소에 접근한다. 또한, 난소는 난소낭(ovarian bursa)의 안쪽에 위치하고 있으며, 이 난소낭에 난관채와 난관팽대부의 일부가 부착되어 있다. 난소는 이 위치에서 난소낭을 향하여 벌어져 있는 난관채의 표면으로 이동되는데, 이 이동은 난소고유인대와 난소와 난관의 위치를 고정하는 난소간막에 의하여 조절된다. 난관채·난관·인대의 수축활성은 에스트로겐/프로게스테론 비(比)를 포함하는 내분비적기전에 의하여 부분적으로 조절된다. 난자의 수용은 발정기에 가장 효율적으로 이루어지지만, 다른 시기에도 어느 정도까지는 가능하다.

(2) 난관에서의 수송 : 난자가 난관을 통과하는데 소요되는 시간은 동물의 종에 따라 매우 달라서 1~10일의 범위를 나타내지만(표 4-4), 난관의 길이와는 상관관계가 없다. 동일한 생리조건하에서 같은 동물종 개체 상호간에는 난자가 난관을 통과하는 시간이 비교적 일정하다. 이것은 난자수송에 대한 난관의 기능이 유전적으로 프로그램되고, 이에 따라 조

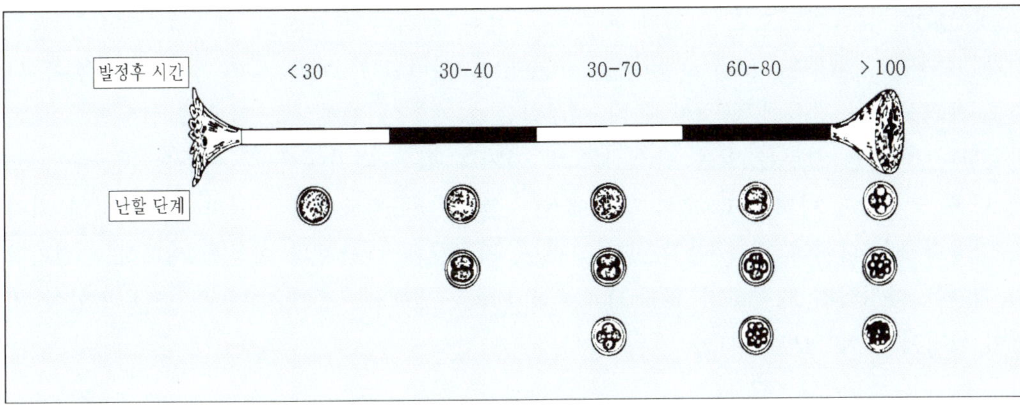

그림 4-26. 돼지난자의 수송과정에 따른 배의 발달

절된다는 것을 의미한다. 그러나, 생리적 조건이 변경되면(예; 교미 : 비교미) 통과시간도 변경되는 사실을 볼 때, 난자의 수송에 대한 유전적 프로그램은 고정된 것이 아니고, 생리적 조건에 따라 조율되는 것으로 보인다(villalón등, 1998).

난자가 난관을 통과하는 속도를 보면 누두부에서 팽대부-협부접속부(AIJ)까지는 빠르게 통과하지만, 협부는 매우 느리게 통과한다. 난자가 AIJ에 도착되면, 그곳에서 수시간 또는 수일동안 수송되지 못하고 정체된다. 대부분의 수정과정과 난구세포의 제거(난자의 나화)는 난자가 AIJ에 머무는 기간에 일어난다. AIJ를 통과하여 관강이 좁은 협부로 진입된 난자는 느린 속도로 하강하면서 초기의 난할과정을 거치게 된다. 토끼에서는 이 기간에 두꺼운 점액층이 난자를 피복한다. 또한, 돼지와 같은 동물종에서는 난자가 자궁으로 진입되기 전에 자궁-난관접속부(UIJ)에서도 일정시간 정체된다. 그러나, 난관을 통과하는 전체 시간에서 난관 각 부위를 통과하는 시간의 비율은 동물의 종에 따라 매우 다르다. 설치류에서는 난관팽대부를 통과하는 시간이 전체시간의 25%를 차지할 뿐이지만, 영장류에서는 90%의 시간을 팽대부를 통과하는데 소비한다(Villalón 등, 1998). 일반적으로, 난자의 협부통과시간이 길게 유지되는 것은 배가 자궁에 착상되기에 적합한 상태로 분화되는데 필요한 시간을 확보하는 의미가 있다(그림 4-26; Hafez & Hafez, 2000b). 난관내에서의 난자수송은 ① 내분비적·약리적·신경적 기전에 의하여 영위되는 난관근층과 그 관련인대 수축의 빈도·강도·프로그램, ② 난관점막의 섬모운동에 의하여 조절되는 난관액 흐름의 순류와 역류, ③ 에스트로겐/프로게스테론 비율에 의하여 지배되는 비섬모세포의 분비활성, ④ 난자가 수송되는 결정적 시기에서 발현되는 난관액의 유체역학적 및 유동적 성질 등에 의하여 적정하게 조절된다(Villalón 등, 1998).

(3) 자궁에서의 수송 : 자궁내로 진입된 배는 자궁근층의 수축활성에 의존하여 자궁강을 이동하면서 착상될 위치를 정한다. 특히, 다태동물에서는 태아와 모체간의 물질교환을 영위하는 태반의 형성에 필요한 자궁의 면적을 확보하기 위하여 배의 이동범위가 넓다. 우제

류(偶蹄類)에서는 자궁으로 진입된 배가 자궁체를 통하여 반대쪽의 자궁각으로 이동하는 경자궁이동(經子宮移動, transuterine migration)도 일어난다. 예를 들면, 돼지에서 한쪽 난소를 제거하였을 경우에 난소의 존재 여부와는 관계없이 양쪽 자궁각에서 반반씩의 배가 발달된다. 이러한 경향은 양쪽 난소 모두를 가지고 있는 돼지에서 각 난소의 배란수가 크게 다른 경우에도 나타난다. 소와 면양에서는 한쪽 난소에서 2개의 난자가 배란되면 각각의 자궁각에 하나씩의 배가 착상된다. 그러나, 자궁내에서 난자의 이동을 지배하는 생리학적 기전은 아직까지 명확하지 않다(Hafez & Hafez, 2000b). 경자궁이동은 소나 면양에 비하여 돼지에서 더 일반적이다.

2) 난자수송의 조절

배란된 난자가 난관을 경유하여 자궁에 도달될 때의 배발달상태는 착상과 매우 관계가 깊다. 미숙한 배를 자궁에 이식하면 착상률이 저하되며, 기계적 조작으로 배를 난관내에 장기간에 걸쳐 저류시키면 배발달이 정지되면서 생존성을 잃는다. 예외적으로 사람의 경우에는 난관에 배가 장기간 체류하여도 완전하게 발달되어 착상함으로써 난관임신이 된다. 이러한 사실들을 보면, 배가 적합한 시기에 난관에서 자궁으로 수송되지 않을 경우에는 정상적인 임신을 기대할 수 없다. 배의 수송은 난소에서 분비되는 스테로이드호르몬에 의하여 내분비적으로 조절될 뿐만 아니라, 배 자체의 작용으로 발현되는 인접분비기전에 의하여도 조절된다. 난관과 난관간막에 분포된 자율신경계도 난자의 수송에 일정한 역할을 수행할 가능성이 있다. 그러나, 이들 조절기전의 상대적 중요성은 동물의 종에 따라 다르다.

(1) 내분비적 조절 : 난소에서 분비되는 에스트라디올-17β와 프로게스테론은 난관의 운동을 조절하는 수단을 통하여 배의 수송에 영향을 미치는데, 그 효과는 동물의 종에 따라 다르다. 자연배란동물에서 내인적 에스트라디올-17β는 난관근육의 수축을 촉진하여 배의 수송을 빠르게 하는 반면에, 프로게스테론은 배의 수송을 지연시킨다. 이것은 난관팽대부에서 배의 수송속도를 빠르게 하고(배란 직후는 난관이 에스트라디올-17β의 지배하에 있음), 난관협부에서는 수송을 지연시켜 배의 초기발달에 필요한 시간을 확보하는 생리적 의미가 있다. 그러나, 교미배란동물인 토끼의 난관에 대한 스테로이드호르몬의 자극효과는 자연배란동물의 그것과는 반대의 양상을 나타낸다. 즉, 에스트라디올-17β는 수송속도를 지연시키고, 프로게스테론은 수송을 빠르게 한다. 한편, 사람에서 배란직후에 다량의 에스트라디올-17β나 프로게스테론을 투여할 경우에 두 호르몬처리 모두에서 난모세포의 난관내 수용이나 배의 자궁내 도달시각이 호르몬은 처리하지 않은 경우와 차이가 없다. 이 사실은 사람의 경우 난관수송의 조절에 스테로이드호르몬이 중요하게 작용하지 않는다는 것을 나타낸다.

(2) 인접분비기전에 의한 조절 : 포유동물의 배는 신호물질은 방출하여 자신의 난관내 수송을 조절한다는 것이 말・박쥐・햄스터・마우스 등의 동물에서 수정란과 미수정란의 난관내수송이 크게 다르다는 사실이 밝혀짐에 따라 확인되었다. 말의 배에서는 배란후 5일

(자궁에 진입되기 직전)부터 PGE_2의 생산이 증가되고, 이에 따라 난관의 수축활성이 증대되어 배가 자궁으로 수송되는 반면에, 미수정란은 PGE_2를 생산하지 못함으로 수송되지 못한다. 햄스터에서도 배를 자궁으로 수송하는 인자를 분비하는 것으로 보이지만, PG합성-억제제를 투여하여도 배의 수송에 영향이 없는 사실을 볼 때, 햄스터에서는 배의 수송에 PG가 관여하지 않는 것으로 생각된다(Villalón 등, 1998). 또한, 백혈구・대식세포・내피세포 등에서 주로 합성되는 세포간 신호전달물질인 혈소판활성인자(PAF)가 난관내에 있는 배에서도 합성된다는 사실이 마우스・사람・면양・토끼 등에서 확인되었고, 햄스터 2세포기배가 상실배로 발달하는 기간에 PAF의 활성을 나타낸다는 것도 증명되었다. 이러한 동물들에 PAF의 항작동제(抗作動劑)를 투여하면 배가 자궁으로 이송되는 것이 억제된다. 따라서, PAF는 배를 난관에서 자궁으로 이송시키도록 배가 난관으로 보내는 신호물질이라고 생각된다(Villalón 등, 1998). 한편, 난관의 상피세포에서는 엔도테린(endothelin [ET])을 합성하고, 난관근층의 평활근세포에서는 엔도테린수용체가 존재한다. 이 사실은 ET가 난관의 상피세포에서 생산되고, 이것이 난관근층의 평활근세포에 인접분비기전으로 작동한다는 것을 의미한다. ET-1은 소 난관의 윤주근섬유를 수축시키는 동시에, 산화질소(nitric oxide [NO])를 방출시켜 순간적인 이완을 유도한다. 이와 같이, ET와 NO가 균형을 이루면서 합성되어 난관의 생리적 수축과 이완이 조절된다.

(3) 신경적 조절 : 난관에 자율신경계가 풍부하게 분포되어 있음에도 불구하고, 신경자극이 가해지면 오히려 난관간막에서 높은 반응성을 나타낸다. 또한, 신경말단에서 발견되는 신경절달물질가운데 어느 것이 난자수송의 조절에 유의적인 역할을 하는지 증명된 사례도 없다. 더욱이, 난관수송의 신경적 조절에 관한 대부분의 연구가 교미배란을 하는 토끼를 대상으로 수행되었기 때문에 이 결과를 다른 동물종에 적용하는 것도 무리가 따른다. 그러나, 토끼에서 다양한 방법으로 난관의 신경을 제거하여도 난자수송의 양상에는 변화가 없으며, 아드레날린 작동물질이나 항작동물질을 투여하여도 난자수송에 미치는 영향은 미미하다. 또한, 래트에서 각종 스트레스를 가하여 자율신경계를 교란시켜도 난자의 수송에는 별다른 영향을 미치지 못하고, 난관의 신경을 제거하여도 수태율이 저하되지 않는다. 이러한 사실들을 종합하면, 난관간막에 분포된 자율신경은 난관간막의 이동을 조율하여 난관의 난자수용성을 조절하지만, 난관에 분포된 자율신경은 난자수송에 특별한 영향을 미치지 못하는 것으로 보인다(Villalón 등, 1998).

◈ 참 고 문 헌 ◈

1) Amann, R. P., et al. 1987. Function of the epididymis in bulls and rams. J. Reprod. Fertil. Suppl. 17:369.

2) Bachvarova, R. 1985. Gene expression during oogenesis and oocyte development in mammals. In developmental biology: a comprehensive synthesis. Vol. 1.(L. Browder ed.). Plenum Press. p.453.

3) Bellvé, A. R. 1982. Biogenesis of the mammalian spermatozoon. In prospects for sexing mammalian sperm(R. P. Amann & G. E. Seidel, Jr. eds.). Associated Univ. Press. p.69.

4) Bellvé, A. R. and D. A. O'Brien. 1983. The mammalian spermatozoon: structure and temporal assembly. In mechanism and control of animal fertilization(J. F. Hartmann ed.). Academic Press. p.55.
5) Bleil, J. and W. Wassarman. 1980. Synthesis of zona pellucida proteins by denuded and follicle-enclosed mouse oocyte during culture *in vitro*. Proc. Natl. Acad. Sci. USA. 77:1029.
6) Bleil, J. D., et al. 1988. Identification of a secondary sperm receptor in the mouse egg zona pellucida: role in maintenance of binding of acrosome-reacted sperm to egg. Dev. Biol. 28:376.
7) Brooks, D. E. 1981. Metabolic activity in the epididymis and its regulation by androgens. Physiol. Rev. 61:515.
8) Burkman, L. J., et al. 1984. A possible role for potassium and pyruvate in the modulation of sperm motility in the rabbit oviductal isthmus. J. Reprod. Fertil. 71:367.
9) Cascio, S. and P. Wassarman. 1981. Program of early development in the mammal: synthesis of mitochondrial proteins during oogenesis and early embryogenesis in the mouse. Dev. Biol. 83:166.
10) Chouinard, S. 1975. A light- and electron-microscope study of the oocyte nucleus during development of the antral follicle in the prepubertal mouse. J. Cell Sci. 17:589.
11) Cooper, T. G. 1998. Epididymis. In encyclopedia of reproduction. Vol. 2.(E. Knobil & J. D. Neill eds.). Academic Press. p.1.
12) De Felici, M. and A. McLaren. 1982. Isolation of mouse primordial germ cells. Exp. Cell Res. 142:476.
13) Dekel, N. 1998. Meiotic cell cycle, oocyte. In encyclopedia of reproduction. Vol. 3.(E. Knobil & J. D. Neill eds.). Academic Press. p.168.
14) Eddy, S. R., Jr. 1988. The sperm head: Spermatozoon. In the physiology of reproduction. Vol. 1.(E. Knobil & J. D. Neill eds.). Raven Press. p.45.
15) Edqvist, L. E. and G. E. Stabenfeldt. 1992. Hormones of reproduction. In world animal science B. reproduction in domesticated animals(G. J. King ed.). Elsevier. p.55.
16) Espey, R. R. 1998. Ovulation. In encyclopedia of reproduction. Vol. 3.(E. Knobil & J. D. Neill eds.). Academic Press. p.605.
17) Fawcett, D. W. 1975. The mammalian spermatozoon. Dev. Biol. 44:394.
18) Fawcett, D. W. and D. M. Phillips. 1969a. Observations on the release of spermatozoa and on changes in the head during passage through the epididymis. J. Reprod. Fertil. Suppl. 6:405.
19) Fawcett, D. W. and D. M. Phillips. 1969b. The fine structure and development of the neck region of the mammalian spermatozoon. Anat. Rec. 165:153.
20) Fournier-Delpech, S. and C. Thibault 1993. Epididymal maturation, accessory gland and capacitation: acquisition of sperm freezing ability. In reproduction in mammals and man. Ellipses. p.270.
21) Friend, D. S. and D. W. Fawcett. 1974. Membrane differentiation in freeze-fractured mammalian sperm. J. Cell. Biol. 63:641.
22) Garner, D. L. and E. S. E. Hafez. 1993. Spermiation: Spermatozoa and seminal plasma. In reproduction in farm animals. 6th ed.(E. S. E. Hafez ed.). Lea & Febiger. p.173.
23) Garner, D. L. and E. S. E. Hafez. 2000. Spermatozoa and seminal plasma. In reproduction in farm animals. 7th ed.(E. S. E. Hafez & B. Hafez eds.). Lippincott Williams & Wilkins. p.96.
24) Gerace, L., et al. 1984. Organization and modulation of nuclear lamina structure. J. Cell. Sci. Suppl. 1:137.
25) Grimes, S. R., Jr. 1986. Nuclear proteins in spermatogenesis. Comp. Biochem. Physiol. D. 83:495.
26) Guogeon, A. 1966. Regulation of ovarian follicular development in primates: facts and hypothesis. Endocr. Rev. 17:121.
27) Hafez, E. S. E. 1993a. Prostaglandins: hormones, growth factors, and reproduction. In reproduction in farm animals. 6th ed.(E. S. E. Hafez ed.). Lea & Febiger. p.59.
28) Hafez, E. S. E. 1993b. Folliculogenesis, egg maturation, and ovulation. In reproduction in farm animals. 6th ed.(E. S. E. Hafez ed.). Lea & Febiger. p.131.
29) Hafez, E. S. E. 1993c. Transport and survival of gametes. In reproduction in farm animals. 6th ed.(E. S. E. Hafez ed.). Lea & Febiger. p.144.
30) Hafez, E. S. E. and B. Hafez. 2000a. Folliculogenesis, egg maturation, and ovulation. In reproduction in farm animals. 7th ed.(E. S. E. Hafez & B. Hafez eds.). Lippincott Williams & Wilkins. p.68.
31) Hafez, E. S. E. and B. Hafez. 2000b. Transport and survival of gametes. In reproduction in farm animals. 7th ed.(E. S. E. Hafez & B. Hafez eds.). Lipincott Williams & Wilkins. p.82.
32) Hawk, H. W., et al. 1982. Increased numbers of sperm in the oviducts and improved fertilization rates in rabbit oviductal isthmus. J. Ani. Sci. 55:878.
33) Hecht, N. B., et al. 1986. Evidence for haploid expression of mouse tisticular genes. Exp. Cell. Res. 164:138.

34) Hess, R. A. 1998. Spermatogenesis, overview. In encyclopedia of reproduction. Vol. 4.(E. Knobil & J. D. Neill eds.). Academic Press. p.539.
35) Huang, T. T. F. and R. Yanagimachi. 1985. Inner acrosomal membrane of mammalian spermatozoa: its properties and possible function in fertilization. Am. J. Anat. 174:249.
36) Kaplan, G., et al. 1982. tRNA accumulation and protein synthetic patterns in growing mouse oocytes. J. Exp. Zool. 220:361.
37) Kim, J. I. 1996. Spermatogenesis. In dictionary of reproduction(K. S. Lee, et al. eds.). Shinkwang Pub. p.470.
38) Kim, J. I. 1996. Spermiation. In dictionary of reproduction(K. S. Lee, et al. eds.). Shinkwang Pub. p.737.
39) Kornblatt, M. J., et al. 1974. Studies on the structure and formation during spermatogenesis of the sulfoglycerogalactolipid of rat testis. Can. J. Biochem. 52:689.
40) Krohne, G. and R. Benavente. 1986. The nuclear lamins: a multigene family of proteins in evolution and differentiation. Exp. Cell. Res. 162:1.
41) Lalli, M. and Y. Clermont. 1981. Structural changes in the head component of the rat spermatid during late spermatogenesis. Am. J. Anat. 160:419.
42) Lee, W. J., et al. 1990. Meiosis. In medical dictionary. 2nd ed.(W. J. Lee ed.). Academy Books. p.1337.
43) Linderman, C. B., et al. 1980. A selective effect on Ni^{2+} on wave initiation in bull spermatozoa flagella. J. Cell Biol. 87:420.
44) Lingwood, C. A. 1985. Protein-glycolipid interaction during spermatogenesis: binding of specific germ cell proteins to sulfatoxygalactosylalkylglycerol, the major glycolipid of mammalian male germ cell. Can. J. Biochem. Cell. 63:1077.
45) Matsumoto, S. M. and W. J. Bremner. 1989. Endocrine control of human spermatogenesis. J. Steroid Biochem. 33:789.
46) Michaels, G., et al. 1982. Mitochondrial DNA copy number in bovine oocytes and somatic cells. Dev. Biol. 94:246.
47) Millette, C. F. 1998. Spermatozoa. In encyclopedia of reproduction. Vol. 4.(E. Knobil & J. D. Neill eds.). Academic Press. p.586.
48) Moller, C. C. and P. M. Wassarman. 1989. Characterization of a proteinase that cleaves zona pellucida glycoprotein ZP2 following activation of mouse eggs. Dev. Biol. 132:103.
49) Murry, R. K., et al. 1980. Galactoglycerolipids of mammalian testis, spermatozoa and nervous tissues. In cell surface glycolipids. ACS symposium series. NO. 128.(C. Sweely ed.). Am. Chem. Soc. Press. p.105.
50) Nikolopoulau, M., et al. 1985. Changes in the lipid content of boar sperm plasma membranes during epididymal maturation. Biochem. Biophy. Acta. 815:486.
51) Oko, R. and Y. Clermont. 1998. Spermiogenesis. In encyclopedia of reproduction. Vol 4.(E. Knobil & J. D. Neil leds.). Academic Press. p.602.
52) Olson, G. E. and V. P. Winfrey. 1985. Structure of a cytoskeletal complex associated with the hamster sperm acrosome. J. Ultrastruct. Res. 92:167.
53) Olson, G. E., et al. 1976. Isolation and characterization of the perforatorium of rat spermatozoa. J. Reprod. Fertil. 47:293.
54) Pederson, H. 1972. The postacrosomal region of man and *Macaca artoides*. J. Ultrastruct. Res. 40:366.
55) Peters, H. and K. P. McNatty. 1980. The development of the ovary in the embryo. In the ovary. Univ. of California Press.
56) Picton, H. M. and R. G. Gosden. 1998. Oogenesis, in mammals. In encyclopedia of reproduction. Vol 3.(E. Knobil & J. D. Neill eds.). Academic Press. p.489.
57) Prins, G. S. 1998. Seminal plasma: semen. In encyclopedia of reproduction. Vol. 4.(E. Knobil & J. D. Neill eds.). Academic Press. p.360.
58) Saling, P. M. 1989. Mammalian sperm interaction with extracellular matrices of the egg. Oxford Rev. Reprod. Biol. 11:339.
59) Schultz, R., et al. 1979. Program of early development in the mammal: changes in the patterns and absolute rates of tubulin and total protein synthesis during oocyte growth in the mouse. Dev. Biol. 73:120.
60) Serres, C., et al. 1983. Ultrastructural morphometry of human spermatozoa flagellum with sterological analysis of the lengths of the dense fibers. Biol. Cell. 49:153.
61) Setchell, B. P. 1982. Seminiferous tubles and spermatogenesis: spermatogenesis and spermatozoa. In reproduction in mammals. I. germ cells and fertilization(C. R. Austin & R. V. short eds.). Cambrige Univ. Press. p.85.

62) Spiteri-Grech, J. and E. Nieschlag. 1993. Paracrine factors relevant to the regulation of spermatogenesis-a review. J. Reprod. Fertil. 98:1.
63) Stem, S., et al. 1971. Mitochondria and early development of the mouse. J. Exp. Zool. 176:179.
64) Strömstedt, M. and A. G. Byscov. 1998. Oocyte, mammalian. In encyclopedia of reproduction. Vol. 3.(E. Knobil & J. D. Neill eds.). Academic Press. p.468.
65) Suzuki, F. and Y. Yanagimachi. 1989. Change in the distribution of intra-membraneous particles and filipin-reactive membrane sterols during *in vitro* capacitation of golden hamster sperm. Gamete Res. 23:335.
66) Szöllösi, D. 1972. Change of some cell organells during oogenesis. In oogenesis(J. Biggers & A. Schuetz eds.). University Park Press. p.47
67) Szöllösi, D. 1993. Relationship between follicular cells and oocyte: oocyte maturation. In reproduction in mammals and man(C. Thibault, et al. eds.). Ellipses. p.310.
68) Upadhyay, S. and L. Zamboni. 1982. Ectopic germ cells: natural model for the study of germ cell sexual differentiation. Proc. Natl. Acad. Sci. USA. 79:6584.
69) Vale, R. D., et al. 1985a. Identification of a novel force generating protein, kinesin, involved in microtubule-based motility. Cell. 42:39.
70) Vale, R. D., et al. 1985b. Different axoplasmic proteins generate movement in opposite directions along microtubules *in vitro*. Cell. 43:623.
71) Van Voorhis, B. J. 1998. Follicular development. In Encyclopedia of reproduction. Vol. 2.(E. Knobil & J. D. Neill eds.). Academic Press. p.376.
72) Villalón, M., et al. 1998. Oocyte and embryo transport. In encyclopedia of reproduction. Vol. 3.(E. Knobil & J. D. Neill eds.). Academic Press. p.459.
73) Wassarman, P. 1983. Oogenesis: Synthetic events in the developing mammalian egg. In mechanism and control of animal fertilization(J. Hartmann ed.). Academic Press. p.1
74) Wassarman, P. and S. Mrozak. 1981. Program of early development in the mammals: synthesis and intracellular migration of histone H4 during oogenesis in the mouse. Dev. Biol. 84:364.
75) Wassarman, P. and W. Josefowicz. 1978. Oocyte development in the mouse: an ultrastructural comparison of oocytes isolated at various stages of growth and meiotic competence. J. Morphol. 156:209.
76) Wassarman, P. M. 1987. The biology and chemistry of fertilization. Science. 235:553.
77) Wassarman, P. M. 1988. Development of ovum: the mammalian ovum. In the physiology of reproduction. Vol. 1.(E. Knobil & J. D. Neill eds.). Raven Press. p.70.
78) Wassarman, P. M. 1989. Fertilization in mammals. Sci. Am. 256(6):78.
78) Woolley, D. M. 1970. The Midpiece of the mouse spermatozoon: its form and development as seen by surface replication. J. Cell. Sci. 6:865.
80) Zuckerman, S. and J. Baker. 1977. The development of the ovary the process of oogenesis. In the ovary. Vol. 1.(S. Zuckerman & B. Weir. eds.). Academic Press. p.42.

제 5 장

수정·난할·착상

반수의 염색체를 가진 암·수 각각의 배우자인 난자와 정자는 수정과정을 통하여 배수체인 접합체를 형성함으로써 양친의 유전형질을 이어갈 새로운 개체로의 발생이 개시된다. 수정란은 곧바로 난할과정에 들어가 미분화상태를 유지하는 다수의 배발생세포(胚發生細胞, embryogenic cell)를 형성한다. 그러나, 포유동물의 수정란는 저장된 영양소(난황)가 매우 적어서 자체에 저장된 영양소만으로는 배발생을 계속할 수 없다. 따라서, 포유동물의 배는 모체의 자궁내막에 착상하여 배발달에 필요한 영양소를 공급받는다.

제 1 절 수 정

수정(受精, fertilization)은 정자가 난자내로 진입한 다음, 난세포질내에서 두 배우자의 핵이 융합되어 단일세포인 접합체(接合體, zygote)를 형성하는 생리적 과정이다. 난자는 수정에 의하여 발생능력을 얻게 되고, 양친의 유전자를 함께 함유하는 핵(수정핵)을 가지게 된다. 수정은 포유류와 같이 수컷에서 방출된 정자가 암컷의 체내에서 난자와 결합하는 체내수정(internal fertilization)과 어류와 같이 정자와 난자 모두가 체외로 방출된 다음에 합체하는 체외수정(external fertilization)으로 구분할 수 있다. 그러나, 포유류에서 인위적으로 정자와 난자를 채취하여 배양액내에서 수정을 시키는 것도 체외수정이라고 하는데, 이 경우 영문으로는 '*in vitro* fertilization'이라 하여 'external fertilization'과 구분한다.

1. 수정을 위한 생식세포의 준비적 과정

정소와 난소에서 각각 형성된 정자와 난자는 생식도관을 경유하여 수정부위로 이송되는 과정에서 최종적인 성숙과정이 완료되어 수정능력을 획득하는 동시에, 수정과정에 필요한 특징적 생리기능도 발현된다.

1) 수정을 위한 정자의 준비

곡세정관의 상피에서 형성 · 방출된 정자가 성숙난모세포와 만나서 수정하려면, ① 정소에서 미성숙 상태로 방출된 정자가 정소상체에서 완전하게 성숙되고, ② 이어서 정자의 원형질막 표면에 수정능파괴인자가 부착되어 수정에 참여하기 전까지의 정자가 보호되며, ③ 교배에 따라 사정된 정자는 자성생식도관을 경유하여 수정부위인 난관팽대부까지 수송되고, ④ 정자가 수송되는 과정에서 수정능을 획득한 다음, ⑤ 첨체반응이 일어나 첨체효소가 방출되는 등의 생리적 과정이 연속적으로 발현되어야만 한다.

(1) 정자의 성숙 : 세정관상피에서 방출된 정자는 10~15일간에 걸쳐 정소상체관을 통과하는 과정에서 성숙되어 운동성과 수정능을 획득한다(제1장 제1절 정소상체 항목 참조). 정자의 생리적 성숙은 주로 정자의 원형질막에 부착되어 있는 단백질 성분의 변화에 의하여 이루어진다. 그러나, 정자는 정자형성과정에서 이미 단백질의 합성능력을 상실하였기 때문에 정자 원형질막의 단백질은 정소상체액을 비롯한 부생식기관 분비액에 함유된 단백질의 성분에 따라 변경된다(Myles 등, 1987). 정자의 표면에는 다양한 단백질이 원형질막과 결합된 상태로 존재하지만, 정자의 부위에 따라 국소적으로 서로 다른 단백질이 부착되어 있다. 이와 같이, 정자의 표면에 구역별로 부착되어 있는 단백질은 친화성을 가진 지질과 결합하여 국소적으로 특징적인 지질환경을 만든다(Wolf, 1987). 정소상체에서 영위되는 정자성숙과정에서 일어난 정자 원형질막의 단백질-지질 환경의 변화는 정자의 운동성을 활성화시킬 뿐만 아니라, 정자의 원형질막과 난자의 투명대 상호간의 접착능력을 향상시킨다(제4장 제1절 정자의 원형질막 항목 참조). 그러나, 수정과정에 참여하기 전의 정자는 수정능파괴인자라고 부르는 당단백질에 의하여 피복되어 완전하게 보존된다.

(2) 정자의 수송 : 교배에 의하여 질 또는 자궁에 사정된 정자는 수정장소인 난관팽대부로 수송된다(표 5-1; Harper, 1982; 제4장 제3절 정자의 수송 항목 참조). 이러한 정자의 수송은 급속수송과 지속수송으로 구분된다. 자성생식도관내로 주입된 정자의 일부는 급속수송에 의하여 교미 5~15분 후부터 난관에 도달되지만, 수정에는 참여하지 못한다는 것이 토끼 · 소 · 돼지 · 면양 등을 대상으로 수행된 실험에서 확인되었다(Wilmut & Hunter, 1984). 급속히 수송된 정자의 대부분은 운동성과 생존성이 매우 낮고, 난자가 배란되기 전에 난관을 완전히 통과하여 복강내로 유출된다(Parrish & First, 1992). 반면에, 자궁으로 진입된 정자의 대부분은 순차적으로 난관으로 진입되는 지속수송을 하여 수정가능기간을 길게 유지시킨다. 즉, 자궁으로 진입된 정자는 신속하게 자궁내막의 상피세포에 부착됨에 따라 이송되는 것이 억제되다가 순차적으로 상피세포에서 탈락된 다음, 자궁-난관접속부(UTJ)를 통과하여 난관협부의 하반부 2~3㎝ 부위까지 이송되는데, 이 부위가 가장 중요

표 5-1. 암컷 생식도관에서 정자의 수송

동 물 종	사정량(mℓ)	1회 사정 정자수(×10⁶)	사정부위	난관도달에 요하는 시간	난관팽대부에 도달하는 정자수
마 우 스	>0.1	50	자 궁	15분	<100
햄 스 터	>0.1	80	자 궁	2~60분	소수
래 트	0.1	58	자 궁	15~30분	5~100
귀니아피그	0.1	80	자 궁	15분	25~50
토 끼	1.0	280	질	수분	250~500
고 양 이	0..1~0.3	56	질, 자궁경	—	40~120
개	10.0	1,500	자 궁	수분	5~100
면 양	1.0	1,000	질	6분	600~700
돼 지	250	8,000	자궁경, 자궁	15~30분	1,000
소	4.0	3,000	질	2~13분	소수
사 람	3.5	200	질	5~30분	200

한 정자의 저장소이다. 이곳에 저장되는 정자의 수는 난관액의 이온환경(ion environment)이나 난관상피의 섬모세포에 대한 정자의 결합정도에 따라 제한을 받는다(Saurez 등, 1990). 난관협부의 하반부에 저장된 정자의 소수는 난자가 배란되는 시기에 수정장소인 난관팽대부로 이송되는데, 정자의 도착시각과 배란시각을 일치시키는 기전은 아직까지 분명하지 않다(Parrish & First, 1992). 그러나, 난관팽대부로 수송된 정자가 수정에 참여하지 못한채로 일정기간이 경과되면 난관복강구를 통과하여 복강내로 배출되고, 난관협부에서 새로운 정자가 계속적으로 올라온다. 따라서, 수정이 일어날 때 수정장소에 위치하는 정자의 수는 극히 소수로 제한된다.

(3) 수정능획득과 첨체반응 : 정자가 난자에 부착되고, 침투할 수 있는 능력을 획득하려면, 자성생식도관내에서 수시간동안 머물면서 형태적 및 생리적으로 변화되어야 하는데, 이러한 변화를 정자의 수정능획득이라 한다. 수정능획득과정은 자궁에서 개시되지만, 난관의 협부에서 완성된다. 수정능이 획득된 정자는 원형질막의 성분이 변화되어 첨체반응이 일어나고, 이에 따라 수정에 관여하는 첨체효소가 방출된다(제4장 제1절 정자의 수정능획득과 첨체반응 항목 참조).

2) 수정을 위한 난자의 준비

수정과 배발생이 성공적으로 이루어지려면, 수정전에 난자가 완전하게 성숙되어야 한다. 수정과 배발생과정에서 정자는 오직 부계의 유전물질을 난자에 전달하는 역할만을 수행하지만, 난자는 새로운 생명체로 발생되는 매우 복잡한 생리적 과정을 수행한다. 따라서, 난자는 핵은 물론이고, 세포질도 완전하게 성숙되어야만 한다.

(1) 난자의 성숙 : 난자의 형성과정에서는 두번의 감수분열을 하는데, 각각의 분열과정에서 휴지기를 가진다. 즉, 제1감수분열과정은 분열전기의 복사기에서 휴지되는데, 배란직전에 분열이 재개되어 제1감수분열이 완료되고, 곧바로 제2감수분열이 개시되지만, 분열중기(metaphase Ⅱ)에서 휴지된다. 따라서, 배란될 때의 난자는 제2감수분열의 중기에서 분열과정이 휴지된 제2차난모세포이다. 제2감수분열은 정자의 침입자극으로 재개된다(제4장 제2절 난자의 형성 항목과 감수분열성숙 항목 참조). 한편, 난모세포는 수정에 의하여 정자의 유전물질을 받아들여 배수체(2n)의 세포가 되면, 새로운 생명체로 발달되기 때문에 기본적으로 일반체세포에 비하여 크다. 이러한 난모세포가 발육기에 들어가면 세포소기관들의 기능이 활발해지면서 난세포질에 수분 · 전해질 · 지질 등이 축적되고, 단백질의 합성률과 난세포질내의 단백질함량도 증가되어 세포의 용적이 크게 증대된다. 난모세포는 성숙기에 핵과 난세포질이 모두 충분하게 발달되어야만 비로소 수정과 배발달 과정이 원활하게 진행된다(제4장 제2절 난모세포의 발육 항목 참조).

(2) 난자의 수송 : 배란 직후의 난자는 난관채의 상피세포에 분포된 운동섬모의 작용으로 곧바로 난관내로 수용된다. 난관내에 수용된 난자는 난관근층과 섬모의 운동으로 신속하게 난관팽대부로 수송되어 정자의 침입을 받는다. 난자가 팽대부-협부접속부(AIJ)에 이르면, 그곳에서 수시간 또는 수일동안 수송되지 못하고 정체되는데, 대부분의 수정과정과 난구세포의 제거(난자의 나화)는 이 기간에 일어난다. 배란후 난자가 수정장소인 난관팽대부의 중간부까지 이송되는데 소요되는 시간은 토끼는 4~15분(Harper, 1965)이고, 돼지는 45분(Hunter, 1974) 정도이다(제4장 제3절 난자의 수송 항목 참조).

3) 정자와 난자의 수정능 보유시간과 상호관계

암컷의 생식도관내로 주입된 정자와 배란된 난자의 수정능은 극히 제한된 기간에 한하여 유지됨으로(표 5-2; Hafez & Hafez, 2000) 배란시각과 정자의 주입시각이 동조(同調)되는 것이 수태율을 높이는데 매우 중요하다. 그러나, 암컷에서 발현되는 발정지속시간과 배란시각은 동물의 종에 따라 매우 다르다. 따라서, 자성생식도관내에서의 정자수명은 정자와 난자의 회합시각을 일치시키기 위하여 발정지속시간에 비례한다. 예를 들면, 발정지속시간이 긴 돼지와 말의 정자는 자성생식도관에서 각각 34~72시간과 72~120시간을 생존하는 반면에, 발정지속시간이 짧은 소와 면양은 30~48시간을 생존할 뿐이다. 한편, 배란된 난자의 수정능은 배란 6시간 후부터 저하되기 시작하여 20시간 이내에 소실되는 것이 보통이다. 난자의 수정능은 난관협부에 도달된 후부터는 급속도로 저하되며, 자궁내로 진입된 다음에는 완전히 소실된다. 일반적으로, 난자의 수정능은 배란후 시간경과에 비례하여 급속하게 저하되고, 수정능이 저하된 난자는 이상수정과 이상발생의 빈도가 높아진다.

자성생식도관내에서 지속되는 정자와 난자의 수정능 보유시간을 볼 때, 수태율을 높이려면 배란직전에 정자가 수정장소에 도달될 수 있도록 교배를 시키는 것이 바람직하다. 배란

표 5-2. 생식세포의 수정능 보유시간과 초기배 발달의 시간적 과정

동물종	수정능 보유시간		배반달의 시간적 과정(일)					배의 자궁도달		배반포 신장(일)	착상개시 (일)
	정 자	난 자	2세포	4세포	8세포	배반포	부 화	시 간	세포기		
소	30~48	20~24	1	1.5	3	7~8	9~11	72~84	8~16	13~21	22
말	72~120	6~8	1	1.5	3	6	8	140~144	배반포	신장안됨	37
면 양	30~48	16~24	1	1.3	1.5	6~7	7~8	66~72	8~16	11~16	15
돼 지	34~72	8~10	0.6~0.8	1	2.5	5~6	6	46~48	4	11~15	13

에 너무 앞서서 교배시키면 난자의 도착을 기다리는 정자의 생존성이 저하되고, 수정장소에서 정자가 소실되어 수태율이 저하된다. 반면에, 정자가 수정장소에 너무 늦게 도달되면 이미 배란된 난자가 노화되어 수정률이 저하된다.

한편, 교배시 암컷의 생식도관내로 주입되는 정자의 수는 수억 또는 수십억이지만, 난관협부에 도달되는 정자는 1,000~10,000개에 불과하며, 특히 수정시각인 교미후 4~12시간에 수정장소인 난관팽대부에 도달되는 정자는 10~100개 정도에 불과하다(Hafez & Hafez, 2000). 수정장소에 소수의 정자가 도달되는 것은 수정과정에서 발생될 수 있는 다정자침입을 방지하는 수단이 된다. 또한, 정자가 난관협부의 상피표면에 부착되거나 방출되는 능력은 수정에 적합한 수의 정자를 유지하는데 도움을 준다(Suarez 등, 1990). 난관팽대부로 이송된 정자는 운동성이 항진되어 활발하게 운동함으로 난자와 접촉할 수 있는 기회가 증가된다(제4장 제3절 정자수송과 운동성의 항진 항목 참조).

2. 수정과정

포유동물에서의 수정과정은 ① 수정능을 획득한 정자가 난자에 접근하여 외피구조물인 난구세포층과 투명대를 통과하는 과정으로부터 시작되며, 이어서 ② 정자와 난자의 원형질막이 융합되어 정자가 난세포질내로 진입되고, ③ 정자의 침입자극으로 난자가 활성화되어 최초의 세포주기가 개시되며, ④ 난세포질내로 진입된 정자핵이 웅성전핵으로 전환되고, ⑤ 웅성전핵이 난자의 핵에서 형성된 자성전핵과 융합되어 이배체(2n)의 접합체를 형성한 다음, ⑥ 난할이 개시되는 과정으로 진행된다(그림 5-1; Yanagimachi, 1988).

1) 정자의 난구세포층 통과

대부분의 포유동물에서 배란 직후의 난자는 여러층의 난구세포(卵丘細胞, cumulus cell)와 세포간질인 무세포성기질(無細胞性基質, acellular matrix)로 싸여 있다. 특히, 점성이 매우 강한 히알루론산을 포함하는 탄수화물성분과 단백질성분으로 구성된 무세포성기질은

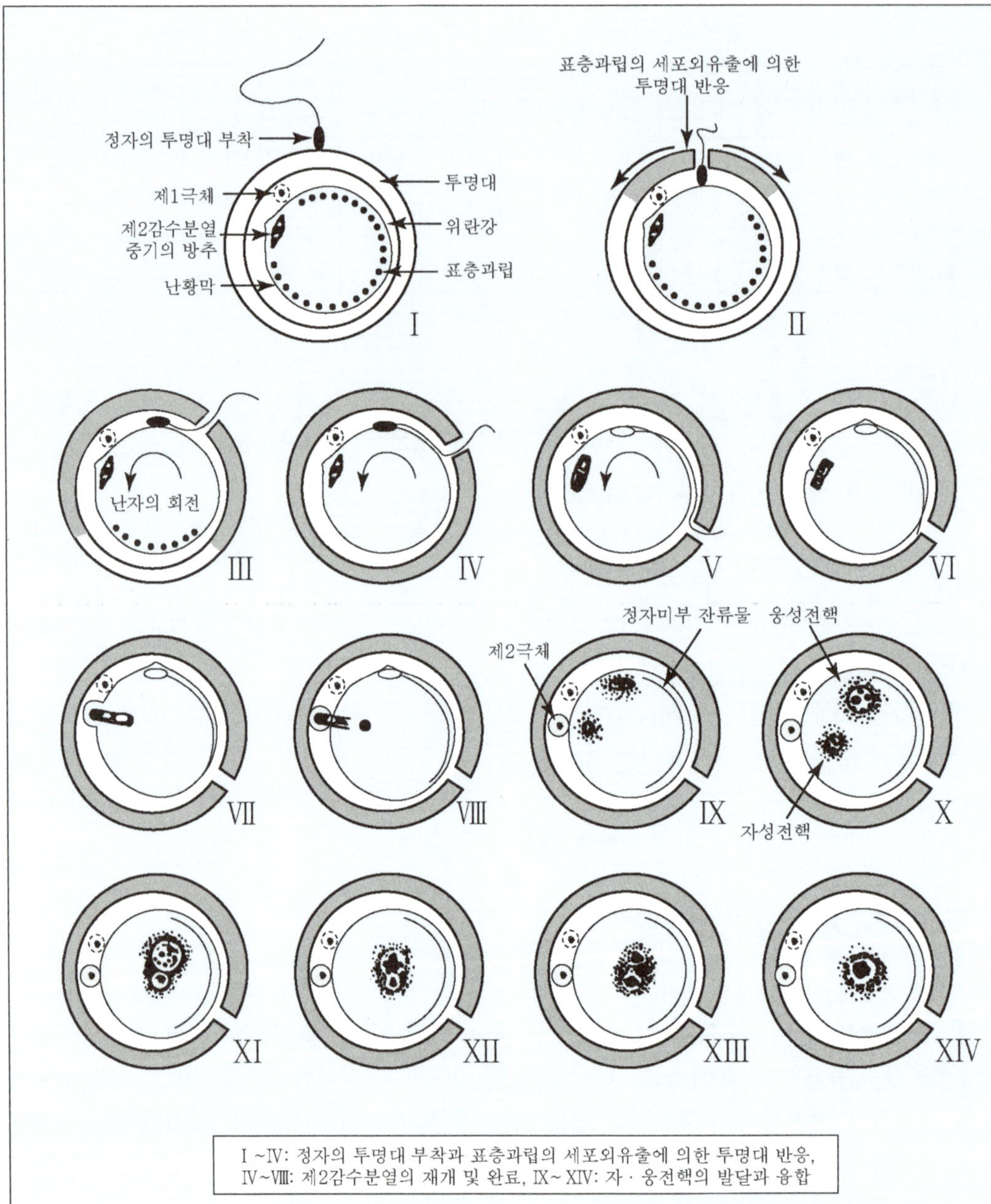

그림 5-1. 마우스 난자의 수정과정

난구세포 상호간을 치밀하게 접착시킨다. 그러나, 배란후 시간의 경과와 더불어 난구세포층이 난자에서 탈락되는데, 그 시기는 동물의 종에 따라 다르다. 소·면양·산양·말·사람 등의 경우는 배란된 난자가 난관팽대부에 도달되면 난구세포가 곧바로 탈락되는 반면에, 돼지·마우스·래트·토끼 등은 정자가 침입된 직후에 탈락되며, 개와 고양이는 수정후 2세포기가 되어도 탈락되지 않는다(Yanagimachi, 1988). 조기에 난구세포가 탈락되는 동물은 수정과정에서 정자가 난자의 투명대와 직접 접촉되지만, 수정 후에 난구세포가 탈락되는 동물의 경우는 정자가 반드시 난구세포층을 통과하여야만 투명대와 접촉할 수 있다.

정상적인 교배에 의하여 이루어지는 체내수정에서 정자가 난구세포층을 통과하려면, 수정능획득과 첨체반응이 차례로 일어나야만 한다. 첨체반응에 의하여 첨체에서 방출된 히알루로니다제를 비롯한 가수분해효소는 히알루론산을 포함하는 무세포성기질의 구성성분을 분해하여 난구세포를 분산시킴으로써 정자가 투명대의 표면에 도달할 수 있는 통로가 구축된다(Cummins & Yanagimachi, 1986). 그러나, 설치류의 난자로 수행한 *in vitro* 실험에서 첨체의 구조가 완전한 정자도 난구세포층을 관통하여 투명대의 표면에 도달된다는 사실이 확인됨에 따라 첨체반응이 난구세포층을 관통하는데 반드시 필요한 것은 아니라는 것이 증명되었다(Cherr 등, 1986). 이 사실은 정자의 원형질막에 웅성생식도관에서 유래된 소량의 히알루로니다제가 부착되어 난구세포층의 통과를 돕는다는 보고(Zao 등, 1985)와 첨체반응이 일어나지 않은 정자에서도 히알루로니다제가 첨체 밖으로 소량씩 누출되어 난구세포를 분산시킬 가능성이 있다는 견해(Niwa, 1999)를 뒷받침한다. 그러나, 히알루로니다제가 전혀 함유되어 있지 않은 개구리와 성게의 정자가 햄스터 난자의 난구세포층을 통과하는 사실을 보면, 히알루로니다제가 난구세포층을 통과하는데 유일한 필수적 인자는 아닌 것으로 보인다(Talbot 등, 1985).

2) 정자의 투명대 통과

난구세포층을 통과한 정자는 난자의 투명대에 부착되고, 이어서 첨체에서 방출된 단백질분해효소의 작용으로 투명대를 구성하는 단백질의 성질이 변화되어 정자의 침투통로가 만들어 지며, 이 때에 맞추어 정자의 운동성이 항진되어 투명대를 통과한다.

(1) 정자의 투명대 부착 : 정자가 투명대에 부착되는 기전은 첨체반응이 일어나지 않은 상태에서 투명대에 부착되는 마우스 정자를 대상으로 수행된 실험에서 증명되었다. 첨체반응이 일어나지 않은 마우스의 정자는 원형질막에 분포된 특정단백질군이 투명대단백질 ZP3의 특수한 당잔기와 결합한다. 따라서, 마우스 투명대의 ZP3에서 정자단백질의 트레오닌이나 세린과 결합하는 탄수화물군을 제거하면 정자의 부착능력이 소실된다(Sarling, 1989; 제4장 제2절 난자의 구조[투명대] 항목 참조).

한편, 정자의 원형질막에는 투명대의 ZP3와 결합하는 3종류의 단백질이 부착되어 있다. 첫번째의 투명대-결합 정자단백질은 ZP3의 갈락토오스 잔기와 특수하게 결합하는 단백질이다(Bleil & Wassarman, 1980). 따라서, ZP3에서 갈락토오스 말단잔기를 제거하면 정자의 투명대 부착능력이 소실된다. ZP3의 갈락토오스와 결합하는 정자단백질은 분자량이 56kDa인 펩티드로서, ZP3와는 매우 강력하게 결합하지만, 갈락토오스 말단잔기가 없는 ZP2와는 결합하지 못한다. 두번째의 정자단백질은 정자두부의 원형질막에 부착되어 있는 분자량 60kDa의 효소단백질인 글리코실전이효소(glycosyltranferase)로서, ZP3의 N-아세틸글루코사민과 정자두부 단백질의 결합을 촉매한다(Miller 등, 1992). 세번째의 정자단백질은 정자의 원형질막을 관통하는 단백질(transmembrane protein)로서, 분자량은 95kDa이며, 두종류의 기능적 부위로 구성되어 있는데(Leyton 등, 1992), 세포외영역은 투명대의 ZP3와 매우 친화적으로 결합하며, 세포내영역은 티로신키나제(thyrosine kinase)의 활성을 나타낸다. 이러한 막관통단백질의 세포외영역과 ZP3가 결합되면, 이 자극으로 세포내영역에 부착된 티로신키나제가 활성화되고, 활성화된 티로신카나제는 정자단백질, 특히 효소단백질을 인산화시키는 수단을 통하여 정자의 대사작용을 촉진하여 운동성을 항진시킨다(그림 2-7과 제2장 제2절 PLC에 의한 신호변환 항목 참조). 한편, 투명대의 ZP3와 결합한 정자는 첨체반응이 완성되고, 이에 따라 정자두부의 원형질막과 첨체외막이 박리되어 참체내막이 노출되는데, 노출된 첨체내막은 투명대의 ZP2와 결합한다(Bleil 등, 1988). 이러한 사실은 정자의 두부가 완전한 상태에서는 정자의 원형질막과 ZP3의 당쇄 사이에 결합이 이루어 지지만, 첨체반응이 일어난 다음에는 ZP2와 정자의 첨체내막이 결합된다는 것을 의미한다.

(2) 정자의 투명대 용해 및 통과 : 첨체반응이 완료된 정자는 첨체내막이 노출되는데, 첨체내막에는 acrosin・nonacrosin proteinase・hyaluronidase・arylsulfatase・glycosulfatase・N-acetylhexosaminidase 등과 같은 다양한 효소가 부착되어 있다(Yanagimachi, 1988). 이 효소들은 투명대를 용해・연화시켜 정자가 침투할 수 있는 조건을 만들어 준다. 히알루로니다제는 투명대의 바깥쪽에 부착되어 있는 히알루론산을 분해한다. 아크로신은 투명대를 완전하게 용해시키지는 못하지만, 투명대 단백질의 특정성분을 가수분해하여 투명대 자체를 연화시킨다(Dunbar 등, 1985). 토끼의 투명대 용해에 관한 *in vitro* 실험에서 아크로신을 단독 처리한 경우에 비하여 아크로신과 N-아세틸헥소사미니다제 또는 아릴설파타제를 병용 처리했을 경우에 더 효과적으로 투명대가 용해되었다(Farroqui & Srivastava, 1980). 이러한 사실들을 종합하면, 첨체효소에 의한 투명대의 용해에는 아크로신이 주로 작용하고, 다른 여러 종류의 효소가 보조적으로 작용하는 것으로 보인다.

한편, 수정능이 획득된 다음, 투명대에 부착된 정자는 운동성이 급격하게 항진된다(제4장 제1절 수정능획득 항목과 제4장 제3절 정자수송과 운동성의 항진 항목 참조). 운동성이 항진된 정자는 미부의 강력한 편모운동으로 두부를 앞쪽으로 밀어 올려서 용해・연화된 투명대를 관통한다(Gaddum-Rosse, 1985). 정자의 두부에 천공체(穿孔體, perforatorium)를 가지고 있는 조류와 설치류에서는 첨체반응이 일어난 다음에 노출된 천공체의 작용으로 연화된 투명대에 기계적으로 정자의 침투통로를 만든다(제4장 제1절 정자의 구조[세포골격] 항목 참조).

3) 정자와 난자의 융합

투명대를 통과하여 위란강내로 진입한 정자는 난황막(난자의 원형질막)에 무수하게 돋아

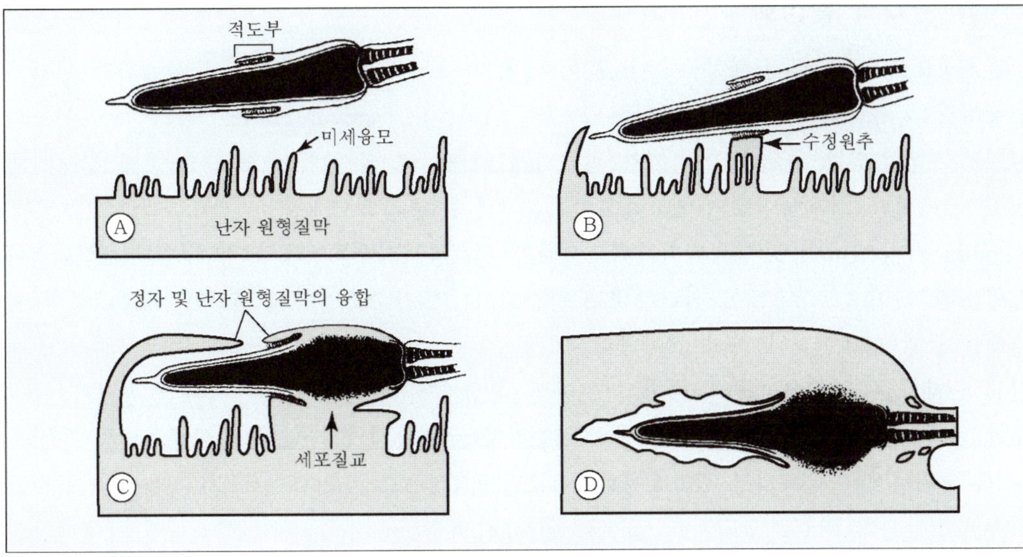

그림 5-2. 정자와 난자 원형질막의 융합과정

난 미세융모(microvilli)의 위에 놓이게 된다. 이어서 정자의 원형질막과 난자의 원형질막이 결합하는데, 진수류(眞獸類)에서는 첨체의 적도부를 피복하는 원형질막만이 난자의 원형질막과 결합하기 시작한다(Niwa, 1999). 이어서 정자의 두부 전체가 위란강내로 진입되면, 첨체의 적도부를 피복하고 있는 원형질막이 난자의 미세융모 표면을 피복하는 원형질막과 견고하게 결합한다. 이 결합은 미세융모의 액틴미세사(actin filament)가 중합(polymerization)되어 일어나며, 액틴미세사가 중합된 몇개씩의 미세융모가 융합하여 수정원추(受精圓錐, fertilization cone)를 형성함으로써 정자표면과 넓게 결합한다(그림 5-2; Schatten & Schatten, 1983). 정자와 난자의 원형질막이 융합된 다음에는 이미 활성화된 정자의 추진운동으로 난자를 밀어 회전시키고, 이에 따라 정자의 미부까지 위란강내로 진입되며(그림 5-1의 Ⅲ・Ⅳ・Ⅴ), 진입이 완료된 다음에는 미부의 추진운동이 급속히 둔화된다. 위란강으로 진입된 정자는 정자와 난자의 원형질막이 융합된 부위를 지칭하는 세포질교(細胞質橋, cytoplasmic bridge)를 통하여 정자의 두부(핵)와 미부가 차례로 난세포질내로 진입되어 하나의 세포로 합체된다(Gilbert, 1994a). 한편, 난자의 원형질막에 미세융모가 없는 부분은 정자와 융합할 수 없다(Phillips & Shalgi, 1982). 예를 들면, 포유동물의 난자(제2차난모세포)는 제2극체를 방출할 부위가 부풀어 오르면서 미세융모가 소실되는데, 이곳에는 정자가 융합되지 못한다. 또한, 첨체반응이 일어나지 않은 정자는 난자의 원형질막과 융합할 수 없는데, 이것은 원형질막의 융합을 매개하는 효소가 첨체에서 방출되지 못하기 때문인 것으로 보인다(제4장 제1절 정자의 구조[첨체] 항목 참조). 이러한 과정을 통하여 하나의 정자가 난세포질내로 진입된 다음에는 난자의 투명대와 원형질막(난황막)의 성질이 변경되는 투명대반응과 난황차단이 차례로 일어나 추가적인 정자의 침입을 저지한다.

4) 난자의 활성화

휴지상태에 있던 난자(제2차난모세포)에 정자가 융합되면, 생화학적 및 형태학적 변화가 연속적으로 유발되는데, 이것을 난자의 활성화(活性化, activation)라고 한다. 포유동물의 난자가 활성화되는 기전은 아직까지 명확하게 해명되지 않았다. 그러나, 난자의 활성화과정이 개시되면 난세포질내의 Ca^{2+}농도가 급격하게 증가되고, 원형질막의 막전위(膜電位, membrane potential)가 변경된다. 세포질내의 Ca^{2+}농도가 증가된 난자에서는 표층과립이 개열(開裂)되어 그 내용물이 위란강내로 방출되고, 제2감수분열이 재개되며, 세포골격이 변경되는 등의 형태학적 변화가 일어난다.

(1) 난세포질내 칼슘농도의 증가 : 정자의 침입자극을 받은 난자에서 Ca^{2+}농도가 급격하게 증가되는 기전은 ① 난자에 정자의 융합자극이 가해지면 난자의 원형질막에 위치하는 G-단백질이 활성화되고, ② 활성화된 G-단백질은 포스포리파제 C(PLC)를 활성화시키며, ③ 활성형의 PLC는 PIP_2(phosphatidylinositol-4,5-biphosphate)의 가수분해를 촉매하여 제2전달물질로 작동하는 IP_3(inositol-1,4,5-triphosphate)와 DAG(diacylglycerol)를 생산하고, ④ 생산된 IP_3는 Ca^{2+}의 세포내저장고로 작동하는 내형질세망에서 Ca^{2+}의 방출을 촉진하여 난세포질내의 Ca^{2+}농도를 급격히 증가시키며, ⑤ DAG는 단백질키나제 C(PKC)를 활성화시켜 난자의 원형질막에 이온의 교환통로를 구축하여 Ca^{2+}의 세포내 유입을 촉진한다(제2장 제2절 PLC에 의한 신호변환 항목 참조). 햄스터 난자의 내형질세망에서 Ca^{2+}의 방출은 정자가 난자에 부착된 10~30초 후에 정자의 부착부위에서부터 개시되는데, 4~7초 이내에 전체의 난자로 확산되기 시작하여 15~20초 후에 완료되며, 전파속도는 5~10μms^{-1}이다(Whitaker & Swann, 1993). 이러한 Ca^{2+}방출파는 대략 3분 정도의 간격을 가지고 반복되며, 최소한 100분 정도 지속된다(Miyazaki 등, 1986). 한편, 난세포질내에 증가된 Ca^{2+}은 K^+의 막투과성(membrane permeability)을 증가시켜 난세포막에서 연속적인 부(-)의 과분극(過分極, hyperpolarization)을 유발한다. 부의 과분극파가 발생되는 시간 간격은 햄스터에서는 1분 정도이고, 마우스에서는 수분이며, 안정막전위(resting membrane potential)는 -20mv에서 -40mv까지 점진적으로 변경된다(Miyazaki, 1988). 이러한 과분극파의 탈분극(脫分極, depolarization)에 수반하여 원형질막의 이온교환통로를 통한 Ca^{2+}의 유입이 증가되고, 이에 따라 난세포질내의 Ca^{2+}농도가 더욱 증가된다.

모든 동물종에서 난세포질내에 증가된 Ca^{2+}은 수정과정의 모든 생리현상을 자극한다. 그러나, 성게에서는 증가된 Ca^{2+}이 난자 원형질막의 Na^+/H^+-교환을 유발하여 난세포질내로 Na^+이 유입되고, H^+가 난세포질 밖으로 유출됨에 따라 난세포질의 pH가 알칼리쪽으로 상승된다. 이러한 일시적 pH의 상승은 난세포질내에 존재하는 억제적 단백질(inhibitory protein)을 제거하거나, 활성을 억제하여 난자의 대사적 산화경로와 지질대사, 그리고 단백질과 DNA의 합성 등을 활성화시킨다(Whitaker & Steinhardt, 1985). 그러나, 포유동물에서는 난세포질의 pH가 상승되지 않는다(Kline & Zagray, 1995; Phillips & Baltz, 1996).

(2) 표층과립의 세포외유출과 다정자침입의 방지 : 성숙난자의 원형질막 바로 밑에는 작고 둥근 다수의 표층과립(表層顆粒, cortical granule)이 위치하고 있다. 난자에 정자의 융합자극이 가해지면 표층과립은 원형질막쪽으로 이동하여 원형질막과 결합하고, 이어서 표층과립과 결합된 부위의 원형질막이 붕괴되어 그 내용물이 위란강내로 방출되는데, 이러한 현상을 표층과립의 세포외유출(細胞外流出, exocytosis)이라고 한다(제4장 제2절 난자의 구조[표층과립] 항목 참조). 표층과립의 세포외유출은 난세포질내에 급증된 Ca^{2+}이 표층과립의 경계막(limiting membrane)에 위치하는 Ca^{2+}수용체와 결합하고, 이에 따라 수용체가 활성화되어 발현되는 Ca^{2+}-의존적 과정이다(Schuel, 1985). 따라서, 표층과립의 세포외유출파(波)는 난자에서 Ca^{2+}농도가 최초로 증가되는 정자부착부위에서 개시되고, Ca^{2+}방출파의 확산과정에 수반하여 전체의 난자로 퍼져 나간다(그림 5-1의 Ⅱ·Ⅲ·Ⅳ).

세포외유출을 통하여 위란강내로 방출된 표층과립 내용물에 함유된 가수분해효소와 점질다당류는 수정과정에서 다정자침입(多精子侵入, polyspermy)을 방지한다. 위란강내로 방출된 가수분해효소는 투명대 단백질의 화학적 및 물리적 성질을 변화시켜 추가적인 정자침입을 방지하는데, 이것을 투명대반응(透明帶反應, zona reaction)이라 한다. 마우스에서 표층과립의 내용물이 위란강내로 방출되면 5분이내에 단백질분해효소의 작용으로 ZP2가 가수분해되어 투명대의 기본구조가 파괴되면서 경화되고(Moller & Wassarman, 1989), 정자수용체를 가지고 있는 ZP3도 단백질분해효소와 글리코시다제(glycosidase)의 작용으로 가수분해되어 정자의 부착능력을 상실한다(Wassarman, 1987). 한편, 정자가 난자내로 진입되면 투명대반응과는 별도로 난자의 원형질막 수준에서도 추가적인 정자의 침입을 방지하는데, 이것을 난황차단(卵黃遮斷, vitelline block) 또는 원형질막차단이라 한다. 포유동물에서 난황차단이 발현되는 기전은 아직까지도 명확하지 않은데, 표층과립에서 방출되는 물질에 의하여 발현된다는 견해도 있지만, 이 견해를 명확하게 증명하는 연구결과는 거의 없다(Schmell 등, 1986). 그러나, 성게의 난자에서는 최초의 정자가 원형질막을 통과하면 수초이내에 원형질막의 작용으로 추가적인 정자의 침입을 차단한다. 이와 같이, 신속하게 이루어지는 정자침입의 차단은 최초의 정자가 난자에 부착되는 자극으로 난세포질내에 증가된 Ca^{2+}이 난자 원형질막의 K^+/Na^+ 투과능을 변경시키고, 이에 따라 순간적으로 막전위(膜電位)가 상승되어 정자의 대전(帶電)상태와 조화를 이루지 못하기 때문에 정자를 밀어 내는데 따른 결과이다(Jaffe, 1985). 그러나, 포유동물의 난자에서는 성게의 난자에서 보이는 전기적 기전에 의한 난황차단이 증명되지 않았다(Schmell 등, 1986). 또한, 표층과립에서 방출된 점질다당류가 난자의 원형질막에 부착되어 이화학적 성질을 변경시키는 것도 난황차단을 유발하는 하나의 원인이 된다(Gilbert, 1994a).

포유동물에서 다정자침입을 방지하는 투명대반응과 난황차단의 상대적 중요성은 동물의 종에 따라 다르다. 햄스터·개·면양·야생들쥐 등은 매우 강력한 투명대반응을 나타낸다. 그러나, 토끼·새앙산토끼(pika)·두더지 등은 투명대반응을 보이지 않고, 난황차단에 의하여 다정자침입을 방지한다. 래트 · 마우스 · 귀니아피그 · 흰담비 등은 투명대반응과 난황차단 모두가 일어난다(Yanagimachi, 1988). 그러나, 정상적인 교배에서도 다정자수정이 1~2%의 빈도로 발생되는데, 교배시기가 늦어지면 난자의 노화에 비례하여 다정자 거부기능이 저하됨에 따라 다정자수정의 빈도가 증가된다.

(3) 제2감수분열의 재개 : 대부분의 포유동물에서 배란 직후의 난자는 제2감수분열의 중기(metaphase Ⅱ)에서 분열과정이 휴지된 제2차난모세포의 상태이다. 이러한 난모세포에 정자의 침입자극이 가해지면 감수분열이 재개되어 제2극체를 방출하고, 반수체(n)의 핵을 형성하면서 새로운 세포주기가 개시된다. 제2감수분열의 재개는 난모세포에 정자가 부착되는 자극에 따라 난세포질내에 급격히 상승된 Ca^{2+}농도에 의존적으로 발현된다(제4장 제2절 난모세포의 발육[감수분열성숙] 항목 참조).

(4) 세포골격의 변화 : 난자에 정자의 부착자극이 가해지면 세포골격(cytoskeleton)의 활성이 변화되며, 특히 액틴미세사(actin filament)의 분포가 달라진다. 액틴미세사의 활성을 발현하기 위한 중합반응은 정자가 부착되는 자극에 의하여 난세포질내에 급격히 증가된 Ca^{2+}의 작용으로 촉진된다. 성숙난모세포는 난세포질의 표층(피질)에 한층의 액틴미세사가 분포되어 있는데, 마우스의 경우는 제2감수분열 중기(MⅡ)의 방추(紡錘, spindle)가 위치하는 위쪽에 액틴미세사가 매우 풍부하다. 마우스에서는 MⅡ방추의 장축이 원형질막과 평행하게 배열되어 있지만, 수정시에는 제2극체로 한벌의 염색체가 빠져 나갈 수 있도록 MⅡ방추가 원형질막과 직각방향으로 회전한다. 이러한 MⅡ방추의 회전은 액틴미세사의 중합을 억제하는 사이토칼라신(cytochalasin) D의 처리로 억제되는데, 이 사실은 액틴미세사의 중합체가 MⅡ방추를 회전시킨다는 것을 의미한다(Maro 등, 1984). 반면에, 토끼 · 면양 · 산양 · 소 · 사람 등과 같은 대부분의 포유동물에서는 MⅡ방추가 형성된 직후에 자발적으로 원형질막과 직각으로 배치되기 때문에 수정시 회전할 필요가 없으며, MⅡ방추의 위쪽에 액틴미세사가 분포되어 있지도 않다. 그러나, 모든 동물에서 수정이 되어 제2극체가 방출된 부위에는 액틴미세사가 풍부하게 분포되어 있다. 또한, 정자가 결합하는 부위의 원형질막에는 수정원추의 형성을 위한 액틴미세사가 풍부하게 부착되어 있다.

5) 전핵의 형성과 융합

난자내로 진입된 정자핵은 핵막이 붕괴되면서 팽윤화(澎潤化)된 다음에 염색질의 구조가 변경되고, 이어서 다시 응축되면서 핵막이 재형성되어 웅성전핵(雄性前核, male pronucleus)이 된다. 난자는 정자의 침입자극으로 제2감수분열 과정의 중기(MⅡ)에서 휴지되었던 감수분열이 재개되어 제2극체를 방출하고, 난자내에 남아 있는 반수체의 핵은 자성전핵(雌性前核, female pronucleus)으로 발달된다. 이들 자 · 웅 전핵이 난세포질의 중앙부로 이동하여 융합함으로써 수정과정이 완료된다.

(1) 정자핵의 탈응축 : 정자핵의 염색질은 DNA와 특수단백질인 프로타민이 강력하게

결합하고, 프로타민에 함유된 시스테인 잔기간에 형성된 이황화결합에 의하여 고도로 응축되어 DNA의 활성이 억제된 상태를 유지한다(Longo, 1985; 제4장 제1절 정자의 구조[정자핵] 항목 참조). 이러한 정자핵이 핵막에 싸인채로 난자내로 진입된 후에는 난세포질과 합체하여 상호간에 유기적으로 생리기능을 발현하기 위하여, ① 정자핵의 핵막이 붕괴되고, ② DNA와 결합되어 있는 프로타민에서 이황화결합이 제거되어 염색질이 탈응축(脫凝縮, decondensation)되며, ③ 정자염색질의 특수단백질인 프로타민이 히스톤으로 대체되는 등의 변환이 일어난다. 이러한 정자염색질의 변환은 활성화된 난자에서 분열중기(MⅡ)로부터 분열간기(interphase)로 가는 난자염색질의 발달과정과 보조를 맞추어 가면서 진행된다. 정자핵에서 일어나는 핵막의 붕괴는 정자핵이 난세포질과 접촉되는 순간에 개시된다. 핵막이 붕괴되면 난세포질내에 존재하는 정자염색질의 발달촉진인자와 정자염색질이 쉽게 접촉할 수 있어서 정자염색질의 발달이 빠르게 진행된다(Longo, 1985). 그러나, 핵막을 조기에 붕괴시키는 인자의 본태는 아직까지도 명확하게 밝혀지지 않았다.

정자핵의 핵막이 붕괴되면, DNA와 복합체를 형성하고 있는 프로타민에서 이황화결합이 제거됨에 따라 염색질이 탈응축화되어 팽윤화되면서 프로타민이 새로이 합성된 히스톤으로 대체된다(Rodman 등, 1981). 정자핵의 탈응축은 성숙난자의 세포질내에 있는 글루타치온(glutathione [GSH]) 환원형의 작용으로 프로타민에서 이황화결합이 제거되어 일어나며, 따라서 난세포질내의 GSH를 인위적으로 감소시키면 정자핵의 탈응축이 억제된다(Kalvin 등, 1986). 그러나, 정자핵의 탈응축은 어느 특정한 하나의 인자에 의하여 발현되는 것은 아니며, 효소의 활성과 단백질의 인산화에 의하여 발현되는 복합적 현상이다(Crozet, 1993). 염색질에서 프로타민이 제거되고, 탈응축화가 완성되면 곧바로 염색체의 복제를 위한 DNA의 합성이 개시된다(Naish 등, 1987). 정자핵이 탈응축될 때 난자핵은 분열중기(MⅡ)에서 휴지되었던 제2감수분열이 재개되어 제2극체가 형성된다(그림 5-1의 Ⅴ~Ⅷ). 난자에서 제2극체가 방출된 후에는 탈응축된 정자핵이 웅성전핵으로 변환되기 위하여 재응축(再凝縮, recondensation)된다(Adenot 등, 1991).

(2) 전핵의 형성과 발달 : 탈응축된 정자핵과 제2감수분열의 결과로 제2극체를 방출하고 난세포질내에 남아있는 반수체 분량의 염색질은 재응축되면서 핵막이 형성되어 각각이 웅성전핵과 자성전핵이 된다(그림 5-1의 Ⅸ~ⅩⅢ). 형성된 직후의 전핵에서는 DNA의 원활한 복제를 위하여 염색질이 매우 빠른 속도로 다시 탈응축되지만, 기본적으로 자성전핵의 염색질이 더 농축되어 있어서 탈응축이 개시된 후 수시간 동안은 자성전핵이 웅성전핵에 비하여 작다. 이러한 크기의 차이로 양 전핵을 쉽게 구분할 수 있다(그림 5-1의 Ⅹ).

전핵의 핵막형성에 필요한 물질은 난세포질내에 위치하는 내형질세망(소포체)에서 합성된다(Longo, 1985). 전핵의 핵막은 핵막소공을 가진 이중막으로 구성되고, 핵막의 안쪽 표면에는 핵판(核板, nuclear lamina)이라고 부르는 망상구조의 단백질이 부착되어 있다. 전핵의 핵막을 전자현미경으로 관찰하면 외측핵막의 특정부위가 마치 젖꼭지처럼 부풀어 올라 형성되는 핵막수포(核膜水疱, bleb of nuclear envelope)가 빠른 속도로 발생되는데, 그 속은 전자밀도가 높은 과립으로 채워져 있다(Crozet, 1993). 핵막수포는 전핵 뿐만 아니라, 초기배의 핵막에서도 발견되는 특징적인 구조물이다(SzÖllÖsi & SzÖllÖsi, 1988). 핵막수포의 기능은 아직까지 밝혀지지 않았지만, 핵으로부터 난세포질로 특수한 물질을 운반하는 통로로 이용되는 것으로 보인다(Crozet, 1993).

난자내에서 웅성전핵의 발달은 난세포질에 존재하는 웅성전핵성장인자(male pronucleus growth factor [MPGF])에 의하여 조절되는데, 이것은 자성전핵의 발달을 조절하는 인자와는 다르다(Yanagimachi, 1981). MPGF는 *in vivo*에서 완전히 성숙한 난모세포의 세포질내에서는 검출되지만, *in vitro*에서 차선(次善)의 조건으로 배양된 난모세포에서는 검출되지 않는다(Masui & Clarke, 1979). 난세포질에서 MPGF의 활성은 난자가 활성화된 수시간내에 소실되는데, 난자핵이 없는 난세포질의 분절에서는 장시간에 걸쳐서 웅성전핵의 발달을 지속시킨다. 이러한 사실은 난세포질내에 존재하면서 웅성전핵의 발달을 유도하는 MPGF의 활성이 자성전핵이 형성된 후에는 제거되어 자 · 웅 전핵의 발달을 동기화시킨다는 것을 의미한다(Borsuk & Tarkowski, 1989). 또한, 다정자수정이 일어난 난자에서 침입된 다수의 정자 가운데 소수의 정자만이 웅성전핵으로 발달되는데, 이것은 웅성전핵의 발달을 조절하는 MPGF에 대하여 정자핵 상호간이 경쟁하기 때문이다(Hirao & Yanagmachi, 1979).

발달이 완료된 자 · 웅 전핵은 동시에 복제를 위한 DNA를 활발하게 합성한다. 그러나, DNA가 복제되는 시기와 기간은 동물의 종에 따라 다르다. 토끼에서는 DNA의 복제가 정자침입 3시간 후에 개시되고, 제1난할 4~5시간 전에 종료되는데, 복제에 필요한 실제 시간은 1~2시간 정도이다. 마우스에서는 정자침입 10~11시간 후에 복제가 개시된 다음, 6~7시간 동안 계속된다(Howlett & Bolton, 1985).

(3) 전핵의 이동과 융합 : 수정란의 표층(피질)에서 충분히 발달된 자 · 웅 전핵은 중앙부로 이동하여 서로 접착된 다음, 핵막과 핵소체가 소실되면서 자 · 웅 전핵에서 유래된 염색체가 모여서 제1난할의 전기로 진입된다. 이와 같이, 자 · 웅 전핵이 융합(融合, singamy)되면 수정과정이 완료된다(그림 5-1의 XI ~ XIV). 난세포질내에서 전핵의 이동은 미세관(微細管, microtubule)의 작용으로 이루어 진다. 제2차난모세포에서 제2극체를 방출하는데 중요하게 작동하는 액틴미세사는 전핵의 이동에는 관여하지 못한다.

포유동물의 난자에서는 미세관이 부착되어 방추사를 형성하는 중심소체가 난자형성과정에서 소실되었기 때문에 난세포질에 미세관이 부착될 수 있는 새로운 중심구조물이 필요하다. 마우스의 난세포질에는 미세관조직화중심(microtuble organizing center [MTOC]) 또는 중심소체초점(centrosomal focus)이라 부르는 중심구조물이 형성된다. 그러나, 면양이나 토끼를 비롯한 대부분 포유동물에서는 MTOC가 형성되지 않는다. 이들 동물에서는 수정을 통하여 정자와 함께 난세포질내로 진입된 정자의 중심소체가 난자의 중심소체로 전환된다. 반면에, 난세포질에서 MTOC가 형성되는 마우스의 경우는 정자에 함유된 중심소체

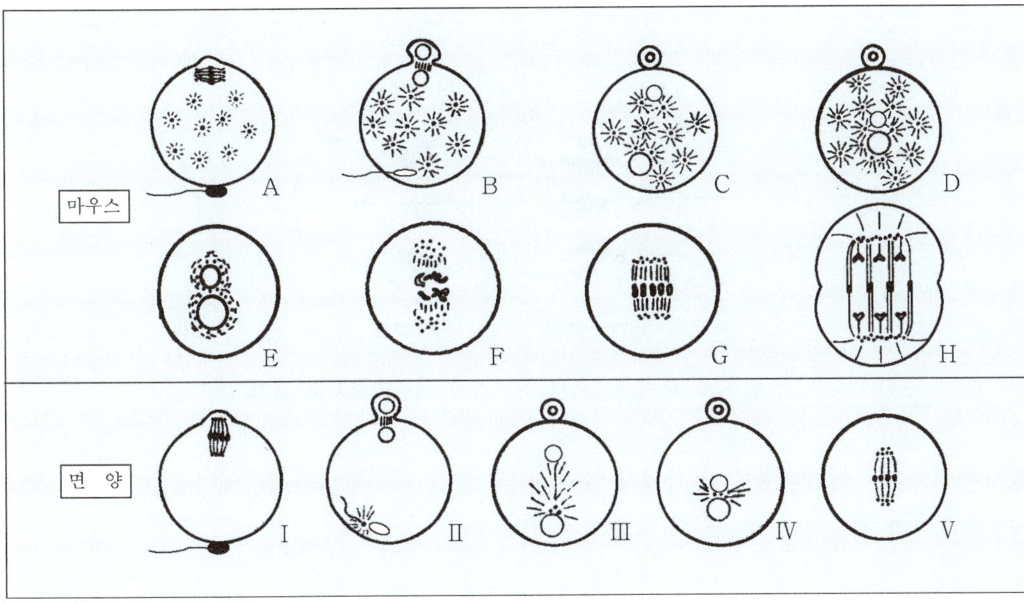

그림 5-3. 수정과정에서 보이는 미세관의 분포

가 수정과정에서 소실된다. 이와 같이, 미세관이 부착되는 중심구조물이 동물의 종에 따라 다르기 때문에 미세관의 분포상태도 동물의 종에 따라 다르다(그림 5-3; Crozet, 1993). 예를 들면, 마우스 미수정난자의 세포질에는 15개의 MTOC가 형성되며, 이곳에 미세관이 붙어서 작은 성상체(星狀體, aster)를 형성하는데(그림 5-3의 A), 수정이 되면 성상체가 커지면서 미세관이 점진적으로 난세포질을 채운다(그림 5-3의 B · C · D). 성상체를 형성한 MTOC의 일부는 발달중인 자 · 웅 전핵과 결합하고(그림 5-3의 C), 이어서 자 · 웅 전핵이 미세관에 이끌려 난자의 중앙부로 이동되면서 서로 연접된다(그림 5-3의 D). 양 전핵이 연접된 다음, 핵막이 붕괴되기 직전에는 모든 MTOC가 전핵의 표면위에서 농축되며, MTOC의 주위에 부착되어 있는 미세관이 전핵과 연접된다(그림 5-3의 E). 곧이어 양 전핵의 핵막이 붕괴되면 MTOC는 핵주위에서 떨어져나와 두 개의 군집을 이루며(그림 5-3의 F), 각 군집에서 뻗어난 미세관이 방추사를 형성하여 수정란의 중앙에 배열된 염색체와 결합한 다음(그림 5-3의 G), 양측으로 이동시킴으로서 제1난할이 완료된다(그림 5-3의 H). 반면에, 마우스를 제외한 대부분의 동물은 MTOC가 없기 때문에 난세포질내에서 다수의 성상체가 형성되지 않으며(그림 5-3의 I), 수정시 난자내로 들어온 정자유래의 중심소체에 미세관이 접착되어 하나의 성상체를 형성한다(그림 5-3의 II). 정자에서 유래된 성상체는 커지면서 미세관이 자성전핵을 향하여 뻗어나가 결합한 다음(그림 5-3의 III), 양 전핵을 잡아당겨 난자의 중앙에서 연접시키고(그림 5-3의 IV), 이어서 전핵의 핵막이 붕괴되면서 방추사가 형성되어 제1난할과정이 진행된다(그림 5-3의 V).

한편, 염색체가 방추사에 이끌려 난세포질의 양쪽으로 이동된 다음에는 앞으로 난할면이

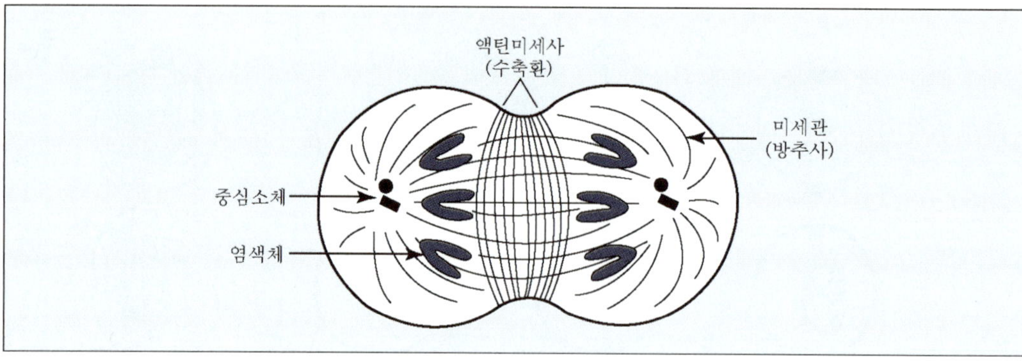

그림 5-4. 난할과정에서 미세관과 액틴미세사의 역할

형성될 부위에 액틴미세사가 감겨서 수축환(收縮環, contractile ring)을 형성하고, 이것이 수축함으로써 세포질이 양분된다(그림 5-4; Bonder 등, 1988)

3. 수정의 종특이성

일반적으로, 다른 동물종의 정자는 난자의 투명대를 통과하지 못하여 수정이 성립되지 않는다. 이러한 현상은 정자의 수용체로 작동하는 투명대의 ZP3가 종특이적이어서 이종동물의 정자는 투명대에 부착되지 못하기 때문이다. 그러나, 예외적으로 면양(♂)×산양(♀)·눈신산토끼(snowshoe hare, ♂)×토끼(♀)·밍크(♂)×흰담비(ferrit, ♀)등의 교배조합은 수정이 가능하며, 수정란도 상당기간에 걸쳐 발생이 가능하지만, 암·수의 역교배(逆交配)에서는 수정의 성공률이 현저하게 저하된다. 말과 당나귀의 이종교배에서는 정·역 교배 모두에서 산자를 얻을 수 있다. 한편, 난자의 투명대를 제거하면 수정능을 획득한 이종동물 정자의 원형질막과 융합되어 종간수정이 성립되는 동물종도 있는 반면에, 이종동물 정자의 침입을 허용하지 않는 동물종도 있다. 마우스와 래트의 난자는 투명대를 제거하여도 햄스터나 귀니아피그의 정자가 난자의 원형질막을 통과할 수 없다. 그러나, 햄스터의 난자는 투명대를 제거하면 소·돼지·면양·산양 등과 같은 가축의 정자는 물론이고, 사람을 비롯한 다양한 동물종의 정자도 쉽게 받아 들인다. 따라서, 투명대를 제거한 햄스터의 난자는 사람과 같이 난자의 채취가 비교적 어려운 동물종에서 정자의 수정능획득 여부를 판정할 때 대리난자로 유용하게 이용할 수 있다.

제 2 절 난 할

자·웅 전핵의 융합으로 형성된 수정란은 배발생(胚發生, embryogenesis)을 개시하여 세포분열을 반복함으로써 미분화상태를 유지하는 다수의 배세포를 형성한다. 그러나, 초기배의 발생과정에서 세포분열과정을 보면, 핵의 분열은 일반 체세포의 유사분열과 같지만, 세포질은 모세포의 크기로 성장하지 않고, 기존의 세포질을 나누어 가지기 때문에 분열회수가 증가될수록 세포의 크기가 작아진다. 이와 같이, 세포질이 증가되지 않고, 등분(等分)되는 수정란의 세포분열을 난할(卵割, cleavage)이라 한다. 난할의 결과로 형성된 각각의 배세포를 분할구(分割球, blastomere) 또는 할구라 하고, 난할시에 분할되는 면을 난할면(卵割面, cleavage plane)이라 한다. 난할은 분할구의 핵과 세포질 비율이 체세포의 그것과 같아질 때까지 계속되며, 이 후로는 일반체세포와 같이 세포질의 증가를 동반하는 유사분열을 반복하여 배발생을 계속한다. 난할과정은 난관에서 수정이 완료된 직후에 개시되며, 따라서 초기난할은 난관내에서 일어난다. 난할과정의 세포주기(細胞週期, cell cycle)는 일반체세포의 그것에 비하여 매우 빠르게 진행된다.

1. 난할과정

난할이 진행되는 형식과 과정, 그리고 각 난할단계에 소요되는 시간의 길이는 동물의 종에 따라 매우 다르다. 이러한 차이는 수정란에 저장영양소로 함유되어 있는 난황의 양과 밀접한 관계가 있다.

1) 난할형식

동물의 난자는 수정이 이루어지기 전부터 극성(極性, polarity)이 인정되는데, 핵과 세포소기관이 밀집되어 난자의 활성을 주도하는 부위를 동물극(動物極, animal pole)이라 하고, 주로 난황이 축적되어 있는 부위를 식물극(植物極, vegetal pole)이라 한다. 그러나, 저장된 난황량이 적고, 난황구가 난세포질내에 균등하게 분포된 포유동물의 난자는 극성이 분명하지는 않지만, 난자형성과정에서 핵이 위치하여 극체가 방출되는 부위를 동물극, 그 반대쪽을 식물극이라 한다. 모든 동물종에서 제1난할의 난할면은 동물극과 식물극을 연결하는 면에서 형성되는데, 난할의 형식은 동물의 종에 따라 매우 다르다(그림 5-5; Gilbert, 1994b). 난자내에 다량의 난황이 축적되어 있는 조류·어류·파충류 등의 수정란은 난할과정에서 난할면이 난황(식물극)속으로 진입하지 못하여 동물극부위에서만 난할이 이루어지는데, 이러한 난할을 부분난할(部分卵割, meloblastic cleavage)이라 한다. 그러나, 난황량이 적은 포유류의 수정란이나 중등정도의 난황량을 가지고 있는 양서류의 수정란은 난할면이 전체 수정란을 완전히 관통하여 양분(兩分)된 분할구를 형성하는데, 이러한 난할을 전난할(全卵割, holoblastic cleavage)이라 한다. 전난할을 영위하는 동물종에서도 포유류의 경우는 형성된 분할구의 크기가 같지만, 양서류의 경우는 난황량이 많은 식물극쪽에서 형성된 분할구가 동물극쪽의 분할구에 비하여 더 큰데, 전자를 균등난할(均等卵割, equal cleavage), 후

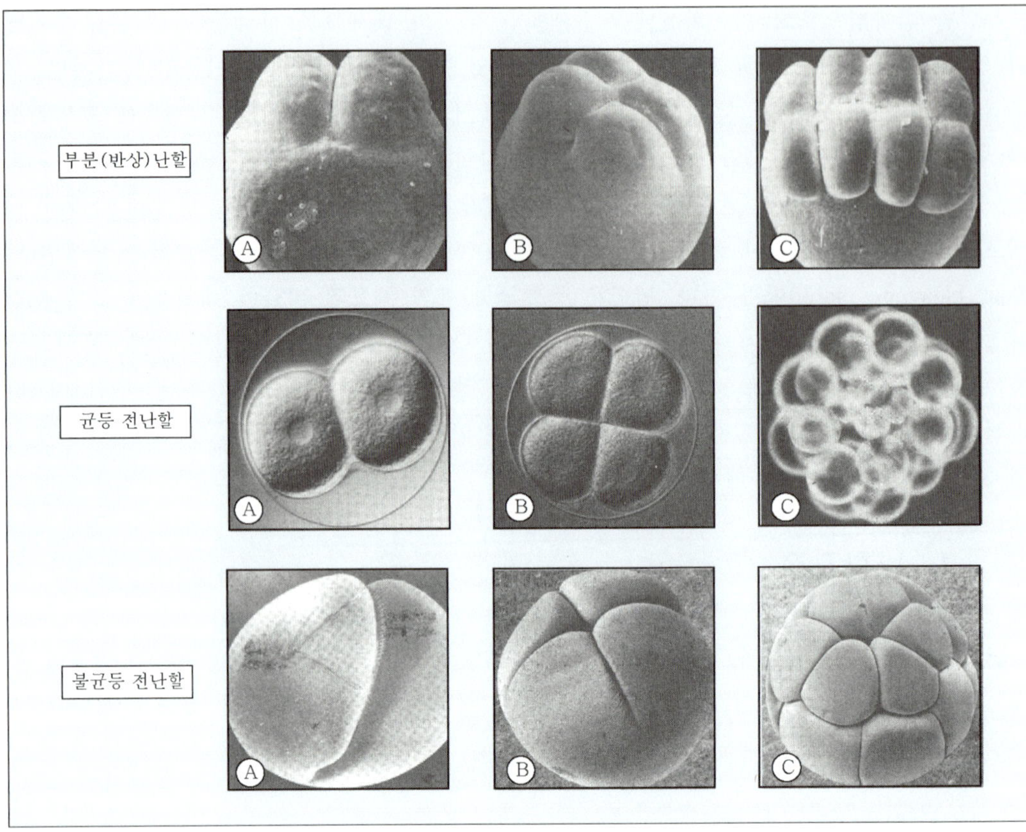

그림 5-5. 난세포질에 저장된 난황량에 따른 난할의 형식

자를 불균등난할(不均等卵割, unequal cleavage)이라 한다. 이와 같이, 포유동물 수정란의 난할형식은 전난할인 동시에 균등난할이다. 그러나, 전난할의 경우에도 난할면이 형성되는 방향은 동물종에 따라 서로 다르며, 포유동물의 수정란은 회선난할(回旋卵割, rotational cleavage)을 한다.

2) 포유동물 수정란의 난할단계

균등 전난할인 동시에 회선난할을 하는 포유동물 수정란의 제1난할은 핵융합을 개시한 자·웅 전핵이 위치하는 수정란의 중앙부위를 지나면서 동물극과 식물극을 연결하는 난할면에서 이루어지며, 이 난할면을 경선면(經線面, meridional plane)이라 한다. 이와 같이, 수정란의 중앙부위에서 난할면이 형성됨으로 양측 분할구의 크기가 같으며, 이 때의 배를 2세포기(2 cell stage) 배라 한다. 그러나, 제2난할에서는 각각의 분할구가 서로 다른 난할면에서 분열하는데, 하나의 분할구는 제1난할의 난할면과 종(縱)으로 직각을 이루는 경선면에서 분열하며, 다른 하나의 분할구는 경선면과 횡(橫)으로 직각을 이루면서 형성되는 난할면인 적도면(赤道面, equatorial plane)에서 분열하여 4세포기 배가 된다(그림 5-6; Gulyas, 1975).

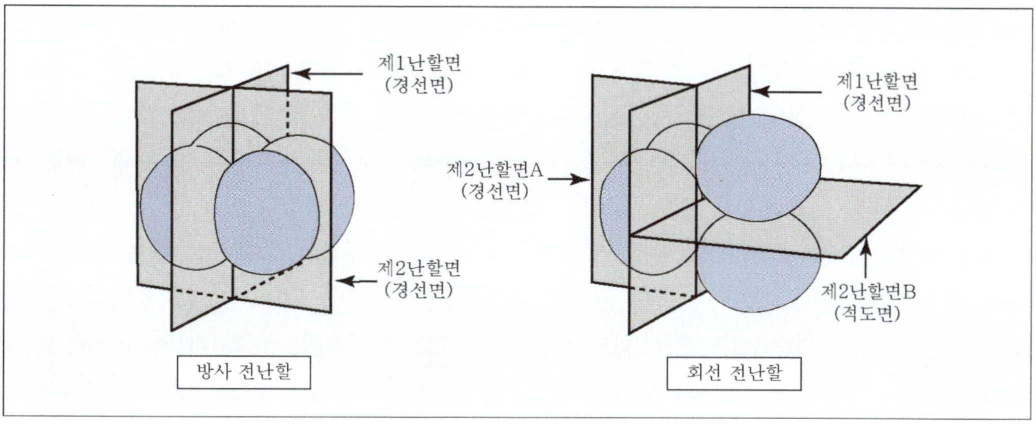

그림 5-6. 방사난할과 회선난할의 난할면

제3난할은 제2난할의 난할면과 직각방향으로 분열하여 8세포기 배를 형성한다(그림 5-7; Burdsal, 1998). 이러한 난할과정을 보면, 제2난할과정에서 각각의 분할구가 서로 다른 난할면에서 분열하고, 제3난할부터의 난할면은 직전난할의 난할면과 직각방향으로 형성되기 때문에 배 전체에서 나타나는 난할면의 방향은 제1난할면을 축으로 하여 선회한다.

포유동물의 난할과정을 하등동물과 비교해 보면, ① 난할속도가 하등동물에 비하여 매우

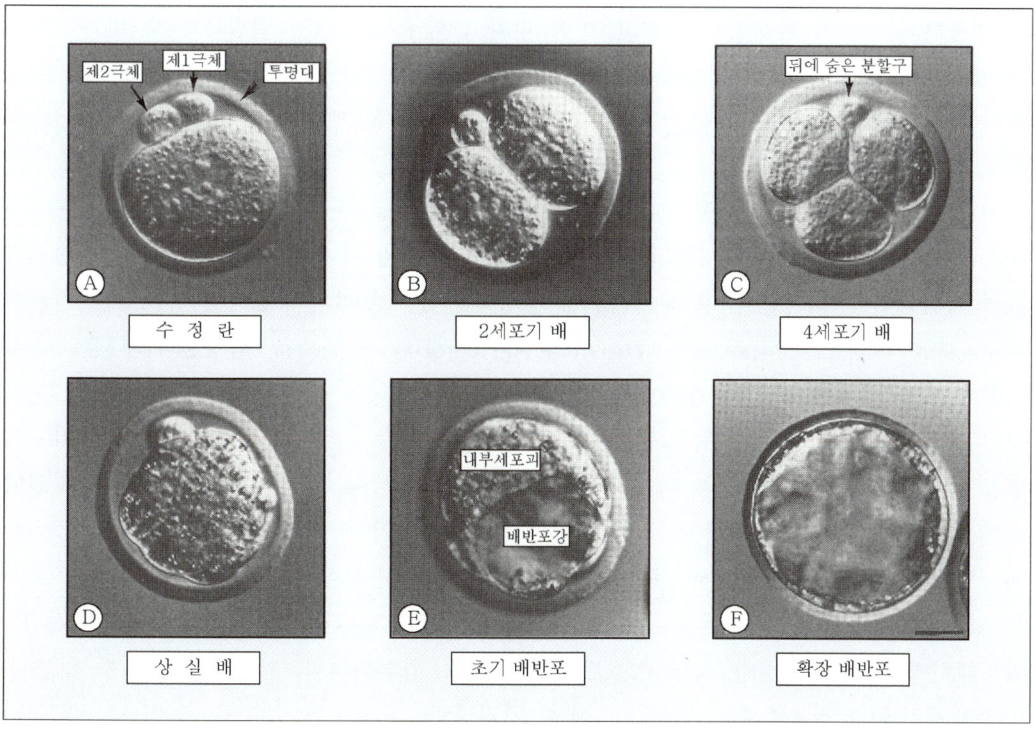

그림 5-7. 마우스 배의 발달과정

느리고, ② 전난할을 하는 동물중에서 포유동물만이 회선난할을 하며, ③ 하등동물과는 달리 각 단계의 난할시기가 동기화되지 않는다(Gilbert, 1994b). 따라서, 포유동물에서는 같은 발달단계에 있는 분할구의 난할시기가 서로 다를 수 있기 때문에 배의 발달이 2, 4, 8세포기와 같이 규칙적으로 되지 않고, 3세포기나 6세포기와 같은 배도 출현된다. 한편, 모든 난할과정에서 핵의 분열과정이 유사분열과 같음으로 각 단계의 분할구는 모두 배수(2n)의 염색체를 가진다. 또한, 발생초기 배의 각 분할구는 분리 · 배양하여도 완전한 배로 발달할 수 있는 전능성을 가지고 있다. 토끼의 배에서는 2세포기에서부터 8세포기까지 전능성이 발현되며, 면양의 경우는 배가 8세포기로 발달될 때까지 전능성이 유지된다(Papaioannou & Ebert, 1986). 그러나, 4세포기의 배에서는 전능성을 가진 분할구가 3개를 넘지 않고, 8세포기의 배에서는 1개의 분할구만이 전능성을 가지고 있다(Hafez & Hafez, 2000).

3) 배의 치밀화와 상실배의 형성

투명대에 싸인채로 난할을 계속하는 배는 8세포기가 되면, 분할구 상호간이 치밀하게 결집되어 전체 배의 모양이 공 모양으로 둥글게 된다. 이러한 배가 난할을 계속하면 마치 뽕나무 열매와 같은 모양을 나타내는데, 이것을 상실배(桑實胚, morula)라 한다.

(1) 배의 치밀화 : 포유동물의 배가 8세포기로 발달된 직후까지는 분할구 개개의 모양이 둥글고, 상호간이 느슨하게 접착되어 분할구 사이의 공극이 크다. 그러나, 제3난할이 시작될 때부터 분할구의 활성이 변경되고, 이에 따라 분할구 상호간이 치밀하게 밀착되어 하나의 세포괴(細胞塊)를 형성하는데, 이러한 현상을 배의 치밀화(緻密化, compaction) 또는 수축이라 한다(그림 5-8; Gilbert, 1994b). 그러나, 포유동물을 제외한 다른 동물종의 배는 치밀화되지 않는다.

배가 난할을 개시하여 2세포기가 되면 E-카드헤린(E-cadherin) 또는 우보모룰린(uvomorulin)이라고 부르는 분자량 120kDa의 접착성 당단백질을 분비하여 각 분할구의 원형질막 표면을 균일하게 피복한다. E-카드헤린은 활성화된 포스포리파제 C의 작용으로 형성되는 IP_3(inositol-1,4,5-triphosphate)와 DAG(diacylglycerol)의 작용으로 합성된다(제2장 제2절 PLC에 의한 신호변환 항목 참조). 배가 8세포기가 되면, Ca^{2+}과 Mg^{2+}의 작용으로 각 분할구의 원형질막에서 분극(分極, polarization)이 일어나 원형질막의 표면에 부착된 E-카드헤린을 이동시킨다. 4세포기까지의 배에서는 분극이 일어나지 않음으로 분할구의 원형질막 표면에 E-카드헤린이 균일하게 부착되어 있지만, 8세포기의 배에서는 E-카트헤린이 이동되어 분할구괴(塊)의 중심에서 가장 먼쪽 극(표면쪽)의 원형질막에 부착되고, 중심을 향하고 있는 극(안쪽)에는 부착되지 않는다(Winkel 등, 1990). 따라서, 분할구괴의 표면쪽은 E-카드헤린에 의하여 인접한 할구 상호간이 긴밀하게 접착되지만, 안쪽은 접착되지 않는다. E-카드헤린에 대한 항체를 8세포기 배에 처리하면, 분할구의 접착은 일어나지 않는다(Jhonson 등, 1986). 또한, 분할구의 표면에 밀생되어 있는 미세융모에 Ca^{2+}의 자극이 가해

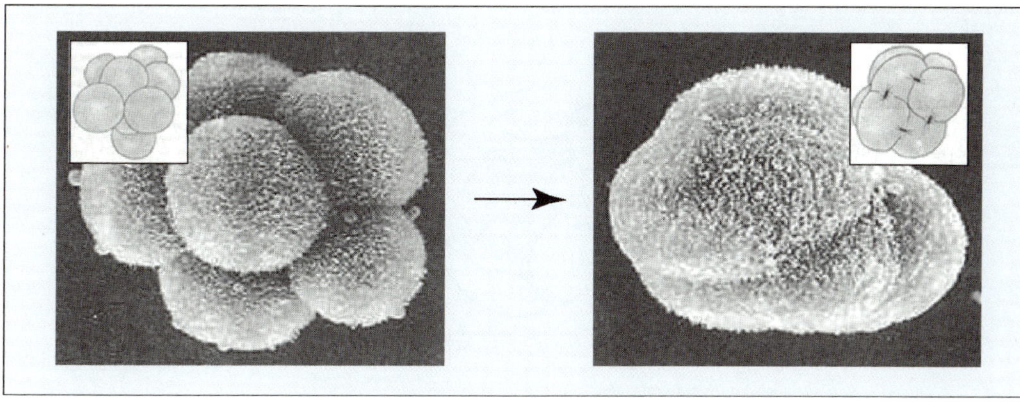

그림 5-8. 마우스 8세포기 배의 치밀화

지면 액틴미세사가 중합되어 길이가 길어지며, 길어진 미세융모가 인접한 분할구의 미세융모와 서로 얽혀지고, 미세융모의 사이에 접착성이 강한 E-카드헤린이 채워져 분할구의 접착을 더욱 견고하게 한다.

(2) 상실배의 형성 : 8세포기의 배에서 난할이 반복되면 분할구의 수가 증가되면서 분할구 상호간이 치밀하게 연접되어 상실배가 된다. 그러나, 상실배로 분류하는 배의 분할구수는 명확한 기준이 없으며, 일반적으로 16세포기로부터 64세포기까지의 배를 상실배에 포함시키는 경우가 많다. 상실배는 초기상실배와 후기상실배로 구분한다. 초기상실배는 16~32세포기의 배로서, 분할구가 투명대의 속을 꽉 채우고 있는 반면에, 후기상실배는 난할이 더욱 진행되어 분할구 자체의 크기가 작고, 분할구 상호간이 더욱 치밀하게 결집되어 투명대내에 위란강(圍卵腔, perivitelline space)이라 부르는 공간이 생긴다. 이 공간은 상실배가 배반포로 발달하는데 필요한 예비공간이다(그림 5-7의 D). 후기상실배는 수축상실배 또는 치밀상실배(compacted morula)라고도 부른다.

포유동물의 난할은 다른 동물종과는 다르게 회선난할을 함으로 난할면의 방향이 매우 복잡하기 때문에 같은 난할단계에서 생성된 분할구라 하더라도 형태적으로 다를 뿐만 아니라, 극성의 방향도 다르다. 마우스의 제4난할에서는 방향이 서로 다른 3종류의 난할면이 나타난다(Sutherland 등, 1990). 이와 같은 난할양식의 특성에 따라 포유동물의 상실배는 안쪽에 소수의 내부세포(internal cell)가 위치하고, 그 밖을 다수의 외부세포가 둘러싸는 구조를 가진다. 마우스의 16세포기 상실배는 1~2개의 내부세포와 나머지의 외부세포로 구성되고(Barlow 등, 1972), 돼지에서는 12~16세포기의 상실배에서 내부세포가 최초로 출현된다(Papaioannou & Ebert, 1986). 내부세포와 외부세포가 분화되면 각 분할구의 기능도 분화되어 2~8세포기 배의 분할구가 가지고 있던 전능성이 소실되면서 내부세포는 배아배엽(胚芽胚葉, embryoblast), 외부세포는 영양외배엽(營養外胚葉, trophoectoderm)으로 서로 다르게 분화된다(그림 5-9; Gilbert, 1994b). 상실배는 후기에 이르면(치밀상실배), 동결 등

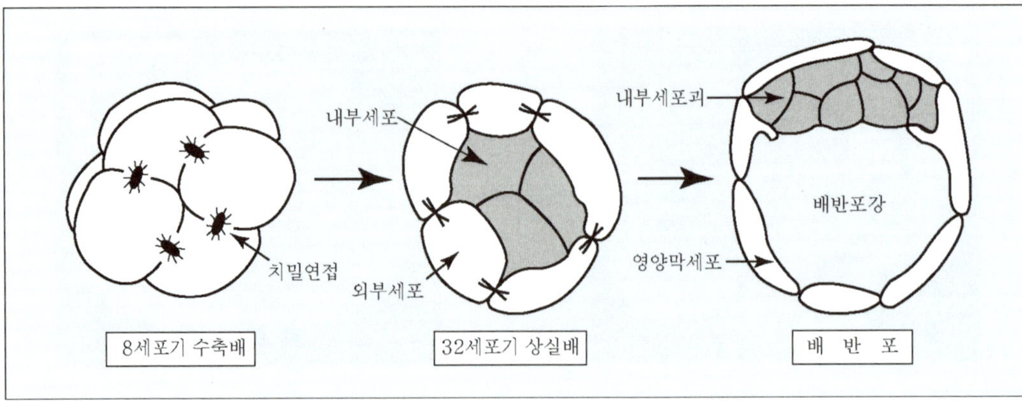

그림 5-9. 치밀화된 배로부터 배반포까지의 형성과정

과 같은 외적 자극에 대하여 저항성이 커지고, 이식 후의 수태성도 향상되며, 대사활성도 증대된다. 따라서, 배를 이식할 때 치밀상실배 이후의 발달단계에 있는 배를 이식하는 것이 수태율을 높이는데 효과적이다.

4) 배아게놈의 발현

배란시의 난자는 모체게놈(maternal genome)에서 전사된 rRNA · mRNA · tRNA, 그리고 리보솜을 함유하고 있어서 단백질을 합성한다. 모체게놈에 의하여 지배되는 단백질의 합성과 연속적 변환(modification)은 프로그램된 순서에 따라 변경되면서 난모세포의 성숙과 수정, 그리고 2세포기 전까지의 배발달을 지배한다(제4장 제2절 난모세포의 발육 항목 참조). 그러나, 배가 제1난할을 개시한 시점에서부터 상실배로 발달되는 과정의 어느 시점에서 배아게놈(embryonic genome)의 전사가 활성화되어 새로운 mRNA가 축적되고, 이 mRNA의 지배하에 새로운 단백질이 합성된다(Schultz, 1986). 따라서, 이 시기가 되면 모체게놈에 의하여 발현되던 단백질의 합성기능이 배아게놈으로 이행된다. 배아게놈의 전사가 개시되는 배발달의 단계와 완전하게 전사기능이 이행되는 단계는 동물의 종에 따라 다르다(표 5-3; First & Barnes, 1989). 면양에서 배아게놈의 전사기능은 제4난할과정에서 완전하게 활성화되며, 소에서도 이와 유사하다(King 등, 1988). 그러나, 체격이 작은 포유동물에서는 게놈의 이행시기가 체격이 큰 동물에 비하여 빠르다. 배아게놈의 지배하에 합성되는 단백질은 배를 구성하는 모든 세포에서 합성되는 것과 일부의 세포에서만 합성되는 것이 있다. 예를 들면, 대사활성을 조절하는 효소단백질, 그리고 액틴(actin) · 튜불린(tubulin) · 스펙트린(spectrin) 등과 같은 구조단백질은 모든 배세포에서 언제나 합성되는 반면에, 세린 단백질분해효소(serine protease)와 플라스미노겐 활성제(plasminogen activator)는 착상기 전후에 있는 배의 영양막세포와 원시내배엽세포에서만 합성된다(Menino 등, 1989).

한편, 배발달을 조절하는 게놈이 모체게놈에서 배아게놈으로 이행되는 단계에 있는 배는

표 5-3. 배아게놈의 전사가 개시되는 배발달의 단계와 완성되는 단계

동물종	개시되는 배발달의 단계	완성되는 배발달의 단계
마우스	1세포기	2세포기
토끼	2세포기	8세포기
돼지	4세포기	8세포기
소	4세포기	8~16세포기
면양	8세포기	16세포기
사람	4세포기	8세포기

외부환경의 변화에 대하여 매우 민감하게 반응한다. 따라서, *in vitro* 배양을 할 경우에는 게놈의 이행단계에서 배발달이 정지되는 'cell block' 현상이 나타난다. 소의 배를 배양할 경우에는 8세포기 배의 G_2기(DNA합성후 간격)에서 배발달이 정지되는데, 이 때의 배도 생존은 하고 있다(Eyestone & First, 1989). 발육이 정지된 마우스의 2세포기 배에 발육이 정지되지 않은 2세포기 배의 세포질을 이식하면 발육이 계속된다(Muggleton-Harris 등, 1982). 또한, 발육이 정지된 배와 정지되지 않은 배의 세포핵을 상호 교환하여 이식하면, 발육이 정지되지 않은 배의 세포질에 발육이 정지된 배의 핵을 이식한 경우에는 발육을 계속하지만, 반대의 경우에는 발육이 정지된다. 이것은 체외배양에서의 배발달이 세포질에 의하여 지배·조절된다는 것을 의미한다(Goddard & Pratt, 1983). 이러한 사실들을 종합하면, *in vitro* 배양에서 배의 초기발달은 모체게놈에 의하여 합성된 세포질성분에 의하여 조절되지만, 모체게놈이 배아게놈으로 이행되는 시기는 세포질성분의 합성이 일시적으로 원활하지 못하여 배의 발육이 정지되는 것으로 보인다. 그러나, *in vivo*에서는 난관에서 분비되는 물질을 배가 흡수하고, 이것을 이용하여 배의 발육이 계속된다. 따라서, *in vitro*에서 배를 배양할 경우에 난관상피세포나 영약막세포와 공배양(共倍養, co-culture)을 하면 배의 발육이 정지되는 것을 억제할 수 있다(Eyestone 등, 1987; Heyman 등, 1987).

5) 난할의 시간적 과정

포유동물의 난할은 다른 동물종에 비하여 늦은 속도로 진행된다. 예를 들면, 초파리는 10분 간격, 양서류는 30분 간격으로 난할이 일어나는 반면에, 마우스의 제1난할과 제2난할은 14~26시간 간격으로 일어난다(Howlett & Bolton, 1985). 포유동물에서 각 발육단계의 배에 도달되는 소요시간은 표 5-4와 같은데, 일반적으로 임신기간이 짧은 소동물의 난할속도가 체격이 큰 동물의 그것에 비하여 빠른 경향이 있고, *in vitro*에서 배양하면 *in vivo*에서 발육하는 배에 비하여 난할속도가 늦어진다.

한편, 난할과정에서 발현되는 세포주기의 양상도 난할의 단계에 따라 다르다. 마우스의 경우를 보면, 제1세포주기(제1난할을 위한 세포주기)의 S기(DNA합성기)는 48시간, G_2기

표 5-4. 교배로부터 배발달단계의 시간적 과정

동 물 종	각 발육단계의 배에 도달되는 소요시간(시간)				자궁출현(일)
	2세포	4세포	16세포	배반포	
마 우 스	21～23	38～50	60～70	66～82	3
래 트	24～48	48～72	96	108	3
토 끼	21～25	25～32	40～47	75～96	2.5～4
산 양	30.5	60	96	156	4
면 양	38～39	42	72	144～168	2～4
돼 지	25～51	25～47	80～120	120～144	2～2.5
말	24	30～36	90～100	144	6
소	27～42	50～83	96	192～216	4

(DNA합성후 간격)+M기(유사분열기)는 38시간이 지속되지만, 제2세포주기에서는 S기에 47시간, G_2기+M기에 12～15시간이 소요된다(Molls 등, 1983). 그러나 G_1기(DNA합성전 간격)는 모든 난할단계의 세포주기에서 비교적 일정하여 12시간이 지속된다.

2. 배반포의 형성과 발달

포유동물에서 분할구가 치밀하게 집적(集積)되어 만들어진 상실배는 내부에 액체가 축적되어 주머니 모양의 배로 발달되는데, 이것을 배반포(胚盤胞, blastocyst)라고 한다. 배반포는 발달과정의 진행과 더불어 배반포강에 축적되는 액체의 양이 증가되어 배 자체의 크기가 커져서 확장배반포가 되며, 확장배반포가 더욱 확장되면 투명대에서 탈출되어 탈출배반포가 된다. 탈출배반포는 모체의 자궁내막과 직접 접촉되어 착상과정으로 들어간다.

1) 배반포의 형성

포유동물을 제외한 동물종의 상실배는 발달을 계속하면 배의 중앙내부에 액체가 고여 내강(內腔)을 만들고, 둥근모양이던 개개의 배세포(분할구)가 입방형으로 변형되면서 상호 밀착되어 내강을 한층으로 둘러싼다. 이와 같이, 단층의 입방세포가 내강을 중심에 두고 공모양으로 배열된 배를 포배(胞胚, blastula)라 하고, 그 내강을 포배강(胞胚腔, blastocoele)이라 한다. 그러나, 사람과 가축을 비롯한 포유동물에서는 상실배기에 이미 외부세포와 내부세포가 분화되어 있다(그림 5-9 참조). 포유동물의 상실배가 발달을 계속하면 내부에 액체가 고이는 내강이 형성되고, 외부세포는 입방형으로 변형되면서 인접세포와 치밀하게 결합하여 배의 내강을 둘러싸는 영양막(營養膜, trophoblast)으로 분화되는 반면에, 내부세포는 분열을 반복하여 내강의 한쪽에 위치하는 내부세포괴(內部細胞塊, inner cell mass [ICM])로 분화된다. 이와 같이, 영양막과 내부세포괴로 구성된 배를 배반포라 하여 포배와 구분한다. 내부세포괴와 영양막이 형성되면 이것들 각각을 구성하는 세포는 상실배기에 이미

분화된 특성에 따라 별도의 기능을 수행하는 조직으로 분화된다. 예를 들면, 마우스에서 16세포기 상실배의 내부세포는 32세포기배로 발달하는 기간에 독립된 활성을 나타내어 영양막세포와 다른 종류의 단백질을 합성한다(Fleming, 1987). 배반포의 영양막세포는 미세융모로 덮여 있고, 영양소를 선택적으로 흡수하여 배의 영양대사에 관여하며, 배의 발달과 더불어 융모막(絨毛膜, chorion)을 형성한다. 내부세포괴는 장배형성(腸胚形成, gastrulation) 과정에서 외배엽·중배엽·내배엽으로 분화되고, 이어서 태아로 발달된다. 한편, 포유동물을 제외한 동물종의 포배와 포유동물의 배반포는 동일한 발달단계에 있는 배이며, 발생학적으로도 동일시된다. 따라서, 배반포의 내강을 포배강이라고도 하지만, 명확히 구분하기 위하여 배반포강(胚盤胞腔, blastocyst cavity)이라고 부르는 경우가 많다. 가축에서 수정란이 배반포로 발달되는 시기는 축종에 따라 다르다. 즉, 돼지가 가장 빨라서 배란 후 4~5일이고, 말·면양·산양은 6~7일, 소는 7~8일이다.

2) 배반포의 확장

배반포가 형성된 후에는 시간경과에 비례하여 배반포강내에 액체의 저류량이 증가되며, 이에 따라 배반포가 점차적으로 커지면서 낭포상(囊胞狀)이 되고, 배반포를 둘러싸고 있는 투명대도 늘어나 현저하게 얇아지는데, 이러한 배반포를 확장배반포(擴張胚盤胞, expanded blastocyst)라고 한다(그림 5-7의 F). 배반포의 확장은 영양막세포의 원형질막에 위치하는 나트륨-펌프(sodium-pump; Na^+/K^+ ATPase)가 작동하여 일어난다. 즉, 나트륨-펌프의 작용으로 다량의 Na^+이 영양막을 통과하여 배반포강내로 이동되어 배반포강액의 삼투압이 증가되고, 이에 따라 다량의 수분이 배반포강내로 유입되어 배반포의 크기가 확장된다(Wiley, 1984). 한편, 배반포가 난관내에 머물 때에는 투명대가 존치되어 배가 난관점막에 접착되는 것을 억제하며, 난관내 체류시간이 길어지면 투명대에 싸인채로 사멸된다. 그러나, 사람의 배반포는 난관내에서의 체류시간이 길어져도 사멸되지 않고, 확장배반포로 발달되며, 이어서 투명대가 제거되면 난관점막에 착상되는데, 이것을 난관임신(tubal pregnancy)이라 하며, 자궁외임신(ectopic pregnancy)의 대부분을 차지한다.

3) 배반포의 투명대 탈출

확장배반포는 점차적으로 커지면서 투명대에서 탈출되는데, 이러한 배반포를 부화배반포(孵化胚盤胞, hatched blastocyst) 또는 탈출배반포라고 한다. 확장배반포가 투명대로부터 탈출되는 기전에는 배반포가 확장됨에 따라 내압의 증가되어 투명대가 파열되고, 이곳을 통하여 배반포가 탈출하는 부화기전과 배의 영양막에서 분비되는 단백질분해효소에 의하여 투명대가 용해·소실되는 용해기전이 있다. 래트나 마우스와 같은 실험동물과 대부분의 가축은 부화기전에 의하여 배반포가 투명대에서 탈출되지만, 햄스터·토끼·말 등은 투명대 자체가 용해되어 소실된다. 확장배반포가 부화되는 과정을 보면, ① 배반포의 내부세포

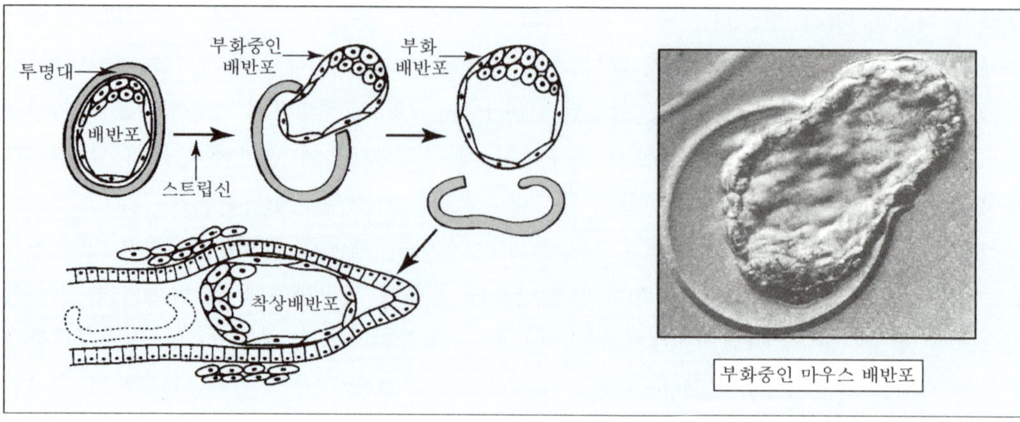

그림 5-10. 확장배반포의 부화과정

괴가 위치하는 부위의 영양막세포가 트립신과 유사한 기능을 가진 단백질분해효소인 스트립신(strypsin)을 합성 · 방출하고, ② 이것이 투명대의 원섬유기질(fibrillar matrix)을 용해하여 작은 구멍을 만들며(Yamazaki & Gato, 1989), ③ 이 구멍을 통하여 배반포강의 증가된 내압의 힘으로 확장배반포가 빠져 나온다(그림 5-10; Mark 등, 1985). 투명대에 구멍을 뚫는 스트립신의 반응은 에스트로겐에 의하여 증강되며, 따라서 에스트로겐이 결여되는 경우나 배를 체외에서 배양할 경우에는 배반포의 투명대 탈출이 지연된다. 또한, 배반포는 율동적 수축과 팽창을 반복하는데, 이것도 배반포의 투명대 탈출을 돕는다. 배반포의 수축은 영양막에서 분비되는 프로스타글란딘, 특히 PGE_2에 의하여 촉진된다. 따라서, 프로스타글란딘의 길항제(拮抗劑)를 투여하면 배반포의 확장과 부화가 지연된다(Hafez & Hafez, 2000). 그러나, 투명대가 용해되는 동물종에서는 영양막세포에서 단백질분해효소를 분비하여 투명대를 용해 · 제거한다. 햄스터에서는 프로게스테론이 영양막세포의 단백질분해효소 합성을 자극하여 투명대의 용해를 촉진한다. 투명대에서 배반포가 탈출되는 시기는 동물의 종에 따라 다르다. 소의 경우는 배란후 8~9일에 개시되며, 10~11일 후에는 투명대에서 완전히 탈출된다. 면양과 산양은 발정종료후 8~9일, 돼지는 8일째에 투명대가 제거된다. 임신기간이 짧은 실험동물의 경우는 투명대 탈출시기가 임신기간이 긴 가축에 비하여 빨라서 마우스는 임신 4일째, 래트는 임신 5일째에 탈출된다.

4) 배반포의 신장

돼지 · 면양 · 산양 · 소 등과 같은 유제류(有蹄類)의 부화배반포는 투명대에서 탈출된 직후에는 둥근 모양이지만, 배발달과정이 진행되면 배아배엽(내부세포괴)을 중앙에 두고, 영양막이 양쪽으로 늘어나 럭비공처럼 되며, 계속적으로 가늘게 신장(伸長, elongation)되어 긴 관상(管狀)의 끈 모양으로 된다(그림 5-11; Giesert & Malayer, 2000). 배반포의 신장은 착상에 앞서서 시작되며, 착상시나 착상후에도 일정기간 계속된다. 그러나, 배반포가 모체

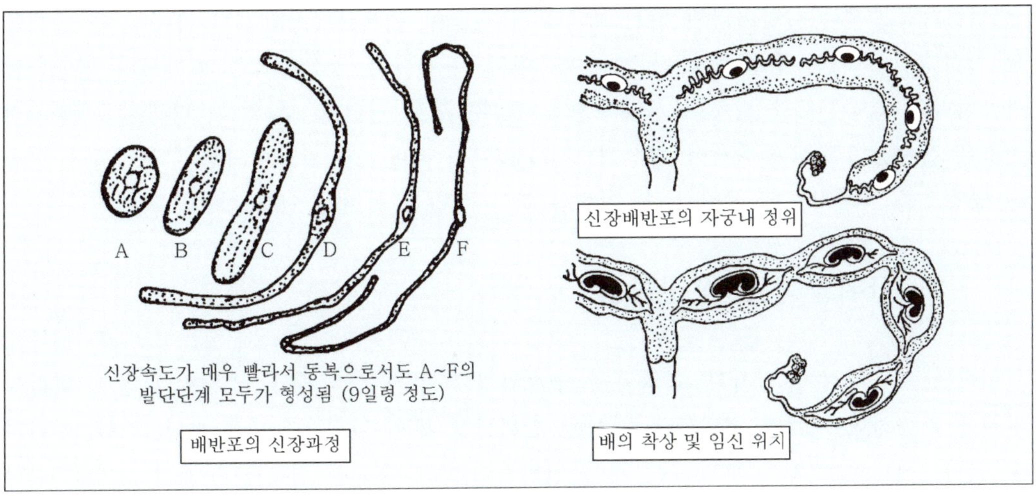

그림 5-11. 돼지 배반포의 신장과정

의 자궁내막에 착상되는 부위는 배아배엽 주변의 영양막이고, 길게 신장된 부분은 자궁강내에 유리된 상태로 존재하다가 착상이 완료된 후에는 소실된다.

배반포는 면양과 돼지에서는 발정종료후 11일, 소에서는 13일째부터 대수적(logarithmic)으로 급속하게 신장된다. 소의 경우는 발정종료후 13일째에 직경 3㎜정도의 둥근 배반포가 17일째에는 길이가 25㎝나 되는 끈모양의 배반포로 형태가 변화되며, 18일까지는 배아배엽이 위치하는 반대측의 자궁각까지 길게 뻗어난다. 소와 면양에서 배반포의 신장은 영양막의 계속적인 증식(增殖, hyperplasia)에 의하여 일어난다. 돼지에서는 배반포의 신장속도가 다른 동물종에 비하여 월등히 빨라서, 임신 10일경에 직경 2㎜정도의 둥근 배반포가 11~12일에는 10㎜정도의 관상(管狀) 배반포가 되고, 이것은 시간당 30~40㎜씩 신장되어 수시간 후에는 길이가 20㎝ 정도에 이르는 끈 모양이 된다(Stroband & Van der Lende, 1990). 이러한 초기의 신장은 소 및 면양과는 달리 영양막의 증식에 의하지 않고, 영양막과 배외배엽(胚外胚葉, extraembryonic blastoderm)이 재구축되는데 따른 신장이다(Geisert & Malayer, 2000). 초기의 신장에 이어서 세포의 증식에 의한 추가적 신장이 급속하게 일어나는데, 임신 16일에는 80~100㎝에 이른다. 돼지에서 동복(同腹)내 배반포는 각각이 독립적으로 신장되어 발달단계가 서로 다른데, 관상기(管狀期)에 먼저 도달된 배반포는 늦게 발달하는 배반포와 서로의 경계를 설정하기 위한 경쟁을 한다. 조기에 관상기에 도달한 배반포는 발달을 계속하는데 필요한 자궁의 면적을 충분히 확보할 수 있어서 배발달이 계속되지만, 늦게 발달하는 배반포는 자궁의 면적을 확보하지 못함으로 사멸하는 경우가 많다. 말은 유제류에 속하는 동물이지만, 다른 유제류 동물과는 달리 배반포가 신장되지 않는다. 그러나, 1일에 2~3㎜의 속도로 직경이 증가되는데, 임신 17~19일까지는 구형을 유지하며, 그 후로는 자궁내강의 형태에 따라 모양이 변경된다.

다른 동물종에서는 일어나지 않는 배반포의 신장이 유제류에서만 나타나는 것은 유제류의 착상형식이 다른 동물종과 다르기 때문이다. 유제류의 착상형식은 배반포의 영양막과 자궁내막의 결합정도가 약하여 물질교환을 효과적으로 영위할 수 없다. 따라서, 배반포의 신장은 흡수표면적을 증대시켜 착상기 전후에 있는 배반포가 자궁내막선의 분비물에 함유된 영양소를 효과적으로 섭취할 수 있도록 하는 생리적 의미가 있다.

3. 단위발생과 쌍태발생

성숙된 미수정란이 정자가 침입되는 수정과정이 없는 상태에서 어떠한 원인에 의하여 발생을 계속하여 개체로 발달되는 현상을 단위발생 또는 단위생식이라 한다. 또한, 하나의 수정란은 하나의 개체로 발달되는 것이 일반적이지만, 특수한 경우에 두개의 개체로 발달되는 경우가 있는데, 이것을 일란성쌍태라고 한다.

1) 단위발생

단위발생(單位發生, parthenogenesis)은 난자에 특별한 처리를 하지 않은 자연상태하에서 발생되는 자연적 단위발생과 인위적인 처치에 의하여 발생되는 인위적 단위발생으로 구분할 수 있다. 자연적 단위발생은 곤충류를 위시한 하등동물에서는 중요한 생식방법의 하나이지만, 포유동물에서는 거의 일어나지 않는다. 하등동물에서의 자연적 단위발생은 난자가 감수분열을 완료하여 반수(n)의 염색체를 가진 상태에서 발생하는 경우(벌 · 개미)와 감수분열을 하지 않은 상태에서 배수(2n)의 염색체를 가지고 발생하는 경우(윤충 · 진딧물 · 물벼룩 · 깍지벌레)가 있는데, 전자를 단상성(單相性) 단위발생, 후자를 복상성(複相性) 단위발생이라 한다. 또한, 칠면조 · 닭 · 비둘기 등과 같은 조류에서도 자연조건하에서 단위발생란이 생기지만, 일부의 예를 제외한 대부분의 경우는 부화에까지 이르지 못한다.

포유동물에서도 난소 및 난관내의 미수정란이 자연적으로 분할을 시작하는 경우가 있다. 특히, 난소내 난자의 분할이 난소종양의 형성과 밀접한 관계가 있다는 것이 LT계통의 마우스에서 확인되었으며, 소에서도 배란된 난자가 수정되지 않으면 약 10% 정도가 2세포기까지 분할하는 자연적 단위발생을 한다. 그러나, 자연상태하에서 단위발생란의 분할은 이상분할이 많기 때문에 발생초기에 사멸된다. 한편, 포유동물에서 정자와 난자 각각이 가지고 있는 부계 및 모계의 게놈 사이에는 기능상의 차이를 나타내는데, 수정이 성립되면 부계 및 모계의 게놈이 대립유전자(對立遺傳子, allele)로 조합되어 서로의 기능발현을 도와준다. 따라서, 수정란은 모계 및 부계의 게놈이 협조하여 정상적인 배발생이 가능하지만, 단위발생란은 모계의 게놈만 가지고 있음으로 대립유전자의 상보작용이 발현되지 못하여 발육이 정지된다. 이와 같이, 부계 및 모계에서 유래되는 대립유전자가 조합되어 상대되는 성의 유전자 발현을 조절하는 현상을 게놈각인(一刻印, genomic imprinting)이라 한다.

한편, 미수정란에 세포질내의 Ca^{2+}농도를 상승시켜 배발달을 유기하는 정자침입(수정) 자극과 같이 세포질내의 Ca^{2+}농도를 상승시키는 인위적 자극을 가하면 단위발생이 개시된다. 단위발생을 유발하는 인위적 자극으로는 ① 세포질내의 Ca^{2+}농도를 상승시키는 에탄올·Ca^{2+}이온 운반체(Ca^{2+} ionopore)·염화스트론티움($SrCl_2$) 등의 용액에 침지, ② 직류전기 파동(pulse)의 처리, ③ 단백질합성저해제인 사이클로헥사마이드(cyclohexamide)의 처리 등이 이용된다. 그러나, 인위적 자극으로 착출된 단위발생란은 배반포까지 발생된 예는 있지만, 그 후로는 사멸된다. 오늘날에는 미세조작기술(micromanipulation)을 이용하여 전핵기에 있는 자·웅 전핵을 치환함으로써 웅성전핵 2개로 구성된 웅성자손난자(androgenous egg)와 자성전핵 2개로 구성된 자성자손난자(gynogenous egg)를 만들어 단위발생의 기전을 해명하는데 이용하려고 시도하였지만, 이들 난자는 게놈각인이 되지 않음으로 조기에 사멸된다(Surani & Barton, 1983). 또한, 정상수정란의 분할구와 단위발생란의 분할구를 집합하여 키메라배(chimera)를 만들고, 이것을 이식함으로써 단위발생란의 유전형질을 발현하는 산자를 얻을 수 있는데, 이것은 단위발생란을 가축의 유전적 다양성을 확보하는 수단으로 이용할 수 있다는 가능성을 제시하고 있다.

2) 쌍태발생

단태동물(monotocous animal)에서 한 번식기에 두마리의 태아를 임신한 상태를 쌍태(雙胎, twins)라 한다. 영문표기에서 단수(twin)는 두마리의 태아가운데 어느 하나를 지칭할 때 사용한다. 쌍태는 발생원인에 따라 일란성쌍태(monozygotic twins, identical twins)와 이란성쌍태(dizygotic twins, fraternal twins)로 구분한다.

(1) 일란성쌍태 : 일란성쌍태는 하나의 수정란이 배발생과정에서 둘로 갈라지고, 이것들 각각이 태아로 발달되는 임신을 말한다. 이와 같이, 일란성쌍태는 하나의 수정란에서 발생되었기 때문에 유전적 조성이 동일함으로 가축의 비유능력이나 산육능력과 같은 경제형질에 영향을 미치는 환경적 요인을 연구하는 실험재료로 이용가치가 크다. 일란성쌍태는 모든 동물종에서 발생될 가능성이 있지만, 다태동물에서는 확인하기가 어려워 실상이 알려지지 않았으며, 단태동물에서도 사람이나 소와 같은 동물종에서 매우 드물게 나타난다. 최근에는 발생공학기술이 진보되어 인위적 조작에 의한 일란성 쌍둥이의 생산도 가능하다.

일란성쌍태가 발생되는 기전은 명확히 해명되지 않았지만, 포유동물 분할구의 일부가 완전한 배로 발달된다는 사실에 기초하여 이를 해명하려는 시도가 많다. 즉, 토끼의 2세포기배에서 1개의 분할구를 파괴시켜도 정상적인 태아로 발달되고, 8세포기의 마우스 배에서 1개의 분할구를 분리하여 배양하여도 정상적인 배로 발달되며(Kelly, 1977), 더욱이 배반포의 내부세포괴에서 세포를 빼내어 다른 배반포에 주입하여도 정상적인 태아로 발달된다는 사실(Gardiner & Rossant, 1976) 등에 근거하여 유추해 볼 때, 일란성쌍태는 어떠한 원인에 의하여 초기배의 분할구가 나누어져 각각이 태아로 발달되거나, 또는 하나의 배반포내

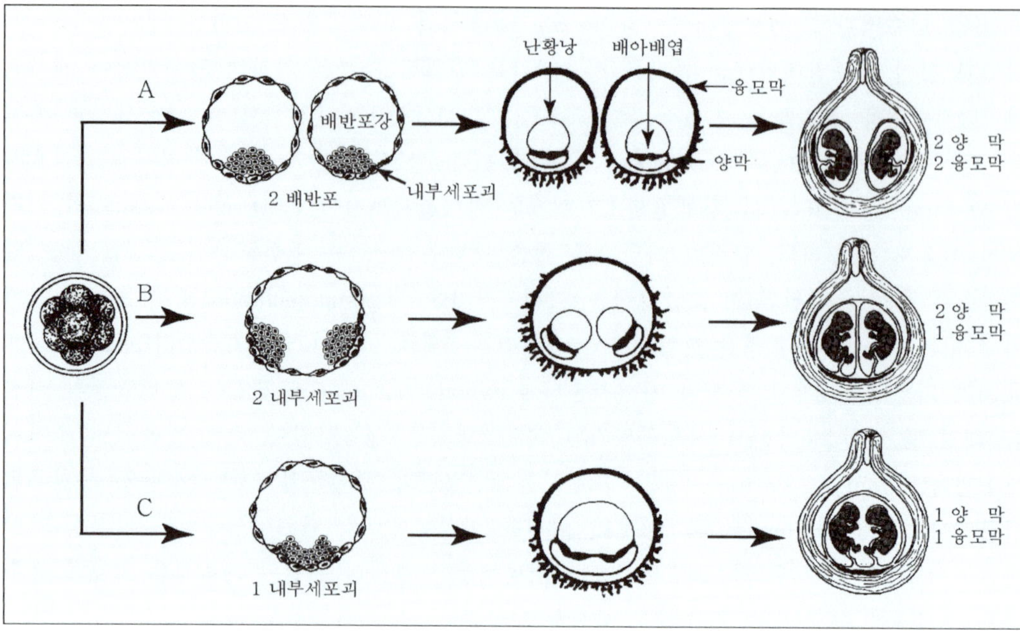

그림 5-12. 사람에서 일란성쌍태의 발생과 배외막의 형성

에서 내부세포괴가 두개의 원시선조(原始線條, primitive streak)로 분화되고, 이것들 각각이 태아로 발달되는 것으로 보인다(Hafez & Hafez, 2000).

사람의 경우, 일란성쌍태의 발생률은 0.25% 정도인데, 이것의 33%는 배의 영양막이 형성되지 않은 시기(배란후 5일까지)에 분할구가 분리되고, 분리된 분할구 각각이 별도의 배반포를 형성함으로써 발생되는 쌍태인데, 이 경우에는 양막(羊膜, amnion)과 융모막(絨毛膜, chorion)이 태아별로 형성된다(그림 5-12의 A). 나머지의 일란성쌍태는 배반포의 영양막이 형성된 다음에 내부세포괴가 분할되어 발생되는 쌍태로서, 융모막을 공유한다. 그러나, 이 경우에는 내부세포괴가 분할되는 시기에 따라서 두 종류의 쌍태로 구분된다. 그 하나는 내부세포괴가 양막이 분화되기 전의 빠른 시기에 분할되는 경우로서(배란후 6~9일), 융모막은 공유하지만, 양막은 태아별로 형성된다(그림 5-12의 B). 다른 하나는 양막과 융모막의 분화가 완료된 늦은 시기에 내부세포괴가 분할되어(배란후 9일 이후) 양막과 융모막 모두를 공유하는 쌍태로서(그림 5-12의 C), 태아상호간이 유착될 위험성이 매우 크다. 한편, 소에서는 쌍태의 약 10%만이 일란성쌍태인데, 대부분의 경우 배가 착상된 후에 발생되기 때문에 융모막을 공유한다. 그러나, 일부의 배에서는 착상되기 전에 분할되어 태아별로 별도의 융모막과 양막을 가지는 경우도 있다.

(2) 이란성쌍태 : 단태동물에서 한 발정기에 두개의 난자가 배란되고, 이것들 각각이 별개의 정자와 수정되어 이란성쌍태가 발생된다. 이 경우의 쌍둥이는 일란성쌍둥이와는 달리 유전적 구성이 서로 다르기 때문에 유전적 측면에서 보면 보통의 형제자매와 같다. 발생률

은 동물의 종에 따라 매우 다르며, 같은 종내에서도 품종이나 환경에 따라 서로 다르다.

소의 평균 쌍태발생률은 유우가 3.5% 정도인 반면에, 육우는 1.0% 이하로 낮다. 소에서 쌍태를 임신하면 대개는 한쪽의 자궁각에 하나의 태아가 착상함으로 태반을 형성하기 위한 자궁내막의 면적이 충분히 확보되기 때문에 태아의 생존이 다른 태아의 방해를 받지 않는다. 따라서, 쌍태발생률은 전체의 소 가운데 두개의 난자를 배란하는 소의 비율에 따라 결정된다(Hafez & Hafez, 2000). 그러나, 소에서 이란성쌍태를 임신한 경우에는 양쪽 태아의 태반을 형성하는 융모막-요막이 유합(癒合)되면서 융모막혈관도 문합(吻合)되어 양쪽 태아간에 혈액이 교환된다. 이러한 경우에도 두 태아의 성이 같으면 문제가 없지만, 성이 다를 경우에는 수컷 태아의 조직적합성 Y항원(histocompatibility Y antigen)이 혈액을 타고 암컷 태아로 이행되어 난소의 발생원기를 정소화 시킨다. 또한, 정소화된 난소에서 다량의 안드로겐이 분비되어 자성생식도관의 발생원기인 부중신관(뮐러관)의 발달을 억제하는 동시에, 웅성생식도관의 발생원기인 중신관(볼프관)의 발달을 촉진하여 부생식도관도 기형적으로 발생되어 불임이 된다(제1장 제3절 생식기관의 분화와 발달 항목 참조). 이와 같이, 쌍태의 암컷에서만 나타나는 절대적 불임을 프리마아틴(freemartin)이라 한다. 이러한 현상은 매우 드물지만, 면양·산양·돼지 등에서도 나타난다.

말은 쌍태를 임신하면 하나 또는 두 태아 모두가 사망하거나 유산(流産)하는 경우가 대부분이며, 정상적으로 분만되는 경우는 1% 정도에 불과하다. 분만된 망아지도 허약체질로 태아나 생후 1개월이내에 사망하는 것이 많다. 이와 같이, 쌍태로 임신된 말의 태아가 사망하는 것은 자궁이 쌍태의 태반을 형성하기에 충분한 자궁내막의 면적을 확보할 수 없는 구조로 되어 있기 때문이다. 실제로, 쌍태를 임신하였을 때 양측 태반의 총면적은 단태의 태반에 비하여 약간 클 뿐이다(Hafez & Hafez, 2000).

면양의 쌍태발생률은 비교적 높지만, 품종에 따라 달라서 20~40%의 범위를 나타낸다. 특히, Finnsheep종과 Booroora Merino종에서는 한 번식기에 두마리 또는 그 이상의 새끼를 분만하는 개체가 매우 많다. 이 품종들은 다산유전자(多産遺傳子, fecundity gene, F-gene)의 작용으로 FSH의 분비수준이 높게 유지되고, 이에 따라 배란률이 높기 때문에 쌍태의 발생률이 높다(Bindon & Piper, 1984). 산양의 경우는 면양에 비하여 쌍태발생률이 더 높아서, 쌍둥이 또는 세쌍둥이를 분만하는 경우가 많다.

한편, 소는 말과는 달리 쌍태의 태아가 사망하지 않고, 발달하여 쌍둥이를 분만함으로 번식효율을 높일 목적으로 인위적으로 쌍태를 유기하는 경우도 있다. 쌍태를 유기하는 방법으로는 뇌하수체성 성선자극호르몬(FSH와 LH)이나 태반융모성 성선자극호르몬(eCG와 hCG)을 이용하여 다배란을 유도함으로써 쌍태를 임신시키는 방법과 교배에 의하여 정상적인 수정이 이루어진 동물에 추가적으로 체외에서 난포란을 이용하여 생산한 수정란이나 다배란처리로 생산한 수정란을 이식하는 방법 등이 이용된다. 그러나, 이성쌍태를 임신한 경우에는 암컷 태아에서 프리마아틴이 발생될 위험성이 매우 높다.

제 3 절 착 상

착상(着床, implantation)은 태반을 형성하여 태아와 모체간에 물질교환을 영위하는 진태동물에서 배(胚)가 모체의 조직에 접착되는 시점에서부터 그 동물종 고유의 태반원기가 형성될 때까지 배와 모체 사이에서 일어나는 모든 현상을 포괄적으로 지칭하는 용어이다. 따라서, 포유동물의 경우에는 투명대가 박리된 부화배반포의 영양막이 착상성증식이 일어난 자궁내막에 접착되는 현상을 착상이라 한다. 착상을 영문으로는 'implantation'과 'nidation' 이라는 두종류의 용어로 표현하는데, 전자는 배를 착상의 주체로 인정하는 경우이고, 후자는 모체에서 일어나는 현상에 중점을 두고 사용하는 용어이다.

1. 배의 자궁내 이동과 착상위치

난관팽대부에서 난자와 정자가 결합하여 형성된 수정란은 배발생과정을 중단없이 진행하면서 착상장소인 자궁강내로 이송된 다음, 떠돌아 다니면서 착상될 위치를 결정한다. 다태동물에서 배의 자궁내 이동과 배 상호간의 등거리분포(等距離分布, equidistant spacing)는 모체와 태아간의 태반결합에 필요한 자궁내막의 면적을 결정하는 요소임으로 배의 생존에 매우 중요하다(그림 5-11 참조). 따라서, 다태동물에서 배란수가 지나치게 많을 경우에는 각각의 배가 태반형성에 필요한 자궁내막의 면적을 확보할 수 없기 때문에 배의 조기사멸률과 사산률이 높다. 돼지의 배는 발정개시후 5~6일경에는 자궁각의 선단부에 모여 있지만, 곧이어 자궁체쪽으로 이송되며, 9일경에는 반대측 자궁각까지도 이송되고, 12일경까지는 배의 이동이 계속되면서 배 상호간의 분포간격이 비교적 일정하게 조정되며, 배의 영양막도 급속하게 신장된다. 배의 자궁내이동과 분포간격은 자궁근층의 연동운동에 의하여 결정되는데, 발달중인 배는 히스타민 · 에스트로겐 · 프로스타글란딘 등을 생산하여 자궁근층의 운동활성을 조절한다(Pope 등, 1982). 또한, 돼지에서 임신이 유지되려면 한쪽 자궁각에 최소한 2개의 배(양쪽 자궁각에 4개)가 위치하여 자궁내막의 일정면적과 접착함으로써 자궁내막의 $PGF_{2\alpha}$ 분비를 저지하여야 한다.

소와 면양에서 1개의 난자를 배란한 경우나 양쪽 난소에서 1개씩의 난자를 배란한 경우에는 배가 반대측의 자궁각으로 이송되지 않고, 배란된 난소쪽의 자궁각에 착상된다. 그러나, 한쪽 난소에서 2개의 난자가 배란된 경우에는 배에서 분비되는 에스트로겐과 프로스타글란딘의 자극으로 유발된 자궁근층의 국소적 수축에 의하여 배가 이동되어 각각의 자궁각에 하나씩의 배가 착상된다.

말은 쌍태율이 매우 낮은 동물이지만, 배의 자궁내 이동은 어느 동물종보다도 활발하고 특징적이다. 말의 배가 자궁내로 진입된 다음, 투명대에서 탈출하면 자궁분비물에서 유래되는 무세포성피막(無細胞性被膜, acellular capsule)에 의하여 피복된다(Ginther, 1992). 이 피막은 수주동안 유지되면서 배가 자궁내막에 부착되는 것을 방지하고, 보호할 뿐만 아니라, 자궁내 이동도 원할히 이루어질 수 있도록 한다. 말의 배는 다른 유제류 동물의 배와는 달라서 신장되지 않으면서 둥근 모양의 배아소포(胚芽小胞, embryonic vesicle)를 형성함으로 자궁내 이동이 자유로운 구조이다. 말의 배아소포는 임신 10일부터 16일까지 하루에 10∼13회씩 양쪽 자궁각을 왕래하는데, 이러한 이동은 배아소포에서 분비되는 PGE_2의 작용으로 자궁근층의 수축성이 증대되는데 따른 것이다(Ginther, 1992). 이와 같이, 활발하게 일어나는 배아소포의 자궁내 이동은 자궁내막을 자극하여 $PGF_{2\alpha}$의 합성·방출을 억제함으로써 황체의 퇴행을 저지하여 임신을 성립시킨다. 그러나, 배가 길게 신장되는 동물(소·돼지·면양 등)은 배의 신장에 따라 배와 자궁내막 사이의 접촉면적이 증가되어 배의 자궁내 이동이 없어도 황체퇴행이 저지된다. 말의 배아소포는 임신 16일이 지나면 에스트로겐을 분비하여 배아소포의 직경·자궁의 긴장성·자궁벽의 두께 등을 증가시키는데, 이에 따라 배의 자궁내 이동이 정지된다. 그러나, 배아소포의 직경이 너무 작거나 혈중 프로게스테론의 농도가 너무 낮으면 배의 이동이 계속되고, 이어서 배 자체가 사멸한다. 배아소포가 자궁강내에서 착상될 위치를 잡으면 이동은 정지되지만, 자궁근층은 계속적으로 수축하여 배아소포를 제자리에서 회전시킨다. 이러한 회전에 의하여 배아소포의 복측(腹側) 부위가 자궁내막과 접착되어 착상과정이 개시된다.

2. 착상형식

배반포가 자궁내에 도달된 다음, 투명대에서 탈출하여 탈출배반포가 되면, 배반포의 영양막과 자궁내막의 상피세포가 접착되면서 착상이 개시된다. 그러나, 배반포의 발달양상이 동물의 종에 따라 매우 다르기 때문에 배반포의 영양막과 자궁내막의 상피가 접착되는 부위와 형식이 서로 다르다(그림 5-13).

소·면양·산양·말·돼지 등과 같은 유제류 동물과 개·고양이·토끼 등의 배반포는 자궁강내에 도달된 다음, 투명대에서 탈출하면 배반포강내에 배반포강액의 저류량이 점차 증가되어 배반포 자체가 크게 확장되며, 자궁내강도 배반포의 확장 정도에 맞추어 확장된다. 이에 따라 배반포는 자궁내강의 중심에 위치하면서 영양막의 거의 전체표면이 자궁내막상피에 접착되는데, 이러한 형식의 착상을 중심착상(中心着床, central implantation)이라 한다.

한편, 래트나 마우스와 같은 설치류의 배반포는 유제류의 배반포와는 달라서 투명대를 탈출한 후에도 크게 확장되지 않기 때문에 자궁내강을 꽉 채울 수가 없다. 따라서, 설치류의 배반포는 자궁내강의 한쪽에 착상하는데, 이러한 착상을 편심착상(偏心着床, eccentric implantation)이라 한다. 편심착상은 배반포가 자궁간막의 반대측에서 자궁내막의 점막추벽(粘膜皺襞, mucosal fold)속에 수용된 다음, 추벽의 양측 정상부분이 결합하여 닫히게 된다.

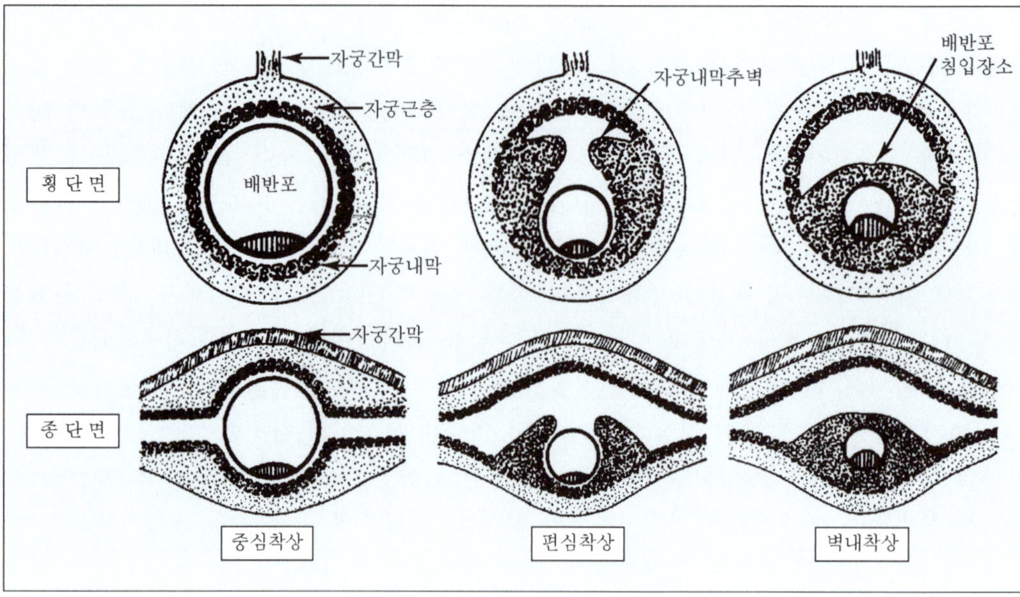

그림 5-13. 배반포의 착상 형식

따라서, 배반포는 점막추벽에 매몰된 상태에서 착상한다.

영장류 · 두더지 · 귀니아피그 등과 같은 동물은 벽내착상(壁內着床, interstitial implantation)을 하는데, 착상과정은 자궁내막과 접착된 배반포의 영양막이 증식되고, 증식된 영양막세포에서 단백질분해효소가 분비되어 자궁내막의 상피와 점막고유층을 용해하며, 이에 따라 배반포 자체가 자궁내막상피의 아래로 침입 · 매몰된다.

3. 착상과정

표면을 피복하고 있는 단백질성 물질이 제거된 자궁내막상피에 투명대를 탈출한 확장배반포의 영양막이 부착되는 시점에서부터 착상과정이 개시된다. 그러나, 자궁내막상피에 배반포가 접착된 다음에 일어나는 착상의 결합정도는 동물의 종에 따라 다르다. 예를 들면, 확장배반포가 신장되는 유제류는 자궁내막상피와 배반포의 영양막이 서로 맞대어 접착된 상태를 그대로 유지하면서 착상되지만, 영장류는 자궁내막상피에 접착된 배반포 자체가 자궁내막상피의 아래로 뚫고 들어가 착상된다. 또한, 착상시기와 착상시의 배발달단계도 동물의 종에 따라 다르다(표 5-2와 표 5-5).

1) 배반포의 영양막과 자궁내막상피의 접착

자궁내막상피의 표면은 뮤신(mucin)이 주성분이면서 접착성이 매우 강한 당단백질층으로 두껍게 피복되어 있다. 이러한 피복단백질층은 미생물의 감염과 각종 분해효소의 작용

표 5-5. 배란일로부터 착상까지의 일수와 배의 발달단계

동 물 종	착상까지의 일수	배발달단계	동 물 종	착상까지의 일수	배발달단계
영 장 류			육 식 류		
사　람	6 ~ 7	배 반 포	개	11 ~ 12	이층성배반포
침 팬 치	6 ~ 7	배 반 포	고 양 이	13 ~ 14	이층성배반포
붉은털 원숭이	8 ~ 9	배 반 포	흰 담 비	~ 12	이층성배반포
설 치 류			유 제 류		
래　트	5	배 반 포	돼　지	18	신장배반포
햄 스 터	4 ~ 5	배 반 포	면　양	16	신장배반포
귀니아피그	6	단층성배반포	소	18 ~ 22	신장배반포
토　끼	7	이층성배반포	말	36 ~ 40	배아소포

으로 자궁내막상피가 손상되는 것을 방지할 뿐만 아니라, 배반포의 영양막이 자궁내막상피에 접착되는 것도 억제한다. 따라서, 배반포가 착상되려면 자궁내막상피를 피복하고 있는 당단백질층이 제거되는 과정이 필수적이다. 소·면양·산양·돼지 등과 같은 유제류에서 배반포가 착상되기 전까지는 Muc-1이라고 부르는 뮤신성 당단백질이 자궁내막상피의 표면을 매우 두껍게 피복하여 배반포의 영양막이 부착되는 것을 저지한다(Burgdardt 등, 1997). 그러나, 배반포가 착상되는 시기에는 자궁내막상피의 표면에서 Muc-1이 제거된다. 일반적으로, 대부분의 가축에서 배반포의 영양막과 자궁내막상피가 접착되는 시기는 자궁내막이 프로게스테론의 자극에 노출되는 시간의 길이에 따라 결정된다(Geisert & Malayer, 2000). 배란후에 형성된 황체에서 급속하게 분비되는 프로게스테론은 자궁내막상피세포의

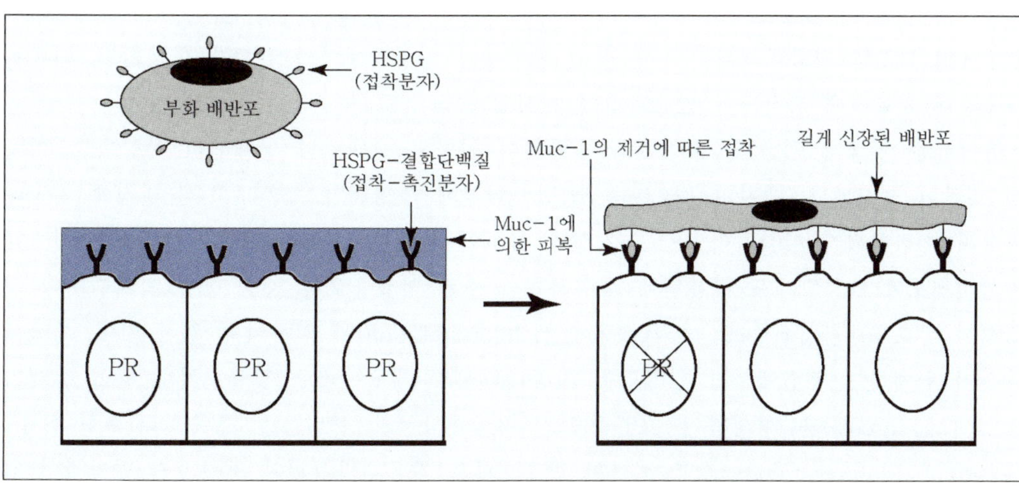

그림 5-14. 유제류에서 배반포의 영양막과 자궁내막상피의 접착

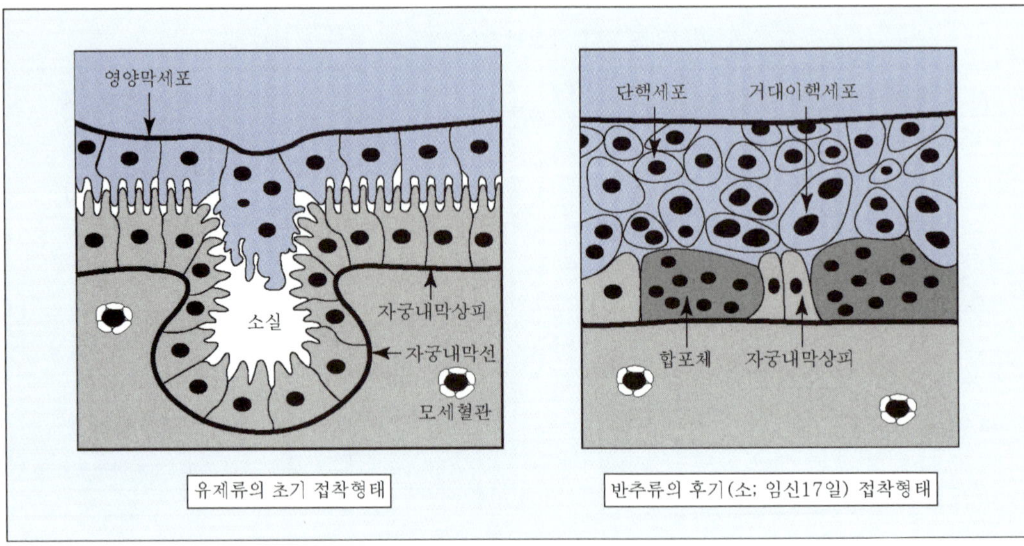

그림 5-15. 돼지와 소에서 착상의 조직학적 형태

핵수용체(nuclear receptor)와 결합하여 Muc-1의 합성 · 분비를 자극한다. 그러나, 자궁내막 상피세포가 프로게스테론에 노출된 후 8~10일이 지나면, 프로게스테론의 자극에 대한 하향조절(下向調節, down regulation) 현상이 일어나 프로게스테론의 핵수용체가 감소되어 Muc-1의 합성 · 방출이 저지된다(그림 5-14; Geisert & Malayer, 2000). 이에 따라 자궁내막 상피에서 Muc-1이 제거되면, 자궁내막상피의 표면에 위치하면서 배반포를 부착시키는 능력을 가진 황산헤파란프로테오글리칸(heparan sulfate proteoglacan [HSPG])-결합단백질과 같은 접착-촉진분자(adhesion-promoting molecule)가 노출된다. 자궁내막상피에서 HSPG-결합단백질이 노출되는 시기에 맞추어서 배반포의 영양막세포에서는 HSPG와 같은 접착분자(adhesion molecule)가 급속하게 합성된다(Carson, 1993). 이와 같이, 자궁내막상피의 표면에서 HSPG-결합단백질이 노출되고, 배반포의 영양막에서 HSPG가 합성되면, 이것들 상호간이 치밀하게 접착되어 착상과정이 개시된다.

유제류는 자궁내막상피와 배반포의 영양막이 접착된 그대로의 상태에서 착상되고, 이어서 태반이 형성된다. 돼지의 배반포는 임신 8일경에 투명대가 제거되고, 13일경에 자궁내막상피에 접착되기 시작하여 18~24일경에 착상이 완료된다. 배반포의 초기부착은 자궁내막상피세포와 영양막세포의 표면에 무수하게 돌출된 미세융모가 양쪽 손을 깍지끼듯이 결합하는 상호교대감입교합(相互交代嵌入咬合, interdigitation)에 의하여 이루어 지며, 자궁내막선이 위치하는 부위에서는 영양막이 자궁내막선의 개구부내로 젖꼭지처럼 밀고 들어가 소실(小室, areola)을 형성하여 효과적으로 자궁내막선의 분비물을 흡수한다(그림 5-15; Geisert & Malayer, 2000). 소를 비롯한 반추동물도 자궁내막상피와 배반포의 영양막이 접착되는 초기의 과정은 돼지의 경우와 매우 유사하다. 그러나, 임신 17일경에는 하나의 핵

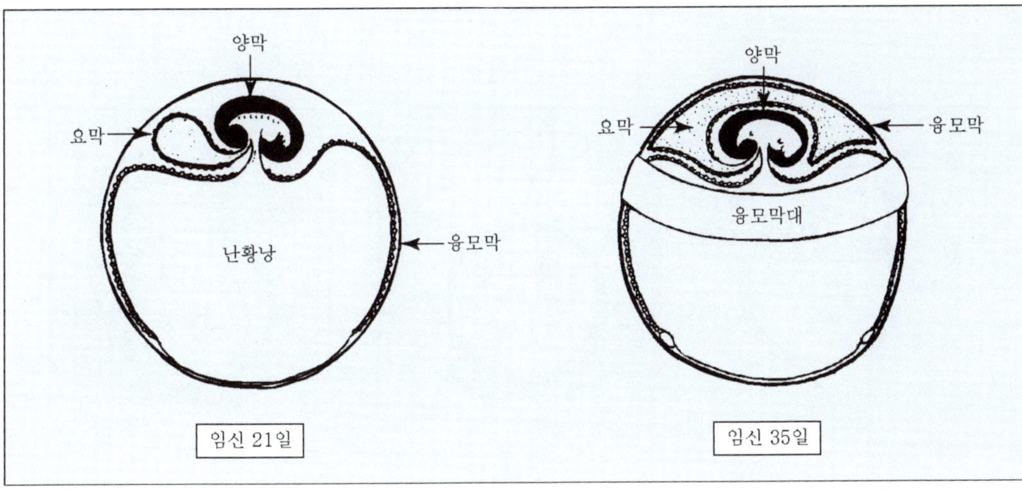

그림 5-16. 말의 융모막과 융모막대의 발생과정

을 가지고 있는 단핵영양막세포(單核營養膜細胞, mononucleate trophoblastic cell)가 2개씩 결합하여 거대이핵영양막세포(巨大二核營養膜細胞, giant binucleate trophoblastic cell)로 분화되고, 이것의 일부가 자궁내막상피세포와 합체되어 다수의 핵을 가진 합포체(合胞體, syncytium)를 형성함으로써 착상과정이 완료된다(그림 5-15의 우측). 말의 배반포는 임신 24~40일까지는 착상되지 않는다. 말에서도 초기의 접착은 돼지에서와 같이 상호교대감입교합에 의하여 이루어 진다. 말에서 임신 25일이 되면 융모막에서 특수하게 분화된 세포가 띠 모양으로 배열되어 융모막대(絨毛膜帶, chorionic girdle)를 형성하는데, 융모막대세포는 임신 38일경에 융모막에서 탈락된 다음, 자궁내막상피를 뚫고 들어가 자궁기질속에 매몰되어 자궁내막배(子宮內膜杯, endometrial cup)를 형성한다. 자궁내막배는 임마융모성 성선자극호르몬(eCG, PMSG)을 분비한다(그림 5-16; King & Thatcher, 1992)

2) 배반포의 자궁내막내 침투

대부분의 가축과 같이 체격이 큰 유제류의 배반포는 자궁내막에 부착된 상태에서 그대로 착상되지만(King 등, 1982), 영장류와 설치류의 배반포는 자궁내막상피에 접착된 다음, 상피의 아래로 침투하고, 이어서 내막기질속으로 이동하여 매몰된다(그림 5-17; Burdsal, 1998). 자궁내막상피에 접착이 완료된 배반포의 영양막은 세포영양막(細胞營養膜, cytotrophoblast)과 합포체영양막(合胞體營養膜, syncytiotrophoblast)으로 분화된다. 즉, 자궁내막과 접착된 영양막세포는 자궁내막으로 침투하는 과정과 보조를 맞추어 가면서 분열·증식을 반복하는데, 최내층의 세포는 단핵세포로서, 세포영양막을 구성하여 내부세포괴와 배반포강을 둘러싸고 있지만, 바깥층의 세포는 분열·증식을 계속하면서 세포 상호간이 합체하여 다수의 핵을 가진 합포체영양막을 형성한다. 초기 침투기에서 나타나는 영양막세포의 분열·증식

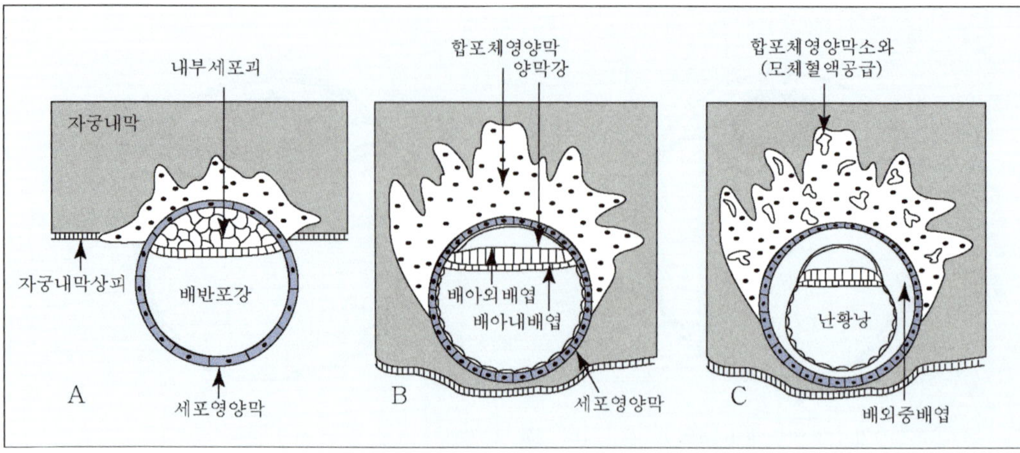

그림 5-17. 사람의 착상과정과 초기배의 발달과정

과 이동은 간세포(肝細胞)성장인자(hepatocyte growth factor [HGF])나 각질세포(角質細胞)성장인자(keratinocyte growth factor [KGF])가 자극하며, 침투가 어느정도 진행된 영양막세포의 증식과 비대화는 각각 IGF-1과 IGF-2가 자극한다(Kunio, 1999). 또한, 자궁내막 기질단백질의 한 종류인 피브로넥틴(fibronectin)은 배양하는 배반포에서 영양막세포의 증식을 강력하게 촉진한다.

자궁내막상피에 부착이 완료된 배반포는 영양막세포의 작용으로 자궁내막속으로 침투하는데, 그 과정은 ① 자궁내막상피가 제거된 다음, 상피의 기저막이 분해되고, ② 자궁내막의 기질단백질(基質蛋白質, matrix protein)이 용해되며, 이어서 ③ 영양막세포 자체가 자궁내막의 기질속으로 이동 · 매몰된 다음, ④ 영양막세포에서 분화된 합포체영양막이 자궁내막혈관의 내피세포를 파괴시켜 모체혈약이 저류되는 합포체영양막소와(合胞體營養膜小窩, trophoblastic lacuna)를 형성하는 순서로 진행된다(그림 5-17의 C). 이와 같은 침투과정이 진행되려면 단백질분해효소의 작용이 필수적인데, 여기에 관여하는 단백질분해효소는 금속단백질분해효소(matrix metalloproteinase [MMP])이다. 다양한 종류의 MMP가운데 영양막세포의 자궁내막 침투를 유발하는 가장 중요한 효소는 세포막에 위치하면서 막관통영역(膜貫通領域)을 가지고 있는 막형(膜型) MMP(MT-MMP)이다(Kunio, 1999). MT-MMP의 한 종류인 MT1-MMP는 배반포의 영양막세포에서 방출되어 자궁내막의 기질단백질을 용해하는 동시에, 자궁내막의 기질에 위치하는 MT2-MMP의 전구체(pro-MT2-MMP)를 분해하여 강력한 분해활성을 나타내는 활성형의 MT2-MMP를 생산한다. 이와 같이, 배반포의 침투기에는 영양막세포가 MT1-MMP를 방출하고, 이것이 영양막세포 주변의 기질에 위치하는 MT2-MMP를 활성화시켜 자궁내막의 기질단백질을 신속하게 분해한다. 이에 따라 배반포 자체가 자궁내막속으로 침투하면서 조직이 재구축되어 합포체영양막과 모체의 자궁혈액 사이에서 물질교환이 일어나는 형태의 태반이 형성된다. 또한, 자궁내막의 기질에는 MMP의 활성을 저지하는 금속단백질분해효소 억제제(tissue inhibitor of metalloproteinase [TIMP])가 있는데, 이것과 MMP가 상호 균형을 이루면서 배반포가 자궁내막으로 침투하는 속도를 조절한다(Kunio, 1999).

4. 지연착상

자궁강내로 진입된 배반포가 일정한 시간내에 착상되지 못하고, 현저하게 늦게 착상되는 현상을 지연착상(遲延着床, delayed implatation)이라 한다. 일반가축의 배반포가 자궁내에서 착상되지 않고, 부유된 상태로 머무는 기간은 동물종에 따라 차이가 있어서 토끼 5~6일, 소 20~30일, 면양 11~14일, 돼지 10~20일 정도이다. 그러나, 이들 동물종의 배반포는 자궁강에 부유된 상태에서도 배발달을 계속하며, 이 기간이 지나면 곧바로 착상된다. 반면에, 곰·사슴·밍크·족제비 등과 같은 야생동물은 번식기의 교미에 의하여 발생된 배반포가 곧바로 착상되지 않고, 수주 또는 수개월 간에 걸쳐 발달이 정지되는 휴면기를 가지면서 새끼를 양육하는데 적합한 시기에 분만이 일어날 수 있도록 착상시기가 결정되는데, 이러한 형태의 착상을 자연적 지연착상(natural delayed implatation)이라 한다. 한편, 마우스와 래트에서는 분만 직후에 배란이 일어나며, 이 때 교배를 시키면 수정이 되어 배반포가 형성되는데, 이 배반포는 포유자극의 강도가 일정한 수준이 유지되는 기간(수일~2주간)은 착상이 되지 않고, 포유자극의 강도가 역치(閾値) 이하로 내려가면 비로소 착상이 된다. 이러한 형태의 착상을 생리적 지연착상(physiological delayed implatation)이라 하는데, 이것은 포유중인 새끼가 손실되었을 경우에 즉시 새로운 임신을 성립시켜 번식효율을 극대화하는 생리적 의미가 있다.

지연착상은 내분비적 기전에 의하여 이루어 진다. 즉, 래트에 대하여 교미후 2일경에 난소를 적출하고, 매일 프로게스테론을 투여하면 6~45일간이나 착상이 지연되지만, 소량의 에스트로겐을 투여하면 24시간 이내에 착상이 된다. 그러나, 교미후 4일경에 난소를 적출하면 프로게스테론의 투여만으로도 착상이 된다. 이러한 결과를 보면, 래트에서는 교미후 3~4일 사이에 분비되는 에스트로겐이 착상을 유발하고, 자궁내막에 대한 에스트로겐과 프로게스테론의 공동작용으로 착상이 완성된다는 것을 알 수 있다. 따라서, 래트의 지연착상은 포유자극과 같은 외인적 자극에 의하여 착상에 필요한 에스트로겐의 분비가 충분하지 못한데 기인하는 것으로 보인다.

5. 모체의 임신인지

발정주기중에 배란된 난포의 과립막세포와 내협막세포가 황체세포로 전환되어 형성된 황체는 수태(受胎, conception)가 성립되지 않으면 자궁내막에서 분비되는 $PGF_{2\alpha}$의 작용으로 퇴행되어 프로게스테론의 분비가 정지된다. 그러나, 수태가 성립되면 수태산물(受胎産物, conceptus; 수정란으로부터 전임신기간에 걸쳐 발생되는 모든 것을 총칭하는 용어임)이 보내는 신호를 모체가 감지하여 자궁내막에서의 $PGF_{2α}$ 분비를 저지하고, 이에 따라 황체가 퇴행되지 않고, 프로게스테론을 계속 분비하여 임신을 유지시킨다. 이와 같이, 수태산물이 보내는 신호를 모체가 감지하여 프로게스테론을 분비함으로써 임신이 유지되는 현상을 모체의 임신인지(妊娠認知, maternal recognition of pregnancy)라고 한다. 따라서, 수태산물이 자기의 존재를 적당한 시기에 정확하게 모체에 알리지 못하면, 자궁내막에서 $PGF_{2α}$가 분비되어 황체를 퇴행시키기 때문에 임신이 유지되지 못한다. 수태산물이 황체의 퇴행을 저지하여 임신을 유지시키는 기전은 완전하게 해명되지는 않았지만, 수태산물에서 특수한 물질을 분비하고, 이것이 모체로 전달되어 황체의 퇴행을 저지한다는 것 만은 확실하다. 수태산물에서 분비되어 모체의 황체퇴행을 방지하는 물질의 화학적 본태는 성장인자에 속하는 단백질성 물질(소 · 면양 · 말)이거나, 에스트로겐(돼지)이다. 이것들은 인접분비기전이나 자가분비기전으로 생리작용을 발현한다. 그러나, 모체가 임신을 인지하여 계속적으로 프로게스테론을 분비하는 세부적 기전은 동물의 종에 따라 다소간의 차이가 있다.

1) 면양과 소의 임신인지

정상적으로 발정주기가 반복되는 비임신 면양에서는 발정후기와 발정휴지기에 해당하는 발정후 3일에서부터 14일까지 황체에서 다량의 프로게스테론이 분비되는 반면에, 에스트로겐은 우세난포가 배란되고, 황체기에 나타나는 추가적 난포발육파에서 발육하던 난포도 폐쇄됨에 따라 기저수준을 유지한다. 그러나, 자궁내막에 분포된 프로게스테론과 에스트로겐의 수용체 수는 발정주기의 12일까지 높게 유지된다. 이 기간에는 황체에서 높은 수준으로 분비되는 프로게스테론의 작용으로 자궁내막의 $PGF_{2α}$ 분비가 최소화되고, 에스트로겐과 옥시토신의 자극에 대한 자궁내막의 반응성도 감소되는데, 이러한 현상을 'progesterone block'이라 한다(McCraken 등, 1984). 그러나, 자궁내막에 대한 프로게스테론의 자극이 장기간에 걸쳐 지속되면 하향조절(下向調節, down regulation) 현상이 일어나 자궁내막의 프로게스테론-수용체 수가 감소되며, 이에 따라 프로게스테론에 의한 억제작용이 해제되어 에스트로겐-수용체가 활성화된다. 이와 같이, 프로게스테론-수용체의 수가 감소되고, 에스트로겐-수용체의 수가 증가되면, 에스트로겐의 자극으로 자궁내막에서 옥시토신-수용체의 수가 증가되기 때문에 자궁내막은 황체 또는 뇌하수체후엽에서 분비되는 옥시토신에 대한 반응성이 증대된다. 자궁내막이 옥시토신-수용체를 통하여 옥시토신의 자극을 받으면 단백질키나제 C(PKC)가 활성화되고, 활성화된 PKC는 아라키돈산(arachidonic acid)을 $PGF_{2α}$로 전환시킨다. 이러한 과정을 통하여 발정주기의 14~16일에 급격하게 방출된 $PGF_{2α}$는 황체를 용해시켜 프로게스테론의 분비를 저지함으로써 다음 발정주기가 재개된다. 그러나, $PGF_{2α}$가 황체를 용해시키려면 24시간에 5회 이상의 분비박동을 나타내면서 분비되어야 한다(McCraken 등, 1984). 실제로, 24시간 동안에 일어나는 $PGF_{2\alpha}$의 분비박동은 비임신면양에서는 7.6박동을 나타내지만, 임신면양에서는 1.6박동을 나타낼 뿐이다(Geisert & Mayayer, 2000). 그러나, 면양에서 임신의 성립되면 비임신면양에서 황체가 퇴행되는 기간인 임신 12~21일 사이에 수태산물에서 영양막단백질-1(trophoblast protein [oTP-1])을 분비하고, 이것이 자궁내막의 $PGF_{2\alpha}$ 분비를 억제함으로써 프로게스테론의 분비를 원활하게 하여 임신을 유지시킨다. 영양막단백질-1은 분자량이 19,000인 산성단백질로서, 오늘날에는 인터페론-타우(interferon tau [IFN-τ])라고 부르는 것이 일반적이다(Bazer 등, 1977). IFN-τ는 에스트로겐-수용체의 발현을 억제하는 수단을 통하여 옥시토신-수용체 수를 증가시키는 상향조절기전(up regulation mechanism)을 억제하고, 황체에서의 옥시토신 방출도 저지한다(Spencer 등, 1995). 이와 같이, 옥시토신의 수용체 수와 방출량이 감소되면, $PGF_{2\alpha}$의 분비박동이 황체를 퇴행시킬 수 있는 역치에 미치지 못하는 5박동 이하로 유지되고, 이에 따라 황체가 퇴행되지 않음으로 임신이 유지된다.

한편, 소에서는 임신 16~19일에 모체가 임신을 인지하는데, 임신이 인지되는 기전은 면양의 그것과 매우 유사하다(Thatcher & Meyer, 1995). 소의 수태산물도 면양에서와 같이 영양막단백질-1(bTP-1, bIFN-τ)을 분비하고, 이것이 $PGF_{2\alpha}$의 분비를 저지하여 황체를 존속시킨다. 그러나, $PGF_{2\alpha}$의 분비박동에 대한 옥시토신의 조절작용이 면양에 비하여 명확하지 않다. 또한, 임신한 소의 자궁내막에서는 프로스타글란딘 합성억제제(endometrial prostaglandin synthesis inhibitor [EPSI])를 합성·방출하여 $PGF_{2\alpha}$의 합성을 특이적으로 억제하는데(Gross 등, 1988; Helmer 등, 1989), 이것의 화학적 본태는 리놀산(linoleic acid)인 것으로 추정된다. $PGF_{2\alpha}$의 전구물질인 아라키돈산에 대한 리놀산의 비율이 임신한 소와 임신하지 않은 소에서 서로 다르며, 이것은 소에서 모체의 임신인지는 자궁조직의 지질환경과 밀접한 관계를 가지고 발현된다는 것을 시사한다(Staples 등, 1998). 그러나, 면양에서는 EPSI가 증명되지 않았다.

2) 돼지의 임신인지

돼지에서 발달중인 수태산물이 생산하는 에스트로겐은 모체가 임신을 인지하는 신호로 작동한다(Geisert 등, 1982). 돼지의 수태산물에서도 IFN-τ를 합성하지만, 이것은 면양이나 소의 경우와는 달리 황체의 수명을 연장시키지 못한다(Geisert & Malayer, 2000). 임신한 돼지의 순환호르몬 수준과 난소의 구조적 특성은 임신 10일까지는 비임신돼지와 차이가 없다. 그러나, 임신 11~12일과 임신 14~30일의 두번에 걸쳐 수태산물에서 에스트로겐을 분비하는데, 이 에스트로겐은 자궁내막에서 분비되는 $PGF_{2\alpha}$의 방출경로를 변경시키는 수단을 통하여 황체의 퇴행을 방지함으로써, 프로게스테론의 분비를 원활하게 하여 임신을 유지시킨다. 비임신돼지에서도 발정주기의 11일과 14일에 에스트로겐을 투여하면 황체의 수명이 연장되며, 더욱이 발정주기의 11~15일에 에스트로겐을 연속적으로 투여하면 정상적인 임신기간 114일보다 약간 더 길게 황체의 수명이 연장되어 위임신(僞妊娠, pseudopregnancy) 현상을 나타낸다(Geisert 등, 1990).

돼지의 자궁내막에서 에스트로겐-수용체의 수는 발정 5일후부터 증가되고, 12일까지는 안정된 상태를 유지하다가 15일부터는 감소되며, 18일에는 다시 증가된다. 이와 같이, 자궁내막에 에스트로겐-수용체가 존재함에도 불구하고, 발정후 10일까지는 프로게스테론의 저지작용으로 에스트로겐의 작용에 대한 자궁내막의 반응성이 결여된다. 그러나, 10일 후부터는 프로게스테론의 저지작용이 하향조절기전에 의하여 해제됨에 따라 에스트로겐-수용체가 활성화되어 수태산물에서 분비되는 에스트로겐의 작용을 매개하여 임신을 유지시킨다. 수태산물에서 방출된 에스트로겐은 ① 자궁내막 단백질의 합성과 분비, ② Ca^{2+}의 방출, ③ 히스타민의 방출, ④ 프로스타글란딘 방출방향의 변경 등을 자극한다. 이러한 작용 가운데 프로스타글란딘의 방출방향을 변경시키는 기능은 황체의 퇴행을 방지하여 임신을 유지시킨다. 자궁-난소 혈관계의 혈장에 함유된 $PGF_{2\alpha}$의 농도는 발정주기의 12~16일에 증가되어 황체의 퇴행을 유도한다. 그러나, 임신 12~16일이 경과된 임신돈이나 위임신돈에서 자궁-난소 혈관계의 혈장에 함유된 $PGF_{2\alpha}$의 농도는 비임신돈에 비하여 낮은 수준을 나타내지만, 자궁세척액에서의 $PGF_{2\alpha}$ 농도는 임신돈에서 유의적으로 높게 나타난다. 이러한 사실은 수태산물에서 방출된 에스트로겐이 자궁내막의 $PGF_{2\alpha}$ 합성을 직접 저지하지는 못하지만, 합성된 $PGF_{2\alpha}$를 자궁강내로 방출(외분비기능)시킴으로써 혈류중으로 유입되어 황체를 퇴행(내분비기능)시키는 $PGF_{2\alpha}$의 절대량을 감소시킴에 따라 임신이 유지된다는 것을 증명하는데, 이것을 임신인지의 내분비-외분비 모델(endocrine-exocrine model)이라 한다(Bazer & Thatcher, 1977). 수태산물에서 방출된 에스트로겐이 자궁내막에서 합성된 $PGF_{2\alpha}$를 자궁강내로 방출시키는 기전은 먼저 에스트로겐이 자궁내막세포에 위치하는 에스트로겐-수용체와 결합하여 활성화시키고, 활성화된 에스트로겐-수용체는 ① 자궁내막세포내의 프로스타글란딘 운반체(PG transporter)를 재배치시켜 $PGF_{2\alpha}$를 자궁강내로 방출시키고, ② 자궁내막세포에서 $PGF_{2\alpha}$의 방출을 촉진하는 기능을 가진 Ca^{2+}을 내형질세망(소포체)에서 방출시켜 자궁내막세포내의 Ca^{2+}농도를 높여줌으로써 $PGF_{2\alpha}$가 자궁강내로 원활히 방출되도록 하며, ③ 자궁내막세포의 원형질막에 Ca^{2+}의 세포내 유입을 자극하는 기능을 가진 프록락틴-수용체의 수를 증가시켜 자궁내막세포의 세포질내 Ca^{2+}의 농도를 상승시키는 등의 작용을 한다(Geisert & Malayer, 2000).

3) 말의 임신인지

말의 수태산물은 임신 10일부터 16일까지의 사이에 하루 10~13회씩 양쪽 자궁각을 왕래하면서 자궁내막의 $PGF_{2\alpha}$ 합성을 저지하여 임신을 유지시킨다. 그러나, 수태산물에서 합성·분비되어 자궁내막의 $PGF_{2\alpha}$ 합성기능을 변조시키는 물질의 본태는 아직까지 명확하게 밝혀지지 않았다. 다만, 임신 8~20일 사이에 있는 말의 수태산물에서는 에스트로겐이 분비되고, 또한 분자량이 각각 22,000 · 30,000~40,000 · 65,000인 수종류의 단백질이 합성 · 방출된다(McDowell 등, 1990). 그러나, 수태산물에서 생산되는 에스트로겐과 단백질들이 모체의 임신인지에 관여하는 기전은 명확하지 않다. 말의 수태산물에서 분비되는 에스트로겐은 임신 16일 후에 수태산물을 자궁강의 일정한 위치에 고정시키는 작용을 하는것으로 보이지만, 돼지에서와 같이 황체의 유지에 유효하게 작용하지는 않는 것 같다. 따라서, 말에서는 수태산물이 분비하는 단백질들이 직접적 또는 간접적으로 자궁내막의 $PGF_{2\alpha}$ 합성을 억제하여 황체의 퇴행을 방지하는 것으로 보인다(Geisert & Malayer, 2000).

◈ 참 고 문 헌 ◈

1) Adenot, P., et al. 1991. Dynamics of paternal chromatin changes in live one-cell mouse embryo after natural fertilization. Mol. Reprod. Dev. 28:23.
2) Barlow, P., et al. 1972. DNA synthesis in the preimplantation mouse embryo. J. Embryol. Exp. Morphol. 27:432.
3) Bazer, F. W., et al. 1977. Interferon tau: a novel pregnancy recognition signal. Am. J. Reprod. Immunol. 37:412.
4) Bazer, F. W. and W. W. Thatcher. 1977. Theory of maternal recognition of pregnany in swine based on estrogen controlled endocrine versus exocrine secretion of prostaglandin F2α by the uterine endometrium. Prostaglandins. 14:397.
5) Bindon, B. M. and L. R. Piper. 1984. Endocrine differences in ovine prolificasy. Proc. Int. Cong. Ani. Reprod. & Artif. Insem. 4:17.
6) Bleil, J. D. and P. M. Wassarman. 1980. Mammalian sperm and egg interaction: indentification of a glycoprotein in mouse-egg zonae pellucidae possessing receptor activity for sperm. Cell. 20:873.
7) Bleil, J. D., et al. 1988. Identification of a secondary sperm receptor in the mouse egg zona pellucida: role in maintenance of binding of acrosome-reacted sperm to egg. Dev. Biol. 28:376.
8) Bonder, E. M., et al. 1988. Actin in cytokinesis: formation of the contractile apparatus. Zool. Sci. 5:699.
9) Borsuk, E. and A. K. Tarkowski. 1989. Transformation of sperm nuclei into male pronuclei in nucleate and anucleate fragments of parthenogenetic mouse eggs. Gamete Res. 24:471.
10) Burdsal, C. A. 1998. Embryogenesis, mammalian. In encyclopedia of reproduction. Vol. 1.(E. Knobil & J. D. Neill eds.). Academic Press. p.1029.
11) Burgdardt, R. D., et al. 1997. Extracellular matrix and the implantation cascade in pigs. J. Reprod. Fertil. Suppl. 52:121.
12) Carson, D. D., et al. 1993. Heparan sulfate proteoglycan(perlecan) expression by mouse embryos during acquisition of attachment competence. Dev. Biol. 155:97.
13) Cherr, G. N., et al. 1986. *In vitro* studies of the golden hamster sperm acrosome reaction: completion on the zona pellucida and induction by homologous solubilized zonae pellucidae. Dev. Biol. 114:119.
14) Crozet, N. 1993. Fertilization *in vivo* and *in vitro*. In reprocution in mammals and man(C. Thibault et al. eds.). Ellipses. p.327.
15) Cummins, J. M. and R. Yanagimachi. 1986. Development of ability to penetrate the cumulus oophorus by hamster spermatozoa capacitated *in vitro* in relation to the timing of the acrosome reaction. Gamete Res. 15:187.
16) Dunbar, B. S., et al. 1985. Proteolysis of specific porcine zona pellucida glycoproteins by boar acrosin. Biol. Reprod. 32:619.
17) Eyestone, W. H., et al. 1987. Co-culture of early bovine embryos with oviduct epithelium. Theriogenol. 27:228.
18) Eyestone, W. H. and N. L. First. 1989. Co-culture of early cattle embryos to the blastocyst stage with oviductal tissue or in conditioned medium. J. Reprod. Fertil. 85:715.
19) Farooqui. A. A. and P. N. Srivastava. 1980. Isolation of p-N-acetylhexosaminidase from rabbit semen and its role in fertilization. Biochem. J. 191:827.
20) First, N. L. and F. L. Barnes. 1989. Development of preimplantation mammalian embryos. In

development of preimplantation embryos and their environment(R. Toshinaga & T. Mori. eds.). Alan R. Liss. p.151.

21) Flemnig, T. P. 1987. Quanitative analysis of cell allocation and inner cell mass in the mouse embryo. Dev. Biol. 119:520.

22) Gaddum-Rosse, P. 1985. Mammalian gamete interactions. What can be gained from observations on living eggs? Am. J. Anat. 173:347.

23) Gardiner, R. C. and J. Rossant. 1976. Determination during embryogenesis in mammals. Ciba Found. Symp. 40:5.

24) Geisert, R. D., et al. 1982. Establishment of pregnancy in the pig: Ⅲ. endometrial secretory response to estradiol valerate administered on day 11 of the estrous cycle. Biol. Reprod. 27:957.

25) Geisert, R. D., et al. 1990. Embryonic steroids and the establishment of pregnancy in pigs. J. Reprod. Fertil. Suppl. 40:293.

26) Geisert, R. D. and J. R. Malayer. 2000. Implatation. In reproduction in farm animals. 7th ed.(E. S. E. Hafez & B. Hafez eds.). Lippincott williams & Wilkins. p.126.

27) Gilbert, S. E. 1994a. Fertilization, beginning a new organism. In developmental biology. 4th ed. Sinauer. p.138.

28) Gilbert, S. F. 1994b. Cleavage, creating multicellularity. In developmental biology. 4th ed. Sinauer. p.164.

29) Ginter, O. J. 1992. Embryology and placentation. In reproductive biology of the mare(O. J. Ginther ed.). Equiservices. p.345.

30) Goddard, M. J. and H. P. M. Pratt. 1983. Control of events during early cleavage fo the mouse embryo: an analysis of the 2-cell block. J. Embryol. Exp. Morphol. 73:111.

31) Gross, T. S., et al. 1988. Presence of an intercellular endometrial inhibitor of prostaglandin synthesis during early prehnancy in the cow. Prostaglandins. 35:359.

32) Gulyas, B. J. 1975. A reexamination of the cleavage patterns in eutherian mammalian eggs: rotation of the blastomere pairs during second cleavage in rabbit. J. Exp. Zool. 193:235.

33) Hafez, E. S. E. and B. Hafez. 2000. Fertilization and cleavage. In reproduction in farm animals. 8th ed. (E. S. E. Hafez & B. Hafez eds.). Lipincott Williams & Wilkins. p.110.

34) Harper, J. M. K. 1965. Transport of eggs in cumulus through the ampulla of the rabbit oviduct in relation to day of pseudopregnancy. Endocr. 77:114.

35) Harper, M. J. K. 1982. Sperm and egg transport. In reproduction in mamals. I. germ cell and fertilization. 2nd ed.(C. R. Austin & R. V. short eds.). Cambridge Univ. Press. p.102

36) Helmer, S. D., et al. 1989. Bovine trophoblast protein-1 complex alters endometrial protein and prostaglandin secretion and induces an intracellular inhibitor of prostaglandin synthesis *in vitro*. J. Reprod. Fertil. 87:421.

37) Heyman, Y., et al. 1987. *In vitro* cleavage of bovine and ovine early embryos: improved development using co-culture with trophoblastic vesicles. Theriogenol. 27:59.

38) Hirao, Y. and R. Yanagimachi. 1979. Development of pronuclei in polyspermic eggs of the golden hamster eggs: Is there any limit to the number of sperm heads that are capable of developing into male pronuclei? Zool. Mag.(Tokyo, Japan). 88:24.

39) Howlett, S. K. and V. N. Bolton. 1985. Sequence and regulation of morphological and molecular events during the first cell cycle of mouse embryogenesis. J. Embryol. Exp. Morph. 87:175.

40) Hunter, R. H. F. 1974. Chronological and cytological details of fertilization and early embryonic development in the domestic pigs. Sus scorfa Anat. Res. 178:169.

41) Jaffe, L. F. 1985. The role of calcium explosions, waves, and pulses in activating egg. In biology of fertilization Vol. 3.(C. B. Metz & A. monroy eds.). Academic Press. p.127.

42) Johnson, M. H., et al. 1986. A role for cytoplasmic determinants in the development of the early mouse embryo. J. Embryol. Exp. Morphol. Suppl. 97:117.

43) Kalvin, H. I., et al. 1986. Estimation and manipulation of glutathione levels in prepubertal mouse ovaries and ova: relevance to sperm nuclears transformation in the fertilized egg. Gamete Res. 14:265.

44) Kelly, S. J. 1977. Studies of the developmental potential of 4- and 8-cell stage mouse blastomeres. J. Exp. Zool. 200:365.

45) Kline, D. and J. A. Zagray. 1995. Absence of an intracellular pH change following fertilization of the mouse egg. Zygote. 3:305.

46) King, G. J., et al. 1982. Implantation and early placentation in domestic ungulates. J. Reprod. Fertil. Suppl. 31:17.

47) King, G. J. and W. W. Thatcher. 1992. Placencentation: pregnancy. In world animal science B.

reproduction in domesticated animals(G. J. King ed.). Elsevier. p. 247.
48) King. W. A., et al. 1988. Nucleolus organizer regions and nucleoli in preattachment bovine embryos. J. Reprod. Fertil. 82:87.
49) Kunio, S. 1999. Control of gestation process. In reproductive biology of mammals(Y. Takahashi ed.). Gakushou Pub. p.170
50) Leyton, L., et al. 1992. Regulation of mouse gametic interaction by a sperm tyrosine kinase. Proc. Natl. Acad. Sci. USA. 93:1164.
51) Longo, F. J. 1985. Pronuclear events during fertilization. In biology of fertilization. Vol. 3.(C. B. Metz & A. Monroy eds.). Academic Press. p.251
52) Maro, B., et al. 1984. Changes in actin distribution during fertilization of the mouse egg. J. Embryol. Exp. Morphol. 81:211.
53) Mark, W. H., et al. 1985. An inserted mutation in a transgenic mouse line results in developmental arrest at the day 5 of gestation. Cold Spring Harbor Symp. Quant. Biol. 50:453.
54) Masui, Y. and H. J. Clarke. 1979. Oocyte maturation. Int. Rev. Cytol. 57:185.
55) McCraken, J., et al. 1984. Hormone recepter control of pusatile secretion of $PGF_{2\alpha}$ from the ovine uterus during luteolysis and its abrogation in early pregnancy. Anim. Reprod. Sci. 7:31.
56) McDowell, K. J., et al. 1990. Two-dimensional polyacrylamide gel electrophoresis of proteins synthesized and released by conceptuses and endometria from pony mares. J. Reprod. Fertil. 89:107.
57) Menino, A. R., et al. 1989. The effects of plasminogen on *in vitro* ovine embryo development. Biol. Reprod. 41:899.
58) Miller, D. J., et al. 1992. Complementarity between sperm surface β-1,4-galactosyltransferase and egg-coat ZP3 mediates sperm-egg binding. Nature. 357:589.
59) Miyazaki, S., et al. 1986. Temporal and spatial dynamics of the periodic increase in intercellular free calcium at fertilization of golden hamster eggs. Dev. Biol. 118:259.
60) Miyazaki, S. 1988. Fertilization potential and calcium transients in mammalian eggs. Dev. Growth Differ. 30:603.
61) Moller, C. C. and P. M. Wassarman. 1989. Characterization of a proteinase that cleaves zona pellucida glycoprotein ZP2 following activation of mouse eggs. Dev. Biol. 132:103
62) Molls, M., et al. 1983. A comparison of the cell kinetics of preimplantation mouse embryos from two different mouse strains. Cell Tissue Kinet. 16:277.
63) Mugleton-Harris, A. I., et al. 1982. Cytoplasmic control of preimplantation development *in vitro* in the mouse. Nature. 299:460.
64) Myles, D. G., et al. 1987. Rearrangement of sperm surface antigens prior to fertilization N. Y. Acad. Sci. 513:262
65) Naish, S. J., et al., 1987. DNA synthesis in the fertilizing hamster sperm nuclear: sperm template availability and egg cytoplasmic control. Biol. Reprod. 36:245.
66) Niwa, K. 1999. Fertilization. In reproductive biology of mammals(Y. Takahashi ed.). Gakushou Pub. p.105.
67) Papaioannou, V. E. and K. M. Ebert. 1986. Comparative aspects of embryo manipulation in mammals. In exprimental approaches to mammalian embryonic development(J. Rossant & R. A. Pedersen eds.). Cambridge Univ. Press.
68) Parrish, J. J. and N. L. First. 1992. Preparation of sperm for fertilization: fertilization. In world animal science B. reproduction in domesticated animals(G. J. King ed.). Elsevier. p.195.
69) Phillips, D. M. and R. M. Shalgi. 1982. Sperm penetration into rat ova fertilized *in vitro*. J. Exp. Zool. 221:373.
70) Phillips, K. P. and J. M. Baltz. 1996. Intracellular pH change does not accompany egg activation in the mouse. Mol. Reprod. Dev. 45:520.
71) Pope, W. F., et al. 1982. Intrauterine migration of the porcine embryo: interaction of embryo, uterine flushings and indomethacin on myometrial function *in vitro*. J. Anim. Sci. 55:169.
72) Rodman, T. C., et al., 1981. Turnover of basic chromosomal protein in fertilized eggs: a cytoimmuno-chemical study of events *in vitro*. J. Cell Biol. 90:351.
73) Saurez, S., et al. 1990. Sperm motility in the oviduct. In fertilization in mammals(B. D. Bavister et al., eds.). Serono Symposia. Norwell MA. USA. p.111
74) Sarling, P. M. 1989. Mammalian sperm interaction with extracellular matrices of the egg. Oxford Rev. Reprod. Biol. 11:339.
75) Schatten, G. and H. Schatten. 1983. The energetic egg. The Science. 23(5):28.

76) Schmell, E. D., et al. 1986. Egg surface changes during fertilization and the molecular mechanism of the block to polyspermy. In mechanism and control of animal fertilization(J. F. Hartman ed.). Academic Press. p.365.
77) Schuel, H. 1985. Role of karyoplasm in the emergency of capacity of egg cytoplasm to induce DNA synthesis in transplanted sperrn nuclei. J. Embryol. Exp. Morphol. 36:67
78) Schultz, G. A. 1986. Utilization of genetic information in the preimplantation mouse embryo. In experimental approaches to mammalian embryonic development(J. Rossant & R. A. Pedersen eds.). Canbridge Univ. Press.
79) Spencer, T. E., et al. 1995. Ovine interferon tau inhibits estrogen receptor up-regulation and estrogen-induced luteolysis in cyclic ewes. Endocr. 136:4932.
80) Sutherland. A. E. 1990. Inner cell allocation in the mouse morula: the role for oriented division during fourth cleavage. Dev. Biol. 137:13.
81) Stroband, H. W. and T. Van der Lende. 1990. Embryonic and uterine development during early pregnancy in pigs. J. Reprod. Fertil. Suppl. 40:261.
82) Staples, C. R., et al. 1998. Influence of supplemental fats on reproductive tissues and performance of lactating cows. J. Dairy Sci. 81:856.
83) Surani, M. A. H. and S. C. Barton. 1983. Development of gynogenetic eggs in the mouse: implication for parthenogenic embryos. Science. 22:1034.
84) SzÖllÖsi, M. S. and D. SzÖllÖsi. 1988. Blebbing of nuclear envelop in maturing hamster oocytes. Dev. Biol. 125:181.
85) Talbot, P., et al. 1985. Motile cells lacking hyaluronidase can penetrate the hamster oocyte cumulus complex. Dev. Biol. 108:387
86) Thatcher, W. W. and M. D. Meyer. 1995. Maternal recognition of pregnancy. J. Reprod. Fertil. Suppl. 49:15.
87) Wassarman, P. 1987. The biology and Chemistry of fertilization. Science. 235:553
88) Wolf, D. E. 1987. Diffusion and the control of membrane regionalization. N. Y. Acad. Sci. 513:247
89) Whitaker, M. J. and K. Swann. 1993. Lighting the fuse at fertilization. Development. 117:1.
90) Whitaker, M. J. and R. A. Steinhardt. 1985. Ionic signaling in the sea urchin egg at fertilization. In biology of fertilization Vol. 3.(C. B. Metz & A. Monroy eds.). Academic Press. p.167.
91) Wiley, L. M. 1984. Cavitation in the mouse preimplantation embryo Na/K ATPase and the origin of nascent blastocoel fluid. Dev. Biol. 105:330.
92) Wilmut, I. and R. H. F. Hunter. 1984. Sperm transport into the oviduct of heifers mated early in oestrus. Reprod. Nutr. Dev. 24:461
93) Winkel, G. K., et al. 1990. Activation of protein kinase C triggers premature compaction in the 4-cell stage mouse embryo. Dev. Biol. 138:1.
94) Yamazaki, K. and Y. Kato. 1989. Sites of zona pellucida shedding by mouse embryo other than mural trophoectoderm. J. Exp. Zool. 249:347.
95) Yanagimachi, R. 1981. Mechanism of fertilization in mammals. In fertilization and embryonic development *in vitro*(L. Mastroanni & J. D. Beggers eds.). Plenum Press. p.81.
96) Yanagimachi, R. 1988. Mammaliam fertilization. In the physiology of reproduction. Vol. 1.(E. Knobil & J. D. Neill eds.). Ravan Press. p.135.
97) Zao, P. Z. R., et al. 1985. Release of hyaluronidase and beta-acetylhexosaminidase during *in vitro* incubation of hamster sperm. J. Exp. Zool. 234:63.

제 6 장

임신·분만·비유

포유동물은 임신이라는 생리적 과정을 통하여 태아가 모체의 생식도관내에서 출생시의 체격으로 발육을 완료한 다음, 분만과정을 통하여 모체의 밖으로 만출되고, 태어난 신생자는 모체가 분비하는 유즙에서 영양소를 공급받아 가면서 독립적으로 살아갈 수 있을 때까지 성장을 계속하는 생식전략을 구사한다. 이와 같은 일련의 생식활동에 의존하여 생식을 하는 포유동물은 모든 생식과정이 어미의 보호하에서 이루어짐으로 비록 신생자의 출산수는 적지만, 태아 및 신생자의 손실이 최소화 될 뿐만 아니라, 체격이 크고 강인한 체력을 가진 새로운 개체가 탄생된다. 이러한 생식전략에 따라 포유동물은 동물생태계에서 다른 동물종에 비하여 우월적 지위를 차지하게 된다. 반면에, 하등동물은 한꺼번에 다수의 신생자를 생산함으로써 성장·발육 과정에서 일어나는 신생자의 막심한 손실을 감내하면서 종이 유지되는 생식전략을 구사한다.

제 1 절 임 신

배란된 난자가 암컷의 생식도관내에서 수정되고, 이것이 배(胚)를 거쳐 태아로 발달되어 만출될 때까지 모체와 태아에서 발현되는 모든 생리현상을 임신(妊娠, pregnancy, gestation)이라 한다. 임신과정에서는 태반이 형성되어 모체가 태아의 발달에 필요한 영양소를 공급하고, 모체 자신의 생리상태도 태아의 발달에 필요한 모든 것을 원활하게 지원할 수 있도록 변경된다. 임신은 대부분의 포유동물에서 인정되는 생식과정이지만, 예외적으로 단공류(單孔類)는 포유동물에 속하면서도 난생(卵生)을 하며, 파충류(爬蟲類)가운데 태생(胎生)을 하는 것은 태반을 형성하여 태아에 영양을 공급한다. 따라서, 임신과 태반형성이 포유동물만이 가지는 고유의 생식현상은 아니다(Kunio, 1999).

1. 임신동물의 생리

대부분의 포유동물에서는 자궁강내로 이송된 배가 자궁내막에 부착되기 전부터 특수한 물질을 분비하여 발정주기중에 형성된 황체의 퇴행을 저지하면서 임신황체로 전환시킨다. 따라서, 임신을 하면 프로게스테론의 분비가 지속되는데, 이 프로게스테론의 작용으로 모체의 생리상태가 변경되어 임신이 유지된다(제5장 제3절 모체의 임신인지 항목 참조). 배반포에서 분비되어 황체의 퇴행을 저지하는 물질은 반추동물에서는 인터페론(IFN)-τ이고(Flint, 1995), 돼지에서는 에스토겐이다(Geisert 등, 1990).

1) 임신기간

수정이 이루어진 교배로부터 분만까지의 기간을 임신기간이라 하며, 통상 일수로 계산한다. 진수류에 속하는 포유동물의 임신기간은 유전적으로 결정됨으로 동물의 종간에는 커다란 차이를 나타내지만, 품종이나 계통간에는 약간의 가변성이 있을 뿐이다(표 6-1, Kunio. 1999). 일반적으로, 포유동물의 종에 따라 유전적으로 결정되는 임신기간은 각 동물종이 가지는 성숙체격의 크기에 비례하여 결정된다. 즉, 설치류와 같이 체격이 작은 동물은 임신기간이 매우 짧은 반면에, 중형동물(면양 · 돼지 등)은 4~5개월, 대형동물(소 · 말 등)은 9~11개월의 임신기간이 필요하다. 야생상태에서 초식동물은 식물의 생육상태가 좋은 봄-초여름에 출산하도록 유전적으로 결정되어 있음으로 대형동물은 1년에 가까운 임신기에 더하여 포유기가 필요함으로 2년에 한번씩 새끼를 낳게 되지만, 중형동물은 임신기와 포유기를 합하여도 1년이 넘지 않음으로 매년 출산할 수 있다. 이러한 동물들은 출생후에 바로 일어설 수 있고, 스스로 포유할 수 있는 능력을 가지고 태어난다. 그러나, 임신기간이 짧은 소형동물은 먹이의 공급이 풍부할 경우에 임신을 하며, 신생자는 미숙한 상태로 태어난다.

한편, 임신기간은 동물의 종에 따라 비교적 일정하게 설정되어 있지만, 동일한 종이나 품종내에서도 약간의 차이가 인정된다. 이러한 차이는 임신기간이 모체 및 태아의 상태, 그리고 유전적 및 환경적 요인에 의하여 영향을 받기 때문이다(Ott, 1998).

(1) 모체 요인 : 여러 종류의 동물종에서 어미의 나이는 임신기간에 영향을 미친다. 예를 들면, 면양에서 어미의 나이가 8세 이상이 되면 임신기간이 평균치에 비하여 2일 정도 길어지며, 어린 나이에 임신한 미경산우는 많은 나이에 임신한 미경산우에 비하여 임신기간이 약간 짧은 편이다.

(2) 태아 요인 : 돼지를 제외한 다태동물에서는 동복자수와 임신기간 사이에 역(逆)의 상관관계가 있어서 많은 수의 태아를 임신하면 임신기간이 짧아진다. 단태동물에서도 다태임신을 하면 임신기간이 짧아지는데, 소의 경우 쌍태를 임신하면 단태임신에 비하여 3~6일 정도 짧아진다. 또한, 태아의 크기가 클수록 임신기간은 다소 짧아지며, 소나 말에서는 수컷태아를 임신하면 암컷태아를 임신하였을 때보다 임신기간이 1~2일 정도 길어진다. 임

표 6-1. 동물종별 임신기간과 산자수

동 물 종	임신기간(일)	산 자 수	동 물 종	임신기간(일)	산 자 수
말	336(323~341)	1	토　　끼	31(30~32)	5(1~13)
소	279(260~299)	1	귀니아피그	66~69	2~3
면　양	149(146~153)	1~3	햄 스 터	16(15~18)	7(1~12)
산　양	152(150~155)	1~5	래　　트	20~22	11
돼　지	114(112~118)	9(6~15)	마 우 스	19~20	5~9
개	60(58~63)	7(1~22)	밍　　크	41~63	4~10
고 양 이	63(52~69)	4	사　　람	270	1

신기간은 태아의 내분비기능에 따라서도 영향을 받는데, 이것은 태아의 뇌하수체에서 분비되는 ACTH와 부신에서 분비되는 코르티솔의 작용으로 분만이 개시되기 때문이다.

(3) 유전적 요인 : 태아의 유전자형이 임신기간에 미치는 영향은 말과 당나귀간의 잡종교배에서 증명되었는데, 임신기간이 모친쪽 보다는 부친쪽에 더 가깝다. 즉, 수말과 교배하여 임신한 암말의 임신기간은 320~360일 인데 대하여, 수당나귀와 교배하여 노새를 임신한 암말은 당나귀의 임신기간(360~380)을 나타내는 반면에, 수말과 교배하여 버새를 임신한 암당나귀의 임신기간은 말과 비슷하다. 소에서는 태아의 품종이 임신기간을 결정하는 하나의 요인이 된다는 것이 배이식실험에서 증명되었다. 즉, 임신기간이 짧은 품종의 배를 임신기간이 긴 품종의 수란우에 이식한 경우에는 임신기간이 짧아지며, 반대의 조건으로 이식하면 그에 따른 결과를 나타낸다(Jainudeen & Hafez, 2000). 면양의 임신기간도 유전적요인에 의하여 영향을 받는다.

(4) 환경적 요인 : 다양한 환경적 요인 가운데 계절은 임신기간에 영향을 미치는데, 특히 계절번식동물에서 뚜렷하다. 예를 들면, 번식계절의 개시기인 초봄에 임신한 말의 임신기간은 늦여름에서 가을에 걸쳐 임신한 말의 임신기간에 비하여 유의하게 길다. 또한, 영양상태가 양호한 동물은 임신기간이 짧다. 예를 들면, 잘 먹인 말은 유지사료만 먹인 말에 비하여 임신기간이 4일정도 짧아진다.

2) 임신기의 호르몬 분비

포유동물에서 배가 자궁강내에 도달되어 모체가 임신을 인지하면, 자궁내막에서 $PGF_{2\alpha}$의 분비가 저지되고, 이에 따라 프로게스테론의 분비가 계속되어 임신이 유지된다. 또한, 에스트로겐도 착상 및 임신 과정에 필요하며, 특히 분만기에 중요하게 작용한다. 따라서, 임신말기로 갈수록 에스트로겐의 혈중농도가 높아진다(제2장 제5절 태반호르몬 항목 참조).

(1) 프로게스테론의 농도 : 포유동물에서 프로게스테론은 임신의 성립과 유지에 필수적인 호르몬임으로 전 임신기간에 걸쳐 높은 농도로 유지된다. 모든 동물종에서 임신초기의

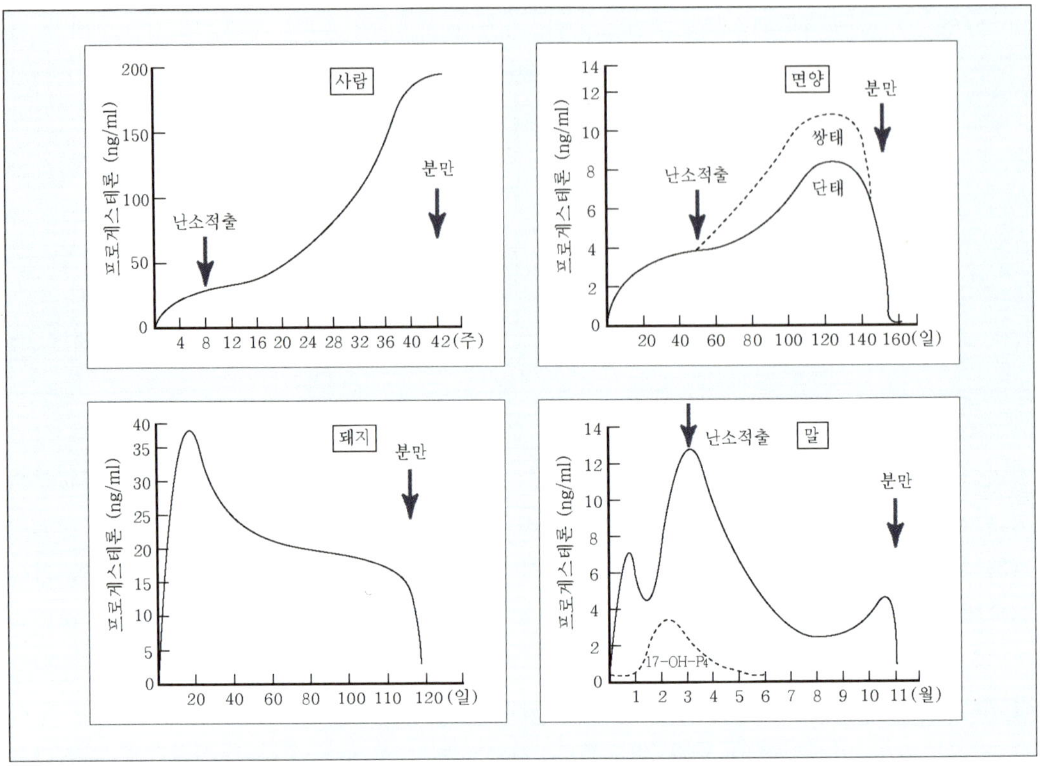

그림 6-1. 동물종에 따른 임신기 프로게스테론의 혈장수준

프로게스테론은 임신황체에서 분비되지만, 임신기간이 경과되면서 프로게스테론의 주 분비장소가 변경되는 동물종도 많다. 산양 · 돼지 · 소 · 마우스 · 래트 · 토끼 · 개 등은 전 임신기간에 걸쳐 임신황체가 유지되면서 프로게스테론을 분비하기 때문에 임신중에 난소를 적출하면 유산이 된다. 그러나, 일부의 동물종에서는 임신기간의 어느 시기에 임신황체가 퇴행되고, 태반이 프로게스테론의 분비기능을 이어 받는데, 그 시기는 임신을 성립시킨 교배일로부터 뱅골원숭이는 21일이고, 면양 · 고양이 · 사람 등은 50일이다. 이러한 동물들은 이 기간이 지나면 난소를 적출하여도 임신이 유지된다.

임신기간중에는 모든 동물종에서 프로게스테론의 혈중농도가 높게 유지되지만, 기간의 경과에 따른 농도변화는 동물의 종에 따라 매우 다르다(그림 6-1; Levasseur, 1983). 소는 임신 70일 까지 증가된 다음, 비교적 일정하게 높은 수준을 유지하다가 임신 250일부터 급속하게 감소되기 시작하여 분만직전에는 소진된다. 면양은 임신기간의 경과에 비례하여 점차적으로 증가되어 임신 125~130일에 최고수준을 나타내고, 그 후로는 감소된다. 돼지는 다른 동물종과는 달리 임신초기에 높은 수준을 유지한다. 말에서는 임신황체가 임신초기에 퇴행되고, 임신 35~40일에 태반에서 분비되는 eCG(PMSG)의 작용으로 형성된 부황체에서 임신 160~180일까지 프로게스테론을 분비하는데, 임신 70~120일에 최고수준을 나타내며, 임신 180일 후로는 태반이 프로게스테론의 주 분비원이 된다. 한편, 임신의 유지를 위한 프로게스테론의 절대적 농도도 동물의 종에 따라 매우 다르다. 예를 들면, 래트·귀니아피그·사람 등은 각각 100~150ng/㎖·250~300ng/㎖·50~200ng/㎖로 매우 높은 수준을 유지하는 반면에, 대형가축에서는 10~40ng/㎖로 낮은 수준을 유지한다. 임신기에도 태반에서 에스트로겐이 분비되는데, 이것은 자궁근의 수축을 유발하면서 프로게스테론의 작용을 억제하는 기능을 나타낸다. 따라서, 임신기에 에스트로겐의 혈중농도가 높은 동물종에서는 에스트로겐의 작용을 제어하기 위하여 프로게스테론의 농도가 높게 유지된다.

(2) 에스트로겐의 농도 : 임신에 따른 에스트로겐의 분비양상과 혈중농도는 동물의 종에 따라 매우 다르다. 소에서는 임신기의 대부분에서 비교적 일정하게 낮은 수준을 유지하다가 임신 250일부터 급격히 증가되어 분만직전에 최고수준을 나타내고, 분만과 더불어 소진된다. 면양에서는 임신 80일부터 검출되지만, 매우 낮은 수준을 유지하며, 분만 2일전에 급증하여 분만직전에 최고치를 나타낸다. 돼지에서는 임신 100일부터 분만직전까지 급증한다. 말에서는 임신 3개월까지는 낮은 수준을 유지하지만, 그 후로는 계속적으로 증가되어 임신 9~11개월에 최고수준에 도달되고, 이어서 분만기까지 급속하게 감소된다. 이러한 사실들을 종합하면, 임신기의 에스트로겐 농도는 대부분의 동물종에서 임신초기에는 낮게 유지되지만, 임신후기로 갈수록 점차적으로 증가되어 분만직전에 최고수준을 나태낸다. 임신말기에 다량으로 분비된 에스트로겐은 자궁근의 자발적 수축을 촉진하고, $PGF_{2\alpha}$의 합성을 촉진하며, 옥시토신의 분비와 활성을 증대시키는 경로를 통하여 분만을 유기한다. 또한, 유선관계(乳腺管系)의 발달을 촉진하며, 프로락틴의 분비를 자극하여 비유를 유기한다.

3) 임신에 따른 생식기관의 변화

모체가 배(胚)에서 보내는 신호를 감지하여 임신을 인지하면, 모체의 생식기관은 임신의 유지와 배 및 태아의 발달에 적합하도록 변화된다.

(1) 난소의 변화 : 임신이 성립되면 배란후에 형성된 발정황체가 임신황체로 전환되어 프로게스테론을 계속 분비함으로 발정주기의 반복이 중단되면서 난포의 발육도 저지된다. 그러나, 임신황체의 내분비적 수명은 동물종에 따라 달라서 임신말기까지 유지되는 동물(돼지·산양·소·개 등)도 있지만, 프로게스테론의 분비기능을 태반이 이어받는 동물종(면양·말·고양이·사람 등)도 있다. 특히, 말은 임신 35~150일 사이에 태반의 자궁내막배에서 분비되는 eCG(PMSG)의 작용으로 10~15개의 난포가 발달되고, 이것이 황체화되어 부황체(副黃體, accessory corpus luteum)를 형성한다. 그러나, 임신 7개월 후에는 임신황체와 부황체 모두가 퇴행되어 난소에 기능황체가 없다.

(2) 자궁의 변화 : 자궁내막은 배란후에 형성된 황체에서 분비되는 프로게스테론의 작용으로 배가 착상되기 전부터 착상성증식(着床性增殖)이 일어나 내막상피세포가 비대화되고, 자궁내막선도 발달된다. 이어서 임신이 성립되면 자궁은 태아의 성장과정과 보조를 맞추어

가면서 자궁내막기질의 섬유성분, 특히 교원(膠原)섬유의 함량이 증가되는 동시에, 자궁근층도 비대되어 자궁 자체가 성장한다. 이러한 자궁의 변화는 가역적이어서 분만 후에는 원래의 상태로 회귀된다. 한편, 자궁경은 임신의 경과와 더불어 무정형기질로 구성된 중간층이 현저하게 증대되어 자궁경관벽 자체가 두꺼워지고, 농후한 경관점액을 분비하여 자궁경관을 철저하게 폐쇄시킨다. 그러나, 분만기에 가까워지면 자궁경의 조직이 연화되고, 경관점액도 액화되어 자궁경관이 열리면서 분만에 대비한다.

(3) 질과 외음부의 변화 : 질점막은 임신기간의 경과와 더불어 건조 · 창백해지고, 점막상피의 세포층 수도 감소된다. 그러나, 분만기에 가까워지면 습윤해지며, 질벽도 부종화(浮腫化, edematous)되고, 유연화(柔軟化, pliable)되어 분만시의 확장에 대비한다. 한편, 외음부는 임신전반기에는 창백하고 위축된 상태를 나타내지만, 임신후반기에 이르면 현저하게 부종화되고, 혈관도 증식되어 붉게 종창(腫脹)된다. 소에서 이러한 변화는 초임우의 경우 임신 5개월, 경산우는 7개월부터 나타나기 시작한다.

(4) 골반인대의 변화 : 골반골(骨盤骨, hip bone)과 천골(薦骨, sacrum)을 연결하여 골반강을 구성하는 골반인대(骨盤靭帶, pelvic ligament)에는 천장인대(薦腸靭帶, sacroiliac ligament) · 천좌인대(薦坐靭帶, sacroischiatic ligament) · 치골전건(恥骨前腱, prepubic tendon) 등이 포함된다. 이러한 골반인대는 비임신시에는 긴축되어 골반결합을 단단하게 유지시킨다. 그러나, 임신을 하면 임신기간의 경과에 비례하여 이완되고, 특히 분만기에 이르면 급속하게 이완되어 골반강의 직경을 증가시킴으로써 태아의 만출을 용이하게 한다. 골반인대의 이완은 말에 비하여 소와 면양에서 현저한데, 이것은 골반인대의 이완을 조절하는 호르몬인 에스트로겐과 릴랙신이 소와 면양에서 높은 수준으로 분비되기 때문이다.

4) 임신에 따른 생리상태의 변화

포유동물에서 임신기간이 진행되면, 태아의 성장 · 발달에 필요한 산소와 영양소를 공급하기 위하여 모체의 호흡 · 혈액순환 · 비뇨 · 대사 등과 같은 다양한 생리작용이 변경된다.

(1) 호흡기능의 변화 : 임신을 하면 과도호흡(過度呼吸, hyperventilation)이 일어나 폐포내의 공기를 빠르게 교체함으로써 태아의 대사에 필요한 O_2를 신속하게 공급한다(Metcalfe 등, 1988). 임신동물은 과도호흡의 결과로 폐포내와 동맥혈내의 CO_2분압이 저하되며, 혈장내 중탄산염이온(HCO_3^-)의 농도도 감소된다. 따라서, 임신을 하면 혈액의 pH가 약간 상승하는 호흡성 알칼리증(respiratory alkalosis)을 나태낸다(Hosenpud 등, 1983). 또한, 1호흡용적(tidal volume)이 증가되어 호흡수가 증가되지 않아도 폐포(肺胞)의 분당환기량(minute volume)이 증가된다. 사람에서 임신을 하면 1호흡용적이 450㎖에서 600㎖로 증가되고, 폐포의 분당환기량은 40%나 증가된다(Regan, 1998). 이와 같은 호흡작용의 변화로 태아의 대사에 필요한 O_2를 충분하게 공급하고, 태아에서 생성된 CO_2도 모체를 통하여 쉽게 배출한다. 임신한 모체에서 일어나는 과도호흡은 임신기에 높은 농도로 유지되는 프로게스테론

이 뇌교(腦橋, pons)의 상부에 위치하는 호흡중추(呼吸中樞, respiratory center)를 자극하여 유발된다(Regan, 1998). 또한, 비임신 귀니아피그에 대하여 프로게스테론과 함께 에스트라디올-17β를 계속적으로 투여할 경우에 동맥혈의 CO_2분압이 하강되는 사실을 보면, 에스트로겐이 프로게스테론의 호흡자극기능을 돕는 것으로 보인다(Hosenpud 등, 1983).

(2) 혈액순환의 변화 : 임신동물은 심장-혈관계(cardiovascular system)의 기능이 변동되어 순환하는 혈류량이 증가된다. 임신을 하면 좌(또는 우)심실에서 배출되는 혈액량을 지칭하는 심박출량(心搏出量, cardiac output)이 현저하게 증가되는데, 그 증가폭은 면양 30%, 귀니아피그 22%, 사람 30~50% 정도이다(Metcalfe, 1988). 이와 같은 심박출량의 증가는 심박동수(心搏動數, heart rate)와 심박동량(心搏動量, stroke volume; 심실 1회 박동시의 배출량)이 증가되는데 따른 것이다. 사람과 면양에서는 임신말기의 ⅓기간에 심박동수가 현저하게 증가된다(Clapp, 1985). 심박동량의 증가는 임신자궁에서 혈관유상(血管流床, circulatory bed)의 말초저항이 매우 낮아 혈액의 흐름을 저해하지 못하고, 임신에 따라 혈액총량이 증가되는데 따른 것이다(Longo, 1983).

임신동물에서 순환혈액량은 급속하게 증가되지만, 혈관유상의 말초저항이 현저하게 감소되기 때문에 혈압(血壓, blood pressure)은 상승되지 않는다. 사람에서 혈관유상의 말초저항은 임신중기에 현저하게 감소되며, 따라서 이 기간에는 비임신 개체에 비하여 동맥혈압, 특히 이완기의 동맥혈압이 낮게 유지된다(Regan, 1998). 면양에서도 임신기에는 혈관유상의 말초저항이 감소되는데, 임신말기에 가장 낮아지며, 혈압도 비임신 면양에 비하여 낮다(Rosenfeld, 1977). 혈관유상의 말초저항이 감소되는 원인은 임신기에 높은 농도로 유지되는 프로게스테론이 혈관벽에 분포된 평활근의 이완을 촉진하여 혈관 자체를 이완시킬 뿐만 아니라, 혈관의 수축제로 작동하는 동시에 프로스타글란딘의 합성을 억제하는 활성을 가진 안기오텐신(angiotensin) Ⅱ에 대한 혈관의 반응성을 감소시킴으로써 혈관의 수축이 억제되고, 더욱이 혈관의 확장제로 작동하는 PGI_2와 PGE_2가 자궁과 신장에서 다량으로 합성되기 때문이다(Harrison & Moore, 1985).

(3) 혈장량과 적혈구용적의 변화 : 임신동물에서는 태반에 충분한 혈액을 공급하고, 태수(胎水, fetal fluid)의 축적에 대비하기 위하여 체조직의 수분함량과 혈장량이 증가된다. 사람이 임신을 하면 체내수분의 총량이 4~6ℓ정도 많아지며, 이것의 75%는 세포외간격(extracellular space)에 저류된다(Cheek 등, 1985). 또한, 임신 6~8주 후부터는 혈장량도 증가하는데, 30~34주 후부터는 임신기간의 경과에 비례하여 급속히 증가되고, 이 후부터는 비교적 일정한 수준을 유지하며, 임신기간 동안의 평균 증가율은 45~50%에 이른다(Regan, 1998). 임신기간이 21일인 래트의 혈장량은 임신 6일에 4%가 증가되지만, 12일에는 28%로 증가수준이 매우 높다(Baylis, 1980). 이러한 수분함량과 혈장량의 증가는 프로게스테론과 에스트로겐이 혈장 알도스테론(aldosterone)의 농도를 높게 유지시키고, 이것이 Na^+의 축적을 자극하여 수분의 체외배출을 억제하는데 따른 것이다. 특히, 태아의 부신이

발생되면 황산데히드로에피안드로스테론(dehydroepiandrosterone sulfate [DHEA-SO_4])이 합성되고, 이것이 태반으로 이행되어 에스트로겐으로 전환되는데(제2장 제5절 태반 에스트로겐 항목 참조), 이 에스트로겐은 모체로 이행되어 모체조직의 수분축적량과 혈장량을 증가시킴으로써 태아발달에 적합한 모체의 혈액순환 환경을 조성한다(Longo, 1983).

한편, 임신기에는 적혈구의 총용적도 증가되는데, 사람의 경우 임신 10주 후부터 증가되기 시작하여 임신말기까지 계속 증가된다. 그러나, 적혈구의 신생에 필수적 무기물인 철분의 공급조건에 따라 적혈구 총용적의 증가폭이 달라서, 철분이 충분하지 못하면 18%가 증가되는 반면에, 충분히 공급되면 30%까지 증가된다. 이러한 적혈구의 증가는 산소결핍증에 반응하여 신장에서 합성·분비되는 에리드로포이에틴(erythropoietin)이 적혈구의 신생을 자극하기 때문이다(Fried, 1995). 사람에서는 임신기간에 혈장량이 50%까지 증가되지만, 적혈구의 총용적은 18~30%의 증가에 불과하여 혈장-혈구용적비(hematocrit)가 감소된다. 따라서, 단위혈액당 적혈구의 수가 감소되고, 이에 따라 혈액의 점조도도 감소되기 때문에 태반에서 혈액의 환류(還流)는 원활하지만, 임신 30주경부터는 혈액희석성빈혈(hemodilutional anemia)이 일어난다. 그러나, 면양이나 소와 같은 가축에서는 혈장량의 증가폭이 사람과 같이 크지 않아서 임신기에 혈액희석성빈혈은 일어나지 않는다(Metcalfe, 1988).

(4) 대사작용의 변화 : 임신을 하면 영양소와 에너지의 요구량이 급증하며, 비유기에도 다량의 영양소가 필요하다. 태아는 모체의 혈액에서 이행되는 영양소에 전적으로 의존하여 발달하며, 신생자도 모체에서 분비되는 유즙을 섭취하면서 성장한다. 따라서, 모체의 대사작용은 ① 태아의 발달에 필요한 영양소와 O_2를 충분히 공급하고, ② 출생직후의 신생자에서 생존에 필요한 영양소를 태아의 체내에 축적시키며, ③ 분만후의 비유에 소요되는 영양소를 모체의 체내에 축적시키기 위하여 변경된다. 임신기와 비유기의 모체는 에너지대사는 물론이고, 단백질·지방·무기물 등과 같은 모든 영양소의 대사가 임신과 비유에 적합하도록 신속하게 조정된다.

2. 태　반

포유동물의 개체발생(個體發生, ontogeny)은 임신이라는 생리적 과정을 통하여 모체로부터 영양소를 공급받아 가면서 이루어지는데, 태아와 모체 사이의 물질교환을 매개하는 구조물을 태반(胎盤, placenta)이라 한다. 태반은 태아를 밖에서 싸고 있는 태막과 모체의 자궁내막이 접착되어 형성된다. 형성이 완료된 태반은 해부학적으로 분리되어 있는 태아순환계와 모체순환계간에 물질교환을 영위함으로써 태아에 필요한 모든 물질을 공급하고, 태아에서 생성된 노폐물을 배설한다. 또한, 태반은 여러 종류의 호르몬을 분비하여 임신을 유지시킬 뿐만 아니라, 태반장벽을 구축하여 모체의 견지에서 보면 이식체에 불과한 태아를 모체의 면역학적 거부반응으로부터 보호한다.

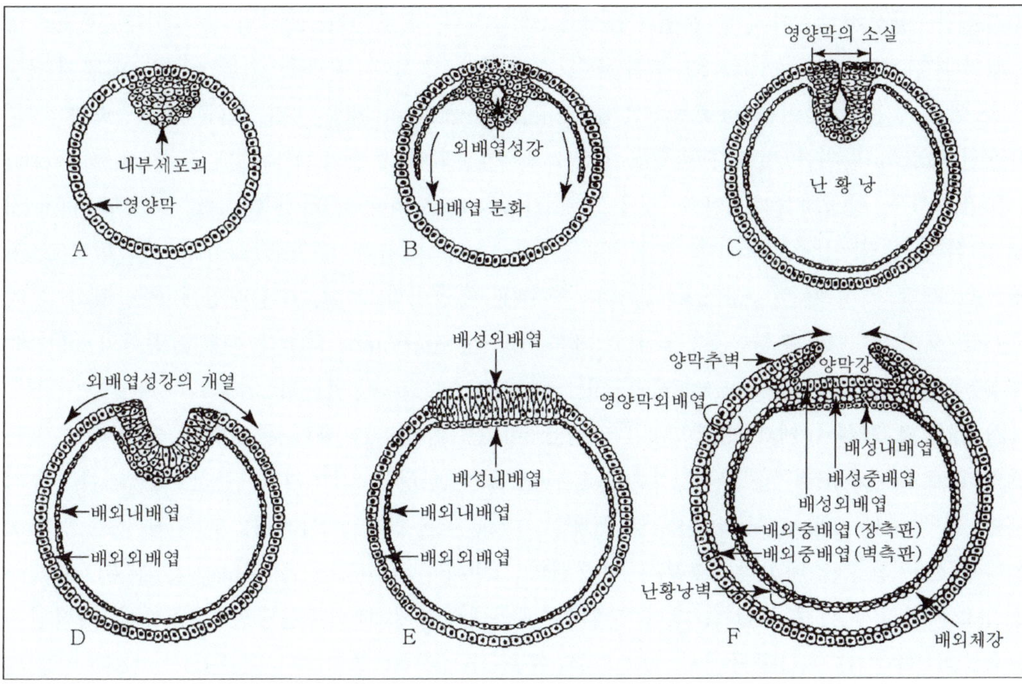

그림 6-2. 장배의 형성과정

1) 태막과 태반의 형성

포유동물의 배반포는 장배로 발달되는 과정에서 배엽의 분화가 일어나 태아로 발달되는 배반(배성배엽)과 태막으로 발달되는 배외배엽이 형성된다. 장배의 배외배엽은 난황낭·요막·양막·융모막 등과 같은 태막으로 발달되고, 이것들의 일부가 태아측태반을 형성한다. 그러나, 태반을 형성하는 태막의 종류는 동물의 종에 따라 다르다.

(1) 장배의 형성 : 내부세포괴와 영양막으로 구성된 배반포는 장배(腸胚, gastrula)로 발달되는 과정에서 배엽(胚葉, blastoderm)의 분화가 일어난다(그림 6-2). 즉, 내부세포괴의 중앙에 외배엽성강(外胚葉性腔, ectodermal cavity)이 형성되고, 이 외배엽성강의 밑부분을 구성하는 내부세포괴에서 세포의 증식이 일어나 영양막의 안쪽을 따라 단층으로 전개되어 새로운 배반포벽이 형성되는데, 이것을 내배엽(內胚葉, endoderm)이라 한다. 이 내배엽으로부터 원장(原腸, primitive gut)이 발생됨으로 이 시기부터의 배를 장배라고 부른다. 내배엽이 분화되면 내부세포괴의 바깥을 피복하는 부위의 영양막이 퇴화·소실되고, 외배엽성강이 개열(開裂)되면서 내부세포괴가 둥근 평판상으로 펴지는데, 이러한 구조물을 배반(胚盤, embryonic disc)이라 한다. 이 때의 배반은 바깥쪽의 두꺼운 외배엽(外胚葉, ectoderm)과 안쪽의 얇은 내배엽으로 구성되어 있음으로 이층성배반(bilaminar embryonic disc)이라 한다. 이층성배반이 형성되면 영양막외배엽은 배반의 외배엽과 연결된다. 한편, 이층성배반의 외배엽을 구성하는 세포의 일부가 내배엽쪽으로 밀려들어와 원시선조(原始線條, primitive streak)를 형성하고, 이것이 분열 · 증식을 반복하여 외배엽과 내배엽의 사이를 차지하는 중배엽(中胚葉, mesoderm)으로 분화된다. 중배엽이 형성된 배반은 외 · 중 · 내 배엽이 3층을 이루고 있음으로 이를 삼층성배반(trilaminar embryonic disc)이라 한다. 삼층성배반의 중배엽은 배반의 범위를 벗어나 바깥쪽으로 더욱 신장되어 두층의 배외중배엽(extraembryonic mesoderm)을 형성하는데, 안쪽 것을 장측판(visceral layer), 바깥쪽 것을 벽측판(parietal layer)이라 한다. 삼층성배반을 구성하는 외 · 중 · 내 배엽은 앞으로 태아로 발달됨으로 이것들을 각각 배성(胚性, embryonic) 외 · 중 · 내 배엽이라 하고, 배성배엽에 연결되어 주머니 모양으로 전개된 부분은 각각 배외(胚外, extraembryonic) 외 · 중 · 내 배엽이라 하는데, 이것들은 배외막(胚外膜, extraembryonic membrane)으로 발달된다.

(2) 태막의 형성 : 태막(胎膜, fetal membrane)은 협의로는 태아를 밖에서 둘러싸고 있는 양막(羊膜, amnion)과 융모막(絨毛膜, chorion)을 지칭하는 것이지만, 광의로는 태아부속기관인 요막(尿膜, allantois)과 난황낭(卵黃囊, yolk sac)을 포함시킨다. 모든 태막은 장배형성과정에서 형성된 배외막으로부터 발생된다(그림 6-3; Geisert & Malayer, 2000). 장배형성과정에서 최초로 분화된 주머니 모양의 배외내배엽에 배외중배엽의 장측판이 배접되어 난황낭이 형성된다. 난황낭에서 배반의 안쪽을 구성하는 부위(배성내배엽)는 장관(腸管)의 발생원기가 되는 원장으로 발달되며, 이어서 태아의 체벽이 발생되면 원장은 태아의 체내로 들어가고, 난황낭의 나머지 부분은 체외에 주머니 모양으로 남게 되는데, 이것은 난황장관(卵黃腸管, vitellointestinal duct)이라고 부르는 좁은 관에 의하여 체내의 장관과 연결된다. 난황낭의 표면을 피복하고 있는 배외중배엽으로부터 발생된 결합조직에서는 혈관과 혈구를 만드는 기능을 가진 혈도(血島, blood island)가 형성되며, 배에서 심장이 발생되면 이것들이 연합하여 난황낭순화계가 완성된다. 포유동물의 난황낭은 발생초기에는 비교적 크지만, 매우 빠른 속도로 퇴화 · 소실된다.

요막은 난황낭의 배성내배엽에서 발생된 원장의 미단(尾端)을 지칭하는 후장(後腸, hind gut)에서 주머니 모양으로 돌출되는 요막융기(尿膜隆起, torus allantoidis)가 부풀어 올라 형성되며, 후장과는 요막관(尿膜管, urachus)으로 연결된다. 요막강(amniotic cavity)에는 발생초기의 태아에서 배설된 오줌이 모아진다. 이와 같이, 요막은 난황낭에서 발생되었음으로 안쪽에 배외내배엽, 바깥쪽에 배외중배엽의 장측판이 위치한다. 가축의 요막은 임신기간의 경과에 비례하여 크게 확장되어 양막과 융모막 사이를 말하는 배외체강(胚外體腔, extraembryonic cavity)의 대부분을 차지한다. 따라서, 요막은 인접한 양막과 융합하여 요막양막(allantoamnion)을 형성하며, 융모막과 융합하여 융모막요막(chorioallantois)을 형성한다. 요막에는 난황낭의 혈도에서 발생된 요막혈관이 분포되어 있으며, 이것은 요막 동 · 정맥(allantoic artery and vein)에 의하여 원장의 혈관과 연결된다. 요막의 말초혈관은 요막 전체에 분포되고, 융모막요막이 형성되면 융모막의 혈관과 문합된다. 요막 동 · 정맥은 요막의 확장과 더불어 길게 신장되어 요막과 융모막의 사이로 뻗어 나가는데, 주위의 배외중배

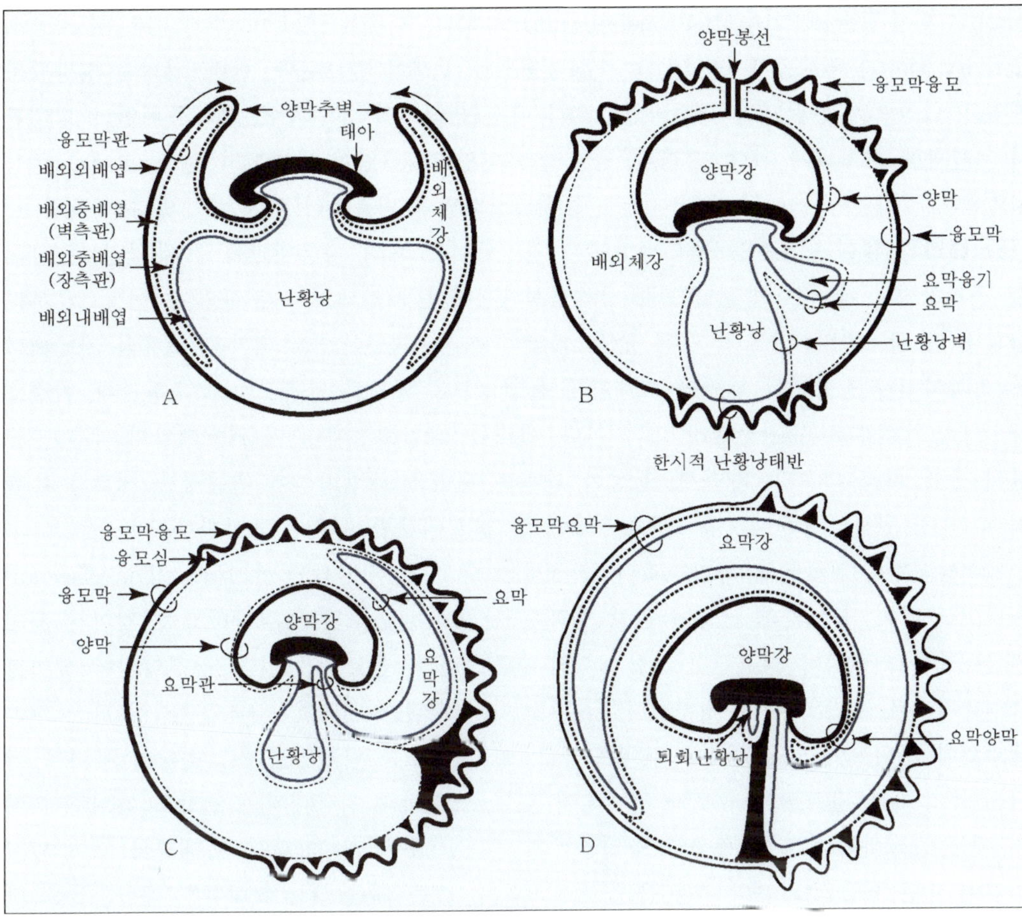

그림 6-3. 태막의 발생과정

엽에서 분화된 결합조직에 피복되어 제(臍) 동·정맥(umbilical artery and vein)이 된다.

양막과 융모막은 같은 발생원기에서 동시에 발생된다. 즉, 배반포의 영양막에서 분화된 배외외배엽의 안쪽에 배외중배엽의 벽측판이 배접되어 형성된 영양막외배엽(trophoectoderm)이 삼층성배반의 주변부에서 융기되어 양막추벽(羊膜皺壁, amniotic fold)을 형성하며, 이것이 점차적으로 위쪽으로 확대되어 정중(正中)에서 연접·융합되는데, 이곳을 양막봉선(羊膜縫線, amniotic raphe)이라 하고, 융합된 부위의 격벽이 소실되어 형성된 강소(腔所)를 양막강(amniotic cavity), 이 강소의 벽을 양막이라 한다. 양막강은 양수로 가득 채워져 있으며, 그 속에 태아가 부유되어 있다. 한편, 영양막외배엽에서 양막이 형성된 나머지의 부분은 융모막으로 발달된다. 융모막의 표면에 밀생된 융모막융모(絨毛膜絨毛, chorionic villi)는 배반포기에서부터 발생되는데, 배반포의 영양막이 왕성하게 증식하여 제1차융모(primary villi)가 형성된다. 이어서 배외중배엽의 벽측판이 안쪽에 밀착되어 융모막판(絨毛膜板, chorionic plate)을 형성하는데, 이 때 중배엽조직은 제1차융모내로 진입하여 융모의 심(芯,

core)을 형성하여 제2차융모(secondary villi)가 되고, 이곳에 혈관이 발생되어 제3차융모(tertiary villi)가 됨으로써 융모막과 융모막융모의 발생이 완료된다. 한편, 양막은 영양막외배엽이 위쪽으로 반전되어 형성되었기 때문에 배외외배엽이 안쪽에, 배외중배엽의 벽측판이 바깥쪽에 위치하게 된다. 그러나, 융모막은 영양막외배엽이 반전되지 않고, 그대로 형성되었음으로 바깥쪽에 배외외배엽, 안쪽에 배외중배엽의 벽측판이 위치하고 있다.

(3) 태반의 형성 : 포유동물의 배반포는 영양막이 모체의 자궁내막에 접착(착상)된 상태를 유지하면서 장배로 발달되는데, 장배형성과정에서 배외배엽이 분화되고, 이것으로부터 난황낭 · 요막 · 양막 · 융모막 등과 같은 태막이 형성된다. 이러한 태막은 모체의 자궁내막과 연접되거나 융합되어 태아와 모체간에 물질교환을 영위하는 통로를 구축하는데, 이것을 태반형성(胎盤形成, placentation)이라 한다. 그러나, 태반형성에 관여하는 태막의 종류는 동물의 종에 따라 다르다. 따라서, 형성이 완료된 태반은 태반형성에 관여하는 태막의 종류에 따라 ① 난황낭태반, ② 융모막요막태반, ③ 융모막태반 등으로 구분한다.

난황낭태반(卵黃囊胎盤, yolk sac placenta)은 융모막난황낭태반(choriovitelline placenta)이라고도 하며, 융모막의 안쪽에 넓게 전개된 난황낭이 융모막과 결합하고, 이것이 모체의 자궁내막에 연접되어 형성된다(그림 6-3의 B). 그러나, 융모막은 융모가 결여되어 있어서 조직학적으로 보면 표면이 평활한 장막(漿膜)에 속한다. 이 태반은 융모막의 상피가 자궁내막면에 분비되어 있는 영양소를 흡수하고, 이 영양소는 난황낭순환을 통하여 태아로 전달된다. 그러나, 융모막에 융모가 결여되어 있고, 융모막과 자궁내막의 결합도 긴밀하지 않기 때문에 태아의 발달에 충분한 영양공급을 기대할 수 없다. 따라서, 유대류와 같이 임신기간이 짧은 동물(캥거루의 경우 39일)에서 볼 수 있는 태반이다. 유대류는 태아가 미숙한 상태로 분만되며, 분만된 새끼는 육아낭(育兒囊, marsupium)내에서 포유하면서 성장한다. 한편, 가축에서도 발생초기에는 난황낭의 크기가 매우 크고, 혈관의 분포도 풍부하다. 이러한 난황낭이 요막이 발달되기 전까지는 융모막과 연접되어 한시적인 난황낭태반을 형성한다. 그러나, 요막이 발달되면 난황낭은 퇴축된다(그림 6-3 C와 D).

융모막요막태반(絨毛膜尿膜胎盤, chorioallantoic placenta)은 양막과 융모막사이의 공간을 말하는 배외체강(extraembryonic coelom) 속으로 요막이 발달한 다음, 융모막과 결합하여 융모막요막이 되고(그림 6-3의 D), 이것이 모체의 자궁내막과 결합하여 형성된 태반이다. 태아와 연결된 요막동맥은 분지를 거듭하여 요막 전체에 분포되고, 이것이 융모막판의 혈관과 문합되어 태반의 말초혈관계를 구성한다. 말초혈관계를 흐른 혈액은 요막정맥을 통하여 태아로 환수된다. 요막동맥과 요막정맥은 요막의 확장과 더불어 함께 신장되어 융모막판에 직접 도달된 다음, 주위의 배외중배엽에서 분화된 태생결합조직속에 매몰되어 제동맥과 제정맥으로 발달됨으로써 태반의 태아측 혈액순환계가 완성된다. 모든 가축을 포함하는 진수류(眞獸類)의 태반은 거의 모두가 여기에 속한다. 융모막요막태반은 융모막의 표면에 무수하게 많은 융모가 돌출되어 있기 때문에 자궁내막과의 접착면적이 극대화되어 모체와

표 6-2. 융모막요막태반의 분류

자궁내막과 융모막융모의 접착정도	융모막융모의 분포양식	태반장벽의 구조	동 물 종
무탈락막태반	산재성태반	상피융모성태반	반추류를 제외한 우제목(偶蹄目;돼지 등) 기제목(奇蹄目; 마과동물)
	궁부성태반	합포체상피융모성태반	돼지과와 낙타과를 제외한 우제목 (소·면양·산양 등의 반추류)
탈락막태반	대상태반	내피융모성태반	육식목(肉食目; 개·고양이 등)
	원반상태반	혈액융모성태반	영장목(靈長目; 사람·원숭이 등) 설치목(齧齒目; 래트·마우스 등)

태아간에 효과적으로 물질교환을 영위할 수 있다.

융모막요막태반을 형성하는 동물중에서 영장류와 설치류는 태반이 형성된 후에 임신기간의 진행에 비례하여 요막이 급속하게 퇴행된다. 따라서, 융모막만이 모체의 자궁내막과 접착된 형태의 태반이 되는데, 이러한 태반을 융모막태반(絨毛膜胎盤, chorionic placenta) 또는 융모막융모태반(chorionic villus placenta)이라고 한다. 융모막태반에서 요막은 퇴행되지만, 요막동맥과 요막정맥은 계속 발달하여 각각 제동맥과 제정맥이 된다.

2) 태반의 분류

융모막요막태반을 형성하는 포유동물의 태반은 ① 융모막융모와 자궁내막의 접착정도, ② 융모막융모의 분포범위와 분포윤곽의 형태학적 특징, ③ 모체순환계와 태아순환계 사이에 형성되는 태반장벽의 특징 등에 따라 분류한다(표 6-2; Jainudeen & Hafez, 2000).

(1) 자궁내막과 융모막의 접착정도에 따른 분류 : 융모막요막태반을 형성하는 동물은 융모막융모의 상피가 자궁내막을 파괴하면서 깊숙이 침습하여 견고하게 접착하는 동물과 융모막융모의 상피와 자궁내막의 상피가 손상되지 않으면서 서로 맞대어 접착하는 동물로 구분된다. 영장류·설치류·육식류 등에서는 배반포의 착상과정에서부터 영양막이 증식하여 합포체영양막층(合胞體營養膜層, syncytiotrophoblastic zone)을 형성하는데, 이것은 융모막에서 융모가 발생되면 융모의 상피가 된다. 융모막융모의 합포체영양막층은 모체의 자궁내막을 용해·파괴하면서 점막고유층까지 진입된 다음에 접착된다(그림 5-17 참조). 따라서, 태아와 모체간의 결합이 한층 긴밀하여 효과적으로 물질교환을 할 수 있다. 합포체영양막층과 접착된 자궁내막의 고유층에서는 태반과 자궁조직의 경계를 이루는 막(膜)이 형성되는데, 분만시에는 이 막으로부터 태반태아부를 비롯한 모든 태반조직이 박리(剝離)되어 배출된다. 따라서, 이 막을 탈락막(脫落膜, decidua)이라 하고, 탈락막이 형성되는 태반을 탈락막태반(deciduate placenta) 또는 진태반(眞胎盤, veracious placenta)이라고 한다. 그러나, 일반가축을 포함하는 유제류의 융모막요막태반에서는 융모막융모의 상피가 자궁내막을 침습하지 않으면서 자궁내막 함몰부의 상피와 서로 연접될 뿐이기 때문에 탈락막은

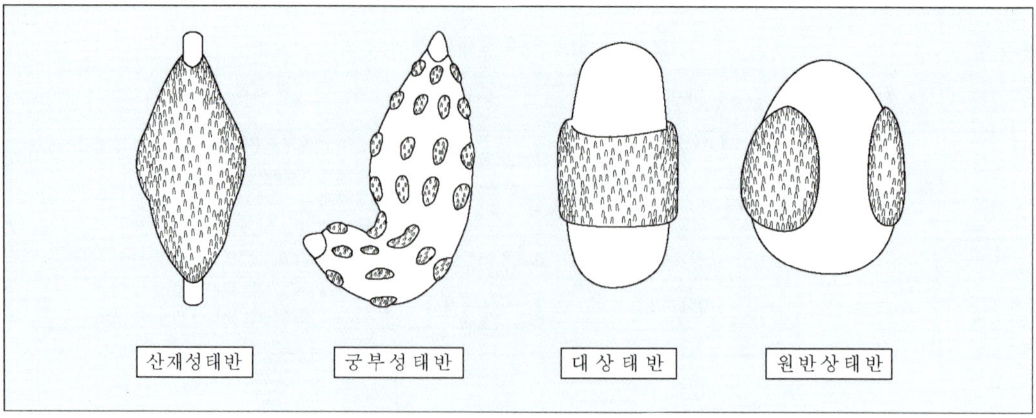

그림 6-4. 융모의 분포범위와 모양에 따른 태반의 분류

형성되지 않는다. 따라서, 분만시에는 융모막융모가 자궁내막의 함몰부에서 쉽게 빠져 분리됨으로 자궁내막은 거의 손상되지 않는다. 이와 같이, 탈락막이 형성되지 않는 태반을 무탈락막태반(adeciduate placenta) 또는 반태반(半胎盤, semiplacenta)이라고 한다.

(2) 융모막융모의 분포상태에 따른 분류 : 태반형성과정의 초기에는 융모막의 전체표면에서 융모막융모가 돌출되지만, 태반형성과정의 진행과 더불어 융모막 표면의 일부에서 융모막융모가 소실되는 동물종도 많다. 따라서, 자궁내막과 결합하여 태반을 형성하는 융모막융모가 융모막에 분포되는 범위와 모양이 동물의 종에 따라 다르다. 태반을 형성하는 융모막융모가 융모막에 분포된 상태에 따라 태반을 ① 산재성태반, ② 궁부성태반, ③ 대상태반, ④ 원반상태반 등으로 분류한다(그림 6-4; Lee, 2002).

산재성태반(散在性胎盤, diffuse placenta)은 말・당나귀 등과 같은 마과동물과 돼지에서 볼 수 있는 태반의 형태로서, 융모막융모가 융모막의 전체표면에 걸쳐 불규칙하게 산재되어 있어서 융모막융모와 자궁내막이 연접되는 면적이 매우 넓다. 그러나, 돼지의 경우 융모막의 양쪽 끝부분은 그 밑으로 요막이 도달되어 있지 않고, 융모막융모도 형성되지 않는다. 이러한 태반을 불완전 산재성태반이라 한다. 산재성태반은 융모막융모가 자궁내막에 접착되어 태반을 형성할 때 탈락막이 형성되지 않으며, 단지 융모막융모의 상피와 자궁내막의 상피가 연접될 뿐이다(그림 5-15 참조). 따라서, 분만시에는 태반태아부가 쉽게 박리되어 자궁내막에 손상을 적게 주기 때문에 출혈은 거의 일어나지 않는다.

궁부성태반(宮阜性胎盤, cotyledonary placenta)은 융모막융모가 융모막의 곳곳에서 총모상(叢毛狀)으로 밀집되고, 이것들이 자궁내막의 표면에 원반상으로 돌출된 자궁소구(子宮小丘, caruncle)와 접착되는 형태의 태반으로서, 소・면양・산양・사슴 등과 같은 반추동물의 태반이 여기에 속한다. 융모막융모가 총모상으로 밀집된 것을 궁부(宮阜, cotyledon) 또는 융모총이라 하고, 하나의 궁부와 하나의 자궁소구가 결합된 것을 태반분엽(胎盤分葉, placentome)이라 한다. 반추동물의 자궁내막에는 다수(소; 80～120개)의 자궁소구가 있음으로 많은 수의 태반분엽이 형성되며, 태반분엽 전체를 태반이라 한다. 궁부성태반의 형성초기에는 융모막에 융모막융모가 산재성으로 발생되지만, 점차적으로 자궁소구와 접촉되는 부위의 융모막융모만이 총모상으로 발달된다. 자궁소구는 해면조직처럼 되어 있어서 음와(陰窩, crypt)가 많고, 이곳으로 궁부가 침입하여 융모막융모의 상피와 자궁내막의 상피가 연접되기 때문에 탈락막은 형성되지 않는다.

대상태반(帶狀胎盤, zonary placenta)은 개나 고양이와 같은 육식류의 태반형태로서, 융모막의 중앙부위에서 만이 띠모양(帶狀)으로 융모막융모가 발달되고, 이 부위의 융모와 자궁내막이 긴밀하게 접착하여 형성된다. 원반상태반(圓盤狀胎盤, discoid placenta)은 설치류와 영장류에서 볼 수 있는 태반으로서, 태반형성의 초기에는 융모막융모가 융모막의 전체 표면에서 발생되지만, 그 후에는 융모막의 일부에서만 원반상으로 융모막융모가 남게 되는데, 이러한 융모막유모부(絨毛膜有毛部, chorion frondosum)와 모체의 자궁내막이 긴밀하게 결합하여 태반을 형성한다. 그러나, 원반모양을 나타내는 융모막유모부의 수는 동물의 종에 따라 달라서 사람과 설치류는 1개이지만, 원숭이와 토끼는 2개이다. 대상태반과 원반상태반은 융모막융모의 상피세포가 분열·증식하여 형성된 합포체영양막이 자궁내막을 침습하면서 자궁내막의 모세혈관을 둘러싸며, 자궁내막고유층에서 탈락막이 형성된다.

(3) 태반장벽의 구조에 따른 분류 : 임신중의 태아는 모체의 혈액으로부터 각종 영양소를 공급받지만, 모체와 태아의 혈액순환계는 각각이 독립적으로 운영되는데, 태아순환계와 모체순환계 사이에서 양측의 순환혈액을 격리시키는 조직층을 태반장벽(胎盤障壁, placental barrier)이라 한다. 태반장벽을 구성하는 조직층은 동물의 종에 따라 서로 다르기 때문에 이에 기초하여 태반을 ① 상피융모성태반, ② 합포체상피융모성태반, ③ 내피융모성태반, ④ 혈액융모성태반 등으로 분류한다. 이러한 태반의 명칭에서 앞에 기술된 용어는 모체측, 뒤에 기술된 용어는 태아측의 조직을 나타낸다. 예를 들면, 상피융모성태반은 모체측의 자궁내막상피와 태아측의 융모막융모가 접착되어 형성된 태반이라는 것을 의미한다.

상피융모성태반(上皮絨毛性胎盤, epitheliochorial placenta)은 모체측 자궁내막의 함몰부로 태아측의 융모막융모가 들어와 연접된 형태의 태반으로서, 돼지와 말의 태반이 여기에 속한다. 따라서, 단층의 영양막세포로 구성된 융모막융모의 상피가 자궁내막의 상피와 서로 맞대고 있다(그림 5-15 참조). 그러나, 융모막융모의 선단부는 현저하게 얇아지고, 모세혈관도 상피의 바로 아래에 위치하게 되며, 모체측 자궁내막상피의 구조와 모세혈관의 배치형태도 융모막융모에서와 같다. 이러한 구조는 태아측과 모체측의 혈관이 현저하게 접근할 수 있기 때문에 모체의 혈액에 함유된 혈액영양소를 효과적으로 태아로 전달할 수 있다. 이와 같이, 상피융모성태반은 자궁내막과 융모막융모 모두가 완전한 조직층을 갖추고 있음으로 영양소가 모체측에서 태아측으로 전달되려면, 모체측에서는 자궁내막에 분포된 모세혈관내피(모세혈관은 내피로만 되어 있음)→자궁내막의 결합조직→자궁내막상피를, 태아측에서는 융모상피→융모의 결합조직→융모모세혈관내피를(모두 6층) 차례로 통과하여야 한다. 따라서, 영양소의 통과효율은 다른 형태의 태반에 비하여 떨어지지만, 태반의 총 면적이 현저하게 넓어서 태아의 발달을 위한 영양소의 이동에는 지장이 없다.

한편, 소 · 면양 · 산양 등과 같은 반추동물에서는 융모막융모의 상피세포(단핵세포)가 분열 · 증식한 다음, 2개씩 결합하여 형성된 거대이핵영양막세포가 자궁내막의 상피세포와 합포체(合胞體, syncytium)를 형성함으로써 자궁내막과 융모막융모의 결합이 이루어진다(그림 5-15 참조). 이러한 태반결합을 태아 및 모체측의 상피가 단순히 연접되는 형태의 태반인 상피융모성태반과 구분하기 위하여 합포체상피융모성태반(合胞體上皮絨毛性胎盤, synepitheliochorial placenta)이라 하고, 영문으로도 합포체를 의미하는 'syn'을 앞에 붙인다(Wooding & Flint, 1994). 그러나, 과거에는 자궁내막의 상피가 제거되는 것으로 판단하여 결합조직융모성태반(syndesmochorial placenta)이라고 하였다.

내피융모성태반(內皮絨毛性胎盤, endotheliochorial placenta)은 개나 고양이와 같은 육식류에서 보이는 형태의 태반으로서, 융모막융모의 상피를 구성하는 단층의 영양막세포가 분열 · 증식된 다음, 세포융합이 일어나 합포체영양막층을 형성하고, 이것이 자궁내막을 파괴하면서 침입하여 자궁내막의 고유층에 있는 모세혈관을 둘러 싸면서 결합하여 형성된다(제5장 제3절 배의 자궁내막내 침투 항목 참조). 따라서, 모체의 자궁내막혈관은 합포체영양막층속에 위치하면서 태반미로부(胎盤迷路部, placental labyrinth)를 형성한다. 완성된 태반은 모체혈관과 태아측 혈관이 영양막세포층을 사이에 두고 연접하는 형태를 나타낸다.

혈액융모성태반(血液絨毛性胎盤, hemochorial placenta)은 사람이나 원숭이 같은 영장류에서 볼 수 있는 형태의 태반이다. 형성초기에는 내피융모성태반과 같이 합포체영양막층이 모체의 혈관을 둘러 싸지만, 이어서 모체의 혈관내피까지도 파괴하여 합포체영양막층내에 모체의 혈액이 저류되는 합포체영양막소와(合胞體營養膜小窩, trophoblastic lacuna)가 형성된다. 이 태반은 모체의 혈액이 태아측의 합포체영양막과 직접 접촉됨으로 혈액영양소가 태아측으로 매우 효과적으로 전달된다.

3) 태반의 혈액순환

태반의 혈액순환은 모체측순환과 태아측순환이 각각 독립적으로 유지되며, 따라서 모체혈액과 태아혈액이 혼합되지는 않는다. 태반모체부를 흐르는 모체측순환은 혈액이 자궁동맥을 통하여 공급되고, 자궁정맥을 통하여 환수된다. 태아측순환에서는 제동맥이 혈액을 태반태아부로 운반하고, 제정맥이 태아로 혈액을 되돌려 준다. 제동맥을 통하여 태아로부터 태반으로 운반되는 혈액은 태아에서 생성된 노폐물이 함유되어 있음으로 정맥혈이고, 제정맥을 흐르는 혈액은 태반에서 물질교환이 완료된 혈액임으로 동맥혈이다. 태반순환계는 모체와 태아간의 물질교환을 원활하게 하기 위하여 모체의 자궁동맥측 혈관(영양공급측)과 태아의 제정맥측 혈관(영양 수급측)이 긴밀하게 밀착된 구조를 나타낸다. 그러나, 미세구조적인 혈관의 배치상태와 각종 물질이 통과하여야 할 태반장벽의 층수 및 두께는 동물종에 따른 태반의 형태에 따라 다르다(태반의 분류 항목 참조).

한편, 태반에서 물질교환을 영위하기 위하여 모체측과 태아측 각각의 모세혈관을 흐르는 혈류의 방향을 보면, 동물의 종에 따라 양측 혈류 상호간이 역류(逆流, countercurrent), 병류(竝流, concurrent) 및 횡류(橫流, crosscurrent)를 하거나, 모체측 혈액이 저류하는 공간(합포체영양막소와; 그림 5-17 참조)에 태아측 모세혈관이 직접 닿는 방식(pool flow)이 있다. 면양의 태반에서는 횡류를 하거나, 횡류와 역류를 함께 하며, 말의 경우는 역류를 하고, 혈액융모성태반을 형성하는 동물(영장류)에서는 태아측 모세혈관이 모체측의 혈액과 직접 접촉된다.

4) 태반의 기능

태반은 태아의 성장・발달과 생존에 필요한 각종 영양소를 모체로부터 흡수하고, 대사의 결과로 생성된 노폐물을 모체로 전달하는 역할을 한다. 따라서, 태반은 태아의 위장관・폐・간장・신장・내분비선 등의 기능을 대신한다고 볼 수 있다. 태반에서의 물질교환은 단순확산(simple diffusion)・촉진적 확산(facilitated diffusion)・능동수송(active transport)・세포흡수작용(pinocytosis) 등의 기전을 통하여 이루어진다. 이들 기전은 교환되는 물질들의 화학구조적 특성에 따라 적절하게 발동된다(Broughton-Pipken & Stephensen, 1994). 물질교환에 필요한 에너지는 태반 자체에서 영위되는 해당과정(glycolysis)・크렙스회로(TCA cycle)・오탄당-인산염회로(pentose-phosphate pathway) 등과 같은 대사과정을 통하여 얻게 된다. 또한, 태반은 모체와 태아를 격리시켜 모체의 신제적 변화와는 관계가 없이 태아가 독립적으로 발달되도록 하고, 각종 호르몬도 합성하며, 모체의 면역계로부터 태아를 보호하는 기능도 수행한다.

(1) 가스의 교환 : 태아의 전신을 순환한 다음, 제동맥을 통하여 태반태아부로 운반된 혈액(정맥혈)은 O_2의 분압이 낮고, CO_2의 분압이 높다. 이러한 혈액은 태반모체부를 순환하는 O_2의 분압이 높고, CO_2의 분압이 낮은 혈액(동맥혈)과 가스를 교환한 다음, 제정맥을 통하여 태아로 환수된다. 따라서, 태아로 환수되는 제정맥혈은 모체순환계로부터 O_2를 흡수하고, CO_2를 모체순환계로 배출한 혈액이다. 이와 같은 O_2와 CO_2의 이동은 가스 분압의 차이(농도차)에 의존적으로 발현되는 단순확산으로 이루어진다. 그러나, 태반에서의 O_2와 CO_2의 교환은 ① 가스와 헤모글로빈(hemoglobin)의 상호관계, ② 모체(자궁)순환계와 태아(제)순환계 각각을 흐르는 혈류의 속도(혈액량), ③ 모체 및 태아 순환계의 기하학적 상호관계(혈류의 방향), ④ 각각의 가스가 다른 가스의 헤모글로빈과의 반응에 미치는 영향 등과 같은 복합적 요인에 따라 크게 영향을 받는다(Longo 등, 1974).

태반을 통과하여 모체순환계에서 태아순환계로 이동되는 O_2의 양은 확산표면적이나 태반장벽의 두께 보다는 양측 순환계의 혈액이 가지는 헤모글로빈의 함량과 O_2에 대한 친화성, 그리고 양측 순화계의 혈류량과 기하학적 상호관계가 훨씬 크게 영향을 미친다(Morris,

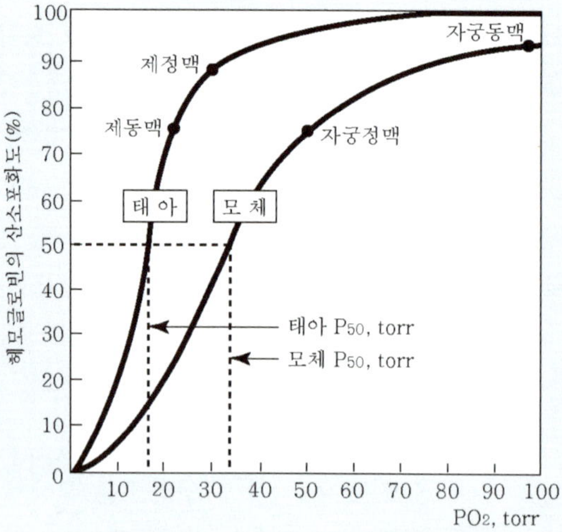

그림 6-5. 면양에서 모체측과 태아측 헤모글로빈의 산소해리곡선

Jr. 등, 1988). 거의 모든 동물종에서 태아측 혈액의 산소해리곡선(酸素解離曲線, oxygen dissociation curve)은 모체측의 그것에 비하여 좌측에 위치한다. 면양의 산소해리곡선을 보면, 헤모글로빈의 50%가 포화되는 O_2의 분압(P_{50}, torr)이 태아측은 17torr(torr는 대기압의 1/760에 해당하는 압력)인 반면에, 모체측은 34torr이다(그림 6-5). 이와 같이, 태아측 헤모글로빈이 O_2에 대한 친화도가 높기 때문에 같은 O_2의 분압에서는 태아의 혈액이 모체의 혈액에 비하여 많은 O_2를 함유할 수 있다. 그러나, 모체측과 태아측 사이에서 나타나는 P_{50}, torr의 차이는 동물의 종에 따라 달라서(표 6-3), 태아측 혈액의 O_2에 대한 친화도도 동물의 종에 따라 다르다. 특히, 고양이는 모체측과 태아측 혈액의 P_{50}, torr가 같기 때문에 같은 O_2의 분압에서는 동일한 양의 O_2를 함유하게 됨으로 O_2의 이동은 양측 혈액에서 나타나는 O_2분압의 차이에만 의존한다. 또한, 모체측에서 태아측으로 이동되는 O_2의 양은 모체의 자궁을 흐르는 혈류량에 비례하며(Wilkening & Meschia, 1983), 모체측과 태아측 태반의 모세혈관을 흐르는 혈류의 방향에 따라서도 O_2의 교환효율에 차이가 있는데, 역류형이 가장 높고, 병류형이 가장 낮다(Jainudeen & Hafez, 1987).

한편, 면양의 태아에서 1몰(mole)의 O_2가 대사되면 대사산물로서 0.94몰의 CO_2가 생산되는데, 이것은 태반을 통하여 모체의 혈액으로 이행된다(Morriss, Jr. 등, 1988). 그러나, 태반에서의 CO_2 이동은 O_2의 이동에 비하여 복잡하다. 그 이유는 태아 및 모체의 혈액으로 들어온 CO_2의 대부분이 적혈구내로 이동된 다음, 탄산탈수소효소(carbonic anhydrase)의 작용으로 수분과 결합하여 탄산(carbonic acid; $CO_2+H_2O \rightarrow H_2CO_3$)이 되고, 이것이 곧바로 중탄산염이온($HCO_3^-$)과 수소이온($H^+$)으로 해리($H_2CO_3 \rightarrow HCO_3^- + H^+$)되어 평형을 이루기 때문이다. HCO_3^-이온은 혈장의 Cl^-이온과 교환되어 혈장내로 쉽게 이동된다. 따라서, CO_2는

표 6-3. 모체측과 태아측 혈액에서 O_2의 절반포화 분압(P_{50}, torr)

동 물 종	모체측분압	태아측분압	차 이	동 물 종	모체측분압	태아측분압	차 이
소	31	22	9	라 마	21	18	3
산 양	30	19	11	낙 타	20	17	3
면 양	34	17	17	코끼리	24	21	3
돼 지	33	22	11	비 비	31	25	6
개	28	22	6	물 개	29	21	8
고양이	36	36	0	귀니아피그	30	19	11
토 끼	31	27	4	짧은꼬리 원숭이	32	19	13
래 트	38	28	10	사 람	26	22	4

혈액에 용해된 상태 뿐만 아니라, HCO_3^-이온의 상태로도 태반을 통과하여 태아의 혈액으로부터 모체의 혈액으로 이동된다. HCO_3^-이온을 형성하는 탄산탈수소효소의 활성은 태아의 적혈구에 비하여 모체의 적혈구에서 높다. 따라서, 모체혈액이 태아혈액에 비하여 CO_2의 운반능이 크다. 한편, 태반장벽은 CO_2의 확산능이 매우 크기 때문에 양측 혈액간에 나타나는 CO_2분압(PCO_2)의 차이가 5torr 이하인 상태에서도 쉽게 태아혈액에서 모체혈액으로 이동된다. 실제로, 임신말기의 면양에서 태아혈액의 PCO_2는 43torr인데 대하여 모체의 그것은 38torr를 나타내어 그 차이가 5torr에 불과하다(Itskovitz 등, 1983).

(2) 영양소의 교환 : 태반은 태아의 성장・발달에 기질(基質)로 이용되는 당류・아미노산류・비타민류・무기물류 등이 모체로부터 태아로 수송되는 것을 허용한다. 각종 영양소의 태반이동은 모체측에서 태아측으로, 또는 반대의 방향으로 영위되는 정미유출(正味流出, net flux)에 기초를 두고 있다(그림 6-6; Broughton-Pipkin & Stephensen, 1994). 정미유출은 양측 혈액에서의 농도차에 의한 확산, 또는 한쪽 방향으로 수송되는 담체-매개운반(擔體-媒介運搬, carrier-mediated transport)에 의존하여 이루어진다(Schneider, 1991).

수분의 이동에 대하여는 태반이 장벽(barrier)으로 작동하지 못함으로 단순확산을 통하여 자유롭게 이동된다. 수분의 확산은 원형질막을 관통하는 경(經)세포운반(transcellular transport)이나 세포와 세포의 사이를 통과하는 측(側)세포운반(paracellular transport)을 통하여 이루어진다(Jainudeen & Hafez, 2000). 한편, 태아와 태반의 단위 조직중량당 수분의 함량은 임신기간의 경과에 비례하여 감소되지만, 모체의 조직에 비하여는 월등히 높다. 따라서, 태반에서의 수분이동은 모체측에서 태아측으로의 일방향(unidirection) 이동이 대부분이고, 양방향(bidirection) 이동은 극히 제한적이다. 또한, 모체의 혈장과 양막 사이에서도 양방향의 수분이동이 일어나 양수를 축적시키지만, 이동량은 모체혈액과 태아 사이에서 일어나는 이동량의 1/10 정도에 불과하다(Morriss, Jr. 등, 1988). 양수와 태아 사이에서도 수분과 전해질의 균형을 유지하기 위하여 수분교환이 일어난다. 임신초기는 태아의 피부를 통하여

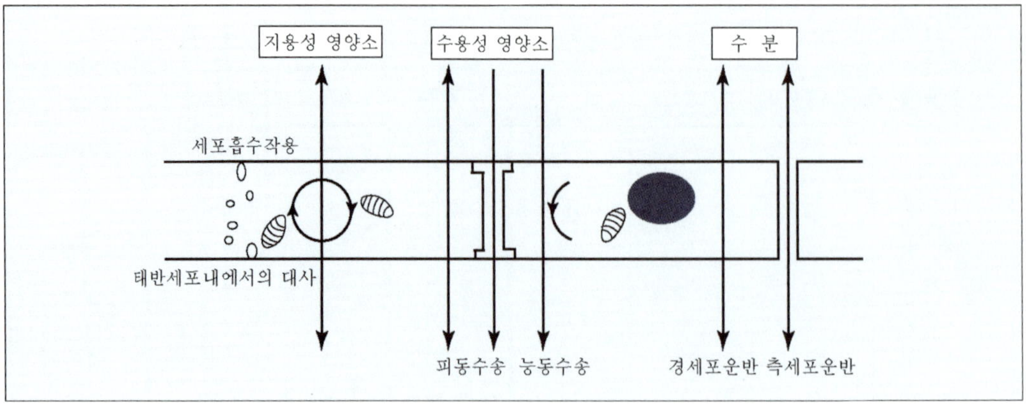

그림 6-6. 정미유출에 기초한 영양소의 태반수송

수분이 교환되고(Canning & Boyd, 1984), 소화관의 발생이 완료된 태아에서는 삼킨 양수에 함유된 수분을 소화관을 통하여 흡수하고, 여분의 수분은 신계(腎系)의 작용에 의하여 오줌의 상태로 양수중으로 배출된다(Tomoda 등, 1985).

전해질은 단순확산과 용매항력(溶媒抗力, solvent drag)에 의존하여 태반을 자유로이 통과할 수 있는데, 주로 세포와 세포의 사이를 통과하는 측세포경로를 통하여 이동된다. 그러나, Ca · P · I 등과 같은 무기물은 농도구배(濃度勾配, concentration gradient)에 거슬려가면서 모체순환계에서 태아순환계로 담체매개 능동수송에 의존하여 일방향으로 수송된다(Stulc & Stulcová, 1984). 따라서, 이들 무기물은 태아측의 농도가 모체측의 농도에 비하여 높다. 그러나, Fe는 다른 무기물의 수송과는 달리 매우 특징적인 기전을 통하여 태아측으로 운반된다. 즉, Fe는 담체단백질(carrier protein)과 결합된 상태로 태반까지 운반되고, 이어서 담체단백질과 분리된 다음, 세포흡수작용으로 태아측에 흡수된다. Fe의 담체단백질은 동물의 종에 따라 달라서, 말과 돼지는 자궁선의 분비물에 함유된 우테로페린(uteroferrin)이고, 소 · 면양 · 개 · 고양이 등은 모체 적혈구의 헤모글로빈이 붕괴되어 형성된 페리틴(ferritin)이며, 사람은 혈장단백질의 일종인 트랜스페린(transferrin)이다. 따라서, 대부분의 동물종 태아는 모체의 혈액에서 Fe를 흡수하지만, 말과 돼지의 태아는 자궁선의 분비물로부터 Fe를 흡수한다.

글루코오스는 태아에서 대사기질로 이용되는데, 혈관내피세포나 영양막세포의 원형질막에 위치하는 글루코오스 운반체(glucose transporter)의 작용으로 영위되는 촉직적 확산에 의하여 수송된다(그림 2-2 참조). 그러나, 태아는 대사작용이 활발하지 않음으로 혈액중의 글루코오스 수준이 모체의 그것에 비하여 현저히 낮다. 예를 들면, 면양의 경우 태아의 혈장 글루코오스 수준은 모체의 25%에 불과하며, 소에서는 이 보다 약간 높고, 말의 경우는 모체 수준의 약 60% 정도이다(Jainudeen & Hafez, 1987). 한편, 반추동물에서는 태반에서 글루코오스를 원료로 사용하여 합성된 플럭토오스가 태아의 혈액에 함유된 주 당류인데,

그 양은 총 당류의 70～80%를 차지한다.

콜레스테롤·인지질·중성지방 등은 태반을 거의 통과하지 못한다. 그러나, 유리지방산은 소량이 단순확산에 의하여 태반을 통과하지만, 예외적으로 면양이나 돼지와 같은 동물에서는 태반을 통과하지 못한다. 말에서는 모체혈액과 태아혈액에 함유된 유리지방산의 농도차에 비례하여 이동된다(Jainudeen & Hafez, 2000).

단백질은 기본적으로 태반을 통과하지 못하며, 태반으로 유입된 단백질은 영양막세포에서 아미노산으로 분해된 다음에 태아로 수송된다(Hinoki, 1999). 아미노산은 농도구배에 역(逆)으로 능동수송됨으로 태아 혈장중의 농도가 모체의 그것에 비하여 높다. 면역글로불린(immunoglobulin)은 혈액융모성태반을 형성하는 영장류(사람·원숭이 등)에서는 태반을 통과하지만, 상피융모성태반을 형성하는 가축에서는 태반을 통과하지 못한다. 비타민 가운데 지용성비타민(A·D·E)은 태반을 통과하기가 어려우며, 수용성비타민(B·C)은 지용성비타민에 비하여 쉽게 태반장벽을 통과한다.

(3) 호르몬의 분비 : 태반은 임신기간에만 호르몬을 분비하여 임신의 유지와 태아의 발달을 조절하는 한시적 내분비선이다. 태반에서는 스테로이드호르몬으로서 프로게스테론과 에스트로겐을 분비한다. 또한, 동물종에 따른 임신생리학적 특성에 따라 융모성성선자극호르몬(CG)·임마융모성성선자극호르몬(eCG; PMSG)·태반성락토겐(PL), 그리고 호르몬의 활성을 나타내는 다양한 펩티드 등이 합성·분비된다(제2장 제5절 태반호르몬 항목 참조).

5) 태반에 의한 태아의 면역회피

태아의 유전자형은 부모 양측의 유전자에 의하여 결정되기 때문에 모체의 유전자형과는 다르게 마련임으로 태아를 모체측에서 보면 같은 종(種)내에서 다른 개체의 조직을 이식한 것과 같은 동종이식체(同種移植體, allograft)에 불과하다. 따라서, 태아는 모체의 면역계에 대하여 거부반응을 유발하는 자극을 주게 되어 있는데도 불구하고, 모체는 분만할 때까지 면역학적 거부반응을 보이지 않으면서 태아가 정상적으로 발달되는 것을 허용한다. 이와 같이, 태아와 태반이 모체의 면역기능을 회피하면서 거부되지 않는 원인을 ① 태아 항원의 미숙성, ② 모체 면역기능의 저하, ③ 자궁의 면역학적 특이성, ④ 태반에 의한 해부학적 면역장벽의 구축 등으로 설명하여 왔다. 최근에는 이러한 원인들 외에 자궁에서 국소적으로 면역학적 관용성이 획득되어 태아에 대한 거부반응이 제어되는 것으로 밝혀지고 있다. 면역학적 관용성을 획득하는 기전으로는 ① 영양막세포가 가지고 있는 주 조직적합성 유전자 복합체의 특이성, ② 보체조절단백질의 존재, ③ 태반과 자궁내막에서 면역조절인자의 합성, ④ 자궁내막에 존재하는 면역담당세포의 특징 등이 제시되고 있다.

(1) 주 조직적합성 유전자 복합체 : 주 조직적합성 유전자 복합체(主組織適合性遺傳子複合體, major histocompatibility complex [MHC])는 MHC-항원(抗原, antigen)의 합성을 지배하는 유전자이다. MHC-항원은 적혈구를 제외한 대부분의 조직세포에 존재하는 제1급

항원(class-1 antigen)과 림프조직과 같은 제한된 조직에서만 나타나는 제2급항원(class-2 antigen)으로 구분한다. MHC-제1급항원은 조직을 이식할 때 거부반응을 유발하는 항원이고, MHC-제2급항원은 림프구와 같은 면역감응세포가 외부항원을 인식한 결과로 생산되는 항원이다. 그러나, 수종의 동물에서는 태반영양막의 외층(外層)에서 MHC-항원을 생산하는 유전자의 발현이 저지된다. 예를 들면, 소의 경우 초기의 배반포에서는 MHC-제1급항원이 생산되지만, 태반이 형성된 후에는 영양막의 태반분엽부(placentomal region)에서는 MHC-제1급항원이 검출되지 않고, 태반분엽간 융모막(interplacentomal chorion)에서는 극히 제한적으로 검출된다(Low 등, 1990). 이 사실은 수태산물의 항원성(抗原性, antigenicity)이 모체의 면역적 감시기구(immunologic surveilliance)가 발현되는 장소에서 크게 감소되고, 이에 따라 수태산물이 모체의 면역계로부터 보호된다는 것을 증명한다(Hansen, 2000). 또한, 마우스에서 바이러스의 감염은 태반에서 MHC-항원의 생산을 증가시키며, 이에 따라 태아에 대한 거부반응이 증대된다(Vassiliadis & Athanassakis, 1994).

한편, 사람의 영양막에서는 MHC-제2급항원은 생산되지 않으며, 백혈구항원-G(human leukocyte antigen-G [HLA-G])라고 부르는 비정상적 MHC-제1급항원만이 생산될 뿐이다(Hansen, 2000). 그러나, HLA-G는 영양막이 자궁내막으로 침입하는데 관여하는 접착인자 또는 인식인자로 작동할 뿐만 아니라, 모체의 T 및 B 림프구나 세포상해성 림프구(cytotoxic lymphocyte)의 기능을 억제하는 인자로 작용한다(Hinoki, 1999). 따라서, 사람의 영양막은 제1급항원과 제2급항원이 생산되지 않음으로 태아가 모체의 면역반응으로부터 회피된다.

(2) 보체조절단백질 : 보체조절단백질(補體調節蛋白質, complement regulating protein) CD46과 CD55는 사람 배의 영양막에서 동정된 면역억제물질이다. CD46은 막보조인자단백질(膜補助因子蛋白質, membrane cofactor protein [MCP])로서, 인자-1(factor-1) 의존성 C3b의 분해시에 영양막의 표면에서 보체가 활성화되는 것을 억제한다. CD55는 붕괴촉진인자(崩壞促進因子, decay accelerating factor [DAF])이며, C3전환효소의 합성을 저해하고, 해리를 촉진하여 영양막 표면의 보체를 불활성화 시킨다. 이와 같이, 보체조절단백질에 의하여 영양막에 위치하는 보체가 불활성화됨에 따라 사람의 영양막은 보체의존성 면역응답으로부터 회피된다(Hinoki, 1999).

(3) 사이토카인과 호르몬 : 태아와 모체의 경계영역에는 영양막 · 자궁내막 · 골수유래세포 등에서 생산된 사이토카인(cytokine)이나 호르몬이 고농도로 존재하면서 착상부위의 면역을 조절하고, 세포의 분화와 증식을 촉진한다(표 6-4; Hinoki, 1999). 클로니자극인자(colony stimulating factor [CSF])-1은 마우스의 임신자궁에서 그 농도가 비임신자궁의 약 10,000배로 증가하고, 사람에서도 임신기에는 말초혈액중의 농도가 약 2배로 증가된다. CSF-1의 mRNA는 착상기의 자궁상피 · 태반 · 탈락막 등에서 급증되는데, 태반이 완성될 때까지 지속적으로 증가된다. CSF-1의 수용체는 영약막에서 발현되는데, 이 수용체의 매개하에 영약막의 증식이 촉진된다. 형질전환성장인자(transforming growth factor [TGF])-β

표 6-4. 모체와 태아의 경계영역에서 생산되는 면역조절인자

면역조절인자	생산부위	생리작용	면역조절인자	생산부위	생리작용
IL-1	태반·탈락막	IL-6와 협동으로 hCG의 분비	프로게스테론	태　반	면역억제
IL-3	탈락막	융모상피의 증식	에스트로겐	태　반	면역억제
IL-6	태　반	hCG의 분비	hCG	태　반	면역억제
CSF-1	자궁상피·태반·탈락막	융모상피의 증식	태반성락토겐	태　반	면역억제
GM-CSF	자궁상피·태반·탈락막	융모상피의 증식	임신관련 α2당단백질	태　반	면역억제
TNF-α	태　반	IL-6와 협동으로 hCG의 분비	임신특이적 β1당단백질	태　반	면역억제
INF	태　반	면역억제·태반의 세포장해저항성 유도	임신관련 혈장단백질A	태　반	면역억제
TGF-β	자궁상피·태반·탈락막	면역억제	태반단백질14	태　반	면역억제
LIF	탈락막	착상유도	프롤락틴	태　반	면역억제
PGE_2	탈락막	면역억제	AFP	태　반	면역억제
코르티솔	태　반	면역억제	EPF	태　반	면역억제

는 사람이나 마우스의 모자 경계영역에서 중요한 면역억제작용을 가진다. 즉, TGF-β는 영양막·자궁상피·탈락막 등에서 생산된 다음, 인터류킨(interleukin [IL])-2에 의하여 발현되는 T-세포의 증식과 세포상해성 림프구의 활성화를 억제한다. 종양괴사인자(tumor necrosis factor [TNF])-α는 영양막에서 생산되어 태아의 발달을 촉진하며, 사람에서는 hCG의 분비도 촉진한다. 백혈병억제인자(leukemia inhibitory factor [LIF])는 임신초기 마우스의 과립림프구와 탈락막세포에서 분비되어 배와 자궁내막의 접착을 촉진하는 동시에, 착상부위의 결정에 관여한다. 한편, 태아-태반계에서 합성된 스테로이드호르몬은 면역억제작용을 가지고 있는 태반성 락토겐(placental lactogen)의 합성을 유도한다. 또한, 태반에서 합성되는 다양한 당단백질군도 면역억제인자로 작용한다.

(4) 면역담당세포 : 자궁내막에는 원래부터 여러 종류의 유주성(遊走性) 백혈구가 존재하지만, 임신을 하면 그 수가 증가된다. 사람의 경우, 비임신자궁에서는 간질세포의 8%에 지나지 않던 백혈구가 임신초기에는 30%를 넘으며, 마우스에서는 임신중기에 약 20%까지 증가된다. 임신기에 증가되는 백혈구의 대부분은 대식세포(大食細胞, macrophage)와 과립림프구(granular lymphocyte)이다. 대식세포는 일반체조직에서는 이물을 탐식하는 식작용(食作用, phagocytosis)을 하지만, 영양막에서는 식작용을 나타내지 않고, IL-1·TNF-α·CSF-1과 같은 사이토카인을 분비하여 태반의 분화와 발달을 자극한다. 착상부위의 주변에 위치하는 탈락막대식세포는 면역억제작용을 발현하는 PGE_2를 분비한다. 과립림프구도 임신

자궁에서 착상기로부터 태반형성기까지 특이적으로 증가하는데, 사람에서는 탈락막과립림프구라 하고, 마우스와 래트에서는 과립성간막선세포(顆粒性間膜腺細胞, granulated metrial gland [GMG] cell)라고 부른다. GMG세포는 표면항원형이 NK세포(natural killer cell)와 같고, 과립에도 세포용해성 단백질을 함유하고 있기 때문에 자궁의 NK세포에 상당하는 세포라고 생각된다. 그러나, GMG세포는 비장의 NK세포나 말초혈액의 NK세포와는 성질이 다르고, 면역반응을 유발하는 IL-2와의 친화성이 매우 낮을 뿐만 아니라, 세포상해성도 매우 낮다. 더욱이 착상을 유도하고, 영양막의 증식을 촉진하는 기능을 가진 IL-1 · CSF-1 · LIF 등을 분비한다. 최근의 연구에서 GMG가 결손된 마우스에서는 태반완성기에 약 70%의 태아가 사망하고, 태반중량의 50%가 감소되는 사실이 밝혀짐에 따라 GMG세포가 태아 및 태반의 발달에 중요한 작용을 한다는 것이 증명되었다(Hinoki, 1999).

3. 태아의 발달과 생리

포유동물의 수정란은 배아기 및 태아기를 거치면서 발현되는 개체발생과정을 통하여 새로운 개체로 탄생되는데, 발생과정중에 있는 배아 및 태아에서는 출생후의 동물과는 차이가 있는 각종의 생리작용이 발현된다.

1) 태아의 발달

(1) 태아의 발달과정 : 임신기간중에 일어나는 개체발생과정은 ① 난자기(ovum period), ② 배아기(embryonic period), ③ 태아기(fetal period) 등의 3단계로 구분한다. 난자기는 수정란이 난할을 반복하여 상실배로 분화되고, 이어서 배반포에 이른 다음, 모체의 자궁내막에 착상을 개시할 때까지의 기간을 말한다. 이 기간은 배엽의 분화가 일어나지 않은 상태이고, 배내순환계(intraembryonic circulatory system)도 형성되기 전이다. 그러나, 발생학적 견지에서 보면, 수정란이 제1난할을 완료한 다음부터는 이미 배에 도달되었음으로 난자기라고 하는 것이 부적절하다고 생각할 수도 있지만, 임신의 중요한 경계점인 착상을 기준으로 하여 착상전에는 난자, 착상후에는 배라고 부르는 것이 일반적이다. 따라서, 수정란이식(transfer of fertilized ovum)과 배이식(embryo transfer)이라는 용어를 함께 사용하고 있다.

배아기는 배반포가 장배로 발달되는 과정에서 3층의 배엽(胚葉, blastoderm), 즉 외 · 중 · 내 배엽이 분화되고, 이것들로부터 각종의 기관이 분화 · 발생되는 기간이다(그림 6-3과 장배형성 항목 참조). 분화된 외배엽에서는 피부 · 피모 · 발굽 · 뇌척수 · 안구의 망막과 수정체 · 감각상피 · 부신수질 · 신경뇌하수체 등이 발생되고, 중배엽에서는 뼈 · 근육 · 심장 · 혈관 · 골수 · 비장 · 부신피질 · 생식기관 · 신장 등이 분화되며, 내배엽에서는 소화관 · 간장 · 호흡기 등이 분화된다. 배아기의 기간은 배의 발달속도에 따라 차이가 있지만, 일반적으로 소는 임신 15일부터 45일까지이고, 면양은 임신 12일부터 34일까지이며, 말은 임신

표 6-5. 가축의 배아기 및 태아기의 발달단계(일)

발 생 단 계	소	말	면양	돼지
상실배	4~7	4~5	3~4	3.5
배반포	7~12	6~8	4~10	4.75
배엽의 분화	14	13~14	10~14	7~8
융모막낭의 신장	16	50~60	13~14	9~12
원시선조의 형성	18	14	14	9~12
신경관의 개구	20	—	15~21	13
체절의 분화	20	18	17	14
요막융기의 형성(닻모양)	18	—	17	16
비임각으로 융모막의 진입	20	—	14	—
심박동의 개시	21~22	24	20	16
신경관의 폐쇄	22~23	—	21~28	16
전지아의 출현	25	24	28~35	17~18
후지아의 출현	27~28	24	28~35	17~19
발의 분화	30~45	50	35~42	28
입술·눈의 분화	30~45	40	42~49	21~28
요막이 배외체강의 점유를 시작	32	—	21~28	—
착상의 개시	19~21	36~38	12~16	13~16
요막이 전체 배외체강을 점유	36~37	—	—	25~28
안검의 폐쇄	60	60	49~56	36~49
모낭의 출현	90	38	42~49	28
치아의 맹출	110	—	98~105	—
눈과 비경 주위에 발모	150	160	98~105	—
전체 체표면에 발모	230	220	119~126	—
분　　만	280	340	147~155	112

12일부터 60일까지이다(Jainudeen & Hafez, 2000). 태아기는 배아기에 분화된 기관들이 성장·발달하여 각 동물종 특유의 특징을 나타내는 체구가 완성되는 기간으로서, 소는 임신 45일, 면양은 임신 34일, 말은 임신 60일부터 분만까지의 기간이다. 주요가축의 배아기 및 태아기에서 보이는 개체발생의 시간적 과정은 표6-5(Hinoki, 1999)와 같다.

(2) 태아의 성장 : 둥근 모양을 가진 수정란이 임신기간을 경과하면서 출생직전의 태아로 발달되는 과정에서 배 및 태아는 크기와 무게가 증가될 뿐만 아니라, 그 형태도 크게 변화되어 동물종 특유의 체형을 갖추게 된다. 태아의 성장률은 단위기간당 체중 및 체격이 증가되는 비율(%)을 나타내는 상대적 성장률(realtive growth rate)과 단위기간당 증가되는 절대량을 나타내는 절대적 성장률(absolute growth rate)로 표시한다. 상대적 성장률은 임신초기에 높고, 절대적 성장률은 임신말기로 갈수록 높아진다. 따라서, 임신초기에는 체중이 2배로 증가되는데 소요되는 기간이 짧은 반면에, 임신말기에는 체중의 절대량이 급격히 증가된다. 임신과정에서 나타나는 조직별 성장속도를 보면, 중추신경계가 가장 빠르고, 그

다음으로 골격계와 근육계의 순서이다. 태아의 신체부위별 성장은 두부가 가장 빠르고, 그 다음이 사지(四肢)이며, 근육의 발달이 가장 늦다.

2) 태아의 성장에 영향을 미치는 요인

태아의 성장률은 기본적으로 공급되는 영양소의 양과 태아의 영양소 이용률에 따라 결정된다. 그러나, 동물의 종 · 품종 · 계통에 따른 태아 크기의 차이는 유전적으로 결정되는 세포분열의 속도에 의하여 결정되는 것이다. 따라서, 태아의 성장률은 태아에 공급되는 영양소의 상태(환경적 요인)와 세포분열률(유전적 요인)에 의존하여 결정된다.

(1) 유전적 요인 : 태아의 생시체중이 품종간에 큰 차이를 나타내는 것은 개체발생과정에서 세포분열의 속도가 유전적으로 지배를 받기 때문이다. 예를 들면, Holstein종의 생시체중은 Jersey종에 비하여 35%, 모든 젖소 품종의 평균치에 비하여 15% 정도 무겁다. 면양에서도 Rommey종은 Merino종에 비하여 태아의 발달속도가 빠르다.

(2) 환경적 요인 : 태아의 성장에 영향을 미치는 환경적 요인은 모체의 체격과 영양상태 · 산차 · 산자수 · 태반의 크기 · 기후스트레스(고온환경) 등을 들 수 있다. 그러나, 이들 요인중에서 가장 중요한 것은 모체의 체격이다. 말에서 체격이 큰 모체는 체격이 작은 모체에 비하여 체중이 무거운 새끼를 출산한다. 반면에, 종모마의 체격은 출생후의 망아지 성장률에 큰 영향을 미치는데, 이것은 환경적 효과가 아니고, 전적으로 유전적 효과이다. 소와 면양에서도 말과 유사한 경향을 나타낸다.

태아의 성장에 필요한 영양소는 모체로부터 공급받음으로 모체의 영양상태는 태아의 성장에 중요한 영향을 미친다. 그러나, 임신초기에는 공급되는 영양소가 태아조직의 성장에 직접적으로 이용되는 양이 많지 않으며, 오히려 태아의 내분비기능 및 대사기능의 확립과 태아 · 태반 · 모체간의 상호관계를 구축하여 태아발달을 허용하는 간접적 효과를 발현하는데 이용된다. 반면에, 임신후반기에는 태아의 성장에 많은 영양소가 소요된다. 따라서, 태아의 성장에 직접적으로 소요되는 영양소는 임신과정의 진행단계에 따라 다르다(Harding & Jhonston, 1995). 예를 들면, 면양에서 임신전반기의 영양이 부족되어도 임신후반기의 영양이 충분하면 정상체격을 가진 새끼가 태어나고, 반대의 영양상태하에서는 체격이 작은 새끼가 태어난다. 돼지와 같은 다태동물의 경우, 임신초기에는 태반을 흐르는 혈액의 양이 충분함으로 모든 태아의 발달에 필요한 영양소가 부족되지 않는다. 그러나, 임신말기로 가면 자궁을 흐르는 혈액이 여러마리 태아의 태반으로 나누어 유입됨으로 동복자수가 많으면 태아의 발달에 필요한 영양소를 충분히 공급받을 수 없기 때문에 생시체중이 가볍다.

임신기간중의 고온환경은 태아의 성장률에 영향을 미친다. 임신한 면양을 고온환경에 노출시키면, 고온환경에 노출된 기간의 길이에 비례하여 태아의 성장률이 감소된다. 이러한 고온환경의 영향은 모체의 사료섭취량이 감소되는데 따른 것은 아니고, 고온스트레스가 태아의 발육을 특이적으로 억제하기 때문이다(Jainudeen & Hafez, 2000).

(3) 내분비적 요인 : 성장호르몬은 태아의 성장을 자극하지만, 태아의 성장에 반드시 필요한지는 증명되지 않았다. 인슐린은 대사기질의 이용성을 증가시키고, 태반의 성장을 자극함으로 태아의 성장에 매우 중요한 호르몬이다. 태아의 갑상선은 일부의 동물종(토끼·사람 등)에서는 특별한 기능을 나타내지 않지만, 원숭이나 면양과 같은 동물에서는 골격과 근육의 성숙을 조절한다. 또한, 태아와 태반조직에서 합성되는 IGF-1 과 IGF-2는 태아의 성장을 자극한다(Falconer 등, 1991). IGF-1은 태아의 골격발달과 단백질합성을 직접적으로 자극하는 반면에, IGF-2는 태아의 글루코오스 이용성을 증대시키고, 태반호르몬의 합성을 촉진하는 수단을 통하여 태아의 성장을 간접적으로 자극한다. 특히, IGF-2의 자극으로 태반에서 합성된 태반성락토겐은 모체로 이행된 다음, 모체의 대사활성을 촉진하여 태아의 발달에 필요한 영양소가 계속적으로 공급되도록 조절한다(Owens, 1991).

3) 태아의 생리

포유동물의 태아는 모체의 자궁내에서 성장·발달을 계속하여 개체발생이 완료된 다음에 모체밖으로 출생된다. 그러나, 모체의 자궁내에서 성장·발달하는 태아는 태반을 경계로 하여 모체와는 독립적인 생리작용을 영위한다.

(1) 태아의 영양과 대사 : 발생초기의 수정란은 자체의 난황에 저장된 영양소를 이용하여 발생을 계속한다. 그러나, 포유동물의 난자는 저장된 난황의 양이 적어서 곧바로 소진된다. 따라서, 이 후부터는 자궁내막선에서 분비되는 자궁액에 함유된 조직영양소(組織營養素, histotroph)를 이용하여 발달을 계속하다가, 자궁내막에 착상하여 태반이 형성되면 모체의 혈액을 통하여 공급되는 혈액영양소(血液營養素, hemotroph)를 이용하여 개체발생을 완료한다. 태아는 마치 기생충과 같이 모체의 영양소를 모체조직보다 우선적으로 이용함으로 모체의 영양상태가 심하게 나쁘지 않으면 태아는 정상적으로 발육한다.

태아의 발달과 유지에는 탄수화물·단백질·비타민·무기물 등과 같은 영양소 모두가 필요하다. 글루코오스는 태아의 대사기질로 이용되는 주 영양소로서 태반을 통하여 모체로부터 태아로 중단없이 공급된다. 임신말기에 이르면 글루코오스를 이용하여 합성된 글리코겐이 태아의 간장과 근육에 축적되는데, 이것은 출생후의 태아가 젖으로부터 충분한 당류를 흡수할 수 있게 될 때까지의 대사에 이용된다. 우제류(偶蹄類; 소·면양·산양) 태아의 혈액에서는 프럭토오스가 총 당류의 70~80%를 차지하지만, 혈중 글루코오스의 농도가 낮을 경우를 제외하고는 대사에 거의 이용되지 않는다. 반추동물의 태아에서는 아세트산염(acetate)·젖산염(lactate)·아미노산 등이 중요한 대사기질로 이용된다. 그러나, 아세트산염과 젖산염이 부족되지 않으면, 아미노산이 대사기질로 이용되는 양은 매우 적다. 태아에서는 모체로부터 공급되는 아미노산을 이용하여 다양한 태아단백질을 합성한다. 또한, 전 임신기간을 통하여 Ca·P·Fe 등과 같은 무기물은 태아의 체중에 대하여 상대적으로 높은 비율로 축적된다.

(2) 태아의 혈액순환 : 태아의 혈액순환계는 기본적으로 성동물의 그것과 같다. 그러나, 태아에서는 성동물과는 달리 가스 및 영양소의 교환이 태반에서 일어남으로 태반을 순환한 동맥혈이 적접 태아로 유입될 수 있도록 특수한 국소적 혈액순환경로가 성동물의 순환경로에 추가적으로 구축되어 있다(그림 6-7; Jainudeen & Hafez, 2000). 태아의 전신을 순환한 정맥혈은 제동맥(臍動脈, umbilical artery)을 통하여 태반으로 운반되고, 이곳에서 모체의 혈액과 가스 및 영양소를 교환하여 동맥혈이 된 다음, 제정맥(臍靜脈, umbilical vein)을 통하여 태아로 유입된다. 이러한 제(臍)순환은 성동물의 폐순환과 문맥순환에 해당하는 기능을 수행한다. 제정맥을 통하여 태아로 환수된 동맥혈은 태아의 후대정맥(後大靜脈, posterior vena cava)으로 유입되는데, 유입경로는 동물의 종에 따라 두종류로 구분된다. 그 하나는 돼지와 말의 경우로서, 제정맥이 태아의 소환관에서 간장으로 들어온 문맥(門脈, portal vessel)과 문합하여 정맥동(靜脈洞, sinusoid)을 형성한다. 따라서, 제정맥을 흐르는 혈액의 전부가 간장으로 들어가고, 간장을 순환한 혈액은 간정맥(肝靜脈, hepatic vein)을 통하여 후대정맥으로 유입된다. 다른 하나는 소 · 면양 · 개 · 사람 등의 경우로서, 제정맥과 후대정맥을 직접 연결하는 정맥관(靜脈管, ductus venosus)이 형성되어 있어서 제정맥을 통하여 태아로 들어온 혈액의 대부분이 간장을 통과하지 않고, 그대로 후대정맥으로 유입된다. 이 혈액은 문맥순환을 통하여 간장을 통과한 혈액과 후대정맥에서 혼합된다. 정맥동을 통하여 간장을 순환한 후에 후대정맥으로 유입된 혈액이나 정맥관을 통하여 직접 후대정맥으로 유입된 혈액은 모두 제정맥혈임으로 동맥혈이다. 후대정맥을 흐르는 혈액은 심장의 우심방(右心房, right atrium)으로 유입되며, 이 혈액의 대부부은 좌 · 우 심방의 사이에 형성된 구멍을 지칭하는 난원공(卵圓孔, foramen ovale)을 통하여 좌심방으로 들어가고, 나머지의 혈액은 우심실(右心室, right ventricle)로 유입된 다음에 폐동맥(肺動脈, pulmonary artery)으로 들어간다. 폐동맥을 흐르는 혈액의 대부분은 폐동맥과 대동맥(大動脈, aorta)을 연결하는 동맥관(動脈管, ductus arteriosus)을 통하여 대동맥으로 유입되고, 소량의 혈액만이 폐동맥을 통하여 폐로 간다. 폐로 유입된 혈액은 폐정맥(肺靜脈, pulmonary vein)을 통하여 좌심방(left atrium)으로 들어가며, 이 혈액은 난원공을 통하여 좌심방으로 유입된 혈액과 혼합되어 좌심실(left ventricle)로 들어가고, 이어서 좌심실의 수축에 따라 대동맥으로 압출된다. 대동맥으로 압출된 혈액은 수많은 동맥의 분지(分枝)를 통하여 태아의 각종 장기 및 조직으로 보내진다. 하행대동맥(descending aorta)은 후구(後軀)로 혈액을 운반하면서 최후의 요추(腰椎) 부위에서 2본의 제동맥이 분지된다. 제동맥은 방광의 양측은 따라 하강하여 배꼽을 통과한 다음, 태반에 이른다.

한편, 태아에서 맥관계 각 부위를 흐르는 혈류량은 태아의 상태에 따라 다르다. 면양에서 태아의 혈류량은 태아의 체중에 비례하여 증가하는데, 제정맥의 혈류량이 증가되면 정맥관을 경유하는 혈액량의 비율이 34%에서 91%까지 증가된다. 난원공을 통하여 우심방에서 좌심방으로 직접 유입되는 혈액량은 태아측 혈액의 산소분압과 산도(酸度)에 따라 조절

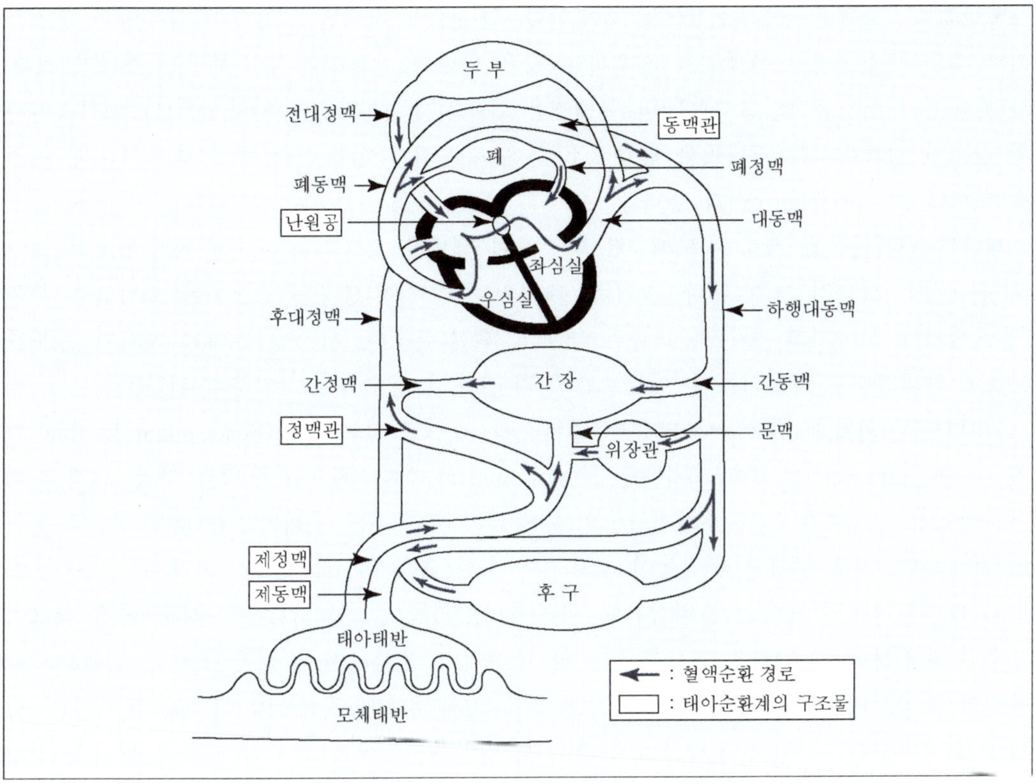

그림 6-7. 태아의 혈액순환경로

된다. 태아의 심장에서 박출되는 혈액총량의 55%는 태반, 10%는 폐, 35%는 체조직으로 이행된다(Rudolf & Heyman, 1967). 또한, 태아와 성동물간에는 맥관계의 혈압이 현저하게 다르다. 태아에서는 후대정맥을 통하여 혈액이 공급되기 때문에 성동물과는 반대로 심장 우반부의 혈압이 좌반부의 혈압에 비하여 높게 유지되고, 이에 따라 혈액이 난원공을 통하여 우심방에서 좌심방으로 유입된다. 태아 폐의 맥관계는 말초저항이 매우 높아서 폐동맥의 혈압이 대동맥의 혈압에 비하여 높기 때문에 폐동맥으로 유입된 혈액의 대분분이 동맥관을 통하여 폐동맥에서 대동맥으로 들어간다. 태아의 분당 심장박동수는 성동물에 비하여 현저하게 높아서 면양에서는 170~220회(성면양 : 75회/분), 소에서는 120~140회(성우 : 50회/분)에 이른다. 태아의 성장속도에 비례하여 심장박동수는 점차적으로 감소된다.

(3) 태아의 호흡 · 소화 · 비뇨 작용 : 태아와 모체사이의 가스교환은 태반을 통하여 이루어짐으로 태아의 호흡작용은 생리적으로 의미가 없지만, 임신후반기의 태아는 출생후의 호흡에 대비하여 호흡운동을 한다. 예를 들면, 임신후반기의 면양 태아는 잠을 자면서 안구가 빠르게 움직이는 수면기(REM-non REM기)에 호흡운동이 관찰된다. 그러나, 태아가 깨어 있을 때나 깊은 잠을 잘 때에는 호흡운동을 하지 않는다.

임신말기의 사람 태아는 1일에 약 500㎖의 양수를 삼키는데, 양수에 함유된 수분 · 당류 · 단백질 · 전해질 등을 소장에서 흡수한다. 양수중의 단백질은 양수의 삼투압을 유지시키기 때문에 소장에서 단백질을 흡수하는 것은 양수의 삼투압을 감소시키는 효과가 있다. 사람 태아의 소장은 1일에 약 1g의 단백질을 흡수한다. 그러나, 양막의 상피나 태아소화관의 상피가 탈락된 세포덩어리와 담즙색소 등은 흡수되지 않고, 대장내에 축적되는데, 이것을 태변(胎便, meconium)이라 한다.

태아의 대사산물로 생성된 노폐물은 대부분이 태반을 경유하여 모체로 배출됨으로 신장의 필요성은 그다지 크지 않다. 그러나, 태아의 중신에서 생성된 요성분은 요막관을 통하여 요막강에 모아지고, 중신의 퇴화와 더불어 후신(신장)이 발생된 후에는 태뇨가 요도를 통하여 양막강내로 배출되는데, 이것들은 각각 요수와 양수의 구성성분이 된다.

(4) 태수의 기원과 기능 : 요막강과 양막강을 채우고 있는 요수(尿水, allantoic fluid)와 양수(羊水, amniotic fluid)를 태수(胎水, fetal fluid)라 한다. 태수는 요막과 양막, 그리고 태아의 비뇨기관 · 호흡기관 · 소화기관 · 피부 등에서 일어나는 분비기능과 흡수기능에 의하여 생성되며, 매우 다양한 물질들이 함유되어 있다(표 6-6; Jainudeen & Hafez, 2000). 요수는 임신초기에는 요막의 분비작용에 의하여 생성되지만, 임신기간이 경과되면서 태뇨가 요수의 대부분을 차지한다. 태뇨는 태아의 중신에서 생성되며, 요막관(尿膜管, urachus)을 통하여 요막강내로 들어온다. 양수는 처음에는 양막상피의 분비물이 저류된 것이지만, 이것에 모체와 태아의 혈관 침출물이 혼합되고, 임신후반기에는 발생이 완료된 태아의 신장(후신)에서 형성된 태뇨, 그리고 태아의 폐와 기관, 타액선과 구강점막의 분비물 등이 혼합된 액체이다. 특히, 태뇨는 임신후반기의 태아에서 다량으로 생성되며, 이것이 요도를 통하여 양막강으로 배출됨으로 임신후반기 양수의 대부분은 태뇨이다. 양수의 수분은 양막과 모체의 혈장 사이에서 양방향으로 급속하게 순환하며, 이에 따라 양수의 삼투압이 일정하게 유지된다. 또한, 태아가 양수를 삼키기도 하고, 호흡운동시 폐로 흡입하기도 하면서 양수의 양을 조절한다.

요수와 양수중에는 여러 종류의 대사산물 · 전해질 · 효소 · 호르몬 · 점막의 탈락세포 등이 부유되어 있다. 요수는 양수에 비하여 Na · Cl · P의 농도가 낮은 반면에, K · Ca · Mg · 크레아티닌 · 요산 · 요소 등의 농도는 높다. 반추동물에서는 양막의 내층, 특히 제대부근의 내층에 양막프라크(amniotic plaque)라고 부르는 글리코겐이 풍부한 다수의 둥근 구조물이 돌출되어 있는데, 임신후반기에는 소실된다. 양수에는 태아에서 탈락된 세포들이 부유되어 있으며, 이 세포의 염색질을 검사하여 태아의 성과 유전질환을 검사할 수 있다.

태수는 그저 고여있는 액체가 아니라 생리적으로 중요한 기능을 수행한다. 요수는 ① 양막과 융모막의 사이에 위치하는 요막을 확장시킴으로써 요막을 양막 및 융모막과 접착시켜 요막양막과 융모막요막의 형성을 유도하며, ② 착상초기에는 융모막요막과 자궁내막이 접착되도록 하고, ③ 모체로 이송되지 못하는 대사산물을 저장하며, ④ 태아 혈장의 삼투압을 일정하게 유지시켜 수분이 모체순환계로 유출되는 것을 방지한다. 양수는 ① 태아를

표 6-6. 가축 태수의 생성원, 성분 및 기능

태 수	생 성 원	성 분	기 능
양 수	• 태아의 오줌 • 태아의 호흡기도와 구강점막의 분비물 • 양막을 통한 모체순환계의 여출물	• 다양한 물질이 함유·부유된 액체. • K^+·Mg^{2+}·글루코오스·크레아티닌·요산·요소의 수준은 낮음. • Na^+·Cl^-·P^{3+}·프럭토오스의 수준은 높음. • 각종 효소·철분·양막프라크·태아 및 양막의 탈락세포가 부유됨.	• 외부의 물리적 충격으로부터 태아를 보호함. • 태아의 피부와 양막이 유착되는 것을 방지함. • 분만개시기에 자궁경관을 확장시킴. • 출산시 산도를 윤활하게 함.
요 수	• 태아의 오줌 • 요막의 분비작용에 따른 분비물	• 요막의 분비물에 태뇨가 혼합된 액체. • Na^+·Cl^-·P^{3+}·글루코오스 수준은 낮음. • K^+·Mg^{2+}·Ca^{2+}·플럭토오스·크레아티닌·요산·요소의 수준은 높음.	• 요수의 축적으로 요막이 확장되어 요막-양막 및 융모막-요막의 형성을 유도함. • 착상초기에 융모막-요막과 자궁내막의 접착을 유도함. • 모체로 이송되지 못하는 대사산물을 저장함. • 태아혈장의 삼투압을 일정하게 유지시킴.

외부의 물리적 충격으로부터 보호하고, ② 태아의 피부와 양막이 유착되는 것을 방지하며, ③ 분만개시기에는 자궁경관을 확장시키고, ④ 출산시에는 산도를 윤활하게 하여 태아가 쉽게 반출되도록 돕는다.

4. 임신진단

모체의 자궁내에서 배가 발달을 계속하면 모체는 임신을 인지하며, 이에 따라 모체의 생리상태가 변경되면서 다양한 임신징후(妊娠徵候, pregnancy sign)를 나타낸다. 이러한 임신징후를 확인하여 임신여부를 판정하는 것을 임신진단(妊娠診斷, pregnant diagnosis)이라 한다. 임신징후는 태아나 그 부속물의 존재를 나타내는 확징(確徵)과 태아나 부속물의 존재에 따라 일어나는 이차적 변화에 의하여 발현되는 반확징(半確徵)으로 구분한다. 물론, 임신진단의 근거로서는 확징이 신뢰도가 높으며, 반확징은 유사한 변화가 임신 이외의 경우에서도 일어날 수 있음으로 오진의 가능성이 높다. 임신진단방법의 실용적 조건으로는 ① 조기에 진단이 가능하고, ② 적중률이 높으며, ③ 방법이 간편하여 신속하게 실시할 수 있고, ④ 소요경비가 저렴하며, ⑤ 태아 및 모체에 나쁜 영향을 주지 않아야 한다. 그러나, 너무 이른시기에 임신을 진단하면 진단 후에 일어날 수도 있는 배사망에 의하여 진단결과의 신뢰도가 떨어질 수 있다. 따라서, 실용적 측면에서는 배사망이 자주 일어나는 시기를 지난 다음에 진단을 하는 것이 좋다. 임신을 조기에 진단하면 공태(空胎)기간을 단축하여 번식효율을 높일 수 있을 뿐만 아니라, 임신축을 구분하여 사양관리함으로써 발육이 충실한 새끼를 얻을 수 있고, 새끼의 생산에 소요되는 경비도 절감할 수 있다.

표 6-7. 직장검사법에 의한 소의 임신진단시 태아의 크기와 주요소견

임신일령	태아체중	태아체장	주 요 소 견
30	0.28 (g)	12 (mm)	• 한쪽 자궁각이 약간 확장되고 엷어짐. 배아낭은 공기돌 크기임. 자궁은 비임신시와 비슷한 위치. 태아태막은 30~90일령간에는 손가락에서 빠어져 나감.
45	3.5~7.1	25~32	• 자궁각이 다소 확장되고, 더 엷어지며, 부풀어 오름. 배아낭은 달걀 크기임.
60	7.1~14.1	64	• 자궁각은 바나나 크기임. 태액이 충만되고, 골반연을 지나 체강으로 당겨져 있음. 태아는 생쥐 크기. 태아두부는 공기돌 크기임.
90	85~170	127~152	• 양측 자궁각이 부풀어 오르고, 직경이 75~90mm로 체강에 깊숙이 끌려들어가 있어서 촉지하기 어려움. 태아는 래트 크기. 태아두부는 탁구공 크기임. 중자궁동맥의 직경은 3~4mm. 궁부는 너비가 25~25mm 정도임.
120	0.453~0.907 (kg)	0.25~0.30 (cm)	• 90일령과 비슷하나 태아촉진이 보다 용이함. 태아는 작은 고양이, 그 두부는 레몬 크기임. 중자궁동맥의 직경은 5mm 정도이고, 궁부는 더욱 쉽게 촉지되며, 그 길이는 25~40mm 정도임.
150	2~3	30~40	• 태아촉지 곤란. 자궁각은 체강에 깊숙이 빠져 있음. 태아는 큰 고양이, 그 두부는 야구공 크기임. 자궁각의 직경은 150~200mm, 중자궁동맥은 5~10mm, 궁부는 50~65mm의 직경을 가짐.
180	4~7	50~61	• 태아와 자궁이 체강을 가득 체우고, 태아는 작은 개의 크기, 그 두부는 오렌지 크기임. 중자궁동맥은 10~12mm. 궁부는 더욱 확대. 6개월령 이후에는 태아의 발, 다리 및 코를 잡으면 움직임을 확인할 수 있음.
210	9~14	61~81	• 7개월령 이후에는 태아를 촉지할 수 있음.
240	18~27	71~91	• 태아크기로써 월령을 추정하기는 어려움.
270	27~45	71~96	• 중자궁동맥의 직경은 210일: 12mm, 240일: 12~15mm, 270일: 12~20mm 임.

1) 확징을 얻기 위한 임신진단법

임신의 확징을 얻기 위한 진단방법으로는 ① 직장검사법, ② 복부촉진법, ③ 방사선진단법, ④ 초음파진단법 등이 있다. 확징에 근거하여 임신을 진단하면 100%에 가까운 정확도를 얻을 수 있다.

(1) 직장검사법 : 직장검사(直腸檢査, rectal palpation)는 손을 직장에 넣은 다음, 직장벽을 통하여 골반강내의 장기를 촉진함으로써 각 장기의 기능상태나 질환의 유무를 진단하는 방법이다. 특히, 소나 말과 같은 대형동물에서는 직장내로 손을 넣는 것이 용이하고, 난소·난관·자궁 등과 같은 내부생식기의 상태를 신속하고 정확하게 촉진할 수 있기 때문에 번식분야의 기본적 진단법으로 매우 중요하다. 직장검사는 임신진단의 방법으로도 유용하게 이용되는데, 임신을 진단할 경우에는 ① 임신황체의 유무, ② 자궁각의 크기 및 비대칭성과 파동감, ③ 태막과 태아의 존재 및 태동, ④ 중자궁동맥의 확장 및 진동 정도 등을 지표로 하여 종합적으로 판정한다. 직장검사를 이용하여 소의 임신을 진단할 때 기준이 되는 중요한 소견과 태아 크기의 변화를 보면 표 6-7과 같다. 수정 후로부터 소에서는 40~50일, 말에서는 30일에 거의 확실하게 임신여부를 판정할 수 있으며, 시술자의 숙련도에 따라 더욱 빠른 시간내에 확인할 수도 있다. 그러나, 자궁축농증(子宮蓄膿症, pyometra)·자궁내막염(子宮內膜炎, endometritis)·태아의 미이라변성(mumminification) 등과 같은 질

병이 있을 경우에는 오진할 수 있음으로 세심한 주의가 필요하다.

면양이나 돼지에서의 직장검사는 직장으로 손을 삽입하는 것이 어렵기 때문에 유용한 방법이라고는 할 수 없다. 그러나, 체중이 150㎏ 이상 되는 경산돈에서는 사료를 먹는 중에 무보정으로 직장에 손을 넣을 수 있으며, 임신진단은 자궁으로 혈액을 공급하는 중자궁동맥의 굵기와 진동을 감지하여 교배후 30일부터 가능하다.

(2) 복부촉진법 : 복부를 촉진(abdominal palpation)하여 임신을 진단하는 방법은 토끼·개·고양이 등과 같이 체격이 작은 다태동물에서 주로 이용된다. 시술자가 검사대상동물의 하복부에 손을 대고, 위로 밀어 올리면서 손가락으로 세심하게 만져보면 발달중인 수태산물(受胎産物, conceptus)에 의하여 자궁이 마치 염주(念珠)와 같이 팽윤된 것을 촉지할 수 있는데, 이것을 근거로 임신여부를 판정한다. 개는 임신 24~30일, 고양이는 임신 20~30일, 토끼는 임신 12~16일부터 확진이 가능하다.

(3) 방사선진단법 : 방사선사진술(radiography)은 임신진단에도 이용할 수 있다. 이 방법은 X-선의 투사로 태아의 골격을 확인할 수 있다는데 근거를 두고 있다. 따라서, 태아의 골격형성이 상당히 진행된 임신기의 마지막 ⅓기간 이외에는 이용할 수 없는 단점이 있다. 더욱이, 고가의 장비가 필요하고, 방사선에 노출될 위험성도 있음으로 임신진단에 이용하기에 적합한 방법이라고는 볼 수 없다.

(4) 초음파진단법 : 초음파를 이용한 진단기술은 살아 있는 동물의 내부기관과 조직을 검사하는데 매우 광범위하게 이용되는 기술로서, 임신진단에도 유용하게 이용된다. 초음파진단법에는 초음파도플러법·초음파에코법·초음파단층법 등이 있다.

초음파도플러법(ultrasonic Doppler method)은 초음파의 도플러효과를 응용하는 진단방법이다. 일정한 주파수의 초음파를 연속적 또는 맥동적(pulse wave)으로 생체내를 향하여 발사할 때, 정지하고 있는 장기에 부딪칠 경우에는 반사파(反射波)가 입사파(入射波)와 같지만, 운동하고 있는 장기와 부딪칠 경우에는 입사파와 다른 주파수를 가진 반사파가 나온다. 입사파와 반사파를 합성하여 정류(整流)하면 두 파사이에 차이가 나는 주파수, 즉 진동주파수(beat frequency)를 얻을 수 있다. 이 진동주파수의 신호를 들을 수 있는 신호로 변환시켜 스피커 또는 이어폰으로 청취하거나, 전류(電流)로 변환시켜 오실로그라프(oscillograph)로 기록지에 파형(波形)을 기록하여 진단에 이용한다. 도플러진단장치는 본체와 탐촉자(探觸子, probe)로 구성되어 있으며, 2.5~5.0MHz의 탐촉자를 동물의 체표면이나 직장내에 삽입하여 이용한다. 이 진단장치를 이용하여 태아의 삼장박동이나 제동맥혈류의 흐름을 감지하여 임신을 진단하는데, 모든 동물종에서 100%에 가까운 정확도를 얻을 수 있다. 진단이 가능한 임신일수는 돼지 40일(체표), 소 80일(직장내; 체표 4.5개월), 말 90일(직장내; 체표 5개월), 면양 60일(체표), 개 45일(체표)이다.

초음파에코법(ultrasonic echo method)은 생체내로 발사된 초음파가 장기에 부딪쳐 반사하는 반사파(echo)를 이용하는 진단법으로서, 넓은 의미에서는 도플러법을 포함하여 A모드

(mode) · B모드 · M모드 등을 근거로 하는 진단법 전체를 말하는 것이지만, 협의로는 A모드에 의한 진단법을 도플러법에 대비하여 에코법이라고 한다. A모드를 이용한 에코법은 주로 돼지의 조기임신진단에 이용되는데, 태수(胎水, fetal fluid)에서 반사하는 반사파를 이용하여 임신양성을 판정한다. 이 진단기는 비교적 저렴하게 구입할 수 있고, 소형으로 돈사에서 사용하기가 편리하며, 도플러법에 비하여 빨리 진단(임신 30일)할 수 있는 장점이 있다.

초음파단층법(ultrasonic scanning method)은 일정한 주기를 가지고 탐촉자에서 단속적으로 나오는 간헐초음파를 이용하여 B모드 표시법에 따라 모니터에 2차원의 단층화상(斷層畵像)으로 전개시키고, 이 화상을 판독하여 진단하는 방법이다. 이 방법을 이용하면 거의 모든 동물종에서 교배후 2~3주부터 태낭(胎囊), 3~4주부터는 태아를 확인할 수 있기 때문에 조기에 임신을 진단할 수 있다. 더욱이, 단태동물의 쌍태진단과 다태동물의 태아수 감별에 이용할 수 있으며, M모드를 병용하여 태아의 생사감별도 정확하게 할 수 있다.

2) 반확징을 얻기 위한 임신진단법

임신의 반확징을 얻기 위한 진단방법으로는 ① 논-리턴법, ② 질점막검사법, ③ 프로게스테론 분석법, ④ 에스트로겐 분석법, ⑤ 면역학적 검사법 등이 있다.

(1) 논-리턴법 : 임신이 성립된 암컷에서는 발정의 발현이 중지되는데(不再歸, non-return), 이를 근거로 임신을 판정하는 것을 논-리턴법이라 한다. 이 방법을 임신을 추정하는 가장 기본적인 방법이지만, 정확도는 매우 낮다. 따라서, 임신의 확징을 위해서는 직장검사와 같은 임신진단법을 추가적으로 적용하여 임신여부를 판정하는 것이 필요하다. 그러나, 가축의 집단에서 교배후 특정기간내에 발정이 재귀되지 않는 개체의 백분률을 나타내는 불재귀율(non-return rate [NR])은 가축집단의 번식효율을 판정하거나, 인공수정에 공용된 수컷의 수정능력을 판정하는데 중요한 지표로 이용된다.

(2) 질점막검사법 : 면양과 돼지에서 임신에 따른 질점막상피의 조직학적 변화에 근거하여 임신을 진단하는 방법이다. 면양에서 질점막상피의 세포층수는 임신을 하지 않은 경우에는 12층인데 대하여 임신을 하게 되면 5층으로 감소되고, 상피세포의 형태도 일정하게 입방형으로 된다. 이러한 조직학적 차이에 의하여 임신을 감정하는데, 임신 40일 이후의 정확도는 95%에 이른다. 한편, 돼지에서는 질상피의 세포층수가 발정기에는 16층이지만, 발정휴지기에는 4~5층으로 감소되고, 임신기에는 불과 2~3층으로 기저막에 평행하게 배열되어 있다. 임신 21일 이상의 돼지에서는 95% 이상의 정확도를 나타낸다. 그러나, 이 방법은 조직표본의 제작과 현미경검사에 숙련이 필요함으로 실용적인 진단방법은 아니다.

(3) 프로게스테론 분석법 : 혈액중의 프로게스테론 농도는 발정주기의 난포기에는 매우 낮은 수준을 나타내지만, 황체기에는 높은 수준을 나타낸다. 더욱이, 임신을 하면 임신의 유지를 위하여 프로게스테론이 높은 수준으로 계속 분비된다. 따라서, 수정후 발정주기의 난포기에 해당하는 시기에 프로게스테론의 수준이 높으면 임신이 성립된 것으로 판정하고,

난포기의 수준으로 낮으면 불임으로 판정한다. 특히, 젖소에서는 프로게스테론이 혈중농도에 비례하여 유즙중으로 이행됨으로 유즙에 함유된 프로게스테론을 측정하여 임신여부를 판정할 수 있다. 젖소에서 임신진단을 위하여 우유시료를 채취하는 시기는 수정후 21~24일이다. 그 이유는 이 시기가 임신이 되지 않았을 경우에 프로게스테론의 수준이 가장 낮은 시기(발정주기의 난포기)이기 때문이다. 영국에서는 'Milk Marketing Board'에서 우유의 수집이나 인공수정과 더불어 유즙중의 프로게스테론을 분석하여 임신을 진단해 주고, 수정 6~8주 후에 직장검사로 임신을 확인해줌으로써 낙농농가에 많은 경제적 이득을 주고 있다.(Booth, 1987). 영국 이외의 나라에서도 우유중의 프로게스테론 분석기법을 젖소의 조기임신진단에 이용하고 있다(Shi 등, 1989; Garcia & Edqvist, 1990).

임신진단을 목적으로 하는 프로게스테론의 분석은 전문지식과 특수한 장비 및 시설이 필요한 방사면역분석법(radioimmunoassay [RIA])을 대체하여 상업적으로 이용할 수 있는 ELISA분석법(enzyme-liked immunosorbent assay)이 주로 이용된다(Nebel, 1985). ELISA검사를 위한 키트(kit)는 색상의 변화나 응집반응으로 임신여부를 판정할 수 있도록 다양하게 개발되었다(Alanko, 1990; Tainturier 등, 1990; Romagnolo & Nebel, 1993). 이들 키트의 정확도는 89~99%에 이르지만(Nevel 등, 1989), 농가에서 보편적으로 이용되기 위해서는 키트의 생산원가를 절감하는 것이 필요하다(Booth, 1987).

(4) 에스트로겐 분석법 : 임신후반기에 있는 동물의 태반에서는 다량의 에스트로겐을 합성·분비하는데, 에스트로겐의 대사산물인 황산에스트론(estrone sulfate)을 분석하여 임신을 감정할 수 있지만, 조기에 진단하는 것이 불가능하여 실용적인 가치가 적다. 소에서 이 방법으로 진단이 가능한 시기는 수정일로부터 120일이다(Handerson 등, 1992; 1993).

(5) 면역학적 검사법 : 임신한 말의 혈액중에는 태반에서 분비되는 eCG(PMSG)가 임신 50~120일에 높은 농도로 함유되어 있는데, 이것을 면역학적으로 검출하여 임신을 진단할 수 있다. 혈액중에 eCG가 없는 말(비임신마)의 혈청에 eCG에 대한 감수성을 가진 면양의 적혈구와 항(抗)-eCG를 혼합하면 적혈구가 항-eCG의 작용으로 응집하게 된다. 그러나, 임신을 하여 혈액중에 eCG가 존재하면 eCG와 항-eCG가 먼저 결합하여 면양의 적혈구는 응집되지 않는데, 이를 근거로 임신여부를 판정한다. 이 진단법은 eCG의 혈중농도가 높게 유지되는 임신 50~100일 사이에 정확도가 높지만, 혈중 eCG수준의 개체차에 따라 진단결과가 틀리는 수도 있다. 또한, 사람에서도 hCG의 검출로 조기에 임신을 진단할 수 있다.

제 2 절 분 만

정상적인 임신기간이 경과된 다음에 모체에서 발현되는 자연력(만출력, expulsive force)에 의하여 태아와 태반이 산도(産道, birth canal)를 통과하여 모체외로 배출되는 생리적 과정을 분만(分娩, parturition, labor)이라 한다. 영문에서는 분만을 동물의 종에 따라 별도의 용어로 표기하는 경우가 많다. 예를 들면, 소는 calving, 말은 foaling, 면양은 lambing, 산양은 kidding, 돼지는 farrowing, 개는 whelping, 고양이는 kittening이라고 한다. 이러한 용어들은 동물 각각의 번식상황을 나타낼 때 자주 쓰임으로 알아두는 것이 편리하다.

1. 분만징후

동물이 분만에 가까워지면 특징적인 신체적 변화가 유발되어 분만을 예견할 수 있는데, 이것을 분만징후(分娩徵候, sign of approaching parturition)라고 한다. 분만징후는 분만기에 급증된 에스트로겐과 릴랙신의 작용으로 골반인대(특히 천좌인대) · 외음부 · 유방 등이 변화되는데 따라 나타나는 현상이다. 천좌인대는 좌골과 천골을 연결하는 인대로서, 임신기에 가까워지면 이완되며, 이에 따라 양측 좌골단(坐骨端)의 간격이 넓어지고, 미근부(尾根部)가 올라가면서 그 주위의 인대와 근육이 함몰된다. 미근부의 함몰은 소에서는 분만 2~3일 전에 현저하게 나타난다. 그러나, 말에서는 둔부의 근육이 두껍고, 천좌인대를 이완시키는 에스트로겐과 릴랙신의 분비량이 적기 때문에 현저하게 함몰되지는 않는다.

외음부는 충혈 · 종창되어 부종상태(浮腫狀態)을 나타내면서 유연해지고, 크기도 커진다. 소에서는 평상시의 2~6배까지 커지는 반면에, 말에서는 부종이 경미하고, 크기도 별로 증가되지 않는다. 또한, 임신말기에는 무색투명하고 점조도가 높은 점액이 외음부로 유출된다. 소에서는 임신 7개월부터 유출되기 시작하고, 분만직전에는 자궁경관을 철저하게 밀폐하고 있던 경관전(頸管栓, cervical seal)이 액화되어 유출됨으로 유출량이 현저하게 증가된다. 그러나, 면양과 돼지에서는 임신말기에 소량의 점액이 유출될 뿐이며, 말에서는 점액이 거의 유출되지 않는다.

유방도 모든 가축에서 임신말기가 되면 크게 종대(腫大)되어 부종상태를 나타내며, 분만직전에는 유두도 부풀어 오르고, 젖을 짜보면 유두공을 통하여 유즙이 배출된다. 이러한 유방의 부종은 젖소에서 가장 명확하게 나타나는데, 유방 뿐만 아니라, 유방의 앞쪽에서 배꼽에 이르는 하복부까지도 5~15㎝의 두께로 종대된다. 미경산우에서는 임신 4개월부터 종대되기 시작되지만, 노령의 경산우에서는 분만 2~4주 전까지는 유방의 부종이 인정되지 않는다. 말에서는 분만 6~48시간 전에 초유(初乳, colostrum)가 흘러나와 밀납(wax)과 같은 물질이 되고, 이것이 각 유두공에 구슬모양으로 매달려 있다. 돼지에서는 비유가 시작되면 약 10시간 후에 분만이 일어나는 것이 보통이다.

모든 동물은 분만이 임박해지면 식욕이 감퇴되며, 불안해하면서 이리저리 돌아다니고, 꼬리를 흔들기도 하며, 소변을 자주 보고, 누었다 일어서기를 반복하는 등의 모습을 보인다. 다태동물은 분만이 가까워지면 깔짚을 물어다가 새끼의 보금자리를 만드는 영소(營巢, nest building) 활동을 한다. 그러나, 돼지의 경우 현재와 같은 사육체계하에서는 영소활동을 보이지 않는다. 말은 분만 4시간 전부터 주부(肘部, elbow)의 뒤쪽과 겸부(膁部, flank)에서 땀을 흘리는데, 이것은 진통의 개시를 의미한다. 방목중인 소와 면양은 분만 직전에 무리에서 떨어져 나와 조용한 조건이 갖추어진 장소에서 홀로 분만을 준비한다.

2. 태향과 태위

태아는 분만이 일어나기 직전에 자궁내에서 동물종 특유의 태위와 태향을 취하게 된다. 이것은 태아가 분만시에 골부산도의 골반축을 용이하게 통과하기 위한 준비적 자세이다. 돼지를 제외한 대부분의 가축에서 정상분만을 하려면, 태아의 태위가 두위이고, 태향은 상태향이어야 한다(그림 6-8; Sorensen, 1979).

1) 골 반 축

태아가 만출될 때 반드시 통과하여야 할 골반강(骨盤腔, pelvic cavity)을 지칭하는 골부산도(骨部産道, bony birth canal)의 중심선, 즉 골반입구·골반중심부·골반출구의 중심을 연결하는 가상선을 골반축(骨盤軸, pelvic axis)이라 한다. 분만시에는 태아의 체종축(體縱軸)이 이 선을 통과하게 된다. 골반축의 형태는 동물의 종에 따라 다르다. 말의 골반축은 골반입구에서 약간 상향(上向)하다가 골반강에 와서는 궁형(弓型)을 그리면서 골반출구쪽으로 하향(下向)하는 곡선을 이루고 있다. 소에서는 골반입구에서 상향하다가 골반강에서는 아래쪽으로 내려와 수평을 이루고, 골반출구에서 다시 상향함으로 파도모양의 선(波線)을 이룬다. 면양·산양·개에서는 골반입구에서 약간 상향하며, 골반강과 골반출구에서는 수평을 유지한다. 분만을 할 때, 돼지·개·고양이 등은 골부산도가 짧을 뿐만 아니라, 태아의 크기가 작고, 관절도 부드럽기 때문에 골반축은 그다지 문제가 되지 않는다. 말은 골

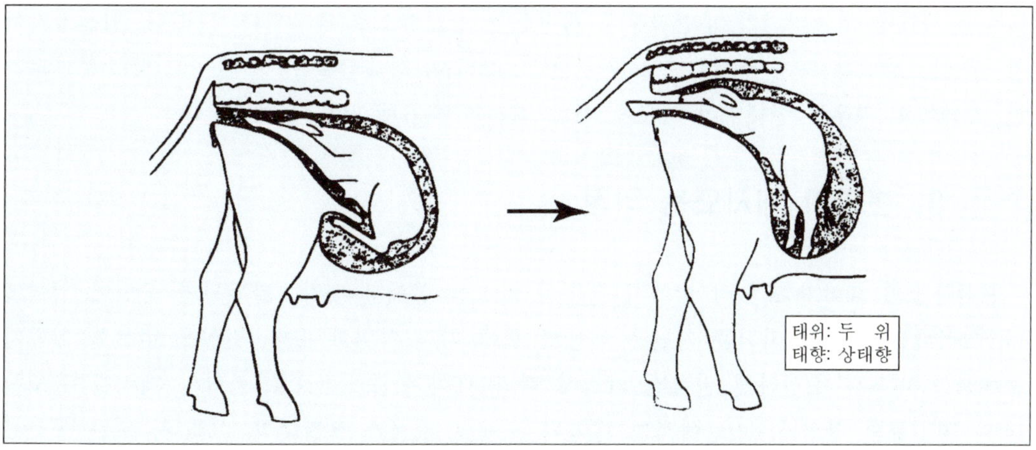

그림 6-8. 정상분만을 하는 송아지의 태위와 태향

반축이 완만한 궁형을 나타냄으로 태아의 만출이 비교적 용이한 반면에, 소는 골반축이 파상(波狀)으로 되어 있음으로 다른 가축에 비하여 태아의 만출이 쉽지 않다.

2) 태 위

분만 직전에 있는 태아의 체종축(머리와 꼬리를 잇는 체축)과 모체의 체종축 상호간의 배치형태를 나타내는 용어를 태위(胎位, fetal presentation)라 한다. 태위는 두종류로 구분하는데, 태아와 모체의 체종축이 서로 평행하게 위치하는 상태를 종위(縱位), 평행하지 못하여 서로 교차하는 상태를 횡위(橫位)라 한다. 종위에서는 태아의 머리가 골반입구를 향하고 있는 것을 두위(頭位), 엉덩이가 골반입구를 향하고 있는 것을 미위(尾位)라 한다. 소 · 말 · 면양 · 산양 등의 분만시 태위는 95%이상이 정상분만의 태위인 두위이다. 미위의 경우는 두위에 비하여 난산이나 사산의 비율이 높으며, 횡위는 자연분만을 기대할 수 없다. 단태동물의 쌍태는 한쪽 태아가 두위이고, 다른 쪽의 태아는 미위인 것이 보통이다. 돼지 · 개 · 고양이 등과 같은 다태동물의 태아는 두위와 미위가 반반이며, 모체의 체격에 비하여 태아의 크기가 작기 때문에 미위라 하더라도 난산이 되는 것은 아니다.

3) 태 향

태향(胎向, fetal position)은 태아의 등(背)이 어미의 배쪽(腹側) 또는 등쪽(背側) 가운데 어느 쪽을 향하고 있는 가를 나타내는 용어로서, 태아의 등이 어미의 배쪽을 향하고 있는 것을 하태향(下胎向), 어미의 등쪽을 향하고 있는 것을 상태향(上胎向)이라 한다. 태아의 등이 옆쪽으로 향한 것을 측태향(側胎向)이라 하는데, 태아 등의 방향에 따라 좌태향과 우태향으로 구분한다. 정상분만시의 태향은 태아의 등이 하늘쪽을 향하고, 배가 땅쪽을 향하는 상태향이다. 하태향은 분만시에 태아가 골부산도를 통과할 때 골반축에 적합하도록 태아의 허리가 굽혀지는 것이 어려움으로 난산의 비율이 높다. 말의 태아는 임신말기까지 하태향의 상태를 유지하다가 분만직전에 회전하여 상태향으로 전환된다. 그러나, 임신말기의 소 태아는 상태향 또는 측태향으로 위치한다. 따라서, 상태향일 경우에는 그대로 분만되지만, 측태향의 경우는 상태향이 되도록 약간 회전한 다음에 분만이 개시된다.

3. 분만이 개시되는 기전

포유동물의 태아가 모체의 밖에서 생존이 가능한 상태로 성장 · 발달되면 분만이 일어난다. 그러나, 분만이 개시되는 기전은 동물의 종에 따라 차이가 있다. 면양을 비롯한 일반가축에서는 비교적 소상하게 밝혀진 기전에 따라 태아가 주도적으로 분만의 개시를 유도하지만, 영장류의 분만개시기전에서는 태아와 모체의 관계가 복잡하다. 그러나, 모든 동물종에서 분만이 개시되려면, 자궁근의 자발적 수축을 억제하여 임신을 유지시키는 프로게스테

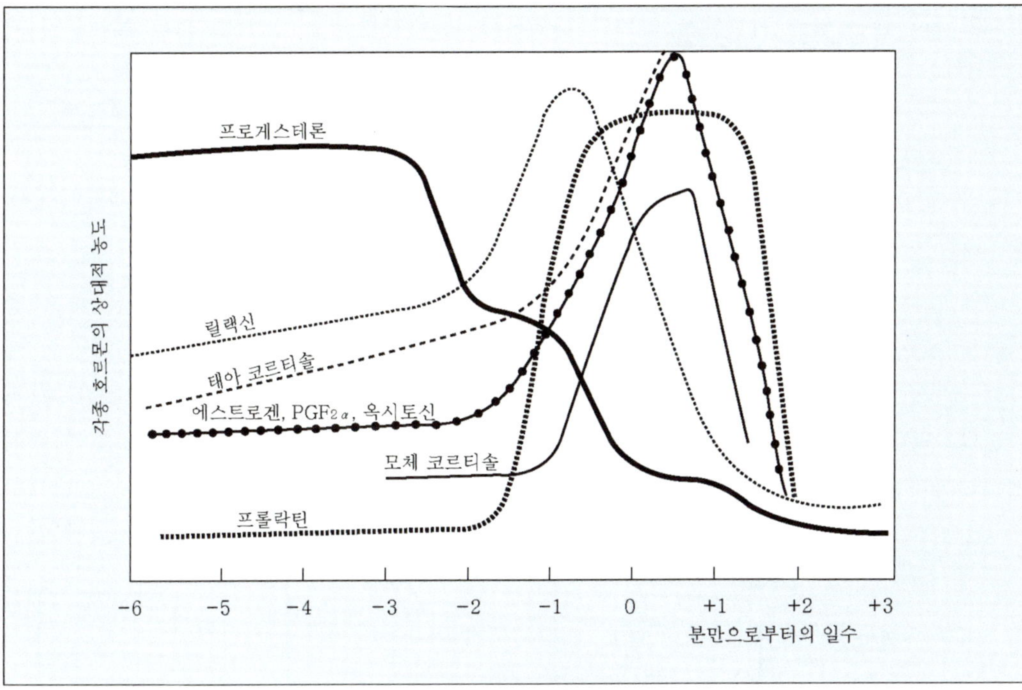

그림 6-9. 분만기에 있어서 각종 호르몬의 농도 변화

론의 농도가 급속히 저하되고, 이어서 자궁근의 강력한 수축을 유발하는 각종 호르몬이 분비되어야 한다는 점은 같다. 따라서, 분만이 개시되는 원리를 호르몬의 분비동태를 중심으로 하는 내분비적 기전으로 설명하고 있다.

1) 분만개시의 내분비적 기전

분만개시기에는 분만을 저지하면서 임신을 유지시키는 프로게스테론의 혈중농도가 급속하게 저하되는 반면에, 자궁근의 강력한 수축운동을 유발하여 분만을 유기하는 호르몬인 에스트로겐 · $PGF_{2\alpha}$ · 옥시토신 등의 혈중농도가 현저하게 증가된다(그림 6-9; Bearden & Fuquay, 2000). 이러한 호르몬 농도의 변화는 태아의 부신에서 분비되는 코르티솔(cortisol)에 의하여 유발된다는 것이 대부분의 가축을 대상으로 수행된 실험에서 밝혀졌다. 따라서, 가축의 분만개시는 태아 부신계의 활성화에 의존적으로 발현되는 생리적 과정이다.

(1) 태아의 시상하부-뇌하수체-부신계의 활성화 : 태아의 부신이 분만의 개시를 유발한다는 사실은 Liggins와 그의 공동연구자(1974)에 의하여 증명되다. 그들은 면양의 태아에서 뇌하수체를 적출하여 부신의 발육부전을 유도하거나, 태아의 양측 부신을 적출하면 분만이 개시되지 않는 반면에, 부신피질자극호르몬이나 글루코코르티코이드를 태아에 투여하면 분만이 개시된다고 하였다. 이에 근거하여 면양에서 태아의 시상하부-뇌하수체-부신계의 활성화를 중심으로 한 분만개시기전이 확립되었다(그림 6-10; Thorburn, 1991). 그 후

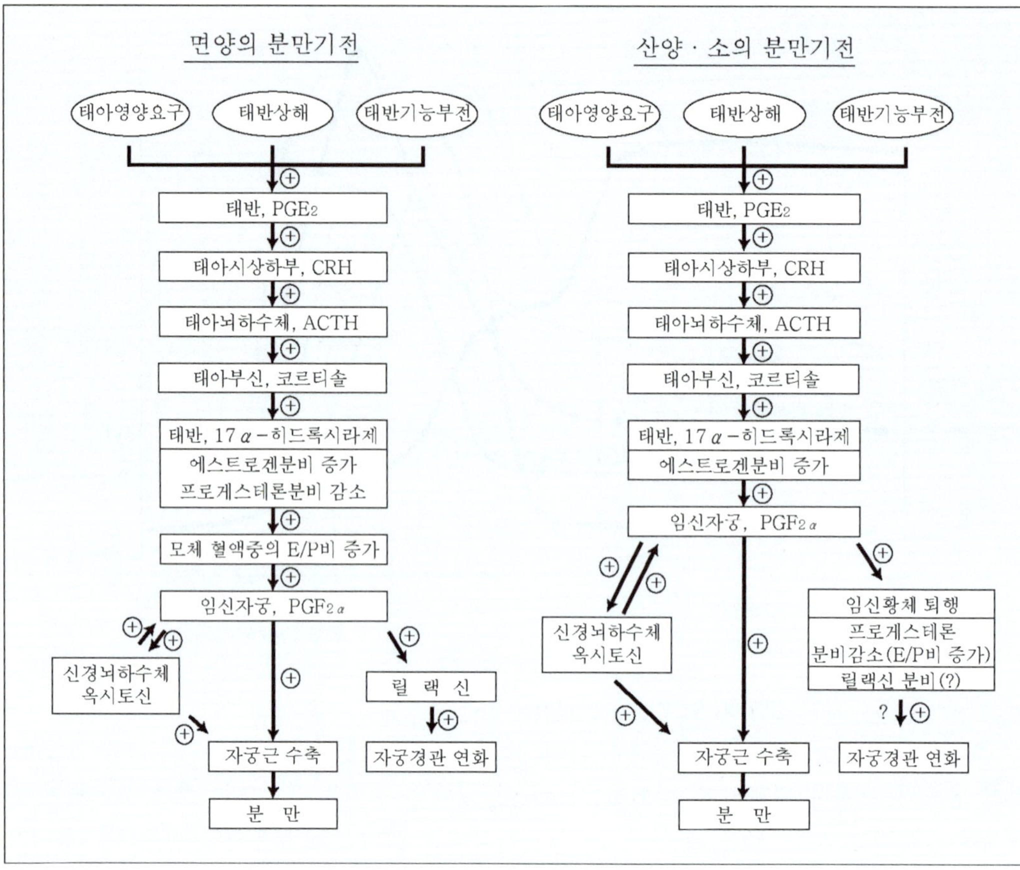

그림 6-10. 면양과 소에서 분만이 개시되는 기전

의 연구에서 소 · 산양 · 돼지 등에서도 부분적으로 다른 점은 있지만, 기본적으로는 이 기전에 의하여 분만이 개시된다는 사실이 증명되었다(Liggins, 1994).

면양의 태아에서 시상하부-뇌하수체-부신계의 활성화에 의한 분만개시기전의 중심적 요소는 태아의 부신이 성숙되어 코르티솔의 분비기능을 획득하는 과정이다. 그 과정은 ① 임신말기가 되어 태아의 영양소 요구량이 태반이 감당하기 어려울 정도로 많아지고, 태반 자체도 분만에 대비하여 손상되거나 기능부전상태가 되면, 이들 자극에 의하여 태반에서 PGE_2가 합성 · 분비되고, ② 분비된 PGE_2는 태아의 시상하부를 자극하여 CRH의 방출을 촉진하며, ③ 방출된 CRH는 태아 뇌하수체의 ACTH분비를 자극하고, ④ ACTH는 태아의 부신피질을 자극하여 코르티솔의 합성 · 방출을 급격하게 증가시킨다(Norman 등, 1985). 이와 같은 경로를 통하여 태아의 부신에서 다량으로 분비된 코르티솔은 태반 및 모체에서 분비되는 분만관련 호르몬의 합성 · 방출을 유도하고, 이에 따라 분만이 개시된다. 따라서, 태아의 부신에서 코르티솔이 분비되는 것은 태아가 모체의 밖에서 생존할 수 있는 상태로 성장 · 발달되었다는 것을 모체에 알리는 최초의 정보라고 할 수 있다(Hinoki, 1999).

(2) 태아 코르티솔에 의한 분만관련 호르몬의 분비와 작용 : 태아의 부신에서 분비된 코르티솔은 태반으로 이행된 다음, 스테로이드호르몬 합성의 초기과정을 촉매하는 17α-히드록시라제(17α-hydroxylase; 표 2-7과 그림 2-19 참조)를 활성화시킴으로써 태반의 에스트로겐 합성과정을 개시시킨다. 이에 따라 합성·분비된 에스트로겐은 모체의 자궁내막을 자극하여 $PGF_{2α}$의 급격한 합성·방출을 유도한다. 또한, 에스트로겐이 다량으로 방출되는 시기에 맞추어 프로게스테론의 농도가 급속히 감소되어 에스트로겐/프로게스테론 비율(E/P 비)이 높아지는데, E/P 비가 높아지는 원인은 프로게스테론의 분비장소에 따라 두종류의 기전으로 설명하고 있다. 그 하나는 임신후반기의 프로게스테론이 태반에서 분비되는 동물(면양)의 경우로서, 프로게스테론이 태반에서 곧바로 에스트로겐의 합성원료로 이용됨으로 에스트로겐의 증가에 비례하여 프로게스테론의 농도가 감소된다. 다른 하나는 전 임신기간을 통하여 임신황체에서 프로게스테론이 분비되는 동물(산양·소)의 경우로서, 에스트로겐의 합성과 동시에 프로게스테론이 감소되지 않고, 자궁에서 에스트로겐의 자극으로 분비된 $PGF_{2α}$가 임신황체를 퇴행시킨 후에 프로게스테론의 농도가 감소된다. 이러한 과정을 통하여 분만을 저지하는 프로게스테론의 농도가 급속히 감소되고, 자궁근의 수축을 유발하는 $PGF_{2α}$와 에스트로겐의 농도가 증가되면 분만이 개시된다. 자궁내막에서 분비된 $PGF_{2α}$는 강력한 자궁근의 수축을 유발하는 동시에, 모체의 신경뇌하수체를 자극하여 강력한 자궁수축활성을 가진 옥시토신의 분비를 촉진한다. 더우이, 분비된 옥시토신은 자궁내막의 $PGF_{2α}$분비를 자극하여 두 호르몬의 분비량이 상승적으로 증가된다(제2장 제6절 프로스타글란딘[생리작용] 항목 참조). 에스트로겐은 자궁근의 옥시토신수용체를 증가시킴으로써 태아에 의하여 산도에 가해지는 기계적 자극과 $PGF_{2α}$의 작용으로 분비된 옥시토신의 자궁수축기능을 증대시킨다(제2장 제4절 에스트로겐[생리작용] 항목 참조). 이와 같이, 분만의 개시는 태아의 부신에서 분비된 코르티솔의 작용으로 발현되는 연속적 조절기전에 의존적으로 분비된 $PGF_{2α}$·에스트로겐·옥시토신 등의 상호작용에 의하여 유발된다.

(3) 분만개시기전의 동물종간 차이 : 말에서는 혈중 프로게스테론의 농도가 임신 250일 후부터는 검출이 불가능할 정도로 감소되고, 에스트로겐도 분만에 가까운 시기에 감소되며, E/P 비도 증가되지 않는 등, 호르몬의 분비동태가 다른 동물종과는 다르다. 더욱이, 말의 태반에서는 에스트로겐의 합성을 개시시키는 17α-히드록시라제도 존재하지 않는다. 그러나, 분만개시기에는 높은 농도의 $PGF_{2α}$가 분비된다(Tsumagari, 1999). 이러한 사실들을 종합하면, 말은 태아의 뇌하수체-부신계에 의하여 유발되는 내분비적 기전에 의하여 분만이 개시되는 것이 아니고, 모체의 자궁에서 명확하지 않은 기전으로 분비되는 $PGF_{2α}$와 산도에 가해지는 기계적 자극으로 신경뇌하수체에서 분비되는 옥시토신이 공동으로 작용하여 분만이 개시되는 것으로 보인다. 사람은 비롯한 영장류에서는 태반에서 분비되는 CRH에 의하여 분만이 개시된다. 따라서, 태아측의 작용으로 분만이 개시되는 가축과는 달리 모체에 의하여 분만이 개시된다. 태반에서 분비된 CRH는 태아뇌하수체의 ACTH분비를 자

극하고, ACTH는 태아부신을 자극하여 코르티솔과 데히드로에피안드로스테론(dehydroepiandrosterone [DHEA])의 합성을 자극하며, DHEA는 태반으로 운반되어 에스트로겐의 일종인 에스트리올(estriol)로 전환된다(제2장 제5절 태반에스트로겐 항목과 그림 2-29 참조). 태반에서 에스트리올이 다량으로 합성되면, E/P 비가 증가되고, 이후부터는 일반가축에서 보이는 연속적 과정과 같은 경로를 통하여 분만이 개시된다(Smith 등, 1998).

2) 모체에 의한 분만시각의 결정

일반가축에서 분만의 개시에 대한 모체의 역할은 태아의 역할에 비하면 아주 작지만, 몇 종류의 동물종에서는 분만시각의 결정에 모체가 일정한 역할을 한다. 예를 들면, 말은 어두운 조건에서 분만하는 것을 선호하여 약 83%의 말이 밤에 출산할 뿐만 아니라, 분만에 방해를 받지 않는 조건이 충족될 때까지 분만시각을 연장시킬 수 있는 능력을 가지고 있다. 또한, 수종의 동물종에서 분노 · 스트레스 · 공포 등은 에피네프린(epinephrine)의 방출을 유발하고, 이에 따라 자궁근의 수축이 억제되어 분만이 지연된다. 소 · 말 · 면양 등에서는 일상적인 사양관리의 형태도 분만시각에 영향을 미친다. 이러한 모체의 작용은 태아에 의하여 결정된 분만일내에서 모체가 분만시각을 결정함으로써 분만을 위한 최적의 조건이 갖추어진 상태하에서 분만이 일어날 수 있도록 한다(Jainudeen & Hafez, 2000).

3) 자궁근 수축의 활성화

분만이 성공적으로 이루어 지려면 자궁근이 수축력을 획득하여야 하며, 자궁경은 태아가 통과할 수 있도록 충분히 이완되어야 한다(Calder, 1990). 그러나, 자궁의 수축과 자궁경의 이완이 동기화되어야만 정상적인 분만이 일어날 수 있으며, 그러하지 못할 경우에는 난산이 된다. 프로게스테론의 지배하에 있는 임신기의 자궁은 태아의 성장 · 발달이 원활하게 이루어지도록 안정된 상태를 유지하기 위하여 자궁근의 수축 빈도와 진폭이 매우 낮다. 그러나, 분만기에 이르러 프로게스테론의 지배를 받던 자궁근이 에스트로겐의 지배하에 놓이게 되면 수축력을 얻게 된다. 즉, E/P 비가 증가되면, 내분비적 조절기전에 의하여 자궁근을 수축시키는 기능을 가진 $PGF_{2\alpha}$와 옥시토신이 분비되는 동시에, c-fos · c-jun · c-myc 등과 같은 자궁근내의 전사인자가 활성화되어 옥시토신과 $PGF_{2\alpha}$의 수용체단백질과 Na/Ca 통로의 간극결합을 형성하는 단백질을 합성하여 자궁근을 활성화시킨다. 활성화과정을 통하여 $PGF_{2\alpha}$와 옥시토신의 수용체를 가지게 된 자궁근이 $PGF_{2\alpha}$와 옥시토신의 자극을 받으면 강력한 수축력을 얻게 되고, 이 수축력에 의하여 태아가 만출된다(Lye, 1996). 한편, 분만기의 자궁경은 주요구성분인 콜라겐의 물리적 성질이 변화되어 연화(軟化)되면서 이완되는데, 이것을 자궁경의 숙성(熟成, ripening)이라 한다(제1장 제2절 자궁경 항목 참조). 자궁경의 숙성은 에스트로겐 · 릴랙신(특히 돼지) · $PGF_{2\alpha}$ 등과 같은 호르몬의 작용으로 이루어진다. 숙성과정을 통하여 연화된 자궁경에 자궁의 수축으로 밀려 내려오는 태막과 태아의 압력이 가해지면, 더욱 넓게 확장되어 태아의 만출을 위한 통로(산도)가 형성된다.

4. 진통과 분만과정

분만기가 되면 내분비적 조절기전에 의하여 방출된 분만관련 호르몬들의 작용으로 자궁근이 율동적으로 수축하는 진통이 일어나고, 진통과정의 진행에 보조를 맞추어 가면서 태아와 태반이 차례로 만출되는 분만과정이 진행된다.

1) 진　통

분만이 일어날 때 자궁경관의 점진적 이완을 동반하면서 주기적이고도 불수의적으로 발생되는 자궁근의 연동수축(蠕動收縮, peristaltic contraction)을 진통(陣痛, labor)이라 하며, 자궁근이 수축할 때 동통(疼痛)을 동반한다는데 근거하여 제정된 용어이다. 진통은 분만시에 급격히 증가된 $PGF_{2\alpha}$ · 옥시토신 · 에스트로겐에 의하여 유발되며, 분만과정의 진행과 더불어 그 빈도와 강도가 달라진다. 따라서, 진통과정을 3단계로 분류하는데, ① 분만의 개시로부터 자궁경관이 완전히 열려 산도가 형성될 때까지의 진통을 자궁경관확장기진통, ② 대아를 만출시키는 원동력이 되는 진통을 태아만출기진통, ③ 태반, 즉 후산(後産, afterbirth)을 배출시키기 위한 진통을 태반만출기진통 또는 후산기진통이라 한다. 이러한 진통의 난계는 단태동물에서는 명확하게 구분되지만, 다태동물인 돼지와 보통 두마리의 새끼를 출산하는 면양과 산양의 경우에는 태아와 태반이 서로 뒤섞여 만출되는 경우가 있음으로 단계를 구분하는 것이 명확하지 않을 수도 있다.

2) 분만의 과정

분만과정은 진통의 개시로부터 태반의 배출로 끝나는 연속적 과정이지만, 분만을 유발하는 원동력이 되는 진통의 단계에 따라 ① 자궁경관확장기(dilation of cervix), ② 태아만출기(expulsion of fetus), ③ 태반만출기(expulsion of placenta) 등의 3단계로 구분하는데, 이것들 각각을 제1기 · 제2기 · 제3기라고도 한다. 각 분만단계에 소요되는 시간은 동물종에 따라 다르며, 단태동물의 경우는 태아만출기가 가장 짧다(표 6-8; Jainudeen & Hafez, 2000).

(1) 자궁경관확장기 : 자궁근의 규칙적인 수축이 개시되고, 자궁경관이 확장되어 자궁과 질이 서로 연결된 하나의 원통형으로 될 때까지의 기간을 말한다. 자궁경관이 확장되기 전까지의 자궁은 비교적 안정된 상태를 유지하지만, 자궁근의 수축에 필요한 높은 수준의 에너지를 보유하고 있으며, 분만에 가까워지면 근육의 수축단백질(contraction protein)인 액토미오신(actomyosin)의 양과 질이 향상되어 자궁근의 수축에 대비한다. 자궁의 수축은 분만개시기에 다량으로 분비되는 에스트로겐과 $PGF_{2\alpha}$의 작용으로 활성화된다. 그러나, 강력

표 6-8. 주요가축의 각 분만단계에 소요되는 평균시간

동 물 종	자궁경관확장기(시간)	태아만출기(시간)	태반만출기(시간)
말	1~4	0.2~0.5	1
소	2~6	0.5~1.0	6~12
면 양	2~6	0.5~2.0	0.5~8
돼 지	2~12	2.5~3.0	1~4

한 자궁수축제인 옥시토신은 태아만출기 이전에는 거의 방출되지 않음으로 자궁경관확장기의 자궁수축에는 관여하지 못한다.

자궁경관확장기의 진통은 초기에는 15분 전후의 간격을 가지고, 20초간 지속되는 주기로 반복되지만, 시간의 경과와 더불어 수축빈도와 수축력이 점차적으로 증가된다. 자궁경관확장기의 마지막단계에서는 3~5분 간격으로 진통이 반복된다. 그러나, 진통이 개시되는 자궁의 부위는 동물의 종에 따라 달라서, 단태동물은 자궁각의 선단에서 발동된 다음에 자궁경을 향하여 전파되지만, 다태동물의 경우는 자궁경에 가장 가깝게 위치하는 태아의 바로 후방에서 개시된다. 이와 같은 자궁의 수축운동은 태수(胎水, fetal fluid)를 담고 있는 태막을 자궁경관쪽으로 밀어붙여 자궁경관의 확장을 조장한다. 태막이 자궁경관을 통과하여 질내로 들어오면 융모막요막이 파열되어 요수가 유출되는데, 이것을 제1파수(第一破水, first rupture of bag)라 한다. 또한, 이 시기의 진통은 태아가 분만시의 태향을 취하도록 유도한다. 말이나 개와 같이 임신시에 태아가 하태향 또는 측태향을 유지하고 있는 동물에서는 분만시의 태향인 상태향이 되도록 태아를 회전시킨다. 그러나, 소와 면양의 태아는 임신시부터 상태향을 유지하고 있음으로 태아의 회전은 필요하지 않다.

(2) 태아만출기 : 태아만출기는 자궁경관이 완전하게 열린 시기로부터 태아가 만출될 때까지의 기간이다. 이 기간에는 진통이 점차적으로 강해지면서 간격도 짧아진다. 이러한 진통에 의하여 태아와 태막은 골반입구를 통과하여 후방으로 밀려 나오게 된다. 이 과정에서 양막에 둘러싸인 태아가 골반에 가하는 신경자극이 횡격막(横隔膜, diaphragm)과 복근(腹筋, abdominal muscle)의 수축을 유발하여 복압을 증가시킨다. 이렇게 되면 태아는 더욱 밀려 나오게 되고, 이에 따라 양막에 둘러싸인 태아의 앞발이 족포(足胞, foot sac)를 형성하면서 외음부 밖으로 노출된다. 곧이어 양막이 파열되어 제2파수(second rupture of bag)가 일어나면 양수가 분출되며, 분출된 양수는 산도를 미끄럽게 하고, 자궁과 질의 반사적 수축을 유발한다. 이러한 일련의 수축작용으로 태아의 머리가 질에 진입되면 질이 크게 확장된다. 이 때 질벽이 받게 되는 기계적(확장)자극이 지각신경을 경유하여 신경뇌하수체로 전달되면, 다량의 옥시토신이 분비되어 자궁과 질을 더욱 격렬하게 수축시킨다. 이와 같은 경로를 통하여 유발된 자궁과 질의 수축력과 횡격막 및 복근의 수축력이 합세하여 태아를 일거에 만출시킨다. 한편, 반추동물의 태아는 태반태아부가 모체의 자궁소구에 부착된 상

태에서 만출됨으로 만출에 시간이 걸리더라도 태아는 태반을 통하여 모체로부터 산소를 공급받을 수 있다. 그러나, 돼지와 말의 태반형인 상피융모성태반은 자궁경관확장기부터 태반모체부와 태반태아부의 분리가 시작됨으로 태아의 만출이 지연되면 모체로부터 산소를 공급받을 수 없게 되어 태아가 질식·사망하게 된다.

(3) 태반만출기 : 이 기는 태아가 만출된 후에 자궁내막에서 태반이 박리되어 배출되는 기간이다. 태반도 자궁근의 수축에 의하여 만출되는데, 자궁각의 정점에서 시작되는 연동수축은 융모막요막을 반전시킴으로써 만출을 용이하게 한다. 막 태어난 신생자가 젖을 빠는 자극은 신경뇌하수체로부터 옥시토신의 방출을 촉진함으로 자궁근의 수축을 유발하여 태반을 만출시키는 하나의 요인이 된다. 융모막융모가 모체의 자궁내막에서 쉽게 분리되는 것은 자궁의 강력한 수축에 의하여 융모막융모와 태반모체부에서 혈액이 제거됨에 따라 융모막융모의 크기가 작아지고, 융모막융모가 침입되었던 음와(陰窩, crypt)의 크기가 넓어지기 때문이다. 그러나, 유산·난산·조기출산 등과 같은 질병상태에서는 태반의 만출이 지연되는 경우가 많은데, 이것을 태반정체(胎盤停滯, retention of placenta)라고 한다.

5. 산　　욕

임신과 분만의 과정에서 발생된 생식기관의 변화가 분만후에 정상적 비임신상태로 회복되어 다시 임신할 수 있는 능력을 획득하는 것을 산욕(産褥, puerperium)이라 하고, 이 회복기간을 산욕기라 한다. 분만을 완료한 동물은 산욕기 동안에 ① 손상되었던 자궁내막이 재생되고, ② 임신에 따라 크게 확장되었던 자궁이 비임신상태의 크기로 축소되며, ③ 난소의 기능이 활성화되어 발정주기가 재귀된다. 소·말·돼지 등과 같은 동물은 분만과 분만후 초발정 사이의 간격을 조사하여 산욕기를 쉽게 산정할 수 있지만, 면양과 같은 계절번식동물은 분만후의 난소주기가 다음 번식주기까지 발현되지 않음으로 산욕기를 정확히 판단하는 것이 어렵다. 산욕기에는 세균감염에 따른 산욕성자궁염(postpuerperal metritis)·산욕성음문염(postpuerperal vulvitis)·산욕성질염(postpuerperal vaginitis)·산욕열(postpuerperal fever)등이 발병되기 쉽고, 돼지에서는 산욕성무유증증후군(postpuerperal agalactia syndrome)이 발생되어 큰 피해를 주기도 한다.

1) 자궁내막의 재생

산욕기에는 오로(惡露, lochia)라고 부르는 자궁배출액이 외음부를 통하여 밖으로 흘러나온다. 오로는 ① 자궁내에 잔류되어 있던 태수, ② 자궁내막의 분비액, ③ 태반이 박리된 자궁내막 부위에서 흘러나온 혈액, ④ 태반과 태막의 잔류물과 자궁내막 탈락물의 변성분해물 등이 혼합된 액체로서, 황갈색 또는 다갈색을 띤다. 오로의 배출량은 동물의 종이나 개체에 따라 현저하게 다르다. 소의 오로 배출량은 분만후 2~3일 사이에 가장 많고, 8일경에는 감소되며, 14~18일경에는 배출되지 않는데, 초산우는 경산우에 비하여 적다. 말의 오로 배출량은 아주 적어서 2~3일 사이에 없어지는 것이 보통이지만, 어떠한 경우에는 1주일간이나 지속되는 경우도 있다. 돼지・면양・산양 등도 말의 경우와 같다.

반추동물은 모체측의 자궁소구상피와 태아측의 융모상피가 합포체를 형성하여 태반결합을 한다(본 장의 제1절 태반의 분류 항목과 그림 5-15 참조). 따라서, 분만후의 자궁소구는 자궁소구상피와 융모상피의 합포체가 피복하고 있는데, 이것은 분만후의 시간경과와 더불어 용해・탈락된다. 소의 경우, 분만후 12일째까지는 자궁소구의 표층이 완전히 제거되고, 12~14일부터는 자궁소구 주변의 상피가 증식하여 자궁소구를 피복하기 시작하며, 30일 이내에 상피가 완전히 재생된다. 그러나, 산재성태반을 형성하는 말과 돼지에서는 분만에 따른 자궁내막의 손상 정도가 경미하기 때문에 반추동물에 비하여 빠르게 재생된다. 말의 경우는 소위 망아지발정이라고 부르는 분만후 초발정이 발현되는 분만후 5~8일경까지는 자궁내막의 재생이 거의 완료된다. 돼지의 경우는 분만후 7일경부터 재생되기 시작하여 21일경에는 완전하게 재생된다.

2) 자궁의 퇴축

임신기에 크게 확장되었던 자궁이 분만후에 정상적인 비임신상태로 환원되는 것을 자궁퇴축(子宮退縮, uterine involution) 또는 자궁정복(子宮整復)이라 한다. 자궁은 후산을 배출한 후에도 율동적 수축을 계속하다가 점차적으로 수축력이 약해지는데, 소에서는 분만후 4일째부터 자궁근의 수축이 멈추게 된다. 이와 같은 자궁의 수축은 분만후에도 자궁에서 분비되는 $PGF_{2\alpha}$에 의하여 유발된다. $PGF_{2\alpha}$의 분비기간은 궁부성태반을 가지는 반추동물이 산재성태반을 가지는 말이나 돼지에 비하여 길다. 분만후에 일어나는 자궁의 수축은 자궁근의 긴장상태를 유지시켜 자궁근섬유의 길이를 짧게 만들 뿐만 아니라, 자궁조직에 고여있는 혈액이나 조직액을 짜내어 자궁벽의 조직을 치밀하게 재구축함으로써 자궁 전체의 크기를 급속하게 감퇴시킨다. 그러나, 퇴축기를 경과하여도 산도를 형성했던 생식기관이 임신전과 동일한 수준으로 회복되는 것은 아니다. 예를 들면, 소에서 자궁이 퇴축된 후에도 임각(妊角, gravid horn)은 비임각(非妊角, non-gravid horn)에 비하여 약간 크고, 질과 외음부도 미경산우에 비하여 넓으며, 음순의 피부에는 다수의 작은 주름이 남아 있다. 자궁퇴축에 소요되는 기간은 소 30~45일, 면양・산양・돼지는 3~4주, 개는 5~6주 정도이다. 그러나, 말은 다른 동물종에 비하여 신속하게 퇴축되지만, 분만후의 첫 발정(망아지발정)이 나타나는 분만후 8일경까지는 완전하게 퇴축되지 않는다. 난산・태반정체・단태동물의 쌍태분만 등은 자궁퇴축을 지연시킨다. 한편, 분만직후에는 자궁경관이 열려있고, 자궁의 내강(內腔)은 세균이 증식하기에 좋은 환경이 조성되어 있음으로 각종의 세균이 급속하게 증식된다. 증식된 세균은 자궁근의 수축에 따라 자궁강내로 유입된 림프구를 비롯한 탐식성백혈구의 식작용(食作用, phagocytosis)에 의하여 신속하게 제어된다.

3) 발정주기의 재귀

포유동물은 분만후에 비유를 계속하면서 일정한 기간 동안 무발정상태를 지속하다가 어느 시기에 이르면 내분비계가 임신 이전의 정상상태로 복귀되어 발정주기가 재귀된다. 분만후의 비유기에는 발정과 배란이 억제되어 무발정상태를 나타낸다. 이것은 비유자극이 시상하부-뇌하수체-난소축의 활성화를 억제하여 GnRH · FSH · LH 등의 분비를 저지하고, 이에 따라 난소에서 난포가 발달되지 않기 때문이다(Peters & Lamming 1990; McNeilly & Forsyth, 1994). 대부분의 야생동물은 비유자극이 발정을 억제한다. 그러나, 가축에서는 선발을 통한 육종, 그리고 영양관리와 이유방법의 개선 등으로 비유의 발정억제효과가 부분적 또는 전면적으로 제거되어 축종에 따라 발정이 억제되는 정도가 다르다. 예를 들면, 돼지에서는 비유기에 발정이 나타나지 않고, 이유를 시키면 빠른 시간내에 발정이 발현되는 반면에, 말과 젖소에서는 분만후의 비유기에 발정이 재귀된다. 모든 동물종에서 분만후에 일정한 시간이 경과되면서 비유자극이나 발정을 억제하는 환경인자가 제거되면 발정주기가 재귀되어 새로운 번식주기가 개시된다(제3장 제3절 분만후 발정의 재귀 항목 참조).

6. 신생자의 생리

태아는 태반을 통하여 가스의 교환 · 영양소의 흡수 · 노폐물의 배설 등과 같은 생리기능을 수행한다. 그러나, 분만을 통하여 자궁밖으로 만출된 신생자(新生仔, neonate)는 독자적 생리작용으로 살아가야 함으로 신체에서 구조적 및 생리적 변화가 일어난다.

1) 태아기관의 성숙

태아는 출생후의 독자적 생존에 대비하기 위하여 임신말기부터 수종류의 기관에서 성숙변화가 일어난다. 이러한 성숙변화는 주로 태아의 부신에서 분비되는 코르티솔에 의하여 지배 · 조절된다(Liggins, 1994).

(1) 폐의 성숙 : 출생과 더불어 태반을 통한 가스교환이 단절됨으로 신생자는 생존을 위하여 폐에서의 가스교환체계가 신속하게 확립되어야 한다. 폐의 성숙은 기체(폐포내의 공기)와 액체(폐포내의 점액과 폐포모세혈관의 혈액) 사이에서 일어나는 가스교환을 장해하는 높은 표면장력(表面張力, surface tension)을 감소시키는 과정이다. 임신말기에 있는 태아의 폐포(肺胞, alveolus)를 구성하는 상피세포에서는 부신에서 분비된 코르티솔의 작용으로 폐포내의 표면장력을 감소시켜 주는 기능을 가진 계면활성제(界面活性劑, surfactant)를 생산한다. 신생자가 모체의 밖에서 최초로 호흡을 하여 폐포가 확장되면, 이 자극으로 계면활성제가 폐포의 상피세포에서 폐포내로 방출되어 표면장력을 감소시키고, 이에 따라 신생자의 혈액과 폐포공기 사이에서 가스교환이 원활하게 이루어 진다. 이와 같이, 태아의 부신기능이 폐의 성숙을 지배함으로 면양 태아를 임신 125~130일에 제왕절개로 분만시키면 호흡기

능이 불완전하지만, 같은 시기에 태아내로 글루코코르티코이드를 투여하여 조기분만을 유도한 경우에는 폐에서 계면활성제가 생산되어 정상적인 호흡이 가능하다.

(2) 혈액순환계의 변화 : 태아기 동안에는 태반이 태아의 호흡기능을 대행하기 때문에 폐순환(肺循環, pulmonary circulation)은 생리적으로 아무런 의미가 없다. 그러나, 태아가 출산된 후에는 태아와 태반 사이의 혈액순환을 영위하는 제순환(臍循環, umbilical circulation)이 단절됨으로 체순환(體循環, systemic circulation)을 통하여 신체를 순환한 정맥혈은 반드시 폐를 통과하여 O_2를 공급받고, CO_2를 배출하여야 한다. 이와 같이, 태아의 혈액순환경로가 출생후에 성동물의 순환경로로 변경되려면, 태아순환을 위한 맥관계의 구조물들이 퇴화 · 소실되어야 한다(앞에 기술된 태아의 혈액순환 항목 참조). 분만후에 신생자의 폐가 성숙되어 폐에 분포된 혈관의 말초저항이 감소되면 폐동맥의 혈압이 감소되고, 이에 따라 폐동맥과 대동맥을 연결하는 동맥관이 수축 · 폐쇄된다. 동맥관이 폐쇄되면 심장의 우심실에서 배출된 혈액의 전부가 폐동맥을 통하여 폐로 유입되고, 폐에서 가스를 교환한 동맥혈은 폐정맥을 통하여 좌심방으로 유입된다. 동맥관이 폐쇄되고, 분만에 따라 제순환계가 정지되면, 우심방의 혈압이 급격히 감소되면서 좌심방의 혈압이 증가됨에 따라 양측 심방사이에 위치하는 난원공이 폐쇄된다. 제순환이 정지되면 제정맥으로 혈액이 유입되지 않음으로 정맥관도 폐쇄되어 인대화되고, 이어서 문맥순환이 활성화되어 신생자의 소화관에서 영양소를 흡수하게 된다. 분만에 따라 제순환이 정지됨으로 제동맥과 제정맥도 폐쇄되면서 인대화 된다.

(3) 에너지대사와 체온조절기능 : 신생자가 대사기질로 이용되는 글루코오스를 흡유한 젖을 소화하여 얻을 때까지는 임신후반기에 태아의 간장 · 근육 · 심근 등에 저장된 글리코겐을 글루코오스로 분해하거나, 저장된 갈색지방조직(brown adipose tissue)을 이용하여 글루코오스를 합성하는 당신생(糖新生, glyconeogenesis) 과정을 통하여 얻게 된다. 따라서, 간장의 글리코겐 함량은 출생후에 급격하게 감소되지만, 혈당수준은 비교적 일정하게 유지된다. 한편, 임신기의 자궁내 환경은 태아가 일정한 체온을 유지하는데 적합하고, 체온조절에 필요한 영양소도 태반을 통하여 충분히 공급받을 수 있어서 태아의 체온조절에는 문제가 없다. 그러나, 출생후의 신생자는 자체의 대사작용으로 환경온도의 변화에 대응하는 체온조절기능을 갖추어야만 생존할 수 있다. 출생직후의 신생자는 갑상선에서 트리요오드티로닌(triiodothyronine), 부신수질에서 카테콜라민(catecholamine)을 합성 · 방출하여 대사율을 급격히 상승시켜 저온환경에 대응하는 체온조절을 한다. 따라서, 신생자의 체온조절효율은 출생시의 태아조직내에 저장된 글리코겐이나 갈색지방의 양에 따라 결정된다. 돼지와 면양의 신생자는 저온환경에 특히 약하여 출생후에 체온이 급격히 떨어지는데, 생후 1시간이 경과된 후의 직장온도(直腸溫度, rectal temperature)가 자양은 2~3℃, 자돈은 2~5℃나 떨어진다. 또한, 신생자는 저온환경 뿐만 아니라, 고온환경에 대한 적응성도 떨어지는데, 면양과 소의 신생자가 특히 약하다. 예를 들면, 생후 2~7일의 자양은 38℃에서 2시간을

살지 못하며, 직사광선하에서는 체온이 급격히 상승하여 3시간 이상을 생존하지 못한다.

2) 신생자의 면역획득

어미의 자궁내에서 성장·발육하고 있는 태아는 면역글로불린(immunoglobulin)을 생산하지 못하며, 생산한다 하더라도 그 양은 극히 미미하다. 따라서, 신생자는 모체의 면역글로불린을 전달받는 피동면역(被動免疫, passive immunity)에 의존하여 면역기능을 획득한다. 그러나, 모체에서 태아 또는 신생자로 면역글로불린이 전달되는 경로는 태반장벽의 층수에 따라 다르다. 혈액융모성태반을 형성하는 마우스·래트·사람 등은 모체의 혈액순환계와 태아의 혈액순화계를 격리시키는 태반장벽의 조직층 수가 적어서 모체의 면역글로불린이 태반을 쉽게 통과한다. 따라서, 이들 동물은 태아가 자궁내에 위치할 때부터 모체의 면역글로불린을 전달받는다. 그러나, 대부분의 가축은 태반장벽의 조직층 수가 많은 상피융모성태반을 형성함으로 모체의 면역글로불린이 태반을 통과할 수 없다. 이러한 동물들은 모체의 유선에서 면역글로불린을 분비하며, 신생자는 초유(初乳, colostrum)를 먹음으로써 모체로부터 면역글로불린을 전달받아 면역능력을 획득한다. 신생자의 소장(小腸)은 한시적으로 화학적 본태가 당단백질인 면역글로불린을 완전한 분자상태로 흡수할 수 있다 그러나, 면역글로불린의 흡수능력은 분만후 시간경과에 비례하여 급속히 저하되며, 그 한계시간은 출생후 24~36시간 정도이다. 따라서, 신생자의 면역능력을 신속하게 획득시키기 위하여 출생후 가급적 빠른 시간내에 초유를 먹이는 것이 매우 중요하다.

7. 분만의 인위적 조절

분만이 일어나는 생리적 기전이 밝혀짐에 따라 인위적으로 분만시기를 조절하는 것이 가능하게 되었다. 이론적으로는 분만시기의 조절을 통하여 임신기간을 연장시키거나 단축시키는 것이 모두 가능하다. 그러나, 임신기간이 연장되면 태아가 지나치게 성장하여 난산이 될 위험성이 있을 뿐만 아니라, 양수의 삼투압이 증가되어 태아에서 탈수가 일어날 가능성이 있고, 태반기능도 저하되어 태아가 손상될 위험성도 있다. 따라서, 분만시기의 조절은 정상적인 분만이 일어나기 전에 인위적으로 분만을 유도하는 것이 일반적인데, 이것을 분만유기(分娩誘起, induction of parturition)라 한다. 소나 말과 같이 임신기간이 긴 동물은 임신기간을 몇일 단축하여도 문제가 없지만, 돼지와 같이 임신기간이 짧은 동물은 2~3일간만 단축하여도 태아의 성장에 지장을 줄 수가 있음으로 세심한 주의가 필요하다. 분만유기는 ① 질병(태막수종 등)이나 태아의 기형(장기재태 등)으로 조기분만이 불가피한 경우, ② 체격이 큰 품종의 수컷과 체격이 작은 품종의 암컷을 교배시켜 태아의 크기가 난산을 유발할 정도로 큰 경우, ③ 번식관리를 생력화(省力化)하기 위하여 분만의 동기화가 필요한 경우 등에서 이용된다.

1) 분만조절의 원리

자연분만은 태아의 시상하부-뇌하수체-부신계가 활성화되어 분비되는 코르티솔의 작용에 의하여 프로게스테론의 분비가 저하되는 동시에, 에스트로겐 · $PGF_{2\alpha}$ · 옥시토신 등과 같은 분만관련 호르몬이 연속적으로 분비되고, 이것들이 협동적으로 작용하여 일어난다(앞에 기술된 분만개시의 내분비적 기전 항목 참조). 따라서, 분만을 일으키는 이들 호르몬제를 이용하여 인위적으로 분만을 유기할 수 있다. 그러나, 분만을 유발하는 내분비적 기전이 동물의 종에 따라 부분적으로 다르기 때문에 인위적으로 분만을 유기할 경우에는 각 동물의 분만기전에 부합되는 호르몬제를 선택하여 이용하는 것이 효과적이다. 분만의 유기에는 부신피질호르몬제인 합성글루코코르티코이드(dexamethasone · flumethasone · betamethasone 등), 그리고 $PGF_{2\alpha}$와 그 유연물질이 주로 사용되지만, 부신피질자극호르몬(ACTH) · 옥시토신 · 에스트라디올-17β 등도 부분적 또는 보조적으로 사용된다.

2) 각 가축의 분만조절

대부분의 가축은 태아의 부신피질에서 분비되는 코르티솔에 의하여 분만이 개시되지만, 이후의 분만기전은 프로게스테론의 분비장소(태반 또는 임신황체)에 따라 차이가 있다. 특히, 말의 분만기전은 다른 가축의 그것과 상당히 다르다. 이러한 분만기전의 차이점을 감안하여 가축별로 적합한 분만유기법이 개발되었다.

(1) 소 : 소에서는 글루코코르티코이드와 $PGF_{2\alpha}$를 근육주사하여 분만을 유기한다. 분만예정일 14일전에 체중 100kg당 7.5mg의 덱사메타손을 주사하면 72시간이내에 분만이 일어난다(Peter & Poole, 1992). $PGF_{2\alpha}$의 유연물질인 클로프로스테놀(cloprostenol; 500μg/두)도 분만예정일 2주전부터 분만유기 호르몬으로 이용할 수 있다(Day, 1977). Holstein종 젖소에 대하여 펜프로스탈렌(fenprostalene; $PGF_{2\alpha}$에 비하여 반감기가 긴 유연물질)을 24시간 간격으로 주사하면 평균 35시간 후에 분만이 일어난다(Herschler & Lawrence, 1986). 그러나, 소에서는 어느 방법으로 분만을 유기하여도 태아의 만출은 잘 되지만, 자궁소구와 융모총의 분리가 잘 되지 않아서 태반정체의 발생률이 높고, 최고유량 도달일수도 지연되어 경제적 손실을 가져올 위험성이 있다.

(2) 산양 : 산양의 분만유기를 위한 호르몬제로는 $PGF_{2\alpha}$와 그 유연물질이 주로 사용된다. 임신 144일째의 산양에 대하여 07:00~08:00시에 $PGF_{2\alpha}$ 5~10mg이나 $PGF_{2\alpha}$의 유연물질(cloprostenol) 62.5~125μg을 주사하면 다음날 오후에 분만하는데, 이른 것은 27시간 후, 대부분의 산양은 30~35시간 후에 분만한다(Williams, 1986). 또한, 임신 135~140일의 산양에 $PGF_{2\alpha}$를 투여하면 평균 27시간 후에 분만하며, 유기분만이 태반만출과 신생자의 생시체중 및 생존률에 나쁜 영향을 미치지 않았다(Thakur & Verma, 1990a). 또한, 합성글루코코르티코이드도 산양의 분만유기에 사용할 수 있다. 덱사메타손 10mg을 임신 135~140일의 산양에 주사하면 약 48시간후에 분만한다(Thakur & Verma, 1990b). 한편, $PGF_{2\alpha}$와

글루코코르티코이드의 산양에 대한 분만유기효과를 비교하기 위하여 분만예정일 10일전에 $PGF_{2\alpha}$와 덱사메타손을 주사한 결과, $PGF_{2\alpha}$는 주사 35.8시간 후, 덱사메타손은 54.7시간 후에 분만하여 $PGF_{2\alpha}$의 분만유기효과가 좋았다(Jain & Madan, 1989).

(3) 면양 : 면양에서는 분만유기를 위하여 주로 합성글루코코르티코이드를 사용하는데, 덱사메타손·플루메타손·베타메타손 등과 같은 다양한 유연물질이 유효한 분만유기제이며, 이것들 15~20mg을 주사하면 24~72시간 후에 대부분의 면양이 분만한다(Harrison, 1982; Rommereim & Slyter, 1981). 한편, 면양과 같이 임신후반기에 임신황체가 퇴행되고, 태반에서 프로게스테론을 분비하는 동물은 분만개시기에 태아부신에서 분비되는 코르티솔의 작용으로 프로게스테론의 농도가 감소되고, 에스트로겐의 농도가 급속히 증가되며, 이때 분비된 에스트로겐이 분만과정에서의 연속적 호르몬분비를 유도한다. 따라서, 에스트로겐을 높은 농도로 처리하여도 분만이 유도된다. 면양에 대하여 20mg의 에스트라디올안식향산염(estradiol benzoate)을 단독투여하거나, 덱사메타손과 병용투여하면 대부분의 면양(125/128)이 72시간 이내에 분만한다(Bosc 등, 1977). 그러나, $PGF_{2\alpha}$는 분만을 유기하는 능력이 글루코코르티코이드에 비하여 현저히 낮다. 즉, 임신 141일째에 2mg의 플루메타손을 투여한 경우에는 89% 면양이 분만하였지만, 15mg의 $PGF_{2\alpha}$(황체용해 용량)를 투여한 경우에는 33%의 면양만이 분만하였다(Harman & Slyter, 1980).

(4) 돼 지 : 돼지는 분만직전까지 임신황체에서 프로게스테론을 분비하는 동물로서, 면양이나 소와는 달리 합성글루코코르티코이드의 처리로는 분만이 유기되지 않는다. 돼지에서 임신후 100일까지는 글루코코르티코이드를 처리하여도 분만에 관한 반응이 전혀 나타나지 않으며, 이 후의 특정한 기간에 대용량의 글루코코르티코이드를 주사하면 분만이 유기되는 경우가 있다(Coggin & First, 1973). 따라서, 돼지의 분만유기에는 글루코코르티코이드를 사용하지 않는 것이 일반적이며, 실용적으로는 주로 $PGF_{2\alpha}$와 그 유연물질이 이용된다. 임신 108~110일에 $PGF_{2\alpha}$나 그 유연물질을 주사하면 주사 24~27시간 후에 분만이 유기된다(Itoh 등, 1994; Martin 등, 1985).

(5) 말 : 말의 분만유기에는 덱사메타손, 그리고 $PGF_{2\alpha}$와 그 유연물질이 주로 사용되고, 옥시토신이 보조호르몬으로 이용된다. 임신 321일째의 조랑말에 1일 100mg의 덱사메타손을 3~4일간 주사하면 임신기간이 약 12일 단축되어 분만이 유기되며(First & Alm, 1977), 합성글루코코르티코이드인 플루메타손 100mg을 투여하여도 높은 비율로 분만이 일어난다(Gordon, 1997). 또한, $PGF_{2\alpha}$ 2.5mg을 임신말기에 12시간 간격으로 4회 주사하면 주사종료후 38.6시간에 분만이 유기되며, 이 때의 분만징후도 정상분만시의 징후와 같다(Douglas 등, 1974). 한편, 임신말기의 말에 소량의 옥시토신(1~5 IU)을 투여하면 $PGF_{2\alpha}$의 분비량이 증가되면서 분만이 유기되며, 높은 농도의 옥시토신(60~120IU)을 투여하면 자궁파열과 같은 위험성이 따르고, 40~60IU의 옥시토신을 단독투여한 경우에는 90분 이내에 분만이 일어난다(Camillo 등, 1991).

제 3 절 비 유

비유(泌乳, lactation)는 포유동물 암컷의 유선에서 다량의 유즙(乳汁)을 합성·분비하여 체외로 배출하는 일련의 생리작용을 말하는 것으로서, 포유동물에서 발현되는 생식주기의 최종단계이다. 비유를 기반으로 하는 신생자의 포육(哺育)은 임신과 더불어 포유동물만이 가지는 생식양식의 최대 특징이다. 비유의 주 목적은 신생자의 성장·발달에 필요한 영양소를 공급하는 것이다. 그러나, 초유중에는 다량의 면역글로블린(항체)이 함유되어 있어서 신생자는 초유를 먹음으로써 피동면역(被動免疫)으로 면역기능을 획득하여 자체의 면역계가 확립될 때까지 다양한 질병으로부터 보호된다. 또한, 포유기간중에는 새끼가 어미를 따라다니면서 혈연관계를 확립하고, 보호될 뿐만 아니라, 이유후에 독립적으로 살아가는데 필요한 다양한 생존기술을 배우게 된다. 한편, 젖소는 오랜 기간에 걸친 육종의 결과로 신생자의 양육에 필요한 양을 훨씬 초과하는 유즙을 분비할 수 있도록 유선이 잘 발달되어 있다. 따라서, 본 절에서는 젖소의 비유를 중심으로 기술하였다.

1. 유선의 구조

유선(乳腺, mammary gland)은 한선(汗腺; 땀샘)이 변형된 피부선의 일종으로서, 포유동물만이 가지는 특유의 비유기관이며, 임신중에 현저히 발달되고, 분만 이후에는 왕성하게 유즙을 분비하다가 시간경과에 비례적으로 퇴행하면서 한시적으로 유즙을 분비하는 외분비선(外分泌腺, exocrine gland)이다. 유선은 형태학적으로 보면 복합관상포상선(複合管狀胞狀腺, compound tubuloalveolar gland)에 속하고, 분비세포에서 유즙이 방출되는 양식을 기준으로 하면 이출분비선(離出分泌腺, apocrine gland)에 속한다. 유선의 수와 부착위치, 그리고 유즙의 분비능력은 각각의 동물종이 출산하는 신생자의 수와 출산된 신생자의 크기 및 발달정도에 따라 서로 다르다(표 6-9; Bearden & Fuquay, 2000). 예를 들면, 단태동물은 소수의 유선이 신체의 특정부위 한곳에 모여 있지만, 다태동물은 다수의 유선이 흉부에서부터 하복부까지 넓게 분포되어 있다. 또한, 분만시에 신생자가 충분히 발달된 귀니아피그와 같은 동물은 유선의 수(2개)가 적고, 미숙한 상태로 분만되는 마우스와 같은 동물은 많은 수(10개)의 유선을 가지고 있다. 이러한 유선은 동물의 종에 따라 각각이 독립적으로, 또는 몇개가 모아진 다음, 피부에 싸여 주머니 모양의 유방(乳房, udder)을 구성한다.

1) 유방의 구성과 외관

포유동물의 유선은 각 동물이 가지는 생식특성에 따라 서로 다른 형태의 유방을 구성한다. 따라서, 유방의 외관이나 부착형태도 동물의 종에 따라 다르다.

표6-9. 포유동물의 종에 따른 유선의 수와 위치

동 물 명	유선의 수			총 유선의 수	유두공의 수/유선
	가 슴	복 부	서경부		
젖 소	—	—	4	4	1
산 양	—	—	2	2	1
면 양	—	—	2	2	1
말	—	—	2	2	2
돼 지	4	6	2	12	2
사 람	2	—	—	2	15~20
들 지	4	4	4	12	1
생 쥐	4	2	4	10	1
토 끼	4	4	2	10	8~10
귀니아피그	—	—	2	2	1
코 끼 리	2	—	—	2	10
고 래	—	—	2	2	1

(1) 유방의 구성 : 신생자의 수가 1~2마리인 소·말·면양·산양 등은 4개 또는 2개의 유선이 모여서 하나의 유방을 구성하며, 서경부 부근에 부착되어 있다. 그러나, 다태동물인 돼지·개·고양이·래트·마우스 등은 유선 각각이 하나의 유방을 만들고, 이것들이 흉부에서부터 하복부에 걸쳐 두줄로 분포되어 있다. 소의 유방은 좌·우 및 전·후로 배치된 4개의 유선으로 구성되고, 각각의 유선에는 하나씩의 유두가 있다. 이와 같이, 하나의 유방내에서 독립적으로 유즙을 분비하는 각각의 유선을 유구(乳區, quarter)라고 한다. 소 유방의 정중(正中)에는 정중제인대가 있어서 유방을 좌반부와 우반부로 나누고, 좌·우반부 유방 각각은 결합조직에 의하여 전유구(fore quarter)와 후유구(rear quarter)로 나누어 진다. 각 유구는 결합조직에 의하여 완전히 분리되어 있음으로 정상상태에서는 하나의 유구에서 생산된 유즙이 다른 유구로 이행되지 않는다. 일반적으로, 젖소의 유방은 후유구가 전유구에 비하여 발달이 양호하여 전체 유즙생산량의 60%가 후유구에서 분비된다. 젖소의 경우, 유방의 무게와 유즙생산량 사이에는 밀접한 관계가 있어서 이것들간의 표현형상관계수는 0.3~0.5 정도이다. 유즙생산량과 유방 크기간의 상관계수가 개체에 따라 차이를 나타내는 것은 유선조직내에 함유되어 있는 결합조직의 양이 서로 다르기 때문이다. 한편, 말의 유방은 두개의 유선과 유두로 구성되어 있다. 그러나, 말의 각 유선은 분비조직이 앞·뒤쪽으로 구분되고, 각 분비조직에서 합성된 유즙이 별도의 유두관을 통하여 배출된다. 따라서, 말의 유두에는 2개의 유두관이 있다. 면양과 산양의 유방은 2개의 유선으로 구성되고, 각 유두에는 하나의 유두관이 있다. 돼지의 유방은 4~9쌍이 복부에 배치되어 있는데, 각 유선은 말의 유선과 같이 분비조직이 두 부위로 구분되고, 각 유두에는 2개의 유두관이 있다.

(2) 유방의 외관 : 유방을 밖에서 둘러싸는 피부는 가늘고 짧으면서 부드러운 피모로 덮여 있으며, 피지선(皮脂腺, sebaceous gland)과 한선(汗腺, sweat gland)이 분포되어 있다. 그러나, 유두의 표면에는 피모가 없다. 몇개의 유선이 모여서 유방을 구성하는 동물들의

유방을 뒤쪽에서 보면 좌·우 유선의 사이에 유방간구(乳房間溝, intermammary groove)라고 부르는 함몰부가 명확하게 보인다. 젖소의 유방은 좌·우반부가 각각 전유구와 후유구로 나누어져 있지만, 외관상으로는 두 유구의 경계부가 명확하지 않다. 그러나, 임신말기에 종대된 유방이나 착유직전의 유방에서는 유두부근에서부터 전·후유구의 경계를 알아 볼 수는 있다. 한편, 각각의 유선은 합성된 유즙을 체외로 배출시키는 독자적인 하나의 유두를 가지고 있는데, 예외적으로 발육이 나쁜 작은 유두를 추가로 가지고 있는 개체가 있다. 이러한 비정상적 유두를 부유두(副乳頭, accessory teat)라 한다. 젖소에서는 약 40~50%의 개체가 1~5개의 부유두를 가지고 있다. 부유두의 대부분은 유선조직과 연결되어 있기 때문에 부유두를 통하여 유방염(乳房炎, mastitis)의 원인균이 감염될 위험성이 있으며, 착유관리에도 불편함으로 송아지나 육성우 단계에서 제거하는 것이 보통이다.

2) 유방의 지원계

유선은 피부와 여러 종류의 인대에 의하여 유방으로 구성되고, 복벽에 단단하게 고정된다. 또한, 유방에는 유즙의 합성에 이용되는 원료를 원활하게 공급할 수 있도록 혈관계와 림프계가 잘 발달되어 있으며, 유즙의 배출에 중요한 역할을 하는 신경계도 분포되어 있다.

(1) 유방의 지지계 : 유방을 복벽에 부착시키고, 일정한 위치를 유지시키는 지지계(支持系)를 유방의 현수장치(懸垂裝置, suspensory apparatus)라 한다. 특히, 젖소에서는 유방 자체가 무거울 뿐만 아니라, 유방에 유즙이 가득차게 되면 더욱 무거워지기 때문에 매우 튼튼한 현수장치가 필요하다. Holstein종 젖소에서 유방의 현수장치는 7종류의 조직으로 구성되어 있다. 첫번째 조직은 유방을 가장 밖에서 싸고 있는 피부(皮膚, skin)로서, 유방을 보호하고, 병원미생물의 침입을 방지하지만, 신축성이 뛰어남으로 유방의 무게를 지탱하거나 외형을 유지시키는 역할은 거의 하지 못한다. 두번째 조직은 피부와 그 밑의 유방조직을 연결하는 천근막(淺筋膜, superficial fascia)이다. 세번째 조직은 유방 전유구의 앞쪽에서 유방의 위쪽표면과 복벽을 결합시키는 실 모양의 삭상조직(索狀組織, cord-like tissue)이며, 이 조직이 약해지면 유방이 복벽에서 분리되어 아래로 처지게 된다. 네번째 조직은 외측제인대(外側提靭帶, lateral suspensory ligament)의 천층(淺層, superficial layer)으로서, 치골하건(恥骨下腱, subpubic tendon)에서 기시되어 유방의 전하방으로 뻗어나가 대퇴부의 내면에 이르고, 유방후부의 정중선에 단단히 밀착된 다음, 전방을 향하여 부채꼴로 퍼져나가면서 유방의 바깥을 둘러싼다. 다섯번째 조직은 외측제인대의 심층(深層, deep layer)이다. 이것은 외측제인대 천층의 안쪽에 위치는 두껍고 튼튼한 조직이며, 유방전체를 밖에서 둘러 싼다. 외측제인대의 천층과 심층은 유방이 좌 또는 우로 치우치는 것을 방지하고, 복벽에 부착되는 면적을 넓게 유지시킨다. 여섯번째 조직은 치골하건으로서, 이 조직 자체가 유방을 직접 지지하지는 않지만, 이 조직으로부터 유방의 외측을 둘러싸는 외측제인대의 천층과 심층이 발생된다. 일곱번째 조직은 치골전건(prepubic tendon)에서 기시되어

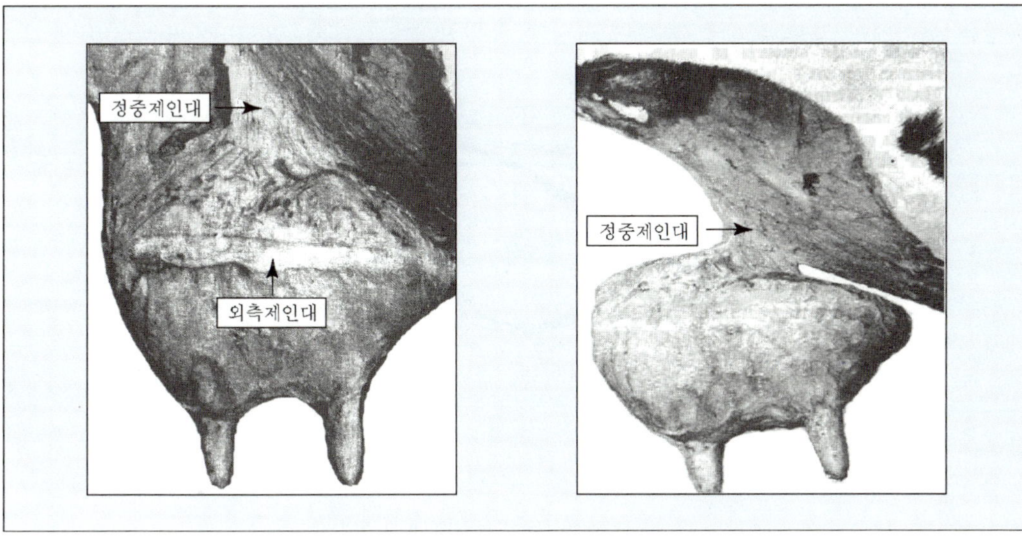

그림 6-11. 젖소 유방의 외측제인대와 정중제인대

유방을 좌·우로 나누는 중격을 이루면서 아래쪽으로 뻗어나가 유방의 아래쪽 끝부분에서 외측제인대의 심층과 결합하는 정중제인대(正中提靭帶, median suspensory ligament)이다. 이 인대는 탄성결합조직으로 구성되어 탄력성이 매우 강하고, 유방 무게의 중심축에 있기 때문에 다른 지지조직을 모두 제거하여도 유방의 균형을 유지하면서 지지할 수 있다(그림 6-11; Schmidt; 1971.) 따라서, 이 인대가 약해지면 유방이 아래로 처지는 하수유방(下垂乳房, pendulous udder)이 된다. 정중제인대에서는 보정판의 내측판이 뻗어나 유방의 실질조직내로 파고 들어가 유선조직을 보정하는 동시에 유선조직을 작은 소엽(小葉)으로 분할한다. 이와 같이, 유방은 7종류의 지지조직에 의하여 보정되고 있지만, 가장 중요한 조직은 유방을 중앙에서 매다는 정중제인대와 외측에서 둘러싸는 외측제인대이다.

(2) 유방의 혈관계 : 유선조직은 혈액으로부터 전달되는 전구물질을 이용하여 유즙을 합성한다. 따라서, 유즙의 분비량은 유선을 관류하는 혈액의 양에 비례하는데, 젖소에서 우유 1단위를 생산하려면 400～500단위의 혈액이 유방을 순환하여야 한다. 이 비율에 따라 계산하면 1일 산유량이 30kg인 젖소는 약 12,000～15,000kg의 혈액이 유방을 통과하는 셈이 된다. 유방에 대한 동맥혈의 공급은 하행대동맥(下行大動脈, descending aorta)에서 분지된 외장골동맥(外腸骨動脈, external iliac artery)의 한 가지인 외음부동맥(外陰部動脈, external pudendal artery)을 통하여 이루어 진다. 외음부동맥은 복강에서 서경관을 경유하여 유방으로 들어온 다음, 전 및 후 유선동맥(cranial and caudal mammary artery)으로 분지되고, 각각의 유선동맥은 분지를 거듭하면서 유방 전체에 혈액을 공급한다. 또한, 외음부동맥에서 유방의 전유구와 복벽사이로 복피하동맥(腹皮下動脈, subcutaneous abdominal artery)이라고 부르는 작은 분지가 뻗어나 전유구의 위쪽 부분에 혈액을 공급한다. 한편, 하행대

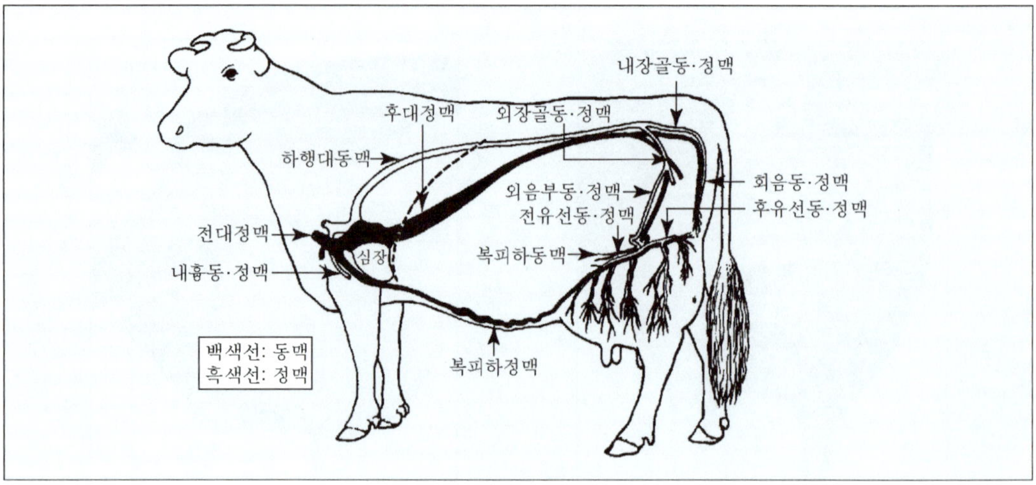

그림 6-12. 젖소 유방의 혈관계

동맥에서 분지된 내장골동맥(internal iliac artery)에서는 회음동맥(會陰動脈, perineal artery)이 뻗어나는데, 이 혈관은 유방의 뒤쪽 상부에 혈액을 공급한다. 따라서, 유선의 혈액공급은 주로 외음부동맥의 분지인 전·후 유선동맥에 의하여 이루어지며, 복피하동맥과 회음동맥에 의하여 소량의 혈액이 공급된다(그림 6-12; Scmidt, 1971).

유방을 순환한 정맥혈은 두종류의 경로를 통하여 환수된다. 유방을 나오는 정맥혈의 ⅔는 동맥혈관과 같은 이름을 가진 정맥혈관, 즉 전 및 후유선정맥과 회음정맥 등을 통하여 환수된다. 나머지 ⅓은 유방 전유구 앞쪽의 세정맥이 모여서 형성된 복피하정맥을 통하여 후대정맥(後大靜脈, posterior vena cava)으로 들어간다. 복피하정맥은 유방의 좌·우반부에서 한가닥씩 빠져나온 다음, 복부 정중선 양측의 피하를 상행하다가 흉부에 이르면 흉벽에 뚫린 구멍을 지칭하는 유와(乳窩, milk well)를 통하여 흉강내로 진입되고, 이어서 후대정맥과 합쳐진다.

(3) 유방의 림프계 : 유방의 림프계는 림프관(lymph vessel)과 림프절(lymph node)로 구성된다. 젖소의 림프관은 유선의 분비조직인 유선포의 주위에서 맹단(盲端)의 림프모세관으로 시작되고, 이것들이 모여서 점차적으로 굵은 림프관을 형성하여 유방의 피하를 뒤쪽으로 달리는 피하림프관(subcutaneous lymph duct)이 된 다음, 상유방림프절(supramammary lymph node)로 진입된다. 상유방림프절을 빠져나온 림프관은 흉관(胸管, thoracic duct)을 통하여 심장의 직전에서 전대정맥(前大靜脈, anterior vena cava)과 연결된다.

유선에서 유즙을 합성하는 원료물질은 유선의 모세혈관을 흐르는 혈액을 통하여 조직액(組織液, tissue fluid)으로 방출되고, 유선포의 분비상피세포는 조직액에서 유즙의 전구물질을 흡수하여 유즙을 합성한다. 공급된 전구물질중에서 유즙합성에 이용되지 않은 성분은 림프모세관으로 흡수되어 림프액(lymph fluid)이 된 다음, 림프관을 통하여 상유방림프절에

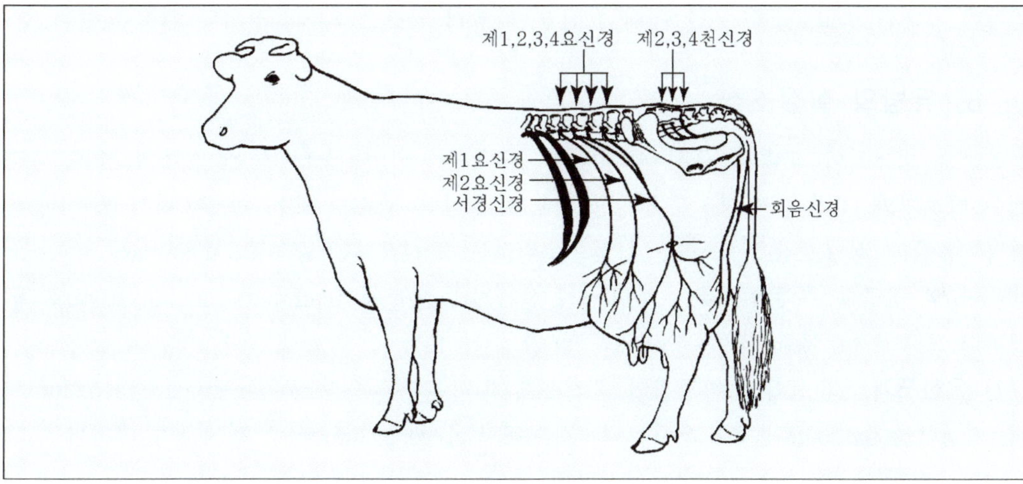

그림 6-13. 젖소 유방의 신경계

이르고, 흉관을 통하여 전대정맥으로 환수된다. 따라서, 분비기능이 활발한 유선조직은 혈액으로부터 유즙의 전구물질을 중단없이 공급받고, 여분의 물질은 림프계를 통하여 혈액으로 되돌려준다. 유선의 림프관은 판막(valve)이 있어서 림프액이 역류되지 않고, 심장쪽으로만 흐른다. 유방에서 생성된 림프액이 반드시 통과하여야 하는 상유방림프절은 림프액에 포함된 이물질을 여과할 뿐만 아니라, 림프구를 비롯한 탐식성백혈구가 상주하고 있어서 미생물이 혈액으로 유입되는 것을 제어한다. 젖소에서 상유방림프절은 유방의 후방에서 정중선의 좌・우에 하나씩 있는 것이 보통이지만, 그 이상이 있는 경우도 있다.

(4) 유방의 신경계 : 유방에 분포된 신경계는 유방이 받게 되는 신경자극을 중추신경계로 전달하는 구심성(求心性)신경인 지각신경(知覺神經, sensory nerve)과 중추신경계에서 유방으로 자극을 전달하는 원심성(遠心性)신경인 교감신경(交感神經, sympathetic nerve)으로 구성된다. 지각신경은 척수(脊髓, spinal cord)의 배근(背根)에서 기시되며, 교감신경은 복근(腹根)에서 기시된다. 이들 신경은 척추골과 척추골 사이에 형성된 추간공을 통하여 척추를 빠져나온 후에 서로 합체하여 척수신경(脊髓神經, spinal nerve)을 형성한다. 따라서, 척수신경은 지각신경섬유와 교감신경섬유가 함께 모아진 신경이다. 젖소의 경우에는 모두 37쌍의 척수신경이 있지만, 이것들 중에서 요추골과 천추골 부위에서 빠져나온 요신경(腰神經, lumbar nerve)과 천신경(薦神經, sacral nerve)만이 유방에 분포한다(그림 6-13; Schmidt, 1971). 제1요신경은 유방의 앞쪽 표면에 분포하고, 제2요신경은 전유구의 선조직(腺組織)까지 뻗어 나간다. 그러나, 유방조직의 대부분에는 제2요신경의 분지와 제3 및 제4 요신경이 모여서 형성된 서경신경(鼠經神經, inguinal nerve)의 분지들이 분포되어 있다. 또한, 제2・제3・제4 천신경이 모여서 회음신경(會陰神經, perineal nerve)을 형성하고, 이것이 유방의 뒤쪽 끝부분의 일부에 분포된다. 따라서, 젖소의 유방은 대부분이 서경신경에

의하여 지배를 받고, 앞쪽 표면은 제1요신경, 뒤쪽의 일부는 회음신경의 지배를 받는다.

3) 유방의 실질조직

유선과 이것들이 모여서 구성된 유방의 수 · 위치 · 크기 · 모양 등은 동물의 종에 따라 매우 다르지만, 유즙을 합성 · 분비하는 세포와 조직의 구조는 모든 동물종에서 매우 유사하다. 유선의 실질조직은 유즙을 합성 · 분비하는 유선포계(乳腺胞系, mammary alveolar system)와 유즙을 유두쪽으로 운반하는 유선관계(乳腺管系, mammary duct system)로 구성된다(그림 6-14; Bearden & Fuquay, 2000).

(1) 유선포계 : 유선의 분비조직인 유선포계의 기본단위는 유선포(mammary alveolus)로서, 직경이 100~200㎛정도이고, 내부에 유선포강(alveolar lumen)이 위치하여 주머니 모양을 나타낸다. 유선포강의 내면은 기저막에 부착 · 배열된 한층의 분비상피세포(分泌上皮細胞, secretory epithelial cell)로 덮여 있으며, 기저막의 외측에는 근상피세포(筋上皮細胞, myoepithelial cell)가 불규칙하게 분포되고, 다수의 모세혈관이 망상(網狀)으로 배치되어 있다. 유선포의 분비상피세포는 혈액으로부터 전구물질을 공급받아 유즙을 합성 · 분비하며, 근상피세포는 신경뇌하수체에서 분비되는 옥시토신의 작용으로 수축함으로써 유선포의 내압을 증가시켜 유즙을 배출시킨다. 모세혈관망은 유즙의 합성에 필요한 전구물질을 분비상피세포로 공급한다. 이러한 구조를 가진 유선포는 다수가 결합조직에 둘러싸여 유선소엽(乳腺小葉, mammary lobule)을 만들고, 이것들이 다시 모여서 유선엽(乳腺葉, mammary lobe)을 형성한다. 젖소의 유선소엽은 150~220개의 유선포로 구성되고, 그 용적은 0.3~0.8mm^3 정도이다. 일반적으로, 유방내에 존재하는 지방조직은 유선엽과 유선엽의 사이에 위치하는 결합조직에 분포된다.

(2) 유선관계 : 유선포계에서 합성 · 분비된 유즙을 유두로 운반하는 유선관계의 최초 출발점은 유선포에서 뻗어난 유선세관(乳腺細管, mammary tubule)이다. 유선세관은 유선소엽내에서 다른 유선세관과 집합하여 소엽내관(小葉內管, intralobular duct)이 되고, 이것들이 모여서 유선소엽을 빠져나온 다음, 다른 유선소엽에서 빠져나온 소엽내관과 합쳐져서 소엽간관(小葉間管, interlobular duct)을 만든다. 유선엽에서도 같은 방법으로 엽내관(intralobar duct)과 엽간관(interlobar duct)이 형성된다. 이러한 경로를 통하여 유선포계를 빠져나온 유선관은 다른 유선관과 집합하여 더욱 굵어지고, 그 말단부에서 내강(內腔)이 확대되어 유관동(乳管洞, sinus lactiferi)을 형성하며, 이것이 유두관(乳頭管, teat canal)에 연결된다. 그러나, 동물의 종에 따라 유선관의 집합정도가 달라서 유두관의 수가 다르다. 즉, 토끼는 6~8본, 돼지는 2~3본, 말은 2본, 래트와 마우스는 1본의 유두관이 유두에 개구되어 있다. 반면에, 소와 산양에서는 모든 유선관이 유방의 하부에서 모여서 유선조(乳腺槽, gland cistern)라고 부르는 하나의 강소(腔所)를 형성하며, 유두에도 유두조(乳頭槽, teat cistern)가 있고, 그 끝에 짧은 1본의 유두관이 있다.

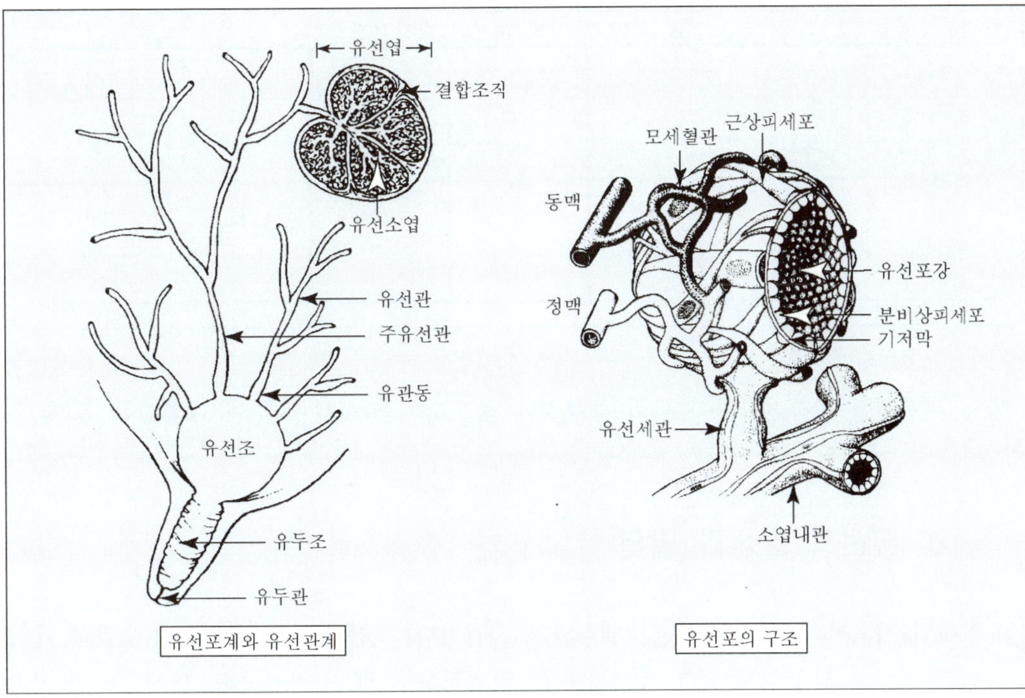

그림 6-14. 젖소유방의 유선포계와 유선관계

(3) 유　두 : 포유동물의 유방에서 유즙의 배출구가 위치하는 돌출물을 유두(乳頭, teat, nipple)라 하는데, 수컷에서는 흔적적이지만, 성숙한 암컷에서는 잘 발달되어 새끼가 흡유하기에 적합한 구조로 되어 있다. 유두는 발생학적 측면에서 진(眞)유두와 위(僞)유두로 구분한다. 진유두는 유선관의 말달이 위치하는 부위의 피부가 원추상으로 융기되어 형성되며, 따라서 다수의 유선관이 직접 유두에 표면에 개구한다. 그러나, 위유두는 유선관의 말단이 위치하는 부위의 주변 피부가 관상으로 돌출되어 유두를 만들기 때문에 유두의 내부에 하나의 공간이 형성되고, 이곳에 유선관이 개구된다. 따라서, 유선관이 직접 유두의 표면에 도달되지 못하며, 빈 강소에서 하나의 유두관이 뻗어나 외부로 유즙을 배출함으로 유두공(乳頭孔, teat meatus)도 하나 뿐이다.

소의 유두는 위유두에 속하고, 크기는 길이 6~8cm, 직경 2.5~3.0cm 정도이고, 유두의 내부에는 유두조가 위치하며, 유두조의 말단에서 1cm 정도의 유두관이 직선으로 뻗어나고, 그 끝에서 유두공이 형성되어 외부로 개구한다. 유두조 부위의 내측상피는 2층으로 구성된 원주상피이고, 유두의 벽은 결합조직과 평활근섬유로 구성되었으며, 긴장성과 탄력성이 풍부하다. 유두관 부위의 내측상피는 피부와 같이 중층편평상피이고, 점막하층에는 잘 발달된 유두괄약근이 유두관을 윤상(輪狀)으로 감고 있으며, 유두관과 유두조의 경계부에는 5~8열의 윤상추벽(Fürstenberg′s rossette)이 있다. 이와 같은 유두관의 구조는 유즙의 누출을 효과적으로 방지할 뿐만 아니라, 외부로부터 세균이 침입되는 것도 방지한다. 유두와

표 6-10. 유선의 태생기 발달과정

발달단계	소		돼 지		사 람	
	배의 일령	배의 체장(mm)	배의 일령	배의 체장(mm)	배의 일령	배의 체장(mm)
유 선 대	32	14	21	10	35	6
유선조(條)	34	16	22	12	36	8
유 선 선	35	17	23	15	37	10
유 선 능	37	19	25	18	40	13
유선소구	40	21	26	20	42	15
유 선 아	43	25	28	22	49	20

유방의 피부에는 지각신경의 말단이 풍부하게 분포되어 있어서 유두에 가해지는 흡(착)유 자극에 따라 유즙의 배출반사가 일어난다.

2. 유선의 발생과 발달

유선은 태생초기의 태아에서부터 발생되기 시작한다. 대부분의 동물종에서 수컷의 유선도 구조적으로는 암컷의 유선과 유사하지만, 발달정도는 매우 미약하다. 태생기의 유선발달은 호르몬의 지배를 받지 않으면서 유선의 기본구조가 형성될 뿐이기 때문에 이 시기의 유선발달에는 암·수 사이에 차이가 없다. 그러나, 비유능력을 가지는 유선의 발달은 암컷에서만 생식과정과 보조를 맞추어 가면서 호르몬의 지배하에 이루어지는데, 특히 성성숙기 이후부터 현저하게 발달된다.

1) 유선의 발달단계

유선의 발달과정은 ① 태아기발생, ② 성성숙전발달, ③ 성성숙후발달, ④ 임신기발달, ⑤ 초기비유기발달 등의 5단계로 구분한다. 그러나, 성성숙 전까지의 발달은 유선의 기본구조가 갖추어지는 단계이며, 성성숙기 이후부터 현저하게 발달된다.

(1) 태아기의 발생 : 유선은 체지아기(體肢芽期, limb bud period; 사지의 발생원기가 형성된 시기)의 후기에서부터 발생이 시작되는데, 유선발생의 과정은 표 6-10(Larson, 1985)과 같다. 태아의 발생과정이 체지아기의 후기에 이르면, 전·후 체지아 사이의 복정중선 양측에서 외배엽에 단층으로 배열된 입방세포가 출현되는데, 이것을 유선대(乳腺帶, mammary band)라 한다. 따라서, 유선대가 최초로 발견되는 유선의 발생원기이며, 동물의 종에 따라 서경부 또는 전·후 체지아 사이의 전체 복벽에 걸쳐 부풀어 오른 형태로 나타난다. 단층의 세포로 구성된 유선대는 세포의 분열과 이동에 의하여 그 폭이 점차적으로 좁아지면서 유선조(乳腺條, mammary streak)를 거쳐 수층의 세포로 구성된 유선선(乳腺線, mammary line)으로 발달된다. 이 때의 태아 체장은 말 16mm, 돼지 14mm, 소 14~17mm 정도이다.

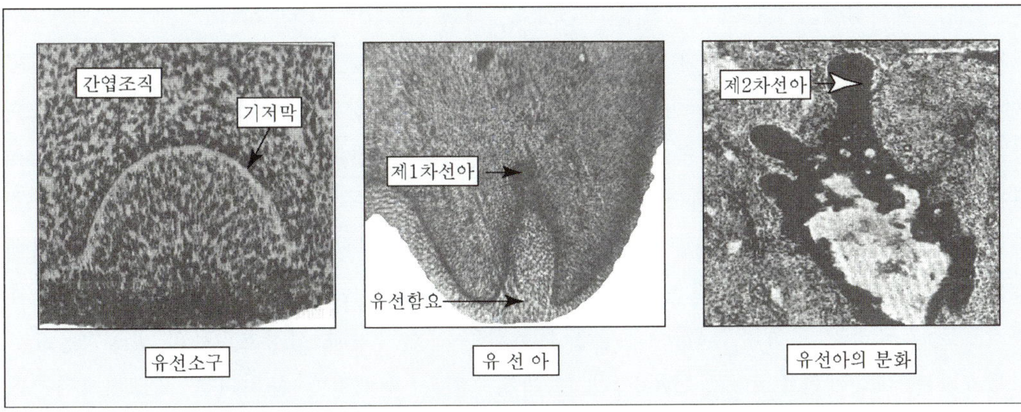

그림 6-15. 소 태아의 유선소구, 유선아 및 유선아의 분화

이러한 유선선은 급속하게 증식되어 두께가 두꺼워지면서 유선능(乳腺稜, mammary crest)으로 발달된다. 유선의 발달이 진행되면서 유선능의 몇곳에서 세포의 증식이 일어나 비후되고, 나머지 부분의 유선능은 소실되는데, 비후된 부분을 유선소구(乳腺小丘, mammary hillock)라고 한다. 유선소구는 동물의 개체발생과정에 비례하여 크기가 증대되면서 둥근 모양을 나타내게 되고, 이어서 유선아(乳腺芽, mammary bud)로 발달된다. 유선아는 유두공을 형성할 유선함요(乳腺陷凹, mammary pit)에서부터 간엽(間葉, mesenchyme)속으로 내강을 형성하면서 깊숙이 발육해 들어간다(그림 6-15; Schmidt, 1971). 유선아의 수는 동물의 종에 따라 서로 다르며, 발생이 완료된 유선의 수 및 위치와 일치한다. 이 단계까지의 유선발달은 성차(性差)가 인정되지 않지만, 이 후부터의 발달은 암컷에서 현저하게 빠르게 진행된다. 즉, 암컷에서는 유선아의 밑에 있는 간엽조직이 왕성하게 분열・증식하여 유선아를 체표면의 위쪽으로 밀어 올리는 동시에, 유선함요에서부터 간엽조직속으로 내강이 신장(伸長)하여 제1차선아(primary sprout)를 형성한다. 제1차선아는 제2차 및 제3차 선아를 계속 분지하여 유선관계를 완성시킨다. 유선관계를 형성하는 선아의 가장 마지막 선아인 종아(終芽, end bud)의 말단에 유선포가 형성되면 유선의 발생이 완료된다. 젖소에서는 제1차선아로부터 유두관・유두조・유선조가 발생되고, 제2차선아에서 주(主)유선관이 발생된다.

(2) 성성숙전의 발달 : 출생후로부터 성성숙전까지의 유선발달을 보면, 유선의 분비조직은 증가되지 않으면서 주로 결합조직이 증가되고, 이곳에 지방이 침착된다. 이 시기의 유방은 신체의 다른 부위와 같은 속도로 성장하는데, 이러한 성장양식을 등장성성장(等長性成長, isometric growth)이라 한다. 성성숙전까지의 암컷에서는 유선발달을 촉진하는 난소호르몬(에스트로겐과 프로게스테론)의 농도가 기저수준으로 매우 낮기 때문에 유선이 신체의 다른 부위에 비하여 급격하게 성장하는 상대적성장(相對的成長, allometric growth)은 나타나지 않는다. 유선이 등장성성장을 하는 기간은 동물의 종에 따라 매우 달라서 래트

22~23일, 귀니아피그 25~30일, 젖소 6~8개월, 사람 10~12년 정도이다.

(3) 성성숙후의 발달 : 동물의 암컷은 생식활성을 발현하기에 앞서서 호르몬의 분비기능이 변화된다. 즉, 뇌하수체에서 FSH와 LH가 주기적으로 방출되고, 이들 호르몬의 자극으로 난소에서 난포발달과 황체형성이 반복되면서 에스트로겐과 프로게스테론이 교호적으로 분비되면서 발정주기가 반복된다(제3장 제3절 발정주기 항목 참조). 매 발정주기마다 급증되는 에스트로겐은 유선의 증식(增殖, proliferation)을 자극하는데, 주로 유선관계의 길이를 증가시키고, 분지(分枝)를 촉진한다. 그러나, 에스트로겐 단독으로는 유선관계의 발달을 효과적으로 자극하지 못하며, 뇌하수체에서 분비되는 프롤락틴과 성장호르몬의 공동작용으로 상승효과를 나타낸다(Larson, 1985). 한편, 발정주기의 황체기에 분비되는 프로게스테론은 에스트로겐·프롤락틴·성장호르몬 등과 상승작용으로 유선의 발달을 촉진한다. 처음 수회의 발정주기가 반복되는 기간에는 유선관계의 신장(伸長)과 분지가 계속되지만, 이 후부터는 프로게스테론의 주도적 작용으로 유선관계의 말단에 종아가 형성되고, 이곳에서 유선포계가 발생된다. 그러나, 불완전발정주기를 영위하는 동물(마우스·래트·햄스터 등)에서는 황체기가 결여되어 프로게스테론이 분비되지 않음으로 유선의 발달이 에스트로겐·프롤락틴·성장호르몬 등의 작용으로만 이루어진다. 따라서, 이들 동물종의 유선발달은 완전발정주기를 영위하는 동물종에 비하여 늦게 진행되며, 임신을 하여 프로게스테론이 분비될 때까지는 종아와 유선포계가 분화되지 않는다.

(4) 임신기의 발달 : 유선은 태어난 신생자에게 유즙을 공급하는 기관임으로 임신기간 동안에 현저하게 발달된다. 그러나, 임신초기에는 발달이 미약하며, 임신기간이 진행되는데 따라 발달속도가 급속하게 빨라진다. 비임신동물의 유선은 대부분이 지방조직으로 채워져 있다. 이러한 지방조직은 임신기간의 경과에 비례하여 점차적으로 침식되면서 유선관·유선포·혈관·림프관 등으로 대체된다. 임신기의 유방발달은 임신기에 높은수준으로 분비되는 프로게스테론·에스트로겐·프롤락틴·성장호르몬 등의 공동작용으로 이루어진다. 젖소에서 임신기의 유방발달과정을 보면, 임신 최초 3개월은 유선관계가 신장되며, 4~7개월 동안에는 분비조직이 증식되고, 마지막 3개월은 유선포계가 성숙·비대된다.

(5) 초기비유기의 발달 : 유선에서 분비조직의 대부분은 임신말기까지 발달을 완료하지만, 비유기의 초기에도 유선조직의 일부가 발달한다는 사실이 DNA분석법에 의하여 확인되었다. 즉, 조직의 분화속도를 나타내는 지표가 되는 DNA의 함량이 분만후의 유선조직에서도 점차 증가되는데, 이러한 증가는 비유최성기까지 계속된다. 그러나, 비유최성기를 지나면 유기(乳期)의 경과와 더불어 DNA의 함량이 감소된다.

2) 유선발달의 내분비적 조절

포유동물의 유선은 태어나는 신생자를 양육하기 위하여 발달하는 것임으로 발달과정이 생식과정과 동조(同調)되면서 영위된다. 따라서, 유선의 발달은 주로 생식현상의 조절에 관

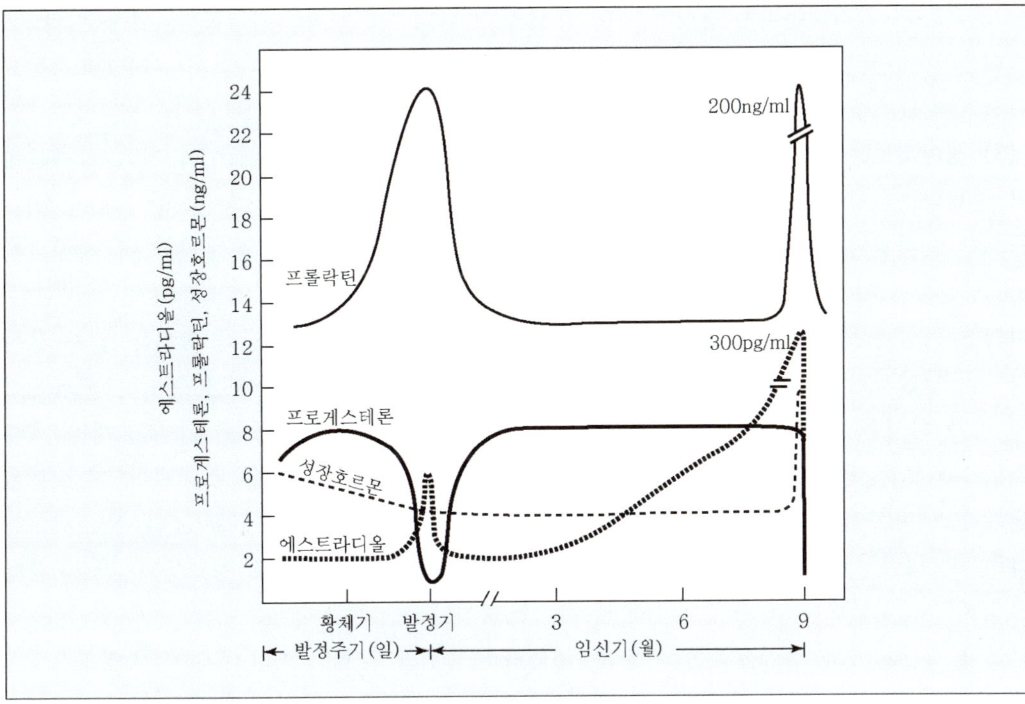

그림 6-16. 젖소에서 유선발달에 영향을 미치는 호르몬의 혈중농도 변화

여하는 각종 호르몬에 의하여 지배·조절된다.

(1) 에스트로겐과 프로게스테론 : 성성숙이 완성되어 발정주기가 반복되는 암컷에서는 난포기와 황체기가 교호적으로 반복되면서 에스트로겐과 프로게스테론이 분비된다. 또한, 임신을 하면 임신기간 동안 프로게스테론의 혈중농도가 매우 높게 유지되고, 임신말기로 가면 에스트로겐의 수준도 높게 유지된다(그림 6-16; Larson, 1985). 높은 수준으로 분비되는 에스트로겐과 프로게스테론은 유선조직의 세포분열속도를 증가시키는 수단을 통하여 유선의 발달을 촉진한다. 그러나, 이들 두 호르몬이 발달을 주도하는 유선의 부위는 서로 다르다. 즉, 에스트로겐은 주로 유선관계의 발달을 촉진하며, 프로게스테론은 에스트로겐의 작용을 받은 유선관계의 말단에 분비조직인 유선포계를 발달시킨다. 더욱이, 에스트로겐은 프로게스테론수용체의 수를 증가시키는 작용을 가지고 있기 때문에 에스트로겐과 프로게스테론이 공동으로 작용할 때 유선의 분화와 증식이 더욱 활발하게 진행된다.

(2) 선뇌하수체호르몬 : 뇌하수체를 적출한 동물은 유선의 발달이 저지되는데, 이러한 동물에 프롤락틴과 성장호르몬을 투여하면 유선의 발달이 재개된다. 또한, 프롤락틴의 합성을 억제하는 브로모크립틴(bromocrytine)을 투여하면 유선의 발육이 지연되고, 다시 프롤락틴을 투여하면 유선발달이 재개된다. 이 사실들은 프롤락틴과 성장호르몬이 유선의 발달에 필수적 호르몬이라는 것을 증명한다(Larson, 1985). 한편, 선뇌하수체에서 분비되는 TSH·ACTH·FSH·LH 등은 유선의 발달을 직접적으로 자극하지는 못한다. 그러나, 이

들 호르몬은 표적내분비선(갑상선 · 부신 · 난소 등)의 분비기능을 자극하며, 이에 따라 표적내분비선에서 분비되는 각종 호르몬이 유선의 발달을 촉진한다. 따라서, 이들 호르몬도 유선의 발달을 간접적으로 자극한다고 볼 수 있다.

(3) 태반호르몬 : 다태동물에서 태반의 수 및 무게와 유선의 발달 사이에 정의 상관관계가 성립되는 사실을 볼 때, 태반은 유선형성에 관여하는 호르몬(mammogenic hormone)의 중요한 분비원이다. 임신초기의 유선발달은 모체에서 분비되는 호르몬에 의하여 지배되지만, 임신중기 이후부터는 태반에서 분비되는 호르몬이 주도적으로 유선발달을 자극한다. 이러한 사실은 임신중기 이후부터는 뇌하수체를 적출하여도 유선발달이 장해를 받지 않는다는 실험결과로 증명된다(Larson, 1985). 포유동물의 태반에서는 동물의 종이나 생식특성에 따라 다양한 호르몬들이 분비된다(제2장 제5절 태반 호르몬 항목 참조). 즉, 태반은 에스트로겐(모든 동물종)이나 프로게스테론(면양 · 사람 · 말 등)과 같은 스테로이드호르몬은 물론이고, 융모성성선자극호르몬(CG; 영장류), 임마융모성성선자극호르몬(eCG, PMSG; 마과동물), 태반성락토겐(PL; 사람 · 원숭이 · 산양 · 면양 · 햄스터 · 래트 등) 등과 같은 단백질호르몬도 분비한다. 태반에서 분비된 에스트로겐과 프로게스테론은 임신기의 유선을 자극하여 유선관계와 유선포계의 발달을 자극하며, CG와 eCG는 난소에서의 프로게스테론 분비를 유지시키는 호르몬임으로 간접적인 경로를 통하여 유선발달을 촉진한다고 볼 수 있다. 한편, 태반성락토겐은 프롤락틴과 성장호르몬이 가지는 생리작용을 공유하는 호르몬으로서, 임신중기 이후부터 태반태아부에서 합성되어 모체순환계로 이행되며, 분만기까지 높은 수준으로 유지되면서 세포분열활성을 촉진하여 임신기에 일어나는 유선포계의 발달을 자극한다. 그러나, 소의 경우는 태반태아부에서 태반성락토겐이 합성되지만, 모체의 혈액에서는 검출되지 않는다. 따라서, 소의 유선발달에 대한 태반성락토겐의 효과는 아직까지 분명하지 않다.

(4) 부신피질호르몬 : 부신피질에서 분비되는 스테로이드호르몬이 유선의 발달을 자극하는 기능은 뇌하수체 · 난소 · 태반 등에서 분비되는 호르몬들의 기능에 비하여 이차적인 것이다. 예를 들면, 미성숙동물에 글루코코르티코이드를 주사하면 유선관과 유선포의 발달이 유도되지만, 부신을 적출한 후에 유선발달이 즉각적으로 저지되지는 않는다. 또한, 임신기에 글루코코르티코이드를 투여하면 분비상피세포의 수가 증가되는 속도에 비하여 오히려 세포의 대사활성이 크게 증대된다. 따라서, 부신피질에서 분비되는 스테로이드호르몬은 유선조직의 증식을 자극하는 작용보다는 분비상피세포의 분비능력을 향상시키는 작용이 훨씬 큰 것으로 보인다.

(5) 갑성선호르몬 : 갑상선을 적출한 동물에서도 분만후에 비유가 개시되는 사실을 보면, 갑상선호르몬(thyroxine; triiodothyronine)이 유선의 발달에 필수적인 호르몬은 아니다. 그러나, 갑상선기능저하증(hypothyroidism)은 유선관계와 유선포계의 발달을 지연시킨다. 반면에, 임신기에서는 갑상선호르몬의 낮은 용량이 에스트로겐과 프로게스테론의 유선발달

효과를 증대시킨다. 이러한 사실들을 보면, 갑상선호르몬이 유선발달에 대하여 단독적으로 자극하는 효과는 매우 적지만, 특정한 시기에서는 다른 호르몬들과 복합적으로 작용하여 유선발달을 극대화시키는 것으로 보인다(Larson, 1985).

(6) 인슐린 : 인슐린은 기본적으로 혈당을 조절하는 호르몬이지만, 특정한 조직에서는 유사분열활성(mitogenic activity)을 나타낸다. 인슐린이 유선발달에 미치는 효과에 대한 *in vitro* 실험에서 임신기와 비유기의 유선조직을 인슐린과 함께 배양하면 유사분열활성을 나타내는데 대하여, 최초의 임신전과 건유기의 유선조직에서는 효과를 나타내지 못한다. 더욱이, 당뇨병을 가진 마우스에 대하여 에스트로겐과 프로게스테론을 투여하면 유선이 발달되는데, 이러한 동물에 인슐린을 추가적으로 투여하여도 유선의 발달이 증대되지는 않는다. 그러나, 인슐린은 뇌하수체를 적출한 동물에서는 에스트로겐과 프로게스테론에 의하여 유선발달이 자극되는 것을 허용한다. 이러한 사실들을 종합하면, 인슐린은 성장호르몬의 자극으로 간장 등에서 합성되어 모든 체조직세포의 유사분열을 자극하는 인슐린양성장인자(IGF)-1과 같은 작용양식을 통하여 유선의 발달을 자극하는 것으로 보인다. 그러나, 유선조직에 인슐린의 결합영역(수용체)이 풍부한 발정주기 동안이나 임신기 이외에는 유선의 발달을 매개하지 못하는 것으로 생각된다. 반면에, 소에서는 임신기 동안에 혈중 인슐린의 농도가 감소되는데, 이 사실은 소의 경우는 인슐린이 정상적 유선발달에 특별하게 작용하지 않는다는 것을 시사한다(Larson, 1985).

(7) 성장인자 : 인접분비기전이나 자가분비기전을 영위하면서 체조직의 분화와 발달을 촉진하는 다양한 성장인자들이 유선의 발달도 자극한다는 사실이 다양한 실험을 통하여 밝혀지고 있다. 표피성장인자(EGF)는 유선발달을 촉진하는 대표적 성장인자로서, 유선세포의 유사분열을 촉진한다(Sheffield & Yuh, 1988). 또한, IGF-1·형질변환성장인자(TGF)-α·섬유아세포성장인자(FGF)·간엽유래성장인자(mesenchyme-dirived growth factor [MDGF]) 등도 유선세포의 성장과 분화에 일정한 역할을 수행한다(Oka 등, 1991).

3. 유즙의 분비

임신말기에 이르면 유선이 상당한 정도로 발달되어도 유즙은 분비되지 않는다. 그러나, 분만이 일어나면 유즙의 분비가 개시되고, 이어서 일정한 기간 동안 비유가 지속되다가 이유기에 이르면 유선이 퇴행되어 비유가 정지된다. 이러한 비유양상은 각종 비유관련 호르몬의 작용에 의하여 정교하게 조절된다.

1) 비유의 개시

포유동물에서 임신기와 비유기에는 태아의 발달과 젖의 분비에 필요한 추가적 대사를 충족시키기 위하여 모체의 대사작용이 적합하도록 조절되는데, 이러한 현상을 발육항상성

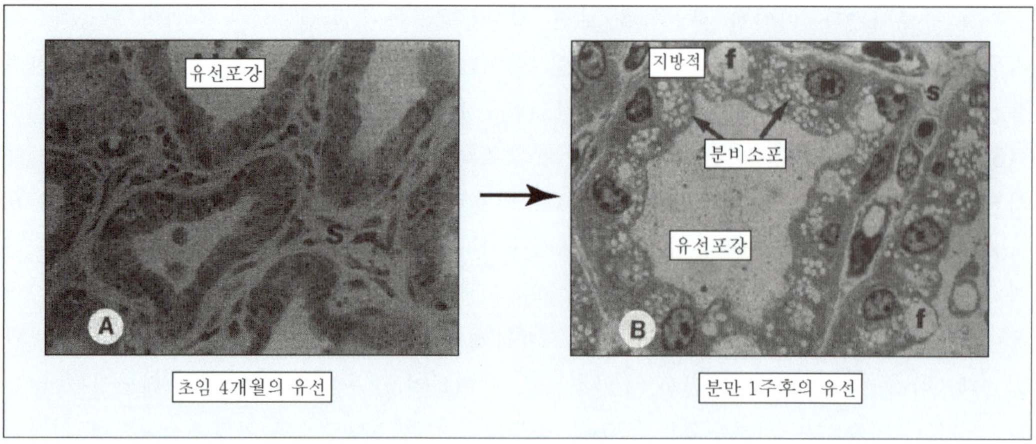

그림 6-17. 비유개시기의 젖소 유선에서 분비상피세포의 구조적 변화

(發育恒常性, homeorhesis)이라 한다(Collier, 1998). 따라서, 비유기에 있는 암컷에서 젖의 분비를 위하여 대사율이 급격히 증가되어도 대사성 질병은 일어나지 않는다. 포유동물에서 임신기에 유선이 충분히 발달되었다 하더라도 분만기에 임박하지 않으면 유즙이 분비되지 않는다. 이와 같이, 분만과 더불어 유선에서 유즙의 분비가 시작되는 것을 비유개시(泌乳開始, lactogenesis, initiation of laction)라고 한다. 비유의 개시는 두 단계로 나누어지는 연속적 과정(cascade process)에 의하여 이루어 진다(Fleet 등, 1975). 첫번째 단계는 유선의 분비상피세포가 세포학적으로 성숙하면서 유즙의 합성에 관여하는 각종 효소를 구비하는 단계로서, 대부분의 동물종에서 임신기간의 마지막 ⅓기간에 일어난다. 두번째 단계는 다량의 유즙이 합성·분비되는 단계로서, 분만 1~3일 전부터 분만 1~4일 후까지의 사이에서 개시된다(Tucker, 1988). 이 시기에 프롤락틴·글루코코르티코이드·에스트라디올-17β 등의 분비는 증가되고, 프로게스테론의 분비는 감소된다.

(1) 분비상피세포의 분화와 발달 : 비유가 성공적으로 이루어지려면, 분만전에 유선포의 분비상피세포가 증식되고, 이어서 구조적 및 생화학적으로 분화되어야 한다. 비유의 개시를 위한 분비상피세포의 구조적 분화는 유즙합성에 관여하는 세포소기관(細胞小器官, organelle)이 발달되는 과정이다. 임신중반기가 되면 소수의 유선포가 출현되고, 분비상피세포에서는 유즙의 합성과 분비에 관여하는 세포소기관이 나타나기 시작하는데, 세포질내에 소수의 폴리리보솜(polyribosome)과 유리리보솜(free ribosome)의 군집, 제한된 수의 내형질세망(endoplasmic reticulum), 약간의 미토콘드리아, 그리고 원기상태의 골지장치가 나타난다(그림 6-17의 A; Akers, 1998). 이 시기가 지나면 곧바로 유선포의 구조가 명확히 나타나고, 내강에는 혈청에서 유래되는 단백질(특히 면역글로불린)이 다량 함유된 액체가 축적되는데, 이것이 초유가 된다. 이와 같이, 발달정도가 미약하던 유선조직이 분만기에 가까워지면 급속하게 발달되면서 분비상피세포에서 특징적이고, 명확한 구조적 변환이 일어난다. 즉, 분

비상피세포의 핵이 더욱 구형으로 되고, 세포의 기저쪽으로 이동된다. 또한, 세포의 기저쪽에는 단백질을 합성하는 과립내형질세망이 풍부하게 배열되어 있고, 작은 다수의 지방적(脂肪滴, fat droplet)도 나타난다. 세포의 첨부(유선포강쪽)에는 분비소포(分泌小胞, secretory vesicle)를 형성하는 기능을 가진 골지장치가 부풀어 오른 상태로 위치하며, 단백질과 유당을 함유하고 있는 다수의 분비소포가 분포되어 있다(그림 6-17의 B).

한편, 유선의 분비상피세포가 유즙의 분비기능을 획득하는 생화학적 과정은 유즙의 당성분인 락토오스(lactose; glucose-galactose)를 합성하는 과정이다. 즉, 유즙의 락토오스는 분비상피세포의 원형질막-결합 갈락토실트란스페라제(membrane-bound glactosyltransferase)와 유청단백질(whey protein)의 일종인 α-락트알부민(α-lactalbumin)이 골지장치에서 결합하여 형성된 락토오스 합성효소(lactose syntehtase)의 작용으로 합성되는데, 합성된 락토오스는 분비상피세포의 삼투성을 조절한다. 따라서, 락토오스는 분비되는 유즙의 총량과 각 유성분의 분비를 결정하는 중요한 인자(determinant)가 된다(Tucker, 1988).

(2) 비유개시의 내분비적 조절 : 특정한 한종류의 호르몬 만으로는 비유가 개시되지 않으며, 임신말기부터 분만기에 걸쳐 분비되는 다양한 호르몬들이 연속적으로 작용하여 비유를 개시시킨다. 대부분의 포유동물에서 분만기 전후에는 프롤락틴 · 글루코코르티코이드 · $PGF_{2α}$ · 성장호르몬 · 에스트라디올-17β 등의 혈중농도가 급격히 증가되며, 프로게스테론의 농도는 급속히 감소되는데, 이러한 내분비기능의 변화가 비유의 개시를 조절한다(Tucker, 1979). 유선조직을 배양할 때, 프롤락틴 · 글루코코르티코이드 · 인슐린 등을 조합하여 첨가하면 유선조직의 생화학적 및 구조적 분화가 일어나는 사실을 보면, 이들 호르몬이 비유의 개시에 중요하게 작용하는 것은 명확하다(Akers, 1998). 프롤락틴은 주로 골지장치의 성숙을 자극하여 분비소포의 형성을 유발하며, 글루코코르티코이드는 과립내형질세망을 발달시켜 유단백질의 합성을 유도한다. 그러나, 인슐린은 유선조직을 배양할 경우에는 유선조직의 유지에 필요한 호르몬이라고 알려져 왔지만, 정상동물에서는 유선조직의 반응성이 동물의 종에 따라 매우 다르고, 더욱이 유선조직을 자극하려면 높은 농도의 인슐린이 필요하다는 사실이 밝혀짐에 따라 인슐린의 비유개시의 대한 효과는 의문시되고 있다. 다만, 높은 농도의 인슐린은 분비상피세포의 원형질막에 위치하는 IGF-1의 수용체와 결합하여 IGF-1과 같은 경로로 유선을 자극하는 것으로 보인다(Akers, 1998). 따라서, 비유개시기에 유선을 자극하는 주 호르몬은 프롤락틴과 글루코코르티코이드라고 할 수 있다.

한편, 뇌하수체에서 분비되는 ACTH는 부신피질을 자극하여 글루코코르티코이드의 분비를 자극하는 간접경로를 통하여 비유의 개시를 촉진한다. 성장호르몬의 비유개시에 대한 작용은 명확하지 않으며, 성장호르몬에 대한 유선조직의 반응성도 동물의 종에 따라 다르다. 뇌하수체를 적출한 산양에 대하여 성장호르몬 · 글루코코르티코이드 · 갑상선호르몬을 함께 투여하면 비유가 개시되지만, 성장호르몬을 단독투여하면 카제인(casein)이나 α-락트알부민의 합성이 개시되지 않는다(Goodman 등, 1983). 반면에, 사람의 성장호르몬은 이종동물에서 프롤락틴의 수용체와 결합하여 비유를 개시시킨다. 예를 들면, 사람의 성장호르몬은 소와 면양 유선조직의 프롤락틴결합영역에 결합하여 α-락트알부민의 분비를 유발한다(Akers & Keys, 1985). 사람에서는 성장호르몬이 프롤락틴의 수용체와 결합하여 프롤락틴과 같은 경로로 비유의 개시에 관여하는 것으로 보이지만, 성장호르몬이 비유의 개시에 관여하는 생리적 의미는 아직까지 명확하지 않다(Tucker, 1988). 에스트라디올-17β는 프롤락틴과 글루코코르티코이드의 분비를 촉진하는 수단을 통하여 비유의 개시에 관여한다(Tucker, 1974). 분만기에 다량으로 분비되는 $PGF_{2α}$는 황체를 퇴행시켜서 비유의 개시를 억제하는 프로게스테론의 수준을 저하시킬 뿐만 아니라, 프롤락틴과 글루코코르티코이드의 방출을 자극하여 비유를 개시시킨다(Louis 등, 1974).

2) 비유의 유지

분만과 더불어 개시된 유즙의 분비는 분만후 일정기간까지는 증가되어 최고유량에 도달되고, 이어서 비유기간의 경과에 비례하여 지수곡선(指數曲線, exponential curve)을 그리면서 감소하는 분비양상을 나타낸다. 이와 같이, 분만후에 계속되는 유즙의 합성과 분비는 모든 동물종에서 내분비적 및 신경적 신호에 의하여 조절된다.

(1) 비유의 지속과 유선조직의 분비활성 : 분만후에 일정기간 동안 지속되는 산유량의 증가는 분비상피세포가 분열·증식되는 정도와 각각의 분비상피세포가 발현하는 분비활성에 의하여 결정된다. 그러나, 유즙의 분비량이 분비상피세포 수의 증가에 영향을 받기 보다는 각 분비상피세포의 분비활성이 향상되는데 더 큰 영향을 받는 것으로 보인다. 일반적으로, 유선조직에서 유즙의 분비활성은 신생자의 유즙 요구량에 비례하여 증가되거나 감소된다. 따라서, 흡유(吸乳, suckling)의 강도가 분비상피세포의 유즙합성활성을 결정하는 가장 중요한 요소이다. 흡유는 두종류의 경로를 통하여 분비상피세포에서 유즙이 합성·방출되는 것을 조절한다. 흡유의 첫번째 효과는 흡유에 의하여 유선포의 내압을 감소시키는 것이다. 유선포에서 유즙이 배출되지 않고 축적되면, 유선포의 내압이 증가됨에 따라 분비상피세포에서 유즙의 방출이 저지되고, 분비상피세포 자체도 압박을 받아 유즙이 합성되지 않는다. 그러나, 흡유를 하여 유선포의 내압이 감소되면 분비상피세포에서 유즙의 합성과 방출이 원활하게 이루어 진다. 따라서, 유선포의 내압을 낮게 유지시키는 것은 비유량을 증가시키고, 비유기간을 연장시키는 효과가 있다. 두번째 효과는 흡유자극이 유즙의 합성·방출을 계속적으로 유지시키는데 필요한 각종 호르몬의 분비를 촉진하는 것이다.

(2) 비유유지의 내분비적 조절 : 비유가 유지되려면 내분비적 조절기전에 의하여 분비상피세포의 수가 적정하게 유지되면서 분비기능이 지속되어야 한다. 비유의 유지는 프롤락틴(PRL)·성장호르몬(GH)·부신피질자극호르몬(ACTH)·갑성선자극호르몬(TSH) 등과 같은 선뇌하수체호르몬, 그리고 부신피질호르몬(glucocorticoid)·갑상선호르몬(thyroxine; tri-iodothyronine)·부갑상선호르몬(parathormone) 등이 복합적으로 작용하여 조절된다. 유선

의 분비상피세포에서 프롤락틴은 과립내형질세망, 글루코코르티코이드는 골지장치의 발달과 유지를 조절하는 호르몬이기 때문에 이것들은 비유의 개시에는 물론이고, 유지에도 필수적인 호르몬이다. 갑상선호르몬은 주로 동물체의 기초대사율을 조절하는 호르몬이지만, 비유중인 동물에서 갑상선을 제거하면 비유량이 감소되며, 반대로 비유가 감퇴된 동물에 갑상선호르몬을 투여하면 비유량이 증가된다. 이러한 사실을 보면, 갑상선호르몬은 동물체의 대사작용을 조절하는 간접적 경로를 통하여 비유의 유지에 기여하는 것으로 보인다. 부갑상선호르몬은 혈중의 칼슘농도를 일정하게 유지시키는 작용을 한다. 유즙중에는 다량의 칼슘이 함유되어 있음으로 비유중인 동물에서는 칼슘의 요구량이 매우 높다. 따라서, 부갑상선호르몬은 칼슘의 대사를 활발하게 하여 유즙으로 충분한 칼슘이 이행되도록 조절한다. 한편, 선뇌하수체에서 분비되는 ACTH와 TSH는 유선조직을 직접 자극하지는 못하며, 각각의 표적기관인 부신피질과 갑상선을 자극하여 글루코코르티코이드와 트리요오드티로닌을 분비시키는 간접적 경로를 통하여 비유의 유지에 일익을 담당한다. 성장호르몬을 투여할 경우에 실험동물에서는 유즙의 생산에 영향을 미치지 못하지만, 반추동물에서는 비유를 증가시킨다(Bauman 등, 1989). 더욱이, DNA의 재조합기법으로 생산한 소의 성장호르몬은 고능력 젖소에서 유즙의 합성을 자극한다. 그러나, 성장호르몬이 비유를 증진시키는 기전은 아직까지 명확하게 해명되지 않았다. 다만, 성장호르몬이 각종 영양소의 대사작용을 조절하는 수단을 통하여 체내에 저장된 영양소를 유선조직으로 분배하여 비유를 증대시키고, 또한 IGF-1의 생산을 자극하여 유선조직의 성장과 영양소의 흡수작용을 도와서 산유능력을 증대시킬 가능성은 있다(Larson, 1985).

3) 분비상피세포에서 유즙의 합성과 방출

포유동물은 분만과 동시에 유선포의 분비상피세포에서 유즙의 각종 영양성분을 합성하고, 이것을 다양한 방출기전을 통하여 유선포의 내강으로 방출한다.

(1) 유즙의 합성 : 분비상피세포의 세포질내에는 유즙합성에 중요하게 작용하는 내형질세망·골지장치·미토콘드리아 등과 같은 세포소기관이 위치하고 있다. 이러한 구조를 가진 유선의 분비상피세포에서 합성·방출된 유즙의 조성은 동물의 종에 따라 매우 다르다(표 6-11). 유단백질(milk protein)은 혈액에 함유된 아미노산을 원료로 사용하여 분비상피세포의 과립내형질세망에서 합성된다. 유단백질은 카제인(casein)과 유청단백질(whey protein)로 구분된다. 카제인에는 α-·β-·κ-·γ-카제인 등 여러종류가 있는데, α- 및 β-카제인에는 인산이 많이 함유되어 있고, κ-카제인에는 탄수화물이 부착되어 있다. 유청단백질로는 α-락트알부민·β-락토글로불린(β-lactoglobulin)·알부민·면역글로불린 등이 있다. 락토오스는 글루코오스와 갈락토오스 1분자씩이 락토오스합성효소의 작용으로 결합된 이당류로서, 유즙중에 함유된 주 탄수화물이다. 한편, 유즙중에 함유되어 있는 유지방의 97~98%는 트리글리세라이드(trigliceride)이고, 나머지 2~3%는 인지질을 비롯한 미량 지질

표 6-11. 동물의 종에 따른 유즙의 조성(%)

동 물 종	지방	단백질	유당	무기물	총 고형물	동 물 종	지방	단백질	유당	무기물	총 고형물
소						개	8.3	9.5	3.7	1.20	20.7
에어셔	4.1	3.6	4.7	0.7	13.1	고양이	10.9	11.1	3.4	—	—
브라운스위스	4.0	3.6	5.0	0.7	13.3	사 슴	19.7	10.4	2.6	1.4	34.1
건 지	5.0	3.8	4.9	0.7	14.4	토 끼	12.2	10.4	1.8	2.0	26.4
홀스타인	3.5	3.1	4.9	0.7	12.2	래 트	14.8	11.3	2.9	1.5	31.7
저 지	5.5	3.9	4.9	0.7	15.0	코끼리	15.1	4.9	3.4	0.76	26.9
말	1.6	2.7	6.1	0.51	11.0	밍 크	8.0	7.0	6.9	0.7	22.6
면 양	5.3	5.5	4.6	0.90	16.3	북극곰	31.0	10.2	0.5	1.2	42.9
산 양	3.5	3.1	4.6	0.79	12.0	고 래	34.8	13.6	1.8	1.60	51.2
돼 지	8.2	5.8	4.8	0.63	19.9	사 람	4.5	1.1	6.8	0.20	12.6

이다. 유지방은 분비상피세포의 활면내형질세망에서 합성되고, 지방적(脂肪滴, fat droplet)을 형성한다. 트리글리세라이드를 구성하는 지방산의 약 50%는 C_4~C_{14}의 저급지방산이고, 나머지 50%는 C_{18}~C_{20}의 고급지방산이다. 비반추동물에서는 글루코오스를 원료로 지방산을 합성하지만, 반추동물에서는 아세트산염(acetate)이 주 원료이고, 글루코오스가 지방산의 합성원료로 이용되는 경우는 없다. 무기물이나 비타민은 유선조직에서 합성되지 않기 때문에 모두 혈액에서 이행된다.

(2) 유즙의 방출 : 유선의 분비상피세포에서 합성된 유즙성분은 명확히 구분되는 5종류의 경로, 즉 ① 세포외유출(exocytosis), ② 이출분비(離出分泌, apocrine secretion), ③ 원형질막통과운반(transmembrane transport), ④ 경(經)세포운반(transcystotic transport) ⑤ 측(側)세포운반(paracellular transport) 등을 통하여 유선포강내로 방출된다. 유선의 분비상피세포는 인접한 세포와 치밀하게 연접(tight junction)되어 있어서 분비상피세포를 통과하지 않고는 어느 종류의 물질도 유선포강내로 들어갈 수 없다. 따라서, 혈액성분이 분비상피세포를 통과하지 않고, 그대로 유즙의 성분으로 이행되지는 못한다(그림 6-18; Neville, 1998). 세포외유출은 분비상피세포에서 합성된 유즙성분이 분비소포(分泌小胞, secretory vesicle)를 형성하고, 이 분비소포의 한계막이 분비상피세포의 원형질막과 결합된 다음, 결합된 부위의 원형질막이 제거되어 분비소포에 함유된 내용물이 유선포강으로 방출되는 기전으로서(그림 6-18의 A), 카제인 · 락토페린 · α-락트알부민 등과 같은 유단백질은 이 경로를 통하여 방출된다. 유지방은 유선상피세포의 활면내형질세망에서 합성된 다음, 지방적을 형성하는데, 이 지방적은 분비상피세포의 유리연으로 이동된 다음, 원형질막의 한계를 넘어서 돌출되고, 돌출된 부위의 아래쪽에서 양측의 원형질막이 융합 · 절단되어 지방적이 원형질막에 싸인채로 유선포강으로 방출되는 이출분비기전을 통하여 분비된다(그림 6-18의 B). 분비상피세포의 세포질내에 용해되어 있는 글루코오스와 1가이온(monovalent ion; Na^+ · K^+ ·

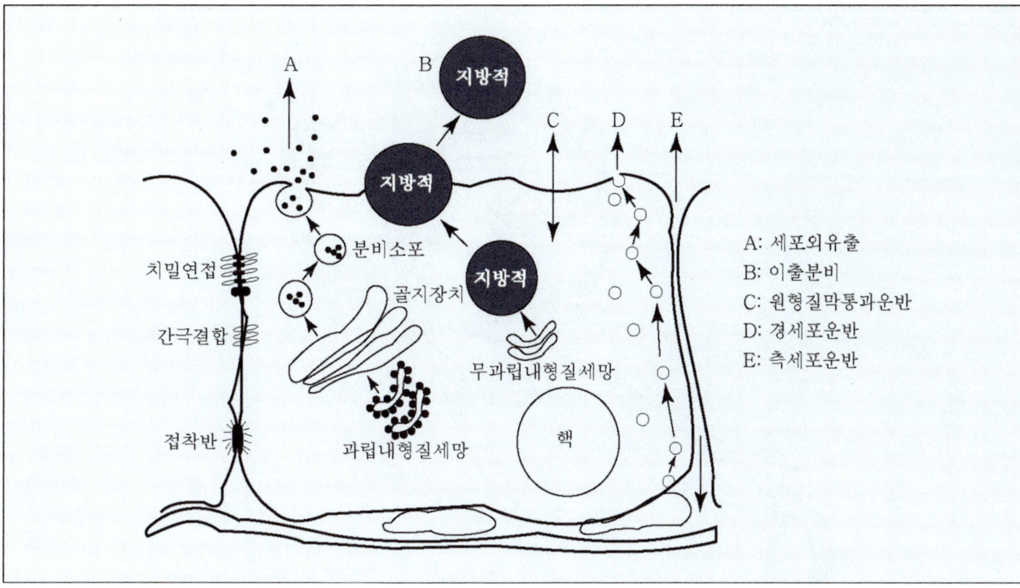

그림 6-18. 유선의 분비상피세포에서 유즙성분이 방출되는 경로

Cl^- 등)은 유선포강쪽의 원형질막을 자유로이 통과하는 원형질막통과운반기전으로 유선포강으로 방출된다(그림 6-18의 C). 경세포운반은 면역글로불린과 같이 혈액에 함유된 단백질을 유선포강으로 운반하는 경로이다. 면역글로불린의 일종인 IgA는 분비상피세포의 기저측 원형질막에 위치하는 IgA수용체와 결합하여 세포질내로 유입된 다음, 세포질을 관통하여 유선포강쪽의 원형질막에 이르고, 이어서 세포외유출기전으로 유선포강으로 방출된다(그림 6-19의 D). 측세포운반은 분비상피세포 상호간이 연접된 사이의 공극을 통과하는 경로이다. 그러나, 정상상태에서는 분비세포상호간이 치밀하게 연접되어 각종 물질이나 백혈구의 통과를 허용하지 않지만, 임신기와 유선의 퇴행기, 그리고 유방염과 같은 세균감염이 있을 경우에는 치밀연접이 열려서 다양한 혈장성분과 백혈구의 통과를 허용한다(그림 6-18의 E).

4) 유즙의 배출

유선의 분비상피세포에서 합성된 후에 유선포강으로 방출된 유즙이 유선관계를 타고 유두에 이르고, 이어서 유두공을 통하여 유선밖으로 배출되는 생리현상을 유즙의 배출(排出, ejection) 또는 하강(下降, let-down)이라 한다. 유즙의 배출은 신경계와 내분비계가 공동으로 작용하여 일어나는 신경내분비적 반사(neuroendocrine reflex)에 의하여 이루어진다(그림 6-19; Collier, 1998). 유두에 가해지는 흡(착)유자극은 지각신경인 요(腰)신경을 통하여 척수(脊髓)로 전달된 다음, 중뇌의 외측피개(外側被蓋, lateral tegmentum)와 정중슬상체(正中膝狀體, medial geniculate body)를 차례로 경유하여 정중전뇌속(正中前腦束, medial forebrain bundle)에 이르고, 이어서 시상하부의 시삭상핵(視索上核, supraoptic nucleus)과 실방핵(室

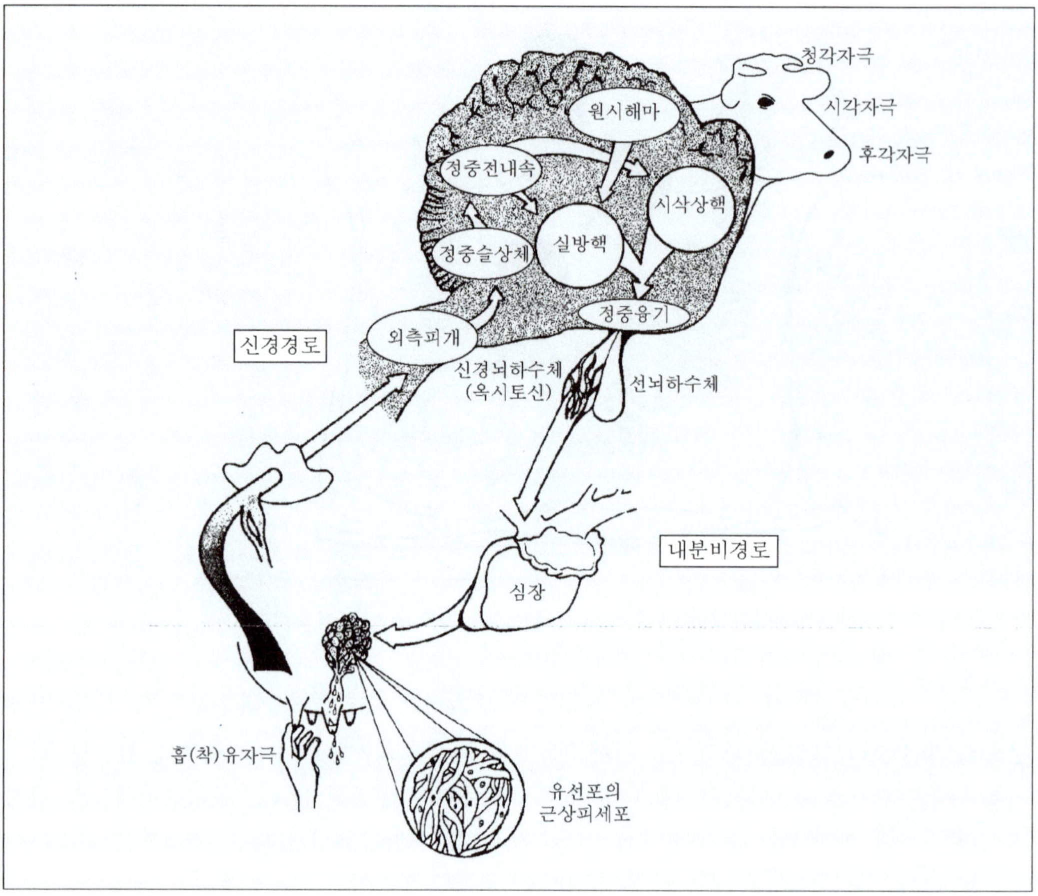

그림 6-19. 유즙의 배출을 유발하는 신경내분비적 경로

傍核, paraventricular nucleus)으로 전달된다. 또한, 시각 및 후각 자극도 원시해마(原始海馬, hippocampal rudiment)를 통하여 실방핵에 이른다. 이러한 경로를 통하여 전달된 신경자극은 시상하부의 시삭상핵과 실방핵을 자극하여 옥시토신의 방출을 촉진한다(제2장 제3절 신경뇌하수체호르몬[옥시토신] 항목 참조). 신경자극에 의하여 방출된 옥시토신은 경정맥을 타고 심장에 이른 다음, 동맥계를 통하여 전신으로 확산되는데, 유방으로의 이행은 하행대동맥에서 분지된 외음부동맥을 통하여 이루어 진다(앞에 기술된 유방의 혈관계 참조). 유방에 도달된 옥시토신은 유선포의 외측에 배열된 근상피세포의 원형질막에 위치하는 수용체와 결합하여 자극함으로써 근상피세포 자체를 수축시킨다. 근상피세포가 수축되면 유선포의 내압이 급격히 상승되고, 이에 따라 유즙이 유선관계로 압출(壓出)된다.

4. 유선의 퇴행

임신기에 현저하게 발달되고, 분만과 더불어 유즙을 분비하는 유선은 이유를 하거나 착유를 중단하면, 유선의 분비조직인 유선포계가 파괴되어 유선자체의 크기가 감소되면서 비유가 중단되는데, 이러한 현상을 유선의 퇴행(mammary involution)이라 한다.

1) 유선이 퇴행되는 기전

착유자극이나 흡유자극이 중단되면 유즙의 배출반사작용이 정지되어 유선포내에 유즙이 저류됨으로 유선포의 내압이 급격히 상승된다. 유선포의 내압이 상승되면 유선포의 주위에 분포된 모세혈관망이 압박을 받게 되어 유입되는 혈류량이 감소되고, 이에 따라 유즙합성에 필요한 각종 영양소와 분비상피세포의 활성을 조절하는 각종 호르몬의 공급이 중단되어 유즙의 합성이 정지된다. 또한, 유선포의 내압이 상승되어 분비상피세포가 압박을 받게 되면 퇴행적 변화가 일어나 분비상피세포 자체가 소실되면서 유선포도 파괴된다. 분비상피세포의 파괴·소실은 유전적으로 프로그램된 과정에 따라 세포자체가 사멸하는 세포소멸(細胞消滅, apoptosis, cell death) 기전으로 설명하고 있다(Collier, 1998). 세포소멸과정에 있는 분비상피세포는 핵의 염색질이 농축되고, 이어서 게놈(genomic)DNA가 Ca^{2+}/Mg^{2+} 의존적 엔도뉴클레아제(endonuclease)의 작용으로 절단되어 분절화되며, 이에 따라 세포 스스로가 죽게된다. 이러한 세포소멸과정에 의하여 분비상피세포의 수가 급격하게 감소되면 유선의 분비조직인 유선포계가 파괴·소실된다. 그러나, 세포소멸과정이 임신기와 비유기에는 억제되어 유선이 퇴행되지 않으며, 흡(착)유의 중단으로 퇴행된 유선은 다음번의 임신기간에 재생·발달되고, 분만과 더불어 비유가 개시된다.

2) 퇴행에 따른 유선조직의 변화

유선은 퇴화되는 과정에서 상당한 조직학적 변화가 일어나지만, 모든 유선조직이 함께 퇴행되는 것은 아니다. 유선의 퇴화는 주로 분비조직인 유선포계에서 일어나며, 유즙의 배출통로인 유선관계는 퇴행되지 않는다. 더욱이, 유선포의 외측에 분포된 근상피세포와 모세혈관망도 퇴행되지 않고, 그대로 존속된다. 그러나, 유선조직을 구성하는 결합조직의 함유비율은 증가되는데, 이것은 결합조직의 절대량이 증가되는 것은 아니고, 유선포계가 감소되는데 따른 상대적 증가에 불과하다. 대부분의 가축에서는 이유후에 곧바로 차기의 임신이 성립되기 때문에 유선조직이 극심하게 퇴행되지는 않는다.

◈ 참 고 문 헌 ◈

1) Akers, R. M. 1998. lactogenesis. In encyclopedia of reproduction. Vol. 2.(E. Knobil & J. D. Neill eds.). Academic Press. p.979.
2) Akers, R. M. and J. E. Keys. 1985. Effects of suckling intensity on human growth hormone binding, biochemical composition and histological characteristics of ovine mammary glands. Domestic Anim. Endocr. 2:159.
3) Alanko, M. 1990. Milk progesterone tests in the management of reproductive functions in dairy cattle.

Meddelande-Svensk Husdjursskotsel. 160:32
4) Bauman, D. E., et al. 1989. Long-term evaluation of a prolonged-release formulation of N-methionyl bovine somatotropin in lactating dairy cows. J. Dairy Sci. 72:642.
5) Baylis, C. 1980. Glomerular filtration rate and plasma volume in the pregnant rat. J. Physiol. 305:49.
6) Bearden, H. J. and J. W. Fuquay. 2000: Parturition: hormonal initiation. In applied animal reproduction. 5th ed. Prentice Hall. p.113.
7) Booth, J. M. 1987. Pregnancy testing today. British Veterin. J. 143:385.
8) Bosc, M. J. 1972. The induction of synchronization of lambing with the aid of dexamethasone. J. Reprod. Fertil. 28:347.
9) Broughton-Pipkin, F. and H. D. Stephensen, 1994. Fetal Physiology. In Marshall's physiology of reproduction. 4th ed.(G. E. Laming ed.). Chapman & Hall. 3:235.
10) Calder, A. A. 1990. Prostaglandins as therapy for labour induction of the therapeutic abortion. Reprod. Fertil. Dev. 2:553.
11) Camillo. F., et al. 1991. Daytime induction of foaling with small doses of oxytocin. In 17eme Fournee de la Recherche chevaline(Paris). p.37.
12) Canning, J. F. and R. D. H. Boyd. 1984. Mineral and water exchange between mother and fetus. In fetal physiology and medicine. the basis of perinatology(R. W. beard & P. W. Nathanielsz eds.). Marcel Dekker. p.481.
13) Cheek, D. B., et al. 1985. Muscle cell growth and the distribution of water and electrolyte in human pregnancy. Early Human Dev. 11:293.
14) Clapp, J. F. Ⅲ. 1985. Maternal heart rate in pregnancy. Am. J. Obstet. Gynecol. 152:659.
15) Coggins. E. G. and N. L. First. 1973. Response of swine and rabbits to dexamethasone at different stages of gestation. J. Anim. Sci. 37:305.
16) Collier, R. J. 1998. Lactation, nonhuman. In encyclopedia of reproduction. Vol. 2.(E. Knobil & J. D. Neill eds.). Academic Press. p.973.
17) Day, A. M. 1977. Cloprostenol for termination of pregnancy in cattle. (a) induction of parturition. New Zealand Veterin. J. 25:136.
18) Douglas, R. H., et al. 1974. Induction of abortion in mares with prostaglandin F2-alpha. J. Anim. Sci. 39:404.
19) Falconer, J., et al. 1991. Release of insulin-like growth factor Ⅰ by the sheep placenta *in vitro*. Reprod. Fertil. Dev. 3:379.
20) First, N. L. and C. Alm. 1977. Dexamethasone induced parturition in pony mares. J. Anim. Sci. 44:1072.
21) Fleet, I. R., et al. 1975. Secretory activity of goat mammary glands during pregnancy and the onset of lactation. J. Physiol. 251:763.
22) Flint, A. P. F. 1995. Interferon, the oxytocin recepter of pregnancy in ruminants and non-ruminants: a comparative approach. Reprod. Fertil. Dev. 7:313.
23) Fried, W. 1995. Erythropoietin. Annu. Rev. Nutr. 9:353.
24) Garcia, M. and L. E. Edqvist, 1990. Progesterone determinations and clinical examinations of reproductive organs in purebred and crossbred female Zebu cattle. Theriogenol. 33:1091.
25) Geisert, R. D., et al. 1990. Embryonic steroids and the establishment of pregnancy in pig J. Reprod. Fertil. Suppl. 40:293.
26) Geisert, R. D. & J. R. Malayer. 2000. Implantation. In reproduction in farm animals. 7the ed.(E. S. E. Hafez & B. Hafez eds.). Lippincott Williams & Wilkins. p.126.
27) Goodman, G. T., et al. 1983. Hormonal regulation of α-lactalbumin secretion from bovine mammary tissue cultured *in vitro*. Endocr. 112:1324.
28) Gordon, I. 1997. Control of foaling: induction by corticosteroid. In controlled reproduction in horses, deer and camelids. Cab International(CABI). p.132.
29) Handerson, K. M., et al. 1992. Concentrations of oestrone sulfate in milk during pregnancy in dairy cows. Proceed. New Zealand Soc. Anim. Produc. 52:17.
30) Handerson, K. M., et al. 1993. An enzyme immunoassay to measure oestrone sulfate in cow's milk. Proceed. New Zealand Soc. Anim. Produc. 53:271.
31) Hansen, P. J. 2000. Immunology of reproduction. In reproduction of farm animals. 7th ed.(E. S. E. Hafez & B. Hafez eds.). Lippincott Williams & Wilkins. p.341.
32) Harding, J. E. and B. M. Jhonston, 1995. Nutrition and fetal growth. J. Reprod. Fertil. 7:539.
33) Harman, E. L. and A. L. Slyter. 1980. Induction of parturition in the ewe. J. Anim. Sci. 50:391.

34) Harrison, F. A. 1982. Dexamethasone-induced parturition in sheep. British Veterin. J. 138:402.
35) Harrison, G. L. and L. G. Moore. 1985. Blunted vascular reactivity during pregnancy is only partially prostaglandin mediated. Fed. Proc. 44:463.
36) Herschuler, R. C. and J. R. Lawrence. 1986. Studying the safety of prostaglandin-induced parturition in dairy cows. Veterin. Med. 79:822.
37) Hinoki, Y. 1999. Function of placenta and growth of fetus. In reproductive biology of mammals(Y. Takahashi ed.). Gakshou Pub. p.184.
38) Hosenpud, J. D., et al. 1983. Progesterone-induced hyperventilation in the guinea pig. Respir. Physiol. 52:257
39) Itoh, S., et al. 1994. Induction of parturition in pigs with a prostaglandin F2α analogue(fenprostalene). Anim. Sci. Tech. 65:834.
40) Itshovitz, J., et al. 1983. The effect of reducing umbilical blood flow on fetal oxygenation. Am. J. Obstet. Gynecol. 145:813.
41) Jain, G. C. and M. L. Madan. 1989. Plasma prostaglandin F, oestradiol-17β, cortisol and progesterone in induced parturient goat. Int'1. J. Anim. Sci. 4:152.
42) Jainudeen, M. R. and E. S. E. Hafez. 2000. Gestation, prenatal physiology and parturition. In reproduction in farm animals. 7th ed.(E. S. E. Hafez & B. Hafez eds.). Lippincott Williams & Wilkins. p.140.
43) Jainudeen, M. R. and E. S. E. Hafez. 1987. Placental circulation: gestation, prenatal physiology and parturition. In reproduction in farm animals. 5th ed.(E. S. E. Hafez ed.). Lea & Febiger. p.235
44) Kunio, S. 1999. Maintenance of pregnancy. In reproductive biology of mammals(Y. Takahashi ed.). Gakushou Pub. p.177.
45) Larson, B. L. 1985. Endocrine and neural control of the mammary gland. In lactation. Iowa state Univ. Press. p.39.
46) Lee, K. S. 2002. Structure and function of placenta: placental hormone. In general endocrinology. Sunjin Pub. p.401.
47) Levasseur, M. C. 1983. Utero-ovarian relationships in placental mammals: role of uterus and embryo in the regulation of progesterone secretion by the corpus luteum. Reprod. Natr. Dev. 23:793.
48) Liggins, G. C. 1974. The mechanism of initiation of parturition in the cwe. Recet Prog Horm. Res. 29:111.
49) Liggins, G. C. 1994. The role of cortisol in preparing the fetus for birth. Repord. Fertil. Dev. 6:141.
50) Longo, L. D. 1983. Maternal blood volume and cardiac output during pergnancy: a hypothesis of endocrinologic control. Am. J. Physiol. 245:720.
51) Longo, L. D., et al. 1974. Placental CO2 transfer after fetal carbonic anhydrase inhibition. Am. J. Physiol. 226:703.
52) Louis, T. M., et al. 1974. Plasma prolactin, growth hormone, luteinizing hormone and glucocorticoids after prostaglandin F2α in heifers. Proc. Soc. Exp. Biol. Med. 147:128.
53) Low, B. G., et al. 1990. Expression of major histocompatibility complex antigens on the bovine placenta. J. Reprod. Fertil. 90:235.
54) Lye, S. J. 1996. Initiation of parturition. Anim. Repord. Sci. 42:495.
55) Martin, M. J., et al. 1985. Parturition control in sows with a prostaglandin analogue(alfaprostol). Theriogenol. 24:13.
56) Matcalfe, J., et al. 1988. Maternal physiology during gestation. In the physiology of reproduction. Vol. 2. (E. Knobil & J. D. Neill eds.). Raven Press. p.2145.
57) McNeilly, A. S. and I. A. Forsyth. 1994. Regulation of postpartum fertility in lactating mammals. In Marshall's physiology of mammals. 4th ed.(G. E. Laming ed.). Chapman & Hall. 3:1038.
58) Morris, F. H. Jr., et al. 1988. Placental transport. In the physiology of reproduction. Vol. 2.(E. Knobil & J. D. Neill eds.). Raven Press. p.2043
59) Nevel, R. L. 1985. Detectpregnancy in 20 to 24 days. Dairy Herd Management. 22:14.
60) Nevel, R. L., et al. 1989. Comparisons of eight commercial on-farm milk progesterone tests. Theriogenol. 31:753.
61) Neville, M. C. 1998. Lactation, human. In encyclopedia of reproduction. Vol. 2.(E. Knobil & J. D. Neill eds.). Academic Press. p.963.
62) Norman, L. J., et al. 1985. Change in pituitary respones to synthetic ovine corticotropin releasing factor in fetal sheep. Can. J. Physiol. Pharmacol. 63:1398.
63) Oka, T., et al. 1991. Control of growth and differentation of the mammary gland by growth factors. J. Dairy Sci. 74:2278.

64) Ott, T. L. 1998. Pregnancy, in farm animals. In encyclopedia of reproduction. Vol. 3.(E. Knobil & J. D. Neill eds.). Academic Press. p.980.
65) Owens, J. A. 1991. Endocrine and substrate control of fetal growth: placental and maternal influences and insulin-like growth factor. Reprod. Fertil. Dev. 3:501.
66) Peters, A. R. and G. E. Lamming. 1990. Lactational anoestrus in farm animals. In oxford reviews of reproductive biology. Oxford Univ. Press. p.12.
67) Peter, A. R. and D. A. Poole. 1992. Induction of parturition in dairy cows with dexamethasone. Veterinary Record. 131:576.
68) Regan, C. L. 1998. Pregnancy in human, overview. In encyclopedia of reproduction. Vol. 3.(E. Knobil & J. D. Neill eds.). Academic Press. p.986.
69) Romagnolo, D. and R. L. Nevel. 1993. The accuracy of enzyme-linked immunosorbent assay and latex agglutination progesterone test for the validation of estrus and early pregnancy dignosis in dairy cattle. Theriogenol. 39:1121.
70) Rommereim, D. N. and A. L. Slyter. 1981. Effect of day of gestation in induction of lambing with flumethasone. J. Anim. Sci. 53:564.
71) Rosenfeld, C. R. 1977. Distribution of cardiac output in ovine pregnancy. Am. J. Physiol. 232:231.
72) Rudolf, A. M. and M. A. Hymen. 1967. The circulation of the fetus in utero: methods for studying distribution of blood flow, cardiac output and organ blood flow. Circ. Res. 27:163.
73) Schmidt, G. H. Mammary gland anatomy. In biology of lactation. Freeman. p.6
74) Schneider, H. 1991. Placental transport function. Repord. Fertil. Dev. 3:345.
75) Shi, F. S., et al. 1989. Early diagnosis of pregnancy by determining progesterone content of separated milk in dairy cattle. Zhejiang Agr. Sci. 6:286.
76) Sheffield, L. G. and I. S. Yuh. 1988. Influence of epidermal growth factor on growth of bovine mammary tissue in athymic nude mice. Domest. Anim. Endocr. 5:141.
77) Smith, R. S., et al. 1998. CRH directly and preferentially stimulates DHEAS secretion by human fetal adrenal cortical cells. J. Clin. Endocr. Metab. 83:2916.
78) Sorensen, A. M., Jr. 1979. Parturition and the postpartum period. In animal reproduction, principles and practices. McGraw-hill. p.148.
79) Stulc, J. and B. Stulcová. 1984. Transport of inorganic phosphate by the fetal border of the guinea pig placenta perfused *in situ*. Placenta. 5:9.
80) Tainturier, D., et al. 1990. Early diagnosis of non-pregnancy in cows by milk progesterone assay using the RPT(rapid ELISA). Revue de Médicine Vétérinaire. 141:375.
81) Thorburn, G. D. 1991. The placenta, prostaglandins and parturition: a review. reprod. Fertil. Dev. 3(3):277.
82) Thakur, M. S. and S. K. Verma. 1990a. Induction of parturition in goats with prostaglandin F2α. Indian J. Anim. Reprod. 11:148.
83) Thakur, M. S. and S. K. Verma. 1990b. Use of dexamethasone for induction of parturition in goats. Archiv fur Experimentelle Veterinarmedizin. 44:459.
84) Tomoda, S., et al. 1985. Amniotic fluid volume and fetal swallowing rate in sheep. Am. J. Physiol. 249:133.
85) Tucker, H. A. 1988. Lactation and its hormonal control. In the physiology of reproduction. Vol. 2.(E. Knobil. & J. D. Neill eds.). Raven Press. p.2235.
86) Tucker, M. A. 1979. Endocrinology of lactation. Semin. Perinatol. 3:199.
87) Tucker, H. A. 1974. General endocrinological control of lactation. In lactation: a comprehensive treatise(B. L. Larson & V. R. Smith eds.). Academic Press. p.277.
88) Tsumagari, S. 1999. Parturition. In reproductive biology of mammals(Y. Takahashi ed.). Gakshou Pub. p.192.
89) Vassiliadis, S. and I. Athanassakis. 1994. Two novel colony-stimulating factor-1(CSF-1) properties: it post-transcriptionally inhibits interferon-specific induction of class II antigens and reduces the risk of fetal abortion. Cytokine. 6:295.
90) Williams, C. S. F. 1986. Practical management of induced parturition. In current therapy in theriogenology (D. A. Morrow ed.). Saunders. p.588.
91) Wilkening, R. B. and G. Meschia. 1983. Fetal oxygen uptake, oxygenation, and acid-base balance as a function of uterine blood flow. Am. J. Physiol. 244:749
92) Wooding, F. B. P. and A. P. E. Flint. 1994. Placentation: In Marshall's physiology of reproduction. 4th ed. (G. E. Laming ed.). Chapman & Hall. 3:235.

제 7 장

생식공학

생식과정의 어느 단계에 대하여 특수한 공학적 조작을 가하여 생식생리현상의 발현기전을 조절하거나 변경시키고, 이를 이용하여 동물의 생식효율을 증진시키는 동시에, 유전적 개량을 도모하려는 기술을 생식공학(生殖工學, reproductive technology)이라 하는데, 주로 생식세포와 수정란을 대상으로 하는 연구가 많다. 인공수정은 옛날부터 개발된 고전적 생식공학기술이지만, 가축의 개량·증식에 지대한 공헌을 하였다. 또한, 발생공학(發生工學, developmental engineering)의 발전에 힘입어 생식세포와 초기배의 미세조작기법이 개발됨에 따라 수정란이식은 물론이고, 복제동물(clone)이나 키메라동물(chimera)의 생산도 가능하게 되었으며, 핵을 치환하거나 이식하여 특정 목적에 이용할 수 있는 동물의 작출도 이루어지고 있다. 더욱이, 분자생물학에 기반을 두고 있는 유전공학(遺傳工學, genetic engineering) 기술로 목적유전자를 분리하여 전핵기의 수정란이나 초기배에 도입함으로써 특정한 생리작용을 발현하는 형질전환동물을 생산하고, 이것을 이용하려는 연구도 활발하게 수행되고 있다. 이와 같은 조작기술들을 이용할 때에는 개개의 기술을 독립적으로만 사용하는 것이 아니고, 실제로는 여러 기술들을 조합하여 사용하는 경우가 더 많다.

제 1 절 인공수정

인공수정(人工授精, artifical insemination)은 수태(受胎, fecundation)를 목적으로 수컷에서 채취한 정액을 암컷의 생식기내로 주입하는 기술을 말한다. 따라서, 인공수정은 암컷의 생식기내에서 정자와 난자가 만나서 합체되는 과정을 말하는 수정(受精, fertilization)과는 구별되는 용어이다. 자연교배(自然交配, natural mating)의 경우에는 암컷과 수컷이 교미를 하는 것으로서 정액의 주입에 필요한 모든 과정이 끝나지만, 인공수정의 경우에는 사람이

이 과정을 대행함으로 복잡한 여러단계의 기술적 과정이 필요하다. 인공수정의 기술적 과정은 정액의 ① 채취, ② 검사, ③ 희석과 보존, ④ 주입 등의 4단계로 이루어 진다.

1. 인공수정의 역사와 의의

인공수정은 인류가 최소한 600년 전부터 시도한 최초의 생식공학기술로서, 단일기술로는 가축의 유적적 개량에 가장 큰 공헌을 하였다. 즉, 유전적 능력을 검증받은 수컷 한마리는 인공수정을 통하여 연간 수만마리의 자손을 얻을 수 있기 때문에 가축집단 전체의 능력을 크게 향상시킬 수 있다. 반면에, 암컷에서는 수정란이식기법을 동원하여도 얻을 수 있는 자손의 수가 적어서 가축집단의 유전적 개량에 대한 공헌도가 제한적일 수 밖에 없다.

1) 인공수정의 역사

인공수정에 관한 최초의 기록은 1320년경 아라비아에서 암말의 생식기내에 솜을 삽입한 후에 자연교미를 시키고, 정액을 흡수한 솜을 꺼내어 원거리로 수송한 다음, 다른 암말의 생식기내에 넣어 수태를 성공시켰다는 사실이지만, 포유동물의 번식에 과학적인 인공수정을 최초로 도입한 사람은 이탈리아의 생리학자 Spallanzani이다. 그는 1780년에 30두의 암캐에 인공수정을 시술하여 18두에서 임신을 성공시켰다. 그러나, 인공수정을 가축의 개량과 생식기질병의 방지를 위한 수단으로 응용하여 큰 성과를 얻음으로써 오늘날에 시술되는 가축인공수정의 기초를 확립한 사람은 구 소련의 Ivanov(1907)이다. 그는 말을 중심으로 인공수정의 연구를 시작하였지만, 1930년경부터는 공동연구자들과 함께 소나 면양의 인공수정에 관한 연구도 수행하였다. 이들의 연구는 각종 가축에 대한 정액의 채취・보존・주입 등과 같은 실용적 기술을 크게 발전시켰다. 더욱이, Ivanov는 인공수정 기술자의 양성에도 힘을 기울여 자기 나라 뿐만 아니라, 세계 각국에서 온 연구생들에게도 기술을 습득시켜 인공수정이 전 세계적으로 확산되는 계기를 마련하였다. 그러나, 1900년대 초반까지는 주로 정액의 취급과 주입을 위주로 한 연구가 수행되었으며, 1900년대 중반부터 정액채취를 위한 인공질이 개발되고, 시트르산나트륨(sodium citrate)과 글리세롤을 사용하여 정액의 액상 및 동결 보존이 가능해짐에 따라 인공수정기술이 획기적으로 발전되었다. 또한, 이 기간에 가축의 번식프로그램에 인공수정기술을 도입하게 되고, 상업적인 인공수정 센터가 설립되기에 이르렀다. 덴마크에서 1936년에 인공수정협회가 창립되어 젖소의 인공수정과 전염병의 방지에 진력하였으며, 미국에서도 1937년에 Perry의 노력으로 뉴-저지주에 최초로 협동적 인공수정협회(cooperative artificial breeding association)가 설립되었다. 오늘날에는 세계의 모든 나라에서 인공수정을 관장하는 조직이 운영되어 가축의 번식에 대한 다양한 서비스를 제공하고 있다.

한편, 우리나에서는 이용빈(李用斌)교수(1915~2001)와 김영묵(金榮默)교수(1917~)가 일본에서 인공수정기술을 습득하고 귀국하여 1940년대 초반에 최초로 소개하였다. 그 후, 김영묵교수는 1953년부터 미국 위스콘신대학과 펜실바니아대학에서, 이용빈교수는 1954년부터 미네소타대학에서 수정생리와 인공수정을 연구하고 돌아와 생식생리에 관한 기초적 연구를 수행하는 동시에, 인공수정기술의 연구와 보급에도 진력하였다. 이에 힘입어 많은 연구자들이 인공수정에 관한 다양한 연구를 수행하여 우리나라의 인공수정기술도 크게 발전되었다. 그러나, 인공수정의 본격적 보급은 오스트리아에서 수학하고 돌아온 김선환(金善煥)박사(1926~ ?)가 1962년 농협중앙회에 가축인공수정소를 설치하고, 전국적인 조직망을 구축하면서 이루어졌다. 현재에는 농협중앙회 가축개량사업소가 젖소 및 한우의 정액을 생산·보급하면서 전국적인 인공수정사업을 관장하고 있다.

2) 인공수정의 의의

인공수정을 시술하는 주 목적은 가축의 번식프로그램에 적용하여 가축집단의 유전적 능력을 향상시키는데 있지만, 수 많은 경제적 이득도 얻을 수 있다. 즉, 가축의 번식에 인공수정을 도입하여 얻을 수 있는 이점은 ① 한 마리의 종모축에서 1회 채취한 정액을 희석하여 다수의 암컷(젖소의 경우 300~1,200두)에 수정할 수 있음으로 종모축의 이용효율을 극대화시킬 수 있고, ② 따라서 종모축의 사양관리에 필요한 경비와 노력을 절감할 수 있으며, ③ 한 마리의 종모축에서 채취한 정액으로 단기간에 다수의 암컷에 수정하여 얻은 다수의 새끼로 후대검정(後代檢定, progeny test)을 조기에 끝낼 수 있음으로 유전능력이 확인된 종모축을 번식에 공용하여 가축의 유전적 개량에 기여할 수 있고, ④ 자연교배에 의하여 전염될 수 있는 트리코모나스증(trichomoniasis)·비브리오증(vibriosis)·브루셀라병(brucellosis)·렙토스피라병(leptospirosis)·질염(vaginitis) 등과 같은 전염병과 피부병이나 외부기생충의 감염을 예방할 수 있으며, ⑤ 정액성상을 검사하여 질이 좋은 정액을 암컷의 생식기내에 깊게 주입함으로 수태율이 향상되고, ⑥ 유전적 능력은 뛰어나지만, 자연교배가 불가능한 개체도 번식에 공용할 수 있으며, ⑦ 정액의 원거리 수송이 가능하게 되어 정액의 국제간 무역이 활성화되고, ⑧ 동결정액을 이용하면 종모축이 죽은 후에도 그 후손을 생산할 수 있으며, ⑨ 생식생리학분야의 연구에 하나의 수단으로 이용될 수도 있다.

인공수정은 많은 이점이 있는 반면에, 단점도 있다. 즉, ① 종모축이 잘못 선발되어 불량한 유전형질을 가지고 있을 경우에는 자연교배에 비하여 피해범위가 넓을 뿐만 아니라, 수습하는데 오랜 기간이 소요되고, ② 기구나 정액을 비위생적으로 처리하면 오히려 생식기 질병을 만연시킬 우려가 있으며, ③ 숙련된 기술자와 특별한 시설이 필요하고, ④ 한번의 교배를 위하여 소요되는 시간이 자연교배에 비하여 길며, ⑤ 방목을 하는 가축에서는 인공수정의 시술이 어렵다. 그러나, 이러한 단점들은 인공수정기술을 연마하고, 기구와 정액의 취급에 세심한 주의를 기울이면 극복할 수 있기 때문에 인공수정의 시술과 보급에 본질적인 장해는 되지 않는다.

2. 정액의 채취

정액채취(精液採取, semen collection)는 인위적으로 종모축의 사정중추를 흥분시킴으로써 사정을 유발하여 정액을 얻는 일련의 과정을 말한다. 인공수정의 처음단계는 정액을 채취하는 단계이다. 따라서, 정액채취가 제대로 이루어지지 않으면 인공수정 그 자체가 있을 수 없다. 정액을 채취할 때에는 ① 종모축의 건강을 해치지 않으면서도, ② 다량의 정액을 청결하게 채취할 수 있어야 하고, ③ 채취된 정액에는 활력이 왕성한 정자가 높은 농도로 함유되어야 하며, ④ 정자에 나쁜 충격(shock)을 주지 않는 방법으로 채취하여야 한다.

1) 정액채취방법

정액채취방법의 발달과정을 보면, 옛날에는 ① 자연교배후 질내의 정액을 흡인하여 채취하는 질내채취법, ② 부드러운 면이나 해면체를 질내에 삽입한 다음, 교배시킨 후에 이것을 끌어내어 정액을 짜내는 해면체법, ③ 수컷의 음경에 콘돔(condom)을 장착한 다음, 자연교배시켜 정액을 채취하는 콘돔법, ④ 암컷의 질내에 페사리(pessary)를 장착시킨 다음, 자연교배시켜 정액을 채취하는 페사리법 등이 이용되어 왔다. 그러나, 오늘날에는 인공질법·전기자극법·마사아지법 등이 동물의 종에 따라 적절하게 이용된다.

(1) 인공질법 : 인공질법(人工膣法, artificial vagina method)은 암컷의 질을 모방하여 만든 인공질에 사정을 시키는 방법으로서, 가장 자연에 가까운 상태에서 사정이 일어남으로 채취된 정액의 성상도 자연사정시의 성상과 같아서 지금까지 개발된 정액채취법 가운데 가장 이상적인 방법이다. 소·면양·산양·말·토끼 등의 정액채취는 거의 전적으로 인공

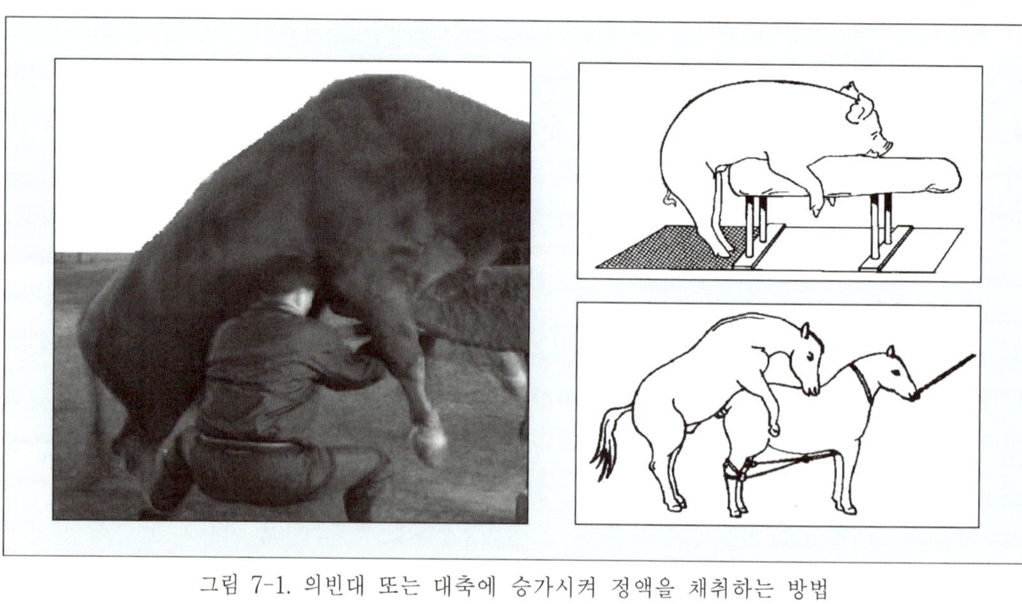

그림 7-1. 의빈대 또는 대축에 승가시켜 정액을 채취하는 방법

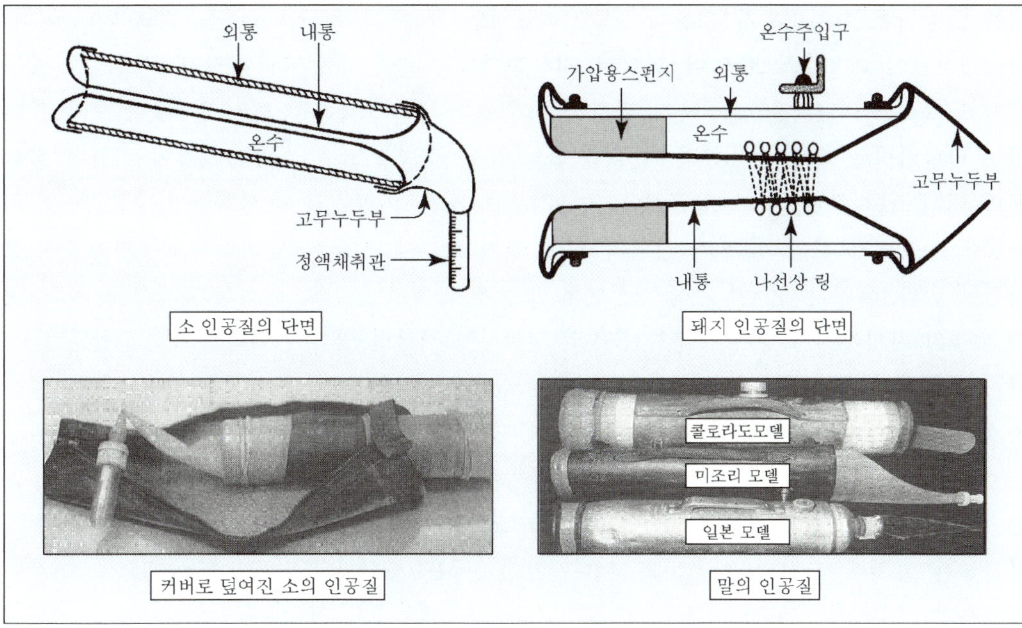

그림 7-2. 인공질의 구조

질법이 이용되고, 돼지에서도 부분적으로 이용된다. 이 방법은 수컷이 의빈대(擬牝臺, dummy) 또는 대축(臺畜, mount animal)에 승가하여 음경을 돌출하면 신속히 인공질로 유도하여 사정시킨다(그림 7-1). 이 때, 음경을 인공질로 유도하는 시각을 맞추는 것이 정액채취의 비결이며, 이것이 잘못되면 인공질에 음경이 삽입되었다 하더라도 사정이 일어나지 않는 경우가 많다. 인공질을 이용하여 정액을 채취할 때에는 인공질의 온도나 압력이 매우 중요하다. 온도는 음경이 받는 온도자극에 의하여 사정이 유발되는 소·면양·산양 등에서 특히 중요한데, 사정시의 인공질온도는 소 45℃, 면양 42~46℃ 정도가 적당하다(Ax 등, 2000). 또한, 인공질의 안쪽에는 정자의 생존에 나쁜 영향을 미치지 않는 백색 바세린 등과 같은 윤활제를 도포하여 음경이 손상되는 것을 방지한다. 돼지의 경우는 음경의 선단부에 가해지는 압박자극에 의하여 사정이 일어남으로 온도보다는 인공질의 압력이 중요하다. 따라서, 돼재의 정액채취에는 인공질을 이용하기 보다는 비닐장갑을 낀 손으로 음경의 선단부를 압박하는 방법이 훨씬 편리하다.

인공질은 감촉이나 온도가 암컷의 질과 매우 유사하게 만들어졌으며, 동물의 종에 따라 크기와 모양이 다른 각종의 인공질이 개발되었다. 그러나, 기본적인 구조와 원리는 큰 차이가 없다. 즉, 경질고무·플라스틱·금속 등으로 만들어진 외통(外筒, outer cylinder)과 부드러운 고무로 만들어진 내통(內筒, inner cylinder)으로 되어 있으며, 내통과 외통의 사이에 온수와 공기를 넣어 온도와 압력을 조절할 수 있다. 이러한 인공질의 한쪽에는 정액을 받을 수 있는 고무누두부를 장착하고, 그 끝에 정액관(精液管)을 접속시킨다. 소에 사용되는 인공질은 여러종류가 있으나, 가장 대표적인 것은 그림 7-2(Ax 등, 2000)와 같은데, 정액채취관이 외부로 노출되어 있어서 저온충격이나 광선으로부터 정자가 보호되지 않는 단점이 있다. 이 단점을 해결하기 위하여 고무누두부와 정액관을 37~38℃의 온수가 들어 있는 비닐커버로 싸서 이용한다. 면양과 산양의 인공질은 크기가 소의 그것에 비하여 작을 뿐이고, 구조는 같다. 말의 인공질은 기본적으로 소의 인공질과 유사하지만, 크기가 크고, 외통에 손잡이가 달려 있으며, 정액의 양이 많기 때문에 정액관 대신 큰 고무주머니가 장착되어 있다. 돼지의 인공질은 음경선단의 모양에 맞게 만들어진 나선상의 링(ring)을 내통과 외통의 사이에 끼워넣어 사정시 음경의 선단부에 적당한 압력이 가해지도록 고안되었다.

(2) 전기자극법 : 직장내에 전극(電極, eletrode)을 삽입하고, 통전(通電)시켜 사정중추를 자극함으로써 사정을 유도하여 정액을 채취하는 방법을 전기자극법(electrical stimulation method)이라 한다. 면양과 산양에서는 이 방법이 자주 이용되지만, 소의 경우에는 노령 또는 후구의 질환 등으로 승가가 불가능하거나, 교미욕이 결여되어 인공질법으로 정액채취가 불가능한 개체에 한하여 이용되고 있다. 통전자극은 환상다극식(環狀多極式)으로 제작된 전기사정기(electroejaculator)를 이용한다. 소의 경우에는 전극프로브(electrode probe)를 직장내에 삽입한 다음, 직장의 하부에 밀착시키고, 처음에는 3~5V의 낮은 전압으로 몇 번 통전시키다가 전압을 단계적으로 높여서 5~6회째에 10~15V에 도달되게 한다. 이 전압에서 3~5초 동안 통전시키고, 15초씩 쉬는 것을 반복하면 사정이 일어난다. 이 방법으로 채취한 정액은 사정량은 많지만, 정자농도가 낮은 경향이 있다. 그러나, 분리채취(fractional collection)를 하면 정자의 농도가 매우 높은 분획을 얻을 수 있다. 면양과 산양에서는 요추프로브를 제4~5요추의 측방 피하에 꽂고, 직장프로브를 직장내로 10cm 정도 밀어넣은 다음, 25~30V의 전압에서 100A의 전류를 5초씩 수회에 걸쳐 통전하면 사정이 일어난다.

(3) 마사아지법 : 수컷의 신체 일부를 마사아지함으로써 사정중추를 흥분시켜 사정을 유도하는 정액채취방법을 마사아지법(massage method)이라 한다. 개의 경우는 음경을 직접 마사아지하고, 소와 같이 체격이 큰 동물은 직장에 손을 넣어 정관팽대부를 마사아지하며, 가금의 경우에는 복부를 강하게 마사아지하여 정액을 채취한다. 한편, 돼지는 음경의 선단을 강하게 압박하면 용이하게 사정한다. 따라서, 의빈대에 승가시킨 후에 음경이 돌출되면 중지와 약지로 음경을 쥐고, 음경선단의 나선부 말단을 새끼손가락의 손톱이 하얗게 될 정도로 강하게 압박한다. 이 때, 음경이 경화될 때는 힘을 가하고, 연화될 때는 힘을 빼면서 압박의 강도를 조절하면 음경이 길게 돌출되면서 사정을 시작한다. 이 방법으로 정액을 채취하면 분리채취가 용이하여 정자농도가 높은 분획을 얻을 수 있다.

2) 정액채취의 빈도

어린 수컷을 양호한 조건으로 사양·관리하면 소는 12개월, 면양·산양·돼지 등은 7~8개월, 말은 24개월 후부터 정액의 채취가 가능하다. 정액채취의 빈도는 단위기간당 정액을 채취하는 회수를 말하는데, 일반적으로 1주일을 기준으로 하는 경우가 많다. 채취빈도를 높게하면 단위기간당의 총사출정자수는 증가하지만, 정자농도가 저하되어 1사정당 정자수는 현저하게 감소되며, 채취간격을 지나치게 연장시키면 정자가 요중으로 방출되거나 생식기내에서 퇴화·소실되어 정액의 이용효율이 떨어진다. 따라서, 정액의 채취빈도는 주당 사출정자수를 고려하여 사출이 가능한 정자의 대부분을 채취하면서도 일정한 정자농도를 유지할 수 있는 선에서 결정되어야 한다. 또한, 가축의 조정능력은 축종·연령·계절·건강상태 등에 따라 달라짐으로 이들 요인도 정액의 채취빈도를 결정하는데 고려하여야 한다.

(1) 소 : 소의 정액채취빈도는 자연환경이나 사양관리의 조건 등에 따라 달라질 수 있지만, 대체로 주 2~3회, 매회 두번 연속채취하는 것이 일반적이다. 그러나, 무더운 여름철에는 1주에 2회 이상을 채취하면 정액성상이 나빠지는 개체가 있다. 이러한 개체는 정액성상과 건강상태 등을 고려하여 적당한 기간 동안 휴식을 시킨다.

(2) 면양과 산양 : 면양과 산양은 정소상체내에 저장된 정자수가 많고, 사정량도 적기 때문에 다른 가축에 비하여 상당히 높은 빈도로 장기간에 걸쳐 정액을 채취하는 것이 가능하다. 그러나, 건강을 해지지 않고, 정상적인 성욕을 유지하면서 양호한 정액을 얻을 수 있는 채취빈도는 2일에 1회가 적당하며, 필요에 따라서는 1일 1~2회의 채취도 가능하다.

(3) 말 : 말은 한번에 사출하는 정액량과 정자수가 많음으로 채취빈도가 높으면 정자농도가 현저하게 감소된다. 따라서, 실용적인 채취빈도는 1주당 2회 정도가 적당하지만, 정액의 수요가 많은 번식계절에는 1일 1회의 채취도 무방하다. 그러나, 1일 1회의 채취를 8일 정도 계속하면 정자수가 반감된다. 계속적인 정액채취로 피로한 기색을 보이면 도중에 하루쯤 휴식을 시키는 것이 필요하다.

(4) 돼 지 : 돼지는 다른 가축에 비하여 정액량이 현저히 많기 때문에 채취빈도가 정액성상에 크게 영향을 미친다. 즉, 20일 동안에 5회·10회·20회의 정액을 채취하면 사정당 평균정자수가 각각 55×10^9·40×10^9·23.7×10^9로서, 사정빈도가 높을수록 사출되는 정자수가 감소된다(Gerritts 등, 1962). 따라서, 이상적인 채취간격은 5~6일이며, 형편에 따라서는 3일 간격으로 채취하여도 가끔 휴식만 시킨다면 별다른 지장은 없다. 그러나, 돼지의 경우는 소나 면양과는 달리 과도하게 정액을 채취하면 건강이 극도로 나빠져서 폐축(廢畜)하게 됨으로 이점에 유념해야 한다. 특히, 젊은 수퇘지는 어떠한 경우에도 주당 2회 이상을 채취하여서는 안된다(Hughes & Varley, 1980).

3. 정액의 검사

정액의 성상은 다양한 원인에 의하여 채취시 마다 다르게 마련이다. 따라서, 채취된 정액은 곧바로 양과 질을 평가하고, 이 자료를 기초로 하여 그 정액의 사용 여부를 판단하는 동시에, 희석배율 등과 같은 정액의 처리방법을 결정한다. 정액의 검사는 육안적 검사와 현미경적 검사로 대별한다. 그러나, 인공수정용으로 장기간 동안 보존하려는 정액의 경우에는 정자의 생존능력이나 수정능력을 판단하기 위하여 추가적으로 정자의 강도를 검사하는 경우도 있다.

1) 정액의 육안적 검사

육안적 검사는 정액의 성상을 눈으로 보고 판정하는 것으로서, 검사자의 주관적 판단이 기초가 됨으로 경험이 부족할 경우에는 잘못 판단할 위험성이 있다. 육안적 검사로는 정액의 외관·양·색깔·냄새·운무상(雲霧狀)의 출현상태·수소이온농도(pH) 등을 조사한다.

(1) 정액의 외관 : 정액의 외관은 투명도·색깔·점조도 등을 종합하여 평가하며, 정액의 성상을 판정하는데 유력한 참고자료가 된다. 채취직후의 정액에서 정자농도가 높으면 균일하면서도 불투명한 외관을 나타내지만, 정자농도가 낮으면 농도에 반비례하여 투명도가 증가된다. 정액의 색깔은 보통 유백색 내지 회백색을 나타내는데, 정자농도가 높을수록 흰색이 강하다. 그러나, 소와 산양의 정액은 사료중에 함유된 카로틴(carotene)의 영향으로 황색을 띠는 경우도 있는데, 정액의 성상에는 영향이 없다. 또한, 정액중에 혈액·오줌·고름 등이 혼입되면, 각각 붉은색·누런색·녹색을 나타내며, 이러한 정액은 폐기하여야 한다. 가축의 신선한 정액은 거의 냄새가 없지만, 사람을 비롯한 수종의 동물에서는 전립선에서 분비되는 스퍼민(spermine)에 의하여 특유의 냄새를 발산한다.

(2) 정액의 양 : 사정된 정액의 양은 눈금이 있는 정액채취관·메스실린더·피펫 등으로 쉽게 측정할 수 있다. 나이가 어리거나 체구가 작은 개체는 정액량도 적다. 채취빈도가 증가하면 단위기간당 채취되는 정액총량은 증가되는 반면에, 1회사정당 정액량은 감소된다. 정액량의 감소가 수정률에 영향을 미치지는 않지만, 이용할 수 있는 정자수가 제한된다.

(3) 정액의 pH : 정액의 pH검사는 pH미터를 이용하는 것이 정확하지만, 실용적으로는 간편하게 지시지(指示紙, indication paper)를 이용하여 측정하는 경우가 더 많다. 정액의 pH를 정확하게 측정하고자 할 때에는 정액을 작은 용기에 넣고, 이곳에 pH미터의 전극을 침지하여 측정한다. 과거에는 전극을 침지하기 위하여 3~4㎖의 정액이 필요하였지만, 최근에는 0.3㎖의 정액으로도 pH를 측정할 수 있는 전극이 개발되었다. 지시지법은 pH에 따라 색깔이 분류되어 있는 표준색조표의 색깔과 지시지에 정액을 묻혔을 때 변하는 색깔을 비교하여 pH를 읽는 간편한 방법으로서, 어느곳에서나 소량의 정액으로 단시간내에 측정할 수 있는 장점이 있다.

2) 현미경적 검사

육안적으로 이상이 없는 정액이라도 현미경으로 보면 그 성상이 불량할 경우가 있다. 예를 들면, 외관상으로 농후한 유백색을 나타내어 정자농도가 높은 것 같이 보여도 현미경으

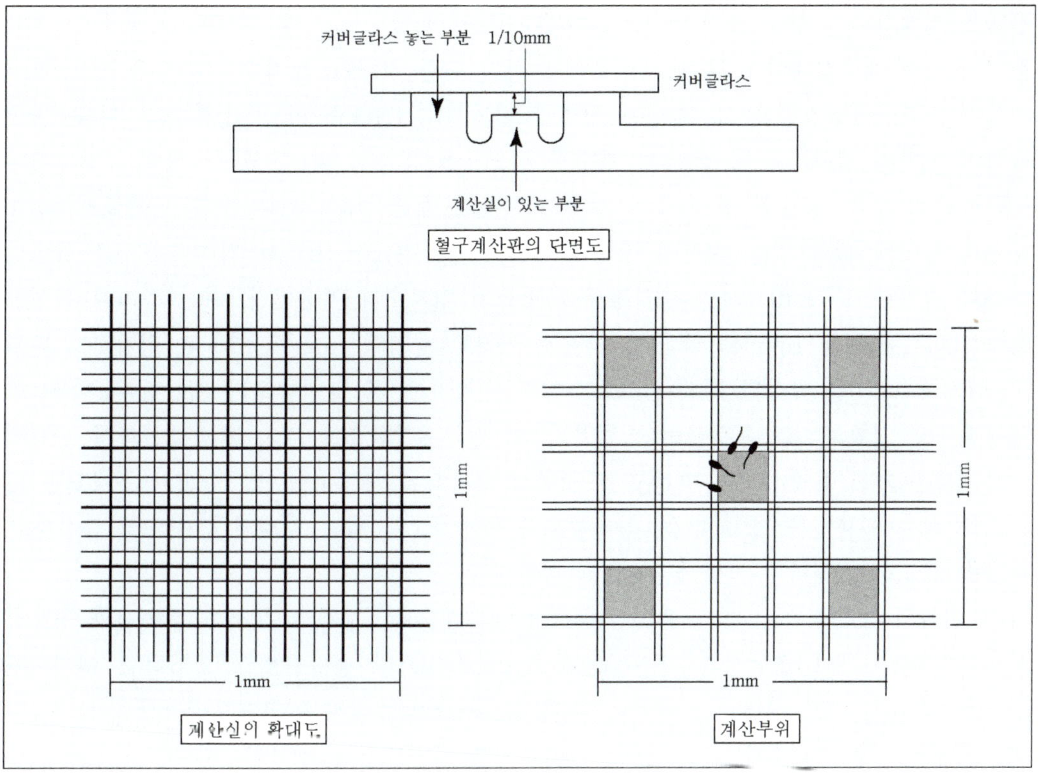

그림 7-3. 혈구계산판의 단면과 혈구계산실의 구획

로 검사해보면 정자의 활력과 생존률이 낮거나 형태적으로 기형을 나타내는 정자가 많아서 인공수정에 이용할 수 없는 경우가 있다. 따라서, 인공수정용 정액을 검사할 때에는 반드시 현미경적 검사가 필요하며, 검사항목에는 정자의 ① 농도, ② 운동성, ③ 생존률, ④ 기형률 등이 포함된다.

(1) 정자의 농도 : 정자농도(精子濃度, sperm concentration)는 정액의 단위용적에 함유되어 있는 정자수를 나타내는 것으로서, 통상 정액 1㎖에 함유된 정자수(정자수/㎖)로 표기한다. 정자농도는 정액의 희석배율을 결정하는데 가장 중요한 요인이다. 정자농도의 산정을 위한 정자수는 혈구계산판(hemocytometer)이나 세포계수기(cell counter)로 계산하는 것이 정확하다. 그러나, 다수의 정액을 동시에 검사할 수 밖에 없는 인공수정소에서는 분광광도계(spectrophotometer)로 단시간내에 간단하게 측정한다.

혈구계산판의 계산실은 한변의 길이가 1mm인 정사각형인데, 각 변이 이중선으로 5등분되어 모두 25개의 이중선으로 된 정사각형을 가지며, 2중선의 정사각형은 다시 단선으로 된 16개의 작은 정사각형으로 나누어져 있다. 또한, 계산판의 계산실이 있는 부위는 커버글라스를 덮는 부위에 비하여 1/10mm가 낮으며, 따라서 $1mm^2$의 계산실 위에 $1/10mm^3$의 공간이 생긴다(그림 7-3). 이러한 구조를 가진 혈구계산판으로 정자수를 측정하려면 먼저 정액을 희석하여야 한다. 희석액으로는 보통 3%의 식염수를 사용하는데, 그 이유는 정자를 사멸시켜 계산실내에서 움직이지 못하게 하기 위한 것이다. 정자수의 측정은 먼저 혈구계산판에 커버글라스를 덮고, 희석한 정액을 피펫으로 1/10mm^{3}의 공간에 채운 다음, 계산실내의 정자를 센다. 이 때, 25개의 정사각형 모두에서 세지 않고, 구석 4개와 중앙 1개의 5개 칸만을 센다. 정자를 셀 때에는 정자의 두부가 계산실내에 있는 것과 계산실의 4변중 두변의 선상에 있는 것을 계산에 포함시킨다. 5개의 칸에서 계산한 정자수를 5로 곱하면 25칸의 정자수, 즉 1/10mm^{3}의 희석정액에 함유된 정자수가 계산된다. 이 실측치에 희석배율과 10(1/10mm^{3}를 1mm^{3}로 환산)을 차례로 곱하면 원정액 1mm^{3}에 함유된 정자수가 나오고, 여기에 1,000을 곱하면 정액 1mℓ에 들어있는 정자수, 즉 정자농도가 계산된다. 한편, 분광광도계로 정자농도를 측정하는 방법은 먼저 혈구계산판으로 정자수를 계산하여 단계적 정자농도를 가진 표준정액을 만들고, 이것들의 흡광도를 측정하여 정자농도와 흡광도를 양축으로 하는 표준선을 만든 다음, 정자농도를 측정하고자 하는 정액의 흡광도를 측정하고, 이것을 표준선에 대비시켜 정자농도를 산정한다.

(2) 정자의 운동성 : 정자의 운동성(運動性, motility)은 정자가 가지는 운동력의 강도를 의미하지만, 정자의 운동성과 생존성(生存性, viability)을 종합적으로 평가하는 정자활력(sperm activity)으로 나타내는 경우가 많다. 정자 활력의 검사는 정액성상검사판이 이용되며, 검사할 때에는 가온판으로 검사정액의 온도를 37~38℃로 조절하여야 한다. 정자의 운동은 그 형태에 따라 전진운동(前進運動, progressive motion)·선회운동(旋回運動, rotary motion)·진자운동(振子運動, oscillatory motion)·이상운동(異狀運動, abnormal motion) 등으로 구분한다. 채취직후의 신선한 정자는 그 대부분이 활발한 전진운동을 하지만, 보존시간의 경과와 더불어 선회운동이나 진자운동으로 변화되고, 급기야는 운동을 정지하고 만다. 정자활력의 평가방법으로 구미에서는 5단계의 수치로 나타내는 방법을 사용하는데, 1단계 : 30%이하의 생존률로 전진운동이 없는 것, 2단계 : 20~50%의 정자가 약한 전진운동을 하는 것, 3단계 : 50~70%의 정자가 활발한 전진운동을 하는 것, 4단계 : 70~80%의 정자가 활발한 전진운동을 하는 것, 5단계 : 80%이상의 정자가 활발한 전진운동을 하는 것으로 구분한다. 2단계 이하의 정액은 인공수정에 사용할 수 없다.

한편, 일본에서는 정자의 운동력을 부호로, 생존률은 %로 산출하여 이것을 동시에 표기한다. 정자의 운동력은 4단계의 부호, 즉 ① ⧻ : 가장 활발한 전진운동, ② ♯ : 활발한 전진운동, ③ + : 완만한 전진운동, ④ ± : 선회 또는 진자운동 등으로 구분하여 표기한다. 정자의 생존률은 현미경의 시야에 나타나는 총 정자중에서 운동하고 있는 정자의 비율(운동정자율)로 표시한다. 따라서, 정액을 검사할 때 50%의 정자가 살아서 활발한 전진운동을 한다면 50⧻로 표기한다. 또한, 정자운동성의 정도를 나타내는 부호에 일정한 계수를 부여하여 정자의 생존지수(生存指數, viability index [VI])를 계산하고, 이것으로 정액의 질을 평가하는 방법도 이용된다. 생존지수의 계산은 운동성을 나타내는 부호 ⧻·♯·+·± 에 각각 100 · 75 · 50 · 25의 계수를 주고, 이 계수를 각 부호에 해당하는 생존률과 곱한 수치를 합하여 100으로 나눈다. 예를 들면, 50卌, 10卄, 10+의 활력을 나타내는 정액의 생존지수는 (50×100+10×75+10×50)/100=62.5이다.

(3) 정자의 생존률 : 정자의 생존률은 현미경하에서 육안으로 검사하거나, 정자를 염색하여 판정할 수 있다. 육안적 평가는 매우 간편하고, 정자의 운동성도 함께 관찰할 수 있는 장점이 있지만, 개인에 의한 주관적 오차도 피하기 어렵다. 그러나, 정자를 염색하여 판정하면 비교적 정확한 생존률을 얻을 수 있다. 죽은 정자와 산 정자를 구분하는 생사염색법(生死染色法)은 사멸한 정자에서 원형질막의 투과성이 증가된다는 원리를 이용하고 있다. 염색액으로는 에오신(eosin)이나 콘고레드(congo red)가 주로 이용되며, 배경염색을 위하여 오팔블루(opal blue) · 아닐린블루(aniline blue) · 니그로신(nigrosine) 등을 함께 사용한다. 예를 들어, 에오신-니그로신 혼합염색액으로 염색을 하면 어두운 니그로신 색소를 배경으로 생존정자는 염색되지 않지만, 사멸정자는 에오신에 붉게 염색되어 쉽게 구분된다.

(4) 정자의 기형률 : 어느 축종에서나 사정된 정액내에는 기형정자(畸形精子, malformed spermatozoa)가 함유되어 있다. 정자의 기형률이 20~30%인 정액은 정자농도가 높다 하더라도 수태율이 저하된다. 정자의 기형은 ① 정자형성과정에서 발생되는 일차적 기형으로서, 두부기형(과대 · 과소 · 협소 · 중복 등)과 경부 및 중편부의 기형, ② 정상적으로 형성된 후에 정소상체 · 정관 · 요도 등을 통과하는 과정에서 이차적으로 발생되는 미부기형(만곡 · 굴절 · 단소 · 선회 · 결손 등), ③ 정액을 채취한 후에 가열 · 온도충격 · 이물(오줌 · 물 · 소독약 등)의 혼입에 의하여 일어나는 인위적 기형 등으로 구분할 수 있다(그림 7-4). 이러한 기형정자는 수정능력(fertilizing ability)이 없다. 정상적인 수태능력을 가진 소 정액의 정자기형률은 일차기형이 3~10%, 이차기형이 1~8% 정도이다. 면양 정자의 기형률은 5~10% 정도이며, 기형률이 30%인 정액은 수태율이 20% 정도이고, 50%의 정자가 기형인 것은 불임이 된다. 돼지정자의 기형률은 14~17% 이내이지만, 정자의 경부에 세포질소적을 가진 미숙정자가 30%를 넘으면 수태율이 현저하게 저하된다. 말에서는 20% 이상의 정자기형률이 저수태의 지표가 된다.

기형정자의 종류나 기형률을 정확하게 판단하려면 정액을 슬라이드 글라스에 도말 · 건조시킨 다음, 염색을 하여 현미경으로 검색한다. 염색방법으로는 Carbo-fuchsin 염색법 · Rose-bengal 염색법 · Fontana 도은(鍍銀)염색법 등이 주로 이용된다. 한편, 위상차현미경을 이용하면 정자를 고정하거나 염색하지 않고도 정자의 형태를 평가할 수 있으며, 전자현미경으로 검색하면 정자의 정확한 미세구조를 확인할 수 있다.

3) 정자의 강도검사

정자의 운동성과 생존성을 검사한 결과만으로는 정자의 장기적 생존능력이나 수정능력을 판정하기가 어렵다. 따라서, 정액을 장기간 동안 보존할 경우에는 정자가 수정능력을 보유

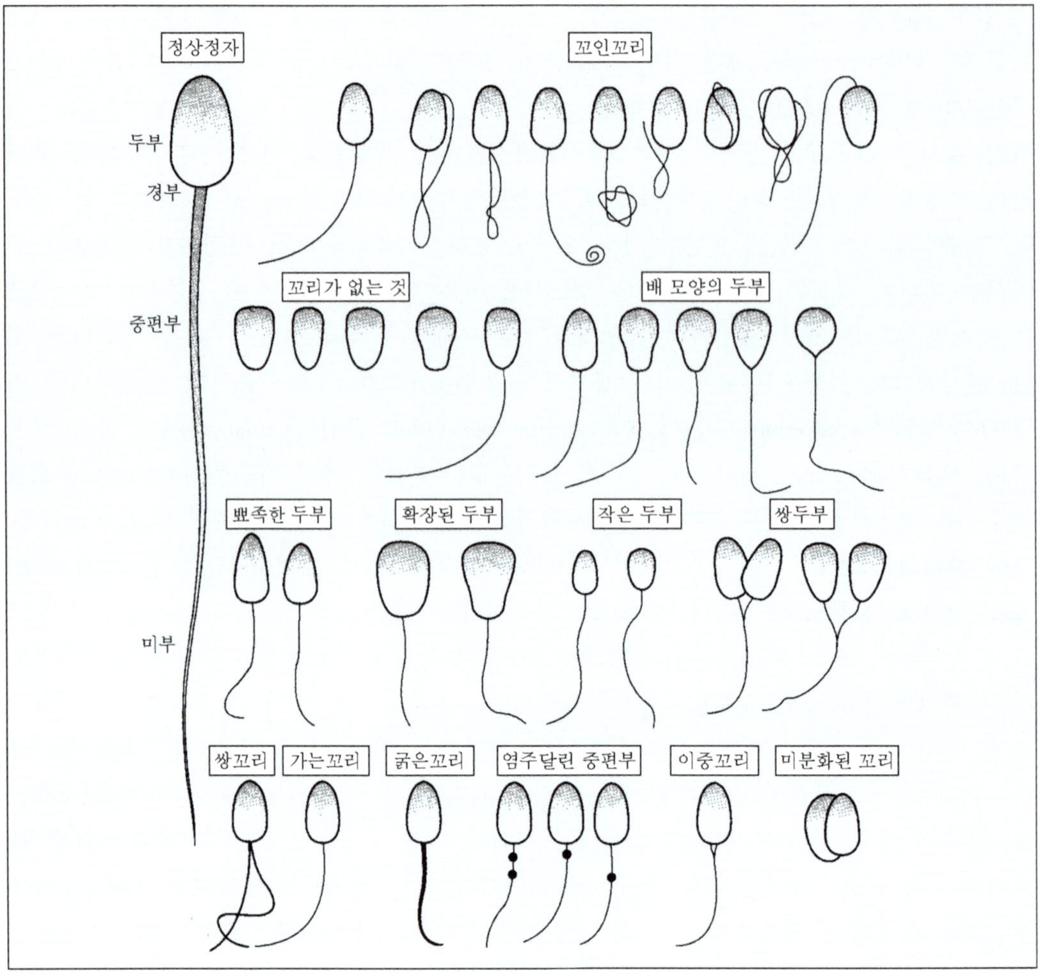

그림 7-4. 정상정자와 기형정자의 형태

하면서 장기간의 보존에 견딜 수 있는지를 판정하는데 기준이 되는 강도검사를 한다.

(1) 온도충격시험 : 인공수정용으로 채취된 정액은 희석·보존하는 과정에서 온도의 변화에 따른 충격을 받게 된다. 따라서, 온도충격에 대한 저항성이 강한 정자가 함유된 정액이 인공수정용으로 적합한 정액이다. 온도충격은 저온충격과 고온충격으로 구분할 수 있다. 저온충격은 정자가 상해를 받는 급속한 온도의 저하를 말하는 것으로서, 저온충격에 대하여 저항성이 강한 정자를 함유한 정액은 동결보존할 경우에도 정자의 손상이 최소화된다. 저온충격에 대한 정자의 저항성은 동물의 종에 따라 매우 다르고, 개체에 따라서도 차이가 있는데, 조사방법은 정자에 저온충격을 가한 다음의 생존성을 조사하여 판정한다. 즉, 저온충격을 가하기 전에 먼저 38℃에서 생존률을 조사한 다음, 정액의 일부를 시험관에 취하여 38℃로부터 0℃의 얼음물에 급속히 침지하여 10분간 방치한 후, 이를 꺼내어 다시 38℃로 가온한 다음, 생존률을 조사하여 저온충격을 주기 전의 생존률과 비교한다. 저

온충격을 받기 전과 후의 정자생존률에 차이가 적을수록 저온에 대한 저항성이 강한 정액임으로 동결보존용으로 적합한 정액이다.

한편, 정자를 고온에서 배양하는 방법으로도 정자의 강도를 판정할 수 있다. 정자는 고온조건하에서는 대사작용이 활발하여 단시간내에 운동성이 소실됨으로 약한 정자는 일찍 사멸하고, 강한 정자는 오래 생존한다는 원리를 이용하여 정자의 강도를 평가할 수 있다. 정자의 고온배양시험은 46.5℃에서 1시간, 47℃에서 45분, 47.5℃에서 30분 동안 배양하면서 검사하는 방법이 이용된다. 소 정액의 검사방법은 난황-시트르산나트륨액으로 희석한 정액 0.1mℓ씩을 3본의 시험관에 넣고, 상기 3가지 온도로 유지된 항온수조에 정치하여 두고서 10~15분 간격으로 정자의 활력을 측정하여 활력이 유지되는 시간에 따라 정액의 질을 평가한다. 빠른 시간내에 운동이 정지되는 정자일수록 5℃에서의 보존능력도 낮다.

(2) 정자의 대사능력시험 : 정자는 운동에 필요한 에너지를 얻기 위하여 해당작용과 호흡작용을 한다. 이러한 정자의 대사능력을 조사하여 정액의 질을 평가할 수 있는데, 주로 해당지수(解糖指數, fructolysis index)와 산소소모량을 측정하는 방법이 이용된다. 해당지수는 37℃의 조건하에서 1억의 정자가 1시간 동안에 분해하는 프럭토오스의 mg수로 산정하는데, 정상지수는 1.4~2.0mg/hr이다. 산소소모량은 해당지수를 조사할 때와 같은 조건하에서 정자가 소비하는 산소량을 μℓ단위로 나타내며, 대략 5~20의 범위에 있다.

(3) 메틸렌블루환원시험 : 정액에 메틸렌블루용액을 첨가하면 정자에 존재하는 탈수소효소(dehydrogenase)의 작용으로 메틸렌블루가 환원되어 탈색된다. 정자가 색소를 완전히 탈색시키는데 소요되는 시간은 정자의 농도·운동성·대사능력의 강도 등에 비례함으로 탈색될 때까지의 시간을 측정하여 정액의 질을 평가할 수 있는데, 이것을 메틸렌블루환원시험(methylene blue reduction test [MRT])이라고 한다. MRT의 측정과정은 ① 증류수 100mℓ에 메틸렌블루 50mg과 시트르산나트륨(sodium citrate) 3.6g을 용해시켜 메틸렌블루용액을 제조하고, ② 10mℓ의 시험관에 0.2mℓ의 정액과 0.8mℓ의 난황-시트르산나트륨액을 혼합하여 정액시료를 만든다. ③ 정액시료에 메틸렌블루용액 0.1mℓ를 첨가한 다음, 그 위에 유동파라핀(liquid paraffin)을 1cm 두께로 붓고, ④ 이것을 42~46℃의 수조에 정치하여 탈색될 때까지의 시간을 측정한다. 소 정액의 경우, 양호한 정액은 3~6분 이내에 탈색이 완료되며, 9분 이내에 탈색되지 않는 정액은 인공수정에 이용할 수 없다. 한편, 메틸렌블루 대신에 레사주린(resazurin)색소를 사용하여 같은 방법으로 환원시험을 할 수 있다.

4. 정액의 희석과 보존

인공수정용으로 채취된 정액은 신속하게 희석(稀釋, dilution)하여야 하며, 희석된 정액은 장기간 동안 보존하면서 필요할 때 마다 꺼내어 사용한다. 정액의 보존방법에는 액상보존(液狀保存, preservation of liquid semen)과 동결보존(凍結保存, cryopreservation)이 있다.

1) 정액의 희석

정액을 희석하는 목적은 ① 정액의 양을 증가시켜 적은 양의 정액으로도 다수의 암컷에 주입할 수 있도록 하고, ② 정자의 생존에 불리하게 작용하는 정장의 조건을 개선시켜 정자의 생존성을 연장시키며, ③ 정자에 대사기질을 공급하고, ④ 정자의 대사에 의하여 정액의 pH가 내려가는 것을 억제하며, ⑤ 정액내에 세균이 증식되는 것을 제어하고, ⑥ 동결보존시 저온충격으로부터 정자를 보호하는 등의 효과를 얻는데 있다.

(1) 희석액 : 정액의 희석액(semen diluent)은 희석목적을 달성할 수 있도록 여러가지의 구비조건을 갖추어야 한다. 희석액의 구비조건을 보면, ① 희석액에 당류를 비롯한 여러종류의 유기물질을 넣어 정자의 생존성에 불리하게 작용하는 정장의 유해작용을 완화시키고, ② 희석액의 삼투압을 정장의 그것과 등장(等張)이 되도록 조정하며, ③ 각종 완충제(buffering agent)를 첨가하여 정자의 생존에 적합한 pH를 유지시키고, ④ 정자에 필요한 각종 영양소가 적당량 함유되도록 조정하며, ⑤ 정액중에 들어 있는 미생물을 제어하기 위하여 항생물질이 첨가되어야 한다. 이러한 조건들을 감안하여 인공수정용 정액을 희석・보존하기 위한 희석액이 동물의 종마다 여러종류씩 개발되어 있는데, 주성분은 당류・단백질・완충제이고, 삼투압은 정장과 등장이거나 약간 높고, pH는 중성내지 약산성이다. 희석액에 함유된 글루코오스와 같은 당류는 정자의 에너지원이 되고, 동해방지제(凍害防止劑, cryoprotectant)로서의 역할도 한다. 완충제로는 시트르산나트륨(sodium citrate)・인산염(phosphate)・트리스(tris[hydroxymethyl] aminomethane)등이 주로 사용되는데, 정액의 보존중에 야기되는 pH의 저하를 완충시켜 정자에 적합한 환경을 제공한다. 단백질, 특히 지단백질(lipoprotein)은 정자를 보호할 뿐만 아니라, 동해방지제로도 유효한데, 단백질원으로는 주로 난황과 우유가 사용된다. 난황을 첨가하는 희석액에는 난황-시트르산나트륨액(egg yolk-sodium citrate diluent)・난황-트리스액(egg yolk-tris diluent)・난황-인산염액(egg yolk-phosphate diluent) 등이 있으며, 우유희석액은 전유나 탈지유를 사용한다. 또한, 세균의 번식을 억제하거나 정자의 대사를 억제할 목적으로 페니실린이나 스트렙토마이신 등과 같은 항생물질도 첨가한다. 한편, 정액의 희석액은 액상보존용과 동결보존용으로 나누는데, 액상보존용 희석액에는 수 종류의 염류가 함유되어 있는 것이 좋지만, 동결시에는 염류가 정자에 상해를 주게됨으로 동결용 희석액에는 되도록이면 염류가 함유되지 않는 것이 좋다. 동결용 희석액에는 글리세롤・디메틸설폭사이드(dimethyl sulfoxide [DMSO])・다가알콜(polyhydric alcohol)등과 같은 동해방지제를 첨가한다.

(2) 희석방법 : 인공수정에 사용되는 희석액은 정자의 생존에 유효하도록 조성되어 있지만, 정자의 입장에서 보면 이물질이기 때문에 급격히 혼합하면 희석충격(dilution shock)을 받아 정자의 운동성과 생존성이 급격하게 저하된다. 따라서, 정액을 희석할 때에는 정액과 희석액의 온도를 같게 하고, 정액에다 희석액을 조금씩 첨가하면서 천천히 혼합한다. 희석액에 정액을 첨가하는 것은 절대로 피해야 한다. 고배율로 희석할 때는 먼저 저배율로 희

석하고, 단계적으로 최종적인 고배율로 맞추어 나간다. 예를 들어, 소 정액을 희석할 경우에는 먼저 실온에서 4~5배로 희석하고, 이것을 3~4시간에 걸쳐 4~5℃까지 냉각한 후에 다시 4~5℃의 희석액으로 희석하여 목표하는 희석배율을 맞춘다.

정액의 희석배율은 정액을 낭비하지 않으면서도 높은 수태율을 얻을 수 있는 충분한 수의 정자를 확보하는 선에서 결정되어야 한다. 예를 들면, 정액량이 5㎖·정자농도가 10억/㎖·전진운동정자의 비율이 80%인 소의 정액을 전진운동정자가 ㎖당 2천만이 함유되도록 희석할 때의 희석배율을 계산해 보면, ① 먼저 정액 1㎖에 들어있는 전진운동정자수를 계산(10억×80/100=8억)하고, ② 전진운동정자수 8억을 목표하는 정자수 2천만으로 나누면 희석배율 40이 나온다. 따라서, 희석된 정액의 총량은 5㎖×40=200㎖가 된다.

2) 정액의 보존

인공수정에 사용하는 정액은 반영구적으로 보존이 가능한 동결보존을 하는 것이 일반적이지만, 단시간내에 사용하는 정액은 액상으로 보존하기도 한다.

(1) 액상보존 : 희석정액을 동결하지 않고, 액체상태로 빙점(氷點, freezing point) 이상의 온도에서 보존하는 것을 액상보존이라 한다. 액상정액의 적합한 보존온도는 소·면양·산양·밀·닭의 경우에는 4~5℃ 정도이지만, 돼지의 정자는 저온에 매우 약하여 15℃ 정도에 보존하는 방법이 세계적으로 채택되고 있다. 그러나, 정상적인 수태율을 유지할 수 있는 액상보존기간은 동물의 종에 따라 일정하지 않다. 소 정액의 경우는 수태율의 저하없이 5℃에서 수일간 보존할 수 있지만, 면양에서는 인공수정전에 정자농도를 높여주지 않으면 하루만 보존하여도 수태율이 저하된다. 돼지에서는 15℃에서 2일간 보존한 정액으로 정상적인 수태율을 얻을 수 있다. 말의 희석정액은 보존기간이 길어질수록 수정능이 급속히 저하됨으로 가능하면 희석배율을 2배 이하로 제한하고, 채취 당일이나 다음날까지는 사용하는 것이 좋다.

(2) 동결보존 : 동결보존은 드라이아이스-알콜(dry ice-alcohol)로 하강시킬 수 있는 온도인 -79℃이하의 초저온역(域)에서 동결된 상태로 보존하는 것을 말한다. 그러나, 동결정액은 -196℃의 온도를 나타내는 액체질소에 침지하여 보존하는 것이 일반적인데, 이 상태를 유지하면 반영구적인 보존이 가능하다. 소 정액을 예로 들어 정액의 동결과정을 보면, ① 채취된 정액을 액상정액의 희석방법과 같이 글리세롤이 첨가되지 않은 희석액(1차희석액)으로 희석한 다음, 5℃까지 냉각시키고, ② 온도가 내려간 희석정액을 5℃의 1차희석액으로 최종 정자농도의 2배가 되도록 희석한 다음, ③ 5℃의 글리세롤이 첨가된 2차희석액으로 재차 희석하여 최종 정자농도를 맞추는데, 정자에 충격이 가지 않도록 희석액을 1시간에 걸쳐 4회로 나누어 첨가하며, ④ 희석이 끝난 정액을 5℃에서 6시간 정도 정치하여 글리세롤평형(glycerol equilibration)을 시키고, ⑤ 글리세롤평형이 끝난 정액을 스트로에 분주하여 밀봉한 다음, ⑥ 스트로를 액체질소표면의 약 5cm 위에 정치하여 기화되는 액체

질소로 10분간 예비동결한 후에 액체질소통에 침지하여 완전동결시키면서 그대로 보존한다.

3) 정액의 수송과 융해

인공수정이 가지는 이점의 하나는 가축을 이동시키는 대신에 정액을 수송하여 암컷에 주입할 수 있다는 것이다. 오늘날에는 정액보존기술의 발달과 더불어 정액의 국제간 수송이 용이하게 되어 정액의 수출입이 활발하게 이루어 지고 있다. 냉동보존된 상태에서 암컷이 위치하는 장소로 수송된 정액은 융해하여 인공수정에 사용하게 된다.

(1) 정액의 수송 : 액상정액을 수송할 때에는 정액의 보존적온인 4~5℃(돼지 15℃)의 물을 정액수송용 보온병에 적당량 채우고, 이곳에 정액이 들어있는 정액관을 침지하여 수송하는데, 이 방법으로는 4~5시간에 걸친 수송이 가능하다. 한편, 동결정액은 -196℃의 액체질소가 채워진 액체질소통(liquid nitrogen container)에 넣어서 수송한다. 동결정액을 다른 액체질소통으로 옮길 때에는 정액의 온도가 -130℃ 이상으로 상승되지 않도록 신속하게 옮겨야 한다. 순간적이라도 정액온이 -130℃ 이상으로 상승되면 빙정(氷晶)이 다시 형성되어 정자의 생존성과 융해후의 활력이 급격히 저하된다. 이러한 위험성을 피하려면 0.5㎖ 스트로의 경우 2~3초 이상을 대기중에 노출시켜서는 안된다. 액체질소통에 의한 수송이 불가능 할 때에는 아이스박스에 가루로 만든 드라이아이스를 넣고, 그 속에 동결정액을 묻어 수송할 수도 있다. 그러나, 드라이아이스의 온도(-79℃)에서는 동결정액의 빙정상태가 불안정하여 정자에 손상을 주기 때문에 수송시간이 24시간을 넘겨서는 안된다.

(2) 동결정액의 융해 : 동결정액을 주입하기 위해서는 융해과정을 거쳐야 한다. 그러나, 동결정액은 융해하는 온도에 따라 정자의 생존률 · 운동성 · 정상첨체율 · 대사기능 등이 상당히 달라진다. 0.5㎖의 스트로에 포장된 소의 동결정액은 4℃나 20℃에서 융해한 것보다는 35~37℃의 온수에서 융해한 것이 정자의 생존률 · 정상첨체율 · 전진운동정자율이 높다.

5. 정액의 주입

정액의 주입(注入, insemination)은 인공수정의 마지막 단계로서, 자연교미를 대신하여 사람이 채취한 정액을 발정이 발현된 암컷의 생식기내로 주입하는 행위를 말한다. 인공수정의 모든 과정이 고도로 조직화된 오늘날에는 인공수정사의 가장 중요한 임무가 바로 정액의 주입이며, 주입기술의 우열은 그대로 수태율로 반영된다. 수태율을 높이기 위해서는 암컷의 발정상태를 면밀히 관찰하여 주입적기를 알아내고, 적합한 주입방법으로 신속하게 주입하여야만 한다.

1) 주입적기

주입적기는 인공수정을 할 때 수태를 성립시키는데 가장 적합한 주입시기를 말하는 것으로서, 자연교배시의 교배적기와 같은 의미로 사용되는 용어이다. 주입적기는 ① 배란시기와 난자의 수정능 보유시간, ② 정자가 수정부위에 도달되는데 필요한 시간, ③ 정자의 수정능 획득에 소요되는 시간, ④ 정자의 수정능 보유시간 등에 의하여 결정된다. 그러나, 실제적으로는 배란시각을 아는 것이 가장 중요한데, 배란시각의 예측은 시정(試情, teasing)을 하거나, 발정징후를 관찰하여 추정하며, 소와 말에서는 직장검사로 난포의 발육상태를 확인하여 판정한다. 일반적으로, 주입적기는 배란 수시간 전부터 10여시간의 사이에 있는데, 발정징후를 기준으로 하면 발정의 최성기가 막 지난 시기에 해당된다. 주요가축의 주입적기를 보면, 소는 발정종료 1시간 전부터 발정종료 3시간 후까지이고, 면양은 발정개시후 20~25시간이며, 산양은 발정개시로부터 25~30시간 전후이고, 돼지는 수퇘지를 허용하기 시작한 시점으로부터 10~25시간 사이이며, 말은 배란이 일어나기 1~2일 전이다.

2) 주입부위와 주입량

정액의 주입부위에 따라 수태율에 차이가 있다. 수태율을 높이려면 가급적 자성생식기의 심부에 주입하는 것이 필요하다. 질에 정액을 주입하면 질내의 산성환경에 의하여 정자의 활력이 저하되어 수태율이 떨어지고, 정액의 손실도 커서 비경제적이다. 따라서, 오늘날에는 자궁경관내 주입법이 일반화되어 있다. 정액의 주입량은 동물의 생식특성에 따라 매우 다르지만, 일반적으로 5천만~1억/mℓ의 농도로 희석된 정액을 소 0.25~0.5mℓ, 면양과 산양 0.1~0.5mℓ, 말 25~30mℓ, 돼지 50mℓ 이상을 표준으로 하고 있다.

3) 가축별 주입방법

정액의 주입적기가 결정되면 정액주입기(inseminating equipment)로 정액을 주입하는데, 축종에 따라 다양한 주입방법이 제시되고있다.(그림 7-5; Ax 등, 2000).

(1) 소 : 소의 정액주입에는 직장질법(直腸膣法, rectovaginal method)이 주로 이용되는데, 방법은 한쪽 손을 직장에 넣어 자궁경을 붙잡고, 다른 손으로 정액주입기를 질내로 삽입하여 자궁경관의 심부나 자궁내로 밀어 넣은 다음, 정액을 주입한다. 이 방법은 조작이 간편하면서도 효율성이 높아 세계 어느 나라에서나 가장 많이 이용된다. 직장질법에 의하여 정액을 주입할 때에 미리 정액주입기를 질내에 삽입하여 두고, 이어서 직장내에 손을 삽입하여 자궁경을 붙잡는 순서로 진행하는 경우와 먼저 직장내에 손을 삽입하여 자궁경을 붙잡고, 이어서 질내로 정액주입기를 삽입하는 경우가 있다. 어느 경우에도 수태율에는 큰 차이가 없지만, 전자의 경우와 같이 주입하면 정자가 온도충격을 받는 시간이 짧아진다는 이점은 있다. 직장질법으로 정액을 주입하면 자궁경관에 가해지는 기계적 자극으로 자궁경 자체의 운동성이 항진되어 정자의 상행(上行)을 도울 뿐만 아니라, 자연에 가까운 상태로 정액이 주입됨으로 소에 나쁜 영향을 주지 않으며, 깊게 주입됨으로 수태율도 높다.

(2) 면양과 산양 : 면양과 산양의 정액주입은 질경법(膣鏡法, vaginal speculum method)

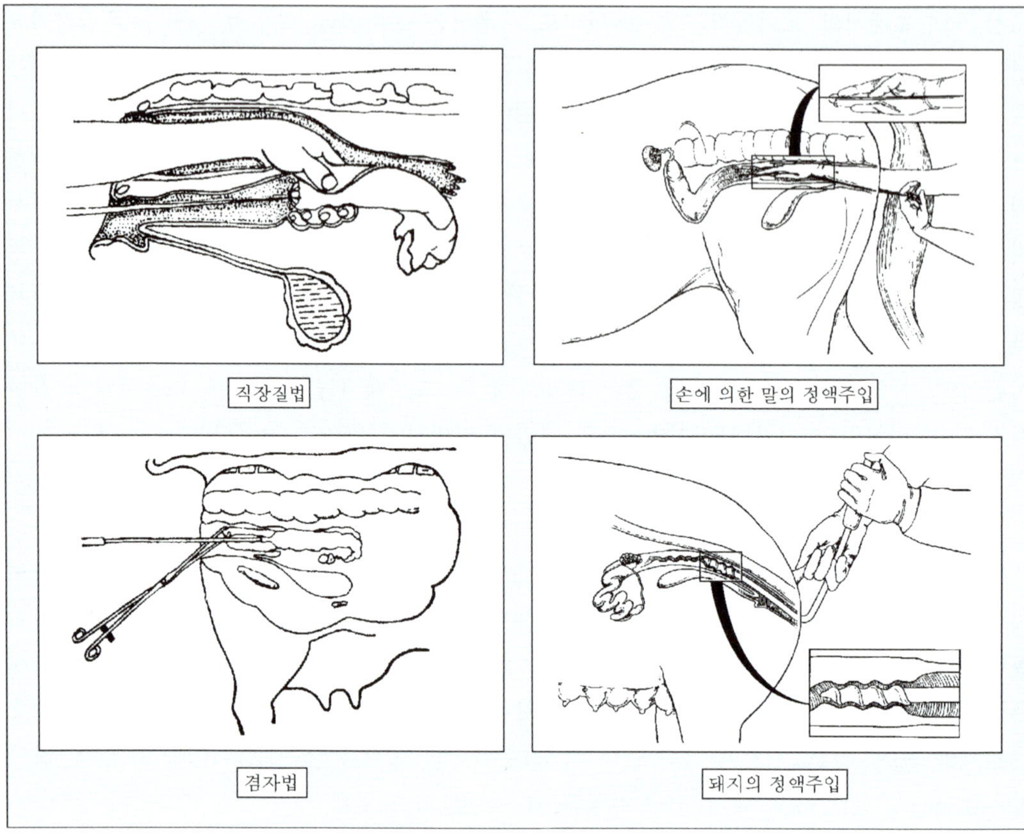

그림 7-5. 정액주입의 각종방법

이나 겸자법(鉗子法, forceps method)이 주로 이용된다. 질경법은 질경으로 질을 벌리고, 반사경으로 질내를 비춰보면서 자궁경외구를 확인한 다음, 주입기를 자궁경관내로 삽입하여 정액을 주입하는 방법이다. 이 방법은 자궁경을 고정하지 못함으로 자궁경관의 심부에 정액을 주입하는 것이 어렵다는 단점이 있다. 겸자법은 질경을 사용하여 질을 벌려 놓고, 겸자로 자궁경외구의 상부를 집어서 음문에 가까운 곳까지 끌어내어 고정한 다음, 정액주입기를 자궁경관의 심부까지 삽입하여 정액을 주입하는 방법이다. 이 방법으로 주입하면 수태율은 좋지만, 자궁경관을 집어서 끌어낼 때 상처를 입히게 되는 단점이 있다. 따라서, 직장질법이 불가능한 면양과 산양에서 주로 이용되고, 소에서는 거의 이용되지 않는다.

(3) 말 : 일반적으로 질경법으로 정액을 주입한다. 말의 자궁경관은 다른 동물종에 비하여 구조가 복잡하지 않기 때문에 질경법으로도 주입기가 자궁경관에 쉽게 삽입되며, 자궁경외구로부터 10~15cm의 깊이에 주입한다. 또한, 발정이 발현된 암말을 보정하고, 손과 팔을 깨끗이 세척한 다음, 손으로 정액주입기의 선단을 쥔채 질내로 삽입하여 자궁경관외구를 촉진하고, 이어서 손가락으로 정액주입기를 자궁경관속으로 유도하여 자궁경관의 심부에 이르도록 한 다음, 정액을 주입하는 방법도 이용된다.

(4) 돼지 : 돼지는 주입하는 정액량이 많음으로 주입기의 구조가 소나 면양의 그것과는 달리 정액을 담는 주사통과 주입관으로 구성되고, 주입관의 선단은 굴곡된 자궁경관에 쉽게 삽입될 수 있도록 나선상의 구조로 되어있다. 돼지의 질과 자궁경관의 경계부는 소나 면양과는 달리 질의 선단부가 좁아지면서 자연스럽게 자궁경관에 연결되는 구조이기 때문에 자궁경을 고정하지 않고도 주입관이 쉽게 자궁경관으로 삽입된다. 따라서, 주입관을 질에 삽입하고, 밀어 넣으면 주입관의 선단이 자궁경관외구에 도달되고, 이어서 주입관을 좀 더 세게 밀면 자궁경관에 주입관이 삽입되는 감촉을 느낄 수 있으며, 이 후에 정액을 서서히 주입한다.

제 2 절 배 이 식

생체내(*in vivo*) 또는 생체외(*in vitro*)에서 만들어진 배(수정란)를 같은 동물종내에서 동품종 또는 이품종의 개체에 이식하여 착상·임신·분만을 유도하는 일련의 기술적 과정을 배이식(胚移植, embryo transfer [ET])이라 하는데, 통상적으로 착상전의 배를 수정란이라고도 함으로 수정란이식이라는 용어도 함께 사용한다. 포유동물에서 배이식을 최초로 성공한 사람은 영국의 Heape(1890)로서, 그는 Angora종 토끼로부터 4세포기 배를 회수한 다음, Belgian종 토끼에 이식하여 2두의 새끼를 생산하였다. 그 후, 1930년대에 산양·면양·래트, 그리고 1951년에 돼지와 소에서 배이식에 의한 새끼의 생산에 성공하였다. 더욱이, 1970년대에는 동결보존된 배를 융해·이식하여 새끼를 얻는데 성공함으로써(Wittingham 등, 1972; Wilmut & Rowson, 1973), 배이식기술이 보편적 기술로 정착되는 전기를 마련하였다. 배이식은 ① 이식할 배(수정란)의 생산, ② 배의 회수, ③ 배의 검사, ④ 배의 체외보존, ⑤ 수배동물(受胚動物, recipient)과 공배동물(供胚動物, donor)의 발정동기화, ⑥ 배의 주입 등과 같은 기술적 과정으로 이루어진다(그림 7-6; Chung 등, 1995).

배이식의 주목적은 우수한 유전적 능력을 가진 암컷으로부터 일시에 다수의 배를 생산하여 유전적 능력이 떨어지는 암컷에 이식함으로써 가축의 개량과 증식을 촉진하는데 있다. 소의 경우, 출생시의 난소에는 평균 12만개 이상의 난모세포를 가지고 있지만, 일생 동안 10여마리의 송아지를 생산할 수 있을 뿐이다. 따라서, 능력이 아무리 우수한 개체라 하더라도 집단 전체의 유전적 능력을 개량하는데 대한 기여도가 제한적일 수 밖에 없는데, 배이식기술을 활용하면 이러한 제한적 요인이 상당히 완화될 뿐만 아니라, 인공수정기술과 함께 개량 프로그램에 적용하면 집단 전체의 개량속도를 현저하게 증대시킬 수 있다. 그러나, 돼지는 한번에 많은 수의 새끼를 낳고, 임신기간이 짧기 때문에 개량·증식이라는 측면에서만 보면 배이식의 중요도가 떨어지고, 말의 경우는 승마대회나 경마에 자연교배로 출생된 말만이 출전할 수 있도록 제한하고 있어서 학문적 목적을 제외하면 배이식기술이 별다른 의

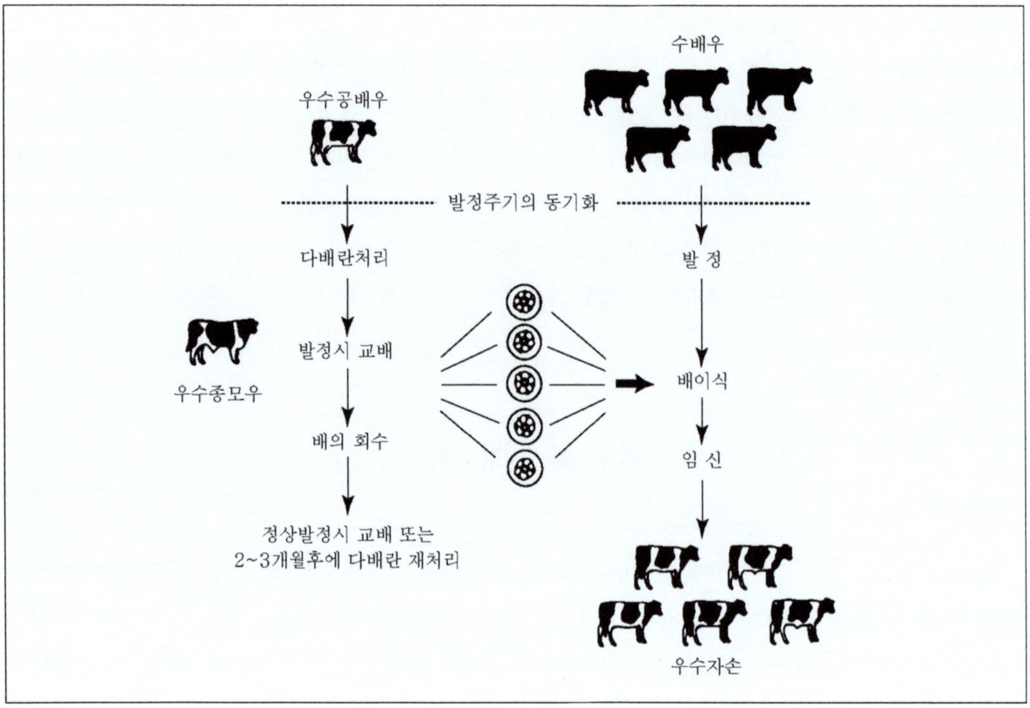

그림 7-6. 배이식과정의 단계

미가 없다. 따라서, 본 절에서는 배이식기술의 활용도가 가장 높은 소를 중심으로 하여 배이식기술의 개요를 기술하고자 한다.

1. 배의 체내생산

배이식에 사용될 배는 공배동물에 성선자극호르몬을 투여하여 다배란을 유도하고, 이어서 인공수정을 시술하여 생산하는 방법이 주로 이용된다. 공배동물로부터 배를 채취하는 방법에는 외과적방법과 비외과적 방법이 있다. 소와 같은 대동물에서 과거에는 외과적 방법을 이용하였지만, 현재에는 비외과적 방법으로 채취하는 것이 일반화되었다. 그러나, 소동물의 경우에는 외과적 방법을 이용할 수 밖에 없다.

1) 다배란의 유기

자연상태하에서는 한 발정주기에 배란되는 난자의 수가 동물종 특유의 생식특성에 따라 극히 제한적이다. 그러나, 발정주기중의 적절한 시기에 성선자극호르몬(GTH; FSH와 LH)을 다량으로 투여하면 다수의 난포가 동시에 발육되면서 그에 상응하는 난자가 배란된다. 이와 같이, 인위적 처리에 의하여 한 발정주기에 비정상적으로 많은 수의 난자가 배란되는 현상을 다배란(多排卵, super ovulation)이라고 한다. 다배란된 난자는 인공수정기법으로 주입된 정자와 만나서 수정이 되고, 이어서 배로 발달된다. 따라서, 다배란의 유기는 배이식에 사용되는 배를 생산하는 가장 중요한 수단이 된다.

(1) 발정주기중의 난포발육 : 발정주기의 황체기에는 높은 농도로 유지되는 프로게스테론에 의한 부(-)의 피드백기전으로 LH-급증이 억제되어 배란이 일어나지 않지만, 황체기에도 FSH의 자극으로 난포가 발육되는데, 동물의 종에 따라 서로 다른 발육양상을 나타낸다(제3장 제3절 발정주기중의 난포발육 항목 참조). 소·말·면양·산양 등과 같은 초식동물들은 동일한 난포발육양식을 나타내는데, 매 발정주기마다 2~3회의 난포발육파(卵胞發育波, follicular growth wave)가 단계적으로 발현되어 발육난포를 계속적으로 보충한다(그림 3-9 참조). 각각의 난포발육파에서는 여러개의 소형 및 중형 난포가 동시에 발육을 시작하지만, 발육난포의 과립막세포에서 분비되는 인히빈의 작용으로 FSH의 분비가 저지되면서 하나의 난포만이 우세난포로 선정되어 발육을 계속하고, 차석난포부터는 발육이 정지되어 폐쇄된다(그림 3-10 참조). 그러나, 마지막 난포발육파의 우세난포만이 배란에 이르고, 먼저 진행된 난포발육파의 우세난포는 프로게스테론에 의한 부의 피드백기전으로 LH-급증이 억제되어 배란에 이르지 못하고 폐쇄된다. 따라서, 황체를 $PGF_{2\alpha}$의 처리로 퇴행시키고, 다량의 FSH를 투여하면 먼저 진행된 난포발육파의 난포도 다수가 동시에 성장·발달하기 때문에 다배란을 유기할 수 있다.

(2) 다배란처리 : 발정주기중에 나타나는 각 난포발육파에서 발달이 개시된 난포를 성선자극호르몬을 투여하여 자극하면 다수의 난포가 동시에 발달하여 다배란이 유기된다. 소의 경우, 자연배란시에는 1~2개의 난자가 배란될 뿐이지만, 다배란처리를 하면 10개 정도의 난자가 배란되고, 이중 6개 정도가 이식이 가능한 배로 회수된다. 다배란처리를 위한 성선자극호르몬으로는 FSH와 eCG(PMSG)가 주로 이용된다. 그러나, eCG는 반감기가 길어서 수정

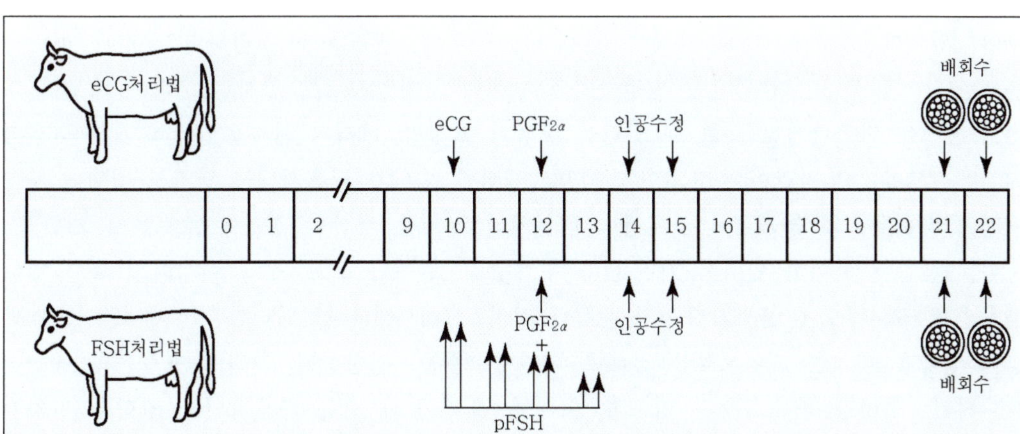

그림 7-7. 소에서 다배란 유기를 위한 eCG와 FSH의 처리방법

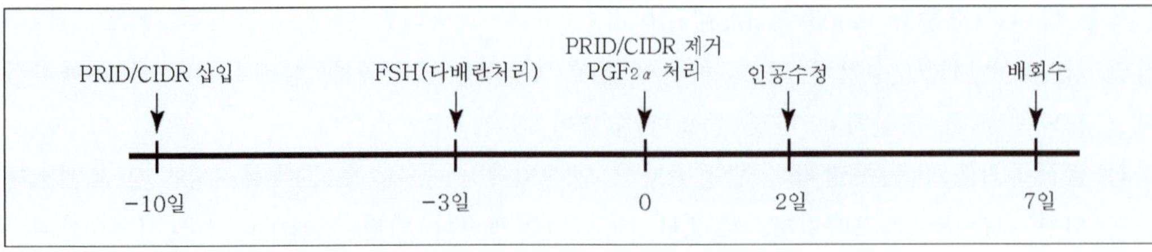

그림 7-8. 발정동기화법을 이용한 소의 다배란처리방법

란을 채취한 후에도 난포의 발달을 자극하여 낭종화(囊腫化)를 유발하고, 난관내에서 수정란이 이동되는 것을 방해하며, 착유우의 경우에는 유량을 감소시키는 등의 부작용을 초래하기 때문에 현재에는 거의 이용되지 않는다.

FSH나 eCG의 처리로 다배란을 유기할 때에는 LH의 급증을 억제하여 배란을 저지하는 프로게스테론의 농도를 감소시키기 위하여 $PGF_{2α}$의 처리로 황체를 퇴행시키는 것이 필요하다. 소에서 FSH의 처리로 다배란을 유기할 때에는 발정주기 9~14일 사이의 적당한 시점에서부터 4일 동안 하루 2회씩 12시간 간격으로 투여하는데, 투여량은 호르몬 제제의 종류에 따라 차이가 있어서 pFSH는 총 28~50mg을 감량하면서 분할투여하고, Follitropin V는 총 400㎎을 등량(等量)으로 나누어 8회에 걸쳐 투여한다. FSH 제제의 투여 개시후 3~4일째에 $PGF_{2α}$ 45㎎을 2회로 나누어 투여하면 투여 후 2일째에 발정이 발현되며, 곧이어 배란이 일어난다. eCG를 투여할 때에는 FSH의 투여와 같은 시기에 2,000~3,000IU를 1회 주사하고, 2일 후에 25~30㎎의 $PGF_{2α}$를 투여하여 발정과 배란을 유기한다(그림 7-7; Jainudeen, 2000).

한편, 발정단계가 확인되지 않은 다수의 공배우에 대하여 동시에 다배란처리를 하고자 할 경우에는 발정동기화를 유도한 다음, 다배란처리를 하는 방법을 응용한다. 즉, 프로게스테론 제제(製劑)인 PRID · CIDR · Synchromate-B 등을 10~12일 동안 이식하여 모든 공란우를 황체기의 상태로 만들고, 이어서 다배란처리를 위한 FSH의 투여를 시작한다. FSH 투여 3일째에 프로게스테론 제제를 제거하는 동시에, PGF2α를 처리하여 발정과 배란을 유도한다(그림 7-8). 이 방법은 발정주기의 단계에 구애받지 않으면서 다수의 공배우에 대하여 동시에 다배란처리를 할 수 있다는 장점이 있지만, 처리의 시작으로부터 배의 회수까지 19~22일의 긴 기간이 소요되어 그 만큼 세심한 주의가 필요하다는 단점도 있다.

(3) 다배란유기의 문제점 : 소에서 다배란처리로 배를 생산할 경우에 호르몬에 대한 반응이 개체간에 차이가 있어서 배란률(0~수십개)의 변이가 크고, 두당 이식이 가능한 배의 생산수가 6개 정도에 불과하다는 문제점이 있다. 그러나, 다배란처리를 할 때 호르몬의 반응에 영향을 미치는 요인으로는 공배우의 연령 · 품종 · 영양상태, 그리고 호르몬의 종류 · 투여시기 · 투여량 등을 들 수 있으며, 이외에 계절 등과 같은 환경요인도 영향을 미치기 때문에 배란반응을 일정하게 유지하는 것은 사실상 불가능하다. 또한, 회수된 난자 가운데 이식이 가능한 배의 비율이 낮은 이유로는 ① 인위적인 성선자극호르몬의 투여로 체내 여

러 호르몬들의 불균형이 초래되어 내분비계가 혼란되며, ② 이에 따라 난포의 발달이 정상적으로 이루어지지 않고, ③ 난포의 스테로이드호르몬 생산도 비정상적으로 되며, ④ 난자핵의 성숙이 제대로 되지 않고, ⑤ 수정과정과 난할과정에서 이상이 발생된다는 것 등을 들 수 있지만, 아직까지 정확한 원인은 알려지지 않았다.

한편, eCG는 생리적 반감기가 길기 때문에 다배란을 유기한 후에도 생리적 활성이 지속되어 난포의 발달을 자극함으로 다음번의 다배란처리에서 채란성적을 나쁘게 할 가능성이 매우 높다. 이를 해결하기 위하여 항-eCG항체(anti-eCG antibody)를 eCG투여로 유기된 발정이 개시된 후의 일정시간에 투여함으로써 이 시점에서 남아 있는 eCG를 중화시키는 방법이 개발되었다. 유럽과 미국에서는 면양을 이용하여 만든 항-eCG황체가 시판되고 있으며, 효과를 인정하는 연구결과도 많다.

2) 다배란처리동물에 대한 인공수정

다배란처리를 한 공배동물에 대하여 적기에 인공수정을 시술하여 이식용 배를 얻는다. 소를 예로 들면, 다배란처리 공배우에서는 발정징후는 강하게 발현되지만, 다량의 점액이 분비되고, 프로게스테론의 농도가 감소되는 수준이 일정하지 않으며, 배란되는 난자의 수도 많기 때문에 수정적기를 정확히 찾아 수정하지 않으면 미수정란의 발생률이 높아진다. 따라서, 인공수정을 2회 이상 시술하여 미수정란의 발생을 최소화하는 것이 바람직하다. 다배란처리를 한 공란우는 $PGF_{2\alpha}$를 투여한 2~3일 후에 발정이 발현되는데, 발정개시로부터 6시간과 12시간이 경과된 시점에서 2회의 인공수정을 시술하는 것이 관행적으로 이용되는 방법이나. 인공수정을 시술할 때에는 자궁내에 세균이 감염되지 않도록 주의하여야 한다. 자궁내감염이 일어나면 배의 발육이 저해될 뿐만 아니라, 배의 회수율도 감소된다.

3) 배의 회수

다배란처리와 인공수정에 의하여 만들어진 수정란은 난관을 하강하면서 난할과정을 거쳐 배로 발달되는데, 이것을 적합한 시기에 회수하여 배이식에 사용한다. 소와 같은 대동물에서는 주로 비외과적 방법인 자궁관류법(子宮灌流法)으로 배를 회수한다.

(1) 배의 회수시기 : 수정란이 난할을 계속하여 후기상실배(치밀상실배)에 이르면, 동결 등과 같은 외인적 자극에 대하여 저항성이 커지고, 수태성도 향상되며, 대사활성도 증대된다. 따라서, 배를 이식할 때에는 후기상실배로부터 배반포까지의 발달단계에 있는 배를 이식하는 것이 수태율을 높이는데 효과적이다(제5장 제2절 배의 치밀화와 상실배의 형성 항목 참조). 이러한 배의 특성을 감안하여 배의 회수는 후기상실배와 배반포를 최대로 회수할 수 있는 시기에 하는 것이 일반적이다. 그러나, 동물의 종에 따라 배발달의 시간적 과정이 약간씩 달라서 채란시기도 다르게 마련이다(표 7-1; Hafez, 1987). 소의 경우에는 배가 자궁강으로 하강한 시기인 수정후 4~5일부터 회수할 수 있지만, 배가 후기상실배로부

표 7-1. 배란 후의 시간경과(일수)에 따른 배의 발달단계

배의 발육단계	소	말	면 양	산 양	돼 지	토 끼
1-세포기	0~1	0~1	0~1	0~1	0~1	0~1
2-세포기	0~2	0~2	0~1	0~1	0~1	0~1
4-세포기	1~2	1~2	1~2	1~2	2~3	1
8-세포기	2~4	2~3	2~3	2~3	3~4	1
초기상실배	3~5	2~4	2~4	2~4	3~4	2
상실배	4~6	4~5	4~5	4~5	4~5	2
초기배반포	6~7	5~6	5~6	5~6	4~5	3
배반포	6~8	6~7	6~7	6~7	5~6	3
확장배반포	7~9	7~8	7~8	7~8	5~7	4~6
부화배반포	8~10	8~9	8~9	7~9	6~8	7

터 배반포까지 발달한 수정후 6~8일에 회수하는 것이 일반적이다.

(2) 배의 회수방법 : 배를 회수할 때 공배우(供胚牛)를 후구보다 전구가 약 20cm 정도 높게 위치하도록 보정하여 관류액의 회수를 용이하게 한다. 보정된 공배우는 직장내의 분을 제거한 다음, 외음부를 물로 깨끗이 씻고, 종이타올로 닦아 오염을 방지한다. 또한, 제1미추와 제2미추 사이의 경막외(硬膜外)에 2%의 리도카인(lidocaine)이나 프로카인(procaine) 5~6㎖를 주사하여 국소마취시켜 질의 수축을 억제한다.

준비가 끝난 공배우에 대하여 삽입이 용이하도록 철심(鐵芯, stylet)을 넣은 배회수용 카테터(catheter)를 자궁내로 삽입하는데, 자궁각의 분기점에서부터 위쪽으로 5cm부위에 카테터의 풍선부분이 위치하도록 한다. 카테터에는 두종류가 있는데, 그 하나는 관류액의 주입관과 회수관이 별도로 부착되어 있고, 여기에 공기주입관이 있는 3원식 카테터(3-way catheter)이며, 다른 하나는 관류액을 주입하고 회수하는 관이 하나로 되어 있는 2원식카테터이다. 3원식카테터로 배를 회수 할 때, 카테터의 삽입이 끝나면 공기를 주입하여 카테터를 고정시키는 동시에 관류액이 질쪽으로 유출되는 것을 방지하는데, 이 때 주입하는 공기의 양은 미경산우는 14~16㎖, 경산우는 18~25㎖가 적당하다. 공기가 주입되어 카테터가 자궁에 고정되면 철심을 제거하고, 공기주입관을 폐쇄시킨 다음, 관류액수송관으로 관류액을 주입하여 자궁을 씻어낸다(그림 7-9; Jainudeen 등, 2000). 관류액으로는 D-PBS(Dulbecco's phospate buffered saline)용액에 5~10%의 태아혈청과 항생제를 첨가한 것이 일반적으로 사용된다. 자궁을 관류할 때는 37℃로 가온하고, 관류액을 담은 용기를 소의 등에서 120cm 이상 높게 위치시켜 관류액이 자궁으로 쉽게 유입되도록 한다. 자궁을 관류한 용액은 회수관을 통하여 실린더에 모은다. 관류액의 자궁내주입은 처음에는 20~30㎖의 적은 양으로부터 시작하여 점차적으로 주입량을 늘려가면서 8~10회 정도 관류하는데, 총 1,000㎖ 정도의 관류액이 소요된다. 자궁을 관류할 때에는 직장내로 손을 넣어 자궁-난관접속부로부터

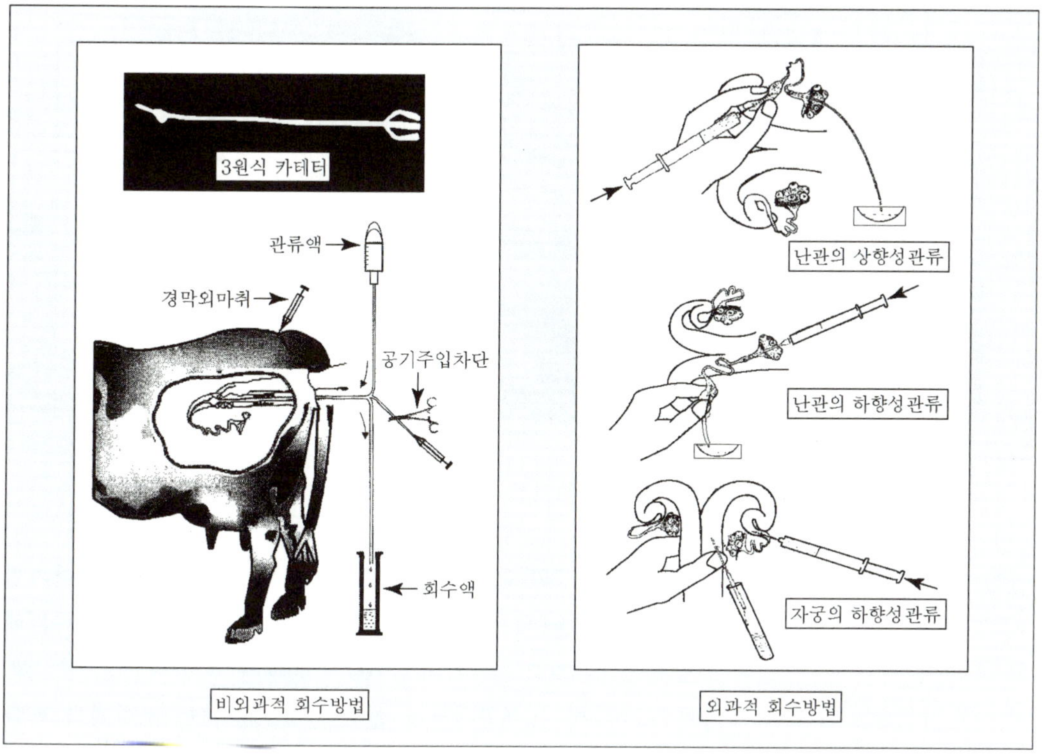

그림 7-9. 배의 비외과적 및 외과적 회수방법

자궁경쪽으로 마사아지를 하여 관류액이 쉽게 회수되도록 한다.

한편, 면양・산양・돼지 등의 배는 외과적 방법에 의하여 회수하는데, 그 과정은 ① 수술전 24시간 동안을 절식시킨 다음, ② 앙와보정(仰臥保定; 하늘을 보고 누운 상태)하고, ③ 전신마취를 시킨 후에, ④ 하복부의 유방 앞쪽 정중선에서 10~15cm를 절개한 다음 ⑤ 난관과 자궁을 체외로 꺼낸 후에 관류하여 배를 회수한다. 이 동물들에서는 수정후 5일이 경과하면 배의 대부분이 자궁각에 하강되어 있음으로 자궁-난관접속부에서 관류액을 주입하고, 자궁경쪽에서 관류액을 받는 하향성(下向性)관류로 배를 회수한다. 그러나, 수정후 5일 이전에는 배가 난관내에 위치하고 있음으로 난관을 관류하여 배를 회수하는데, 이 때의 관류방법은 자궁-난관접속부에서 난관채쪽으로 관류하는 상향성(上向性)관류와 이와 반대 방향으로 관류하는 하향성관류가 있다. 또한, 이들 동물에서는 복강경수술법(laparoscopy)으로도 배를 회수할 수 있다(Besenfelder 등, 1997).

4) 배의 검색과 세척

자궁을 관류한 용액속에 들어있는 배는 실체현미경하에서 곧바로 찾아내고, 이것을 세척하여 불순물이 부착되어 있지 않은 깨끗한 배를 수집한다.

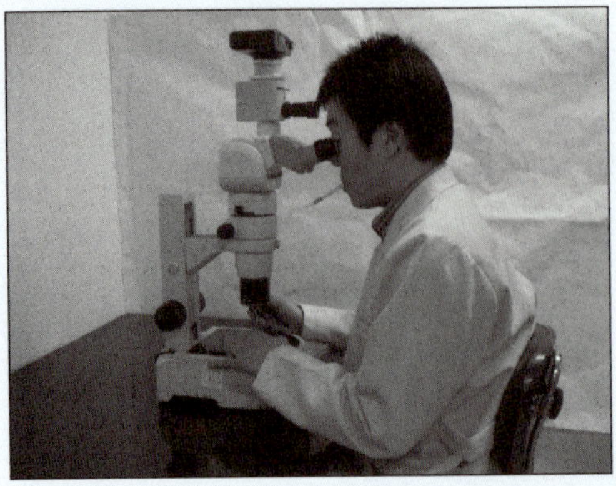
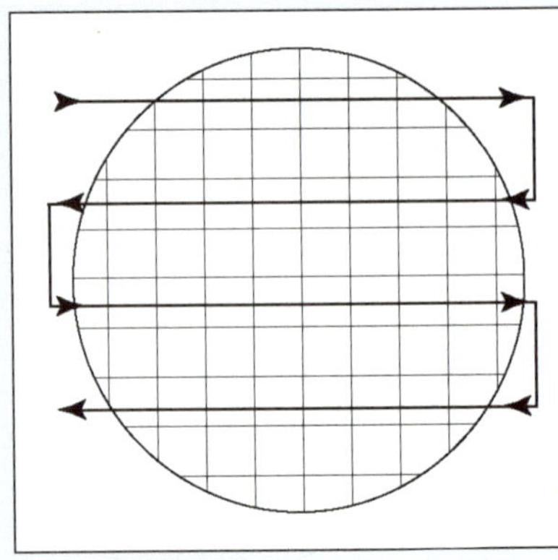

그림 7-10. 관류액에서 배를 찾아내는 방법

(1) 배의 검색 : 다량의 자궁관류액에 들어있는 배를 찾아내는 방법은 정치법과 여과법이 있다. 정치법은 채란시에 회수된 1,000㎖의 회수액을 실온에서 25~30분간 정치하여 배를 침전시킨 다음, 상징액(上澄液)을 버리고, 바닥에서 100~150㎖의 회수액만을 남기고, 이것을 검색하기 쉽도록 적정량으로 나누어 배양접시에 옮긴 다음, 실체현미경하에서 배를 찾아낸다. 여과필터를 이용하여 배를 회수할 경우에는 대부분의 회수액이 44~100㎛의 구멍을 가진 여과필터를 통과하여 제거되고, 약 20㎖ 내외의 관류액만이 남게 되는데, 이 관류액을 배양접시에 옮겨 배를 찾아낸다. 이 때, 배가 자궁점액과 함께 필터에 붙어 있는 경우가 있음으로 신선한 관류액으로 여과필터를 닦아내어 모든 배가 배양접시로 옮겨가게 한다. 이 방법은 배를 빠르고 쉽게 찾을 수 있기 때문에 현재 널리 이용되고 있다. 배양접시에 회수된 배는 신속하게 D-PBS와 같은 신선한 배양액으로 옮기고, 10~15배의 배율로 실체현미경하에서 누락되는 배가 없도록 조심스럽게 찾아 피펫으로 흡인한다(그림 7-10).

(2) 배의 세척 : 관류액에서 찾아낸 배는 투명대에 부착된 점액 · 세균 · 세포부스러기 등을 제거하기 위하여 곧바로 세척한다. 세척과정은 먼저 최소 50배의 배율하에서 투명대가 완전한 배만을 골라낸 다음, 10개 내외의 수정란을 한꺼번에 10회 이상 세척한다. 배를 국제간에 무역할 경우에는 바이러스 등의 오염을 방지하기 위하여 트립신(trysin)을 처리하는데, 그 과정은 먼저 D-PBS용액으로 5회 세척한 후에, 0.25%의 트립신용액에 60~90초간 침지한 다음, 2%의 혈청이 첨가된 D-PBS용액으로 5회 세척한다. 세척이 끝난 배는 검사를 하여 우수한 배만을 골라 배이식에 사용한다.

2. 배의 체외생산

미성숙 난모세포를 체외에서 성숙시키는 배양기술과 체외수정기술이 개발됨에 따라 도

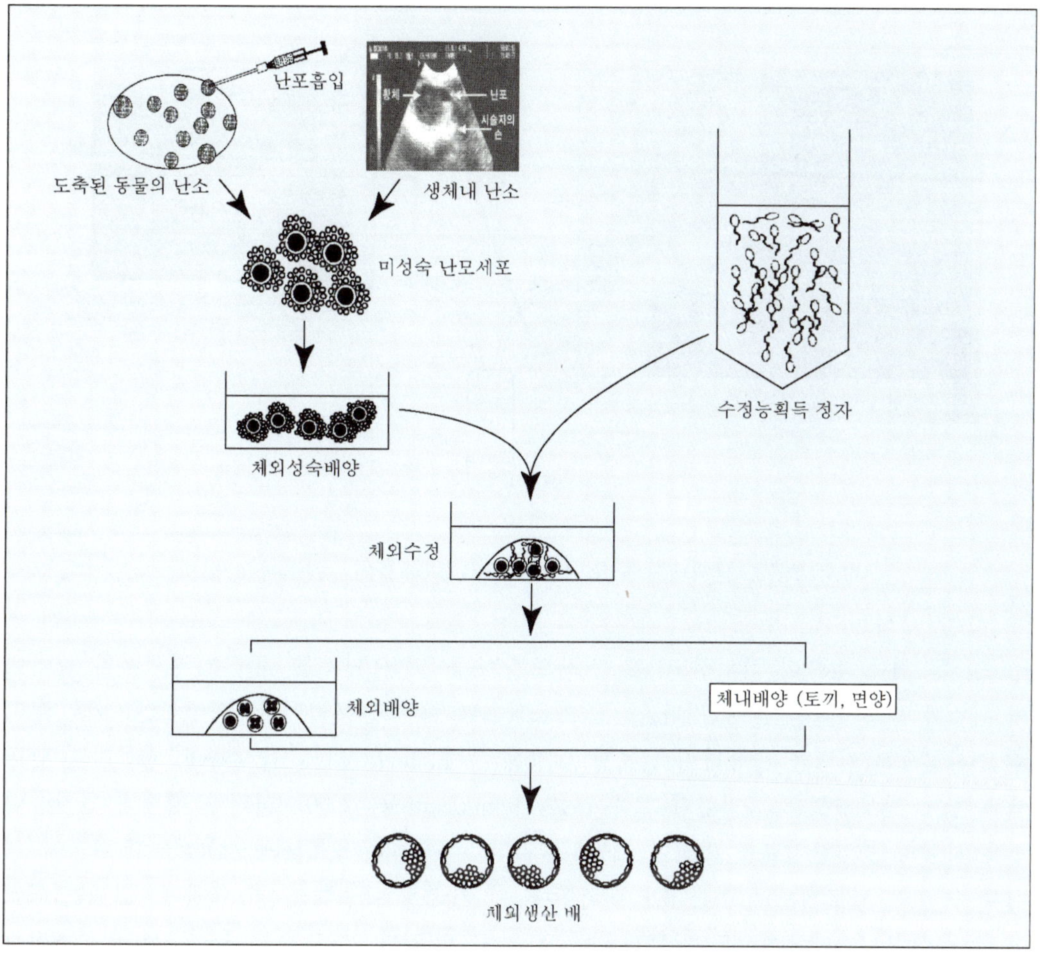

그림 7-11. 배의 체외생산과정

축된 동물의 난소에서 채취한 난포란이나 살아있는 동물의 난소에서 난포를 천자하여 얻은 난포란을 이용하여 배를 생산할 수 있는 기술체계가 확립되었다. 배의 체외생산기술은 복제동물이나 형질전환동물의 생산에 유용하게 이용될 뿐만 아니라, 사람에서는 불임증의 치료에 매우 중요한 수단이 된다(그림 7-11; Jainudeen 등, 2000).

1) 미성숙 난모세포의 채취

도축된 동물의 난소에서 난모세포의 채취는 주사기로 직경 2~3mm 정도의 포상난포를 천자하여 난포액과 함께 흡인한 다음, 정치하여 난모세포를 침전시킨 후에, 상징액을 버리고, 나머지를 실체현미경하에 옮겨 난모세포를 찾아낸다. 한편, 살아있는 동물의 난소에서 초음파진단기를 이용하여 난모세포를 채취하는 방법이 개발되었는데, 이것을 난자흡입법 (ovum pick-up [OPU])이라고 한다(Pieterse 등, 1988). 이 방법은 ① 초음파진단기의 탐촉자

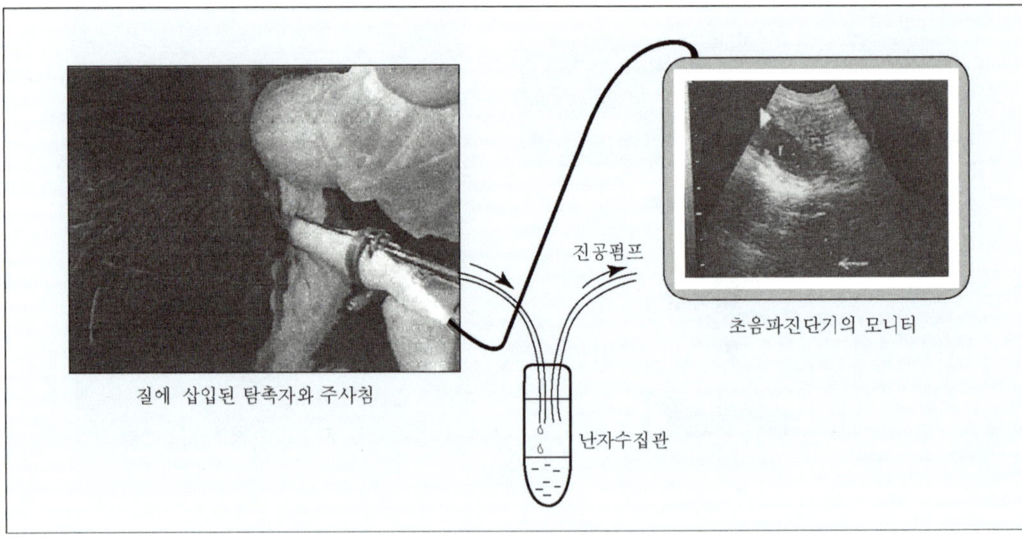

그림 7-12. 생체내의 난소에서 난모세포를 흡인·채취하는 방법

(probe)를 질에 깊숙이 삽입하고, ② 직장으로 손을 넣어 난소를 자궁경 부근까지 끌어내어 난소와 탐촉자를 밀착시킨 다음, ③ 초음파진단기의 모니터로 난소의 난포를 확인하고, ④ 주사침으로 질벽을 관통하여 난포를 천자한 후에, ⑤ 미세한 진공펌프를 작동시켜 난포액과 함께 난모세포를 흡인한다(그림 7-12; Jainudeen 등, 2000). 이러한 생체내 난자흡입법은 사람의 불임증치료를 위하여 개발되었지만, 소에서도 유용하게 이용되는데, 1회에 채취할 수 있는 난모세포의 수는 5개 내외이다. 이 기술을 이용하면, ① 다배란처리로는 배의 생산효율이 낮은 개체에서도 난모세포를 얻을 수 있으며, ② 미성숙 육성우와 임신초기의 암소에서도 난모세포를 생산하는 것이 가능하고, ③ 공배우에 대한 신체적 손상이 최소화되며, ④ 반복적인 채취가 가능하다는 등의 이점이 있다. 따라서, 다배란처리를 대체할 수 있는 기술로 인정되고 있으며, 최근에는 유럽을 중심으로 급속히 산업화되고 있다.

2) 미성숙 난모세포의 체외성숙

포유동물 대부분의 난포에 함유되어 있는 난모세포는 제1감수분열 전기의 복사기에서 휴지된 제1차난모세포이며, 이 세포의 휴지된 핵을 난핵포(卵核胞, germinal vesicle [GV])라 한다. 이러한 난모세포는 배란직전에 제1감수분열이 재개되어 난핵포가 붕괴(GVBD)되면서 핵이 분열하여 제1극체를 방출하고, 제2차난모세포가 된다. 제2차난모세포는 곧바로 제2감수분열을 개시하지만, 분열중기(metaphase Ⅱ)에서 분열과정이 휴지된다. 따라서, 정상적으로 배란된 난모세포는 제2감수분열의 중기에서 분열과정이 휴지된 제2차난모세포의 상태이다(제4장 제2절 난자의 형성 항목 참조). 이와 같이, 배란된 난모세포는 제2감수분열의 중기상태이지만, 난포에서 채취한 난모세포는 난핵포기의 제1차난모세포임으로 이것을 체외의 시험관에서 제2감수분열 중기까지 성숙시켜야만 이식용 배로 발달시킬 수 있다.

소의 난모세포를 체외성숙(*in vitro* maturation [IVM])시키려면 18~24시간 동안 CO_2배양기내에서 체외성숙용 배양액으로 배양하는데, 배양액으로는 TCM-199과 Ham's F-10이 주로 사용된다. 배양액에 미생물의 발육을 억제하는 항생물질(penicillin · streptomycin · gentamycin 등)과 혈청이나 알부민과 같은 고분자물질을 첨가하며, 실험실에 따라서는 FSH · LH · Estradiol-17β 등과 같은 호르몬을 첨가하는 경우도 있다.

3) 체외수정

체외에서 성숙된 난모세포는 정자와 만나서 수정이 이루어져야만 발생능력을 얻게 된다. 체외의 CO_2배양기내에서 인위적으로 정자와 난자를 만나게 하여 수정시키는 과정을 체외수정(體外受精, *in vitro* fertilization)이라 한다.

(1) 정자의 수정능획득 : 정자는 수정능획득(capacitation)과 첨체반응(acrosome raction)이라는 특이적 변화과정을 차례로 거쳐야만 난자와 결합할 수 있다(제5장 제1절 수정을 위한 생식세포의 준비적 과정 항목 참조). 자연교배에서는 정자가 자성생식도관을 경유하여 상행하는 과정에서 자연적으로 수정능이 획득되지만, 체외수정의 경우에는 인위적으로 수정능획득반응을 유도하여야 한다. 소의 정자에 대하여 체외에서 수정능을 획득시키는 방법으로는 카페인(caffeine; Niwa & Ohgada, 1988), 헤파린(heparin; Parrish 등, 1988), Ca^{2+}-운반체(Ca^{2+}-ionophore; Takahashi & Hanada, 1984) 등이 함유된 배양액에서 15분 동안 배양하는 방법이 주로 이용된다.

(2) 수정(매정) : 수정능이 획득된 정자와 제2감수분열 중기까지 성숙한 난자를 서로 만나게 하여 수정을 유도하는 것을 매정(媒精)이라 한다. 매정방법은 적당한 농도로 희석된 정자부유액내에 난자를 집어 넣는 방법과 난자가 먼저 들어있는 배양액내에 정자부유액을 소량씩 첨가하는 방법이 있다. 소의 매정에는 수정(modified)-TALP배양액(Parrish 등, 1986)과 BO배양액(Brackett & Oliphant, 1975)이 가장 널리 사용되고 있다. 체외수정용 배양액에 함유되는 정자농도는 $1 \sim 2 \times 10^6$/㎖이며, 이러한 배양액 100㎕ 소적(小滴)에 10~15개의 성숙난자를 넣고, 24시간 동안 CO_2배양기에서 배양하여 체외수정을 유도한다. 소에서는 배양 6시간부터 수정현상이 관찰되지만, 배양 18~24시간 후에 가장 높은 수정률을 나타낸다(Younis & Brackett, 1991). 그러나, 그 이상의 시간에서는 사멸정자가 생기기 때문에 매정시간을 연장하려면 빨리 새로운 배양액으로 옮기는 것이 바람직하다.

(3) 체외수정란의 배양 : 체외수정이 완료된 수정란은 체외배양액으로 옮겨 이식이 가능한 상태의 배로 발달될 때까지 배양을 계속한다. 그러나, 포유동물의 초기배는 특정발달단계에서 배발육이 정지되는 'cell block' 현상이 나타나는데, 이것은 모체게놈에 의한 단백질 합성이 배아게놈으로 이행되는 단계에서 나타나며, 그 단계는 마우스 2세포기, 돼지 4세포기, 면양과 소 8~16세포기이다(제5장 제2절 배아게놈의 발현 항목 참조). 이러한 발육중지

현상이 체내발생의 경우에는 나타나지 않고, 체외발생에서만 나타나는 이유는 체외배양조건이 배발달에 적합한 배양환경을 충족시키지 못하기 때문이다. 따라서, 난구세포나 난관상피세포와 같은 체세포와 공배양(co-culture)을 하면 발육정지현상을 억제할 수 있으며, 배양액에 EDTA를 첨가하거나, 배양액의 삼투압을 조절하는 방법으로도 발육정지현상을 극복할 수 있다. 소 체외수정란의 발생을 유도하기 위한 배양액으로는 중탄산염(HCO_3^-)으로 완충된 TCM-199이 널리 이용되는데, 이 배양액을 이용할 경우에는 체세포와의 공배양이 필수적이다. 이 외에도 CR1·HECM·CZB·합성난관액(synthetic oviduct fluid [SOF]) 등과 같이 체세포와 공배양을 하지 않아도 난할을 유도하는 배양액들이 실험실에 따라 다양하게 이용되고 있다.

3. 배의 검사

체내 또는 체외에서 생산된 모든 배는 발달단계와 형태학적 구조를 근거로 현미경하에서 검사·평가하여 이식이 가능한 상태의 배를 골라낸다.

1) 배의 형태

수정후에 발생된 초기배는 동물종 특유의 크기와 색조를 나타낸다. 포유동물의 난할과정을 보면, 분할구의 수는 난할이 반복되는 회수에 따라 증가되지만, 개개의 분할구는 점차적으로 작아지기 때문에 확장배반포로 발달되기 전까지는 배 전체의 크기가 커지지 않는다. 소의 배는 직경이 150~190㎛이고, 투명대의 두께는 12~15㎛ 정도이며, 색깔은 갈색을 나타낸다. 면양·돼지·말 등의 배는 직경(투명대 포함)이 각각 140~185㎛·120~170㎛·120~180㎛ 정도이고, 색깔은 면양과 돼지에서는 갈색이지만, 말에서는 흑색이다. 한편, 국제배이식학회(International Embryo Transfer Scoiety [IETS])에서는 배의 발달단계를 수자로 코드화하여 구분하는데, 1 : 미수정란(unfertilized ovum), 2 : 2~12세포기 배(2~12 cell stage embryo), 3 : 초기상실배(early morula), 4 : 상실배(morula), 5 : 초기배반포(early blastocyst), 6 : 배반포(blastocyst), 7 : 확장배반포(expanded blastocyst), 8 : 부화배반포(hatched blastocyst), 9 : 확장부화배반포(expanded hatched blastocyst)로 표기한다. 소에서 각 발육단계에 있는 배의 구조적 모식도는 그림 7-13(Suzuki, 1999)과 같다.

초기 상실배까지의 배에서는 각각의 분할구가 구형을 유지하고 있어서 쉽게 구분되지만, 상실배가 되면 각각의 할구들이 결집되어 하나의 세포괴(塊)가 되면서 투명대 내부의 60~70%를 차지한다(제5장 제2절 배의 치밀화와 상실배의 형성 항목 참조). 상실배가 발달하여 배반포강이 형성되면서 초기배반포가 되면 내부세포괴와 영양막세포를 구분할 수 있으며, 투명대 내부를 70~80% 정도 차지한다. 이어서 배반포가 되면 배반포강이 확장되어 투명대 내부를 거의 꽉 채우고, 내부세포괴는 색이 더욱 짙어지면서 더 치밀한 덩어리로

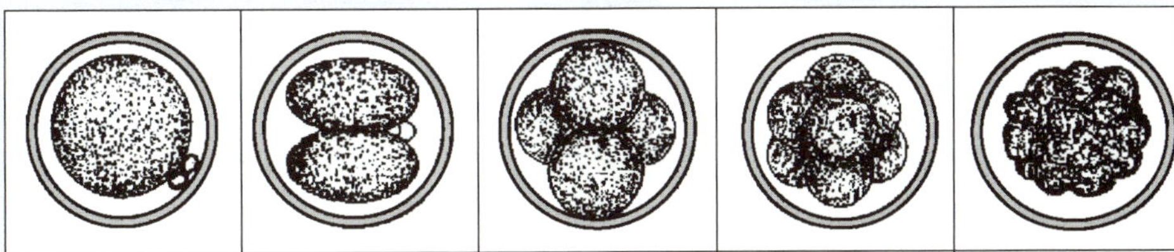

1세포기	2세포기	4세포기	8세포기	상 실 배
0~1 일	1~3 일	2~3 일	3~5 일	5~6 일
난관협부	난관협부	팽대부-협부 접속부	팽대부-협부 접속부	자 궁

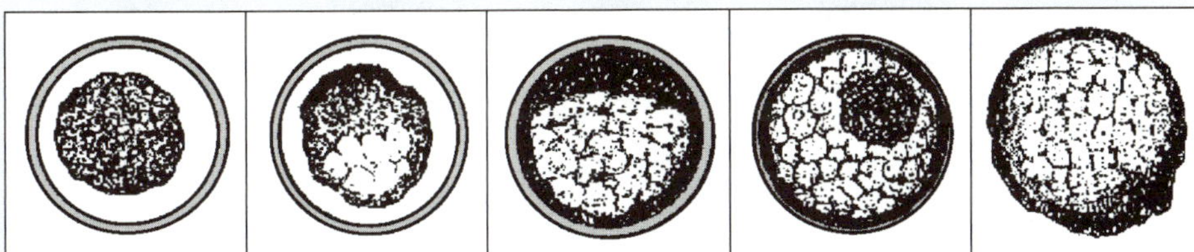

후기상실배	초기배반포	배 반 포	확장배반포	부화배반포
6~7 일	6~8 일	6~8 일	8~9 일	9~11 일
자 궁	자 궁	자 궁	자 궁	자 궁

그림 7-13. 소 배의 발육단계별 모식도

된다. 확장배반포는 배반포강이 더욱 확장되어 배전체의 크기가 1.2~1.5배로 증가되고, 투명대도 늘어나 그 두께가 1/3정도로 얇아진다. 부화배반포는 배반포자체가 투명대에서 탈출하여 영양막세포와 내부세포괴가 노출된 배반포로서, 착상 직전의 배반포이다(제5장 제2절 배반포의 형성과 발달 항목 참조).

2) 배의 평가

이식용으로 생산된 배는 ① 배 전체의 윤곽과 색깔, ② 분할구의 수와 치밀도, ③ 전체 세포괴에서 밖으로 돌출되거나 변성된 세포의 수, ④ 위란강의 크기, ⑤ 배내에 형성된 수포(水胞)의 수와 크기 등과 같은 형태학적 특징에 기초하여 평가한다. 또한, 배의 발육단계가 수정후의 경과일수와 일치하는지의 여부도 중요한 평가기준이 된다. 이러한 기준으로 평가된 배의 질은 수태율과 상당히 높은 상관관계가 있지만, 평가자의 주관적 판단에 크게 영향을 받기 때문에 평가자의 높은 숙련도가 요구된다.

국제배이식학회에서는 배의 평가를 4단계로 코드화하고 있는데, 1 : 우수한 배, 2 : 보통의 배, 3 : 불량한 배, 4 : 사멸 또는 퇴행된 배로 구분하여 표기한다(그림 7-14; Suzuki, 1999). 코드 1의 배는 배의 윤곽이 명료하며, 색깔과 세포의 밀도가 양호하고, 발육단계가 수정후 경과일수와 일치하며, 최소한 85%이상의 세포들이 세포괴에서 돌출되지 않고, 수

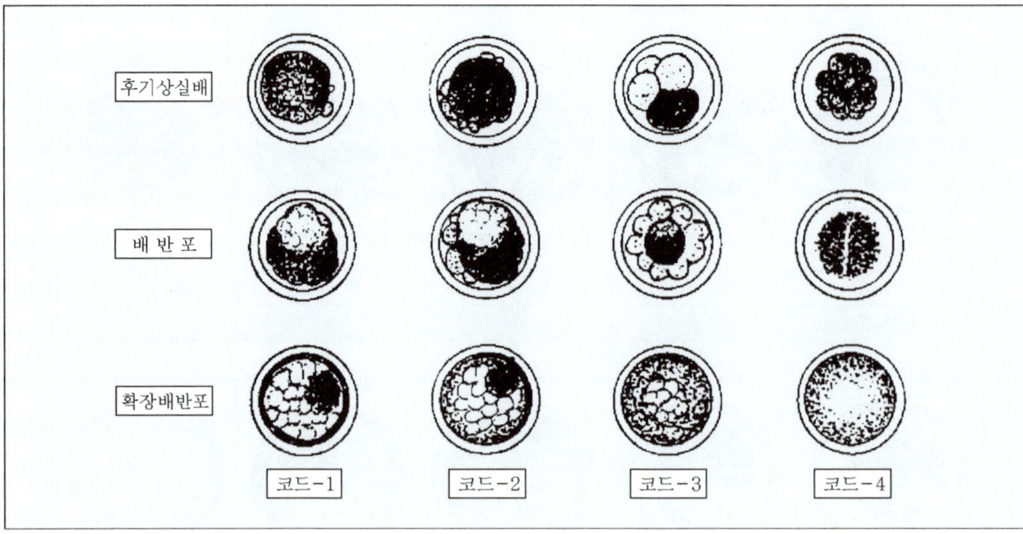

그림 7-14. 소 배의 등급기준

포도 거의 출현되지 않은 배를 말한다. 코드 2의 배는 배의 윤곽, 색깔, 세포의 밀도 등은 정상에 가깝지만, 일부의 세포가 돌출하고, 세포의 변성률이 10~20% 정도되는 배를 의미한다. 코드 3의 배는 배의 윤곽이 불명료하며, 배의 색깔과 세포의 수 · 크기 · 치밀도 등에 이상이 있고, 수포가 많으며, 세포의 변성률이 30~50% 정도되는 배이다. 코드 4의 배는 퇴행란 · 사멸란 · 미수정란 등을 말한다. 이러한 등급 가운데 코드 1과 코드 2의 배는 배이식에 사용할 수 있지만, 국제간 무역에서는 코드1의 배만이 거래가 이루어지고 있다.

4. 배의 동결보존과 융해

가축의 개량 · 증식이라는 측면에서 보면 배의 동결보존기술은 정액의 동결보존기술과 같은 의미를 가지는 기술이지만, 배이식기술의 실용화를 앞당기는데 크게 기여한 기술이다. 배의 동결보존기술을 활용하면 배를 자유롭게 운송할 수 있어서 배의 국제간 교역도 가능하고, 적당한 수배동물만 있다면 유전적으로 우수한 자손을 쉽게 생산할 수도 있다. 또한, 배이식기술의 보급에도 유용하게 이용할 수 있고, 희귀동물종이나 유전적으로 특이한 동물의 게놈(genome)을 반영구적으로 보존하는 것도 가능하다.

1) 배동결의 원리

마우스의 배를 -196℃~-296℃에서 동결보존한 결과, 높은 생존성이 유지되었으며, 보존된 배를 융해 · 이식하여 산자를 얻었다는 결과가 보고(Wittingham 등, 1972)된 이래, 소나 면양을 비롯한 다양한 동물의 초기배도 동결보존에 성공하였다(Wilmut & Rowson, 1973;

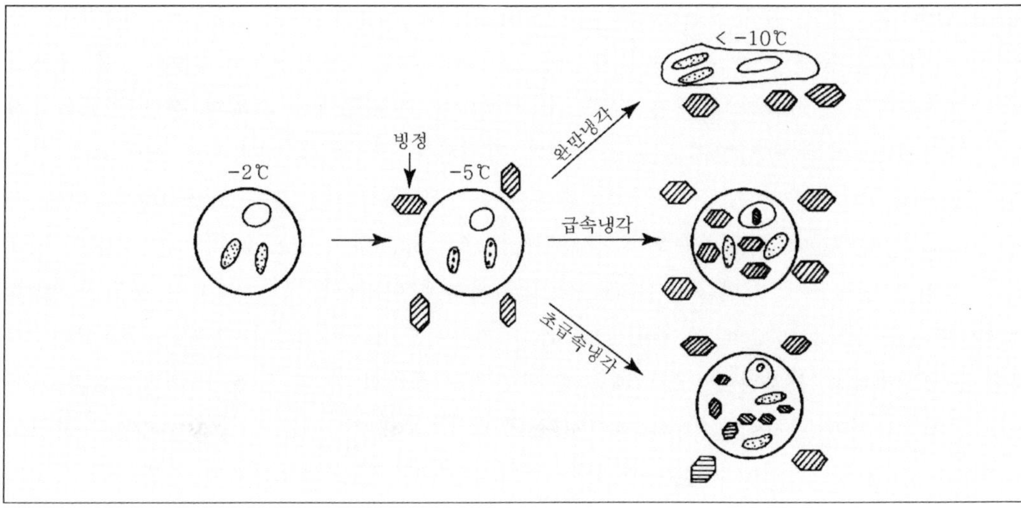

그림 7-15. 배의 동결시 냉각속도와 빙정형성의 상호관계

Willadsen 등, 1976). 그러나, 포유동물의 배는 정자나 다른 체세포와는 달리 세포질의 양이 아주 많고, 그 성분도 다양하기 때문에 동결점(凍結點, freezing point)을 비롯한 동결양상이 매우 복잡하여 동결하는 과정에서 동해(凍害)를 받을 위험성이 매우 높다. 따라서, 배를 동결보존하는 요체는 동결과정에서 배가 받게되는 동해를 최소화함으로써 융해후에도 생존성이 유지되면서 발달을 계속할 수 있도록 동결하는 것이다. 포유동물의 배를 급속히 냉각하면 세포질내와 동결보존액 모두에서 얼음결정(氷晶, crystal)이 급속히 성장하여 세포질내에 큰 빙정을 가지게 됨으로 세포질과 세포막에 손상을 준다. 그러나, 완만한 속도로 냉각하면 동결보존액에서 먼저 빙정이 형성되고, 세포질에서 수분이 빠져나와 동결보존액의 빙정을 성장시키는데, 이러한 세포질의 탈수는 세포질의 변형을 유발한다(그림 7-15). 또한, 동결보존액은 0℃ 이하에서도 빙정이 형성되지 않는 과냉각(過冷却, supercooling) 상태를 나타내며, 따라서 외부자극이 없으면 아주 낮은 온도까지 내려간 후에 빙정이 형성된다. 빙정이 형성될 때 액체상태에서 고체상태로 전이되면서 매우 높은 잠열(潛熱, freezing exotherm)이 발산되는데, 이 잠열에 의하여 동결보존액의 온도가 급상승되어 배에 큰 손상을 주게 된다. 이와 같은 배의 동결특성을 고려할 때, 배를 동결보존하려면 적당한 동결속도를 유지하고, 동결보존액에 동해방지제(凍害防止劑, cryoprotectant)를 첨가하여야 하며, 잠열에 의한 손상을 방지하기 위하여 식빙(植氷, seeding)을 하여야 한다.

동해방지제는 배가 동결되는 과정중에 배내에서 발생되는 전해질의 농축, 삼투압의 상승, 배내와 배외의 빙정형성 등과 같이 배의 생존에 불리하게 작동하는 현상을 완화시키거나 조절하는 작용을 한다. 동해방지제는 세포내 동해방지제(endocelluar cryophylactic agent)와 세포외 동해방지제(extracelluar cryophylactic agent)로 구분하는데, 전자에는 glycerol · 1,2-propanediol · ethylene glycol 등과 같은 다가알콜(polyhydric alcohol)과 dimethyl sulfoxide(DMSO)가 있고, 후자에는 sucrose · raffinose · dextran · polyvinylpyrrolidine(PVP)등이 있다. 세포내 동해방지제는 ① 분자량이 150 이하이며, ② 친수성이 강하고, ③ 세포질내의 전해질이나 유기산의 용매가 되며, ④ 세포막을 자유롭게 통과하여 강한 염류완충작용을 나타낸다. 이들 동해방지제는 물분자와 강력하게 결합하여 빙정으로 이동되어 가는 세포수(細胞水)의 비율을 낮추어서 세포질내의 용질이 농축되는 것을 최소화한다. 이에 따라 동결점이 저하되어 세포내수분이 공정점(共晶點, eutectic point)에 이르면 그대로 얼게 된다. 이러한 성질은 글리세롤과 DMSO에서 현저하게 나타나는데, 초기배를 동결할 때 글리세롤은 1.0~1.5M 농도의 용액이, DMSO는 최종농도 1.5~2.0M의 용액이 사용된다. 세포외 동해방지제는 분자량이 크기 때문에 세포막을 투과할 수 없으며, 동해방지효과도 세포내 동해방지제에 비하여 현저히 떨어진다. 한편, 세포내 및 세포외 동해방지제를 고농도로 함유하는 동결보존액에 배를 침지하여 평형시킨 후, 직접 액체질소에 침지하면 세포자체가 초자화(硝子化, vitrification)되면서 장기간에 걸친 생존이 가능하다. 고농도의 동해방지제를 함유한 동결보존액은 공정점의 저하를 유발하는 동시에, 세포내 및 세포외의 동해방지효과를 상호 보완하기 때문에 매우 급속한 냉각속도에서도 빙정형성이 억제되어 배의 생존이 가능하게 된다.

2) 배의 동결전 준비

배의 동결보존액으로는 혈청이나 알부민을 첨가한 D-PBS용액이 주로 이용된다. 이 기본배지에 동해방지제를 첨가하면서 배를 평형시킨 후에 동결하는데, 동해방지제의 최종농도는 완만동결의 경우에는 1~2M, 급속동결에서는 3~4M이다. 배를 동해방지제로 평형시킬 때에는 삼투압의 변화에 따른 충격을 줄이고, 동해방지제가 세포질내로 충분히 침투될 수 있도록 낮은 농도로부터 최종농도까지 4~5단계의 농도로 나누어 각 단계마다 5~10분 정도의 평형시간을 준다. 배의 동결을 위한 포장용기로는 0.25㎖의 스트로가 주로 이용되는데, 동해방지제의 평형이 끝난 배를 동결보존액과 함께 실체현미경하에서 흡인하는 방법으로 스트로내에 봉입한다(그림 7-16의 A). 그러나, 배의 융해와 이식을 편리하게 하기 위하여 스트로의 한쪽에 동해방지제가 함유되지 않은 배양액이나 슈크로오스용액을 넣고, 다른 한쪽에 동결보존액과 함께 배를 넣는 경우가 많다(그림 7-16의 B; Leibo, 1984). 이 때, 스트로의 표면에 공배동물의 품종 · 등록번호 · 배의 발육단계와 질 · 동결일자 등을 표기한다.

3) 배의 동결방법

배를 동결하는 방법은 동결속도에 따라 완만동결법 · 급속동결법 · 초급속동결법(초자화동결법)이 있는데, 일반적으로 완만동결법이 많이 이용되고 있다.

(1) 완만동결법 : 난자나 초기배를 글리세롤이나 DMSO가 함유된 동결보존액에서 평형시킨 다음, 완만한 속도(0.2~1.0℃/min)로 냉각 · 동결하여 액체질소통에 보존하는 방법으

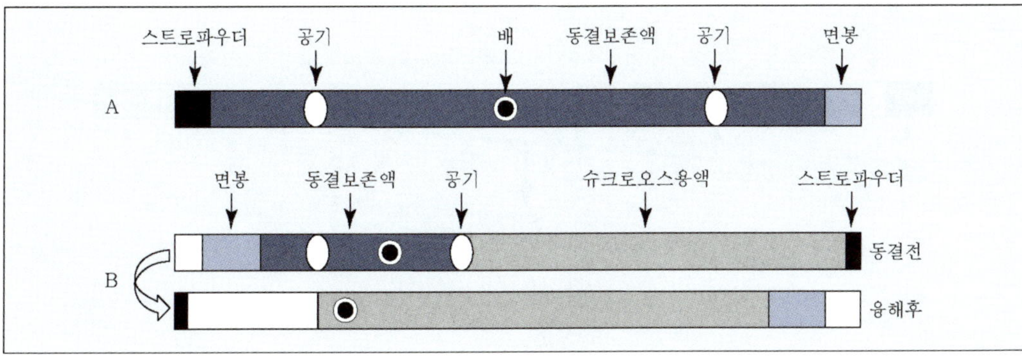

그림 7-16. 배의 동결을 위한 스트로의 단면

로서, 동결보존된 배의 융해도 완만한 속도(4~25℃/min)로 시행한다. 배를 동결할 때 완만한 속도의 냉각이 필요한 위험온도영역은 식빙온도인 -5~-7℃에서부터 -35~-40℃까지이며, 융해할 때의 위험온도영역은 -70~-20℃이다. 따라서, 배를 동결보존할 때는 냉각온도와 냉각시간을 자유롭게 조절할 수 있는 세포동결기를 이용하는데, 식빙온도인 -5~-7℃까지 1℃/min의 속도로 냉각한 후에 식빙을 하고, 그 다음부터 -35℃까지는 0.1~0.5℃/min의 속도로 냉각한 다음, 액체질소에 침지하여 보존한다. 배의 동결보존에서 생존성을 저하시키는 가장 큰 원인은 세포내의 자유수(free water)가 빙정을 형성하여 세포소기관을 파괴시키는 것이다. 그러나, 완만동결을 하면 배가 서서히 냉각되어 가면서 세포내의 자유수가 세포외로 빠져 나오기 때문에 세포내의 염류농도가 높아져 미세한 빙정이 형성됨으로 동해가 최소화된다. 배를 동결할 때의 냉각속도가 5℃/min 이상이 되면 세포내에 빙정이 형성된다. 이 경우에는 배를 융해할 때에 동결보존액의 수분이 세포내 빙정에 흡착되어 크기가 커지기 때문에 배가 터질 위험성이 있다. 일반적으로, 배의 분할구는 대형세포임으로 세포의 단위용적당 표면적이 적다. 따라서, 세포내의 자유수가 세포외로 이동하여 동결에 따른 상해를 받지 않는 상태로 되기 까지는 긴 시간이 필요하다. 이러한 이유로 배의 동결에 완만동결법이 적용되는 경우가 많다.

(2) 급속동결법 : 일반적으로 통용되는 급속동결의 의미는 5분 이내에 초저온역(-79℃)까지 하강시킬 수 있는 냉각속도로 동결하는 것을 말하지만, 냉각속도의 범위를 규정하고 있지는 않다. 그러나, 난자와 초기배는 5분이내에 초저온역까지 하강시키는 냉각속도로 동결하면 생존성에 심대하게 나쁜 영향을 미친다. 따라서, 배의 동결에서 급속동결은 완만동결에 비하여는 빠른 냉각속도로 동결한다는 상대적 의미를 가지고 있다. 배의 급속동결에서는 세포내와 세포외에서 모두 빙정이 형성되지만, 세포내 빙정이 미소하게 형성되도록 동결하여야만 한다. 따라서, 급속동결의 경우에는 세포내로 투과할 수 있는 동해방지제와 투과할 수 없는 동해방지제를 혼합하여 사용하고, 동해방지제가 세포에 충분히 침투할 수 있도록 평형시간을 충분히 주어야 한다. 소의 배를 급속동결하는 과정은 먼저 배를 동해방지제

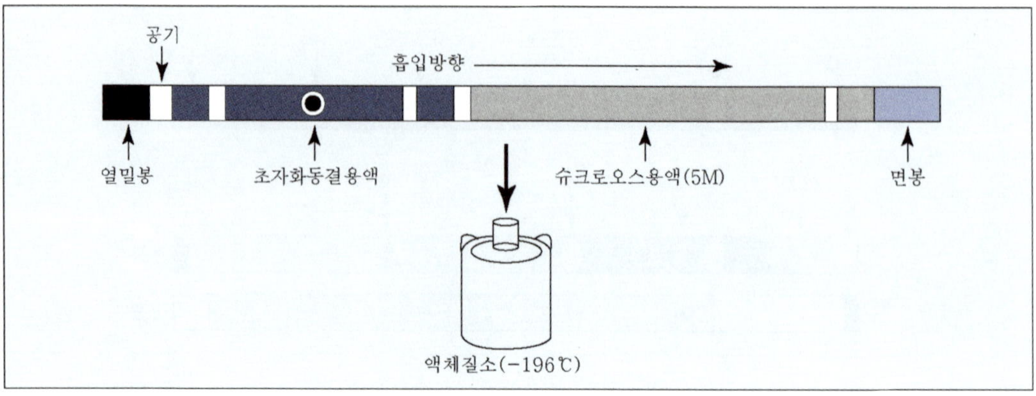

그림 7-17. 배의 초자화동결법

에 충분히 평형시킨 다음, 그대로 식빙온도에 넣어 온도를 하강시킨 후에 식빙을 실시하고, 1~2℃/min의 냉각속도로 -35~-50℃까지 냉각시킨 다음, 액체질소에 침지하여 보존한다.

(3) 초자화동결법 : 액체를 냉각시킬 때 빙정을 형성하지 않으면서 유리모양으로 고체화되는 현상을 초자화(硝子化, vitrification)라고 하는데, 이 원리를 이용하여 세포를 동결하는 방법을 초자화동결법이라 한다. 빙정의 생성에는 일정한 온도범위(0~-30℃)와 시간이 필요하기 때문에 이 온도영역을 빠른 냉각속도(100~200℃/sec)로 통과시키면 세포중에 빙정이 형성되지 않고, 초자화상태에서 세포가 생존할 수 있게 된다. 배의 초자화동결은 여러종류의 세포내 및 세포외 동해방지제를 고농도로 함유한 초자화동결보존액에 배를 침지하여 세포내 용질의 농축과 동해방지제의 세포내 침투를 유도한 다음, 곧바로 액체질소에 침지하여 급속냉각으로 동결한다. 초자화동결보존액에는 DMSO · propylene glycol · acetamide · polyethylene glycol 등을 혼합한 동해방지제가 첨가된다. 실용적으로 소의 배를 초자화동결하는 예를 보면, 배를 동해방지제에 충분히 평형시킨 다음, 스트로(0.25㎖)에 슈크로오스용액→공기→동결보존액과 배→공기의 순서로 흡인한 후에 밀봉하고, 이것을 그대로 액체질소에 침지하여 동결한다(그림 7-17; Jainudeen 등, 2000).

4) 동결배의 융해

액체질소통에 보관된 배는 융해한 후에 이식하는데, 융해할 때 일어날 수 있는 세포내 빙정성장을 방지하기 위하여 급속한 속도로 융해하는 방법이 일반적으로 이용된다. 즉, 0.25㎖의 스트로에 동결된 소의 배는 액체질소에서 꺼낸 다음, 15초간 대기중에서 흔들어 융해시킨 다음, 곧바로 37℃의 온수에 20초간 침지하여 완전히 융해시킨다. 그러나, 0.5㎖의 스트로에 동결된 배는 대기중에서의 융해시간을 20초로 연장한다. 스트로를 대기중에 노출시키면 투명대가 먼저 융해되어 유연성이 회복됨으로 손상이 방지된다. 융해 후에는 동해방지제를 제거하기 위하여 평형시킬 때와는 반대로 동해방지제의 농도가 높은 동결보존액에서 낮은 농도의 동결보존액으로 3~4단계에 걸쳐 차례로 5~10분간씩 정치한 다음, 마지막으로 동해방지제가 없는 배양액으로 충분히 세척한다. 그러나, 오늘날에는 스트로의 한쪽에 공기칸을 경계로 동해방지제가 없거나 슈크로오스가 첨가된 배양액을 충분히 넣어 동결하고(그림 7-16과 그림 7-17 참조), 융해 후에 스트로를 동해방지제가 없는 배양액이 위쪽으로 오게 들고, 손가락으로 퉁겨서 배가 위치하는 부위의 동결보존액과 동해방지제가 없는 배양액을 혼합시켜서 동해방지제가 희석되게 한 다음, 배이식기에 장착하여 그대로 이식하는 방법이 많이 이용된다.

5. 발정의 동기화

발정주기가 서로 다른 다수의 암컷에 대하여 발정을 인위적으로 단시간의 범위내에 집중적으로 유기하는 것을 발정동기화(發情同期化, estrous synchronization)라고 한다. 공배동물과 수배동물의 발정시기와 배란시각을 동기화시킴으로써 임신생리의 발현과정을 같게 조절하는 것은 배이식과정에서 가장 기본적인 과정이다. 동결보존된 배를 이식할 경우에는 발정이 발현된 수배동물을 골라서 이식하면 되지만, 동결하지 않은 신선한 배를 이식할 경우에는 공배동물과 수배동물 여러 마리의 발정을 동기화시키는 과정이 반드시 필요하다. 발정의 동기화는 배이식에서 뿐만 아니라, 가축의 번식효율을 향상시키기 위해서도 유용하게 이용되는 기술이다. 발정을 동기화하면, ① 배이식을 효과적으로 시술할 수 있으며, ② 발정의 관찰이 불필요하게 되고, ③ 인공수정의 효율이 더욱 높아지며, ④ 분만관리와 새끼의 관리에 소요되는 노력이 절감되고, ⑤ 새끼의 생산과 육성, 그리고 생산된 가축의 판매가 유리한 시기에 맞추어 출산할 수 있도록 번식계획을 수립하여 새끼의 생산을 조절할 수 있으며, ⑥ 가축의 개량과 능력검정사업을 효과적으로 수행할 수 있다는 등의 장점이 있다. 그러나, 발정동기화는 ① 약품비와 인건비가 많이 들고, ② 호르몬제의 처리에 따른 부작용이 나타날 위험성이 있으며, ③ 전문지식을 가진 숙련된 기술자가 필요하다는 등의 단점도 있다.

1) 발정동기화의 원리

정상발정주기를 반복하는 동물에서 황체기(luteal phase)에는 황체에서 분비되는 프로게스테론이 시상하부-뇌하수체계에 대하여 부(-)의 피드백기전으로 GnRH · FSH · LH 등의 합성 · 방출을 억제함으로 난포가 발달되지 않아서 발정과 배란이 일어나지 않는다. 그러나, 황체가 퇴행되면 시상하부-뇌하수체계에 대한 프로게스테론의 피드백기전이 해제되어 발정이 발현되면서 배란도 일어난다(제3장 제3절 발정주기의 내분비적 조절 항목 참조). 따라서, 발정의 동기화는 프로게스테론을 분비하는 황체의 분비기능을 조절하는 수단을 통하여 유도할 수 있는데, 그 방법은 생리학적으로 크게 두가지로 구분된다. 첫번째 방법은 난포의 발육과 성숙을 인위적으로 억제하여 모든 암컷의 난포발육 정도를 같은 상태로 만든 다음, 동시에 억제를 해제함으로써 발정과 배란이 동시에 집중적으로 오게하는 방법이다. 즉, 여러마리의 암컷에 발정·배란을 억제하는 생리작용을 가진 프로게스테론 제제(製劑)를 계속적으로 투여하면 각 암컷이 가지는 발정주기의 단계에 따라 난소에서 황체는 퇴행되지만, 투여된 프로게스테론 제제의 작용으로 발정·배란이 억제되다가 동시에 프로게스테론제제의 투여를 중지하면 프로게스테론에 의한 부의 피드백기전이 해제되어 모든 암컷에서 동시에 발정과 배란이 유발된다. 두번째 방법은 모든 암컷에서 수명이 서로 다른 황체를 동시에 퇴행시켜 프로게스테론이 시상하부-뇌하수체계에 작용하고 있는 부의 피드백기전을 동시에 해제시킴으로써 발정과 배란이 같은 시기에 오도록 하는 방법이다. 여기에는 황체퇴행효과를 나타내는 $PGF_{2\alpha}$와 그 유연물질이 사용된다. 이와 같이, 발정동기화에는 프로게스테론 제제와 $PGF_{2\alpha}$ 제제가 주로 이용되지만, 발정과 배란의 발현률을 더욱 높이고, 수태율을 향상시키기 위하여 에스트로겐·GnRH·FSH·LH 등을 병용투여(竝用投與)하는 경우도 있다.

2) 프로게스테론 제제를 이용한 발정동기화

프로게스테론 제제에 의한 발정동기화의 유기는 발정주기의 단계에 관계가 없이 어느 때나 처리할 수 있다는 장점이 있다. 과거에는 프로게스테론을 직접 주사하거나, 합성프로게스테론 제제인 MAP(methylacetoxyprogesterone)·CAP(chloromadinone acetate)·MGA (melengestrol acetate)·DHPA(dihydroprogesterone acetate)·FGA(fluorogestone acetate) 등을 사료에 첨가하여 투여하는 방법이 이용되었지만, 투여하는 과정이 번거롭고, 투여에 대한 반응이 개체에 따라 변이가 크기 때문에 지금은 거의 이용하지 않는다. 현재에는 프로게스테론제제를 피하에 이식하는 Synchromate-B나 질내에 장착하는 PRID(progesterone releasing intravaginal device)와 CIDR(controlled internal drug device)이 개발되어 간편하게 발정동기화를 유도할 수 있다(그림 7-18; Jainudeen 등, 2000).

Synchromate-B는 프로게스테론의 합성유도체인 노르게스토메트(norgestomet) 6mg이 함유된 펠렛(pellet)으로서, 발정주기의 어느 단계에서나 이용이 가능하며, 소에 대한 사용방법은 이식기로 이근부(耳根部)의 피하게 매몰하고, 이 때에 발렌린산에스트라디올(estradiol valerate) 6mg을 근육주사로 병용처리한다. 처리일로부터 9일째에 매몰된 Synchromate-B를 제거하면 2~3일 후에 발정이 발현된다. 따라서, Synchromate-B를 제거한 후, 48시간째와 60시간째, 또는 48시간째와 72시간째에 두번의 인공수정을 한다.

PRID와 CIDR은 모두 번식우의 질내에 장착하여 코팅되어 있는 프로게스테론이 서서히 방출되도록 고안된 장치이다. 프랑스에서 개발된 PRID는 1.55g의 프로게스테론이 코팅된 코일모양의 금속이나 플라스틱을 코일모양의 실리콘으로 싸서 만든 장치이고, 뉴질랜드에서 개발된 CIDR은 Y자 모양의 플라스틱에 1.9g의 프로게스테론이 부착된 장치이다. 이들

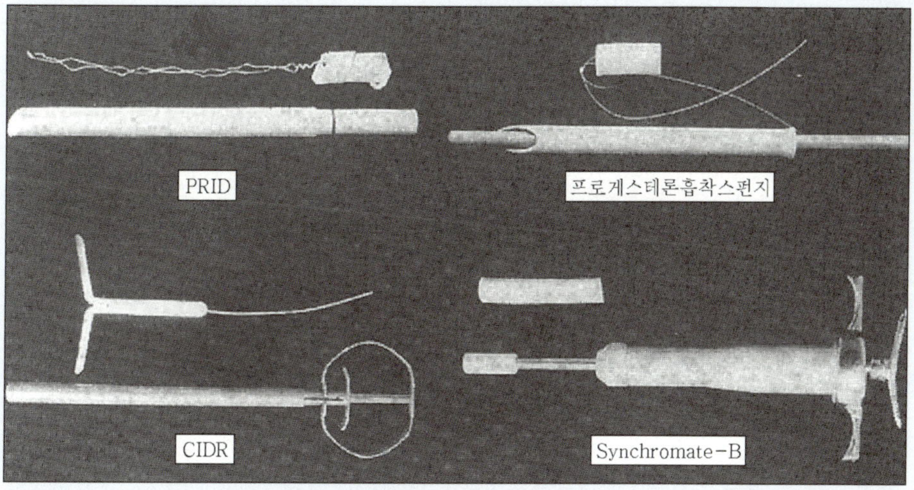

그림 7-18. 발정동기화의 유기를 위한 프로게스테론 제제

장치에는 벤조산에스트라디올(estradiol benzoate) 10mg이 들어있는 작은 캡슐이 부착되어 있나. 이 두 장치는 발정주기의 단계와 관계없이 이용할 수 있으며, 질내에 장착하면 서서히 방출되는 프로게스테론이 질벽을 통하여 흡수되고, 이에 따라 발정이 억제된다. 또한, 에스트라디올 캡슐도 신속히 용해되어 에스트라디올이 질벽을 통하여 흡수되는데, PRID와 CIDR이 질내에 있는 동안은 높은 농도의 프로게스테론에 의하여 에스트라디올의 작용이 발현되지 못하지만, 이것들을 제거한 후에는 발정의 집중도를 높여준다. 이들 장치를 삽입한 후 10~12일째에 질에서 꺼내면 2~3일 후에 발정이 발현된다. 발정의 발현시기를 일정하게 하기 위하여 $PGF_{2\alpha}$를 함께 사용하는 경우도 있는데, PRID나 CIDR을 질에서 꺼내기 2일전에 주사한다.

3) 프로스타글란딘 제제를 이용한 발정동기화

정상발정주기중의 황체퇴행기에는 자궁에서 $PGF_{2\alpha}$가 분비되어 난소의 황체를 퇴행시킨다. 이러한 $PGF_{2\alpha}$의 생리적 기능을 이용하여 발정동기화를 유도할 수 있다는 사실이 증명(Rowson 등, 1972)된 이래, $PGF_{2\alpha}$와 그 유연물질이 발정동기화에 많이 이용되고 있다. $PGF_{2\alpha}$ 제제는 난소에 위치하는 황체를 퇴행시켜 프로게스테론의 혈중농도를 감소시키고, 이에 따라 프로게스테론의 시상하부-뇌하수체계에 대한 부(-)의 피드백기전이 해제되어 GnRH와 GTH가 연속적으로 분비되어 발정과 배란이 유발된다. 따라서, 난소에 기능황체가 없는 경우에는 효과가 없고, 임신축에 투여하면 임신황체가 퇴행되어 유산을 일으킬 수 있음으로 주의하여야 한다. 소에서는 난소에 기능황체가 존재하는 발정주기의 5~16일 사이에 투여하면 투여 2~3일 후에 발정이 발현되는데, 투여용량은 근육주사를 할 때에는

20~30mg, 자궁내에 주입할 경우에는 10mg 정도이다. 한편, 비임신상태가 확실한 한 무리의 모든 소에 대하여 황체의 존재여부를 확인하지 않고, 발정을 동기화시킬 경우에는 10~12일 간격으로 2회에 걸쳐 $PGF_{2\alpha}$제제를 주사하면 2차 주사 2~3일 후에 모든 소에서 발정이 발현된다. $PGF_{2\alpha}$제제를 2회 투여하는 방법의 원리는 1차 주사를 할 때 황체기가 아닌 소의 경우에도 3~5일내에 발정기를 거쳐 황체기가 됨으로 10~12일 경에는 모든 소가 황체기에 있게되고, 따라서 2차주사를 할 때 황체가 퇴행되어 발정이 발현된다. 제2차주사 후 72시간째와 90시간째에 2회에 걸쳐 인공수정을 한다.

6. 배의 이식방법

배이식은 체내 또는 체외에서 생산된 배를 수배동물의 생식기내에 주입하는 기술로서, 배의 발육상태와 수배동물의 생식기상태가 일치되어야 하며, 수배동물의 생식기관에 손상을 주지 않으면서 착상이 쉽게 이루어지는 부위에 이식하는 것이 중요하다. 소에서 배의 이식방법은 수배우를 국소마취시키고 겸부를 절개한 다음, 자궁각내에 이식하는 외과적 방법과 인공수정기법과 같이 자궁경관을 경유하여 이식하는 비외과적 방법이 있다. 그러나, 소에서의 배이식은 수태율이 거의 낮아지지 않으면서 야외에서도 시술이 간편한 비외과적 방법을 이용하는 경우가 많다.

1) 수배동물의 준비

수배동물은 유전적 능력이 우수할 필요는 없지만, 수태가 잘되는 개체이어야 한다. 소에서 배의 이식을 받는 수배우의 일반적 선정기준은 ① 정상적인 발정주기를 2회 이상 반복하여야 하고, ② 건강하면서 임신과 관련된 질병이 없어야 하며, ③ 송아지의 포유·육성능력이 좋아야 하고, ④ 체격이 적당하여 임신과 분만에 지장이 없어야 한다. 이러한 소라하더라도 배를 이식하였을 때, 2회 연속으로 수태가 되지 않은 소는 이용하지 않는다.

한편, 배이식을 할 때 배의 발육단계와 수배우의 자궁상태가 일치되어야만 높은 수태율을 기대할 수 있다. 소에서 배이식시의 수태율을 보면 발정발현일이 1~2일 정도 달라도 수태율이 저하되지 않는다. 따라서, 공배우와 수배우의 발정발현일이 ±1일 이내면 이식이 가능하다. 배이식을 할 때의 시기는 수배우의 발정발현일로부터 상실배는 6일째, 배반포는 7일째, 확장배반포는 8일째이다. 또한, 배이식 전에 직장검사로 황체의 상태를 판정하고, 위치를 확인하여 배이식 여부와 이식할 자궁각을 결정하는 것이 필요하다.

2) 외과적 이식방법

외과적 이식방법은 수술로 개복하고, 난관이나 자궁각에 배를 이식하는 방법으로서, 전신마취에 의한 정중선절개법(正中線切開法)과 국소마취에 의한 겸부절개법(膁部切開法)이 있지만, 소의 경우는 겸부절개법이 주로 이용된다. 소에서 겸부절개법에 의한 이식의 순서는 ① 수배우를 보정틀에 압박보정하고, ② 직장검사로 황체가 있는 난소를 확인한 다음, ③ 황체가 있는 난소쪽 겸부의 털을 깍은 후에, ④ 2% 프로카인이나 리도카인으로 국소마취하고, ⑤ 겸부 삼각형 부분의 후방쪽에서 근육층이 두꺼운 부위를 피하면서 피부·근육·복막을 차례로 절개하여 15~20cm 정도의 절개구(切開口)를 만든 다음, ⑥ 난소의 황체를 재확인하여 배를 이식할 쪽의 자궁각을 결정하고, ⑦ 결정된 자궁각을 절개구를 통하여 노출시킨 후에, ⑧ 자궁-난관접속부에서 3~5cm 아래의 자궁각 선단부에 끝이 무딘 주사침(16~18G)으로 구멍을 내고, ⑨ 이 구멍을 통하여 피펫으로 정확하게 배를 이식한다. 배를 이식한 후에는 생식기관을 원래의 위치로 환원시키고, 복막·근육·피부를 차례로 봉합한 다음, 항생제를 투여하여 감염을 방지한다. 외과적 방법은 비외과적 방법에 비하여 비용과 시간이 많이 소요되어 거의 이용하지 않지만, 수태율은 비외과적 방법에 비하여 10% 정도 높다(Coulthard, 1991).

3) 비외과적 이식방법

배를 비외과적으로 이식하는 방법은 수배동물에 외과적 상처를 주지않고, 배를 인공수정과 같은 방법으로 이식하기 때문에 일반 농가나 야외에서 많이 이용된다. 소에서의 이식방법은 인공수정을 시술할 때의 직장질법과 같이 직장으로 손을 넣어 자궁경을 보정하고, 배가 들어있는 스트로를 장착한 배이식기(Cassou gun)를 자궁경관을 경유하여 황체가 있는 쪽의 자궁각 선단까지 깊숙이 삽입한 다음, 배를 서서히 주입한다. 배이식기가 질을 통과할 때 오염될 위험성이 있음으로 이를 방지하기 위하여 이식기를 비닐덮개(viny sheath)로 싸서 질내로 삽입한 다음, 이식기만이 자궁경관을 경유하여 자궁각으로 삽입되도록 한다. 또한, 배를 이식하는 시기는 난소에 황체가 형성된 상태임으로 이식기가 자궁경관을 통과할 때 수란우가 예민하게 반응할 수 있음으로 미추경막외마취를 하는 것이 필요하다.

제 3 절 생식세포와 초기배의 미세조작

미세조작기가 부착된 도립현미경하에서 포유동물의 세포괴(塊)를 절단·분리하거나, 세포의 일부를 제거하기도 하고, 세포내에 다른 세포구성분을 삽입 또는 주입하는 등의 모든 조작을 미세조작(微細操作, micromanipulation) 또는 현미조작(顯微操作)이라 하는데, 미세조작을 실시한 후에도 세포는 생존·발달을 계속할 수 있어야 한다. 포유동물의 생식세포와 초기배에 대한 미세조작은 ① 세포의 일부(세포질·핵·전핵 등)를 제거하거나, 배의 일부(분할구·내부세포괴·영양막 등)를 떼어내는 제거조작, ② 세포의 세포질이나 핵, 그리고 배의 위란강이나 배반포강 등에 세포구성분(DNA·RNA·단백질·세포추출물·핵·

세포질 등)이나 색소, 그리고 세포 자체를 주입하는 주입조작, ③ 초기배의 분할구를 분리하거나 배자체를 절단하는 분리·절단조작, ④ 복수의 상이한 세포나 할구 등을 집합시켜 융합체를 작성하는 집합조작 등이 포함된다. 이러한 미세조작기법을 이용하여 수정란의 성을 판별할 수 있고, 불완전한 정자로도 수정을 성립시킬 수 있으며, 복제동물·키메라동물·형질전환동물 등을 생산하는 것도 가능하다.

1. 미세조작에 필요한 기구와 생리용액

포유동물의 생식세포와 초기배는 크기가 매우 작기 때문에 이것들을 대상으로 미세조작을 하려면, 정교하게 제어되는 특수한 기구와 장치가 필요하다. 또한, 미세조작과정이 생리용액내에서 이루어지기 때문에 적합한 생리용액을 선택하여 사용하는 것이 매우 중요하다.

1) 미세조작에 사용되는 기구

미세조작을 하기 위해서는 ① 현미경, ② 미세조작기(micromanipulator), ③ 액체나 기체를 흡인하거나 분배할 수 있도록 음압(陰壓)과 양압(陽壓)을 미세하게 조절할 수 있는 시스템, ④미세조작장치에 부착하여 사용하는 미세침(micro-niddle)·미세칼(micro-knife)·미세후크(micro-hook)·미세피펫(micro-pipette) 등을 제작하는 기구와 장치가 필요하다(그림 7-19).

(1) 미세조작기 : 미세조작기는 미세피펫·미세칼·미세침 등과 같은 도구를 부착하여 각종 세포나 초기배를 조작하는 장치로서, 재물대 위에 넓은 공간이 확보되는 도립현미경(倒立顯微鏡, inverted microscope)에 장착하여 사용한다. 미세조작기는 레바를 조작하여 작동시키는 기종이 널리 사용되고 있는데, 작동되는 원리에 따라 유압식(油壓式)과 락피니온기어식(racpinion gear type)으로 대별한다. 유압식은 나리시게(Narishige) 미세조작기가 대표적인 기종으로서, 미세조작기구가 부착된 작동부분과 손으로 작동부분을 조작하는 조종레바 사이를 합성수지로 만들어진 3개의 관이 연결하고 있다. 이 미세조작기는 하나의 조종레바로 수평면의 이차원동작에 상·하 방향을 합친 삼차원동작으로 조절할 수 있으며, 또한 원격조작이기 때문에 레바조작에 의한 진동이 현미경에 전달되지 않는다. 한편, 락피니온기억식의 기종으로는 라이쯔(Leiz)에서 제작된 미세조작기가 대표적이며, 미세한 조작까지 원활하게 이루어지도록 제작되었을 뿐만 아니라, 견고하기 때문에 가장 많이 사용되는 기종이다. 현미경을 포함하는 미세조작기 전체를 진동제거장치가 있는 실험대 위에 설치하여 사용하면, 조작을 정교하게 하는데 편리하다.

(2) 피펫제작기구 : 미세조작에 사용되는 피펫은 풀러(puller)로 뽑아낸다. 풀러는 유리관에 필라멘트로 열을 가하고, 이것을 당겨서 피펫을 만드는데, 유리관에 가해지는 열과 장력을 조절할 수 있다. 풀러로 피펫을 뽑을 때, 열이 높고 장력이 강할수록 미세한 피펫이 만들어지고, 열이 낮고 장력이 약할수록 굵은 피펫이 만들어진다. 따라서, 열과 장력을 조

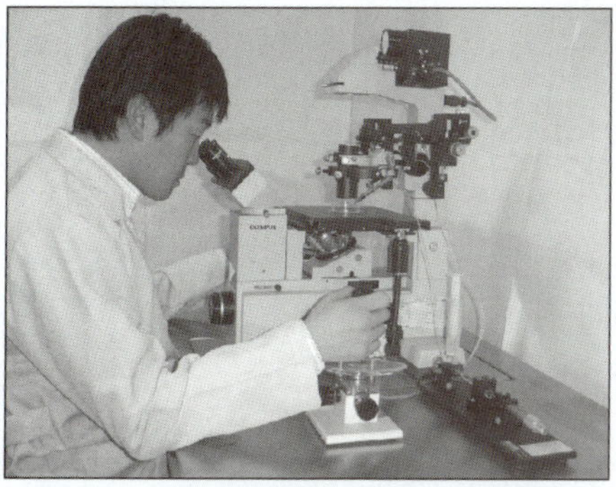

유압식(나리시게)

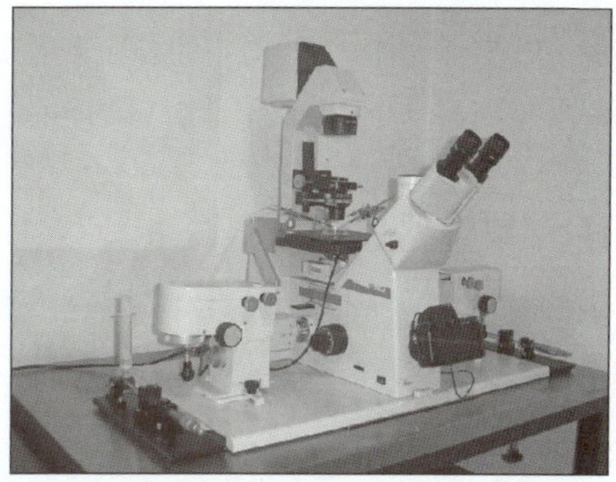

락피니온기어식

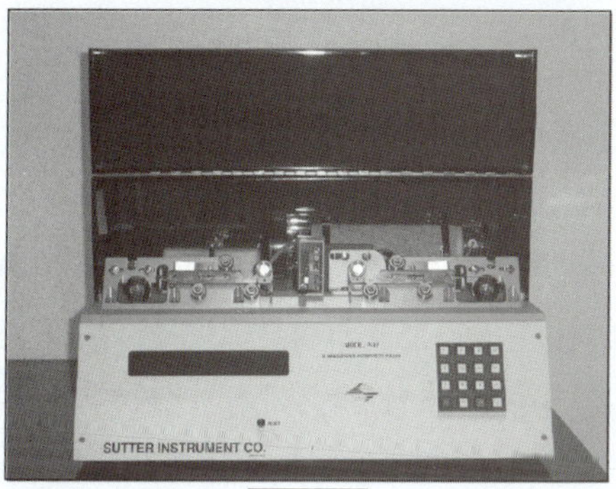

풀 러

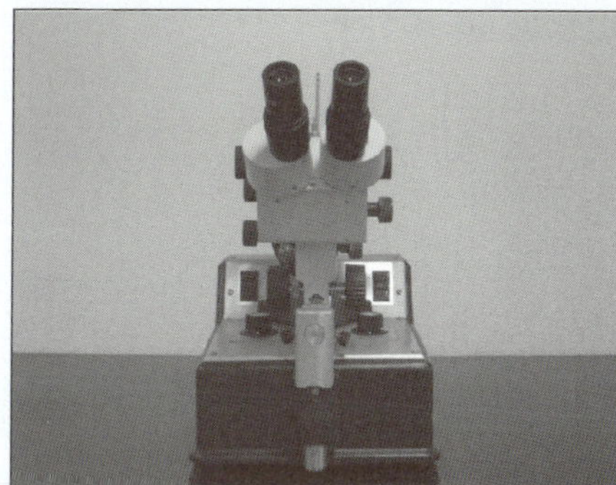

마이크로포지

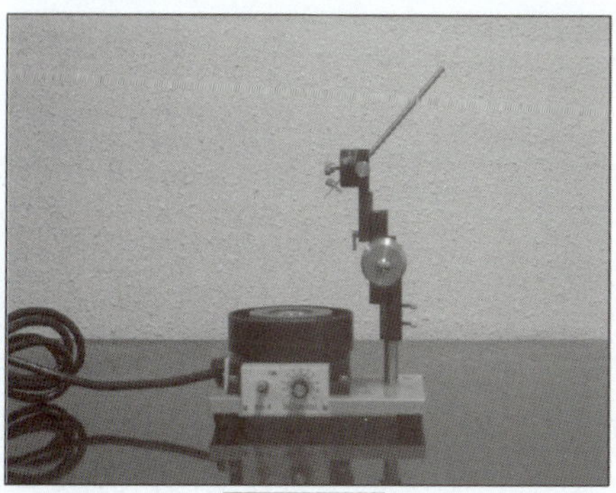

피펫연마기

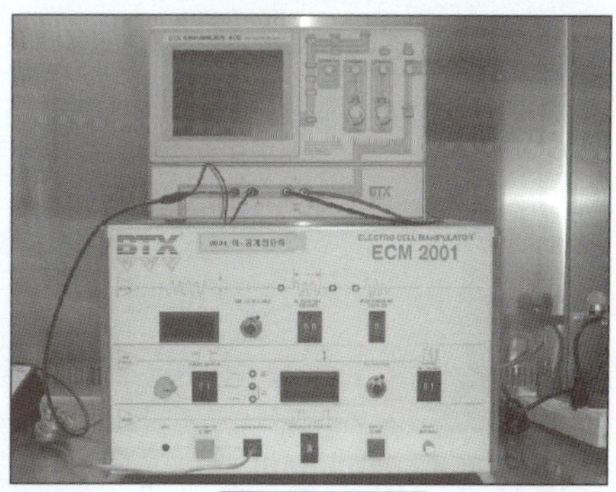

전기세포융합기

그림 7-19. 미세조작에 사용되는 기계기구

절하여 원하는 굵기의 피펫을 뽑아낼 수 있다. 뽑아낸 피펫은 마이크로포지(microforge)를 사용하여 자르거나, 구부리고, 표면을 다듬어 원하는 모양의 피펫을 만든다. 또한, 연마기(grinder)로 피펫의 끝을 갈아서 날카롭게 만들기도 한다.

(3) 세포융합기 : 전기파동(electric pulse)을 가하여 세포막을 불안정화시킴으로써 세포융합을 유도하는 전기세포융합기는 융합실과 융합실에 전기파동을 공급하는 장치로 구성

되어 있다. 융합실에는 두 개의 전극이 나와 있는데, 이 두전극의 사이에 융합하려는 세포를 놓고, 먼저 교류전기를 통전(通電)하면 두세포의 세포막이 접착되며, 이어서 직류전기를 통전하면 접촉된 세포막에서 균열이 일어나면서 두세포가 융합된다.

2) 생리용액

생식세포나 초기배를 체외에서 조작할 때, 생리용액이 개발되기 전에는 혈청이 주로 사용되었다. 그러나, 현재에는 다양한 생리용액이 개발되어 사용되는데, 주로 인산완충용액(PBS · D-PBS)과 Tyroide용액이 사용된다. 또한, 세포질내 미세사(microfilament)의 활동을 억제하여 미세조작을 수월하게 하려는 목적으로 미세사의 활성을 저해하는 사이토칼리신(cytochalasin) B를 용액에 첨가하는 경우도 있다.

2. 성의 조절

포유동물에서 수정시의 성비(性比, sex ratio)는 이론적으로 1 : 1이 되는데, 이 비율을 인위적으로 암컷 또는 수컷 어느 한쪽의 성으로 편재되게 조작하려는 연구가 오래 전부터 시도되어 왔다(제1장 제3절 성의 결정 항목 참조). 성을 조절하는 가장 간편한 방법은 정액중에 혼재되어 있는 X-정자와 Y-정자를 분리하여 필요에 따라 수정하는 방법이지만, 아직까지 보편적으로 적용할 수 있는 방법이 개발되지 못하였다. 따라서, 차선(次善)의 방법으로 이미 성이 결정되어 있는 수정란의 성을 판별하여 이식함으로써 산자의 성을 조절하려는 연구가 수행되고 있다.

1) X-정자와 Y-정자의 분리에 의한 성의 조절

과거에는 암컷의 생식도관에서 분비되는 분비액의 조성을 변경시키는 수단을 통하여 암컷 생식도관내로 진입된 X-정자나 Y-정자의 활력을 변경시킴으로써 후대의 성비를 조절하려는 연구가 시도되었지만, 성공을 거두지 못하였다. 따라서, 오늘날에는 사출된 정액에서 X-정자와 Y-정자를 분리하여 성을 조절하려는 연구가 수행되어 왔는데, 부분적으로 의미있는 연구결과도 제시되고 있지만, 추시(追試)에 의한 재현률이 매우 낮은 실정이다.

(1) 침강법 : 침강법(沈降法, sediumentation method)은 X-정자의 두부가 Y-정자의 두부에 비하여 크고, 정자의 운동속도가 X-정자에 비하여 Y-정자가 빠르다는데 기초를 두고 있는 분리방법이다. 대표적인 침강법에는 알부민분리법과 퍼콜중층용액 원심분리법이 있다.

① 알부민분리법 : Y-정자는 X-정자에 비하여 혈청알부민용액내에서 활발히 운동하여 침강속도가 빠르다는 원리를 근거로 하여 Y-정자와 X-정자를 분리하는 방법이다. 실제로, 사람의 정액을 혈청알부민컬럼(serum albumin column) 위에 부으면, 알부민층에서 Y-정자의 수가 증가된다(그림 7-20; Ericsson, 1998). 분리방법은 ① Tyrode용액과 1 : 1로 희

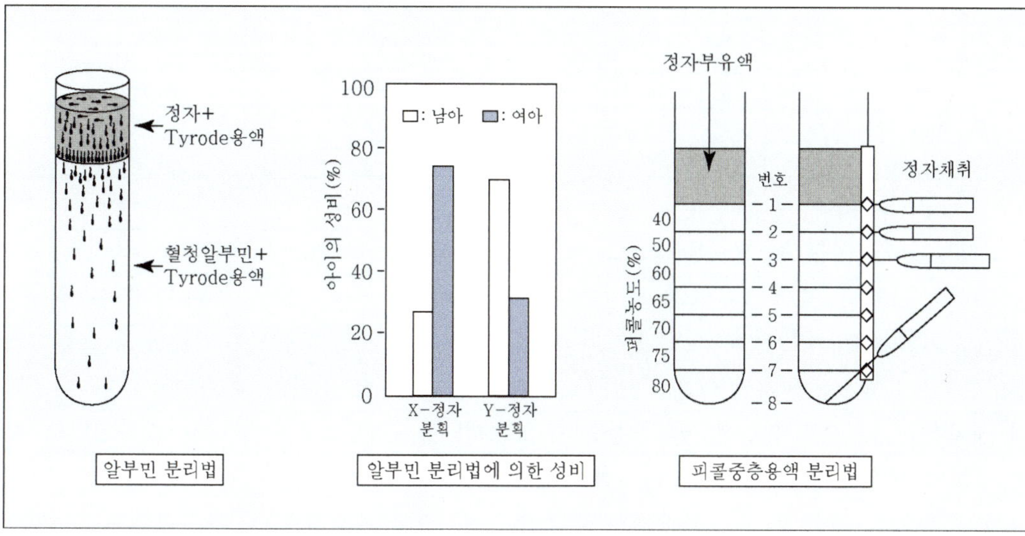

그림 7-20. 침강법에 의한 정자의 분리

석한 사람정액을 7.5%의 사람혈청알부민(HSA)용액이 채워진 유리컬럼(8×75mm)위에 붓고, ② 1시간 이상을 정치한 후에 처음 혈청알부민층 위에 부어 넣은 정액층을 제거한 다음, ③ 혈청알부민층을 2,800~3,200rpm으로 10분간 원심분리한 후에, ④ 컬럼의 아래층에 침지된 정자펠렛을 Tyrode용액에 다시 부유시키고, ⑤ 이것을 13%의 HSA용액과 20%의 HSA용액이 중층으로 주입된 칼럼 위에 부은 다음, 30분이 경과한 후에, ⑥ 13%의 HSA용액을 제거하고, 20% HSA용액을 10분 동안 원심분리하여 침강된 정자펠렛을 취하고, ⑦ 이것을 0.25mℓ의 Tyrode용액에 재부유시켜 자궁내에 주입하면 75~80%의 남자아이가 출생된다(Beernink & Ericsson, 1982). 한편, Y-정자를 분리할 때 제거하는 분획을 취하여 원심분리하면 X-정자가 높은 농도로 함유된 분획을 얻을 수 있다.

② 퍼콜중층용액 원심분리법 : 10배로 농축시킨 Ham's F-10배양액에 퍼콜(percoll, 점조도가 매우 높은물질)을 첨가하여 다양한 농도의 퍼콜용액을 제조한 다음, 원침관(遠沈管)에 퍼콜의 농도가 높은 용액으로부터 차례로 넣어서 퍼콜중층(重層)용액을 만든다. 이 용액의 상부에 세척한 정자부유액을 넣고, 원심분리를 실시한 후에 각각의 용액층에 분포된 정자를 분리채취한다. 이 방법으로 10분간 원심분리하면 X-정자의 침강속도가 빨라서 기저층에 X-정자, 중간층에 Y-정자가 위치하게 되는데, 80%의 퍼콜용액층에서 약 94% 순도의 X-정자가 선택적으로 분리되었다(Iizuka 등, 1987).

이와 같은 두종류의 침강법을 이용한 X-정자와 Y-정자의 분리에 대하여 유의적인 연구결과를 제시한 경우도 많지만, 분리된 정자를 이중형광직접접합법(double fluorescence *in situ* hybridization)으로 확인한 결과, 실제의 분리비는 두방법 모두에서 자연적인 X-정자와 Y-정자의 비율과 큰 차이가 없었다(표 7-2; Wang 등, 1994a; 1994b).

표 7-2. 침강법으로 분리된 정자를 이중형광직접접합법으로 확인한 결과

처 리 구	표지된 정자	X-정자	Y-정자
대 조 구	97.4±0.7	48.8±0.9	48.1±0.8
알부민분리정자	97.9±0.8	50.8±1.8	47.7±1.5
퍼콜분리정자	96.9±1.2	55.1±1.8	41.1±2.9

(2) 전기영동법 : X-정자와 Y-정자의 대전(帶電)상태가 다르다는데 근거하여 분리하는 방법으로서, 정액을 전기영동(電氣泳動, electrophoresis)하면 정자의 대전상태에 따라 두개의 정자집단으로 분리하는 것이 가능하다. 그러나, 전기영동법으로 분리된 정자집단에 따라 성비가 변동되었다는 보고는 아직까지 없다.

(3) 면역학적 분리법 : 수컷에서만 특이적으로 발현되는 항원인 조직적합성 Y-항원(histocompatibility Y-antigen, H-Y antigen)을 이용하여 정자를 분리하는 방법이다. H-Y 항원을 흡착시킨 컬럽에 마우스의 정액을 통과시켜 얻은 Y-분획과 X-분획의 정자로 인공수정을 하여 웅성산자 92.3%와 자성산자 95.8%를 얻었다는 연구결과는 있지만, 수 많은 추시에서 이 결과가 재현되지 않아 하나의 기술로 인정되지 못하였다.

(4) 관류세포계수기에 의한 분리법 : 일반적인 관류세포계수기(灌流細胞計數器, flow cytometer)는 세포의 크기·형태·구조적 차이 등을 인식하여 세포를 분리하는데, 약 ~0.1 ㎛의 직경과 10^{-18}g의 질량까지의 세포를 초당 수천개씩 분리할 수 있다. 이러한 관류세포계수기를 타원형의 형태를 나타내고, 고도로 응축된 DNA를 가진 정자의 분리에 이용하기 위해서는 구조적 변형이 요구되는데, 형광염색된 타원형의 정자를 형광감지기가 정확하게 인식할 수 있도록 분사시키는 정자용 노즐(nozzle)이 개발되어 관류계수기를 정자의 분리에 이용하게 되었다(Johnson 등, 1989). 관류세포계수기로 정자를 분리하는 원리는 X-정자에 함유된 DNA의 양이 Y-정자의 그것에 비하여 더 많다는데 기초를 두고 있으며, 그 차이는 돼지 3.5%·소 3.9%·면양 4.2%·래트 9.1% 정도이다. 따라서, 정자를 DNA에 염색되는 형광색소인 회크스트(hoechst) 33258로 염색하면 DNA의 함량이 많은 X-정자가 Y-정자에 비하여 더 짙게 염색된다. 형광염색된 정자에 레이저광선을 비추면 짙게 염색된 X-정자에서 형광이 더 많이 방출되어 Y-정자와 구분되는데, 방출되는 형광의 정도를 관류세포계수기가 감지하여 X-정자와 Y-정자를 분리한다. 이 방법을 이용하여 토끼(Johnson 등, 1989)·돼지(Rens 등, 1999)·소(Reed 등, 1989) 등에서 X-정자와 Y-정자가 성공적으로 분리되었고, 사람에서도 X-정자를 선택적으로 분리하여 건강한 여아를 출생시켰다(Fugger 등, 1998). 이와 같이, 관류세포계수기를 사용하면 정자를 정확하게 분리할 수 있지만, 분리속도가 늦어 인공수정에 필요한 만큼의 정자를 분리하기가 어렵고, 분리된 정자의 생존성도 떨어지는 문제점이 있어서 앞으로 개선하여야 할 부분이 많다. 그러나, 하나의

정자를 난세포질에 직접 주입하는 미세조작수정에 필요한 만큼의 정자는 쉽게 분리할 수 있기 때문에 두기술을 조합하여 사용하면 유효한 성조절수단이 될 수도 있다.

2) 수정란의 성판별에 의한 성의 조절

이미 결정된 수정란의 성을 판별하여 필요에 따라 선택적으로 이식하여 수태를 성공시킴으로써 산자의 성을 인위적으로 조절할 수 있는데, 그 판별방법은 다음과 같다.

(1) 성염색체검사법 : 수정란이 난할을 반복하여 형성된 배(胚)를 이등분하거나 일부의 분할구를 떼어내어 염색체분석방법으로 성염색체의 조합을 확인하여 성을 판정하는 방법이다. 현미경하에서 제작된 표본의 핵형(核型, karyotype)을 기준으로 판정하기 때문에 판정 자체는 가능하지만, 동물종・수정란의 발단단계・채취세포수・표본제작수 등에 따라 정확도에 차이가 많아서 대체로 표본의 판정률은 70%, 산자의 성판변률은 30%에 불과하다. 따라서, 이 방법을 성판별에 이용하려면, 정중률을 높일 수 있는 방법의 개발이 선행되어야 한다. 한편, 핵을 치환하는 기술을 이용하여 수정란의 성을 판별하는 방법도 개발되었다(Willadsen 등, 1999). 그 과정은 ① 난포란과 같은 미성숙 난자를 체외에서 22~24시간 동안 배양하여 제2감수분열 전기의 단계까지 성숙시킨 다음, 핵을 제거하고, ② 핵이 제거된 난자에 성을 판정하고자 하는 배에서 분리한 1개의 분할구를 주입한 후에 전기자극으로 세포융합을 유도하고, ③ 이것을 분열중기유도물질이 첨가된 배양액에서 3~4시간 동안 배양하여 제2감수분열의 중기에 이르게 한 다음, ④ 김사염색(Giemsa stain)을 하여 현미경으로 성염색체의 조합(XX 또는 XY)을 확인하여 판정한다. 이 방법은 성을 판별하려는 수정란의 손상을 최소화하는 장점은 있지만, 판정률이 20~50%에 불과하여 이를 높일 수 있는 방안을 개발하는 것이 필요하다(Evsikov & Verlinsky, 1999).

(2) X-염색체 특이효소의 측정 : 포유동물에서 성염색체의 조합은 암컷이 XX이고, 수컷은 XY임으로 암컷 수정란이 수컷 수정란에 비하여 X-염색체가 하나 더 많다. 따라서, X-염색체에서만 발현되는 특정효소의 활성을 측정하면, 암컷이 될 수정란에서 수컷이 될 수정란에 비하여 2배의 활성을 나타냄으로, 이 측정치에 근거하여 수정란의 성을 판별할 수 있다. 성판별에 이용되는 X-염색체 관련 효소에는 ① G-6-PDH(glucose-6-phosphate dihydrogenase), ② HPRT(hypoxanthine guanine transferase), ③ phospho-glycerate kinase, ④ α-galactosidase 등이 있다. 이러한 효소들을 이용한 성판별은 간편하고, 정확도가 높다는 이점이 있지만, 처리과정에서 수정란의 손상이 크다는 단점도 있다. 이 방법을 성판별에 이용하기 위해서는 ① 강한 효소반응과 염색에 의한 수정란의 손상을 최소화하여야 하고, ② 암컷이 될 수정란의 경우, 두 개의 X-염색체중 하나가 불활성화되기 이전에 성판정이 이루어져야 하는데, 그 시기가 2~16세포기로 동물종에 따라 다름으로 동물종별로 적합한 검사시기가 결정되어야 하며, ③ X-염색체의 활성시점, 즉 DNA의 전사가 이루어지는 시기(마우스: 8세포기, 소: 8~16세포기)도 동물종이나 개체에 따라 다르기 때문에 정확

한 판정시기를 포착할 수 있는 방안이 모색되어야 한다.

(3) 웅성특이항체(H-Y황체)의 이용 : 웅성특이항원(H-Y antigen)을 이용하여 H-Y항체를 만든 다음, 이 항체와 보체를 넣은 배양액에서 수정란을 배양하면 수컷이 될 수정란은 발육이 중지되거나, 용해되기 때문에 암컷이 될 수정란을 78~88%의 정확도로 판별할 수 있다. 한편, 형광물질인 FITC(fluorescein isothiocyanate)를 이용하여 형광항체를 만들고, 이것이 수컷이 될 수정란의 표면에 결합된 H-Y항체와 결합할 수 있도록 함께 배양한 다음, 형광현미경하에서 관찰하면 수컷이 될 수정란은 형광을 나타내며, 암컷이 될 수정란은 형광을 나타내지 않는데, 이것을 근거로 하여 암컷이 될 수정란과 수컷이 될 수정란을 판별한다. 이 방법에 의한 성판별의 정확도는 최고 87%까지 보고되고 있지만, H-Y항원은 다른 항원에 비하여 기능이 약할 뿐만 아니라, H-Y항체와 결합하는 형광항체가 세포내의 다른 물질과 결합하는 경우도 있어서 판정에 오차가 발생할 위험성도 있다. 그러나, 검사속도가 빠르고, 형광표지를 효소표지로 바꾸면 키트(kit)의 형태로도 제작이 가능하기 때문에 앞으로 현장에서 이용될 가능성이 높은 방법이다.

(4) Y-염색체 DNA프로브의 이용 : 분자유전학적 기술로 Y-염색체에 존재하는 성 특이적 DNA의 염기배열을 검출할 수 있는 방법이 개발되어 이것을 수정란의 성판별에 이용할 수 있다(제1장 제3절 성의결정[성선의 성] 항목 참조). 즉, Y-염색체상에 위치하는 성결정 유전자의 특이적 DNA의 한가닥과 결합할 수 있는 재조합 DNA프로브(동위원소와 형광물질을 표지함)를 만든 다음, 이 프로브와 수정란의 일부를 분리한 분할구에서 추출한 DNA 간에 상보적 결합이 일어나는지의 여부를 조사하여 성을 판별하는데, 그 정확도는 95%에 이른다(Leonard 등, 1987). 그러나, 이 방법을 적용하여 성을 판별하려면 많은 수의 분할구가 필요함으로 수정란을 크게 손상시킬 뿐만 아니라, 성판별에 소요되는 시간도 8일정도가 걸리기 때문에 수정란을 동결보존한 상태에서 판정결과를 기다려야 함으로 생존성이 저하되는 문제점이 있다.

(5) 연쇄중합반응(PCR)의 이용 : 이 방법은 적은 수의 분할구로부터 극소량의 DNA를 추출하여 연쇄중합반응(polymerase chain reaction)으로 증폭시켜 Y-염색체의 존재를 확인하여 성을 판별한다. 즉, ① 수정란에서 2~10개의 분할구를 취하여 DNA를 추출하고, ② 여기에 Y-염색체 특이적 프로브와 반응시킨 다음, ③ Y-염색체의 검출이 가능하도록 PCR을 이용하여 약 30회 정도 증폭시키고, ④ 증폭된 반응액 15μl를 취하여 아가로스 겔(agarose gel) 위에서 전기영동한 다음, ⑤ UV램프(ultra violet lamp)하에서 증폭된 DNA의 위치를 확인하여 성을 판별하는데, 소의 경우 144bp에서 밴드를 보이는 것은 수컷, 754bp에서 밴드를 보이는 것은 암컷이 될 수정란이다. 한편, 수정란의 성판별에 이용되는 유전자는 Y-염색체 특이적 염기서열(Leonard 등, 1987; Miller & Koopman, 1990)과 Y-염색체상에 존재하는 SRY-유전자(Gubbay 등, 1990)가 있다. PCR을 이용하여 소 수정란의 성을 판별하면, 95% 이상의 정확도를 얻을 수 있다(Peruda 등, 1991; Schröder 등, 1990).

3. 미세조작수정

현미경하에서 미세조작기를 이용하여 정자와 난자의 수정을 인위적으로 유도하는 기술을 미세조작수정(微細操作受精, micromanipulation-assisted fertilization)이라 한다. 미세조작수정은 처음에는 수정과정에서 발현되는 정자와 난자의 상호작용을 체외에서 연구하기 위한 수단으로 이용되었다. 그러나, 최근에는 사람의 불임치료를 위한 체외수정과 수정란 이식 프로그램이 확립됨에 따라 미세조작수정을 남성불임의 치료수단으로 이용하게 되었다. 따라서, 임상적 측면에서도 매우 중요한 기술이 되었다. 특히, 가축에서는 미세조작수정기법을 이용하여 경제형질에 대한 유전적 능력은 우수하지만, 수정능력이 떨어지는 정자를 생산하는 수컷도 번식에 이용할 수 있게 되었으며, 관류세포계수기로 분리한 소수의 정자만으로도 성비를 조절할 수 있는 길이 열리게 되었다.

1) 미세조작수정의 이론적 배경

수정과정을 연구한 다수의 결과들을 종합하면, 정자와 난자의 융합이 전핵형성을 위한 전제조건이 아닐 뿐만 아니라, 정자의 수정능획득도 전핵형성에 반드시 요구되는 과정이 아니라는 것이 밝혀졌다. 더욱이, 기계적으로 꼬리를 제거한 정자의 두부나 운동성이 없는 정자를 난세포질내에 주입하여도 정상수정이 유도된다. 이러한 사실들은 수정과정에서 발현되는 정자와 난자의 상호작용이 정상적 수정을 위한 필수요건은 아니며, 정자를 난세포질내에 직접 주입하여도 정상적인 수정이 이루어 진다는 것을 증명한다. 이러한 원리에 기반을 두고, 다양한 미세조작수정기법이 개발되었다.

2) 미세조작수정의 기법

현재 이용되고 있는 미세조작수정기법은 투명대천공법(zona pellucida drilling) · 투명대부분절개법(partial dissection of zona pellucida) · 위란강내주입법(intraperivitelline insertion) · 난세포질내주입법(intracytoplasmic sperm injection [ICSI])등이 있다(그림 7-21). 미세조작수정이 시도된 초기에는 위란강내주입법이 주로 이용되었지만, 최근에는 미세조작수정이 필요한 경우(특히 사람)의 대부분에서 정자가 정상적이지 못하여 난자내로 침입하는 것이 어려운 상태임으로 난세포질내주입법을 이용하는 경우가 많다.

(1) 투명대천공법 : 미세조작기로 미세피펫을 난자의 투명대에 접근시킨 다음, 산성(pH 2~3)의 Tyrode용액이나 PBS용액을 분사하여 투명대에 작은 구멍을 뚫어 정자의 투명대 통과를 용이하게 하는 방법이다. 이 방법을 이용하려면 정자의 수정능획득과 첨체반응이 선행되어야 할 뿐만 아니라, 정자의 운동성도 양호하여야 한다. 따라서, 운동성이 미약한 정자의 경우에는 이용할 수 없으며, 산성용액에 의하여 난자가 손상될 위험성도 있다.

(2) 투명대부분절개법 : 투명대의 일부를 미세한 유리침을 이용하여 절개함으로써 투명

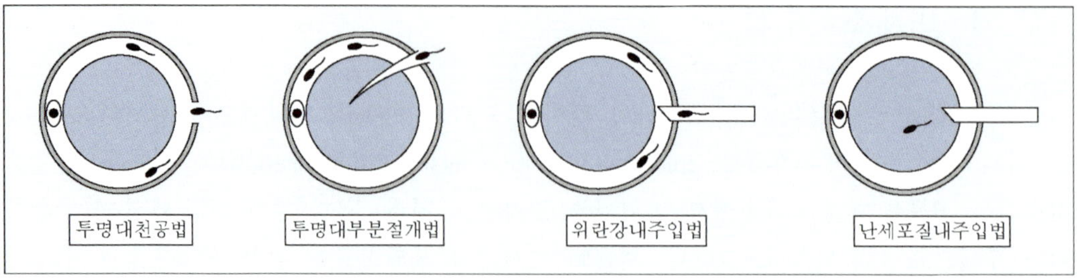

그림 7-21. 미세조작 수정기법의 종류

대천공법에서와 같은 조건을 만들어 주는 방법이며, 역시 정자의 수정능획득과 첨체반응이 필수적인 조건이다. 이 방법의 단점은 이식된 수정란이 외부의 압력에 의하여 투명대의 절개부위를 통하여 빠져나올 위험성이 있다는 점이다.

(3) 위란강내주입법 : 정자를 위란강내에 직접 주입하여 난자와의 융합을 용이하게 하는 방법으로서, 정자가 자체의 능력으로 투명대를 통과하는 과정이 생략됨으로 운동능력이 미약한 정자도 수정에 이용할 수 있다. 그러나, 정자가 난자의 원형질막과 융합되어야 함으로 반드시 수정능획득과 첨체반응이 유기된 정자를 주입하여만 한다. 또한, 너무 많은 수의 정자를 주입하면 다정자침입이 일어날 수도 있다.

(4) 난세포질내주입법 : 미세조작기를 이용하여 미세피펫으로 정자를 난자의 세포질내에 직접 주입하는 방법이다. 이 방법을 이용하면 ① 미부가 절단된 정자, ② 운동성이 없는 정자, ③ 사멸한 정자, ④ 구조적으로 기형인 정자 등도 수정에 이용할 수 있을 뿐만 아니라, 정자의 수정능획득과 첨체반응도 유기시킬 필요가 없다. 따라서, 사람에서 정자가 정상적이지 못하여 웅성불임을 나타내는 경우에 유효하게 이용된다.

4. 복제동물

초기배를 구성하는 분할구(分割球, blastomere)는 전능성을 가지고 있음으로 일부의 분할구만으로도 완전한 개체가 발생된다. 따라서, 초기배의 분할구를 여러개로 분리하여 발생시키면 유전적 조성이 동일한 다수의 개체, 즉 복제동물(複製動物, clone)이 탄생된다. 또한, 상실배나 초기배반포를 양분하여 배양한 다음, 이식하면 일란성 쌍둥이(identical twins)를 얻을 수 있다. 한편, 배의 분할구를 분리한 다음, 각 분할구의 핵을 다른 난자의 핵과 치환하여 발생시키면 다수의 복제동물을 생산할 수 있으며, 체세포의 핵을 핵을 제거한 난자에 주입하는 기법으로 체세포복제동물의 생산도 가능하다.

1) 분할구의 분리

포유동물에서 분할구의 분리는 2세포기에서부터 배반포에 이르기까지 넓은 범위의 발달

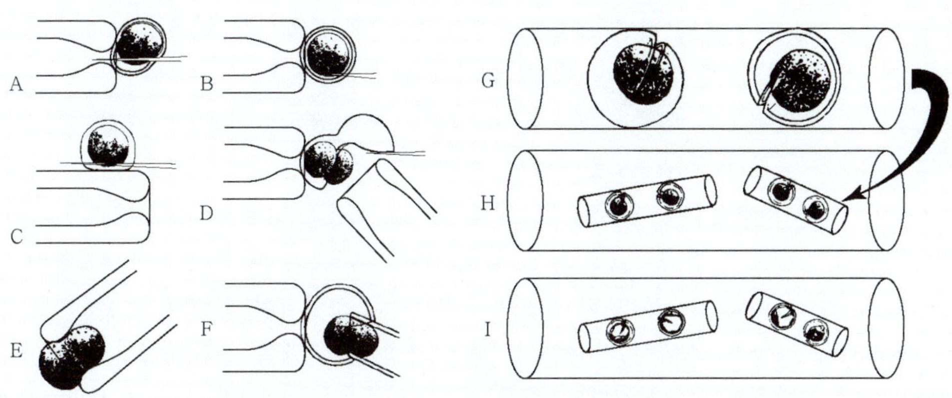

A~D : 배의 투명대 절개과정, E : 분할구의 분리과정, F : 분할구를 공투명대에 삽입하는 과정
G : 투명대에 넣어진 분할구의 아가포매, H~I : 아가포매된 배를 아가-칩으로 만듬

그림 7-22. 미세조작에 의한 분할구의 분리와 아가에 의한 포매

단계에 걸쳐서 시도되어 왔다. 그러나, 포유동물의 배는 8세포기가 지나면 분할구 상호간이 치밀하게 밀착되어 하나의 세포괴(塊)를 형성하는 치밀화(緻密化, compaction) 현상이 일어나 분할구 상호간의 결속이 굳어진다(제5장 제2절 배의 치밀화 항목 참조). 따라서, 분할구의 분리는 배가 치밀화되기 전인 8세포기까지의 배를 대상으로 하는 것이 편리하다(Hogan 등, 1986). 분할구를 분리하는 전통적 방법은 2~8세포기의 정상배를 골라 0.5%의 프로테아제(protease)용액에 3~5분간 침지하여 투명대를 용해시킨 다음, 피펫팅(pipetting)으로 분리하고, 분리된 분할구를 신선한 배양액으로 2~3회 세척하는 방법이 이용되었다(Rho & Chung, 1983). 그러나, 오늘날에는 미세조작기를 이용하여 두종류의 방법으로 분리한다. 그 하나는 미세조작기에 부착된 고정피펫으로 배를 고정하고, 분리피펫을 투명대 속으로 밀어넣어 분할구를 분리피펫속으로 흡인한 다음, 분리피펫을 투명대 밖으로 빼낸 후에, 그 속에 들어있는 분할구를 배양액내로 밀어내는 방법이다. 다른 하나는 배를 고정피펫으로 고정하고, 예리한 미세침으로 투명대를 절개하여 분할구를 노출시킨 다음, 분리피펫으로 분할구를 흡인하면서 개개의 분할구를 분리하는 방법이다(그림 7-22의 우측; Willadsen, 1982). 분리된 개개의 분할구는 이식에 적합한 상태로 발달될 때까지 배양액에 넣어 CO_2배양기에서 배양하거나, 다른 동물의 난관에 넣어 배양한다. 동물의 난관에 넣어 배양할 때에는 분할구를 공(空)투명대에 넣고, 투명대의 손상된 부위를 아가(agar)로 포매(包埋, embdding)한다. 포매방법은 ① 투명대에 넣어진 분할구를 소량의 혈청과 함께 38℃의 아가용액에 넣은 다음, ② 피펫으로 1~2개의 분할구를 아가용액과 함께 흡인하고, ③ 10초 정도 기다려 아가용액이 굳어지면 피펫에서 뽑아낸 후에, ④ 아가에 피복된 분할구들을 2개씩 모아서 아가에 다시 포매하여 아가-칩(agar chip)을 만든다(그림 7-22의 좌측). 만들어

진 아가-칩을 다른동물의 난관속에 넣어 배반포까지 발달시키고, 발달된 배반포를 아가-칩에서 꺼낸다. 아가-칩에서 꺼낸 배반포나 CO_2배양기에서 배양된 배반포는 모두 통상적인 수정란이식기법으로 자궁각에 이식하여 태아로 발생시킨다.

마우스의 2·4·8세포기 배에서 분리된 분할구는 각각 87.0%·73.2%·65.8%가 상실배 이상의 단계까지 발달하였다(Rho & Chung, 1983). 토끼에서는 4 및 8세포기 배에서 분리한 하나의 분할구가 신생자로 발달하였으며(Moor 등, 1968), 면양에서는 2세포기 배를 분리하여 일란성 쌍둥이가 탄생되었고(Willadsen, 1980), 4세포기 배를 분리한 4개의 분할구에서 일란성 세쌍둥이를, 8세포기 배의 분할구 2개씩을 조합하여 일란성 네쌍둥이를 생산하였다(Willadsen, 1981). 소에서는 8세포기 배의 분할구를 2개씩 분리한 4개의 배는 임신후기로 갈수록 생존율이 떨어지지만, 일란성 세쌍둥이를 얻었고(Willadsen & Polge, 1981), 말에서는 2~8세포기의 배로부터 일란성 쌍둥이를 생산하였다(Allen & Pashen, 1984).

2) 배의 절단

8세포기 이상으로 발달한 포유동물 배의 분할구를 분리·배양하여 개체로 발달시킨다는 것은 실질적으로 불가능하다. 따라서, 상실배나 배반포를 조작하여 일란성 쌍둥이를 얻고자 할 때에는 미세조작기에 장착된 미세칼을 사용하여 배를 이등분하는 방법이 이용된다. 미세조작기를 이용한 절단방법은 ① 배를 고정용피펫으로 흡인·고정한 다음, ② 두개의 미세침으로 투명대를 절개하고, ③ 절개된 구멍을 통하여 흡인용피펫으로 배를 꺼낸 다음, ④ 미세칼로 배를 절단하여 양분하고, ⑤ 절단된 반분배(半分胚, demi-embryo)를 흡인용피펫으로 흡인하여 공(空)투명대에 넣는다(그림 7-23; Ozil, 1983). 또한, 가늘게 뽑은 피펫을 투명대내로 밀어넣어 투명대내에 있는 배를 그대로 절단하여 두개의 반분배가 서로 영양배엽만 마주댄 상태로 발달하게 하는 방법도 고안되었다(Fehilly & Willadsen, 1986). 배를 절단할 경우에 상실배는 분할구의 수가 거의 같게 절단하면 되지만, 배반포의 경우는 내부세포괴와 영양막이 균등하게 나누어질 수 있는 면(面)에서 절단하여야 한다. 공투명대에 넣어진 반분배는 즉시 수란축(受卵畜, recipient)의 자궁각에 이식하거나, *in vitro*에서 2~4시간 동안 배양한 후에 이식하는 방법이 이용된다.

소의 경우 반분배의 62.1%~73.9%가 정상적인 상실배로 발달하였으며, 발달된 상실배의 40.9%~75.0%가 태아로 발달하였고, 일란성 쌍둥이도 출생되었다(Ozil 등, 1982; Lambeth 등, 1982; Williams 등, 1982). 그러나, 소에서 초기배반포를 절단하여 이식한 것이 상실배를 절단하여 이식한 경우에 비하여 수태율이 높았다(Williams 등, 1984). 산양에서도 반분배를 이식하여 일란성 쌍둥이를 생산하였는데, 상실배를 절단·이식한 경우에는 새끼를 생산하지 못하였고, 배반포를 절단·이식한 경우에만 새끼를 얻었다(Tsunoda, 1984; 1985). 말(Slade 등, 1984)과 돼지(Rorie 등, 1985)에서도 반분배를 이식하여 새끼를 생산하는데 성공하였다.

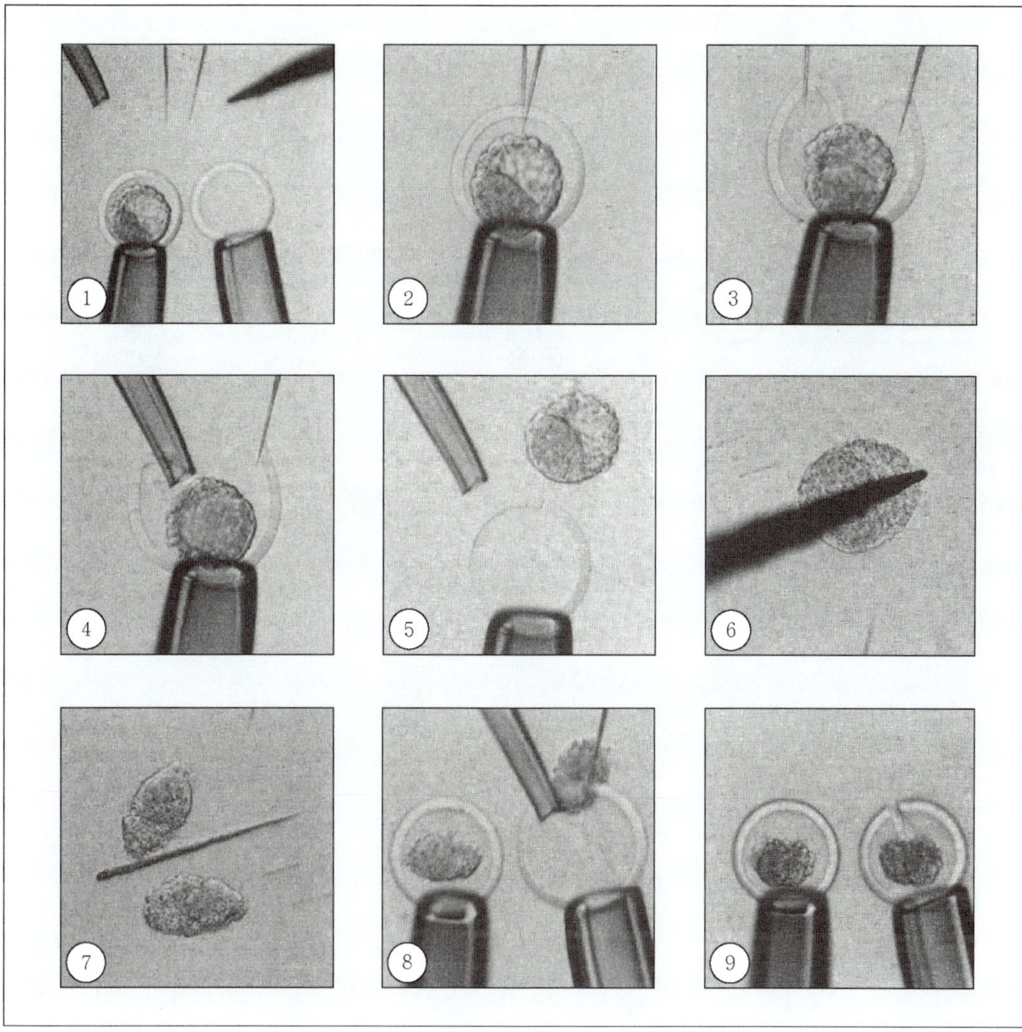

그림 7-23. 배의 절단과정

3) 핵 이 식

어느 세포로부터 핵을 뽑아내어 핵이 제거된 다른 세포에 이식하는 기법을 핵이식(核移植, nuclear transplantation)이라 한다. 포유동물에서는 초기배의 분할구를 분리하고, 이것들 각각의 핵을 탈핵(脫核, denucleation)한 다른 난자에 이식하여 복제동물을 생산하는 방법이 주목을 받고 있다. 특히, 가축에서는 핵이식기법을 이용하면 단시간내에 우수한 유전형질을 가진 다수의 개체를 생산할 수 있음으로 가축집단의 개량과 증식을 위한 유효한 수단이 될 뿐만 아니라, 각종 실험에 유전적 조성이 동일한 다수의 동물을 제공할 수도 있다. 핵이식의 과정은 ① 수핵난자와 공핵배를 준비한 다음, ② 수핵난자는 탈핵하고, 공핵배는 각각의 분할구를 분리한 후에, ③ 탈핵된 수핵난자와 공핵배의 분할구를 융합시켜 핵

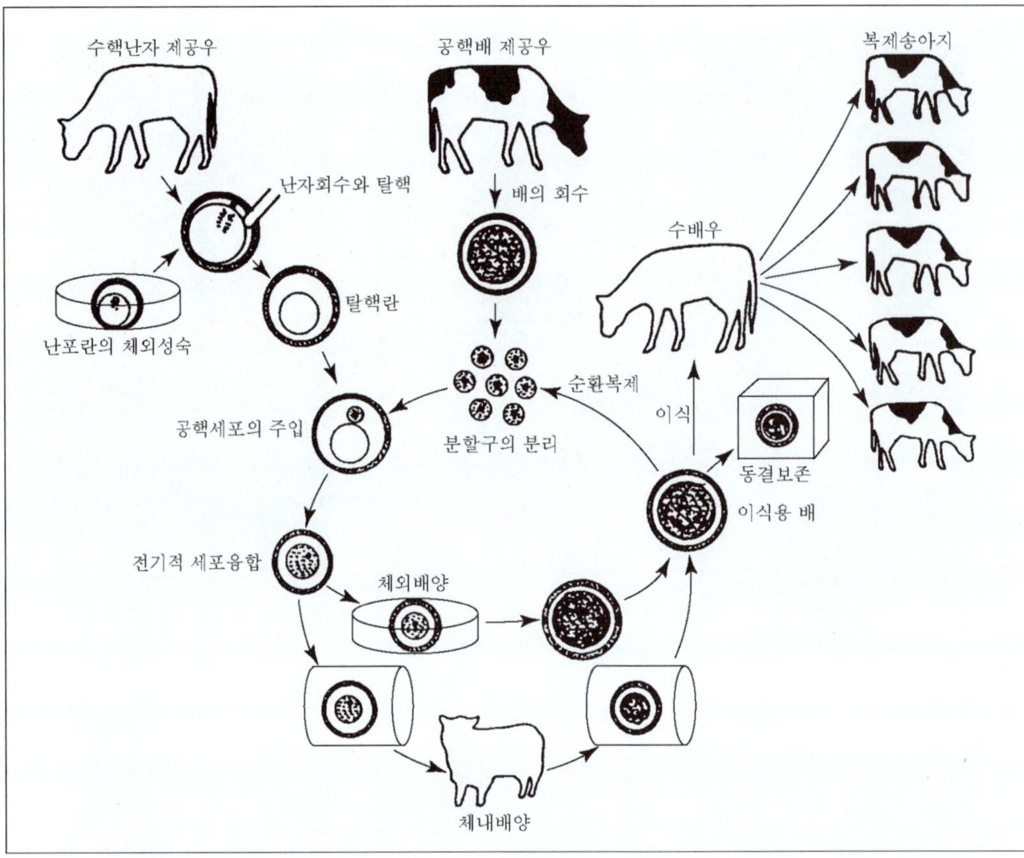

그림 7-24. 핵이식에 의한 복제동물의 생산개요

이식란을 작성하고, ④ 이것을 체외에서 배양한 다음, ⑤ 수란축에 이식하여 산자를 생산한다(그림 7-24; Smith, 1992).

한편, 체세포의 핵을 탈핵된 수핵난자에 이식하여 체세포복제수정란을 만들고, 이것을 수란축에 이식하여 체세포복제동물도 얻을 수 있다. 즉, 면양의 유선세포를 이용하여 처음으로 체세포핵을 이용한 복제면양이 탄생된 이래(Wilmut, 1997), 소·돼지·산양·토끼·고양이·마우스·개 등의 동물에서도 체세포복제동물이 탄생되었다.

(1) 수핵난자와 공핵배의 준비 : 수핵난자(受核卵子, recipient oocyte)로 배란된 난자를 이용할 경우에는 난자를 제공하는 동물에 다배란처리를 하고, 외과적 수술로 난관을 관류하여 난자를 회수한다. 그러나, 수핵난자로 난포란을 이용하는 것이 다수의 난자를 동시에 얻을 수 있을 뿐만 아니라, 여러모로 편리한 점이 많다. 난포란을 이용할 경우에는 도축된 동물의 난소에서 난포를 천자하여 난모세포를 채취한 다음, 체외성숙배양액에서 24시간 동안 배양하여 제2감수분열 중기(metaphase Ⅱ)의 상태로 성숙시킨 다음, 제1극체가 방출된 난자만을 선별하여 사용한다. 수핵난자는 먼저 미세조작기의 고정피펫으로 고정하고, 투명

표 7-3. 핵이식에 사용되는 공핵배의 발달단계

종	수핵난자	공 핵 배	연 구 자
마 우 스	탈핵한 접합체	전 핵	McGrath & Solter (1983)
	탈핵한 2세포기 접합체	8세포기 할구	Tsunoda 등 (1987)
면 양	탈핵한 난자	8세포기 할구	Willadsen (1986)
	탈핵한 난자	16~120세포기 할구	Simirh & Willmut (1989)
돼 지	탈핵한 난자	4세포기 핵	Robl & First (1985)
토 끼	탈핵한 난자	8~32세포기 할구	Collas & Robl (1990)
소	탈핵한 접합체	전 핵	Robl 등 (1987)
	탈핵한 난자	8~64세포기 할구	Prather 등 (1987)
산 양	탈핵한 난자	4~32세포기 할구	Yong 등 (1991)

대에 절개공을 만든 다음, 이 구멍을 통하여 직경 20㎛정도의 피펫을 삽입하여 제1극체와 그 주위의 난세포질을 흡인하여 제1극체와 함께 분열중기의 핵(MⅡ 방추)을 제거한다(그림 7-25의 A와 B; Prather & First, 1990). 한편, 핵을 공여하는 공핵배(供核胚, donor embryo)는 다배란처리로 배란된 난자나 정상배란된 난자가 난관에서 수정되어 발생중인 배를 난관을 관류하여 회수한다. 회수된 배는 0.25%의 트립신용액으로 투명대를 용해시키거나(Collas 등, 1992), 미세침을 이용하여 투명대를 절개하는 방법(Smith & Wilmut, 1989)을 이용하여 투명대를 제거한 다음, 각각의 분할구를 분리하여 공핵분할구로 이용한다. 공핵배로 이용되는 배의 발달단계는 주로 16~32세포기이지만, 발달단계가 이보다 앞서거나 뒤진 배를 이용한 연구결과도 많다(표 7-3).

한편, 체세포의 핵을 이식하기 위한 공핵체세포(供核體細胞)는 다양한데, 주로 난구세포(cumulus cell)·피부섬유아세포(skin fibroblast)·태아섬유아세포(fetal fibroblast)가 이용된다. 이들 세포는 체외에서 세포분열이 지속되고, 동결보존이 가능한 상태로 유지되어야 한다. 난구세포는 난포란, 피부섬유아세포는 피부조직, 태아섬유아세포는 태생기의 태아에서 각각 얻을 수 있다. 공핵체세포를 분리·보존하는 방법은 ① 조직을 잘게 절단한 후, 트립신으로 처리하여 세포간질을 제거한 다음, ② DMEM(5% FBS)배양액에서 배양하여 배양접시의 아래층에 단일층으로 자라는 세포주(細胞株)를 확보하고, ③ 이것을 계대배양하여 그 수를 증가시키며, ④ 확립된 공핵세포주는 동결보존액(50% FCS·39% DMEM·11% DMSO)을 이용하여 액체질소에 침지하여 보존한다. 액체질소에 보존된 공핵세포주는 필요할 때 마다 융해한 다음, DMEM배양액에서 배양한 후에 핵이식에 사용한다.

(2) 핵이식과 세포융합 : 탈핵된 수핵란의 투명대 절개부위를 통하여 준비된 공핵분할구를 위란강(圍卵腔, perivitelline space)내로 주입하여 핵이식수정란을 만든다(그림 7-8의 D와 E). 체세포복제동물을 작성할 경우에도 같은 방법으로 공핵체세포를 위란강내로 주입한

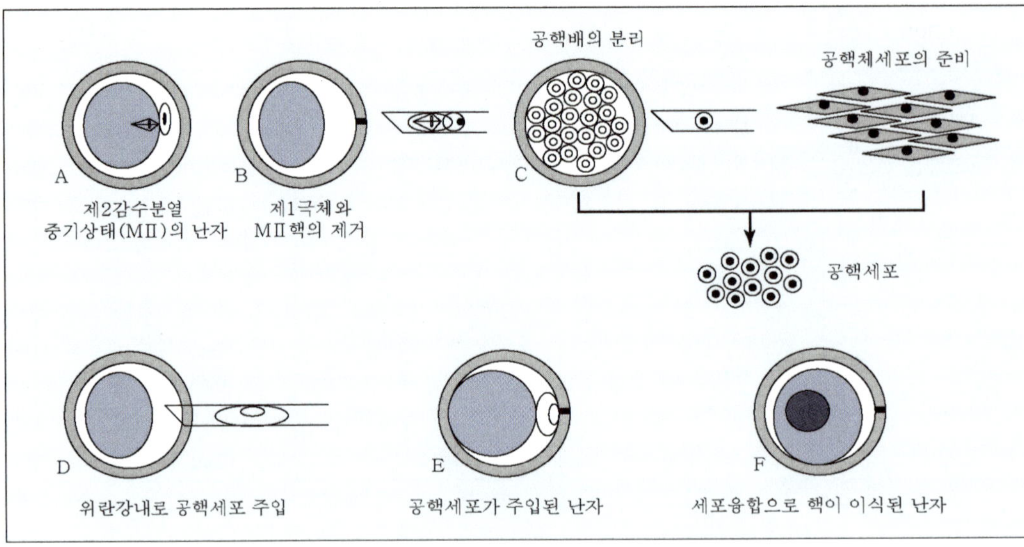

그림 7-25. 미세조작기법을 이용한 핵이식과정

다. 이 때, 이식된 공핵분할구의 핵이 수핵난자의 세포질과 융합되어 발생능을 얻기 위해서는 수핵난자와 공핵분할구 각각의 원형질막의 서로 융합되어 하나의 세포가 되어야만 한다. 이러한 세포융합을 위하여 과거에는 공핵분할구를 센다이비루스(Sendai virus; 1%의 β-propiolactone을 첨가하여 불활성화시킨 비루스)와 함께 주입하는 융합법(McGrath & Solter, 1983)이 주로 이용되었지만, 현재에는 융합조건 등의 변경이 가능하고, 감염의 위험성도 없는 전기적 세포융합법(Kubiak & Tarkowski, 1985)이 널리 이용되고 있다. 세포융합을 위한 통전(通電)에는 전기세포융합기가 이용되는데, 전압과 통전시간은 융합기의 종류・전극사이의 거리・동물종에 따른 난자의 상태 등에 따라 조절한다. 예를 들면, 소의 경우는 핵이식란을 융합기의 전극 사이에 놓고, 1.5~2.0kV/㎝의 직류전압하에서 100~300 μsec 동안 통전하는 방법이 일반적으로 이용된다. 융합처리 후에 CO_2배양기에서 0.5~1.0 시간을 배양한 다음, 융합여부를 현미경하에서 검사한다.

(3) 핵이식란의 활성화 : 정상적으로 이루어지는 체내수정과정에서 난자는 정자의 침입자극을 받으면 활성화(活性化, activation)되어 발생능력을 획득하게 된다. 난자의 활성화는 난세포질내에 Ca^{2++}농도가 급격히 증가되는 동시에, 세포주기와 관련된 단백질이 불활성화되고, 새로운 단백질의 합성이 억제되는데 따라 발현되는 현상이다(제5장 제1절 수정과정 [난자의 활성화] 항목 참조). 이러한 난자의 활성화 과정은 핵이식란에서도 필요한데, 그 방법은 전기적 자극법(electrical activation)과 화학적 자극법(chemical activation)이 있다. 전기적 자극법은 세포융합을 위한 전기자극에 더하여 한번 더 통전시켜서 세포질내 칼슘진동(Ca^{2+} oscillation)을 유도하는 방법으로서, 돼지에서 많이 이용된다. 화학적 자극법은 인산화억제물질인 6-DMAP(6-dimethylaminopurine)나 단백질합성저해제인 사이클로헥사마이

드(cycloheximide)를 Ca^{2+}-운반체(Ca^{2+}-ionophore)인 이노마이신(inomycin)과 병용처리하는 방법으로서, 소·면양·산양 등의 배를 활성화시키는데 주로 이용된다.

(4) 핵이식란의 배양과 이식 : 융합·활성화된 핵이식란은 핵의 기능이 다시 프로그램되어 접합체(zygote)의 상태가 되며, 이에 따라 염색체의 응축과 팽창이 연속적으로 일어난다. 이러한 핵이식란은 체외 및 체내 배양기법을 이용하여 상실배나 배반포로 발달시킨 다음, 통상적인 배이식기법으로 수배동물의 자궁각에 이식하여 산자를 얻는다.

5. 키메라동물

키메라(chimera)는 기원이 다른 2종류 이상의 세포집단으로 구성된 개체를 말한다. 기원을 달리하는 세포는 유전적으로 다르기 때문에 키메라 개체내에는 유전자의 구성이 다른 2종류 이상의 세포가 존재하게 된다. 키메라의 작출은 여러방법(초기배·핵·염색체·유전자 등의 집합)으로 가능하지만, 초기배를 집합시키거나, 배반포에 다른 배의 분할구를 주입하는 방법이 주로 이용되는데, 전자를 집합키메라(aggregation chimera), 후자를 주입키메라(injection chimera)라고 한다(그림 7-26; Chung 등, 1995). 최근에는 다능성 배아줄기세포(pluripotential embryonic stem cell)를 상실배에 집합시키거나, 배반포강내에 주입하여 키메라를 작출함으로써 형실전환동물을 생산하는 수단으로도 이용된다. 두종류의 계통간 또는 종간의 키메라는 각각의 기호를 '↔'로 연결하여 표시한다. 예를 들면, C57BL/6마우스와 BALB/C마우스로 작성한 키메라마우스는 C57BL/6↔BALB/C로 표기한다.

1) 집합키메라

응집(凝集)키메라라고도 하며, 동종(同種)의 서로 다른 개체에서 얻어진 2~8세포기 배의 투명대를 제거하여 나화시킨 다음, 이들 배를 상호 응집시키고, 이것을 체외에서 배반포까지 발달시킨 다음, 대리모에 이식하여 산자를 얻는다. 이 때, 투명대의 제거는 0.2~0.5%의 프로나제(pronase)용액에 3분정도 침지하여 용해시키는 방법이 많이 이용된다. 배의 응집은 배양액내에서 두개의 배를 미세침을 이용하여 붙여 놓고, 그 위에 유동파라핀(liquid paraffin)을 부은 다음, 배양액을 제거하고, 그 후 5~30분 동안 정치하여 파라핀의 압력으로 배가 응집되게 하거나(Tarkowski, 1961), 피토헤마글루티닌(phytohemagglutinin)-P와 같은 응집항체를 사용하여 응집을 유도하는 방법(Mintz 등, 1973)이 이용된다. 응집항체를 이용하는 방법은 조작이 간단하며, 발생단계가 다른 배를 집합시킬 수도 있고, 분리된 분할구를 임의로 조합할 수도 있기 때문에 응용범위가 매우 넓다.

2) 주입키메라

주입키메라는 하나의 개체에서 얻은 배를 배반포까지 발달시킨 다음, 이 배반포의 배반

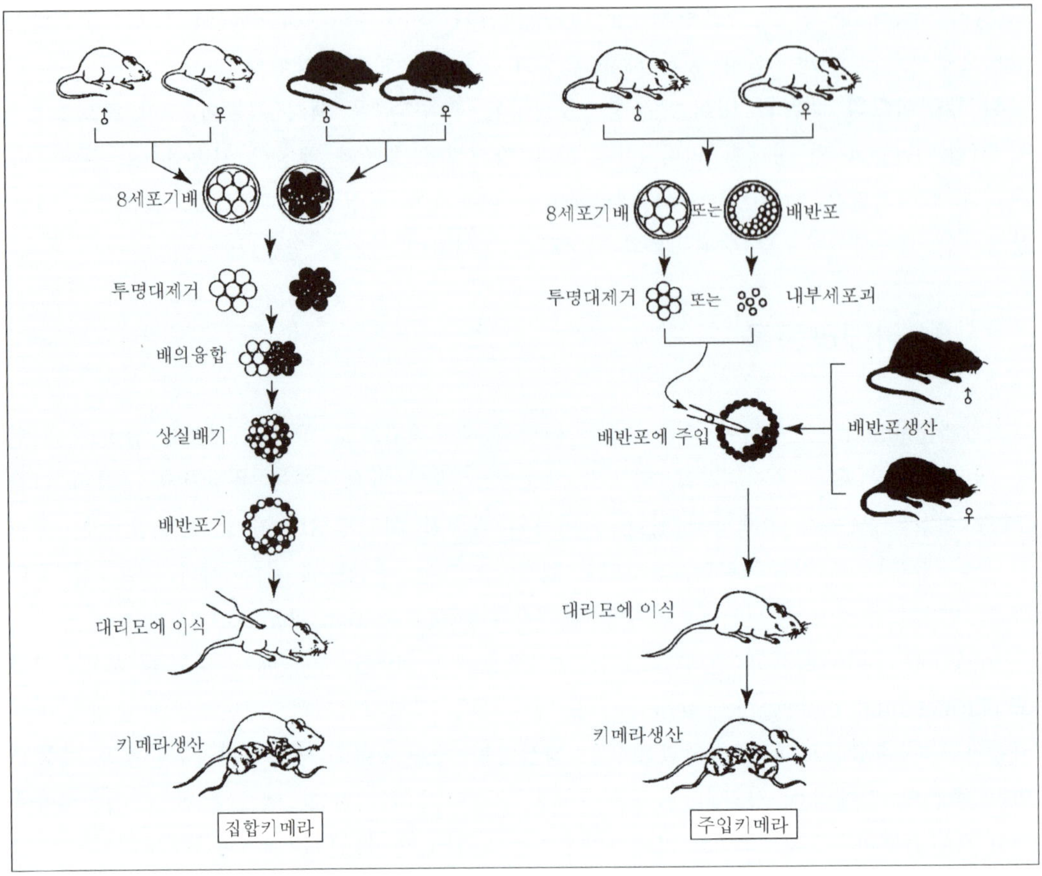

그림 7-26. 키메라의 작성방법

포강에 동종의 다른 개체에서 유래된 분할구를 미세조작기로 주입하여 일정기간 동안 배양한 후에 대리모에 이식하여 산자를 얻는 방법이다. 이 때, 주입하는 분할구는 2세포기로부터 배반포기에 이르기까지 어느 단계의 배에서 분리된 것이라도 무방하다. 이 방법은 미세주입기가 반드시 필요하다는 단점도 있지만, 돌연변이를 유기한 다분화능세포(多分化能細胞)나 외래유전자를 도입한 분할구를 주입하여 특수한 목적에 이용할 수 있는 키메라를 작출할 수도 있다는 이점이 있다.

3) 이종(異種)키메라

이종동물에서 유래된 배를 융합시켜 이종키메라를 생산할 수도 있다. 이종동물의 배를 이용하여 집합키메라와 주입키메라 모두를 작성하는 것이 가능하다. 면양의 4세포기 배와 산양의 8세포기 배에서 각각 하나씩의 분할구를 분리하여 집합시켜 이종키메라를 작출하였으며(Fehilly & Willadsen, 1986), 소에서도 *Bos taurus*의 내부세포괴를 *Bos indicus*의 배반포강에 주입하는 방법으로 *Bos taurus*↔*Bos indicus*키메라를 생산하였다(Summers 등, 1983).

제 4 절 형질전환동물

형질전환동물(形質轉換動物, transgenic animal)이란 자신의 유전물질에 새로운 유전자가 인위적으로 도입되어 발현됨으로써 원래의 동물과는 다른 형질을 나타내는 동물을 말한다. 이러한 형질전환이 개체수준에서 발현되려면 새로운 유전자의 도입이 배발생의 초기에 이루어져야 할 뿐만 아니라, 도입된 유전자가 배의 유전물질에 안정적으로 삽입되어 배의 유전물질과 함께 유전되어야만 한다. 1980년 Gordon 등이 최초로 마우스의 전핵기 수정란에 클로닝된 DNA조각(herpes simple virus의 tymidine kinase)을 미세주입법으로 주입하여 형질전환 마우스를 작출한 이후에 토끼・돼지・면양・소・닭 등에서도 형질전환동물이 생산되었다. 형질전환동물은 ① 성장조절, ② 질병저항성, ③ 생산물의 질적 향상, ④ 생리활성물질의 생산, ⑤ 질환모델동물과 장기이식용 동물의 개발 등에 유용하게 이용될 수 있다. 한편, 유전공학적 기법을 이용하여 형질전환동물 외에도 ① 특정유전자를 인위적으로 제거하여 그에 해당하는 형질이 발현되지 않는 유전자결손동물(knock-out animal), ② 특정유전자를 기존의 유전자와 치환시키는 수단으로 작출한 유전자삽입동물(knock-in animal), ③ ENU(N-ethyl-N-nitrosourea)등과 같은 화학물질의 투여로 돌연변이를 유도하여 작성한 ENU-동물 등과 같은 유전자변형동물(genetically engineered animal [GEA])도 생산되었다. 그러나, 축산분야에서는 이용범위가 넓고, 경제적으로도 유용하게 이용될 가능성이 가장 큰 형질전환동물의 개발과 이용에 관한 연구가 다각적이면서도 활발하게 수행되고 있다.

1. 목적유전자의 분리

형질전환동물을 작성하려면 목적유전자를 분리・정제하고, 이것이 숙주동물의 게놈에 삽입되어 안정적으로 기능을 발현할 수 있도록 가공하는 과정이 필요하다.

1) 유전자클로닝

목적하는 유전자를 순수하게 추출・분리하여 계속적으로 사용할 수 있도록 발현벡터(expression vector)에 옮기는 전과정을 유전자클로닝(gene cloning)이라 한다. 고등생물의 경우에는 게놈DNA클로닝(genomic DNA cloning)과 상보(相補)DNA클로닝(complementary DNA [cDNA] cloning)이 있다. 게놈DNA클로닝은 DNA분자를 절단하는 기능을 가진 제한효소(制限酵素, restriction enzyme)와 DNA의 절단부위를 연결하는 DNA리가제(ligase)를 이용하여 DNA 가닥의 일정부분을 절단・제거하거나, 외래(동종 또는 이종) DNA를 삽입시켜서 새롭게 구성된 재조합DNA(recombinant DNA)를 만들고, 이것을 적당한 숙주세포(세균・바이러스 등)에 도입한 다음, 세포의 분열・증식을 이용하여 대량으로 증폭시켜서

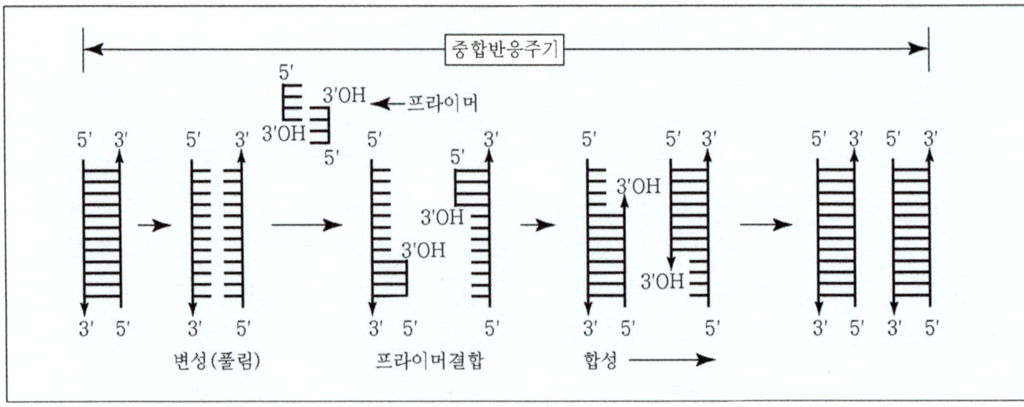

그림 7-27. 연쇄중합반응(PCR)의 주기

재조합DNA와 동일한 염기배열을 가진 클론(clone)을 얻는 방법이다.

한편, cDNA클로닝을 위한 cDNA는 전령(m)RNA를 주형(鑄型, template)으로 하여 작성한다. 그 방법은 세포에서 생화학적 방법으로 mRNA를 추출하고, 추출된 한가닥mRNA의 3′말단에 위치하는 폴리(poly)-A 자리에 올리고(oligo)-dT를 결합시킨 다음, 역전사효소(逆轉寫酵素, reverse transcriptase)와 dNTP(deoxyribonucleoside-5′-triphosphate)를 넣어주면, 역전사효소의 작용으로 mRNA를 주형으로 하는 한가닥cDNA가 합성된다. 이어서 알칼리처리로 남아있는 mRNA를 제거하면 한가닥cDNA만 남게 되는데, 이것을 주형으로 하여 DNA폴리메라제(polymerase)로 두가닥cDNA를 합성한다. 게놈DNA가 mRNA로 전사될 때 인트론이 제거되었음으로 mRNA를 주형으로 합성된 cDNA에는 인트론이 존재하지 않는다. 이러한 방법으로 합성된 cDNA는 연쇄중합반응(polymerase chain reaction [PCR])으로 증폭시킨다. PCR은 DNA폴리메라제를 이용하여 기본 DNA가닥을 기초로 일정 부위의 DNA가닥을 반복되는 주기에 의하여 다수 합성하는 방법으로서, 한 주기에는 ① 열에 의하여 두가닥DNA를 변성(denaturation)시켜 한가닥DNA로 풀리게 하고, ② 변성된 한가닥DNA에 프라이머를 결합(annealing)시킨 다음, ③ DNA중합효소의 작용으로 새로운 DNA가닥이 합성(extension)되게 하는 등의 연속된 3과정이 포함된다(그림 7-27). 예를 들어, 사람의 성장호르몬 유전자(cDNA)를 클로닝하는 방법의 순서를 보면, ① 사람의 성장호르몬을 분비하는 조직세포로부터 총(total) RNA를 추출하고, ② 역전사효소를 이용하여 총 RNA로부터 전체 cDNA를 얻은 다음, ③ 이미 보고되어 있는 사람 성장호르몬의 유전자(cDNA)와 상보적 염기배열을 가지는 짧은 한가닥DNA인 전방향프라이머(forward primer) 및 역방향프라이머(reverse primer)를 제작하여 cDNA에 결합시키고, ④ 이것을 PCR로 증폭시킨 후에, ⑤ 증폭산물을 아가로스 겔 전기영동(agarose gel electrophoresis)으로 확인한다. 이러한 방법으로 확보한 사람 성장호르몬 cDNA는 발현벡터에 붙여 세균에 도입하여 대량으로 복제한다.

2) 이식용 유전자의 준비

형질전환동물을 작성하기 위하여 주입하는 DNA는 인트론이 제거되어 크기가 작고, 발현벡터가 잘 개발되어 있는 cDNA가 주로 이용된다. cDNA를 주입하려면 먼저 원하는 프로모터에 결합시켜야 하는데, 결합전에 몇 가지를 점검 하여야한다. 즉, ① 클로닝을 위하여 5′말단에 동형중합배열(homopolymetric sequence)을 이용하였다면 이 부위를 완전히 제거하고, ② cDNA의 5′ 및 3′ 부위에 전사되지 않은 부위를 가능한 한 제거하며, ③ cDNA의 개시코돈(initiation codon) 전후에 또 다른 ATG배열이 있나를 점검하고, 있다면 Kozak 법칙에 따라 개시코돈 위쪽의 ATG배열을 제거한다. 이러한 과정을 거쳐서 완성된 이식유전자는 수정란에 주입하기 전에 적당한 제한효소를 이용하여 주입하고자 하는 cDNA만을 정제한다. 그리고, 주입유전자는 플라스미드벡터(plasmid vector)부위를 최소한으로 가지도록 잘라냄으로써 플라스미드벡터배열이 형질전환동물의 유전자 발현에 영향을 미칠수도 있는 위험성을 제거하여야 한다. 또한, 주입하고자 하는 cDNA는 단백질·RNA·다른 DNA 등이 함유되어 있지 않은 깨끗한 상태로 만들기 위하여 겔 전기영동·유전자정제계(gene purification system)·투석(透析, dialysis)을 이용하여 정제하여야 한다. 실제로, 주입하는 cDNA의 순도는 형질전환동물의 생산효율에 크게 영향을 미친다.

3) 재조합유전자의 구성

수정란이나 동물세포에 도입된 유전자가 적절한 시기에 적절한 세포에서 원하는 수준으로 발현되기 위해서는 전사과정과 해독과정이 효과적으로 수행될 수 있는 유전정보가 재조합유전자내에 포함되어 있어야 한다. 또한, 실험목적에 합당한 프로모터(promoter)·엔핸서(enhancer)·전사종결서열(transcription termination site) 등이 포함되어야 하고, 경우에 따라서는 인트론서열 또는 3′비번역서열(untranslated sequence)도 있어야 한다.

유전자는 숙주게놈의 도입부위에 따라 발현이 될 수도 있고, 되지 않을 수도 있으며, 발현수준도 달라질 수 있다. 특정염색질구조(specialized chromatin structure [SCS])는 재조합유전자가 도입된 염색질부위와 무관하게 발현될 수 있도록 하는 완충역할을 하며, 기질부착부위서열(matrix attachment region sequence [MAR])도 SCS와 같은 완충역할을 하는 경우가 있다. 좌위조절부위서열(locus control region sequence [LCR])은 염색질의 구조를

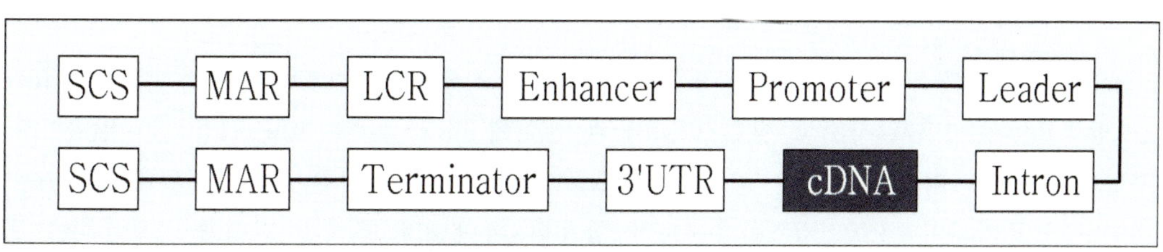

그림 7-28. 재조합유전자의 이상적인 구성요소

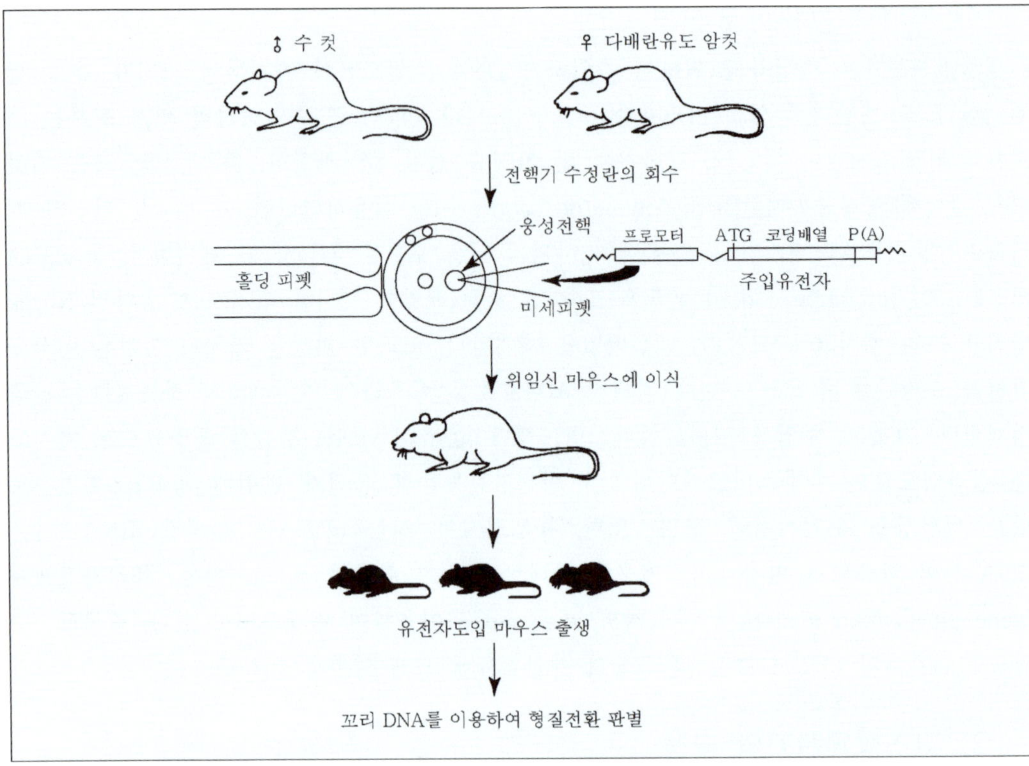

그림 7-29. 전핵내 미세주입법에 의한 형질전환마우스의 생산과정

결정하여 효과적으로 유전자를 발현시킨다. 이러한 여러종류의 요소들을 조합하여 재조합유전자의 이상적인 구성이 결정된다(그림 7-28; Park 등, 1996).

2. 형질전환동물의 생산방법

형질전환동물을 생산하는 방법에는 미세주입법 · 레트로바이러스 매개법 · 배아줄기세포 이용법 등이 있으며, 최근에는 체세포복제기술을 이용하여 형질전환동물을 생산하는 기술도 개발되었다.

1) 미세주입법

재조합유전자를 미세조작기를 이용하여 수정란의 전핵(前核, pronucleus)에 직접 주입하는 방법으로서, 오늘날까지도 형질전환동물의 생산에 가장 보편적으로 이용되는 방법이다. 주입방법은 전핵기의 수정란을 고정용피펫으로 흡착 · 고정한 다음, 선단의 직경이 0.1㎛이하인 주입용미세피펫으로 재조합유전자가 함유된 극미량의 용액을 전핵에 주입한다(그림 7-29; Boyd & Samid, 1993). 이 때, 재조합유전자를 주입하는 전핵은 주로 웅성전핵이다.

표 7-4. 형질전환동물 생산효율의 동물종간 비교

구 분	마우스	토 끼	돼 지	면 양	젖 소
다배란처리 후 미세주입에 이용할 수 있는 수정란의 수	15	20	15	4	5
임신율(%)	60	50	40	40	20
수정란 도입 후 새끼생산율(%)	10~20	10	5	15	10
유전자 도입률(%)	15	10	10~15	5~10	5~10
전이한 수정란에서 형질전환동물 생산율(%)	2	1	0.5	1	0.5
형질전환동물 1마리 생산에 필요한 동물의 수	1	5	20	40	80

웅성전핵이나 자성전핵에 유전자를 주입하였을 때의 성공률을 비교한 보고는 없지만, 웅성전핵에 유전자를 주입하는 이유는 ① 웅성전핵이 자성전핵에 비하여 크고, ② 난황막에 가까이 위치하여 주입용미세피펫의 접근이 용이할 뿐만 아니라, ③ 난자내에서 정자핵의 염색질이 탈응축(脫凝縮)되어 염색질의 치밀도가 낮고, ④ 전핵형성과정에서 염색질의 구조적 및 생화학적 변화가 일어나 주입된 외래유전자가 쉽게 정착할 가능성이 높기 때문이다. 미세주입법에 의한 형질전환동물의 생산효율은 마우스의 경우는 5~10% 정도이지만, 가축에서는 1%미만으로 매우 낮은 편이다(표 7-4; Brem, 1993).

한편, 염색체상에 삽입되는 위치에 따라 재조합유전자의 발현 여부가 결정되기도 하며(Wall, 1996; Damak 등, 1996), 미세주입되는 DNA의 상태에 따라서도 삽입되어 정착하는 비율이 현저하게 다르다. 주입하는 DNA는 두가닥DNA로서 플라스미드로부터 자른 상태가 효율이 높고, DNA의 형태에 따라서는 선형(linear) 형태가 코일(supercoiled) 형태에 비하여 5배 이상의 효율을 나타낸다. 선형DNA에서도 DNA단편의 양쪽 끝이 평활말단(blunt end)인 경우보다 접착말단(cohesive end)인 경우가 높은 삽입률을 나타낸다. DNA를 용해하는 주입용액으로는 5~10mM의 Tris-HCl(pH 7.4)과 0.1~0.25mM의 EDTA가 일반적으로 이용된다. 주입하는 DNA의 농도는 1~3㎍/㎖가 적당한 것으로 보고되고 있지만, 2~4㎍/㎖의 용액이 널리 이용되고 있다. 그러나, 전핵으로 주입되는 DNA용액의 양은 1~2pℓ 정도이고, 약 500개 정도의 DNA분자를 주입하는 것이 가장 효과적이다. 또한, 주입되는 DNA의 순도가 삽입률에 크게 영향을 미치기 때문에 여러 가지의 염기는 물론이고, 알콜·페놀·아가로스물질·효소 등과 같이 수정란의 생존에 해를 끼치는 이물질을 가급적 완전하게 제거하여야 한다.

재조합유전자의 형태로 주입된 DNA는 난자의 염색체에 무작위로 정착된다. 대부분의 경우 여러개의 주입된 DNA가 서로 연결된 모양(head to tail)으로 염색체의 한 부위에 정착되지만, 드물게는 'head to head' 또는 'tail to tail'의 모양으로 정착되기도 한다. 미세주입된 DNA가 난자의 염색체에 삽입·정착되는 기전은 잘 알려져 있지 않지만, DNA의 복제나 수복(修復, repair)을 조절하는 효소가 관여하는 것으로 보인다. 미세주입된 DNA에서는 유전자의 재배열(再配列, rearrangement)·결실(缺失, deletion)·돌연변이(突然變異, mutation) 등이 나타나는 것으로 보고되고 있다. 또한, 주입된 DNA는 진정염색질(眞正染色質, euchromatin)이나 이질염색질(異質染色質, heterochromatin)에 정착하는데, 경우에 따라서는 특정유전자내에 정착하여 그 유전자를 파괴하기도 한다. 이와 같이, 주입된 DNA가 유전자를 파괴하는 것을 부착성 변이생성(附着性變異生成, insertional mutagenesis)이라고 하며, 이에 따라 예상하지 않았던 표현형이 나타나기도 하고, 치사변이(致死變異, lethal mutation)를 일으키는 경우도 있다.

2) 레트로바이러스 매개법

레트로바이러스(retrovirus)는 게놈으로 RNA를 가지고 있으면서 감염된 세포에서는 이 RNA를 주형으로 DNA를 합성하여 프로바이러스(provirus)가 된다. 비리온(virion; 바이러스 입자로서의 완전한 구조를 가진 형태)은 약 100㎚의 구형이며, 엔벨로프(envelope)를 가지고, 그 내부에 직경 40~60㎚의 뉴클레오캡시드(nucleocapside)를 가지는데, 이것은 분자량이 3×10^6인 RNA가닥 2개를 가진다. 비리온 내에는 역전사효소와 프라이머가 되는 전이(t)RNA를 가지고 있어서 바이러스RNA를 주형으로 이용하여 두가닥DNA를 합성한다. 이 바이러스DNA가 프로바이러스로서, 숙주세포의 DNA에 삽입된다. 숙주세포의 DNA에 삽입·정착된 바이러스DNA는 숙주세포를 따라 복제되기도 하고, RNA중합효소II에 의하여

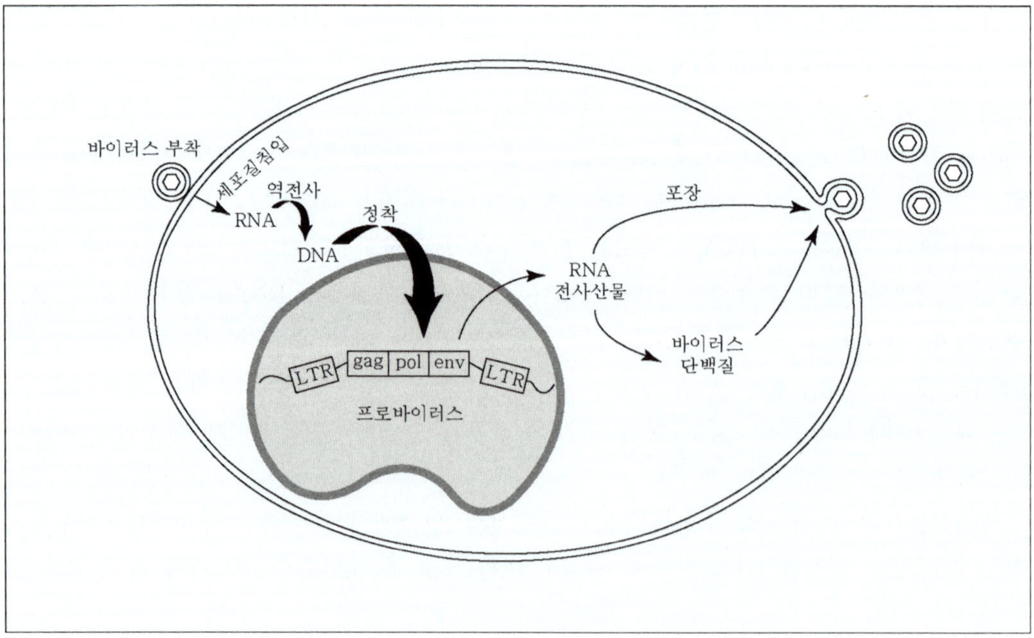

그림 7-30. 레트로바이러스의 생태

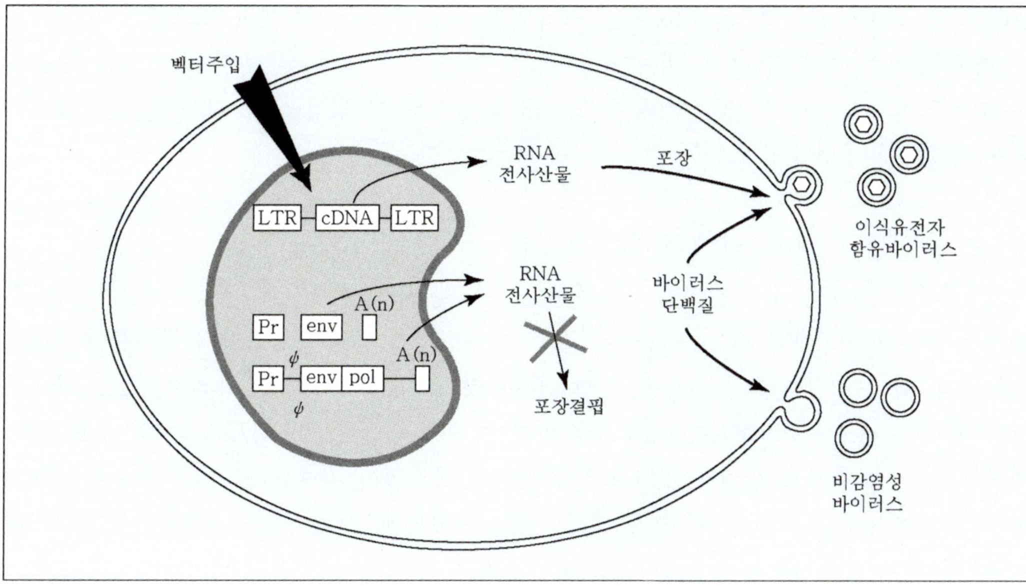

그림 7-31. 레트로바이러스의 이용

다시 바이러스RNA로 복사되어 새로운 바이러스를 만들어 내기도 한다(그림 7-30). 프로바이러스의 게놈은 *gag*·*pol*·*env* 등과 같은 유전자를 포함하고 있는데, *gag*유전자는 바이러스의 핵단백질을 합성하고, *pol*유전자는 역전사효소를 합성하며, *env*유전자는 바이러스의 엔벨로프를 구성하는 당단백질을 합성한다. 또한, 레트로바이러스의 LTR(long terminal repeat)에는 바이러스의 전사에 필요한 개시신호(initiation signal)와 아데닐산중합화신호(polyadenylation signal)를 가지고 있을 뿐만 아니라, 바이러스DNA가 숙주게놈에 정착할 때 필요한 구성요소들도 가지고 있다. 따라서, 주입하고자 하는 유전자(cDNA)를 레트로바이러스의 게놈에 삽입시킨 다음, 수정란에 감염시키면 주입하고자 하는 유전자를 동물의 게놈에 이식할 수 있다. 오늘날에는 레트로바이러스 게놈에서 복제·포장·감염에 필요한 cis-acting 요소들을 분리하여 효율적인 유전자 이식용 레트로바이러스벡터를 개발하였다. 목적으로 하는 유전자(cDNA)를 바이러스의 *gag*·*pol*·*env* 유전자와 대체시킨 레트로바이러스벡터를 포장세포주(packing cell line)에 주입하여 이식유전자가 함유된 바이러스를 생산하게 한다(그림 7-31).

이러한 방법으로 작성된 바이러스벡터를 이용하여 형질전환동물을 생산하는 방법은 ① 재조합바이러스벡터(recombinant virus vector)를 생산하는 세포주를 착상전의 배와 공배양한 후에 대리모에 이식하는 방법, ② 재조합바이러스벡터를 생산하는 세포주를 배반포강에 직접 주입하는 방법, ③ 닭에서와 같이 배반엽(胚盤列, blastoderm)에 직접 세포주를 주입하여 감염시키는 방법 등이 있다. 레트로바이러스 매개법(retorvirus infetion)으로 형질전환마우스(Lois 등, 2002)와 닭(Salter, 1987)이 생산되었다. 이 방법으로 생산된 형질전환동물은 모두 모자이크현상(mosaicism)을 나타내어 다음세대에 이식유전자가 전달되는 비율이 매우 낮아서 미세주입법에 비하여 효율성이 떨어진다. 그러나, 미세조작기법을 사용하지 않아도 된다는 장점이 있기 때문에 가축을 대상으로 이 방법을 폭 넓게 활용하려는 연구가 활발하게 진행되고 있다.

3) 배아줄기세포 이용법

포유동물에 새로운 유전형질을 도입하려는 초기의 시도는 유전적 특성이 서로 다른 동물에서 생산된 초기배를 상호 응집시킨 후에 개체로의 발생을 유도하여 복합동물(chimeric animal)을 만드는 것이었다. 그러나, 복합동물은 특정형질을 발현하는 유전자만을 도입하는 것이 아니라, 세포수준에서의 단순한 결합이기 때문에 복합형질이 일세대에서만 발현될 뿐이며, 이종간 응집에도 한계가 있어서 형질변환의 다양성이 결여된다. 이를 해결하기 위하여 특정 유전자만을 도입할 수 있는 방법이 모색되었는데, 현재까지 개발된 방법으로는 배아종양(腫瘍)세포(embryonal carcinoma [EC] cell)를 이용하는 방법과 배아줄기세포(embryonic stem [ES] cell)를 이용하는 방법이 있다.

EC세포는 착상 직후의 배를 정소나 신장과 같은 자궁외 기관에 이식하였을 때 발생되는 종양에서 분리한 미분화줄기세포(undifferentiated stem cell)로서, 영속적인 분열능력을 가지고 있을 뿐만 아니라, 다양한 조직으로 분화될 수 있는 능력도 가지고 있다(Yamashita 등, 2005). 따라서, EC세포에 특정한 유전자를 도입하는 기술과 EC세포를 배반포기 배의 배반포강에 주입하여 복합동물을 생산하는 배반포강내주입법이 접목되어 특정유전자가 도입된 복합마우스의 생산이 가능하게 되었다. 그러나, EC세포는 ES세포에 비하여 생식세포로 분화되는 능력이 떨어짐으로 외래유전자를 도입한 EC세포로부터 형질전환마우스가 태어나는 빈도가 매우 낮다.

한편, ES세포는 초기배에서 유래되고, 배양조건하에서 미분화상태를 유지하는 세포로서, 생식세포를 비롯한 대부분의 정상세포로 분화될 수 있는 능력을 갖추고 있다. 따라서, ES세포는 복합동물을 만들었을 때 각 조직으로 분화되는 기여율이 높고, 특히 생식세포의 분화비율이 EC세포에 비하여 훨씬 높아서 유전성 복합동물이나 형질전환동물의 생산효율도 높다. ES세포는 마우스의 배반포에서 최초로 작성되었는데(Evans & Kaufman, 1981), 그 방법은 ① 마우스의 배반포를 마우스의 태아에서 분리한 섬유아세포(纖維芽細胞, fibroblast) 위에 놓고, ② 20%의 소 태아혈청이 함유된 DMEM(Dulbecco-modified minimum essential medium) 배지에서 5~6일 동안 배양한 후에, ③ 트립신/EDTA 용액을 이용하여 내부세포괴만을 분리한 다음, ④ 분리된 내부세포괴를 조심스럽게 배양액으로 세척한 후, ⑤ 미토마이신(mitomycin) C를 처리하여 세포분열을 멈추게 한 다음, ⑥ 마우스 섬유아세포의 단층(monolayer) 위에서 10%의 소 태아혈청이 함유된 배양액으로 약 2주간에 걸쳐 계대배양(繼代培養)하면 ES세포의 콜로니(colony)가 형성된다(그림 7-32; Hiroshi, 1999)

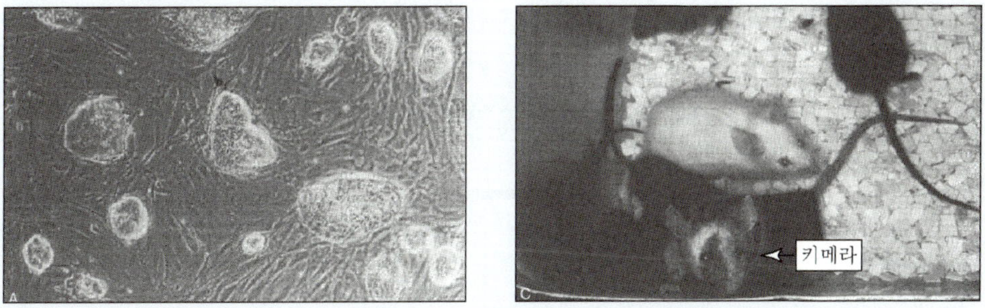

마우스 ES세포의 콜로니(둥근부분) ES세포를 이용한 키메라

그림 7-32. 배아줄기세포의 콜로니와 키메라마우스의 작성

미분화상태의 ES세포를 숙주배의 배반포강내로 주입하거나, 8세포기배나 상실배와 융합시키는 방법을 이용하여 키메라동물을 작성한다. ES세포를 배반포강내로 주입하는 방법은 트립신을 처리하여 콜로니로부터 개개의 ES세포를 분리한 다음, 미세조작기로 10~15개의 ES세포를 배반포강의 내부세포괴 부위에 주입한다. 또한, ES세포를 배와 융합시키는 방법은 숙주배의 투명대를 트립신이나 산성 Tyrode용액으로 용해·제거한 다음, ES세포와 융합시킨 후에 체외에서 배양하여 배반포까지 발달시킨다. 복합동물을 만들 때에는 털이나 눈의 색깔을 마커(marker)로 이용하는데, 태어난 새끼가 ES세포에서 유래된 조직이나 세포를 가지고 있는지를 마커를 보고 쉽게 확인할 수 있다.

한편, ES세포에 외래유전자를 도입하고, 이것을 정상배에 주입하여 복합동물을 만드는 방법으로 형질전환동물을 생산할 수 있다. DNA를 ES세포에 도입하는 방법에는 칼슘침전법·전기천공법·레트로바이러스감염법·미세주입법 등이 있다. 주입하는 DNA에 네오마이신(neomycin) 저항성유전자와 같은 마커유전자(marker gene)을 함유하도록 함으로써 *in vitro*에서 주입된 외래유전자를 함유하고 있는 ES세포만을 선별할 수 있다. 도입된 외래유전자가 게놈에 정착된 ES세포를 배와 결합시켜 복합동물을 생산하고, 복합동물중에서 생식세포에 외래유전자가 정착된 동물을 교배하여 외래유전자가 자손으로 전달되는 이형접합(heterozygote) 또는 동형접합(homozygote) 형질전환동물을 생산할 수 있다. 또한, 재조합유전자가 도입된 ES세포중에서 외래유전자가 염색체상의 특정위치에 상동성재조합(相同性再組合, homologous recombination)을 통하여 삽입된 세포만을 선별하여 형질전환동물 생산에 이용함으로써 특정한 유전형질이 획득된 형질전환동물 뿐만 아니라, 특정 형질이 소실된 동물의 생산도 가능하게 되었다(Capechi, 1989; Muglia 등, 1996). 그러나, ES세포를 이용한 형질전환동물의 생산은 마우스에서만 이루어졌으며, 가축에서는 최근에 와서야 ES세포를 개발하려는 연구가 활발히 진행되고 있는 실정이다. 더욱이, ES세포를 이용할 경우에는 반드시 복합동물의 생산과정과 그 유전능력을 평가하는 과정을 거쳐야 하기 때

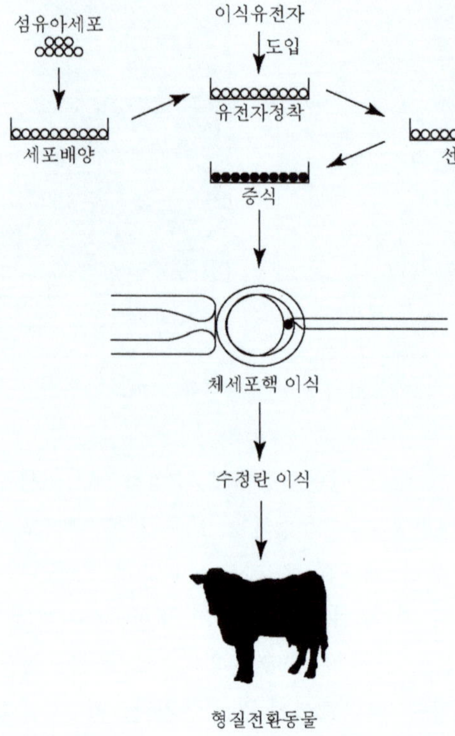

그림 7-33. 체세포복제에 의한 형질전환동물의 생산

문에 가축에 적용하려면 앞으로 더 많은 시간이 필요할 것이다.

4) 체세포복제에 의한 방법

이 방법은 체세포에 원하는 목적유전자를 도입하고, 이것을 탈핵(脫核)한 난자에 넣어 발생시키는 체세포핵이식기법으로 형질전환동물을 작성하는 방법이다(Denning 등, 2001; Lai 등, 2002). 공핵세포로 사용할 체세포는 유선상피세포 · 배아유래세포 · 섬유아세포 등을 이용할 수 있지만, 섬유아세포가 가장 많이 이용된다. 그 이유는 섬유아세포가 체외에서의 배양이 용이하고, 전이(轉移, transfection)에 의하여 쉽게 외래유전자를 도입하는 것이 가능할 뿐만 아니라, 외래유전자의 삽입 여부를 확인하는 것이 가능하기 때문이다. 체세포복제(somatic cell cloning)에 의하여 형질전환동물을 생산하는 방법은 ① 태아(소: 35~50일령, 면양: 26~35일령)로부터 공핵세포로 사용될 섬유아세포를 분리하여 4~5일간 배양하면서 세포주기를 Go상태로 유도하고, ② 섬유아세포에 전이 또는 바이러스감염기법으로 목적하는 유전자를 도입하여 형질전환세포주를 만든 다음(Lee 등, 2005), ③ 이 세포주의 핵을 핵이식기법으로 핵이 제거된 난자에 이식하여 발생을 유도하고, ④ 체외에서 배반포

표 7-5. 형질전환젖소 개발에 있어서 미세주입법과 체세포복제기술의 효율성 비교

구 분	체세포 복제기술	미세주입법
대상세포	체세포	전핵기 수정란
유전자 도입	형질전환 세포주 이용	전핵내 주입
형질전환 빈도	100% 형질전환	태어난 산자 중 10% 미만
삽입형태	100% non-mosaic	대부분 mosaic
성(性)조절	조절가능	임의적
연구개발 소요기간	3~5 년	5~10 년
총 연구기간(대량생산포함)	5~10 년	10~15 년

까지 배양한 후에 대리모에 이식하여 산자를 얻는다(그림 7-33). 이 방법을 이용할 경우에는 태어나는 개체 모두가 모자이크 없이 100%의 형질전환률을 보인다는 것과 특정 성(性)의 체세포를 사용함으로 태어나는 형질전환동물의 성을 미리 알수 있다는 등의 장점이 있다(표 7-5). 따라서, 앞으로 이 방법이 널리 이용되어 가축의 경제형질개량이라는 실질적 목표에 기여할 수 있을 것으로 기대되는 바가 크지만, 복제동물의 생산효율이 다른 방법에 비하여 매우 낮다는 단점을 내포하고 있다(Han 등, 2003).

5) 정자이용법

정자자체를 벡터(sperm vector)로 이용하는 기법으로서, 외래유전자를 정자와 단순히 섞어주거나, 전기적 자극을 주어 정자내로 도입한 후에 수정시키는 수단을 통하여 형질전환동물을 생산하는 방법이다. 이 방법으로 생산된 섬게(sea urchin)의 배(胚)에서 외래유전자가 발현된다는 사실이 보고된(Arezzo, 1989) 이후, 마우스에서도 30%의 형질전환률을 나타냈다고 보고되어(Lavitrano 등, 1989) 놀라운 반응을 불러 일으켰다. 그러나, 이러한 결과는 다른 연구자들에 의하여 재현되지 못하여 그 신빙성이 의문시되고 있다. 이러한 현실에도 불구하고, 닭과 돼지에서 형질전환동물의 생산이 보고되었으며, 소에서도 최소한 배반포까지는 외래유전자가 발현된다는 사실이 확인되었음으로 정자를 외래유전자의 운반체로 이용하여 형질전환동물을 생산할 수 있다는 가능성이 완전히 배제되지는 않고 있다.

3. 형질전환동물의 판별과 발현검정

외래유전자를 주입하여 태어난 새끼는 모두가 형질전환동물이 되는 것이 아니고, 극히 일부의 개체만이 형질전환동물로 태어남으로 태어난 새끼중에서 형질전환동물을 선별하여야 한다. 또한, 형질전환동물로 판별되었다고 하더라도 모든 개체가 도입된 유전자를 발현

하는 것은 아님으로 어느 개체가 유전자를 적절한 세포에서 적절한 수준으로 발현하는지를 검정하여야 한다.

1) 형질전환동물의 판별

태어난 새끼의 염색체에 주입된 DNA가 삽입되었는지를 알기 위하여 마우스의 경우는 새끼의 꼬리, 가축의 경우는 귀조직 · 태반조직 · 혈액 등에서 DNA를 추출하여 서던블로팅(Southern blotting) 또는 PCR 기법으로 검사한다. 최근에는 PCR기법이 간편하고, 결과의 재현성이 높아서 주로 이용된다.

2) 형질전환동물의 유전자발현 검정

도입된 목적유전자가 발현되어 mRNA가 생산되는지의 여부는 노던블로팅(northern blotting) · 슬로트블로팅(slot blotting) · RT-PCR 등의 방법으로 조사한다. 목적유전자가 전사된 mRNA가 확인되면 웨스턴블로팅(western blotting)이나 단백질합성효소의 역가를 측정하는 방법으로 mRNA에 의한 단백질합성 여부를 조사할 수 있으며, 세포내에서의 단백질 발현양상은 면역세포화학적방법(immunocytochemistry method)으로 검정할 수 있다.

4. 형질전환동물의 이용

형질전환동물을 생산하는 궁극적 목표는 인류의 생활을 풍요롭게 하고, 복리를 증진시키는 하나의 수단으로 이용하려는 것이다. 그러나, 이 기술은 아직까지 성공률이 매우 저조하여 이용분야가 극히 제한되고 있는 실정임으로 이를 타개하기 위하여 더 많은 기초연구가 요구되고 있다. 이와 같이, 개발된 기술이 취약한 상황에서도 미국을 비롯한 선진국에서는 가축의 개량과 고품질 축산물의 생산, 유용한 생리활성물질의 대량생산, 그리고 인체질환모델동물의 개발 등과 같은 분야에서 이미 산업화가 이루어지고 있다. 산업적으로 응용될 가능성이 높은 몇 분야를 소개하면 다음과 같다.

1) 가축의 개량

고전적으로 이용되고 있는 선발과 교배를 통한 가축의 개량은 개량속도에서 이미 한계에 이르고 있으며, 더욱이 개량에 오랜 시간이 소요되는 단점도 있다. 그러나, 형절전환기법을 이용하여 유용한 유전자가 도입된 가축을 생산한다면 육종기간의 단축은 물론이고, 성장속도 · 육량과 육질 · 산유량과 유질 · 내병성 등에서 우수한 형질을 발현하는 생산성이 높은 가축을 쉽게 개발할 수도 있을 것이다. 마우스에서 재조합된 성장호르몬 유전자를 발현시켜 성장속도와 성숙체중이 일반 마우스의 2배에 달하는 거대마우스(super mouse)가 생산된(Palmiter 등, 1982) 이래, 여러 연구자들에 의하여 성장과 관련된 유전자가 도입된 형질전환가축의 생산에 관한 성공사례가 보고되었다. 그러나, 이들의 연구결과에 의하면 형질전환가축에서는 마우스나 래트와 같은 실험동물과는 달리 성장과 관련된 인자들이 과다하게 분비되어 다양한 신체적 이상을 초래하는 문제점이 나타났으며(Rexrord 등, 1989; Pursel 등, 1989), 다만 형질전환돼지에서는 등지방의 두께가 50~70% 감소되는 긍정적 효과를 보였다(Pursel 등, 1990). 현재까지 이 분야의 연구가 활발하게 진행되고 있지만, 결과가 기대치에 미치지 못하며, 더욱이 번식장애가 발생되고, 세균의 감염빈도가 높아지는 등의 문제점이 야기되어 아직까지 산업화에 이르지 못하고 있다. 또한, 축산물의 질을 높이려는 연구와 내병성을 높이려는 연구도 함께 수행되고 있다. 우리나라에서도 한국생명공학연구원 이경광박사팀이 수퍼마우스는 개발하였지만, 가축의 개량을 위한 형질전환가축의 개발에 관한 연구는 아직까지 본격적으로 수행되지 못하고 있다.

2) 유용생리활성물질의 생산

유선조직에서 특이적으로 발현하는 작동유전자에 생산하려는 물질의 유전자를 연결하여 재조합유전자를 만들고, 이것을 가축의 유전자에 삽입하여 형질전환가축을 개발함으로써 유즙과 함께 고품질의 생리활성물질을 대량으로 생산하려는 연구가 시도되고 있다. 이와 같이, 형질전환을 통하여 유용한 생리활성물질을 생산하는 가축을 동물생체반응기(animal bioreator)라고 한다. 지금까지 사람의 성장호르몬(hGH)·락토페린(hLF)·혈소판신생촉진인자(thrombopoietin [TPO])·과립백혈구콜로니자극인자(granulocyte colony stimulation factor [GCSF])·적혈구신생촉진인자(erythropoietin [EPO])·조직플라스미노겐활성제(tissue plasminogen activator [tPA])·α1-안티트립신(α1-antitrysin)등의 유전자가 발현되는 형질전환 면양과 산양이 생산되었다. 그러나, 형질전환동물의 생산효율이 매우 저조한 미세주입법을 이용하였기 때문에 산업화에는 한계가 있다. 이를 개선하기 위하여 형질전환 체세포를 이용하는 연구가 선진국을 중심으로 활발히 진행되어 체세포복제기술을 이용한 토끼·면양·산양·젖소 등이 태어났다. 우리나라에서도 한국생명공학연구원의 이경광·한용만·유대열 박사 등이 주도하는 연구팀에 의하여 hGH·hLF·TPO·GCSF·tPA 등을 생산하는 형질전환동물들이 개발되었으며, 이를 산업화하려는 연구가 계속되고 있다.

3) 인체질환모델의 생산

형질전환동물 생산기법을 이용하면 인간의 질환을 유발하는 유전적 형질과 유사한 형질을 가진 변이체(모델)를 작출할 수 있기 때문에 질병에 관한 분자유전학적·생화학적·병리학적·발생학적 기전을 구명할 수 있다. 인체질환모델동물은 ES세포주가 확립된 마우스를 대상으로 개발되어 왔으며, 현재 다양한 유전자를 도입하여 작성된 형질전환마우스가 질환모델로 이용되고 있다. 예를 들면, 사람이 사망하는 중요한 원인이 되고 있는 심장병·폐기종·근무력증·동맥경화증·자가면역증·낭포성섬유증·당뇨병 등과 관련된 유전자를 도입한 다양한 형질전환마우스가 개발되어 이들 질환의 모델동물로 광범위하게 이용하고 있다(Lathe & Mullins, 1993). 앞으로 새로운 질병관련유전자가 밝혀질 경우 그 유전자를 이용하여 새로운 변이체를 만들어 낼 수 있음으로 질환모델로서 형질전환동물의 이용성은 매우 크다고 할 수 있다.

4) 장기이식용 형질전환동물의 생산

사람의 질병치료에 장기이식기술은 중요한 수단이 된다. 그러나, 이식용 장기를 얻기가 어려워 시술에 한계가 있으며, 이를 해결하기 위하여 동물의 장기를 인체에 이식하려는 연구가 시도되고 있다. 이러한 이종장기이식(異種臟器移植, xenotransplantation)을 제한하는 가장 큰 문제는 이식조직을 거부하는 면역반응이다. 면역반응가운데 가장 먼저 해결하여야 할 과제는 초급성거부반응(hyperacute rejection)인데, 이것은 장기이식시에 자연적으로 생성되는 이식항체(xenoantibody)가 이식장기의 혈관내피에 위치하는 갈락토오스-α-1,3-갈락토오스 항원과 결합하여 항원-항체반응을 유발함으로써 이식된 장기에서 출혈과 혈전형성이 일어나 수분내지 수시간이내에 이식장기의 기능을 소실시킨다. 또 다른 초급성거부반응의 문제점은 보체가 활성화되어 조직세포를 손상시키는 것이다. 이와 같은 초급성거부반응을 형질전환동물로 해결한다고 하더라도 동종이식의 경우에 발생되는 급성혈관성거부반응(acute vascular rejection, delayed xenograft rejection)을 해결하여야 한다(Leventhal 등, 1993). 또한, 이종동물간에 차이를 보이는 효소와 성장인자, 장기를 제공하는 동물과 받는 동물의 해부-생리학적 차이, 그리고 이식장기를 제공하는 동물에 존재하는 세균과 바이러스에 감염될 위험성 등을 해결하여야 하는 과제를 안고 있다.

이와 같이, 대체장기를 생산하는 동물을 작출하는데는 수 많은 난관이 있지만, 그 대상동물로는 돼지가 가장 적합한 동물로 결정되었다. 그 이유는 ① 사람과 돼지 장기의 크기가 비슷하고, 유사한 관류효율을 가지고 있으며, ② 돼지는 다산성이기 때문에 대체장기의 대량생산이 가능하고, ③ 무균사육(SPF)이 가능함으로 장기이식시 발생할 수 있는 병원균의 전이를 최소화할 수 있기 때문이다. 대체장기를 생산하기 위한 형질전환돼지를 개발하려면, 먼저 초급성거부반응을 해결하기 위하여 항원성이 낮은 형질전환돼지를 생산함으로써 장기이식후에 일어나는 항원-항체반응을 억제하는 것이 필수적인 과정이다(Alvarado 등, 1995). 즉, 유전자 적중기법(knock-out)으로 α-1,3-갈락토실트란스페라제(galactosyltransferase)를 합성하는 유전자가 발현되지 못하도록 하여 항원으로 작동하는 갈락토오스-α-1,3-갈락토오스가 합성되지 않는 마우스처럼(Teasle 등, 1996), α-1,3-갈락토실트란스페라제가 적중된 돼지를 개발하는 것이다. Immerge Biotherapeutic사는 α-1,3-갈락토실트란스페라제 유전자가 제거된 섬유아세포를 이용한 핵치환기법으로 다수의 체세포복제돼지를 개발하는데 성공하였으며(Kolber-simonds 등, 2004), 하버드대학과 공동으로 이 돼지의 심장을 바분(baboon) 원숭이에 이식하여 2~6개월 동안 생존시켰고, 신장을 이식하여 83일까지 생존시켰다고 하였다(Kuwaki 등, 2005). 또한, 이식장기에서 사람의 보체조절단백질을 발현시키면 초급성이식거부반응을 상당히 완화시킬 수 있는데, 실제로 사람의 보체조절단백질인 CD55와 CD59를 발현하는 형질전환돼재의 장기를 원숭이에 이식하였을 때 초급성이식거부반응을 나타내지 않았다고 보고하였다(Byrne 등, 1997).

위에서 보는 바와 같이 대체장기를 생산하는 형질전환돼지의 개발에 관한 연구가 활발히 진행되고, 부분적인 성과도 거두고 있지만, 2006년 현재까지는 이식이 가능한 대체장기가 개발되지 않았을 뿐만 아니라, 해결하여야 할 문제점도 많이 남아 있는 실정이다. 그러나, 이식거부반응에 관여하는 수 많은 유전자를 유전자적중기법(gene targeting)으로 찾아내어 제거하고, 체세포복제기술을 이용하여 복제돼지를 생산한다면, 개발완료시점은 예측할 수 없지만, 언제인가는 대체장기용 형질전환돼지가 생산되어 현재 세계적으로 심각하게 부족한 대체장기를 원활하게 공급할 수 있게 되기를 기대한다. 그러나, 현재 미국에서 장기이식 후 생존할 수 있는 기간의 일차목표를 6개월 정도로 잡고 있는 사실을 감안하면, 지나치게 큰 기대를 가지는 것은 곤란하며, 다만 사람의 이식장기를 구할 수 있을 때까지 생명을 연장시키는 수단으로 생각하면 틀림이 없을 것이다. 우리나라에서 2006년 현재까지 이루어진 연구결과를 보면, 몇 연구팀에서 체세포복제돼지의 개발에 성공하였다는 보도는 있었지만, 항원-항체반응과 관련된 연구가 거의 이루어지지 않고 있는 실정이며, 더욱이 한국인에게 장기를 제공하는데 적합한 크기의 돼지(mini pig; 미국에서는 성숙체중 70kg정도의 돼지)도 개발되지 못한 실정을 감안할 때 더욱 분발하여야 할 것으로 보인다.

◈ 참 고 문 헌 ◈

1) Allen, W. R. and R. L. Pashen. 1984. Production of monozygotic(identical) horse twins by embryo micromanipulation. J. Reprod. Fertil. 71:607.
2) Alvarado, C. G., et al. 1995. Variation in the level of xenoantigen expression in porcine organs. Transplantation. 59:1589.
3) Arezzo, F. 1989. Sea urchin sperm as a vector of foreigin genetic information. Cell Biol. Int'l. Reprod. 13:391.
4) Ax, R. L., et al., 2000. Artificial insemination In reproduction in farm animals. 7th ed.(E. S. E. Hafez & B. Hafez eds.). Lipincott Williams & Wilkins. p.376.
5) Beernink, F. J. and R. J. Ericsson. 1982. Male sex preselection through sperm isolation. Fertil. Steril. 38:493.
6) Besenfelder, U., et al. 1997. Endoscopic embryo collection and embryo transfer into the oviduct and the uterus of pigs. Theriogenol. 47:1051.
7) Boyd, A. L. and D. Samid. 1993. Molecular biology of transgenic animals(review). J. Anim. Sci. Suppl. 71:1.
8) Brackett, B. G. and G. Oliphant. 1975. Capacitation of rabbit spermatozoa *in vitro*. Biol. Reprod. 12:260.
9) Brem, G. 1993. Transgenic animals. In biotechnology. Vol. 2. 2nd ed.(H. J. Rehm & G. Reed eds.). VCH, Weinheim. p. 745.
10) Byrne, G. W., et al. 1997. Transgenic pigs expressing human CD59 and decay-accelerating factor produce an intrinsic barrier to complement-mediated damage. Transplantation. 63:149.
11) Capechi, M. R. 1989. The new mouse genetics: altering the genome by gene targeting. Trends Genet. 5:70.

12) Chung, K. S., et al. 1995. Embryo transfer. In reproductive physiology of domestic animals. Shunjin Pub. p.311
13) Collas, P. and J. M. Robl. 1990. Factors affecting the efficiency of nuclear transplantation in the rabbit embryo. Biol. Reprod. 43:877.
14) Collas, P., et al. 1992. Influence of cell cycle stage of the donor nucleus on development of nuclear transplant rabbit embryos. Biol. Reprod. 46:492.
15) Coulthard, H. 1991. On farm embryo transfer in cattle. In Practice. 13:16.
16) Damak, S., et al. 1996. Improved wool production in transgenic sheep expressing insulin-like growth factor-1. Biothechol. 14:185.
17) Denning, C., et al. 2001. Deletion of the alpha(1,3)galactosyltransferase gene and the prion protein(PrP) gene in sheep. Nat'l. Biotechnol. 19:559.
18) Ericsson, R. J. 1988. Sex ratios. In encyclopedia of reproduction vol. 4.(E. Knobil & J. D. Neill eds.). Academic Press. p.431.
19) Evsikov, S. and Y. Verlinsky. 1999. Visualization of chromosomes in single human blastomeres. J. Assit. Reprod. Genet. 16:133.
20) Fehilly, C. B. and S. M. Willadsen. 1986. Embryonic manipulation in farm animals. Oxford Reprod. Biol. 8:379.
21) Fugger, E. F., et al. 1998. Births of normal daughters after microsort sperm separation and intrauterine insemination, *in vitro* fertilization, or intracytoplasmic sperm injection. Human Reprod. 13:2367.
22) Gerritts, R. J., et al. 1962. Effect of collection interval on the characterization of the ejaculate in the boar. J. Anim. Sci. 2:1002.
23) Gordon, J. W., et al. 1980. Genetic formation of mouse embryos by microinjection of purified DNA. Proc. Nat'l. Acad. Sci. USA. 77:7380.
24) Gubbay, J., et al. 1990. A gene mapping to the sex-determining region of the mouse Y chronosome is a member of a novel gene family of embryonic expressed genes. Nature. 346:245.
25) Hafez, E. S. E. 1987. Embryo transfer, IVF and genetic engineering. In reproduction in farm animals. 5th ed. (E. S. E. Hafez ed.). Lea & Febiger. p.540.
26) Han, Y. M., et al. 2003 Nuclear reprogramming of cloned embryos produced *in vitro*. Theriogenol. 59:33.
27) Hiroshi. I. 1999. Transgenic animals. In reproductive biology in mammals(Y. Takahashi ed.). Gakushou Pub. p.243.
28) Hogan, B. F., et al. 1986. Summary of mouse development. In manipulating the mouse embryo: a laboratory mannual. Cold Spring Harbor Labaratory. p.17.
29) Hughes, P. E. and M. A. Varley. 1980. Artificial insemination. In reproduction in the pig. Butterworths. p.187.
30) Iizuka, R., et al. 1987. Sexing of human sperm by discontinuous percoll density gradient and its clinical application. Human Reprod. 2:573.
31) Jainudeen, M. R. et al. 2000. Ovulation induction, embryo production and transfer. In reproduction in farm animals. 7th ed. (E. S. E. Hefaz & B. Hafez eds.). Lipincott Williams & Wilkins. p.405.
32) Johnson, L. A., et al. 1989. Sex preselection in rabbits: live births from X and Y sperm separated by DNA and Cell sorting. Biol. Reprod. 41:199.
33) Kolber-Simonds, D., et al. 2004. Production of alpha-1,3-galactosyltransferase null pigs by means of nuclear transfer with fibroblasts bearing loss of heterozygosity mutations. Proc. Nat'l Acad. Sci. USA. 101:7335.
34) Kubiak, J. Z. and A. K. Tarkowski. 1985. Electrofusion of mouse blastomeres. Exp. Cell Res. 157:566.
35) Kuwaki, K., et al. 2005. Transplantation in baboons using alpha-1,3-galactosyltransferase gene-Knockout pigs as donors: initial experience. Nat. Med. 11:29.
36) Lai, L., et al. 2002. Production of alpha-1,3-galactosyltransferase Knockout pigs by nuclear transfer cloning. Science. 295:1089.
37) Lambeth, V. A., et al. 1982. Micromanipulation of bovine morulas to produce identical twin offspring. Proc. 2nd World congress, Embryo Transfer in Mammals.
38) Lathe, R. and J. J. Mullins. 1993. Transgenic animals as models for human diseases: report of an EC study group. Transgenic Res. 2:286.
39) Lavitrano, M., et al. 1989. Sperm cell as vectors for introducing foreign DNA into eggs: genetic transformation of mice. Cell. 57:717.
40) Lee, S. L., et al. 2005. Efficiency of gene transfection into donor cells for nuclear transfer of

bovine embryos. Mol. Reprod. Dev. 72:191.
41) Leibo, S. P. 1984. A one-step method for direct non-surgical transfer of frozen-thawed bovine embryos. Therigenol. 21:767.
42) Leonard, M., et al. 1987. Sexing bovine embryos using Y-chromosome specific DNA-probes. Theriogenol. 27:248.
43) Leventhal, J. R., et al. 1993. The immunopathology of cardiac xenograft rejection in the guinea pig to rat model. Transplantation. 56:1.
44) Lois, C., et al. 2000. Germline transmission and tissue-specific expression of transgenes delivered by lentiviral vectors. Science. 295:68.
45) McGrath, J. and D. Solter. 1983. Nuclear transplantation in the mouse embryo by microsurgery and cell fusion. science. 220:1300.
46) Miller, J. R. and M. Koopman, 1990. Isolation and characterization of two male specific DNA fragments from the bovine gene. Anim. Genet. 21:77.
47) Mintz, B., et al. 1973. Phytohematoglutinin-mediated blastomere aggregation and development of allophenic mice. Dev. Biol. 31:195.
48) Moore, N. W., et al. 1968. Developmental potential of single blastomeres of the rabbit egg. Nature. 246:86.
49) Muglia, L., et al. 1996. Production of corticotropin-releasing hormone-deficient mice by targeted mutation in embryonic stem cells. Ann. NY Acad. Sci. 780:49.
50) Niwa, K. and O. Ohgada. 1988. Synergistic effect of caffeine and heparin on *in virto* fertilization of cattle oocytes matured in cilture. Theriogenol. 30:733.
51) Ozil, J. P. 1983. Production of identical twins by bisection of blastocysts in the cow. J. Reprod. Fertil. 69:463.
52) Ozil, J. P., et al. 1982. Production of monozygotic twins by micromanipulation and cervical transfer in the cow. Vet. Res. 110:126.
53) Palmiter, R. O., et al. 1982. Dramatic growth of mice that develop from eggs microinjected with methallothioneine-growth hormone fusion genes. Nature. 300:611.
54) Park. Y. H., et al. 1996. Structure of recombinant DNA. In animal biothechnology. Shunjin Pub. p. 303.
55) Parrish, J. J., et al. 1986. Bovine *in vitro* fertilization with frozen-thawed semen. Theriogenol. 25:591.
56) Parrish, J. J., et al. 1988. Capacitation of bovine sperm by heparin. Biol. Reprod. 38:1171.
57) Peruda, T., et al. 1991. A reliable sex determination assay for bovine preimplantation embryo using polymerase chain reaction. Theriogenol. 35:547.
58) Pieterse, M. C., et al. 1988. Aspiration of bovine oocytes during transvaginal ultrasound scanning of the ovaries. Theriogenol. 33:751.
59) Prather, R. S. and N. L. First. 1990. Cloning embryos. J. Reprod. Fertil. Suppl. 41:125.
60) Prather, R. S., et al. 1987. Nuclear transplantation in bovine embryos: assessment of donor nuclei and recipient oocyte. Biol. Reprod. 37:59.
61) Pursel, V. G., et al. 1989. Genetic engineering of livestock. Science. 244:1281.
62) Pursel, V. G., et al. 1990 Intergration, expression and germ-line transsmission of growth-related genes in pigs. J. Reprod. Fertil. Suppl. 41:77.
63) Reed, K. C., et al. 1989. Determination of genetic sex in ruminants using Y-chromosome specific polynucleotides. Patent Cooperation Treaty No. wo89/07154.
64) Rens, W., et al. 1999. Improved flow cytometric sorting of X- and Y-chromosome bearing sperm: substatial increase in yield of sexed semen. Mol. Reprod. Dev. 52:50.
65) Rexroad, C. E. Jr., et al. 1989. Production of transgenic sheep with growth-regulating genes. Mol. Reprod. Dev. 1:164.
66) Rho, H. C. and K. S. Chung. 1983. *In vitro* culture of blastomere separated from mouse embryo. Korean J. Anim. Reprod. 7:24.
67) Robl, J. M. and N. L. First. 1985. Manipulation of gametes and embryos in the pig. J. Reprod. Fertil. 33:101.
68) Robl, J. M., et al. 1987. Nuclear transplantation in bovine embryos. J. Anim. Sci. 64:642.
69) Rorie, R. W., et al. 1985. Micromanipulation of day 6 porcine embryos to produce split - embryo piglets. Theriogenol. 23:225.
70) Rowson, L. E. A., et al. 1972. Synchronization of estrus in cattle using prostaglandin $F_{2\alpha}$ analogue. J. Reprod. Fertil. 34:179.

71) Salter, D W. 1987. Transgenic chickens: insertion of retroviral genes into the chicken germline. Virology. 157:236.
72) Schröder, A., et al. 1990. Sex determination of bovine embryo using the polymerase chain reaction. Anim. Biotechnol. 1:121.
73) Slade, N. P., et al., 1984. Production of identical horse pregnancies by microsurgical bisection of equine embryos. Proc. 10th Int'l. Cong. Anim. Reprod. & AI. p.241.
74) Smith, L. C. 1992. Production of genetically identical embryos by electrofusion. In guide to electroporation and electrofusion(D. C. Chang, et al. eds.). Academic Press.
75) Smith, L. C. and I. Wilmut. 1989. Influence of nuclear and cytoplasmic activity on the development *in vitro* of sheep embryos after nuclear transplantation. Biol. Reprod. 40:1027.
76) Summers, P. M., et al. 1983. Synthesis of primary *Bos taurus*↔*Bos indicus* chimeric calves. J. Reprod. Sci. 6:91.
77) Suzuki, K. 1999. Embryo transfer. In reproductive biology of mammals(Y. Takahashi ed.). Gakushou Pub. p.231.
78) Takahashi, Y. and A. Hanada. 1984. Penetration of zona-free hamster eggs *in vitro* by ejaculated bull sperm after treatment with ionophore A23187. J. Anim. Reprod. 31:30.
79) Tarkowski, A. K. 1961. Mouse chimeras developed from fused eggs. Nature. 190:857.
80) Tearle, R. G., et al. 1996. The α-1,3-galactosyltransferase Knockout mouse. Transplantation. 61:13.
81) Tsunoda, Y., et al. 1984. Production of monozygotic twins following transfer of separated half embryos in goats. Japanese J. Zootech. 55:643.
82) Tsunoda, Y., et al. 1987. Full term development of mouse blastomere nuclei transplanted into ennucleated two-cell embryos. J. Exp. Zool. 242:147.
83) Wall, R. T. 1996. Transgenic livestock: progress and prospects for the furture. Theriogenol. 45:57.
84) Wang, H. X., et al. 1994a. Discontinuous percoll gradients enrich x-bearing human spermatozoa: a study using double-fluorescence *in situ* hybridization. Human Reprod. 9:1265.
85) Wang, H. X., et al. 1994b. Assessment of the separation of X- and Y-bearing sperm on albumin gradients using double label fluorescence in situ hybridization. Fertil. steril. 61:720.
86) Whittingham, D. G., et al. 1972. Survival of mouse embryos frozen -196 and -296℃. Science. 178:411.
87) Willadsen, S. M. 1980. The viability of early cleavage stages containing half the normal number of blastomeres on the sheep. J. Reprod. Fertil. 59:357.
89) Willadsen, S. M. 1981. The developmental capacity of blastomeres from 4- and 8-cell sheep embryos. J. Embryol. Exp. Morph. 65:165.
90) Willadsen, S. M. 1982. Micromanipulation of embryos of the large domestic species. In mammalian egg transfer(C. E. Adams ed.). CRE Press. p.185.
91) Willadsen, S. M. 1986. Nuclear transplantation in sheep embryos. Nature. 320:63.
92) Willadsen, S. M. and C. Polge. 1981. Attempts to produce monozygotic quadruplets in cattle by blastomere separation. Vet. Res. 108:211.
93) Willadsen, S. M., et al. 1999. Rapid visualization of metaphase chromosomes in single human blastomeres after fusion with *in vitro* matured bovine eggs. Human Reprod. 14:470.
94) Willadsen, S. M., et al. 1976. Deep freezing of sheep embryos. J. Reprod. Fertil. 46:151.
95) Williams, T. J., et al. 1982. Identical twin bovine pregnancies derived from bisected embryos. Theriogenol. 17:114
96) Williams, T. J., et al. 1984. Pregnancy rates with bisected bovine embryos. Theriogenol. 22:521.
97) Wilmut, I. and L. E. A. Rowson. 1973. The successful low temperature preservation of mouse and cow embryos. J. Reprod. Fertil. 33:352.
98) Wilmut, I., et al. 1997. Viable offspring derived from fetal and adult mammalian cell. Nature. 285:810.
99) Yamashita, A., et al. 2005. Osteoblastic differentiation of monkey embryonic stem cell *in vitro*. Cloning Stem Cells. 7:232.
100) Yong, Z., et al. 1991. Nuclear transfer in goats. Theriogenol. 35:299.
101) Younis, A. I. and B. G. Brackett. 1991. Importance of cumulus cells and insemination intervals for development of bovine oocytes into morulae and blastocystes *in vitro*. Theriogenol. 36:11.

찾아보기

ㄱ

ㄴ

ㄷ

ㅅ

ㅇ

ㅈ

ㅊ

INDEX

A

B

C

D

E

F

G

H

I

J

K

L

M

N

O

P

R

S

T

U

V

W

X

Y

Z